W0049475

Naturkundliche Wanderziele

GRÜNE LIGA
Osterzgebirge e.V.

ŠŤOVÍK
TEPLICE

Sandstein Verlag · Dresden

**DIESES PROJEKT WIRD VON DER
EUROPÄISCHEN UNION KOFINANZIERT**

Interreg III A

Hallo Nachbar. Ahoj sousede. Cześć sąsiedzie.

Abbildungen Einband:
Lugstein – Zinnwald, Foto: Alexander Burzik
Schwarzstorch, Foto: Harald Lange
Geisingberg, Foto: Thomas Lochschmidt

Herausgeber: Grüne Liga Osterzgebirge e.V.
Idee und Konzept: Jens Weber
Gestaltung: Jana Felbrich
Karten: Silvia Köhler
Druck und Buchbinderische Verarbeitung: Grafisches Centrum Cuno GmbH & Co. KG, Calbe

ISBN 978-3-940319-18-0

Inhalt

Vorwort

Es war im Mai 1996. Die Grüne Liga hatte zum alljährlichen „Botanischen Abendspaziergang rund um den Luchberg" eingeladen. Als die kleine Wandergruppe sich dem Berg näherte, kamen ihnen ein paar Spaziergänger entgegen und begannen, von den herrlich bunten Wiesen zu schwärmen. Um ihre Begeisterung zu unterstreichen, zeigten sie stolz einen üppigen Blumenstrauß, gerade eben gepflückt. Unübersehbar leuchteten einige Blütenköpfe Stattlichen Knabenkrautes hervor. Was, eine wilde Orchidee – selten, gefährdet und außerdem noch unter Naturschutz? Nein, das hätten sie nicht gewusst, beteuerten die Ausflügler ehrlich zerknirscht.

Für die Grüne Liga Osterzgebirge war dieses Erlebnis Anlass, einige Informationstafeln für die Luchbergwiesen zu entwerfen. Deren Aufstellung stieß jedoch in Naturschutzkreisen auf große Vorbehalte. Lockt man damit nicht erst recht Menschen zu den Orchideen? Werden dann nicht noch mehr der seltenen Pflanzen zertreten, abgerissen oder gar ausgegraben?

Geheimhaltung sei der beste Schutz, meinen nicht wenige Naturschützer. Sicher kann es für einen kleinen Restbestand einer vom Aussterben bedrohten Pflanzenart das Ende bedeuten, wenn sich zu viele Fotografen niederlegen, um die Rarität möglichst gut ins Bild zu setzen. Störungsempfindliche Tierarten verlassen ihre angestammten Reviere und sogar ihre Eier oder Jungen, wenn neugierige Menschen ihnen zu nahe kommen.

Aber die weitaus größeren Gefahren gehen heute für unsere pflanzlichen und tierischen Mitbewohner von unserer Unkenntnis aus. Wertvolle Wildapfelbäume werden weggesägt, artenreiche Bergwiesen aufgeforstet, Skiloipen durch Rotwild-Ruhezonen gezogen oder Windkraftanlagen ins Schwarzstorch-Brutgebiet gebaut. Böse Absicht ist dabei selten im Spiel, aber fast immer mangelndes Wissen darüber, wie wichtig diese Biotope für das Ost-Erzgebirge sind.

Nur was man kennt, kann man schätzen und schützen. Seit die Informationstafeln am Luchberg stehen, wurden dort fast keine Orchideen mehr abgepflückt.

Unterstützt von vielen profunden Sach- und Gebietskennern hat die Grüne Liga Osterzgebirge für dieses Buch eine Übersicht über die interessantesten und wertvollsten Natur-Sehenswürdigkeiten zwischen Wilisch und Wieselstein, zwischen Gottleubatal und Großhartmannsdorfer Teich zusammengestellt. Natürlich passte nicht alles zwischen zwei Buchdeckel, daher gibt es noch eine erweiterte Fassung auf der mitgelieferten CD. Die Scheibe enthält außerdem die Inhalte der beiden anderen Naturführer-Bände und das alles auch als Software für PDA-Taschencomputer.

Das Ost-Erzgebirge endet nicht an der Staatsgrenze. Auch auf der tschechischen Seite gibt es viel zu entdecken. Die Zusammenarbeit zwischen Grüner Liga Osterzgebirge und dem Teplitzer Umweltverein Šťovík war wieder eine große Bereicherung – sowohl für das Buch, als auch für deren Autoren.

Die Herausgeber wollen mit dem Naturführer Anregungen zum Erleben der einzigartigen Natur des Ost-Erzgebirges vermitteln. Mehr noch aber hoffen sie, dass sich viele Menschen aktiv für deren Bewahrung einsetzen. Natur braucht Freunde.

Jens Weber, März 2008

Der Band „Naturkundliche Wanderziele" ist Bestandteil des umfangreichen deutsch-tschechischen Gesamtprojektes **Naturführer Ost-Erzgebirge.**

Dazu gehören außerdem:

• Band 1: Pflanzen und Tiere des Ost-Erzgebirges (Steckbriefe für über 750 Pilz-, Pflanzen- und Tierarten), ISBN 978-3-940319-16-6

• Band 2: Natur des Ost-Erzgebirges im Überblick (Wissenswertes zu Klima, Erdgeschichte, Entwicklung der Landschaft, Wäldern, Mooren, Wiesen, Steinrücken und der Tierwelt) ISBN 978-3-940319-17-3

• erweiterte Inhalte auf einer **Begleit-CD**
• homepage: **www.osterzgebirge.org**
• **Software für PDA**-Taschencomputer, u.a. mit mobilem Bestimmungsbuch für Pflanzen- und Tierarten in Wort, Bild und Ton; außerdem GPS-gesteuerte Informationen für technikbegeisterte Naturfreunde unterwegs.

Diese Veröffentlichungen sind jeweils in deutscher und tschechischer Sprache verfügbar.

Die Grüne Liga Osterzgebirge – der Umweltverein in der Region

Es begann um 1991. Gemeinsam mit Tharandter Forststudenten wuchteten freiwillige Helfer schwere Autoreifen und sonstigen Müll aus dem „Schatthangwald Obercunnersdorf", um seltenen Pflanzen wieder Platz zu verschaffen. Einige Wochen später blockierten zwei Dutzend Aktivisten den Grenzübergang Zinnwald mit einem langen Spruchband „Güter auf die Schiene!". Viel (Frei-)Zeit erforderten damals außerdem die Stellungnahmen zu all den neuen Planungsvorhaben im Ost-Erzgebirge. Anfang der Neunziger wurden auch die ersten naturkundlichen Wanderungen und Umweltbildungsprogramme für Kinder angeboten.

Heute haben sich die Zahl der Unterstützer und das Aktionsgebiet erheblich erweitert, doch die Schwerpunkte der Grünen Liga Osterzgebirge orientieren sich immer noch an ihren Wurzeln:

• **Praktische Naturschutzarbeit:** Mahd von artenreichen Wiesen; Pflanzung von Laubbäumen in Fichtenforsten; Anlage von Laichgewässern; konkrete Artenschutzmaßnahmen; Naturschutzeinsätze mit vielen freiwilligen Helfern

• **Naturschutzfachliche Planungen:** Biotopverbundprojekte, Artenschutzvorhaben, fachliche Vorbereitung von neuen Flächennaturdenkmalen u.a.

• **Umweltpolitisches Engagement:** Vermeidung von Naturzerstörungen wie überdimensionierte Straßenbauvorhaben, Gewässerzerstörungen, Abholzungen in Naturschutzgebieten

• **Öffentlichkeitsarbeit und Umweltbildung:** naturkundliche Wanderungen und Vorträge; Natur-Lernspiel „Ulli Uhu entdeckt das Ost-Erzgebirge"

Das Grüne Blätt'l bietet jeden Monat aktuelle Informationen zu Natur und Umwelt im Ost-Erzgebirge. Das vier- bis achtseitige Mitteilungsblättchen mit dem Uhu wird ausschließlich getragen durch die ehrenamtliche Arbeit der Blätt'l-Macher, durch Text- und Terminbeiträge von Naturschützern aus der Region sowie gelegentliche freiwillige Spenden der Blätt'l-Leser. Jeden letzten Donnerstag im Monat ab 16 Uhr in der Dippoldiswalder Grüne-Liga-Geschäftsstelle sind Helfer beim Falzen und Eintüten der Grünen Blätt'l willkommen.

Die Stärke des Umweltvereins besteht in der großen Zahl ehrenamtlicher Unterstützer. Mehr als einhundert Leute helfen jedes Jahr bei den zahlreichen Naturschutzeinsätzen der Grünen Liga mit. Fast genauso viele machen mit ihren Spenden und Mitgliedsbeiträgen all die Projekte überhaupt erst möglich. Bürgerinitiativen engagieren sich für die Umwelt, Experten stellen ihr Fachwissen für Naturschutz und Umweltbildung zur Verfügung, Studenten absolvieren Praktika, freiwillige Helfer ermöglichen seit 1995 allmonatlich die Herausgabe des „Grünen Blätt'l" – und es gibt noch viele weitere Möglichkeiten, sich für die Erhaltung der Natur zu engagieren.

Fünf Wege, gemeinsam mit der Grünen Liga Osterzgebirge die Natur zu schützen:

• jedes Jahr im Juli: zweieinhalb Wochen „Heulager" im Bärensteiner Bielatal, außerdem viele weitere Naturschutz-Wochenendeinsätze – Helfer jeden Alters willkommen;

• Praktika, Beleg- und Diplomarbeiten, Freiwilliges Ökologisches Jahr; immer im August: eine Woche „Schellerhauer Naturschutzpraktikum";

• Wissensvermittlung durch naturkundliche Führungen und Vorträge für Erwachsene und/oder Kinder;

• **Spendenkonto:** 4 600 781 001 BLZ: 850 900 00 Dresdner Volks- und Raiffeisenbank

• aktive Mitarbeit als Vereinsmitglied bei der **Grünen Liga Osterzgebirge e.V.**

Große Wassergasse 19, 01744 Dippoldiswalde
Tel. 0 35 04 - 61 85 85
e-mail: osterzgebirge@grueneliga.de
www.grueneliga-osterzgebirge.de

Občanské sdružení Šťovík–Teplice / Bürgerverein Sauerampfer–Teplitz

ŠŤOVÍK
-
TEPLICE

Šťovík ist eine Nichtregierungsorganisation (NGO) mit Sitz in der Kurstadt Teplitz in Nordböhmen. Seit 2003 beschäftigen wir uns vor allem mit Umweltbildung. An unseren Projekten und Exkursionen nahmen schon tausende Teilnehmer aus Teplitz und Umgebung teil – vor allem Schulkinder.
Für ihre Lehrer veranstalten wir regelmäßige Zusammentreffen und Seminare.

• **Ökoberatungsstelle:** Im Jahre 2006 haben wir in unseren neuen Räumen in der Teplitzer Grundschule Koperníkova eine Beratungstelle eröffnet. Jeden Dienstag und Donnerstag bekommt man hier Auskunft über Natur und Umwelt (und deren Schutz). In unserer Umweltbibliothek stehen außerdem mehr als 600 Fachbücher für die Weiterbildung zur Verfügung. Die Beratungstelle wird v. a. von Lehrern besucht, die hier Inspiration für Umweltbildung in ihrer Schule finden.

• **Donnerstags bei Šťovík (18 Uhr):** Das ist bei uns der regelmäßige Termin für Vorträge und andere Veranstaltungen. Es geht u. a. um gerechten Handel, Bio-Lebensmittel, Globalisierung, aber auch um den Bau der Autobahn über das Böhmische Mittelgebirge oder um das neue Industriegebiet bei Krupka.

• **Öffentliche Veranstaltungen:** Neben kleineren Zusammentreffen bei Šťovík führen wir auch größere Veranstaltungen durch. Erfolgreich war z. B. unser Tag der Erde 2007, den im Teplitzer Badepark hunderte Leute besuchten. Im Herbst haben wir mit einer Tradition begonnen: einem „Tag ohne Auto" mit einer Radfahrt durch die Stadt.

• **Heimat- und naturkundliche Ausflüge:** Mit Exkursionen und Wanderungen möchten wir zeigen, dass es auch In der Umgebung der Industrieregion Teplitz schöne Natur gibt, und dass man nicht weit reisen muss, um etwas zu erleben. Im Sommer 2007 haben wir mehrere Ausflüge zum deutschen Teil des Ost-Erzgebirges unternommen.

• **Internetseiten:** Unter www.stovik.cz erhält man nicht nur Auskunft über die Aktivitäten des Vereins, sondern auch wichtige Informationen über Luftqualität, Abfallbehandlung, über die Teplitzer Natur und ihren Schutz.

• **Naturschutzeinsätze:** Unsere Mitglieder helfen mit bei Naturschutzeinsätzen (z. B. Heumahd und weitere Biotoppflegemaßnahmen im Böhmischen Mittelgebirge). Šťovík selbst organisiert Müllberäumungen in Wäldern und an Bächen bei Teplitz und Krupka.

• **Kindergruppen:** Die Mitglieder unserer ersten Kindergruppe sind heute schon in den Mittelschulen, deshalb eröffnen wir im Frühjahr 2008 eine neue Kindergruppe für Kinder von 8 bis 11 Jahren. Wir werden uns jede Woche treffen und uns dem Kennenlernen und dem Schutz der Natur in Teplitz und Umgebung widmen. Mindestens einmal im Monat machen wir auch einen Wochenendausflug in die Natur.

O. S. Šťovík – Teplice

ZŠ Koperníkova 25 92, Teplice, 4 15 01

Öffnungszeiten: Di, Do: 14–18 Uhr

Tel: + 420 7 75 10 79 06

e-mail: kotera@stovik.cz

www.stovik.cz

Flöhatal
um Olbernhau

Text: Kurt Baldauf, Pockau; Dirk Wendel, Tharandt

Fotos: Kurt Baldauf, Gerold Pöhler, Wilfried Reimann,
Jens Weber, Dirk Wendel

und Pockau

Flöha-Störung, Westgrenze des Ost-Erzgebirges,
Flusslandschaft mit Talweitungen und Steilhängen

Rot- und Grau-Gneis, Basalt, Sedimente samt Steinkohle

Naturnahe Buchenwälder, Schatthangwälder, Moorreste

⌂ Saigerhütte

—•—•—• Bahnstrecke
außer Betrieb

Molasse = Abtragungsschutt des Variszischen Gebirges

◈ Olbernhauer Flöhatalweitung

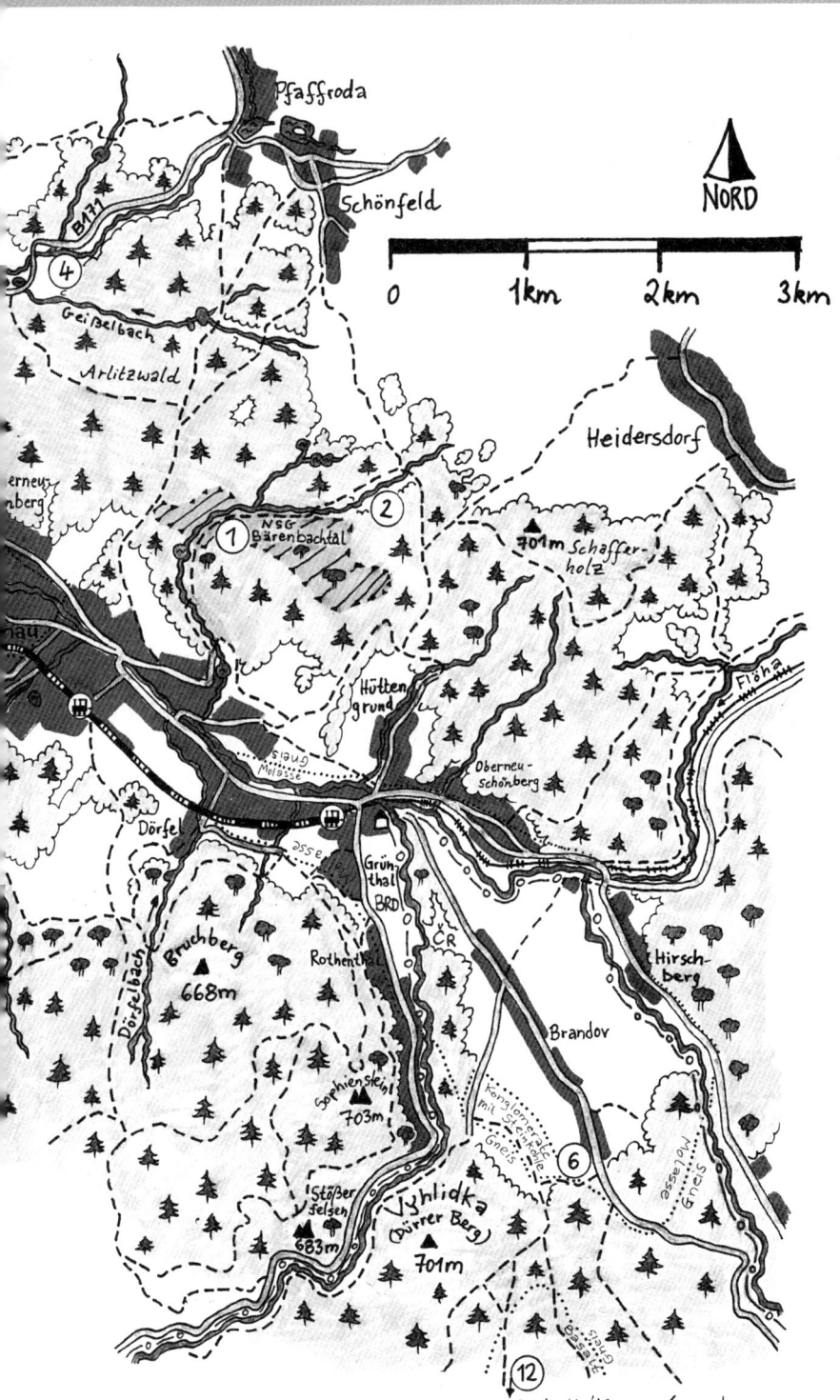

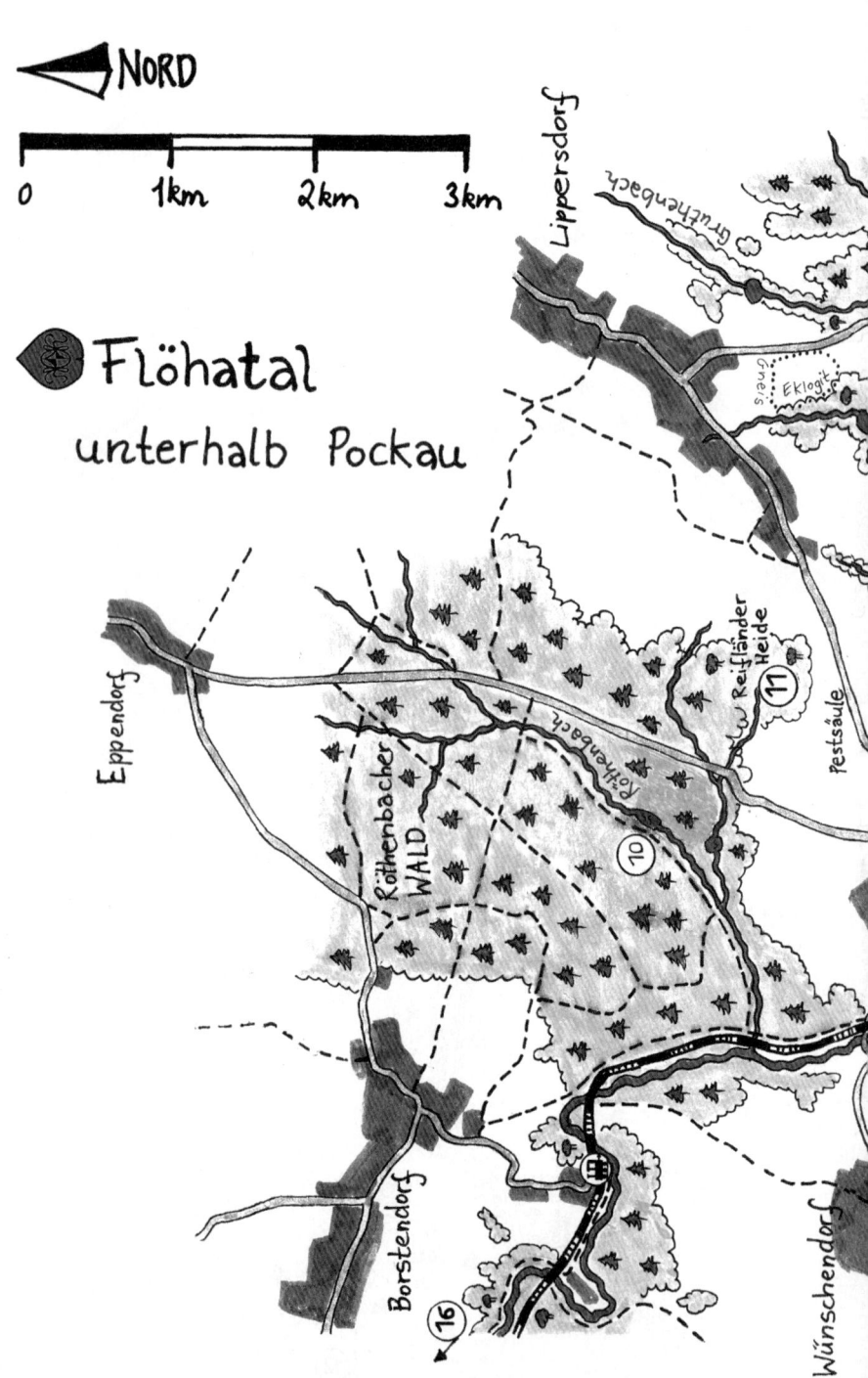

NORD

0   1km   2km   3km

Flöhatal
unterhalb Pockau

(1) Naturschutzgebiet Bärenbachtal	(9) Saidenbach-Talsperre und Umgebung
(2) Bärenbachwiese	(10) Röthenbacher Wald
(3) Reukersdorfer Heide	(11) Reifländer Heide
(4) Bielatal (bei Olbernhau)	(12) Kamenný vrch / Steindl
(5) Alte Leite	(13) Naturschutzgebiet „Rungstock"
(6) Anthrazit-Halde Brandov / Brandau	(14) Serpentinvorkommen bei Ansprung
(7) Flöhatal unterhalb Pockau	(15) Kalkwerk Lengefeld
(8) Rauenstein	(16) Flöhatal bei Borstendorf

Die Beschreibung der einzelnen Gebiete folgt ab Seite 24

Landschaft

breite Talwanne
Das Flöhatal bei Olbernhau ist eine Besonderheit unter den Tälern des Erzgebirges. Die meisten Flusstäler im Erzgebirge weisen eine Südost-Nordwest-Richtung auf und sind relativ schmal sowie ziemlich tief eingeschnitten in den felsigen Untergrund. Nur das obere Flöhatal bildet bei Olbernhau eine 10 km lange und 2 km breite Talwanne. Das hat etwas mit der Entstehung der Landschaft zu tun. Im Tertiär erhielt sie ihre endgültige Gestalt. Das ehemaligen Grundgebirge zerbrach in Schollen. Die Südseite der Erzgebirgsscholle wurde gehoben, während die Nordseite in ihrer Lage verblieb. In diese schräggestellte Scholle konnten sich dann die Bäche und Flüsse, die auf dem Südrand der Scholle entstanden, tief in den Untergrund einschneiden.

Flöha-Querzone
Auf die Scholle wurde aber auch seitlicher Druck ausgeübt. Dadurch zerbrach sie in mehrere Teile und es entstand an der Bruchlinie die so genannte Flöha-Querzone. In dieser sehr instabilen geotektonischen Schwächezone konnte sich eine große Talweitung bilden, in der heute Olbernhau und Blumenau liegen, und weiter nördlich das wesentlich kleinere Tal von Pockau. Die Flöha-Störung gilt heute als Grenze zwischen den Landschaftseinheiten Ost- und Mittel-Erzgebirge.

Stadt der sieben Täler
Olbernhau nennt sich selbst gern „Stadt der sieben Täler". Das sind neben der Flöha selbst rechtsseitig Bärenbach und Biela und linksseitig Schweinitz, Natzschung, der Dörfelbach und der Rungstockbach.

sandig-lehmige Braunerde
In den Tälern lagerten sich Sedimente ab: Kies, Sand und Ton. Häufig sind hier grundwasserbestimmte Gleyböden vorhanden. An den Hängen entstand aus dem anstehenden Gneis eine sandig-lehmige Braunerde, die dort, wo der Fels dicht unter der Erdoberfläche lag, stark mit Steinen durchsetzt ist. Oft wurden diese Gneisschuttdecken ausgewaschen, was zur Bildung von Braun-Podsolböden führte.

Gneisriegel von Reukersdorf Unterhalb von Blumenau durchbricht die Flöha den Gneisriegel von Reukersdorf. Funde von auffallend roten Sedimenten im Bereich des Tals von Olbernhau lassen vermuten, dass sich vor diesem Durchbruch in der Talwanne ein größerer See von 20 bis 30 m Tiefe aufstaute. Die Hochfläche des Gebirges ist zu beiden Seiten der Talzone weitgehend zerschnitten in breite Höhenrücken, wie sie bei Ansprung, Wernsdorf, Reifland und Lippersdorf und im Gebiet von Sayda deutlich werden und in schmale meist langgestreckte Riedel.

Deutlich höher als diese Rücken sind die Kammlagen des Erzgebirges bei Deutscheinsiedel und Reitzenhain. Diese Höhenunterschiede rufen auch deutliche Unterschiede in den klimatischen Verhältnissen hervor. In den Kammlagen herrscht ein raues Klima mit hohen Schneelagen und tiefen Temperaturen, kaltem Wind und dicken Raureifbehängen an den Bäumen. Die Niederschlagsmengen liegen in Reitzenhain im langjährigen Mittel bei 961 mm, in Olbernhau bei 916 mm und in Pockau bei 883 mm. Die mittlere Lufttemperatur im mittleren Bergland bei Olbernhau beträgt 5,5 °C bis 6,5 °C, was den Anbau der meisten Feldfrüchte noch gestattet, in Reitzenhain dagegen nur bei 4,7 °C, was eigentlich nur Viehwirtschaft ermöglicht. Manchmal bildet sich auch eine Inversionswetterlage aus, das heißt, die kalte Luft zieht in die Täler hinein, während es auf den Bergen deutlich wärmer ist.

Unterschiede in den klimatischen Verhältnissen

Inversionswetterlage

Pockau Wo die Schwarze Pockau in die Flöha mündet und der Ort Pockau liegt, befindet sich eine größere Talweitung mit sanfteren Hängen und einem steilen Prallhang an der Nordseite. Im weiteren Verlauf ist das Flöhatal ein tief in die Gneisplatte eingeschnittenes Kerbsohlental mit vielen Windungen und relativ steilen Hängen an beiden Talseiten. Mehrere Seitenbäche führen der Flöha ihr Wasser zu. Das sind linksseitig Hainsbach, Lautenbach (der die beiden Neunzehnhainer Talsperren durchfließt) und der Hahnbach, rechtsseitig der Saidenbach (mitsamt einer Talsperre) und der Röthenbach. Die zwischen diesen Bachtälern liegenden Rücken und Riedel sind meist im Mittelalter von den Siedlern gerodet worden, weil ihre Böden sich für die Landwirtschaft eignen. Nur auf den armen Böden im Bereich des Röthenbaches und des Rainbaches ist ein großes Waldgebiet erhalten geblieben. Die steilen Hänge des Flöhatals sind durchweg bewaldet und meist mit relativ naturnahen Mischwäldern bestanden.

Historische Entwicklung

Olbernhau ist im späten Mittelalter entstanden und war lange Zeit ein kleines Dorf, dessen Einwohner von der Arbeit im Wald und der Landwirtschaft lebten. Es gehörte zur Herrschaft Lauterstein, die der Kurfürst August I. 1539 kaufte. Um Olbernhau entstanden aber schon früh neue Ansiedlungen. Caspar von Schönberg auf Pfaffroda erlaubte nach dem Dreißigjährigen Krieg Exulanten – das sind Menschen, die ihres Glaubens wegen ihre Heimat verlassen mussten – die Ansiedlung auf seinem Grund und Boden.

Exulanten

So entstanden Klein-, Nieder- und Oberneuschönberg.

Der Anbau von Getreide und die Viehzucht mussten über Jahrhunderte die Ernährung der Bevölkerung sichern. Missernten, hervorgerufen durch Perioden mit kühlen, nassen Sommern, führten immer wieder zu Hungersnöten. Erst der Kartoffelanbau seit dem 18. Jahrhundert konnte eine bessere Ernährung gewährleisten, auch wenn mit Pellkartoffeln, Leinöl und Quark für den Großteil der Bevölkerung der Tisch natürlich nicht üppig gedeckt war.

Handwerk, Handel und Gewerbe

Die Hauptrolle bei der historischen Entwicklung des Ortes spielten indes Handwerk, Handel und Gewerbe.

Holz hatte von Anfang an bis heute eine große Bedeutung für das Gewerbe des Ortes. Dazu mussten Brettmühlen errichtet werden, außerdem gab

Wasserkraft

es Öl- und Mahlmühlen. Die dazu nötige Wasserkraft konnte man an der Flöha und ihren Nebenbächen gewinnen. Das galt in gleicher Weise auch für die Metallgewinnung und den Bergbau, die für Pochwerke, Gebläse, Hämmer und den Antrieb von Pumpen zum Entwässern der Schächte die Wasserkraft nutzten.

Die Gewinnung von Holzkohle hat seit dem frühen Mittelalter bis 1875 eine große Rolle gespielt. Mit dem Wasser der Schneeschmelze oder aus speziell dafür gebauten Teichen, wie dem Lehmheider Teich bei Kühnheide, wurden die Holzscheite aus dem oberen Gebirge heran transportiert. Der Floßrechen in Blumenau fing das Flößholz auf. In Pockau, Blumenau und Borstendorf rauchten jahrhundertelang viele Kohlenmeiler, in denen, meist aus Buchenholz, die begehrte Holzkohle gewonnen wurde. Die Holzkohle diente in Freiberg zum Betreiben der Schmelzöfen. Erst die Verwendung von Stein- und Braunkohle und ihr Transport mit der Eisenbahn von 1875 an ließen die Holzkohle überflüssig werden.

Abb.: historische Aufnahme der Köhlerei im Erzgebirge (Archiv Osterzgebirgsmuseum Lauenstein)

Die Holzverarbeitung blieb in Olbernhau bis heute erhalten. Nach dem Niedergang des Bergbaus etablierte sich, wie auch im benachbarten Seiffen und in anderen Dörfern, die Spielzeugherstellung. Mehrere so genannte Verleger kauften die meist in Heimarbeit von Kleinproduzenten hergestellten Artikel auf und organisierten den Weiterverkauf in andere Regionen, in Deutschland und auch nach Übersee. Gute Straßen waren dafür Voraussetzung. 1849 war die Straße nach Augustusburg über Pockau gebaut worden, 1848 die Poststraße nach Sayda. Die Überquerung der Flöha ermöglichten 4 steinerne Brücken.

Erzeugung und Verarbeitung von Metallen

Bedeutend für die Geschichte des Ortes war die Erzeugung und Verarbeitung von Metallen. Die Erze dafür konnten z. B. in Heidersdorf, im heutigen Ortsteil Eisenzeche (Grube „Weißer Löwe"), und bei Rothenthal in der Grube „Roter Hirsch" gewonnen werden. Rothenthal war im 17. Jahrhundert ein Zentrum der Eisengewinnung und -verarbeitung mit Hochöfen, Walzanlagen und Weißblechfertigung, das vor allem Bleche und Drähte herstellte und Rohmaterial für die Gewehrproduktion, die in vielen kleinen Betrieben erfolgte. Diese war zeitweise so intensiv, dass Olbernhau Ende des 18. Jahrhunderts den gesamten Bedarf der sächsischen Armee decken konnte.

Saigerhütte in Grünthal

Rohkupfer

Silber

Einem anderen Zweig der Metallgewinnung diente die Saigerhütte in Grünthal. Der 1537 gegründete Betrieb verarbeitete Erze aus dem böhmischen Katharinaberg und von anderen Lagerstätten zu Rohkupfer und gewann außerdem das in diesen Erzen ebenfalls enthaltene Silber im so genannten Saigerverfahren. Mit diesem Verfahren konnten auch gewöhnliche Bürger Silber erlangen, denn die eigentlichen Silbererze, wie z. B. Silberglanz, hatte sich der Landesherr vorbehalten. Um sich auch das Silber aus Grünthal zu sichern, kaufte der Kurfürst 1567 diese Anlage. Über einen langen Zeitraum wurden in Grünthal Kupfergeschirr, Kesselpauken, aber vor allem Dachkupfer hergestellt, und seit 1750 auch Kupfermünzen geprägt. Dächer mit Kupfer aus Olbernhau haben z. B. die Schlosskirche in Chemnitz, das Schloss Pillnitz, das Nationaltheater in Weimar und der Stephansdom in Wien. Nach dem zweiten Weltkrieg wurde die Kupfer- und Messingverarbeitung aufgegeben und der Betrieb auf die Herstellung von Stahlblechen umgestellt. Mit der Wende kam die Produktion völlig zum Erliegen. Und so ist heute nur ein Teil der Kupferverarbeitung in der alten Hammeranlage des Museums Saigerhütte zu besichtigen.

Heimatmuseum

Das Olbernhauer Heimatmuseum „Haus der Heimat" am Markt zeigt zu dieser wirtschaftlichen Entwicklung wertvolle Exponate. Außerdem gibt es einen Einblick in die Herstellung von Holzkunstartikeln. Auch die Pflanzen- und Tierwelt des Erzgebirges wird eindrucksvoll dargestellt. Die Stadtkirche wurde im Jahre 1590 erbaut und die am Berghang gelegene Kirche von Oberneuschönberg mit ihrem interessanten hölzernen Tonnengewölbe 1695.

Überblick über die Stadt

Einen guten Überblick über die Stadt erhält man, wenn man von einem der Hänge, die die Stadt umgeben – vom Hahnberg an der Alten Poststraße, von der ehemaligen Gaststätte Neue Schenke an der Straße nach Zöblitz oder von der Kirche in Oberneuschönberg – hinabschaut. Dann sieht man die Stadt in der Talaue vor sich liegen mit ihren Ortsteilen: Hirschberg, Grünthal, Dörfel, Rungstock, Reukersdorf, Klein-, Nieder- und Oberneuschönberg.

Pockau

In der Talweitung von Pockau hat sich schon früh eine Siedlung entwickelt. 16 Bauern aus Franken haben sie im frühen 14. Jahrhundert angelegt und erhielten jeder einen Streifen Landes, eine Hufe, die sich vom Bach an den Hang hinauf zog. Jahrhunderte lang haben die Einwohner vom Landbau,

Fischerei

vom Wald und der Fischerei gelebt. Davon zeugt das schönste Fachwerkgebäude im Ort, die Amtsfischerei am Fischereiweg, in der man auch etwas über die Geschichte des Ortes erfahren kann. Der Amtsfischer musste jährlich eine bestimmte Menge Fische an den Hof in Dresden liefern. Die Wasserkraft von Pockaufluss und Flöha wurde von 12 Mühlen genutzt: Mahl – und Ölmühlen und Sägewerke. Die alte Ölmühle am Mühlenweg ist von Heimatfreunden als Museum ausgebaut worden und zeigt die Verarbeitung von Leinsamen zu Leinöl und die Weiterverarbeitung des Flachses.

Abb.: Flöha unter der Burg Rauenstein

Im Ortsteil Görsdorf fällt der große Steinbruch auf, in dem seit etwa 100 Jahren der anstehende Graue Gneis abgebaut wird

Über der Burg Rauenstein, die 1323 das erste Mal urkundlich erwähnt wurde, zieht sich den Hang hinauf die Stadt Lengefeld. Hier siedelten zunächst die Bediensteten der Burgherren, bevor 1522 Lengefeld zur Bergstadt wurde. Der Bergbau auf Zinn und Eisen hat aber nie wirklich reiche Ausbeute gebracht. Und so wurde die Stadt ein Zentrum des Gewerbes, vor allem der Weberei.

Pflanzen und Tiere

Fichtenforste

Nach der Eiszeit entstand im Erzgebirge über mehrere Zwischenstadien ein Fichten-Tannen-Buchenwald. Von diesem ursprünglichen, natürlich entstandenen Wald ist nichts mehr übrig geblieben. Die heutigen Fichtenforste um Olbernhau und im Röthenbacher Forst sind alle von Menschen angelegt worden. Eine typische Variante der Fichtenforste für das Erzgebirge ist der Sauerklee-Fichtenforst. Die Fichte als sehr wüchsiger Forstbaum bringt schon nach 70 bis 80 Jahren einen guten Holzertrag. In dichten Beständen ist der Boden oft nur mit Nadelstreu und vielleicht mit Moosen bedeckt. Erst wenn der Wald lichter wird, gibt er Raum für krautige Pflanzen. Wolliges Reitgras und Draht-Schmiele bilden grüne Teppiche, Schmalblättriges Weidenröschen und Fuchssches Greiskraut kommen in größeren Beständen vor. Außerdem wachsen hier Adlerfarn und Wald-Frauenfarn, Heidelbeeren und Fichtenjungpflanzen. Der Waldboden kann im Fichtenwald

Pilzflora

zudem Standort einer reichen Pilzflora sein mit Maronen, Steinpilzen, Perlpilzen und sogar wieder Pfifferlingen. Die heutigen Fichtenmonokulturen haben aber auch Nachteile. Zum einen gibt es in ihnen wegen des Fehlens einer Strauchschicht nur wenige Vögel, was die Massenvermehrung von Schädlingen begünstigen kann. Und zweitens sind Fichten recht anfällig für den sauren Regen, der eine Folge der Verbrennung von Kohle in Kraftwerken und Heizanlagen ist. Das hatte vor allem in der zweiten Hälfte des vergangenen Jahrhunderts sehr dramatische Folgen für die Fichtenwälder im Erzgebirge.

Buchenwälder

Auch die heutigen Buchenwälder im Flöhatalgebiet sind Schöpfungen des Menschen. Die Buche kann aber als Schattholzart nur im Schatten älterer Bäume heranwachsen. Erst später erträgt der Baum volle Sonnenbestrahlung. Buchen brauchen wenigstens 140 Jahre, ehe sie schlagreif sind. Im Gegensatz zu den Fichtenbeständen kann sich jedoch im Buchenwald eine Krautschicht entwickeln, die durch eine deutliche Artenvielfalt gekennzeichnet ist. Markant zeigt sich dies auf nährstoffreicheren Böden. Es sind

Frühblüher vor allem Frühblüher, die vor dem Austrieb der Buchen den Waldboden bedecken. Das Busch-Windröschen, an basenreichen Stellen auch das viel seltenere Gelbe Windröschen, der Hohle Lerchensporn und der Aronstab mit seinen Kesselfallenblüten kommen hier vor. Später können nur schattenertragende Pflanzen auf dem Waldboden gedeihen: Schattenblümchen, Waldmeister, Goldnessel, Einbeere, Eichenfarn und sporadisch Zwiebel-Zahnwurz.

feuchte Bachtäler In feuchten Bachtälern, vor allem an den kleinen Bächen, die der Flöha zufließen, haben sich meist Erlen-Eschen-Bach- und Quellwälder ausgebildet. Feuchtigkeitsliebende Pflanzen bilden die Bodenflora, wie die beiden Milzkräuter, Sumpf-Dotterblume, Winkel-Segge und Wald-Vergissmeinnicht.

Grasland Nicht dauerhaft von Wald bestandene Flächen gab es im Erzgebirge ursprünglich kaum. Hierzu gehören allenfalls Moore und Felsbereiche, vielleicht auch Teile der Auen. Wiesen und anderes Grasland sind alle anthropogenen Ursprungs. Der sich hier ansiedelnden Bauern brauchte Flächen, auf denen sie ihre Haustiere weiden, und von denen sie das Winterfutter für die Tiere gewinnen konnte. Nach der Rodung des Waldes konnten sich Kräuter und lichtliebende Gräser ausbreiten: Glatthafer, Ruchgras (das den angenehmen Geruch des trockenen Heus bewirkt), mehrere Rispengrasarten, Wiesen-Schwingel, Weiches Honiggras und, in höheren Lagen, Gold-

Bergwiesen hafer. So entstanden unsere Bergwiesen.

Häufig waren aber die Wiesen zu nass, und es wuchsen dort Sumpf-Dotterblumen, viele Seggen und auch Binsen, dazu Mädesüß und Engelwurz. Durch das Ausheben von Gräben oder Einbringen von Drainageröhren wurden gegen Ende des 19. Jahrhunderts die Wiesen entwässert, damit sie mehr und besseres Heu erbrachten. Durch Umbruch der Grasnarbe und Ansaat von ertragreichen Futtergräsern nach dem Zweiten Weltkrieg erreichte man eine weitere Ertragssteigerung, vernichtete aber die interessante Vielfalt der Pflanzenarten. Es ist dennoch gelungen, einige wertvolle Wiesen im Gebiet im ursprünglichen Zustand zu erhalten. Ein hervorragendes Beispiel ist die Bärenbachwiese bei Olbernhau.

In den hängigen Randbereichen der Wiesen, an Wegrändern und auf alten Bergwerkshalden befinden sich oft Trockengrasfluren mit Borstgras, Klei-

Borstgras-rasen nem Habichtskraut, Zittergras und Kreuzblümchen, die zu den Borstgrasrasen gerechnet werden können.

Es gibt aber auch Flächen, die vom Menschen weniger intensiv oder gar nicht bewirtschaftet werden: Ränder von Straßen und Wegen, Eisenbahngelände sowie Schutt- und Erdablagerungen. Dort siedeln sich Pflanzen an, die Trockenheit und Nährstoffarmut tolerieren und sich schnell aus-

Ruderal-pflanzen breiten können. Wir bezeichnen sie als Ruderalpflanzen – von lateinisch rudus = Geröll. Hier finden wir Gelbe Nachtkerze, Gewöhnlichen Beifuß, Rainfarn, Wilde Möhre, Wegwarte und Weißen Steinklee. Dazu kommen Pflanzen, die eigentlich nicht bei uns heimisch sind, sondern aus anderen Gebieten zuwanderten (bzw. eingeschleppt wurden). Man nennt sie Neo-

Neo-phyten phyten und versteht darunter alle Arten, die seit dem Jahr 1500 bei uns eingewandert sind. Dazu zählen die Kanadische Goldrute, Japanischer Staudenknöterich und Drüsiges Springkraut, die sich in den letzten Jahrzehnten auch im Erzgebirge rasant ausgebreitet haben und an ihren Standorten heimische Pflanzen verdrängen. Sie lassen sich aber nur schwer und auch dann nur mit großem Aufwand bekämpfen. Besonders problematisch ist der Riesen-Bärenklau, weil der Saft dieser Pflanze bei Sonnenbestrahlung starke Hautreizungen hervorrufen kann, die eine medizinische Behandlung notwendig machen.

Teiche

Fließgewässer

In der Uferflora der im Gebiet vorhandenen Teiche fallen vor allem Rohrkolben und Schilf auf und große Gräser und Seggen wie Rohr-Glanzgras und Schlank-Segge. Weiden und Erlen säumen die Ufer. In den Fließgewässern, den Flüssen und Bächen, kommen Gewöhnlicher Wasserhahnenfuß und Wasserstern vor, die meist unter der Wasseroberfläche flutend wachsen. Steine sauberer Bäche sind oft mit verschiedenen Moosen, wie dem Wellenblättrigen Spatenmoos und dem bis 50 cm lang werdenden dunkelgrünen Brunnenmoos besetzt.

Tierwelt

Ebenso vielfältig wie die Pflanzenwelt ist auch die Tierwelt des Gebietes. Bei den Weichtieren soll nur auf die großen Weinbergschnecken, die zum Bau ihres Gehäuses Kalk brauchen, und die Teichmuscheln in stehenden Gewässern hingewiesen werden. Ganz wenig bekannt sind die einheimischen Spinnen, die aber eine große Artenvielfalt aufweisen und nur Spezialisten wirklich bekannt sind.

Insekten

Auch aus der Fülle der Insekten können nur einige herausgegriffen werden. Bei den Käfern fallen immer wieder die großen Laufkäfer auf. Wir kennen die Marienkäfer, die zusammen mit ihren Larven Blattläuse vertilgen, die (im Gebirge allerdings seltenen) Maikäfer und die viel kleineren, aber an warmen Frühsommertagen in großer Menge schwärmenden Junikäfer. Über Gewässern kann man öfter die großen, buntschillernden Wasserjungfern und die kleineren blauen Azurjungfern beobachten und in den Gewässern selbst ihre räuberisch lebenden Larven. Hummeln und Wildbienen leisten in Gärten und Obstkulturen wichtige Dienste als Blütenbestäuber. Ameisen erweisen sich in den Wäldern als sehr nützliche Schädlingsbekämpfer, die dazu bis in die Wipfel der Bäume steigen. Im Sommer fallen weiße Schaumtröpfchen an Wiesenpflanzen auf. Beim Nachsuchen findet man darin die Larven der Schaumzikaden.

Und dann die Menge der großen und kleinen Schmetterlinge! Kleiner Fuchs, Tagpfauenauge, Admiral, Zitronenfalter sind allgemein bekannte Arten. Dazu kommen Bläulingsarten, C-Falter, Schwalbenschwanz und seit einigen Jahren das stärker wärmebedürftige Taubenschwänzchen. Alle diese Arten bewohnen spezielle Biotope, ihre Larven brauchen ganz bestimmte Pflanzen als Nahrung - und so haben Eingriffe in die Natur auch immer wieder Veränderungen in der Insektenfauna zur Folge.

Fischarten

In unseren Gewässern leben nur wenige Fischarten. Die Bachforellen bevorzugen saubere Bäche und Flüsse. Außerdem leben dort kleinere Fische: Elritzen, Groppen und die kleinen Bachneunaugen.

**Frösche
und Kröten**
Auf die im mittleren Erzgebirge vorkommenden Frösche und Kröten wird man im Frühjahr aufmerksam, wenn die Tiere die Gewässer aufsuchen, um ihren Laich abzulegen. So wurden am Feuerlöschteich in Olbernhau weit über 1 000 Grasfrösche beobachtet und an einem Krötenzaun in Pockau fast 1 000 Tiere. Molche – wie der zur Laichzeit schön buntgefärbte Kammmolch – leben in kleinen Gewässern. Feuersalamander bevorzugen Laubwälder und fallen uns vielleicht nach einem warmen Sommerregen durch ihre orange-schwarze Färbung auf. Den Winter verbringen sie in frostfreien Erdlöchern und auch in Kellern von Gebäuden.

Schlangen
Lediglich zwei Schlangen sind bei uns heimisch: die die Nähe des Wassers liebende Ringelnatter und die Kreuzotter, die einzige Giftschlange im Gebiet, die aber recht selten geworden ist. Die häufig vorkommende Blindschleiche ist eine beinlose Eidechse.

Vögel
Die Vögel unseres Gebietes sind durch die Tätigkeit mehrerer Ornithologengruppen recht gut erforscht, die unter anderem festgestellt haben, dass es im Flöhatal über 80 Brutvögel gibt. Interessant ist, dass das Erzgebirge wieder vom Uhu besiedelt worden ist, der lange verschwunden war. Mehrere Brutpaare des Schwarzstorchs, der früher hier gar nicht vorkam, führen in den Wäldern ein recht verstecktes Leben. Unter Nistplatzmangel leiden oft die Höhlenbrüter: Hohltaube, Sperlingskauz, Kleiber und auch der Gartenrotschwanz dadurch, dass Bäume mit Höhlen häufig den Sägen zum Opfer fallen. Ähnliches gilt für die Schwalben: Mehlschwalben werden oft vertrieben, wenn sie unter dem Dachvorsprung ihre Nester bauen wollen, und die Rauchschwalben finden kaum noch einen offenen Stall oder Hausflur, in dem sie brüten können.

Säugetiere
Bei den Säugetieren muss in erster Linie das jagdbare Wild genannt werden. Hirsche und Rehe sind oft in Überzahl vorhanden und verursachen in den Laubholzbeständen Verbiss-Schäden. Schwarzwild kann sich durch ein reiches Nahrungsangebot auf den Feldern im Sommer vermehren und ist oft in der Lage, sich den Nachstellungen der Jäger zu entziehen. Selten geworden sind die Hasen, vor allem durch die Veränderungen in der Landwirtschaft mit ihren Großmaschinen. Dachs und Fuchs kommen hingegen nicht selten vor. Der letztere wird immer wieder als Überträger der Tollwut bekämpft, obwohl er ein wichtiger Mäusevertilger ist. Kleinsäuger, das heißt die verschiedenen Mäusearten und Wühlmäuse, werden durch Gewölleuntersuchungen und Fallenfänge erforscht. Nur ganz selten bekommen wir die nachtaktiven Haselmäuse und Siebenschläfer zu Gesicht.
Seit einigen Jahren gibt es in der heimischen Fauna einen Neubürger, der nachts auf Beutesuche geht, der Waschbär.

Eine wichtige Rolle als Vertilger nachts fliegender Schadinsekten spielen die Fledermäuse. Zehn verschiedene Arten leben hier im Gebirge. Ihre Populationen sind gefährdet durch das zunehmende Fehlen von Sommerquartieren, das vor allem den übergründlichen Altbaurenovierungen geschuldet ist. Helfen kann hier das Aufhängen von Fledermauskästen.

Wanderziele im Flöhatal

Naturschutzgebiet Bärenbachtal

Besonders sehenswert sind die Wälder des Bärenbachtales. Es handelt sich um recht großflächige, naturnahe Bestände, die vorwiegend von Buche, teils aber auch Berg-Ahorn und Esche gebildet werden – eine Erscheinung, welche für die nährstoffreicheren Waldböden in der Umgebung von Olbernhau generell ziemlich typisch ist. Die flachgründigen Kuppenlagen bedeckt ein bodensaurer, artenarmer Buchenwald. Talwärts werden die Böden tiefgründiger und nährstoffreicher, so dass sich ein fließender Übergang von den bodensaueren zu den Waldmeister-Buchenwäldern vollzieht. Dieser Übergang zeigt sich am häufigeren Vorkommen von Wald-Flattergras und Goldnessel. Die Unterhänge und Muldenlagen sind quellig und nährstoffreich. Mit zunehmender Nässe werden die springkrautreichen Waldmeister-Buchenwälder und die Edellaubbaum-Zwischenwälder von Winkelseggen-Erlen-Eschen-Quellwäldern abgelöst. Hier finden wir mit Milzkraut, Einbeere oder auch Zwiebeltragender Zahnwurz die anspruchsvollsten Waldarten und zugleich den höchsten Artenreichtum. Als Rest naturnaher und landschaftstypischer Wälder wurde das gesamte Gebiet 1961 als NSG „Bärenbach" unter Schutz gestellt.

 ## Bärenbachwiese

Die als Naturdenkmal ausgewiesene Bärenbachwiese liegt bei etwa 600 m Höhenlage in einer nach Südwesten geneigten Talmulde nahe der Stadt. Sie ist ein Beispiel für eine gut erhaltene Bergwiese, wie sie früher durch meist einmalige Mahd mit der Sense zur Gewinnung von Heu als Winterfütterung für Haustiere genutzt wurde, und zeichnet sich durch einen einmaligen Artenreichtum aus. Während die Hänge Trockenstandorte mit Borstgras und Bärwurz bilden, wechseln diese in Bachnähe in feuchte zum Teil nasse Bereiche mit Binsen, Seggen und Torfmoosarten. Dazwischen wachsen recht selten gewordene Pflanzen wie Fieberklee, Schmalblättriges Wollgras und das zierliche, rosablühende Wald-Läusekraut. Schon Ende Mai, wenn die Talhänge Wärme abstrahlen, beginnt das Breitblättrige Knabenkraut zu blühen, später das Geflecke Knabenkraut und die Große Händelwurz. Mit jährlich wechselnden Beständen erscheinen dann im Juni das Große Zweiblatt und die Grünliche Waldhyazinthe.

In der Mittsommerzeit schmückt die Wiese ein Mosaik aus verschiedenen gelbblühenden Korbblütlern. Das sind an feuchten Stellen der Sumpf-Pippau, in trockeneren Bereichen das Gewöhnliche Habichtskraut und in den Borstgrasrasen das Kleine Habichtskraut. Das Besondere an der Bärenbachwiese sind aber die vielen Exemplare der Arnika, die dann im Juni die ganze Wiese in ein leuchtendes Gelb tauchen. In guten Jahren können bis zu 3000 blühende Pflanzen gezählt werden. Also ein wirkliches Kleinod, wenn man

Arnika

bedenkt, dass die Arnika, die kalkarme, etwas torfige Böden liebt, an vielen Stellen, an denen sie ehemals vorkam, bereits ausgerottet ist. Daran sind auch die Erzgebirger mit schuld. Denn noch immer sammeln manche die Blütenköpfe, setzen sie mit Alkohol auf und verwenden diese Tinktur als Einreibung bei Gliederschmerzen.

Die Wiese wird im August von Naturschützern gemäht. Danach blüht noch der Gewöhnliche Augentrost, und verschiedene Korbblütler bilden nochmals Blüten aus.

Was die Wiese über diese reiche Pflanzenwelt hinaus besonders interessant macht, ist ein Kulturdenkmal besonderer Art: Anlässlich des 50. Geburtstages des Heimatforschers und Schriftstellers Dr. Diener Alfons von Schönberg, des ehemaligen Besitzers des Schlosses Pfaffroda, pflanzten Waldarbeiter im Jahre 1929 am linken Talhang der Wiese eine Fichtenhecke in Form der Buchstaben und Zahlen „A. D. v. S 1929". Die Bürger von Olbernhau wandern gern an schönen Tagen zu ihrer „Schriftwiese".

Im Bärenbachtal weist ein Lehrpfad mit Schautafeln, der von Naturschützern angelegt wurde, auf Besonderheiten in der Tier- und Pflanzenwelt hin. Geht man an der Bärenbachwiese vorbei zur so genannten „Hand" (einer Wegkreuzung, die ihren Namen von früher dort vorhandenen handförmigen Wegweisern hat) und hält sich dann rechts, so kommt man zur „Relhökwiese". Die merkwürdige Bezeichnung erklärt sich als rückwärts gelesener Name des Besitzers einer kleinen Gaststätte in der Nähe. Ursprünglich gab es hier fast dasselbe Artenspektrum wie auf der Bärenbachwiese. Weil aber in den letzten Jahren nur der obere trockenere Teil von Naturschützern gepflegt wurde, sind die übrigen Teile mehr vernässt und im ganzen noch deutlich feuchter geworden. Man findet also noch mehr Seggen und Binsen, Sumpf-Schafgarbe und Wald-Engelwurz, mehrere Torfmoosarten und andere Moose, die Feuchtigkeit lieben, wie die Arten der Gattung *Drepanocladus*. Etwas Arnika ist noch vorhanden. Bemerkenswert sind die Niederliegende Schwarzwurzel und die seltene Kriech-Weide. Diese Nasswiesen lassen sich den Braunseggen-Sumpfgesellschaften zuordnen.

Reukersdorfer Heide

Die Reukersdorfer Heide ist ein Talmoor im Bereich der Flöha-Aue, das sich östlich des Flusses über fast 2,5 km erstreckt. Untersuchungen von vertorften Pflanzenresten an einer Torfstichkante ergaben, dass die Moorbildung an dieser Stelle im Atlantikum einsetzte, also etwa vor 5000 bis 7800 Jahren und damit relativ spät.

Abb.: Flöhatal-Weitung bei Reukersdorf/ Blumenau mit moorigen Auebereichen

*Torfge-
winnung*

Vom Moorkörper ist heute kaum etwas übrig – er wurde bis 1979 zur Torf-gewinnung abgebaut. Einzelne Torfstichkanten zeugen noch davon. Heute findet sich ein Mosaik aus kleinen Birkenwäldchen, Brachen und Wiesen. Tiefe Gräben umgrenzen insbesondere den Teil südlich der Flöhabrücke. Sie schneiden das Moor von seinen Einzugsgebieten ab und legen es trocken. Wo die Torfstichsohlen trotz allem noch nass sind, finden sich unter den Birken nährstoffbedürftige Arten wie Wald-Schachtelhalm, Gemeiner Gilbweiderich, Sumpf-Veilchen und Sumpfdotterblume. Es handelt sich um ein Vorstadium zum Erlen-Bruchwald – ein Waldtyp, wie er stellenweise bereits zu Beginn der Moorbildung schon einmal existiert haben könnte – bevor sich anspruchslosere Moorvegetation ansiedelte und mehrere Meter mächtige Torfe aufwuchsen

Nasswiese

Teile des ehemaligen Moores stehen heute als Flächennaturdenkmal unter Schutz. Es stellt im wesentlichen eine Nasswiese dar mit Sumpf-Dotterblumen im Frühjahr, denen dann der Wiesen-Knöterich folgt. Man kann sie wenigstens in Teilen als Sumpfdotterblumenwiese ansprechen. Eine Teilfläche, die Kriterien des § 26 des Sächsischen Naturschutzgesetzes („Besonders Geschütztes Biotop") erfüllt, ist mit Wollgras, vielen Seggen und Binsen und reichlich Pfeifengras bewachsen.

Ärger macht den Naturschützern, dass irgend jemand Reste von Riesen-Bärenklau auf einer ehemaligen kleinen Mülldeponie eingebracht hat, der sich seit zwei Jahren rasant ausbreitet. Mitglieder des Naturschutzbundes wollen durch Bekämpfung des Eindringlings dafür sorgen, dass die sich allmählich an natürliche Feuchtwiesen annähernden Biotope nicht weiter beeinträchtigt werden.

Im Frühjahr und im Herbst lohnt es sich, über die Steinbrücke auf die andere Seite der Flöha zu gehen und die großen schwarzen Ackerflächen zu betrachten, die die Stelle des ehemaligen Kohlplatzes kennzeichnen.

(4) Bielatal (bei Olbernhau)

Die Biela fließt bei Kleinneuschönberg in die Flöha. Der Ort ist eine Streusiedlung, die von böhmischen Exulanten gegründet wurde. Sie arbeiteten im Wald, bei der Flöße und auf dem Kohlplatz in Blumenau. An der Biela lagen mehrere Mühlen, Öl-, Mahl- und Brettmühlen, die deren Wasserkraft nutzten. Das Bielatal zieht sich als Kerbsohlental in Nordostrichtung nach Pfaffroda hin. Der Bach mäandriert in den Wiesen, die im Frühjahr von Frühblühern leuchten. Es sind: Busch-Windröschen, Sumpf-Dotterblumen und Himmelschlüssel. Die Wiesen werden den Sommer über als Weiden genutzt und sind daher auch nicht besonders artenreich.

Arlitzwald

Rechts vom Bach erstreckt sich in Südrichtung zur Alten Poststraße hin der Arlitzwald (Arlitze ist ein alter Name für den heute noch im Gebiet auffällig stark verbreiteten Ahorn). Er besitzt eine interessante Bodenflora mit Rauer Trespe, Nickendem Perlgras, Wald-Flattergras, Vielblütiger und Quirlblättriger Weißwurz sowie Grüner Waldhyazinthe. Außerdem fallen mehrere

Abb.: Zwei Teiche stauen in Pfaffroda das Wasser der Biela an.

Farnarten auf: Gewöhnlicher Wurmfarn, Wald-Frauenfarn und Eichenfarn (unter Rotbuchen).

In Pfaffroda, einer Gründung von Mönchen, vielleicht aus dem Kloster Osek, fällt sofort das Schloss ins Auge. Die Bauten entstammen dem 16. Jahrhundert. Heute ist das Schloss ein Seniorenheim, außerdem beherbergt es ein kleines Museum. Botanisch interessierte Besucher sollten die Mauern des Schlosses beachten: hier hat sich in größeren Beständen Stängelumfassendes Habichtskraut angesiedelt, das eigentlich an kalkhaltigen Felsen in Süddeutschland beheimatet ist.

Folgt man dem Bach weiter aufwärts, kommt man durch Schönfeld und Dittmannsdorf, zwei typische Waldhufendörfer, in denen mehrere große Teiche und der Dittmansdorfer Kunstteich mit einer interessanten Flora liegen, die der in den Großhartmannsdorfer Teichen gleichkommt (siehe Kapitel „Bergwerksteiche südlich von Brand-Erbisdorf"). Die Biela selbst entspringt in einer Quellmulde zwischen Sayda und Pilsdorf.

Alte Leite

Die „Alte Leite" ist ein Naturschutzgebiet, das zeigt, wie ein naturnaher Hangwald im Erzgebirge aussehen kann. Eine Wanderung beginnt man am besten an der Brücke über die Flöha bei der ehemaligen Papierfabrik in Nennigmühle – ein kleiner Ortsteil unterhalb von Blumenau. Der sehr steile, über 100 m hohe und blockreiche Prallhang der Flöha wird von Felsen durchragt und beherbergt einen Mischwald. Neben Rot-Buche sind Berg-Ahorn und Sommer-Linde die wichtigsten Baumarten, außerdem an feuchten Stellen Gewöhnliche Esche, einige Stiel-Eichen, Hainbuchen,

Waldmeister-Buchen-wald

Ulmen und Spitz-Ahorn. Man kann diesen Laubwald auf reicheren Böden dem Waldmeister-Buchenwald, auf ärmeren dagegen dem Hainsimsen-Buchenwald zuordnen, wobei auch Übergänge ausgebildet sind, die charakteristische Arten beider Waldtypen enthalten. An den Hangfüßen finden

Eschen-Ahorn-Schlucht-u. Schatt-hangwald

sich zudem artenreiche Bestände des Eschen-Ahorn-Schlucht- und Schatthangwaldes.

Im Frühjahr bedeckt den Boden eine interessante Flora von Frühblühern. Neben den im Erzgebirge häufigen Buschwindröschen stehen auch einige Gelbe Windröschen. Große Teppiche des Hohlen Lerchensporns bedecken im April den Waldboden. Dort wachsen auch die niedrige Haselwurz und die Frühlings-Platterbse. Zum Sommer hin blühen Quirlblättrige und Vielblütige Weißwurz sowie der Gefleckte Aronstab mit seinen merkwürdigen

Aronstab

Kesselfallenblüten. Mit Aasgeruch lockt die Pflanze Fliegen an, die an den glatten Blütenwänden abrutschen und von einem Haarkranz solange in der Falle festgehalten werden, bis sie den Pollen eines vorher besuchten

Abb.: Wald-Geißbart

Aronstabes an der Narbe abgestreift und sich mit neuem Pollen beladen haben. Dann verwelkt der Haarkranz und gibt den Weg nach oben frei. Weil die Fliege kein besonders intelligentes Tier ist, fällt sie bei der benachbarten Falle auf denselben Trick noch einmal herein – und sorgt so für Nachkommenschaft beim Aronstab.

Unten an der Flöha fallen die großen Stauden von Wald-Geißbart, Ausdauerndem Silberblatt und Wolligem Hahnenfuß auf. Hier kommen alle drei Springkrautarten vor: das bei uns heimische Große Springkraut („Rühr-mich-nicht-an"), das 1855 aus dem Botanischen Garten Dresden „entflohene" und bald darauf zugewanderte Kleine Springkraut und schließlich unten am Fluss das Drüsige Springkraut – ein großer Neophyt, der sich seit 30 Jahren rasant an Flüssen und Bächen ausbreitet. Den Waldboden bedecken unter anderem Wald-Bingelkraut, Waldmeister und Goldnessel. Glanzlicht in dieser reichhaltigen Flora ist aber die Türkenbund-Lilie, die in vielen Exemplaren im Buchenwald blüht.

Anthrazit-Halde Brandov/Brandau

Wenn man sich für die Reste des ehemaligen Steinkohlenabbaus in Olbernhau interessiert, geht man am besten auf die tschechische Seite über den Grenzübergang Grünthal, denn die Halde in Olbernhau hinter dem Schwimmbad ist stark verwachsen und wenig ergiebig.

Karbon

Im Karbon hatte sich eine große Senke gebildet, in die Flüsse Ablagerungen – Sande, Tone und Geröll – einschwemmten. Da die Erdscholle, auf der sich heute Europa befindet, damals in Äquatornähe lag, entwickelte sich eine vielgestaltige, üppige Flora aus blütenlosen Pflanzen (Kryptogamen): Siegelbäume, baumartige Schachtelhalmgewächse und Baumfarne, die die Höhen heutiger Bäume erreichten. Bei Vulkanausbrüchen und anderen Naturereignissen wurden diese Wälder mehrfach wieder vernichtet und mit Deckschichten überlagert Die eingelagerten Pflanzensubstanzen wandelten sich durch höhere Drücke und Temperaturen unter Luftabschluss in Kohle um.

Das kleine Steinkohlenlager in der Olbernhauer Talwanne – aus vier Flözen bestehend, das stärkste war nur 70 cm mächtig – lohnte nur kurze Zeit den Abbau und zwar von 1854 bis 1924. Die Steinkohle wurde auf der böhmischen Seite untertage in der Gabriela-Zeche abgebaut, mit einer Seilbahn nach Olbernhau befördert, gewaschen, sortiert und auf die Bahn verladen.

Halde

Am Ortsrand von Brandov befindet sich eine lange Halde, vorwiegend aus Schieferton und Sandstein, auf der man mit etwas Glück Abdrücke der Pflanzen finden kann, aus denen die Steinkohle gebildet wurde: Sigillarien, Bärlappe und Schachtelhalme. Belege dafür kann man im Olbernhauer Museum „Haus der Heimat" sehen. Die schönsten Fundstücke befinden sich in Halle.

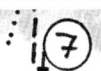

Flöhatal unterhalb Pockau

Jüdenstein

Nördlich von Pockau umfließt die Flöha den Hammelberg, an dessen Hang, neben Fichtenforsten, ein alter Buchenwald stockt. Vom Jüdenstein, einem markanten Gneisfelsen, kann man hinunter in das Tal der Flöha sehen, die sich hier tief in den Gneisriegel eingeschnitten hat. Den schattigen Waldboden bedecken Gewöhnlicher Wurmfarn und Wald-Frauenfarn. Auch den seltenen Rippenfarn kann man noch finden, außerdem den kleineren Buchenfarn und, meist unter Buchen, den Eichenfarn. Lichtere Stellen im Wald besiedeln das rosablühende Schmalblättrige Weidenröschen und das

Fuchs-Kreuzkraut mit kleinen gelben Korbblüten. In feuchten kleinen Bachtälchen mit Gewöhnlichen Eschen und Schwarz-Erlen wachsen im Frühjahr Wechsel- und Gegenblättriges Milzkraut, Sumpf-Dotterblume und Himmelschlüssel. Auch alle drei Springkraut-Arten wachsen hier. Direkt am Flöhaufer bemerken wir im zeitigen Frühjahr die rosa Blütenstände und im Sommer die großen Blätter der Gewöhnlichen Pestwurz, die verwandte Weiße Pestwurz bleibt auf das höhere Gebirge beschränkt.

Abb.: Rote Pestwurz

Am Flussufer selbst wachsen Schwarz-Erlen und Bruch-Weiden. Die letzteren haben ein neutral reagierende Rinde und sind, seitdem die hohen Luftbelastungen durch Schadstoffe deutlich verringert wurden, Standorte für eine Reihe von Moosen und Flechten, die dort als Epiphyten (das sind Pflanzen, die auf anderen Pflanzen wachsen) eine ökologische Nische für ihre Existenz finden.

Viele Vögel bewohnen den Laubwald. Unten an der Flöha bemerkt der aufmerksame Beobachter die Wasseramsel, die im Wasser nach Beutetieren taucht, und vielleicht den prächtigen Eisvogel, der die Lehmwände an den Ufern zur Anlage seiner Nisthöhle braucht.

Kurz vor Rauenstein weitet sich das Tal etwas, bietet schmalen Wiesen Platz und öffnet den Blick auf das Schloss Rauenstein.

8 Rauenstein

Das eindrucksvolle alte Schloss Rauenstein befindet sich an einem steilen Hang oberhalb der Flöha und dominiert das Tal. Vermutlich geht es auf eine erste, um das Jahr 1000 errichtete Anlage zurück, die schon weit vor der Gründung der Stadt Lengefeld vorhanden war. Heute ist es, nachdem es bis 1990 ein staatliches Kinderheim war, wieder in Privatbesitz.

Natur-schutz-gebiet

Das Naturschutzgebiet beherbergt – wie die bereits beschriebene „Alte Leite" bei Blumenau – naturnahe Wälder, allerdings treten Edellaubbäume

(Esche, Berg-Ahorn, Sommer-Linde, Berg-Ulme) gegenüber der Buche in den Vordergrund. Mit Stiel-Eiche und Hainbuche kommen zudem wärmebedürftige Arten der tiefern Lagen hinzu. Neben diesem außergewöhnlichen Artenreichtum fällt die Baumschicht auch durch eine in Vergleich zu den erzgebirgischen Fichtenforsten ungewöhnliche kleinräumige Vielfalt auf. Vegetationskundlich handelt es sich um einen Eschen-Ahorn-Schlucht- und Schatthangwald. Ursache für das besondere Gepräge des Gebietes ist eine seltene standörtliche Konstellation – reiche und durch Hanglage zugleich bewegte (kriechende) Böden.

Eschen-Ahorn-Schlucht- und Schatt-hangwald

Im Frühjahr breitet sich eine reiche Bodenflora von Frühblühern aus. Der Hohle Lerchensporn bedeckt große Flächen, zwischen denen nur wenige Pflanzen des früher blühenden Mittleren Lerchensporns zu finden sind. Viele Busch-Windröschen stehen hier. Zwischen dem Weiß ihrer Blüten fallen die Blüten des Gelben Windröschens auf. Auch der Bär-Lauch, der im Erzgebirge nicht so häufig ist wie im Flachland, hat hier ein kleines Vorkommen. Am Wegrand fällt die Schuppenwurz auf, eine blasse Pflanze ohne Blattgrün, die auf Baumwurzeln schmarotzt. Später können wir den Gefleckten Aronstab mit seinen interessanten Blüten beobachten. Im Schatten der Laubbäume steht ein kleiner frühblühender und stark duftender Strauch, der Gewöhnliche Seidelbast, eine Giftpflanze. Unten an der Flöha wachsen Wald-Geißbart und Wolliger Hahnenfuß, außerdem Ausdauerndes Silberblatt, das im Herbst und Winter durch seine großen, silbrig glänzenden Früchte auffällt. Im Sommer sind im Naturschutzgebiet einige Exemplare der Türkenbundlilie das besondere Kleinod des Laubwaldes.

Des Weiteren gibt es hier charakteristische Moose wie das kleine Zwerg-Spaltzahnmoos *(Fissidens pusillus)* an kalkhaltigen Felsen. Das Gebiet ist durch seine kalkhaltigen Boden auch Fundort seltener Pilze.

9   Saidenbach-Talsperre und Umgebung

Im Tal des Saidenbaches, der am Saidenberg bei Obersaida entspringt, wurde in den Jahren 1928–1933 die Saidenbachtalsperre gebaut, die 22,4 Millionen Kubikmeter Wasser speichern kann und vor allem die Stadt Chemnitz mit Trinkwasser versorgt. Eine 334 m lange und 48 m hohe Staumauer hält hier das Wasser des Saidenbachs, des Haselbachs und des Lippersdorfer Bachs zurück. Im Tal befanden sich mehrere Mühlen, wie z.B. die Pulvermühle und die Hölzelmühle, die der Talsperre weichen mussten.

Trinkwasser

Ein Naturlehrpfad, der von Naturschutzfreunden unterhalb der Staumauer angelegt wurde, gibt eine Einführung in die Tier- und Pflanzenwelt des Gebietes. Buchenwälder, die im Frühjahr eine reiche Bodenflora von Frühblühern aufweisen, säumen den Weg. Später decken den

Waldboden schattenertragende Pflanzen, wie Wald-Sauerklee und Schattenblümchen.

Forchheim   Das 1299 erstmals urkundlich erwähnte Forchheim ist ein Waldhufendorf, dessen wichtigster Erwerbszweig über Jahrhunderte die Landwirtschaft war. Das bedeutendste Baudenkmal im Ort ist die 1719 von George Bähr (dem Architekten der Dresdner Frauenkirche) erbaute Kirche einschließlich ihrer Silbermannorgel. Das Forchheimer „Schloss" ist das Herrenhaus eines ehemaligen Rittergutes.

Von der Höhe über Forchheim hat man einen schönen Blick auf die Wasserfläche der großen Stauanlage. Nach dem Talsperrenbau wurden auf den ehemaligen Landwirtschaftsflächen rings um den Wasserkörper, genauso wie an allen Trinkwasserspeichern des Erzgebirges, Fichten gepflanzt, um den Eintrag von Verunreinigungen zu minimieren. In etwas weiterer Entfernung vom Stausee entstanden hier im Einzugsgebiet der Saidenbachtalsperre aber auch Erlenaufforstungen, die heute teilweise durchaus sehr naturnahen Charakter haben.

An der Schafbrücke quert die Straße Forchheim – Lippersdorf den in Obersaida entspringenden Saidenbach sowie den hier einmündenden Gruthenbach. Geht man vor der Brücke am Bach abwärts, erreicht man das Ufer der Talsperre. Hat sich in trockenen Jahren der Wasserspiegel abgesenkt, so *Uferflächen*   bildet sich auf den sandigen und schlammigen Uferflächen eine interessante Flora heraus. Große Bestände bilden der Dreiteilige Zweizahn, die Schlank-Segge, der Scharfe und der Brennende Hahnenfuß. Niedriger sind das silbergraue Sumpf Ruhrkraut, die Nadel-Sumpfsimse und die Fadenförmige Binse. Den Schlamm bedecken stellenweise charakteristische Moosgesellschaften mit mehreren *Abb.: Stern-*   Arten der Gattungen Sternlebermoos *(Riccia)*, *lebermoos*   Birnmoos *(Bryum)* und kleine Moose, die sonst auf feuchten Äckern wachsen.

Lippersdorf   Lippersdorf ist ein typisches erzgebirgisches Waldhufendorf mit einer markanten Kirche, deren älteste Bauteile wohl noch in das 13. Jh. zurückreichen. Sie hat den Typus einer Wehrkirche, aber ohne Wehrgang und besitzt eine der ältesten Orgeln Sachsens. Jahrhundertelang wurde in Lippersdorf nur Landwirtschaft betrieben, offenbar mit Erfolg: hieß doch das Dorf im Volksmund „die Quarkstadt"! Nach dem Bau der Eisenbahnstrecke bis Marienberg gehörten von der Bahnstation Reifland-Wünschendorf an häufig Lippersdorfer Bauersfrauen zu den Fahrgästen, die mit großen Tragekörben beladen nach Chemnitz fuhren, um dort ihre Landwirtschaftsprodukte zu verkaufen.

An der Straße nach Reifland finden wir rechts ein Denkmal, das an die Pestzeiten erinnert, die mehrmals das Erzgebirge heimgesucht haben. Hier reichten sich in dieser Notzeit – 1680 – der Pfarrer von Lippersdorf und sein Amtsbruder von Lengefeld gegenseitig auf freiem Feld das Abendmahl.

Röthenbacher Wald

Fichtenforst Der Röthenbacher Wald ist zumeist ein etwas eintöniger Fichtenforst mit den montanen Arten Siebenstern und vereinzelt auch dem Rippenfarn. Größere Farne, wie Gewöhnlicher Wurmfarn, Wald-Frauenfarn, Adlerfarn, Dorniger Wurmfarn und stellenweise viele Fichtenjungpflanzen bedecken den schattigen Waldboden. Wo etwas mehr Licht auf den Boden dringt, gibt es auch größere Bestände von Heidelbeeren und Himbeeren. In den ganz dunklen Bereichen ist der Waldboden oft nur von Nadelstreu bedeckt

Moosen oder von Moosen wie dem Gewöhnlichen Widertonmoos, dem Großen Gabelzahnmoos oder dem Rauen Kurzbüchsenmoos. Ganz trockene, aber helle

Flechten le Stellen des Waldbodens werden von Flechten aus der Gattung *Cladonia* besiedelt, z. B. der Becherflechte *(Cladonia pyxidata)*. Die Rotfruchtkörperflechte *(Cladonia coccifera)* mit leuchtend roten Fruchtkörpern wächst auf modernden Fichtenstümpfen. Seit einigen Jahren können an den Bäumen wieder Moose und Flechten als Epiphyten beobachtet werden. Das sind kleine Moose vor allem aus der Gattung Steifblattmoose (Orthotrichum) sowie Blatt- und Bartflechten, die gern an Lärchen und verschiedenen Laubbäumen, besonders Bruch-Weiden und Ahornen, wachsen. Diese waren wegen der Luftschadstoffe, die den sauren Regen verursachen, völlig verschwunden. Die Wiederbesiedlung der Bäume durch Epiphyten ist ein Zeichen dafür, dass sich. die Luftqualität im Erzgebirge verbessert hat.

Lichtungen Auf Lichtungen und an Wegrändern können die typischen Gebirgsarten Bärwurz und Alantdistel und der Hasenlattich gedeihen, auf größeren offenen Flächen auch Schmalblättriges Weidenröschen und Fuchs'sches Kreuzkraut. Nur zwischen Wolfsstein und Flöha gibt es größere Laubwaldbestände mit Rotbuchen, Linden und Hainbuchen und beiden Ahornarten. Schmalblättrige Hainsimse, Wolliges Reitgras und Draht-Schmiele beherrschen die Bodenflora. In den Bachtälchen konnte sich Esche etablieren, und die Wald-Hainsimse, eine ebenfalls montane Art, deckt den Boden.

Ein vom Forstbetrieb angelegter Lehrpfad vermittelt Wissenswertes über die Waldwirtschaft.

 Reifländer Heide

Der Südostzipfel des Röthenbacher Waldes, die Reifländer Heide, hat einen

Moor- deutlichen Moorcharakter. Ähnlich wie in der Reukersdorfer Heide wurde

charakter auch hier Torf gestochen, so dass vom ursprünglichen Moor nichts weiter als ein paar Torfriegel und -dämme sowie eine teils sehr nasse und kaum begehbare Torfstichsohle übrig ist. Das in einer flachen Mulde gelegene und etwa einen viertel Quadratkilometer große Feuchtgebiet ist stark bewaldet. Am trockenen Südwestrand stockt ein Birken-Fichten-Mischbestand mit einzelnen Berg-Ahornen. Rasen-Schmiele und Faulbaum deuten auf einen nässegeprägten Boden hin. Je weiter wir ins Bestandesinnere und damit in die Mulde vordringen, um so stärker wird diese Nässe. Gemeiner

Gilbweiderich, Wiesen-Segge, Rohrglanzgras, Sumpf-Veilchen, das zierliche Hunds-Sraußgras, Flutender Schwaden, Torfmoosrasen und selten auch Schmalblättriges Wollgras bestimmen jetzt das Bild. Der flachwurzligen, gegenüber Dauernässe empfindlichen Fichte ist es hier zu ungemütlich, sie überlässt diesen Bereich ganz der Birke. Der Boden besteht aus aufgeweichtem, ca. 60 cm tiefem Torfschlamm und ist entsprechend tückisch. Ein kleiner Bach verlässt das Gebiet. Viel Eisenocker an seinem Grund deutet auf starke Quellwasseraustritte hin. Im östlichen Gebietsteil mischt sich der Birke verstärkt die Aspe bei – ebenso wie die Birke ein Pionierbaum, der in unseren Hochleistungswäldern bisher kaum geduldet wurde. Neben Pfeifengras fällt hier der Wald-Schachtelhalm auf. Am nördlichen Waldrand warnen Waldsimse und Helmkraut den Wanderer vor all zu mutigen Schritten. Sie bedecken knietiefe Quellbereiche.

Wie das Moor vor seiner Abtorfung beschaffen war, ist unerforscht. Im Gegensatz zu den Hochmooren des Erzgebirgskammes bei Deutscheinsiedel oder Zinnwald hat es heute einen nährstoffreichen Charakter und steht damit den reichen Moorflecken um Forchheim und Mittelsaida botanisch viel näher. Die Birken-Moorwälder zeigen bereits Übergänge zu montanen Sumpfdotterblumen-Erlenwäldern. Die nassesten Gebietsteile unterliegen *Sumpfdot-* einer langsam ablaufenden Wiedervernässung und Regeneration. Geht *terblumen-* man von durchschnittlich 1 mm Torfbildung je Jahr aus, haben 1 m Torfab- *Erlenwälder* bau etwa 1000 Jahre Moorbildung vernichtet. Es wird also für menschliches Ermessen ausgesprochen lange dauern, eher der frühere Zustand auch nur annähernd erreicht ist.

Wanderziele in der Umgebung

Nicht nur rechts der Flöha bieten sich dem naturkundlich interessierten Wanderer zahlreiche reizvolle Ziele an, sondern auch westlich davon. Auch wenn diese Ziele damit bereits im Mittleren Erzgebirge liegen, sollen hier wenigstens die wichtigsten mit erwähnt werden.

 ## Kamenný vrch / Steindl

Zum Steindl steigt man am besten auf einem Weg durch den Fichtenwald *Basaltdecke* empor. Man kommt dann an die Kante der etwa 15 m hohen Basaltdecke, die in Säulen gegliedert ist, die beim Erstarren der Basaltschmelze entstanden sind. Oben hat man einen schönen Blick auf die Olbernhauer Talwanne. Auf der Basalt-Platte des Steindl selbst ist der Fichtenwald weitgehend den Rauchschäden zum Opfer gefallen, so dass sich zwischen den wenigen Laubbäumen dicke Grasteppiche aus Wolligem Reitgras und Draht-Schmiele bilden konnten, die kaum andere Pflanzen aufkommen lassen. Hier und da wachsen dazwischen Harz-Labkraut und Blutwurz-Fingerkraut.

Auf der Kuppe in 842 m Höhe stehen alte Rotbuchen und Ebereschen. Es sind aber auch Fichten und Blaufichten nachgepflanzt worden, die heute bei verbesserten Umweltbedingungen wieder gedeihen. Die alten Rotbuchen weisen viele Höhlen auf, in denen Dohle und der Raufußkauz nisten. Auch der Schwarzstorch brütet irgendwo in dieser Höhe.

Naturschutzgebiet „Rungstock"

naturnahe Buchenwaldkomplexe

Südwestlich von Olbernhau – dem Naturschutzgebiet (NSG) „Bärenbach" gewissermaßen gegenüber – befindet sich im Tal des jungen Rungstockbaches das fast 160 ha große NSG „Rungstock". Insgesamt umfassen die naturnahen Buchenwaldkomplexe um Olbernhau mehr als 550 ha, eine bemerkenswerte Größenordnung!

Sickerquellen

Der anstehende Rot-Gneis bildet im Gebiet vergleichsweise nährstoffreiche Böden, obwohl er von Natur aus zu den sauren Grundgesteinen zählt. Ursache hierfür ist die große Zahl an Sickerquellen und Rinnsalen, die das schwach eingemuldete Tal prägen. Die Pflanzengemeinschaften ähneln folglich auch denen des NSG „Bärenbach": Neben dem bodensauren Buchenwald haben artenreiche Waldmeister-Buchenwälder und Übergänge zu diesen hohe Flächenanteile. Ebenso sind Quellwälder mit Esche anzutreffen. In den Mulden fällt der Reichtum an feuchtebedürftigen Farnen auf. Die Höhendifferenz von 190 Meter vom Fuß des NSG (540 m) bis in Kammnähe (730 m) macht sich auch in der Artengarnitur bemerkbar. Ist in den unteren Bereichen die wärmebedürftige Eiche noch am Waldaufbau beteiligt, erreicht in den oberen Teilen die frostharte Fichte höhere Anteile in den Buchenbeständen. Findet sich in Talnähe noch Wald-Reitgras, dominiert im Kammnähe Wolliges Reitgras. In den höchstgelegenen Teilen zeigen sich bereits Übergänge zum Wollreitgras-Fichten-Buchenwald. Bis in die 1980er Jahre stand hier die wohl schönste und mit 72 m³ Holz auch größte Tanne Deutschlands.

Naturwaldzelle

Deutliche Schäden brachten die Schwefeldioxid-Immissionen der 1980er und 1990er Jahre. Heute beherbergt das Naturschutzgebiet eine 38 ha große, nach Waldgesetz geschützte Naturwaldzelle, in der die natürliche Dynamik der Wälder unter (möglichst völligem) Ausschluss menschlicher Beeinflussungen beobachtet und analysiert werden soll. Das Verständnis der Naturprozesse, des Werden und Vergehens im Wald soll dann letztlich als Schlüssel zu einer fundierten, naturnahen und nachhaltigen Waldwirtschaft dienen.

⑭ Serpentinvorkommen bei Ansprung

Serpentinit

Eine Besonderheit stellt das Vorkommen von Serpentinit bei Zöblitz dar. Ein aufgelassener Steinbruch mit Halde auf der Höhe nordöstlich von Ansprung steht als Flächennaturdenkmal unter Schutz und befindet sich im Eigentum des Naturschutzbundes.

Der aus ultrabasischen Magmatiten in der Tiefe des Erdmantels entstandene Serpentin – besser Serpentinit – ist ein wasserhaltiges Magnesiumsilikat von verschiedener, meist grünlicher bis schwarzer Farbe. Über Jahrhunderte haben ihn geschickte Handwerker zu Schmuckstücken und Schmuckelementen verarbeitet (Säulen, Altäre, Wandverkleidungen), die man in der Kirche in Zöblitz, im Dom in Freiberg sowie in der Hofkirche und in der Semperoper in Dresden bewundern kann. In kleinem Umfang gibt es diese Produktion noch heute.

*Abb.: Tannen-
Teufelsklaue
– ein Bärlapp-
gewächs*

Farne

*Abb. re. ob.:
Keilblättri-
ger Serpen-
tinfarn,
unt.: Mond-
rautenfarn*

Aus dem Serpentinit entsteht bei seiner Verwitterung ein deutlich anderes Bodensubstrat als aus dem im Umfeld anstehenden Gneis, was sich auch in der Flora des Gebietes deutlich zeigt. Das Besondere sind vor allem drei kleine Farne, die nur auf Serpentinit vorkommen: der Keilblättrige Serpentinfarn, der Braungrüne Streifenfarn und schließlich ein Bastard aus letzterem und dem Grünen Streifenfarn. Dort wachsen auch drei weitere interessante Kryptogamen: der kleine Mond-Rautenfarn, den man nur bei genauem Suchen findet, die Teufelsklaue und die Natternzunge. Im Juni leuchten auf der ehemaligen Halde des Steinbruchs die roten Blüten der wärmeliebenden Pechnelke und der Heide-Nelke. Gelb blühen das Kleine Habichtskraut, das Gewöhnliche Habichtskraut und der Gewöhnliche Hornklee.

Ein weiterer alter Serpentinbruch und Halden befinden sich in Ansprung. Der größte Tagebau mit riesigen Halden liegt aber in Zöblitz. Hier wird nur noch in geringem Umfang Serpentin abgebaut.

Als Ausgleichsmaßnahme für die letzte Erweiterung des Tagebaues wurde Haldenmaterial auf einer Wiese aufgeschüttet, auf dem sich die oben geschilderte Flora, besonders die Serpentinfarne, wieder ausbreiten. Auch auf der großen Halde soll nach Aufbringung von Serpentinschutt im vergangenen Jahr eine solche Rekultivierung initiiert werden.

. . . .

Kalkwerk Lengefeld

Das Kalkwerk Lengefeld mit seinem Umfeld ist ein wichtiges Naturdenkmal, das gleichzeitig eine bemerkenswerte Naturausstattung, einen produzierenden Betrieb und ein technisches Denkmal an einem gemeinsamen Ort

Museum

repräsentiert. Mitarbeiter des Museums Kalkwerk, in dem neben der Geschichte des Kalkabbaus auch das Leben der Kalkarbeiter und die Rolle des Kalkwerks als Versteck von Bildern der Dresdner Gemäldegalerie 1945 dargestellt sind, vermitteln im Sommerhalbjahr durch Führungen auf die Bruchsohle einen Einblick in die Flora.

Dolomit-
marmor

Der Dolomitmarmor von Lengefeld entstand aus marinen Ablagerungen im Unteren Kambrium in den tieferen Schichten der Erdkruste. Auf Grund tektonischer Hebungsvorgänge befindet er sich heute nur in geringer Tiefe. Das Vorkommen ist bei der Suche nach Erzen entdeckt worden. Der Dolomitmarmor enthält etwa 30 verschiedene Mineralien, darunter Pyrit, Bleiglanz und Zinkblende. Mehrere Jahrhunderte lang wurde hier „Kalk",

Abb.:
Massenbe-
stand der
Gefleckten
Kuckucks-
blume

wie das Gestein landläufig genannt wird, gewonnen und gebrannt. Die Augustusburg und die Stadtmauern in Marienberg und Freiberg sind mit Kalk aus Lengefeld gebaut worden. Heute wird das Gestein nur zerkleinert, in verschiedene Korngrößen sortiert und in der Putz- und Betonsteinindustrie, für Farbpigmente und in der chemischen Industrie verwendet. Seit etwa 1960 erfolgt der Abbau auf mehreren Sohlen ausschließlich untertage.

Dadurch hat die Natur im ehemaligen Tagebau Ruhe und kann sich entwickeln. Über mehrere Jahrzehnte ist hier ein einzigartiges Vorkommen des Gefleckten Knabenkrauts entstanden. Naturfreunde, die den Bestand kontrollieren, zählen seit einigen Jahren über 4 000 blühende Pflanzen. Der für Sachsen einmalige Standort muss aber gepflegt werden. Wäre das nicht der Fall, würden sich auf der Bruchsohle Birken, Ahorne und Fichten ansiedeln, einen Mischwald bilden und die Orchideen weitgehend verdrängen. Der physikalisch unreife Boden bietet auch anderen Pflanzen Existenzmöglichkeit. Außer dem Knabenkraut gibt es hier noch weitere Orchideen: das Große Zweiblatt, das Breitblättrige Knabenkraut, zwei Sitterarten, die Vogelnestwurz, das Bleiche Waldvöglein und, in wenigen Exemplaren im Umfeld des Kalkwerks, die kleine zierliche Korallenwurz.

Abb. unten:
Telekie, ur-
sprünglich
in Südost-
europa
zuhause

Eine ganze Reihe von Farnpflanzen kommen ebenfalls vor. Das sind der Breitblättrige Dornfarn, der Gewöhnliche Wurmfarn, Buchenfarn und Eichenfarn, der seltene Rippenfarn, der Zerbrechliche Blasenfarn und, direkt auf Kalk unten im Bruch, der Grüne Streifenfarn. Im Laubwald des Umfeldes findet man Pflanzen, die die nährstoffreichen Böden der Laubwälder lieben, wie Sanikel, Christophskraut, Mittleres, Großes und Alpen-Hexenkraut, Ährige und Schwarze Teufelskralle. Und natürlich fehlen auch Gräser, Seggen, Simsen und Binsen nicht, wovon nur wenige Arten genannt sein sollen: Hain-Rispengras und das selten gewordene Gewöhnliche Zittergras, Zittergras-Segge und Wiesen-Segge, Vielblütige Simse und Flatter-Binse.

Etwas Sorge bereitet den Naturschützern die heute sehr schnelle Ausbreitung einer großen Staude mit eindrucksvollen großen Korbblüten, der Telekie. Sie stammt aus dem Kaukasus und ist vermutlich von einem ehemaligen Besitzer des Kalkwerks im Garten angepflanzt worden und seitdem verwildert.

Steinpilze

Einen besonderen Reichtum weist das Gebiet auch an blütenlosen Pflanzen auf, was darauf zurückzuführen ist, dass im Untergrund Kalk vorkommt, im Umfeld aber saures Gestein ansteht. In manchen Jahren sind die Perlpilze und Maronen häufig. Auch Steinpilze und Pfifferlinge kommen wieder in größerer Anzahl vor. Der Fachmann findet auch Seltenheiten wie den Vierstrahligen Fichtenerdstern. Eine große Anzahl an Moosen und Flechten vervollständigt die Flora.

Fledermäuse

Was die Tierwelt betrifft, so muss hier vor allem die Bedeutung der Höhlen des Kalkwerks und besonders des etwa einen Kilometer nördlich davon gelegenen alten Kalkbruchs „Weißer Ofen" als Winterquartier für Fledermäuse hervorgehoben werden. Sechs Arten verbringen hier die kalte Zeit des Jahres. Bei feuchter Witterung fallen die vielen Weinbergschnecken auf, die hier den nötigen Kalk für den Bau ihrer Gehäuse finden.

Gut untersucht ist die Vogelwelt durch die Tätigkeit der ortsansässigen Ornithologen. Drei Spechtarten, sechs Meisenarten, Kleiber, Waldbaumläufer, Waldlaubsänger, um nur einige Arten zu nennen, kommen hier vor.

(16) Flöhatal bei Borstendorf

Zentrum der Holzindustrie

Reichlich 5 km unterhalb von Pockau liegen linksseitig an der Flöha Grünhainichen und rechtsseitig Borstendorf und bilden ein weiteres Zentrum der Holzindustrie. Das 1350 erstmalig erwähnte Grünhainichen beherbergte schon um 1600 Kastelmacher und Röhrenbohrer, die Fichtenstämme zu Wasserrohren ausbohrten. 1919 wurde eine Staatliche Spielwarenfach- und Gewerbeschule gegründet. Ein Heimatmuseum berichtet von diesen Industriezweigen, eine Spanziehmühle zeigt die Gewinnung von Holzspänen für die Herstellung von Spanschachteln. Sowohl in Grünhainichen als auch in Borstendorf werden heute noch Spielzeug und Holzfiguren hergestellt.

Der größte Betrieb war lange Zeit eine Papierfabrik, die nach der Erschließung des Flöhatals durch die Eisenbahn erbaut wurde.

Eine Erfindung aus dem Erzgebirge – kurze Geschichte des Papiers
(Jens Weber, Bärenstein)

Im Mittelalter gab es nur wenige des Schreibens Kundige, selbst die mächtigsten Könige und Fürsten hatten in der Regel keine Ahnung von Buchstaben und Ziffern. Der Bedarf an geeignetem Material, auf dem etwas niedergeschrieben werden konnte, war daher gering. Einzig in den Klöstern beschäftigten sich einige Mönche mit dem Abmalen heiliger Schriften und sonstiger Dokumente. Dazu verwendeten sie entweder aus Tierhäuten hergestelltes Pergament oder Leinenstoff. Flachs – die Fasern der auch im Erzgebirge früher überall angebauten Leinpflanzen – bildete dann auch lange Zeit den Grundstoff für die Herstellung von Papier. Mit der Einführung des Buchdruckes ab dem 15. Jahrhundert stieg die Nachfrage nach Stoffen, auf denen die Lettern ihre Druckerschwärze verewigen konnten. Doch es dauerte noch mehr als 200 Jahre, bis für die Herstellung von Papier ein

Verfahren gefunden wurde, das auch größere Mengen des mittlerweile begehrten Produktes liefern konnte. Ab Anfang des 18. Jahrhunderts stampften wasserkraftbetriebene „Holländer-Maschinen" Leinen-Lumpen zu Faserbrei, aus dem dann mit großen Sieben das Papier geschöpft wurde. Die Nachfrage nach Lumpen stieg dadurch rapide an und machte aus abgetragener, löchriger Kleidung (so genannte „Hader" – diesen Begriff verwenden die Erzgebirgler heute noch für Scheuerlappen!) einen wertvollen Rohstoff früher „Recycling"-Wirtschaft.

Der Bedarf an Büchern, Zeitschriften und Schreibheften sowie an Papier für die Akten der erwachenden Bürokratie in Deutschland stieg und stieg. Ein neues, effektiveres Verfahren der Papierherstellung musste dringend gefunden werden. Im 18. Jahrhundert hatten schlaue Köpfe immer wieder die Methode der Wespen bewundert und auf Nachnutzbarkeit untersucht. Mit allen möglichen Pflanzenfasern wurde experimentiert, auch mit Holz. Doch erst 1843 schaffte es der Tüftler Friedrich Gottlob Keller, ein industriell einsetzbares Verfahren zu entwickeln. Es gelang ihm, mit wasserkraftbetriebenen Schleifsteinen Holz so aufzufasern, dass der entstehende „Holzschliff" letztlich zu brauchbarem Papier verarbeitet werden konnte. Ort des Geschehens: Kühnhaide, 10 km südwestlich von Olbernhau.

Die Erfindung des Erzgebirglers setzte eine technische Revolution in Gang. Ab Mitte des 19. Jahrhunderts entstanden überall in Deutschland, wo genügend Wasserkraft und Holz zur Verfügung standen, neue Holzschleifereien und Papierfabriken – so auch an den Flüssen des Ost-Erzgebirges. Der Markt für Druckerzeugnisse aller Art schien grenzenlos, und hinzu kam eine immer größere Nachfrage nach preiswertem Verpackungsmaterial. In rapide steigenden Mengen wurden neben Papier auch Pappen und Kartonagen erzeugt.

Doch die Technologie war es nicht allein, die diese Entwicklung möglich machte. Eine zweite Voraussetzung bestand in der Verfügbarkeit von ausreichend Rohstoff. Noch wenige Jahrzehnte zuvor hatte der allerorten zu beklagende Holzmangel den Beamten und Bergwerksbetreibern, den Stadtvätern und Schmelzhüttenbesitzern überall große Sorgen bereitet. Bau- und Brennholz waren noch mehr Mangelware als etwa Lumpen für Papier. Mitte des 19. Jahrhundert wendete sich das Blatt. Um 1820 bis 1840 hatte, von Tharandt ausgehend, die „geregelte Forstwirtschaft" in den Wäldern Einzug gehalten. In einer gewaltigen volkswirtschaftlichen Kraftanstrengung hatten die Förster die jahrhundertelang geplünderten Waldbestände mit einem geometrischen Netz von Flügeln und Schneisen überzogen, in den dazwischen eingeschlossenen Abteilungen systematisch das „nutzlose Gestrüpp" (aus heutiger, ökologischer Sicht: die Reste naturnaher Vegetation) beseitigen und Fichten in unüberschaubarer Zahl pflanzen lassen.

Diese Fichten waren inzwischen zu geschlossenen Jungbeständen hochgewachsen. Damit sich die Reih-und-Glied-Bäume nicht gegenseitig das Licht wegnahmen, mussten sie „durchforstet" werden. Massenweise fiel dabei junges Fichtenholz an, wie geschaffen für die Holzschleifereien.

Von nun an konnten Zeitungen verlegt, Schulbücher gedruckt und alle möglichen weiteren Papier-Massenprodukte gefertigt werden, ohne die die Anfänge der Wissensgesellschaft nicht möglich gewesen wären. Ohne die Papierherstellung aus Holzschliff, die an den Quellen der Schwarzen Pockau vor 165 Jahren ihren Anfang nahm, gäbe es heute auch keinen „Naturführer Ost-Erzgebirge".

enges Kerb-sohlental
Das Flöhatal ist auch hier noch ein enges Kerbsohlental, das geradeso Platz für die Bahn hat, aber nicht für eine Fahrstraße. Der Fluss ist gesäumt mit Bäumen, die Feuchtigkeit lieben, wie Schwarz-Erle, Bruch-Weide und Trauben-Kirsche. Am Ufer gibt es größere Bestände des eindrucksvollen Strauß-farns. Der geschützte Geißbart wächst in größeren Mengen, ebenfalls Gewöhnliche Pestwurz sowie, seltener, Bunter Eisenhut und Akelei-Wiesenraute. In Ufernähe bildet inzwischen auch hier das Drüsige Springkraut große Bestände und bedrängt Wasserdost und Aromatischen Kälberkropf. Anspruchsvolle Pflanzen verraten den nährstoffreichen Boden: Echte Sternmiere, Quirlblättrige und Vielblütige Weißwurz, Hexenkräuter, Waldmeister und, dicht am Boden, die kleine Haselwurz. Eine Besonderheit ist die Kletten-Distel, die hier an der Flöha den einzigen Standort in Mittelsachsen hat.

Industrie-halde
Auf einer großen Industriehalde, auf der jahrzehntelang Abfälle, meist die Schlacke aus den Feuerungsanlagen der Grünhainichener Papierfabrik, deponiert wurden, entwickelte sich eine Ruderalflora mit Arten wie Kanadische Goldrute, Rainfarn, Drüsiges Springkraut, Schwarze Königskerze, Gewöhnliche Wegwarte und Weißer Steinklee. Inzwischen sind Sträucher und Bäume in Ausbreitung begriffen: Birken, Sal-Weiden, Ebereschen, Spitz- und Bergahorn. Innerhalb weniger Jahre ist hier ein dichter Mischwald entstanden. Das ist ein Zeichen dafür, dass die heimatliche Natur nichts Statisches ist, sondern dass sie sich weiter entwickelt, wenn der Mensch sie gewähren lässt.

Quellen

Baldauf, Kurt; Kolbe, Udo; Lobin, Matthias (1990):
Oberes Flöhatal in Geologie, Flora, Fauna und Naturschutz, Annaberg

Beiträge zum Naturschutz im Mittleren Erzgebirgskreis,
Heft 1–3 (2001, 2002, 2004); Olbernhau

Frenzel, H. (1930):
Entwicklungsgeschichte der sächsischen Moore und Wälder seit der letzten Eiszeit,
Abhandlungen des Sächsischen Geologischen Landesamtes Heft 9, Dresden.

Hempel, Werner & Schiemenz, Hans (1986):
Die Naturschutzgebiete der Bezirke Leipzig, Karl-Marx-Stadt und Dresden,
Handbuch der Naturschutzgebiete, Band 5

Kreller, W. (1957): **Naturwaldreste im Oberen Flöhatal bei Olbernhau / Erzgebirge**,
Diplomarbeit TH Dresden, Fakultät Forstwirtschaft Tharandt.

Reinisch, R. (1931): **Erläuterungen zur Geologischen Karte von Sachsen** –
Blatt Lengefeld. 2. Aufl., Leipzig: G.A. Kaufmann`s Buchhandlung

Schindler, T., Edom, F., Endl, P., Grasselt, A., Lorenz, J., Morgenstern, K., Müller, F., Seiche, K., Taubert, B.; Wendel, D., Wendt, U. (2005): FFH-Managementplan SCI DE 5345-301
„Buchenwälder und Moorwald bei Neuhausen und Olbernhau", (unveröffentlicht)

Uhlig, J. (1988): **Floristische Beobachtungen aus dem Kreis Flöha, Karl-Marx-Stadt**

Werte unserer Heimat, Bd. 28 (1977): **Das Mittlere Zschopaugebiet**, Bd. 43 (1985):
Um Olbernhau und Seiffen, Bd. 47 (1988): **Freiberger Land**, **Zur Geschichte der Städte und Gemeinden im Mittleren Erzgebirgskreis** – eine Zeittafel (1997); Teil I–III; Marienberg

Text: *Werner Ernst, Kleinbobritzsch; Christian Zänker,*
Freiberg (mit Ergänzungen von Rolf Steffens, Dresden;
Dirk Wendel, Tharandt; Jens Weber, Bärenstein und
Volker Geyer, Holzhau)

Fotos: *Gerold Pöhler, Tilo Schindler, Dirk Wendel,*
Christian Zänker

Schwarten

Zinnbergbau, Spielzeugwinkel, Grenzland, Fernblicke
Naturnahe Buchenwälder, Fichtensterben
Berg- und Nasswiesen, Hochmoore, Birkhuhn

berggebiet

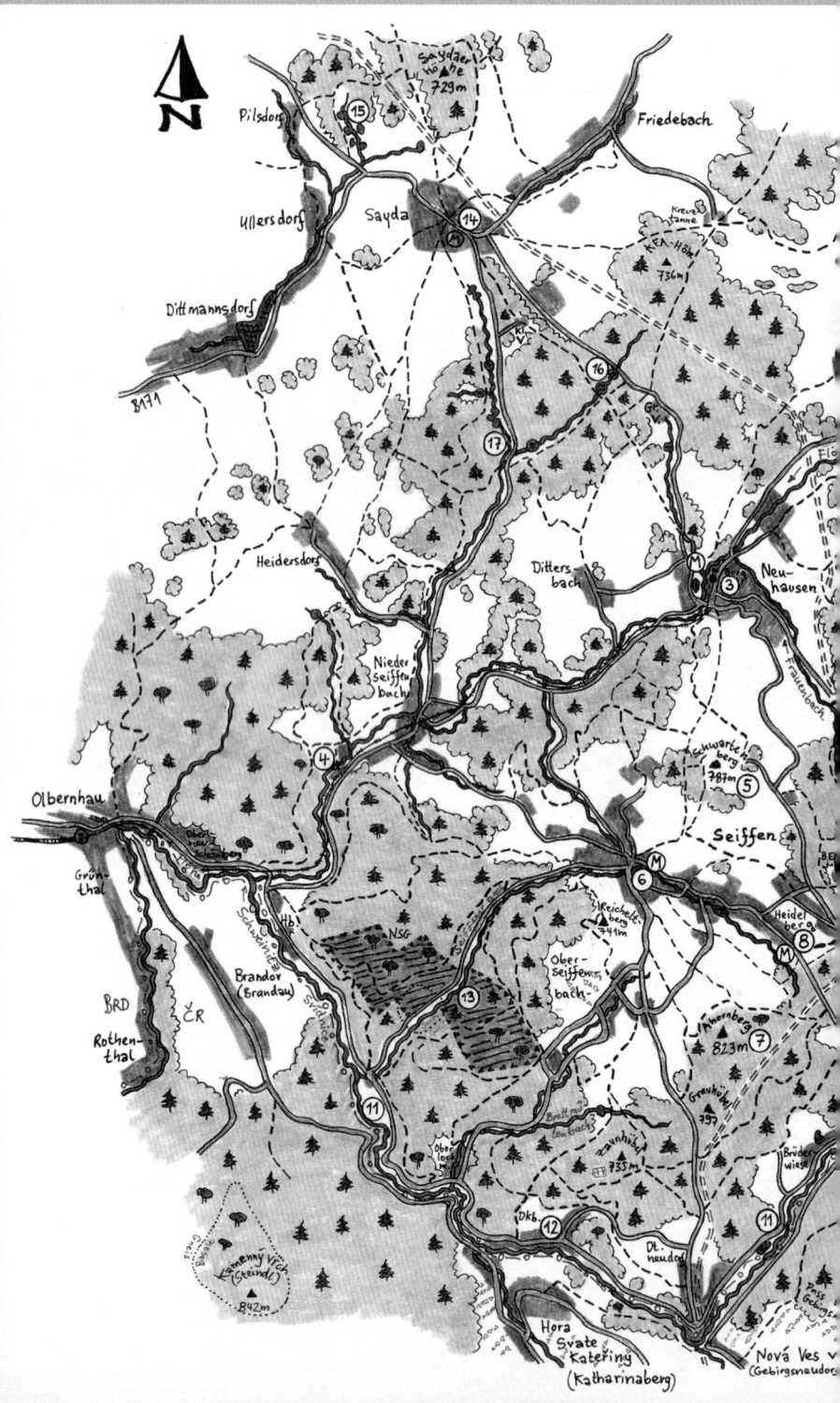

Schwartenberggebiet

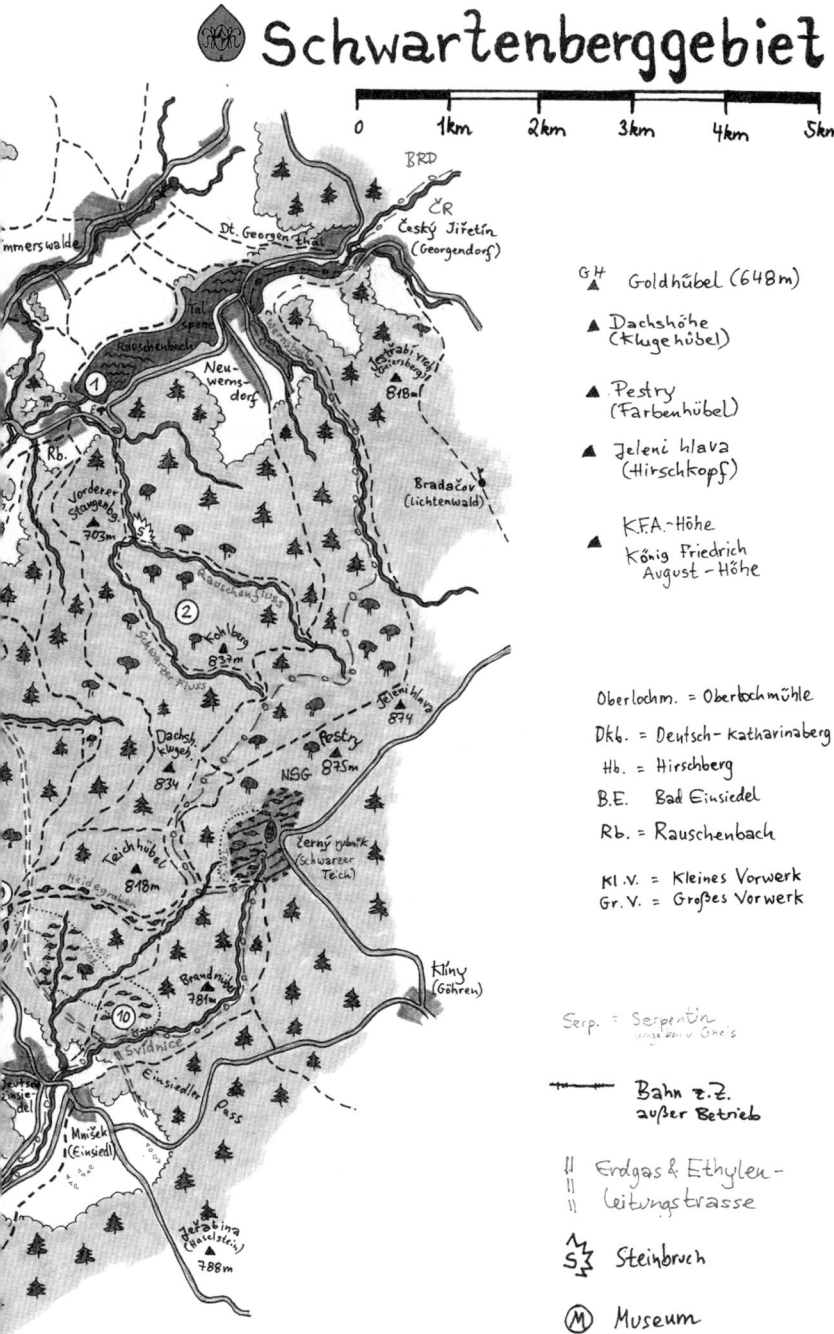

0   1km   2km   3km   4km   5km

BRD

ČR
Český Jiřetín
(Georgendorf)

Immerswalde

Dt. Georgen thal

Talsperre

Rauschenbach

Werustein

Neuwernsdorf

Strabi vrch Vosensberg?
818m

① Rb.

Vorderer Stangenbg.
703m

Bradačov
(Lichtenwald)

Rauschau Fluss

② Kohlberg
857m

Schwarzer Fluss

Jeleni hlava
874

Dachshügel
834

Pestry
NSG 875m

Teichhübel
818m

Heidegraben

Brandhübel
781m

⑩ Svidnice

Klíny
(Göhren)

Einsiedler Pass

Mniśek
(Einsiedl)

Jeřabina
(Haselstein)
788m

Gh
▲ Goldhübel (648m)

▲ Dachshöhe
(Klugehübel)

▲ Pestry
(Farbenhübel)

▲ Jeleni hlava
(Hirschkopf)

K.F.A.-Höhe
▲ König Friedrich
August - Höhe

Oberlochm. = Oberlochmühle

Dkb. = Deutsch-Katharinaberg

Hb. = Hirschberg

B.E. Bad Einsiedel

Rb. = Rauschenbach

Kl.V. = Kleines Vorwerk
Gr.V. = Großes Vorwerk

Serp. = Serpentin

—t—t—t— Bahn z.Z.
außer Betrieb

‖ Erdgas & Ethylen-
‖ Leitungsstraße

Ƨ Steinbruch

Ⓜ Museum

orách

① Talsperre Rauschenbach

② Kohlberggebiet

③ Neuhausen mit Purschenstein

④ Eisenzeche bei Heidersdorf

⑤ Schwartenberg (787 m)

⑥ Seiffener Pingen

⑦ Ahornberg (823 m)

⑧ Freilichtmuseum Heidelberg

⑨ Bad Einsiedel

⑩ Moorgebiet Deutscheinsiedel

⑪ Schweinitztal

⑫ Schaubergwerk Fortuna-Stolln

⑬ Seiffener Grund

⑭ Sayda

⑮ Forsthauswiesen bei Sayda-Teichstadt

⑯ FND „Schwemmteichwiese" zwischen Sayda und Neuhausen

⑰ Mortelgrund

Die Beschreibung der einzelnen Gebiete folgt ab Seite 55

Landschaft

Weih-nachtsland

Weihnachtsland – Spielzeugwinkel – Zentrum erzgebirgischer Holzhandwerkskunst. Wie nur wenige andere Orte prägt Seiffen die Vorstellungen vom Erzgebirge. Von weit her kommen die zahlreichen Reisebusse, die in der Adventszeit über kurvenreiche Bergstraßen den Kurort zwischen Schwarten- und Ahornberg ansteuern. Dann herrscht Hochkonjunktur in den Drechsler- und Schnitzerwerkstätten – und unvorstellbares Gedränge an den erleuchteten Schaufenstern der kleinen Ortschaft. Aber eigentlich ist hier das ganze Jahr Weihnachten. Nussknacker und Räuchermännchen, Pyramiden und Schwibbögen, Weihnachtsengel und Reifenfiguren sind die wichtigsten Reiseandenken der Region. Nicht wenige Gäste glauben, nach einem Besuch Seiffens das Erzgebirge zu kennen.

Dabei hat die Landschaft zwischen Flöha und Schweinitz einen ziemlich eigenständigen Charakter. Die Natur ist reizvoll, interessant und vielgestaltig, unterscheidet sich aber doch in einiger Hinsicht von den benachbarten Gebieten.

Beim Blick auf die Landkarte fällt sofort auf, dass die Fließrichtung der Flöha nicht der anderer Erzgebirgsbäche entspricht. Anstatt der Abdachung der Pultscholle in Richtung Norden oder Nordwesten zu folgen, hat sich der Bergbach hier ein tiefes Tal nach Südwesten in die Landschaft geschnitten. Erst bei Oberneuschönberg schwenkt die Flöha mit einem scharfen Knick in die Olbernhauer Talweitung ein und hält sich von da ab an die Richtungsvorgabe der Erzgebirgs-Nordabdachung. Die Landkarte zeigt darüberhinaus, dass auch der Grenzbach Schweinitz in seinem Oberlauf nach Südwesten fließt. Und ebenso korrigiert hier ein scharfer Knick (bei Deutschneudorf) diese Abweichung vom üblichen Verhalten der Erzgebirgsbäche.

geotekto-nische Störungszone

Eine alte geotektonische Störungszone trennt in diesem Gebiet das Ost- vom Mittleren Erzgebirge und hat die Fließrichtung von Flöha und Schweinitz vorgeprägt.

Möglicherweise durchströmte schon vor der Hebung des heutigen Gebirges ein Fluss, den man als Vorläufer der heutigen oberen Flöha betrachten könnte, die Neuhausener Senke in Längsrichtung. Die untere Flöha folgt dagegen jener tektonisch angelegten Zone, zu der auch die ein bis zwei Kilometer breite und acht Kilometer lange Talweitung zwischen Grünthal bei Olbernhau und Blumenau gehört. Der Fluss schuf aus diesem tektonischen Graben im Laufe der Zeit eine auch landschaftlich auffällige Mulde. Flöhaabwärts reicht diese Zone bis zur gleichnamigen Stadt, gebirgswärts lässt sie sich über das untere Schweinitztal und in geradliniger Verlängerung über den (heutigen) Gebirgskamm hinweg (Nová Ves v Horách/Gebirgsneudorf – mit 720 m üNN die tiefste Kammeinsattelung des Erzgebirges!) bis ins böhmische Vorland verfolgen. Die Fließrichtungen von Haupt- und Nebenflüssen stehen deshalb hier meist mehr oder weniger rechtwinklig aufeinander (SW – NO und NW – SO).

Kammeinsattelung des Erzgebirges

Wo die aus zahlreichen Quellmulden und Hochmooren zwischen Nové Město/Neustadt und Fleyh-Talsperre (Flájska vodní nadrz) gespeiste Flöha deutsches Territorium erreicht, staut seit 1967 die Rauschenbachtalsperre ihr Wasser zwecks Trinkwasserbereitstellung. Das Umfeld der Talsperre, vor allen Dingen das südlich angrenzende Waldgebiet, gehört zu den naturkundlich reizvollsten Wandergebieten des Ost-Erzgebirges. Mehrere sehr naturnahe Bachtäler (Dürrer Fluss, Rauschenfluss, Schwarzer Fluss) gliedern die ausgedehnten Buchenwälder. Die von Felsrippen durchragten Steilhänge blieben von Rodungen und Besiedlungen unberührt. Zwischen Rauschenfluss und Schwarzem Fluss erhebt sich der Kohlberg, mit 837 m der höchste Berg des Landkreises Freiberg. Weil er ebenfalls bewaldet ist, bietet sich von hier allerdings keine Aussicht.

Rauschenbachtalsperre

naturnahe Bachtäler

Einen ganz anderen Charakter hat demgegenüber der südlich angrenzende Kammbereich mit Hochmooren und wenig markanten Kuppen, die sich über 800 m üNN erheben. An einer Stelle greift hier der ansonsten fast überall auf tschechischer Seite verlaufende Erzgebirgskamm auf sächsisches Territorium über (Teichhübel, 818 m üNN und Dachshöhe, 834 m üNN – seit einigen Jahren als Kluge-Hübel bezeichnet). In dieser Gegend ist auch die Quelle der Schweinitz zu finden, nämlich im Hochmoorgebiet des Černý rybnik/Schwarzen Teiches jenseits der Grenze.

Kammbereich mit Hochmooren

Wer sich von Norden her der Region nähert, der muss schon weit vor dem Erzgebirgskamm Höhen um die 700 m erklimmen. Nach dem alten „Amt Sayda" wurde der südwestliche Teil des Ost-Erzgebirges früher auch als „Saydaer Bergland" bezeichnet. Als nördliche Begrenzung kann die Bergkette Saidenberg – Voigtsdorfer Höhe – Saydaer Höhe – Kreuztanne gelten, zumal dort die Wasserscheide zwischen Freiberger Mulde und Flöha verläuft.

Saydaer Bergland

Tief hinab geht es dann zur Flöha, vorbei an der alten Burg Purschenstein. Das Tal liegt beim Bahnhof Neuhausen nur 535 m über dem Meeresspiegel (und damit über 300 m tiefer als die 15 bis 20 km östlich gelegenen Quellgebiete des Flusses). Wegen der umliegenden Berge zeichnet sich der in einem Talkessel gelegene Ort Neuhausen durch eine relativ geschützte Lage aus. Ganz anders sieht das Umfeld der Flöha oberhalb (nordöstlich) und

*Abb.: Blick
nach Pur-
schenstein*

unterhalb (südwestlich) von Neuhausen aus, das durch typische Kerbsohlentäler mit relativ schmalen, ebenfalls weitgehend ebenen Auenwiesen geprägt wird.

Südlich von Neuhausen thront der weithin auffällige, 789 m hohe Kegel des Schwartenbergs. Seine gleichmäßig aufragende Gestalt könnte vermuten lassen, dass es sich um eine der Basaltkuppen des Erzgebirges handelte, doch besteht der Schwartenberg aus Rotgneis. Allein die Erosion der ihn umgebenden Bäche hat die markante Form hervorgebracht. Gneisberge, die von allen Richtungen her ansteigen, sind wahrlich nicht häufig. Das massige Bauwerk der Schwartenbergbaude trägt zum unverwechselbaren, landschaftsprägenden Aussehen des Mittelpunktes der Schwartenbergregion bei.

*Ahornberg;
Spielzeug-
macherort
Seiffen*

Tatsächlich einen „Kern" aus Basalt besitzt der zweite auffällige Berg der Gegend, der bewaldete, 823 m hohe Ahornberg, genau 3 km südlich des Schwartenberges. Zwischen beiden liegt eingebettet der frühere Bergbau- und heutige Spielzeugmacherort Seiffen mitsamt seinen Ortsteilen Heidelberg, Steinhübel und Oberseiffenbach.

Seiffenbach

Der Seiffenbach entspringt östlich des Ahornberges, bekommt künstlichen Zustrom über den Heidegraben aus den Mooren von Deutscheinsiedel, nimmt dann noch einige kleinere Bächlein auf und stürzt unterhalb von Seiffen in einem steilen, engen Kerbtal (Naturschutzgebiet „Hirschberg und Seiffener Grund") zur Schweinitz. Diese wiederum hat hier bereits 15 km mäanderreichen Laufes in sehr interessanter Landschaft hinter sich, vorbei am alten Einsiedler Pass, den kleinen Grenzsiedlungen Deutscheinsiedel, Brüderwiese, Deutschneudorf, Deutschkatherinenberg, Oberlochmühle sowie der historischen Bergstadt Hora Svaté Kateřiny/Katharinaberg. Die Schweinitz/Svídnický potok bildet auf ihrem gesamten Weg die Landesgrenze. Dabei vollzieht die Grenze auch den rechtwinkligen Knick des Baches bei Deutschneudorf mit, der deshalb auf jeder Landkarte als „Seiffener Winkel" sofort ins Auge fällt. Bei Oberneuschönberg mündet die Schweinitz in die Flöha.

Schweinitz

Die Geologische Karte verspricht zunächst wenig Spektakuläres im Gebiet zwischen Flöha und Schweinitz: von wenigen Ausnahmen abgesehen beherrschen Gneise das Bild. Doch eine etwas genauere Beschäftigung mit der Materie offenbart interessante Erkenntnisse zur Entstehung der reizvollen Landschaft und deren abwechslungsreicher Geschichte.

*Abb.:
Gneiskuppe auf dem Schwartenberggipfel*

Rotgneis

Herrschen im Ost-Erzgebirge allgemein Graugneise vor, so sind hier in stärkerem Maße Rotgneise an der Zusammensetzung des Untergrundes beteiligt. Jüngere Gesteine sind selten, wie die Ablagerungen aus der Steinkohlenzeit und dem Rotliegend bei Brandov/Brandau und Olbernhau sowie der tertiäre Basalt am Ahornberg bei Seiffen. Eiszeitliche Ablagerungen, nämlich Gehängeschutt und -lehm (vor allem in der Talwanne von Olbernhau) und als jüngste Bildung (Holozän) der Hochmoor-Torf bei Deutscheinsiedel beschließen die Gesteinsabfolge.

sehr alte, tektonisch mobile Zone

Im Bereich des Flöhatals liegt eine sehr alte, tektonisch mobile Zone, die Ost- und Mittelerzgebirge voneinander trennt. Da in der Erdgeschichte solche Bereiche häufig reaktiviert werden, spielte die „Flöha-Zone" wahrscheinlich auch bei der Erzgebirgshebung wieder eine Rolle. Vor allem auf die Oberflächengestaltung hatten diese Erdkrustenbewegungen entscheidenden Einfluss, besonders auch auf die Anlage und Ausgestaltung des Flussnetzes.

Zinnerzgänge

Im Seiffener Gneis konzentrieren sich mehrere Zinnerzgänge. Die Verwitterung löste über lange Zeiträume Erzminerale aus dem Gestein. Wasser trug diese mit sich davon, lagerte die glitzernden Körner aber wegen des hohen spezifischen Gewichtes schon bald wieder ab. An bestimmten Stellen reicherte sich das Erz im Bachsediment an. Schon recht frühzeitig (1324: „czum Syffen") begannen Erzwäscher, Körnchen von Zinnmineralen („Zinngraupen") aus dem Auensand und -kies des Seiffengrundes zu gewinnen. Das Verfahren der relativ einfachen und anfangs sehr lohnenden Gewinnung dieser Vorkommen wird allgemein als „Seifen" bezeichnet, woraus letztlich der Name der Siedlung resultierte.

Um 1480 hatte man im Einzugsbereich des Baches das primäre, erzreiche Gestein entdeckt. Zwei Bingen in der Ortslage von Seiffen legen heute eindrucksvolles Zeugnis ab von der langen Bergbaugeschichte, die hier bis ins 18. Jahrhundert relativ erfolgreich war.

Bergbaugeschichte

Örtlich erreichten auch kleinere, nur für relativ begrenzte Zeit abbauwürdige Erzgänge (vor allem Zinn und Kupfer) mit Quarz und anderen Nebengesteinen die Erdoberfläche. Das gilt etwa für das Gebiet um Deutschkatharinenberg (gegenüber liegt die böhmische Bergstadt Hora Svaté Kateřiny/Katharinaberg) sowie den Mortelgrund bei Sayda. Dort wurden vor allem Kupfererze gefördert. Eisenbergbau spielte bei Heidersdorf eine nicht unbedeutende Rolle.

Herstellung von Glas

Bereits in der Frühzeit der Besiedlung, d. h. ab dem 12. Jahrhundert, erreichte die Herstellung von Glas eine große wirtschaftliche Bedeutung. Während andernorts die Glashütten mit ihrem riesigen Holzbedarf der zunehmenden Konkurrenz des Bergbaus weichen mussten, wurde in Heidelbach am Schwartenberg bis ins 19. Jahrhundert, über mehr als 350 Jahre, Glas produziert. Einen interessanten Überblick über das erst in den letzten Jahren wieder intensiver erforschte Gewerbe der Glasherstellung bekommt man im Glasmachermuseum Neuhausen.

Literaturtipp:

Kirsche, Albrecht: **Zisterzienser, Glasmacher und Drechsler**

Glashütten im Erzgebirge und Vogtland und ihr Einfluss auf die Seiffener Holzkunst; Cottbuser Studien zur Geschichte von Technik, Arbeit und Umwelt 27, Waxmann-Verlag 2005, ISBN 3-8309-1544-6

Beziehungen zu Böhmen

In der Geschichte des Schwartenberg-Gebietes haben seit der Besiedlung (ab dem 13. Jahrhundert) immer wieder die Beziehungen zu Böhmen eine Rolle gespielt, ja selbst die territoriale Zugehörigkeit wechselte eine Zeit lang zwischen den wettinischen und den böhmischen Besitzungen. Als Grenzland war es immer auch Durchgangsland, und viele alte, z.T. historisch bedeutsame Wege und Straßen zeugen noch heute davon.

Abb.: Schloss Purschenstein im 19. Jh.
(aus: Gebauer, H., Bilder aus dem Sächsischen Berglande, 1882)

Da bereits vor der planmäßigen Besiedlung eine der „Alten Salzstraßen" – von Halle/Leipzig über Oederan bis nach Prag – durch das hier beschriebene Gebiet führte, kam es vermutlich schon im 13. Jahrhundert zum Bau der Burg (später Schloss) Purschenstein.

Im Zuge der von böhmischen Grundherren bis über den Erzgebirgskamm hinweg und bis über Sayda hinaus betriebenen Besiedlung entstanden im 14. Jahrhundert eine ganze Reihe von Dörfern, zu denen unter anderem Gebirgsneudorf gehörte.

Etwa 3 km nordöstlich davon erstreckt sich die Grenzgemeinde Mníšek/(Böhmisch-)Einsiedl. Hier befand sich schon früh (wie in Sayda) eine Zollstation, neben der das Dorf entstand. 1441 entstand auch rechts der Schweinitz eine kleine Ansiedlung, die sich erst nach dem 30jährigen Krieg durch den Zuzug von Exulanten stärker entwickelte. Auch an vielen anderen grenznahen Orten fanden die von der Gegenreformation aus dem nun habsburgischen Böhmen vertriebenen Glaubensflüchtlinge eine neue Heimat.

Drechselhandwerk

Um 1855 endete die lange und wechselvolle Bergbaugeschichte Seiffens. Die Bevölkerung musste sich deshalb um andere Erwerbsquellen bemühen. Die wegen des Bergbaus bereits in großer Zahl vorhandenen Anlagen zur Wasserkraftnutzung ermöglichten die Entwicklung eines Gewerbes, das fortan das Schwartenberggebiet in einem Maße prägte wie keine andere Region des Erzgebirges: das Drechselhandwerk.

1868 waren von den damals 1438 Seiffener Einwohnern 937 (einschließlich Frauen und Kinder) mit der Spielzeug- und Holzwarenherstellung beschäftigt, im heute eingemeindeten Heidelberg lag deren Anteil sogar noch

Grenzwege

Die Deutscheinsiedler Dorfstraße ist Teil jenes uralten Handelsweges, der höchstwahrscheinlich von dem jüdischen Reisenden Ibrahim Ibn Jacub im Jahre 965 (nach anderen Quellen 971 oder 973) benutzt wurde. In einer Urkunde von 1185 wird der Weg „antiqua Bohemiae semita" genannt. Der Fund eines Tontopfes aus der zweiten Hälfte des 12. Jahrhunderts im Jahre 1977 östlich von Deutscheinsiedel spricht ebenfalls für das Vorhandensein eines alten Weges von überregionaler Bedeutung zwischen Mitteldeutschland (Halle) und Innerböhmen (Prag), der in unserer Gegend über Sayda – Purschenstein und den Erzgebirgskamm und weiter über Křížatky/Kreuzweg – Janov/Johnsdorf – Kopisti/Kopitz – Most/Brüx führte. Er ging – wie viele andere Straßen dieses Namens – als **„Salzstraße"** in Landkarten und die Literatur ein. Auch um Neuhausen sind einige Hohlwege als Reste dieses auch als **„Alter böhmischer Steig"** bekannten Weges erhalten.

Außer diesen größeren, bedeutenden Wegen, die größtenteils früher oder später zu Straßen ausgebaut wurden, gibt es im Grenzgebiet des östlichen Schwartenberggebietes noch eine ganze Reihe von weiteren Wegeverbindungen. Nach der totalen Grenzschließung 1945 konnten sie nicht mehr benutzt werden und sind deshalb heute kaum noch bekannt. Dazu gehören z. B. (von Ost nach West):

- der „Mönchssteig" von Cämmerswalde über Deutsch-Georgenthal (früher Haasenbrücke), am Bradáčov vorbei und über Dlouhá Louka/Langewiese nach Osek/Ossegg;
- der „Brücher Weg" von Neuwernsdorf ziemlich geradlinig über den Kamm hinweg nach Horní Lom/Oberbruch am Gebirgsfuß,
- die „Göhrener Straße" von Neuwernsdorf nach Klíny/Göhren,
- der „Riesenberger Weg" von Cämmerswalde (bzw. „Neuhäuser Weg"/Neuhauská cesta) von Purschenstein über Dlouhá Louka zur Riesenburg;
- der „Göhrenweg" von Deutscheinsiedel nach Klíny/Göhren. Hier hatte bereits 1355 eine Kapelle existiert, die dem Hl. Wenzel geweiht war (St. Wenzelsberg/Hora Sv. Václava).

Alle diese Wege verlaufen steil aus dem Flöhatal herauf, dann „gesammelt" über die flache Kammregion hinweg und wiederum steil – unter Bildung von **Hohlwegen** – den Südabhang hinunter, wo die unzähligen Hohlwegabschnitte beweisen, dass die Wegführung hier wieder sehr variabel war. Am fast durchgehend bewaldeten Südabhang haben sich viele Hohlwege sehr gut erhalten. Sie führten bevorzugt an den Talhängen entlang, weniger auf den Bergrücken (wegen der Steilheit) oder gar in den Tälern (wegen der Hochwassergefahr). Manche dieser schluchtartigen engen Täler wären auch kaum begehbar gewesen.

Die Bergeinsamkeit, die seit der Schließung der Grenze eingezogen war, sicherte ruhebedürftigen Tierarten in der Gegend letzte Refugien. Anderswo lassen ihnen immer mehr Straßen, intensive Land- und Forstwirtschaft, vor allem aber auch die zunehmende Freizeitnutzung der Landschaft keine Überlebenschancen. Mit der neuen Freiheit, die der an sich sehr begrüßenswerte Wegfall der Grenzkontrollen mit sich bringt, geht daher auch eine große Verantwortung einher. **Birkhuhn und Bekassine sollten nicht zu Verlierern der europäischen Einigung werden!**

Abb.: Blick zum Wieselstein/Loučná

höher. Zu den Gründen der hohen Produktionsraten der spezialisierten Unternehmen (überwiegend kleine Familienbetriebe) gehörten allerdings auch die sehr geringen Einkommen der Beschäftigten. Noch lange war hier Kinderarbeit selbstverständlich.

Die 1895 fertig gestellte Eisenbahnlinie von Chemnitz nach Neuhausen brachte der Gewerbentwicklung einen weiteren bedeutenden Aufschwung.

Seiffener Spielzeugwinkel

Bis heute spielt die Herstellung von Spielwaren und kunstgewerblichen Erzeugnissen aus Holz die herausragende Rolle in der Wirtschaft des „Seiffener Spielzeugwinkels".

Landwirtschaft

Zur Ernährung der Bewohner wurden insbesondere die geschützten Hanglagen rund um die Siedlungen gerodet und vor allem ackerbaulich genutzt. Trotz der relativ guten Gneis-Verwitterungsböden waren auf den teilweise über 700 m hoch gelegenen Flächen die landwirtschaftlichen Erträge sehr begrenzt. Für die heutigen Landwirte lohnt sich der aufwendige und vergleichsweise wenig ertragreiche Feldfruchtanbau nur auf einem kleinen Teil der Flächen, es herrschen daher Grünland und Viehzucht vor. Einige der recht hoch gelegenen Felder wurde im 19. Jahrhundert wieder in Wald umgewandelt. Das gilt sowohl für Flächen um Seiffen wie auch für die Höhen zwischen Sayda und Neuhausen.

Forstwirtschaft

Große Bedeutung für das Gebiet hat seit jeher die Forstwirtschaft. Bereits in der Frühzeit der Besiedlung wurden gewaltige Mengen an Holz für die Gewinnung von Pottasche zur Seifensiederei und Glaserzeugung gewonnen. Später erfolgte der Holzeinschlag vorwiegend zur Deckung des Bau- und Brennholzbedarfes und zum Abtransport von Holz vor allem nach Olbernhau und in das Freiberger Bergbaugebiet mittels Flößerei. Köhlerei war weit verbreitet („Kohlberg"!). Auch für die Entwicklung der Spielwarenherstellung stellte die Verfügbarkeit des Rohstoffes Holz eine wichtige Voraussetzung dar.

Einen schweren Schlag versetzte der Region das Absterben der Fichtenforsten in der zweiten Hälfte des 20. Jahrhunderts. Über den Einsiedler

Luftschadstoffe

Pass erreichten die schwefeldioxidreichen Luftschadstoffe, die bei der Verstromung der nordböhmischen Braunkohle entstanden, als erstes auch deutsches Gebiet. Als Ersatz wurden auf den abgeholzten Flächen dann „rauchtolerante" Bäume, v.a. Stechfichten, gepflanzt. Da die Wuchsleistung

Blaufichtenbestände

dieser Blaufichtenbestände heute die Förster nicht zufrieden stellt, lässt die Forstverwaltung die damaligen Pflanzungen mittlerweile reihenweise schreddern und stattdessen wieder einheimische Baumarten – vor allem Gewöhnliche Fichten – pflanzen. Die Schadstoffbelastungen der Erzgebirgsluft betragen heute nur noch einen Bruchteil der früheren Werte. Die Wiederherstellung der Fichtenforsten scheint Erfolg versprechend. Darüber hinaus werden aber auch Anstrengungen zum „ökologischen Waldumbau" unternommen, also Laubbäume im Schutze noch vorhandener Fichtenbestände eingebracht.

Das Sterben der Fichtenforsten (Volker Beer, Jens Weber)

Vor etwas mehr als 50 Jahren, im strengen Winter 1956, bemerkten die Förster im Deutscheinsiedler Raum erstmals eigenartige braune Verfärbungen an Fichtennadeln.

Im Nordböhmischen Becken wurde in der zweiten Hälfte des 20. Jahrhunderts immer mehr **Braunkohle** gefördert und in einer zunehmenden Zahl von Kraftwerken verfeuert. Dabei entwich den hohen Schornsteinen nicht nur Kohlendioxid, dessen Wirkungen auf das Weltklima heute als sehr kritisch erkannt sind. Die Braunkohle enthält außer Kohlenstoffverbindungen auch viele andere Bestandteile – unter anderem solche mit Schwefel. Gerade in den nordböhmischen Lagerstätten ist dessen Anteil ziemlich hoch. Bei der Verbrennung entsteht u.a. **Schwefeldioxid (SO_2)** – neben vielen weiteren Umweltgiften.

Solche SO_2-reichen Abgase schwappten in immer größeren Mengen über den Erzgebirgskamm. Besonders große Konzentrationen traten dabei auf den Gebirgspässen auf. Der Schwerpunkt der Waldschäden lag im Deutscheinsiedler Raum, denn bei Südwind-Wetterlagen ergossen sich die Schadstoffe über den **Einsiedler Pass**. Ab Ende der 1970er Jahre fielen dann überall am Kamm des Ost-Erzgebirges die Fichtenforsten dem Waldsterben zum Opfer.

Auf dem Weg vom Kraftwerksschlot („Emittent") zum Wald („Senke") kann das Schwefeldioxid durch Wasseraufnahme zu schwefliger Säure, bzw. durch Wasseraufnahme nach vorangegangener Oxidation zu **Schwefelsäure** reagieren. Diese Säuren erreichen dann mit den Niederschlägen das Erzgebirge und schädigen die Pflanzen einerseits durch Bodenversauerung über das Wurzelsystem, andererseits über die direkte Aufnahme durch die Nadeln und Blätter. Besonders viel Säure enthielt damals der so genannte „Böhmische Nebel". Dessen Luftmassen haben meist längere Zeit über den Chemiefabriken und Kraftwerken des Nordböhmischen Beckens verweilt, bevor sie von Südwinden gegen das Erzgebirge gedrückt und zum Aufsteigen gezwungen werden – wobei der enthaltene Wasserdampf zum **„Böhmischen Nebel"** kondensiert. Diese sauren Niederschläge wurden von den Fichtenzweigen „ausgekämmt" und somit in hoher Dosis aufgenommen.

Etwas abgepuffert wurden die Säuren durch **basische Stäube**, die ebenfalls bei der Kohleverbrennung anfielen. Als sich die politisch und wirtschaftlich Verantwortlichen durch die wachsende Empörung der Bevölkerung über die „qualmenden Essen" unter Druck gesetzt fühlten, ergriffen sie in den 1980er Jahren Maßnahmen, diesen Ruß und Staub zurückzuhalten. Das war mit relativ einfacher und preiswerter Filtertechnik möglich. Ohne die kalziumreichen Stäube

jedoch wurden die Niederschläge noch saurer. Das Schwefeldioxid am Verlassen des Kraftwerksschlotes zu hindern, erwies sich als wesentlich aufwendiger. Noch teurer ist dies übrigens beim zweiten gefährlichen Säurebildner, den Stickoxiden. Es dauerte bis Ende der 1990er Jahre, bis in Nordböhmen technische Maßnahmen zur „Entschwefelung" und „Entstickung" wirksam wurden.

Die Luft ist seither wieder viel sauberer im Ost-Erzgebirge. Vorbei sind die Zeiten, als man das Schwefeldioxid im Böhmischen Nebel riechen konnte. Dennoch wirken sich die Säureeinträge auch heute noch aus – und werden dies wohl auch noch längere Zeit tun. Denn die **Schadstoffe sind in den Böden gespeichert.**

Mit Giften belastete und mangelernährte Bäume sind krank. Sie haben keine Abwehrkräfte gegen Borkenkäfer und andere „Forstschädlinge". Anstatt Buchdrucker und Kupferstecher (die zwei wichtigsten Borkenkäferarten) wieder herauszuharzen, waren die Fichten den Eindringlingen schutzlos ausgeliefert. Anfang der 1980er Jahre kam es unter den Fichtenrinden zur Massenvermehrung der winzigen Käfer und infolgedessen zum Absterben von mehreren zehntausend Hektar Erzgebirgswald.

Selbst die Fachleute sind verblüfft, wie rasch sich die überlebenden Fichten inzwischen erholt haben. Der Brotbaum der Erzgebirgsförster hat sich wiedermal als robust und zäh erwiesen. Dennoch sollte die schlimme Zeit des Waldsterbens nicht in Vergessenheit geraten. Denn die Symptome der neuen Gefahren – die „Neuartigen Waldschäden" – sind inzwischen unübersehbar. Ihre Ursachen liegen zu allererst bei den Schadstoffen, die aus Fahrzeugabgasen entweichen. Als vor 50 Jahren das Schwefeldioxid die ersten Fichtennadeln braun färbte, konnte sich auch keiner vorstellen, wie rasch sich daraus eine Katastrophe entwickeln würde.

Abb.: Winter am Kohlberg

Pflanzen und Tiere

Die abwechslungsreiche Landschaft zwischen Flöha und Schweinitz beherbergt eine breite Palette erzgebirgstypischer Biotope.

Naturnahe Buchenwälder

Naturnahe Buchenwälder von beträchtlicher Flächenausdehnung kann man in den Tälern von Rauschenfluss und Schwarzem Fluss, südlich der Rauschenbachtalsperre, durchwandern. Ähnliche Laubwälder wachsen außerdem im Naturschutzgebiet Hirschberg-Seiffener Grund sowie am Ahornberg. Bei allen handelt es sich vorrangig um bodensaure Hainsimsen-Buchenwälder mit eher spärlicher und artenarmer Bodenvegetation: Draht-Schmiele, Heidelbeere, Wolliges Reitgras, Purpur-Hasenlattich, Quirlblättrige Weißwurz, Frauenfarn, Breitblättriger Dornfarn. Anspruchsvollere Arten, beispielsweise Zwiebel-Zahnwurz, Goldnessel und Wald-Bingelkraut hingegen sind selten zu finden. Größeren Artenreichtum weisen gewässernahe oder sickerfeuchte Waldbestände auf, unter anderem mit Hohlem Lerchensporn, Mittlerem Hexenkraut, Einbeere, Waldmeister und Winkel-Segge. Mit einem höheren Anteil an Ahorn und Esche in der Baumschicht vermitteln solche Bestände zu Eschen-Quellwäldern einerseits und Ahorn-Eschen-Schatthangwäldern andererseits. Besonders naturnah und artenreich ist der Schatthangwald östlich des Schlosses Purschenstein in Neuhausen. Berg- und Spitz-Ahorn, Rot-Buche, Esche und Berg-Ulme bilden hier eine bunt gemischte Baumschicht, darunter wächst außerdem eine üppige Strauchschicht.

bachnahe
Bereiche
Die bachnahen Bereiche von Flöha und Schweinitz können als potentielle Standorte natürlichen Auwaldes angesehen werden. Wo diese nicht von Siedlungen (z. B. Niederseiffenbach, Dittersbach, Neuhausen) eingenommen oder als Grünland genutzt werden, können sich Schwarz-Erlen, Bruch-Weiden und andere Feuchte vertragenden Baumarten entwickeln. Größtenteils beschränkt sich dies aber auf einen Saum am Bachufer. In diesen schmalen Gehölzstreifen gedeihen in der Krautschicht zahlreiche Vertreter einer natürlichen Auwaldgesellschaft. Besonders häufig sind Hain-Sternmiere, Gewöhnliche Pestwurz, Große Brennnessel, Giersch, Nachtviole, Großes Mädesüß und Zittergras-Segge. Die zuletzt genannte Pflanze wurde früher von der einheimischen Möbelindustrie als Polstermaterial verwendet.

Als Besonderheiten können der Alpen-Milchlattich (großes Vorkommen im Flöhatal unterhalb von Neuhausen), das Deutsche Greiskraut *(Senecio germanicus* – eine früh blühende, nur in höheren Berglagen vorkommende Unterart des Fuchs'schen Greiskrautes), die Weiße Pestwurz und kleine Vorkommen des geschützten Knöterichblättrigen Laichkrautes genannt werden.

Fichten
Die meisten Waldgebiete sind heute vorrangig mit aufgeforsteten Fichten bestockt. Wie fast überall sind solche Flächen durch eine vergleichsweise artenarme Strauch- und Bodenschicht gekennzeichnet. In den nicht übermäßig stark beschatteten Forstgebieten kommen neben einzelnen Sträuchern (vor allem Roter Holunder) Drahtschmiele, Wolliges Reitgras, Wald-Reitgras, Harz-Labkraut, Purpur-Hasenlattich, Fuchssches Greiskraut und verschiedene Farne (insbesondere Gewöhnlicher Wurmfarn, Breitblättriger Dornfarn und Wald-Frauenfarn) vor. Verschiedene Moose wie Einseitswendiges Kleingabelzahnmoos, Schwanenhals-Sternmoos, Gewelltes Plattmoos, Zypressen-Schlafmoos und verschiedene Kegelmoosarten komplettieren das Waldbild.

Neben der Gewöhnlichen Fichte wurden in den 1970er und 1980er Jahren an vielen Stellen des Gebietes auch die als rauchgastolerant geltenden
Stechfichte
Baumarten Blau- oder Stechfichte, Serbische Fichte, Japanische Lärche und Murray-Kiefer ausgebracht.

Das Dreieck zwischen Deutscheinsiedel, Bad Einsiedel und Brandhübel beherbergte einstmals einen großen, mehr oder weniger zusammenhängenden Komplex von Hochmooren mit Fichten-Moorwäldern, Latschenkiefer-
Hochmoor
beständen und offenen Moorzonen. Nach Jahrhunderten der Entwässerung (auch der Seiffener Bergbau benötigte viel Wasser!), der Torfgewinnung sowie den verheerenden Auswirkungen des Waldsterbens im 20. Jahrhundert sind davon nur noch wenige Reste erhalten geblieben – diese zu schützen ist deshalb umso wichtiger. Neben einigen (wenigen) Moorkiefern und einem der letzten Fichten-Moorwaldreste des oberen Ost-Erzgebirges findet man heute noch verschiedene Torfmoose, Schmalblättriges und Scheidiges Wollgras, Rauschbeere und einige andere Hochmoorarten.

Die meisten Bereiche sind allerdings bereits „verheidet". Im Frühling geben die frischgrünen Blaubeersträucher einen sehr schönen Kontrast zu den weißen Stämmen der Birken, im Herbst hingegen fällt das Goldgelb des Pfeifengrases auf.

Die meisten Landwirtschaftsflächen werden seit langer Zeit vorrangig als Grünland bewirtschaftet. Auf den traditionell durch Mahd genutzten Flächen wie am Goldhübel nordöstlich von Neuhausen, im oberen Frauenbachtal, an den Hängen des Schwartenberges, bei Oberseiffenbach sowie in den Rodungsinseln entlang der Schweinitz (z.B. Oberlochmühle, Brüderwiese) gibt es viele artenreiche Bergwiesen, die örtlich in Nasswiesen übergehen. Hier finden wir Arten der Feucht-, Frisch- und der Bergwiesen oft in enger Verzahnung. Unter anderem sind hier Wiesen-Knöterich, Verschiedenblättrige Distel, Weicher Pippau, Kleiner Klappertopf, Berg-Platterbse, Wiesen-Platterbse, Bärwurz, Echtes Mädesüß, Wiesen-Margerite und Gräser wie Goldhafer, Wolliges Honiggras und Gewöhnliches Ruchgras zu finden. Im Rahmen einer Bergwiesenerfassung wurden 44 Hektar kartiert, von denen reichlich 17 Hektar die Kriterien eines „Besonders geschützten Biotops" (nach §26 des Sächsischen Naturschutzgesetzes) erfüllen. Dies ist ziemlich viel und unterstreicht die Verantwortung der Region zur Bewahrung dieses wertvollen Erbes.

Berg-, Nasswiesen

Auf einigen Talwiesen zwischen Neuhausen und Rauschenbach sind neben großen Beständen an Allerwelts-Grünlandarten (Gewöhnlicher Löwenzahn, Scharfer Hahnenfuß, Herbst-Löwenzahn, Rasen-Schmiele) an vielen Stellen auch Gewöhnlicher Frauenmantel, Vielblütige Hainsimse, Wald-Storchschnabel und Kuckucks-Lichtnelke zu finden. In Bachnähe und auf sumpfigen Stellen treten verschiedene Seggen (u.a. Wiesen-, Grau-, Hirse-, Schlank-, Schnabel- und Stern-Segge), Flatter-Binse und Spitzblütige Binse, Rohr-Glanzgras, Wald-Simse, Bach-Nelkenwurz und Flutender Schwaden auf. Der größte Teil dieses Gebietes wird gemäht oder mäßig („extensiv") beweidet.

Abb.: feuchte Bergwiese mit Wiesen-Knöterich bei Oberseiffenbach

Seit einigen Jahren tritt im Gebiet auch der Fischotter wieder auf. Unter anderem wurde er an der Rauschenbachtalsperre und an ihren Zuflussbächen gesehen. Hinter Schornstein- und Giebelverschalungen der Bergsiedlungen hat die Nordfledermaus ihre Wochenstuben, deren Nachweis und Erforschung wir den erzgebirgischen Fledermauskundlern zu verdanken haben.

Nordfleder-maus

In der Flöha leben u.a. Bachneunauge, Bachforelle und Westgroppe.

Im Gesamtgebiet sind im Rahmen aktueller Kartierungen über 30 Tagfalterarten nachgewiesen worden. Unter diesen ist der Hochmoorbläuling in Hochmooren bei Deutscheinsiedel hervorzuheben. Den Hochmoorgelbling jedoch kann man nur noch in den Mooren auf der tschechischen Seite antreffen.

Hochmoor-bläuling

Das Gebiet ist vor allem auch in ornithologischer Hinsicht bedeutsam. Mit dem Absterben der „Einsiedler Wälder" (infolge der Waldschäden durch die Abgase der nordböhmischen Kraftwerke und Chemiefabriken) in den vergangenen Jahrzehnten entstanden große Waldblößen, die spezialisierten Vogelarten als Lebensraum besonders zusagen. Das betrifft in erster Linie das Birkhuhn, das auf der hiesigen Kammhochfläche eines der letzten drei aktuellen Vorkommen im Erzgebirge besitzt. Auch Feldschwirl, Bekassine und Wiesenpieper kommen hier vor. Aufgelichtete, strukturreiche Fichtenwälder beherbergen außerdem Raufußkauz, Sperlingskauz, Waldschnepfe, seltener auch Nachtschwalbe, Wendehals und Raubwürger.

Birkhuhn

Ergänzend bieten die in der Nähe gelegenen, ausgedehnten höhlenreichen Altbuchenbestände wieder anderen Vögeln Lebens- und Brutmöglichkeiten. Hier kommen u.a. Waldlaubsänger, Sumpfmeisen, Hohltauben, Schwarz- und Grauspechte, vereinzelt auch Zwergschnäpper und Schwarzstorch vor. An den Bächen können Gebirgsstelzen und, mit etwas Glück, Wasseramseln beobachtet werden.

Der Nachweis von 108 Brut- und Zugvogelarten im Waldgebiet zwischen Deutscheinsiedel und Flöhatal war Anlass, hier ein „Europäisches Vogelschutzgebiet" zu schaffen (1 337 ha), das in das europaweite Schutzgebietsnetz „Natura 2000" integriert ist. Teile des beschriebenen Waldgebietes und einige andere in der weiteren Umgebung gehören zum FFH-Gebiet „Buchenwälder und Moorwald bei Neuhausen und Olbernhau".

. . . .

Wanderziele

Talsperre Rauschenbach

Die Talsperre ist nach dem kleinen Dorf Rauschenbach benannt geworden. Es wurde im 17. Jahrhundert von Exulanten gegründet, die der Siedlung, wohl wegen der Lage am rauschenden Bach, ihren Namen gaben. Der Bau der 15,2 Millionen Kubikmeter fassenden Talsperre erfolgte 1961–1968. Die Staumauer ist bis zu 46 m hoch und auf der Krone 346 m lang. Die reichlich 90 Hektar große Wasserfläche besitzt eine Länge von 2,5 km und berührt im hinteren Teil tschechisches Gebiet.

90 Hektar große Wasserfläche

Während des Hochwassers im August 2002 war die Talsperre aufgrund von Baumaßnahmen abgelassen, so konnte sie – im Gegensatz zu fast allen anderen Stauanlagen des Ost-Erzgebirges – die heranströmenden Wassermassen zurückhalten und das unterhalb liegende Flöhatal vor größeren Schäden bewahren.

Von der Staumauer der Talsperre hat man einen imposanten Blick auf Rauschenbach und Neuhausen mit dem Schwartenberg. Im Frühjahr und Herbst rasten hier viele nordische Wasservögel, so verschiedene Enten-, Säger-, Gänse- und Taucherarten.

Standge-
wässerfische
Angelfreunde frönen vor allem in der Neuwernsdorfer Bucht ihrem Hobby. Ausgesetzt ist in diesem künstlichen See fast die gesamte Palette von gebirgstauglichen Standgewässerfischen (Bach-, See- und Regenbogenforelle, Karpfen, Barsch, Schleie, Aal, Hecht, Zander, Döbel, Rotauge).

 Kohlberggebiet

großes,
zusammen-
hängendes
Waldgebiet
Zwischen dem Flöhatal mit der Talsperre Rauschenbach, dem Goldhübel, Frauenbach, Bad Einsiedel und der böhmischen Grenze erstreckt sich ein großes, zusammenhängendes Waldgebiet, dessen landschaftliche Eigenart erst aus der Nähe deutlich wird. Besonders von den Verebnungsflächen zwischen Cämmerswalde und der Talsperre aus gesehen, baut es sich wie ein kleines Gebirge auf. Zahlreiche kurze und längere, gefällestarke Nebenbäche der Flöha haben hier ein kleines, stark zertaltes „Mini-Bergland" geschaffen. Von der 750 bis 850 m üNN hochgelegenen Kammregion fallen Bäche auf nur 4 bis 5 km Länge rund 200 bis 300 m zur Flöha hin. Die wichtigsten sind (von Ost nach West): Wernsbach/Pstružný potok (Forellenbach), Welzfluss, Dürrer Fluss, Rauschenfluss und Schwarzer Fluss, Rosenfluss.

stark zertal-
tes „Mini-
Bergland"

Stein-
bruch im
Rauschen-
flusstal
Geologisch wird dieses kleine „Bergland" größtenteils von Graugneisen der Preßnitz-Gruppe gebildet, die allerdings nur an wenigen Stellen aufgeschlossen sind. Eindrucksvoll ist der jetzt auflässige, 50 m hohe Steinbruch im Rauschenflusstal. Hier wurde in den 1960er Jahren ein älterer Steinbruch wieder aufgewältigt, um 170 000 m³ Gneis für die Errichtung der Staumauer der Rauschenbach-Talsperre abzubauen.

Blößenstein
Unterhalb der Felskuppe des Blößensteins (nordöstlich von Bad Einsiedel zwischen Mittel- und Schwertweg) liegt versteckt ein stark verwachsener, 12 m hoher Steinbruch in grobkörnigem Rotgneis, der einen Ausblick zum Schwartenberg, zur Augustusburg und nach Sayda bietet.

Abgesehen von der Wiesenflur des ab 1659 als Exulantensiedlung entstandenen Ortes Neuwernsdorf ist das gesamte Gebiet bewaldet. Mit 837 m Höhe bildet der Kohlberg die höchste Erhebung des Gebietes (auf deutscher Seite). Dass hier tatsächlich auch „gekohlt" wurde, ist nicht nur wegen des Bergnamens anzunehmen. Eine Kohlfuhrstraße führte z.B. (um 1715) von Einsiedel über Neuhausen – Sayda – Großhartmannsdorf zu den Freiberger Hütten.

Abb.: naturnaher Buchenwald am Kohlberg

Wie aus alten Forstkarten hervorgeht, herrscht hier seit jeher die Rot-Buche vor – begünstigt durch das kühlfeuchte Klima (900 mm Jahresniederschlag, Jahresmittel der Temperatur: ca. 5,5 °C). In Teilen des Kohlberg-Gebietes ist auch heute noch prächtiger, naturnaher Buchenwald (neben Fichten-Buchen- und reinen Fichtenforsten) vorhanden. Überwiegend handelt es sich jedoch um eher artenarme, bodensaure Hainsimsen-Buchenwälder. Die Buchen überstanden zwar vergleichsweise wenig geschädigt die extrem hohen Schadstoffbelastungen der 1970er bis 90er Jahre, die die Fichtenforsten am nahen Erzgebirgskamm hinwegrafften, aber die damit einhergehende Bodenversauerung wirkte sich natürlich auch hier aus. Für anspruchsvollere Buchenwaldpflanzen verschlechterten sich die Existenzbedingungen.

Abb.: Im Quellgebiet des Schwarzen Flusses bereichert ein Teich die Waldlandschaft

 ## Neuhausen mit Purschenstein

Schloss Purschenstein

Das Landschaftsbild Neuhausens wird vom Schloss Purschenstein beherrscht, das auf einem Felsrücken nordwestlich des Flöhatalkessels erbaut wurde und heute aus dichtem Bewuchs jahrhundertealter Parkbäume herausschaut. Hier ließ der Biliner Graf Borso aus dem böhmischen Geschlecht der Hrabišice/Hrabischitze in der ersten Hälfte des 13. Jahrhunderts eine Zoll- und Geleitsburg (den „Borso-Stein" = Purschenstein) an einem schon im 12. Jahrhundert erwähnten Fernhandelsweg errichten. Dieser „Alte böhmischen Steig" verband den Raum Halle/Leipzig mit Prag. Die Hrabischitze, später nach ihrem neuen Sitz als Riesenburger bezeichnet, unternahmen große Anstrengungen, Teile des damals noch unbesiedelten Grenzgebirges in ihren Herrschaftsbereich zu bekommen. Schließlich stand zu hoffen, dass nicht nur in Freiberg Reichtümer im Boden schlummerten.

In nachfolgenden Jahrhunderten erfolgte der Ausbau Purschensteins zu einem repräsentativen Schloss als Herrschaftssitz der Adelsfamilie von Schönberg, die von 1389 bis 1945 die Geschicke der Region wesentlich mitbestimmte (und nicht nur dies: die Schönbergs verfügten zeitweise auch über beträchtlichen Einfluss am Dresdner Hof).

Schlosspark Naturkundlich besonders interessant ist der struktur- und artenreiche Laubwald des ehemaligen Schlossparks. Ein 4,5 Hektar großes Gebiet südlich
und östlich des Schlosses wurde 1957 als Flächennaturdenkmal ausgewiesen. Viele alte, oft höhlenreiche Laubbäume stocken im Parkgelände und
Schatt- im östlich daran angrenzenden Schatthangwald. Hierzu gehören Buchen,
hangwald Berg-Ahorne und Eschen. Die Strauchschicht setzt sich vor allem aus
Schwarzem Holunder, Gewöhnlicher Traubenkirsche und verschiedenen
Jungbäumen zusammen. Die sich seit vielen Jahren stark ausbreitenden
Spitz-Ahorne müssen in Teilen des FND durch regelmäßige Auslichtungs-
maßnahmen gezielt in ihrem Bestand reduziert werden, damit die selte-
nen Pflanzen in der Kraut- und Strauchschicht nicht verdrängt werden.
Leider musste auch ein Teil der einst zahlreichen stattlichen Ulmen gefällt
werden, da sie wegen des Ulmensterbens völlig abgestorben waren.

Als besonders attraktive Pflanzenarten kommen in beachtlicher Anzahl
Türken- Türkenbund-Lilie, Bunter Eisenhut und die Nachtviole vor. Häufig sind wei-
bund-Lilie terhin Quirlblättrige Weißwurz, das Ruprechtskraut, Schöllkraut, Wald-Bingelkraut, Berg-Weidenröschen und verschiede Farne, wie der Wald-Frauenfarn oder der Gewöhnliche Wurmfarn. Auch die Breitblättrige Glockenblume oder die Moschus-Erdbeere sind stellenweise zu finden, seit einiger
Zeit auch wieder das vorübergehend verschollene Gelbe Windröschen.
An seltenen Sträuchern sind die Alpen-Johannisbeere und die Gebirgs-
Rose zu erwähnen.

Gut ausgebaute Wege ermöglichen Spaziergänge durch das Waldgebiet
und durch die parkähnlichen Bereiche mit zwei Teichen südwestlich des
Schlosses.

In der historischen Fronfeste des Schlosses Purschenstein, an der Straße
Glashütten- nach Sayda, befindet sich seit 1996 ein Glashüttenmuseum, in dem ein
museum wichtiger Teil der Landnutzungsgeschichte des Ost-Erzgebirges dargestellt
wird. Die meisten Glashütten sind schon seit Jahrhunderten verschwunden,
als die Holzvorräte des Erzgebirges nicht mehr reichten, sowohl Glasherstellung als auch Erzschmelzen zu versorgen, die beide enorme Mengen an
diesem nur sehr langsam nachwachsenden Rohstoff benötigten. Nur die
Glashütte Heidelbach am Schwartenberg produzierte bis ins 19. Jahrhundert und belieferte unter anderem den Dresdner Hof und andere Adelshäu-
ser mit hochwertigen Glasprodukten. Das Museum zeigt eine Auswahl der
Heidelbacher Erzeugnisse. Besonders interessant ist der Einblick in eine
originalgetreu rekonstruierte Glashütte aus dem 16. Jahrhundert. Die Glasherstellung soll übrigens die Vorlage für ein heute im „Spielzeugwinkel" ver-
Reifen- breitetes Handwerk geliefert haben: das so genannte Reifendrehen. Die
drehen Glasmacher drechselten hölzerne Formen, in die sie die Quarzitschmelze
gossen, die dann zu Glas erstarrte. Von der Genauigkeit, mit der diese Bu-
chenholzformen hergestellt waren, hing in wesentlichem Maße die Qualität des Glaserzeugnisses ab. Einige Drechselmeister waren darauf spezia-
lisiert. Als die Glasherstellung auch in Heidelbach schließlich immer mehr
an Bedeutung verlor, entdeckten sie, dass ringförmig gedrechselten Holz-

reifen auch gute Werkstücke für die Produktion von kleinen Holzfiguren darstellten. Wie dies geschieht, kann man im Freilichtmuseum Seiffen erleben.

Taufstein
Etwa 1 km südwestlich von Neuhausen befindet sich am linken Flöhaufer
im Wald („Wasserwand") ein kleines Serpentinit-Vorkommen. Lesesteine
und Blöcke bedecken eine Fläche von ca. 200 m². Im „Taufstein" ist die Jah-
reszahl 1635 eingemeißelt. Sie soll auf so genannte Waldtaufen während
des 30jährigen Krieges hinweisen, als sich die Bewohner wegen der ständigen Gefahren oft längere Zeit in den Wäldern aufhalten mussten.

Eisenzeche bei Heidersdorf

Südlich von Heidersdorf und rechts der Flöha befindet sich die „Eisenze-
che". Einige Erzgänge der Roteisen-Baryt-Formation wurden durch die
Gruben „Weißer Löwe" und „Rudolph-Erbstolln" abgebaut und das Erz im
Hüttenwerk Rothenthal bei Olbernhau ausgeschmolzen. Haupterzmineral
Hämatit
ist Hämatit (Roteisenerz) als Glaskopf und Eisenglanz sowie Eisenocker.

Um 1670 entstand hier eine kleine Exulantensiedlung.

Basalt
Im Schafferholz bei Heidersdorf ist in einem alten Steinbruch 1 km nördlich der Zechenmühle auf 50 m Länge ein „Basalt" (Olivin-Augit-Tephrit)
mit plumpen Säulen aufgeschlossen. Das Gestein enthält Olivin, Augit,
Magnetit, Plagioklase, Glas und Nephelin.

Schwartenberg (787 m)

Zu Recht ist dieser Berg namengebend für eine ganze Region, gilt er doch
im gesamten Erzgebirge als exzellenter Aussichtspunkt. Seine zentrale Lage
spielt dabei eine Rolle, aber auch seine Oberflächenform, die einer flachen
Pyramide ähnelt. Da kaum bewaldet, tritt der Berg allseitig hervor.

Wahrzeichen des Schwartenberges ist seine weithin sichtbare Baude, die
der Erzgebirgsverein 1926/27 als „Unterkunftshaus" errichtet hatte. Auf dem
Gipfel schauen Gneisklippen hervor. Die Umgebung besteht vor allem aus
Wiesen, Weiden und Steinrücken, nur am Westhang wächst etwas Wald.

Einige der Wiesen sind botanisch interessant. Nach der Waldrodung blieb
der Berg bis zum heutigen Tage weitgehend kahl. Die strauchförmigen,
krummholzartigen Ebereschen auf dem Gipfel sind gezeichnet von den
Kräften des Wetters.

Die exponierte Lage gestattet eine Rundsicht, die zu den umfassendsten
im Erzgebirge gehört. Eine Kupferplatte bei den Gipfelfelsen gibt mit Rich-
tungspfeilen Auskunft über das Panorama:

Panorama
Süden
Nach Süden breitet sich im Vordergrund die Gemeinde Seiffen aus, deren
zahlreiche Ortsteile sich über die Hänge ausbreiten. Südlich davon ragt die
auffällige, dicht bewaldete Kuppe des 823 m hohen Ahornberges empor.

Tief unten im Schweinitztal liegt auf einem Bergrücken die alte Bergstadt Hora Svaté Kateřiny/St. Katharinaberg. Dahinter, auf böhmischer Seite, erhebt sich wuchtig das bis über 900 m ansteigende „Bernsteingebirge" mit Medvědí skála/Bern- oder Bärenstein(924 m), Liščí vrch/Fuchsberg (905 m), die Höhe mit den Häusern von Lesná/Ladung (911 m), der Lesenská pláň/ Hübladung (921 m) und am westlichen Abhang der „Große oder Eduardstein", ein gewaltiger Granitgneisfelsen. An seinem Fuße breiten sich die kleinen Weiler Malý Háj/Kleinhaan (848 m) und Rudolice/Rudelsdorf mit

Südwesten   dem unverwechselbaren Kirchlein aus. Weiter nach Südwesten sind die Basaltplatte des Kamenný vrch/Steindl (842 m) und die großen Waldgebiete zu beiden Seiten des Natzschungtals zu sehen. Dahinter kann man bei guter Sicht Jelení hora/Hassberg, Klínovec/Keilberg, Fichtelberg, Bärenstein,

Nordwesten Scheibenberg und Pöhlberg sowie Auersberg erkennen. Nach Nordwesten erblickt man im Mittelgrund Heidersdorf, Dittersbach und Neuhausen mit dem Schloss Purschenstein, ferner die alte Bergstadt Sayda (670 m, mit Kirch- und Wasserturm) vor der bewaldeten Saydaer Höhe (729 m). Vorbei am Windpark des Saidenberges (700 m) und der Voigtsdorfer Höhe (707

Norden   m) sind neben zahlreichen Ortschaften der Nordwest-Abdachung des Gebirges die massigen Gebäude der Augustusburg zu erkennen. Im Norden liegt das große, zusammenhängende Waldgebiet zwischen Chemnitzbachtal und Gimmlitztal, dahinter der Burgberg (621 m) bei Lichtenberg und einige Schornsteine bei Brand-Erbisdorf und Freiberg (Halsbrücker Esse). Von Frauenstein ist nur der Sandberg (678 m) mit seinem Sendemast zu sehen;

Nordost bis die Stadt selbst wird durch ein Wäldchen verdeckt. Von Nordost bis Südost
Südost   breiten sich in den kammnahen Regionen die größeren Waldgebiete um Holzhau sowie die Einsiedler Wälder aus. Zwei Berge überragen deutlich die breiten, flachen Kammhochflächen: die Basaltplatte des Bradáčov mit dem Zámeček/Jagdschloss Lichtenwald (876 m) und der Granitporphyrrücken der Loučná/Wieselstein (956 m).

Graugneis   Der Schwartenberg besteht aus fein- bis mittelkörnig-flasrigem Graugneis (Paragneis) der Preßnitzer Gruppe (früher Marienberger Gneise). Außer an den Gipfelfelsen, wo feinkörnig-dichte, feldspatarme Gneise anstehen, findet man das Gestein auch östlich davon in einem aufgegebenen Steinbruch an der Straße nach Neuhausen.

Bergbau   Auch Bergbau ging am Schwartenberg um: der Berg trägt seinen jetzigen Namen wahrscheinlich nach dem Grubennamen „die Schwardte" (1737). Die Erzgänge gehören der kupferreichen Variante der kiesig-blendigen Bleierz-Formation an. Doch der Bergbau auf Kupferkies, Silbererz und Zinnstein war offenbar unergiebig. 1871–74 wurde er dennoch erneut aufgenommen: Westlich des Schwartenberges erinnern noch eine Pinge und eine Halde an den „Kaiser-Wilhelm-Schacht".

Vom 15. bis ins 19. Jahrhundert (ca. 1830) war am Osthang des Schwartenberges die Glashütte Heidelbach in Betrieb.

6 Seiffener Pingen

Wahrscheinlich mehrere hunderttausend Gäste kommen alljährlich nach Seiffen (allein 100 000 zum Spielzeugmuseum!), aber nur wenige besuchen die beiden Pingen, die in unmittelbarer Nähe des Ortszentrums von der langen und interessanten Bergbaugeschichte künden. Ein Lehrpfad („His-

Geyerin und torischer Bergbausteig") führt unter anderem zur „Geyerin" und zur „Neu-
Neuglück glücker Stockwerkspinge".

Die südlich gelegene „Geyerin" wurde erstmals 1593 erwähnt und ist 22 m tief, die nördliche Pinge „Neuglück", 1570 erwähnt, ist 25 m tief.

Die Lagerstätte nimmt im Vergleich zu anderen des Erzgebirges eine gewisse Sonderstellung ein. Granit liegt hier offenbar in größeren Tiefen und wurde noch nicht gefunden. Dabei hat das Aufdringen von granitischen Magmen im Variszischen Gebirge sicher auch hier für die Vererzungen mit Zinnstein (Kassiterit) geführt. Im Zentrum der Lagerstätte befindet sich

Zwitter- eine Gneis-Quarz-Brekzienzone (Zwitterstockwerk). Hitze und Druck hatten
stockwerk das ursprüngliche Material zu Bruchstücken zerrüttet, die in der nachfolgenden Zeit wieder neu verkitteten – ein solches Gestein wird Brekzie genannt. Dabei kam es zur Anreicherung von Erzen. Diese drangen als Dämpfe („hydrothermal") oder Gase („pneumatolytisch" – 400 bis 500°C) auch

Erzgänge in die Klüfte des umgebenden Gesteins ein und schlugen sich hier als Erzgänge nieder.

Die Erzgewinnung vollzog sich erst im Tiefbau (bis ca. 90 m), später auch nahe oder an der Erdoberfläche, d.h. „steinbruchähnlich" von oben nach unten. Damit handelt es sich bei den Seiffner Pingen eigentlich um „Tagebaurestlöcher" und keine Einsturzpingen (wie etwa in Altenberg). An der Geyerin-Pinge ist noch zu erahnen, auf welche Weise man einstmals das Gestein abbaute: eine rußgeschwärzte Vertiefung an der Felswand stammt

Feuersetzen vom so genannten Feuersetzen. Mit viel Holz wurde große Hitze entfacht, die Bindungen zwischen den Gesteinsbestandteilen damit gelockert, so dass die Arbeit für Schlegel und Eisen anschließend etwas leichter war.

In der Nähe der Pingen sind noch zwei Mundlöcher vom „Heiligen Dreifaltigkeitsstolln" und vom „Johannisstolln" vorhanden. Hinzu kommt der 1988 wiederentdeckte Erbstolln „Segen Gottes". Weiterhin befinden sich auf Seiffener Fluren noch zehn weitere, gut erhaltene Bergwerkshalden und andere bergmännische Wahrzeichen, die jetzt un-

Bergbau- ter Denkmal- und Naturschutz stehen. Der Berg-
steig bausteig umfasst insgesamt 20 Stationen.

Im Jahre 1937 wurde in der Pinge „Geyerin" eine
Abb.: Brand- Freilichtbühne gebaut, die auch heute noch für
weitung an Veranstaltungen genutzt wird. Die charakteristi-
der Geyerin- schen Zeugnisse des früheren Bergbaus blieben
Binge dadurch aber erhalten.

Ahornberg

Der höchste Berg zwischen Seiffen und Schweinitztal (östlich von Oberseiffenbach) ist weniger bekannt als der Schwartenberg, obwohl er diesen um 36 m überragt. Das liegt sicher nicht nur an der fehlenden Einkehrmöglichkeit. Der Ahornberg ist durchweg bewaldet und bietet nur vom Waldrand aus eine Aussicht auf den böhmischen Kamm, den Bergrücken von Katharinaberg (mit Stadt und Aussichtsturm) und zum Schwartenberg. Dass er sich hoch (etwa 150 m) über das Schweinitztal bei Brüderwiese erhebt, sieht man z.B. eindruckvoll vom Erzgebirgskamm oberhalb von Mníšek/Einsiedl aus.

Basalt

Geologisch ist der Ahornberg durch sein Basaltvorkommen bekannt. Es handelt sich hier um einen „Olivin-Augit-Tephrit" (früher als Feldspatbasalt bezeichnet). Das gangartige Vorkommen setzt im Marienberger Graugneis (Paragneis) auf und ist in einem kleinen ehemaligen Steinbruch aufgeschlossen. Der Gang verläuft in NW–SO–Richtung und ist etwa 75 m lang und 5 m mächtig, mit horizontalen, sechsseitigen Säulen. Viele Nebengesteinseinschlüsse von Gneis und auch größere Olivinknollen treten auf.

Buchenbestände

Der Hochwald des Ahornberges besteht aus Rot-Buche, Fichte sowie Mischbeständen von beiden. Die Buchenbestände gehören zu den höchstgelegenen im Ost-Erzgebirge, neben denen vom Hemmschuh (824 m üNN) bei Rehefeld-Zaunhaus und am Bouřňák/Stürmer (869 m üNN) bei Mikulov/Niklasberg sowie auf dem Kamenný vrch/Steindl (842 m üNN) bei Brandov/Brandau. Dem rauen Klima entsprechend wachsen die Rot-Buchen hier nicht in den Himmel – neben einigen „Krüppelwüchsigen" erreichen einige aber dennoch ganz beachtliche Dimensionen.

Naturlehrpfad

Ein am Freilichtmuseum beginnender Naturlehrpfad führt zum Ahornberg und bietet naturkundliche Erläuterungen.

Luftschadstoffe

Der Ahornberg und die umgebenden Höhen (Zaunhübel, Grauhübel) waren in der zweiten Hälfte des 20. Jahrhunderts ganz besonders schlimm und vor allem sehr frühzeitig den schwefeldioxidreichen Abgasen der nordböhmischen Braunkohleverbrennung ausgesetzt. 1956 erkannten die Förster die ersten Schäden, in den 1970er Jahren begann das flächige Absterben der Fichtenforsten. Die Luftschadstoffe kamen vor allem bei Südwinden mit dem „Böhmischen Nebel" über den Einsiedler Pass geschwappt.

Anstelle der abgestorbenen Fichten wurden zunächst Birke und Ebersche eingebracht (z.B. Steinbruchweg). Dann pflanzten die Förster – und mit ihnen sehr viele, mehr oder weniger freiwillige Helfer – auch in der Umgebung des Ahornberges „rauchtolerante" Blaufichten, um unter den Bedingungen extremer Schadstoffbelastungen wenigstens einen Teil der Waldfunktionen zu sichern.

Freilichtmuseum Heidelberg

Wer sich für die Geschichte der Landschaft interessiert, sollte sich unbedingt einen Besuch des Freilichtmuseums am oberen Ende des Ortsteiles Heidelberg (in der Nähe der Seiffenbachquelle) vormerken. Seit Anfang der 1970er Jahre wurden hier rund um ein historisches Wasserkraftdrehwerk erzgebirgstypische Gebäude wieder aufgebaut, die woanders abgerissen werden mussten. Die liebevoll rekonstruierten Fachwerkhäuser, Holzscheunen und Werkstätten bieten jetzt das Bild einer typischen *Streusiedlung* der Kammregion. Dokumentiert wird das Leben zwischen 1850 und 1930 – einer Zeit, die für die einfachen Menschen harte Arbeit und viele Entbehrungen bedeutete, in der aber auch die vielfältigen Landnutzungsformen zu dem vermutlich höchsten Artenreichtum seit Besiedlung des Erzgebirges führten. Dieser Aspekt steht freilich nicht im Mittelpunkt des volkskundlichen Museums, aber neben historischer Holzbearbeitung, Spielzeugherstellung und anderen traditionellen Gewerken gibt es auch Dreifelderwirtschaft und Heuwiesen zu erleben.

Streusiedlung

 ## Bad Einsiedel

Mineralbad

Oberhalb von Heidelberg, am Rande der ausgedehnten „Einsiedler Wälder", liegt das früher als „höchstgelegenes Kur- und Badedorf sowie Mineralbad Sachsens" bekannte Bad Einsiedel (nahe der Straße Neuhausen – Deutscheinsiedel, in 750 m Höhe). Der Wohnplatz muss schon sehr lange als solcher existiert haben, denn die Mönche des Klosters Ossegg unterhielten hier einen Klosterhof (Grangie) im Rahmen ihrer kolonisatorischen Bestrebungen diesseits des Kammes. Später befand sich hier eine Umspann- und Raststätte für Pferdefuhrwerke.

eisen- und schwefelkieselsäurehaltige Quellen

Die Heilwirkung der Quellen des Frauenbachs soll schon im 16. Jahrhundert bekannt gewesen sein. Vier eisen- und schwefelkieselsäurehaltige Quellen brachten Linderung bei rheumatischen und Hauterkrankungen. Bis 1937 wurden die 1723 errichteten Badestuben genutzt.

Gasleitungstrassen

Seit den 1970er Jahren durchziehen die breiten Schneisen der für Gasleitungstrassen (Erdgasfernleitung und Äthylen- bzw. „Produktenleitung" Záluží – Böhlen) Wälder und Wiesen. Eine Gabelung liegt östlich von Bad Einsiedel, und eine weitere Gasleitungstrasse ist in Planung. Östlich von Bad Einsiedel teilen sich die Trassen.

Amethyst

Nahe Bad Einsiedel wurde um 1700 Amethyst gefunden und die Quarzgänge daraufhin durch Gruben erschlossen.

Moorgebiet Deutscheinsiedel

Die größten Hochmoorflächen des Landkreises Freiberg befinden sich auf dem Erzgebirgskamm bei Deutscheinsiedel. Am bekanntesten ist das „Deutscheinsiedler Hochmoor", ein ca. 54 ha großes Moorareal, das in einer ausgedehnten und flachen Mulde aufwuchs. Bäche und kleine Hangmulden gliedern den Torfkörper in *mehrere Moorkerne*, die sich in einem nach Osten gebogenen Halbkreis vom Schweinitzbach über den Fuß des Teichhübels bis nach Bad Einsiedel verteilen. Diese zwei bis drei, teils fast fünf Meter mächtigen und nährstoffarmen Torfauflagen sind recht gut an ihrem Beerstrauchreichtum und oft auch am Vorkommen der Rauschbeere zu erkennen, während die umgebenden, flachgründigen Torfbereiche oft nur von Drahtschmiele, Pfeifengras und Wolligem Reitgras, seltener auch von Seggen und Torfmoosen bewachsen sind. In gering geneigten Muldenlagen können diese Bereiche sogar nasser als die Moorkerne selbst sein. Solche waldfreien Zwischenmoore finden sich z. B. an der Schweinitz oder im Zentralbereich der Mulde. Sie sind schon von weitem an Seggenbeständen (Schnabel-, Wiesen-Segge) und oft auch an abgestorbenen Fichten zu erkennen. Bei näherem Herantreten finden sich oft verlandete Gräben. Nur im Brandhübelmoor gibt es einen kleinen, sehr nassen und waldfreien Hochmoorrest. Zu den Eigenarten des wasserreichen Gebietes gehören weiterhin flächige Quellbereiche mit Wald-Schachtelhalm, Sumpf-Vergissmeinnicht, Sumpf-Kratzdistel und Quell-Sternmiere. Trotz Entwässerung zeigen sich heute noch viele klassische, teils selten gewordene Moorstrukturen wie Randgehänge und Laggs. All dies bringt eine bemerkenswerte Vielfalt mit sich, die früher sicher noch viel größer war.

mehrere Moorkerne

Abb.: Hochmoorrest im Brandhübelmoor

Seit dem 16. Jahrhundert entwässert der nach Seiffen führende Heidengraben die Einzugsgebiete der Moore. Dieser 3 km lange Kunstgraben wurde um 1600 angelegt und führt mit minimalem Gefälle (25 m) Wasser aus dem Einzugsgebiet der Schweinitz über die Wasserscheide zum Seiffenbach, damit dieser den Seiffener Erzwäschen und (später) Wasserkraftdrehwerken genügend Energie geben konnte.

Nach 1820 entstanden ausgedehnte Entwässerungssysteme mit über 49 km Gräben, welche die Moore trocken legen und in produktive Waldstandorte umwandeln sollten. Ein für den Zeitraum von 1880 bis 1947 nachweisbarer Torfstich zerstörte etwa 1/3 des Brandhübelmoores. Noch bis in die 1960er Jahre existierten im Gebiet größere Fichten-Plenterwälder. Das 1961 ausgewiesene Naturschutzgebiet „Heidengraben" wurde mit dem einsetzenden, immissionsbedingten Waldsterben wieder gelöscht.

Entwässerung, Torfstecherei und Immissionen prägen das Gebiet heute ganz erheblich. Alle Torfkörper sind stark degradiert, sehr trocken und damit überwiegend waldfähig. Das Alter der Fichtenbestände überschreitet kaum 40 Jahre. Sie können je nach Standort den Wollreitgras-Fichtenwäldern (nährstoffreichere Torfe) bzw. Fichten-Moorwäldern (arme Torfe)

Birken-bestände	zugeordnet werden. Die auffälligen Birkenbestände gehen maßgeblich auf das Engagement des Revierförsters Helmut Kluge (Dienstzeit 1963–1990) zurück, der in einem damals ungewöhnlichen Ausmaß gezielte Schneesaaten vornahm, um den Wald zu erhalten. Teils entwickelten sich die Birkenbestände auch spontan. In allen Fällen handelt es sich um Pionierwälder, entweder auf Standorten von Wollreitgras-Fichtenwäldern oder – als sekundärer Birken-Moorwald - von Fichten-Moorwäldern. Einen schönen Anblick bieten sie trotz alledem. Im Frühjahr ergibt das hell leuchtende, frisch ausgetriebene Grün der Heidelbeeren und Birken, zusammen mit den weißen Birkenstämmen und einem blauen Himmel, eindrucksvolle Waldbilder.
wertvolle Reste der früheren Moorvege-tation	Als wertvolle Reste der früheren Moorvegetation finden sich noch eine Vielzahl Torfmoosarten, Scheidiges und Schmalblättriges Wollgras, Rauschbeere, lokal auch ein Rest an Moosbeere sowie ein autochthoner Bestand Moor-Kiefer. Außerdem existiert noch sehr kleinflächig einer der letzten osterzgebirgischen Bestände des Fichten-Moorwaldes. Bemerkenswert und sehr schützenswert sind zudem die letzten osterzgebirgischen Vorkommen des früher wohl wichtigsten Torfbildners, des Torfmooses *Sphagnum magellanicum* sowie stark nässebedürftiger Schlenkenbewohner *(Drepanocladus fluitans, Sphagnum tenellum, S. cuspidatum)* und nicht zuletzt von *Sphagnum rubellum.*

Gegenwärtig gibt es umfangreiche Bemühungen zum Erhalt und zur Wiederbelebung der stark gefährdeten Moorvegetation. Seit 1998 erfolgen durch Mitarbeiter des Sächsischen Forstamtes Olbernhau Maßnahmen

Wiedervern-ässungen	zur Wiedervernässungen, z. B. das Anstauen von Gräben. Zwischenzeitlich konnte sich auf kleinen Teilflächen das hochmoortypische Arteninventar bereits regenerieren und ausbreiten.
Lebensraum von Vogel-arten	Das Moorgebiet von Deutscheinsiedel ist auch ein bedeutender Lebensraum von Vogelarten naturnaher, strukturreicher Laub-, Misch- und Gebirgsnadelwälder. Hinzu kommen viele Arten, die Blößen und Kahlflächen im Wechsel mit lockeren Vor- und Moorwäldern sowie Zwergstrauchvegetation, Moore, Wiesen, Sukzessionsflächen und sonnigwarmer Waldsäume bevorzugen. Deshalb wurde der gesamte Erzgebirgskamm bei Deutscheinsiedel als Vogelschutzgebiet von europäischer Bedeutung ausgewiesen.

Als geschützte und seltene Brutvogelarten kommen hier Bekassine, Birkhuhn, Grauspecht, Neuntöter, Raubwürger, Raufußkauz, Schwarzspecht, Schwarzstorch, Sperlingskauz, Uhu, Wachtelkönig, Wendehals, Feldschwirl und Zwergschnäpper vor. Sporadisch tritt auch der sehr seltene Ziegenmelker auf.

Gisela-Quelle	Als Phänomen sei noch die Gisela-Quelle mit dem Verlorenen-Brunnen-Bach erwähnt, der nach kurzem Lauf auf der flachen Kammhochfläche zwischen Dachshöhe (heute: Klugehübel) und Teichhübel fast wieder versickert. Hier beginnt auch das Flussgebiet der 17,6 km langen Schweinitz. Über einen Graben ist sie mit dem Černý rybnik/Schwarzer Teich (802 m üNN) verbunden, der über den Bilý potok hauptsächlich nach Süden entwässert.

Schweinitztal (Svídnický potok / Svídinice)

Die Schweinitz entspringt in den „Einsiedler Wäldern" beiderseits der Grenze in einer Höhe von fast 800 m üNN und mündet nach 17,6 km langem Lauf in 475 Höhe zwischen Hirschberg und Oberneuschönberg in die Flöha. Das Gefälle beträgt damit etwa 325 m (meist zwischen 2 und 1,5 %), die Abflussspende durchschnittlich einen Kubikmeter pro Sekunde. Das Einzugsgebiet der Schweinitz umfasst 63,4 km2 und befindet sich fast zu gleichen Teilen in Sachsen und in Tschechien.

Bis etwa Brüderwiese bildet die Schweinitz ein flaches Muldental, dann wird daraus ein tief eingeschnittenes Kerbsohlental mit Überresten hangparalleler eiszeitlicher Terrassen (in Höhen von 140 bis 135 m sowie 75 bis 65 m über Talsohle). Unterhalb von Niederlochmühle werden linksseitig die Talhänge in Richtung auf Brandov/Brandau flacher. Bezieht man die nur wenige Kilometer entfernten, in der ČR bis über 900m /NN ansteigenden Höhen in die Betrachtung ein, so wird die für erzgebirgische Verhältnisse *starke Relief-* starke Reliefenergie deutlich (Schweinitz bei Deutschkathaerinenberg: *energie* 565 m). Die rasche Einschneidung der Schweinitz ist durch die Tiefenlage des Vorfluters „Flöha" bedingt.

Mühlen Verständlich, dass die Nutzung der Wasserkraftreserven durch Mühlen in der Vergangenheit eine große Rolle gespielt hat. So waren in der 2. Hälfte des 19. Jahrhunderts an der Schweinitz und ihren (kurzen) Nebenflüssen über 25 Mühlen in Betrieb (davon ca.15 auf der böhmischen Seite), und zwar als Mahl- und Ölmühlen sowie Brettsägen. Als letzte Zeugen des Mühlengewerbes existieren noch manche der Kunst- bzw. Mühlgräben.

Abgesehen von den Erzwäschen und Pochwerken waren auch Hammerwerke im Schweinitztal vorhanden, z. B. in Deutsch-Einsiedel (Hammerwerk, später Sensenhammer, sogar ein Hochofen).

Von 1927 bis 1966 (bzw. bis 1969 Güterverkehr) verkehrte die Schweinitztalbahn von Olbernhau-Grünthal nach Deutschneudorf. Eine geplante Verlängerung der Strecke (oder sogar Untertunnelung des Gebirgskammes) scheiterte immer wieder aus ökonomischen bzw. politischen Gründen.

Abb.: Einstige Stützwände der Schweinitztalbahn sind heute noch wertvolle Trockenmauerbiotope.

Am Mittellauf der Schweinitz erhebt sich ein auffälliger, nach drei Seiten steil abfallender Bergrücken (morphologisch ein „Riedel") mit zwei Erhebungen (728 bzw. 723 m). Die Erosion der Schweinitz und eines Nebenbaches (Kateřinský potok/Zobelbach) haben diesen Sporn herausmodelliert, der sich im Nordwesten 145 m über das Flusstal erhebt. Ursache dieser ungewöhnlichen Erscheinung sind zwei Verwerfungslinien im Untergrund des Flöha- bzw. Schweinitztales, zwischen denen hier eine Erdkrustenscholle gewissermaßen „eingeklemmt" wurde und später herausgewittert ist. Auf dem Bergrücken entstand im 16. Jahrhundert die Bergstadt St. Katharinaberg/Hora Svaté Kateřiný mit dem Ortsteil „Grund" entlang des Zobelbachs.

Schaubergwerk Fortuna-Stolln

Bergbau fand einst nicht nur in der böhmischen Bergstadt Katharinaberg, sondern auch auf der gegenüberliegenden Seite der Schweinitz statt. 1998 wurde in Deutschkatharinenberg durch Zufall unter der ehemaligen Bahnlinie das Mundloch eines Stollns wiederentdeckt. Um dieses Bergwerk ranken sich Berichte – und Legenden – über hier im Zweiten Weltkrieg versteckte Dokumente und Kunstschätze. Angeblich sollen sogar Teile des verschollenen, berühmten „Bernsteinzimmers" verborgen sein, das von den deutschen Truppen aus einem Palast bei Leningrad (heute St. Petersburg) entwendet worden war. In sehr medienwirksamen Aktionen sorgt der Deutschneudorfer Bürgermeister seither mit immer neuen Schatzsuchen für überregionale Bekanntheit des kleinen erzgebirgischen Grenzortes.

Bernstein-zimmer

Sichtbarstes Ergebnis der Initiativen ist ein Schaubergwerk („Abenteuer Bergwerk Bernsteinzimmer"). Nichtsdestotrotz erfährt der Besucher auch Wissenswertes aus der Bergbaugeschichte der Region. Diese begann in Deutschkatharinenberg um 1500. Gefördert wurden vor allem Silber und Kupfer. Bis 1882 war die Fortuna-Fundgrube in Betrieb.

Deutsch-neudorf

Seit November 1997 ist in Deutschneudorf in der alten Schule das „Haus der erzgebirgischen Tradition" mit einer Ausstellung zur Geschichte des Ortes untergebracht.

Bergwiesen

Die kleinen Rodungsinseln an der Schweinitz wurden aufgrund ihrer abgelegenen Lage und ihrer geringen Flächengrößen zu DDR-Zeiten weniger intensiv bewirtschaftet als andere Grünlandgebiete. So konnten sich vor allem bei Oberlochmühle, Deutschneudorf, Brüderwiese und Deutscheinsiedel noch einige schöne, artenreiche Bergwiesen erhalten. Im Mai/Juni blühen hier u.a. die typischen Arten Bärwurz, Alantdistel, Rundblättrige Glockenblume und Margerite, seltener auch Weicher Pippau, Zittergras, Berg-Platterbse und Heide-Nelke.

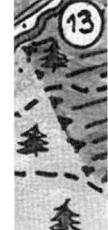

Seiffener Grund

Zwischen Seiffen und Oberlochmühle hat sich ein Nebenbach der Schweinitz ein tiefes Tal geschaffen, dessen junge Sand- und Kiesablagerungen einst mindestens 150 Jahre lang von „seifenden" Erzsuchern um und um gewühlt wurden, bevor der „eigentliche" Bergbau im Festgestein von Seiffen begann. Heute führt die viel befahrene Straße Olbernhau – Seiffen durch den Talgrund.

Die geologischen Verhältnisse sind einfach: überall bilden Rotgneise als Musko-
vit-Plattengneise (mit Quarz, Kalifeldspat
und saurem Plagioklas) den Untergrund.
Im unteren Teil des Seiffengrundes tritt an
beiden Talflanken als geologische Besonderheit der seltene Serpentinit (anstehend
und als Lesesteine) inmitten der Gneise auf.

*Abb.: Buchenwald im Naturschutzgebiet
„Hirschberg – Seiffener Grund"*

Zu beiden Seiten des Seiffener Grundes
sowie ebenfalls an den rechtsseitigen Hängen der unteren Schweinitz findet der
Wanderer sehr schöne, naturnahe Wälder.
Dabei handelt es sich überwiegend um

Fichten-Bu-chen-Misch-wälder bodensaure Fichten-Buchen-Mischwälder, leider inzwischen fast ohne Weiß-Tanne (die von Natur aus zu dieser Waldgesellschaft gehören würde). Wo es etwas feuchter ist, finden sich Übergänge zum artenreicheren Spring-kraut-Buchenwald, an Steilhängen auch zu Schlucht- und Schatthangwäl-dern. Die im Allgemeinen gut entwickelte Bodenvegetation beherbergt somit Arten, die sehr unterschiedliche Standorte repräsentieren: Draht-schmiele, Heidelbeere, Wolliges Reitgras, Purpur-Hasenlattich, Quirlblättri-ge Weißwurz, Frauenfarn, Breitblättriger Dornfarn, Weiße Pestwurz, Echtes Springkraut und Hain-Gilbweiderich. Unter den Moosen herrschen Schwa-nenhals-Sternmoos und Schönes Widertonmoos vor. An zahlreichen Quell-standorten sind ferner die Winkel-Segge und Torfmoose, insbesondere das Gekrümmte Torfmoos *(Sphagnum fallax)* zu finden. Interessant ist das rela-tiv häufige Auftreten der Wald-Hainsimse, die sich hier bereits in der Nähe ihrer östlichen Verbreitungsgrenze befindet.

Quell-standort

In den feuchten Hangmulden bilden außer den Rot-Buchen auch Berg-Ahorne, Eschen und teilweise auch noch Berg-Ulmen die Baumschicht. Neben den noch deutlich sichtbaren Spuren einer früheren intensiven Wald-nutzung sind in der Nähe des Baches noch bzw. wieder zahlreiche Struktur-elemente eines naturnahen Erlen-Eschen-Bachwaldes und am unmittelbar angrenzenden Hang Arten der Schlucht- und Schatthangwälder zu erken-nen. Sehr üppig wachsen im Seiffener Grund unter anderem Wald-Ziest, Riesen-Schwingel, Echter Baldrian, Sumpf-Pippau, Fuchssches Greiskraut, Kletten-Labkraut, Bunter Hohlzahn, Wald-Reitgras, Goldnessel, Frauenfarn, Breitblättriger Dornfarn und verschiedene Sträucher (insbesondere Him-beere). Erwähnenswert ist auch ein fast 100 m² großes Vorkommen des Straußenfarnes am Seiffener Bach (Nähe Dreiweg).

Erlen-Eschen-Bachwald

Serpentin-flora

Der Serpentinit tritt zwar in zahlreichen Felsen zutage, aber die „Serpentin-flora" ist hier dennoch weitaus weniger ausgeprägt als in Zöblitz. Auf zwei sehr kleinflächigen Felsanschnitten (4 m² und 8 m²) wächst immerhin der in ganz Deutschland sehr seltene Serpentin-Streifenfarn.

Natur-schutzgebiet „Hirschberg-Seifengrund"

Seit 1961 stehen etwa 170 Hektar der Waldfläche als Naturschutzgebiet „Hirschberg-Seifengrund" unter Schutz. Das Gebiet gehört mittlerweile auch zum europäischen Schutzgebietssystem NATURA 2000.

Wanderziele in der Umgebung

Sayda

Zu den ältesten Städten des Ost-Erzgebirges gehört Sayda, einst Grenzfeste und Zollstation an einem der früher wichtigsten Handelswege der Region – der „Alten Salzstraße" von Halle/Leipzig nach Prag. Die vom Zisterzienser-Orden des nordböhmischen Klosters Osek/Ossegg vorangetriebene Erschließung dieses Teils des Ost-Erzgebirges erreichte hier einen nördlichen Vorposten. Schon 1192 wird Sayda in der Stiftungsurkunde des Klosters erwähnt. Anfang des 14. Jahrhunderts gelangte die Gegend dann in meißnischen/sächsischen Herrschaftsbereich. 500 Jahre lang hatte die Adelsfamilie von Schönberg auch in Sayda das Sagen. Weil sich hier mehrere der sich entwickelnden Handelswege kreuzten, wurde die 1442 zur Stadt erklärte Ortschaft zu einem regional bedeutsamen Rast- und Handelsplatz.

Abb.: Heimatmuseum Sayda

Über die interessante Stadt- und Regionalgeschichte informiert das kleine Heimatmuseum „Hospital zu St. Johannis" im ältesten Gebäude (1508 errichtet) von Sayda. Dokumentiert wird die Arbeits- und Lebenswelt der Erzgebirgler seit dem 13. Jahrhundert.

Sayda liegt in knapp 700 m Höhe auf der Wasserscheide zwischen Mulde und Flöha. Von den Anhöhen (z. B. Hexenberg) rings um

schöne Ausblicke

dis Stadt bieten sich damit sehr schöne Ausblicke. Die höchsten Erhebungen (Saydaer Höhe, 729 m üNN; Friedrich-August-Höhe, 736 m üNN) sind zwar mit Nadelholzforsten bestockt, aber an den Waldrändern verlaufen aussichtsreiche Wanderwege. Anders als im „Seiffener Winkel" prägen hier typische Waldhufendörfer die Landschaft, vor allem beim Ortsteil Friedebach teilweise noch mit Steinrückenstrukturen. In der Gegend trifft man mitunter noch auf recht artenreiche Bergwiesen und an einigen nicht oder wenig meliorierten Quellbereichen der Bäche auch auf bunte Nasswiesen.

Forsthauswiesen bei Sayda-Teichstadt

Flächennaturdenkmal

Das etwa einen Kilometer nordwestlich von Sayda gelegene Flächennaturdenkmal ist reich an Teichen, Weidengebüschen sowie an Berg- und Nasswiesen. Auch Ansätze einer Vermoorung sind stellenweise erkennbar. Der gesamte an der Westseite des FND gelegene Weg zum ehemaligen Forsthaus bietet einen wunderschönen Blick auf den überwiegend von Wald umgebenen Biotopkomplex.

Nasswiesen

Großflächig sind Sumpf- und Nasswiesenpflanzen wie Mädesüß, Rauhaariger Kälberkropf, Sumpf-Dotterblume, Wiesen-Knöterich, Kuckucks-Lichtnelke und viele andere Pflanzen zu erkennen. Als seltene Pflanzen treten auf den Nasswiesen auch Sumpf-Blutauge und auf den weniger feuchten Bergwiesenabschnitten im Nordosten örtlich Arnika auf. Als weitere typische Bergwiesenpflanzen sind vor allem Bärwurz, Verschiedenblättrige Kratzdistel, Weicher Pippau und Berg-Platterbse zu finden.

Sumpfige Bereiche und die Verlandungszonen der Teiche sind reich an verschiedenen Binsen (vor allem Spitzblütige Binse und Flatter-Binse) und Seggen (Hirse-, Wiesen- und Schlank-Segge sowie die sehr seltene Hartmanns Segge).

FND „Schwemmteichwiese"
zwischen Sayda und Neuhausen

Arnika

Abb.:
Schwemm-
teich

Das von Wald umgebene, landschaftlich reizvolle Gebiet weist ein naturnahes Fließgewässer, zwei Teiche und überaus artenreiche Wiesen auf. Auf den seit 1990 wieder extensiv bewirtschafteten Grünlandbiotopen (Abschnitte mit Bergwiesen, Nasswiesen und kleinflächigen Borstgrasrasen) kommen vor allem Bärwurz, Wiesen-Knöterich, Sumpf-Kratzdistel, Verschiedenblättrige Kratzdistel, Zickzack-Klee, Kuckucks-Lichtnelke, Blutwurz, mehrere Seggen- und Binsenarten, Echtes Mädesüß und geschützte Pflanzen wie Arnika, verschiedene Orchideenarten (Breitblättriges und Geflecktes Knabenkraut, Mücken- Händelwurz), Berg-Platterbse, Gewöhnliches Kreuzblümchen, Sumpf-Blutauge, Kleiner Baldrian und Zittergras vor. Erst in letzten Jahrzehnten sind hier durch zu intensive landwirtschaftliche Nutzung so seltene Arten wie Gewöhnliches Fettkraut, Moosbeere, Katzenpfötchen und Wald-Läusekraut verschwunden.

Teichen
In den Teichen leben unter anderem Berg- und Teichmolch sowie Grasfrosch und Erdkröte.

Das zu den Schwemmteichen aufgestaute Bächlein fließt an der Mortelmühle dem Mortelgrund zu. Insgesamt stellt das Gebiet mit seinen Gewässern, Uferfluren, Berg- und Feuchtwiesen einen sehr wertvollen Lebensraum dar.

 ## 17 Mortelgrund

Der Mortelgrund wurde bereits im 13. Jahrhundert besiedelt. Der Mortelbach und das Langenwiesenwasser lieferten Aufschlagwasser für eine Vielzahl von Mühlen und Pochwerken. Vom 15. bis 18. Jahrhundert wurde im Mortelgrund Bergbau auf Kupfer, Eisen und Silber betrieben. Pumpenanlagen beförderten das Wasser aus den Gruben. Die Bedeutung des Bergbaus blieb jedoch begrenzt.

Mortel-
mühle

Ulli-Uhu

Die bedeutendste Mühle der Region war lange Zeit die Mortelmühle mit sechs Mahlgängen. Um genügend Wasser dafür heranzuführen, machte sich die Anlage von zwei Mühlgräben erforderlich, was zumindest für Sachsen einmalig gewesen sein dürfte. Im 20. Jahrhundert entwickelte sich die Mortelmühle zu einer beliebten Ausflugsgaststätte. Heute wird das zeitweilig akut vom Verfall bedrohte Gebäude wieder rekonstruiert. Regelmäßig bieten die Besitzer hier Kochkurse, historische Führungen und andere Veranstaltungen an. Die Mortelmühle ist auch eine der Stationen des „Ulli-Uhu-Naturlernspieles" der Grünen Liga Osterzgebirge. Hier geht es um Pilze und Nahrung aus der Natur.

Berg- und
Feucht-
wiesen

Im Mortelgrund trifft man noch (dank regelmäßiger Pflege auch: wieder) auf artenreiche Berg- und Feuchtwiesen. In feuchten und nassen Bereichen fallen vor allem Mädesüß, Sumpf-Vergissmeinnicht, Sumpf-Kratzdistel, Alantdistel und Wiesen-Knöterich auf. Häufig sind außerdem das kleine, ausläufertreibende Hunds-Straußgras, die Rasen-Schmiele mit ihren harten, grün-weiß-gestreiften Blättern, außerdem verschiedene Binsen. Seltener hingegen findet man Schmalblättriges Wollgras, Bach-Nelkenwurz und Breitblättrige Kuckucksblume.

Arten der mageren Bergwiesen sind, neben dem allgegenwärtigen Bärwurz mit seinem charakteristischen Geruch, beispielsweise Kanten-Hartheu, Weicher Pippau, Blutwurz-Fingerkraut und Berg-Platterbse. Auch einige Arnika-Pflanzen kommen noch vor.

Teiche
Beachtenswert sind weiterhin die Teiche des Mortelgrundes, u. a. mit Röhrrichtzonen aus Igelkolben und Breitblättrigem Rohrkolben sowie mit verschiedenen Wasserpflanzen: Schwimmendes Laichkraut, Sumpf-Wasserstern, Kleine Wasserlinse.

Bergmänn-
leinpfad

Seit einigen Jahren erschließt auf originelle Weise der „Bergmännleinpfad" insbesondere für Familien die Geschichte und Natur des Mortelgrundes.

Das Salzstraßenprojekt

Die Grenzen fallen, doch die deutschen und tschechischen Nachbarn sind sich immer noch fremd. Dabei waren früher die Beziehungen über den Erzgebirgskamm hinweg ziemlich rege. Unter anderem zogen viele Händler über die Bergpässe.

Um heute wieder Interesse für das Nachbarland zu wecken, um den Tourismus in der Region zu fördern und auch, um Menschen neugierig auf Geschichte, Kultur und Natur zu machen, entstand seit den 1990er Jahren die Projektidee, die „Alte Salzstraße" wieder mit Leben zu erfüllen. Unter dem Thema **„Mit dem Händler über's Gebirge – entlang der Alten Salzstraße – Geschichtsstraße im Grenzland"** soll zwischen Sayda und Osek/Ossegg ein umfassendes Wanderangebot geschaffen werden, bei dem sich Tourismusunternehmen, Handwerksbetriebe, Kommunen und Vereine beiderseits der Grenze einbringen. Hinweise auf die Stationen des neuen Wanderweges und deren Umgebung werden die Besucher durch Informationstafeln und künstlerische Objekte erhalten. An den Stationen können dann die nicht immer leichten Lebens- und Arbeitsbedingungen früherer Bewohner des Erzgebirges erlebbar werden. Ein Begleitheft („Erlebnisführer") und eine Internetseite werden zusätzliche Erläuterungen bringen.

Eine gute Idee, sollte man meinen. Doch Naturschützer sehen die zunehmende touristische Erschließung des bislang sehr ruhigen Kammgebietes auch kritisch. Die Öffnung der Grenzen birgt die Gefahr in sich, dass Birkhuhn und Co. dann auch diese – ihre letzten – Lebensräume verlieren werden. Die Belebung der alten Passwege ist mit beträchtlichen Risiken für die Natur verbunden – die Initiatoren laden sich eine hohe Verantwortung auf.

Die Initiative für das ambitionierte Projekt geht vom Heimatverein „Mortelgrund – Alte Salzstraße" aus, inzwischen hat bei der Fremdenverkehrsgemeinschaft „Silbernes Erzgebirge" eine entsprechende Arbeitsgruppe die Idee aufgegriffen. Viele Vorarbeiten sind bereits geleistet. Mit der Hoffnung auf staatliche Fördermittel planen die Initiatoren ab 2008 die Realisierung des Projektes.

Quellen

Frenzel, H. (1930):
Entwicklungsgeschichte der sächsischen Moore und Wälder seit der letzten Eiszeit,
Abhandlungen des Sächsischen Geologischen Landesamtes, Heft 9

Hempel, W., Schiemenz, H. (1986):
Handbuch der Naturschutzgebiete der Deutschen Demokratischen Republik
(Band 5); Urania-Verlag

Ihle, G. (2002): **Ein Beitrag zur Vogelfauna des oberen Flöhatales,**
Beiträge zum Naturschutz im Mittleren Erzgebirgskreis, Heft 2 des Naturschutzbundes
Deutschland, Kreisverband Mittleres Erzgebirge, 2002

Kolbe U. u.a. (1990): **Oberes Flöhatal in Geologie, Flora, Fauna und Naturschutz,**
Museum der Stadt Olbernhau und Museum Kalkwerk Lengefeld

Lehmann, Edgar u.a. (1985): **Um Olbernhau und Seiffen,**
Werte der Deutschen Heimat, Band 43

Lohse, H.; Geyer, D.: **Waldglashütten im Osterzgebirge**
(Broschüre zum Glasmachersteig Osterzgebirge; Herausgeber: „ Förderung sozialer
Projekte e. V. Altenberg)

Schindler, T. u.a. (2005): **FFH-Managementplan SCI DE 5345-301
„Buchenwälder und Moorwald bei Neuhausen und Olbernhau",** (Mskr.)

Historischer Bergbausteig Seiffen (Prospekt der Tourismusinformation Seiffen)
Wandern & Rad bei den Bergleuten und Spielzeugmachern
(Prospekt des Tourismusvereins Kurort Seiffen e. V.)

www.alte-salzstrasse.de

www.bergmännleinpfad.de

www.deutschneudorf.de

www.fortuna-erbstollen.de

www.seiffen.de

www.spielzeugmuseum-seiffen.de

Bergwerks

südlich

Kunstgräben, Röschen, Teiche
Wasserpflanzen, Teichbodenvegetation, Feuchtwiesen
Wasservögel, Amphibien, Libellen

teiche
von Brand-Erbisdorf

Text: Christian Zänker, Freiberg (Ergänzungen von Rolf
Steffens, Dresden; Hans-Jochen Schumann, Freiberg;
Frank Bachmann, Mulda; Frido Fischer, Mulda; sowie
von Mitarbeitern des Naturschutzinstitutes Freiberg)

Fotos: Gerold Pöhler, Jürgen Steudtner, Jens Weber,
Olaf Wolfram, Christian Zänker

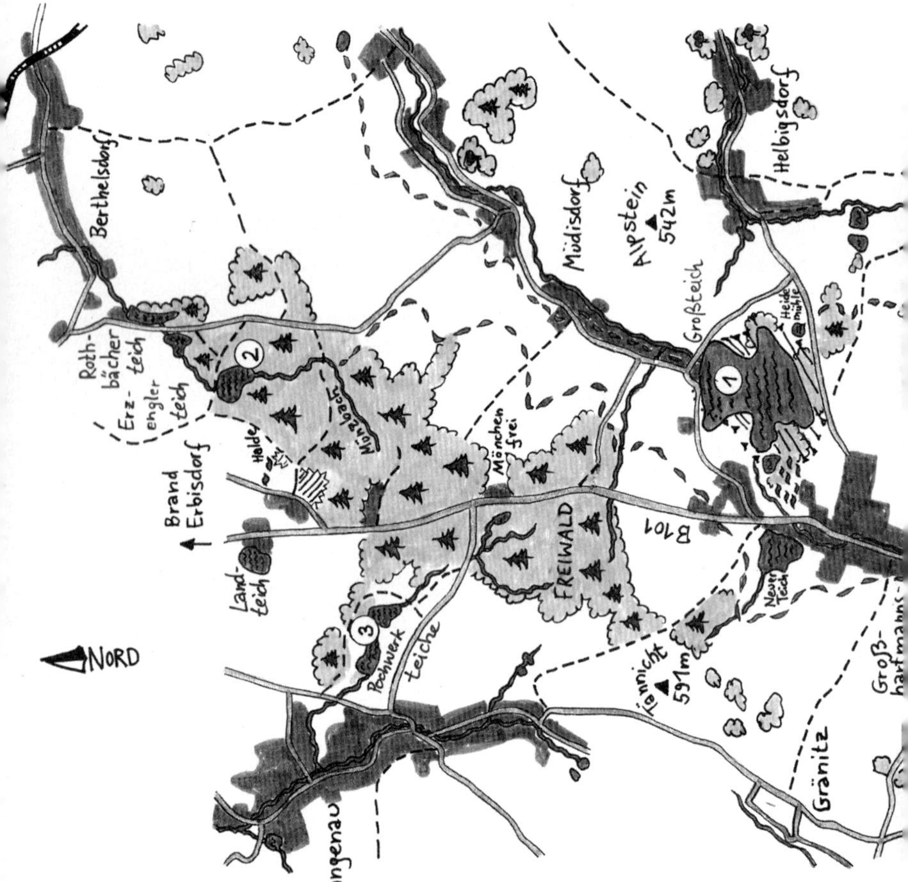

Berthelsdorf

Müdisdorf

Helbigsdorf

Alpstein 542m

Großteich

Roth- bächer Erz- engler teich teich

① Heide muh'l

② München frei

Brand Erbisdorf ←

Morgenleithe

Hölle

FREIWALD

B101

Neuer Teich

Land- teich

③ Bergwerks- teiche

Jennicht 591m

Groß- hartmanns

Gränitz

NORD

Langenau

Bergwerksteiche
südlich von Brand – Erbisdorf

≈≈ Moor/Sumpf   ～ Kunstgraben   •••••• Rösche

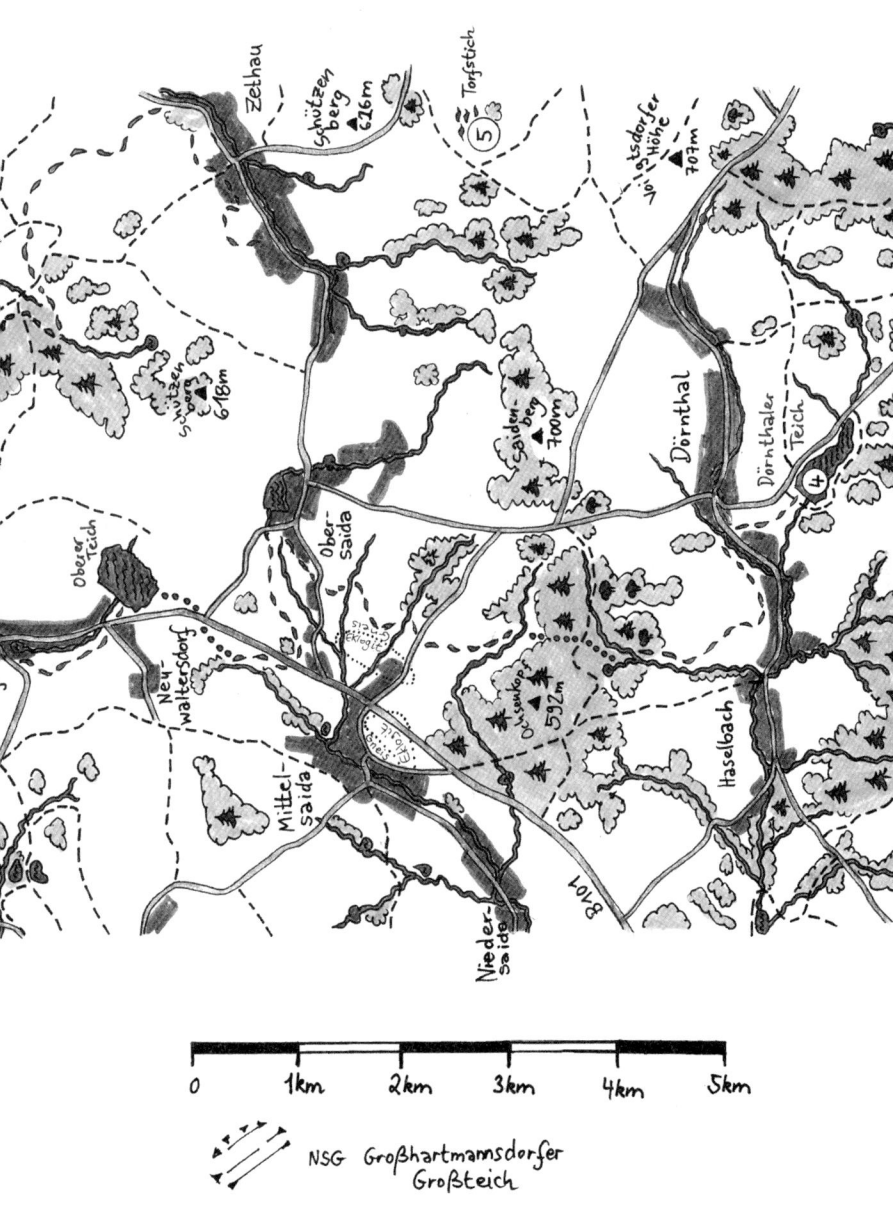

0   1km   2km   3km   4km   5km

NSG Großhartmannsdorfer
Großteich

(1) NSG „Großhartmannsdorfer
    Großteich"

(2) Erzenglerteich

(3) Langenauer Pochwerkteiche

(4) Dörnthaler Teich

(5) Alter Torfstich bei Voigtsdorf

Die Beschreibung der einzelnen Gebiete folgt ab Seite 83

Landschaft

Aufschlag-wasser

Sowohl die Wasserkraftanlagen zur Erzförderung aus den Gruben des Frei-berg-Brander Bergbaureviers, als auch die Pochwerke, Erzwäschen und Hüttengebläse, die zur Aufbereitung bzw. zur Verhüttung der Erze nötig waren, benötigten Aufschlagwasser. Ihr Bedarf überstieg den Wasserver-brauch herkömmlicher Mühlen damaliger Zeit bei weitem. Deshalb wurde ab Mitte des 16. Jahrhunderts das in der Nähe von Freiberg bereits vorhan-dene System von Kunstteichen und Kunstgräben beträchtlich erweitert. Insgesamt entstanden auf diese Art mehr als 20 Gewässer. Die auch nach der Einstellung des Bergbaus weiterhin genutzten Teiche bereichern noch heute das Landschaftsbild und haben große Bedeutung für Natur und Naturschutz.

Großhart-manns-dorfer Großteich

Der größte dieser Wasserspeicher ist der Großhartmannsdorfer Großteich mit einer Wasserfläche von ca. 66 Hektar. Er entstand in seiner jetzigen Grö-ße im Jahre 1572, nachdem der Damm eines zuvor bereits existierenden Mühlenteiches um ca. 2,80 m erhöht wurde. Gleichzeitig wurden der Mü-disdorfer Kunstgraben und die Müdisdorfer Rösche (Rösche = unterirdi-scher Wasserlauf) angelegt, welche Wasser zum damals bereits existieren-den Berthelsdorfer Hüttenteich leiteten. Ebenfalls aus der zweiten Hälfte des 16. Jahrhunderts stammen die Langenauer Pochwerkteiche, der Erz-englerteich, der Rothbächer Teich und der Lother Teich bei Erbisdorf sowie der Obere Großhartmannsdorfer Teich. Auch diese wurden durch Kunstgrä-ben und Röschen mit den Teichen und Produktionsanlagen im Freiberg-Brander Erzrevier verbunden. Allen Kunstgräben ist gemeinsam, dass sie

Gefälle von meist weniger als einem Prozent

an den Berghängen angelegt wurden und nur ein unbedingt notwendiges Gefälle von meist weniger als einem Prozent aufweisen, um unter gerings-tem Verlust an Fallhöhe das Wasser auch den höchstgelegenen Gruben zuzuführen. So wird beispielsweise der Zethauer Kunstgraben in 530 m Höhenlage vom Dorfbach abgezweigt und über 9 km Laufstrecke zum (reichlich 4 km Luftlinie entfernten) Großhartmannsdorfer Großteich ge-führt, dessen Wasserspiegel ungefähr 490 m über NN liegt. Dies entspricht einem Fließgefälle von ganzen 4 Promille.

Die Seitenwände der Kunstgräben bestehen aus Trockenmauerwerk, d. h. Bruchsteinmauern mit Lehm, ohne Kalkmörtel. Die Gräben wurden früher mit Brettern abgedeckt, um Verschmutzung, Verdunstungsverluste und Unfälle möglichst zu vermeiden. Heute ist Brettabdeckung nur noch an einigen touristisch wichtigen Stellen zu sehen, sonst aber durch Betonplatten ersetzt.

Abb.: Zethauer Kunstgraben

Im 18. Jahrhundert erfolgte der Bau des Neuen Teiches in Großhartmannsdorf, des Obersaidaer Teiches und des Dörnthaler Teiches mit den zugehörigen Kunstgräben und Röschen, welche auch Wasser aus dem Einzugsgebiet der Flöha in Richtung Freiberg lenken. Noch weiter gebirgswärts schritt die Errichtung der wasserwirtschaftlichen Anlagen im 19. Jh. mit der Fertigstellung des Dittmannsdorfer Teiches und der direkten Anzapfung der Flöha bei Neuwernsdorf fort.

Anzapfung der Flöha

Revierwasserlaufanstalt (RWA) Freiberg

Über das weltweit einmalige Wasserverbundsystem, genannt Revierwasserlaufanstalt (RWA) Freiberg gibt es zahlreiche ausführliche Veröffentlichungen (z. B. Wagenbreth 1980) Auch im Gelände sind viele Schautafeln über die Nutzung der ehemaligen Bergwerksteiche angebracht.

Wasser im Bergbaurevier

Schon immer waren die Wasserstände der Fließgewässer des Erzgebirges starken Schwankungen unterlegen. Im Gegensatz dazu ist der Mensch aber auf eine relativ gleichmäßige und zuverlässig kalkulierbare Wassermenge angewiesen. Vielfach übersteigt der Bedarf in Zeiten mit einem geringen natürlichen Wasserdargebot den durchschnittlichen Verbrauch an nutzbarem Wasser. Besondere Probleme bereiteten die natürlichen Abflussschwankungen den Bergleuten des Freiberger Reviers. Dem Wasser kam im Bergbau, der früheren Wirtschaftsgrundlage des Gebietes, seit jeher eine sehr wichtige Rolle zu, da es gleichzeitig als **Hemmnis** („Absaufen der Bergwerke"), als **Hilfsstoff** (Reinigungsmittel in den Erzwäschen) und als **Energieträger** (Antrieb der Wasserräder zum Heben des Wassers aus den Gruben sowie zur Erzförderung und für Pochwerke) auftrat.

Da infolge des technischen Fortschrittes der Energie- und Wasserbedarf ständig anstieg, konnte hier der Münzbach (das bis zum 16. Jahrhundert einzige größere und vergleichsweise hoch gelegene Fließgewässer des Freiberger Bergreviers) die benötigte Wassermenge selbst in Flutzeiten kaum noch decken. Auf Anraten des damaligen Bergmeisters Martin Planer wurde daraufhin um 1550 mit dem Bau eines **Kunstgraben- und Teichsystems** hinauf ins Gebirge begonnen. So entstanden ab dem 16. Jahrhundert beachtliche Kunstteiche sowie lange Kunstgräben und deren als Röschen bezeichnete unterirdische Teilstücke. Stetig aufbauend auf dem Vorhandenen wurde daraus bis 1882 ein leistungsfähiges Wasserzuleitungssystem, welches bis in die Gegenwart eine wichtige Lebensgrundlage der Menschen im Freiberger Raum und darüber hinaus darstellt. Als Ende des 19. Jahrhunderts der Bergbau zurückging, und außerdem die Maschinen und Anlagen nun zunehmend mit Elektroenergie anstatt mit Wasserkraft angetrieben wurden, verloren die Wasserspeicher trotzdem nicht an Bedeutung. Gerade in dieser Zeit stieg der Bedarf an Trinkwasser und Brauchwasser für die Industrie gewaltig an.

Auch heute noch wird ein großer Teil der ehemaligen Bergwerksteiche, Kunstgräben und sonstigen Anlagen der Revierwasserlaufanstalt Freiberg (RWA) wasserwirtschaftlich genutzt. Ihre Instandhaltung erfolgt durch die Landestalsperrenverwaltung. Sie sind jetzt wichtiger **Bestandteil eines Talsperrenverbundes**, über den die Großräume Dresden, Freiberg und Chemnitz insbesondere mit **Trinkwasser** versorgt werden. Zur RWA zählen heute 10 Teiche. Die Gewässer der Oberen RWA (Dittmannsdorfer Teich, Dörnthaler Teich, Obersaidaer Teich, Oberer Großhartmannsdorfer Teich) dienen der Bereitstellung von Trinkwasser. Aufgabe der Unteren RWA (Großhartmannsdorfer Großteich, Rothbächer Teich, Hüttenteich Berthelsdorf, Konstantinteich, Erzengler Teich, Mittlerer Großhartmannsdorfer oder Neuer Teich) ist die Bevorratung von **Brauchwasser**. Die beiden zuletzt genannten Teiche dienen gleichzeitig als Freibäder.

Die fortgesetzte Nutzung des Systems trägt entscheidend zum **Erhalt dieser kulturhistorisch wertvollen Anlagen** bei. Bei allen Baumaßnahmen (wie z.B. den vor einigen Jahren erfolgten Bau einer Verbundleitung vom Oberen Großhartmannsdorfer Teich zur Talsperre Lichtenberg) oder Unterhaltungsarbeiten müssen die Belange des Natur- und Denkmalschutzes berücksichtigt werden. Die mit Natursteinen errichteten Dämme werden in ihrer ursprünglichen Form erhalten. Die erwähnte Verbundleitung dient vor allem der Sicherung der Wasserqualität in der Talsperre Lichtenberg. Durch das Überschusswasser das Oberen Großhartmannsdorfer Teiches kann in der Talsperre der Nitratgehalt verringert und somit eine zu starke Algenbildung, die die Wasseraufbereitung verteuern würde, verhindert werden. Große Bedeutung haben die ehemaligen Bergwerksteiche auch für den Hochwasserschutz.

artenreiche Feuchtwiesen

Aufgrund seiner fruchtbaren Gneisverwitterungsböden wird das Gebiet zwischen Brand-Erbisdorf und Dittmannsdorf seit seiner Besiedlung vorrangig landwirtschaftlich genutzt. Der Grünlandanteil ist heute verhältnismäßig hoch. Es gibt viele artenreiche Feuchtwiesen in den Wassereinzugsgebieten der Bergwerksteiche. Neben ihrer Funktion als Wasserspeicher (insgesamt etwa 5 Millionen m^3 Speicherraum), die dem Bergbau eine Energiereserve von ungefähr einem Vierteljahr boten, dienten die Teiche von Anfang an auch der Fischzucht, vorrangig der Karpfenaufzucht.

schützenswerte Vegetation des Teiches

Die Fischzucht besitzt im Naturschutzgebiet (NSG) „Großhartmannsdorfer Großteich" nur noch eine untergeordnete Rolle neben der Brauchwasserbereitstellung. Das Abfischen wird in einem etwa vierjährigen Zyklus der Totalentleerung durchgeführt. Wegen der geringen Wassertiefe hat dies einen erheblichen Einfluss auf die Belange des Naturschutzes, vor allem auf die schützenswerte Vegetation des Teiches. Auf den dann zeitweilig trockenfallenden Teichböden entwickelt sich eine überregional bedeutsame Vegetation, außerdem finden Vögel und andere Tiere ideale Nahrungsflächen. Das gilt auch für einige weitere Bergwerksteiche des Gebietes.

Der Großhartmannsdorfer Großteich wurde bereits in den 1930er Jahren als „Vogelfreistätte" ausgewiesen, welche der Altmeister der sächsischen

Vogelkunde, Richard Heyder aus Oederan, betreute. 1967 erhielt der Teich den Status eines Naturschutzgebietes, heute ist er mitsamt den Helbigsdorfer Teichen darüberhinaus ein europäisches Vogelschutzgebiet (gemäß der EU-Vogelschutzrichtlinie). Außerdem erhielten in den letzten Jahren mehrere Teiche (Großhartmannsdorfer Großteich, Dittmannsdorfer Teich, Dörnthaler Teich, Obersaidaer Teich, Oberer Großhartmannsdorfer Teich, Rothbächer Teich, Berthelsdorfer Hüttenteich, Landteich südlich von Brand-Erbisdorf, Pochwerkteiche bei Langenau sowie ein Gebiet um den Mittelteich im Freiberger Stadtwald) den Status eines Flora-Fauna-Habitat-Gebietes namens „Freiberger Bergwerksteiche" (FFH-Gebiet = Schutzgebiet innerhalb eines europaweit wirksamen Biotopverbundsystems).

Pflanzen und Tiere

Sowohl die Flora als auch die Fauna der Teiche besitzen überregionale Bedeutung. Die Vegetation spiegelt die Vielzahl der verschiedenen Standortbedingungen wider, die in hohem Maße durch die nutzungsbedingten Wasserstandsschwankungen geprägt werden. Das Spektrum reicht deshalb von Wasserpflanzengesellschaften über Röhrichte und Großseggenrieder zu Wiesen und Hochstaudenfluren bis hin zu Gebüschen (insbesondere mit Grau- und Bruchweiden) und Waldgesellschaften.

Wasser-pflanzenge-sellschaften

im Ost-Erz-gebirge eine Son-derstellung

Flora und Fauna dieses Gebietes nehmen im Ost-Erzgebirge eine Sonderstellung ein. Bedingt durch die Jahrhunderte lange extensive Nutzung der Stauteiche und die noch vorhandenen Moorreste kam es zum Erhalt bzw. zur Ausbildung überaus seltener Pflanzengesellschaften. Von besonders hoher Bedeutung sind die Gesellschaft des nackten Teichschlammes, welche sich nach jedem Ablassen der Teiche innerhalb weniger Wochen entwickelt, sowie die submersen Strandlingsrasen („submers" = „untergetaucht"), die besonders nach Absinken des Wasserspiegels an sandigen Ufern auftreten. In letzteren dominiert der in Sachsen und ganz Deutschland stark gefährdete Strandling. Andere Pflanzen wie die Nadel-Sumpfsimse und Borstige Schuppensimse sind nur eingestreut. In den letzten Jahren aber ist – vermutlich aufgrund von Veränderungen der Wassertrübung – ein merklicher Rückgang der Strandlingsrasen in den meisten Bergwerksteichen festzustellen.

Gesellschaft des nackten Teich-schlammes

Auf dem reinen Schlamm erscheint nach Absinken des Wasserspiegels die vorwiegend aus einjährigen Pflanzen gebildete Gesellschaft des nackten Teichschlammes. Die Bestände werden vor allem durch das erst 1904 entdeckte Scheidenblütgras charakterisiert. Dabei handelt es sich um eine überaus seltene, nur in wenigen Ländern Europas zu findende Art. Weitere Kennarten sind Schlammkraut und Ei-Sumpfsimse. Als Begleiter erscheinen Wasserpfeffer-Tännel, Sumpfquendel, Sumpf-Ruhrkraut, Vielsamiger und Roter Gänsefuß, mehrere Zweizahn- und Hahnenfuß-Arten, verschiedene Moose sowie Landformen von Wasserstern-Arten und Schild-Wasserhahnenfuß. Als zusätzliche Besonderheiten können Mauer-Gipskraut und Zypergras-Segge (Oberer Großhartmannsdorfer Teich) und das in Sachsen sehr seltene Urmoos (Archidium alternifolium) im Oberen Großhartmannsdorfer und Dittmannsdorfer Teich genannt werden.

Vegetation auf den meist sehr steilen Teich-dämmen

Von Bedeutung ist weiterhin die Vegetation auf den meist sehr steilen Teichdämmen und an den Böschungen entlang der Kunstgräben. Da diese schmalen Grünlandstreifen regelmäßig von den Arbeitskräften der zuständigen Talsperrenmeisterei gemäht werden, haben sich hier zahlreiche Arten angesiedelt, die für magere Berg- und Frischwiesen typisch sind. An vielen Stellen sind hier Bärwurz, verschiedene Habichtskräuter, Borstgras, Acker-Witwenblume, Blutwurz, Weicher Pippau und andere Pflanzen zu finden.

Nasswiese

Auch in der Nähe der Teiche gibt es bedeutende Pflanzenvorkommen. Bemerkenswert ist beispielsweise eine kleine Nasswiese mit einer größeren Anzahl der Sibirischen Schwertlilie unweit östlich des Dörnthaler Teiches. Außerdem weisen viele weitere (heute noch landwirtschaftlich genutzte) Nasswiesen oder seit längerer Zeit brachliegende Sumpfflächen in der Nähe der Bergwerksteiche wertvolle Pflanzenbestände auf, die vor allem reich an Seggen und Binsen (z. B. Wiesen-Segge, Grau-Segge, Hirse-Segge, Spitzblütige Binse, Flatter-Binse, Faden-Binse), Sumpfdotterblumen, Mädesüß und teilweise auch weiteren geschützten Arten wie Kleinem Baldrian, Schmalblättrigem Wollgras und Sumpf-Blutauge sind.

Sumpf- und Wasser-vögel

Eine herausragende Bedeutung hat das Gebiet – ganz besonders wiederum der Großhartmannsdorfer Großteich – als Brutgebiet für Wasservögel sowie im Herbst als Raststätte für die aus Nordeuropa durchziehenden Sumpf- und Wasservögel. Im Spätsommer und Herbst bietet der zurückgehende Wasserstand, in manchen Jahren auch der abgelassene Teichgrund, ausgezeichnete ökologische Bedingungen für den längeren Aufenthalt vieler Watvogelarten, unter ihnen im mitteleuropäischen Binnenland bemerkenswerte Seltenheiten wie Sumpfläufer, Pfuhl- und Zwergschnepfen. Zahlreiche Enten-, Gänse- und Taucherarten sowie verschiedene Reiher sind zu beobachten. Darüber hinaus rasten im Frühjahr und Herbst Rallen, Möwen, Seeschwalben und viele andere Vogelarten.

Fischfauna

Einschließlich der Teiche im Freiberger Stadtwald konnten acht Amphibienarten, u.a. Bergmolch, Kammmolch und Knoblauchkröte, nachgewiesen werden. Artenreich ist auch die Fischfauna der meisten Teiche, wobei aber der größte Teil der Arten auf künstliche Besatzmaßnahmen in den fischereimäßig genutzten Gewässern zurückzuführen ist. Nachgewiesen sind unter anderem: Karpfen, Blei, Schleie, Rotfeder, Plötze, Schmerle, Gründling, Moderlieschen, Aal, Flussbarsch, Hecht und Zander.

Vielfalt an Libellen

Das Naturschutzinstitut Freiberg konnte im NSG Großhartmannsdorfer Großteich außerdem über 70 Spinnenarten, 165 Großschmetterlingsarten, 14 Laufkäfer und 12 Heuschreckenarten nachweisen. Erwartungsgemäß überdurchschnittlich groß ist die Vielfalt an Libellen im gewässerreichsten Teil des Ost-Erzgebirges, u.a. mit Herbstmosaikjungfer, Brauner Mosaikjungfer, Großer Königslibelle, Vierfleck und Plattbauch. Zu den Weichtieren

der Teiche gehören Teich-
muschel, Teichnapfschne-
cke, Weißes Posthörnchen,
Ohrenschlammschnecke,
Spitzhornschnecke, Post-
hornschnecke und Fluss-
schwimmschnecke.

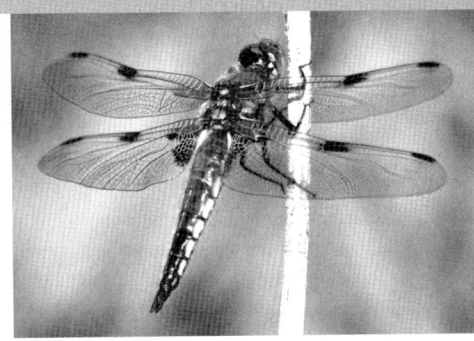

Abb.: Vierfleck

Wanderziele

In dem meist von Landwirtschaftsflächen und Fichtenforsten geprägten
Gebiet gibt es insbesondere in der Nähe der genannten Teiche interessante
Wandergebiete. Der hohe Offenlandanteil ermöglicht viele reizvolle Aus-
blicke auf die Berge und Höhenrücken des Ost-Erzgebirges. Die im Folgen-
den aufgeführten Wanderziele sind auch hinsichtlich ihrer Pflanzen- und
Tierwelt überaus interessant für Naturfreunde.

 ## NSG „Großhartmannsdorfer Großteich"

Der 1572 in seiner jetzigen Größe angelegte Großhartmannsdorfer Großteich ist der größte dieser Wasserspeicher und befindet sich ca. 10 km südlich von Freiberg in einer Höhenlage von etwa 490 m. Durch einen Kunstgrabens mit zwei kurzen Röschen wird ihm seit 1580 Wasser von Zethau
und den kleinen Tälern oberhalb von Helbigsdorf zugeführt. Der Teich und
dessen Umfeld wurden 1967 als Naturschutzgebiet (NSG) ausgewiesen –
Wichtigstes eines der wertvollsten komplexen Schutzgebiete und das wichtigste Brut-
Brutgebiet gebiet für Wasservögel im gesamten Erzgebirge! Das 150 ha große NSG
für Wasser- (davon 66 ha Wasser) ist reich an Feuchtbiotopen von recht unterschiedli-
vögel im cher Art: neben der offenen Wasserfläche auch Sümpfe, gemähte Feucht-
gesamten wiesen, Birken-Moorwald, Fichtenforst und Laubmischwald. Es gibt jedoch
Erzgebirge! nahezu keine direkten Vernetzungsstrukturen zu den anderen Bergwerksteichen des Gebietes, da diese nur durch Kunstgräben miteinander verbunden sind. Lediglich Vögel und andere Tiere mit hoher Mobilität können
die Entfernungen zu anderen Gewässern und zu anderen Feuchtbiotopen
(wie z. B. den Feuchtwiesen und den Teichen südwestlich von Helbigsdorf)
mühelos überwinden.

Ein Betreten des Gebietes ist in der Brutzeit der Vögel grundsätzlich verboten, sonst nur mit behördlicher Genehmigung erlaubt. Trotzdem können
hier mit einem Fernglas die Wasservögel sehr gut beobachtet werden. Sowohl von der Dammseite am Nordrand des NSG als auch von einer Beo-
bachtungskanzel im Südosten (Nähe Heidemühle) kann man fast die ge-

samte Wasserfläche und große Bereiche der Uferregionen gut überblicken.

Von herausragender, überregionaler Bedeutung ist am Großhartmanns-dorfer Teich die Teichschlammvegetation, die sich nur aller vier Jahre, nach dem Ablassen des Teiches (bzw. bei starker Wasserspiegelabsenkung), aus den zwischenzeitlich im Bodenschlamm ausharrenden Samen entwickelt.

Hochmoore Die beiden Hochmoore im Osten und Südwesten des NSG sind, trotz des weitgehenden Abbaus, noch immer bemerkenswert. Im südwestlichen Hochmoorrest befindet sich eine Fläche mit unterschiedlichen Entwicklungsstadien eines Moorbirken-Moorwaldes. In der Krautschicht herrschen hier Heidekraut, Heidelbeere, Rauschbeere und Pfeifengras vor. Horste mit Scheidigem Wollgras sind eingestreut. In alten Torfstichlöchern sind Torfmoose und vereinzelt auch die Moosbeere zu finden. Das Moor an der Ostseite ist nach 1945 erneut abgebaut worden und zeigt ähnliche Regenerationsstadien wie an der Südwestseite.

Das Teichröhricht wird örtlich sehr verschieden vor allem von Wasserschwaden, Breitblättrigem Rohrkolben, Schilf und Rohr-Glanzgras gebildet.

Nasswiesen Der Wert des Gebietes wird durch die großen Sumpf- und Röhrichtflächen sowie die noch heute landwirtschaftlich genutzten Nasswiesen (teilweise bereits außerhalb des NSG) beträchtlich erhöht. Hier wachsen in großen Beständen Schilf, Rohr-Glanzgras, Sumpf-Reitgras, Spitzblütige Binse, Rasen-Schmiele, Waldsimse und Echtes Mädesüß. Hinzu kommen Sumpf-Kratzdistel, Wald-Engelwurz, mehrere Seggenarten und viele andere Pflanzen, wie das in Sachsen gefährdete Sumpf-Blutauge.

Alle diese Flächen haben eine große Bedeutung als Lebensraum für zahlreiche Tiere, insbesondere für Wasservögel. Beispielsweise befindet sich in unmittelbarer Nähe des Naturschutzgebietes der am höchsten gelegene, **Weißstorch** über längerer Zeit regelmäßig genutzte Brutplatz des Weißstorches in Sachsen.

Auch der stattliche Graureiher nistet in einer Kolonie am Rand des Teiches. Für das Erzgebirge bemerkenswert ist das Brüten von Schwarzhals- und Haubentaucher sowie von Knäck-, Krick-, Schnatter-, Tafel-, Löffel- und Reiherente sowie Rohrweihe am Großen Teich und den benachbarten Helbigsdorfer Teichen. Seit den 1960er Jahren besteht am Großteich eine Kolonie der Lachmöwe, die zeitweise mehr als 1000 Brutpaare umfasste.

Abb.:
Lachmöwe

Weitere bedeutsame Tierarten sind der Moorfrosch, der hier eines der am höchsten gelegenen Vorkommen in Sachsen hat, die Ringelnatter, die Teichmuschel, zahlreiche Libellen-

Libellen-
fauna

und viele weitere zum Teil recht seltene Insektenarten. Bemerkenswerte Vertreter der Libellenfauna sind Glänzende Binsenjungfer sowie Gefleckte Heidelibelle, die sich in riesigen Mengen in den sumpfigen Uferzonen entwickeln. Die Kleine Mosaikjungfer tritt am Großteich aufgrund der

Heuschre-
cken

Höhenlage nicht in allen Jahren auf. Aus der Heuschreckenfauna ist vor allem die große Population des Sumpf-Grashüpfers zu erwähnen. Die

Sumpfschrecke, eher eine typische Art der Feuchtgebiete des Tieflandes, trat erstmals 2006 in den nassen Wiesen am Großteich auf.

Als seltene Säugetiere wurden an den Teichen bei Großhartmannsdorf Fischotter, Mink, Zwergmaus, Wasserfledermaus sowie Zwergspitz-, Wasserspitz- und Waldspitzmaus beobachtet. Innerhalb der Ortschaft Großhartmannsdorf kommen Nordfledermaus sowie Kurzohr- und Kleinaugenwühlmaus vor. In der Kirche von Großhartmannsdorf haben das Braune Langohr und die Fransenfledermaus ihre Wochenstubenquartiere.

Erzenglerteich

Der Erzengler Teich wurde 1569–70 bei Brand-Erbisdorf für den Bergbau im Freiberger Bergbaurevier angelegt und ist über Kunstgräben und Röschen mit anderen Teichen der Revierwasserlaufanstalt Freiberg verbunden. Er ist jetzt Brauchwasserspeicher und dient gleichzeitig der Fischereiwirtschaft zur Aufzucht von Jungfischen. Diese werden dann nach einigen Jahren abgefischt und meist in andere Teiche umgesetzt. Gespeist wird der Teich aus südlicher Richtung durch den zufließenden Münzbach. Ganz in der Nähe, d.h. knapp einen Kilometer nordöstlich, liegen der Rothbächer Teich und der Mühlteich, die ebenfalls noch wasserwirtschaftlich genutzt werden.

Der Erzengler Teich ist Bestandteil eines Landschaftsschutzgebietes mit gleichem Namen. Dieses umfasst eine Fläche von 113 ha, davon 8 ha Wasserfläche.

Schon seit 1930 wird dieser Teich als Freibad genutzt. Das raue Mittelgebirgsklima wird durch den schützenden Wald, der den Teich umgibt, gemildert. Dadurch ist das Waldbad Erzengler eines der beliebtesten Naturbäder der Region. Der Badebereich ist durch Bojen abgegrenzt und enthält auch eigene Bereiche für Nichtschwimmer, die flach abfallen und sich daher hervorragend für Kinder eignen. Obwohl durch den Badebetrieb die Lebensbedingungen für störempfindliche Tiere eingeschränkt sind, sind große Teile der mit Röhricht bewachsenen Uferzonen recht wertvoll für den Naturschutz. Badegäste sollten dies berücksichtigen.

Das Umfeld des Erzenglerteiches ist durch gut ausgeschilderte und teilweise mit Informationstafeln versehene Wander- und Radwege erschlossen. Dazu gehört z.B. der Bergbaulehrpfad im Gebiet Brand-Erbisdorf.

Langenauer Pochwerkteiche

Die landschaftlich sehr reizvoll gelegenen Pochwerkteiche befinden sich unmittelbar östlich der Gemeinde Langenau (ca. 8 km südwestlich von Freiberg). Sie wurden von 1564 bis 1570 angelegt und dienten der Wasserversorgung der nördlich gelegenen Grubenanlagen der Bergbaureviere Brand und Himmelsfürst. Sie sind zu Fuß und mit Fahrrad von Langenau, Brand-Erbisdorf und Mönchenfrei aus gut erreichbar. Mehr oder weniger gut befestigte Wege an den Teichen oder in deren Nähe ermöglichen eine interessante Wanderung um beide Teiche herum.

Heute sind die Gewässer von Laubwaldstreifen umgeben, die an der Nordostseite relativ breit, an der Südwestseite hingegen meist nur schmal sind. Der Boden ist an vielen Stellen üppig mit liegenden Brombeersträuchern bedeckt. Weiterhin kommen Frauenfarn, Hain-Rispengras, Fuchssches Kreuzkraut, Buschwindröschen, Rote Lichtnelke und Weiches Honiggras häufig vor.

Erlen-Eschenwald

Zwischen den beiden Teichen befindet sich ein sehr interessanter und artenreicher Erlen-Eschenwald, in dem zusätzlich reichlich Traubenkirschen und Schwarzer Holunder wachsen. Die kräftig entwickelte Krautschicht wird vor allem von Rasen-Schmiele, Sumpf-Pippau, Wald-Schachtelhalm, Waldsimse, Hain-Gilbweiderich, Gewöhnlichem Gilbweiderich, Rohr-Glanzgras, Frauenfarn, Winkel-Segge, Sumpfdotterblume, Großer Brennnessel und Bitterem Schaumkraut gebildet.

Auch die Fläche unterhalb des unteren Pochwerkteiches ist mit Erlen-Eschenwald bewachsen. Durch diesen führt ein mit Natursteinen gebauter Abflussgraben, der in den 90er Jahren des 20. Jahrhunderts mühevoll restauriert wurde. Das gleiche gilt für ein Grabensystem neben den beiden Gewässern (Nordostseite), das der Regulierung des Wasserstandes der einzelnen Teiche dient.

Das Südwestufer des unteren Pochwerkteiches ist teilweise als Badestrand ausgebaut. Für den Naturfreund bietet sich auch ein interessanter Blick auf die hier in Dammnähe gut zugängliche Ufervegetation, welche insbesondere aus Wasser-Schwertlilie, Ufer-Wolfstrapp, Flatterbinse, Gemeinem Froschlöffel, Schild-Wasserhahnenfuß, Sumpf-Labkraut, Wasserknöterich, Brennenden Hahnenfuß, Gewöhnlichem Gilbweiderich und, im Verlandungsbereich, auch aus Breitblättrigem Rohrkolben und dem in Sachsen gefährdeten Sumpf-Blutauge besteht.

Land-schaftspark

Ganz in der Nähe des unteren Teichs liegt der Ort Langenau. Als Sehenswürdigkeiten können hier die Dorfkirche mit ihrer bekannten Friedenskanzel sowie der Landschaftspark am ehemaligen Niederen Rittergut mit seinen zwei Teichen, einem naturnahem Bachlauf, vielen alten Laubbäumen und einer artenreichen Bodenflora genannt werden.

Abb.: Unterer Pochwerkteich

Forchheimer Sumpfwälder (Dirk Wendel, Tharandt)

Die Mulden und flachen Bachtälchen um Forchheim und Mittelsaida fallen durch eine im Ost-Erzgebirge eigenartige **Häufung sumpfiger, teils vermoorter Flächen** auf. Sie sind deutlich von Quellaustritten und Nährstoffreichtum gekennzeichnet. Den Wasserreichtum prägen nicht nur die Oberflächenabflüsse, sondern auch Kluftwässer aus dem Grundgebirge. Je nachdem, wie die Klüfte geneigt und wie groß die unterirdischen Einzugsgebiete sind, können die an einem Berg liegenden Talseiten reich oder arm an Quellen und damit Wasser sein. Am deutlichsten lässt sich der Wasserreichtum im Umfeld des Ochsenkopfes bei Haselbach und an der Waltersdorfer Höhe bei Mittelsaida beobachten. Lang gestreckte, meist noch recht junge Erlenwälder begleiten insbesondere den Scheide-, Biela-, und Saidenbach. In den Quellmulden werden sie flächig. Ein Besuch ist lohnenswert, jedoch sind Gummistiefel anzuraten. Der Boden ist oft nass und schlammig. Torfauflagen können durchaus 80 cm überschreiten. Auch kleine Quellkuppen sind anzutreffen, auf denen der Torf über einem Wasserkissen schwimmt – für Wanderer eher unangenehm, naturkundlich aber eine interessante Erscheinung. Eine artenreiche Flora ist anzutreffen. Neben typischen Bachbegleitern wie Hain-Sternmiere, Gefleckter Taubnessel und Roter Lichtnelke finden sich Arten ein, die starke Dauernässe ertragen so z. B. Mädesüß, Sumpf-Pippau, Rohrglanzgras, Bitteres Schaumkraut, Flutender Schwaden, lokal sogar Torfmoose, Schnabel- und Wiesen-Segge. Manche sind aufgrund von Melioration recht selten geworden, so der Ufer-Wolfstrapp und der Kleine Baldrian. An einigen Stellen lässt sich beobachten, wie der meist gepflanzte Wald aufgrund extremer Nässe zusammenbricht – insbesondere Fichte, selten aber auch Erle. Hier bilden sich Quellfluren mit Waldsimse aus. Vegetationskundlich sind die Erlenbestände schwer einzuordnen. Teils gehören sie den Hainmieren-Schwarzerlen-Bachwald *(Stellario-Alnetum)* oder dem Schaumkraut-(Eschen-)Erlen-Quellwald *(Cardamino-Alnetum)* an, teils aber auch dem Montanen Sumpfdotterblumen-Erlenwald *(Caltha palustris-Alnus glutinosa-Gesellschaft)*. Sie stehen dann den Erlen-Bruchwäldern des Tieflandes nahe.

Die Existenz der Forchheimer Quellsümpfe und Quellmoore sowie ihrer Lebensgemeinschaften wurde bisher kaum beachtet. Die Nassbereiche sind auf Grund ihre Flächigkeit und deutlichen Ausprägung jedoch sehr sehenswert. So zeigt sich in teils drastischer Weise, welche Arten der Kraut- und Baumschicht an nasse Böden angepasst (z. B. Erle) oder eben auch nicht angepasst (z. B. Fichte) sind und wie sich das fließende, sickernde oder stagnierende Wasserregime auf die Artengarnitur auswirkt. Weitere Vorkommen gibt es noch bei Lippersdorf, Großhartmannsdorf und Sayda.

④ Dörnthaler Teich

Der Dörnthaler Teich ist im Süden und Westen vorrangig von Wald, sonst von einer Straße (Nordosten) und von landwirtschaftlicher Nutzfläche umgeben. Feste Wege ermöglichen es, um diesen in weniger als einer Stunde eine Rundwanderung zu unternehmen.

Der Bau des Dörnthaler Teiches erfolgte 1786–1790, und im gleichen Zeitraum auch die Anlage des Kunstgrabens. Das gestaute Gewässer stammt aus dem Haselbach. Der Stausee ist zusätzlich durch Kunstgräben mit den anderen Anlagen der Revierwasserlaufanstalt verbunden. Der Dörnthaler Teich hat von all diesen Anlagen das höchste Absperrbauwerk.

*Natur-
lehrpfad*

Heute ist das Gewässer sehr reizvoll für Naturliebhaber. Ein Naturlehrpfad am Teich ist besonders für Familien mit Kindern interessant. Auf Schautafeln werden zum Beispiel hier nistende oder rastende Wasservögel, Baumläufer, Berg- und Teichmolch, Ringelnatter, Kreuzotter und Haselmaus genauer vorgestellt. Ferner sind verschiedene Nistkästen für Vögel und Fledermäuse sowie eine Unterkunft für einheimische Insekten, die leicht nachgebaut werden kann, zu sehen.

Der größte Teil des Teiches wird von artenreichen Laub- und Mischwaldstreifen mit nahezu allen gebietstypischen einheimischen Bäumen umgeben. Direkt am Ufer sind vor allem Rohr- Glanzgras und Schlank-Segge häufig, im Südosten (gegenüber der Dammseite) auch Grauweidengebüsche. Auf die seltenen Pflanzen, die nach jedem Ablassen des Gewässers erscheinen, wurde bereits im Kapitel über die Pflanzen und Tiere der Bergwerksteiche hingewiesen.

Der steile Teichdamm wird regelmäßig gemäht. Hier hat sich eine sehr gut ausgebildete Bergwiese u. a mit Bärwurz, Margerite und dem in Sachsen gefährdeten Zittergras entwickelt. Auch westlich und südlich des Teiches gibt es artenreiche Bergwiesen.

*Dörnthaler
Wehrkirche*

Der nahegelegene Ort wartet mit einer besonderen kulturhistorischen Sehenswürdigkeit auf, der Dörnthaler Wehrkirche. Aus der Notwendigkeit heraus, sich zu verteidigen, wurden im Mittelalter von den Bauern Wehrkirchen gebaut, meist in sicherer Höhenlage. Wehrkirchen sind heute in unterschiedlicher Bauausführung in ganz Europa zu finden. Im oberen Erzgebirge ist es allerdings zu einer einmaligen Sonderlösung gekommen. Über ein massives Untergeschoss ragt ein hölzerner Aufbau vor, der mit einer übereinander angeordneten Balkenlage als Wehrgang abschließt.

(5) Alter Torfstich bei Voigtsdorf

Das etwa 7,5 Hektar große Gelände, das sich zwischen den Ortschaften Dörnthal, Zethau und Voigtsdorf befindet, zeichnet sich durch eine außergewöhnliche Biotopvielfalt aus. Auf einem Teil des Gebietes wurde Torf abgebaut, der – bis zur Einführung von Braunkohlenbriketts – als Brenn-

*Flächenna-
turdenkmal*

material diente. Heute ist das Flächennaturdenkmal von einer engen Verzahnung verschiedener Offenlandgesellschaften und Gehölzbeständen geprägt. Zu letzteren gehören Birkengehölze, die vorrangig aus Moorbirken bestehen, Quellwaldbereiche mit Schwarzerle und Gewöhnlicher Birke sowie ein kleiner Fichtenforstabschnitt. Die Bodenschicht wird hier meist von Sumpf- und Nasswiesenarten wie Rasen-Schmiele, Gewöhnlicher Gilbweiderich Wald-Schachtelhalm und Schlank-Segge dominiert. Auf kleinen, stark ausgetrockneten Resttorfhügeln wird die Krautschicht vorrangig von Draht-Schmiele gebildet.

Klein-
seggenried

Wesentlich artenreicher ist das überwiegend sehr feuchte Offenland. Auf den von der Wiesen-Segge dominierten Kleinseggenrieden im Süden der Fläche gibt es auch größere Bereiche, die mit geschützten Arten wie Fieberklee, Schmalblättrigem Wollgras und Sumpf-Blutauge bewachsen sind. Im gesamten Gebiet verstreut befinden sich mehrere Teich-Schachtelhalm-Sümpfe. Neben der Namen gebenden Art kommen hier auch Sumpf-Schafgarbe, Sumpf-Hornklee, Sumpf-Dotterblume, Faden-Binse, Schnabel-Segge sowie, als geschützte Arten, Bach-Quellkraut und Schmalblättriges Wollgras vor. Im Bereich eines ehemaligen, heute weitgehend verlandeten Stillgewässers befindet sich nördlich des Quellwaldes ein Röhricht. Dieses wird hauptsächlich von Rohr-Glanzgras und Breitblättrigem Rohrkolben gebildet. Große Teile des Gebietes werden von Feucht- oder Bergwiesen mit Rasen-Schmiele, Weichem Honiggras, Wiesen-Fuchsschwanz, Sumpf-Dotterblumen, Wiesen-Segge, Verschiedenblättriger Kratzdistel, Bärwurz, Sumpf- Kratzdistel und verschiedenen Hahnenfußarten eingenommen.

An Tierarten kommen in dem Flächennaturdenkmal zahlreiche Vögel (u. a. Braunkehlchen), Bergmolch, Teichmolch, Grasfrosch, Erdkröte und viele Insekten vor. 1997 bis 1998 wurden bei gezielten Beobachtungen allein 15 Libellenarten festgestellt.

....

Quellen

Kurt Baldauf, Kurt: **Ein Beitrag zur Flora der Stillgewässer im mittleren Erzgebirge in Beiträge zum Naturschutz im mittleren Erzgebirge**,
Heft 1 vom Landratsamt Mittlerer Erzgebirgskreis

Brockhaus, Thomas; Fischer, Thomas (2005): **Die Libellenfauna Sachsens**, Natur und Text

Freyer, Günter u. a. (1988): **Freiberger Land**,
Werte der Deutschen Heimat, Band 47

Hempel, Werner, Schiemenz, Hans (1986): **Handbuch der Naturschutzgebiete der DDR**, Band 5; Urania-Verlag

Landestalsperrenverwaltung des Freistaates Sachsen:
Oberer Großhartmannsdorfer Teich – Speicher der Revierwasserlaufanstalt Freiberg (Prospekt 2001)

Landratsamt Freiberg / Untere Naturschutzbehörde:
Würdigung FND „Torfstich Voigtsdorf", unveröffentlicht

Wagenbreth, Otfried (1980):
Wasserwirtschaft und Wasserbautechnik des alten Erzbergbaues von Freiberg,
Schriftenreihe des Stadt- und Bergbaumuseums Freiberg – Heft 3

Altes Wassersystem mit neuer Technik vereint
(Artikel in der Freien Presse Chemnitz vom 19.10.2000)

www.ioez.tu-freiberg.de/arbeitsgruppen/ag_bio/gehvege/projekt.html

www.brand-erbisdorf.de

www.pfaffroda.de

Text: *Christian Zänker, Freiberg (Ergänzungen von Ernst Ullrich, Bräunsdorf;*
Hans-Jochen Schumann, Freiberg; Frank Bachmann, Frido Fischer,
Mulda sowie von Mitarbeitern des Naturschutzinstitutes Freiberg)
Fotos: *Jens Weber, Christian Zänker, Ulrich Zöphel*

Freiberg –
Brander Bergbaurevier

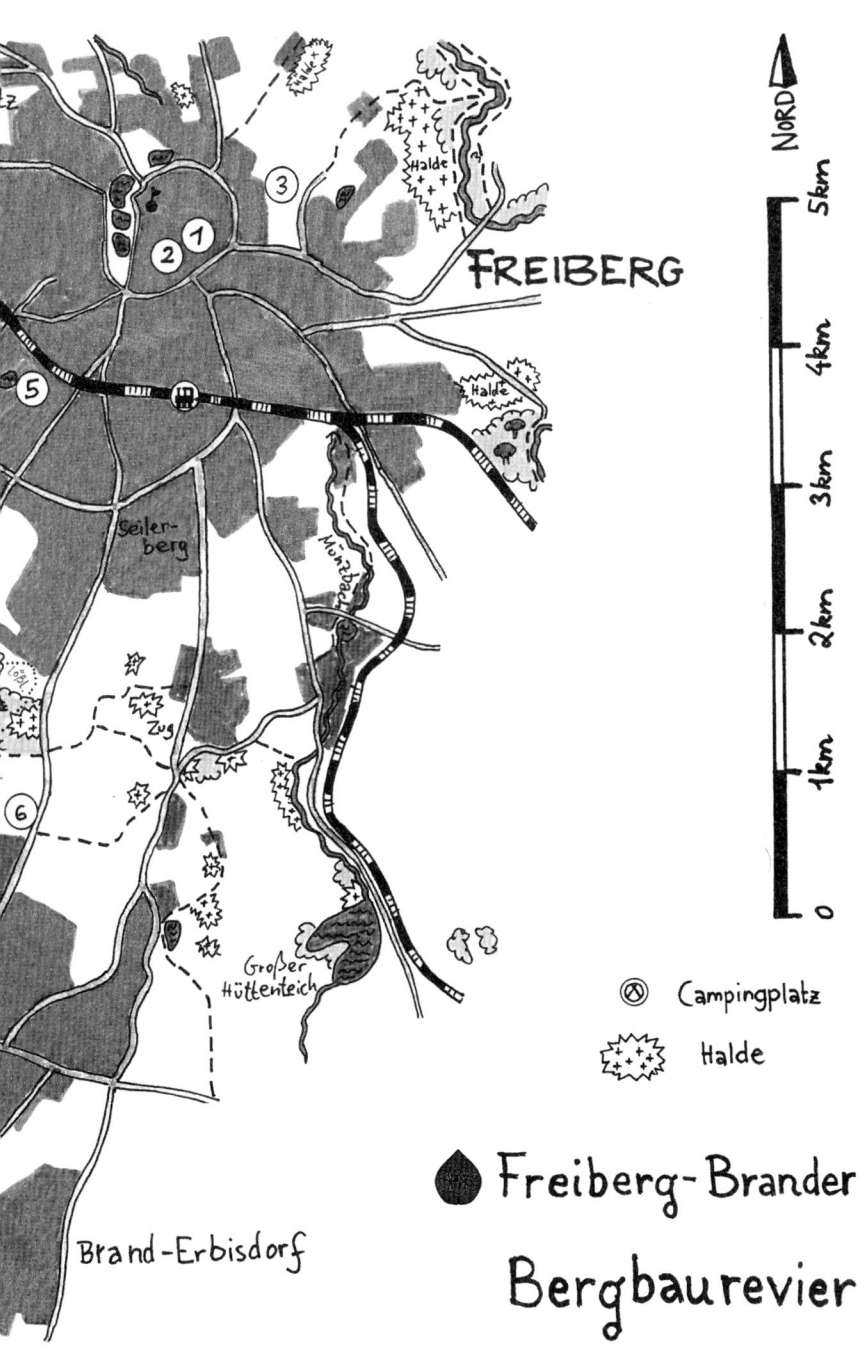

NORD

5km
4km
3km
2km
1km
0

FREIBERG

Halde

Halde

Seiler-berg

Münzbach

Zug

Großer Hüttenteich

Brand-Erbisdorf

Ⓐ Campingplatz

Halde

Freiberg-Brander

Bergbaurevier

① Freiberger Altstadt

② Naturkundemuseum Freiberg

③ Besucherbergwerk „Himmelfahrt Fundgrube Freiberg"

④ Freiberger Stadtwald und Teiche

⑤ Freibergsdorfer Hammer

⑥ Richtschachthalde

⑦ Bergbaumuseum Huthaus Einigkeit in Brand-Erbisdorf

⑧ Besucherbergwerk „Bartholomäus-schacht" Brand-Erbisdorf

⑨ Ehemaliges Bergbaurevier Himmelsfürst und angrenzende Halden südwestlich von Brand-Erbisdorf

⑩ Geologischer Lehrpfad an der Striegis

Die Beschreibung der einzelnen Gebiete folgt ab Seite 103

Landschaft

Der südliche Teil des Gebietes wird von einer leicht gewellten Hochfläche eingenommen. Den mittleren und nördlichen Bereich, an den sich im Norden und Osten das Tal der Freiberger Mulde anschließt, bilden Höhenrücken mit zwei Bachläufen: dem Münzbach und dem im Freiberger Stadtgebiet in diesen einmündenden Freiberger Goldbach. Der Goldbach entspringt südwestlich von Freiberg, nahe des nach Nordwesten abfließenden Schirmbaches. Unmittelbar nördlich von Brand-Erbisdorf verläuft in Ost-West-Richtung das Tal eines kleineren Baches, der sich ebenfalls Goldbach nennt und in die Striegis mündet. Dessen Quellgebiet ist erheblich von menschlicher Tätigkeit überprägt.

Als Grundgestein stehen verschiedene Gneise an. Das hier beschriebene Territorium bildet den größten Teil des Freiberger Erzreviers, eines der bedeutendsten in Europa. Als während der Variszischen Gebirgsbildung im Karbon granitisches Magma aus dem oberen Erdmantel aufdrang und in beträchtlicher Tiefe unter dem heutigen Freiberg stecken blieb, erkaltete das Gestein nur ganz allmählich. Mehrere hundert Grad heißes Wasser – aufgrund des extrem hohen Druckes trotz dieser Temperatur flüssig – drängte nach oben, zog entlang von Klüften und Spalten im darüberliegenden Gneis. Gelöst waren in dieser Überdruck-Flüssigkeit verschiedene Elemente, unter anderem auch Silber. Während das Wasser auf seinem Weg durch die Gneispakete allmählich abkühlte, setzten sich die darin enthaltenen Mineralien in den Klüften und Spalten ab. Es bildeten sich zahlreiche „hydrothermale Gangerzlagerstätten". Etwa 1100 solcher Erzgänge sind heute im Freiberger Raum bekannt; bis in eine Tiefe von 900 m hat man sie nachgewiesen. Die Ganglänge erstreckt sich in der Regel über einige 100 m, ihre Mächtigkeit schwankt erheblich, liegt aber meistens unter 1 m.

Die häufigsten der fünf Erzformationen, die im Freiberger Raum auftreten, sind die „Kiesig-blendige Bleierzformation" (vor allem im Freiberger Stadtgebiet und nördlich sowie nordöstlich von Freiberg) und die „Edle Braunspatformation" mit hohem Anteil an Silbererzen (vorwiegend auf den

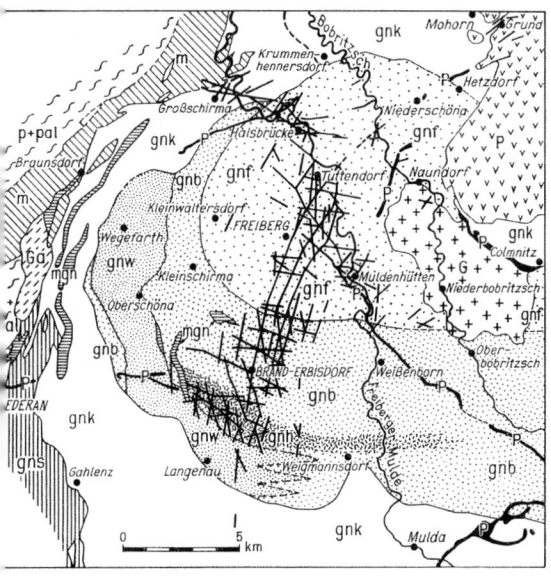

Abb.: die wichtigsten Erzgänge im Freiberg-Brander Revier (aus: Freyer et al. 1988); Legende: gnk, gnw, gnb, gnf, gnh, mgn = verschiedene Gneise; p + pal = Phyllit; m = Glimmerschiefer; G = Granit; P = Quarzporphyr)

oberen Gangbereichen der Gruben im Süden von Freiberg und bei Brand-Erbisdorf). Die als „taubes Gestein" abgebauten Begleitmineralien, v. a. die sogenannten Karbonspäte (insbesondere Kalzium-, Magnesium-, Eisen- und Mangankarbonat), haben noch heute großen Einfluss auf die Vegetation der zahlreichen im Gebiet zurückgebliebenen Bergwerkshalden.

Im Umfeld der Bergstädte Freiberg und Brand-Erbisdorf gibt es drei größere Waldgebiete – den Fürstenwald/ Nonnenwald im Nordwesten des Gebietes, den Stadtwald (einschließlich Hospitalwald) westlich und südwestlich von Freiberg sowie den Freiwald südlich von Brand-Erbisdorf. Typisch sind insbesondere für die beiden zuletzt genannten Wälder relativ gering geneigte, an vielen Stellen von Entwässerungsgräben durchzogene Hochflächen, die fast überall mit Fichten aufgeforstet wurden. Der südwestliche Teil des Freiberger Stadtwaldes gehört zum Landschaftsschutzgebiet (LSG) „Striegistal", der nordöstliche Teil des Freiwaldes bildet das LSG „Erzenglerteich".

Weitere die Landschaft prägende Elemente sind mehrere Kunstteiche, die zur Wasserbevorratung für die früheren Erzgruben angelegt wurden, und viele durch den früheren Bergbau entstandene, jetzt meist dicht mit Bäumen bewachsene Halden.

Literaturtipp

Auf gut verständliche und nachvollziehbare Weise erläutert folgendes Buch die Geologie des Freiberger Raumes (sowie des Tharandter Waldes, des Mulden- und des Weißeritztales):

Ulrich Sebastian

Mittelsachsen – Geologische Exkursionen

Spuren suchen – Landschaften entdecken

2001 Klett-Perthes Verlag; ISBN 3-623-00640-8

Landnutzungsgeschichte

Die Gründung der ersten Waldhufendörfer des Gebietes erfolgte unmittelbar, nachdem der wettinische Markgraf Otto in der Zeit von 1156 bis 1162 eine bis dahin verbliebene Restfläche zwischen der Freiberger Mulde und der Großen Striegis roden ließ. Einschneidende Veränderungen der Siedlungsstruktur brachte die Auffindung der Silbererze 1168 im damaligen Christiansdorf (im Nordosten der heutigen Freiberger Altstadt). In der Folge entstanden die Bergstadt Freiberg und in ihrer Nähe mehrere Großhöfe (Vorwerke) zur Sicherung der Ernährungsgrundlage der explosionsartig wachsenden Bergmannssiedlung. Dafür wurden Flächen genutzt, die vorher kaum oder nicht gerodet worden waren. Die vergleichsweise gute Bodenqualität und der hohe Bedarf an landwirtschaftlichen Produkten wirkten

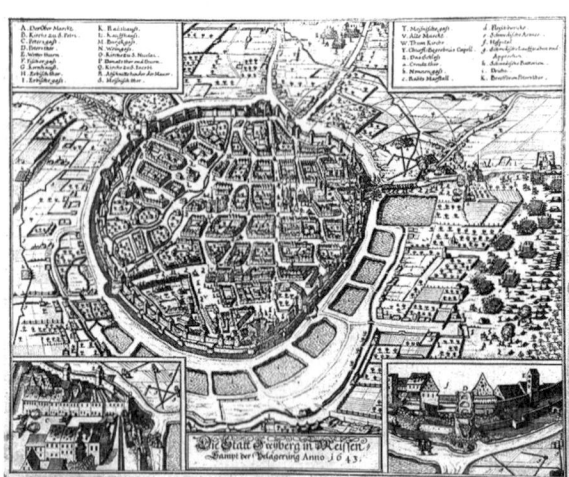

von Anfang an stabilisierend auf vollzogene Dorfgründungen in der Nähe von Freiberg, das bis ca. 1470 Sachsens größte Stadt war. Anfang des 16. Jh. bewirkte die einsetzende Belebung des zuvor vorübergehend rückläufigen Bergbaus eine Erweiterung der vorhandenen Ortschaften sowie die Neugründung von Siedlungen. Zu nennen ist vor allem die Bergmannssiedlung „auf dem Brand" bei Erbisdorf (jetzt Nordhälfte der Stadt Brand-Erbisdorf).

Abb.:
Freiberg um
1650

Der Dreißigjährige Krieg führte zu umfangreichen Verwüstungen, denen die Freiberger Vorstädte, aber auch große Teile der Bauerndörfer, zum Opfer fielen. Die Bevölkerungszahl ging in dieser Zeit stark zurück (in Freiberg von ca. 12000 auf etwa 6500 Bewohner) und stieg danach nur langsam wieder an, obwohl der Bergbau relativ schnell wieder eine große wirtschaftliche Bedeutung erreichte. Auch während des Siebenjährigen Krieges und in den sich anschließenden Jahren erlitt das Gebiet starke Rückschläge in seiner Entwicklung.

Danach begann ein tiefgreifender wirtschaftlicher Aufschwung, der sich im 19. Jahrhundert mit der heute als industrielle Revolution bezeichneten Entwicklungsphase in noch stärkerem Maße fortsetzte. Das Stadtbild Freibergs wurde in sehr unterschiedlicher Weise verändert. Durch die Ansiedlung neuer Industrieunternehmen wuchs die Vorstadt – mit Gründerzeitvillen auf der einen und mit Mietshäusern auf der anderen Seite. Auch die neuen Eisenbahnlinien hatten mit ihrem beträchtlichen Areal das Stadtbild wesentlich umgestaltet. Freibergs Grünanlagen wurden erweitert und neu konzipiert. Leider kam es in dieser Zeit auch zur Vernichtung vieler alter

Bauwerke und anderer Kulturdenkmale, die bis dahin das mittelalterliche Bild der Stadt prägten.

Die Vergrößerung der Ortschaften setzte sich auch im 20. Jahrhundert fort (vor allem auf Kosten der landwirtschaftlichen Nutzfläche). In Freiberg und in Brand-Erbisdorf entstanden nach 1950 große neue Wohngebiete. Viele Betriebe und Institute wurden erweitert oder neu errichtet. Nach 1990 entstanden am Stadtrand von Freiberg mehrere neue Gewerbegebiete, während gleichzeitig ein Großteil der zuvor existierenden Firmen stillgelegt wurde.

Bergbau, Handwerk und Industrie

Eine außerordentlich reiche Bergbaugeschichte prägte Freiberg und dessen Umgebung. Von 1168 bis 1969 wurde hier Erz gefördert, teilweise aus einer Tiefe von mehr als 700 m. Das Freiberger Berg- und Hüttenwesen hat mit der Gewinnung von Währungs- und Gebrauchsmetallen nicht nur zu Reichtum und Macht der sächsischen Herzöge und Kurfürsten beigetragen, sondern lange Zeit auch großen Einfluss auf die Geschichte Mitteleuropas ausgeübt. Im Mittelalter wurde Freiberg zu einem bedeutenden geistig-kulturellen Zentrum. Über Jahrhunderte waren die hiesigen Bergleute führend bei der Entwicklung und Einführung neuer Technologien zur Erzförderung, -aufbereitung und -verhüttung. Ein Höhepunkt in der Geschichte der Stadt war die Gründung der noch heute weltbekannten Bergakademie im Jahre 1765.

In den ersten Jahrhunderten wurde in den Bergwerks- und Hüttenanlagen vorrangig Silber gewonnen, später zunehmend auch Blei, Zink, Zinn, Kupfer und weitere Buntmetalle.

Während zu Beginn sehr viele kleine Gruben (meist in Familienbesitz) nur oberflächennahe Erze abbauten, waren zur Gewinnung der tiefer gelegenen Bodenschätze immer größere Bergwerke erforderlich. Dazu schlossen sich mehrere selbständig arbeitende Bergleute zu Genossenschaften zusammen. Das Hauptproblem, das um 1380 zu einer etwa 100 Jahre währenden Krise im Freiberger Bergbau führte, war die Bewältigung der unterirdischen Wasserzuflüsse zu den Gruben. Erst nach der Gründung von frühen Kapitalgesellschaften konnten die Investitionen für zahlreiche Stolln aufgebracht werden, die das Grubenwasser in benachbarte Talsohlen abführten. Außerdem wurden immer kompliziertere Wasserhebevorrichtungen gebaut. Solche – für die damalige Zeit sehr moderne – Pumpenanlagen benötigten für ihre Arbeit Wasser aus den oberirdischen Fließgewässern. Zur maximalen Nutzung des verfügbaren Energiepotentials wurde in

Abb.: Muldenhütten, erste Hälfte 20. Jh. (aus: Hein, Walther: Heimatbuch Erzgebirge, 1949)

dem hier beschriebenen Gebiet und oberhalb (südlich) davon ein umfangreiches System von Kunstgräben und Kunstteichen angelegt.

Ein ähnlicher Konzentrationsprozess wie unter den Bergwerksunternehmen erfolgte beim Bau von Pochwerken zur Erzaufbereitung und bei der Errichtung von Verhüttungsanlagen. In den ersten Jahrhunderten gab es sehr viele kleine Betriebe dieser Art. Sie befanden sich vorrangig an der Mulde, dem Münzbach und den anderen Fließgewässern. Später erfolgte der Aufbau solcher Anlagen nur noch im Osten von Freiberg und im Tal der Mulde. Die stürmische Entwicklung des Bergbaus führte zur Einführung und Belebung anderer Industriezweige. Hervorzuheben sind Hammerwerke (die sich später unter anderem zu Maschinenbaufabriken entwickelten), Gerbereien und Leder verarbeitende Betriebe, Böttchereien, Tuchmanufakturen, Seilereien sowie Betriebe zum Bau von Geräten für wissenschaftliche Zwecke. Von herausragender Bedeutung sind heute mehrere Firmen, die entweder aus den früheren Betrieben hervor gegangen sind oder nach der politischen Wende völlig neu entstanden. Zu den Schwerpunkten der heutigen Industrie gehören Recycling und Entsorgung von schwermetallhaltigem Sondermüll, die Herstellung von Halbleitermaterialien, Maschinenbau und Feinmechanik sowie die Herstellung von Feuerwerkskörpern.

Besonders erfolgreich entwickelt sich in Freiberg die Solar-Branche. Die Deutsche Solar AG/Solarworld hat hier ihren Firmensitz, mehrere weitere Photovoltaik- und Solarthermie-Unternehmen tragen zum Ruf Freibergs als Zentrum für zukunftsweisende Technologien bei.

Zahlreiche Forschungseinrichtungen unterstützen diese Industriezweige oder beschäftigen sich mit anderen Wissensgebieten wie der geologischen Forschung und Erkundung, der Entwicklung neuer Werkstoffe, der Lederherstellung, dem Bau umweltwelttechnischer Anlagen und weiterer ökologisch orientierten Disziplinen. Zu den Forschungsschwerpunkten am „Interdisziplinären Ökologischen Zentrum" der Bergakademie Freiberg gehören – neben anderen geoökologischen Themen – die Konsequenzen des globalen Klimawandels auf mitteleuropäische Regionen.

Auch das Sächsische Landesamt für Umwelt und Geologie hat seinen Sitz in Freiberg.

Pflanzen und Tiere

Mit Ausnahme der Bachläufe, einer noch gut erkennbaren aber weitgehend ausgetorften Moorfläche im Freiberger Stadtwald sowie einigen weiteren zur Vermoorung neigenden Flächen (vor allem in den Quellgebieten des Freiwaldes) kann als natürliche Vegetation ein Eichen-Buchenwald angenommen werden – entsprechend der Höhenlage im Norden als hochkolline (Hügellands-)Ausbildungsform, im Süden als submontane Form des Unteren Berglandes. Durch die dichte Besiedlung und die intensive Nutzung des Gebietes ist der Waldanteil aber heute relativ gering. Die noch vorhandenen Waldflächen wurden fast überall in Fichtenforste (mit Drahtschmiele und Wolligem Reitgras als häufigste Bodenpflanzen) umgewandelt. Nur ein ca. 5 ha großer Abschnitt ist vorrangig mit Buchen bestockt (Flächennaturdenkmal „Naturnahe Waldzelle im Hospitalwald").

Fichtenforste

interessante Zeugnisse früherer Bergbautätigkeit

Der weitaus größte Teil des Freiberg-Brander Bergbaureviers wird von Siedlungsraum und landwirtschaftlichen Nutzflächen eingenommen. Vorrangig hier finden wir jedoch sehr viele interessante Zeugnisse der früheren Bergbautätigkeit. Dazu gehören zahlreiche Halden, viele gut erhaltene Trockenmauern, alte Schachtanlagen sowie Teiche und Kunstgräben, welche heute eine große Bedeutung als sogenannte Sekundärbiotope haben.

Sekundärbiotope

Während die noch erhaltenen alten Schächte (Fledermausquartiere) und die Trockenmauern vor allem als Lebensraum für seltene Tiere eine Rolle spielen, beherbergen viele der Halden außerdem eine sehr interessante Pflanzenwelt. Dem ärmlichen Bewuchs der im Norden und Osten gelegenen Bergwerksanlagen steht die üppige Ansiedlung verschiedenster Pflanzenarten auf den Halden bei Brand-Erbisdorf sowie auf einigen Halden des Himmelsfürster Reviers gegenüber. Als Ursache dieser unterschiedlichen Vegetationsverhältnisse ist der verschiedenartige Chemismus der Gangformationen anzusehen.

Abb.: GebirgsHellerkraut

So gehört z. B. das Haldenmaterial der Grube Alte Elisabeth nördlich von Freiberg der kiesig-blendigen Bleierzformation an, die reich an Sulfiden und Arsenmineralien ist und im gewissen Sinne als lebensfeindlich betrachtet werden kann. In der dürftigen Vegetation solcher Halden kommen anspruchslose und zum Teil schwermetalltolerante Gräser wie Rotes Straußgras, Pfeifengras, Drahtschmiele und Rot-Schwingel sowie als weitere Pflanzen Kleiner Sauerampfer, Gebirgs-Hellerkraut, Rundblättrige Glockenblume, Heidekraut, Taubenkropf-Leimkraut, verschiedene Becherflechten *(Cladonia*-Arten) und einige Moose vor. Die Flechtenvegetation der Freiberger Halden wird stark durch den Schwermetallgehalt des Gesteins beeinflusst. Unter den hier vorkommenden Krustenflechten sind einige nur auf schwermetallreichem Abbaugestein oder Hüttenschlacken zu finden, z. B. die Flechte *Acarospora sinopica*. Die artenreichste Flechtenvergesellschaftung

Schwermetallgehalt des Gesteins

mit vielen schwermetalltoleranten Arten findet man auf der Halde Junge Hohe Birke in Zug-Langenrinne.

An den meisten Stellen vervollständigen mehr oder weniger dicht stehende Hängebirken, die als Pflanzenpionier auf allen Halden des Freiberger Raumes anzusehen sind, das Vegetationsbild. Auf den Halden in der Nähe von Brand-Erbisdorf, die im wesentlichen der Edlen Braunspatformation zugerechnet werden und einen hohen Anteil an Karbonspäten (insbesondere Kalzium-, Magnesium-, Eisen- und Mangankarbonat) aufweisen, bildete sich fast überall eine geschlossene Vegetationsdecke. Neben den bereits genannten Arten kommen hier (örtlich sehr verschieden) Pflanzen wie Heidenelke, Gemeiner Hornklee, Margerite, Gemeiner Thymian, Frühlings-Fingerkraut, Gemeines Kreuzblümchen, Mittlerer Wegerich, Roter Zahntrost, Gemeine Grasnelke, Birngrün, Kleines Wintergrün und viele weitere Pflanzen vor. Auch die Baumschicht ist hier kräftiger und reich an weiterer Baumarten wie Stieleiche, Spitzahorn, Bergahorn, Zitterpappel, Salweide und Vogelkirsche.

hoher Anteil an Karbonspäten

Bemerkenswert ist das exklavenartige Vorkommen einiger Wärme liebender Arten, die auch Trockenheitsperioden überstehen. Hierzu gehören Schaf-Schwingel, Braunroter Sitter, Purgier-Lein und Golddistel.

Fauna des Gebietes

Die Fauna des Gebietes ist wie kaum ein anderes im Ost-Erzgebirge durch anthropogene Einflüsse geprägt. Als Lebensräume stehen den Tieren großflächig vor allem unterschiedlich dicht besiedelte Wohngebiete, sehr verschiedenartige Bergbaufolgelandschaften, überwiegend mit Fichten (zunehmend auch mit meist noch jungen Laubbäumen) bewachsene Waldgebiete, Landwirtschaftsflächen und seit den 1990iger Jahren auch viele Sukzessionsflächen auf zahlreichen Industriebrachen zur Verfügung. Hinzu kommen eine Vielzahl kleiner bis mittelgroßer Stillgewässer wie die Kreuzteiche in der Nähe des Freiberger Stadtzentrums, der Große Teich und der Mittelteich im Freiberger Stadtwald und der Bieberteich in Zug. Bedingt durch diese Biotopvielfalt beheimatet das Gebiet eine sehr hohe Anzahl an verschiedenen Tierarten. Auch wenn hier der Anteil an seltenen und geschützten Tierarten (wie für dichter besiedelte Gebiete typisch) relativ gering ist, weist das Freiberg-Brander Bergbaurevier in faunistischer Hinsicht einige Besonderheiten auf, die teilweise von überregionaler Bedeutung sind. An erster Stelle sind dabei die Fledermausquartiere in den Stolln vieler früherer Bergwerke zu nennen. Regelmäßig überwintern hier Großes Mausohr, Wasser- und Fransenfledermaus, Kleine Bartfledermaus und Braunes Langohr.

Abb.: Fransenfledermaus

Bergwerkshalden

Die Bergwerkshalden, die insbesondere im Norden des Gebietes nur lückenhaft mit Gehölzen bewachsen sind und sich deshalb bei Sonnenein-

Wärme lie-
bende Insek-
tenarten

strahlung stärker erwärmen als andere Landschaftselemente, bieten vielen Wärme liebenden Insektenarten und auch den hier sehr häufigen Zaunei-dechsen idealen Unterschlupf. Auffällige Insektenarten sind der Schwal-benschwanz, dessen Raupen sich oft an der Wilden Möhre entwickeln. Weitere charakteristische Tagfalter der Halden sind Violetter Feuerfalter, Ei-chen-Zipfelfalter, Hauhechel-Bläuling, Kleiner Perlmutterfalter, Mauerfuchs, Kleines Wiesenvögelchen und verschiedene z.T. seltene und schwieriger zu bestimmende Arten an Dickkopffaltern. Unter den Käfern fallen besonders Dünen-, Feld- und Berg-Sandlaufkäfer auf, die auf einigen Halden häufig auftreten können. In früheren Jahren nistete hier auch regelmäßig der Steinschmätzer, der heute aber nicht mehr auftritt.

Stadt- und
Hospital-
wald

Libellen

Amphibien
und Repti-
lien

Ein faunistisch besonders artenreiches Gebiet findet man unmittelbar am Rand der Stadt im Freiberger Stadt- und Hospitalwald, vor allem am Mittel-teich und in den umliegenden Moorflächen und Kleingewässern. Innerhalb des Freiberger Stadtgebietes finden wir hier beispielsweise eine unerreich-te Artenzahl an Libellen (darunter Östliche Moosjungfer, Kleine Moosjung-fer, Nordische Moosjungfer, Kleine Mosaikjungfer und Torf-Mosaikjungfer) sowie Amphibien und Reptilien. Neben Moorfrosch, Knoblauchkröte, Kamm-, Teich- und Bergmolch leben hier auch die zu den Grünfröschen ge-hörenden Teichfrösche, welche ihre Anwesenheit in einem Gewässer durch lautes Quaken verraten. Sie sind im Ost-Erzgebirge wesentlich seltener als im Sächsischen Tiefland und oftmals lassen sich ihre Populationen auf Aus-setzungen zurückverfolgen. Kleinere aber beständige Vorkommen gibt es in verschiedenen Gewässern des Stadtwaldes, z.B. im Mittelteich, Töpfer-teich und im Steinbruch am Oelmühlenweg, was eine regionale Seltenheit darstellt. Auf Offenflächen im Stadtwald, besonders unter der querenden Hochspannungstrasse, wird regelmäßig die Kreuzotter angetroffen, gleich-falls kommt im Gebiet die Ringelnatter vor, die man hauptsächlich direkt am Wasser zu Gesicht bekommen kann. Imposante Tagfalterarten des Frei-berger Stadtwaldes sind vor allem die Arten der Schillerfalter (Großer und Kleiner Schillerfalter) und der Große Eisvogel. Man trifft sie hauptsächlich im Juli auf Waldwegen an, wo die Falter an Pfützen, Kot oder mineralrei-chem Substrat saugen.

An Säugetiere kommen im Stadtwald das Braune Langohr (Sommerquar-tier), die Fransenfledermaus, die Nordfledermaus, die Wasserspitzmaus, die Zwergspitzmaus und die Zwergmaus vor. Die Vogelwelt des Stadtwaldes weist mangels alter Baumbestände und wegen der Störungen am Stadt-rand nur wenige Besonderheiten auf. Habicht und Sperber, seit kurzem auch der Kolkrabe, sind regelmäßige Brutvögel, die vom Nahrungsreichtum des angrenzenden Stadtgebietes profitieren. Gelegentlich wurden rufende Männchen des Sperlingskauzes festgestellt, während ein Brutnachweis die-ser Art hier noch fehlt. Der Pirol tritt, an der regionalen Höhengrenze seiner Verbreitung, ebenfalls nur unregelmäßig auf.

Zentrum
der Stadt
Freiberg

Mitten im Zentrum der Stadt Freiberg, d.h. im Donathsturm und im Turm der Petrikirche nisten Dohlen als ständige Brutvögel. In einigen Kirchen in der Nähe von Freiberg gelingt es Schleiereulen immer wieder ihre Jungen großzuziehen. Beachtlich groß ist auch die Anzahl der im Stadtgebiet von Freiberg vorkommenden Mauersegler, die immer dann, wenn die Hausbesitzer ihre Anwesenheit tolerieren, in oder an Gebäuden Nistmöglichkeiten finden. Vergleichsweise häufig kommt auch ein recht „modernes" (weil sehr anpassungsfähiges) Raubtier vor, das hier meist am Ende der Nahrungskette steht. Gemeint ist der Steinmarder. Obwohl er manchmal unter den Motorhauben von Personenkraftwagen größere Schäden anrichtet, sollte er als sehr nützlich angesehen werden. Gerade innerhalb der Ortschaften kann er die Anzahl von Ratten, Mäusen und verwilderten Haustauben, welche oft Krankheiten übertragen, beträchtlich verringern.

Beachtlich ist auch die Zahl der Fledermausarten innerhalb des Freiberger Stadtgebietes. Es kommen die Zweifarbfledermaus, die Breitflügelfledermaus, die Wasserfledermaus, die Kleine Bartfledermaus, die Große Bartfledermaus der Große Abendsegler und die Zwergfledermaus vor.

Garten-anlagen Selbst in den Gartenanlagen und in den Siedlungsgebieten am Stadtrand kommen sehr viele Erdkröten und Grasfrösche vor. Beide Arten wandern nach dem Ablaichen oft weite Strecken, wobei die Erdkröte die meiste Zeit des Jahres auch in relativ trockenen Gebieten verbringen kann. In den Teichen und deren Umfeld (Landhabitate außerhalb der Laichzeit) kommen recht häufig Teichmolch (vor allem größere, wenig beschattete Gewässer) und Bergmolch (vor allem kleinere, stark beschattete Gewässer) vor.

Wanderziele

Das Gebiet ist reich an Sehenswürdigkeiten. Viele Tausend Touristen besuchen jedes Jahr die Freiberger Altstadt mit ihrem bekannten Dom, dem Naturkundemuseum, dem Bergbaumuseum und der Mineralogischen Sammlung (welche nach ihrer Unterbringung im Schloss Freudenstein die größte der Welt sein wird). Weitere Anziehungspunkte sind der Freibergsdorfer Hammer (mit Wasserkraft betriebenes, noch funktionstüchtiges *Abb.: Frei-* Hammerwerk), das Heimatmuseum in Brand-Erbisdorf, die Besucherberg-*berg im 19.* werke in Freiberg und Brand-Erbisdorf, die Übertageanlagen der Grube *Jahrhundert* „Alte Elisabeth" und zahlreiche andere im Gelände gekennzeichnete Berg-

baudenkmale. Für eine größere Anzahl noch erhaltener Bergbauanlagen wie der „Roten Grube", dem Turmhofschacht, dem Dreibrüder Schacht und für verschiedene Stollnanlagen können Besichtigungen mit den hierfür zuständigen Vereinen abgesprochen werden.

Weitere interessante Wanderziele werden in den Kapiteln, die der Freiberger Mulde und den Bergwerksteichen südlich von Brand-Erbisdorf gewidmet sind, genauer beschrieben.

Freiberger Altstadt

Sachsens älteste und bedeutendste Bergstadt verdankt ihre Entstehung dem Silberbergbau, der über 800 Jahre hinweg die wechselvolle Geschichte dieser Stadt am „freyen Berge" bestimmte. Hier am Fuße des Erzgebirges, in unmittelbarer Nachbarschaft zur einstigen Residenz- und heutigen Landeshauptstadt Dresden, lag einst das mittelalterliche Wirtschaftszentrum der wettinischen Landesherren. Wer heute Freiberg besucht, wird dieser bedeutungsvollen Vergangenheit vielfach begegnen.

Obermarkt Bürgerhäuser aus dem 16./17. Jh. prägen das Stadtbild, dessen architektonisches Zentrum der Obermarkt ist. Mit seiner geschlossenen und vollständig restaurierten Bebauung gehört er zu den schönsten Marktplätzen in Deutschland. Eindrucksvoll reihen sich spätgotische Patrizierhäuser mit ihren steilen und hohen Traufdächern aneinander und flankieren das aus der ersten Hälfte der 15. Jh. stammende Freiberger Rathaus. Mehrfach im Verlauf der Jahrhunderte baulich verändert, zählt dieses Bauwerk zu den bedeutendsten Zeugnissen spätgotischer Architekturkunst in Sachsen.

Freiberger Dom Zu den eindrucksvollsten Gebäuden zählt der Freiberger Dom mit der 1230 geschaffenen „Goldenen Pforte". Einst als romanische Basilika geschaffen, erlebte dieses Bauwerk nach dem letzten großen Stadtbrand von 1484 eine noch prächtigere Wiederauferstehung zu einer der bedeutendsten spätgotischen Hallenkirchen des sächsischen Raumes.

 # Naturkundemuseum Freiberg

Das Museum wurde 1864 vom Naturwissenschaftlichen Verein gegründet. Im Jahr 1947 bezog es das Renaissancegebäude in der Waisenhausstraße. Schwerpunkt des Museums ist der Naturraum der Region Freiberg mit den Bereichen Flora, Fauna, Lagerstätten und Einfluss des Menschen auf die Natur. Zahlreiche Tier-Präparate, außerdem Aquarien mit einheimischen Fischen und Kriechtieren vermitteln ein recht anschauliches Bild von der Fauna des Freiberger Raumes. Darunter befinden sich auch einige Raritäten der Tierwelt, beispielsweise ein präparierter Nashornvogel aus dem tropischen Afrika und eine in den 1950er Jahren bei Freiberg aufgefundene Gämse, welche vermutlich aus dem Elbsandsteingebirge stammt.

Von besonderer Bedeutung ist die thematische Orientierung auf den „Einfluss des Freiberger Bergbaus auf die Landschaft", einschließlich der Besonderheiten der Freiberger Haldenflora und des Problemkreises „Bergmännische Wasserwirtschaft".

Im Magazinbestand des Museums befinden sich nicht nur ein Herbarium über Hüttenrauchschäden bei Pflanzen sowie umfangreiche Bestände in den Bereichen Mykologie und Libellen, sondern auch Material aus dem Nachlass der Siebenlehner Australienforscherin Amalie Dietrich.

Zudem kann das Naturkundemuseum Freiberg auf eine langjährige Tradition in verschiedenen Bereichen der Öffentlichkeitsarbeit zurückblicken. Vorträge sowie museumspädagogische Aktivitäten für Kinder (insbesondere Schulklassen) sind Bestandteil der Museumsarbeit. Der naturnahe Museumsgarten und die Aquarien bereichern die Exposition.

③ Besucherbergwerk „Himmelfahrt Fundgrube Freiberg"

Hierzu gehören der Schacht „Reiche Zeche" (Besichtigung der Grubenanlagen untertage), die Schachtanlage „Alte Elisabeth" und der „Thurmhofschacht".

Schacht „Reiche Zeche"

Dieser Schacht mit seinem weiträumigen Grubenfeld bietet den Besuchern die Möglichkeit, auf 14 km Länge und bis in eine Tiefe von 230 m den Freiberger Gangerzbergbau bis in das 14. Jahrhundert zu erforschen. Bei einer Grubentemperatur von 10 °C und einer Führungsdauer zwischen 2 und 6 h können von Hand gemeißelte alte Schächte und Abbaue, Tropfsteine und Sinter (aus mineralhaltigem Wasser auskristallisierte Gesteinsbildungen) sowie in das Gestein geschlagene Gangtafeln, Jahreszahlen und Erzgänge entdeckt werden. Das Grubenfeld kann in mehreren Befahrungen erschlossen werden:

• Führungen im historischen Bergbau des 16. Jh.

• Führungen im Bergbau des 19. und 20. Jh. mit der Vorstellung der Vortrieb- und Abbautechnik sowie vielen aufgeschlossenen Erz- und Mineralgängen

• Kombination von Befahrungen, wobei die Niveauunterschiede über Leitern (bergmännisch: „Fahrten") oder ins Gestein gehauene Stufen überwunden werden.

• Sonderführungen für kleine Gruppen nach Anmeldung (ca.10 Personen) im Bergbau vom 14.–20. Jh. (anstrengend!)

Schacht „Alte Elisabeth"

Ein einmaliges Denkmal des erzgebirgischen Bergbaus ist die Schachtanlage „Alte Elisabeth" aus dem 19. Jh. Im sogenannten Kunst- und Treibeschacht fuhren die Bergleute ein und aus. Der Mittelbau ist das Treibehaus (Gebäude mit Antriebsmaschinen für die Erzförderung). Ferner können die Scheidebank (Einrichtung zur manuellen Trennung von Erz und taubem Gestein), die später als Betstube mit einer kleinen Orgel umgebaut wurde, und das Maschinenhaus besichtigt werden. Die technische Ausrüstung ist erhalten und vorführbar. Während einer Führung von 1 h sind zu besichtigen:

• Schachtförderanlage für tonnlägigen (schräg, der Neigung der Erzgänge folgend) Schacht

• Balancierdampfmaschine von 1848

• Scheidebank, Zimmermannswerkstatt, Betstube mit Orgel

• Bergschmiede, Gebläsehaus

Thurmhofschacht

Ein großer Teil des Energiebedarfs für den Bergbau konnte ab dem 16. Jh. durch wasserbetriebene Räder (Pumpen und Fördern) gedeckt werden. Mit dem Bau der Schachtanlage von 1842 bis 1857 wurden auch mehrere Aufbereitungsgebäude (Poch- und Stoßherdwäschen) errichtet. Eines dieser Räder (Baujahr 1857, 9 m Durchmesser) blieb erhalten. Das Aufschlagwasser kommt aus dem Himmelfahrter Kunstgraben.

Freiberger Stadtwald und Teiche

Das Naherholungsgebiet in unmittelbarer Nähe von Freiberg besitzt einen Naturlehrpfad, der die heimische Fauna und Flora vorstellt, und zahlreiche weitere gut ausgeschilderte, mit vielen Informationstafeln versehene Wander- und Radwege.

An den vergleichsweise wenig mit Nährstoffen belasteten Stillgewässern innerhalb des Waldes haben sich an vielen Stellen Pflanzenarten angesiedelt, die für Sumpf-, teilweise auch für Moorgebiete typisch sind. Von sehr hohem botanischem Wert ist vor allem der als Flächennaturdenkmal geschützte Mittelteich im Freiberger Stadtwald. In seinem Wasser kommen das Gemeine Hornblatt, das Ährige Tausendblatt sowie der Südliche und der Kleine Wasserschlauch vor. Diese Unterwasservegetation ist die Voraussetzung für das Vorkommen seltener Libellenarten, wie der Östlichen Moosjungfer. In der Verlandungszone sowie auf der sich anschließenden Moorfläche gibt es neben Breitblättrigem Rohrkolben, Ästigem Igelkolben, Sumpf-Veilchen, Schnabel-Segge auch so seltene Pflanzen wie Schmalblättriges und Scheidiges Wollgras, Sumpf-Blutauge, Wald-Läusekraut und Moosbeere. Im Töpferteich und im wassergefüllten Steinbruch am Oelmühlenweg findet man häufig das in Sachsen stark gefährdete Alpen-Laichkraut.

Mittelteich

Im Nordosten des Stadtwaldes befindet sich der Große Teich. Dieser gehört wie auch der bereits erwähnte Mittelteich zu den ehemaligen Bergwerksteichen. Der Große Teich und sein Umfeld wird jetzt als Waldbad und Naherholungsgebiet genutzt.

Freibergsdorfer Hammer

Dieses technische Denkmal ist das einzige noch erhaltene Hammerwerk von einst sieben technisch ähnlichen Schmiedewerken im Freiberger Bergbaugebiet. Es ist über 400 Jahre alt. Durch eine grundlegende originalgetreue Rekonstruktion der erst 1974 stillgelegten Anlage wurde in der Zeit von 1979 bis 1989 seine volle Funktionsfähigkeit wieder hergestellt. Bei vielen Anlässen wird die alte, mit Wasserkraft betriebene Technik vorgeführt. An Feiertagen oder beim Tag des offenen Denkmals kann man Schauschmieden, u. a. auch der schweren Kunst des Kugelschmiedens, beiwohnen.

Richtschachthalde

Die zwischen Freiberg und Brand-Erbisdorf gelegene Halde gehört zu den artenreichsten Bergwerkshalden des Ost-Erzgebirges und ist deshalb als Flächennaturdenkmal (FND) geschützt. Die hier abgelagerten Bergbaurückstände gehören der Edlen Braunspatformation an und sind reich an basenhaltigen Karbonspäten (Kalzium- und andere Karbonate). Der größte Teil der Fläche ist dicht mit Gehölzen wie Zitterpappeln, Salweiden, Eschen und Ahornen bewachsen, die inzwischen meist ein mittleres Baumalter erreicht haben. Im Süden des Geländes werden große Bereiche durch Pflegemaßnahmen offen (gehölzfrei) gehalten, um auch Lebensräume für Licht liebende Pflanzen zu bewahren. Als seltene Arten kommen auf der Richtschachthalde unter anderem Braunroter Sitter, Golddistel, Purgier-Lein, Gewöhnliches Kreuzblümchen, Frühlings-Fingerkraut, Birngrün und in großen Beständen der sonst selten gewordene Gewöhnliche Thymian vor.

Nur etwa 500 m südlich der Richtschachthalde befindet sich die ebenfalls als FND geschützte Halde der ehemaligen Grube „Beschert Glück" mit einer ähnlichen Vegetation. Auch diese wird bei Pflegemaßnahmen des Naturschutzbund- Kreisverbandes regelmäßig entbuscht, um lichtbedürftige Arten zu erhalten.

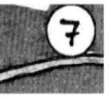 ## Bergbaumuseum Huthaus Einigkeit in Brand-Erbisdorf

Das Museum befindet sich im 1837 errichteten Huthaus der ehemaligen Silbergrube „Einigkeit Fundgrube". Damit ist das Gebäude selbst schon museales Objekt, mitsamt seiner Umgebung (Bergbauhalde, Pulverhaus, Röschenmundloch, Reste des 1834 gebauten Pferdegöpels). Der Komplex bietet ein eindrucksvolles Zeugnis des im ersten Drittel des 19. Jahrhunderts erneut aufblühenden Erzbergbaus in diesem Raum. Bis zum Anfang des 20. Jahrhunderts wurde das Gebäude bergbaulich genutzt, 1931 dann eröffnete in den Erdgeschossräumen das Museum. 1999 wurde es völlig neu gestaltet; seither werden auf vergrößerter Ausstellungsfläche die einzelnen Teilgebiete des Silberbergbaus ausführlicher dargestellt. Die gezeigten Exponate zeichnen den Weg des Silbererzes von seiner Entstehung bis zur Aufbereitung als verhüttungsfähiges Produkt nach. Es werden u. a. die geologischen und mineralogischen Grundlagen des Bergbaus, die Geschichte der vier großen Silbererzgruben des Brander Revieres im 19. Jahrhundert, der Bergbau von 1947 bis 1969 sowie Exponate zur kulturellen und sozialen Lage und des Volkskunstschaffens der Silberbergleute gezeigt. Hervorzuheben sind mehrere plastische Arbeiten des Holzbildhauers Ernst Dagobert Kaltofen (1841–1922). Zu den Exponaten zählen weiterhin Bodenfunde, die die Anlage einer Siedlung im Gebiet des heutigen Stadtzentrums um 1300 belegen. Neu ist eine Ausstellung zur über 100jährigen Industriegeschichte von Brand-Erbisdorf, denn mit Einstellung des Silberbergbaus erfolgte deren Wandel von einer Berg- zu einer Industriestadt.

Bergbau-
lehrpfad
Brand-
Erbisdorf

Fahrzeug-, Maschinen- und Stuhlbau, Glashütten sowie Textilindustrie wurden u. a. neu angesiedelt.

Das Museum liegt am Bergbaulehrpfad Brand-Erbisdorf, der mit über 23 km Länge rund 100 Objekte des Bergbaus berührt.

Besucherbergwerk „Bartholomäusschacht" Brand-Erbisdorf

Die Grube fand 1529 erstmalig Erwähnung. Aus den geförderten Erzen wurden im 16. Jahrhundert 1600 kg Silber ausgeschmolzen. Ab dem 18. Jahrhundert diente der Schacht zum Unterhalt des rund 50 km langen „Thelersberger Stollns". Der Thelersberger Stolln wurde etwa 1520 errichtet und führt(e) das Grubenwasser der im heutigen Brand-Erbisdorf befindlichen Erzgruben zur Striegis oberhalb (südlich) von Oberschöna. Der speziell für die Wasserableitung errichtete Hauptstolln hat eine Länge von 6,7 km. Zur Förderung des Erzes aus dem 80 m tiefen Bartholomäusschacht konstruierte Kunstmeister Mende eine Haspelmaschine (Fördereinrichtung mit einer Welle oder Seilscheibe, auf welche ein Zugseil aufgewickelt wird, an dem sich Förderkörbe befinden) mit Schwungrad und Bremse.

Ehemaliges Bergbaurevier Himmelsfürst und angrenzende Halden südwestlich von Brand-Erbisdorf

Etwa 2 km südwestlich von Brand-Erbisdorf befindet sich der heute zu dieser Bergstadt gehörende Ortsteil Himmelsfürst. Sein Ursprung geht auf die Silbererzgrube gleichen Namens zurück, die seit 1572 nachweisbar ist. Nach anhaltenden reichen Silbererzfunden um 1750 entwickelte sich die Grube zum größten Silberlieferanten in Sachsen. Über 600 Tonnen Silber wurden hier insgesamt gewonnen, das sind ca. 10 % der gesamten sächsischen Förderung. Berühmt wurde die Grube durch den Fund des Minerals Argyrodit, in dem 1886 durch Clemens Winkler das Element Germanium entdeckt wurde. Der Chemiker Winkler, 1873 bis 1902 Professor an der Bergakademie, gehört zu den berühmten Söhnen Freibergs. Er entwickelte unter anderem auch ein Verfahren zur Herstellung von Schwefelsäure, das in Freiberg erstmals zur technischen Anwendung kam.

größter Sil-
berlieferant
in Sachsen

Zeitweilig arbeiteten in der Grube Himmelsfürst bis 1800 Bergarbeiter. Wegen des Silberpreisverfalles musste der Betrieb 1913 eingestellt werden. Viele ehemalige Gebäude der Grube wurden in der Folgezeit zu Wohn- und Gewerbezwecken umfunktioniert und bilden die Grundlage für den heutigen Stadtteil Himmelsfürst mit seinen 87 Einwohnern. Mehrere Schautafeln geben Auskunft über die Bergbaugeschichte und die heute noch im Gelände sichtbaren technischen Ausrüstungen.

Botanisch sehr interessant ist der Haldenkomlex des ehemaligen Bergbau-reviers. Die abgelagerten Gangerzmaterialien gehören der Edlen Braun-spatformation an und zeichnen sich durch einen hohen Gehalt an basen-haltigen Karbonspäten (Kalzium- und andere Karbonate) aus. Die Pflanzen-bestände der Halden unterscheiden sich deshalb teilweise beträchtlich von denen, die für die angrenzenden Gebiete mit Gneisverwitterungsböden typisch sind. Als Besonderheiten sollen der Braunrote Sitter, das Kleine Win-tergrün, der Purgier-Lein und das Birngrün genannt werden. Das Gebiet befindet sich heute an einem Bergbaulehrpfad, der zu vielen weiteren Zeugen des früheren Bergbaus führt.

Abb.: Braunroter Sitter

....

Geologischer Lehrpfad an der Striegis

(Ernst Ullrich, Bräunsdorf)

Die Große Striegis entspringt bei Langenau und vereinigt sich nach 48 km bei Berbersdorf mit der Kleinen Striegis, um unterhalb von Rosswein schließlich in die Freiberger Mulde zu münden. Unterhalb Wegefahrt er-schließen Wanderwege und ein Radwanderweg zwischen Bräunsdorf und Berbersdorf das reizvolle, weitgehend unbesiedelte Striegistal. Seit 1968 besteht das Landschaftsschutzgebiet „Striegistäler".

Geologi-scher Lehr-pfad

Das Striegistal von Linda flussabwärts hat dem geologisch interessierten Wanderer einiges zu bieten. Unter wissenschaftlicher Betreuung von Pro-fessor Rudolf Meinhold (1911–1999) wurde hier vor Jahrzehnten ein Geo-logischer Lehrpfad angelegt. Zahlreiche Lehrtafeln erläutern die Aufschlüs-se. Die „Wanderung durch eine Milliarde Jahre" beginnt im Freiberger Grau-gneis, führt an Oberschönaer Quarzit, Wegefarther Gneis und Bräunsdorfer Schwarzschiefer vorbei. Weiterhin sind Glimmerschiefer, Tonschiefer, Sand-stein des Unterkarbon und, bei der ehemaligen Hammermühle, Grauwacke aufgeschlossen. An der Gaststätte Wiesenmühle ist Quarzkeratophyr (altes untermeerisches Vulkangestein) an die Oberfläche gedrungen, wurde dort in einem Steinbruch abgebaut und bildet den Aussichtspunkt Teufelskan-zel. Weiter flussabwärts folgen noch einmal Gneise des Zwischengebirges und schließlich verschiedene Konglomerate. Nach 19 km endet in Goßberg die geologische Wanderung, die von den ältesten zu den jüngeren Ge-steinsformationen führte. Immer mächtiger werden von Südosten nach Nordwesten die Auflagerungen von Löß(-lehm) auf den Ebenen beiderseits

Nordwest-grenze des Ost-Erzge-birges

des Striegistales. Der Übergang zum Mulde-Lößhügelland ist hier fließend, eine richtige Nordwestgrenze des Ost-Erzgebirges mithin nicht zu erkennen.

Bräunsdorf wurde, wie die meisten anderen Orte der Freiberger Umge-bung, über Jahrhunderte durch den Bergbau geprägt. Der Gegenstand des Bräunsdorfer Bergbaus war die Edle Quarzformation, deren Gangfüllung im wesentlichen aus Quarz und Silbererzen besteht. Für einige Silbererze (z. B. Kermesit und Miragerit) ist Bräunsdorf in Mineralogenkreisen als Fundort bekannt. Die Anfänge des Bergbaus liegen im Dunkel der Geschichte, aber auf alle Fälle vor 1400. Durch die Hussitenkriege kam die Erzförderung zum Erliegen, und erst nach einer 200jährigen Betriebsruhe wurde er wiederbelebt. Seine Blütezeit erlebte er von 1770 bis 1805. In den Bräunsdorfer Gruben, die eine Teufe von fast 300 m erreichen, waren zeitweilig über 500 Bergleute beschäftigt.

Auf der Grube „Siegfried" (am westlichen Talhang) wurde die erste Wassersäulenmaschine – durch Wasserdruck betriebene Anlagen, die zum Abpumpen des Grubenwassers verwendet wurden - des sächsischen Bergbaus errichtet. Wegen dieser „Hochtechnologie" besuchte der Student der Bergakademie, Alexander von Humboldt, das Bergwerk. Schließlich kam es durch Erschöpfung der Lagerstätte und sinkende Silberpreise zur Verschuldung der Gruben, zu völliger Verarmung der Bergleute und von 1863 bis 1890 zur Schließung der Gruben.

Heute ist vom Bräunsdorfer Bergbau untertage kaum noch etwas zugänglich. Doch der interessierte Beobachter kann viele, inzwischen bewachsene Halden im Gelände entdecken, und der Wanderer im Striegistal geht entlang eines ehemaligen Kunstgrabens, der zur Wasserversorgung der Grube „Neue Hoffnung Gottes" diente. Hier sind, wie an vielen anderen Stellen in der Umgebung, Lehrtafeln aufgestellt, die praktisch einen Bergbaulehrpfad bilden.

Abb.: Striegistalaue bei Wegefarth

Quellen

Bäßler, Heinz u.a. (1986): **Die Geschichte der Bergstadt Freiberg**, Hermann Böhlaus Nachfolger, Weimar

Brockhaus, Thomas; Fischer, Thomas (2005): **Die Libellenfauna Sachsens**, Natur und Text

Freyer, Günter u.a. (1988): **Freiberger Land**, Werte der Deutschen Heimat, Band 47

Meinhold, Rudolf: **Wanderung durch 1 Milliarde Jahre** (Erläuterungen zum geologischen Wanderweg Striegistal)

Renkewitz, A. (1930): **Zur Geschichte des Bräunsdorfer Bergbaus**, Festschrift 700 Jahre Bräunsdorf

Strohbach, S., Heinrich B.: **Himmelfahrt-Fundgrube und Roter Graben** (Prospekt des Fremdenverkehrsvereins Freiberg e.V.)

www.freiberg.de

www.imedia.de/orte/freiberg.htm

www.brand-erbisdorf.de

Text: Christian Zänker, Freiberg (Ergänzungen
von Hans-Jochen Schumann, Freiberg;
Frank Bachmann, Mulda; Frido Fischer,
Mulda; sowie von Mitarbeitern des
Naturschutzinstitutes Freiberg)

Fotos: Jens Weber, Christian Zänker

Bergbaulandschaft, Kunstgräben, Halden
Sukzessionswälder, Schwermetallfluren, Silikatmagerrasen

Muldental
bei Freiberg

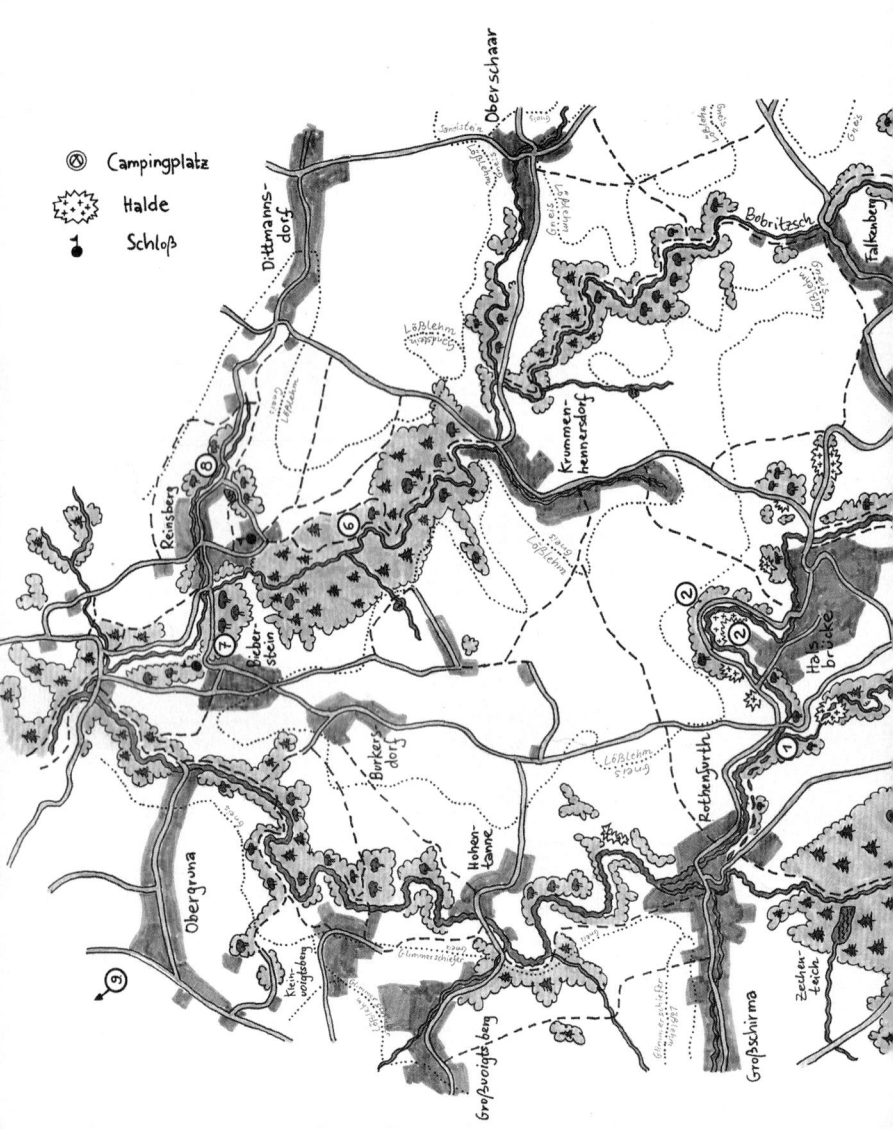

Ⓐ Campingplatz

Halde

🔴 Schloß

Muldental bei Freiberg

① *Altväterbrücke*

② *Siebentes und Achtes Lichtloch des Rothschönberger Stollns*

③ *Muldental von Halsbrücke bis Halsbach*

④ *Alte Hüttengebäude in Muldenhütten*

⑤ *Ehemaliges Bergbaugebiet um Muldenhütten und Weißenborn*

⑥ *„Grabentour" zwischen Krummenhennersdorf und Reinsberg*

⑦ *Schlösser Reinsberg und Bieberstein*

⑧ *Viertes Lichtloch des Rothschönberger Stollns*

⑨ *Klosterruine Altzella*

Die Beschreibung der einzelnen Gebiete folgt ab Seite 124

Landschaft

Flussabschnitt

Wechsel von Weitungen und Verengungen

Bei Muldenhütten und im gesamten Norden des Gebietes durchströmt die Mulde vorwiegend enge Kerbsohlentäler, örtlich – wie bei Weißenborn und von Halsbach bis Rothenfurth – auch breitere Sohlentäler. Dadurch zeichnet sich dieser Flussabschnitt durch einen reizvollen Wechsel von Weitungen und Verengungen aus. Markant sind an den Flussschleifen einerseits steile Prallhänge und andererseits flache Gleithänge ausgebildet. Jedoch wurden auch große Bereiche des Muldentales durch eine über Jahrhunderte andauernde Ablagerung von taubem Gestein, Hüttenschlacke, Schlämmsanden (zum Zweck der Erzabscheidung gemahlenes Gestein) und anderen Abfallstoffen künstlich verengt. Das betrifft in besonderem Maße die Abschnitte in der Nähe von Muldenhütten und Halsbrücke.

Bergwerkshalden

Größere Bergwerkshalden gibt es aber auch im Norden des Gebietes, vor allem bei Großschirma und Kleinvoigtsberg.

Das natürlich anstehende Gestein ist fast überall Gneis, der in Flussnähe stellenweise in Form offener Felsen sichtbar wird. Lediglich bei Obergruna stellt Glimmerschiefer das Oberflächengestein dar. Das gegenwärtige Vegetationsbild zeichnet sich durch einen relativ hohen Waldanteil an den Hängen beiderseits der Freiberger Mulde aus. Ferner wird ein Teil der Hänge von Grünland eingenommen. Das angrenzende, höher gelegene Hügelland wird vorrangig als Ackerland genutzt. Der nördlichste Teil des Gebietes gehört zum Landschaftsschutzgebiet „Grabentour".

Abb.: Gneisfelsen bei Halsbrücke mit Rauhaariger Nabelflechte (Umbilicaria hirsuta)

Auf ihrem Weg durchfließt die Mulde das Gebiet mit einer der bedeutendsten Erzlagerstätten Europas, das im Kapitel „Freiberg-Brander Bergbaurevier"

Bergbau-
und Hütten-
betrieb

gesondert betrachtet wird. Durch den früheren Bergbau- und Hüttenbe-
trieb ist der hier beschriebene Flussabschnitt weit mehr durch Gewässer-
ausbau verändert worden als der Oberlauf der Freiberger Mulde. Trotz vieler bereits realisierter Maßnahmen zum Gewässerschutz ist unterhalb von
Muldenhütten auch die Wasserqualität noch deutlich schlechter. Außerdem sind sowohl das Flussbett (durch Sedimentablagerungen) und große
Teile der Hangbereiche (durch die erwähnten Ablagerungen) in ihren Biotopeigenschaften grundlegend verändert worden.

Trotzdem erscheinen viele Bereiche des Geländes noch bzw. wieder recht
artenreich und durchaus interessant für den Naturfreund. Dies gilt auch für
einige der Zuflussbäche wie den Kleinwaltersdorfer Bach, der im Fürsten-
wald südlich von Rothenfurth von gut entwickelten Hochstaudenfluren
und Feuchtwiesen umgeben ist, und die nördlich davon gelegenen schmalen Bachläufe im „Langen Gründel" und im „Hellen Grund". Besonders reiz-

Bobritzsch

voll ist der ca. 45 km lange Wasserlauf der Bobritzsch. Diese entspringt in
einer Höhe von 682 m über NN am oberen Ortsende von Reichenau und
mündet bei Bieberstein in die hier nur 235 m über NN gelegene Freiberger
Mulde. Es handelt sich somit um einen der größten Mulden-Nebenflüsse.
Obwohl sich vor allem im mittleren Bereich des Bobritzschtales mehrere
relativ große Ortschaften und viele landwirtschaftlich genutzte Flächen
befinden, ist die Wasserqualität speziell im unteren Talabschnitt recht gut.

naturnahe
Gewässer-
strukturen

Das relativ starke Gefälle und die naturnahen Gewässerstrukturen bringen
eine hohe Selbstreinigungskraft mit sich. Selbst innerhalb der meisten Ortschaften zeichnet sich die Bobritzsch durch einen relativ naturnahen Verlauf
und die Anwesenheit gut entwickelter Säume aus Weiden, Erlen, Eschen
und anderen Ufergehölzen aus. Für Geologen interessant sind hier vor allem
die verschiedenartigen Oberflächengesteine, welche von verschiedenen
Gneisen (im Norden vermischt mit Glimmerschiefer), Porphyrbrekzie (Ir-
mershöhe nördlich von Naundorf) und Granit (gesamtes Territorium von
Naundorf bis Niederbobritzsch) gebildet werden.

Erwähnenswert sind auch einige Teiche, die in der Nähe der Mulde angelegt wurden, wie der Schwarze Teich und die Zechenteiche im Fürsten-
busch oder die Kreuzermarkteiche östlich von Halsbach.

Kloster
Altzella

Nach umfangreichen Rodungen wurden ab etwa Mitte des 12. Jahrhunderts – unter Mitwirkung des Zisterzienser-Klosters Altzella – die ersten
Waldhufendörfer des Gebietes gegründet. Nach der Entdeckung zahlreicher Silbererzlagerstätten entstanden nur wenige Jahrzehnte später außerdem viele Großhöfe zur Versorgung der sich hier ansiedelnden Gruben-
arbeiter und der sich rasch entwickelnden nahen Bergstadt Freiberg (z.B.
in Halsbrücke und Halsbach). Obwohl der Bergbau und die Verhüttungsanlagen große Mengen an Holz benötigten, wurde – bedingt durch den
starken Bedarf an Lebensmitteln – noch im 14. Jahrhundert mit der Gründung der Ortschaft Süßenbach bei Weißenborn ein bis dahin verbliebener
Restwald in landwirtschaftliche Nutzfläche umgewandelt.

Fast zeitgleich erfolgte die Besiedlung des Gebietes entlang der Bobritzsch, welche vor ihrer Mündung auf weiten Strecken fast parallel zur Mulde fließt. Während am Oberlauf der Bobritzsch die Ortschaften direkt an dem Fließgewässer angelegt wurden, erfolgten die Dorfgründungen in der Nähe des unteren Flussabschnittes bevorzugt an deren Zuflussbächen. Die steilen Hänge des unteren Bobritzschtales blieben fast überall bewaldet. Anders als in den meisten übrigen Gebieten des Ost-Erzgebirges erfolgte am Unterlauf der Bobritzsch die Landnutzung in beträchtlichem Maße durch große

Rittergüter   Rittergüter. Das gilt besonders für Krummenhennersdorf und Naundorf.

Im 15. und 16. Jahrhundert bewirkte die Entdeckung neuer Lagerstätten (vor allem bei Tuttendorf, Conradsdorf und Hilberdorf) eine beträchtliche Erweiterung der vorhandenen Siedlungen. Ab Mitte des 16. Jahrhunderts begann in vielen Dörfern die Anlage von Häusler- und Gärtneranwesen im Bereich der Dorfauen sowie auf parzellierten Hufenstreifen – eine Entwicklung, die im 18. und Anfang des 19. Jahrhunderts ihren Höhepunkt erreichte. Besonders viele landwirtschaftliche Nebenerwerbsbetriebe gab es in Hilbersdorf. Hier und in den anderen muldennahen Ortschaften entstan-

Obstwiesen   den sehr viele (Streu-)Obstwiesen. Einige wenige davon sind heute noch teilweise erhalten. Ferner wurde über lange Zeit Hopfen und in geringem Maße sogar Wein angebaut.

Obwohl die Dörfer klimatisch begünstigt waren, hatten die Bauern keineswegs ein leichtes Leben. Der Landverlust durch den Bau von Verhüttungs-

Stein- und   betrieben sowie durch Stein- und Schlackehalden und die schon frühzeitig
Schlacke-   einsetzenden Hüttenrauchschäden brachten sie oft in Existenznot. Um
halden   Flächen (vor allem für Ablagerung von Schlacke) zu erhalten und um die ständigen Schadensersatzansprüche der Hilbersdorfer Bauern loszuwerden, kaufte der sächsische Staat von 1855 bis 1868 elf Bauerngüter auf, die dann teilweise als Staatsgüter weiter betrieben wurden. Infolge der

Schwerme-   großflächigen Schwermetallablagerungen ist auch heute eine landwirt-
tallablage-   schaftliche Nutzung des Gebietes nur mit Einschränkungen möglich.
rungen

Erzabbau-   Das Tal der Freiberger Mulde gehörte von der Frühzeit des Bergbaus bis zur Einstellung der Förderung im 20. Jahrhunderts zu den bevorzugten Erzabbaugebieten. Die bedeutendsten Gruben befanden sich bei Hilbers-
gebiete   dorf (Rammelsberg), Halsbrücke, Großschima und Kleinvoigtsberg.

Bedingt durch das Wasserangebot des Flusses, das zum Betreiben der Pochwerke und Hüttengebläse notwendig war, wurden die Aufbereitung

Verhüttung   und die Verhüttung der geförderten Erze zunehmend auf dieses Gebiet
der geför-   konzentriert. Für Muldenhütten sind Hüttenwerke ab 1318, für Halsbrücke
derten Erze   seit Anfang des 17. Jahrhunderts belegt. Dabei wurden zunehmend Erze auch aus anderen Abbaugebieten angeliefert. Es kam zu immer gravierenderen Landschaftsveränderungen durch Betriebsstätten, Halden und den Ausbau der Fließgewässer. Während sich die Wasserkraftnutzung im Tal der Freiberger Mulde oberhalb von Weißenborn auf Mühlen, Sägewerke und Flachsschwingerein beschränkte, welche in der Regel nur tagsüber in

Kunstgra-   Betrieb waren, wurde im Gebiet zwischen Weißenborn und Kleinvoigts-
bensystem   berg ein Kunstgrabensystem zur maximalen Ausnutzung des Energiepo-

tentials nahezu aller verfügbaren Fließgewässer errichtet, ähnlich wie dies im Gebiet südlich von Freiberg geschah. Neben vielen heute noch sichtbaren Mühlgräben entlang der Mulde können als Beispiele hierfür der einstige St. Lorenz-Gegentrum-Kunstgraben, der Wasser von der Bobritzsch zu den Gruben nordwestlich von Conradsdorf führte, und die Altväterbrücke genannt werden. Oberhalb des heute nur noch als Straßenbrücke dienenden Teiles der Altväterbrücke verlief früher ein Aquädukt, der Wasser aus dem Münzbach zu den Schachtanlagen bei Halsbrücke führte. In unmittelbarer Nähe davon arbeitete von 1788 bis 1868 das erste Schiffshebewerk der Welt, welches in einem noch erhaltenen Kanal den Erztransport von Großschirma nach Halsbrücke ermöglichte.

Luft- und Gewässerverschmutzung durch Hüttenbetriebe

Die für die damalige Zeit erstaunlichen technischen Pionierleistungen bedeuteten jedoch einen großen Eingriff in die natürliche Dynamik der Fließgewässer. Auch können der Umfang und die Folgen der Luft- und Gewässerverschmutzung durch die Hüttenbetriebe heute nur noch erahnt werden. Anfangs waren die Immissionen nur auf ein relativ kleines Gebiet begrenzt, aber dann belasteten die Abgase der Freiberger Fabriken einen immer größeren Teil des Ost-Erzgebirges, ihre Abwässer den gesamten Muldelauf unterhalb der Industriestadt.

Im 19. Jahrhundert konnte durch zahlreiche technische Veränderungen der spezifische Schadstoffausstoß aus den Verhüttungsanlagen (insbesondere die Blei-Emission) beträchtlich verringert werden. Gleichzeitig wurden dadurch aber auch wesentlich höhere Durchsatzleistungen und nach 1852 auch die Verhüttung von armen Erzen ermöglicht. Durch den Einsatz immer größerer (zunehmend importierter) Erzmengen und infolge der Ablösung der Holzkohle durch Steinkohle aus dem Freitaler Revier kam es zu einem starken Anstieg schwefel- und schwermetallhaltiger Abgase und damit zu gewaltigen Rauchgasschäden. Um die Abgase weniger giftig und die darin enthaltenen Stoffe nutzbar zu machen, wurden Schwefelsäurefabriken, Staubkondensationsanlagen, eine Arsenik- und eine Zinkhütte gebaut. Auch der Bau hoher Schornsteine sollte Abhilfe schaffen. Die 1890 errichtete Halsbrücker Esse war damals die höchste der Welt.

Abb.: Halsbrücke

Schlackeablagerungen

Trotzdem gehörten die Hüttenanlagen des Gebietes bis 1990 zu den größten Umweltverschmutzern in ganz Sachsen, denn sie arbeiteten auch nach der endgültigen Stilllegung des Freiberger Bergbaus im Jahre 1969 noch weiter. Gravierend sind heute, nach Einstellung der Erzverarbeitung, v. a. die im Gebiet zurückgebliebenen und inzwischen an den meisten Stellen abgedeckten Schlackeablagerungen, die auf über eine Million Tonnen geschätzt werden. Gemeinsam mit den Bergwerkshalden werden sie das Bild des Muldentales nördlich und östlich von Freiberg für immer prägen.

Heute werden auf den alten Betriebsstandorten die Bergbau- und Hüttentraditionen durch moderne Recyclinganlagen (Altbleiverhüttung und

Zinkgewinnung) unter Beachtung wesentlich strengerer Umweltschutz-standards fortgesetzt. Die dabei entstehenden Abfälle werden im Gebiet nicht mehr abgelagert.

weitere
Industrie-
standorte

Als weitere Industriestandorte in der Nähe der Mulde verdienen vor allem ein Hammerwerk in Halsbach (bis ins 19. Jahrhundert ein bedeutender Hersteller für Kupfer- und Messinggegenstände), eine Dynamitfabrik (heute Fabrik zur Herstellung von Feuerwerkskörpern) und das Pappenwerk in Großschirma (Herstellung von Bierglasuntersetzern) Erwähnung.

Mühlen

Wesentlich weniger intensiv erfolgte die Nutzung der Wasserkraft entlang der nahe gelegenen Bobritzsch. Über viele Jahrhunderte wurde diese vorrangig für den Betrieb von Mühlen genutzt. Als Beispiele hierfür können eine Mühlenanlage bei Reinsberg, von der heute nur noch wenige Reste zu erkennen sind, und die Wünschmannmühle in Krummenhennerdorf genannt werden. Größere Industriebetriebe entstanden im gesamten Bobritzschtal nicht. Auch der Bergbau erreichte hier eine weitaus geringere Bedeutung, denn dieser Fluss befindet sich bereits am Rand des Lagerstättenkomplexes um Freiberg. Lediglich in Falkenberg wurden so große Mengen an Silber und Kupfer gefunden, dass sich der Bau eines eigenen Pochwerkes zur Erzaufbereitung lohnte (1567 errichtet, heute nicht mehr vorhanden). Dennoch spielte die Bobritzsch bei einem anderem bergbaulichen Unternehmen eine wesentliche Rolle, das bei den Fachleuten der ganzen Welt Beachtung fand: den in seiner Größe einmaligen Rothschönberger Stolln.

Rothschönberger Stolln

Der Rothschönberger Stolln ist der jüngste und längste Entwässerungsstolln des Freiberger Bergbaugebietes. Vor seiner Errichtung führte der Abbau der Erze aus den immer tiefer vordringenden Gruben zu ständig wachsenden Problemen mit der Wasserhaltung. Mit den zuvor errichteten Stolln musste das Wasser aus den damals bereits mehrere Hundert Meter tiefen Gruben mindestens bis auf das Höhenniveau der Freiberger Mulde

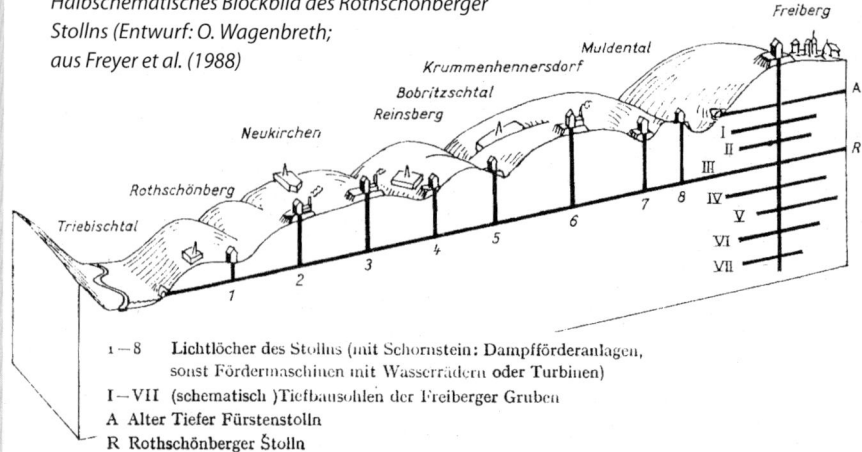

Halbschematisches Blockbild des Rothschönberger Stollns (Entwurf: O. Wagenbreth; aus Freyer et al. (1988)

1 – 8   Lichtlöcher des Stollns (mit Schornstein: Dampfförderanlagen, sonst Fördermaschinen mit Wasserrädern oder Turbinen)
I – VII   (schematisch)Tiefbausohlen der Freiberger Gruben
A   Alter Tiefer Fürstenstolln
R   Rothschönberger Stolln

angehoben werden, denn in diese strömte der größte Teil des anfallenden Grubenwassers. Bis zu dieser Zeit wurde das Wasser vorrangig über den Tiefen Fürsten Stolln bei Tuttendorf und den St. Anna Stolln bei Halsbrücke abgeführt. Deshalb erfolgte im 19. Jahrhundert in einer Bauzeit von insgesamt 33 Jahren (1844 bis 1877) der Bau eines Stollns, der ca. 130 m tiefer unter der Erde liegt und das Wasser bis zur Triebisch in der Nähe von Rothschönberg südwestlich von Meißen leitet.

Die Gesamtlänge dieser gewaltigen unterirdischen Entwässerungsanlage beträgt 51 km. Der Bau des 14 km langen, 3 m hohen und 1,50 bis 2,50 m breiten, in der Grube Beihilfe in Halsbrücke beginnenden Hauptstollns, erfolgte von acht sog. Lichtlöchern aus, deren Tiefe 53 bis 155 m beträgt. Das für den Bau des 4. Lichtloches (in Reinsberg) und 5. Lichtloches (zwischen Reinsberg und Krummenhennersdorf) erforderliche Aufschlagwasser zweigte man aus der Bobritzsch nördlich von Krummenhennersdorf ab.

Der Bau des Stollnsystems blieb nicht ohne Folgen für den Wasserhaushalt des von ihm entwässerten Gebietes. Bereits während seiner Errichtung, d. h. ab 1864, wurden in Halsbrücke die Dorfbrunnen zum Versiegen gebracht. Mit Hilfe einer Wassersäulenmaschine musste deshalb Trinkwasser von unter Tage (aus dem 8. Lichtloch) hoch gepumpt werden. Auch heute noch ist das gesamte, unmittelbar vom früheren Bergbau betroffene Territorium vergleichsweise trocken. Dies ist nicht verwunderlich, wenn man bedenkt, dass der Stolln von hier aus im Schnitt etwa 40 000 Liter Wasser pro Minute ableitet und der Triebisch zuführt.

Nach der Einstellung des Freiberger Bergbaus 1968/1969 füllte das Grundwasser bis 1971 alle Grubenbaue, die tiefer liegen als der Rothschönberger Stolln. Dabei löste es in den alten Strecken und Abbauorten die verschiedensten Minerale, vor allem aber Eisen-, Mangan- und Zinkverbindungen. Mit dem Erreichen des Niveaus des Rothschönberger Stollns (nach Flutung von Hohlräumen mit einem Gesamtvolumen von ca. 5 Millionen Kubikmetern) floss dann aus dem Mundloch ein extrem stark mit Fremdstoffen beladenes Wasser aus dem Stolln ab, das die Triebisch über viele Jahre intensiv braun färbte. Danach gingen die Metallausträge kontinuierlich zurück und nähern sich einem relativ hohem Gleichgewichtsniveau, das noch über Jahrzehnte nahezu konstant bleiben wird. So hat sich der Gehalt an Zink seit 1971 von rund 100 auf ungefähr 6 Milligramm pro Liter verringert (Flusswasser enthält normalerweise 0,03 Milligramm pro Liter).

Das Hochwasser im August 2002 überstand der Rothschönberger Stolln nicht unbeschadet. Er bewahrte zwar die Stadt Freiberg vor einer größeren Katastrophe, musste aber die bisher größte Wassermenge in seiner Geschichte ableiten. Das führte zu (danach wieder aufwändig reparierten) Einbrüchen am Halsbrücker Spat, einem ausgebeuteten Erzgang mit besonderer Mächtigkeit, der schon beim Bau des Stollns große Probleme verursachte.

touristische Erschließung

Die Besonderheiten bei der Entwicklung der Landschaft wirken sich bis heute auf die touristische Erschließung des Gebietes aus. Das älteste Beispiel für eine Erholungseinrichtung lässt sich in einem Gebiet nachweisen, in welchem man eine solche zunächst wenig vermutet, nämlich im früher von Rauchgasen besonders stark geplagten Halsbrücke. Von 1796 bis 1872 wurde hier eine Badeanstalt betrieben, in der das Badewasser durch Zugabe von Rohschlacke aus den Verhüttungsanlagen erhitzt wurde. Die dabei freiwerdenden festen und gasförmigen Bestandteile dienten der Behandlung von Rheuma, Gicht und Lähmungen.

Durch die intensive Nutzung als Industriegebiet verlor der hier betrachtete Abschnitt der Freiberger Mulde im 19. Jahrhundert seine Bedeutung für die Erholung der Freiberger Bevölkerung fast vollständig. Beliebte Wanderwege entstanden stattdessen an der Bobritzsch und der Striegis (siehe Wanderziele im Kapitel Freiberg-Brander Bergbaurevier). Seit einiger Zeit gewinnt aber das Muldental nördlich und östlich von Freiberg wieder an Bedeutung für die Naherholung.

Pflanzen und Tiere

Als „potentiell-natürliche Vegetation" des Gebietes gelten bodensaure Hainsimsen-Eichen-Buchenwälder des oberen Hügellandes. Kleinflächig würde sich ohne menschliche Eingriffe außerdem ein bodensaurer Eichenmischwald mit Birken, eventuell auch Kiefern als Nebenbaumart, einstellen. Dies betrifft insbesondere flachgründige, südexponierte Hanglagen in der Umgebung offener natürlicher Felsen. In Flussnähe könnten sich meist schmale, teils auch breitere Auwaldsteifen entwickeln – aufgrund der abgelagerten schwermetallhaltigen Sedimente allerdings nur sehr langsam. Außerdem dürften früher an einigen Stellen (insbesondere in der Nähe der Einmündung der Bobritzsch) auch Schlucht- und Schatthangwälder das Landschaftsbild bestimmt haben.

Wegen der erheblichen Überprägung der Landschaft durch Bergbau, Hüttenwesen und andere menschliche Einflüsse unterscheidet sich die reale Pflanzendecke des Gebietes jedoch ganz beträchtlich von diesem theoretischen Waldbild. Für die verbliebenen Restwälder sind relativ junge Bestände mit Birken, Stieleichen und wenigen anderen Laubbäumen (Berg-Ahorn, Zitter-Pappel) typisch. Diese Gehölze haben sich nach Beendigung der Haldenablagerungen und sonstigen Nutzungen entwickelt („Sukzession"). Im Rosinenbusch zwischen Weißborn und Muldenhütten und am Hang westlich der Mulde unterhalb von Obergruna nehmen artenarme Fichtenforste große Flächen ein, sonst nur kleine. Auf den stark belasteten Böden bei Hilbersdorf und Halsbach wurden außerdem (vor allem in den 60er Jahren des 20. Jahrhunderts) zahlreiche Versuchspflanzungen mit verschiedenen Pappel- und Kiefernarten sowie anderen gebietsfremden Bäumen angelegt, welche heute weder forstwirtschaftliche Bedeutung haben noch einen großen Gewinn für das Landschaftsbild darstellen. Ähnlich verhält es sich mit vielen vorher brachliegenden Haldenflächen in der Nähe von Muldenhütten, die Ende des 19. bzw. in der ersten Hälfte des 20. Jahrhunderts mit verschiedenen Nadelgehölzen bepflanzt wurden.

Die Buche – eigentlich eine der potentiell-natürlichen Hauptbaumarten – fehlt aufgrund ihrer früheren schonungslosen Nutzung gebietsweise fast vollständig. Interessant ist das zunehmende Auftreten von Hainbuchen

junge Bestände mit Birken

zahlreiche Versuchspflanzungen

und Winter-Linden unterhalb von Halsbach. Sie zeigen Übergänge zu den Eichen-Hainbuchenwäldern an, welche für das Gebiet unweit nördlich des hier beschriebenen typisch sind.

Sukzessions-wälder In der Strauchschicht der Sukzessionswälder sind Hasel, Schwarzer Holunder, Roter Holunder (unterhalb von Halsbrücke nur noch vereinzelt), Faulbaum, Brombeeren und Himbeeren vertreten. In den tieferen Lagen (z. B. Halsbrücke) kommt in unmittelbarer Flussnähe auch das Europäische Pfaffenhütchen vor. In der Krautschicht sind Adlerfarn (der oberhalb von Weißenborn bereits selten ist) und verschiedene Waldgräser (Drahtschmiele, Wald-Reitgras, Rotes Straußgras, Weiches Honiggras, bei Muldenhütten und Halsbrücke auch Pfeifengras) sehr häufig. An vielen trockenen Stellen kommen außerdem Maiglöckchen und Wiesen-Wachtelweizen vor. Die schattigen Standorte am Hang westlich der Mulde sind reich an weiteren Farnarten (Wald-Frauenfarn, Gewöhnlicher Wurmfarn, Breitblättriger Dornfarn). Als Besonderheit können ein Sumpfwald westlich von Muldenhütten (Quellstandort), ein größeres Vorkommen des Europäischen Siebensternes im Hofbusch nordwestlich der Kreuzermarkteiche (d.h. nordöstlich von Halsbach) und ein gut entwickelter Standort mit Echtem Baldrian südlich von Halsbach gewertet werden.

Schlacke-halden Bedeutend dürftiger ist die Vegetation auf den meisten nicht mit Erde abgedeckten Stein- oder Schlackehalden, die oft nur mit Birken, Heidekraut, einigen Gräsern (vor allem Rotes Straußgras, Drahtschmiele, Pfeifengras und Rot-Schwingel) sowie wenigen anderen Blütenpflanzen oder stellenweise nur mit einzelnen Flechten bewachsen sind. Auf den noch nicht sanierten Schlackehalden bei Halsbrücke findet man größere Bestände der schwermetallspezifischen Krustenflechte *Acarospora sinopica* (in den Roten Listen als „gefährdet" aufgeführt). Die Bestände hier stellen wahr-

Schwerme-tallflechten-gesellschaft scheinlich die größten in Deutschland dar. Die Schwermetallflechtengesellschaft des *Acarosporetum sinopicae* wurde zuerst aus dem Freiberger Raum beschrieben. Heute gelten die Schwermetallfluren als Lebensraumtyp von europäischer Bedeutung (nach der sogenannten Flora-Fauna-Habitat-Richtlinie der EU) und sollten bei der Haldensanierung erhalten werden.

Grünland Insgesamt wesentlich artenreicher ist das Grünland, auch wenn bei zahlreichen Flächen aufgrund ausbleibender Nutzung ein deutlicher Rückgang vieler Wiesenpflanzen zu beobachten ist. Auf vielen Brachebereichen im Umfeld der alten Hüttenstandorte breitet sich flächendeckend das vor allem für nährstoffarme und saure Standorte typische Pfeifengras aus, welches hier vermutlich am besten mit den früheren Ablagerungen sulfid- und schwermetallhaltiger Stäube zurechtkommt. Andere Stellen (insbesondere in der Nähe der Muldenhüttener Betriebsgebäude) sind großflächig mit Heidekraut bewachsen. Auch Rotes Straußgras (vor allem zwischen Freiberg und Hilbersdorf), Draht-Schmiele und andere Gräser bilden auf nicht mehr landwirtschaftlich genutzten Flächen Dominanzbestände.

Auf vielen extensiv bewirtschafteten Grünflächen (beispielsweise in Halsbrücke und Hohentanne) aber auch auf einigen Halden, wie den Schlämm-

Silikat-Magerrasen — sandhalden nördlich und westlich von Halsbrücke, finden wir eine große Anzahl an Pflanzen, die für Silikat-Magerrasen und magere Frischwiesen typisch sind. Dazu gehören Heidenelke, Berg-Jasione, Kleines Habichtskraut, Kleiner Sauerampfer, Taubenkropf-Leimkraut, Rundblättrige Glockenblume, Steifhaariger Löwenzahn und der vor allem in Halsbrücke beachtlich häufig vorkommende Augentrost. Eine Besonderheit des Gebietes ist das Kriechende Löwenmaul, eine im 19. Jahrhundert aus Südwesteuropa eingeführte Pflanze, die vor allem an Trockenmauern und besonnten Felsen wächst und in Freiberg und den Ortschaften nördlich von Freiberg ihr größtes Verbreitungsgebiet in Deutschland hat.

Eine gewisse Sonderstellung nimmt im gesamten Gebiet unterhalb von Muldenhütten die Vegetation in der Muldenaue und an der Freiberger Mulde selbst ein. Es verwundert nicht, daß diese infolge der über Jahrhunderte andauernden Wasserverschmutzung heute relativ artenarm ist. Im gesamten Gebiet setzten sich schwermetallhaltige Schlämme ab, die örtlich Schichtdicken von über einem Meter erreichen. Im Wesentlichen kommen *Muldenaue* am Ufer nur Rohr-Glanzgras, Große Brennnessel, Rasen-Schmiele, Hain-Sternmiere, Behaarter Kälberkropf und das sich erst seit ca. 20 Jahren rasant ausbreitende Drüsige Springkraut vor. Ufergehölze wie Erlen und Weiden fehlen fast völlig. Im Fluss ist an vielen Stellen eine (Wieder-)ansiedlung des Schild-Wasserhahnenfußes sowie die starke Ausbreitung verschiedener Wassermoose *(Brachythecium rivulare, Hygrohypnum ochraceum. Fontinalis antipyretica)* zu beobachten.

Deutlich mehr natürliche Elemente blieben im Tal der als Nebenfluss in die Mulde einmündenden Bobritzsch erhalten. Die noch vorhandenen Laubwaldreste entlang der Bobritzsch (vor allem in der Nähe der Schlösser Reinsberg und Bieberstein) sind reich an Stiel-Eiche, Spitz-Ahorn, Berg-Ahorn, Birke, Winter-Linde, Hainbuche, Esche, Eberesche und stellenweise auch an der Rot-Buche, welche hier einst die Hauptbaumart darstellte. Die Strauchschicht ist in Bobritzschnähe kräftig, sonst meist nur dürftig ausge- *Laubwald-reste ent-lang der Bobritzsch* bildet. Sie besteht vornehmlich aus Jungpflanzen der aufgeführten Baumarten, der liegenden Brombeerart *Rubus pedemontanus* (Stickstoffzeiger), Hasel und örtlich auch aus Schwarzem Holunder. Die Bodenflora der Laubwaldreste besteht vornehmlich aus folgenden Arten: Echte Sternmiere,

Lungenkraut, Goldnessel, Vielblütige Weißwurz, Maiglöckchen, Wald-Sauerklee, Ausdauerndes Bingelkraut, Frauenfarn, Gemeiner Wurmfarn, Breitblättriger Dornfarn, Hain-Rispengras, Waldzwenke und Nickendes Perlgras. Diese Pflanzen haben ihren Verbreitungsschwerpunkt auf frischen bis feuchten, kräftigen Lehmböden mit guter Mineralisation und guter Humuszersetzung. Vorhandenen Wasser-

Abb.: Mulde bei Obergruna

zug im Boden zeigt das flächenhafte Auftreten der Zittergras-Segge an. An Quellstandorten und kleinen Waldbächen gibt es größere Bestände des Gegenblättrigen Milzkrautes und des Hain-Gilbweiderichs.

Tierwelt   Wie die Pflanzen- so ist auch die Tierwelt des beschriebenen Gebietes in hohem Maße durch anthropogene („menschengemachte") Einflüsse geprägt. Selbst die ständig mit frischem Wasser versorgte Freiberger Mulde wurde durch eine über Jahrhunderte andauernde Ablagerung schwermetallhaltiger Sedimente, durch diffuse Einträge von Schwermetallen und anderen Schadstoffen aus den muldennahen Bergwerks- und Industrieabfallhalden stark in ihren Biotopeigenschaften verändert. Noch immer dauert die Zufuhr von schwermetallhaltigem Grubenwasser an, insbesondere über den Roten Graben.

Freiberger Mulde   So wie die Anzahl der Pflanzenarten im und am hier beschriebenen Flussabschnitt deutlich geringer ist als in dem wesentlich naturnäheren Oberlauf der Freiberger Mulde, war bis vor kurzer Zeit auch die Zahl der hier lebenden Tierarten vergleichsweise bescheiden. Sie hat sich in den letzten 15 Jahren aber deutlich erhöht. Bei Probebefischungen wurden Bachforelle, Flussbarsch, Dreistachliger Stichling, Schleie, Schmerle, Elritze und Plötze

Fischarten   festgestellt. Die anspruchsvollen Fischarten Groppe und Bachneunauge, die im obersten Abschnitt der Freiberger Mulde in beachtlicher Anzahl vorkommen, fehlen jedoch unterhalb von Muldenhütten noch völlig. Das gleiche gilt für die Äsche, die aber unterhalb der Einmündung der Bobritzsch in die Mulde (Schadstoffverdünnung) wieder auftaucht. Interessant ist, dass in dem mit Schwermetallen belastetem Flussabschnitt zwischen Muldenhütten und Hohentanne der Dreistachlige Stichling sogar gehäuft auftritt. Diese Art ist als Pionierfisch bekannt, welche relativ schnell Gewässer zurück erobern kann, die lange Zeit (weitgehend) frei von Fischen waren. Noch jetzt haben die Stichlinge hier offenbar relativ wenige Konkurrenten.

Auch andere Tiere waren an der Mulde unmittelbar östlich und nördlich von Freiberg nur mit relativ wenigen Arten vertreten. Es fand jedoch in den letzten Jahren eine erfreuliche Wiederbesiedlung dieses Flussabschnittes statt.

Libellen   Bemerkenswert rasch verlief diese seit 1990 bei den Libellen. Wegen der hohen Belastung war der Flussabschnitt in den vergangenen Jahrhunderten vermutlich libellenfrei gewesen. Einige Arten konnten diese Periode jedoch an den wenigen unbeeinträchtigten Abschnitten der Zuflüsse überdauern oder wanderten flussaufwärts erneut in die Freiberger Mulde ein. Heute findet man wieder in großer Zahl die für den Fluss typischen Arten wie Gebänderte und Blauflügel-Prachtlibelle sowie Federlibelle. Noch relativ selten sind die Grüne Keiljungfer und die Gemeine Keiljungfer.

Erst in den letzten Jahren hat sich der Anfang des 20. Jahrhunderts in Sachsen fast ausgestorbene Fischotter wieder vermehrt und dabei auch den Oberlauf der Freiberger Mulde erreicht, wo er aber noch äußerst selten ist. Seit Ende der 90er Jahre des 20. Jahrhunderts gibt es im beschriebenen Gebiet immer wieder Nachweise für diese europaweit bedrohte Tierart.

Säugetiere   Als weitere bemerkenswerte Säugetiere sind Hermelin, Waldspitzmaus,

Baummarder und verschiedene Fledermausarten, die in den Bergwerks-stolln in der Nähe der Mulde ihre Winterquartiere haben, zu nennen. Neu eingewandert ist auch der aus Nordamerika stammende Mink, der an der Freiberger Mulde bereits südlich bis Siebenlehn vorgedrungen ist.

Wasser-
amsel und
Eisvogel

Auch Wasseramsel und Eisvogel, die hier durch die Wasserbelastung und den Rückgang der Fischbestände ebenfalls kaum noch anzutreffen waren, gehören wieder zur Fauna des Gebietes. Als Nahrungsgäste treten im Mul-dental u. a. Uhu und Schwarzstorch auf. In den umgebenden Hangwäldern brüten regelmäßig Schwarz- und Grauspecht, Hohltaube, Kolkrabe, Wald-kauz und Pirol. In strengen Wintern kann man Trupps von Gänsesägern und Kormoranen auf der Freiberger Mulde beobachten, die den Fischbe-stand der Mulde nutzen, wenn die stehenden Gewässer vereist sind.

Kamm-
molch

Unter den Stillgewässern in der Nähe der Freiberger Mulde haben die Kreu-zermarkteiche nordöstlich von Halsbach und ein Weiher auf einer Schwemmsandhalde im Münzbachtal als Laichhabitate für den Kamm-molch größere Bedeutung für den Naturschutz. Auch Teichmolche sind im Gebiet vergleichsweise häufig, während der Bergmolch in letzter Zeit immer seltener auftritt. In einigen Zuflüssen der Freiberger Mulde findet man auch heute noch kleine Populationen des Feuersalamanders.

Bobritzsch
höhere
Anzahl an
Tierarten

Durch ihren weitgehend naturnahen Verlauf und die vergleichsweise gute Wasserqualität zeichnet sich die in die Mulde einmündende Bobritzsch durch eine höhere Anzahl an Tierarten aus. Beispielsweise kommen hier relativ viele verschiedene Fischarten vor. Neben den seltenen und in Sach-sen stark gefährdeten Arten Groppe und Bachneunauge gehören hierzu Bachforelle, Äsche, Gründling, Elritze, Schmerle, Döbel und Barbe. Auch hier haben Wasseramsel und Eisvogel ihre Lebensräume. Als weitere seltene Vogelarten besiedeln Hohltaube, Schwarz-, Grau- und Grünspecht, Schwarz-storch, Wespenbussard und Rotmilan das Bobritzschtal. In den letzten 15 Jahren sind hier mit Gebänderter und Blaugflügel-Prachtlibelle sowie der Federlibelle auch wieder einige der flusstypischen Libellen heimisch geworden, die vorher aufgrund der Wasserverschmutzung auch hier keine Überlebensmöglichkeiten mehr fanden.

Wanderziele an Mulde und Bobritzsch

Die große Anzahl an Mühlgräben, Trockenmauern und dürftig bewachse-nen Halden sowie viele andere Zeugnisse früherer Bergbautätigkeit zeigen dem Wanderer, welche Bedeutung einstmals die Gewinnung der hier la-gernden Erze für die Menschen früherer Zeiten hatte. Außerdem vermag die sich jetzt recht ungestörte entwickelnde Landschaft zunehmend Ein-drücke von natürlicher Entwicklung zu vermitteln. Zahlreiche Rad- und Wan-derwege entlang der Mulde ermöglichen Ausflüge in geschützter Tallage.

Altväterbrücke

Das aus dem 16. Jahrhundert stammende, heute nur noch als Straßenbrücke über die Freiberger Mulde genutzte, formschöne Bauwerk diente von 1680 bis 1795 auch als Kunstgrabenaquädukt. Dazu waren 12 Gewölbebogen auf maximal 24 m Höhe gemauert worden. Über das 1893 abgetragene, 188 m lange Aquädukt floss Wasser aus dem Münzbach als Aufschlagwasser für die Grube „St. Anna samt Altväter" in Halsbrücke.

Rothenfurther Kahnhebehaus

Unmittelbar nordwestlich davon befindet sich neben der Mulde ein gemauerter Kanalabschnitt, der zu einem 8 km langen, ehemaligen Schifffahrtskanal gehört. Dieser verlief von Hohentanne über Großschirma bis zum Rothenfurther Kahnhebehaus. Von 1769 bis 1868 wurden hier Erzkähne getreidelt oder gestakt.

Der von der Altväterbrücke aus in Richtung Osten abbiegende Waldpfad führt an einem 14 m über der Mulde liegenden gemauerten Kunstgraben entlang, vorbei an der Ruine des genannten Rothenfurter Kahnhebehauses und weiter bis zum 7. Lichtloch des Rothschönberger Stollns. Stellenweise bestimmen hier natürliche Felsbildungen und lose Blocksteine das Bild, während an der Oberkante des Hanges zwischen der Altväterbrücke und dem 7. Lichtloch vielerorts auch abgelagerte Bergbaurückstände zu erkennen sind. Die hier vorkommenden Bäume, d.h. insbesondere Birken, Stiel-Eichen, Zitter-Pappeln, Sal-Weiden und Rot-Buchen, entstammen der Naturverjüngung. Die Bodenschicht ist reich an Heidelbeere, Farnen (Adlerfarn, Frauenfarn, Breitblättriger Dornfarn) und verschiedenen Moosen, die hier teilweise in einem sehr hohen Deckungsgrad auftreten, wie beispielsweise das Schöne Widertonmoos. Bemerkenswert ist der im Gebiet sonst seltene Europäische Siebenstern.

Freiberger Mulde

Die nahe gelegene Freiberger Mulde ist hier üppig mit verschiedenen Gräsern und Hochstauden bewachsen. Obwohl sich ihre Wasserqualität seit 1990 beträchtlich verbessert hat, gibt es jedoch nach wie vor kaum Ufergehölze. Es scheint, dass sich nach der über Jahrhunderte andauernden Ablagerung schwermetallhaltiger Industrieschlämme nur sehr langsam ein Boden bildet, der auch tief wurzelnden Pflanzen wieder geeignete Lebensbedingungen bieten kann.

Siebentes und Achtes Lichtloch des Rothschönberger Stollns

Das 7. Lichtloch des Rothschönberger Stollns (siehe oben) befindet sich im Nordwesten von Halsbrücke am Rand einer Schwemmsandhalde mit Rückständen aus der Erzaufbereitung aus dem 20. Jahrhundert. Über dem 123 m tiefen Schacht sind heute das hölzerne Treibehaus von 1850, das Huthaus mit Bergschmiede und der Pulverturm noch erhalten. Neben

*bemerkens-
werte Vege-
tation*

den bergbaugeschichtlich sehr interessanten und in den letzten Jahren mühevoll renovierten oder rekonstruierten Tagesanlagen des früheren Förderungs- und Belüftungsschachtes gibt es hier auch eine bemerkenswerte Vegetation, die stellenweise an die Heidegebiete auf den Sandböden im Norden Deutschlands erinnert. Außer den meist recht schwachwüchsigen, in lichten Beständen auftretenden Birken sind junge Kiefern, Eichen, Zitterpappeln und Salweiden zu finden. Die Krautschicht wird an den meisten Stellen von Pfeifengras, Rotem Straußgras oder von Heidekraut beherrscht. Daneben sind viele für magere Wiesen typische Arten wie Rot-Schwingel, Kleines Habichtskraut, Steifhaariger Löwenzahn, Echtes Tausendgüldenkraut, Heide-Nelke, Berg-Jasione, Gemeiner Hornklee, Spitz-Wegerich, Kleiner Sauerampfer, Färber-Ginster und Margerite sowie Flechten (vor allem Becherflechten der Gattung *Cladonia)* und Trockenheit ertragende Moose vertreten. Sie sind vor allem auf der Plateaufläche, d.h. in der Nähe der erwähnten bergbauhistorischen Anlagen zu finden.

*Zaun-
eidechse*

*Heu-
schrecken*

Unter diesen Bedingungen ist es nicht verwunderlich, dass auf der Schwemmsandhalde auch eine ganze Reihe wärmeliebender Tierarten ihr Auskommen findet, die in der Gegend sonst selten sind oder fehlen. Bemerkenswert sind die Bestände der Zauneidechse, die hier ihre Höhen-Verbreitungsgrenze erreicht und gemeinsam mit der Waldeidechse die Schwemmhalden bei Halsbrücke besiedelt. Ausgesprochen wärmeliebende Arten findet man aber besonders unter den Insekten. Die Halde am 7. Lichtloch / Johannisberg weist eine der artenreichsten Heuschreckenfaunen im Freiberger Raum auf. Bemerkenswert sind vor allem die Vorkommen des Kleinen Heidegrashüpfers und des Rotleibigen Grashüpfers. Neben dem in unserer Gegend typischen Zwitscherheupferd wurde hier auch das sehr ähnliche Große Heupferd festgestellt. Diese Art stellt höhere Wärmeansprüche und tritt erst seit den letzten Jahren lokal im Freiberger Gebiet auf. Unter den nachgewiesenen Tagfaltern findet man zahlreiche bereits seltene und gefährdete Arten der Magerrasen und Offenbiotope, wie den Dunklen Dickkopffalter, den Violetten Feuerfalter, den Lilagold-Feuerfalter sowie den Magerrasen-Perlmutterfalter.

8. Lichtloch

Insbesondere bergbaukundlich interessant sind auch die Halde und das Huthaus des 8. Lichtloches des Rothschönberger Stollns am Südhang nördlich der Freiberger Mulde. Das von 1865 bis 1877 als Förderschacht betriebene Lichtloch (Erläuterungstafel im Gelände vorhanden) wird auch heute noch für Kontrollbefahrungen des hier 139 m tiefen Rothschönberger Stollns genutzt. Die Halde, welche selbst eher vegetationsarm ist, ist von naturnahen Gehölzen sowie artenreichen Magerwiesen (vor allem reich an Rotem Straußgras, Kleinem Habichtskraut, Spitz-Wegerich, Rundblättriger Glockenblume, Gebirgs-Hellerkraut und verschiedenen Moosen) umgeben und bietet uns einen guten Ausblick auf die vom Bergbau geprägte Ortschaft Halsbrücke. Neben zahlreichen noch erhaltenen Industriedenkmalen und mehreren kleinen Fachwerkhäusern (ehemalige Bergarbeiterunterkünfte) sehen wir viele Laubgehölze, die sich auf alten Bergwerkshalden und anderen einst als Ödland bezeichneten ehemaligen Industriestandorten angesiedelt haben.

Muldental von Halsbrücke bis Halsbach

Das Gebiet entlang der Freiberger Mulde zwischen Halsbach und Halsbrücke ist sehr gut für Fußwanderungen und Radtouren geeignet, denn hier befinden sich zu beiden Seiten des Flusses gut ausgebaute Wege. Es gibt hier viele Zeugen des früheren Bergbaus und der einst sehr intensiven Nutzung der Wasserkraft. Außerdem kann der Wanderer eine Landschaft studieren, die einerseits noch stark von der früheren industriellen Nutzung geprägt ist, andererseits aber zunehmend wieder an Naturnähe gewinnt. Am Ufer der Mulde, die hier erst seit wenigen Jahren wieder eine relativ gute Wasserqualität aufweist, ist das Rohr-Glanzgras die häufigste Pflanzenart.

Grünland Das Grünland in der Muldenaue (grasreich, überwiegend Fuchsschwanz- oder Glatthaferwiesen mit einzelnen Bereichen, die von Pfeifengras dominiert werden) wird nur noch teilweise landwirtschaftlich genutzt, v. a. in der Nähe der Ortschaften. Das gleiche gilt für viele Wiesen an den Hängen beiderseits des Flusses. Hier gibt es neben Bereichen mit Glatthafer auch relativ artenreiche Brachflächen mit Magerkeitsanzeigern und Grünlandabschnitte, in denen das massenhafte Auftreten der Draht-Schmiele einen besonders sauren Untergrund anzeigt. Außerdem können wir am Hang
Waldflächen westlich der Mulde auch Waldflächen mit jungen bis mittelalten Birken und Eichen sehen. Hier sind in der Krautschicht Weiches Honiggras, Draht-Schmiele, Pfeifengras und verschiedene Farnarten (Adlerfarn, Frauenfarn und Gewöhnlicher Wurmfarn) häufig. Die meist gut ausgebildete Strauchschicht ist üppig mit Brombeeren, Himbeeren sowie mit Hasel und Holunder bewachsen.

Abb.: Roter Graben bei Tuttendorf

Ein sehr markantes und heute noch gut erhaltenes technisches Denkmal ist der Rote Graben, der parallel zur Freiberger Mulde (westlich von dieser) verläuft und früher Grubenwasser aus mehreren Bergwerksstolln zu den Wasserkraftanlagen der Halsbrücker Bergbau- und Verhüttungsbetriebe führte. Seinen Namen erhielt er durch die rotbraune Färbung seines eisenoxidhaltigen Wassers. Einige Jahrzehnte nach der Einstellung des Bergbaus verliert die Färbung allmählich an Intensität. Trotzdem werden in dem Wasser noch hohe Schwermetall- und Arsenkonzentrationen gemessen. Der Rote Graben beginnt am „Verträglichen Gesellschaft Stolln", der etwa 3 km südöstlich von Halsbrücke Wasser aus der „Himmelfahrt Fundgrube" ableitet. Anschließend nimmt er noch Wasser aus dem Turmhof-Hilfsstolln auf, welches hier aus der Grube „Alte Elisabeth" abfließt. Zwischen dem Roten Graben und der Mulde ist noch ein Mühlgraben sichtbar, der für den Betrieb der früheren Ratsmühle bei Tuttendorf angelegt wurde.

Der gut ausgebaute Wanderweg neben dem Roten Graben bietet einen Ausblick auf die Freiberger Mulde sowie die angrenzenden Hänge. Außerdem führt er bei Conradsdorf an einer sehr alten Steinbrücke vorbei, die früher die einzige Verbindung zwischen den Ortschaften Tuttendorf und Conradsdorf darstellte. Von den bergbaulichen Anlagen, die der Rote Graben einst mit Antriebswasser versorgte, ist noch die ehemalige Erzwäsche der Grube „Ober Neu Geschrei" am Nordostrand des Ortes Halsbrücke erhalten. Das Schachthaus der Grube „Ober Neu Geschrei" ist ebenfalls noch gut erhalten und befindet sich westlich des Roten Grabens im Süden von Halsbrücke.

Hammer-brücke

Die 1570 errichtete Hammerbrücke in Halsbach überspannt mit einem gewaltigen, aus Natursteinen errichteten Spitzbogen den Fluss und ist in ihrer Architektur einmalig in Deutschland. Sie wurde nicht vorrangig als Straßenbrücke für Postkutschen, sondern in erster Linie für den Holztransport von der Mulde in die Stadt Freiberg errichtet. Unmittelbar unterhalb der Brücke befand sich einst der Floßplatz, an dem man das Holz, das aus höheren Lagen des Erzgebirges kam, in einem Flößrechen auffing. Von hier aus wurde es auf Fuhrwerken über die Brücke in die Stadt transportiert.

Fuchsmühle

Von dieser Fläche aus können wir als weitere Hinterlassenschaft früherer menschlicher Nutzung den mit Natursteinen gebauten Mühlgraben zur ehemaligen Fuchsmühle sehen. Das Grünland im Umfeld der Fuchsmühle wird noch extensiv landwirtschaftlich genutzt und ist deshalb recht artenreich. Insbesondere gilt dies für die Hänge eines kleinen Quertales, das sich südöstlich des Gebäudekomplexes befindet.

Achat

Unweit südwestlich von hier befindet sich ein teilweise verfüllter Tagebau, in dem früher Achat für die Herstellung von Schmuck abgebaut wurde. Obwohl sich dieser bereits in der Muldenaue befindet, wächst hier in größerer Menge das Heidekraut.

Alte Hüttengebäude in Muldenhütten

Der historische Teil des Hüttengeländes von Muldenhütten ist frei zugänglich. Als besondere Sehenswürdigkeit finden wir hier ein restauriertes Fachwerkgebäude. In ihm steht ein Zylindergebläse (mit drei Zylindern arbeitendes Kolbengebläse), das heute wieder in Funktion gezeigt werden kann.

technisches Denkmal

Dabei handelt es sich um ein sehr wertvolles technisches Denkmal aus der Geschichte der Freiberger Hüttenwesens. Beim Rundgang durch das Gebläsehaus kann der Wanderer durch Schautafeln, Prospektmaterial und weitere Ausstellungsstücke viel Interessantes über die Geschichte der Hütte Muldenhütten erfahren.

In der Nähe der historischen Hüttenanlagen befindet sich der Bahnhof Muldenhütten. Von hier aus sieht man die moderne, heute noch produzierende Recyclinganlage für Altblei und, am gegenüberliegenden Muldenhang, viele Halden wie die große Halde des ehemaligen Davidschachtes,

Heide-
landschaft

aus dem vor allem im 19. und 20. Jahrhundert Erze gefördert wurden. Für Naturfreunde besonders interessant ist die Vegetation im Umfeld des alten, über Jahrhunderte genutzten Hüttenstandortes, der uns an eine Heidelandschaft erinnert. Neben jungen Birken und einzelnen anderen Jungbäumen gibt es hier umfangreiche Bestände an Heidekraut und Pfeifengras. Besonders große Flächen bedeckt das Heidekraut am Muldenhang unmittelbar nordwestlich des Bahnhofes, dessen Standorteigenschaften wegen der Jahrhunderte langen Ablagerung von Schlacken und Abfallgesteinen sowie durch ständige Staubemission in keiner Weise mehr mit den ursprünglichen Verhältnissen vergleichbar sind. Der Bewuchs dieser künstlichen Heidelandschaft, welcher in den achtziger Jahren des 20. Jahrhundert aufgrund ständiger neuer Staubablagerungen noch ein recht geschwächtes Aussehen zeigte, entwickelt sich jetzt, nachdem die Immissionen stark zurückgegangen sind, überaus kräftig.

Ehemaliges Bergbaugebiet um Muldenhütten und Weißenborn

Rammels-
berg

Das Gebiet südöstlich von Muldenhütten wird durch sehr viele alte Halden geprägt, die oft noch aus der Frühzeit des hiesigen Bergbaus stammen. Dies gilt besonders für das Altbergbaugebiet am Rammelsberg, welches etwa 1 km südlich von Hilbersdorf beginnt. Die Spuren des mittelalterlichen Bergbaus können wir sowohl östlich des Friedrichsweges (zahlreiche kleine Halden in der Feldflur, die vor allem mit Zitter-Pappeln, Ebereschen und Birken bewachsen sind), als auch an sehr vielen Stellen im Wald westlich dieses Wanderwegs zwischen Hilbersdorf und Weißenborn sehen.

„Grabentour" zwischen Krummen- hennersdorf und Reinsberg

Rothschön-
berger Stolln

Die „Grabentour" – ein 3,5 km langes Graben-Röschen-System – wurde 1844 bis 1846 im Zusammenhang mit dem Rothschönberger Stolln angelegt, um Aufschlagwasser zum Betreiben der Bergbaumaschinen zu gewinnen. Das für den Bau des 4. Lichtloches (in Reinsberg) und 5. Lichtloches (zwischen Reinsberg und Krummenhennersdorf) erforderliche Aufschlagwasser zweigte man aus der Bobritzsch ab und führte es 1652 m in einem offenen Graben und 1905 m in Felstunneln (Röschen) am rechten Talhang bis zu den beiden Lichtlöchern. Dieser künstliche Wasserlauf, dem die „Grabentour" ihren Namen verdankt, diente also nur als Hilfsmittel beim Bau des Rothschönberger Stollns, hatte aber nach dessen Fertigstellung nichts mehr mit ihm zu schaffen. In den 90er Jahren des 20. Jahrhunderts wurde der Graben liebevoll restauriert, d. h. von Schlamm und Unrat befreit, seine mit Natursteinen gesetzten Seitenmauern ausgebessert, stellenweise auch vollständig erneuert.

*Wünsch-
mann-
Mühle*

Ihren Anfang nimmt die „Grabentour" an der Krummenhennersdorfer Wünschmann-Mühle. Diese befindet sich an einem bereits 1195 erwähnten Mühlenstandort. Sie hatte lange Zeit erhebliche Bedeutung für die Brotversorgung der Stadt Freiberg. Das heute noch vorhandene, recht große Gebäude wurde in seiner jetzigen Form Anfang des 20. Jahrhunderts errichtet und bis 1980 als Mühle, dann bis 1995 noch als Bäckerei betrieben. Heute dient es mit seinen gut erhaltenen Ausrüstungen als technisches Museum. Führungen sind möglich und können mit der Gemeindeverwaltung in Halsbrücke vereinbart werden.

Rösche

Von der Wünschmannmühle aus wandert man der Markierung (blauer Strich) folgend in Nordwestrichtung und kommt zum Mundloch der Felsenbachrösche. Als Rösche bezeichnet man Felstunnel. Nur etwa die Hälfte der Grabentour wurde als offener Graben angelegt, der Rest verläuft unterirdisch. Weitere Röschen sind die Porzellanrösche und die Bornrösche. An den Ein- und Ausgängen befinden sich bergmännisch gemauerte Mundlöcher. In der Mitte des Wanderweges ist die Halde des jetzt verschütteten fünften Lichtloches. Dort gibt es einen Kinderspielplatz.

Bobritzsch

Am Eingang der Grabentour und etwa in der Mitte der Strecke nach Reinsberg bedeckt die Rote Pestwurz weite Uferbereiche. Die hohe Fließgeschwindigkeit der Bobritzsch und der steinige Untergrund lassen jedoch kaum Schwimmpflanzen aufkommen. Am Ufer ist die Ansiedlung von Wasserpflanzen ebenfalls relativ gering. An ruhiger fließenden Stellen können Wasser-Schwertlilie, Sumpf-Dotterblume und Sumpf-Vergissmeinnicht beobachtet werden. Als häufige Sträucher in unmittelbarer Flussnähe können Pfaffenhütchen, Gewöhnlicher Schneeball und Schwarzer Holunder (vielfach von Hopfen begleitet) genannt werden. Wenn die Bobritzsch (vor allem im Frühjahr) über die Ufer tritt, bringt sie neue Nährstoffe mit und lagert sie ab. Deswegen gedeiht in ihrer unmittelbaren Nähe vielerorts eine üppige Krautschicht, die sich vor allem aus folgenden Arten zusammensetzt: Giersch, Aromatischer Kälberkropf, Rauhaariger Kälberkropf, Große Brennnessel, Drüsiges Springkraut, Japanischer Staudenknöterich, Hain-Sternmiere, Gefleckte Taubnessel, Beinwell, Mädesüß, Geißbart, Knotige Braunwurz, Rote Lichtnelke, Wasserdarm, Kreuzlabkraut, Hallers Schaumkresse, Süße Wolfsmilch, Akelei-Wiesenraute und Holunderblättriger Baldrian, einer Unterart des Echten Baldrians. Erwähnenswert ist eine

Zitzenfichte

Zitzenfichte am Ufer der Bobritzsch, die auf Grund ihrer Seltenheit und ihres kuriosen Aussehens unter Naturschutz steht. Sie hat ein Alter von ca. 200 Jahren und wurde vermutlich einst aus Ungarn mitgebracht.

Insbesondere in der Brutzeit der Vögel sollten bei Wanderungen die hier lebenden Tiere möglichst wenig gestört werden.

Schlösser Reinsberg und Bieberstein

**Burg
Reinsberg**

Mit der Gründung des Klosters in Altzella entstand etwa zur gleichen Zeit (d.h. kurz nach der Mitte des 12. Jahrhunderts) die Burg (später Schloss) Reinsberg. Seit 1197 wird in Reinsberg ein ritterliches Herrengeschlecht nachgewiesen, von dem auch das nahe gelegene Schloss Bieberstein zeugt. Bis 1334 war die Burg mit den Ländereien im Besitze der Herren von Reinsberg, die sie dann, wie auch die zugehörigen Ländereien, an die Herren von Schönberg überließen. Diese herrschten hier über 500 Jahre.

Das Schloss (heute wieder in Privatbesitz) erreicht man heute über eine kleine Brücke zu einem großen Rundturm. Die Schlosskapelle stammt aus dem frühen 16. Jahrhundert. Der angrenzende Ort Reinsberg ist von der Burg aus organisch gewachsen. Bis in das 17. Jahrhundert hinein unterscheiden die Kirchenbücher das „Städtchen", d. h. jenen Teil von Reinsberg, der von den Häusern am Dorfplatz in unmittelbarer Nähe des heutigen Schlosses gebildet wird, vom „Dorf" (den Häusern im Tale des Dorfbaches). Unter dem Schutz der Burg wurden die ersten Siedler ansässig. Deshalb finden wir noch jetzt in der unmittelbaren Nähe des Schlosses, also im „Städtchen", die ehemals wichtigsten Gebäude des Ortes wie die Kirche, das Pfarrhaus, das Rittergut, den Gasthof und die ehemalige Schule. Dieser hoch über der Bobritzsch und dem Reinsberger Dorfbach gelegene Siedlungskern wird durch die kranzförmig in der Nähe der Kirche und Schule liegenden Häuser bestimmt.

**Schloss
Bieberstein**

Das heute von Wald umgebene Schloss Bieberstein liegt nur etwa 1,5 km nordwestlich des Schlosses Reinsberg in landschaftlich sehr reizvoller Lage über dem Tal der Bobritzsch. Eine erste urkundliche Erwähnung existiert aus dem Jahr 1218. 1630 gelangte auch dieses Schloss in den Besitz der Herren von Schönberg, die es von 1710 bis 1720 im barocken Stil neu errichteten. Im Schloss befand sich viele Jahre (bis 1992) eine Jugendherberge. Heute ist es ebenfalls wieder in Privatbesitz und wird für Tagungen, Konferenzen und Veranstaltungen genutzt.

Viertes Lichtloch des Rothschönberger Stollns

In der Ortsmitte von Reinsberg (knapp 15 km nördlich von Freiberg) befindet sich auf einer Halde der Gebäudekomplex des Vierten Lichtlochs des Rothschönberger Stollns. Er besteht aus dem Huthaus, dem Schachtgebäude mit der Kaue als Überdachung der Radstube, der Bergschmiede mit Pferdestall und dem Zimmereigebäude. Bis auf wenige Veränderungen ist der Gebäudekomplex vollständig erhalten geblieben. Dieser erinnert an einen Dreiseitenhof und war einst der Sitz der Bauleitung und Verwaltung des Bauvorhabens Rothschönberger Stolln. Der Hof ist in Richtung auf die Halde und das Schachtgebäude offen, die Haldenoberfläche geht unmittelbar in das geneigte Gelände am Huthaus über. An der steilen Haldenböschung steht das 1848 erbaute hölzerne Wassergöpel-Treibehaus (Gebäude mit wasserbetriebener Fördermaschine, die eine senkrechte Welle aufweist) mit Wächtertürmchen. Das bis auf die Halde herabreichende Dach des westlich anschließenden Anbaues bedeckt die darunter befindliche, heute leider verfüllte Radstube.

Wanderziele in der Umgebung

Klosterruine Altzella

Nordwestlich des hier beschriebenen Gebietes befindet sich die Kleinstadt Nossen. Als Sehenswürdigkeit kann hier u. a. das Schloss mit seinem Museum genannt werden. Die Gegend gehört zum Mulde-Lößhügelland und liegt damit bereits weit außerhalb des Naturraumes Ost-Erzgebirge. Die nahegelegene Klosterruine Altzella allerdings markiert einen Ort, der für die Besiedlung des Freiberger Raumes (und darüber hinaus) von entscheidender Bedeutung war.

Zisterzienser

1162 hatte Markgraf Otto (der „Reiche") beschlossen, die wettinische Mark Meißen mit einem eigenen Hauskloster zu bereichern. Er lud den Zisterzienserorden ein, an der Mündung des Pitzschebaches in die Freiberger Mulde eine Klosteranlage zu errichten. Die Zisterzienser, damals Hüter eines umfangreichen naturwissenschaftlichen, agrarischen und bergbautechnischen Wissensschatzes, sollten aber auch die Kolonisierung des bis dahin nur von wenigen (zumal nicht deutschen, sondern slawischen) Menschen besiedelten Landes vorantreiben. Dazu erhielt der Orden reichlich Land geschenkt, unter anderem in der Freiberger Gegend. Wahrscheinlich bei den Rodungsarbeiten stießen die gelehrten Mönche – oder deren Dienstpflichtigen – auf Silbererz. Die wirtschaftliche Erschließung nahm ihren Lauf, der Miriquidi-Urwald wurde zu der Landschaft, die heute als Erzgebirge bekannt ist.

Ruinen in romantischem Park

Mit der Reformation endete die Tätigkeit des Klosters, und bereits Mitte des 16. Jahrhunderts wurden die meisten Gebäude geschleift. Heute sind die restaurierten Ruinen in einen romantischen Park eingebettet, umgeben von den teilweise noch gut erhaltenen Klostermauern. Das Gelände ist öffentlich zugänglich, wird teilweise auch wieder zu religiösen Zwecken genutzt.

Zellwald

Zwischen Mulde und Striegis erstreckt sich der fast 24 km² große Zellwald, heute durchschnitten von der Autobahn A4. Es handelt sich um Waldland, das einstmals den Zisterziensern übereignet, von ihnen aber nicht gerodet wurde – quasi ein Rest Miriquidi, der sich einstmals bis ins Mulde-Lößhügelland herabzog. Doch wurde auch dieser Wald intensiv genutzt, ebenso wie der darin entlang fließende Pitzschebach. An die hier angestauten Fischteiche erinnern heute noch große Dammbauten. Im 17. Jahrhundert wurden aus dem Zellwald große Mengen an Laubbäumen für die Anlage der Dresdner Parks geliefert (1658 z. B. 8 000 Linden für das Ostra-Gehege). 250 Jahre später begann allerdings auch hier die planmäßige forstliche Bewirtschaftung mit Nadelholzforsten und Kahlschlägen. Dennoch findet der Wanderer heute noch im Zellwald einige naturnahe Waldbestände mit Eichen und Hainbuchen, entlang der Bäche vor allem Schwarzerlen.

Für Naturfreunde ebenfalls interessant ist ein Besuch der Gedenkstätte für die Botanikerin und Forschungsreisende Amalia Dietrich im Rathaus von Siebenlehn.

Quellen

Albrecht, Helmut u. a. (2004): **Industriearchäologie; Historische Gewerbe- und Industriestandorte im Tal der oberen Freiberger Mulde –** eine industriearchäologische Dokumentation, Sächsisches Industriemuseum

Freyer, Günter u.a. (1988): **Freiberger Land**, Werte der Deutschen Heimat, Band 47

Kolmschlag, F. P., Scholz, J. (2000): **Sieben Jahrhunderte Hüttengeschichte**, Muldenhütten Recycling und Umwelttechnik GmbH

Langer, Johannes (1933): **Hilbersdorf, ein ortsgeschichtliches Beispiel eines Freiberger Ratsdorfes** (in Mitteilungen des Freiberger Altertumsvereines, Heft 63)

Martin, M.; Beuge P.; Kluge, A.; Hoppe, T. (1994): **Grubenwässer des Erzgebirges –** Quellen von Schwermetallen in der Elbe; Spektrum der Wissenschaft

Pforr, Herbert: **Das Bergbaurevier Halsbrücke** (Prospekt des Fremdenverkehrvereines Freiberg e.V.)

Ranft, Manfred (1970): **Die Pflanzenwelt des Landschaftsschutzgebietes „Grabentour" im Kreise Freiberg**

Strohbach, S., Heinrich B.: **Himmelfahrt-Fundgrube und Roter Graben** (Prospekt des Fremdenverkehrsvereins Freiberg e.V.)

Wagenbreth, O.; Wächtler, E. (1988): **Der Freiberger Bergbau**: Technische Denkmale und Geschichte, Leipzig: VEB Deutscher Verlag für Grundstoffindustrie

Seit sieben Jahrhunderten Hüttenstandort (Artikel in der Freien Presse Chemnitz vom 1.7.2000)

Der Rothschönberger Stolln als Beispiel bergmännischer Wasserbaukunst im Freiberger Bergrevier – **Ein bergbauhistorischer Abriss** – von Jürgen Geißler in www.geoberg.de

Wanderungen zwischen der sächsischen „Weinstraße und Silberstraße", Prospekt der Fremdenverkehrgemeinschaft Sachsen- Mitte e.V. Reinsberg)

www.viertes-lichtloch.de

Text: Christian Zänker, Freiberg; Jens Weber, Bärenstein
(Ergänzungen von Hans-Jochen Schumann, Freiberg;
Frank Bachmann, Mulda; Frido Fischer, Mulda; sowie von
Mitarbeitern des Naturschutzinstitutes Freiberg)

Fotos: Gerold Pöhler, Jens Weber, Christian Zänker,
Christoph Weidensdörfer

Muldental
bei Mulda

strukturreiche Talauen, naturnahe Bachabschnitte mit Mäandern

Hochstaudenfluren, Nasswiesen, Bergwiesen

Bachneunauge, Edelkrebs, Feuersalamander

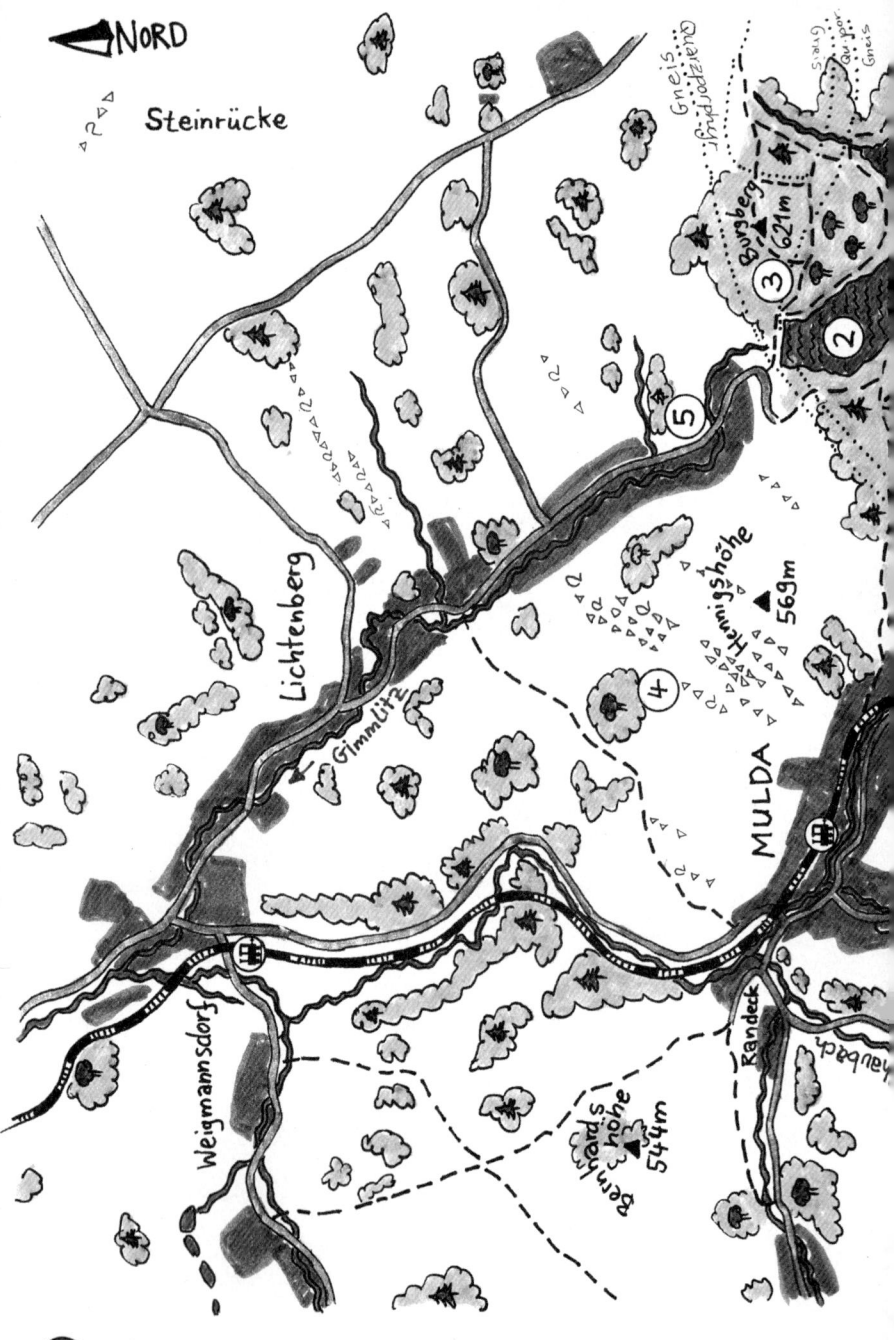

Muldental bei Mulda

1. Muldental südwestlich Mulda
2. Talsperre Lichtenberg
3. Burgberg (621 m)
4. Steinrücken und Feldgehölze zwischen Mulda und Lichtenberg
5. Trau-auf-Gott-Erbstolln
6. Bellmannshöhe
7. Eisenhammer Dorfchemnitz
8. Chemnitzbachtal zwischen Dorfchemnitz und Mulda
9. Grüne Schule grenzenlos

Die Beschreibung der einzelnen Gebiete folgt ab Seite 144

Landschaft

Weitgehend ungehindert folgt die Freiberger Mulde zwischen Rechenberg-Bienenmühle und dem Freiberger Raum der nordwestlichen Neigung der Erzgebirgsscholle. Das Gefälle ist - verglichen mit den östlichen Flüssen Wilde und Rote Weißeritz, Müglitz oder Gottleuba – relativ gering, und im Gneis muss das Wasser auch nur wenige geologische Barrieren überwinden. Lediglich einige schmale Quarzporphyr-Riegel des „Sayda-Berggießhübler Gangschwarmes" stellen sich der Mulde oberhalb von Mulda in den Weg und verursachen eine Verengung des Tales. Ansonsten ist das Kerbsohlental meist recht weit und lässt der Freiberger Mulde bzw. deren Nebenbächen (v. a. Chemnitz- und Zethaubach, Gimmlitz) reichlich Raum für zahlreiche Mäanderschlaufen. Besonders trifft dies für die breiten Sohlenabschnitte bei Lichtenberg und Clausnitz zu. Nach der Aufnahme der Gimmlitz entwickelt die Mulde deutlich mehr Erosionskraft und hat unterhalb von Lichtenberg ein steileres, tieferes Tal in die Gneishochfläche eingekerbt. Der Graue Gneis tritt hier an einzelnen natürlichen Felsen zutage.

Kerbsohlental meist recht weit

Abb.: Burgberg mit Staumauer Lichtenberg

Zwischen den Taleinschnitten von Mulde und ihren Nebenbächen präsentiert sich die Gneis-Landschaft ziemlich eben und weitläufig. Der Quarzporphyr („Rhyolith") hingegen, ein gegen Ende der Variszischen Gebirgsbildung aufgedrungenes, saures Vulkangestein, verschafft der Gegend südlich und östlich von Mulda ein deutlich ausgeprägteres Relief. Die markanteste Erhebung dieser Art ist der 621 m hohe Burgberg zwischen Lichtenberg und Burkersdorf.

Erwähnenswert sind ferner kleinere Quarzeinlagerungen (häufig Lesesteine auf vielen Äckern in der Nähe von Mulda), die in Zusammenhang mit einem Quarzitkomplex stehen, der sich von Frauenstein bis in das Gebiet von Freiberg und Oberschöna erstreckt.

Abb.: Quarzitfelsen im Ort Wolfsgrund

Talwiesen Der Fluss und viele der angrenzenden Talwiesen sind in einem überwiegend naturnahen Zustand und zeichnen sich durch eine erfreuliche Artenvielfalt aus. Das gleiche gilt für die meisten Zuflussbäche (Gimmlitz, Chemnitzbach, Zethaubach und zahlreiche weitere Bäche), deren Kerbsohlentäler jedoch weniger tief in die Landschaft eingeschnitten sind. Offene Felsen sind in ihrer Nähe nur selten (z. B. an der Gimmlitz unterhalb der Lichtenberger Talsperre).

Oberhalb, d. h. südöstlich, von Mulda ist der Waldanteil des Einzugsbereiches der Freiberger Mulde vergleichsweise hoch. Der Wald reicht hier vom Muldental aus über die Bergrücken hinweg bis zum Chemnitzbach einerseits und zur Gimmlitz/Talsperre Lichtenberg andererseits. Weitere, kleinere Waldbereiche blieben an den Talhängen bei Nassau ungerodet. Auf-

Fichten-forsten grund der intensiven Nutzung in den letzten Jahrhunderten ist das Waldbild fast überall von Fichtenforsten geprägt. Als relativ naturnah können die Buchenwaldabschnitte an den Hängen südöstlich von Mulda, die Buchleite im Norden von Dorfchemnitz und Teile des Burgberges südöstlich von Lichtenberg genannt werden. Naturnahe Vegetation gibt es außerdem an vielen kleineren Waldbächen inmitten der Fichtenforstkomplexe.

Feldgehölze Bei Dorfchemnitz, Helbigsdorf und Lichtenberg sind auch einige interessante Feldgehölze ausgebildet, mit verschiedenen einheimischen Laubbäumen und einer gut entwickelten Bodenflora (z. B. schluchtwaldartige Gehölze im Südosten von Lichtenberg, buchen- und ahornreiche Gehölze zwischen Dorfchemnitz und Zethau). Die Umgebung von Lichtenberg und

Steinrücken Mulda beherbergt noch eine größere Anzahl von Steinrücken, die den Charakter der Waldhufenfluren nachzeichnen. Über 20 km solcher linienförmigen Lesesteinwälle und Feldgehölzstreifen durchziehen hier die Landschaft.

Im unteren Bereich des hier beschriebenen Gebietes, in der Nähe der Ortschaften Weißenborn und Lichtenberg, werden die Hänge und Bergrücken zwischen den Fließgewässern vorwiegend landwirtschaftlich genutzt. Dabei ist der Grünlandanteil nur an relativ steilen Hängen hoch, sonst überwiegt Ackerland.

Der südliche und der südöstliche Teil des beschriebenen Gebietes gehören sowohl dem Landschaftsschutzgebiet „Osterzgebirge" als auch dem Naturpark „Erzgebirge-Vogtland" an.

Besiedlung des Gebietes Etwa ab Anfang des 13. Jahrhunderts begann eine sehr rasche Besiedlung des Gebietes. Die stürmische Entwicklung des Freiberger Silberbergbaus und der damit verbundene Bedarf an Lebensmitteln, Kleidung und Brennholz förderte diesen Prozess. Noch heute zeugen der vergleichsweise hohe Offenlandanteil und die zahlreichen Fichtenmonokulturen von der früh einsetzenden starken Nutzung des Geländes beiderseits der Freiberger Mulde.

*Mulden-
flößerei*

Der Fluss selbst eignete sich hervorragend als Transportmittel für das aus den Wäldern geschlagene Holz. Zeugnis darüber legen beispielsweise die Teiche am jetzigen Muldaer Erlebnisbad ab (früher zwölf, jetzt noch sieben Teiche). Sie hatten neben der Fischzucht auch Bedeutung für die Muldenflößerei, welche vorrangig während und nach der Schneeschmelze erfolgte. Durch stoßweise Abgabe von Wasser konnte die jährliche Flößezeit verlängert werden.

*Lichten-
berger
Talsperre*

Die Grenzen zwischen Wald und Offenland wurden in den letzten Jahrhunderten nur noch an relativ wenigen Stellen verändert. Größere Aufforstungen erfolgten erst in der zweiten Hälfte des 20. Jahrhunderts im Wassereinzugsgebiet der Lichtenberger Talsperre. Andererseits wurden rund 100 Jahre früher einige Waldflächen für den Bau der Talstraße von Lichtenberg nach Holzhau und der Eisenbahnlinie von Freiberg nach Moldau abgeholzt. Im Zuge der Bodenreform nach dem 2. Weltkrieg wurden ferner mehrere Waldstücke am Erbgericht Mulda zur Rodung freigegeben.

*Wasser-
kraftnut-
zung*

Begünstigt durch die guten Möglichkeiten der Wasserkraftnutzung entstanden sowohl an der Freiberger Mulde als auch an deren Zuflussbächen bereits frühzeitig zahlreiche Mühlen (Getreide- und Ölmühlen) sowie kleine Handwerksbetriebe (vor allem Schneidmühlen und andere Holzbearbeitungsbetriebe, Flachsschwingereien, ab etwa 1870 auch Holzschleifereien für die Papierherstellung). Eine weitere, bereits vor vielen Jahrhunderten errichtete Produktionsstätte ist der noch sehr gut erhaltene und als Museum genutzte Eisenhammer in Dorfchemnitz.

Bahnstrecke

Der Bau der Bahnstrecke von Freiberg nach Mulda im Jahre 1875 (1884 ins böhmische Moldau verlängert, seit 1972 nur noch bis Holzhau) und der Kleinbahn von Mulda nach Sayda (von 1897 bis 1966 in Betrieb) beschleunigte die wirtschaftliche Entwicklung beträchtlich. Es entstanden zahlreiche größere Fabriken, von denen die meisten bis Anfang der 90er Jahre des 20. Jahrhunderts arbeiteten oder heute (oft mit stark verändertem Produktionsprofil) immer noch existieren. Beispiele hierfür sind die Papierfabrik Weißenborn, mehrere Holzwarenfabriken, eine Weberei und ein Pappenwerk in Mulda sowie einige Möbelfabriken und Flachsschwingerein in den Ortschaften in der Umgebung von Mulda.

*Papier-
fabrik*

Wirtschaftliche Bedeutung hatte auch der von 1900 bis 1951 betriebene Porphyr- und Gneissteinbruch östlich von Mulda (von der Bahnstrecke aus sichtbar) und ein Bergwerk im Muldaer Ortsteil Randeck, in dem von 1845 bis 1902 Silber-, Blei- und Kupfererze abgebaut wurden. Als ein besonders seltenes Gewerbe soll noch die Firma Schumann in Mulda erwähnt werden, welche als eines von sehr wenigen Unternehmen in Deutschland noch immer Mühlenräder (für denkmalgeschützte Anlagen) herstellt. In Mulda gibt es außerdem ein wasserkraftbetriebenes Sägewerk, das als Industriedenkmal erhalten wird und jederzeit in Betrieb genommen werden kann.

*Wander-
gebiet*

Bereits im 19. Jahrhundert entwickelte sich der Ort Mulda und dessen Umgebung zu einem beliebten Wandergebiet. Durch seine Lage in einem windgeschützten Tal war Mulda von 1880 bis 1920 sogar Sommerkurort.

Abb.: Grüne Schule Zethau

Begünstigt wurde dies durch die Fertigstellung der Bahnstrecke Freiberg–Mulda im Jahre 1875. Seit 1990 bemüht sich die Gemeinde durch Schaffung vieler Anziehungspunkte für Touristen (Erlebnisbad, Reiterhof, viele neue Wander- und Radwege) an diese Traditionen anzuknüpfen.

Zunehmende Bedeutung für die Erholungsnutzung erlangten in den letzten Jahren auch die Orte Zethau (Grüne Schule mit Übernachtungsmöglichkeiten und Freizeitprogrammen insbesondere für Kinder und Jugendliche, Reiterhof), Dorfchemnitz (u. a. Technisches Museum Eisenhammer, viele interessante Bergwiesen) und Lichtenberg (Talsperre, Besucherbergwerk). Ein umfangreiches Wegenetz sorgt überall für interessante Ausblicke und abwechslungsreiche Wanderrouten. Das gilt besonders für die Geleitstraße auf dem Bergrücken zwischen der Mulde und dem Chemnitzbachtal. Das Muldental ist von Freiberg aus auch auf einem erst vor wenigen Jahren geschaffenen Radwanderweg (überwiegend entlang der Mulde) gut erreichbar.

Pflanzen und Tiere

Das Gebiet wird in erster Linie land- und forstwirtschaftlich genutzt. Die Auenbereiche der größeren Fließgewässer sind durch zahlreiche, meist langgestreckte Talwiesen gekennzeichnet. Einige davon sind sehr artenreich (z. B. an der Mulde oberhalb von Mulda, am Chemnitzbach zwischen Dorfchemnitz und Mulda und viele kleinere Wiesen in Dorfchemnitz, Voigtsdorf und Zethau). Die Waldgebiete reichen nur selten bis an die Fließgewässer heran. Typische erlenreiche Auwaldstreifen sind nur an der Mulde südlich von Weißenborn und südöstlich von Mulda sowie an einer Stelle am Chemnitzbach zu finden. Hier kommen als seltene Pflanzen Akelei-Wiesenraute, Bach-Nelkenwurz, Bunter Eisenhut und bei Weißenborn auch die Breitblättrige Glockenblume vor. Südwestlich von Weißenborn tritt die sonst im Muldetal seltene Weiße Pestwurz gehäuft auf, bei Mulda der Wald-Geißbart.

Talwiesen

Fichtenforsten

In den Fichtenforsten, in die vielerorts auch einzelne Laubbäume oder Mischwaldabschnitte eingestreut sind, finden wir neben den massenhaft auftretenden Waldgräsern (insbesondere Wolliges Reitgras, Draht-Schmiele, in tieferen Lagen auch Wald-Reitgras) vor allem Purpur-Hasenlattich (in tieferen Lagen nur noch selten), Gewöhnlichen Wurmfarn; Frauenfarn und Breitblättrigen Dornfarn sowie Fuchssches Kreuzkraut und Wald-Sauerklee. An schattigen und mehr oder weniger feuchten Stellen kommen Goldnes-

Abb.: arten-reiche Wald-vegetation im Wolfs-grund

sel, Quirl-Weißwurz, Vielblütige Weißwurz, Zittergras-Segge, Lungenkraut und Echte Nelkenwurz hinzu. Im Chemnitzbachtal treten häufig auch Haselwurz und Ausdauerndes Bingelkraut auf, an den kleineren Waldbächen Gegenblättriges Milzkraut, Echtes Springkraut, Bitteres Schaumkraut und Wald-Schaumkraut.

Zu den seltenen Waldpflanzen gehören Eichenfarn, Buchenfarn, Bergfarn (am Hang nordöstlich der Mulde oberhalb von Mulda), Christophskraut (nordwestlich vom Bahnhof Nassau und nordwestlich von Dorfchemnitz), Hohler Lerchensporn (in einem Feldgehölz zwischen Dorfchemnitz und Zethau) und Alpen-Milchlattich (in der Nähe der Talstraße am oberen Ortsausgang von Mulda).

Einen überaus großen Artenreichtum weisen viele Nasswiesen entlang der Fließgewässer und die noch erhaltenen Berg- und Hangquellwiesen auf. Einige von ihnen sind als Flächennaturdenkmal (FND) ausgewiesen (u. a. „Bellmannshöhe", „Hähnelwiese" und „Löschnerwiese" bzw. in Dorfchemnitz). Neben den typischen Bergwiesenarten wie Bärwurz und Verschiedenblättrige Kratzdistel kommen hier mehrere Orchideenarten vor, wobei das Breitblättrige Knabenkraut in einigen der Flächennaturdenkmale sogar noch relativ häufig ist. Weitere geschützte Pflanzen des Gebietes sind Fieberklee, Schmalblättriges Wollgras, Kleiner Baldrian, Gewöhnliches Kreuzblümchen, Berg-Platterbse, Wald-Läusekraut und Arnika. Die zuletzt genannte Pflanze sowie die ähnlich aussehende, ebenfalls stark gefährdete Niedrige Schwarzwurzel gibt es auch noch auf einigen Bergwiesen in der Nähe von Zethau. Im Gebiet zwischen Mulda und Dorfchemnitz finden wir außerdem große Bestände der Akeleiblättrigen Wiesenraute, der Bach-Nelkenwurz und der Hohen Schlüsselblume.

Feuchtwiesen in der Muldenaue

Die vor allem an Binsen und Seggen reichen Feuchtwiesen in der Muldenaue oberhalb von Mulda zeichnen sich durch ihre beachtliche Flächengröße aus. An der Mulde und an mehreren kleinen Zuflussbächen tritt an vielen Stellen die Gefleckte Gauklerblume auf, eine verwilderte Zierpflanze aus Nordamerika. Auffallend sind hier auch die Bestände des sonst eher für das sächsische Tiefland typischen Wasserschwadens, der zu den größten einheimischen Grasarten gehört.

Bahnstrecke

Im krassen Gegensatz dazu steht die Vegetation entlang der oft nur wenige Meter von der Mulde entfernt verlaufenden Bahnstrecke. Hier kommen Heidekraut und Arten der Trockenrasen wie Thymian, Schaf-Schwingel und in großer Anzahl die Sand-Schaumkresse vor. An vielen Stellen sind auch die schönen, teils gelblichgrün, teils rot gefärbten Blüten der Wald-Platterbsen zu sehen.

Wegböschungen

Viele der Wiesen und Weiden im nördlichen Bereich des hier beschriebenen Gebietes sind aufgrund intensiver Beweidung recht artenarm geworden. Vor allem westlich der Mulde findet man aber an Wegböschungen und anderen kleinen Steilhängen auch hier noch gut erhaltene Magerstellen. An diesen sind Kleines Habichtskraut, Kleine Pimpinelle, Margerite, Ferkelkraut und Rauer Löwenzahn zu finden. Vereinzelt kommen auch Weide-Kammgras, Acker-Hornkraut, Gemeiner Hornklee und Thymian vor.

Abb.: Blick zur Zethauer Kirche 1905 und 2007: Zahl und Größe der Bäume hat in den letzten einhundert Jahren deutlich zugenommen.

Auf den seit längerer Zeit nicht mehr genutzten Auenwiesen zwischen Lichtenberg und Weißenborn haben sich Hochstaudenfluren entwickelt, die durch Massenbestände des Drüsigen Spingkrautes auffallen. Direkt an der Straße zwischen Lichtenberg und Weißenborn befindet sich das Flächennaturdenkmal „Himmelschlüsselwiese". Hier konnte der wertvolle Bestand an Wiesenarten dank der jährlichen Mahd durch einen Lichtenberger Einwohner erhalten werden.

Tierarten

Durch die hohe Wassergüte und die vergleichsweise extensive Nutzung des hier angrenzenden Grünlandes sowie der meisten Wälder konnten im hier beschriebenen Gebiet auch viele sonst selten gewordene Tierarten überleben. Besonders hervorzuheben sind das Bachneunauge und die Groppe, die sowohl in der Freiberger Mulde als auch im hier einmündenden Chemnitzbach noch beachtlich große Vorkommen aufweisen. Beide Arten sind auf saubere und nicht oder nur wenig ausgebaute Fließgewässer angewiesen und gelten in Sachsen als stark gefährdet. Weitere hier vorkommende Fische sind Bachforelle, Gründling und Elritze. In der bereits breiteren Mulde unterhalb von Mulda kommen die Arten der so genannten Äschenregion und einige Fische, die auch im Tiefland leben, hinzu. Im Einzelnen sind das Äsche, Flussbarsch, Schmerle, Schleie, Hecht und Plötze.

Edelkrebs

Von besonders großem Wert für den Naturschutz sind die Vorkommen des Edelkrebses, der in Sachsen vom Aussterben bedroht ist. Er kommt im Chemnitzbach und im Oberlauf der Freiberger Mulde noch sehr selten vor.

Amphibien

Bei den Amphibien können die Vorkommen des Feuersalamanders in den Hangwäldern in der Nähe der Mulde als besondere Kostbarkeit angesehen werden. Diese Art ist in den meisten Gebieten – nicht nur des Ost-Erzgebirges – heute überaus selten und zählt in Sachsen insgesamt als stark gefährdet.

Säugetiere

Erst in den letzten Jahren hat sich der anfangs des 20. Jahrhunderts in Sachsen fast ausgestorbene Fischotter wieder vermehrt und dabei auch den Oberlauf der Freiberger Mulde sowie den Chemnitzbach und die Umgebung von Wolfsgrund erreicht, wo er aber noch äußerst selten ist. Weitere bemerkenswerte Säugetiere sind Mink, Mauswiesel und verschiedene Fledermausarten, die in Bergwerksstolln bei Mulda vorkommen.

Vögel

Als seltene Vögel des Gebietes können die Wasseramsel (direkt an oder in dem Fluss bzw. in den Zuflussbächen) und in den angrenzenden Tälern der Schwarzstorch, der Sperlingskauz, die Hohltaube, der Raufußkauz, der Erlenzeisig, der Birkenzeisig und der Fichtenkreuzschnabel genannt werden.

Wanderziele

① Muldental südwestlich Mulda

Zirka 1 km flussaufwärts von Mulda ist die Freiberger Mulde auf einem kurzen Abschnitt beidseitig von schmalen Auwaldstreifen mit hohem Erlenanteil umgeben. Als seltene Pflanzen kommen Bunter Eisenhut, Bach-Nelkenwurz und Akelei-Wiesenraute vor. Oberhalb (südwestlich) des Auwaldstreifens ist die Mulde wieder vorrangig von Grünland umgeben und weist einen stark mäanderförmigen Verlauf auf. Die angrenzenden Talwiesen zeichnen sich durch eine beachtliche Flächengröße und eine hohe Artenvielfalt aus. Nicht zuletzt durch die gut entwickelten Streifen mit Ufergehölzen und die hohe Wasserqualität ist gerade dieser Abschnitt der Mulde auch als Lebensraum für viele seltene Tiere bekannt. Die Fichtenforsten an den Hängen des Muldentales oberhalb von Mulda sind relativ artenarm. Erwähnenswert ist jedoch ein relativ großes Vorkommen des Bergfarnes an einem Waldweg unterhalb (südwestlich) des Sauerberges.

Gimmlitz

Talsperre Lichtenberg

Die Talsperre Lichtenberg hat einen etwa 3,5 km langen Stausee und kann 14,8 Millionen Kubikmeter Wasser anstauen, das dann als Trinkwasser in zahlreiche Haushalte (insbesondere im Freiberger Gebiet) fließt. Nach sechs Jahren Bauzeit wurde sie 1973 in Betrieb genommen. Zuvor allerdings mussten mehrere Häuser des Lichtenberger Oberdorfes sowie des Dittersbacher Unterdorfes weichen, und der Talsperrenbau unterband auch die Fischwanderwege zum weitgehend naturnahen Oberlauf der Gimmlitz.

Vom etwa 300 m langen Staudamm aus kann man auf die Gemeinde Lichtenberg blicken. Im oberen Teil des Ortes (insbesondere unmittelbar nordwestlich der Talsperre) gibt es artenreiche Bergwiesen. Dahinter können wir ein Gebiet mit sehr vielen Steinrücken, mehreren naturnahen Buchen-Mischwäldern und einigen Feldgehölzen erkennen. Unmittelbar westlich der Staumauer befindet sich eine gemütliche Gaststätte. Befestigte Wege ermöglichen einen Rundgang um die Talsperre, der überall sehr schöne Ausblicke auf das Gewässer bietet.

Steinrücken

Fast die gesamte Talsperre Lichtenberg ist von dichten Fichtenforsten umgeben. Ein Großteil davon wurde erst in den 1970er Jahren als Puffer gegenüber den angrenzenden Ackerfluren von Burkersdorf und Dittersbach angepflanzt. Noch bis vor wenigen Jahrzehnten waren die Talsperrenverantwortlichen davon überzeugt, dass dichte Nadelforsten den besten Uferschutz für einen Trinkwasserspeicher bieten. Man ging davon aus, dass die Nadelstreu nur schwer verrottet, also weniger Huminstoffe in das Wasser abgibt als die jährlich abgeworfenen Blätter der Laubbäume. Inzwischen weiß man, dass die durch saure Fichtenstreu geförderte Bodenversauerung mit den dadurch freigesetzten Ionen (u.a. Aluminium, auch Schwermetalle) viel kritischere Auswirkungen haben kann.

Neben zahlreichen Fichtenforsten wachsen vor allem in der Nähe der Staumauer der Talsperre Lichtenberg große Waldabschnitte, die mit Buchen bestockt sind. Als weitere Laubbäume sind vielerorts Berg-Ahorn, Eberesche und Birke häufig.

 ## Burgberg (621 m)

Unmittelbar hinter dem Zaun auf der Ostseite der Staumauer Lichtenberg beginnt der steile Aufstieg zum Burgberggipfel, der sich mehr als 120 Meter über die Talsperre erhebt. Der Burgberg ist, geologisch betrachtet, ein Teil der vielen Quarzporphyrgänge, die das Ost-Erzgebirge zwischen Friedebach/Cämmerswalde im Südwesten und Berggießhübel/Großröhrsdorf im Nordosten durchziehen. Meist sind diese Bänder harten, sauren und nährstoffarmen Gesteins nur wenige Meter breit und in der Landschaft kaum wahrnehmbar. Doch an einigen Stellen hat die Porphyr-Lava einstmals auch kleinere Deckenergüsse gebildet, die in fast dreihundert Millionen Jahren Erosion dann zu markanten Kuppen geformt wurden. Der Burgberg ist eine dieser Porphyrkuppen (neue Geologenbezeichnung: „Rhyolith"), auch der nahe Turmberg, der Röthenbacher Berg und mehrere Erhebungen zwischen Roter Weißeritz und Gottleuba gehören dazu.

Am Südwesthang des Burgberges wächst ein recht strukturreicher Rotbuchenbestand, der wegen des sauren, armen Grundgesteins erwartungsgemäß als bodensaurer Hainsimsen-Buchenwald ausgebildet ist, teilweise in der ärmsten Variante dieser Pflanzengesellschaft, dem Heidelbeer-Buchenwald. Überwiegend bildet aber Draht-Schmiele die Bodenvegetation, als Sträucher kommen nur Faulbaum und etwas Hirsch-Holunder vor. Dennoch wachsen viele der Buchen durchaus geradschaftig, so wie die am Holzerlös interessierten Förster ihre Bäume gern haben möchten.

Allerdings ist unübersehbar, dass die sogenannten Neuartigen Waldschäden auch diesem Buchenbestand heftig zusetzen. Wenn im Sommer bei intensivem Sonnenschein auch reichlich ultraviolette Strahlung die untere Atmosphärenschicht erreicht, bilden die aus Kraftfahrzeugen, Öl- und Gasheizungen (und anderen Anlagen mit Hochtemperaturverbrennungsprozessen) entweichenden Stickoxide mit dem Luftsauerstoff Ozon. Dieser dreiatomige Sauerstoff ist sehr reaktionsfreudig und greift aggressiv auch Pflanzenzellen an. Unsere natürliche Hauptbaumart Buche ist diesbezüglich besonders empfindlich. Zunächst bildet sie in ihrem Kronenbereich nur noch ihre Haupttriebe aus, während die Seitenzweige verkümmern („Spießastigkeit"). Schließlich sterben ganze Kronenteile völlig ab. Besonders schlimm ist es, wenn bereits während des Laubaustriebes hohe UV-Strahlung und (damit einhergehend) hohe Ozonkonzentrationen auf die sich gerade entfaltenden, noch schutzlosen jungen Blättchen einwirken. Zunehmende sommerliche Trockenheit verstärkt den Stress der Bäume.

Der Burgberg hat zwei nahe beieinanderliegende Gipfel. Der einstige westliche Aussichtspunkt (am Fernsehumsetzer) ist inzwischen völlig zugewachsen, doch von den etwa 100 m östlich liegenden Porphyrklippen aus hat man einen weiten Ausblick in Richtung Norden und Osten. Auffallend ist der ausgesprochen flache Charakter der Hochflächen, in die sich die Bäche hier mit nicht allzu tiefen Tälern eingegraben haben. Allein der Röthenbacher Berg mit dem (vor allem in der Abendsonne rot leuchtenden) Porphyr-Steinbruch ragt über dieses Plateau heraus.

Abb.: Aussichtspunkt Burgberg

Auf dem Abstieg vom Burgberg in Richtung Burkersdorf läuft man zwar durch Nadelforste, bemerkt aber recht deutlich, wann man den Quarzporphyrrücken verlässt und wieder Gneisboden betritt: hochwüchsiges Fuchs-Kreuzkraut, reichlich Brom- und Himbeeren sowie viele weitere Pflanzen zeigen die kräftigere Nährstoffversorgung an.

(4) Steinrücken und Feldgehölze zwischen Mulda und Lichtenberg

Die zahlreichen Feldgehölze und Steinrücken auf dem Höhenrücken zwischen Mulda und Lichtenberg (Feste 573 m, Hennigshöhe 569 m, Käseberg, Sauofen) dokumentieren sehr deutlich den Flurcharakter der Waldhufendörfer mit ihren langgestreckten, schmalen Hufenstreifen. Vor der Landwirtschaftsintensivierung (ab den 1960er Jahren) zogen sich zahlreiche kleine Wirtschaftswege entlang der Steinrücken und Feldraine. Heute sind die Feldgehölze zwar kaum noch durch Wege erschlossen, lohnen aufgrund ihres Artenreichtums dennoch einen Abstecher. Die Gehölze sind reich an Frühjahrsblühern wie Busch-Windröschen und Quirlblättrige Weißwurz. Außerdem gedeihen in einigen Gehölzen typische Schatthangpflanzen wie Ausdauerndes Silberblatt, Goldnessel und Gewöhnlicher Wurmfarn.

Wald-
hufendörfer

Trau-auf-Gott-Erbstolln

Lichtenberg Wie im gesamten Erzgebirge, hat es auch in Lichtenberg bergbauliche Aktivitäten gegeben, die hier aber nicht sonderlich erfolgreich waren. Ein noch vorhandenes Zeugnis der Bergbauvergangenheit Lichtenbergs ist der Trau-auf-Gott-Erbstollen. Das Mundloch befindet sich innerhalb des an der Dorfstraße gelegenen Schutzgebäudes unweit der Staumauer der Lichtenberger Talsperre. Der Stollen ist auf etwa 300 m begehbar. Er ist für kleine Besuchergruppen als Schaubergwerk zugänglich. Anmeldungen zu einer ca. einstündigen Führung sind im Rathaus möglich.

 ## Bellmannshöhe

Westlich der Ortschaft Dorfchemnitz liegt in der Nähe der Geleitstraße – einem uralten Handelsweg, der sehr schöne Aussichten zum Erzgebirgskamm und zur Burgruine Frauenstein bietet – die 613 m hohe Bellmannshöhe.

Flächenna-
turdenkmal Östlich der Straße befindet sich in einem hier beginnenden Quertal zur Mulde das nach diesem Berg benannte Flächennaturdenkmal. Auf dieser überaus artenreichen Bergwiese sind Bärwurz und Zickzack-Klee besonders häufig. Als geschützte Pflanzen wachsen hier unter anderem noch mehrere Orchideenarten (Breitblättriges Knabenkraut, Großes Zweiblatt, Stattliches Knabenkraut, Mücken-Händelwurz), Arnika, Gewöhnliches Kreuzblümchen, Berg-Platterbse. Ferner kommen mehrere seltene Insektenarten wie der in Sachsen gefährdete Braunfleckige Perlmutterfalter, einige Heuschreckenarten wie der Gemeine und der Bunte Grashüpfer, Roesels Beißschrecke und das Zwitscher-Heupferd sowie eine Reihe von Schmetterlingen vor. Zum Erhalt dieser wertvollen Pflanzen- und Tierwelt wird die zum Flora-Fauna-Habitat-Gebiet (FFH-Gebiet) „Oberes Freiberger Muldental" gehörende Wiese auf traditionelle Art jährlich gemäht. Von ihrem Südrand aus kann man die Fläche sehr gut überblicken.

Eisenhammer Dorfchemnitz

Museum Das Technische Museum „Eisenhammer" befindet sich im Tal des Chemnitzbaches, in dem noch im 20. Jahrhundert mehrere Betriebe mit Wasserkraft arbeiteten. Die älteste urkundliche Erwähnung des Hammers stammt aus dem Jahre 1567 und ist vom Kurfürsten August von Sachsen unterzeichnet. Für die frühere Verhüttung wurde (im nahe gelegenen Wolfsgrund abgebautes) Eisenerz (Magneteisenstein) genutzt. Obwohl die Qualität des Eisens sehr gut war, führte die schnelle Erschöpfung der Lagerstätten zur Schließung der Grube. Der Schmelzofen wurde zum Schmiedeherd umgebaut. Im 19. und 20. Jahrhundert erfolgten hauptsächlich Schmiedearbeiten für die Freiberger Bergbau- und Hüttenbetriebe. Das Hammerwerk (Schwanzhämmer) und die dazu notwendige Anlagentechnik sind vollständig und funktionsfähig erhalten.

Im ehemaligen Hammerherrenhaus nebenan wurde eine Heimatstube eingerichtet. Hier werden viele Einrichtungsgegenstände, die in den Häusern des Gebietes in früheren Zeiten benutzt wurden, gezeigt.

Flächennaturdenkmal „Hähnelwiese"

Nur etwa 300 m südöstlich des Eisenhammers befindet sich das besonders im Frühjahr sehenswerte Flächennaturdenkmal „Hähnelwiese". Diese vor allem wegen ihrer zahlreichen Orchideen (Breitblättriges Knabenkraut) geschützte Nasswiese mit hohem Borstgrasrasenanteil liegt hinter der Gaststätte „Palme" direkt an der Dorfstraße.

Eisenerzlagerstätten

Von dem Hammerwerk aus lohnt sich im Frühjahr und im Sommer auch eine Wanderung zu den ehemaligen Eisenerzlagerstätten. Diese liegen nur etwa 1 km vom Museum entfernt (nordwestlich neben dem Ortsteil „Dreihäuser" gelegen). Als botanische Besonderheiten dieses jetzt wieder mit Wald bewachsenen Geländes sind neben vielen Frühblühern auch Wolliger Hahnenfuß und Christophskraut zu nennen, die hier in Bachnähe in größerer Anzahl vorkommen.

Wolfsgrund

Westlich davon befindet sich Wolfsgrund, eine kleine, von Wald umgebene Siedlung mit gemütlicher Gaststätte. Ganz in ihrer Nähe (etwa 100 m südöstlich) fällt ein etwa 7 m breiter, bis 2,5 m hoher Quarzitfelsen auf.

⑧ Chemnitzbachtal zwischen Dorfchemnitz und Mulda

Für botanisch interessierte Wanderer ist die Bachaue zwischen Dorfchemnitz und Mulda besonders reizvoll. Das gilt vor allem für die Ufer des Chemnitzbaches und viele, seit langer Zeit nicht mehr landwirtschaftlich genutzte Sumpf- und Niedermoorflächen. Hier kommen in teilweise recht guten Beständen geschützte Pflanzen wie z.B. Akelei-Wiesenraute, Bach-Nelkenwurz, Hohe Schlüsselblume, Fieberklee, Kleiner Baldrian und Sumpf-Blutauge vor. Die weniger feuchten Flächen, die noch traditionell durch Mahd und Beweidung genutzt werden, sind reich an Wiesenblumen wie Kuckucks-Lichtnelke, Wiesen-Knöterich, Verschiedenblättrige Kratzdistel, Scharfem Hahnenfuß und Sumpf-Kratzdistel.

Sumpf- und Niedermoorflächen

Erlen-Eschen-Auenwald

Sehr gut sind in diesem Gebiet auch verschiedene natürliche Waldgesellschaften ausgebildet, wie ein Erlen-Eschen-Auenwald (bachbegleitend am Chemnitzbach nördlich des Schwarzen Busches) und ein Birkenmoorwald (unterhalb des Großen Leitzberges zwischen dem Schwarzem Busch und der ehemaligen Eisenbahnstrecke). Ebenfalls sehr artenreich ist ein schmaler Schatthang-Waldstreifen, den man – wie auch die zuvor erwähnten Wiesen – sehr gut von der Straße aus einsehen kann. Er befindet sich kurz vor Mulda. In ihm kommen Berg-Ulmen und als weitere bemerkenswerte Pflanzen Ausdauerndes Silberblatt, Wald-Geißbart, Bunter Eisenhut und Gegenblättriges Milzkraut vor.

Walderlebnishütte

Im Wald zwischen Chemnitzbach und Geleitstraße ist in den letzten Jahren eine „Walderlebnishütte" entstanden – mittlerweile ein recht umfangreicher Komplex von Blockhütten und Veranstaltungsplatz. Hier lassen alljährlich zu Pfingsten Künstler mit kreischenden Kettensägen Holzfiguren entstehen.

I eitspruch des Initiators: „Ich kann jeden Stamm zur Sau machen!". Der „Sauensäger" Andreas Martin ist im Hauptberuf Förster und bietet auch Führungen und Programme an. Die Walderlebnishütte ist eine von 16 Stationen des Computer-Naturlernspieles „Ulli Uhu".

Zethau

9 Grüne Schule grenzenlos

Die außerschulische Bildungseinrichtung in Zethau bietet Kindern, Jugendlichen und Erwachsenen Möglichkeiten, die Umwelt zu entdecken und Naturerkenntnisse zu vertiefen.

Die wichtigsten Ziele sind dabei eine sinnvolle Freizeitgestaltung, die Wissensvermittlung insbesondere im ökologischen und musisch-kulturellen Bereich, die Unterstützung der schulischen und außerschulischen Bildung sowie das Organisieren von internationalen Jugendbegegnungen. Enge Kontakte bestehen unter anderem zu Bildungseinrichtungen in Tschechien und Frankreich.

Bei ein- oder mehrtägigen Programmen dienen Exkursionen, Erlebnistouren und Waldspiele vor allem der Wissenserweiterung über die Lebensräume Wald und Wasser, die Entwicklung der Landschaft sowie über die Besonderheiten der Tier- und Pflanzenwelt des Erzgebirges. Ziel ist es, die Natur mit allen Sinnen zu erleben. Dabei helfen auch die modern eingerichteten Räumlichkeiten wie der Naturerlebnis- und der Kinoraum. Kinder des Ortes können an verschiedenen Arbeitsgemeinschaften teilnehmen. Das Bestehen und die Ausstrahlung der Grünen Schule grenzenlos sind in erster Linie dem außergewöhnlichen Engagement des Leiters der Einrichtung, Christoph Weidensdörfer, zu verdanken.

Naturlernspiel „Ulli Uhu entdeckt das Ost-Erzgebirge"

Die Grüne Schule Zethau ist auch eine von insgesamt 16 Stationen des Computer-Naturlernspieles „Ulli Uhu entdeckt das Ost-Erzgebirge", mit dem die Grüne Liga Osterzgebirge Kindern im Grundschulalter und ihren Eltern die Natur der Heimat nahe bringen will.

Im Unterdorf von Zethau befindet sich die Pferdesportanlage „Michelshof". Auf Kinder warten hier u.a. ein Streichelzoo, ein Natur- und Entdeckerpfad und kreative Bastelangebote. Jugendliche können im Michelshof im Sommer und Herbst Reitferien verbringen. Mit zum Objekt gehört eine rustikale Gaststätte sowie ein Hochseilgarten.

Quellen

Freyer, Günter u.a. (1988): **Freiberger Land**, Werte der Deutschen Heimat, Band 47

Albrecht, Helmut u.a. (2004): **Industriearchäologie**,
Historische Gewerbe- und Industriestandorte im Tal der oberen Freiberger Mulde – eine industriearchäologische Dokumentation; Sächsisches Industriemuseum

www.bergbautradition-sachsen.de/html/bergwerk/eisenhammer_dorfchemnitz.htm

www.gruene-schule-grenzenlos.de

Mulden
bei Rechen

Tiefes Kerbsohlental, Granitporphyr, Amphibolith
Buchenwälder, Waldgeschichte, Wild
Bergwiesen, Bahndamm, Muldenaue

tal
berg-Bienenmühle

Text: *Jens Weber, Bärenstein; Christian Zänker, Freiberg*
(mit Hinweisen von Volker Geyer, Holzhau, Rolf Steffens, Dresden
und Werner Ernst, Kleinbobritzsch)

Fotos: *Reimund Francke, Gerold Pöhler, Jürgen Steudtner, Christian Zänker*

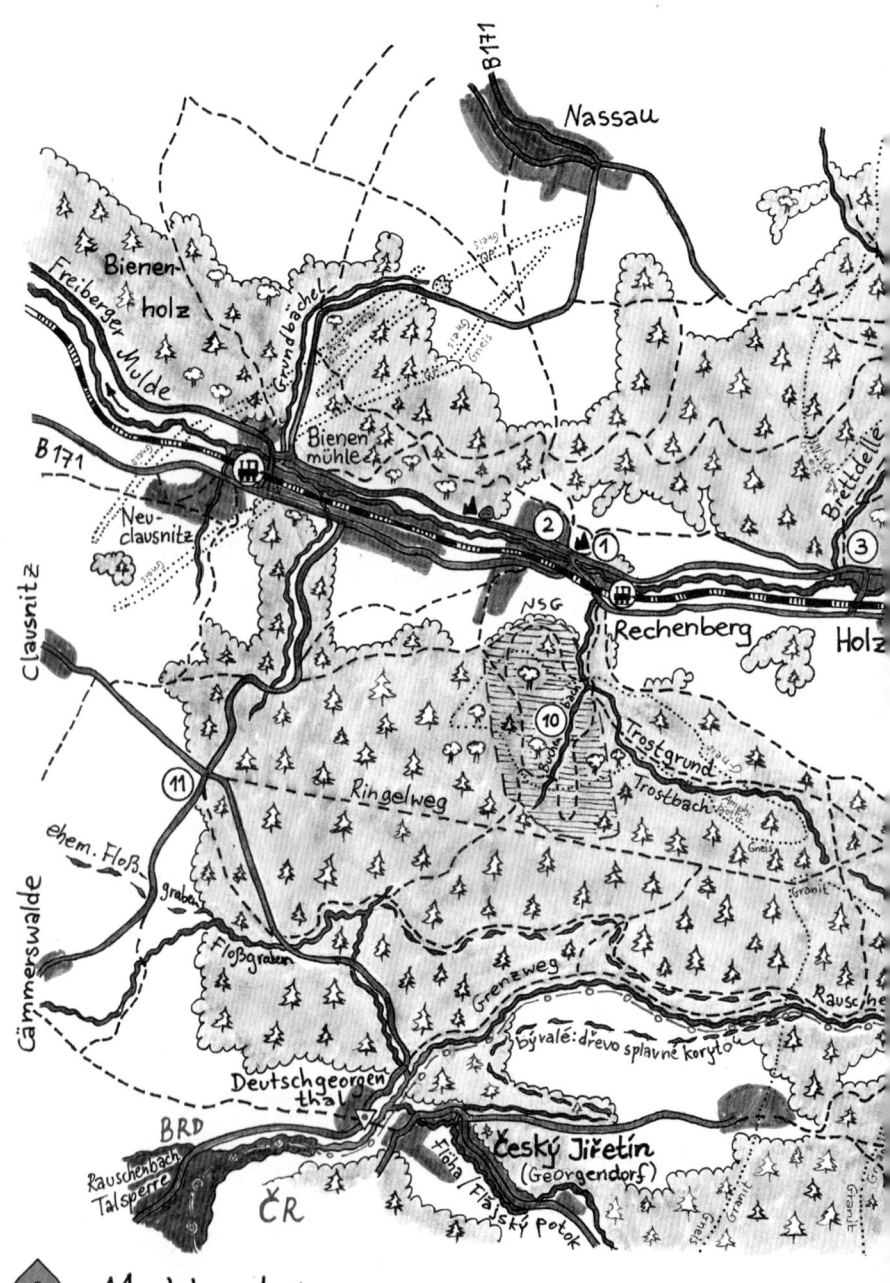

Muldental
bei Rechenberg-Bienenmühle

(1) **Historischer Ortskern von Rechenberg**

(2) **Sonnenhang Rechenberg**

(3) **Buchenhang bei Holzhau und Brett-Delle**

(4) **Kannelberg (805 m)**

(5) **Bahndamm zwischen Holzhau und Neurehefeld**

(6) **Morgenstein**

(7) **Steinkuppe (806 m)**

(8) **Wiesen um Holzhau**

(9) **Torfhaus Holzhau**

(10) **Naturschutzgebiet Trostgrund**

(11) **„Ringel"**

Die Beschreibung der einzelnen Gebiete folgt ab Seite 161

Landschaft

Freiberger Mulde

zielstrebig in westliche Richtung

Die am Sklářský vrch/Glaserberg bei Moldava/Moldau entspringende Freiberger Mulde eilt auf ihren ersten Kilometern zielstrebig in westliche Richtung, ungeachtet mehrerer querliegender, wenngleich schmaler Quarzporphyrriegel. Einige Nebenbäche (Ullersdorfer Bach/Oldřišský potok, Hirschbach/Hraniční potok und Steinbach) verhelfen der Mulde schon ziemlich bald zu beachtlicher Breite und Energie. Einhundert Meter tief hat sie sich bereits in den Grauen Gneis eingegraben, wenn sie nach reichlich fünf Kilometern Böhmen und die Rodungsinsel von Moldava/Moldau (sowie der einstigen Kammsiedlungen Ullersdorf, Motzdorf und Grünwald) verlässt.

Gebirgsrücken aus Granitporphyr

Kannelberg (805 m)

Steinkuppe (806 m)

Am Teichhaus fließt der Bach über die Grenze und hinein in das große Waldgebiet, das die Orte Holzhau und Rechenberg-Bienenmühle umspannt. Nur der harte Gebirgsrücken aus Granitporphyr, der vom höchsten Berg des Ost-Erzgebirges, dem Wieselstein/Loučna, geradewegs nach Norden streicht, vermag die Mulde ein kurzes Stück von ihrer ost-westlichen Fließrichtung abzubringen. Oberhalb des Wintersportortes Holzhau hat sie ein besonders steiles Tal geschaffen. Beiderseits steigen die Talhänge über 150 Höhenmeter schroff aufwärts, rechts bis zum 805 m hohen Kannelberg, links zum 793 m hohen Katzenstein und der dahinterliegenden Steinkuppe (806 m).

Abb.: Dreidelle

Ab der Ortslage Holzhau begleiten wieder Wiesenhänge, vorrangig auf der Südseite, den weiter gen Westen fließenden Bach, ohne jedoch den Taleinschnitt weniger steil erscheinen zu lassen. Kurze, gefällereiche Tälchen gliedern den Nordhang auf, hier „Dellen" genannt (Brett-Delle, Richter-Delle, Drei- und Vierdelle).

Von Süden fließen der Mulde der Bitterbach, an dem sich die Häuser von Holzhau aufreihen, sowie der Trostgrundbach zu. Beiderseits von Rechenberg und Holzhau prägt ein enger Wechsel von Freiberger Grauen Gneisen und Roten Muskovitgneisen („Metagranitoide") den Untergrund.

Letztere bringen in der Regel weniger ertragreiche Böden hervor – der Waldanteil ist hier entsprechend höher. Besonders bemerkenswert ist indes ein größeres Amphibolit-Vorkommen im Bereich des Trostgrundes.

Amphibolit-Vorkommen

Das basische Gestein spiegelt sich auch in der Bodenvegetation wider. Ebenfalls einen erhöhten Kalzium- und Magnesiumreichtum im Boden bietet stellenweise die Phyllitinsel westlich des Kannelberges. Im Gebiet der Brett-Delle wurde zeitweilig sogar Kalk abgebaut.

Etwa 12 Kilometer Laufstrecke und 320 Höhenmeter hat die Freiberger Mulde bereits hinter sich, bevor sie ab Bienenmühle allmählich in die „normale" Fließrichtung der sächsischen Erzgebirgsbäche, nämlich nach Nordwest bis Nord, einschwenkt. Seit im Tertiär der Rumpf des „Ur-Erzgebirges" auseinanderbrach, das heutige Erzgebirge als Pultscholle angehoben und schräggestellt wurde, erstreckt sich der Kamm ziemlich geradlinig von West-Süd-West nach Ost-Nord-Ost. Die daraus resultierende Hangabtriebskraft auf der Pultscholle bestimmt die Hauptfließrichtung des Wassers – insofern sich diesem nicht geologische Hindernisse in den Weg stellen. Dies können zum einen harte Gesteine sein oder aber tektonische Bruchzonen. Letzteres hat am Oberlauf der Freiberger Mulde eine Rolle gespielt. Das Auseinanderbrechen des „Ur-Erzgebirges" erfolgte nicht mit einem Mal und nur an einer Stelle. Der unter enormem Druck stehende Gebirgsrumpf wurde an vielen Stellen zerrissen, auch wenn diese heute kaum so ins Auge fallen wie etwa der steile Südabbruch des Erzgebirges (Bergleute jedoch mussten es immer wieder erleben, wie ein Erzgang, dem sie mühevoll gefolgt waren, abbrach und an ganz anderer Stelle sich fortsetzte).

Blattverschiebung

Eine Ost-West-verlaufende „Blattverschiebung" (ein Gesteinspaket wurde horizontal nach rechts, das andere nach links verschoben) hat den oberen Talverlauf der Freiberger Mulde mitbestimmt.

hohe Reliefenergie

Auf alle Fälle hat die Erdgeschichte hier eine Landschaft mit außerordentlich hoher Reliefenergie und deswegen auch großem Erlebniswert entstehen lassen. Von der Basalterhebung der Steinkuppe, den Granitporphyrklippen des Morgensteins oder vom Waldrand oberhalb der Rechenberger Kirche kann man eindrucksvolle Ausblicke auf das obere Muldental genießen.

Kaltluftseen

erstklassige Wintersportbedingungen

Sowohl östlich des Teichhauses als auch um Rechenberg und Holzhau bilden sich vor allem im Winterhalbjahr ausgesprochene Kaltluftseen, die nicht nur fotogene Morgennebel, sondern auch erstklassige Wintersportbedingungen mit sich bringen. Wenn im Frühling die Sonne höher steigt und an den steilen Südhängen den Schnee rasch schmelzen lässt, kann man an den gegenüberliegenden Abfahrtshängen noch lange skifahren. Einige Wochen später dann gibt die Natur hier sehr schöne Bergwiesen frei.

große, zusammenhängende Wälder

Umgeben ist das Muldental bei „ReBi", wie die Einheimischen ihren Ort Rechenberg-Bienenmühle kurz nennen, von großen, zusammenhängenden Wäldern: im Nordwesten vom Bienenholz, im Nordosten vom Töpferwald, im Süden vom Ringelwald und vom Fischerwald. Bis auf das Bienenholz gehen die Bezeichnungen wahrscheinlich nur auf kleinere Forstorte innerhalb des geschlossenen Waldgebietes zurück und wurden erst in neuerer Zeit von Kartografen auf größere Waldkomplexe übertragen.

Waldhu-fendörfer: Clausnitz, Nassau

Erst westlich und nördlich von Bienenmühle, wo wieder Graugneis fruchtbarere Böden hervorbringt, erstrecken sich die Fluren zweier typischer erzgebirgischer Waldhufendörfer: Clausnitz (links der Mulde) und Nassau (rechts). Nassau ist stolze sechs Kilometer lang, was aber für die langgestreckten Ortschaften an den Seitenbächen der Freiberger Mulde gar nicht so ungewöhnlich ist. Auch in Lichtenberg, Zethau und den meisten anderen Dörfern hier benötigt man über eine Stunde für einen Fußmarsch von einem Ortsende zum anderen. Die langen Seitentäler mit den ertragsreichen Gneisfluren boten genügend Raum für viele Siedler. Im Gegensatz zum extrem schroffen Oberlauf der Mulde ist die Landschaft im mittleren Teil eher flachwellig, der Höhenunterschied zwischen der breiten Talsohle und den umgebenden Hochflächen viel geringer. Eine Radtour entlang der Mulde präsentiert dem Naturfreund ein spannendes landschaftliches Kontrastprogramm.

Rechenberg

Die Orte Bienenmühle, Rechenberg und Holzhau unterscheiden sich hinsichtlich ihrer Geschichte ganz beträchtlich. Wahrscheinlich bereits Anfang des 13. Jahrhunderts ließen die böhmischen Herren von Hrabišice/Hrabischietz (tschechisch: hrab = Rechen) eine kleine Schanze auf einem Felssporn errichten, wohl um ihren Siedlungsvorstoß über den Erzgebirgskamm (Richtung Purschenstein und Sayda) abzusichern. Viel Platz für eine Festung bot der Burgfelsen nicht, doch fand sich in deren Schutz bald ein

„Stetlein" ein. Im 18. Jahrhundert verfiel dann die Burg, und heute künden nur noch wenige restaurierte Mauerreste vom einstigen Wehrturm. Zum historischen Ortskern im Umfeld des Rechenberger Burgfelsens gehören die Brauerei, das frühere Herrenhaus, die ehemalige Schule (heute Rathaus) und ein kleiner Marktplatz. Anstelle des Marktes befand sich bis Ende des 19. Jahrhunderts ein großer Flößereiteich.

Abb.: Ruine Rechenberg im 18. Jh. (zeitgenössische Darstellung)

Wesentlich später entstand im Umfeld einer Sägemühle neben dem „Bienholz" genannten Waldgebiet der Ort Bienenmühle. 1876 erreichte von Freiberg aus die Eisenbahn die Bienenmühle, 1885 wurde die Strecke bis Moldau/Moldava verlängert, wo Anschluss an das böhmische Eisenbahnnetz bestand. Fortan verkehrten hier täglich etliche (mitunter mehr als zehn) Braunkohlezüge aus dem Raum Brüx/Most nach Freiberg, jeweils mit 40 oder 50 Waggons, gezogen von drei Lokomotiven. Bienenmühle wurde zu einem großen Rangierbahnhof. Handwerk aller Art siedelte sich an, der vorher beschauliche Flecken veränderte innerhalb kürzester Zeit radikal seinen Charakter und entwickelte sich zu einem Industriestandort.

Ganz anders die Geschichte von Holzhau: wie der Name vermuten lässt, handelte es sich einst um eine Holzfällersiedlung. Zuvor bereits nutzten in

Holzhau der Gegend mehrere Glashütten des „Glaserzeugungskreises Moldava/ Moldau" den Holzreichtum des Bergwaldes. Heute weisen Tafeln eines Glasmacher-Lehrpfades auf deren Standorte hin. Doch immer mehr trat der Rohstoffhunger des Freiberger Bergbaus in den Vordergrund.

Im Jahr 1532 kaufte der Landesherr Herzog Georg den Wald zwischen Mulde, Bitterbach und Böhmischer Landstraße und ließ hier Holzfäller ansiedeln. Das Holz wurde bis in das letzte Drittel des 19. Jahrhunderts (bis zum Bau der Eisenbahn) auf der Mulde nach Freiberg geflößt. Mehrere große Teiche sollten der Flösserei ausreichend Wasser bereitstellen, so ein zwei Hektar großes Gewässer direkt unterhalb des Burgfelsens in der Ortslage

Flößerei Rechenberg (beim Hochwasser1897 zerstört), ein Teich am Teichhaus (Name!) und einer am Hirschbach. Die beiden letzteren mussten dem Bau der Eisenbahnstrecke weichen.

Mit der Eisenbahn kamen um 1880 auch die ersten Touristen ins Rechenberger Gebiet, damals noch als Sommerfrischler bezeichnet.

Sommer- Besonders die verhältnismäßig schneesichere Lage lockte darüber hinaus
frischler immer mehr Wintergäste in den kleinen Ort an der Bahnstrecke.

Daran hat sich bis heute nicht viel geändert. Die grenzüberschreitende Bahnverbindung wurde zwar nach dem zweiten Weltkrieg bei Neurehefeld gekappt, und seit 1972 ist Holzhau Endstation. Die in den 1990er Jahren modernisierte und privatisierte Muldentalbahn bietet Naturfreunden und Wintersportlern dennoch eine gute Erreichbarkeit des Gebietes.

Pflanzen und Tiere

große Bedingt durch die großen Höhenunterschiede auf
Höhenun- relativ engem Raum sowie die geologische Vielfalt
terschiede zeichnen sich der oberste Abschnitt der Freiber-
auf engem ger Mulde und die sie umgebenden Berge durch
Raum ein sehr breites Artenspektrum aus. Zu den im gesamten Ost-Erzgebirge mehr oder weniger häufigen Arten treten hier in größerer Menge auch typisch montane Pflanzenarten wie Meisterwurz (große Bestände vor allem auf tschechischem Gebiet nahe Moldava/Moldau), Alpen-Milchlattich (größere Vorkommen im Wald südlich von

Abb.: Bach- Bienenmühle) und Bach-Greiskraut (in den Auen
Greiskraut der Mulde und ihrer Zuflussbäche) auf.

Die potenziell natürliche Vegetation – also das Pflanzenkleid, das die Gegend prägen würde, hätte der Mensch nicht die natürlichen Wälder gerodet oder in Fichtenforsten umgewandelt – wäre ein Hainsimsen-(Tannen-
Hainsimsen- Fichten-)Buchenwald, der auf den höchsten Bergen südlich und südöstlich
(Tannen- von Holzhau in einen Wollreitgras-Fichten-Buchenwald übergeht. Die
Fichten-) Fichte käme also durchaus auch natürlicherweise vor. So flächendeckend,
Buchenwald

wie man sie heute sowohl an den Steilhängen wie auch auf den Bergkuppen antrifft, sind die Fichtenmonokulturen jedoch das Ergebnis von fast 200 Jahren intensiver Forstwirtschaft.

Trotzdem findet man in der Umgebung von Rechenberg-Bienenmühle und Holzhau auch noch einige der schönsten naturnahen Wälder des Ost-Erzgebirges. Dies betrifft in erster Linie das Naturschutzgebiet Trostgrund, aber auch Bestände im Bienholz (nördlich von Bienenmühle), in der Brett-Delle sowie an den steilen Südhängen des Kannelbergmassivs nördlich von Holzhau (dort aber auch einige reine Buchenforsten fast ohne Mischbaumarten).

Die Wälder nördlich der Mulde stocken überwiegend auf saurem Untergrund (abgesehen von einigen etwas basenreicheren Gründen im Pyllitgebiet, vor allem der Brett-Delle). Ihre Krautschicht wird von Drahtschmiele, Schattenblümchen, Fuchs-Kreuzkraut und Dornfarn gebildet. Wolliges Reitgras, an etwas nährstoffreicheren Standorten auch Quirl-Weißwurz und Purpur-Hasenlattich, zeugen vom Berglandcharakter der Wälder, während merkwürdigerweise die namengebende Art des Luzulo-Fagetums, die Schmalblättrige Hainsimse, selten zu finden ist.

Abb.: Fichten-Buchen-Mischwald in der Brett-Delle

Wesentlich vielfältiger hingegen präsentieren sich einige nordexponierte Wälder südlich der Freiberger Mulde. In besonderem Maße gilt das für den Trostgrund und sein Umfeld. Amphibolit, ansonsten im Ost-Erzgebirge meist nur in kleinen Gängen und Linsen vorhanden, sorgt hier auf über einem Quadratkilometer für mehr oder weniger basenreiche Böden. Das lässt Springkraut- und Zwiebelzahnwurz-Buchenwälder gedeihen. Der Zahnwurz-Buchenwald ist eine Berglandform des Waldmeister-Buchenwaldes, in dem neben Zwiebel-Zahnwurz und Waldmeister auch Frauenfarn, Bingelkraut, Waldgerste und Goldnessel vorkommen. Noch deutlich mannigfaltiger ist die Bodenflora in den (sicker-) feuchten Springkraut-Buchenwaldbeständen. Neben den gerade genannten Arten findet man hier: Echtes Springkraut, Hain-Sternmiere, Hexenkraut, Wald-Ziest, Gegenblättriges Milzkraut, Berg-Weidenröschen, Kriechender Günsel.

Springkraut- und Zwiebelzahnwurz-Buchenwälder

Die Wälder um Rechenberg-Bienenmühle und Holzhau haben überregionale Naturschutz-Bedeutung und wurden deshalb als NATURA-2000-Gebiet entsprechend der so genannten „Flora-Fauna-Habitat"-Richtlinie der Europäischen Union ausgewiesen. Ein noch größerer Waldkomplex, bis hin zur Staatsgrenze, ist EU-Vogelschutzgebiet („Waldgebiete bei Holzhau").

Bergwiesen

Von besonderem Reiz sind die zahlreichen (vor allem nord- bis nordostexponierten) Bergwiesen im Umfeld von Holzhau und Rechenberg. Viele Wiesen erscheinen hier mehr oder weniger feucht und werden von Berglandsarten wie Bärwurz, Alantdistel, Wiesenknöterich und Wald-Storchschnabel geprägt. Demgegenüber sind die südexponierten Hangwiesen eher trocken und bieten neben Magerkeitszeigern wie Heide-Nelke und

Abb.: Wiese am Holz- hauer Ski- hang

Thymian auch eher wärmeliebenden Arten, beispielsweise Zickzack-Klee und Echtes Johanniskraut. Wenngleich auch um Holzhau und Rechenberg die intensive Viehhaltung vergangener Jahrzehnte die Flora hat verarmen lassen, so konnte sich doch in diesem Teil des Ost-Erzgebirges – fernab größerer Stallanlagen – noch verhältnismäßig viel von der einstigen Blütenpracht der Bergwiesen erhalten.

sauberer, sauerstoff- reicher Ge- birgsbach

Bachneun- auge

Das Wasser der Freiberger Mulde ist in ihrem Oberlauf noch kaum von Abwässern irgendwelcher Art verunreinigt – ganz anders als weiter talabwärts, wo sie über Jahrhunderte mit den Abprodukten von Bergbau und Industrie belastet wurde. Im sauberen, sauerstoffreichen Gebirgsbach um Rechenberg-Bienenmühle tummeln sich Bachforellen, von denen sich im Winter gelegentlich der Fischotter einen Anteil holt. Weiterhin kommt die Westgroppe vor, und auch das seltene Bachneunauge lebt in der oberen Freiberger Mulde – äußerlich ein Fisch, aber eigentlich ein stammesgeschichtlich viel älterer Vorläufer der „richtigen" Fische, dessen Skelett noch aus Knorpel besteht (und nicht aus Knochen). Ursprünglich hielt man neben dem eigentlichen Auge auch die seitlichen Nasenöffnungen und die sieben Kiemenspalten für Augen – daher der seltsame Name. Zur reichen Bachfauna gehören ebenfalls Köcher-, Stein- und Eintagsfliegenlarven, darunter auch einige seltene Arten. Typische Brutvogelarten am Fließgewässer sind Stockente, Gebirgs- und Bachstelze sowie insbesondere die Wasseramsel.

Abb.: Bachstelze

Brutvogel-arten

Von den knapp achtzig Brutvogelarten des Gebietes kommen auf den Berg- und Nasswiesen Wiesenpieper und Braunkehlchen vor, außerdem die generell Offenland bevorzugenden Arten Mäusebussard, Wachtel, Feldlerche und Goldammer. Im Bereich der Siedlungen kann man Star, Rauch- und Mehlschwalbe antreffen. Typische Buchenwaldarten sind Hohltaube, Schwarz- und Grauspecht, Waldlaubsänger, Sumpfmeise, sporadisch auch Trauer- und Zwergschnäpper. In den Fichtenforsten sind Waldschnepfe, Sperlings- und Raufußkauz (Bruthöhlen meist in einzelnen Buchen), Wintergoldhähnchen, Misteldrossel, Tannen- und Haubenmeise, Gimpel, Erlenzeisig und Fichtenkreuzschnabel zu Hause. Aus den Fichtenbeständen unternimmt der Sperber Jagdausflüge bis in die Ortschaften hinein. Vor allem im Waldrandbereich fallen Baumpieper und Wacholderdrossel auf, wo es Hecken gibt auch Neuntöter.

Wild

Die Wälder der Umgebung sind recht reich an Wild – bzw. waren sie es bis vor wenigen Jahren. 1739 sollen hier bei einer kurfürstlichen Großjagd 500, nach anderen Angaben sogar 800 Rothirsche und Wildschweine erlegt worden sein. Konkurrenten waren da natürlich nicht willkommen, und so wurde 1748 der letzte Wolf der Gegend getötet. In den letzten Jahrzehnten gibt es allerdings Anzeichen, dass auf leisen Pfoten ein anderer Jäger gelegentlich durch die Holzhauer Wälder streift: der Luchs.

Durch die Wildabschüsse der letzten Jahre gelingt es jedoch heute nur noch selten, Rothirsche zu beobachten oder im Herbst deren Brunftrufe zu vernehmen. Die drastische Reduzierung des Wildbestandes durch die Staatsförster soll dem Ziel dienen, auch wieder Laubbäume und Weißtannen wachsen zu lassen, die in Ermangelung sonstiger Nahrung innerhalb der Fichtenforsten sonst sofort von Hirschen und Rehen wieder weggefressen werden.

Weitere einheimische Säugetiere des Gebietes sind Feldhase, Eichhörnchen, Fuchs, Stein- und Baummarder, Waldiltis, Hermelin und Mauswiesel, außerdem die Kleinsäuger Maulwurf, Wald-, Wasser-, Sumpf- und Zwergspitzmaus, Rötel-, Gelbhaus-, Wald- und Zwergmaus, Erd-, Feld- und Schermaus sowie die Haselmaus. An Fledermäusen wurden bisher das weit verbreitete und anpassungsfähige Braune Langohr sowie die Berglandsiedlungen bevorzugende Nordfledermaus nachgewiesen.

Abb.: Nord-fledermaus

Wanderziele um Rechenberg-Bienenmühle

① Historischer Ortskern von Rechenberg

Wer im Mai durch Rechenberg kommt, dem fallen mit Sicherheit die leuchtend gold-gelben Blütenteppiche am Burgfelsen auf. Es handelt sich um das Felsen-Steinkraut, eigentlich eine wärmeliebende Pflanze, die beispielsweise im Böhmischen Mittelgebirge oder im Elbtal bei Meißen zu Hause ist. Offenbar fühlt sich das dekorative Blümchen aber an der von der Sonne

Rechenberger Burgfelsen

beschienenen Südwand des Rechenberger Burgfelsens recht wohl. Angesät haben soll es, laut Chronik, 1881 ein Kirchschullehrer. Der Fels selbst besteht aus Gneis, in dessen Spalten Quarz eindrang, was dem Gestein eine außerordentliche Festigkeit verlieh.

Von der alten Burg ist nicht mehr viel übrig als ein paar restaurierte Mauerreste. Doch hinter dem Felsen und dem angrenzenden Rathaus verbirgt sich ein Gebäudekomplex, der die heute wohl bekannteste Institution von

Sächsisches Brauereimuseum

Rechenberg-Bienenmühle beherbergt: die Brauerei und das Sächsische Brauereimuseum. Bereits im Jahre 1558 erhielt Rechenberg das Braurecht als Rittergutsbrauerei – damit gehört das Werk heute zu den ältesten, noch produzierenden Brauereien Sachsens. Bis in die heutige Zeit blieb sehr viel historische Bausubstanz erhalten.

Im Burghof finden alljährlich, neben mehreren anderen Ereignissen, das Bergwiesenfest von Rechenberg-Bienenmühle (im Juni) und im Herbst ein Naturmarkt statt.

Im alten Ortskern, zu Füßen der Burgruine, sind noch einige historische Fachwerkgebäude erhalten geblieben. So hat der Heimatgeschichtsverein ein uraltes, winziges Flößerhaus vor dem Verfall gerettet und betreibt dort

Flößereimuseum

ein Flößereimuseum. Das Gebäude wurde vor 1800 errichtet und ist das letzte Flößerhaus am Originalstandort.

Nahe der Mulde, unmittelbar westlich des historischen Ortskernes befindet sich an der Stelle eines der früheren Flößerteiche das Ökobad Rechenberg. Durch verschiedene Pflanzen, Bakterien und Zooplankton wird das Bad wie ein natürlicher Teich gereinigt. Zusätzlich steht gutes Frischwasser zur Verfügung. Eine Anwendung von Chlor erübrigt sich dadurch. Die Erwärmung des Wassers für die Duschen erfolgt durch Solarenergie.

Abb.: Ökobad Rechenberg

(2) Sonnenhang Rechenberg

Abb.: Blick über die Rechenberger Kirche zum Trostgrund

Am Wiesenhang oberhalb der ehemaligen Burg streckt die um 1900 errichtete Kirche ihren schlanken Turm Richtung Himmel. Obwohl nicht gerade im erzgebirgstypischen Stil errichtet, ist sie heute doch so etwas wie ein Wahrzeichen von Rechenberg-Bienenmühle, auf fast allen Ansichtskarten abgebildet.

Vom Wanderweg nach Nassau, der sich an der Kirche vorbei steil den Hang heraufzieht, kann man einen eindrucksvollen Blick auf das obere Muldental, über die Rechenberger und Holzhauer Rodungsinsel werfen. Auf der anderen Talseite begrenzt der bewaldete Rücken des Ringelwaldes den Horizont. Besonders im Frühjahr, zur Zeit des Laubaustriebes, hebt sich der hellgrüne Buchenmischwald des Trostgrundes vom dunklen Fichtenmeer ab. Unterhalb leuchten zu dieser Zeit gelbe Löwenzahn-Weiden, geziert von blühenden Weißdornbüschen auf einzelnen, steinrückenartigen Hangterrassen. Doch das Löwenzahn-Gelb ist von kurzer Dauer, bald präsentiert sich das Grünland nur noch einförmig grün. Intensive Jungrinderweide hat der einstigen Artenfülle der Bergwiesen auch hier den Garaus gemacht. Diese bedauerliche Tatsache trifft ebenfalls für den größten Teil des diesseitigen, sonnenexponierten Hanges zu – bis auf einige Böschungen und Waldränder, wo sich Reste der früher landschaftsprägenden Pflanzenvielfalt erhalten konnten.

artenreiche Wiese

Am unteren Steilhang, oberhalb der kleinen Wohnsiedlung „Am Sonnenhang", gibt es noch eine artenreiche Wiese, etwa einen Hektar groß. Typische Bergwiesenarten bilden den Grundstock: Bärwurz, Rot-Schwingel, Wald-Storchschnabel, Frauenmantel, Goldhafer, Alantdistel. Hinzu kommen noch Magerkeitszeiger, vor allem Berg-Platterbse, Rundblättrige Glockenblume, Heide-Nelke und Thymian, sowie eher wärmeliebende Pflanzen wie Zickzack-Klee. Große Bereiche dieses mageren, sonnigen Hangbereiches hat auch die Kaukasus-Fetthenne eingenommen, eine zwar sehr hübsche, aber eingeschleppte Pflanze, die jedoch kaum in der Lage sein dürfte, einheimische Arten zu verdrängen. Stattdessen droht hier in Folge Verbrachung die Pflanzenvielfalt allmählich zu schwinden. Seit vielen Jahren wurde die Fläche weder gemäht noch beweidet. Die Grasnarbe verfilzt, ausläufertreibende Gräser (vor allem das Weiche Honiggras) machen sich breit. Konkurrenzschwache Pflanzen wie Zittergras oder die anderen, bereits genannten Magerkeitszeiger werden verdrängt. Profitieren von der ausbleibenden Nutzung können einerseits spätblühende Arten wie das Kanten-Hartheu, das im Juli große Bereiche der Fläche gelb färbt, sowie Pflanzen der Waldränder und -lichtungen, z.B. Roter Fingerhut. Für viele Insekten ist dieses gegenwärtig bunte Nebeneinander früh- und spätblühender Pflanzen ein wahres Paradies. Zahlreiche Tagfalter flattern über das

Blütenmeer, im Hochsommer ist vielstimmiges Heuschreckenkonzert zu vernehmen. Doch die Sukzession – die Entwicklung von einem Vegetationsstadium zum nächsten – verläuft weiter und würde wahrscheinlich in wenigen Jahren zur Verarmung nicht nur der Flora, sondern auch der Fauna führen. Da wegen der ausgebliebenen Mahd keine Nährstoffe abgeschöpft wurden, zeigen einige Teile der Wiese bereits deutliche Eutrophierungstendenzen. Hochwüchsiges Knaulgras, Giersch und Wiesen-Kerbel künden von dieser Entwicklung, teilweise auch schon Brennnessel. Ihr Schatten lässt den kleinen Pflanzen kaum Chancen. Gleichzeitig wachsen Birken, Zitterpappel und Ahorn in die Höhe.

Im Herbst 2007 hat die Grüne Liga Osterzgebirge, mit tatkräftiger Unterstützung durch Schüler des Ortes, begonnen, einen Teil dieser wertvollen Wiese wieder zu pflegen.

Buchenhang bei Holzhau und Brett-Delle

Buchen-waldkomplex

An den Hängen nördlich von Holzhau, direkt oberhalb der Muldentalstraße, wächst ein ca. 300 Hektar umfassender Buchenwaldkomplex.

Die karge Bodenvegetation berichtet von nährstoffarmen Standortverhältnissen, die darüberhinaus auch noch durch die steile Südhanglage zur Austrocknung und Aushagerung neigen. Wenige, anspruchslose Grasarten wachsen hier, vor allem Draht-Schmiele, Wald-Reitgras, am Oberhang auch Wolliges Reitgras, seltener Hain-Rispengras und Schmalblättrige Hainsimse (die namensgebende Art der natürlichen Hainsimsen-Buchenwaldgesellschaften). Hinzu kommen etwas Fuchs-Kreuzkraut, Purpur-Hasenlattich und Wald-Habichtskraut. Nur zwischen Felsblöcken treten verschiedene Farne (Breitblättriger Dornfarn, Frauenfarn, seltener auch Eichenfarn) auf. Die Buchen sind hier der Gefahr von Rindenbrand ausgesetzt. Besonders am Unterhang, wo keine vorgelagerten Baumkronen Schutz vor der im Sommer intensiven Sonneneinstrahlung bieten, können die dünnen, silbrigen Buchenborken der Erhitzung nicht genügend Widerstand bieten. Das darunterliegende Zellgewebe stirbt ab, die Rinde platzt auf und schließlich können Pilze eindringen.

Brett-Delle

höchste und mächtigste Fichten des Gebietes

Diese Gefahr besteht in den steilen Tälchen (den „Dellen"), die den rechten Muldenhang gliedern, nicht. Die Buchen sind hier wüchsig, und auch Fichten profitieren vom kühleren und feuchteren Millieu. Besonders die Brett-Delle bietet eindrucksvolle Waldbilder, unter anderem mit den höchsten und mächtigsten Fichten des Gebietes (bis 47 m Höhe und 15 m^3 Volumen!). Auch Eschen und Bergahorn bringen es hier auf beachtliche Höhen. Ebenso ist die Bodenvegetation deutlich üppiger mit Ruprechtskraut, Wald-Sauerklee, Waldgerste, Goldnessel, Hexenkraut, Hain-Gilbweiderich, Wald-Ziest und

Großem Springkraut sowie verschiedenen Farnen (zusätzlich zu den bereits genannten Arten auch Männlicher Wurmfarn, Buchenfarn und der heute im Ost-Erzgebirge seltene Rippenfarn).

Wo Licht durch das Kronendach dringt, können Himbeere, Hirsch-Holunder und Gehölzjungwuchs eine dichte Strauchschicht bilden. Das Grundgestein in der Brett-Delle scheint zunächst im Wesentlichen dem der angrenzenden Südhänge zu entsprechen, doch bringen offenbar die sich hier sammeln-den Sickerwässer auch gelöste Mineralstoffe aus dem oberhalb angrenzen-den Gebiet des (Kalk-)Phyllits mit, die den vielen anspruchsvolleren Wald-pflanzen das Gedeihen ermöglichen.

  ## Kannelberg

(Auf vielen Landkarten, zum Beispiel denen des Sächsischen Landesver-messungsamtes, ist die höchste Erhebung zwischen Mulde und Gimmlitz mit „Drachenkopf" bezeichnet. Für die Einheimischen war und ist dieses 805 m hohe Massiv allerdings der Kannelberg. Drachenkopf hingegen heißt lediglich ein Felsen am fuße des Kannelberges.)

Beim Betrachten der Geologischen Karte fällt ein geradewegs von Süd (bei Litvínov/Oberleutensdorf) nach Norden verlaufendes Band auf, das sich bei Hartmannsdorf mit einem zweiten, gleichartigen aber schmaleren, von Nassau über Frauenstein heranziehenden Streifen vereinigt und schließlich am Dippoldiswalder Schwarzbachtal endet. Es handelt sich um Granitpor-

Granit-porphyr

phyr – heute nennen die Geologen das Gestein „Porphyrischer Mikrogranit". Während der Variszischen Gebirgsbildung, am Ende des Karbons (vor rund 300 Millionen Jahren) drang aus einer langen Spalte saures Magma aus dem oberen Erdmantel auf, gelangte recht weit hinauf ins Variszische Ge-birge, erreichte aber nicht ganz die Erdoberfläche. Beim Erkalten des Mag-mas wurde daraus also weder ein richtiges Tiefengestein (Granit) noch ein Ergussgestein (Porphyr) – sondern eben Granitporphyr.

Genauso wie auf der Geologischen Karte fällt dieser Granitporphyrstreifen auch in der Landschaft auf, nämlich als überwiegend bewaldeter Höhen-rücken. Vergleichsweise große Verwitterungsbeständigkeit hat daraus den höchsten Gipfel des Ost-Erzgebirges, den 956 m hohen Wieselstein/Loučná geformt; ebenso liegen Steinkuppe und Kannelberg auf diesem Streifen. Der Frauensteiner Burgfelsen ist Bestandteil des genannten Granitporphyr-Nebenrückens.

Das Gestein ist eigentlich nicht viel ärmer an Mineralstoffen als der im Ost-Erzgebirge vorherrschende und weitgehend landwirtschaftlich genutzte Gneis. Doch vermag die chemische Verwitterung viel weniger, den Granit-porphyr anzugreifen, also auch nicht die Mineralien des Gesteins zu Nähr-stoffen des Bodens umzuwandeln. Zahlreiche Blöcke, wie sie unter ande-rem auch im Wald des Kannelbergmassivs zu finden sind, machten es den ersten Siedlern unmöglich, solche Flächen unter Pflug zu nehmen. Diese Standorte blieben dem Wald vorbehalten.

Hier im Holzhauer Revier haben die Fichtenforsten auch die Zeit der Schwefeldioxid-Waldschäden in der zweiten Hälfte des 20. Jahrhunderts leidlich überstanden. Wieselstein/Loučná, Sprengberg/Puklá skála und Steinkuppe bilden eine breite Pufferzone zu den Braunkohlekraftwerken und Chemiefabriken des Nordböhmischen Beckens. Der damals mit schwefliger Säure angereicherte „Böhmische Nebel" zog außerdem bevorzugt entlang der Süd-Nord gerichteten Täler, während die Mulde hier von Ost nach West fließt.

Spuren der Neuartigen Waldschäden

Heute allerdings kann der aufmerksame Wanderer die Spuren der „Neuartigen Waldschäden" an den Fichten des Kannelberges sehen, insbesondere an den Südhängen. Ursache sind die vor allem aus Kraftfahrzeugmotoren entweichenden Stickoxide, die sich bei starker Sonneneinstrahlung mit Luftsauerstoff zu Ozon verwandeln, das wiederum die Pflanzenzellen angreift. Das erste, auffällige Schadsymptom der Fichten ist eine gelbliche Färbung der Nadeloberseiten, während die (sonnenabgewandten) Nadelunterseiten weiterhin grün bleiben. Besonders gut erkennt man diese Erscheinung im zeitigen Frühjahr, vor dem Maitrieb, wenn man von einem der Hangwege auf unterhalb stehende Fichten herabblicken kann: manche Kronen erscheinen dann fast zitronengelb.

Am schönsten ist der Kannelberg im Winter mit Skiern zu erleben. Auf dem Höhenrücken werden viele Kilometer Loipen gespurt. Westlich der Bergkuppe kreuzen sich diese Loipen am „Holzhauer Langlaufzentrum". Vom höchsten Punkt der Kalkstraße (Abzweig E-Flügel) kann man übrigens bei schönem Wetter entlang der Schneise genau auf die Augustusburg bei Flöha schauen.

Holzhauer Langlaufzentrum

··

⑤ Bahndamm zwischen Holzhau und Neurehefeld

Wo vor Jahrzehnten reger (Güter-)Zugverkehr für reichlich Lärm und Rauch sorgte, bieten sich heute beschauliche Naturerlebnisse – im Sommer den Wanderern und Radfahrern, im Winter vielen Skilangläufern.

Nach dem Zweiten Weltkrieg wurde der grenzüberschreitende Bahnverkehr auf der vorher besonders für Kohletransporte wichtigen Strecke zwischen Neuhermsdorf und Moldava/Moldau unterbrochen, seit 1972 endet die Muldentalbahn bereits in Holzhau. Die Gleise wurden abgebaut, der Bahndamm zunächst sich selbst überlassen. Auf dem kühl-schattigen Rohboden begannen sich, neben diversen anderen seltenen Pflanzen, verschiedene Bärlapp-Arten zu entwickeln. Die bedeutenden Vorkommen von Keulen-Bärlapp (Rote Liste Sachsen: „gefährdet"), Tannen-Teufelsklaue („stark gefährdet") sowie Isslers Flachbärlapp („vom Aussterben bedroht" – in Sachsen noch etwa zehn Vorkommen) führten zur Ausweisung des Alten Bahndammes zum Flächennaturdenkmal. Nur im Winter, wenn ausreichend Schnee liegt, können Langläufer das ehemalige Gleisbett befahren, ansonsten ist das Betreten aus Naturschutzgründen untersagt.

Oberhalb des Teichhauses verläuft über einige hundert Meter die Staatsgrenze entlang der Mulde, auf böhmischer Seite standen hier früher die

Der Kampf im Kriegswald

Im 16. Jahrhundert sah sich der Freiberger Silberbergbau mit immer größeren Problemen konfrontiert. Die oberflächennahen, reicheren Erzlagerstätten waren weitgehend erschöpft. Immer tiefer mussten die Bergleute ihre Gruben ins Gestein treiben. Doch je weiter sie sich hinab arbeiteten, um so größer wurden die Schwierigkeiten, das eindringende Wasser aus den Bergwerken zu heben, und außerdem nahm der Silbergehalt mit zunehmender Tiefe ab. Um diesen beiden Problemen Herr zu werden, benötigte man Energie – einerseits in Form von Aufschlagwasser, mit dem man die Wasserräder antreiben konnte, die ihrerseits die Pumpgestänge (die „Wasserkünste") in Gang hielten, andererseits viel Holz(-kohle), um die Schmelzhütten zu befeuern.

Beide Ressourcen waren im unmittelbaren Umfeld des Freiberg-Brander Bergreviers seit langem aufs Intensivste erschlossen. Kein Bächlein, dessen Wasser nicht über Gräben den Bergwerken und Erzwäschen nutzbar gemacht war, und kein Waldbestand, dessen Bäumchen nicht bereits bei Armstärke abgeschlagen wurden!

Um an Wasser-Energie zu kommen, drangen die Erbauer des umfangreichen Kunstgrabensystems immer weiter in Richtung Gebirge vor, um die Gebirgsbäche anzuzapfen. Auch für die Lösung des zweiten Problems, der Holzversorgung, spielten die Bäche eine immer größere Rolle. Bereits 1438 hatte man begonnen, auf der Mulde Holz zu flößen. Doch der Aufwand war enorm, denn um den Verlust an Holz so gering wie möglich zu halten, musste das bis dahin ungezähmte Fließgewässer begradigt, mussten Felsblöcke und Ufergehölze beseitigt, ja größtenteils die Ufer in Trockensteinmauern und Holzfaschinen eingefasst werden. Erst knapp einhundert Jahre später, ab 1532, als Herzog Georg im Gebiet des (daraufhin entstehenden) Ortes Holzhau ein Stück Wald erworben hatte, begann die regelmäßige Muldenflöße.

Doch das meiste Land gehörte den Herren von Schönberg auf Purschenstein, Rechenberg und Frauenstein. Denen war der enorme Freiberger Bedarf an Holz, wovon Wohl und Wehe der Bergstadt und der Bergwerke abhing, nicht entgangen. Sie wussten recht gut, ihre günstige Verhandlungsposition in klingende Münze umzuwandeln. Der Freiberger Rat versuchte deshalb, auch mit den böhmischen Herren südlich der Grenze (denen von Lobkowitz auf Bilin und Dux) ins Geschäft zu kommen. Dies wiederum führte zu zusätzlichen Spannungen, da die Muldenflöße über Schönbergs Land verlief – wenngleich diese eigentlich vom Kurfürsten dazu verpflichtet worden waren, die Holztransporte zu dulden.

Als schließlich die Lobkowitzes auch noch jenseits der damals wahrscheinlich noch nicht so eindeutig markierten Landesgrenze Holz schlagen wollten, kam es zu ernsthaften Handgreiflichkeiten. Die Schönbergs mobilisierten die Männer aus ihren Frauensteiner und Rechenberger Orten und zogen gegen die Eindringlinge zu Felde. Dabei sollen sich die Holzhauer so tapfer geschlagen haben, dass ihnen auf ewig das Recht zur freien Hutung (Hütung des Viehs) im nunmehr „Kriegsstück" bezeichneten Wald zwischen Hirschbach und Teich-Delle sowie zwischen Steinbach und Grenze gewährt wurde. Da das Offenland damals fast ausschließlich als Acker genutzt wurde, bedeutete dieses Recht für die armen Gebirgler eine wichtige Erleichterung, ihr Nutzvieh satt zu bekommen.

Bald waren auch an der oberen Mulde die Wälder geplündert. Auf der Suche nach Energieressourcen musste neuer Aufwand betrieben werden. 1624 begann der Bau der „Neugrabenflöße", mit der die Wälder an der oberen Flöha für den Freiberger Bergbau erschlossen wurden.

Häuser von Unter-Moldau, die nach der Vertreibung der sudetendeutschen Bewohner nach 1945 ebenso zerstört wurden wie die der Gebirgsdörfer Grünwald, Motzdorf und Ullersdorf, zwei bis drei Kilometer südlich von hier. Von seiner Einmündung in die Mulde an bildet dann der Hirschbach die Grenze. Auf einer kleinen Wiese am alten Bahndamm gedeiht hier noch ein schöner Bestand an Arnika - der Rest von einstmals ganz vielen gelben Arnikawiesen rund um Moldau.

Morgenstein

Wo die Mulde den Granitporphyr durchbricht, steigt auch auf der Südseite der Hang steil bergan. Mehrere Felsklippen (Morgenstein, Abendstein, Katzenstein) durchragen den Boden und waren früher beliebte Aussichtspunkte. Heute allerdings sind die beiden letztgenannten von hohen Baumwipfeln umgeben. Vom Morgenstein, den man vom „Schwarzen Buschweg" aus über eine steile Schneise erreicht, kann man jedoch noch immer einen eindrucksvollen Blick über das Muldental hinüber zum Kannelbergrücken genießen - am besten natürlich am Morgen bei Sonnenaufgang.

Obwohl das obere Muldental für den Bergbau vor allem als Holzlieferant eine Rolle spielte, gab es auch hier einige Schürfungen. Zwischen Ortslage Holzhau und Abendstein wurde kurzzeitig etwas Eisenerz abgebaut, wovon noch einige kleine Halden und Bingen erkennbar sind.

Steinkuppe

Etwa einen Meter höher als der Kannelberg auf der gegenüberliegenden Seite des Muldentales erhebt sich die Steinkuppe südlich der Ortslage Holzhau. Hier hat im Tertiär Lava den zehnmal so alten Granitporphyr durchstoßen und eine kleine Basalt-Quellkuppe gebildet. Durch einen Steinbruch wurde der Olivin-Nephelinit – so die korrekte geologische Bezeichnung – abgebaut und sichtbar gemacht. Vor einigen Jahrzehnten konnten sich Gesteinsfreunde noch an den über 5 m langen, 30 cm starken Säulen erfreuen, die wie die „Deckscheite eines Kohlemeilers" (Erläuterungsband der Geologischen Karte) am Gipfel zusammenstrebten. Leider ist heute davon nicht mehr viel zu erkennen – der größte Teil des ehemaligen Steinbruches ist verschüttet und mit dichtem Grasfilz (v. a. Wolliges Reitgras) überzogen. Auch hat das eher kleine Basaltvorkommen kaum zu Spuren in der umgebenden Vegetation geführt.

Vom Gipfel der Steinkuppe bietet sich ein Ausblick in Richtung Nordwesten. Der unterhalb liegende Abhang wurde früher als Sprungschanze genutzt. Die Böschung an der Nordseite des Steinbruches bewohnt mittlerweile ein Dachs, dessen Bau man vom Aussichtpunkt auf der Bergkuppe mit dem Fernglas gut einsehen und in der Dämmerung mit etwas Glück auch Meister Grimmbart persönlich beobachten kann.

Wiesen um Holzhau

Westlich der Steinkuppe befindet sich die Fischerbaude, seit 1901 ein Hotel im Familienbesitz, und daneben liegen zwei kleine Feuchtgebiete. Auf der einen Seite liegt die Quellmulde des Bitterbaches – des „Dorfbaches" von Oberholzhau –, der zur Freiberger Mulde fließt. Auf der anderen Seite sammelt das Salzflüsschen Wasser, um es zum Rauschenbach und über diesen schließlich in die Flöha zu führen. Die feuchten Quellbereiche sind vergleichsweise arten- und strukturreich, da sie teilweise gemäht, teilweise auch sich selbst überlassen werden. Insbesondere die mehr oder weniger ebene Nassfläche westlich der Fischerbaude zeigt dabei etwas moorigen Charakter mit Torfmoosen im Umfeld eines kleinen Teiches.

Abb.: Feuchtgebiet an der Fischerbaude

In den nassen Bereichen gedeiht noch etwas Schmalblättriges Wollgras, außerdem vor allem Wald-Schachtelhalm, Rasen-Schmiele, Blutwurz-Fingerkraut, Sumpfdotterblume, Moor-Labkraut, Rauhaariger Kälberkropf, Sumpf-Hornklee, Flatter-Binse, viel Zittergras-Segge und weitere Seggenarten. Dass es hier nicht nur feucht, sondern auch mager ist, zeigt das ebenfalls vorkommende Borstgras. Wo die Pflanzen etwas weniger lange in wassergesättigtem Boden wurzeln und wo keine Nutzung der Wiese stattfindet, stellen sich Mädesüß, Meisterwurz und schließlich Waldpflanzen wie Himbeere und Fuchs-Kreuzkraut ein. Auch der Stechende Hohlzahn fühlt sich in solchen Brachen wohl.

In deutlichem Kontrast dazu zeigt sich die Artenzusammensetzung der unmittelbar angrenzenden, jedoch zumindest seit einigen Jahren regelmäßig gemähten Flächen. Wo es sehr nass ist, kann die zierliche Fadenbinse ausgedehnte Bestände bilden. Ansonsten zeigen sich alle Übergänge zwischen Feucht- und Bergwiesen, mit Wald-Storchschnabel, Wiesen-Knöterich, Frauenmantel und Alantdistel. Mit zunehmender Entfernung von den Quellsümpfen treten weitere Pflanzen magerer Bergwiesen hinzu: die Charakterart Bärwurz, des weiteren Kanten-Hartheu, Rundblättrige Glockenblume, Goldhafer, Margerite, Rot-Klee und viele weitere Arten. Sehr schöne Ausbildungen solcher Bergwiesen findet man beiderseits der „Alten Straße" auf dem Rücken westlich des Bitterbachtales. Auch in der Zeit vor 1990 wurden hier offenbar viele hausnahe Wiesen gemäht und blieben von intensiver landwirtschaftlicher Nutzung verschont. Die steilen Hänge, wo im Winter die Abfahrts-Skiläufer zu Tale rauschen, zeigen teilweise ebenfalls bunten Bergwiesencharakter, und sogar die Auewiesen der Mulde konnten sich etwas von ihrer einstigen Blütenfülle bewahren.

Torfhaus Holzhau

Anders als im tief eingeschnittenen Muldental prägt eher flaches Relief den Grenzbereich zwischen Hirschhübel (750 m) und dem einstigen Grenzübergang Battleck/Žebrácký roh. Von Natur aus stauen sich hier die reichlichen Niederschläge – jährlich zwischen 900 und 1000 Liter pro Quadratmeter – und führten in früheren Zeiten zur Moorbildung. Von diesem Moorkomplex ist jedoch nicht mehr viel zu entdecken. Der Torf wurde abgebaut, wovon noch die Bezeichnungen Torfstraße und Torfhaus zeugen.

Vor 1990 war im abgelegenen Torfhaus eine Jugendherberge untergebracht. Nach längerem Leerstand und einem gescheiterten Ausbauversuch eines Behinderten-Selbsthilfevereins wartet das Objekt auf eine sinnvolle Nutzung.

Im deutsch-tschechischen Grenzgebiet gibt es noch weitere degenerierte Moor-Reste. Um eines dieser Biotope zu revitalisieren, fand im Sommer 2007 ein internationales Jugendcamp statt.

Abb.: Raubwürger

Die abwechslungsreicheren und wenig gestörten Waldbereiche in Grenznähe werden von einer artenreichen Vogelwelt besiedelt. Dazu gehören unter anderem Waldschnepfe, Birkenzeisig, Fichtenkreuzschnabel und Wendehals. Auf den Blößen und den Freiflächen auf böhmischer Seite leben Birkhühner, Neuntöter, Raubwürger und Bekassinen.

Naturschutzgebiet Trostgrund

Mit 26 Hektar ist der „Trostgrund" zwar ein ziemlich kleines, dessen ungeachtet aber *eines der vielgestaltigsten und interessantesten Wald-Naturschutzgebiete* des Ost-Erzgebirges. Eine außerordentlich mannigfaltige Pflanzenwelt prägt den Buchenmischwaldkomplex – der sich zwischen Ringelweg und Kälberhübel südlich des Rechenberger Ortszentrums erstreckt. Anders als es der Name vermuten lässt, wird der Trostgrundbach nur im Nordosten berührt. Für den besonderen Artenreichtum verantwortlich ist zum Teil der basenreiche Amphibolit, der den Untergrund des größten Teiles des NSG bildet. Chemisch besteht das Gestein zu mehr als 16 % aus den wichtigen Pflanzennährstoffen Kalzium und Magnesium (die Graugneise der Umgebung bringen es in der Regel auf rund 3 %, der in schmalen Gängen querende Quarzporphyr nur auf 0,5 %). Mindestens so entscheidend sind darüberhinaus die vielen kleinen *Quellmulden* des Buchenbaches und seiner Nebentälchen, an denen das mit den Mineralstoffen angereicherte Sickerwasser zu Tage tritt und die umliegenden Standorte beeinflusst. Auf diese Weise sind hier verschiedene Buchenwaldgesellschaften eng miteinander verzahnt.

Am Oberhang, in der Nähe des Ringelwaldes, stocken „normale" bodensaure *Hainsimsen-Buchen-Mischwälder*, teilweise zu Fichtenforsten umgewandelt. Der Boden wird hier noch von Gneisverwitterung gebildet. Daran schließen sich über dem Amphibolit, aber unbeeinflusst von den Quell-

Zwiebel-zahnwurz-Buchenwald austritten, Bestände des Zwiebelzahnwurz-Buchenwaldes an. Die bessere Nährstoffversorgung lässt hier den namensgebenden Zwiebel-Zahnwurz gedeihen, außerdem verschiedene Farne, Goldnessel, Waldmeister und Bingelkraut. Zu den basenliebenden Besonderheiten gehört das Sanikel. Die größte Artenvielfalt erreicht die Vegetation in den feuchten Mulden und entlang der kleinen Wasserläufe. Zu den Buchen, deren empfindliche Wurzeln in den fechten Böden an die Grenze ihrer Möglichkeiten kommen, gesellen sich hier Eschen, Berg-Ahorn sowie einzelne Fichten und Weißtan-

Springkraut-Buchenwald nen. In der Bodenvegetation dieses Springkraut-Buchenwaldes (früher auch als Eschen-Buchenwald bezeichnet) wachsen, außer dem Großen Springkraut, viele Feuchtezeiger, u.a. Sumpf-Pippau, Mittleres Hexenkraut und Hain-Sternmiere, vereinzelt auch der Bunte Eisenhut. In den feuchtesten Bereichen fällt die sonst so konkurrenzkräftige Buche völlig aus. Diese Erlen-Eschen-Quellwald-Bestände sind durch Hain-Gilbweiderich, Gegenblättriges Milzkraut, Berg-Ehrenpreis und Wald-Schachtelhalm gekennzeichnet. An den Bachrändern bildet die Weiße Pestwurz umfangreiche Bestände.

Der Trostgrund-Wald bietet dem aufmerksamen Wanderer zu jeder Jahreszeit ein anderes Bild. Im April/Mai fallen neben den vielen Buschwindröschen vor allem gelbblühende Frühblüher auf: Goldnessel, Hohe Schlüsselblume, Scharbockskraut, Wolliger Hahnenfuß, Sumpfdotterblume und Wald-Goldstern. Hübsche blaue Kontraste bieten Wald-Veilchen und Lungenkraut. Später kommen dann weiß blühende Pflanzen stärker zur Geltung wie Rauhaariger Kälberkropf, Bitteres Schaumkraut, Wald-Sauerklee, Hain-Sternmiere und Waldmeister. Im Sommer dann beginnt wieder die Blütenfarbe Gelb vorzuherrschen, besonders von allgegenwärtigem Fuchs-Kreuzkraut sowie Großem Springkraut, Mauerlattich und Buntem Hohlzahn. Rot ist ebenfalls vertreten, jedoch weniger auffällig (Purpur-Hasenlattich, Ruprechtskraut, Berg-Weidenröschen und Wald-Ziest). Auffällig hebt sich davon der Alpen-Milchlattich ab.

Zu den typischen Vogelarten, die man in den strukturierten Buchenmischwäldern des Trostgrundgebietes hören kann, zählen Waldlaubsänger, Trauerschnäpper, sporadisch auch Zwergschnäpper, außerdem Schwarz-, Grau und Buntspecht, Hohl- und Ringeltaube, in der Dämmerung die Eulenarten Wald-, Rauhfuß- und Sperlingskauz sowie Waldohreule.

Ein etwa 3 km langer Lehrpfad erschließt das Naturschutzgebiet. Der Revierförster bietet außerdem regelmäßig naturkundliche Führungen an.

Blick vom „Ringel" ins Flöhatal ## „Ringel"

Der Ringelwald südlich von Rechenberg-Bienenmühle wird von einer langen, schnurgerade Schneise durchzogen, dem „Ringelweg" (benannt nach einer alten Wegemarkierung). Mehr oder weniger genau verläuft diese Schneise auf der

Wasserscheide zwischen Mulde und Flöha. Hier zwischen Rechenberg und Český Jiřetín/Georgendorf nähern sich die beiden Nachbarflüsse, deren Quellen bei Nové Město/Neustadt ja nur wenige 100 m voneinander entfernt liegen, noch einmal auf reichlich 3 km Luftlinie an, bevor sie anschließend getrennte Wege fließen. Auch der bereits eingangs erwähnte Floßgraben, die „Neugrabenflöße", überquert in diesem Bereich die Wasserscheide. Ein Wanderweg im südlichen Ringelwald folgt diesem technischen Denkmal, das stellenweise auch noch bzw. wieder mit Wasser gefüllt ist.

Wo die Ringelweg-Schneise aus dem Wald heraustritt, befindet sich eine alte Straßen- und Wegekreuzung. Der Wanderer, Radfahrer oder sonstige Besucher kann sich einer schönen Aussicht in Richtung Westen erfreuen. Der Blick fällt auf den Schwartenberg mit der markanten Bergbaude, links dahinter schaut der Ahornberg (südlich von Seiffen) hervor. Der breite, bewaldete Bergrücken davor gehört dem Kohlberg, mit 837 m die höchste Erhebung des Landkreises Freiberg. Davor sind die Steinrücken von Neuwernsdorf zu erkennen. Rechts hinter dem Schwartenberg geht es ebenfalls auf über 800 m hinauf, und zwar zur Basaltdecke des Kamenný vrch/Steindlberg bei Brandov/Brandau. Bei entsprechend klarer Luft kann man in der Ferne die beiden höchsten Berge des Erzgebirges, Klinovec/Keilberg und Fichtelberg, wahrnehmen. Davor erhebt sich der Jelení hora/Hassberg (994 m).

Ungünstigerweise wurde gerade hier das angrenzende Offenland aufgeforstet.

....

Quellen

Albrecht, Helmut u. a.: **Industriearchäologie; Historische Gewerbe- und Industriestandorte im Tal der oberen Freiberger Mulde** –
eine industriearchäologische Dokumentation; Sächsisches Industriemuseum; 2004

Hammermüller, Martin: **Frauenstein, Rechenberg-Bienenmühle, Holzhau, Nassau**; Tourist-Wanderheft 5; 1984

Hempel, Werner, Schiemenz, Hans: **Handbuch der Naturschutzgebiete der DDR**, Band 5; 1986

Hofmann, Eberhard: **Restwaldbestände an der oberen Freiberger Mulde**; Diplomarbeit TU Dresden, 1959

Richter, Jörg: **Chronik Rechenberg-Bienenmühle**, Kurzfassung; 1995

Wilsdorf, Helmut, Herrmann, Walther, Löffler, Kurt: **Bergbau – Wald – Flösse**; Freiberger Forschungshefte D28; 1960

Werte der deutschen Heimat: **Östliches Erzgebirge** (Band 10); 1966

www.rechenberg-bienenmuehle.de

Frauenstein und

Text: Werner Ernst, Kleinbobritzsch (unter Verwendung einer Zuarbeit von Christiane Mellin; Ergänzungen von Jens Weber)

Fotos: Nils Kochan, Gerold Pöhler, Jens Weber

Gimmlitztal

Gneis, Quarzit, Phyllit, Kalk, Porphyr

Fließgewässerdynamik, Bachorganismen, Wassernutzung

Bergwiesen, Wald-Storchschnabel, Orchideen

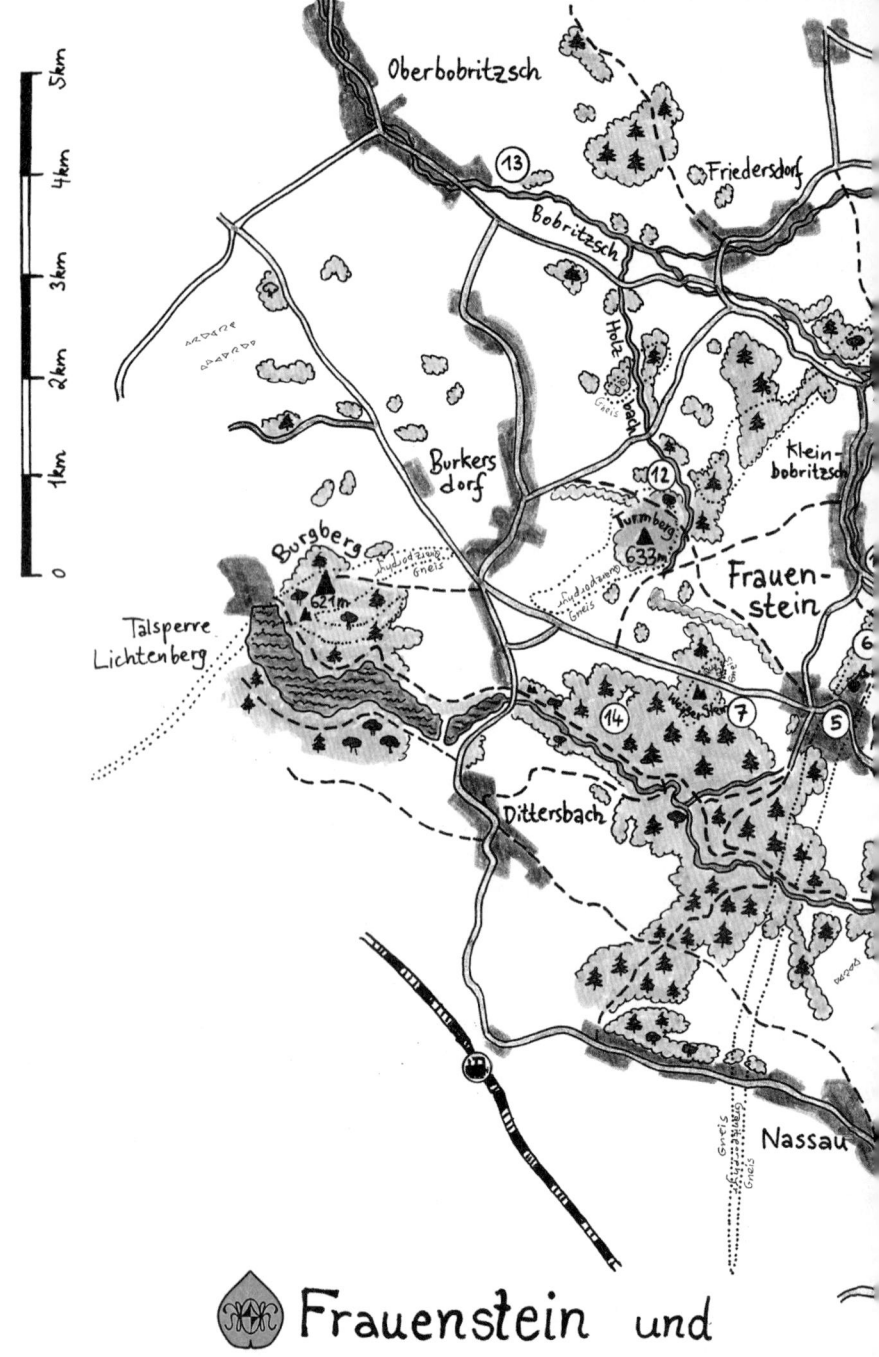

Frauenstein und Gimmlitztal

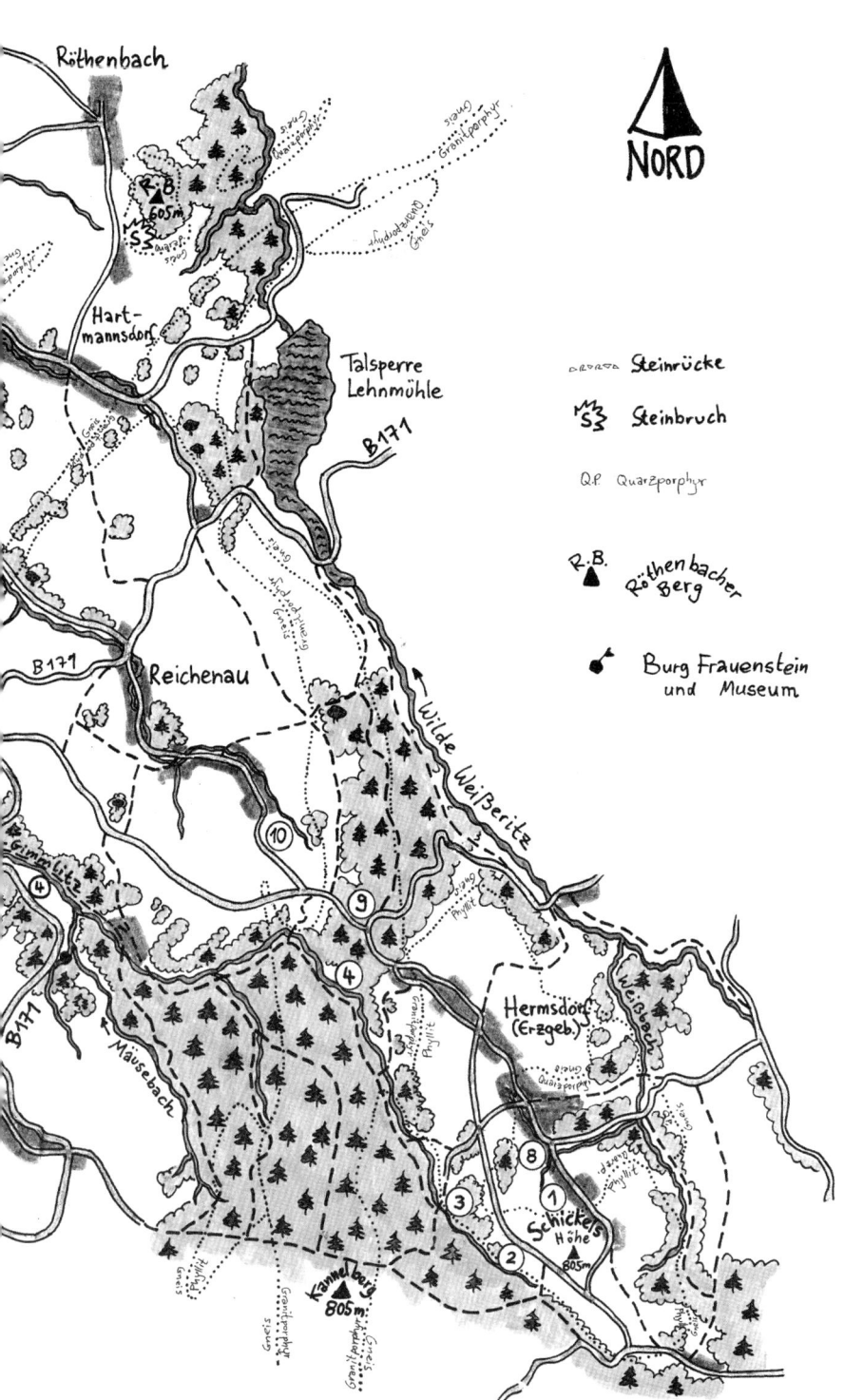

①	Schickelshöhe	⑧	Hermsdorf
②	Waltherbruch	⑨	Kreuzwald
③	Kalkwerk Hermsdorf und Naturschutzgebiet Gimmlitzwiesen	⑩	Bobritzschquelle und Reichenau
		⑪	Bobritzschtal bei Frauenstein
④	Gimmlitztal	⑫	Turmberg und Holzbachtal
⑤	Burg und Stadt Frauenstein	⑬	Bobritzschtal bei Friedersdorf und Oberbobritzsch
⑥	Schlosspark Frauenstein		
⑦	Buttertöpfe und Weißer Stein		

Die Beschreibung der einzelnen Gebiete folgt ab Seite 186

„Soviel ist entschieden: Die Geschichte steht nicht neben, sondern in der Natur"
(Carl Ritter, Geograph, 1779–1859)

....

Landschaft

Mittelpunkt des Ost-Erzgebirges
Ziemlich genau im geografischen Mittelpunkt des Ost-Erzgebirges liegt Frauenstein. Die Umgebung der Kleinstadt entspricht in vielerlei Hinsicht – Geologie, Oberfläche, Gewässer, Böden – dem Durchschnitt der nördlichen Osterzgebirgs-Pultscholle. Weitgehend landwirtschaftlich genutzte Gneisflächen prägen die Umgebung Frauensteins, über die sich einzelne Porphyrkuppen und -rücken erheben. Gegliedert wird die Landschaft von den südost-nordwest-verlaufenden Mulde-Nebenbächen Gimmlitz und Bobritzsch, am Ostrand auch vom hier sehr schmalen Einzugsgebiet der Wilden Weißeritz.

Klima
Im Klima macht sich der Höhenunterschied von fast 400 m zwischen den Orten Bobritzsch und Hermsdorf deutlich bemerkbar, wie aus den folgenden Angaben für die unteren und die oberen Lagen (Frauenstein in der Mitte) hervorgeht: Mittlere Lufttemperatur im Jahr: zwischen 7,5 (6,0) und 5,0° ; im Januar zwischen –1,5° (–2,5°) und –4° C ; im Juli zwischen 16,5° (15,5°) und 14,5°. Der Jahresniederschlag liegt zwischen 850 mm (900 mm) und 1000 mm. Entsprechend ändern sich auch die phänologischen Daten (= Vorkommen sowie Blüh- und Fruchtreifezeiten von Pflanzen) mit der Höhenlage, besonders deutlich in den Übergangsjahreszeiten. Während in der Freiberger Gegend noch der Ackerbau dominiert, tritt um und besonders oberhalb von Frauenstein (Hermsdorf, Seyde) zunehmend die Grünlandnutzung an seine Stelle.

Die Ackerwertzahlen sinken von NW nach SO von etwa 35 auf 20. Vom mittelsächsischen Lößhügelland her endet südöstlich von Freiberg allmählich der fruchtbare Lößschleier. Mit zunehmender Höhenlage wechseln die Bodenarten kaum, und auch die Bodentypen bleiben bei gleichem Ausgangsgestein – abgesehen von einer leichten Podsolierung – dieselben. Auf den

Bodenarten Bodentypen

Hochflächen und an den Talhängen sind es grusig-sandig-schluffige Böden (Verwitterungslehmschutt). Braunerden herrschen vor, die nur über Porphyr (und z.T. Granit) stärker podsoliert sind, daneben auch Pseudogley-Böden. In den Tälern liegen über den Schottern, Kiesen und Sanden dezimeter-mächtige Auenschluffe, die z. B. bei Hochwasserereignissen sichtbar werden. Vom Typ her sind es Gley-Böden, die in den höheren Waldgebieten (z. B. im oberen Gimmlitztal) durch Huminstoffe in Anmoorgley übergehen. Mit Annäherung an die Kammlagen treten lokal geringmächtige Torf-decken auf, wie im Quellgebiet des Teichtellenbaches und der Gimmlitz westlich von Neuhermsdorf.

Gimmlitz und Bob-ritzsch

Die Entwässerung des Gebietes folgt der allgemeinen Abdachung des Erz-gebirges von Südost nach Nordwest. Die Quellen von Gimmlitz und Bob-ritzsch liegen oberhalb von Hermsdorf bei 795 m üNN bzw. oberhalb von Reichenau bei 692 m üNN. Während die 25 km lange Gimmlitz, abgesehen von der Kleinen Gimmlitz oder Mäusebach, nur kürzere Nebenflüsse besitzt und 53 km² Fläche einnimmt, besitzt die 45 km lange Bobritzsch (mit dem Colmnitzbach) ein wesentlich größeres Einzugsgebiet (182 km²). Das Tal der Gimmlitz ist bis zur Talsperre Lichtenberg bzw. zum 175 m höher gele-genen Burgberg mehr oder weniger schmal und tief ein-geschnitten (Kerb-sohlental), das der Bobritzsch unterhalb der Kette von Porphyrkuppen („Bauernbüsche", Büttnersberg) dagegen viel breiter und offener, nämlich als Kehltal bis Flachmuldental ausgebildet. Das Talprofil der Bobritzsch ist über weite Strecken auffallend asymmetrisch, wobei fast immer der rechte, SW-exponierte Hang der steilere ist. Als Zeugen einer phasenhaften Eintiefung der Täler finden sich im Bobritzsch- wie auch im Gimmlitztal in höhenmäßig vergleichbaren Abständen immer wieder talparallele Hang-terrassen-Reste.

Hangterrassen der Erzgebirgsbäche

In vielen Tälern des Ost-Erzgebirges fallen an den Hängen markante Geländestufen auf, die sich teilweise über viele hundert Meter verfolgen lassen. Die ersten Siedler errichte-ten ihre Hofstätten auf diesen Hangterrassen, und auch heute noch befinden sich die alten Bauerngehöfte meistens weit oberhalb der eigentlichen Talauen (da unten bauten erst viel später die landlosen „Häusler" ihre bescheidenen Behausungen – stets dem Risiko von Hochwässern ausgesetzt).

Die auffallenden Geländeformen der Hangterrassen gehören zu den Hinterlassenschaf-ten der Eiszeiten.

Nachdem im Tertiär die Scholle des Erzgebirges aus der Erdkruste herausgebrochen, an-gehoben und schräggestellt wurde, setzten die Kräfte der Erosion an und begannen, die obenauflagernden Gesteinsschichten abzutragen. Bevor sich die abwärts fließenden Ge-wässer ihre Täler gruben, erfasste bis ins Jung-Tertiär (wahrscheinlich Pliozän) zunächst so genannte „Flächenspülung" große Teile der damaligen Landschaft. Erst mit Beginn des Eiszeitalters (Pleistozän) begannen die Bäche, sich in die Tiefe zu arbeiten. Doch dies geschah sehr ungleichmäßig. Das wiederholt und (für geologische Zeitmaßstäbe) sehr rasch wechselnde Klima wurde zum bestimmenden Faktor der Landschaftsformung.

In den Kaltzeiten war viel Wasser in den Eiszeit-Gletschern des Nordens und der Hochgebirge gebunden und konnte deshalb nicht als Wolken durch die Atmosphäre treiben. Niederschläge traten selten und spärlich auf in Mitteleuropa. Und so floss auch in den Erzgebirgsbächen zu diesen Zeiten wenig Wasser. Stattdessen kam es infolge immer wiederkehrenden Gefrierens und Tauens des im Gestein enthaltenen Kluftwassers zum Zerfall der Felsen in grobe Schotter ("physikalische Verwitterung"). Diese Schotter sammelten sich, ihrer Schwerkraft wegen, in den Talmulden an.

Erwärmte sich das globale Klima jedoch wieder für einige Jahrtausende oder Jahrhunderttausende, dann begann es im Erzgebirge auch wieder zu regnen. Die Bäche führten wieder Wasser, in früheren Wärmezeiten manchmal sogar deutlich mehr als in der heutigen. Der zuvor angesammelte Schotter setzte der Erosion der Gewässer wenig Widerstand entgegen. Mit jedem Hochwasserereignis verlegte solch ein Bach seinen Lauf ein Stück weiter in die Tiefe. Der Schotter der vorausgegangenen Kältezeit wurde allerdings nicht vollständig ausgeräumt, sondern blieb an den Rändern des Tales teilweise erhalten. Die erste Hangterrasse bildete sich. Drang dann das nächstemal skandinavisches Gletschereis bis Mitteleuropa vor, versiegte der Bach wieder bis auf ein kleines Rinnsal. Erneut sammelten sich durch Frostsprengungen entstandene Gesteinsbruchstücke in der Talauen, bis irgendwann wieder Wasser durchrauschte und die Sohle abermals tieferlegte - und die nächste Hangterrasse entstand. Im Idealfall ergab sich daraus ein Stufenprofil.

Die Terrassen müssen nicht nur aus Schotter bestehen. Das Material kann ebenso Grus (Gesteinsbruchstücke von wenigen Zentimetern Größe) sein, nicht selten handelt es sich auch um Felsen, die von der Seitenerosion der Bäche angeschnitten wurden.

Mit der Zeit verwischten die Konturen. Kleine Seitengewässer schnitten – und schneiden – sich ein. Sie tragen das eiszeitliche Lockermaterial der Hangterrassen ab. Wenn unter den Dauerfrostbedingungen der Kaltzeiten die obersten Schichten im Sommer auftauten, rutschte die aufgeweichte Masse nach unten ("Fließerden"). Und nicht zuletzt werden in der Neuzeit von den vegetationsfreien Äckern der Hochflächen Bodenteilchen in enormen Größenordnungen über die Hangkanten hinweggespült.

Während der Weichsel- (bzw. Würm-) Vereisung entstand die sog. "Niederterrasse". Ohne den menschlichen Einfluss in den letzten Jahrhunderten waren es seit dem Ende der letzten Kaltzeit immer Wildwasserflüsse, die ungehemmt über Talsohlen dahinströmten, also "Stromgeflechte" bildeten und Schotterfluren hinterließen. Eine gewisse Vorstellung, wie es damals aussah, gab uns das Augusthochwasser 2002. Deshalb konnten in früheren Zeiten bei der Besiedlung des bewaldeten Gebirges im Hoch- und Spätmittelalter in den Tälern keine menschlichen Ansiedlungen oder Verkehrswege entstehen. Erst mit den im 12./13. Jahrhundert einsetzenden umfangreichen Rodungen wurde immer wieder Feinerde von den Feldern gespült, die sich dann in den Flusstälern als "Auelehm" absetzte. Darunter ist der Schotter des Untergrundes sichtbar, und nur selten erodiert der Fluss streckenweise auf dem anstehendem Fels des Talgrundes, dann als Zeichen für gegenwärtig noch aktive Erosion. Mitunter erfolgt eine solche Tiefenerosion auch nur zeitweise, z.B. bei Hochwasser oder bei durch menschlichen Einfluss erzwungenen Laufverlegungen.

**Gesteins-
untergrund
verschiede-
ne Gneise**

Beim Blick auf eine geologische Übersichtskarte erscheint der Gesteinsuntergrund der Frauensteiner Gegend eher monoton, dafür aber auch über-
sichtlich und einprägsam. Grundgestein sind verschiedene Gneise, und
zwar im Nordwesten ein Graugneis granitischer Herkunft, also sog. Orthogneis („Metagranit"), der von Freiberg her im Wesentlichen bis an den Granitporphyrgang von Hartmannsdorf – Frauenstein – Nassau heranreicht.
Hier beginnt die infolge vulkanischer Prozesse tektonisch abgesenkte
„Altenberger Scholle" mit ihrer abwechslungsreichen Suite verschiedenar-
tigster Gneise und Porphyre. Bei den metamorphen Gesteinen überwiegen
die hauptsächlich aus Grauwacken entstandenen Paragneise, mit ihren
„Einlagerungen", wie der Dichten Gneise und der basischen Amphibolite.

Der Gneis als Hauptgestein tritt morphologisch kaum in Erscheinung (wie
z. B. in der „Diebskammer" im Gimmlitztal, an vielen Straßenböschungen

**Abb.: Quar-
zitfelsen
„Buttertöpfe"**

und den wenigen kleinen
auflässigen Steinbrüchen),
dagegen der Quarzitschie-
fer als dessen Einlagerung
umso deutlicher. Nur 1 km
westlich von Frauenstein,
südlich der Freiberger Straße (S 184), befinden sich die
„Buttertöpfe", und wenige
hundert Meter weiter ist inmitten des Hochwaldes der
„Weiße Stein" zu sehen.

**Quarz- und
Kalkphyllite**

Bemerkenswert ist das Vorkommen der über 450 m mächtigen Quarz- und
Kalkphyllite („Urtonschiefer") von Hermsdorf, einer tektonischen Krusten-
einheit, die als „Decke" über die Glimmerschiefer und Gneise im Untergrund geschoben worden ist. Innerhalb des Phyllits bildet Kalzitmarmor
Lagen und Linsen. Ursprünglich waren dies am Meeresgrund abgelagerte
Riff- und Lagunenkalke, die später durch erdinnere Kräfte verbogen und
zerbrochen wurden. Im Landschaftsbild fallen die graugrünen, schieferar-
tigen, leicht zerfallenden Phyllite inmitten der Gneise kaum auf. Nur einige
Verwerfungen im Untergrund um Hermsdorf werden von Bachtälern
„nachgezeichnet".

Porphyr

Am auffälligsten prägen Vulkanite als Gänge oder Decken die Gneislandschaft um Frauenstein. Während sich der grünlichgraue Porphyr von Hermsdorf – Schönfeld morphologisch noch kaum vom Gneis abhebt, bildet die
Erosionskante des etwas jüngeren und viel härteren Teplitzer Quarzporphyrs eine Geländestufe. Frauenstein liegt aber auch inmitten des „Sayda-
Berggießhübler Gangschwarms". Während sich diese schmalen und in verschiedenen Richtungen verlaufenden Porphyrgänge im Landschaftsbild
kaum bemerkbar machen, überragen die Deckenporphyre ihre Umgebung
als Härtlinge: Burgberg, Schillerhöhe, Turmberg, „Bauernbüsche", Büttners
Berg, Röthenbacher Berg, Borberg und Kahle Höhe. Wer sich Frauenstein
nähert, gleich ob von Sayda, Freiberg, Colmnitz oder Dippoldiswalde her,

kann diese auffälligen Kuppen („Buckel") in der ansonsten nur wenig bewegten Landschaft kaum übersehen.

Granitpor-
phyrgang

Fast genau in Süd-Nord-Richtung durchzieht ein rund einen Kilometer breiter Granitporphyrgang östlich von Frauenstein die Landschaft. Das Südende dieses Ganges liegt bei Litvínov/Oberleutensdorf, ein Stück nördlich davon trägt er den höchsten Berg des Ost-Erzgebirges (Loučná/Wieselstein), zieht sich dann weiter über den Steinkuppe und Kannelberg bei Holzhau, trennt dann mit dem Kreuzwald die Fluren von Hermsdorf und Reichenau und bildet die linken Talhänge der Wilden Weißeritz. Bei Hartmannsdorf vereinigt sich dieser größtenteils bewaldete Granitporphyrstreifen mit einem schmaleren Gang des gleichen Gesteins, der von Nassau her über Frauenstein heranführt. Während dieser zwischen Gimmlitztal und Frauenstein nur an Hand von Lesesteinen erkennbar ist, zieht sich von der Burgruine bis hinunter ins Bobritzschtal ein schmaler, felsbestückter Rücken. Am Sandberg bei Frauenstein und bei Kleinbobritzsch (Nähe Schafbrücke) befinden sich verlassene Steinbrüche, die den grobkörnigen und regelhaft geklüfteten Granitporphyr aufschließen. Es wurde als Werkstein für Gebäudemauern, den Wasserbau, als Straßenschotter und im vergrusten Zustand häufig als „Kies" für den Wegebau verwendet. Die früher zahlreichen Gruben sind in den letzten Jahrzehnten fast alle geschlossen bzw. eingeebnet worden.

Bergbau

Die weltbekannte Bergstadt Freiberg liegt im Mittelpunkt eines bedeutenden Erzbezirks, der sich nach der Peripherie hin allmählich abschwächt. Frauenstein befindet sich bereits im „Äußeren Freiberger Erzbezirk". Etwa 550 Jahre lang ging um Frauenstein, Reichenau und weiteren Orten mit wechselndem Erfolg der Erzbergbau um. Zwar lässt sich die hier erzielte Silberausbeute nicht mit der von Freiberg, Annaberg, Schneeberg oder Marienberg vergleichen, dennoch besaß der Frauensteiner Bergbau zumindest für die Region eine gewisse wirtschaftliche Bedeutung.

Während über die ältere Geschichte nur wenig bekannt ist, florierte der Bergbau vor allem von 1526 bis 1586 (zwischen 1548 und 1555 sowie 1865 höchste Ausbeute in der Geschichte), 1613 bis 1615, 1711 bis 1717, 1785 bis 1885. Im Jahre 1887 wurden die letzten 20 Bergleute entlassen und der Grubenbesitz versteigert, da durch den ständig fallenden Silberpreis der weitere Abbau unwirtschaftlich geworden wäre. Gebaut wurde hauptsächlich auf Silber- und Kupfererze. Im Gottfried-Silbermann-Museum Frauenstein sind einige schöne Erzstufen von Reichenau und Röthenbach ausgestellt.

Silber-
wäsche

Seit 2006 wird auf Initiative des Kulturvereins Frauenstein e.V. das Projekt „Sanierung der Alten Silberwäsche" betrieben. Diese befindet sich am Wanderweg im Gimmlitztal unterhalb der Kummermühle bzw. der Kreuzung mit der B 171. Die technischen Anlagen bestanden ursprünglich aus zwei Pochwerken, der Wäsche und einer eigenen Schmelzhütte, die wahrscheinlich bis zur 2. Hälfte des 16. Jahrhunderts in Betrieb war.

Höhenburg
Frauenstein

Die urkundlich 1218 erwähnte Höhenburg Frauenstein wurde auf einem Granitporphyr-Felsen errichtet, die zunächst am Ostabhang angelegte mittelalterliche Stadt etwa 250 Jahre später genau in den Sattel zwischen Sand- und Schlossberg verlegt. Hier konnte der 200 m breite Porphyrrücken an einfachsten überquert werden. Im 13. Jahrhundert entstanden im Zuge der bäuerlichen Ostkolonisation in rascher Folge Waldhufendörfer (im Osten bis zum Gebirgskamm hinauf), und zwar sowohl vom meißnischen als auch vom böhmischen Vorland her. Die 1168 in Christiansdorf (dem späteren Freiberg) gefundenen Erze ermunterten auch zu Bergbauversuchen in der Umgebung, wie um Dippoldiswalde oder kurz nach 1335 bei Frauenstein, nachdem hier schon Bauern sesshaft geworden waren.

Natürlich brauchte das so rasch besiedelte Land auch wehrhafte Schutz- und Trutzburgen an Pässen, Straßen oder Brückenübergängen, wie eben hier „den" Frauenstein. Sowohl der böhmische König wie auch die Meißner Mark- und die Burggrafen trachteten danach, soviel „herrenloses" Land (doch eigentlich kaiserlicher „Bannwald) als möglich in Besitz zu nehmen und die damals noch völlig ungeklärten Grenzen im Waldgebirge zum eigenen Vorteil vorzuschieben.

Wegever-bindungen

Frauenstein lag im Kreuzungsbereich zweier wichtiger Wegeverbindungen: Meißen–Grillenburg–Frauenstein–Rechenberg–Langewiese–Riesenburg–Ossegg–Dux und weiter über Bilin und Laun nach Prag sowie an der schon 1341 erwähnten, aber erst seit 1691 auf Karten verzeichneten Straße Freiberg–Frauenstein–Hermsdorf–Klostergrab–Dux. Später kamen noch mehrere Straßen von überregionaler Bedeutung (z. B. Poststraßen) hinzu, die sternförmig in der Stadt Frauenstein zusammenliefen bzw. sie berührten. Alle Dörfer der Umgebung konnte man auf kürzestem Wege erreichen. In der Neuzeit war Frauenstein über eine Schmalspurbahn nach Klingenberg-Colmnitz (von 1898 bis 1971) auch an das Eisenbahnnetz angeschlossen.

Amtsstadt

Frauenstein ist seit seiner Gründung um 1200 bis heute immer Verwaltungs-mittelpunkt bzw. territoriales Zentrum für das Umland gewesen: 1445 „Pflege Frauenstein", dann Amtsstadt bis zur Einführung der Amtshaupt-mannschaften (1873), als es zu Dippoldiswalde kam (seit 1939 „Kreis" genannt), 1952 zum neugebildeten Kreis Brand-Erbisdorf und 1993 zum Kreis Freiberg. Zur Verwaltungsgemeinschaft gehören außer Frauenstein die Dörfer (bzw. Stadtteile) Burkersdorf, Dittersbach, Kleinbobritzsch und Nassau.

Wasser-scheide Bobritzsch Gimmlitz

Da Frauenstein auf der Wasserscheide zwischen Bobritzsch und Gimmlitz liegt, bieten sich Ausflüge in beide Täler an, die einen in vielerlei Hinsicht unterschiedlichen Charakter haben. Das waldreiche Gimmlitztal ist bis zur Vorsperre Dittersbach unbesiedelt, bis auf die einstmals zahlreichen Was-sermühlen, von denen jetzt noch vier Mühlengebäude stehen, darunter das Museum „Weicheltmühle". Im waldarmen Bobritzschtal reiht sich Dorf an Dorf. Auch hier waren viele Mühlen vorhanden, die aber im Laufe der Zeit entweder abgetragen oder in Wirtschafts- und Wohngebäude umge-wandelt wurden.

Pflanzen und Tiere

Agrarland-schaft

Die Gegend unterhalb von Frauenstein bis zum Tharandter Wald ist eine waldarme Agrarlandschaft. Während noch bis Mitte des 20. Jahrhunderts schmale Hufenstreifen von Feldrainen begrenzt und außerdem in viele kleine Acker- bzw. Grünlandflächen unterteilt waren, prägen heute große, zusammenhängende Schläge die Landschaft. Zu den dominierenden Farben des Spätfrühlings gehörte früher das kräftige Hellblau des Saat-Leins, heute hingegen dominiert im Mai das Gelb stark subventionierter Raps-Monokulturen. Mit zunehmender Höhe über dem Meeresspiegel nehmen Viehweiden einen größeren Teil bei der Bodennutzung ein.

Ackerbau früherer Jahrhunderte

Ackerbau früherer Jahrhunderte war im Erzgebirge immer mit längeren Brachephasen verbunden, während derer die Bodenfruchtbarkeit sich regenerieren sollte. Auf solchen Brachfeldern („Drieschen") entwickelten sich früher durch Einsaat von „Heusamen" (meist „Kehricht" von Scheunenböden!) im Juni bunte Wiesen, die nach einigen Jahren umgebrochen und wieder als Äcker genutzt wurden. In den letzten Jahrzehnten blieben die oft nur schwer nutzbaren „Restflächen" als solche erhalten, werden im günstigsten Fall noch zur Heugewinnung genutzt. Die früher übliche Nachbeweidung unterbleibt meistens. Auf Frauensteiner Gemarkung hat sich z. B. auf einem Driesch eines Kleinbobritzscher Landwirts oberhalb des „Mittelbuschs" („Bürgerfeld", 590 m üNN) eine bunte Bergwiese entwickelt. Hier stehen als Blütenpflanzen z. B. Bärwurz (= „Gebärwurz" oder Köppernickel), Schafgarbe, Frauenmantel, Wiesen-Labkraut, Hornklee, Kleiner Klappertopf, Rundblättrige Glockenblume, Wiesen-Glockenblume, Acker-Witwenblume, Vogel-Wicke, Taubenkropf-Leimkraut, Kanten-Hartheu, Habichtskraut, Spitz-Wegerich, Wiesen-Margerite usw. Diese Wiese wird *„ganz normale"* erst nach Abblühen und Samenbildung gemäht. Solche „ganz normalen" *Wiesen* Wiesen gab es noch vor wenigen Jahrzehnten in der Gegend allerorten.

Bergwiesen

Sehr schöne Bergwiesen findet man insbesondere in Hermsdorf sowie im oberen Gimmlitztal. Auffälligste Blütenpflanze ist im Mai der Wald-Storchschnabel, den man im östlichen Ost-Erzgebirge vergeblich suchen würde, während andererseits im Einzugsgebiet von Wilder Weißeritz und Freiberger Mulde (fast) keine Perücken-Flockenblumen vorkommen. Neben den etwas besser mit Kalzium, Magnesium und anderen wichtigen Pflanzennährstoffen versorgten Waldstorchschnabel-Goldhaferwiesen sind auch die auf saureren Böden gedeihenden Bärwurz-Rotschwingel-Bergwiesen vertreten. Naturschutzgerechte Mahd sichert auf vielen Flächen die Existenz der typischen Pflanzenarten, u.a. Weicher Pippau, Alantdistel und Wiesen-Knöterich.

Borstgras-rasen

Borstgrasrasen – die Ausbildung der Bergwiesen über sehr mageren Böden – waren im Gneisgebiet wahrscheinlich seit jeher nicht sehr häufig, demgegenüber jedoch über Porphyr früher der Normalfall. Inzwischen gibt es nur noch wenige artenreiche Borstgrasrasen mit Arnika, Kreuzblümchen und anderen heutigen Raritäten, wiederum vor allem im Gimmlitztalgebiet.

Magerrasen Trockene Magerrasen sind meist nur noch kleinflächig an Böschungen und Felsen, auf flachgründigen Standorten (z.B. Sandberg bei Frauenstein) und entlang einzelner Feldwege entwickelt. Hier kommen unter anderem Kleines Habichtskraut, Heidenelke und Berg-Sandknöpfchen vor. Mitunter werden solche Flächen mühevoll aufgeforstet, wodurch der Schwund geeigneter Lebensräume für konkurrenzschwache Pflanzen- und Tierarten immer geringer wird.

Seggen- und Binsensümpfe Um Frauenstein herum findet man viele, meist kleine Quellmulden als Seggen- und Binsensümpfe mit Flatter-Binse und Kohl-Kratzdistel. Eine größere Nasswiese mit besonders üppigem Binsenbestand infolge Schafbeweidung befindet sich am oberen Ortsausgang von Hartmannsdorf.

Naturschutzgebiet Gimmlitzwiesen Von besonderer Bedeutung sind die teilweise basischen, weil kalkbeeinflussten Berg- und Nasswiesen des Naturschutzgebietes Gimmlitzwiesen. Hier kommen in jedem Frühjahr eine große Zahl Orchideen zur Blüte, v.a. Breitblättrige Kuckucksblume, außerdem Gefleckte Kuckucksblume, Großer Händelwurz, Großes Zweiblatt. Im kalkarmen Sachsen gibt es kein weiteres Kalkflachmoor, was mit dem des NSG Gimmlitzwiesen annähernd vergleichbar wäre.

Fichtenforsten Seit den Zeiten der Besiedlung ist der Frauensteiner Raum recht waldarm. Lediglich die Steilhänge des Wilden Weißeritztales und des Gimmlitztales behielten eine zusammenhängende Waldbedeckung. Diese wurden, nach langen Zeiten ungeregelter Holzplünderung, im 19. Jahrhundert fast ausschließlich zu Fichtenforsten umgewandelt. Nur wenige Pflanzenarten sind in den strukturarmen Monokulturen zu Hause (u.a. Draht-Schmiele, Wolliges Reitgras, Harz-Labkraut, Wald-Sauerklee, Breitblättriger Dornfarn). Durch die wiederholten Waldkalkungen der letzten zwanzig Jahre wurden in den versauerten Böden die Stickstoffvorräte mobilisiert und Arten wie Fuchssches Greiskraut und Mauerlattich, teilweise auch Brennnessel gefördert.

Abb.: Fichtenmonokulturen im Gimmlitztal

In den 1930er Jahren wurde die Gimmlitzaue noch fast durchgängig als Wiese genutzt.

Blick ins Gimmlitztal bei Frauenstein im Ost-Erzgebirge.

Bis 1990 erfolgte die Bewirtschaftung der Fichtenreinbestände im Kahlschlagsverfahren. Mittlerweile wurden allerdings - wie fast überall im Ost-Erzgebirge – im Schutze der Altbestände auch wieder Rot-Buchen und andere Baumarten gepflanzt.

Wald-Flächenanteil deutlich zugenommen

Im Verlaufe der vergangenen zwei Jahrhunderte hat der Wald-Flächenanteil deutlich zugenommen, beispielsweise infolge des Baus der Lichtenberg-Talsperre. Das einstmals weitgehend offene Wiesental der Gimmlitz bekam dadurch streckenweise einen völlig anderen Charakter. In den zurückliegenden Jahren hat die Agrargenossenschaft Hermsdorf viele Flächen aufforsten lassen, deren landwirtschaftliche Nutzung nicht mehr lukrativ war.

Feldgehölze

Feldgehölze, Gebüschstreifen, Hochraine, Hecken und Steinrücken finden sich nur auf sehr flachgründigen Böden, teilweise mit hervorspießenden Felsen („Knochen") - also Standorte, die ackerbaulich nicht nutzbar sind. Bei den kleinen Wäldchen spricht der Einheimische gern von „Büschen". Viele sind der Flurbereinigung für die Großflächenlandwirtschaft in den 1960er und 70er Jahren zum Opfer gefallen.

Hier dominieren vor allem Eichen, außerdem Sand-Birken und Ebereschen. Sobald die Böden etwas mehr Nährstoffe bereitstellen können, gesellen sich dazu auch Berg-Ahorn, Rot-Buche und weitere Baumarten.

Schon im Zuge der Besiedlung blieben mehr oder weniger breite „Restwälder" an den Gemarkungsgrenzen erhalten, wie sie eben für die Waldhufenflur typisch sind. Störend, wie Fremdkörper in der Landschaft, wirken jedoch die zunehmend auf Privatgrundstücken bzw. um Wochenendhäuser herum gepflanzten, nicht standortgemäßen Nadelgehölze. Eine sehr sehenswerte Insel naturnaher Waldbestockung stellt der Frauensteiner Schlosswald dar.

Standgewässer

Natürliche Standgewässer fehlen vollständig. Auch die alten Dorfteiche sind nicht mehr überall vorhanden oder werden als – betonierte – Feuer-

löschtciche genutzt. Einige der kleineren, mit einem Röhrichtgürtel umgebene Fisch-Teiche in der Feldflur wurden in den letzten Jahrzehnten zugeschüttet. Außer dem im Gebirge nicht häufigen Schilfrohr siedeln hier
oft Breitblättriger Rohrkolben, Ästiger Igelkolben, Wasser-Schwertlilie,
dazu die Kleine Wasserlinse.

Fließge-
wässer

Während die unmittelbar von intensiv genutzten Landwirtschaftsflächen
umgebene Bobritzsch in den letzten Jahrzehnten sehr viele ihrer Bewohner verloren hat, gilt die Gimmlitz als eines der saubersten und aus Naturschutzsicht wertvollsten Fließgewässer des Erzgebirges. Der Bach bietet
auf Grund seines natürlichen Laufs und seines klaren, sauerstoffreichen,
zugleich auch kalkreichen (bicarbonatreidchen) Wassers ideale Bedingungen für die gefährdeten Fischarten der Forellenregion. Dazu gehören hier
fünf Arten, die auch in jugendlichen Stadien nachgewiesen wurden, womit
deutlich wird, dass die Gimmlitz auch als Vermehrungsgewässer dient. Gemäß der Roten Liste Sachsens ist das Bachneunauge „vom Aussterben bedroht", als „stark gefährdet" gelten Bachforelle, Elritze und Westgroppe, als
„gefährdet" die Schmerle und als „stark im Rückgang befindlich" der Gründling.

Limnofauna

Anhand der zahlreichen Vorkommen von Arten der Limnofauna (Kleinst-
lebewesen und Insektenlarven) wird die Gimmlitz als typischer Mittel-
birgsbach mit einem sehr naturnahen Zustand, einer hohen Wasserqualität
und einem Reichtum an Nischenbiotopen eingestuft. Viele der nachgewiesenen Arten gelten als „klassische Zeigerarten" für unbelastetes bis gering
belastetes Fließgewässer (Güteklasse I–II). Unter den aufgefundenen Arten
befinden sich neben der Flussnapfschnecke sechs weitere Arten, die nach
den Roten Listen einer starken Gefährdung unterliegen. Hierbei handelt
es sich um einige Wasser- bzw. Schwimmkäfer, Wasserwanzen sowie eine
Schlamm- und eine Köcherfliege. Diese Organismen sind auf spezifische
Nischenbiotope angewiesen, wie z. B. Bachmoos, Steine in sauerstoffreicher
Strömung oder den Uferschlamm ruhiger Buchten. Das Artenspektrum erfordert einen natürlich mäandrierenden Mittelgebirgsbachlauf mit relativ
naturnahen Uferzonen sowie sauberes, ganzjährig kaltes Wasser. Darüber
hinaus puffert der Hermsdorfer Kalk die Versauerungen ab, die der Ge-
wässerfauna anderer Bergbäche im Erzgebirge schwere Schäden zufügen.
Tümpelbiotope und Quellrinnen mit geringer Strömung bieten ebenfalls
wertvollen Lebensraum für Arten der Limnofauna, insbesondere für Was-
serkäfer und Wanzen. Wer im Gimmlitztal wandern geht, sollte sich unbedingt Zeit für Beobachtungen des reichhaltigen Wasserlebens nehmen!

Brutvogel-
arten

In den letzten Jahren hat sich auch im Bobritzsch- wie auch im Gimmlitztal
der Graureiher verbreitet (in ersterem z. Zt. etwa 10 Tiere). Regelmäßig suchen die in der Umgebung brütenden Schwarzstörche (ein bis zwei Brutpaare) die Talwiesen zur Nahrungssuche auf. Zu den besonders typischen
Brutvogelarten der Bachläufe und Talwiesen gehören Wasseramsel, Gebirgsstelze, Bachstelze, Wiesenpieper, Zaunkönig, Feldschwirl und Weidenmeise.
In den Wäldern brüten Waldohreule, Raufuß-, Wald- und Sperlingskauz sowie
Sperber und Habicht. Der häufigste Greifvogel ist auch hier der Mäusebussard.

Wanderziele

....

Schickelshöhe

Die Schickelshöhe (805 m üNN) zwischen Hermsdorf und Neuhermsdorf
ist eine durch einen Fernsehumsetzer und drei Windräder bekrönte, flache
umfassen- Kuppe und bietet einen nahezu umfassenden Ausblick in die nähere und
der Ausblick weitere Umgebung. Nur nach Westen versperren die Hochflächen des
Töpferwaldes die Aussicht. Im Südwesten sieht man den Granitporphyr-
Rücken mit dem höchsten Berg des Ost-Erzgebirges, die 956 m hohe
Loučná/Wieselstein aufragen, dann auf dem Erzgebirgskamm in östlicher
Richtung Vlčí hora/Wolfsberg (891 m) und im Mittelgrund die bis 870 m
hohen, kahlen Bergrücken um Moldava/Moldau. Diese für das östliche
Erzgebirge so typischen Kammhochflächen wurden leider in den letzten
Jahren zunehmend aufgeforstet. Hier liegen, ziemlich nahe beieinander,
die Quellen von Flöha, Wilder Weißeritz und Freiberger Mulde. Die drei großen Windräder am Horizont befinden sich westlich des Bouřňák/Stürmer
(869 m), einem bekannten Aussichtsberg mit Baude. Nach Osten und
Nordosten zu überschaut man fast den gesamten langgezogenen, wenig
gegliederten und teils mit zackigen Felsen besetzten Rücken des Teplitzer
Quarzporphyrs: Pramenáč/Bornhauberg (909 m), Lugsteine (897 m), Kahleberg (905 m), Tellkoppe (757 m), die Höhen bei Schmiedeberg und schließlich das allmählich abfallende Erzgebirge vom Tharandter Wald über Frauenstein bis zum „Windpark" auf dem Saidenberg und zur Saydaer Höhe (729 m).

Gimmlitz Südwestlich der Schickelshöhe bei Hermsdorf entspringt die Gimmlitz in
Quellmulde sumpfiger Quellmulde bei ca. 795 m, und zwar noch oberhalb der gefassten
und ausgeschilderten Quelle. Unweit von hier, am „Fieltz" (Filz = Moor),
quillt auch der zur Freiberger Mulde fließende Teichtellenbach aus sumpfigen Gefilden. Die noch junge Gimmlitz eilt nun abwärts entlang einer
Verwerfung zwischen Gneis (Töpferwald) und Phyllit (Weideland). Auf
teilweise versumpftem Grund haben sich Feuchtwiesen entwickelt mit Binsen und Seggen, Kohl-Kratzdisteln, Mädesüß und truppweise Alantdisteln,
während am Waldrand Massenbestände von Wiesen-Kerbel Eutrophierung
(= Überdüngung mit Stickstoff) anzeigen.

....

 ## Waltherbruch

Rund 500 m unterhalb der „Gimmlitzquelle" fließt das noch kleine Bächlein
an einem seit einem halben Jahrhundert auflässigen Kalkbruch vorbei.
Der Waltherbruch (nicht zu verwechseln mit „Walters Steinbruch" in der
Flächenna- Ortslage Hermsdorf!) ist als Geotop (geologisches Denkmal) und seit 1995
turdenkmal auch als Flächennaturdenkmal ausgewiesen. Neben dem hier anstehenden, in Sachsen sonst seltenen Kalkgestein sorgt ein großer Strukturreichtum mit Steilwänden, Kalkgeröllhalden, kleinen Höhlen und einer teilweise

Vielzahl ba-
senliebender
Pflanzen

vernässten Bruchsohle für geeignete Existenzbedingungen einer Vielzahl basenliebender Pflanzen. Über vierzig Arten der Roten Liste Sachsens gedeihen hier, unter anderem Wundklee, Seidelbast, Sumpf-Herzblatt, Großer und Kleiner Klappertopf, Natternzunge, Herbstzeitlose, Wintergrün sowie mehrere Orchideenarten. Viele der genannten Pflanzen sind lichtbedürftig. Um den für sie notwendigen Lebensraum zu erhalten, muss durch Entbuschungen bzw. teilweise Mahd die natürliche Entwicklung immer wieder unterbrochen werden – ansonsten führen aufwachsende Fichten, Ohr- und Sal-Weiden zu immer stärkerer Beschattung. Da es in der Umgebung keinen oberirdischen Kalkbergbau mehr gibt, entstehen auch keine Ersatzlebensräume, so dass die teilweise extrem seltenen Arten verschwinden würden.

Aus Sicherheits- und aus Naturschutzgründen ist das Betreten des Waltherbruches nicht gestattet.

Kalkwerk Hermsdorf und Naturschutzgebiet Gimmlitzwiesen

Das Kalkwerk Hermsdorf gehört zu den wenigen noch produzierenden Kalkwerken des Erzgebirges. Obgleich 1581 erstmalig bezeugt, ist der Kalksteinabbau wahrscheinlich noch wesentlich älter. 1827 waren bereits drei Steinbrüche in Betrieb. 1880 ging man zum Tiefbau über. Die komplizierte Lage-

Abb.: histor. Kalkofen am Kalkwerk Hermsdorf

rung (Gesteinsfalten in unterschiedlichen Dimensionen sowie Verwerfungen) erschweren den Abbau. Doch die Vorratssituation ist günstig, und der hochwertige Rohstoff sehr begehrt. Mittels zahlreicher Bohrungen konnte man in den 1990er Jahren als gewinnbare Vorräte 3 Millionen Tonnen Weißkalk und 9,3 Millionen Tonnen „Graukalk" (mit 15% Magnesiumoxid) nachweisen. Das Stollnsystem ist inzwischen auf über 40 km Länge angewachsen. Ein Streckenausbau ist kaum erforderlich, denn das Gebirge trägt sich mit Hilfe stehen gelassener Pfeiler selbst.

Hermsdor-
fer Kalk

Genutzt wurde Hermsdorfer Kalk seit dem Mittelalter stets als Dünge- und Baukalk, daneben aber schon seit dem vorigen Jahrhundert auf Grund seiner Reinheit bzw. des Weißgrades bevorzugt in der chemischen sowie Lack- und Farbenindustrie. Zur Brandkalk-Herstellung betrieb man vier Kalköfen, und zum Abtransport der Fertigprodukte diente von 1926 bis 1972 eine 2,7 km lange Seilbahn („Kannelbahn" genannt) zum Bahnhof Holzhau. 1992 wurde das in seiner Existenz bedrohte Kalkwerk aus Treuhandbesitz verkauft und grundlegend modernisiert.

Wohl fast alle älteren Bauwerke der näheren und weiteren Umgebung wurden mit Hermsdorfer Kalkmörtel errichtet, Wohnstuben und Ställe mit Kalkmilch getüncht und die allgemein zur Versauerung neigenden landwirtschaftlichen Nutzflächen gekalkt. Auf älteren Landkarten findet man in der Feldflur vieler Dörfer Kalköfen (auch „Schneller" genannt) verzeichnet (allein in Reichstädt 16), in denen der antransportierte Stückkalk gebrannt werden konnte.

höchst wertvolles Naturschutzgebiet

Es geschieht wahrscheinlich nur selten, dass Naturschützer wegen der drohenden Schließung eines Industriebetriebes Sorgenfalten bekommen, und schon gar nicht, wenn das Unternehmen direkt an ein höchst wertvolles Naturschutzgebiet anschließt. Doch genau dies war Anfang der 1990er Jahre der Fall, als das Gerücht von der bevorstehenden „Abwicklung" des Kalkwerkes Hermsdorf die Runde machte. Obgleich der Abbau seit langem nur noch unter Tage erfolgte, sorgt der aufgewirbelte Kalkstaub für die Abpufferung des „Sauren Regens" auf den angrenzenden Gimmlitzwiesen.

Gimmlitzwiesen

Während früher viele Wiesen gelegentlich gekalkt wurden (teilweise sicher auch mit Hermsdorfer Düngekalk), sind heute die meisten Bergwiesen-Biotope von ziemlich starker Versauerung betroffen. Pflanzenarten, die gegenüber der Versorgung mit Erdalkalien (Magnesium, Kalzium) etwas anspruchsvoller sind, finden deshalb auf immer weniger Flächen geeignete Bedingungen – selbst wenn diese ansonsten hervorragend gepflegt (gemäht) werden. Dies betrifft auch viele einheimische Orchideenarten.

Orchideen

Hier im Naturschutzgebiet Gimmlitzwiesen kann man auf den Berg- und Nasswiesen beispielsweise noch Große Händelwurz, Großes Zweiblatt und Breitblättrige Kuckucksblume antreffen. In der Gimmlitzaue sind sumpfige und weniger feuchte Wiesenbereiche eng miteinander verzahnt, die Pflanzenwelt entsprechend vielfältig. Typische Bergwiesenarten sind Bärwurz, Alantdistel, Wald-Storchschnabel, Frauenmantel, Kanten-Hartheu und Goldhafer. Magere Bereiche, beispielsweise an Böschungen, beherbergen Arten der Borstgrasrasen: Kreuzblümchen, Arnika, Wald-Läusekraut, Vielblütige Hainsimse, Gefleckter Kuckucksblume u.a. Nasse Flächen beherbergen neben diversen Seggen und Binsen auch Kleinen Baldrian, Bach-Nelkenwurz und Fieberklee. Außerdem gedeihen Staudenfluren mit Rauhaarigem Kälberkropf, Mädesüß, Sumpf-Pippau und vielen weiteren Arten. Besonders auffällig sind im Juni die leuchtend gelben Blütenstände des Bach-Greiskrautes.

Kalkflachmoor

Der wertvollste, auch überregional sehr bedeutsame Teil des mit fünf Hektar nur sehr kleinen Naturschutzgebietes ist ein Gelbseggen-Kalkflachmoor nordwestlich vom Kalkwerk. Auf quelligen, durchrieselten Standorten haben sich viele kalkholde Arten, wie Breitblättriges Wollgras, Sumpfherzblatt und Fettkraut angesiedelt.

Die Wiesen werden in vorbildlicher Weise gemäht. Weitere wertvolle Berg- und Feuchtwiesen findet man auch an mehreren Stellen im übrigen Gimmlitztal. Unter anderem deshalb ist seit vielen Jahren eine deutliche Erweiterung des Naturschutzgebietes – auf über 200 Hektar – im Gespräch. Die fachlichen Grundlagen sind erstellt, doch es fehlt noch das formelle Verfahren der Schutzgebietsausweisung. Entlang der Gimmlitz verläuft die Grenze zwischen den Regierungsbezirken Chemnitz und Dresden – möglicherweise ein Grund für die Verzögerung. Derweil wurde das Gimmlitztal als so genanntes FFH-Gebiet für das europaweite Schutzgebietssystem „NATURA 2000" gemeldet.

FFH-Gebiet

 ## Gimmlitztal

*Granit-
porphyr*

Unterhalb des Naturschutzgebietes verläuft das Gimmlitztal geradlinig in nordwestliche Richtung durch Granitporphyr. Eine Horizontalverschiebung der Erdkruste hat den Granitporphyrgang um 600 m in seiner Längserstreckung versetzt.

Einen schönen Blick ins Gimmlitztal und nach Frauenstein bietet der touristisch erschlossene, 712 m hohe felsige „Knochen", ein mit Buschwerk bewachsener Granitporphyr-Härtling, 400 m südlich der Hermsdorfer Gaststätte „Grüne Tanne". Außer den Wiesen erkennt man auch, wie stark heutzutage dunkle Fichtenforsten das Tal prägen.

*sehr saube-
res Wasser*

Die Gimmlitz führt sehr sauberes Wasser (Güteklasse I-II) und weist einen sehr naturnahen Zustand hinsichtlich der Laufentwicklung sowie seiner Sohle- und Uferbeschaffenheit von der Quelle bis zur Mündung in die Talsperre Lichtenberg auf. Da das gesamte Gimmlitztal im Einzugsbereich der Talsperre liegt, wurde dieses in die Trinkwasserschutzzone II b eingestuft. Gespeist wird die Gimmlitz von kleinen Bächen (Kalkfluss, Krötenbach, Kleine Gimmlitz oder Mäusebach, Walkmühlenbach), die sich in die größtenteils bewaldeten Hänge eingeschnitten haben. Die Kalkvorkommen am Oberlauf der Gimmlitz bewirken, dass kalk- (bzw. bicarbonat-)reiches Wasser in das Fließgewässer gelangt und somit eine Basenanreicherung erfolgt. Diese wirkt einer allgemeinen Versauerung entgegen, die in den Bächen der oberen Lagen des Erzgebirges häufig durch die Wirkung saurer Niederschläge verursacht wird. Trotzdem wird die Wasserqualität durch Stickstoffeinträge aus Düngung und Beweidung negativ beeinflusst. Das gut funktionierende biologische System der Gimmlitz baut diese Einträge jedoch auf den nachfolgenden Fließstrecken durch natürlich Selbstreinigungsprozesse wieder ab.

*Talaue der
Gimmlitz*

Die Talaue der Gimmlitz war im 19. Jahrhundert als nahezu durchgehende Wiesenaue ausgebildet. Diese wurde später durch Aufforstungen, kleinflächige ackerbauliche Nutzungen sowie natürliche Verbuschung reduziert. In den 60er Jahren des 20. Jahrhunderts erfolgten weitere Aufforstungen während des Baus der Talsperre Lichtenberg, damit die Trinkwasserqualität nicht durch Überweidung und damit verbundene Verunreinigungen gefährdet würde. Als sehr nachteilig wirkte sich die Aufforstung mit Fichtenmonokulturen aus, die beidseitig bis an die Gimmlitzufer erfolgte. Einerseits führte die eingetragene Nadelstreu zur Versauerung des Gewässers, und andererseits bewirkte die Beschattung der Uferbereiche einen Artenrück-

*Aufforstung
mit Fichten-
monokul-
turen*

Abb.: Uferstaudenflur mit Roter Pestwurz

gang innerhalb der Fließgewässerfauna. Auch gingen wertvolle Feucht- und Bergwiesen verloren. Trotz der vorauszusehenden negativen Auswirkungen wurden auch noch 1990/91 mehrere Wiesen, darunter eine größere Fläche unterhalb der Illingmühle, in Fichtenforste überführt. Die noch verbliebenen Wiesen werden heute größtenteils als Mähwiesen genutzt oder liegen brach. Im Bereich der ehemaligen Mühlengrundstücke werden sie teilweise auch mehr oder weniger extensiv beweidet.

Bergwiesen

Feuchtwiesen

Zu den Bergwiesen zählen die nicht nur im Naturschutzgebiet vorkommenden, basenliebenden Storchschnabel-Goldhafer-Bergwiesen sowie die weiter verbreiteten, sauren Bärwurz-Rotschwingel-Bergwiesen. Zu den Feuchtwiesen gehören die Kohldistel-Feuchtwiese, die Mädesüß-Staudenbrache, der Waldsimsen-Sumpf, die Flatterbinsen-Feuchtweide, das Rohrglanzgras-Röhricht und das Schlankseggen-Ried. Die Artenzusammensetzung der verschiedenen Feuchtwiesengesellschaften ist recht vielfältig. Typische, häufige Vertreter sind Wiesen-Knöterich, Flatter-Binse, Mädesüß, verschiedene Seggen, Wald-Simse, Sumpf-Kratzdistel. In einer Mädesüß-Staudenbrache in der Nähe der Kummermühle kommen drei Unterarten des Bachquellkrautes vor. Im sauren Braunseggen-Sumpf, der im Gimmlitztal mehrfach anzutreffen ist, fallen die meisten kalkholden Arten aus. Hier überwiegen Bestände mit der Schnabel-Segge. An vielen Stellen, unter anderem an der ehemaligen Finsterbuschmühle, haben sich Hochstaudenfluren mit Aromatischem Kälberkropf herausgebildet.

Durch die Pflegeeinsätze der Grünen Liga Osterzgebirge („Burkersdorfer Heuwende-Wochenende") ist in den letzten Jahren eine etwa halbhektargroße Bergwiese südöstlich von Burkersdorf bekannt geworden. Inmitten des Waldes am rechten Gimmlitztalhang (525 m) zeigt sie eine mit etwa 60 Arten reichhaltige Palette typischer Berg- und Nasswiesenpflanzen. Eine Besonderheit ist dabei das Vorkommen des kalkliebenden Wundklees.

Abb.: Waldwiese bei Burkersdorf

An quelligen, sickerfeuchten Standorten gedeiht an den Gimmlitz-Talhängen nicht selten die Weiße Pestwurz. An Waldrändern und im wechselfeuchten Gebüsch (Nähe Dittersbacher Weg) sind die Frühlingsblüher Hohe Schlüsselblume, Busch-Windröschen, Sumpf-Dotterblume und Scharbockskraut nicht selten. In der Vorsperre Dittersbach (oberhalb der Straßenbrücke) bildet der im Juni blühende Wasser-Hahnenfuß Massenbestände.

92 Vogelarten

Auch im Bereich der Tierwelt kann der Naturfreund vielfältige Beobachtungen machen. So sind im gesamten Gebiet 92 Vogelarten erfasst worden, von denen 51 als regelmäßige Brutvögel gelten. Bei den Lurchen und Kriechtieren wurden im Gebiet sieben Arten erfasst. Dazu gehören Feuersalamander, Bergmolch, Erdkröte und Grasfrosch bzw. Blindschleiche, Ringelnatter, Kreuzotter und Waldeidechse. Die Bestände aller Arten sind mehr oder weniger stark rückläufig.

Weitere schöne Entdeckungen kann der Naturfreund bei der Beobachtung der farbenprächtigen Schmetterlinge machen. Insbesondere die Tagfalter bieten im Sommer an den unterschiedlichsten Blüten ein prachtvolles Naturschauspiel.

Das Tal der Mühlen

15 km fließt die Gimmlitz – die zahllosen Mäander gar nicht mitgerechnet – von ihrer Quelle bis zur Talsperre Lichtenberg, ohne ein Dorf an ihren Ufern. Die Einsamkeit des Wald- und Wiesentales macht seinen besonderen Reiz als Wander- und Radlerziel aus.

So ganz einsam ist es dann aber doch nicht an der Gimmlitz. Das Klappern vieler Mühlräder gehörte früher zum guten Ton des Tales. Obwohl dies heute nicht mehr

Abb.: historische Aufnahme einer Gimmlitzmühle (Archiv Osterzgebirgsmuseum Lauenstein)

so ist und etliche Mühlen inzwischen verschwunden sind, erfüllen wieder einige Bewohner die Gegend mit Leben und guten Ideen.

Unterhalb des Hermsdorfer Kalkbruches befinden sich die Gebäude der ehemaligen Schmutzlermühle. Ursprünglich ein Sägewerk, diente sie nach dem 1. Weltkrieg als Rossschlächterei, als Wanderheim der Stadt Freital und Jugendherberge, nach dem 2. Weltkrieg dann als Unterkunft für Wohnungssuchende und Vertriebene, später für Kalkwerksarbeiter, als Wanderhütte, Kinderheim und gegenwärtig zu Wohnzwecken.

Die alte Weicheltmühle auf Reichenauer Flur ist seit 1977 als Technisches Denkmal geschützt. Sie wurde 1807 als Mahlmühle mit oberschlächtigem Wasserrad erbaut. Bäckerei und Landwirtschaft gehörten zur Mühle. Das Mahlwerk wurde um 1900 durch ein Stampfwerk für Futter- und Knochen ersetzt. Da sich die Weicheltmühle als Mühlenmuseum immer mehr zu einem touristischen Zentrum entwickelt hat, wurde hier, inmitten der Gimmlitzwiesen, am 9. Juni 2003 ein zünftiges „Bergwiesenfest" begangen.

Die Müllermühle oder Niedere Weichelt-mühle wurde erst 1869 erbaut und war Sägewerk. Nach mehrfachem Besitzer-wechsel wurde sie aufgegeben und ist heute ("Die Insel" genannt) von einem Künstlerehepaar bewohnt. An einem Fach-werkgiebel wurde die "Bergmannsglocke" der Friedrich-August-Zeche angebracht.

Unterhalb folgt die schon 1486 erwähnte Illingmühle, die – wie viele Mühlenanwe-sen – ein sehr bewegtes Schicksal hatte mit immer wieder wechselnder Nutzung: hauptsächlich als Schneidemühle, zeitweise auch noch Mahlmühle, Kistenfabrik usw. Ein Ausbau zum Museum ist vorgesehen. In der Nähe befinden sich noch mehrere Wohn- und Wochenendhäuser. 2003 wurde hier der "Förder- und Naturverein Gimmlitztal e.V." gegründet. Anliegen dieses Vereins sind die Förderung der Infrastruktur, des Natur- und Gewässerschutzes, die Erhaltung der natürlichen und historischen Schätze des "Tals der Mühlen" sowie die Entwicklung eines "sanften Tourismus".

Um 1786 entstand die Finsterbuschmühle. Sie war Lohnschroterei, später Stellmacherei (Ski-Herstellung), dann Karosseriebau. Infolge des Talsperrenbaus wurde sie in den 1960er Jahren abgebrochen. Etwa 600 m oberhalb, im Tal der Kleinen Gimmlitz auf Nassauer Flur, existierte von 1862–1897 die Steinmühle. Einzig die zu Frauenstein gehörige Kum-mermühle ist erhalten geblieben. Ihr früherer Name "Sandmühle" nimmt Bezug auf eine zweite Erzwäsche des Reichenauer Erzbergbaues. Später wurde sie Sägemühle, dann Ferien- bzw. Wohnheim. Die ältesten Frauensteiner Mühlen waren Rats- und Walkmühle. Beide wurden 1970 ebenso abgebrochen wie die Schiller-, Kempe- und Erler-Mühle (zu Burkersdorf), im Zusammenhang mit der Errichtung der Talsperre Lichtenberg.

Wer im Gimmlitztal wandert, sieht sich fast immer von Mühlgräben begleitet. Sie sind als letzte Zeugen des Mühlengewerbes auch dort noch vorhanden, wo die Mühlengebäu-de längst verschwunden sind. Entlang eines "Mühlenwanderweges" wurden an allen ehemaligen und noch vorhandenen Mühlenstandorten auf Initiative des Frauensteiner Kulturvereins e.V. Erläuterungstafeln angebracht. Auch gibt es einen "Skulpturenweg".

 ⑤ Burg und Stadt Frauenstein

imposante
Burganlage

Nach der 1218 erfolgten urkundlichen Ersterwähnung des Namens wurde 1272 die Burg ("castrum") Frauenstein genannt. Diese imposante Burganla-ge ist auch als Ruine eine der größten Sachsens geblieben und besteht aus der "Kernburg" mit der "Lärmstange" (ältester Bauteil), dem "Dicken Märten" und dem Palas mit kleiner Kapelle als Verbindungsbau, dazu eine zwinger-artige Vorburg, das Ganze umgeben von einer hufeisenförmigen Ringmau-er. Als Werkstein wurde vor allem der an Ort und Stelle vorhandene Granit-porphyr, weniger der Graugneis verwendet. Die bis zu 3,5 m dicken Grund-mauern sind unmittelbar auf dem anstehenden Porphyr gegründet.

**„Alt Frauen-
stein"**

Noch 1335 schmiegte sich ein Dorf an den Osthang des Burgberges. Zu dieser älteren Stadtanlage, die „Alt Frauenstein" genannt werden kann, gehörte auch eine kleine Kirche, die – 1616 umgebaut – noch heute inmitten des Friedhofs steht. Ob die Hussiten ihre verheerenden Raubzüge auch durch unsere Gegend unternahmen und dadurch die zahlreichen wüsten Dorfstellen (Dittersdorf, Haselbach, Helsdorf, Süßenbach) entstanden wären, gilt als nicht gesichert. Aus ebenfalls nicht eindeutig geklärten Gründen kam es jedenfalls in der 2. Hälfte des 15. Jahrhunderts zur Verlegung der kleinen Stadt auf den Porphyrrücken zwischen Burg- und Sandberg.

Während vorher genug Trink- und Brauchwasser vorhanden war, wurde dies nun zum Problem. Aber 1479 gelang die Wasserzuführung, und in diesem Zusammenhang wurde auch der Marktplatz erstmalig erwähnt. Die nach 1483 erbaute Stadtkirche erhielt 1491 ihre Weihe. Umgeben wurde die kleine Stadt mit ihrem Marktplatz, auf dem Kirche, Rathaus und Fronfeste Platz fanden, von einer Mauer mit drei großen und zwei kleineren Toren. Davor entwickelten sich „Vorstädte". Der Stadtkern bzw. dessen Grundriss blieb im Wesentlichen bis heute erhalten.

**„Gottfried-
Silbermann-
Museum"**

Die landesherrliche Burg Frauenstein war Eigentum der Markgrafen von Meißen, die sie verlehnten oder verpfändeten, so unter anderem von 1473 bis 1647 an die Herren von Schönberg. Der baufreudige Heinrich von Schönberg ließ, nachdem er sechs Jahre auf der unwohnlich gewordenen Burg verbracht hatte, von 1585–88 ein Renaissance-Schloss errichten. Als nicht mehr gebrauchtes Bauwerk verfiel die Burg immer mehr zur Ruine, bis 1901–05 grundlegende Restaurierungsarbeiten erfolgten, die erst wieder ab 1959 in mehreren Phasen sowie in den 90er Jahren erneut weitergeführt wurden. Die Burgruine gehört dem Freistaat Sachsen und kann besichtigt werden, während das Schloss kürzlich privatisiert wurde. Das frühere Heimatmuseum hat sich seit 1983 durch das Engagement des verdienstvollen Silbermann-Biographen Werner Müller (1924–1999) zum „Gottfried-Silbermann-Museum" profiliert. Das Geburtshaus des bekannten Orgelbauers (1683–1753) befindet sich im benachbarten Kleinbobritzsch.

Für einen Gebietsüberblick empfiehlt sich die Besteigung des „Dicken Märten" der Burgruine, auf dessen Plattform man in knapp 700 m üNN Höhe steht. Von hier aus überschaut man weite Teile des mittleren Sachsens: Die rechtselbischen Höhen von der Lößnitz bei Radebeul bis zum Borsberg bei Pillnitz, einige Berge des Nordwestlausitzer Berglandes (z. B. Keulenberg bei Pulsnitz), das nordöstliche Erzgebirgsvorland vom Tharandter Wald über Wind-

Frauensteins Wasser

Die **Wasserversorgung** hochgelegener menschlicher Ansiedlungen war in vergangenen Jahrhunderten immer ein Problem, so auch in Frauenstein. Noch höher als die Stadt liegt nur ein flächenmäßig kleines Einzugsgebiet hinter dem Sandberg. Von dort musste das Wasser in freiem Fall (bei nur ca. 12 m Gefälle) in die Stadt geleitet werden. 800 m südlich des Sandberges findet man in flacher Wiesenmulde die Reste eines steinernen Gewölbes, in dem sich Grundwasser sammelt. Vier „Röhrwasserleitungen" wurden gebaut, wahrscheinlich von in solchen Arbeiten erfahrenen Bergleuten.

In der Kommunalverwaltung spielte die Wasserversorgung und Wassergesetzgebung immer wieder eine Rolle. 1745 gab es – über die Stadt verteilt – elf Wassertröge, dazu noch 24 Brunnen in Häusern und Gärten. Auf dem Markt stand ein großer Wasserbottich, außerdem auch die „Pferdeschwemme" (bis 1795). Um 1536 wurde sogar eine hölzerne Röhrenwasserleitung bis zur Burg gelegt. Zwei überdachte Brunnen mit Handschwengelpumpen (an der Wassergasse und unterhalb des Böhmischen Tors) liefern noch heute Brauchwasser.

Wegen steigenden Bedarfs musste nach 1901 das wasserreiche Gimmlitztal angezapft und 1904 ein **Hochbehälter auf dem Sandberg** erbaut werden (1962 erneuert, Kapazität: 400 m³). Außer Frauenstein sind in den letzten Jahren noch Kleinbobritzsch, Hartmannsdorf und Reichenau an die Wasserversorgung angeschlossen worden. Nicht nur Nassau und Burkersdorf, sondern auch die Bergstadt Freiberg bezogen ihr Trinkwasser seit 1901/02 bis zum Bau der **Talsperre Lichtenberg** (1966–73) aus dem Gimmlitztal. Dazu mussten damals 58 Grundstücke mit insgesamt 50 Hektar Fläche angekauft werden. Schachtbrunnen wurden gegraben und Rohrleitungen verlegt. Erst vor wenigen Jahren ist dieses alte Sammelsystem teilweise zurückgebaut worden.

Das Gimmlitzwasser wurde übrigens, wie um die Mitte des 19. Jahrhundert bezeugt ist, im Frühjahr auch zur **Wässerung der Wiesen** und Gärten auf den Fluren von Nassau, Dittersbach, Lichtenberg und Weigmannsdorf benutzt. Schäden und immer wieder Ärger bereitete das durch den Betrieb der **Erzwäsche** bei Frauenstein „schlammige und wolkige Wasser" der Fischerei sowie der Flachs-Schwingerei und Wasserflachsröste. Außerdem wurde der „Wäschesand" durch Wind und bei Hochwasser weit in der Gegend verstreut. Der „Wasserstreit" wurde durch die Grundstücksbesitzer vor das Bergamt Freiberg bzw. die Kreisdirektion zu Dresden gebracht und 1860 mit Schadenersatzansprüchen beendet.

berg und Wilisch, bis der langgestreckte Höhenrücken des Teplitzer Porphyrs mit Kohlberg, Tellkoppe, Stephanshöhe, Pöbelknochen, Kahleberg, Lugstein und Pramenáč/Bornhau den Horizont begrenzt. Im Vordergrund lässt sich das waldarme, dichtbesiedelte Bobritzschtal von Reichenau bis Niederbobritzsch gut verfolgen. Am südlichen Horizont kommt der bewaldete Erzgebirgskamm ins Blickfeld (mit Bradačov/Lichtenwald, Jestřabí vrch/Geiersberg, den „Einsiedler Wälder" und dem „Bernsteingebirge" mit Medvědi skalá/Bärenstein und Malý Háj/Kleinhan) und schließlich die Jelení Hora/Hassberg, Klinovec/Keilberg und Fichtelberg. Weiter nach Westen überschaut man das in Richtung Chemnitz und Freiberg sich abdachende waldarme Erzgebirge mit seinen Ortschaften, dann die Schornsteine zwischen Brand-Erbisdorf, Muldenhütten und Halsbrücke sowie die Bergstadt Freiberg (Altstadt und Neubaugebiete) und schließlich – in 66 km Entfernung – den Collmberg bei Oschatz. Einen nicht ganz so umfassenden Ausblick bietet der Sandberg (678 m, mit Wasserhochbehälter).

6 Schlosspark Frauenstein

Ein Kleinod in Stadtnähe ist der „Schlosspark Frauenstein", der seit 1997 als Flächennaturdenkmal (FND, 2 ha) geschützt ist. Als Teil des so genannten „Burgwaldes" (600–660 m) bedeckt er die steilen Abhänge des Schlossberges auf drei Seiten. Ein dichtes Wegenetz erschließt den in der zweiten Hälfte des 19. Jahrhunderts angelegten Landschaftspark, und in jüngerer Zeit wurde auch ein (allerdings noch ausbaufähiger) Naturlehrpfad hergestellt. In Richtung Bobritzschtal geht der einstige Schlosspark in einen fast reinen Fichtenforst („Bürgerfichten") über.

Bergmisch-wald mit reicher Kraut-schicht

Im Bereich des FND stockt dagegen ein naturnaher „hercynischer Bergmischwald" mit reicher Krautschicht. Die Baumschicht besteht vorwiegend aus Rot-Buche, Esche, Berg-Ulme, Berg- und Spitz-Ahorn, an den Waldrändern auch Eberesche und Vogel-Kirsche, die Strauchschicht aus Haselnuss, Faulbaum, Hirsch-Holunder, Schwarzer Heckenkirsche, Schneeball und Weißdorn. In der Krautschicht finden wir entsprechend der Jahreszeit z. B. Weiße Pestwurz (nur unterhalb der Sprungschanze), Bingelkraut, Buschwindröschen, Moschusblümchen, Schattenblümchen, Maiglöckchen, Goldnessel, Gefleckte Taubnessel, Vielblütige und Quirlblättrige Weißwurz, Taumel-Kälberkropf, Christophskraut (vereinzelt) und Efeu. Im Hochsommer blühen im Unterholz und am Waldrand Purpur-Hasenlattich und Fuchs' Greiskraut. Die prächtigste und stattlichste Pflanze des Burgwaldes ist je-

Türken-bund-Lilie

doch die Türkenbund-Lilie mit ihrer „Goldwurzel", die im südwestlichen Parkteil wächst und sich im Juni/Juli mit den turbanförmigen Blüten schmückt. In manchen Jahren ist allerdings der Verbiss durch Rehwild sehr stark.

Farne

An kühl-feuchtem Standort wachsen Farne (Gewöhnlicher Wurmfarn, Breitblättriger Dornfarn, Wald-Frauenfarn zwischen Blockschutt), an den Felsen Horste von Tüpfelfarn und an den Burgmauern Blasenfarn, Nördlicher Streifenfarn und Mauerraute. In den eutrophierten Parkteilen (ehemalige

Sprungschanzen und unterhalb des „Parkschlösschens") gedeihen Große Brennnessel, Giersch, Ruprechts Storchschnabel, Hohlzahn, Schöllkraut und Schwarzer Holunder. Einige Pflanzen sind Fremdlinge der heimischen Flora, wie Süßdolde an mehreren Stellen außerhalb des Parks. In den letzten Jahren haben sich der Braune Storchschnabel an der Westseite und die Nachtviole an der Südseite des Friedhofs stärker ausgebreitet, neuerlich auch das Orangerote Habichtskraut.

Entlang des alten Hofefeldweges haben sich noch einige der alten Berg-Ulmen erhalten, die auch hier selten geworden sind.

Kuttelbach
Hofefeld-
bach

Floristisch vielfältig und bunt waren früher auch die Täler des Kuttelbachs und des Hofefeldbachs, die den Porphyrrücken flankieren und landschaftlich hervorheben. Während vor allem das breite untere Kuttelbachtal schon seit den 1920er Jahren als „Jungviehweide" genutzt wird, bot der obere Teil des Tales früher (und teilweise heute noch) mit Hoher Schlüsselblume, Busch-Windröschen, Sumpf-Dotterblume und Wald-Goldstern einen bunten Frühlingsaspekt. Wechselnde Standortbedingungen (Bachufer, Nasswiesen, Feuchtwiesen, Bergwiesen) brachten verschiedene Pflanzengesellschaften hervor. In einem Waldwinkel unterhalb des Buttersteigs konnte sich eine Wiese mit reichlich Bärwurz erhalten. Im Bereich der alten Siedelstelle „Altfrauenstein" breitet sich eine dichte, aber leider ungepflegte Heckenlandschaft aus. Zum Kuttelbach hin stehen etliche Kopfweiden und andere Einzelbäume, die durch Beweidung gelitten haben. Hierher könnte bei behutsamer Bewirtschaftung der flachen, nur locker bebauten Talsenke der Landschaftspark vom Burgwald her – unter Einbeziehung des Friedhofs – erweitert werden. Wer auf der Aussichtsplattform der Burgruine steht und in Richtung Reichenau schaut, kann diese Vorstellung vielleicht nachvollziehen.

7 Buttertöpfe und Weißer Stein

Ursprünglich eine Quarzsandablagerung am Meeresboden, haben die späteren erdinneren Vorgänge diese Schicht nach ihrer Versenkung in größere Krustentiefen, verfestigt, „verschiefert", dann im weiteren Verlauf der Erdgeschichte zusammengeschoben, gefaltet, zerrissen und auch brekziiert (= zerbrochen und wieder verkittet). Es kam zu Quarz-„Ausschwitzungen" (Quarz-Neubildungen), die als Gangquarz das Gestein noch weiter verfestigten. Schließlich sind die kompakten Quarzitschiefer-„Linsen" an der Erdoberfläche aus dem umgebenden weicheren Gneis felsbildend herausgewittert. Zahlreiche sehenswerte, kleinere Felsgruppen und Blockstreu findet man auch noch unterhalb am Gimmlitzhang. Zwischen Lichtenberg und Burkersdorf (Beerhübel, Fuchshübel, Bettler) verstecken sich in Gebüschen ähnliche Felsen, während andere, wie der „Weiße Stein" bei Burkersdorf, längst der Schottergewinnung zum Opfer gefallen sind.

Abb.: Butter-
töpfe bei
Frauenstein

Abb.: Weißer
Stein

Dass dies nicht auch bei Frauenstein geschah, ist dem damaligen Bürgermeister H. O. Göhler zu verdanken, der 1901 die Grundstücke angekauft hatte. 1938 erfolgte die Eintragung als Naturdenkmal und später (1956 und 1996) Anpassungen an die jeweils geltenden Schutzbestimmungen. „Buttertöpfe" und „Weißer Stein" sind außerdem im sächsischen Geotop-Kataster registriert. Sie gehören zu den ältesten geschützten geologischen Naturdenkmälern Sachsens. Das Buttertöpfchen kommt als Insel inmitten einer Agrarfläche heute viel deutlicher zur Geltung als der eigentlich größere Weiße Stein, den dunkle Fichtenforsten umgeben.

Quarzit gehört zu den Gesteinen, die nur sehr wenige Elemente beinhalten, die für das Wachstum von Pflanzen wichtig sind. Und auch der chemischen Verwitterung, die die nötigen Minerale für die Wurzeln überhaupt erst verfügbar macht, bietet das harte Material kaum Angriffsflächen. Und so findet man auf dem Weißen Stein auch nur anspruchslose Pflanzen wie Draht-Schmiele, Heidelbeere, Wiesen-Wachtelweizen, Harz-Labkraut und Heidekraut. An Gehölzen versuchen sich einzelne Birken, Fichten, Ebereschen sowie Faulbaumsträucher zu behaupten. Am Fuße des Weißen Steines allerdings wuchern Brombeeren und verschiedene stickstoffliebende Pflanzen – untrügliche Zeichen, dass in der Vergangenheit hier Müll entsorgt wurde.

anspruchs-
lose Pflan-
zen

Hermsdorf

Waldhufen-
dorf

Das etwa 4 km lange Waldhufendorf Hermsdorf dürfte im Kern fast so alt wie Frauenstein sein. Vom „Buschhaus" (705 m üNN) steigt das Vorderdorf bis auf 750 m an („Polsterschmiede"), fällt dann zum Richtergrund (675 m) ab und steigt dann nochmals bis auf 780 m im Oberdorf an.

„Neuherms-
dorf"

Schließlich kam noch „Neuhermsdorf" hinzu, nachdem 1885 an der Muldentalbahn (Nossen–Freiberg–Most/Brüx) der Bahnhof Hermsdorf-Rehefeld (737 m üNN) entstanden war und Erholungssuchende aus den Städten zur "Sommerfrische" oder zum Wintersport anreisten. Nach der Grenzschließung 1945 endete diese Bahnlinie von Freiberg her zunächst hier, ab 1972 schon in Holzhau. Als ältestes Anwesen (1683) befindet sich das heutige Hotel „Altes Zollhaus" dort, wo die von Seyde her kommende Geleitsstraße auf die Teplitzer Straße trifft (762 m üNN). Von hier aus sind mehrere abgelegene Täler (Köhlersgrund, Becherbachtal und Hirschbachtal) als Wanderziele bequem erreichbar. Am Ortseingang von Frauenstein her steht ein Gasthaus mit Fachwerk, die „Grüne Tanne" (auch „Buschhaus" genannt), dessen Name auf die Amtswohnung (bis 1681) eines reitenden Försters des Bärenfelser Forstamtes Bezug nimmt.

Außer dem seit alters her begehrten Kalkstein im Gimmlitztal wurde direkt in der Ortslage Hermsdorf bis in die Nachkriegszeit noch ein grünlichgrauer Quarzporphyr abgebaut, der eine eigentümliche, mehr oder weniger plattige Absonderung zeigt und deshalb als Baustein willkommen war. Lesesteine sind stets (und Bruchsteine von Klüften aus) durch Biotitverwitterung braun gefärbt. In dem heute auflässigen „Walters Steinbruch" (nicht zu verwechseln mit dem ehemaligen „Waltherbruch" des Kalkwerkes) hoch oben über der Dorfmitte wurden Werksteine für Gebäudemauern, z. B. für die neue Hermsdorfer Kirche (1890) sowie Platten für Treppenstufen, Hofpflaster usw. gewonnen. Man sieht diesen leicht kenntlichen, weil farblich abweichenden Porphyr in vielen Dörfern der Umgebung in Gebäudemauern aller Art verbaut. Er verleiht solchen Bauwerken ein etwas düsteres Aussehen, das aber zur herben Gebirgslandschaft passt.

Abb.: Quarz-porphyr in Walters Steinbruch (Ortslage Hermsdorf)

Auch Altbergbau auf Erz und Steinkohle ist in Hermsdorf zu verzeichnen und zwar im nördlichen Teil seiner Flur. Am Fuße des heute aus den Landkarten verschwundenen „Silberberges" gab es zwei Zechen, auf denen ein bescheidener Bergbau umging. Im Goldbachtal sollen einer Sage zufolge „Gold- und Silberkörner" gefunden bzw. durch Venetianer (= Walen) ausgewaschen worden sein. Die Suche nach Steinkohle war letzten Endes erfolglos. Da im benachbarten Schönfeld seit 1761 mit wechselndem Erfolg anthrazitische Glanzkohle abgebaut worden war, trieb man 1810 im Weißbachtal, oberhalb der Essigmühle, einen Stollen in den Berg und brachte weiter oben einen Versuchsschacht nieder, fand aber nur Kohleschmitzen.

Bergwiesen

Außer den bekannten „Gimmlitzwiesen" gibt es auf der Hermsdorfer Flur noch weitere Bergwiesen, die im Mai/Juni mit typischen Gräsern und Blütenpflanzen, wie Wald-Storchschnabel, Kuckucks-Lichtnelke, Wiesen-Schaumkraut, Wiesen-Knöterich, Scharfem Hahnenfuß, Wiesen-Sauerampfer und Alantdistel ein buntes Bild bieten. Erwähnt sei in diesem Zusammenhang der Bauernhof von Familie Zönnchen im „Vorderdorf", die sich hier seit 1991 erfolgreich mit Wiesen- und Landschaftspflege (einschürige Mähwiesen mit anschließender Schafbeweidung) und mit Gallowayzucht befassen und insbesondere wertvolle Arbeit beim Erhalt der Gimmlitzwiesen leisten (außerdem: Reiterhof mit Ferienpension – „Urlaub auf dem Bauernhof").

Flachsanbau

Ganz in der Nähe, oberhalb der Kammstraße, sieht man in der Feldflur unter hohen Bäumen ein kleines massives Häuschen, das an eine Feldscheune denken lässt. Es ist ein so genanntes „Brechhäusel", das – als letztes von vier – an den ehemaligen Flachsanbau erinnert. Dieser spielte im östlichen Erzgebirge bis in die Nachkriegszeit immer eine große Rolle – bis hin zur Verarbeitung, Spinnen und Weben. Zahlreiche wassergetriebene Ölmühlen arbeiteten in allen Gebirgstälern, und das Leinöl war als Speiseöl sehr beliebt. Die fortschreitende Technisierung in der Landwirtschaft und verbes-serte Transportmöglichkeiten bereiteten dem arbeitsintensiven Flachsan-bau mit viel Handarbeit in den 1950er Jahren ein Ende. Die Grünlandbewirtschaftung trat zunehmend an die Stelle des Ackerbaus (außer

Bauern-
und Heimat-
museum

I ein v. a. Hafer, Futtergetreide und Kartoffeln). In diesem Zusammenhang sei auch auf das sehenswerte „Bauern- und Heimatmuseum" von Familie Bretschneider mit Pension und Gaststätte im Mitteldorf verwiesen, wo ältere landwirtschaftliche Maschinen, Gerätschaften und Handwerkszeug ausgestellt sind.

. . . .

Kreuzwald

Granitpor-
phyrgang
von Hart-
mannsdorf-
Litvínov

Zwischen Hermsdorf und Reichenau durchzieht der fast 1 km breite Granitporphyrgang von Hartmannsdorf bis Litvínov als bewaldeter Rücken die Gneislandschaft, auf dem der weithin bekannte, schon 1560 so genannte „Kreuzwald" stockt. Er trägt diesen Namen von der in vorreformatorischer Zeit hier errichteten „Kapelle zum Heiligen Kreuz". 1877 wurden deren letzte Ruinen abgebrochen und ein Gedenkstein („Capelle 1877"), umgeben von vier Eschen, gesetzt. Sagen haben sich dieser Lokalität bemächtigt.

Kiesgrube
im Kreuz-
wald

Auf der anderen Straßenseite, wo sich weiter unten eine „Kiesgrube" (abgebaut wurde grusiges Verwitterungsmaterial) befand, hat sich in den letzten Jahren ein Tümpel mit Feuchtbiotop (Weiden-Erlen-Gebüsch) entwickelt, das durch seine abseitige Lage als Lebensraum bzw. Fortpflanzungshabitat für Lurche (Grasfrosch, Erdkröte, Bergmolch) weiterhin gute Chancen haben dürfte. Als Flächennaturdenkmal „Kiesgrube im Kreuzwald" wurde das Objekt 1990 unter Naturschutz gestellt.

Nur einige 100 m weiter steht ein kleiner auflässiger Steinbruch im festen Granitporphyr. Die Hauptstraße (S 184) führt daran vorbei und umgeht die Anhöhe (712 m), die in früherer Zeit überquert werden musste. Hier sind mehrere nebeneinander liegende, teils zugewachsene Hohlwege erhalten geblieben.

. . . .

Bobritzschquelle und Reichenau

Bobritzsch-
quelle

Gleich westlich des Kreuzwaldes und noch innerhalb des vergrusten Granitporphyrs liegt in breiter Wiesenmulde die gefasste Bobritzschquelle in 690 m Höhe. Einer der alten „Querwege" (hier der Fahrweg von Hermsdorf nach Hartmannsdorf) führt unterhalb des Lärchenhübels vorbei und bietet immer wieder lohnende Ausblicke über die Ost-Erzgebirgslandschaft von der Saydaer Höhe über Frauenstein bis in die Freiberger Gegend und zum Tharandter Wald. Ringsum herrschen Wiesen und Weiden vor, weiter abwärts zunehmend Ackerland, das vor allem zur Zeit der Rapsblüte deutlich als solches sichtbar wird.

Granit-
porphyr-
Rücken

Der bewaldete Granitporphyr-Rücken zwischen Kreuz- und Bellmannswald fällt steil zum Tal der Wilden Weißeritz ab. Dort haben sich zahlreiche, bis 10 m hohe, zerklüftete Felsgruppen gebildet. Von der etwa 680 bis 700 m hoch gelegenen „Altfläche" zwischen Weißeritz, Bobritzsch und Gimmlitz aus hat sich der Bobritzschbach eingeschnitten. Da die Fluren von Reichenau hier fast völlig waldfrei sind, besteht schon wenige 100 m unterhalb der Quelle Hochwassergefahr für die Häusler-Anwesen in der Talaue. Die Bauerngehöfte (meist Drei- und Vierseithöfe) stehen dagegen hochwassersicher, weil zehn bis fünfzehn Meter höher, auf der unteren Hangterrasse. Der teilweise bewaldete, steil aufragende Kollmberg (636 m üNN) wurde von der Bobritzsch herausmodelliert.

Altbergbau

Reichenau ist das einzige Dorf im weiten Umkreis mit nennenswertem Altbergbau. Wenn in der Literatur vom „Frauensteiner Bergbau" die Rede ist, meint man gewöhnlich den auf Reichenauer Fluren. Er begann nach 1335 und endete 1885. An sichtbaren Zeugen des Altbergbaus ist jedoch nicht mehr viel vorhanden. Morphologisch auffällig, zieht sich ein etwa 2 km langer „Haldenzug" von der größten Halde („Friedrich August") an der Kammstraße oberhalb von Reichenau mit mehreren kleinen, buschwerkbewachsenen Halden und dem heute noch bewohnten „Zechenhaus" über die B 171 hinweg bis zum Mundloch des Friedrich-Christoph-Erbstolln im Bobritzschtal hin. Hier werden die reichlich ausfließenden Kluftwässer gesammelt und über die Höhen zur Hartmannsdorfer Milchviehanlage gepumpt.

Flachs-schwingerei

Auch Reichenau soll früher mehrere Brechhäuser für den Flachs besessen haben. Jedenfalls lohnte es sich, 1916/18 dort eine „Flachsschwingerei" (Fa. Neubert) aufzubauen, die bis Ende der 1970er Jahre in Betrieb war. Als Nebenprodukt beim Brechen der Leinstängel fiel „Arn" an, das als Stall-Einstreu, aber auch als Heizmaterial Verwendung fand.

 ## 11　Bobritzschtal bei Frauenstein

Die Bobritzsch ist zwischen der Ringelmühle und Kleinbobritzsch nicht begradigt worden, so dass sie nach wie vor von einem Gebüschsaum mit Schwarz-Erle, Weide, Esche, Berg- und Spitz-Ahorn, Birke sowie Gewöhnlicher Traubenkirsche eingefasst wird, und auch Frühlingsblüher, wie Hohe Schlüsselblume, Busch-Windröschen und Sumpf-Dotterblume sind noch vorhanden. Wenig beeinflusste Talabschnitte enthalten Feuchtwiesen mit Scharfem Hahnenfuß, Wiesen-Knöterich, Wiesen-Schaumkraut, Kuckucks-Lichtnelke und Alantdistel. Im Gegensatz zum Gimmlitztal ist die Rote Pestwurz im Bobritzschtal selten. Entlang des Bachs wuchert im Sommer heute stattdessen das Drüsige Springkraut und verdrängt die einheimische Uferflora. Die Ausbreitung anderer Neophyten (z. B. Japanischer Knöterich) hält sich bisher in Grenzen. Die beim Hochwasser 2002 entstandenen Schotterfluren wurden größtenteils beräumt, so dass die damals entstandenen „Pioniergesellschaften" wieder verschwunden sind.

Die Bobritzsch war früher Salmonidengewässer, und auch die empfindliche Westgroppe fehlte nicht. Durch die hohe Abwasserbelastung (besonders in den 1970er Jahren) starben die Forellen praktisch aus. Abhilfe brachte erst die Abwasserkanalisation in den 1990er Jahren. Doch dann haben das Hochwasser 2002 und die fast völlige Austrocknung 2003 wiederum zum fast völligen Verschwinden der Forelle geführt. Die Groppe fehlt heute, und auch die früher häufig an der Unterseite der Steine festgehefteten Köcherfliegenlarven sind selten.

*Königs-
wiese*

Ungünstig entwickelte sich in den letzten Jahrzehnten die „Königswiese", die ca. 500 m^2 am rechten Bobritzschhang oberhalb der Schafbrücke umfasst. Hier findet man neben dem Steinbruch und dem alten „Buttersteig" einen schmalen, trockenen Waldstreifen mit reich gestaffeltem Waldrand

*Abb.: Kohl-
distel*

(Trauben- und Stiel-Eiche, Hainbuche, Rot-Buche, Berg-Ahorn, Birke, Weißdorn und Schlehe), in der Krautschicht mit Maiglöckchen, Schattenblüm-

chen, Weißwurz und Kriechendem Günsel. Daran schließt sich die „Königswiese" mit wechselfeuchten Standorten sowie einer kleinen Bärwurz-Wiese am oberen Waldrand an (früher mit Arnika). Ein Wasserriss teilt die Wiese in Längsrichtung. Diese engräumig wechselnden Standortbedingungen brachten für diese mittlere Höhenlage (535–570 m üNN) mehrere Wiesentypen hervor. Die intensive Beweidung der Königswiese seit den 1970er Jahren hat die ursprüngliche Vegetation fast völlig zerstört. Heute kommen hier noch die relativ robuste Alantdistel neben Kohldistel, Mädesüß, Flatterbinse und Sumpf-Kratzdistel vor, daneben Stumpfblättriger Ampfer, Große Brennnessel, Hohlzahn sowie ein Massenbestand von Drüsigem Springkraut an der Straßenböschung. Da es hier bei sommerlichen Starkregen wiederholt zu Schlammabgängen bis auf die Talstraße kam, hat man hier eine „Wildbachverbauung" angelegt, die sich recht gut ins Landschaftsbild einfügt.

12 Turmberg und Holzbachtal

*Quarz-
porphyr*

Am 3 km nordwestlich von Frauenstein gelegenen Turmberg (623 m), findet man einen großen, auflässigen Steinbruch, der zur Schottergewinnung, u. a. für die Frauensteiner Kleinbahnstrecke, diente. Der hellrötliche Quarzporphyr bildet hier wohl eine Quellkuppe, zerfällt plattig und in liegende Säulen. Er gehört einem 300 m mächtigen und etwa 10 km langen Gang der ältesten „Ausbruchsgeneration" an. An diesen Porphyr grenzen wahrscheinlich noch letzte Deckenreste des Teplitzer Quarzporphyrs. In Verlängerung dieser Ausbruchsspalte befindet sich südlich der Freiberger Straße und an der Hangkante des Gimmlitztales (Schillerhöhe) ein kleiner Porphyraufschluss mit plumpsäuliger Absonderung.

*Trasse der
ehemaligen
Kleinbahn*

Wer den Turmberg aufsuchen will, wird sich – zu Fuß oder mittels Fahrrad – meist auf der Trasse der ehemaligen Kleinbahn bewegen. Noch ist nicht die gesamte, fast 20 km lange Strecke als Wander- bzw. Radweg hergerichtet. Auch haben sich seit der Streckenstilllegung 1971 zwischen dem Bahnschotter Gehölze und eine Reihe von anspruchslosen Pionierpflanzen angesiedelt, so dass die Trasse jetzt an eine langgezogene Steinrücke erinnert, die sich durch die Landschaft „windet".

Holzbachtal Das nordwestlich von Frauenstein gelegene Holzbachtal gehörte früher zu den durch die Landwirtschaft nur wenig beeinflussten Tälern. Im unteren Teil gab es in den trockenen Hangwäldern auch einzelne Fundorte von Seidelbast. Infolge Melioration und Beweidung der gesamten Talsohle ist nur ein schmaler Ufersaum ursprünglicher Vegetation (z. B. mit Wasserdost) übrig geblieben, dazu am Unterlauf nahe der Straßenquerung Friedersdorf–Oberbobritzsch ein Quellsumpf-Wäldchen mit Schwarz-Erle, Esche, Traubenkirsche und reicher Krautschicht. Als Überrest eines ehemaligen Torfstichs findet sich nördlich der Straße ein kleiner Teich mit Röhrichtsaum, und die weitläufigen Wiesen sind z. T. verschilft.

(13) Bobritzschtal bei Friedersdorf und Oberbobritzsch

Aus der breiten, flachen Talaue (445–465 m üNN) zwischen Friedersdorf und Oberbobritzsch erheben sich unweit der Buschmühle (einer früheren Ölmühle) zwei auffällige, 16 bzw. 21 m hohe Umlaufberge der Bobritzsch. Hier, wie auch anderwärts in dieser flachwelligen, hügeligen Flur, finden sich auf trockenen, häufig südwestexponierten Standorten eine Reihe von

Feldgehölze kleineren, lichten Feldgehölzen, hauptsächlich mit Stiel-Eiche (seltener Trauben-Eiche), wenig Rot-Buche, dazu am Waldrand Vogel-Kirsche, Birke, Faulbaum und viel Hasel. Der in älteren Karten enthaltene Name „Buchberg" weist wahrscheinlich auf die früher häufigere Rot-Buche hin.

Wiesenaue Die Anlage der ausgedehnten, breiten Wiesenaue lässt sich auf Verwerfungen im Untergrund zurückführen. Nach Norden schließt sich der Oberbobritzscher Gemeindewald an, die „Struth" (= feuchter, sumpfiger Wald) mit einer reichlich schüttenden Quelle, dem Jungfernborn. In Richtung auf Pretzschendorf stößt man an einem Hügel auf Spuren alten Bergbaus.

Im Bobritzschtal sollte oberhalb von Oberbobritzsch in der 2. Hälfte des 19. Jahrhunderts ein „Bergteich" mit 17 m hohem Damm entstehen – jetzt ist hier ein Rückhaltebecken geplant. Am unteren Dorfausgang von Oberbobritzsch führte ehemals vom linken Ufer der Bobritzsch der „Lorenz-Gegentrum-Kunstgraben" nach Conradsdorf.

Lehm Erwähnt sei noch, dass (außer den hier weniger bedeutenden Erzvorkommen) in früherer Zeit auch ein viel jüngeres Lockergestein, nämlich Lehm (junge Abschlämmmassen an Talhängen oder in flachen Senken), als Ziegel-Rohstoff abgebaut wurde. So bestanden Ziegeleien bei Lichtenberg, Weißenborn, Niedercolmnitz, Oberpretzschendorf, Burkersdorf und Frauenstein, die heute weitgehend vergessen sind und auch in den Ortschroniken kaum erwähnt werden.

Der Bobritzschlauf ist schon seit längerer Zeit fast überall begradigt, z.T. ausgebaut worden, die Böschungen mit Steinpackungen oder Steinsätzen befestigt und in den Ortslagen häufig von Ufermauern eingefasst. In allen Dörfern waren früher zahlreiche Wassermühlen als Mahl- und/oder Ölmühlen vorhanden. 1838 gab es allein in Niederbobritzsch 14 Mühlen.

historisch bedeutsame Wege

Mehrere alte, historisch bedeutsame Wege, die das intensiv genutzte, waldarme Land durchzogen, sind in den letzten Jahrzehnten „überpflügt" worden oder nur noch in Teilen vorhanden, wie die Zinnstraße (Altenberg–Freiberg), die Kohlstraße (Transport von Holzkohle von den Kohlplätzen an der Wilden Weißeritz nach Muldenhütten und Freiberg), der Buttersteig (Frauenstein–Höckendorf–Dresden), der Geyersweg als Teil einer längeren Querverbindung (Bergstraße), der Stadtweg (Oberbobritzsch–Freiberg), der Lorenzsteig (Wallfahrtsweg zur Laurentiuskirche in Hartmannsdorf) sowie mehrere Kirchwege. Nur die alte, von Großhartmannsdorf über Mulda–Lichtenberg–Oberbobritzsch–Pretzschendorf–Beerwalde verlaufende „Mittelgebirgische Straße" wird noch heute streckenweise vom modernen Verkehr benutzt.

Unweit des Abzweiges Sohra von der Straße Oberbobritzsch–Pretzschendorf befindet sich der sog. „Vorwerksring", eine der im Ost-Erzgebirge seltenen feudalen Wehranlagen mit Wall und Graben. Um 1800 sollen noch Mauerreste sichtbar gewesen sein. Inzwischen wurde das Gelände leider aufgeforstet.

Feldgehölze und Gebüsche

Verstreute Feldgehölze und Gebüsche sind in allen Gemarkungen zu finden, Steinrücken im unteren Bergland dagegen kaum noch. Feldgehölze wurden und werden leider heute nicht selten in die mit Elektrozäunen eingegrenzten Weideflächen einbezogen („Fraßkanten"!), was unweigerlich zur Zerstörung der Strauch- und Krautschicht führt. Die Gehölz-Artenvielfalt ist beachtlich und mit der der Steinrücken im Mulden- und Müglitztal durchaus vergleichbar. Ein Gebüsch in knapp 600 m Höhe enthält beispielsweise folgende Baum- und Straucharten: Trauben-Eiche, Rot-Buche, Berg-Ahorn, Spitz-Ahorn, Esche, Vogel-Kirsche, Eberesche, Gewöhnlicher Schneeball, Sal-Weide, Schwarzer und Hirsch-Holunder, Heckenrose, Rote und Schwarze Heckenkirsche, Ein- und Zweigriffliger Weißdorn. Nicht selten findet man alte Vogelkirschbäume mit beachtlichem Stammdurchmesser. Diese, wie auch die Vogelbeerbäume, erreichen dann auch irgendwann ihr natürliches Alter, kahlen aus und brechen zusammen. Hochraine und Steinrücken besitzen häufig eine ähnliche Zusammensetzung der Baum- und Strauchschicht.

Wer nicht nur auf seltene und auffällige Naturphänomene aus ist, findet in der eher unspektakulären, flachwelligen Landschaft dieser „Vorgebirgslagen" zwischen Wilder Weißeritz (Klingenberger Talsperre), Colmnitzbach, Sohrabach, Bobritzsch und Freiberger Mulde manches interessante Detail von Gesteinen, Pflanzen und Tieren am Wegesrand. Aber auch der weite Blick über Land von den Schornsteinen der Freiberger Gegend über die dunkle Kulisse des Tharandter Waldes, die „Kiefernheiden" von Höckendorf, Paulshain und Dippoldiswalde bis hin zur Kuppe des Luchberges gehört zu den beglückenden Erlebnissen von Natur und Landschaft im Ost-Erzgebirge.

....

Quellen

Hempel, Werner; Schiemenz, Hans (1986): **Die Naturschutzgebiete der Bezirke Leipzig, Karl-Marx-Stadt und Dresden**; Handbuch der Naturschutzgebiete Band 5

Staatliches Umweltfachamt Radebeul (1998):
Flächenhafte Naturdenkmale im Weißeritzkreis; Broschüre

Tal der Wilden Weißeritz
zwischen Rehefeld und Klingenberg

Text: Torsten Schmidt-Hammel, Dresden;
Jens Weber, Bärenstein
(Zuarbeit von Chrisitan Kastl, Bad Gottleuba)

Fotos: Werner Ernst, Dietrich Papsch, Gerold Pöhler,
Torsten Schmidt-Hammel, Jens Weber

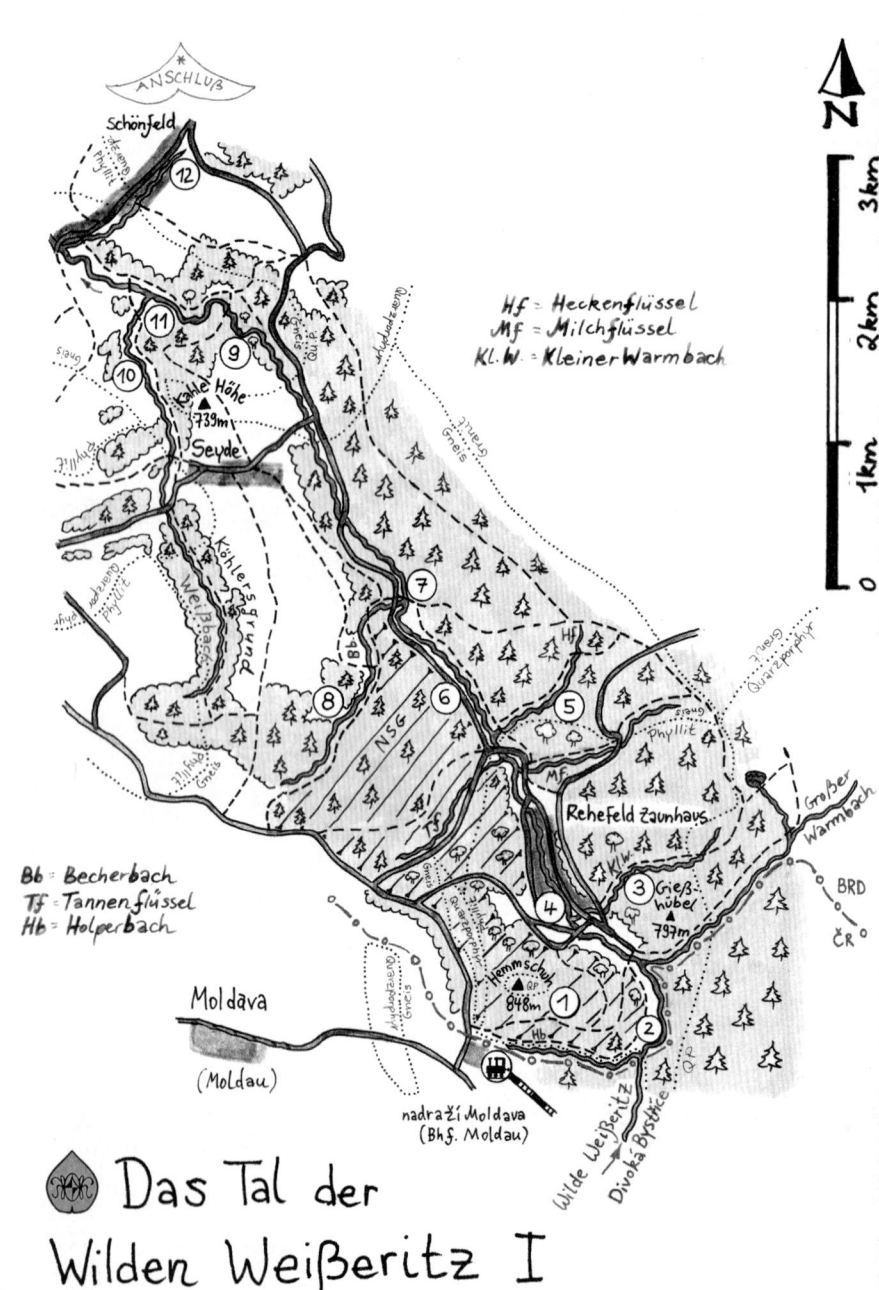

Hf = Heckenflüssel
Mf = Milchflüssel
Kl.W. = Kleiner Warmbach

Bb = Becherbach
Tf = Tannenflüssel
Hb = Holperbach

Das Tal der Wilden Weißeritz I

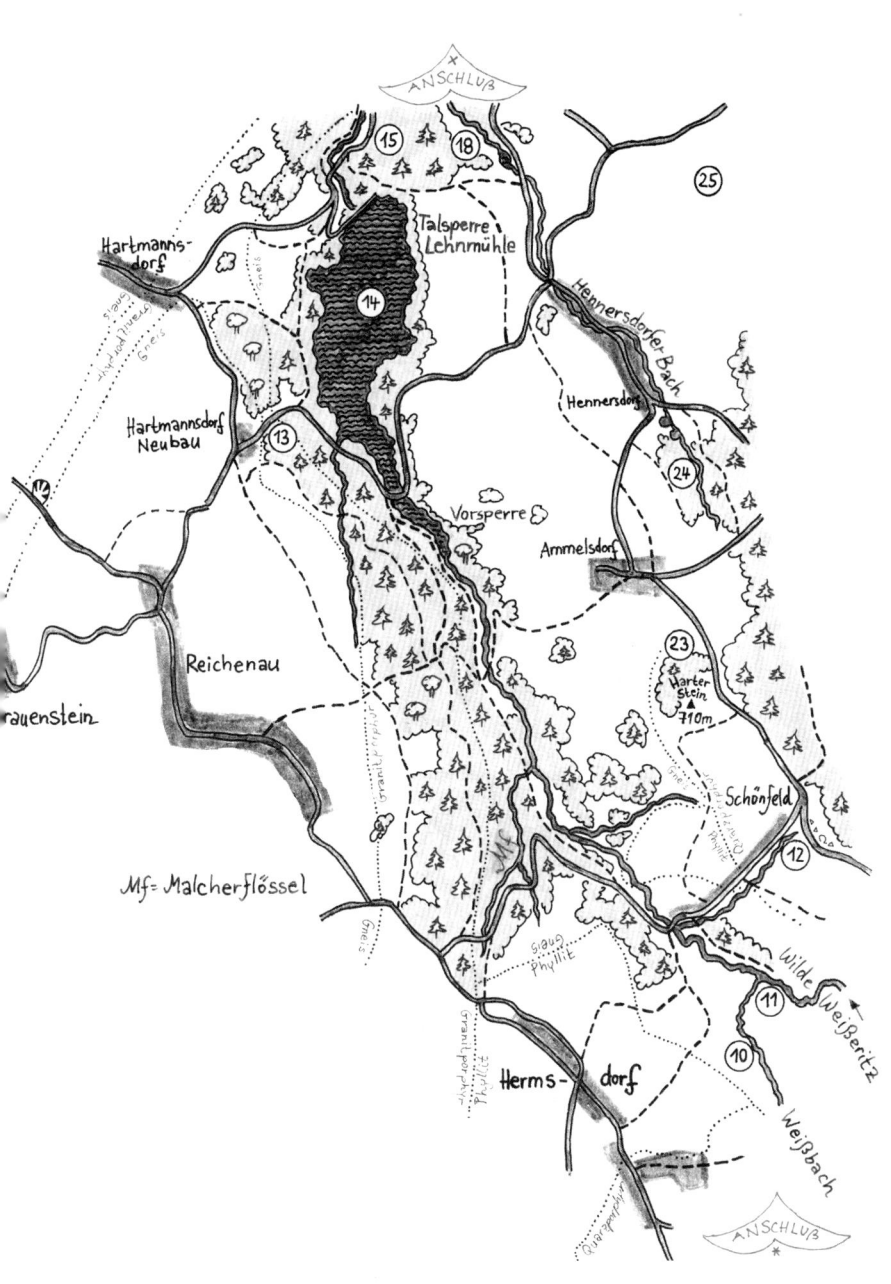

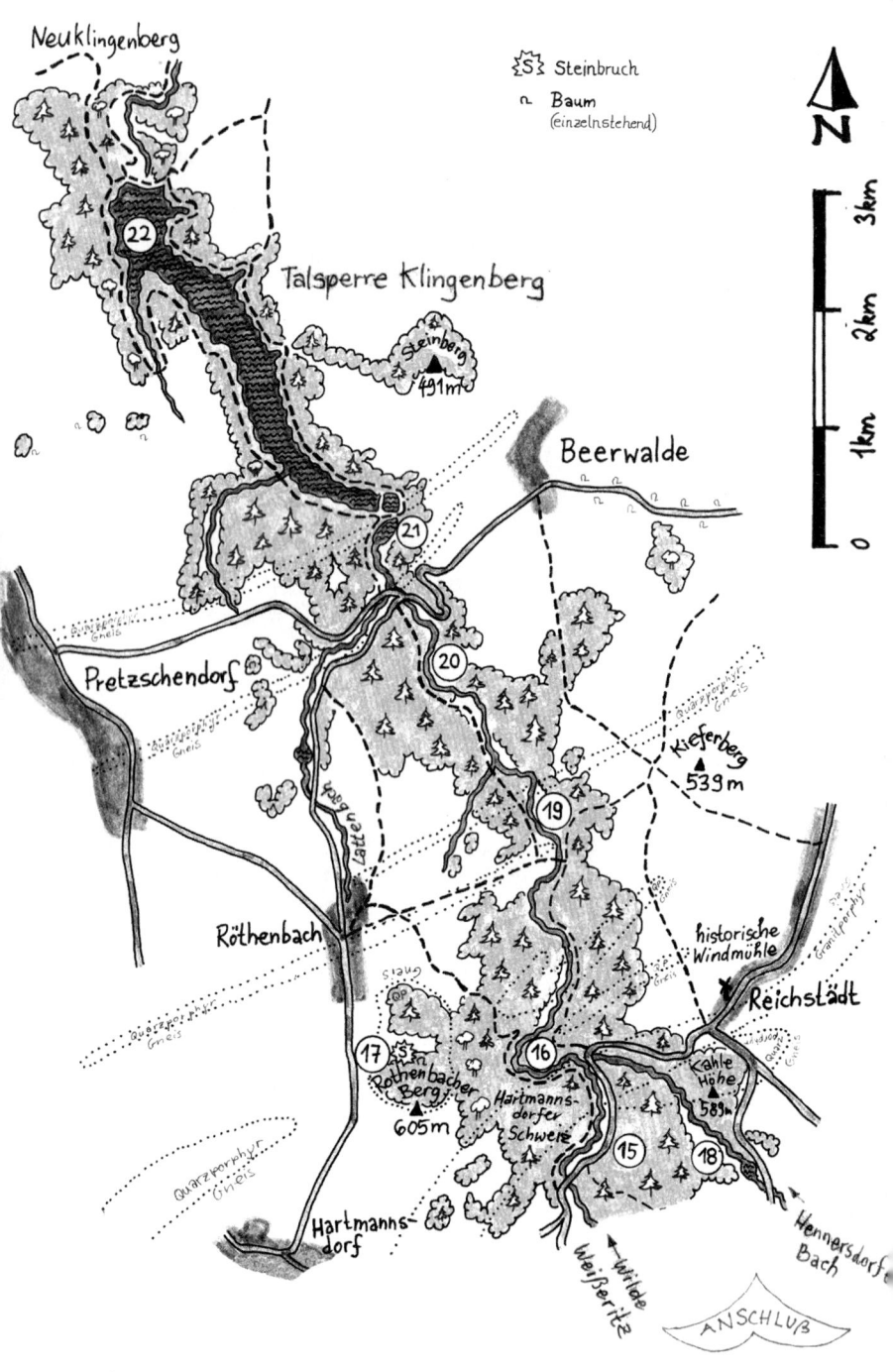

Neuklingenberg

S Steinbruch

Baum (einzelnstehend)

N

3km

2km

1km

0

22

Talsperre Klingenberg

Steinberg
491m

Beerwalde

21

Pretzschendorf

20

Kieferberg
539 m

19

Röthenbach

historische Windmühle

Reichstädt

17

Röthenbacher Berg
605m

16

Hartmannsdorfer Schwere

Kahle Höhe
583m

15

18

Hartmannsdorf

Wilde Weißeritz

Hennersdorfer Bach

ANSCHLUß

Das Tal der Wilden Weißeritz II

1. Naturschutzgebiet Hemmschuh
2. Böhmische Wiesen
3. Kalkwerk Rehefeld
4. Rehefelder Märzenbecherwiesen
5. Heckenflüssel
6. Hochwasserschotterflächen
7. Flächennaturdenkmal „Krokuswiese"
8. Wiese im Becherbachtal
9. Steinrücken bei Seyde
10. Weißbachtal
11. Flächennaturdenkmal Märzenbecherwiese bei Schönfeld
12. Schönfeld
13. Wiese Hartmannsdorf-Neubau
14. Talsperre Lehnmühle
15. Steinbruch Lehnmühle
16. Hartmannsdorfer Schweiz, Reichstädter Sporn
17. Röthenbacher Berg (605 m)
18. Hennersdorfer Bach
19. Röthenbacher Mühle
20. Wiesen um die Thalmühle, die Beerwalder Mühle und im Lattenbachtal
21. Vorsperre Klingenberg
22. Talsperre Klingenberg
23. Harter Stein bei Ammelsdorf
24. Quellgebiet Hennersdorfer Bach
25. Steinrückenwiese Sadisdorf

Die Beschreibung der einzelnen Gebiete folgt ab Seite 216

Landschaft

*Divoká
Bystřice*

Bei Nové Město/Neustadt, ganz in der Nähe der Quellen von Freiberger Mulde und Flöha, entspringt in ca. 850 m Höhenlage die Wilde Weißeritz, hier als Divoká Bystřice auf der Landkarte verzeichnet. Deutsche wie tschechische Bezeichnung gehen auf die Zeit der slawischen Besiedlung des Dresdner Elbtales zurück, als Jäger und Honigsammler den damals noch wilden und schnell (slaw. „bystry") fließenden Gebirgsbach erkundeten.

Rund 53 km fließt die Wilde Weißeritz von Süd nach Nord mitten durch das Ost-Erzgebirge, bis sie sich in Freital-Hainsberg – 650 Höhenmeter tiefer – mit der Roten Weißeritz vereinigt.

*Abb.: Weißeritztal bei
Seyde*

Die Umgebung des Weißeritztales besteht aus einer überwiegend flachwelligen Gneishochfläche, die von einzelnen Kuppen oder kuppengekrönten Höhenrücken gegliedert wird. Diese als Härtlinge in Erscheinung tretenden Höhen bestehen meist aus Granit- oder Quarzporphyr. Sie sind wegen ihrer Flachgründigkeit meist bewaldet und fallen deshalb in der sonst überwiegend landwirtschaftlich genutzten Landschaft besonders auf.

*über 100 m
tiefes Kerbsohlental*

In diese Landschaft hat die Wilde Weißeritz ein bis über 100 m tiefes Kerbsohlental eingeschnitten. Die steilen, teils felsigen Hänge offenbaren den Wechsel der Gesteine und verleihen dem Tal eine ausgeprägte Gebirgsatmoshäre. Kurze und gefällereiche Seitenbäche eilen der Weißeritz zu und gliedern die Talhänge weiter auf. Die Bachaue des Kerbsohlentales ist meistens recht schmal.

Ein solcher Gebirgsbach bietet wenig Raum für Ansiedlungen und so finden sich zwischen Rehefeld am Oberlauf und Tharandt an der Nordgrenze des Ost-Erzgebirges heute nur wenige Gebäude an den Ufern der Wilden Weißeritz. Lediglich die Orte Schönfeld, Klingenberg, Dorfhain und Edle Krone erstrecken sich an den Nebenbächen bis herab zur Weißeritz. Allerdings wurde in früheren Zeiten die aus dem Gefällereichtum resultierende

Wasserkraft Wasserkraft ausgiebig zum Betreiben von Mühlen aller Art genutzt.

Hochwasser Obwohl das Wassereinzugsgebiet zu beiden Seiten der Wilden Weißeritz mit zwei bis vier Kilometern eher schmal ist (Gesamteinzugsgebiet: reichlich 160 km²), führen sommerliche Starkniederschläge, in geringerem Umfang auch plötzliche Schneeschmelzen, immer wieder zu enormen Hochwasserspitzen im Weißeritztal. Von den Folgen besonders betroffen ist meistens die zwischen den steilen Weißeritzhängen eingezwängte Stadt Tharandt, aber auch Freital und Dresden wurden und werden mehrmals pro Jahrhundert überflutet. Während der Normalwasserabfluss ca. 2,5 m³ pro Sekunde beträgt, schossen im August 2002 etwa 450 m³ Wasser das Weißeritztal hinab – deutlich mehr, als im Normalfall in der Elbe fließt.

Talsperren Auch die in der ersten Hälfte des 20. Jahrhunderts zum Hochwasserschutz errichteten Talsperren Lehnmühle und Klingenberg vermochten gegen diese Wassermassen wenig auszurichten – zumal beide Stauanlagen auch noch die Funktion der Trinkwasserspeicherung für die Stadt Dresden wahrnehmen sollen und deshalb nur wenig freien Stauraum zum Auffangen von Hochwasserspitzen bereithalten.

Rehefelder Talweitung Besonders „wild" und „schnell" erscheint die Weißeritz allerdings noch nicht, wenn sie nach etwa 5 km Lauf und der Aufnahme zahlreicher kleiner Bächlein vom Fuße des Pramenáč/Bornhauberges, des Lugsteines und des Hemmschuhberges die Rehefelder Talweitung erreicht. Wassermenge und Gefälle haben hier allerdings bereits ausgereicht, im Phyllit – einem vergleichsweise lockeren und weichen Schiefergestein – einen breiten Talkessel mit hundert bis zweihundert Metern Bachaue herauszuarbeiten. Unterhalb von Rehefeld tritt dann wieder Gneis zutage, und zwar überwiegend ziemlich verwitterungsbeständiger Rotgneis („Metagranitoid"). Das Tal verengt sich schlagartig. Wald bis hinunter zur hier sehr schmalen Bachaue schließt die Rehefelder Talweitung ab. Schwere Kaltluft, die sich in windstillen Zeiten vom Erzgebirgskamm herabsenkt, kann hier nicht weiter talabwärts „fließen" und staut sich über Rehefeld. Die Folge sind häufige Nebeltage in dieser Frostsenke, aber auch winterliche Schneeverhältnisse, wie sie eigentlich erst ein- oder zweihundert Höhenmeter kammwärts zu erwarten wären.

Becherbach *Weißbach* An der Herklotzmühle nimmt die Wilde Weißeritz von links den Becherbach und unterhalb von Seyde den Weißbach auf – beides sehr reizvolle Nebentäler, die zu Wanderungen einladen. Im Weißeritztal selbst führt bis Seyde eine Straße, weiter talabwärts kommt man nur noch zu Fuß oder per Fahrrad weiter.

Nachdem die Wilde Weißeritz reichlich 20 Kilometer Bachlauf und 325 Höhenmeter hinter sich gebracht hat, quert zunächst die Bundesstraße B171 das Tal, dann öffnet sich der Blick auf die Talsperre Lehnmühle. Mit 135 ha bzw. 23 Millionen Kubikmetern Fassungsvermögen ist sie, neben der Saidenbach-Talsperre, der größte Wasserspeicher des Ost-Erzgebirges (und gehört damit auch zu den größten Talsperren Sachsens).

Unterhalb der Staumauer sorgen der Frauenstein – Dippoldiswalder Granitporphyrzug sowie einige, teilweise mehrere hundert Meter mächtige

Quarzporphyrgänge (des „Sayda-Berggießhübler Gangschwarmes") für ein abwechslungsreiches Gesteinsmosaik. Die Weißeritz hat sich mehrfach gewunden, bevor sie sich hier auf einen Talverlauf festlegte und dabei einige Felshänge herausarbeitete, die unter dem Namen „Hartmannsdorfer Schweiz" bekannt sind. Leider bedecken dichte, einförmige Fichtenforsten diesen Talabschnitt, so dass die Landschaft nicht mit den Felsbereichen des unteren Weißeritztales (etwa bei Edle Krone) oder des Müglitztales konkurrieren kann.

Von rechts mündet hier auch der Hennersdorfer Bach ein, das größte Nebengewässer des oberen Weißeritztales. In dessen Aue wie auch beidseits des weiteren Weißeritzverlaufes sind noch einige artenreiche Berg- und Nasswiesen bzw. Hochstaudenfluren erhalten geblieben

Talsperre Klingenberg Eine Zäsur bringt schließlich die Talsperre Klingenberg. An der Staumauer endet das Tageslicht für den überwiegenden Teil des Weißeritzwassers. Etwa 1000 Liter pro Sekunde fließen von hier durch ein Stollnsystem über die Wasserkraftwerke Dorfhain und Tharandt zum Wasserwerk Coschütz und von da aus als Trinkwasser in Dresdner Haushalte. Die „garantierte Wildbettabgabe" ins untere Weißeritztal beträgt demgegenüber nur ein Zwanzigstel dieses Wertes.

Darüberhinaus stellt die Klingenberg-Talsperre die Grenze des Berglandsklimas dar, was sich auch in der Vegetation widerspiegelt. Zwar finden sich auch unterhalb noch montane Elemente, vor allem an schattigen Nordhängen, doch gleichzeitig zeigen die südexponierten Hangabschnitte bereits Merkmale des Hügellandes. Aus diesem Grunde soll der untere Teil des Weißeritztales erst im nächsten Kapitel betrachtet werden.

Links das westliche, rechts das östliche Ost-Erzgebirge

Sowohl in landschaftlicher („geomorphologischer"), als auch in botanischer Hinsicht teilt die Wilde Weißeritz das Ost-Erzgebirge in einen östlichen und einen westlichen Teil. Die Weißeritz selbst und die östlich von ihr gelegenen Bäche fließen direkt in die Elbe, während sich ihre westlichen Nachbarn zunächst in der Mulde sammeln und erst bei Dessau die Elbe erreichen (abgesehen von der im Tharandter Wald entspringenden Triebisch, die bei Meißen in die Elbe mündet). Das Gefälle der „Ostbäche" ist - wegen der räumlichen Nähe zwischen Erzgebirgskamm und Elbtal – deutlich gefällereicher, die Täler deshalb meist auch tiefer eingeschnitten, die Hänge steiler und felsiger. Entsprechend prägen in der Westhälfte des Ost-Erzgebirges auch weiträumige und wenig gegliederte Hochebenen die Landschaft.

In der Pflanzenwelt zeichnet sich darüber hinaus der zunehmend kontinentale Klimacharakter ab, je weiter man nach Osten kommt. Östlich des Weißeritztales wächst die Perücken-Flockenblume auf fast jeder Bergwiese, während man diese westlich davon meist vergebens sucht. Umgekehrt ziert westlich der Wilden Weißeritz – wie auch in deren Tal selbst – der Wald-Storchschnabel im Mai die Bergwiesen. Im Müglitz- oder Gottleubagebiet gibt's diese Blume hingegen fast gar nicht.

Pflanzen und Tiere

Die meist recht steilen bis schroffen Hänge des Weißeritztales blieben in den vergangenen Jahrhunderten überwiegend dem Wald vorbehalten.
Dieser wurde allerdings intensiv genutzt und das Holz auf der Weißeritz nach Dresden geflößt. Im 19. Jahrhundert schließlich ersetzten Fichtenfors-
Fichten-forsten ten die vorherigen, weitgehend geplünderten Waldbestände. Nach dem Bau der Talsperren erfolgte darüber hinaus auch noch die Aufforstung um-
gebender Acker- und Grünlandflächen mit Nadelholzkulturen.

Naturnaher Buchenwald blieb vor allem im Gebiet des Hemmschuh-Berges bei Rehefeld erhalten. Mit 700 bis 850 Metern über NN handelt es sich um eines der am höchsten gelegenen sächsischen Buchenwaldvorkommen.
Alpen-Milchlattich Dementsprechend prägen vor allem (hoch-)montane Waldpflanzen dieses Naturschutzgebiet. Dazu zählen in erster Linie Alpen-Milchlattich und Pla-
Platanen-blättriger Hahnenfuß tanenblättriger Hahnenfuß – sozusagen die Charakterarten der Wilden Weißeritz, deren Vorkommen sich auch weit talabwärts ziehen und an kühl-schattigen Stellen umfangreiche Bestände bilden.

Kalklinsen Kleine Kalklinsen am Hemmschuh sowie am Kleinen Warmbach ermöglichen anspruchsvollen Laubwaldarten (z. B. Waldmeister, Seidelbast, Zwie-
bel-Zahnwurz, Wolliger Hahnenfuß, Mondviole) ein Auskommen. Jedoch haben die schwefeldioxidreichen Abgase tschechischer Kraftwerke, die sich in den 1970er bis 1990er Jahren über den Pass von Nové Město/Neustadt auch ins Weißeritztal ergossen (und sich in der Rehefelder Kaltluftsenke
Versauerung der Böden stauten), eine beträchtliche Versauerung der Böden verursacht, damit ein-
hergehend auch eine Verarmung der Bodenflora. Anstatt krautreicher Berg-
waldvegetation beherrschte dichter Filz von *Calamagrostis* – Wolliges Reit-
gras – die Böden, sowohl der naturnahen Buchenwaldbestände, als auch der Fichtenforsten. Umfangreiche Waldkalkungen mit Hubschraubern haben dieser Entwicklung inzwischen etwas entgegengewirkt und lassen zu-
mindest Fuchs-Kreuzkraut und Gehölznachwuchs gedeihen. Hohe (Rot-)
Wildbestände jedoch hemmten in den vergangenen Jahren die Regeneration artenreicher Waldbestände im oberen Weißeritzgebiet.

Abb.: Wald-Geißbart, auch Johan-niswedel genannt, am Weiße-ritzufer Weiter talabwärts sind naturnahe Waldbestände eher sel-
ten. Allenfalls treten an den Unterhängen kleinflächig Gruppen von Bergahorn, Esche und einigen anderen Laubbaumarten auf, deren Bodenvegetation die Zuordnung zur Gesellschaft der Ahorn-Eschen-Schlucht- und Schatthangwälder nahe legt.

Neben Alpenmilchlattich und Platanen-Hahnenfuß findet man hier Bingelkraut, Johanniswedel, Süße Wolfsmilch und stellenweise Akeleiblättrige Wiesenraute.

Grünland

Da die Talsohle meistens recht schmal ist, gibt es nur wenig, meist isoliert liegendes, Grünland. Eine Ausnahme bildet der umfangreiche Bergwiesenkomplex rings um Rehefeld. Aufgrund ihrer abgelegenen Lage haben sich diese Flächen in der Vergangenheit einer allzu intensiven Nutzung entzogen und präsentieren sich verhältnismäßig artenreich. Typische Bergwiesenart im Weißeritztal ist der Wald-Storchschnabel. Auch die übrige Artengarnitur mehr oder weniger feuchter Bergwiesen ist vertreten (Bärwurz, Alantdistel, Wiesen-Knöterich, Berg-Platterbse, Kanten-Hartheu). Arnika oder Orchideen, einstmals weit verbreitet, haben sich allerdings rar gemacht.

Wald-Storchschnabel

Die ufernahen Feuchtwiesen des Weißeritztales sind recht reich an Frühjahrsblühern wie Buschwindröschen, Himmelschlüssel, Scharbockskraut, Goldstern und Sumpfdotterblumen. Beachtung verdienen insbesondere die Vorkommen des Märzenbechers, die möglicherweise als autochthon – also nicht vom Menschen ausgebracht – gelten können. Entlang der Weißeritz haben sich außerdem umfangreiche Uferstaudenfluren mit Weißer Pestwurz, Rauem Kälberkropf, Hain-Sternmiere und Mädesüß (sehr vereinzelt auch Sterndolde und Bunter Eisenhut) entwickelt.

Märzenbecher

Diese Entwicklung wird von Zeit zu Zeit durch Hochwasserereignisse unterbrochen. So hinterließ die „Flut" von 2002 einige sehr interessante Schotterbereiche, wie sie wahrscheinlich auch für die Erzgebirgstäler typisch waren, bevor der Mensch von den Auen Besitz ergriff. Im weitgehend unbesiedelten Tal der Wilden Weißeritz besteht die Chance, natürliche Sukzession (Vegetationsentwicklung) auf diesen Flächen zuzulassen, zu beobachten und zu dokumentieren.

interessante Schotterbereiche

Die unzersiedelte und weitgehend ruhige Lage des Weißeritztales bietet vielen Tieren gute Lebensbedingungen. Hier stehen die Chancen gut, im Herbst Rothirsche röhren zu hören (trotz intensiver Bejagung in den letzten Jahren). Einstmals war das Revier Rehefeld-Zaunhaus kurfürstliches Jagdgebiet, in dem Wild in großer Zahl gehalten und geschossen wurde. Im 16. Jahrhundert ließ Herzog Moritz einen langen Wildzaun errichten, der das Entweichen der Tiere nach Böhmen verhindern sollte. Ein Zaunknecht, auf dessen „Dienstwohnung" der Ortsteil Zaunhaus zurückzuführen ist, musste die Sperranlage überwachen. Auch Ende des 19. Jahrhunderts frönte der sächsische Hochadel hier der Jagdleidenschaft: Allein 1892 wurden im Rehefelder Revier 700 Stück Rotwild zur Strecke gebracht.

unzersiedelte und weitgehend ruhige Lage des Weißeritztales

Herausragend ist die Bedeutung für ruhebedürftige Tiere. In den 1970er Jahren befand sich hier fast der einzige Uhu-Brutplatz Sachsens. Heute kann man von zwei Uhu-Paaren ausgehen, die auf abgelegenn Felsen im Tal der Wilden Weißeritz ihre Jungen großziehen. Verschwunden ist hingegen der Wanderfalke, der früher hier ebenfalls brütete.

Uhu

Eine wichtige Voraussetzung für viele Vogelarten bilden größere Buchen innerhalb der Fichtenforsten, als kleine Laubwaldgruppen oder auch als Einzelbäume. Mehrere Schwarzstorchhorste konnten an solchen Stellen gefunden werden (die allerdings nicht jedes Jahr genutzt werden). Dicke Buchen nutzen auch der Schwarzspecht beziehungsweise die Nachmieter seiner Höhlen Raufußkauz und Hohltaube. Gar nicht so selten sind im Wei-

Sperlings-kauz

ßeritztal die melodischen Balzrufe des Sperlingskauzes zu vernehmen.

Wasser-amsel

Typische Vogelarten am naturnahen, weitgehend sauberen Bach sind Wasseramsel und Gebirgsstelze. Gelegentlich schießt auch ein Eisvogel über die Weißeritz dahin, wobei allerdings die vergleichsweise strengen Winter 2005 und 2006 unter diesen fliegenden Edelsteinen recht heftigen Tribut gefordert haben. Anders als es ihr Name vermuten lässt, benötigen sie nämlich eisfreie Gewässer, um an ihre Nahrung heranzukommen.

reiche Fließgewässerflora

Von der Sauberkeit des Weißeritz-Wassers profitiert auch eine reiche Fließgewässerflora, unter anderem mit den Moosen *Dicranella palustris, Fontinalis antipyretica* und *Fontinalis squamosa*.

Bachneunaugen

Im Bach leben in erster Linie Bachforellen, aber auch Groppen und die seltenen Bachneunaugen. Die Fischfauna der Talsperren geht demgegenüber fast vollständig auf künstliche Besatzmaßnahmen zurück. Zahlreiche Angler besetzen an Wochenendmorgen die Ufer und holen vor allem Karpfen, aber auch Schleien, Döbel, Barsche, Hechte, Aale und Regenbogenforellen aus den beiden Stauseen.

naturräumliche Ausstattung

Wegen seiner naturräumlichen Ausstattung und seines landschaftlichen Reizes, insbesondere der Verbindung von Wasser, Wald und Fels, besitzt fast das gesamte Tal Schutzstatus, nach nationalem Recht als Landschafts-

Landschaftsschutzgebiet

schutzgebiet, der untere Teil (zwischen Dorfhain und Freital) auch als Naturschutzgebiet. Bemühungen, das Gebiet zwischen den Talsperren ebenfalls zu einem Naturschutzgebiet zu machen (Antrag des Naturschutzbundes sowie des Landesvereins Sächsischer Heimatschutz von 1992), scheiterten bislang. Dafür war die Landesregierung mittlerweile gezwungen, den größten Teil des Weißeritztales nach europäischem Recht als sogenanntes FFH-Gebiet (nach der Fauna-Flora-Habitat-Richtlinie der EU) und als

Europäisches Schutzgebietssystem NATURA 2000

internationales Vogelschutzgebiet (SPA – special protected area) auszuweisen. Diese sind Teil des Europäischen Schutzgebietssystems NATURA 2000.

Abb.: Erlen und Weiden –Vorsperre Lehnmühle

Wanderziele im Tal der Wilden Weißeritz

Das Weißeritztal ist recht gut erschlossen und kann zu Fuß oder auch mit dem Fahrrad auf dem überwiegend guten Talweg erkundet werden. Die öffentlichen Verkehrsmittel beschränken sich allerdings im Wesentlichen leider auf die Bahnlinie zwischen Tharandt–Edle Krone–Klingenberg und die Buslinien Dippoldiswalde–Frauenstein sowie Altenberg–Rehefeld.

Naturschutzgebiet Hemmschuh

Phyllit

Der 846 m hohe Hemmschuh besteht überwiegend aus Phyllit – demselben lockeren, weichen Gestein, das die Wilde Weißeritz im angrenzenden Rehefelder Talkessel so gründlich ausgeräumt hat. Nordöstlich hat sich also die Weißeritz ihren Weg gesucht, südwestlich der Grenz- und der Holperbach, nordwestlich das Tannenflüsschen – und der Hemmschuh blieb gleichsam als Insel zurück. Dazu beigetragen hat möglicherweise auch der hier eingelagerte zwar kleine, aber feste Kern aus Quarzporphyr. Von Interesse sind außerdem zwei kleine Kalklinsen am Südosthang nahe des Kreuzweges.

Quarz-porphyr

Buchen-bestände

Buchenbestände nehmen den größten Teil des 247 Hektar umfassenden Naturschutzgebietes ein, stellenweise mit Fichten und Bergahorn, seltener mit Eschen gemischt.

Eigentlich sollte die geologische Vielfalt von ganz sauer (Porphyr) bis basisch (Kalk) ein buntes Vegetationsmosaik an Bodenpflanzen entstehen lassen. Doch obwohl der Hemmschuh weitgehend von der Umwandlung zu standortsfremden Fichtenforsten verschont geblieben ist, dominiert über weite Strecken dichter Filz von Wolligem Reitgras. Natürliche Wollreitgras-Fichten-Buchenwälder sind auch von Natur aus nichts Ungewöhnliches in dieser Höhenlage auf armem Grundgestein, in einem solchen Umfang allerdings kann es sich nur um das Ergebnis mehrerer Jahrzehnte sauren Regens sowie des Verbisses durch überhöhte Wildbestände handeln. Selbst im unmittelbaren Umfeld der Kalklinsen kam es zu einem deutlichen Verlust an Artenvielfalt. Heute findet man hier reichlich Fuchs-Kreuzkraut und Buchenverjüngung vor, außerdem Bingelkraut, Echtes Springkraut, Wald-Flattergras, Waldmeister, Hain-Gilbweiderich und Lungenkraut, in geringem Umfang auch Einbeere und Zwiebel-Zahnwurz. Eine kleine Bodengrube wenige Meter östlich der größten Halde (unterhalb des Weges) gibt Einblick in einen typischen Braunerdeboden.

Verlust an Artenvielfalt

Anstelle der abgestorbenen Fichten wurden anfangs selbst hier im Naturschutzgebiet fremdländische Baumarten (Blau-Fichten, Murray-Kiefern, Japanische und Hybrid-Lärchen, Rumelische Kiefern) gepflanzt. Heute soll der Wald über natürliche Pionierbaumarten verjüngt werden. Doch dies stößt auf erhebliche Schwierigkeiten, da inzwischen auch Birken und Ebereschen von den sogenannten „Neuartigen Waldschäden" ergriffen werden. Diese neuen, auf recht komplizierte und komplexe Ursachen zurückzuführenden Waldschäden betreffen in erster Linie die Buchen.

fremd-ländische Baumarten

Schwarz-
specht,
Raufuß-
kauz,
Hohltaube

Ungeachtet all dessen handelt es sich beim Hemmschuh um ein sehr bedeutendes Naturschutzgebiet. Die gesamte Palette typischer buchenaltholzbewohnender Vögel – vor allem Schwarzspecht, Raufußkauz, Hohltaube – ist hier zu Hause. Um die natürliche Entwicklung eines solchen Bestandes auch unter Immissionsbedingungen zu erforschen und zu dokumentieren, hat der Staatsforst hier eine 40 Hektar große Naturwaldzelle ausgewiesen, die künftig von Holznutzungen verschont bleiben soll. Es gibt im Ost-Erzgebirge (und in Sachsen) nicht viele naturnahe Buchenbestände von dieser Ausdehnung, und schon gar nicht in der hochmontanen Stufe.

Einen schweren Eingriff bedeutete Anfang der 1990er Jahre die Errichtung einer überdimensionierten Skiliftanlage, der nicht nur etliche alte Bäume weichen mussten, deren Betrieb seither auch das Budget der Stadt Altenberg belastet. Als Ausweg aus dem finanziellen Dilemma werden immer wieder Pläne diskutiert, den Wintersport am Hemmschuh noch weiter auszubauen und die Anlagen zu erweitern.

Probleme mit Ozon

Ein reichliches Fünftel der Luft besteht aus Sauerstoff, jeweils zwei Atome mit der Abkürzung O („Oxygenium") miteinander verschmolzen. Eine recht stabile Partnerschaft. Gesellt sich ein drittes O-Atom hinzu, entsteht Ozon. Damit dies geschehen kann, bedarf es zusätzlicher Energie, zum Beispiel harter **Ultraviolett(„UV")-Strahlung**. Dennoch hält es das dritte O bei seinen beiden Kollegen meist nicht lange aus und bemüht sich, einen neuen Partner zu finden – ihn zu oxidieren.

Eine wichtige Rolle spielt das **Ozon in höheren Atmosphärenschichten** (oberhalb 15 km), wo es den größten Teil der lebenszerstörenden UV-Sonnenstrahlung von der Erde fernhält. Meist ungestört von irgendwelchen Fremdstoffen, von gelegentlichen Supervulkanausbrüchen einmal abgesehen, hat der dreiatomige Sauerstoff dort seit vielen Jahrmillionen zuverlässig seinen Dienst getan. Der Mensch allerdings mit seiner Industriegesellschaft pumpt beständig kaum erforschte Substanzen in die Atmosphäre, unter denen das Ozon auch geeignete Reaktionspartner findet. Zum Beispiel Fluor-Chlor-Kohlenwasserstoffe (FCKW), aber nicht nur diese. Aller harter UV-Strahlung zum Trotz verabschiedet sich dann ein O-Atom nach dem anderen aus den Dreierbindungen. Die „Ozonschicht" der Erdatmosphäre wird dünner, es bilden sich „Ozonlöcher" über den Polen. Und immer mehr UV-Strahlung gelangt bis zur Erdoberfläche.

Jedoch: während „oben" – wo eigentlich über 90 % des Ozons sein sollten – sich heutzutage Mangel an diesem Stoff breitgemacht hat, produzieren wir in der uns umgebenden, bodennahen Atmosphäre immer mehr davon. Freilich nicht absichtlich und nicht direkt, aber mit großem Schaden für Natur und Gesundheit. Ursache sind wiederum vor allem **Industrie und Verkehr**, doch die Details der Ozon-Entstehung stellen sich recht kompliziert dar. Paradoxerweise treten die höchsten Belastungen nicht dort auf, wo es die meiste Industrie und den meisten Verkehr gibt, sondern in den vermeintlichen Reinluftgebieten im Gebirge.

Bei Verbrennungsprozessen mit hohen Temperaturen, wie sie etwa in Fahrzeugmotoren, in Kraftwerken, aber auch in Öl- und Gasheizungen geschehen, entstehen **Stickoxide (NOx** –

Stickstoffmonoxid NO und Stickstoffdioxid NO_2). Ungefähr 60 % steuert der Verkehr bei, insbesondere große Lkw ohne Katalysatoren, aber auch die Vielzahl kleinerer Verbrennungsmotoren, die durch Stadt und Land brausen. Hinzu kommen noch die sogenannten **„flüchtigen Kohlenwasserstoffe" (VOC** – „volatile organic compounds"), ebenfalls vor allem Segnungen des Autoverkehrs.

Beides – NOx und VOC – zusammen lässt Ozon entstehen. Doch handelt es sich in der dicken Großstadtluft um ein permanentes Aufbauen (tagsüber) und Abbauen (nachts) dieses dreiatomigen Sauerstoffes: $NO_2 + O_2 \longleftrightarrow NO + O_3$ (sehr vereinfacht).

Stickstoffdioxid wird jedoch auch **über weite Strecken transportiert**, ebenso die leichtflüchtigen Kohlenwasserstoffe, zum Beispiel vom Elbtal ins Erzgebirge. Hier gibt es dann nicht so viel Stickstoffmonoxid und sonstige Schadstoffe, die dem Ozon in der Nacht wieder sein drittes Atom entreißen könnten. Stattdessen scheint hier oben im Gebirge die Sonne erheblich kräftiger als durch die städtische Dunstglocke. Der hohe UV-Anteil des sommerlichen Sonnenlichts lässt nicht nur Menschenhaut rot werden, sondern forciert auch die Ozonentstehung. Vor allem bei langen Schönwetterperioden kann sich die Ozonkonzentration im Gebirge zu beträchtlichen Werten aufschaukeln.

Als **pflanzenschädlicher Schwellenwert** gilt üblicherweise eine Ozonkonzentration von 65 µg/m³ (Mikrogramm pro Kubikmeter Luft), ein Wert, der unter anderem bei Begasungsversuchen des Instituts für Pflanzenchemie in Tharandt seine Berechtigung gezeigt hat und der bis vor einigen Jahren auch in den staatlichen Luftreinhaltevorschriften stand. Heute müssen die Behörden laut 33. Bundesimmissionsschutzverordnung mit weit komplizierteren Formeln rechnen, die Normalbürger nicht mehr durchschauen. Vielleicht soll das ja so sein.

Denn **die Ozonbelastung steigt und steigt**. An den Messstationen Zinnwald-Georgenfeld und Schwartenberg liegt die Konzentration mittlerweile fast während des gesamten Sommerhalbjahres über den genannten 65 µg/m³. Tagesmittelwerte darunter sind eher die Ausnahme, Überschreitungen um das Doppelte nicht selten.

Vielen Baumarten bereitet dies existenzielle Probleme. Gemeinsam mit den ebenfalls zunehmend aus den Stickoxiden resultierenden sauren Niederschlägen ($NO_2 + H_2O \longrightarrow H_2NO_3$ = salpetrige Säure) und anderen Faktoren gehört Ozon zu den wesentlichen Ursachen der sogenannten „Neuartigen Waldschäden". Besonders betroffen erscheint die Buche, aber auch Ebereschen und selbst Birken kränkeln und werden anfällig für Schädlinge.

Am schlimmsten sind ganz offensichtlich die kombinierten Auswirkungen von starker UV-Dosis und hohen Ozonkonzentrationen, wenn das **Frühjahr zeitig, heiß und trocken** beginnt. Dann treffen die harten Strahlen und das aggressive Oxidationsmittel auf die noch zarten, sich gerade entfaltenden Blättchen, die noch keine schützende Oberschicht (Kutikula) ausbilden konnten und rasch verwelken. In einem solchen Jahr bilden sich dann auch keine Seitenzweige, und übrig bleibt eine „spießastige" Krone – so wie sich heutzutage fast alle Buchen im Ost-Erzgebirge präsentieren.

Der **Klimawandel** lässt trocken-heiße, strahlungsreiche Zeiten immer öfter, immer zeitiger und immer heftiger über Mitteleuropa entstehen. Dagegen kann man nur mittelfristig und global etwas tun. Aber ohne die zusätzlichen Ozon-Belastungen würde die Natur bedeutend besser damit klarkommen können. Und gegen die Vorläufersubstanzen der neuartigen Waldschäden – die Stickoxide und die leichtflüchtigen Kohlenwasserstoffe – könnte auch rasch und regional gehandelt werden.

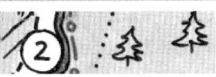 **Böhmische Wiesen**

Parallel zur Staatsgrenze zieht sich von Rehefeld nach Süden ein sechs Hektar großer Wiesenstreifen zwischen der Weißeritz und dem ihr zufließenden Holperbach einerseits und dem Holperbachweg am Fuße des Hemmschuhs andererseits. Einstmals setzten sich die Wiesen auch jenseits der Staatsgrenze fort, bis hin zum Forsthaus Kalkofen. Dieses Forsthaus gibt es schon lange nicht mehr, der böhmische Teil der „Böhmischen Wiesen" wurde bereits vor Jahrzehnten aufgeforstet.

Während der große vordere Teil der Böhmischen Wiesen heute eine zwar landschaftlich reizvoll gelegene, aber bezüglich der Artenzusammensetzung eher durchschnittlich ausgestattete Bergwiese ist, konzentriert sich im hintersten Winkel eine bemerkenswerte Blütenfülle. Insbesondere die zahlreichen nassen Kleinseggenbereiche, teilweise mit Moorcharakter, tragen zur großen Bedeutung der „Böhmischen Wiesen" bei. An seltenen Arten sind vor allem Scheidiges Wollgras, Breitblättrige Kuckucksblume, Bach-Greiskraut, Moor-Klee und Blauer Eisenhut zu nennen (letzterer allerdings wahrscheinlich hier nicht ursprünglich, sondern erst später eingebracht).

Die „Böhmischen Wiesen" gehören dem Naturschutzbund , naturschutzgerechte Pflege organisiert der Landschaftspflegeverband. Bei der geplanten Überarbeitung der Schutzgebietsverordnung des NSG Hemmschuh sollen die Berg- und Nasswiesen am Holperbach mit in das Naturschutzgebiet einbezogen werden.

 **Kalkwerk Rehefeld**

Zu Zeiten, als den Bauern noch keine Kunstdünger zur Verfügung standen, wurden im kalkarmen Erzgebirge auch kleine Kalksteinlager abgebaut. Zwar war die bodenverbessernde Wirkung dieser Kalkgaben meistens nur von kurzer Dauer und ganz und gar nicht nachhaltig („Kalk macht reiche Väter und arme Söhne"), aber für basenliebende Pflanzenarten wurden somit überhaupt erst geeignete Existenzbedingungen geschaffen. Einige der betreffenden Wildpflanzen (Trollblumen, Feuerlilien, verschiedene Orchideenarten) finden sich heute – nach Jahrzehnten sauren Regens – auf den Roten Listen wieder.

Kalk kommt an verschiedenen Stellen im Rehefelder Phyllitgebiet vor. Die größte Abbaustelle befand sich am Kleinen Warmbach. Gegenüber des letzten Gebäudes in diesem Tälchen – das ehemalige Huthaus – verdecken heute dichte Laubgehölze eine kleine Felswildnis aus Abbruchkanten und Gesteinshalden. Weil sich in den kleinen, schattigen Vertiefungen zwischen den Felsbrocken bis lange in den Frühling hinein Schneereste halten, spricht man hier auch von den „Schneegruben des Ost-Erzgebirges". Verborgen darin ist der vergitterte Zugang zu einem einstigen Bergwerk.

Bereits 1625 gab es hier einen „Kalksteinbruch zum Zaunhauß". Der größte Teil des Abbaus erfolgte in der zweiten Hälfte des 19. Jahrhunderts, wobei der Kalk gleich daneben in zwei Kalköfen gebrannt wurde. Zwischen 1865 und 1880 sollen jährlich 700 bis 800 Kubikmeter verkauft worden sein. Später ging der Absatz wegen der Einführung von Kunstdünger rasch zurück, und um 1900 wurde der Abbau eingestellt.

größtes bekanntes Fledermaus-Winterquartier in Sachsen

Zurück blieben beachtliche Weitungen im etwa zehn Meter mächtigen Kalksteinlager. Hier verbirgt sich das größte bekannte Fledermaus-Winterquartier Sachsens. Etwa 1000 Exemplare werden jedes Jahr von Freizeit-Fledermausforschern erfasst, die meisten davon gewogen, gemessen und beringt. Acht Arten registrieren sie dabei in ihren Listen, vor allem Wasserfledermaus (ca. 500 Tiere), Große und Kleine Bartfledermaus (100 bzw. 150), Fransenfledermaus (ca. 100 Exemplare) sowie Braunes Langohr und Großes Mausohr.

Unweit des Kalkbergwerkes wurde übrigens 1836 auch ein kleines Steinkohlevorkommen entdeckt und von 1848 bis 1875 abgebaut. Allerdings rechtfertigte die minderwertige Qualität der Kohle nicht die in die Lagerstätte gesetzten Hoffnungen. Auf den, heute allerdings ziemlich dicht bewachsenen, Halden kann man noch immer kleine Reste des Kalk- und Kohleabbaus finden, selten auch einige goldgelbe Pyritkörner im Kalkstein. Kippenreste ehemaligen Kalkabbaus gibt es auch auf der anderen Seite des Gießhübels, im Tal des Großen Warmbaches.

4 Rehefelder Märzenbecherwiesen

ausge-dehnte Bergwiesen

Die Rehefelder Talweitung wird einerseits geprägt durch ausgedehnte Bergwiesen mit Wald-Storchschnabel, Bärwurz und Rot-Schwingel sowie zahlreichen weiteren Wiesenpflanzen (wenn sich auch aufgrund der ausbleibenden Mahd in den letzten Jahrzehnten viele einstmals typische Bergwiesenarten verabschiedet haben). Andererseits schließen sich in der breiten Aue viele Feuchtbereiche an die Weißeritz an. In den Übergangsbereichen gedeihen

Abb.: Morgennebel in Rehefeld

u.a. Wiesen-Knöterich, Alantdistel und Kuckucks-Lichtnelke. Ungemähte Feuchtflächen – und davon gibt es auch in Rehefeld reichlich – wachsen zu mehr oder weniger dichten Mädesüß-Hochstaudenfluren heran. Niedrigwüchsige, konkurrenzschwache Arten haben hier kaum noch Chancen.

Märzen-becher

Zu dieser Kategorie gehört auch der Märzenbecher.

Innerhalb der Rehefelder Weißeritzweitung war die „Frühlings-Knotenblume" (ein bei uns heute kaum gebräuchlicher Name) einstmals gar nicht so selten. Der Botaniker Arno Naumann schrieb 1923 in einem naturkundlichen Wanderbüchlein:

„Bemerkenswert ist, daß auf dem der neuen Schule benachbarten Wiesengelände das für Auenwälder so typische Frühlingswunder des Märzenbechers erblüht. Auch am Fuße des Hemmschuhes soll er noch zu Tausenden die Buchenwaldgründe bedecken. Diese Standorte sind wohl die für Sachsen höchstgelegenen dieser reizvollen Pflanze."

Gleich unterhalb der Brücke an der Straße zum Donnerberg (bzw. zum Skilift) säumt ein schmaler, ganze 0,07 Hektar großer Streifen den Bach, auf dem heute noch einige dutzend bis hundert Märzenbecher gedeihen, außerdem auch zahlreiche andere Frühlingsblüher (Sumpfdotterblume, Hohe Schlüsselblume, später Bach-Nelkenwurz). Seit 1970 steht die Fläche als Flächennaturdenkmal unter Schutz.

Ein sehr schöner Blick auf die Rehefelder Talweitung bietet sich übrigens vom Parkplatz an der Straße nach Altenberg. Radler sollten hier eine ausgiebige Rast einplanen - besonders am Morgen, wenn noch dichter Nebel auf dem Talboden aufliegt.

Heckenflüssel

Vom Nordosten her fließen am unteren Ortsende von Rehefeld der Wilden Weißeritz zwei kleine, gefällereiche Bäche zu: Milchflüssel und Heckenflüssel. Letzterer entspringt in fast 800 m Höhe am Gabelberg und erreicht nach nur reichlich 1 km die hier 150 m tiefer gelegene Weißeritz.

Als in den 70er, 80er und bis Mitte der 90er Jahre des vergangenen Jahrhunderts fast jeden Winter der Böhmische Nebel mit überreichlich Schwefeldioxid angereichert über den Niklasberger Sattel schwappte und sich dann über Rehefeld staute, da mussten die Förster auch hier einen halbtoten Fichtenforst nach dem anderen räumen. Doch die engen Seitentälchen blieben relativ verschont. Und so findet man heute noch einige stattliche Fichten am Heckenflüssel, mit Abstand die größten zwischen Kahleberg und Hemmschuh, die das Waldsterben überlebt haben.

Hochwasserschotterflächen

Breiten sich im Bereich Rehefeld-Zaunhaus noch an beiden Talhängen größere Offenlandflächen mit herrlichen Bergwiesen aus, ändert sich das Landschaftsbild ab dem untersten Gebäude des Ortes deutlich. Das Fließgewässer führt jetzt, von dichten Fichtenhangwäldern begleitet, in leichten Windungen auf der Talsohle in Richtung Seyde. Dieser 3 km lange Flussabschnitt zeigt wechselnd breite, aber überwiegend schmale, bachbegleitende Auwiesen.

Ein großer Teil der Aue zwischen Heckenflüssel und Becherbachtal ist im Sommer 2002 durch das Hochwasser mit Flusssediment überdeckt worden. Diese meist recht groben Schotter schufen neuen Lebensraum für viele konkurrenzschwache und damit vergängliche Arten. Sehr auffallend dabei ist die gelb blühende Gauklerblume. Im Gegensatz zu den meisten Schotterflächen, die nach dem Hochwasser fast so schnell, wie sie entstanden waren, gleich wieder weggebaggert wurden, konnten hier die Naturschutzbehörden ein kleines Stück natürliche Auendynamik erhalten.

Flächennaturdenkmal „Krokuswiese"

Eine der wichtigsten alten Verkehrsverbindungen im Ost-Erzgebirge muss einstmals die „Zinnstraße" zwischen den Bergbauzentren Altenberg und Freiberg gewesen sein. Wie der Name nahe legt, wurde darauf das aufbereitete Zinnerz transportiert, um in Freiberg nicht nur geschmolzen, sondern von hier aus gehandelt zu werden.

Aus dem Jahr 1446 stammte die „Alte Zinnbrücke", die an der Einmündung des Becherbaches die Wilde Weißeritz überspannt. Beim Hochwasser 2002 wurde das Bauwerk so stark beschädigt, dass sich eine Komplettsanierung erforderlich machte.

Etwas oberhalb der Brücke zweigt der Mühlgraben der (200 m talabwärts gelegenen) Herklotzmühle von der Weißeritz ab. An dieser Stelle wurde eine reizvolle Biotopstruktur mit kleinem Teich, naturnahem Bach- und Grabenlauf, feuchten Staudenfluren und einzelnen Gehölzen geschaffen. Entlang der Weißeritz fallen vor allem die dichten Bestände der Weißen Pestwurz auf. Im Fließgewässer kann man, mit etwas Glück, im Mai Bachneunaugen beobachten. In dieser Zeit suchen diese urtümlichen Tiere (die zu den evolutionsgeschichtlichen Vorfahren der eigentlichen Fische gehören) ihre Laichplätze auf.

als Flächennaturdenkmal geschützte Talwiese

Auf gut durchfeuchtetem Aueboden gibt es in unmittelbarer Nähe der Zinnbrücke eine als Flächennaturdenkmal geschützte Talwiese. Aus der Fülle von über 80 Arten, die auf der überwiegend als Bergwiese ausgebildeten Fläche gedeihen, sollen folgende genannt werden: Bärwurz, Wiesen-Knöterich, Wiesen-Margerite, Alantdistel, Zittergras, Blutwurz, Borstgras, Wald-Storchschnabel, Rauher Kälberkropf, Bleiche Segge und Hain-Gilbweiderich. Auf quellmoorigen bzw. wechselfeuchten Standorten gesellen sich u. a. hinzu: Kuckucks-Lichtnelke, Flatterbinse, Sumpfveilchen, Gelb-Segge, Hirse-Segge sowie Sumpf-Pippau. Am Bachrand treten Echter Baldrian und Bach-Nelkenwurz hinzu. Die Breitblättrige Kuckucksblume zeigt sich leider nur noch vereinzelt mit blühenden Blütenständen (früher 100 bis 150 Exemplare). Das gleiche gilt für Arnika. Das vielfältige Biotopmosaik bietet zahlreichen Tagfalterarten Lebensraum, darunter dem Großen Perlmutterfalter, dem Braunauge und dem Dukatenfalter.

Die bemerkenswerteste Besonderheit stellt das Massenvorkommen des weiß blühenden Frühlings-Krokus dar, welcher hier im extrem kalten Weißeritztal (eine der schneesichersten Regionen im Erzgebirge) möglicherweise sogar einen natürlichen Standort hat. Die reichlich einen Hektar große „Krokuswiese" wurde 1970 als Flächennaturdenkmal ausgewiesen.

„Herklotz-mühle"

Auf vielen Karten falsch (am Ortsausgang von Rehefeld) eingezeichnet ist die „Herklotzmühle", ein interessantes technisches Denkmal. Die beständig gute Wasserführung der Wilden Weißeritz sowie die ringsum vorhandenen Wälder und Forste waren Garanten für das Bestehen des Betriebes. Bereits Anfang des 17. Jahrhunderts erbaut, ist sie eine der wenigen gut erhaltenen und funktionstüchtigen Schneidemühlen im Erzgebirge.

Wiese im Becherbachtal

Das Becherbachtal mündet kurz unterhalb der Zinnbrücke in die Weißeritz. Einen reichlichen Kilometer talaufwärts, wo ein kleines Seitenbächlein dem Becherbach zufließt, befindet sich eine Bergwiese, teilweise verzahnt mit torfmosreichen Binsensümpfen, Kleinseggenrasen sowie, am Ufer des Becherbaches, Kälberkropf-Staudenfluren. Unter den hier vorkommenden Arten fällt im Mai besonders das leuchtend gelbe Bach-Greiskraut auf. Außerdem beherbergt diese Wiese eine Reihe seltener Arten, dabei auch ausgesprochene Raritäten, wie etwa die unscheinbare Mondraute, ein sehr seltener Farn.

Abb.: Winter am Stempelsternweg bei Seyde

Leider ist der Pflegezustand der Wiese nicht optimal. Konkurrenzschwache Arten wie Arnika, Kleiner Klappertopf, Kreuzblümchen sowie der erwähnte Mondrautenfarn sind durch das Brachfallen der wertvollen Wiese bedroht.

Die Bezeichnung „Becherbach" geht mit hoher Wahrscheinlichkeit auf ein Gewerbe zurück, das einstmals die Wälder des Ost-Erzgebirges nutzte: die Pechsieder. Pech war vor der Einführung von Teer aus Steinkohle ein unentbehrlicher Rohstoff. Man benötigte die schwarze Substanz unter anderem als Dichtmasse für Fässer und sonstige Behältnisse (als es noch keine Tupperschüsseln gab), als Schmiermittel für hölzerne Wagenachsen, als Klebstoff, als Brennmaterial für Fackeln sowie für viele weitere Zwecke.

Steinrücken bei Seyde

Einen eigenartigen Eindruck macht das kleine Dörfchen Seyde, das sich auf knapp anderthalb Kilometern „in einem wahren Katzenbuckel über einen schmalen Höhenrücken von Tal zu Tal windet" (Werte der deutschen Heimat). Steil steigt die Dorfstraße fast hundert Meter bergan, vom Tal der Wilden Weißeritz einerseits und dem des Weißbaches andererseits. Das Klima ist rau, der Boden über Quarzporphyr und Rotgneis ziemlich karg – an einer solchen Stelle hatten die ersten Siedler des Ost-Erzgebirges keine Ortschaften angelegt. Vermutlich geht Seyde auf eine im 15. Jahrhundert (also zwei- bis dreihundert Jahre nach der Kolonisierung der landwirtschaftlich besser nutzbaren Fluren) angelegteZoll- und Raststätte an der Frauenstein-Altenberger Straße zurück, in deren Umfeld sich dann eine dörfliche Siedlung entwickelte. Dem Straßenverkehr sind inzwischen andere Wege geebnet worden, so dass Seyde heute ein recht beschauliches Dorf darstellt.

Abb.: Stein- rücke an der Kahlen Höhe

Besonders im Mai/Juni bereichern um die Gehöfte bunte Bergwiesen mit Wald-Storchschnabel, Alantdistel und Bärwurz das Bild. Einstmals waren solche Wiesen typisch für das Grünland des Ost-Erzgebirges, doch musste die Blütenfülle der Landwirtschaftsintensivierung weichen. In Ortsnähe, wo die kollektivierten Bauern noch ein paar eigene Schafe oder Kaninchen halten und für diese Heu machen durften, da konnten sich artenreiche Bergwiesen erhalten – bis heute, falls inzwischen nicht monatlicher Rasenmähereinsatz den früheren Sensenschnitt ersetzt hat.

Mühsam muss die Bewirtschaftung der steilen, steinigen Hänge in der Umgebung von Seyde gewesen sein. Am Nordosthang der Kahlen Höhe künden Hangterrassen von mehreren Metern Höhe sowie mächtige Steinrücken von der Plackerei der Altvorderen. Heute erfreuen diese Landschaftsstrukturen den Naturfreund. An den Steilstufen der Hangterrassen, zum Teil auch auf den dazwischenliegenden Flächen, konnten sich Bergwiesenreste erhalten, eingefügt auch einige nasse Quellsümpfe. Im oberen Teil des Berges, wo es nicht mehr ganz so steil ist, sind diese parallelen Streifen als eindrucksvolle Steinrücken ausgebildet, wie sie sonst eher für das Einzugsgebiet der Müglitz typisch sind. Wie wertvoll jeder Quadratmeter Boden einst war, zeigt eine besonders große Steinrücke am (heutigen) Waldrand, die sorgsam zu einer dicken Trockenmauer aufgeschichtet wurde. Auf der schattigen Nordseite des Walles hat sich eine üppige Moosflora eingestellt. Charakteristisch ist auch der Gehölzbewuchs. Während im unteren Hangbereich, wo es feuchter und nährstoffreicher ist, große Eschen an den Hangterrassen wachsen, bestimmen auf den Steinrücken am Oberhang die anspruchslosen Ebereschen das Bild – im Mai mit ihren weißen Blüten, im September mit roten Vogelbeeren. Der Ausblick von der Kahlen Höhe (739 m) krönt das Erlebnis eines Ausflugs zwischen Wilder Weißeritz und Weißbach.

Weißbachtal

Zu den reizvollsten Wandertälern gehört das Tal des Weißbaches, der an der Hermsdorfer Schickelshöhe entspringt und nach knapp fünf Kilometern zwischen Seyde und Schönfeld in die Wilde Weißeritz mündet. In seinem oberen Teil trägt das Tal den Namen Köhlergrund – wie viele andere Flurnamen im Ost-Erzgebirge ein Hinweis auf das bis ins 19. Jahrhundert weit verbreitete Gewerbe der Köhlerei.

Der (steilere) Hang auf der Ostseite des Tales ist fast vollständig mit Fichtenforst bestockt, auf der Westseite wechseln sich beweidete Grünlandhänge mit Gehölzbeständen ab. Dazwischen liegt eine 20 bis 100 Meter breite Talsohle, die ebenfalls überwiegend beweidet wird, im Köhlergrund seit einigen Jahren mit einer Schafherde.

Aufforstung

Der Quellbereich des Weißbaches wurde mittlerweile aufgeforstet, überwiegend mit Fichten. Die Agrargenossenschaft Hermsdorf bemüht sich seit längerem darum, etwa 200 Hektar ihrer landwirtschaftlichen Nutzflächen in Wald umzuwandeln. Weil es sich dabei aber vor allem um schwer zu bewirtschaftende, weil zu nasse, zu steile, zu magere oder zu abgelegene Standorte handelt, betreffen diese Aufforstungsbestrebungen häufig auch naturschutzfachlich wertvolle Wiesen.

Forschungsprogramm HochNatur

An der Bergakademie Freiberg lief von 2003 bis 2006 ein Forschungsprogramm namens „HochNatur" (Hochwasser- und Naturschutz im Weißeritzkreis), bei dem vor allem im Weißbachtal konkrete Untersuchungen vorgenommen wurden zu Maßnahmen, die beiden Schutzzielen dienen würden. Dabei kamen die Wissenschaftler zu dem – wenig überraschenden, aber nun fundierten – Ergebnis, dass gut durchwurzelte Böden in einer strukturreichen Landschaft den Abfluss von Extremniederschlägen erheblich ver-

Abb.: Wilde Weißeritz

zögern und somit die Hochwasserspitzen reduzieren können. Im Klartext: Bergwiesen und Steinrücken sind besser als Maisäcker. Nur muss sich das für die Landbewirtschafter „rechnen". Bislang bleibt der Hochwasserschutz in Sachsen jedenfalls technikfixiert – Dämme und Ufermauern haben Vorrang vor landschaftsverträglichen Maßnahmen.

Schotter-
flächen

Das Hochwasser 2002 hat auch auf der Sohle des Weißbachtales interessante Schotterflächen zurückgelassen, auf denen man bunte Geröllgemeinschaften aus mehreren Gneis- und Porphyrvarietäten des Weißbacheinzugsgebietes findet. Hier kann sich die natürliche Sukzession (Vegetationsentwicklung) entfalten. Im Moment bieten die Schotterflächen noch vor allem Bergwiesenpflanzen (Bärwurz, Alantdistel, Wiesenknöterich, Wald-Storchschnabel), Nasswiesenpflanzen (u. a. Bach-Nelkenwurz) und weiteren lichtbedürftigen Arten wie Rote Lichtnelke, Barbarakraut und Margerite geeignete Wachstumsbedingungen. Aber schon wachsen Weiden (Sal-Weide, Bruch-Weide) und Birken (Sand-Birke, Moor-Birke) hoch und werden in wenigen Jahren die Herrschaft übernehmen – bis zum nächsten Hochwasser.

 ## Flächennaturdenkmal Märzenbecherwiese bei Schönfeld

Das individuenreichste noch erhaltene Märzenbechervorkommen des Weißeritztales befindet sich oberhalb der Weißbachmündung auf einer ansonsten wenig bemerkenswerten, isolierten Waldwiese, die 1990 als Flächennaturdenkmal (FND) unter Schutz gestellt, seither aber nicht optimal gepflegt wird. Nach dem Abblühen des Märzenbechers prägen vor allem ausläufertreibende Gräser (Weiches Honiggras, Rotes Straußgras) die Wiese, dazwischen fallen Alantdistel, Hallers Schaumkresse, Kriechender Günsel und Kanten-Hartheu auf.

Zwischen dem FND und der Weißbachmündung erstreckt sich ein großer Nasswiesenkomplex, der sich infolge ausbleibender Nutzung zu einer üppigen Hochstaudenflur entwickelt hat. Mädesüß, Wald-Engelwurz, Wiesen-Knöterich, Kohldistel und Echter Baldrian dominieren, in etwas trockeneren Bereichen auch Bergwiesenarten (Bärwurz, Wald-Storchschnabel). Von Nährstoffeinträgen infolge der früheren Bewirtschaftung (oder aber auch Ackerbodeneinspülungen des Hochwassers) zeugen ausgedehnte Brennnesselzonen.

Abb.: Weiße
Pestwurz an
der Wilden
Weißeritz

Die Ufer der Wilden Weißeritz säumen schöne Bestände der Weißen Pestwurz.

Oberhalb der Mündung des Weißbaches quert ein auffälliger Damm das Weißeritztal. Hier befand sich einst ein Stauteich für die Flößerei. Mit Hilfe des angestauten Wassers konnte mit der Flutwelle beim Öffnen des Teiches Holz aus dem Ost-Erzgebirge bis nach Dresden geflößt werden.

Schönfeld

Einer der wenigen Orte, der die Sohle des Weißeritztales erreicht, ist Schönfeld. Zwischen dem 719 Meter hohen Rennberg und der hier bei 570 Meter über NN liegenden Weißeritzaue steigt das nur knapp zwei Kilometer lange Waldhufendorf steil in einem Seitentälchen aufwärts. Hangterrassen, teilweise als beachtliche Steinrücken ausgebildet, gliedern die Flur. Am Rennberg (Naturlehrpfad) finden sich einige schöne Bergwiesenbereiche, ansonsten hat das Grünland jedoch viel von seinem einstigen Artenreichtum eingebüßt.

Steinkohle Die geologische Karte verzeichnet in der Umgebung von Schönfeld ein ziemlich buntes Mosaik. Darin eingebettet liegt etwas Steinkohle, die dem Ort bis 1937 einen (bescheidenen) Bergbau ermöglichte. Ein Schacht im Oberdorf sowie zwei ins Weißeritztal mündende Stolln erschlossen das Vorkommen.

Abb.: Schönfelder Steinrückenlandschaft

Schönfelder Steinkohle (Dr. Werner Ernst, Kleinbobritzsch)

Geologen datieren die Entstehung der Kohlelagerstätte ins mittlere Oberkarbon, vor rund 310 Millionen Jahren. Damals hob sich als langgezogener Bergkamm der Erzgebirgssattel des Variszischen Gebirges das („Ur-Erzgebirge") heraus. Hoher Druck und hohe Temperaturen führten zur Umwandlung (Metamorphose) aller bisher gebildeten Gesteine. Granitische Schmelzen drangen in die Erdkruste und erkalteten allmählich. In Senken und Trögen sammelte sich der Abtragungsschutt des aufsteigenden Gebirges. Begünstigt durch ein tropisches, warm–feuchtes Klima bildeten sich Waldsumpfmoore mit einer üppigen Vegetation von Farnen und Farnsamern, Bärlappen (Sigillarien), Schachtelhalmen (Calamiten) und Cordaiten (Vorläufer der späteren Nadelbäume). Sie alle lieferten nach ihrem Absterben große Mengen pflanzliche Substanz, die später – zugedeckt von jüngeren Schlamm- und Sandablagerungen und abgesenkt – Kohleflöze bildeten.

Allerdings hat die spätere, jahrmillionenlange Abtragung den ganzen oberen Teil des herausgehobenen Gebirges (und mit ihm auch etwa vorhandene kohleführende Ablagerungen) zerstört. Nur an wenigen Stellen sind Reste dieser Steinkohlevorkommen innerhalb des Ost-Erzgebirges erhalten geblieben. Am bekanntesten und wirtschaftlich bedeutendsten waren die Lagerstätten um Olbernhau und Brandov/Brandau. Aber eben auch hier im Gebiet der Wilden Weißeritz wurde man fündig, wobei die Abbaubedingungen eher ungünstig waren.

Die Oberkarbon-Gesteine werden hier, bei vollständiger Ausbildung, etwa 230 m mächtig. Dem Gneis des Grundgebirges liegen grobe Konglomerate (Sand- und Tonsteine) auf, die durch Flusstransport entstanden sind. Über dieser vorporphyrischen Stufe (jetzt: „Putzmühlenschichten") liegt ein grünlichgrauer Quarzporphyr („Schönfeld-Rhyolith"), der früher bei Hermsdorf und Seyde in Steinbrüchen abgebaut wurde und den man als Werkstein an den Untergeschossen mancher heimischer Bauten wiederfindet. Über dem Porphyr liegt die nachporphyrische Stufe (heute: „Schönfelder Schichten und Mühlwald-Horizont") mit etwa 50 bis über 100 m mächtigen, etwas feineren Trümmergesteinen, die lokal vier Steinkohlenflöze einschließen. Ihre Mächtigkeit wechselt örtlich stark, nämlich zwischen zwei Zentimetern und zwei Metern (von oben nach unten: Walther-Lager, Hauptflöz, Jacober Flöz und Römer-Lager). Abgebaut wurden nur die beiden mittleren Flöze. Über dem ganzen Schichtkomplex liegt, gleichsam als schützende Decke, der harte Teplitzer Quarzporphyr, der ein wenig jünger ist und den Steilhang oberhalb von Schönfeld (Rennberg) bis hin zum Harten Stein bei Ammelsdorf bildet.

Entdeckt wurde die Schönfelder Steinkohle wohl zufällig. Als Beginn des Bergbaues wird in mehreren Quellen das Jahr 1761 genannt. Zunächst scheint es aber bei einem Bergbauversuch geblieben zu sein, denn J. F. W. von Charpentier (1778) fand Steinkohle-Brocken und dunkelgrauen Schiefer nur auf einer Halde. Die Kohle sei damals „von keiner brauchbaren Güte befunden worden". Aber immer wieder haben die einheimischen Bergleute ihr Glück versucht und es schließlich auch gefunden. Gleichwohl kam es wiederholt zu jahrelangen Unterbrechungen des Grubenbetriebes.

Ende Mai 1935 ging das Anthrazitwerk „Glückauf" außer Betrieb, 1937 erfolgte die endgültige Stilllegung. Zum „Grubengebäude" (gesamte ober- und untertägige Anlagen) hatten sieben Schächte (32 m tief) und zwei FörderStolln (Tiefe-Hilfe-Gottes-Stolln und Mittel-Stolln) gehört. Verwendet wurde die Kohle in den Kalköfen von Hermsdorf, Zaunhaus und Borna sowie im Schmiedeberger Eisenwerk. Leider war die Qualität der anthrazitischen Glanzkohle (86% Kohlenstoff) teilweise durch hohe Aschegehalte gemindert.

Ein großzügiges Erkundungs-Bohrprogramm 1957/58 brachte einen beträchtlichen geologischen Erkenntniszuwachs, allem in Bezug auf die Lagerungsverhältnisse. Zu einer Aufwältigung der alten Stolln und Schächte kam es hier aber ebenso wenig wie im Falle von Brandov.

Schließlich sei noch erwähnt, dass im Jahre 1810 am Steilhang oberhalb der Essigmühle im Weißbachtal bei Seyde ein Stolln in den Berg getrieben und weiter oberhalb ein Versuchsschacht niedergebracht worden waren. Die Lokalität wird heute gern als geologischer Exkursionspunkt angenommen und das Haldenmaterial von Paläontologen und Sammlern auf Pflanzenabdrücke durchsucht.

Wiese Hartmannsdorf-Neubau

Am Rand der Ortslage Hartmannsdorf-Neubau, direkt neben der B171, befindet sich eine gut gepflegte, sehr artenreiche Bergwiese an einem beginnenden Bachtälchen, welches zur Talsperre Lehnmühle entwässert. Diese Wiese ist besonders artenreich, naturschutzfachlich und ästhetisch sehr wertvoll. Sie besteht aus einem Komplex von Berg- und Feuchtwiesen sowie Kleinseggensümpfen. Wiederholt wurde die Fläche zur „schönsten Bergwiese" des Weißeritzkreises gekürt.

Die Bergwiese kann der westlichen Ausprägungsform zugeordnet werden, da hier der Wald-Storchschnabel als Charakterart der Bergwiesen den Blühaspekt des Spätfrühlings dominiert, gemeinsam mit dem Bärwurz. Die für das Ost-Erzgebirge östlich der Weißeritz typische Perücken-Flockenblume fehlt hingegen.

Viele weitere typische Pflanzen der mageren Bergwiesen sind zu finden: Weicher Pippau, Rundblättrige Glockenblume, Zittergras und Ruchgras, um nur einige der über 100 Arten zu nennen. Auch seltene und gefährdete Arten sind vertreten, so z.B. die Berg-Platterbse; Breitblättrige Kuckucksblume, Schmalblättriges Wollgras und Niedrige Schwarzwurzel.

Die von einem privaten Landwirt in beispielhafter Weise gepflegte Wiese gehört zu den wertvollsten Grünlandflächen des Ost-Erzgebirges. Aus diesem Grund wurde sie – gemeinsam mit einem Dutzend weiterer Flächen – nach gründlichen fachlichen Vorarbeiten von der Grünen Liga als Flächennaturdenkmal vorgeschlagen. Leider verweigert die zuständige Naturschutzbehörde die Neuausweisung von Schutzgebieten. Dennoch besteht auch für diese Wiese, wie für Berg- und Nasswiesen generell, ein gewisser gesetzlicher Schutz als „Besonders geschütztes Biotop" nach § 26 des Sächsischen Naturschutzgesetzes. Die Fläche sollte also nicht betreten werden. Von der Straße aus bietet sich ein guter Überblick (Fernglas!).

Talsperre Lehnmühle

Nach verheerenden Hochwasserereignissen mit Todesfällen (v.a. 1897) wurden an den beiden Weißeritzen 7 Talsperren geplant. Von der Planung bis zu Bau vergeht viel Zeit, und Talsperrenprojekte sind aufwendig und teuer, weshalb letztendlich im Tal der Wilden Weißeritz nur zwei Projekte umgesetzt wurden. Für den Naturhaushalt ist diese Reduzierung auch überwiegend positiv zu bewerten, denn Talsperren stellen einen ganz erheblich Eingriff in den Naturhaushalt, insbesondere in das Fließgewässerökosystem, dar. Schließlich wird das Fließgewässer räumlich und funktional durchtrennt, und das Querbauwerk ist für viele Lebewesen schwer oder gar nicht mehr zu überwinden. Beide Talsperren, Lehnmühle und Klingenberg, entstanden zudem in einem siedlungsfernen Abschnitt der Wilden

Weißeritz. Andererseits entwickelten sich mit den Wasserflächen auch neuartige Landschaftsstrukturen, die für viele Tierarten (z. B. Zugvögel) durchaus eine Bereicherung darstellen.

Lehnmühle Die Talsperre Lehnmühle (21,8 Millionen Kubikmeter Stauvolumen) wurde in den Jahren 1926–1931 erbaut. Mit 50 m Höhe und 418 m Länge ist die Staumauer wohl die größte geradlinige Naturstein-Sperrmauer Deutschlands. Die Talsperre dient, neben dem Hochwasserschutz, vor allem als Wasserreserve für die Klingenberger (Trinkwasser-) Talsperre, weshalb hier auch größere Wasserstandsschwankungen auftreten.

Die periodisch überfluteten Schlamm- und Schotterflächen kennzeichnet eine typische Vegetation, die sich an die schnelle Veränderung mit kurzen Entwicklungszeiträumen angepasst hat.

(15) Steinbruch Lehnmühle

Nördlich der ehemaligen Mühle befindet sich auf der rechten Talseite eine Steinbruchwand, die durch die Gewinnung des Gesteins für den Talsperrenbau entstand. Auf dem schottrigen aber feuchten Substrat der Steinbruchsohle gedeihen recht viele, auch seltene Arten. Allerdings schreitet die Sukzession voran und die Steinbruchsohle bewaldet, so dass sich die Standortbedingungen ändern. Vor allem aufwachsende Fichten sorgen für zunehmenden Schatten. Für viele Lebewesen bedeutet dies eine Verschlechterung, so auch für den Seidelbast, der im zeitigen Frühjahr blüht und sonst leicht zu übersehen ist. Auf dem Steinbruchboden sorgten noch vor wenigen Jahren blaue Kreuzblümchen im Frühjahr und Echte Goldruten im Sommer für reichlich Farbenpracht. An seltenen (und hier allmählich verschwindenden) Arten sind das Kleine und das Grünliche Wintergrün sowie die Orchideen Braunroter Sitter und Breitblättrige Kuckucksblume zu nennen. Eine Rarität ist auch der im Steinbruch vorkommende Ruprechtsfarn, ein Verwandter des hier ebenfalls zu findenden Eichenfarns.

aufwachsende Fichten sorgen für zunehmenden Schatten

Zirka 500 m nördlich der Talsperrenmauer, an einer markanten Rechtskurve gegenüber des Mühlweg-Abzweiges nach Hennersdorf, befand sich die Lehnmühle, deren baufällige Reste 2006 geschliffen wurden.

An Wald- und Wegrändern, sogar direkt an der Straße unterhalb der Talsperre Lehnmühle, kann fast überall der auffällige und sehr typische Johanniswedel oder Wald-Geißbart beobachtet werden. Im Frühsommer, zur Blütezeit ist die Zweihäusigkeit der Pflanzen (Männlein und Weiblein getrennt) besonders gut zu erkennen. Im Frühsommeraspekt fallen am Weg unterhalb der Lehnmühle weiterhin Wald-Ziest und Echter Baldrian ins Auge, und mit etwas Glück kann man sogar Türkenbund-Lilie, Bunten Eisenhut und Schwarze Heckenkirsche entdecken. An den Bachufern treten noch Weiße und etwas weiter talabwärts Rote Pestwurz sowie die Akeleiblättrige Wiesenraute hinzu. Eine große Besonderheit in dieser tiefen Lage (ca. 460 m NN) ist der anspruchsvolle, eigentlich hochmontan bis subalpin verbreitete Alpen-Milchlattich, der hier in einem Massenbestand zwischen

Wald-Geißbart

Alpen-Milchlattich

Straße und Weißeritzufer vorkommt. Typisch für die Bachufer des Weißeritz-

Platanen-Hahnenfuß

tales im gesamten Bereich zwischen den Talsperren ist der sonst seltene Platanen-Hahnenfuß, der nicht gelb, wie fast alle anderen Hahnenfußarten („Butterblumen"), sondern weiß blüht.

Hartmannsdorfer Schweiz, Reichstädter Sporn

Unterhalb der Lehnmühle führten zahlreiche Klippenbildungen und die teils sehr steilen Felswände zur Landschaftsbezeichnung „Hartmannsdorfer Schweiz" für dieses Gebiet.

Im Wald an der Talstraße wachsen Arten der montanen Staudenfluren, wie Hasenlattich und Quirlblättriger Weißwurz, sowie Feuchtezeiger (u. a. Kohldistel und Gilbweiderich). Vereinzelt ist auch die Süße Wolfsmilch zu finden.

fast ausschließlich Fichtenforst

Leider stockt an den Hängen fast ausschließlich Fichtenforst, der teilweise bis an das Gewässerufer herantritt. In der Potenziell Natürlichen Vegetation gäbe es am Ufer der Weißeritz sicherlich Erlen-(Eschen)Bachwald, teils Eschen-Quellwald, insbesondere an den Einläufen der kleinen Quellbäche. An den Hängen würde ein montaner Fichten-Tannen-Buchenwald der mittleren Berglagen stocken. Letzterer wäre an den Hangfüßen edellaubholzreich (Bergahorn, Ulme, Linde) und teilweise als Schlucht-, Schatthangoder Hangschuttwald ausgebildet. Auf den Oberhängen und Felsklippen würden sich zur Buche Eiche, Birke und Kiefer dazugesellen. Fichte käme von Natur aus, nur in den Tal-Lagen und nur als Begleiter, nicht als Hauptbaumart, vor. Naturnahe Buchenwaldreste finden sich vereinzelt zwischen Talweg und Wilder Weißeritz nördlich des Reichstädter Sporns.

Sturm Kyrill

Im Fichtenforst an den Hängen sind durch den Sturm Kyrill Anfang des Jahres 2007 enorme Lücken entstanden. Die meisten Bäume sind nicht umgeknickt, sondern samt Wurzelteller geworfen worden. Dies liegt daran, dass die Baumart Fichte sehr flach wurzelt, insbesondere dann, wenn die Böden feucht sind. Die beigemischten Kiefern dagegen sind meist stehen geblieben, da sie sich in der Regel tiefer im Boden verankern, unter Extrembedingungen (z. B. auf Fels, oder in Mooren) allerdings auch zur Flachwurzeligkeit neigen.

Südlich der Röthenbacher Mühle tritt die Weißeritz an das auf der östlichen Talseite befindliche Felsmassiv heran. Hier hat die Weißeritz beim Hochwasser 2002 den gesamten Talweg ausgeräumt und die Brücke an der Röthenbacher Mühle komplett zerstört.

Am Reichstädter Steinberg (Waldrand östlich des Weißeritztales) sowie in einem Feldgehölz auf der anderen Seite des dort verlaufenden Firstenweges ragen einige markante Quarzitschieferfelsen aus dem Boden.

Abb.: Quarzitfelsen auf dem Reichstädter Steinberg

Abb.: Röthenbacher Berg

Röthenbacher Berg

Härtlinge

Mehrere Bergkuppen der Umgebung repräsentierten als sogenannte Härtlinge mehr oder weniger ost-west-verlaufender Gänge aus Rhyolith, die hier besonders quarzreich (deshalb früher Quarzporphyr genannt) und damit sehr verwitterungsbeständig sind.

Röthenbacher Berg

Am Röthenbacher Berg wurde dieses Gestein abgebaut. In den 1990er Jahren herrschte in dem Steinbruch (und auf den Zufahrtsstraßen) Hochbetrieb. Die Ruhe in dem ansonsten abgeschiedenen und für viele Tierarten deshalb besonders attraktiven Gebiet war dahin. Seit einigen Jahren nun ist der Steinbruchbetrieb eingestellt, die Ruhe zurückgekehrt. Geblieben ist außerdem eine rote Felswand, die besonders bei Sonnenuntergang ein romantisches Bild beschert. Das Steinbruchgelände ist zwar abgesperrt, aber man kann dennoch die säulige Absonderung des noch frisch aufgeschlossenen Quarzporphyrs erkennen.

Der Röthenbacher Berg überragt seine Umgebung deutlich und ist deshalb eine weithin sichtbare Landmarke. Von der oberen Waldkante bietet sich ein weiter Blick über die osterzgebirgische Landschaft von Hermsdorf über Frauenstein bis in die Freiberger Gegend.

Hennersdorfer Bach

Südlich des Reichstädter Sporns mündet von rechts der Hennersdorfer Bach in das Weißeritztal. Dieser Bach soll früher sehr forellenreich gewesen sein.

mehrstämmige hohle Sommerlinde

In dem Tal unterhalb der Ortslage Hennersdorf existiert noch ein Gebäude des alten Lehngutes mit Gutsteich, der eine bedeutende Erdkrötenpopulation beherbergt. Auf dem Gelände des Lehngutes, etwas versteckt hinter dem als Wohnhaus genutzten Gebäude, befindet sich eine mehrstämmige hohle Sommerlinde mit einem Stammumfang von knapp acht Metern.

Lehngut-
wiesen

Die unterhalb liegenden Lehngutwiesen werden überwiegend nur noch beweidet, dadurch erscheinen sie etwas ungepflegt und sind sehr wüchsig. Nur einige Teilbereiche sind noch mäßig artenreich mit Florenelementen von Berg- und Feuchtwiesen sowie feuchten Hochstaudenfluren. Eine dennoch sehr sehenswerte Wiese befindet sich in der Nähe der Mündung des Baches in die Weißeritz, direkt neben der Talstraße. Hier gedeihen typische Arten von feuchten Bergwiesen: Kuckucks-Lichtnelke, Wiesen-Knöterich, Sumpf-Kratzdistel und Verschiedenblättrige Distel, Bärwurz und Wiesen-Margerite.

Röthenbacher Mühle

Die Röthenbacher Mühle existiert, wie die meisten der zahlreichen Mühlen im Weißeritztal, nicht mehr. Deren einziges erhaltenes Gebäude nutzt die TU Dresden (Institut für Wasserbau) zu wissenschaftlichen Zwecken. Unterhalb kreuzt der Weg von Röthenbach nach Reichstädt das Weißeritztal. Die vom Hochwasser zerstörte Brücke wurde wieder errichtet. Hier wechselt auch der markierte Wanderweg die Talseite.

Kohlplan

Auf der rechten Talseite am südlichen Zipfel der Talwiese, genau im Winkel zwischen Bach und Weg, liegt der Kohlplan. Hier können im Frühjahr auf den frischen Maulwurfhügeln zahlreiche Holzkohlestückchen entdeckt werden. Auf dem Kohlplan standen Kohlenmeiler, in denen Holzkohle für die Hütten des Freiberger Bergbaureviers hergestellt wurde. Davon zeugt auch die Bezeichnung Kohlstraße, welche hier begann. Um den Energiebedarf der Hütten zu decken, musste auf Holzvorräte aus dem oberen Erzgebirge (z. B. Rehefeld) zurückgegriffen werden. Das Holz wurde dann in Scheiten im Frühjahrshochwasser bis zur Röthenbacher Mühle geflößt, hier auf Meilern aufgesetzt und zu Holzkohle verarbeitet. Einen weiteren Meilerplatz soll es an der Thalmühle gegeben haben.

Wiese an
der Röthen-
bacher
Mühle

Zirka 200 m nördlich der Brücke liegt auf einer Hangterrasse eine sehr artenreiche Bergwiese, die „Wiese an der Röthenbacher Mühle", mit mehreren feuchten Quellmulden und einem kleinen Seitenbach. Die Massenbestände des Kleinen Klappertopfes verleihen dem Südteil der Wiese ihr besonderes Gepräge. Neben vielen typischen Bergwiesenarten gedeihen hier auch die Orchideenarten Breitblättrige Kuckucksblume und Stattliches Knabenkraut (noch ca. 20 Exemplare). Feuchtwiesenbereiche mit verschiedenen Kleinseggen bereichern den wertvollen Biotopkomplex. Bemerkenswert ist das Auftreten der Wiesen-Flockenblume, einer eher für Magerwiesen des Tief- und Hügellandes typischen Art, sowie des wärmeliebenden Zickzack-Klees. Darin sind erste Anzeichen zu sehen, dass sich hier, in etwa 430 Metern Höhenlage, die Vorkommen der montanen bis hochmontanen Arten mit denen der wärmebedürftigeren Arten tieferer Lagen verzahnen.

Ein Landwirt mäht diese Fläche, den ebenen Hauptteil mit Traktor, die Feuchtbereiche hingegen in altbewährter Weise mit Sense. Besonderes Augenmerk gilt dabei dem Stattlichen Knabenkraut.

Wiesen um die Thalmühle, die Beerwalder Mühle und im Lattenbachtal

Abb.: historische Brücke an der ehemaligen Thalmühle

Oberhalb der Straßenquerung zwischen Röthenbach/Pretschendorf und Beerwalde stand einst die Beerwalder Mühle. Von ihr sind kaum noch Spuren erhalten. Zirka einen Kilometer weiter südlich befindet sich die ehemalige Thalmühle auf der Ostseite der Weißeritz. Hier sind noch Reste der Grundmauern sowie der Mühlgräben sichtbar. Der Zugang erfolgt über eine noch gut erhaltene historische Brücke – es dürfte eine der wenigen sein, die das Hochwasser 2002 überlebt haben.

Zwischen beiden ehemaligen Mühlen, und besonders um die Thalmühle, befinden sich noch artenreiche, teils gut gepflegte Wiesen. Sie zeigen hier in der Höhenlage zwischen ca. 400 und 500 m NN – je nach Lage im Tal, insbesondere der Exposition zur Sonne - noch deutlichen Bergwiesencharakter, oder schon wärmeliebende Elemente des Tief- und Hügellandes.

Frühlingsblüher

Bemerkenswert sind die vielen Frühlingsblüher wie Buschwindröschen, Hohe Schlüsselblume, Scharbockskraut, Goldstern und Doldiger Milchstern, insbesondere in der Nähe der ehemaligen Thalmühle auf der kleinen Wiese neben dem Ablaufgraben. Auch hier befindet sich noch eines der Märzenbechervorkommen des Weißeritztales.

Im Frühsommer blühen auf den Talwiesen größere Bestände der auffälligen Wiesen-Margerite, der Acker-Witwenblume, der Verschiedenblättrigen Distel (Alantdistel) und die nicht so häufige Bach-Nelkenwurz. Eine typische Arte der feuchten Bergwiesen ist der Wiesen-Knöterich, der hier in dieser Höhenlage bereits seltener wird. Relativ häufig sind dagegen noch Bärwurz und Weicher Pippau. Später im Jahr kommt noch das Kanten-Hartheu hinzu. Zur Rundblättrigen Glockenblume, einer typischen Art magerer Bergwiesen, gesellt sich nun die Wiesen-Glockenblume, eher eine Pflanze tieferer Lagen. Bei den Gräsern ist es ähnlich: Neben den Goldhafer tritt der Glatthafer, die Charakterart der Mähwiesen im Tief- und Hügelland. All die-*Talwiese nordwestlich der ehemaligen Thalmühle*se Pflanzen und noch vieles mehr lassen sich besonders gut auf der großen Talwiese nordwestlich der ehemaligen Thalmühle, zwischen dem markierten Wanderweg (dem Talweg) und der Wilden Weißeritz, studieren.

Am Ufer der Weißeritz finden wir, bis hinunter zur ehemaligen Beerwalder Mühle, noch häufig den Platanen-Hahnenfuß. Dies wird durch die kühlfeuchte und wenig sonnenexponierte Lage am gehölzbestandenen Gewässer begünstigt. Daneben findet sich regelmäßig der Echte Baldrian, auch gedeihen vereinzelt Sumpfdotterblumen und Akeleiblättrige Wiesenraute.

Lattenbachtal

Ähnliches gilt für das Lattenbachtal, welches von Röthenbach kommend, südlich der Talsperre Klingenberg in die Weißeritz mündet.

Vorsperre Klingenberg

An der Mündung des Lattenbaches quert die Straße zwischen Röthenbach/ Pretzschendorf und Beerwalde das Weißeritztal. Hier dominieren bereits Wasserbauwerke das Tal, die im Zusammenhang mit der Talsperre Klingenberg stehen. Die Talsperre Klingenberg wird gegenwärtig saniert, unter anderem entsteht eine neue Vorsperre und ein neuer Trinkwasser-Stolln, der die Talsperre umfährt. Deshalb muss mit Beeinträchtigungen verschiedener Art gerechnet werden.

Interessant ist die sich schnell ändernde Pioniervegetation auf dem wasserfreien Talsperrenboden. Am Ostufer haben sich im Sommer 2007 Massenbestände von Sumpf-Hornklee entwickelt.

Talsperre Klingenberg

Die Talsperre Klingenberg wurde in den Jahren 1908 bis 1914 erbaut. Sie dient – damals wie heute – gleichermaßen dem Hochwasserschutz und der Trinkwasserversorgung für Dorfhain, Tharandt, Rabenau, Freital und (teilweise) den Raum Dresden. Bis 1940 entstand ein Stolln- und Rohrsystem bis zum Wasserwerk Dresden-Coschütz. An den drei Gefällestufen entstanden Wasserkraftwerke: Klingenberg, Dorfhain und Tharandt.

Naturstein-Architektur

Beeindruckend ist die Naturstein-Architektur der Talsperre Klingenberg (ebenso wie weiterer Talsperren im Ost-Erzgebirge). Als Baumaterial diente der anstehende Gneis, der westlich der Talsperre gebrochen wurde. Die 40 m hohe und 310 m lange Sperrmauer (16,4 Mio m^3 Stauraum), die gegenwärtig saniert wird, ist Zeuge der gewaltigen Arbeitskraft der über 5 000 meist nicht einheimischen Arbeiter. Zum Transport von Mensch und Material war eigens eine Werkbahn vom Bahnhof Klingenberg errichtet worden.

Streichholz-brücke

Auf dem Damm der ehemaligen Werkbahn befindet sich jetzt ein Wanderweg. Sehenswert und interessant ist die sogenannte „Streichholzbrücke" über den Langen Grund nordwestlich der Talsperre. Die Brücke erhielt ihren Namen durch die außergewöhnliche Architektur, die ursprünglich als Holzkonstruktion ausgeführt war. Einige Jahre nach ihrer Errichtung ist die Brücke durch eine ebenso filigrane Bauweise aus Eisenbahnbeton ersetzt worden. Der Wanderweg führt weiter zur Neuklingenberger Höhe und nach Klingenberg-Colmnitz (Bahnanschluss), vorbei an einer Baumreihe mit starken Ahornen. Hier sind Berg- und Spitzahorn gemischt, so dass die Unterschiede, insbesondere in der Borkenbildung, studiert werden können.

Hochwasser 2002

Beim Hochwasser 2002 lief die Talsperre unkontrolliert über, und die Sperrmauer wurde sehr stark beschädigt.

Die Umgebung der Talsperre ist zum Wandern ebenso gut geeignet wie zum Radfahren, gebadet werden darf aber leider nicht. Die schmale, langgezogene Wasserfläche mit ihren bewaldeten, steilen Hängen strahlt eine fjord-artige Ästhetik aus und besitzt, besonders bei tief stehendem Sonnenlicht, einen eigentümlichen Reiz.

Abb.: Ahorn-Allee am Weg zur Streichholzbrücke

Wanderziele in der Umgebung

Harter Stein bei Ammelsdorf

Südwestlich der Straße Schönfeld - Ammelsdorf verbirgt sich in einem Feldgehölz eine kleine Felsgruppe. Der Name Harter Stein deutet an, dass es sich um verwitterungsbeständigen Quarzporphyr (Rhyolith) handelt, und zwar um einen westlichen Ausläufer des Deckenergusses, der sich von Teplice/Teplitz über Pramenáč/Bornhauberg, Kahleberg und Tellkoppe bis zum Kohlberg bei Oberfrauendorf erstreckt. Sehr schön zeigen die meist sechskantigen Säulen, dass dieses Gestein vulkanischen Ursprungs ist. Die dichte Grundmasse des Gesteins setzt sich aus sehr kleinen Quarz-, Feldspat- und Biotitglimmerkristallen zusammen. Ebenfalls aus Quarz, Feldspat und Glimmer bestehen die größeren Einsprenglinge. Feinverteiltes Eisenoxyd ruft die rötliche Färbung hervor.

Leider ist die Umgebung der Felskuppe mit Fichten aufgeforstet, so dass sich nur vom Waldrand Ausblicke über das Tal der Wilden Weißeritz ergeben.

Abb.: Quarzporphyrsäule am Harten Stein

Quellgebiet Hennersdorfer Bach

Auf dem Quarzporphyr-Höhenrücken nordöstlich von
Ammelsdorf, in ca. 620 Metern Höhenlage, sammelt der
Hennersdorfer Bach sein Quellwasser in nassem Grünland
und Fichtenforst. Eingeschlossen sind zwei wertvolle Biotopkomplexe, die von der Grünen Liga als Flächennaturdenkmal
vorgeschlagen (bislang aber vom zuständigen Landratsamt noch
nicht als solches ausgewiesen) wurden. Die größere der beiden
Flächen (1,6 Hektar), in der Nähe des Hennersdorfer Sportplatzes,
ist eine größtenteils von verschiedenen Feuchtwiesengesellschaften
und Kleinseggenrasen geprägte Waldwiese, teilweise auch mit Übergängen zu Borstgrasrasen. An seltenen und auffälligen Arten wachsen
hier Arnika, Breitblättrige Kuckucksblume und Schmalblättriges Wollgras.
Neben zahlreichen weiteren Blütenpflanzen der Nasswiesen (verschiedene Seggen, Kleiner Baldrian, Sumpf-Veilchen, Sumpf-Hornklee u.v.a.)
ist vor allem der Moosreichtum der Kleinseggenrasen bemerkenswert.
Der „Landschaftspflegeverband Osterzgebirge und Sächsische Schweiz"
organisiert die alljährliche Mahd mit Kleintechnik.

Die zweite, viel kleinere, aber naturschutzfachlich nicht minder bedeutsame Fläche ist eine Lichtung am Rande des hier noch jungen Hennersdorfer Baches, unweit des „Oberförsterweges". Hier ist ein kleines Moor mit
einem geringmächtigen (30 cm) Torfkörper ausgebildet. Trotz deutlicher
Austrocknungstendenz beherbergt das Biotop noch einige moortypische
Arten wie Scheidiges Wollgras und Moosbeere sowie das Torfmoos *Sphagnum papillosum*.

25 Steinrückenwiese Sadisdorf

Artenreiche Bergwiesen oder gar Borstgrasrasen sind in der recht intensiv
landwirtschaftlich genutzten Hochfläche zwischen Wilder und Roter Weißeritz heute selten anzutreffen. Umso größere Bedeutung kommt deshalb
der sogenannten Steinrückenwiese zu, die sich südlich von Sadisdorf befindet. Sie liegt in einer Höhe von knapp 600 m und ist nach allen Seiten
von Intensivgrünland und Ackerflächen umgeben. Obwohl die Fläche nur
2,5 km östlich von der Talsperre Lehnmühle und damit von der Wilden Weißeritz entfernt liegt, zählt sie noch zum Einzugsgebiet der Roten Weißeritz.
Die Wasserscheide befindet sich circa 700 m weiter westlich. Die gesamte
Wiese ist von Stauwasser geprägt und erhält auch reichlich seitlich zuflie-
ßendes Wasser von den höhergelegenen weiträumigen Hangbereichen.
Innerhalb der Steinrückenwiese differenzieren sich die feuchten von den
frischen Bereichen durch wenige Dezimeter Höhenunterschied.

In den feuchten Bereichen wächst eine von Gewöhnlichem Gilbweiderich
dominierte Feuchtwiese mit kleinflächig eingestreuten Binsen- und Wald-
simsensümpfen. Der hohe naturschutzfachliche Wert dieser Wiese wird

Abb.: Steinrückenwiese bei Sadisdorf mit Arnika

indes durch den großen Flächenanteil der magerkeitsbedürftigen Borst-grasrasen bestimmt. Teilweise bietet die Wiese das Erscheinungsbild einer mageren Bergwiese, jedoch sind die Bestände durch die kurzhalmige Aus-prägung und das Vorherrschen von Arten wie Berg-Platterbse, Harz-Lab-kraut, Dreizahn, Glattem Habichtskraut und Borstgras eher den Borstgras-rasen zuzuordnen. Auffällig sind auch die Preiselbeerbestände, die die Wiese durchziehen. Zu den geschützten und gefährdeten Arten der Wiese gehören Arnika, Waldläusekraut sowie das in Sachsen vom Aussterben bedrohte Moos *Dicranum bonjeanii*.

Borstgrasrasen waren einstmals auch in den mittleren Berglagen nicht selten, heute sind sie vor allem durch Nährstoffeinträge zur Rarität gewor-den. Aus diesem Grund wurde auch die Steinrückenwiese Sadisdorf von der Grünen Liga Osterzgebirge zur Unterschutzstellung als Flächennatur-denkmal vorgeschlagen. Die aufwändige Pflegemahd wird jedes Jahr in Regie des Landschaftspflegeverbandes durchgeführt. Notwendig wäre darüberhinaus aber die Einrichtung eines umfassenden Puffergürtels, der den Eintrag von Nährstoffen (Eutrophierung) und anderen Landwirtschafts-chemikalien minimiert.

Quellen

Ernst, Werner: **Steinkohle im Osterzgebirge zwischen Olbernhau und Altenberg**; Frauensteiner Stadtanzeiger 197/2006

Geologische Landesuntersuchung: **Erläuterungen zur Geologischen Karte**, Blatt Dippoldiswalde – Frauenstein; 1887

Hempel, Werner; Schiemenz, Hans: **Die Naturschutzgebiete der Bezirke Leipzig, Karl-Marx-Stadt und Dresden**; Handbuch der NSG, Band 5; 1986

Landesamt für Umwelt und Geologie: **Halbjahresbericht zur Ozonbelastung in Sachsen**, Sommer 2006; Materialien zur Luftreinhaltung 2007

Naturschutzbund, Landesverband Sachsen + Landesverein Sächsischer Heimatschutz: **Antrag auf Ausweisung von Naturschutzgebieten**, 1993, unveröffentlicht

Schmiede, Ralf: **Vegetationskundliche Analyse und naturschutzfachliche Bewertung ausgewählter Grünlandbiotope im Osterzgebirge**, Diplomarbeit, TU Dresden 2004

Schmidt, Peter A.; Denner, Maik; Zieverink, Marita: **Geobotanische Exkursion im Osterzgebirge**, Begleitbroschüre, 2001

Wagner, Paul u. a.: **Wanderbuch für das östliche Erzgebirge** – bearbeitet von Dresdner Geographen, 1923

Werte der Deutschen Heimat, Band 10: **Östliches Erzgebirge**; 1966

www.erzgebirge-rehefeld.de

www.seyde.de

www.ioez.tu-freiberg.de/hochnatur/projekt.html

Tal der **Wilden**
zwischen Klingen

Text: *Torsten Schmidt-Hammel (Zuarbeiten und Hinweise von Werner Ernst, Frauenstein; Gerold Pöhler, Colmnitz; Immo Grötzsch, Freital; Jens Weber, Bärenstein)*

Fotos: *Gerold Pöhler, Volker Beer, Jens Weber*

Weißeritz

berg und Freital

*Kerbsohlental mit Felsklippen
und Blöckfeldern*

*Buchenmischwälder, Schlucht-
und Schatthangwälder*

*Forstbotanischer Garten, Bergbaulehrpfad,
Wasserkraftnutzung, Geologische Aufschlüsse*

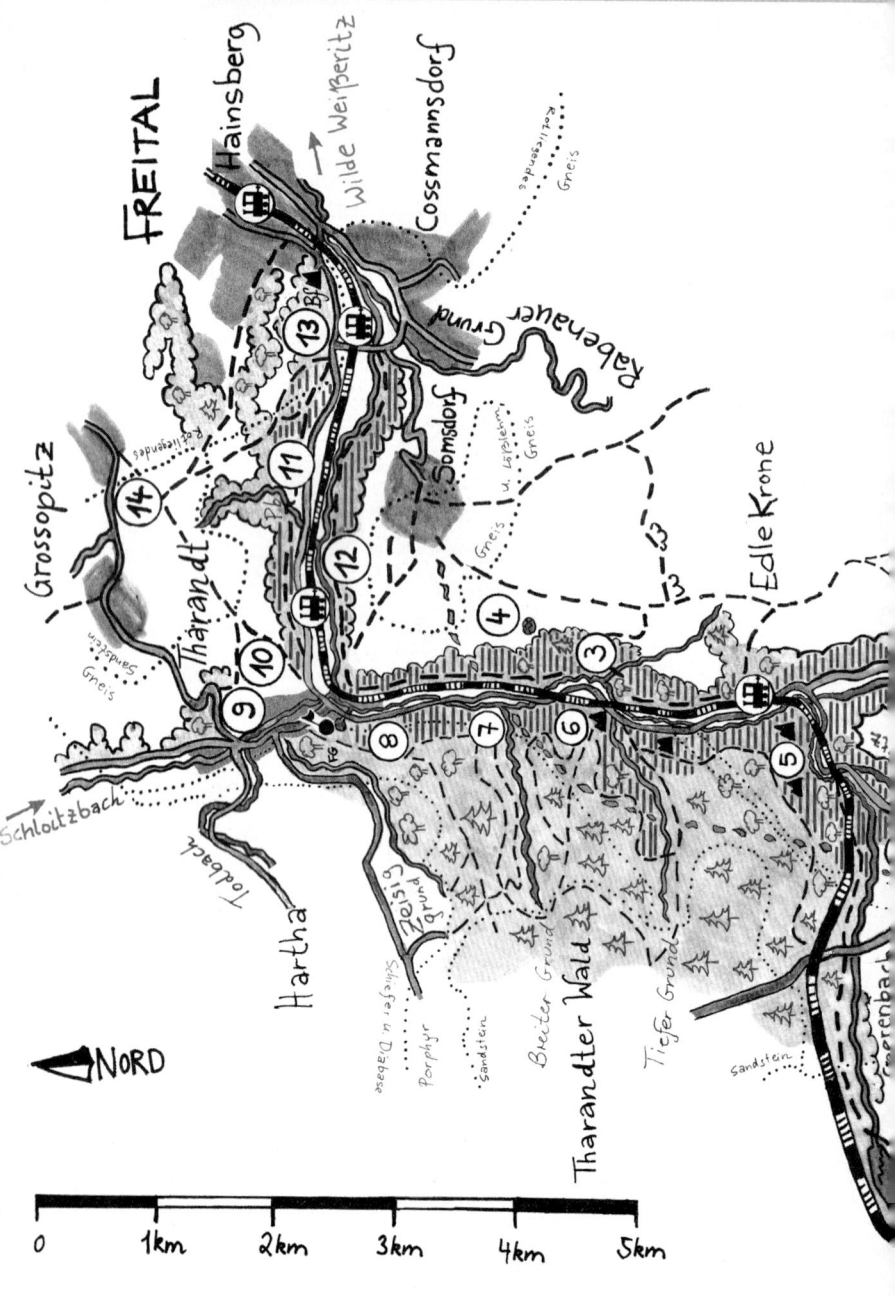

Das Tal der Wilden Weißeritz

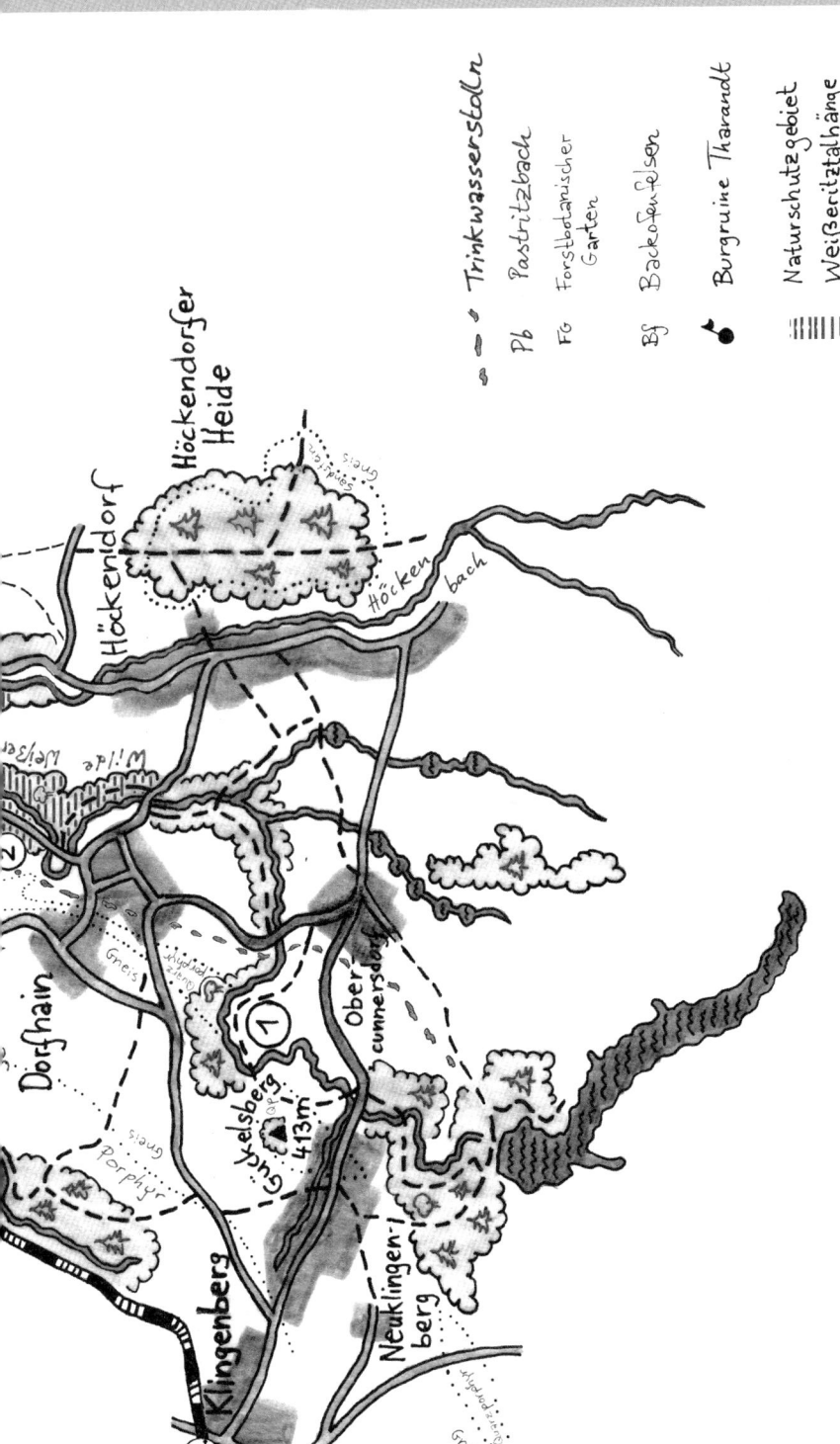

Die Beschreibung der einzelnen Gebiete folgt ab Seite 250

....

Landschaft

In ihrem Unterlauf hat sich die Wilde Weißeritz ein zum Teil über 100 m tiefes Kerbsohlental geschaffen, vorwiegend im Freiberger Grauen Gneis, vereinzelt auch im Quarzporphyr. Die Talhänge sind nicht nur beachtlich *steil mit* hoch, sondern teilweise auch sehr steil mit Klippenbildungen, Felswänden *Klippen-* und Blockfeldern. Kurze, gefällereiche Seitenbäche stürzen von den um- *bildungen,* liegenden Hochflächen hinab zur Wilden Weißeritz: Von rechts Kleiner und *Felswänden* Großer Stieflitzbach, Höckenbach und Harthebach; von links Seerenbach, *und Block-* Tiefergrund- und Breitergrundbach, Schloitzbach und Pastritz. Zwischen *feldern* Edle- Krone und Tharandt begrenzt das Tal den Tharandter Wald.

Beim Blick auf die Topographische Karte fällt der schroffe Richtungswechsel der Weißeritz Richtung Osten in Höhe der Ortslage Tharandt auf (rechtwinklig zur allgemeinen Abdachungsrichtung des Erzgebirges!). Im Quartär – also erst in der jüngsten erdgeschichtlichen Vergangenheit, wahrscheinlich sogar heute noch – senkte sich der Elbtalgraben. Diese tektonischen Bewegungen bedingten die Tieferlegung der Erosionsbasis für die zur Elbe strebenden Nebenflüsse. Damit schnitten sich auch die Quellbereiche dieser Bäche immer tiefer in ihre Umgebung ein, und die Talanfänge „verschoben" sich immer weiter nach (Süd-)Westen. Auf diese Weise erreichte schließlich ein solcher Nebenbach der Elbe das Gebiet des heutigen Tharandts und zapfte die damals noch auf viel höherem Niveau nach Nordwesten fließende Wilde Weißeritz an – so wie derselbe Bach ein paar Kilometer und ein paarhunderttausend Jahre vorher bereits die Rote Weißeritz umgelenkt hatte. Seither macht also die Wilde Weißeritz in Tharandt einen scharfen Rechtsknick. Noch im frühen Quartär floss sie über Tharandt nach Norden in Richtung Grumbach. Schotterfunde belegen, dass sich die damalige Talsohle in der Höhenlage der Johannishöhe und der Weißiger Höhe befand. Den alten Talverlauf markieren heute Schloitzbach – durch das

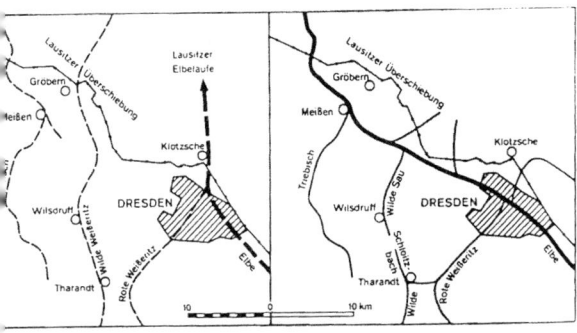

mittlerweile viel tiefer gelegene Sohlenniveau der Weißeritz nach Süden gerichtet – und Wilde Sau, diese dem ursprünglichen Gefälle folgend.

Abb.: Verlagerung der Flussläufe im Raum Dresden – Tharandt – Meißen (nach Grohmann und Lentschig)

Kurz vor Freital-Hainsberg weitet sich das Tal markant und nimmt von rechts die Rote Weißeritz auf. Hier befindet sich eine tektonische Störzone, die Wendischcarsdorfer Verwerfung, welche die geologische Grenze des Ost-Erzgebirges nach Nordosten darstellt, hier gegen das Freital-Döhlener Rotliegendbecken.

Die Umgebung von Tharandt, insbesondere der Tharandter Wald und das Weißeritztal, wurden von Waldwirtschaft, Bergbau und Wasserwirtschaft geprägt. All diese Wirtschaftszweige sind mit touristisch und naturkundlich interessanten Objekten vertreten. Dazu kommt, bedingt durch die romantische Lage, eine schon frühe Nutzung als Erholungsgebiet.

Nutzung von Wasser und Wasserkraft

In den Weißeritztälern lässt sich der landschaftsbestimmende und -verändernde Einfluss der Nutzung von Wasser und Wasserkraft gut studieren. Oberhalb von Dorfhain zeigt die Weißeritz eine etwas breitere Talsohle. Hier ist es schon frühzeitig möglich gewesen, die Wasserkraft in zahlreichen Mühlen zu nutzen. Sie waren meist gleichzeitig Öl-, Mahl- und Brettmühlen, einige besaßen auch Schankrecht. Heute präsentieren sie sich recht unterschiedlich als Wüstung, Ruine, Betriebsgelände oder, recht ansehnlich, als Gastwirtschaft. Auch einige (recht verfallene) Mühlgräben erinnern an die frühere intensive Nutzung des Weißeritzwassers.

Wasserkraftwerke Dorfhain und Tharandt

Neuere Nutzungen ergaben sich aus dem Bedürfnis nach Hochwasserschutz und Trinkwasser. So entstanden in der ersten Hälfte des 20. Jahrhunderts an den Weißeritzen mehrere Talsperren. Zwischen der Talsperre Klingenberg und dem Wasserwerk Dresden Coschütz wurde in den Jahren 1924–1943 auch ein Stollensystem für Trinkwasser errichtet. Das hohe Gefällepotential an diesen wasserwirtschaftlichen Einrichtungen wird zur Energiegewinnung genutzt, so in den Wasserkraftwerken Dorfhain und Tharandt. Von den insgesamt 7 Wasserkraftwerken gehören 6 zur ENSO (ehemalige ESAG).

Energie-Erlebnispfad

Die Nutzung des Wassers als Energiequelle ist Thema eines Energie-Erlebnispfades, der die wasserwirtschaftlichen Anlagen in beiden Weißeritztälern thematisch miteinander verbindet. Es werden auch Führungen angeboten.

Ab Tharandt, im Weißeritztal flussaufwärts, befinden sich zahlreiche Stolln und Mundlöcher historischen Bergbaues. Besonders um Edle Krone (Name eines früheren Bergwerkes) und Dorfhain wurde intensiver Silbererzbergbau betrieben. Die Erzlagerstätten befinden sich vorwiegend im Freiberger Gneis und sind Ausläufer des Freiberger Reviers. Der Bergbau im Weißeritztal begann jedoch deutlich später als um Freiberg, die erste urkundliche Erwähnung stammt aus dem Jahr 1511. Im 16. Jahrhundert lag auch die Blütezeit des hiesigen Silberbergbaus, auch wenn Umfang und Bedeutung nicht mit dem Freiberger Revier zu vergleichen sind. Immerhin waren zeitweilig über zwanzig Gruben in Betrieb. Nach dem 30jährigen Krieg und dem Preisverfall infolge spanischer Silberimporte aus Südamerika konnte der Bergbau nicht mehr an alte Erfolge anknüpfen, obwohl es an entsprechenden Versuchen nicht mangelte. 1897 schloss die letzte Zeche (St. Michaelis, oberhalb der Barthmühle). Der „Bergbautraditionsverein Gewerkschaft Aurora Erbstolln e. V." versucht, mit einem Lehrpfad und einem

kleinen Schaubergwerk die Erinnerung an diesen Teil der Vergangenheit im Tal der Wilden Weißeritz wach zu halten.

Zwischen Weißeritztal und Tharandter Wald finden sich auch Zeugen der historischen Flößerei und Köhlerei. Verwiesen sei hier insbesondere auf den (im Kapitel Tharandter Wald beschriebenen) Seerenteich, das Bellmanns Los sowie die Köhlerhütte mit Meiler und die Schautafeln zu diesem Thema im Breiten Grund.

Abb.: Kohlemeiler im Breiten Grund

Die Entdeckung der Umgebung für Erholungszwecke erfolgte um die Jahrhundertwende 18./19. Jh. im Zuge der Landschaftsromantik. Zahlreiche Ausflügler kamen in die Gegend, die damals „Sächsische Schweiz" genannt wurde (so wie heute das Elbsandsteingebirge). Tharandt entwickelte sich zum Badeort, nachdem vorher schon mehrere Quellen zu Trinkkuren genutzt worden waren. Aus dieser Zeit stammt auch die Bezeichnung Badetal für den Talabschnitt der Weißeritz südlich des Ortskernes.

Badetal

Parallel dazu begann die Erschließung der Umgebung mit zahlreichen Wanderwegen und Aussichten. Davon zeugen heute – nachdem diese Entwicklung vor allem durch die Konkurrenz der böhmischen Bäder längst der Vergangenheit angehört – noch zahlreiche Trockensteinmauern, Stufen und Geländerreste an den Talhängen. Besonders die großartigen Trockensteinmauern beeindrucken bis in die Gegenwart, obwohl große Teile von ihnen bereits am Verfallen sind – ein Verfall, der wohl trotz einiger gegenteiliger Bemühungen nicht aufzuhalten sein wird.

zahlreiche Trockensteinmauern, Stufen und Geländerreste an den Talhängen

Auch sind nur noch einzelne Ausblicke und Sichtbeziehungen erhalten geblieben, da der Wald heute ein wesentlich geschlosseneres Bild zeigt.

Aufgrund seiner hohen Bedeutung als Refugium vom Aussterben bedrohter Arten, der Existenz vielfältiger kulturhistorischer Objekte und der naturkundlichen Bildung befindet sich der hier beschriebene Landschaftsraum in Schutzgebieten verschiedener Kategorien. Fast das gesamte Wei-

Landschafts- ßeritztal und der Tharandter Wald sind als Landschaftsschutzgebiet (LSG)
schutzgebiet gewürdigt. Der größte Teil des Weißeritztales zwischen Dorfhain und Frei-
Naturschutz- tal-Hainsberg wurde 1961 als Naturschutzgebiet (NSG) „Weißeritztalhänge"
gebiet (NSG) ausgewiesen und in den 90er Jahren des 20. Jahrhunderts erweitert. Die
„Weißeritz- Weißeritztäler sind außerdem zu großen Teilen Bestandteil des Europäi-
talhänge" schen Schutzgebietssystems Natura 2000, sowohl als internationales Vogelschutzgebiet als auch nach der sogenannten Flora-Fauna-Habitat-
Richtlinie der EU.

**Wegen der großen Sensibilität dieses Lebensraumes sollen Besucher
unbedingt auf den vorhandenen Wegen bleiben, von hier sind alle
naturkundlich interessanten Dinge und Besonderheiten zu erleben.**

Pflanzen und Tiere

Tharandter Wald und Weißeritztal sind durch weitgehend geschlossene
Waldbestände gekennzeichnet. Durch die geomorphologische Situation
bedingt, konnten sich verschiedene Waldgesellschaften in teils dichter Ver-
zahnung entwickeln. Die typische (zonale) Waldgesellschaft ist der Hain-
Hainsimsen- simsen-Eichen-Buchenwald, die hochkolline bis submontane Form des
Eichen-Bu- *Luzulo-Fagetums*. Neben der namengebenden Schmalblättrigen Hainsimse
chenwald treten hier Drahtschmiele, verschiedene Habichtskräuter und Wiesen-
Wachtelweizen als charakteristische Begleitarten auf. Außerdem fallen
Maiglöckchen, Schattenblümchen und teils die Vielblütige Weißwurz auf.

Besonders im Bereich zwischen Tharandt und Hainsberg stockt an den südexponierten Hängen Eichen-Hainbuchenwald, zum Teil mit Winter-Linde.
Nieder- bzw. Dieser wurde durch die Waldnutzungsform der Nieder- bzw. Mittelwald-
Mittelwald- wirtschaft gefördert. Bis Ende des 19., teilweise noch bis Mitte des 20. Jahr-
wirtschaft hunderts wurden bei der Niederwaldnutzung die jungen Stämme abge-
sägt bzw. mit Äxten abgehackt, woraufhin sich die Bäume durch „Stockausschlag" – also mit neuen Trieben – regenerierten. Beim Mittelwald beließ
man einzelne Stämme, damit diese später einmal Bauholz liefern konnten.
Seit Einführung fossiler Energieträger ging die Brennholznutzung in den
Wäldern zurück, so dass Niederwälder fast überall der Vergangenheit angehören. Auch findet die Rinde junger Eichen keine Verwendung mehr in den
Ledergerbereien, wie noch vor 50 Jahren beispielsweise in einer großen
Lederfabrik in Freital. Dies war in unserer Gegend einer der Hauptgründe
für das frühzeitige Lebensende von Eichen. An die ehemalige Niederwald-
wirtschaft erinnern noch viele der heute großen Bäume mit verdickten
Stammfüßen oder mit mehreren Stämmen, die aus einem „Stock" (= Baum-
stumpf) emporgewachsen sind.

Färbergins- An wärmebegünstigten Standorten findet sich der Färberginster-Trauben-
ter-Trauben- eichenwald, mit Färberginster, dem seltenen Geißklee, der Weißen Schwal-
eichenwald benwurz und den zur Blütezeit auffallenden Nelkengewächsen Pechnelke
und Nickendes Leimkraut. Zu erwähnen ist noch *Carex pairae*, eine der wenigen trockenheitsertragenden Seggenarten.

*Schlucht-
und Schatt-
hangwälder*

Einen krassen Gegensatz dazu bilden die azonalen Waldgesellschaften in den feucht-kühlen Seitentälern (Schlucht- und Schatthangwälder), an den nährstoffreichen Hangfüßen sowie die bachbegleitenden Galeriewälder. An all diesen Standorten nimmt die Baumartenvielfalt – und vor allem der Edellaubholzanteil – zu. Es gedeihen vor allem Esche und Berg-Ahorn, aber auch Spitz-Ahorn, Sommer-Linde und Bergulme sowie vereinzelt noch Tanne.

*Abb.:
Lungenkraut*

Der zur Blütezeit im Frühsommer auffällige Waldgeißbart oder Johanniswedel ist die montane Charakterart, die in den Gründen bis in niedrige Höhenlagen (300–250 m NN) herabreicht. Daneben kommen in den wärmsten unteren Lagen zwischen Tharandt und Freital noch submontane Ausbildungen mit Moschuskraut vor, sowie Hangschuttwald mit erhöhtem Lindenanteil. Krautige Zeiger für nährstoffreiche Standorte sind z. B. Goldnessel, Echtes Springkraut und Wald-Bingelkraut, an feucht-schattigen Orten stellenweise das Ausdauerndes Silberblatt. Im Frühjahr blühen Lungenkraut und Buschwindröschen, an feuchten Standorten auch das Scharbockskraut.

Eiben

Südlich von Tharandt sind am Nordexponierten Hang der Weißeritz im 19. Jh einige Eiben eingebracht worden, die sich gut entwickelt haben. Naturverjüngung der Eibe kann inzwischen an verschiedenen Orten der Umgebung beobachtet werden.

*Erlen-
Eschenwald*

An der Weißeritz und teilweise ihren Nebenbächen findet der Erlen-Eschenwald sein Auskommen. Die Fichte gehört hier wohl auch natürlicherweise zu den Begleitern, zumindest in den höheren (montanen) Lagen. Wiederum können eine submontane Ausbildung, der Hainsternmieren-Erlenwald, und der montane Kälberkropf-Erlenwald unterschieden werden. Vereinzelt sind kleinflächig Weidenauen mit Bruchweide anzutreffen. Interessant ist, dass die bachbegleitende, montane Pestwurzstaudenflur bis in Höhenlagen um 200m NN hinabsteigt. Im Frühjahr, wenn die Bäume noch unbelaubt sind, können in der Talsohle schon von weitem die Massenbestände des Bärlauchs beobachtet – und gerochen! – werden.

*viele natur-
nahe Be-
stände*

Die natürlichen Waldgesellschaften sind – wie fast überall – auch im Weißeritztal mehr oder weniger forstlich beeinflusst, in einigen Bereichen wurden sie in standortfremde Fichtenforsten (stellenweise auch Lärchen und Roteichen, vereinzelt Weihmouthskiefern und Douglasien) umgewandelt. Jedoch blieben – im Gegensatz zum Tharandter Wald, welcher von der Forstwirtschaft wesentlich stärker geprägt ist – viele naturnahe Bestände erhalten.

Bemerkenswerte, artenreiche Wiesen kann man in diesem Talabschnitt (heute) fast gar nicht antreffen. Durch die Enge und Steilheit im Tal sind Lichtungen eher selten, das wenige Offenland ist meist durch die Siedlungstätigkeit und Infrastruktur (Verkehrswege) überprägt. Gute, extensiv genutzte Wiesen mit Bergwiesencharakter befinden sich im Seerenbachtal, welches unterhalb von Dorfhain in die Weißeritz mündet.

bietet das Weißeritztal zahlreichen Tieren Lebensraum Wegen der Vielfalt an Strukturen bietet das Weißeritztal zahlreichen Tieren Lebensraum, von denen natürlich nur eine – für das Gebiet typische – Auswahl erwähnt werden kann. Das jagdbare Wild ist wegen guter Deckungsmöglichkeiten sehr zahlreich. Dazu zählen Reh- und Schwarzwild, der Tharandter Wald beherbergt auch Rot- und noch etwas Muffelwild.

Fledermäuse Besonders charakteristisch für das Weißeritztal sind Fledermäuse, die Winterquartiermöglichkeiten in alten Bergwerksstollen finden. Eine Auswahl an Arten soll genannt sein: Abendsegler, Großes Mausohr, Kleine Hufeisennase, Langohrfledermaus und Mopsfledermaus. Als weitere Säugetiere leben beispielsweise Wasserspitzmaus und Fischotter an der Weißeritz.

Vogelwelt Von den Vertretern der Vogelwelt können am Wasser die Wasseramsel, die Gebirgsstelze und gelegentlich der Eisvogel beobachtet werden. Weitere typische Vogelarten sind die Spechte, die mit fünf Arten vertreten sind: Klein- und Buntspecht, sowie Grau-, Grün- und Schwarzspecht. Bemerkenswert sind dabei das gemeinsame Vorkommen von Grün- und Grauspecht, deren Verbreitungsareale sich hier überschneiden.

An Beutegreifern sind unter anderem die nicht mehr sehr häufigen Arten Sperber, Habicht und Rotmilan zu beobachten. Von den Eulenvögeln sind z. B. Waldohreule, Rauhfußkauz und der recht häufige Waldkauz, dessen nächtliches Rufen sogar am Tharandter Bahnhof zu hören ist, vertreten. Sogar der scheue Uhu brütet vereinzelt im Weißeritztal. Große auffällige Nahrungsgäste – besonders an der Weißeritz – sind Graureiher und Schwarzstorch.

In Altbuchenbeständen zwischen Tharandt und Edle Krone kommt die Hohltaube vor. An den Bäumen in allen Waldgesellschaften lassen sich Kleiber und Gartenbaumläufer beobachten. Typische Singvögel des Waldes sind auch Zaunkönig, Misteldrossel und Waldlaubsänger. Der Trauerschnäpper benötigt Bruthöhlen in lichten Wäldern, was durch die Eichen-Hainbuchenbestände gut bedient wird. Die Nachtigall besitzt im Gebiet ihre Verbreitungsgrenze und ist nur in der Nähe Freitals noch zu hören. An bemerkenswerten Meisenarten sollen Weiden-, Sumpf- und Schwanzmeise genannt sein.

Amphibien und Reptilien Auch für Amphibien und Reptilien gibt es die notwendigen vielfältigen Lebensräume, so dass Waldeidechse, Blindschleiche, Ringelnatter sowie Glattnatter ihr Auskommen haben. Auch fehlt der – inzwischen selten gewordene – Feuersalamander nicht, welcher besonders an feuchten Herbsttagen angetroffen wird, wenn er sein Winterquartier sucht. Feuersalamander benötigen zur Vermehrung Bäche mit regelmäßiger Wasserführung, allerdings oberhalb der Forellenregion, da die Larven des Feuersalamanders von den Forellen als Nahrung genutzt werden. Deshalb kommen nur die Nebenbäche der Weißeritz in Betracht. Diese sind allerdings oft so gefällereich, das die Larven weggespült werden. Gute Bedingungen finden

Salamander insbesondere im Pastritzgrund und im Breiten Grund.

Insekten-
fauna

Desweiteren lebt an den Weißeritztalhängen eine artenreiche Insektenfauna. Ganz besonders typisch sind zahlreiche Käferarten, was bei den wechselnden Expositionen und diffenzierten Substraten nicht verwundert.

Da der ehemals vorhandene Hirschkäfer als verschollen gilt, dürfte der Sägebock der größte und auffälligste Käfer des Weißeritztales sein. Daneben existieren zahlreiche weitere totholzbewohnende Bockkäfer. Zu den sehr auffälligen Käferarten gehört weiterhin der Rosenkäfer, dessen Larven ebenfalls auf Totholz angewiesen sind, der aber als Käfer meist auf den Blüten der Doldengewächse anzutreffen ist.

Wanderziele im Tal der Wilden Weißeritz

① Weißeritztal zwischen Klingenberg und Dorfhain

Unterhalb der Talsperre Klingenberg steht der erzgebirgstypische Gneis an, der an Klippen eine fast waagerechte „Schichtung" (Foliation) erkennen lässt. Das ist im Ost-Erzgebirge eher die Ausnahme, denn durch das Abrutschen der oberen („hangenden") Gneispakete während der Hebung des Variszischen Gebirges im Karbon (vor rund 300 Millionen Jahren) sind diese meist mehr oder weniger steilgestellt. Ausläufer des harten Tharandter-Wald-Porphyrs haben die Weißeritz von ihrer südost-nordwestlichen Fließrichtung abgebracht und mit markanten Talschlaufen nach Nordosten gezwungen.

Gückels-
berg

Unterhalb der Ortslage Klingenberg verlässt der Weg das Tal – hier ist auch die Weiterfahrt mit dem Fahrrad schwierig – und teilt sich, um den Gückelsberg zu umgehen. Der Gückelsberg ist ein durch den Porphyr hervorgerufener Härtlingsberg. An seiner Ostflanke zieht sich ein Damwildgehege bis an die Weißeritz hinunter. Aus Naturschutzsicht sind solche Damwildhaltungen, besonders in sensiblen Landschaften, kritisch zu bewerten.

edellaub-
holzreiche
Waldbe-
stände

Das Tal indes ist weitgehend sehr naturnah. Neben Nadelholzforsten existieren edellaubholzreiche Waldbestände mit Erlen, Eschen, Ahornen und vereinzelt Berg-Ulmen. Die Krautschicht weist ebenfalls einen feuchten und meist reichen Standort aus, der sehr häufige Frauenfarn ist ein Beleg dafür. Besonders prächtig präsentiert sich die Weißeritzaue im März/April mit zahlreichen Frühblühern: Lungenkraut, Scharbockskraut, Wald-Schlüsselblume, Busch-Windröschen, Rote und Weiße Pestwurz, vereinzelt auch Märzenbecher (eine der besonderen Charakterarten der Wilden Weißeritz. Einige Wochen später kommen unter anderem Gefleckte Taubnessel, Sumpf-Dotterblume, Hain-Veilchen, Wald-Sauerklee und (seltener) Hohler Lerchensporn zur Blüte. Eine Besonderheit stellt der Bunte Eisenhut dar, der nur selten und in wenigen Exemplaren in der schwer zugänglichen Bachaue südlich der Hosenmühle auftritt.

Neben den großen Bergbaugebieten des Ost-Erzgebirges gab es auch etliche weniger bedeutende Reviere, wie das Gebiet im unteren Tal der Wilden Weißeritz. Im Abschnitt zwischen der Talsperre Klingenberg und der Ortslage Tharandt zeugen zahlreiche Mundlöcher von den – beileibe nicht immer erfolgreichen – Abbauversuchen. Diese alten Bergbaustollen bilden zum Teil wertvolle Fledermausquartiere. Eine besondere Attraktion ist das

*Besucher-
bergwerk
Aurora
Erbstolln*

Besucherbergwerk Aurora Erbstolln in der Nähe Dorfhains, der Höhepunkt eines vier Kilometer langen Bergbaulehrpfades im Tal.

Auf dem Weg zum Besucherbergwerk von Süden aus – der Zugang über die Spieligtschlucht ist empfehlenswert – begegnet uns wieder der Porphyrgang, der auch für die umliegenden Härtlingskuppen verantwortlich ist. Kurz vor dem Mundloch ist dieser durch einen kleinen, frischen Felssturz oberhalb des Weges gut aufgeschlossen. Der Aurora-Erbstolln wurde jedoch im Gneis aufgefahren. Abgebaut wurden silberhaltiges Blei- und Kupfererz, aber auch Baryt und Fluorit, die in schmalen Gängen das Gestein durchziehen und welchen der Bergmann mit Hammer und Schlegel gefolgt ist.

Öffnungszeiten: April bis Oktober jeden Samstag von 10 bis 14.30 Uhr

Kontakt: Berndt Fischer, Tel. 03 51 / 6 50 27 00,
e-mail: Info@AuroraErbstolln.de, www.auroraerbstolln.de

Östlich des Besucherbergwerkes fallen größere Bestände der Zittergras-Segge auf. Diese zu den Sauergräsern gehörende Seggenart wird auch Waldhaar oder Seegras genannt, wegen der typisch wogenden Wuchsform. Sie wurde früher zum Füllen von Bettmatratzen und als Stalleinstreu genutzt.

*Flächenna-
turdenkmal
Schatt-
hangwald*

Nordwestlich von Obercunnersdorf – gegenüber dem Besucherbergwerk – befindet sich das Flächennaturdenkmal Schatthangwald am südlichen Talhang der Weißeritz. Die Hanglage ist steil, mit kühl-feuchtem Kleinklima und sehr nährstoffreich. Deshalb stockt hier ein – fast rotbuchenfreier – Ulmen-Eschen-Ahornwald. Die Rotbuche ist empfindlich gegen die sich permanent bewegenden Blöcke an diesem Steilhang und sicherlich in der Jugend auch zu langsamwüchsig, um auf diesem Standort erfolgreich zu konkurrieren. Die Bodenflora hat neben den charakteristischen Zeigerpflanzen wie Frauenfarn, Efeu, Haselwurz, Silberblatt und Waldgeißbart auch einige Besonderheiten zu bieten: den immergrünen Gelappten Schildfarn, Einbeere, Aronstab, Märzenbecher, Mittleren Lerchensporn und einen Massenbestand der Türkenbundlilie.

Anfang der 1990er Jahre bot dieses außerordentlich wertvolle Biotop den traurigen Anblick einer wilden Müllkippe. Gemeinsam mit Studenten der damaligen Tharandter Umweltgruppe wuchteten Mitstreiter eines gerade erst entstandenen Umweltvereins namens Grüne Liga Osterzgebirge dutzende Autoreifen, Altgeräte und jede Menge sonstigen Unrats den steilen Hang herauf. Zwei große Lkw-Anhänger konnten die „Ausbeute" geradeso fassen. Umso bedauerlicher ist es, dass – trotz deutlich sichtbarer Hinweisschilder – nach wie vor von ignoranten Zeitgenossen Kleingartenabfälle in das Flächennaturdenkmal entsorgt werden.

Abb.: Blick auf das Fächennaturdenkmal Schatthangwald Obercunnersdorf

Am Fuß des Hanges, der durch einen Wirtschaftsweg von der Weißeritzbrücke unterhalb der Ortslage Obercunnersdorf gut zu erreichen ist, finden wir eine reiche, feuchte Hochstaudenflur. Typisch sind Echtes Springkraut, Hain-Sternmiere, Süße Wolfsmilch, Sumpf-Pippau, Gilbweiderich und die Ährige Teufelskralle sowie die sehr anspruchsvolle Breitblättrige Glockenblume. An diesem kühl-schattigen Platz dürfte auch der montane Platanen-Hahnenfuß seinen tiefstgelegenen Fundort im Weißeritztal besitzen, während etwa die Hügellandsart Echte Sternmiere kaum weiter ins Gebirge hinaufsteigt.

Winkelmühle

Die südexponierten Steilhänge in der Umgebung der Winkelmühle – ab der Winkelmühle (Betriebsgelände) ist das Tal wieder sehr gut mit dem Fahrrad zu erkunden – zeigen bereits deutlich submontanen Einfluss. So präsentiert sich der linke Talhang oberhalb der Stübemühle (Ruine) mit einem lindenreichen Eichen-Buchen-Wald auf Gneisfelsklippen, teilweise ist ein Linden-Ahorn-Blockschuttwald an den Hangfüßen ausgebildet. Am Wegesrand finden wir das anspruchsvolle und wärmeliebende Pfaffenhütchen, auch treten die ersten Hainbuchen hinzu.

Stübemühle

Typisch für diese Waldhöhenstufe ist das Waldreitgras, welches in diesem Talabschnitt auf besser nährstoffversorgten Standorten jetzt regelmäßig auftritt. Auf den verhagerten, flachgründigen Felsstandorten dagegen finden wir neben der Drahtschmiele, Maiglöckchen, Blaubeeren und einigen Habichtskräutern den Wiesen-Wachtelweizen. Dieser ist – anders als es der Name vielleicht vermuten lässt – eine Charakterart der Eichen-Buchen-Wälder dieser Höhenstufe, ebenso wie die Schmalblättrige Hainsimse, die namensgebende Art des bodensauren Hainsimsen-Buchenwaldes.

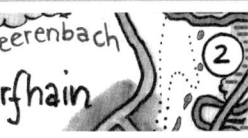

② Weißeritz zwischen Dorfhain und Edle Krone

Nördlich der Ortslage Dorfhain befindet sich ein Wanderweg am rechten Weißeritzufer. Leider ist das Bachbett der Weißeritz in diesem Abschnitt durch Begradigung, Uferverbau und Ausräumen des Flussschotters besonders stark geschädigt worden (obwohl es sich um ein Naturschutzgebiet, europäisches Flora-Fauna-Habitat-Gebiet und EU-Vogelschutzgebiet handelt!). Mit dem Beräumen von Flussgeröll und besonders der großen Blöcke verschwinden nicht nur wertvolle Strukturen für den Naturhaushalt, sondern auch irreversibel Dokumente der Naturgeschichte seit der letzten Eiszeit!

Begradigung, Uferverbau und Ausräumen des Flussschotters

Die typische bachbegleitende Staudenflur macht einer Ruderalflur Platz, welche auch Neophyten (= ausländischen Arten, die hier geeignete Standortbedingungen finden, sich vermehren und im schlimmsten Fall die einheimische Flora verdrängen) eine Chance eröffnet. Dieser Prozess lässt sich gegenwärtig zwischen Dorfhain und der Seerenbachmündung gut studieren: Die hübsche und auffällige Gauklerblume verschwindet wieder recht schnell, jedoch ist das Drüßige Springkraut eine Problemart mit aggressiver Ausbreitungstendenz, die durch solche Störungen des Ökosystems massiv gefördert wird.

Neophyten

③ Harthebach und Stille Liebe

Die Talflanken des Weißeritztales zwischen Tharandt und Edle Krone sind überwiegend steil und deshalb schwer zugänglich. Das bewahrte sie – im Gegensatz zu den meisten Flächen im angrenzenden Tharandter Wald – vor allzu strenger forstlicher Bewirtschaftung. Daher finden wir hier noch gute Waldbilder mit naturnahen und teilweise auch totholzreichen Altbeständen. Dieses Gebiet gehört deshalb zum Naturschutzgebiet (NSG) Weißeritztalhänge. Wegen der steilen Hänge sind Boden und Vegetation sehr empfindlich, die Wege dürfen aus diesem Grund nicht verlassen werden.

Naturschutzgebiet (NSG) Weißeritztalhänge

An den Hängen überwiegt ein Eichen-Buchenwald der unteren Berglagen, der am Oberhang und in Verbindung mit Felsklippen sehr ausgehagert sein kann. Hier findet sich neben der Kiefer als Begleitbaumart v. a. Heidelbeere in der Bodenvegetation.

Eichen-Buchenwald der unteren Berglagen

An den Hangfüßen tritt Edellaubholz zur Buche hinzu. Die typische Bodenvegetation des bodensauren Eichen-Buchenwaldes ist recht artenarm, es überwiegt Drahtschmiele und Schmalblättrige Hainsimse, an Kräutern kommen Wald-Habichtskraut sowie Wiesen-Wachtelweizen hinzu. Wald-Reitgras zeigt besser versorgte Standorte und ist deshalb eher an den Unterhängen zu finden, ebenso der anspruchsvolle Frauenfarn, der auf die Hangfüße begrenzt bleibt. Früher waren in diesen Beständen auch häufiger Weiß-Tannen eingestreut, heute ist sie sehr selten geworden.

Diese Abfolge – von reichen Hangfußstandorten bis zu den ausgehagerten Felsklippen mit Kiefer und Blaubeere – ist sehr schön am Harthebach zu verfolgen, der allerdings – wie die gesamten Steilhänge – relativ schwer zugänglich ist. Empfohlen wird hier der Zugang über den markierten Schleifweg und die Stille Liebe (mit Ausblick). Der Harthebach weist in seinem Mittellauf wegen seines enormen Gefälles einige Stromschnellen (Katarakte) auf, bei denen das Wasser mehr fällt als fließt. Ein besonderes *Tannen-* Kleinod im Harthegrund ist die Tannen-Mistel. In dem Maße, wie die Weiß-*Mistel* Tanne (ehemals eine der Hauptbaumarten des Erzgebirges!) aus den Wäldern verschwand, verlor auch die Tannen-Mistel ihre Existenzgrundlage. Sie galt vor einigen Jahren schon fast als ausgestorben in Sachsen (bis auf ein einziges Vorkommen auf einer fremdländischen Tannenart im Tharandter Forstbotanischen Garten), als dann doch noch ein paar Exemplare gefunden wurden, unter anderem hier auf der Alttanne am Harthebach.

Pfarrteich Somsdorf

Östlich und nördlich des Weißeritztales schließen sich großräumige, strukturarme Agrarflächen an, in denen spätestens seit der Landwirtschaftskollektivierung fast alle Feldraine und sonstige Landschaftsstrukturen verloren gegangen sind. Die mit Lößlehm angereicherten Böden sind fruchtbar und erlauben eine intensive Ackernutzung, was von den Landwirten teilweise auch bis hart an den Rand der Talkante – mithin des Waldes und des Naturschutzgebietes – ausgenutzt wird. EU-Förderbestimmungen, die keine brachliegenden Feldrandstreifen tolerieren, verschärfen diese Situation gegenwärtig noch besonders.

Somsdorfer Eine solche ausgeräumte Hochfläche bildet die Somsdorfer Höhe. Bei je-*Höhe* dem sommerlichen Gewitterguss, von Extremereignissen wie 2002 ganz *großflächi-* zu schweigen, kommt es zu großflächiger Erosion. Mit Düngemitteln und *ge Erosion* Pestiziden vollgepumpter Agrarboden wird dann in das Naturschutzgebiet eingetragen und verändert hier die Vegetation. Dichte Brennnesselfluren bis weit unterhalb des Waldrandes zeugen davon. Außerdem stürzen die von den Ackerflächen ablaufenden Wassermassen ungehindert die Weißeritzhänge herab und führen am Wanderweg, mitunter sogar an der am Hangfuß entlangführenden Bahnstrecke, zu erheblichen Schäden. Als um das Jahr 2000 die Bahnstrecke saniert wurde, sollten im Naturschutzgebiet massive Betonmauern errichtet werden, um diese Schäden zu verhindern. Die heutigen Blockverbauungen am Unterhang sind das Ergebnis eines damals mühsam errungenen Kompromisses. (Übrigens wurde kurz nach Abschluss des Bahnausbaus die Strecke wieder zerstört, und zwar durch Wassermassen, die 2002 entlang des Weißeritztales gewälzt kamen. Wegen der trügerischen Sicherheit, die die oberhalb liegenden Talsperren vermitteln, hatte kaum jemand – zumindest nicht das Planungsbüro der Bahn – mit dieser Möglichkeit gerechnet.)

Die effektivste Möglichkeit, den Ackerboden auf der Somsdorfer Hochfläche zurückzuhalten, bestünde in einer gut strukturierten Agrarlandschaft mit vielen Hecken und, vor allem, bodenschonender Landwirtschaft.

Anlage eines breiten Pufferstreifens entlang der Waldkante mit Strauch-Gehölzen

Beides ist unter den gegenwärtigen Bedingungen eher unrealistisch. Aber auch die zweitbeste Variante – die Anlage eines breiten Pufferstreifens entlang der Waldkante mit Strauch-Gehölzen – stößt auf große Widerstände. Nur an einigen Stellen konnten Ansätze dazu realisiert werden.

Eine dieser Aktivitäten unternahm die Grüne Liga Osterzgebirge gemeinsam mit freiwilligen Helfern im Umfeld des Somsdorfer Pfarrteiches. 2002/3 wurde dazu eine besonders stark von Viehtritt geschädigte und daher erosionsgefährdete Quellmulde an der Somsdorfer Pfarrallee ausgekoppelt und mit einheimischen Sträuchern (u.a. auch Seidelbast) bepflanzt. Trotz erheblicher Wildverbissschäden entwickelt sich diese Gebüschzone prächtig, bietet inzwischen den ersten Vögeln Unterschlupf und wirkt als Filterbereich für das zuvor meist schlammige Wasser des Pfarrteichs. Nebenbei wurden auch zwei alte Kopfweiden am Teich mit gepflegt – Kopfweiden sind Heimstätte einer außerordentlich reichen Insektenfauna.

Felsen an der Katzentreppe

Katzentreppenweg

Auf der anderen Talseite, am Rand des Tharandter Waldes bieten sich gute Ausblicke in das Weißeritztal, so am Felssporn oberhald des Katzentreppenweges bei Edle Krone, von Bellmannslos oder am Heinrichseck. Diese Felsklippen bergen auch einige botanische Besonderheiten, so die seltenen Farn-Arten Grünstiel üiger, Braunstieliger und Nördlicher Streifenfarn. Leider ist die Weißeritzbrücke zur Katzentreppe nach dem Hochwasser 2002 nicht wieder errichtet worden, so dass der direkte Zugang aus dem Tal nur über ein Betriebsgelände möglich ist. Empfehlenswert ist auch eine Wanderung über den abwechslungsreichen und interessanten Pionierweg. Oberhalb der Katzentreppe, am sogenannten Pferdestall, bedeckt ein eindrucksvoller, 200jähriger naturnaher Buchenmischwald die Südostecke des Tharandter Waldes.

Bellmanns Los

Als Bellmanns Los wird eine Felsklippe bezeichnet, die sehr steil, teils mit fast senkrechten Wänden, zum ca. 100 m tiefer liegenden Weißeritztal abstützt. Solche exponierten Plätze wurden während der Flößereizeit (bis 1875) genutzt, um das Holz ins Tal abzuwerfen („los"zuwerden). Dadurch konnte der aufwändige Transport des Holzes in das Tal umgangen werden. Im Tal der Weißeritz wurde

Abb.: Floßknechte

dann das Holz mit dem gesammelten Wasser von Weißeritz und Seeren-bach(-teich) nach Dresden geflößt. Solche Holzabwurfplätze sind mehrere bekannt, allerdings ist nur am Bellmannslos der Holzlagerplatz an der gut erhaltenen Natursteinstützmauer zu erkennen.

boden-saurer Buchenwald

Um den Holzlagerplatz stockt ein bodensaurer Buchenwald, der sich wohltuend von den Fichtenforsten des Tharandter Waldes abhebt. Etwas tiefer an der eigentlichen Felsklippe dominieren Eichen, die nicht sehr wüchsig sind. Die Umgebung des Holzabwurfplatzes ist sicherlich vor 1875 von Wald freigehalten worden. In der schütteren Bodenvegetation dominiert die Drahtschmiele. Vereinzelt kann die giftige und wärmeliebende Weiße Schwalbenwurz entdeckt werden.

Steilheit und Tiefe des Tales

Bei der Aussicht beeindruckt vor allem die Steilheit und Tiefe des Tales. Am Talgrund talaufwärts befindet sich die Fischwirtschaft Tharandt mit ihren verhältnismäßig kleinen Fischteichen. Am Gegenhang befindet sich die Eintiefung des Harthebaches, auch ist die Aussicht an der Stillen Liebe mit dem Pavilllion zu erkennen. Das Waldbild im Naturschutzgebiet wird von Buchen dominiert, Birken und Fichten sind Begleiter. Auf den Felsklippen gesellt sich Eiche und Kiefer dazu.

Boden-bildung

Der Pfad am Hang unterhalb von Bellmanns Los ist touristisch interessant, allerdings sehr ausgesetzt und nur trittsicheren Wanderern zu empfehlen. Durch die Steilheit der Hänge kommt es von Natur aus immer wieder zu Hanganrissen, bei denen die Bodenvegetation erodiert (abgespült) wird. Hier lässt sich die Bodenbildung gut studieren. Der Hanglehm stellt meist ein Gemisch aus Gneisverwitterung und von den Hochplateaus abgespültem Lößlehm dar. Aus diesem Substrat entwickeln sich Braunerden, die je nach Lage am Hang verschiedene (Tief-) Gründigkeit aufweisen.

⑦ Köhlerhütte mit Meiler im Breiten Grund

Südlich der Ortslage Tharandt befindet sich im Breiten Grund ein Meilerplatz. Dieser wurde zu Lehrzwecken errichtet, heute handelt es sich hingegen in erster Linie um eine Touristenattraktion. Einmal jährlich

zum Meilerfest wird auf traditionelle Weise Holzkohle erzeugt und damit die Tradition und die große Bedeutung der Köhlerei im Ost-Erzgebirge in Erinnerung gebracht.

Der Transport von Holz aus dem Tharandter Wald war aufwendig, insbesondere ins Bergrevier nach Freiberg, weil man dorthin nicht flößen konnte. Bei Holzkohle ist die Energiedichte wesentlich höher als bei Holz, der Transport wurde damit effizienter.

Abb.: Tharandter Kohlemeiler in Betrieb (um 1990)

Der Kohlenmeiler in Tharandt (aus: www.tharandt.de/besuch2.htm)

Auf die Idee, in Tharandt einen Erdmeiler zum Erzeugen von Holzkohle zu errichten, kam der Nachfolger von Heinrich Cotta, der aus dem Harz stammende Edmund von Berg im Jahre 1846. Die Studenten der Forstakademie sollten hier im „Praktischen der Köhlerei" unterrichtet werden. Im Breiten Grund entstand eine Hütte, als Schlafplatz für den Köhler, und ein Erdmeiler wurde aufgebaut, gefüllt mit Holz aus dem Tharandter Wald. In der ersten Zeit betrieb die Forstakademie den Meiler jährlich, später aller zwei, drei Jahre als obligatorische Lehrveranstaltung.

Nach und nach lockte der Meiler aber auch Einwohner und Besucher Tharandts an. Bald strömten besonders an Wochenenden große Gästescharen zum Breiten Grund. Als die Waldarbeiter und Köhler auch noch Bier, Limonade und Rostbratwürste am Meiler verkauften, wurde die ursprüngliche Lehrveranstaltung immer mehr zu einem Volksfest. Diesen Charakter hat das Meilerfest auch heute noch. Während vor und nach dem zweiten Weltkrieg nur zu besonderen Festen ein Erdmeiler gebaut und gezündet wurde, ist das ab 1990 jährlich am ersten Juni-Wochenende zur Regel geworden.

Auf einem möglichst ebenen Platz errichtet der Köhler als erstes den Quandelschacht. Um diesen herum baut er das zu verkohlende Holz – Buche, Ahorn und Eiche – zu einem gewölbten Hügel in Gestalt etwa eines früher auf dem Lande üblichen Backofens auf. Damit möglichst wenig Hohlräume verbleiben, muss das Kohlholz sorgfältig geschichtet werden. Danach deckt der Köhler den Holzhügel mit Schälspänen, Fichtenreisig, Laub, Rasenerde und Erde ab. An der Farbe und am Geruch des aus dem Meiler entweichenden Rauches erkennt der Köhler den ordnungsgemäßen Verlauf der Holzverkohlung. Für einen Meiler, wie dem regelmäßig im Breiten Grund errichteten, sind 30 bis 40 Raummeter – ein Raummeter ist ein Kubikmeter geschichtetes Holz, also mit Zwischenräumen – erforderlich, die dann etwa drei bis vier Tonnen Holzkohle ergeben.

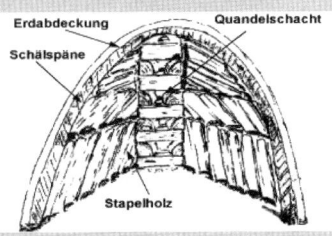

Je nach Holzart und Menge dauert der Schwelprozess drei bis vier Wochen. Während dieser Zeit muss der Köhler Tag und Nacht bei seinem Meiler sein. Hierzu befindet sich in unmittelbarer Meilernähe eine kegelförmige Rindenhütte, die sogenannte Spitzköte, als Unterkunft für den Köhler. Nach dem Ablöschen des Meilers und dem Abkühlen des Meilergutes erfolgt das Kohleziehen – auf Grund der unausbleiblichen Staubentwicklung eine nicht besonders angenehme Tätigkeit – das Ausbringen, das Sortieren nach Stückgröße und abschließend das Einsacken der Holzkohle.

Heilige Hallen und Blick vom Heinrichseck (8)

Am Westhang des Weißeritztales südlich Tharandt befinden sich die sogenannten „Heiligen Hallen". Als solche werden Buchenbestände bezeichenet, die wegen ihres geschlossenen Wuchses und der Beschattung keine Konkurenz anderer Baumarten zulassen. Die Rotbuche neigt bei günstigen Standortbedingungen zur Dominanz (sogenannte Klimaxbaumart). Gesteigert wird diese Wahrnehmung durch das weitgehende Fehlen der Tanne, als ihrer natürlichen Begleiterin. Die Tanne ist in der Lage, den

Rotbuche

Schattendruck durch die Buche zu ertragen. Tannen können von Natur aus sehr viel älter (bis 600 Jahre) werden als Buchen (ca. 300 Jahre). Buchen reagieren außerdem recht empfindlich gegenüber vielerlei Schadeinflüssen: sie vertragen Spätfröste schlecht, und bei Verletzungen sind sie sehr anfällig gegenüber Weißfäule. Kommt es zu größeren Lücken im Buchenbestand, entsteht schnell Rindenbrand wegen der fehlenden Borke. In diesen Bestandeslücken haben über viele Jahrzehnte Pionierbaumarten ihre Chance. Buchenhallenbestände repräsentieren zwangsläufig also nur eine Phase im natürlichen Waldzyklus. Sehr schön anzusehen sind diese Bestände vom Judeichweg aus.

Weil die Rotbuche zwar unter ihr zusagenden Bedingungen sehr konkurrenzkräftig, aber andererseits recht sensibel auf Umwelteinflüsse verschiedenster Art reagiert, ist ihr Vorkommen auf die gemäßigten Zonen Europas beschränkt. Mittendrin liegt das Erzgebirge. Dies legt eine besondere Verpflichtung zur Erhaltung des Ökosystems Buchenwald auf, und dafür sind noch vergleichsweise große Buchenwälder wie das Naturschutzgebiet Weißeritztalhänge von herausragender Wichtigkeit. Das 1961 ausgewiesene NSG umfasst heute reichlich 400 Hektar.

Am oberen Rande der Heiligen Hallen, umgeben von einigen Requisiten der Försterverehrung (insbesondere die Grabstätten von Heinrich Cotta und Johann Friedrich Judeich), befindet sich das Heinrichseck. Dies ist ein reizvoller Aussichtspunkt mit kleinem gemauertem Belvedere. Im Tal ist die Ortslage Tharandt mit Weßeritzknick, Burgberg und Badetal zu sehen. Hinter dem Tal gleitet der Blick über die Somsdorfer Höhe. Am Horizont sind – entsprechende Sichtverhältnisse vorausgesetzt – zu sehen: die Erzgebirgs-Nordost-Grenze an der Opitzhöhe mit Windkraftanlage; der Windberg südlich von Freital, dahinter der Borsberg auf der östlichen Elbseite; die Hügelkette der Wendischcarsdorfer Verwerfung Lerchenberg – Quohrener Kipse – Wilisch, dahinter die Basaltgipfel von Luch- und Geisingberg; ganz rechts im Süden der Erzgebirgskamm um den Kahleberg. Bei entsprechender Fernsicht kann auch der Tafelberg des Schneeberges bei Děčín/Tetschen (Děčínský Sněžník), die höchste Erhebung des Elbsandsteingebirges entdeckt werden.

Heinrichseck

Aussichtspunkt

Stadt Tharandt

Tharandt ist heute eine Kleinstadt, die ihr besonderes Gepräge durch die von Heinrich Cotta 1811 gegründete Forstakademie erhalten hat. 1926 wurde die Forstakademie der Technischen Hochschule Dresden angeschlossen. Heute sind die Forstwissenschaften eine Fachrichtung der

Abb.: historisches Gebäude der Tharandter Forstakademie (heute: Fachrichtung Forstwissenschaften der TU Dresden)

Abb.: Blick von der Tharandter Burgruine nach Süden

Fakultät für Forst-, Geo- und Hydrowissenschaften an der Technischen Universität Dresden. Zu dieser bedeutenden wissenschaftlichen Bildungseinrichtung gehört von Beginn an der Forstbotanische Garten (siehe Kapitel Tharandter Wald).

Die auf einem Gneissporn über Weißeritz und Schloitzbach thronende Burgruine weist auf die strategische Bedeutung dieses Ortes in historischen Zeiten, im Grenzbereich zwischen der Mark Meißen und Burggrafschaft Dohna, hin. Die Burg dürfte bereits um 1200 erbaut worden sein. Sie war bis 1402 im Besitz der Dohnaer Burggrafen und wurde dann Eigentum der Wettiner. Seit dem 16. Jahrhundert ist sie dem Verfall preisgegeben. Mauersteine, Balken, Tore wurden von der Bevölkerung entnommen, z. T. auch für den Bau des Schlosses in Grillenburg verwendet. Von der Burgruine und der ebenfalls auf dem Sporn errichteten Kirche hat man einen sehr guten Blick über die kleine Stadt und das Weißeritztal mit der Eisenbahntrasse von Dresden Richtung Chemnitz, einem Teilstück der sogenannten Sachsenmagistrale.

Naturmarkt An jedem ersten Sonnabend im Monat findet von 9 bis 13 Uhr in Tharandt ein vom Umweltbildungshaus Johannishöhe organisierter Naturmarkt statt, auf dem vor allem Erzeugnisse des ökologischen Landbaus angeboten werden.

Johannishöhe

Als Johannishöhe wird der Sporn beteichnet, welcher gegenüber von Burg und Kirche die Täler von Weißeritz und Schloizbach teilt. Durch die wechselnde Exposition auf sehr engem Raum können die standortabhängigen Waldgesellschaften besonders gut studiert werden. Bemerkenswert sind wärmeliebende Arten wie Färber-Ginster, Schwärzender Geißklee, Pechnelke und Nickendes Leimkraut.

Das Hochplateau auf Groß Opitzer Flur zeigt einen collinen Charakter und hebt sich damit deutlich von den meisten Plateaulagen gleicher Meereshöhe im Tharandter Wald ab. Offenlandarten wie Wiesenstorchschnabel und Wegwarte zeigen bereits den Einfluss des Elbtales an. Geologisch eindeutig noch zum Erzgebirge gehörend, ist dies hier aus geobotanischer Sicht bereits nicht mehr der Fall.

„Umweltbildungshaus Johannishöhe" Auf dem Sporn befindet sich ein – besonders im Winter sichtbares – Gebäude, das „Umweltbildungshaus Johannishöhe". Im Jahre 1992 hat die Grüne Liga (www.grueneliga.de) das Haus erworben. Es wird seitdem vom Verein „Natürlich leben und lernen e.V." genutzt. Bei der Rekonstruktion wurde die

Priorität auf umweltverträgliche Materialien und geringen Energieverbrauch gesetzt, z. B. Wärmedämmung aus Zellulose, Holzzentralheizung, Komposttoilette und die Abwasserreinigung mittels einer Pflanzenkläranlage. Inzwischen gibt es auch eine Solaranlage zur Warmwasserbereitung sowie eine Fotovoltaikanlage zur Stromerzeugung. „Die Verbindung von Leben und Lehren ist uns ein wichtiger Aspekt der Glaubwürdigkeit. Wir sind bemüht, nach und nach die wichtigsten Lebensmittel wie Milch, Käse, Gemüse und Obst und ab und zu Brot selbst herzustellen. Wir bewirtschaften einen Hausgarten, unsere Ziegen liefern uns Milch, aus der wir auch Käse für den Eigenbedarf herstellen." (www.johannishoehe.de) Regelmäßig werden Seminare und andere Veranstaltungen angeboten.

Abb.: Öko-zentrum Johannis-höhe

Die Weißeritztalhänge zwischen Tharandt und Freital-Hainsberg – Brüderweg

Brüderweg
Leitenweg

Sehr empfehlenswert zum Wandern zwischen Tharandt und Freital-Hainsberg sind der Brüderweg am linken Weißeritzhang sowie der Leitenweg auf der gegenüberliegenden Seite, die jeweils einzeln oder auch als Rundwanderweg begangen werden können.

In diesem Talabschnitt kann der Expositionsgegensatz zwischen Nord- und Südhang am besten studiert werden. Bei gleichem Gesteinsuntergrund (fast ausschließlich Gneis) und vergleichbaren Hangneigungen spiegelt die Artenzusammensetzung der Baum- und Krautschicht in eindrucksvoller Weise die gegensätzlichen Hangrichtungen wider. Der nordexponierte Hang ist kühl und feucht, während die südexponierten, wärmeren und zur Austrocknung neigenden Hänge trockenheitstoleranten Pflanzen Lebensraum geben. Im März/April ist es durchaus möglich, dass am Brüderweg die ersten Spitz-Ahorne ihre Knospen öffnen und zur gleichen Zeit unterhalb des Leitenweges noch die letzten Schneereste lagern.

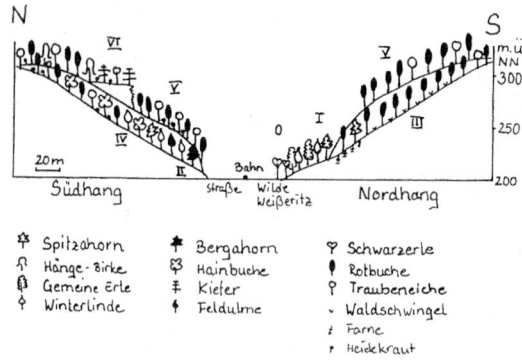

Abb.: Waldgesellschaften im Weißeritztal (nach Baronius, Fiedler, Hofmann 1989)

Der Brüderweg beginnt ca. 200 m hinter dem Bahnhof Tharandt (in Richtung Ortsmitte) und steigt dann langsam, den Hang schräg schneidend an. (Achtung! Einige Stellen des Weges sind ausgesetzt, auch werden wegen der Steilheit des Hanges immer wieder Teile des Weges durch Muren verschüttet oder brechen ab, Trittsicherheit ist erforderlich. Der Brüderweg ist kein offizieller Wanderweg mehr).

Der Wald ist anfangs durch die kleinstandörtliche Vielfalt und die anthropogene Überprägung heterogen. Gleich zu Beginn verläuft der Weg in einem von Rot-Eichen dominierten Bestand, dem auch einige Robinien beigemischt sind. Diese nordamerikanischen Baumarten zeigen aber kaum Verjüngung, so dass die weitere Entwicklung abgewartet werden kann. Auffällig zeigen die Rot-Eichen ihr hohes Bedürfnis nach Licht, indem sie sich schräg aus dem Kronendach des Hanges herauszurecken versuchen.

Hainbuchen und Eichen

Sonst überwiegen Hainbuchen und Eichen, daneben finden sich Rot-Buchen und Linden, im oberen Hangbereich Eschen und Berg-Ahorn und am Hangfuß vermehrt Spitz-Ahorn. Besonders die Hainbuche ist nutzungsbedingt gefördert worden, die Mehrstämmigkeit verrät die ehemalige Mittelwaldwirtschaft. Bei der Mittelwaldwirtschaft werden die Bäume in relativ kurzen Umtriebszeiten genutzt und die Verjüngung erfolgt über Stockausschläge.

Lindenreichtum

Der Lindenreichtum kann auf zwei Faktoren zurückgeführt werden. Pflanzengeografisch besitzt die potenziell natürliche Vegetation bereits subkontinentale Elemente, der Eichen-Buchenwald-Gesellschaft ist deshalb oft Winter-Linde beigemischt. Außerdem hat die Linde auf den bewegten, stark schutthaltigen Hängen einen Konkurrenzvorteil.

Die Hänge sind durch Hangrippen und kleine Seitentälchen gegliedert, letztere mit sporadischer Wasserführung, oder aber auch als Trockenrinnen. Immer jedoch ist der Bodenwasserhaushalt und das Nährstoffangebot in den Seitentälchen besser als auf den Hangrippen, was durch den höheren Buchenanteil und die besseren Wuchsleistungen ersichtlich wird. Am Wegesrand stehen hier auch beeindruckende Exemplare des Berg-Ahorns.

Pastritzgrund

Besonders üppig erscheint der Pastritzgrund. Die gefällereiche Pastritz ist ganzjährig wasserführend und bietet einige seichte Stellen im Gewässerlauf. Deshalb hat der Feuersalamander hier ein gutes Vermehrungshabitat. Wegen der Anreicherung von Nährstoffen aus der Gneisverwitterung und einem deutlichen Einfluss von Lößlehm sowie einer ganzjährig erhöhten Luftfeuchte ist in diesem Talgrund eine wesentlich artenreichere Bodenvegetation als an den steilen Hängen der Umgebung ausgebildet. Neben zahlreichen Gräsern und Farnen sind die Frühlingsblüher Scharbockskraut und Lungenkraut auffallend.

Hinter dem Pastritzgrund werden die Hänge sehr flachgründig. Es überwiegen schwachwüchsige bis krüppelförmige Eichen. Selbst die sonst stetige Hainsimse geht zurück, Drahtschmiele und Heidelbeere dominieren. Auf den trockenwarmen Felsrippen ist die Zypressen-Wolfsmilch typisch, außerdem als weitere Baumart die Gemeine Kiefer. Vereinzelt kann die Pechnelke gefunden werden, welche den Namen wegen dem dunklen und klebrigen Ring unter jedem Stengelknoten bekommen hat.

„Buchen-
delle"

Dieser Abschnitt findet sein abruptes Ende in der sogenannten „Buchendelle". Durch eine ehemalige Kahlschlagsfläche – die DDR-Forstwirtschaft nahm wenig Rücksicht auf Naturschutzbelange – und angrenzende Windwurflücke kann der Blick ungehindert in den Hainsberger Talkessel schweifen, in dem sich Wilde und Rote Weißeritz vereinigen. Diese Talweitung ist durch eine überregional bedeutsame Störzone – der Wendischcarsdorfer Verwerfung, als Teil der Mittelsächsischen Störung - möglich geworden.

Freital-
Döhlener
Rotliegend-
becken

Vor dem Betrachter liegt das Freital-Döhlener Rotliegendbecken und damit die geologisch genau bestimmbare Grenze des Erzgebirges. Leider ist die Verwerfung nicht aufgeschlossen, dennoch lässt sie sich relativ genau verfolgen. Nach der Wegkurve in die „Buchendelle" befindet sich oberhalb des Weges eine Steilwand mit anstehendem Gneis. Im hinteren Winkel der Buchendelle lagern direkt am Weg die aufgeklappten Wurzelteller einiger umgeworfener Buchen. Hier können im Schutt die Rotliegend-Konglomerate studiert werden. Der aufmerksame Wanderer entdeckt an dieser Stelle auch Exemplare der Echten Kastanie, die sich im wärmebegünstigte unteren Weißeritztal auch selbständig verjüngt. Außerdem ist unterhalb des Weges die natürliche Waldverjüngung nach Windwurf ganz exellent zu studieren!

Nicht weit nach diesem Wegeabschnitt teilt sich der Weg. Es ist möglich, die Wanderung am Hang zum Backofenfelsen fortzusetzen oder abzusteigen nach Freital-Hainsberg.

Leitenweg

Auf der Somsdorfer Straße kann die Bahnstrecke überquert werden um dann nach rechts in den Leitenweg einzubiegen. Zuvor lohnt sich ein Abstecher in den Park der „Engländerei Heilsberg" (1840 im Stil eines englischen Landhauses errichtetes Gut, anstelle einer frühzeitlichen Wasserburg) mit schönen alten Gehölzen. Die Stadt Freital hat diesen Park zum „Geschützten Landschaftsbestandteil" erklärt.

 ## Weißeritzhänge am Leitenweg

Buchen-
mischwald

Der Weg führt wieder durch Buchenmischwald (auch als Naturschutzgebiet geschützt), jedoch mit deutlich anderem Charakter als der Wald auf der gegenüberliegenden Seite des Weißeritztales. Die Rot-Buche besitzt einen viel höheren Anteil am Gesamtbestand der Baumarten und durchgängig bessere Wüchsigkeit. Mischbaumarten sind anfangs noch Hainbuche, dann im Wesentlichen nur noch Berg- und Spitz-Ahorn, die an einigen Stellen auch dominieren. Auffällig ist die Häufung der Eiben-Naturverjüngung in Ortsnähe und an Steilhangpassagen – offensichtlich, weil hier der Verbiss durch das Schalenwild nicht so ausgiebig erfolgen kann.

Kraut-
schicht
von Farnen
dominiert

Die Krautschicht wird von Farnen dominiert, die häufigsten sind Breitblättriger Dornfarn und, auf besseren Standorten, Frauenfarn. Besonders im Spätherbst/Winter sind diese von Weitem schon zu unterscheiden, da der Dornfarn teils wintergrün ist, während die Frauenfarn recht schnell vergeht. Am Wegesrand kann auch die Echte Sternmiere beobachtet werden.

Abb.:
Bärlauch

Auf feuchten und reichen Standorten findet sich die Mondviole, die namensgebende Art für das *Lunario-Aceretum*. Im Frühjahr, vor der Laubent-
faltung der Rotbuche, sind die grünen Teppiche des Bärlauchs auf den
Schotterterrassen der Weißeritz vom Weg (und sogar aus dem Zug der im
Tal entlangführenden Bahnstrecke) zu sehen und weithin zu riechen.

Im Mittelstück der Wegstrecke sind unter lichtem Schirm leider Rotbuchen
künstlich gepflanzt worden, dadurch wird die im Naturschutzgebiet er-
wünschte naturliche Dynamik verfälscht. Daneben sind auf einer Fläche
natürliche Waldverjüngungsstadien zu sehen. Im Schutz der Pionierbaum-
art Birke wachsen Hainbuche (hier eine „Intermediär-Baumart") und schließlich Rotbuche sowie Bergahorn. Diese beiden gelten an diesem Standort

„Klimax-
Baumarten"

als „Klimax-Baumarten", werden sich also schließlich durchsetzen und über
ein oder zwei Jahrhunderte das Kronendach des Waldes bilden – insofern
sich die Standortbedingungen (z.B. Klima) zwischenzeitlich nicht wesentlich ändern.

Oberhalb der Mühle Tharandt endet der Leitenweg an einer Wegverzweigung. Möglich ist hier der Abstieg nach Tharandt, der Aufstieg zum Son-
nentempel und auf die Somsdorfer Hochfläche oder weiter entlang am
Hang der Weißeritz auf dem Neumeisterweg zur Stillen Liebe und zum
Harthenbach.

Durch den Ausbau der Bahnstrecke ist von der Wegverzweigung ein Ausblick entstanden (leider unter Opferung einiger stattlicher Altbuchen). Von
hier eröffnet sich ein guter Blick in das Schloitzbachtal und auf die Felsspor-
ne der Tharandter Burg sowie der Johannishöhe.

Neumeister-
weg

Eiben-
gruppe

Bemerkenswert ist unterhalb des Neumeisterweges eine ca. 150 Jahre alte
Eibengruppe, die von Tharandtern gepflanzt wurde. Seitdem gibt es in der
Umgebung eine freudige Naturverjüngung. Die Eibe wächst aber langsam
und wird gern vom Wild gefressen, im umzäunten Forstgarten in Tharandt
dagegen muss die Eibenkonkurrenz unterdrückt werden. Interessant ist
vielleicht noch, dass alle Teile der Eibe – zumindest für den Menschen –
giftig sind, außer dem süßen roten Samenmantel. Die Eiben fruchten als
Wildobst aber nur, wenn sie genügend Licht bekommen, hier im schattigen
Wald reicht es gerade für das Wachstum.

Wanderziele in der Umgebung

Backofenfelsen

Der nicht mehr zum Erzgebirge gehörende Backofenfelsen überragt die Talsohle der Weißeritz bei Hainsberg um etwa 50 m. Der exponierte Steilhang zeigt einen Aufschluss der Sedimentserien des Rotliegenden. Von seinem Plateau ergibt sich ein eindrucksvoller Blick über das Weißeritztal zwischen Tharandt und Freital und den Anstieg zum unteren Ost-Erzgebirge. An kalten Wintermorgen lassen sich hier oben oft Graureiher nieder, um sich die ersten roten Sonnenstrahlen aufs Gefieder scheinen zu lassen. Von der S-Bahn aus kann man einen Blick auf dieses Schauspiel erhaschen.

Konglomerat

Das Gestein des Backofenfelsens ist ein rotbraun bis grau gefärbtes, mittel- bis grobkörniges Konglomerat, das zu fast 75 % aus Phyllit- und bis zu 20 % aus Gneisgeröllen besteht. Das Gesteinsmaterial stammt aus dem Verwitterungsschutt des variszischen Gebirges. Teilweise sind bis zu zwei Meter mächtige Schiefertone zwischengelagert, die stark herausgewittert wurden und backofenähnliche (Name!) Schichthöhlen bilden. Die Rotfärbung der Gesteine wird durch die Eisenoxide Goethit und Hämatit hervorgerufen und lässt auf eine Bildung auf der Landoberfläche unter tropisch-subtropischen Klimabedingungen schließen.

Steinkohle

In die Sedimente des Rotliegenden sind im Freitaler Becken Steinkohleflöze eingeschlossen, die bis 1959 auch abgebaut wurden.

Richtung Südost ist jenseits des Taleinschnittes das Plateau des Wachtelberges (369 m NN) erkennbar. Hier werden die Sedimentserien des Rotliegenden von Porphyren bzw. Ignimbrit (Tuff) überlagert. Auch dieser Vulkanismus geschah in der Zeit des Unterperms – ein Zeitabschnitt, der früher als „das Rotliegende" bezeichnet wurde.

Im Mittelgrund kann man auf der Hochfläche die Stadt Rabenau erkennen, an deren Ostrand die Wendischcarsdorfer Verwerfung (Nordostgrenze des Ost-Erzgebirges) anschließt. Die weitgehend ebenen, leicht nach Süden ansteigenden Hochflächen werden überwiegend landwirtschaftlich genutzt. Wald ist auf einzelne Inseln (Heiden) und auf die Taleinschnitte beschränkt.

Die Opitzhöhe nordöstlich von Tharandt stellt die nordöstlichste Erhebung des

Abb.: Backofenfelsen

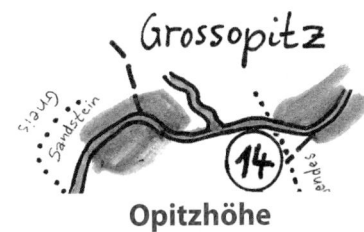

Opitzhöhe

Erzgebirges dar. Hier grenzt der Freiberger Graue Gneis an das Rotliegende an. Allerdings sind diese Gesteine hier bereits vom Plänersandstein überlagert. Außerdem befindet sich die Kuppe jenseits (nordöstlich) der „Feuersteinlinie". Diese markiert die Maximalausdehnung der nördlichen Vereisung, welche während der Elster-Kaltzeit am weitesten in Richtung Erzgebirge vorstieß. Mit ca. 360 m NN besitzen die Geschiebe (von den Gletschern transportiertes und abgelagertes Material) einen ihrer höchsten Fundpunkte.

Von dieser Höhe bietet sich eine hervorragende Aussicht auf die Erzgebirgsrandstufe – mit Quohrener Kipse, Wilisch und dem markanten Luchberg. Bei guter Fernsicht können auch der Geising und der Kahleberg sowie die Tafelberge des Elbsandsteingebirges (v. a. der Lilienstein) wahrgenommen werden.

Seit 1995 bildet eine Windkraftanlage (WKA) auf der Opitzhöhe eine deutliche Landmarke. Diese „Windmühle" ist – im Gegensatz zu den meisten WKA im Weißeritzkreis – eine Bürgerwindkraftanlage, die mit vielen kleinen Gesellschaftern betrieben wird.

Abb.: Blick von der Windkraftanlage Opitzhöhe nach Freital

Quellen

Wotte, Herbert: **Talsperren Malter und Klingenberg**, Wanderheft 34; 1984

Zwischen Tharandter Wald, Freital und Lockwitztal; Werte unserer Heimat Band 21; 1973

www.enso.de/enso/home.nsf/enso/Privatkunden/AlternativeEnergie_Energie-Erlebnispfad.html

www.johannishoehe.de

www.tharandt.de

www.forst.tu-dresden.de

Tharandter Wald

**Großer Rodungsrest, Frostwannen,
Fichtenforsten, naturnahe Moorwaldreste**

**Quarzporphyr, quarzarmer Porphyr,
Sandstein, Basalt**

**Rothirsch, Sperlingskauz, Habicht,
Drahtschmiele, Heidelbeere, Siebenstern**

Text: *Werner Ernst, Kleinbobritzsch;
Jens Weber, Bärenstein; Dirk Wendel, Hartha
(Zuarbeiten von Torsten Schmidt-Hammel,
Dresden und Immo Grötzsch, Freital)*

Fotos: *Maxi Binder, Gunnar Klama, Gerold Pöhler,
Torsten Schmidt-Hammel, Jens Weber,
Dirk Wendel, Ulrike Wendel*

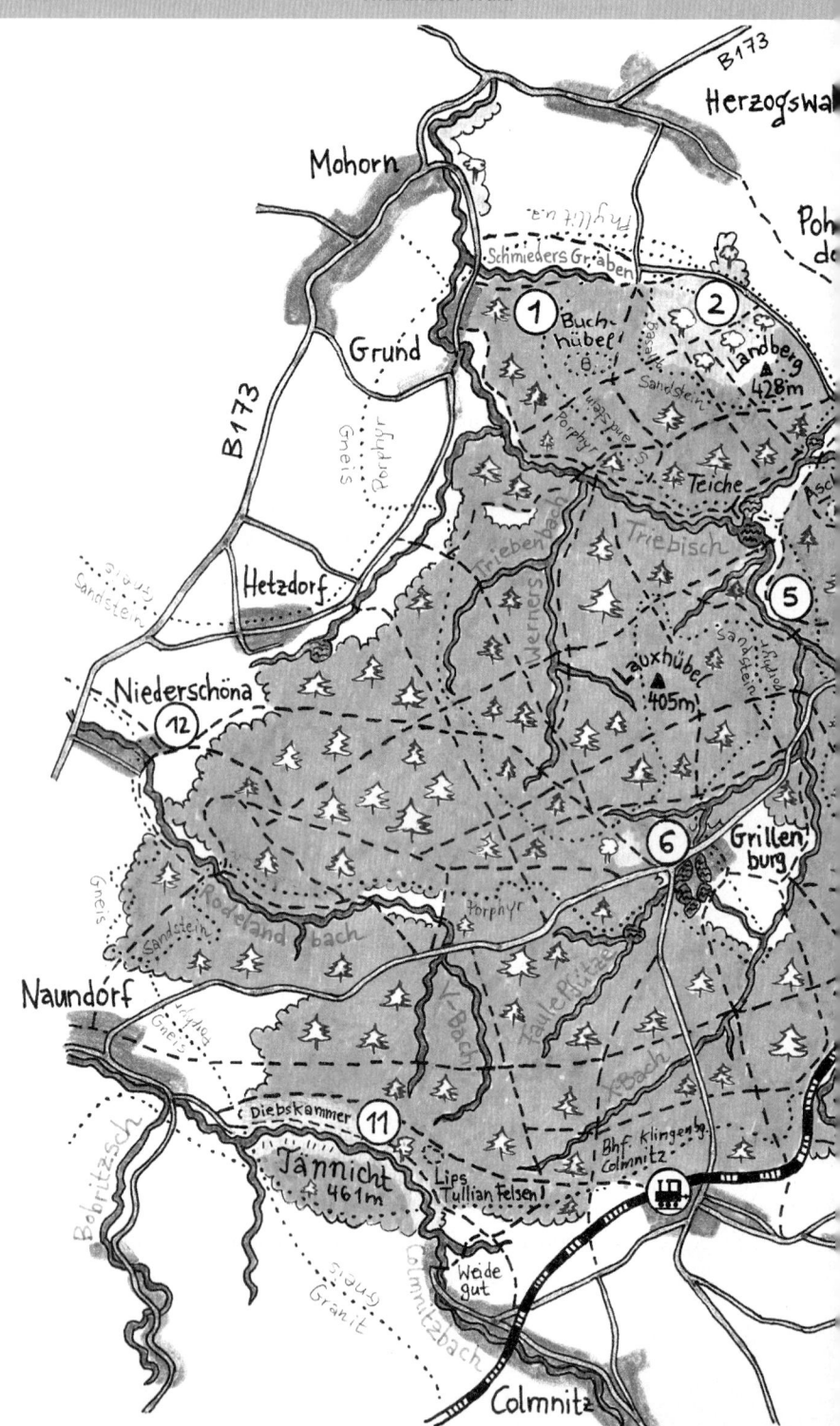

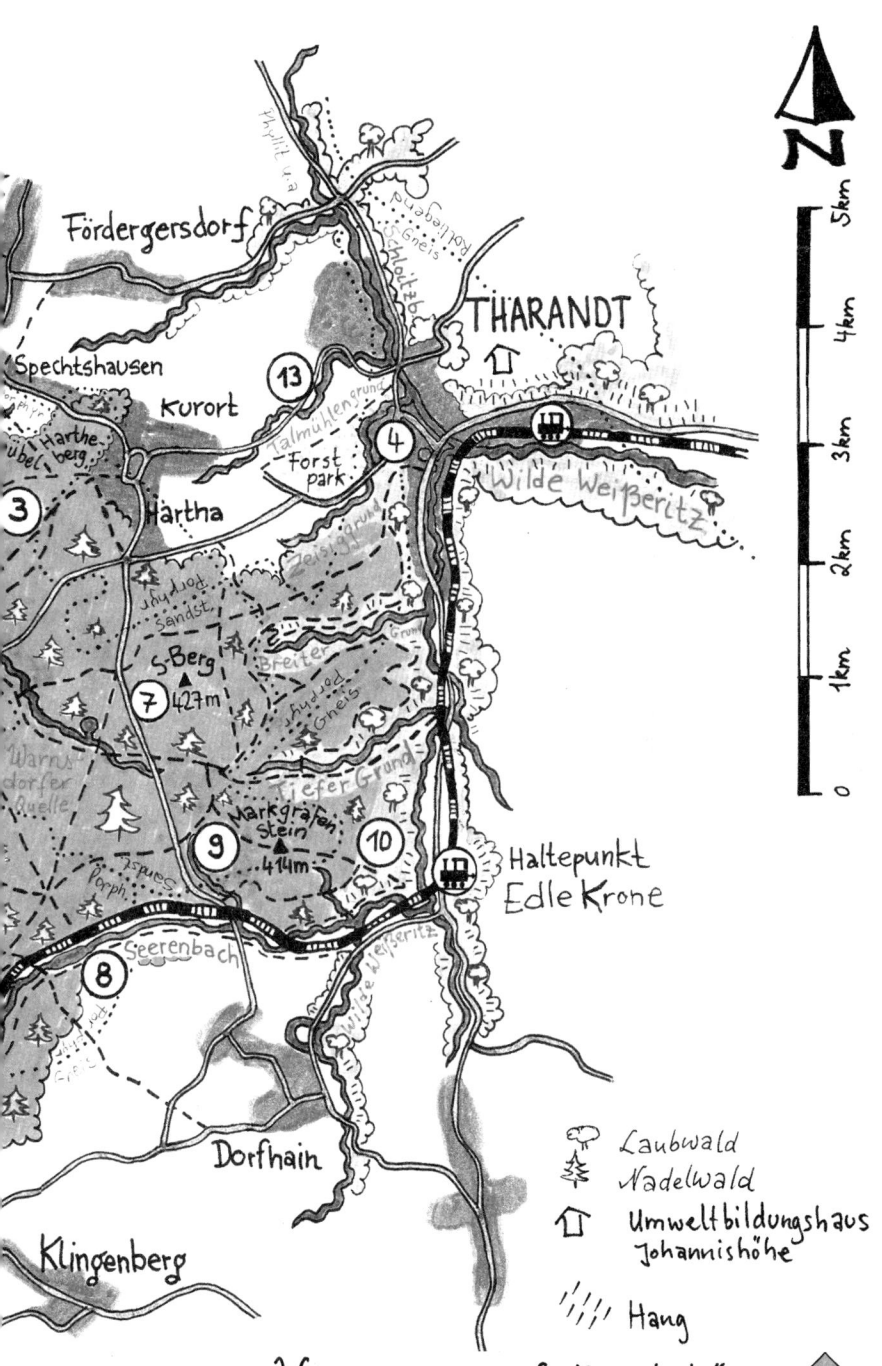

Tharandter Wald & NSG Weißeritzhänge

① Flächennaturdenkmal Porphyr-
     fächer Schmieders Graben

② Landberg und Buchhübel

③ Ascherhübel und Hartheberg

④ Forstbotanischer Garten Tharandt

⑤ Triebischtal

⑥ Grillenburg

⑦ S-Berg

⑧ Seerenbach

⑨ Seifenbachmoor

⑩ Buchenwald am Pferdestall

⑪ Tännichtgrund

⑫ ehem. Steinbruch Niederschöna

⑬ Talmühlengrund zwischen
     Tharandt und Hartha

Die Beschreibung der einzelnen Gebiete folgt ab Seite 280

Landschaft

Für Förster ist der Tharandter Wald das Lehrobjekt Sächsischer Forstwirtschaft, für Gesteinskundler die „klassische Quadratmeile sächsischer
Geologie", für Tourismus-Werber der „Mittelpunkt Sachsens". Der Begriff
Tharandter Wald steht gleichermaßen für eine beliebte Erholungsland-
schaft vor den Toren Dresdens, für eine geologische Einheit, ein Landschaftsschutzgebiet sowie eine mit etwa 60 Quadratkilometern ungewöhnlich große Waldfläche am Nordrand des Ost-Erzgebirges.

zusammen-
hängende
Waldbede-
ckung
Schon auf Satelliten-Aufnahmen fällt die zusammenhängende dunkle
Waldbedeckung auf, die man im Erzgebirge sonst nur in den unwirtlichen
oberen Lagen findet. Von der bäuerlichen Erstbesiedlung des Erzgebirges
(12. bis 14. Jahrhundert) blieb der Tharandter Wald – bis auf die Rodungsinsel Grillenburg – weitgehend unberührt. Als Siedlungsversuche sind
lediglich Warnsdorf (Rodung 1162) und Alt-Naundorf am Rodelandsbach
überliefert. Standen der landwirtschaftlichen Kolonisierung des Erzgebirgskammes vor allem klimatische Ursachen im Wege, so spielte beim
Tharandter Wald der geologische Untergrund eine entscheidende Rolle.
Die sauren und schwer verwitterbaren Porphyr- und Sandsteine sowie
weiträumige Nassböden schränkten eine ackerbauliche Nutzung von
vornherein ein. Allerdings kam dazu noch ein weiterer Grund: Der Tharandter Wald wurde bereits im 13. Jahrhundert markgräflicher Besitz und
sollte der herrschaftlichen Jagd vorbehalten bleiben.

Von etwas entfernten Aussichtspunkten der Umgebung, wie den Höhen
um Freiberg, Frauenstein, Dippoldiswalde oder Freital, zeigt sich der
Tharandter Wald immer als ein geschlossener, dunkler, scheinbar ebener
Waldstreifen, nur von einzelnen, flachen Bergkuppen ein wenig überragt.
Das Waldkleid verhüllt fast völlig das von Porphyrrücken und Sandstein-
tafeln geprägte Relief im Innern. Der überwiegende Teil des Tharandter
Waldes befindet sich in 320 bis 380 m Höhenlage, wird aber von einigen
Erhebungen aus Kreidesandstein (S-Berg, 426 m; Markgrafenstein, 414 m;
Hartheberg, 405 m, Borschelsberg 388 m), aus Basalt (Ascherhübel, 417 m;

Abb.: Blick vom Rand des Tharandter Waldes am Landberg ins Vorland des Erzgebirges

Landberg, 430 m) und Porphyr (Tännicht, 461 m) überragt. Doch von keinem der genannten Berge ist eine umfassende Überschau möglich.

im Norden die landschaftliche Grenze des Naturraumes Ost-Erzgebirge

Eine recht auffällige, bis 50 m hohe Geländestufe zwischen Herzogswalde und Hartha markiert im Norden die landschaftliche Grenze des Tharandter Waldes – und gleichzeitig auch die des Naturraumes Ost-Erzgebirge. Im Osten hat sich die Wilde Weißeritz ihren Weg gebahnt und dabei ein bis 140 m tiefes Tal in die Nordabdachung des Ost-Erzgebirges gefräst. Kurze, gefällereiche Bäche fließen im Zeisiggrund, im Breiten und im Tiefen Grund der Weißeritz zu, während der etwas längere Seerenbach die Südostgrenze des Tharandter Waldes bildet. Im Südwesten strebt der Colmnitzbach zur Bobritzsch und trennt den Tännicht vom Hauptteil des Waldgebietes ab.

Charakter eines großen flachen Kessels

Die größeren Bergkuppen erheben sich nahe des Nord-, Ost- und Südrandes des Tharandter Waldes. Das Zentrum hingegen hat den Charakter eines großen flachen Kessels, der nur nach Westen geöffnet ist. In diese Richtung fließen Rodelandbach und die Triebisch. Beide speisen sich aus einer Vielzahl kleiner Wasserzüge, die ursprünglich in quelligen Waldmooren entsprangen, inzwschen aber fast alle zu Forstgräben begradigt worden sind.

Im Triebischtal und im Rodelandbach wurden einige kleinere Fischteiche angelegt, am Seerenbach ein Wasserspeicher für die bis 1875 betriebenen Flößerei. Die Grillenburger Teiche gehen wahrscheinlich schon auf die Anfangszeit einer Burganlage oder/und eines Klosters am Ort des späteren Jagdschlosses Grillenburg zurück und dürften damit an die 800 Jahre alt sein.

Der Tharandter Wald wirkt im geologischen Sinne fast wie ein verkleinertes Abbild des Ost-Erzgebirges. Viele Aufschlüsse liefern Einblicke in den Gesteinsaufbau – natürliche Felswände an den Talflanken von Weißeritz, Colmnitzbach und Triebisch ebenso wie zahlreiche aufgelassene Steinbrüche. Alle wesentlichen Etappen der geologischen Entwicklung findet man hier durch Gesteine belegt:

• **Gneise** aus der Erdfrühzeit (Proterozoikum) als „Grundgestein",

• eine zum Nossen-Wilsdruff-Tharandter **Schiefer**gebirge gehörige Gesteinsserie des Erdaltertums,

• **Porphyr**-Vulkangesteine aus der Zeit des Oberkarbons,

• verschiedene **Sandstein**-Ablagerungen der Oberkreidezeit,

• **Basalt**e als Zeugen des tertiären Vulkanismus

• und schließlich die jungen Lockergesteine und Bodenbildungen der jüngsten erdgeschichtlichen Vergangenheit.

geotekto-nische Po-sition im Kreuzungs-bereich von Verwerfun-gen

Diese geologische Vielfalt des Tharandter Waldes auf engem Raum hat ihre Ursache in seiner eigentümlichen geotektonischen Position im Kreuzungs-bereich von Verwerfungen, die zu verschiedenen Zeiten der Erdgeschichte wirksam waren. Der Nordostteil gehört der „Elbezone" an, einer sehr alten Schwächezone der Erdkruste. Das Nossen-Wilsdruffer Schiefergebirge greift mit Phylliten, Quarzitschiefern und Diabasen von Nordwesten her tief in den erzgebirgischen Gneiskomplex ein, wogegen zwischen Tha-randt, Braunsdorf und Hainsberg-West der „Tharandter Gneissporn" erhal-ten blieb.

„Altenberg – Tharandter Bruchfeld"

Während der variszischen Gebirgsbildung kam es auch im Tharandter Wald zu heftiger Falten- und Bruchtektonik. Das „Altenberg – Tharandter Bruch-feld" erstreckte sich entlang einer Tiefenstörung zwischen Teplitz/Teplice und Meißen über große Teile des Ost-Erzgebirges. Auch die alte Mittelsäch-sische Störung zwischen Gneis und Schiefer brachte Verwerfungen mit sich. Die vorhandenen Gesteine wurden umgewandelt („Metamorphose"), aufdringendes Magma erstarrte in der Erdkruste zum Niederbobritzscher Granit oder überdeckte als porphyrische Lava bzw. Vulkanasche die erz-gebirgischen Gneise und die Ausläufer des Schiefergebirges. Über längere Zeit wiederholten sich heftige Eruptionen. Das daraus hervorgegangene Gestein prägt heute fast 40 % des Tharandter Waldes. Geologen unter-scheiden einen etwas älteren „Quarzarmen Porphyr" (dunkelbraune bis violette Grundmasse mit nur wenigen erkennbaren Quarz- und Feldspat-kristallen) sowie einen jüngeren „Quarzporphyr" (rotbraun mit vielen, bis 3 mm großen Quarzeinsprenglingen). Eine besondere Varietät ist der „Ku-gelpechstein" bei Spechtshausen, Mohorn und bei Braunsdorf. Der „Tha-randter Eruptivkomplex" entspricht einer großen Caldera, also dem Krater eines Riesen-Vulkans, der als Folge des Masseverlusts in der Tiefe einbrach.

Das ursprüngliche Oberflächenbild dieser Vulkanlandschaft ist jedoch durch die mindestens 250 Mill. Jahre während Verwitterung und Abtra-gung völlig verloren gegangen. Dadurch sehen wir heute nur noch einen tiefen Anschnitt der alten Vulkanbauten.

„Nieder-schönaer Fluss"

Etwa an der Wende Unter-/Oberkreide zog sich ein Flusslauf, der „Nieder-schönaer Fluss", von West nach Ost quer durch das Gebiet des heutigen Tharandter Waldes. Dessen Ablagerungen („Grundschotter") wurden später, als sich das Kreidemeer auch bis hierher ausbreitete, von weiteren Sedimenten überlagert. In küstennahen, wassergefüllten Senken wuchs vor knapp 100 Millionen Jahren ein üppiger Laubmischwald mit Eichen, Ahorn, Eukalyptus sowie einer heute ausgestorbenen, platanenähnlichen Gattung namens *Credneria*. Deren Fossilien sind nicht selten in tonigen

Sandstein

Zwischenschichten des Crednerien-Sandsteins zu finden, der etwa 5 % des Tharandter Waldes bedeckt („Niederschönaer Schichten" – ein bekannter Aufschluss befindet sich im Steinbruch am ehemaligen Forsthaus Nieder-schöna). Über diesen „Crednerien-Schichten" lagerte sich feinkörniger

Dünensandstein ab, der als Werkstein für Architektur und Bildhauerei be gehrt war (z. B. Steinbruch am Jägerhorn bei Grillenburg). Bis zu 15 m lagert obenauf der im flachen Kreidemeer entstandene Quadersandstein. Den oberen Abschluss bildet feinkörniger, plattiger Plänersandstein, der mehreren Erhebungen des Tharandter Waldes eine tafelbergartige Plateauform verleiht (vor allem dem S-Berg).

nördlichste Basalte des Erzgebirges

Während Oberkreide und Tertiär kam es in der Region wieder zu Erdkrustenbewegungen („Wendischcarsdorfer Überschiebung" und „Weißeritzstörung"), verbunden mit Vulkanismus. Die am Landberg und Ascherhübel vorkommenden nördlichsten Basalte des Erzgebirges gelten – regional, wie zeitlich gesehen – als letzte Ausläufer des nordböhmischen Vulkanismus. (Strenggenommen handelt es sich nicht um „richtigen" Basalt, sondern um ein verwandtes Gestein namens Olivin-Nephelinit).

Lößlehm

Die von Skandinavien vordringenden Gletscher der Elster-Kaltzeit erreichten fast den Nordrand des Tharandter Waldes, sie kamen bei Wilsdruff, Großopitz und Somsdorf zum Stillstand. Die folgenden Eisvorstöße während Saale- und Weichselkaltzeit endeten bereits weit nördlich des Erzgebirges. Doch die aus deren vegetationsfreiem Vorfeld ausgeblasenen Staubmassen bedeckten auch den Tharandter Wald als dezimeter- bis meterdicke, ursprünglich kalkhaltige Lößschicht. Den größten Teil haben die Bäche seither wieder fortgetragen, doch mittlerweile entkalkter Lößlehm prägt auch heute noch auf vielen – vor allem ebenen – Standorten die Bodenbildung und die Wuchsbedingungen für die Vegetation. Lößlehm bessert einerseits die Nährstoffversorgung über den armen Gesteinen (Porphyr, Sandstein) auf, führt wegen seiner sehr kleinen Korngröße („Schluff") aber andererseits auch zur Ausbildung von nahezu wasserundurchlässigen Bodenschichten. Viele Senken und Plateaubereiche des Tharandter Waldes

Pseudo- und Stagnogleye

stellen deshalb mit Pseudo- und Stagnogleyen eher ungünstige Forststandorte dar – zumindest für in Reih und Glied gepflanzte Fichtenmonokulturen.

„Kaltluftseen"

Wer sich, aus dem Elbtal kommend, dem Tharandter Wald nähert, bemerkt nicht nur den Geländeanstieg, sondern spürt auch zu allen Jahreszeiten deutliche klimatische Unterschiede. Man befindet sich hier an der Schwelle des Erzgebirges! Aber ebenso wichtig wie das Makroklima ist das Geländeklima. Während im tief eingeschnittenen Tal der Wilden Weißeritz die Sonneneinstrahlung beträchtliche Unterschiede zwischen Nord- und Südhängen hervorruft, treten in den Senken des Tharandter Waldes häufig ausgeprägte „Kaltluftseen" auf. In wolkenarmen Nächten sinkt kalte, spezifisch schwerere Luft herab und kann aus dem flachen Kessel nicht entweichen. Von Forstbeständen umgebene Kahlschläge verstärken diesen Effekt, häufige Frostschäden an der Vegetation sind die Folge. Besonders ausgeprägte Kaltluftseen bilden sich auf den Triebisch-Wiesen zwischen Ernemannhütte und Jungfernloch. Selbst im Hochsommer treten dort nachts Minustemperaturen auf, die Gesamtanzahl der Frosttage ist größer als auf dem Fichtelberg, die Jahresmitteltemperatur entspricht einer 250 m höheren Lage!

Der Tharandter Wald liegt oberhalb der Grenze des an vorgeschichtlichen Funden so reichen Elbhügellandes zum diesbezüglich „unergiebigen" Erzgebirge. Jungsteinzeitliche Relikte wurden am Kienberg bei Tharandt, bei Herzogswalde und Naundorf geborgen. Auch aus der Bronzezeit sind Sachzeugen (Lanzenspitzen, Sicheln, Beile und Schmuck) erhalten geblieben. Die einstige mittelalterliche Wehranlage auf dem Kienberg (oberhalb des forstbotanischen Gartens) und die Burgruine von Tharandt befinden sich mit hoher Wahrscheinlichkeit an Orten, die bereits vor drei- bis viertausend Jahren genutzt wurden.

Bronzezeit

Besiedlung in der Umgebung des Tharandter Waldes

Beginnend etwa im 12./13. Jahrhundert vollzog sich die bäuerliche (fränkische) Besiedlung in der Umgebung des Tharandter Waldes: Fördergersdorf, Herzogswalde, Niederschöna, Naundorf, Colmnitz, Klingenberg, Dorfhain, Höckendorf. Danach (13. Jahrhundert und später) kamen die Waldhufenfluren der Rodungsdörfer Hintergersdorf, Pohrsdorf, Hetzdorf (mit Herrndorf) und Somsdorf hinzu. Die nach markgräflichem Willen vorgesehene Forstgrenze des Tharandter Waldes sollte ursprünglich (1173) viel weiter im Nordosten verlaufen.

Die Jagdpfalz „Grillenburg" wurde schon 1289 erwähnt und blieb über die Jahrhunderte hinweg als kurfürstliches Amt mit Jagdschloss der geographische Mittelpunkt des Tharandter Waldes.

Abb.:
*Jagdschloss
Grillenburg*

Vor dem 19. Jahrhundert, als das heutige System aus sich rechtwinklig schneidenden Flügeln und Schneisen angelegt wurde, gingen die Wege strahlenförmig von einem Mittelpunkt zwischen Grillenburg und Warnsdorfer Quelle aus. Das noch ältere Netz von unregelmäßig verlaufenden, sich dem Relief anpassenden Wegen, von denen einige auch dem Fernverkehr dienten (Salzstraße über Freiberg und Dippoldiswalde sowie der „Meißner Weg" von Böhmen über Ossegg – Rechenberg – Frauenstein – Wilsdruff – Sora nach Meißen) ist im Laufe der Jahrhunderte über weite Strecken unkenntlich geworden bzw. nur noch in Teilabschnitten erhalten.

Am Waldspielplatz Hartha ist ein Stück des historischen Jacobsweges rekonstruiert, und im Umfeld des Hartheberges sind noch mehrere Höhlen erkennbar.

Holz-Nutzungsdruck Als großes, verbliebenes Waldgebiet zwischen den Städten Dresden und Freiberg lastete auf dem Tharandter Wald einer hoher Holz-Nutzungsdruck. Einerseits versuchten die Markgrafen und Kurfürsten (später auch die sächsischen Könige und, nicht zu vergessen, der nationalsozialistische Gauleiter) ihren herrschaftlichen Jagdbezirk in einem wildreichen Zustand zu halten, was eine übermäßige Holzplünderung ausschloss. Andererseits forderten der Silberbergbau an der Freiberger Mulde und an der Wilden Weißeritz bei Dorfhain, zunehmend auch der Freitaler Steinkohlebergbau Holz in Größenordnungen, die die meist armen Böden des Tharandter Waldes nicht nachhaltig zu liefern vermochten. Vor allem die Sandstein-Plateau-Lagen entwickelten sich zu baumarmen Heiden. In diesem Gebiet, vor den Augen des Regenten, kulminierte eine Entwicklung, die im 18. Jahrhundert ganz Sachsen und andere Teile Mitteleuropas ebenso betraf: Einerseits verlangte die aufstrebende Wirtschaft nach immer mehr Holz, andererseits waren die Vorräte der Wälder nach jahrhundertelangem Raubbau erschöpft.

Heinrich Cotta Die königlich sächsische Regierung berief Anfang des 19. Jahrhunderts schließlich den Thüringer Forstmann Heinrich Cotta in ihre Dienste als „Direktor für Taxations- und Vermessungsgeschäfte". 1811 überführte Cotta seine bisher in Zillbach/Rhön betriebene forstliche Privat-Lehranstalt nach Sachsen. Anekdoten berichten davon, er habe das beschauliche Tharandt gegenüber der Residenzstadt Dresden vorgezogen, damit seine Studenten lernen und nicht ihre Zeit in Kaffeehäusern vertrödeln sollten. Viel mehr dürfte allerdings die Nähe zum Wald ausschlaggebend gewesen sein. Der Tharandter Wald wurde zum sächsischen Lehr- und Versuchsforst. „Nachhaltigkeit des Holzertrags", „Sächsische Schmalkahlschlagswirtschaft" und „Bodenreinertraglehre" sollten hier modellhaft eingeführt und perfektioniert werden.

Heinrich Cottas Sohn, Bernhard von Cotta (1808–1879) wuchs in Tharandt auf und wurde später zu einem der bedeutendsten Geologen des 19. Jahrhunderts. Als Professor an der Bergakademie Freiberg und einer der ersten Kartierer des Tharandter Waldes schrieb er schon 1834: „Man möchte wohl behaupten, die hiesige Gegend sei ein Ort, wo die Bildungsgeschichte des ganzen Erzgebirges studiert werden könne."

Emissionen der Hüttenbetriebe Der Tharandter Wald wurde besonders stark von den Abgasen der nur wenige Kilometer westlich liegenden Freiberger Schmelzhütten belastet. Die jahrhundertelangen, stark schwermetallhaltigen Emissionen der Hüttenbetriebe sind auch heute noch in Böden, Grundwasser und Vegetation nachweisbar.

Dessen ungeachtet erfreut sich der Tharandter Wald nach wie vor großer Beliebtheit unter Waldbesuchern. Etwa eine dreiviertel Million Menschen kommen jährlich in den Tharandter Wald. Die meisten halten sich bevorzugt im Dreieck Tharandt – Kurort Hartha – Grillenburg auf.

Sächsische Schmalkahlschlagswirtschaft

Um nachhaltig die Wirtschaft mit Holz beliefern zu können, glaubte man im 19. Jh., zunächst einmal Ordnung im Wald schaffen zu müssen. Dieser „räumlichen und zeitlichen Ordnung" galt seither das Hauptinteresse der meisten Tharandter Forstwissenschaftler. Der Begründer der Forstakademie, Heinrich Cotta, ließ zunächst ein regelmäßiges Raster von **Flügeln und Schneisen** im Tharandter Wald anlegen. Diese heute noch existierenden Flügel sind mit Buchstaben bezeichnet und verlaufen im Idealfall, mit etwa 1 km Abstand zueinander, geradlinig von Nordosten nach Südwesten, meistens ungeachtet landschaftlicher Hindernisse oder standörtlicher Unterschiede. Genau im rechten Winkel dazu wurden aller 200 bis 250 m Schneisen gezogen und mit Zahlen versehen. Dazwischen entstanden somit durchschnittlich 25 Hektar große Forstabteilungen. Für jede Forstabteilung wird seither regelmäßig der Holzvorrat im Forsteinrichtungswerk erfasst.

Die nach Südwesten – der im Ost-Erzgebirge vorherrschenden Hauptwindrichtung – ausgerichteten Streifen zwischen den Flügeln bilden sogenannte **Hiebszüge**. Parallel zu den Schneisen sollte aller 10 bis 20 Jahre ein etwa 50 m breiter (und eben einen Kilometer langer) Waldstreifen kahlgeschlagen und anschließend wieder mit **Fichten** (auf extrem armen Standorten auch Kiefern) aufgeforstet werden. Nadelhölzer wurden – und werden – von der Wirtschaft nachgefragt und kommen auch mit den klimatisch extremen Bedingungen auf Kahlflächen besser zurecht als anspruchsvollere Baumarten. Nach weiteren 10 bis 20 Jahren erfolgte südwestlich angrenzend der nächste Schmalkahlschlag, und auch diese Fläche wurde wieder aufgeforstet. Im Verlaufe der Zeit entstand somit ein allmählich von Südwest nach Nordost ansteigendes Wipfeldach. Die jüngeren Baumstreifen sollten die dahinterliegenden älteren vor Sturmwürfen schützen.

Die nach Heinrich Cotta bekanntesten Vertreter der Tharandter Forstwissenschaft, Max Robert Pressler (1840 bis 1883 Mathematikprofessor) und Johann Friedrich Judeich (1866 bis 1893 Akademiedirektor und Professor für Forsteinrichtung) führten dieses sächsische Forstwirtschaftssytem zur theoretischen Perfektion: der **Bodenreinertragslehre**. Danach sollte ein Bestand genau dann geerntet – in Försterfachsprache: „abgetrieben", also kahlgeschlagen – werden, wenn das in die Pflanzung gesteckte Kapital die höchste Verzinsung gebracht hat. Fichten sind demnach im zarten Baumjugendalter von 80 bis 100 Jahren dran, dann lässt ihr jährlicher Holzzuwachs allmählich nach. Waldwachstum wurde allein unter dem Gesichtspunkt maximalen finanziellen Gewinns betrachtet. Obgleich es seither, auch in Tharandt, zahlreiche Forstwissenschaftler gab (und gibt), die den Wald als Ökosystem betrachten und naturnähere Bewirtschaftungsformen lehrten, hat das „Sächsische Bestandesverfahren" weltweite Beachtung und Nachahmer gefunden.

Doch die Praxis wird meistens leider der Theorie nicht gerecht. Nicht nur erwiesen sich die Fichtenmonokulturen als besonders **anfällig gegenüber Borkenkäfern und Luftschadstoffen**, auch der Windschutz des ausgeklügelten Hiebszugsystems funktioniert nur, wenn der Sturm von Südwesten weht. Kommt er hingegen aus Norden oder Osten, treffen die Böen mit aller Wucht auf die ungeschützte Waldkante des letzten Kahlschlags.

Seit 1990 haben Kahlschläge als Forstwirtschaftsprinzip auch in Sachsen ausgedient. **Naturnähere Waldbauverfahren** sollen stattdessen die Fichten-forste wieder zu stabileren Mischwäldern zurückführen. Im Forstrevier Naundorf allerdings wird das System der „Sächsischen Bestandeswirtschaft" auf 500 Hektar auch heute noch als „Walddenkmal" weitergeführt.

Pflanzen und Tiere

So bunt die geologische Karte des Tharandter Waldes auch sein mag, in der aktuellen Pflanzenwelt spiegelt sich diese Vielfalt nicht wider. Zum einen bilden sich über den hiesigen Porphyren und Sandsteinen gleichermaßen arme, saure und für die meisten Pflanzenarten eher ungünstige Böden aus. Lößeinwehungen führen darüberhinaus zur Nivellierung der Bodennährstoffe. Zum anderen mangelt es in dem geschlossenen, recht ebenen Waldgebiet an reliefbedingter klimatischer Standortvielfalt, wie sie etwa im benachbarten Weißeritztal gegeben ist. Und schließlich lassen die einförmigen Nadelholzforsten kaum anspruchsvollere Waldarten gedeihen.

Neben einheimischen Fichten (55 %) und Kiefern (16 %) findet man im Tharandter Wald auch noch viele verschiedene nichteinheimische Nadelbaumarten (insgesamt 10 %), die teilweise schon vor langer Zeit auf Versuchsflächen der Forstakademie/TU Dresden gepflanzt wurden. Von Buchen dominierte Laubmischwälder hingegen wachsen an den Hängen zum Weißeritztal und den angrenzenden Nebenbächen, außerdem im Norden des Tharandter Waldes über Basalt.

Von Natur aus hingegen würden Buchen-Mischwälder die Vegetation des Tharandter Waldes dominieren, im Nordosten in ihrer Hügellandsform mit einem hohen Anteil an Eichen, im Südwesten hingegen als Fichten-Tannen-Buchenwald. Ursprünglich war hier auch der Anteil der Weißtannen sehr hoch, besonders auf wechselfeuchten Standorten, wo kaum eine andere Baumart mit solch einer Wurzelenergie die Stauschichten zu durchdringen vermag. Heute existieren im gesamten Tharandter Wald nur noch wenige Alttannen.

Typische Arten der Buchenmischwälder sind Schmalblättrige Hainsimse, Drahtschmiele, Wiesen-Wachtelweizen, Schattenblümchen, verschiedene Habichtskräuter, Maiglöckchen, Wald-Sauerklee und Vielblütige Weißwurz. Auf Basaltstandorten – die allerdings wegen der Lößlehmauflagerung hier nicht annähernd solch eine üppige Vegetation wie am Wilisch oder Luchberg hervorbringen – gedeihen außerdem einzelne anspruchsvollere Arten wie Waldmeister, Goldnessel und Gemeiner Wurmfarn.

Die Sträucher der nördlichen Waldrandbereiche zeigen deutlich den Einfluss des Hügellandklimas: Schlehe, Roter Hartriegel und Pfaffenhütchen sind wärmeliebende Arten, genauso wie die Bodenpflanzen Echte Sternmiere, Wiesen-Storchschnabel, Wegwarte und Pechnelke, die hier ebenfalls noch vorkommen.

Das Innere des Tharandter Waldes hingegen ist submontan bis montan geprägt. Dazu trägt die geschlossene Waldbestockung bei, besonders aber der Frostwannencharakter der Landschaft. An Waldwegen und Bestandesrändern findet man selbst in 350 m Höhe noch Berglandsarten wie Bärwurz und Alantdistel, im Wald selbst auch Purpur-Hasenlattich und Harz-Labkraut. Feuchte, kühle Standorte beherrscht das Wollige Reitgras, teilweise

mit dichten Teppichen fast wie im oberen Bergland. Quellsümpfe in ausgesprochenen Frostlagen sind der Lebensraum von Pfeifengras, Zittergras-Segge und Siebenstern.

Als „Allerweltsarten" der Fichtenforsten kommen Drahtschmiele und Dornfarn vor, auf den nährstoffarmen Hochflächen tritt Heidelbeere hinzu. Ausreichende Wasserzügigkeit vorausgesetzt, kann der Adlerfarn auf den Sandsteinplateaus dichte Bestände bilden.

Abb.: Teppich mit Zittergras-Segge, Dreckwiese bei Hartha

Der Tharandter Wald ist Heimat einer breiten Palette von Waldvögeln. Noch vor 20 Jahren waren auf den damals weit verbreiteten Kahlschlägen Baumpieper und Turteltauben häufig zu hören, bis 1990 kam hier auch die Heidelerche noch vor. Inzwischen sind die meisten dieser ehemaligen Bestandeslücken zu 5 bis 10 m hohen Jungbeständen herangewachsen. Hier sind überwiegend die Stimmen von Fitis, Mönch- und Gartengrasmücke sowie Erlenzeisig zu vernehmen. Auf sie macht der Sperber Jagd. Für ältere Nadelholzforste hingegen sind Habicht, Sperlingskauz, Tannenhäher, Fichtenkreuzschnabel, Tannenmeise und Sommergoldhähnchen typisch. Die für Vogelfreunde interessantesten Bereiche jedoch sind die kleinen eingestreuten Bucheninseln wie am „Buchhübel" im Norden oder am „Pferdestall" im Südosten, wo der Schwarzspecht seine Höhlen hämmert, die dann auch von Hohltaube, Rauhfußkauz und weiteren Nachnutzern bezogen werden.

Jagd und Wild im Tharandter Wald

Anfang des 13. Jahrhunderts brachte der Meißner Markgraf Dietrich den Tharandter Wald – einen noch ungerodeten Teil des Miriquidi-Urwaldes – in seinen Besitz. Zum Schutze seines Herrschaftsbereiches ließ er auf dem Markgrafenstein einen Wachturm und zur Befriedigung seiner Jagdgelüste eine Jagdpfalz anlegen. Von da ab sind im späteren Grillenburg immer wieder ausgiebige Jagdaufenthalte der Markgrafen und Kurfürsten nachgewiesen. 1470 ließ Herzog Albrecht den Tharandter Wald „berainen" und umritt dazu höchstselbst die Grenzen.

Die Wälder sollten zwar auch Holz für die Bergwerke liefern, doch zunehmend traten die Jagdinteressen in den Vordergrund. Ab Mitte des 16. Jahrhunderts begann sich der Tharandter Wald immer mehr in eine Art Wildpark zu verwandeln. König August, der sich mit seiner „Holzordnung" nicht nur um die Erhaltung der Forsten sorgte, sondern sehr wohl auch der Waidleidenschaft frönte, ließ Grillenburg zu einer veritablen Jagdsiedlung ausbauen. Gleichzeitig entstand ein Wegesystem mit strahlenförmig verlaufenden Flügeln, diese spinnennetzartig verbunden mit Querwegen. An den Kreuzungen befanden sich Pirschhäuser inmitten kleiner, umzäunter Lichtungen, auf die das Wild getrieben werden musste. Zum Treiben hatten zahlreiche Untertanen des Landesherrn zu erscheinen. Zwischen Bäumen wurden Tuchreihen ausgehängt. Nur selten durchbrach ein Tier diese bunten Absperrungen, „ging durch die Lappen".

Während anfangs noch das Wild gefangen oder zu Tode gehetzt wurde, setzte sich mit der Entwicklung der Schusswaffen immer mehr die Schießjagd durch. Anfangs galt das noch als unwaidmännisch, weil mit vielen qualvollen Fehlabschüssen verbunden ("viel Wild wurde zu Holze geschossen, das elend verluderte"). Im 18. Jahrhundert schließlich arteten die kurfürstlichen Jagden zu regelrechten Massenabschlachtungen aus. Besonders Kurfürst Friedrich August I. ("August der Starke") tat sich dabei hervor. Im Mittelpunkt des jagdlichen Interesses stand bereits damals das Rotwild, insbesondere männliche Rothirsche mit großen Geweihen. Die Bauern in den umliegenden Dörfern klagten derweil über extrem hohe, teilweise existenzbedrohende Wildschäden.

Für Raubtiere, besonders die großen Vertreter Braunbär, Wolf und Luchs, war da natürlich kein Platz mehr in den Wäldern. Noch im 17. Jahrhundert, besonders in der Zeit nach dem 30-jährigen Krieg, müssen diese Tiere im Erzgebirge noch recht häufig gewesen sein. Zwischen 1611 und 1717 wurden in Sachsen nachweislich 709 Bären, 6937 Wölfe und 305 Luchse erlegt. Doch im 18. Jahrhundert erfolgte die komplette Ausrottung (der letzte Braunbär des Ost-Erzgebirges 1721 bei Bärenhecke, der – damals – letzte sächsische Wolf 1802 in der Dippoldiswalder Heide). Auch Biber, Dachs, Fuchs, Fischotter, Uhu und sämtliche Greifvögel galten als schädlich und wurden bekämpft.

Im 19. Jahrhundert trat dann das jagdliche Interesse am Tharandter Wald gegenüber seiner Funktion als Holzlieferant deutlich zurück. Mit Heinrich Cotta erfolgte die Einführung geregelter Forstwirtschaft, und 1849 verlor der sächsische König auch seine Jagdprivilegien. Doch diese Entwicklung war nur von kurzer Dauer. Ab etwa 1880 stieg der Wildbestand erneut so stark an, dass Forstkulturen in immer größerem Umfang eingezäunt werden mussten. Die Unterordnung aller anderen Waldfunktionen unter die Jagdgier erlebte der Tharandter Wald zur Zeit des Nationalsozialismus, als Gauleiter Martin Mutschmann das Gebiet zum "Hege- und Zuchtrevier" auserkoren hatte. Ziel waren dabei wieder möglichst starke Trophäen. Insgesamt 800 Rothirsche tummelten sich damals im Tharandter Wald, und damit diese Überpopulation nicht abwandern konnte, erfolgte die komplette Einzäunung des Gebietes. Nach dem Krieg wurde der Zaun beseitigt; sowjetische Soldaten verwandelten einen großen Teil des Wildbestandes zu Fleisch.

Ab den 1960er Jahren begann dann die "planmäßige Bewirtschaftung" des Wildbestandes. Der Tharandter Wald beherbergte fortan zwischen 50 und 80 Rothirsche, außerdem Wildschweine, Rehe und Mufflons. Letztere wurden – als nicht der Landschaft angepasste, fremdländische Wildart – seither fast vollständig wieder abgeschossen. Der Rotwildbestand bewegt sich heute bei etwa 40 Stück. Wildschäden an Forstkulturen treten damit zwar immer noch auf, aber mit der Umwandlung der monotonen Nadelholzforsten in abwechslungsreiche Mischwälder wird sich in naher Zukunft auch das natürliche Äsungsangebot verbessern. Wäre nur noch zu hoffen, dass eines Tages auch Luchs und Wolf den Weg wieder zurückfinden…

Literatur

Hegegemeinschaft Rotwild – Tharandter Wald:
Ein geschichtlicher Abriss zur Rotwildjagd im Tharandter Wald;
Broschüre Forstamt Tharandt, 2004

Hobusch, Erich: **Das große Halali**; Berlin 1986

Wanderziele im Tharandter Wald

① Flächennaturdenkmal Porphyrfächer Schmieders Graben

Der Porphyrfächer bei Mohorn-Grund dürfte zu den am besten untersuchten, am meisten fotografierten und am häufigsten besuchten geologischen Aufschlüssen Sachsens gehören. Eine Informationstafel des „Geologischen Freilichtmuseums" verdeutlicht auch dem Laien die vulkanische Entstehung des hier anstehenden Gesteins. Ein Steinbruch hat im 19. Jahrhundert auf etwa 40 m Breite und 22 m Höhe den „Quarzarmen Porphyr" sichtbar werden lassen, der großen Teilen des Tharandter Waldes als Deckenerguss auflagert. Gegen Ende der Variszischen Gebirgsbildung, an der Wende zwischen Oberkarbon und Rotliegend (vor etwa 290 Millionen Jahren) entwich explosionsartig („Glutwolkenausbruch") Porphyrmagma aus der „Grunder Spalte", im heutigen Triebischtal. Das Material legte sich über das Gneis-Grundgebirge, begrub Täler und Senken unter sich, bis es schließlich allmählich erkaltete. Beim Abkühlen verringerte sich das Volumen des langsam fest werdenden Gesteins. Zuerst an der Oberfläche, dann immer tiefer in den Deckenerguss bildeten sich Schwund-Risse, bis letztlich die säulenartige Gesteinsabsonderung entstand. Die auffällig fächerförmige Ausbildung des Naturdenkmals ist wahrscheinlich darauf zurückzuführen, dass das Magma hier eine vorherige Geländemulde ausgefüllt hat.

„Quarzarmer Porphyr" ist eine nicht ganz treffend gewählte Bezeichnung, denn das Gestein besteht zu immerhin 72 % aus Siliziumdioxid. Dieses ist aber, anders als beim etwas später an die Erdoberfläche gelangten „Quarzporphyr", nicht als einzelne Quarzkristalle wahrzunehmen, sondern nur fein in der Grundmasse verteilt. Beide Varietäten fasst die aktuelle geologische Karte des Erzgebirges unter dem Begriff „Rhyolith" zusammen. Der Rhyolith des Porphyrfächers von Mohorn-Grund lässt bis zu 2 cm lange Feldspatkristalle erkennen.

Der Porphyrfächer ist ein bedeutendes Geotop und steht deshalb unter Naturschutz. Die Benutzung von Geologenhämmern und anderen Werkzeugen, um an frische Handstücke des Aufschlusses zu gelangen, ist verboten.

Einen weiteren interessanten Aufschluss finden die Freunde der Geologie am unteren Ausgang von „Schmieders Graben" – an der Nordböschung am Sportplatz in Mohorn Grund. Hier zeigt sich die „Mittelsächsische Überschiebung", eine sehr alte tektonische Störungszone, die unter anderem am Nordostrand des Erzgebirges verläuft. Der Betrachter braucht gewöhnlich eine gewisse Zeit, um sich in die hier vorliegenden komplizierten Lagerungsverhältnisse der verschiedenen Gesteine „hineinzusehen", zumal diese an der schon länger freiliegenden Böschung bereits stark verwittert und verrollt sind. Die über 40 km lange „Mittelsächsische Störung" trennt die 350 bis 550 Millionen Jahre alten („altpaläozoischen") Schiefergebirgs-Gesteine der Elbe-Zone von der Gneisscholle des Ost-Erzgebirges. Während der Variszischen Gebirgsbildung in der Mitte der Steinkohlenzeit (vor rund 320 Millionen Jahren) schoben sich die Gesteine des heutigen Nossen-Wilsdruff-Tharandter Schiefergebirges von Nordosten nach Südwesten über den Erzgebirgsgneis. Dies geschah, noch bevor große Vulkanausbrüche das Gebiet des heutigen Tharandter Waldes unter Porphyr-Lava begruben. Doch ist hier an diesem Aufschluss zu sehen, wie Phyllit-Schiefer (aus der Elbe-Zone) auf Porphyr aufgeschoben wurde. Die Mittelsächsische Störung war also über längere Zeiträume immer wieder aktiv. Neben der Hauptstörung sind im Aufschluss auch noch weitere, kleinere Störungen erkennbar, die senkrecht dazu verlaufen, also etwa Nord-Süd, d. h. auf den Betrachter zu.

② Landberg und Buchhübel

Der knapp 430 m hohe Landberg kann als „Nordpfeiler" des Ost-Erzgebirges angesehen werden. Nur wenig nördlich des Basaltdeckenergusses schließt sich das Nossen-Wilsdruff-Tharandter Schiefergebirge an, überlagert von eiszeitlichen Lößlehm-Schichten. Auch die zusammenhängende Waldbedeckung des Tharandter Waldes endet hier, und vom „Gasthaus zum Landberg" bzw. von der ganzen Straße nach Spechtshausen („Mühlweg") aus

weiter Blick ins Mulde-Lößhügelland öffnet sich ein weiter Blick ins Mulde-Lößhügelland bzw. Mittelsächsische Lößhügelland. Fast die gesamte Fläche ist eben und wird landwirtschaftlich genutzt, soweit sich nicht Siedlungen ausbreiten. Direkt zu Füßen des Landberges erstreckt sich der Golfplatz Herzogswalde. Hinter dem Ort fällt das Waldgebiet der Struth auf, ein alter Restwald in der ansonsten fast völlig gerodeten Landschaft. Links hat sich die Triebisch in die etwa 300 m hohe Lößebene eingeschnitten, deutlich an den bewaldeten Hängen zu erkennen. Ganz rechts hingegen befindet sich der Freitaler Kessel, wo sich die Wilde Weißeritz im Rotliegenden – dem Abtragungsschutt des „Ur-Erzgebirges" (Erzgebirgssattel des Variszischen Gebirges) – gründlich Platz geschaffen hat. Davor, etwa 4 km vom Landberg entfernt, entspringt oberhalb von Grumbach der Schloitzbach und fließt nach Süden in Richtung Tharandt, während von Pohrsdorf her die „Wilde Sau" kommt und über Grumbach und Wilsdruff nach Nordwesten fließt. Wahrscheinlich noch im frühen Quartär, vor weniger als zwei Millionen Jahren, floss in dieser Senke die Wilde Weißeritz. Derweil nagte sich damals aber ein anderer Bach, der beim heutigen Dresden in die Elbe mündete, von Nordosten her ins weiche Gestein des Rotliegenden ein, bis seine Quelle dem alten Weißeritzlauf ganz nahe kam und schließlich den Erzgebirgsfluß nach Nordosten umlenkte (Tharandter Weißeritzknick). Auch Erdkrustenbewegungen der jüngsten geologischen Vergangenheit spielten dabei eine Rolle. Alte Flussschotter bei Großopitz künden noch heute von diesen Ereignissen.

Abb.: Blick vom Landberg ins Vorland des Erzgebirges

Der Landberg besteht aus tertiärem Basalt. Dieses Gestein sorgt dank des reichen Gehaltes an wichtigen Pflanzennährstoffen (vor allem die „basenbildenden" Elemente Kalzium und Magnesium) an anderen Bergkuppen des Ost-Erzgebirges für artenreiche Laubwälder mit üppiger Bodenflora. Am Landberg dämpft der hohe Lößlehmanteil des Oberbodens diesen Effekt, wenngleich auch hier einige gut wüchsige Buchenbestände zu finden sind. Buschwindröschen, Goldnessel, Vielblütige Weißwurz und etwas Waldmeister sprechen für basenreichere Standortbedingungen.

Flächennaturdenkmal (FND) „Dreißig Altbuchen am Buchhübel"

Ein Bestand mit besonders mächtigen, höhlenreichen Bäumen steht als Flächennaturdenkmal (FND) „Dreißig Altbuchen am Buchhübel" unter Naturschutz. Es befindet sich einen knappen Kilometer südwestlich des Gasthauses am Landbergweg auf der nur wenige Meter mächtigen, über Sandstein lagernden Basaltschicht der Buchhübelkuppe. Die umgebenden, staunassen Hangfüße und Mulden sind teils mit Lößlehm ausgekleidet. Sauerklee, Goldnessel und Perlgras finden sich auf der Kuppe, werden jedoch östlich des FND (noch über Basalt) zunehmend durch Säurezeiger wie Hainsimse und Heidelbeere ersetzt. Der südliche Hangfuß direkt unterhalb der Kuppe ist nass und nährstoffreich. Die Buche wächst hier nässebedingt flachwurzlig und ist wurfgefährdet. Sie lässt daher Raum für den lichtbedürftigeren Berg-Ahorn. Typische Arten im Unterwuchs sind Echtes Springkraut, Wald-Ziest, Winkel- und Wald-Segge. Am Nordabfall über Sandstein dominieren unter Buche Sauerklee und Schmalblättrige Hainsimse. Je tiefer wir in die Mulde eindringen, umso stärker wird die Lößlehmauflage und damit auch der Einfluss der Staunässe. Sturm „Kyrill" hat deutlich gezeigt, wie flachwurzlig hier die Buchen (und die Fichten ohnehin) wachsen, sie wurden zu Dutzenden geworfen. Einzelne Schwarz-Erlen sowie das zunehmende Auftreten von Frauenfarn, Winkel-Segge und Echtem Springkraut markieren diese Nässe, aber auch den wachsenden Einfluss basenreichen Sickerwassers aus dem Gebiet der Basaltkuppe. Die Bodenvegetation auf der Kuppe und an deren Südrand ist typisch für anspruchsvolle Buchenwälder, die östlich und nördlich der Kuppe für bodensaure Buchenwälder.

Eine weitere interessante Erscheinung ist nördlich zu beobachten – in einer ausgedehnten Mulde, die vom Landberg nach Westen zu Schmieders Graben herabreicht: Über Sandstein und Tonschiefer befindet sich eine mehr oder minder vernässte Lößlehmschicht, die von einem Quellkomplex durchsetzt ist. Auf dem Boden liegen Gerölle von Sandstein und Basalt. Am Beginn eines kleinen, vom Jagdweg nach Norden abzweigenden Pfades, grüßt rechter Hand zuerst der Waldmeister. Was folgt, ist zunächst eher ungemütlich – viel Brombeere. Dazu kommen Drahtschmiele und Heidelbeere. Ein Stück weiter – ein Fleck des seltenen Sanikels, dann Wald-Schachtelhalm, später Wald-Zwenke, Wald-Segge und die in Sachsen ebenso seltene Wald-Gerste. Der Boden wird nass, aber reich. Im Kern des Gebiets finden sich ausgedehnte Erlen-Eschen-Quellwälder, in denen meist die künstlich begründete (d. h. gepflanzte) Erle vorherrscht. Neben Quellzeigern wie Berg-Ehrenpreis, Hexenkraut, Sumpf-Pippau, Sumpf-Vergissmeinnicht, Bitterem Schaumkraut, Winkel-Segge sind Kleiner Baldrian, Wald-Gerste, Kriech-Günsel und Gundermann anzutreffen. Ein nördlich angrenzender Eschen-Ahornbestand birgt Leberblümchen, Goldschopf-Hahnenfuß, Sanikel, Waldmeister, Ruprechtskraut, Echte Nelkenwurz und Seidelbast. Weiter südlich finden sich kleine Torfauflagen, hier wächst Bittersüßer Nachtschatten und Rauhaariger Kälberkropf. Leider sind die feldnahen Bereiche stark von Brombeere überwuchert, ein Zeiger starken Stickstoffüberschusses.

Borsdorfer Äpfel

Lange Zeit galten Speiseäpfel – nicht die einheimischen Wildäpfel! – als sehr sensibles Obst. Es musste den Sommer über schön warm sein, es durfte im Frühjahr keine Spät- und im Herbst keine Frühfröste geben. Äpfel waren keine Pflanzen für's Gebirge – mit einer Ausnahme: dem Borsdorfer Apfel.

Seit dem Mittelalter, als der Ort Pohrsdorf zu Füßen des Landberges noch mit B geschrieben wurde, widmeten sich dessen Einwohner der Obstzüchtung. Mit Erfolg. Der „Borsdorfer" war vermutlich der erste deutsche Winterapfel, der bei normaler Witterung in der zweiten Septemberhälfte geerntet und dann gelagert werden konnte (alter Bauernspruch: „Borsdorfer Äpfel und Borsdorfer Mädchen werden nicht eher rot, bis man sie leget aufs Stroh.").

Sie – die Borsdorfer Äpfel – erreichen zwar nicht EU-Normgröße, ihr Geschmack ist aber dennoch recht angenehm. Der Brockhaus von 1939 bezeichnet sie als „sehr edle, wohlschmeckende, renettenartige Apfelsorte". Seit einigen Jahren bemühen sich die Pohrsdorfer wieder verstärkt, „ihre" Apfelsorte zu erhalten. Zahlreiche neue Bäume wurden gepflanzt.

Der Dichter Jean Paul schrieb einst: „Unter den Menschen und Borsdorfer Äpfeln sind nicht die glatten die besten, sondern die rauen mit einigen Warzen."

Quelle

Hanusch, Roland: **Borsdorfer Äpfel – Deutsche Pomeranzen für die Gebirgsregion**; Erzgebirgische Heimatblätter", 5/2004

Ascherhübel und Hartheberg

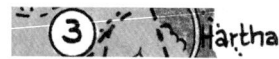

Wie am Landberg hat auch am Ascherhübel basaltische Lava die Porphyr- und Sandsteindecke des Tharandter Waldes durchbrochen. Für Überraschung in der Fachwelt sorgten vor einigen Jahren Altersbestimmungen des Gesteins (anhand des Zerfallsgrades eines radioaktiven Kaliumisotops). Demnach ist der Ascherhübel weniger als 10 Millionen Jahre alt – und damit wesentlich jünger als die anderen Basaltkuppen des Ost-Erzgebirges, die bereits vor etwa 25 Millionen Jahren erstarrten. Wir finden hier am Nordrand des Tharandter Waldes also die – bislang – letzten Grüße, die im Verlaufe der Erdgeschichte aus dem Erdmantel (aus etwa 80 km Tiefe) an die Erdoberfläche geschickt wurden!

In dem alten Steinbruch (bis 1913 in Betrieb) ist auf 80 m Länge und durchschnittlich 16 m Höhe der Basalt aufgeschlossen. Die markante Ausbildung der überwiegend fünf- bis sechseckigen Säulen veranlasste die sächsischen Behörden bereits 1939 zur Unterschutzstellung als Naturdenkmal. Analog der Entstehung des Porphyrfächers entstanden auch die Basaltsäulen infolge der allmählichen Abkühlung des Magmas und der damit einhergehenden Volumenschrumpfung.

Basalt-
säulen

Auf dem Weg nach oben hatte die Schmelze auch Teile des Gneis-Grundgebirges sowie der Porphyr- und der (darüber lagernden) Sandsteindecke mit sich gerissen, die als Gesteinsbruchstücke nunmehr im Basalt zu finden sind.

Nicht nur unter Geologen erfreut sich der Ascherhübel großer Beliebtheit. Als nahegelegenes Ausflugsziel besuchen auch viele Gäste des Kurortes Hartha den Steinbruch mit dem kleinen „Hexenhäusel". Eine Informationstafel des „Geologischen Freilichtmuseums" erklärt laienverständlich die Entstehung des Ascherhübels.

einige alte
Buchen und
Eichen

Innerhalb des Flächennaturdenkmales wachsen noch einige alte Buchen und Eichen – Reste des natürlichen Waldes, der in der Umgebung fast vollständig von Nadelholzforsten verdrängt wurde (vor allem Fichten, auch Kiefern und Lärchen, stellenweise Douglasien). Wie am Landberg bleibt die Vegetation des Basaltbodens wegen des hohen Lößlehmanteils hinter den Erwartungen zurück. Neben den „bessere" Standorte anzeigenden Arten Bingelkraut, Goldnessel und Wald-Ziest kommen auch wärmeliebende Besonderheiten wie Sanikel und Kleiner Wiesenknopf vor.

fossilien-
reicher
Quader-
Sandstein

Nur wenig westlich des Ascherhübels befindet sich ein weiterer, seit langem aufgelassener Steinbruch. Hier ist ein fossilienreicher Quader-Sandstein erschlossen. Bei den Fossilien handelt es sich um austernartige Muscheln, die die Herkunft des Gesteins aus Meeressedimenten belegen. Diese Ablagerungen sammelten sich vor 90 Millionen Jahren am Grunde des Kreidemeeres an, das damals die gesamte Gegend überflutet hatte.

Ebenfalls Quader-Sandstein (mit auflagerndem Pläner) steht in den ehemaligen Steinbrüchen am Hartheberg westlich von Hartha, direkt an der Straße, an. Diese sind allerdings stark verfallen und eignen sich heute kaum noch für genauere Beobachtungen.

Abb. rechts: Kugelpechstein

Die bemerkenswerteste geologische Besonderheit des Gebietes jedoch sind die Kugelpechsteine, die zwischen Spechtshausen und Ascherhübel im Wald zu finden sind: Glasartige, schwarzglänzende Gesteinsbrocken („Pechglanz"), in denen neben großen Felsspatkristallen eigenartige rote Kugeln eingeschlossen sind. Diese Kugeln können mikroskopisch klein sein, aber auch die Größe eines Menschenkopfes erreichen. Sie bestehen wahrscheinlich aus umgeschmolzenem Gesteinsglas. Seit der Ersterwähnung dieser seltsamen Objekte im Jahre 1769 rätseln die Geologen, wie diese Kugelpechsteine entstanden sein mögen – endgültig beantworten können die Experten diese Frage bis heute nicht. Doch soviel gilt als sicher: sie sind magmatischen Ursprungs und gehen auf die Zeit des Oberkarbon (vor ca. 290 Millionen Jahren) zurück, als aus Vulkanspalten saure Lava aufstieg. Im Gegensatz zu den Porphyrergüssen, die nach ihrem Erkalten das Gebiet des Tharandter Waldes als Decken überlagerten, muss die Abkühlung beim Pechstein sehr schnell erfolgt sein. Die in der Schmelze noch frei beweglichen Moleküle hatten keine Zeit, sich zu einem Kristallverbund zusammen zu finden – sie erstarrten urplötzlich und verharren seitdem unsortiert in einer glasigen Masse. (Ähnliche Gesteinsgläser aus jüngeren Epochen der Erdgeschichte werden Obsidian genannt. Man findet sie als Vulkangesteine beispielsweise im Mittelmeergebiet und im Armenischen Hochland. In Amerika bildeten sie einen wichtigen Werkstoff der Indianer). In Mitteleuropa jedoch sind solche vulkanischen Gläser recht selten. In unserer Nähe findet man sie noch im Triebischtal bei Garsebach (Meißen), bei Braunsdorf und bei Mohorn.

Das Vorkommen der Spechtshausener Kugelpechsteine erstreckt sich über eine Fläche von nur 200 m Durchmesser und steht seit 1939 unter Naturschutz. Selbst wenn die Steine noch so reizvolle Souvenirs für den Vorgarten sein mögen – sie müssen an Ort und Stelle belassen werden.

anspruchslose, heidelbeerreiche Bodenvegetation

Die Wälder der nicht von Lößlehm überdeckten Sandsteinschichten, aber auch die des Kugelpechstein-Gebietes, fallen durch eine ausgesprochen anspruchslose, heidelbeerreiche Bodenvegetation auf, die neben Drahtschmiele an hageren Stellen reichlich Wiesenwachtelweizen und sogar Heidekraut enthält. Meist stocken hier Kiefern-, teils auch Fichtenforsten. Naturnahe Buchenbestände finden sich indes auf dem Hartheberg über Sandstein und Kugelpechstein. Die Buche ist hier aufgrund von Nährstoffmangel so wuchsschwach, dass sie der lichtbedürftigen Kiefer etwas Raum lässt. Auf entkalktem, meist zu Nässe neigendem Lößlehm dominieren Fichtenforsten, deren Unterwuchs von Drahtschmiele und Wolligem Reitgras gebildet wird. Ein sehr schöner naturnaher Buchen-Eichen-Mischbestand blieb bis heute am ehemaligen Forstamt in Spechtshausen erhalten – unmittelbar an der Waldkante. Am Boden dominiert flächendeckend die nässeertragende Zittergras-Segge. So in etwa könnten die ärmeren, lößlehmgepägten und heute fast ausschließlich ackerbaulich genutzten Bereiche des Hügellandes ursprünglich ausgesehen haben.

Flächenna-
turdenkmal
„Dreck-
wiese mit
Weiher"

Südwestlich von Spechtshausen, am F-Flügel/Langer Weg, ist eine artenreiche Waldwiese erhalten geblieben und 1978 als Flächennaturdenkmal „Dreckwiese mit Weiher" unter Schutz gestellt worden. Quellige und moorartige Bereiche der Feuchtwiese warten mit einem bemerkenswerten Artenreichtum auf - rund 90 verschiedene Pflanzen wachsen hier. Neben Arten „normaler" Wiesen des unteren Berglandes (z.B. Glatthafer, Frauenmantel, Wiesen-Glockenblume, Wiesen-Flockenblume, Wiesen-Pippau) gedeihen hier Sumpfwiesenpflanzen (Sumpf-Schafgarbe, Gemeiner Gilbweiderich, Sumpf-Hornklee, Sumpf-Vergissmeinnicht, Flammender Hahnenfuß, Gelbe Schwertlilie, verschiedene Seggen und Binsen) sowie Magerkeitszeiger (Rundblättrige Glockenblume, Ruchgras, Blutwurz-Fingerkraut).

Zu letzterer Kategorie gehört auch das Zittergras, das im Mai/Juni hier besonders reichlich blüht. Dekorativ wirken ebenfalls Kanadische Goldrute und Roter Fingerhut, aber als Verbrachungszeiger machen sie deutlich, dass eine einmalige Mahd, zumal meistens erst spät im Jahr, nicht ausreicht, um den typischen Wiesencharakter zu erhalten. Das in der Wiese eingebettete Kleingewässer wird von Grasfröschen und Erdkröten massenhaft als Laichplatz angenommen.

Abb.: Zitter-
gras auf der
Dreckwiese

Der Mulde talwärts folgend, fallen in den umgebenden Fichtenbeständen zunehmend Nässezeiger auf, unter denen die kleinen „Wäldchen" des Wald-Schachtelhalmes im Sonneschein sehr attraktiv und auch etwas verwunschen wirken. Vielleicht kommt daher der Name „Märchenwald". Ähnliche Waldbilder treten im Tharandter Wald häufig auf, so z.B. entlang des Harthaer Flügels. Hier steht zwischen den Fichten teils sogar die Erle. Forstlich sind diese Bereiche und deren Böden allerdings alles andere als beliebt, zeigt doch die Fichte wenig Neigung, stabil und gerade zu stehen.

Noch Mitte des 16. Jahrhunderts wohnten an der „Harthe" (= alter Begriff für Wald) nur wenige Menschen. Es waren Zeidler, die im Tharandter Wald von halbwilden Bienenvölkern Honig und Wachs gewannen. Später siedelten sich auch Waldarbeiter an. Ab Ende des 19. Jahrhunderts kamen immer mehr Sommergäste auf den Berg nach Hartha, anstatt in die historische Bäderstadt Tharandt, deren Luftqualität allzu oft zu wünschen ließ (nicht zuletzt wegen des regen Verkehrs der Dampfeisenbahnen). 1933 erhielt Hartha den Kurortstatus, vor allem wegen des angenehmen Klimas („kräftige, durchsonnte, ozon- und terpentinreiche Luft"). Der Waldbestand auf dem Hartheberg wurde zum Kurpark umgestaltet.

Hartheberg

Zwei interessante Baum-Naturdenkmale lohnen hier den Besuch. Zum einen gilt dies für die „Drei Süntelbuchen an der Schneise 6 westlich Hartha". Sehr eigenartig mutet diese besondere, ziemlich seltene Wuchsform der Rot-Buche an. Die Äste sind vielfach gewunden und verschlungen und bilden bis dicht über den Boden reichende Kuppeln. Die Harthaer Exemplare wurden vor etwa 150 Jahren gepflanzt. Von ursprünglich vier Buchen sind noch drei vorhanden, eines als liegendes Totholz, die übrigen zwei zum Teil morsch, aber noch recht vital.

Süntel-buchen

Das noch wertvollere, aber bislang weniger beachtete Naturdenkmal ist die „Kiefer am Eingang des Harthaer Flügels", die mit 360 Jahren schon so viel erlebt hat wie nur wenige andere (Nadel-)Bäume im Ost-Erzgebirge. 1648 soll sie gepflanzt worden sein – da war gerade mal der 30-jährige Krieg zu Ende gegangen. Die mit ihr aufgewachsenen Kiefern wurden zur Wertholzgewinnung genutzt, sie indes sollte Samen für neue Bäume liefern. Heute ist sie nicht nur die älteste, sondern mit 3 m Stammumfang und 17 m Kronendurchmesser auch die stattlichste Kiefer des Tharandter Waldes. Wegen ihres langen, kerzengeraden Stammes erscheint sie auch viel höher als die gemessenen 27 m.

„Kiefer am Eingang des Harthaer Flügels"

④ Forstbotanischer Garten Tharandt

In dem Jahr, als Heinrich Cotta in Tharandt seine forstliche Lehranstalt eröffnete (1811), begann der spätere Botanik-Professor Adam Reum, am Tharandter Kienberg auf 1,7 ha einen Botanischen Garten anzulegen (wobei aber offenbar einige bereits vorher hier wachsende Bäume integriert wurden). Den Studenten sollten die einheimischen und einige ausländische Gehölze vorgestellt werden.

Heute, nach fast 200 Jahren, beherbergt der Tharandter Forstgarten rund 1700 verschiedene Pflanzenarten auf über 34 ha Fläche. Längst sind es nicht mehr nur Studenten, die das 18 km lange Wegenetz nutzen, um sich an den Blüten des Schneeglöckchenbaumes oder über hundert Rhododendron-Sorten, an der Herbstfärbung fernöstlicher oder amerikanischer Ahornarten zu erfreuen. In den letzten Jahren kamen ein 200 m² großes Gewächshaus mit tropischen Nutzpflanzen hinzu, insbesondere aber eine wesentliche Erweiterung –15 ha – des alten, bis dahin etwas vernachlässigten „Nordamerika-Quartiers" westlich des Zeisiggrundes. In diesem „ForstPark Tharandt" wurden seit 2001 die wesentlichen Landschaftsräume Nordamerikas nachgebildet, einschließlich zweier großer Steinschüttungen („Appalachen" und „Rocky Mountains") und einigen Teichen, die die „Großen Seen" bzw. den „Great Salt Lake" symbolisieren sollen. Anstatt – wie bisher in Arboreten üblich – einzelstammweise exotische Bäume zu prä-

1700 Pflanzenarten auf über 34 ha Fläche

Gewächshaus mit tropischen Nutzpflanzen

sentieren, sollen hier künftig ganze „Wald-bilder" naturnaher Mischbestände ver-mittelt werden. Noch sind die meisten Bäumchen, aus eigens an den amerika-nischen Originalstandorten gewonnen Samen gezogen, recht klein. Anstatt Mammutbaumwälder kann man derzeit noch schöne Aussichten genießen – von den Rockies zur Großopitzer Höhe bei-spielsweise.

Abb.: Blick von den „Großen Seen" zu den „Rocky Mountains"

Über den universitären Bildungsauftrag hinaus ist heute eine ansprechen-de Vermittlung von Natur-Werten wichtiger denn je. Im Forstgarten wurde deshalb unter anderem ein „Pfad der Nachhaltigkeit" angelegt, der erleb-bar machen soll, wie Natur sich gegebenen Bedingungen optimal anzu-passen versucht. Nachhaltige natürliche Strategien zum Überleben können auch für Menschen Vorbild und Anregungen bieten.

„Wald Erlebnis-Werkstatt Sylvaticon"

Vor allem an Kinder wenden sich die Angebote der „WaldErlebnisWerkstatt Sylvaticon". Und schließlich werden auch fachkundige Forstgarten-Füh-rungen angeboten, allerdings nur auf Anmeldung und gegen Entgelt. Der normale Besuch hingegen ist nach wie vor kostenlos. Ohne intensive Spendenwerbung wären jedoch weder das anspruchsvolle Niveau des be-stehenden Arboretums zu halten noch die Verwirklichung der vielfältigen neuen Projekte zu erreichen.

Kienberg

Bei Erdarbeiten im Forstgarten am Tharandter Kienberg kamen seit Mitte des 19. Jahrhunderts mehrere frühgeschichtliche Funde zu Tage, die die Anwesenheit von Menschen bereits vor 3 000 bis 4 000 Jahren belegen. Die exponierte Lage des Kienberg-Spornes, auf dem auch die spätere mit-telalterliche Burg und schließlich die Kirche gebaut wurden, legt die bron-zezeitliche Nutzung als Wehr-Schanze oder Heiligtum nahe. Heute wächst auf der Kuppe des Kienberges, hinter dem oberen Ausgang des Forstgartens, ein naturnaher Traubeneichen-Buchen-Mischwald. So ähnlich würde unter natürlichen Bedingungen der Wald des nördlichen Tharandter Waldes aus-sehen. Einzelne Hainbuchen zeigen, dass es sich um die colline (Hügel-lands-) Ausbildungsform bodensaurer Buchenmischwälder handelt.

„Cottas Grab"

Auf dem anschließenden Mauerhammer-Weg gelangt man zu „Cottas Grab". Zu seinem 80. Geburtstag pflanzte man dem Begründer der Forstakademie hier 80 Eichen. Ein Jahr später verstarb Heinrich Cotta und wurde inmitten dieses Haines beerdigt. Basaltsäulen umrahmen Cottas Grab, und auch die anderen Gesteine des Tharandter Waldes – Gneis, Porphyr, Sandstein, Pech-stein, Phyllit wurden hier zu einem Ensemble zusammengetragen. Nur we-nige Schritte von hier ragt der Aussichtspunkt „Heinrichseck" über das Wei-ßeritztal. Schon Cotta soll diesen Blick geschätzt haben, daher der Name. Zwischen beiden Punkten liegt Johann Friedrich Judeich begraben, der zweite bekannte Tharandter Forstwissenschaftler des 19. Jahrhunderts.

5

Triebischtal

Triebisch

Viele kleine und kleinste Bäche, entsprungen aus Quellmulden im Tharandter Wald, vereinigen sich nördlich von Grillenburg zur Triebisch. Faule Pfütze, X-Bach und Kroatenwasser nehmen einen Teil des Wassers auf, das auf dem 400 bis 450 m hohen Porphyrrücken nördlich des Klingenberger Bahnhofs niedergeht (weiter westlich zieht der Rodelandbach das Wasser in Richtung Bobritzsch ab). Zu Füßen des Borschelsberges mündet noch der Warnsdorfer Bach in die Triebisch. Kurz bevor diese den Tharandter Wald verlässt, fließen ihr auch noch Wernersbach und Hetzdorfer Bach zu. Nach 37 km Lauf wird das überwiegend aus dem Tharandter Wald stammende Wasser der Triebisch schließlich bei Meißen die Elbe erreichen.

Der Tharandter Wald als submontaner Vorposten des Ost-Erzgebirges erhält nicht nur mehr Niederschläge als seine Umgebung, in seinen Senken kann sich auch viel kalte Luft stauen. Besonders in windstillen und wolkenlosen Nächten sinkt die spezifisch schwerere Kaltluft zu Boden. Wo immer möglich, „fließt" diese Kaltluft dann entlang von Talzügen ins Vorland des Gebirges, wo sie die dort im Boden gespeicherte Wärme aufnimmt und meist irgendwann aufhört, Kaltluft zu sein. In ebenen Waldgebieten jedoch kann die Kaltluft nicht abfließen, sinkt in Bodensenken herab und kann zu nächtlicher Abkühlung der bodennahen Luftschichten führen, selbst im Hochsommer bis deutlich unter Null Grad. Die bekannteste solche Frost-

Frostsenke Triebisch-wiesen

senke sind die Triebischwiesen zwischen Ernemannhütte und Jungfernloch (Prallhang mit kleiner Höhle, oberhalb der „Grünen Brücke"). Eindrucksvoll ist ein Morgenspaziergang entlang des Talweges, wenn dichte Nebelschwaden über der Wiese liegen.

Teile der Triebischwiesen wurden später mit Erlen aufgeforstet bzw. entwickelten sich von selbst zu Erlen-Quellsümpfen. In deren Bodenvegetation fallen Flatterbinsen, Waldsimsen, Gemeiner Gilbweiderich, Sumpf-Kratzdistel und Zittergras-Seggen auf.

In den letzten Jahren wurden hier auch einige Teiche wiederhergestellt bzw. neu angelegt, die mittlerweile von auffallend vielen Libellen genutzt werden.

Relativ hohe Niederschläge und kalte Luft sind wichtige Voraussetzung für die Entstehung von Mooren. Eine weitere Bedingung ist das Vorhandensein von wasserstauenden Schichten im Boden. Dies ist im Tharandter Wald an mehreren Stellen der Fall. An der Basis der Sandsteindecke lagert eine Schicht von kreidezeitlichen Geröllen („Grundschotter"), aus denen die feinen Ton- und Schluffbestandteile ausgespült, in Bodensenken angereichert und dort verdichtet wurden.

Hang-Quellmoor

Eine solche Stelle liegt zu Füßen des Borschelsberges, wo der Warnsdorfer Bach in die Triebisch mündet. Zwischen Harthaer Flügel, Borschelweg und Schwarzer Straße ist hier ein kleinflächiges, oligotrophes (= nährstoffarmes) Hang-Quellmoor erhalten geblieben. Die Torfmächtigkeit erreicht 70 cm im oberen Teil des Moores, wo es relativ feucht ist und Torfmoosbulte (= kleine Erhöhungen) sowie schlenkenähnliche Strukturen (= zeitweilig mit Wasser gefüllte Senken) in umgestürzten Wurzeltellern zu finden sind.

Umgeben ist das eigentliche Moor von einem mehrere Hektar großen Sumpf über Staugley-Böden. In den nässesten Bereichen prägen Wald-Simse, Zittergras-Segge, Schnabel-Segge, Pfeifengras und Wald-Schachtelhalm die Bodenvegetation. Sechs Torfmoosarten wurden hier nachgewiesen, darunter das stark gefährdete, sehr nässebedürftige Spieß-Torfmoos. Etwas trockenere Standortbedingungen zeigen Rasen-Schmiele, Wolliges Reitgras, Siebenstern und Harz-Labkraut an. Am Rande wachsen auch Heidelbeere und Drahtschmiele, die typischen Arten der Nadelholzforsten des Tharandter Waldes.

Nicht minder bedeutungsvoll als das Moor selbst ist die Baumschicht. Es handelt sich wahrscheinlich um einen natürlichen Fichten-Kiefern-Mischwald. Eigentlich ist die Fichte in Mitteleuropa von Natur aus eine Art des Berglandes und wäre auf „normalen" Standorten in 340 m Höhenlage nicht konkurrenzfähig. Doch die besonderen Bedingungen eines nassen, nährstoffarmen und frostgefährdeten Standortes lassen anderen Baumarten hier kaum eine Chance, außer den anspruchslosen Fichten – neben Kiefern und Moorbirken. Zwar wurde nachweislich auch hier am Westhang des Borschelsberges im 19. und Anfang des 20. Jahrhunderts der Wald kahlgeschlagen und neu aufgeforstet. Doch nimmt man an, dass sich dessen ungeachtet die autochthonen (also hier heimischen) Bäume wegen ihrer besseren Anpassung an die harschen Standortbedingungen als Naturverjüngung durchgesetzt haben. Da seither kaum noch Eingriffe erfolgten, hat sich ein sehr naturnahes Waldbild erhalten können. Seit 1978 steht das Gebiet deshalb als Flächennaturdenkmal „Tieflagenfichten

Flächennaturdenkmal „Tieflagenfichtenwald" wald" unter Naturschutz. Die ebenfalls vertretene Weymouthskiefer allerdings stammt aus Nordamerika und ist künstlich eingebracht.

Insgesamt ist der Zustand der kleinen, aber nicht wenigen Moore im Tharandter Wald bedauerlich. Sie leiden bis heute unter dichten Entwässerungsnetzen im Moor und in deren Wassereinzugsgebieten. Einige typische Moorarten konnten bis heute überdauern (Sonnentau, Schmalblättriges Wollgras, Spieß-Torfmoos). Bis Mitte des letzten Jahrhunderts gab es noch ein Vorkommen der Moosbeere. Seit langem verloren ist das Scheidige Wollgras, das sich nur noch in den Torfablagerungen nachweisen lässt.

6 Grillenburg

Vom ursprünglichen Jagdschloss Grillenburg, das Kurfürst August einst errichten ließ, um hier beim Waidwerk „seine Grillen (= Langeweile, Übellaunigkeit) vertreiben" zu lassen, ist nicht mehr viel übrig als das einstige Verwaltungsgebäude. Umgeben von wahrscheinlich sehr alten Teichen beherbergt das Objekt seit 1966 ein Museum, die „Forst- und jagdkundliche Lehrschau". Neben zahlreichen, leicht angestaubten Jagdtrophäen wird ein Überblick über die im Tharandter Wald vorkommenden Wildarten und über die Geschichte der Forstwirtschaft gegeben.

Seit einigen Jahren hat die Sächsische Landesstiftung für Natur und Umwelt das Gebäude bezogen. Die Mitarbeiterinnen und Mitarbeiter der „Akademie der Landesstiftung" organisieren von hier aus sachsenweit Bildungsveranstaltungen zu Natur- und Umweltthemen. Hier im Schloss finden seitdem in loser Folge auch die „Grillenburg-Tharandter Umweltgespräche" statt.

„Walderlebnis Grillenburg"

In der Umgebung von Grillenburg hat das Forstamt unter dem Begriff „Walderlebnis Grillenburg" mehrere Naturerlebnispfade („Abenteuerpfad", „Holzweg", „Sinnespfad") angelegt.

In den Grillenburger Teichen kann man baden und gondeln. Außerdem werden hier dicke Karpfen gemästet. Nichtsdestotrotz handelt es sich um ein bemerkenswertes Massenlaichgewässer für Grasfrösche und Erdkröten. Um die Verluste an den vor allem an Wochenenden vielbefahrenen Straßen zu vermeiden, werden im zeitigen Frühling Krötenzäune aufgestellt und täglich die zu den Gewässern wandernden Amphibien über die Fahrbahn getragen.

Flächennaturdenkmal „Orchideenwiese Grillenburg"

Hinter dem Gasthof Grillenburg, in einer Senke am Grunder Weg, befindet sich das Flächennaturdenkmal „Orchideenwiese Grillenburg". Der kleinflächige Wechsel von Fadenbinsensumpf, Feuchtwiese, magere Frischwiese und Borstgrasrasen ermöglicht das Vorkommen einer Vielzahl von Pflanzenarten, unter anderem der Orchidee Breitblättrige Kuckucksblume.

„Sandsteinbruch am Jägerhorn"

Im Winkel zwischen Jägerhorn-Weg und der Straße Richtung Naundorf verbirgt sich eines der naturkundlich interessantesten Objekte des Tharandter Waldes: das Flächennaturdenkmal „Sandsteinbruch am Jägerhorn". An dieser Stelle ist ungefähr vier Meter mächtiger, fester und sehr feinkörniger Sandstein (der „Niederschönaer Schichten") erschlossen, der schon seit alters her als Baumaterial begehrt war und hier abgebaut wurde. Mit hoher Wahrscheinlichkeit diente dieses Material bereits im 13. Jahrhunderts den Bildhauern des Freiberger Doms als Werkstein für die „Goldene Pforte". Das Gestein ist auch unter der Bezeichnung „Werksteinbank" bekannt. Darüber sind Sandsteinkonglomerate sowie Tonmergel zu erkennen, in denen auch zahlreiche Meeresfossilien gefunden wurden. Fossilarmer, hellgelber Pläner (sandiger Schluffstein) schließt oben das Steinbruchprofil ab. Leider ist der Aufschluss stark verwachsen und offenbart heute nur dem Kenner der Materie seine Geheimnisse.

Ohrweidengebüsch

Auf dem Boden des Steinbruchs, in den abflusslosen Geländemulden, hat sich ein wertvolles Ohrweidengebüsch mit dichter Moosschicht entwickelt. Zu erkennen sind die Anfangsstadien einer Moorbildung mit Torfmoosen.

„Buchen-Traubeneichen-Restbestockung"

In der Umgebung des Steinbruches wächst eine „Buchen-Traubeneichen-Restbestockung" – so der Name des 1978 ausgewiesenen Flächennaturdenkmales, das direkt an das FND „Steinbruch am Jägerhorn" angrenzt. Im fast völlig von Nadelholzforsten überprägten Tharandter Wald gelten solche Waldbilder als besonders schützenswert, repräsentieren sie doch eine Vegetation, wie sie ohne Zutun des Menschen wahrscheinlich vorherrschen würde („Potenzielle Natürliche Vegetation - PNV"). Zwischen den recht vitalen Altbäumen wächst eine Strauchzone aus Schwarzem Holunder, Eberesche und reichlich Brombeere, in der Bodenschicht finden sich u.a. Drahtschmiele, Sauerklee und der seit etwa 100 Jahren eingebürgerte Rote Fingerhut.

S-Berg

Gar nicht auf allen Landkarten verzeichnet ist der sogenannte S-Berg, etwa einen Kilometer südlich von Hartha. Es handelt sich um einen flachen Tafelberg, der noch eine vollständige Abfolge der kreidezeitlichen Sandsteinschichten aufweist. Verschiedene Institute der Tharandter Forstabteilung der TU Dresden nutzen dieses Gebiet für ihre Untersuchungen.

Das Institut für Bodenkunde und Standortslehre unterhält eine Kette („Catena") von Bodengruben, die über den verschiedenen Gesteinen des S-Berges auch eine breite Palette von Bodenbildungen verdeutlichen.

Die Bodengruben am S-Berg im Tharandter Wald (Maxi Binder)

Wandert man auf der Fuchsschneise über den S-Berg, so fallen einem rechts und links des Weges zahlreiche Bodengruben auf. Diese werden schon seit Jahrzehnten für die Ausbildung der Tharandter Forststudenten genutzt und haben aus diesem Grund beachtliche Ausmaße erreicht.

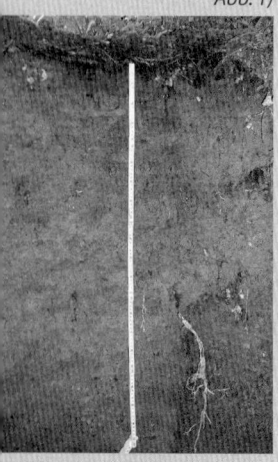

Abb. 1)

Es wurde eine sogenannte **Catena** angelegt. Dabei handelt es sich um eine räumliche Abfolge von Bodenprofilen, die die Bodenentwicklung über verschiedenem Ausgangsmaterial zeigt. Das ist dort besonders interessant, wo auf engem Raum viele verschiedene Ausgangsgesteine vorkommen. Im Gebiet zwischen Tiefem Grund im Nordosten und S-Berg im Südwesten ist das der Fall. Im Tiefen Grund steht Gneis an, weiter im Südwesten Quarzporphyr. Darüber lagerten sich in der Kreidezeit verschiedene Sedimentschichten ab, die heute als Sandsteine und Tone mit unterschiedlichen Strukturen vorliegen und den S-Berg bilden. Auf diesen, in Entstehung und Struktur sehr unterschiedlichen, Ausgangsgesteinen entstehen bestimmte Bodentypen, die man im Gelände mit Hilfe der Bodengruben erkennen kann.

Nordwestlich des Immissionsökologischen Messfeldes, etwas abseits des Floßweges, befindet sich eine Bodengrube, die eine **typische Braunerde** *(Abb. 1)* zeigt. Als Ausgangsgestein steht Quarzporphyr an. Nun ist die Braunerde nicht allein durch den nährstoffarmen sauren Quarzporphyr, sondern auch durch Lößeinwehungen aus den Eiszeiten geprägt. Löß ist relativ kalk- und nährstoffreich und hat somit die Verwitterungsprodukte des Quarzporphyrs aufgewertet.

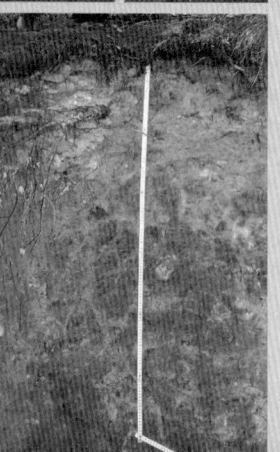

Geht man auf dem Floßweg weiter nach Nordwesten, trifft man rechter Hand auf einen **Braunerde-Pseudogley** *(Abb. 2)*. Das ist ein Bodentyp, der durch Stauwassereinflüsse gekennzeichnet ist. Das entsprechende Merkmal ist die „Marmorierung", die durch senkrechte helle Streifen im ansonsten braunen Profil entsteht.

Abb. 2)

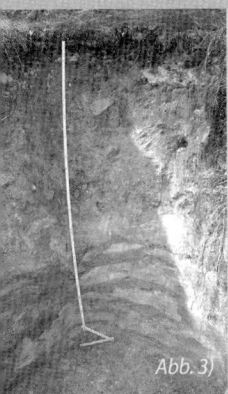

Abb. 3)   *Abb. 4)*   *Abb. 5)*

Auf dem Plateau des S-Berges liegen verschiedene **Abfolgen von Sandsteinen** *(Abb. 3)* übereinander. Einen Teil davon kann man sich in einer Bodengrube in der Nähe der Kreuzung Fuchsschneise – Komiteeflügel ansehen. Es sind die rötlich-weißen Pennricher Schichten und der darüberliegende Plänersandstein freigelegt.

Am anderen Plateauende steht eine andere Sandsteinschicht an der Oberfläche an: der Quadersandstein. Auf ihm entstand am südwestexponierten Hang des S-Berges der Bodentyp **Podsol**, *(Abb. 4)* den man sich ebenfalls in einer Bodengrube aufgeschlossen ansehen kann.

Nachdem man die Schneise 8 (Straße zwischen Kurort Hartha und Dorfhain) überquert hat, steigt man in ein Tal hinab, in dem sich der gesamte Gesteinszersatz, der in den Eiszeiten den Hang hinuntergerutscht ist, angesammelt und verdichtet hat. Dort liegen außerdem Tonlinsen im Boden, die das Wasser nicht abfließen lassen. In diesem Bereich steht das Wasser bis fast an die Oberfläche. Das führt zum Bodentyp **Stagnogley** *(Abb. 5)*, der sich allerdings den größten Teil des Jahres in einer mit Wasser gefüllten Bodengrube verbirgt.

Sandstein-
bruch

Zwischen-
moor

Am Südosthang des S-Berges, zwischen den Wegen Kreuzvier und Komiteeflügel, befindet sich ein längst aufgelassener Sandsteinbruch, auf dessen Boden sich ein bedeutsames Zwischenmoor gebildet hat. (Ein „Zwischenmoor" steht, wie der Name vermuten lässt, von seinen Eigenschaften her zwischen den Biotopen „Hochmoor" und „Niedermoor" – d. h., neben angestautem Regenwasser trägt auch seitlich einsickerndes Grundwasser zum Wasserhaushalt bei und führt in geringem Umfang Nährstoffe zu.). Der größte Teil des Moores geht wahrscheinlich auf die Verlandung von Gewässerflächen zurück. Ein kleiner Resttümpel dient heute noch Erdkröten und Grasfröschen als Laichgewässer.

Neben Torf- und anderen Moosen sowie Seggen und Binsen prägt vor allem Schmalblättriges Wollgras das Biotop. Das frühere Vorkommen von Sonnentau scheint erloschen zu sein, dafür wurde in den letzten Jahren Fieberklee entdeckt. Unter den Moosen ist das sehr nässebedürftige *Warnstorfia fluitans* bemerkenswert. Vom Rande her dringen immer weiter Birken in die Steinbruchsohle vor, sorgen für Beschattung und Wasserentzug, was den Charakter des Moores zu verändern droht.

Beachtlich ist vor allem die Geschwindigkeit, mit dem in den Jahrzehnten seit der Aufgabe des Steinbruches das Wachstum der Torfmoose fortgeschritten ist. Die angesammelte Torfschicht beträgt stellenweise 90 cm – das entspricht durchschnittlich 6 cm Torfakkumulation pro Jahr. Es handelt sich also hier offenbar um ein sehr vitales Moor – eine Rarität im Ost- Erzgebirge, wo sich selbst auf dem Gebirgskamm die meisten Moore in einem mehr oder weniger desolaten Austrocknungsprozess befinden. Das „Moor im Sandsteinbruch am Komiteeflügel" ist als Flächennaturdenkmal geschützt. Die Torfmoosbereiche dürfen auf keinen Fall betreten werden, Störungen des Mooswachstums durch Trittbelastung regenerieren sich teilweise erst nach vielen Jahren!

„Moor im Sandsteinbruch am Komiteeflügel"

Warnsdorfer Quelle

Die Warnsdorfer Quelle, südwestlich des S-Berges gelegen, ist mit durchschnittlich vier Litern pro Sekunde der ergiebigste Wasserlieferant des Tharandter Waldes (wovon ein Teil zur Wasserversorgung Tharandts abgezweigt wird). An der Basis der Sandsteindecke wird durch eine verdichtete Schicht das weitere Versickern des Niederschlagswassers in den Porphyr verhindert, und das am Westhang des S-Bergs im Sandstein gespeicherte Wasser tritt an dessen tiefster Stelle als Warnsdorfer Quelle zu Tage. 1983 wurden bei Grabungen im Umfeld der Warnsdorfer Quelle Reste der Siedlung Warnsdorf aus dem 12. Jahrhundert gefunden, die allerdings nicht lange bestanden hat.

Abb.: Rauchschadensprüffeld

Etwas östlich des S-Berges, zwischen Breitem und Tiefem Grund, befindet sich:

Das immissionsökologische Prüffeld der TU Dresden (Volker Beer)

In der zweiten Hälfte des 19. Jahrhunderts wurden in Tharandt die Grundlagen moderner Immissionsforschung gelegt. Wissenschaftliche Untersuchungen zu Waldschäden erschienen und belegten, dass diese durch Luftverunreinigungen aus Industrieanlagen verursacht wurden. Als Begründer der Rauchschadensforschung gilt Julius Adolph Stöckhardt, der von 1847 bis 1883 in Tharandt „Agricultur- und Pflanzenchemie" lehrte.

Das Immissionsökologische Prüffeld wurde Ende der 1960er Jahre am Institut für Pflanzen- und Holzchemie (Sitz im Stöckhardt–Bau, seit 2002 im neu errichteten Judeich–Bau, einem modernem Labor- und Lehrgebäude) gegründet und bis heute betrieben. In Glas-Kabinen können die verschiedensten Umwelt- und Schadstoffeinflüsse an Waldpflanzen simuliert werden. Derartige Versuche geben Aufschluss über grundlegende Wirkmechanismen und sind Voraussetzung mo-derner Feldforschung. Auch die Umweltgesetzgebung nimmt darauf Bezug, etwa bei der Vorgabe nicht zu überschreitender Grenzwerte für derartige, von der Industrie in die Umwelt abgegebene Schadstoffe. Mit Hilfe einer computergesteuerten Schadgasdosier- und Messeinrichtung ist es möglich, die unter natürlichen Bedingungen gemessenen Tages- und Jahresgänge der Immissionsbelastung auf Pflanzen zu untersuchen. Der Einfluss verschiedener Schadstoffkomponenten (z. B. Schwefeldioxid SO_2, Stickoxide NO_x, Ozon O_3 und Ammoniak NH_3) kann einzeln oder im Gemisch geprüft werden, so dass auch synergistische bzw. kompensatorische Wirkungen erkannt werden können.

Seerenbach

Zwischen Grillenburg und Klingenberg entspringt der Seerenbach und fließt über reichlich vier Kilometer in Richtung Weißeritz. Dabei verliert das Wasser rund 100 m an Höhe – jedoch nicht gleichmäßig. Auf der ersten Hälfte des Weges, bis zum Seerenteich, schafft es das kleine Bächlein gerade mal, eine 25 m tiefe Mulde in den Porphyr zu nagen. Dann jedoch edet die Porphyrdecke, die Südostecke des Tharandter Waldes besteht aus Gneis (bzw. „Gneisbrekzie"). Dieser kann der Erosion viel weniger Widerstand entgegensetzen als der harte Porphyr. Das hatte nach der Hebung der Erzgebirgsscholle auch die Wilde Weißeritz „erkannt" und hier den Tharandter Wald östlich umgangen, anstatt weiter nach Nordwesten zu fließen, wie sie dies in ihrem Oberlauf tut. Der Seerenbach eilt nun auf seinen letzten beiden Kilometern mit einem Gefälle von 4 % in das tief eingeschnittene Weißeritztal zwischen Dorfhain und Edle Krone.

Seerenteich Der Seerenteich ist fast der letzte einer einstmals großen Anzahl von Flössereiteichen an der Wilden Weißeritz. Seit dem 16. Jahrhundert transportierte man Bau- und Brennholz auf der Weißeritz nach Dresden. Deren Wassermenge, vor allem aber die der Zuflüsse, reichte jedoch meistens nicht aus, der wertvollen Ladung genügend Schwung und Auftrieb zu verleihen. Blieben die Stämme an den Ufern hängen, bestand trotz drakonischer Strafen immer die Gefahr des Holzdiebstahls. Zusätzlichen Anschub brachten die Flössereiteiche, deren Wasser dann mit einem Male abgelassen wurde. Der Seerenteich ist an seinem Staudamm mehr als 6 m tief und konnte mithin der Flösserei eine beträchtliche Wassermenge zur Verfügung stellen. Das Holz wurde dann von Floßknechten bis in die Residenzstadt geleitet und am Floßhof – in der Nähe der heutigen Floßhofstraße – zwischengelagert. 1875 konnte auf diese Weise der letzte Holztransport nach Dresden geschickt werden. Dann übernahm die Eisenbahn diese Aufgabe.

Noch vor wenigen Jahren war übrigens am Häuschen über dem Mönch (der Ablassvorrichtung des Teiches) eine Aufschrift zu erkennen: „Krebsen und Fischen verboten!". Abgesehen davon, dass der einheimische Edelkrebs infolge einer Krankheit („Krebspest") und Verdrängung durch den eingeschleppten amerikanischen Kamberkrebs sehr selten geworden ist, wird man im Seerenteich heute vergeblich nach Tieren suchen. Infolge der Freiberger Hüttenabgase ist das Wasser so sauer, dass kein Fischlaich darin existieren kann. Die saure Nadelstreu der ringsum gepflanzten Fichten trägt auch kaum zu einer Verbesserung der Situation bei.

Auf der Südseite des Teiches, in Höhe des Einlaufes, befindet sich direkt am Weg ein kleiner aufgelassener Steinbruch, in dem der anstehende Quarzarme Porphyr aufgeschlossen ist.

Während auf der Talsohle edellaubholzreiche Mischbestände vorherrschen, sind an den südexponierten Hängen (nördlich des Bahndammes) ärmere Standorte ausgebildet, auf denen die Forstleute neben Fichten auch Kiefer und Birke zulassen. Auf verhagerten Lichtungen ist die Besenheide die entsprechende Zeigerpflanze für die herrschenden Verhältnisse.

Im Seerenbachtal befinden sich einige kleinere Talwiesenbereiche. Hier besitzen die Berglandsarten Verschiedenblättrige Distel, Wald-Storchschnabel und Bärwurz nördliche, tiefgelegene Vorposten. Diese Pflanzen sind Indikatoren für den montanen Charakter des Talgrundes. Am Bach selbst ist über größere Strecken ein Erlen-Galeriewald ausgebildet.

⑨ Seifenbachmoor

An der Straße Dorfhain - Hartha fließt dem Seerenbach ein kleines Rinnsal namens Seifenbach zu. Der Name kündet zwar vom Bergbau, hat aber mit den nahegelegenen, zeitweise recht bedeutenden Silberfunden um Edle Krone, Dorfhain und Höckendorf nichts zu tun. Vielmehr wurde in den hauptsächlich aus Gangquarz bestehenden „Grundschottern" der Oberkreideschichten hier (wie auch an anderen Orten) schon frühzeitig ein gewisser, wenn auch sehr geringer, Goldgehalt festgestellt. Diesen hat man versucht, aus den Sandbestandteilen der ansonsten recht groben Grundschotter auszuwaschen (zu „seiffen"). Die Grundschotter liegen immer dem Grundgebirge auf und bilden hier den Sockel des Markgrafensteins.

Heute beeindruckt der Seifengrund den Naturfreund mit einem etwa 6 ha großen Komplex aus naturnahem Moorwald und offenen Moorflächen. Letztere umfassen fast einen Hektar und werden von Schmalblättrigem

Abb.: Woll-
reitgras-
Fichtenwald
und offenes
Zwischen-
moor

Wollgras, Igel-Segge, Sumpf-Veilchen und Flatter-Binsen geprägt. Hinzu kommen u. a Spieß-Torfmoos (stark gefährdet!), Haarblättriges und Glänzendes Torfmoos. Im unteren Bereich, dort wo die Hauptabflussbahn des Baches liegt, hat sich eine reine Torfmoosdecke ausgebildet. Abgestorbene Fichten und Kiefern künden davon, dass das Moor zumindest in der jüngsten Vergangenheit noch immer gewachsen ist. Wahrscheinlich befanden

sich am Seifenbach einstmals auch drei kleine Teiche, die inzwischen verlandet und Teil des Moorkomplexes sind. Auf dem ehemals ca. 1 m tiefen, oberen Teich schwimmt inzwischen eine 50 cm mächtige Torfschicht. Eng verzahnt mit den offenen Moorbereichen wachsen Fichten-Kiefern-Bestände mit Pfeifengras, Torfmoos, Stern-Segge, Drahtschmiele und Siebenstern. Sogar Sonnentau findet sich hier noch in einigen, leider sehr wenigen Exemplaren. Auffällig ist das gehäufte Vorkommen montan verbreiteter Arten wie Siebenstern, Dreilappiges Peitschenmoos, Rippenfarn. Zu den Besonderheiten zählt auch der feuchtebedürftige Bergfarn. In den 1930er Jahren versuchte der Reichsarbeitsdienst, mittels Gräben diese Moorfläche zu entwässern und forstlich nutzbar zu machen. Mittlerweile hat die Natur diesen Eingriff offenbar wieder weitgehend ausgeglichen, viele der Gräben sind zugewachsen, das im Tharandter Wald sehr seltene Schmalblättrige Wollgras breitet sich seit einigen Jahren erfreulich aus.

Buchenwald am Pferdestall

Aus mehreren Gründen sehr bemerkenswert ist der Buchenwald am Pferdestall. Er gehört mit 200 Jahren Lebensdauer zu den ältesten im Tharandter Wald. Auf einer Fläche von 15 ha bedeckt er Biotitgneis und Porphyr. Da Gneis ebener Lagen normalerweise ackerbaulich genutzt wird, handelt es sich folglich im Tharandter Wald um einen der letzten großen, naturnahen Weiserbestände (= charakteristischer Waldbestand, der der „potenziell natürliche Vegetation" nahe kommt) für diesen Standortbereich. Altersbedingt ist der Bestand recht aufgelichtet und reichlich Jungwuchs zu finden. Die Bodenvegetation wird von Drahtschmiele geprägt. Hinzu kommen Heidelbeere, Sauerklee und Wald-Reitgras, im Ostteil auch Zittergras-Segge.

Tännichtgrund

So gar nicht recht einleuchten will der Weg, den sich der Colmnitzbach im Südwesten des Tharandter Waldes gesucht hat. Während die Wilde Weißeritz keinen Umweg gescheut hat, der großen, harten Porphyrdecke auszuweichen, schneidet sich der viel kleinere Colmnitzbach hier mitten durch den höchstgelegenen Teil des Tharandter Waldes. Ein enges, steilwändiges, fast 100 m tiefes Tal trennt jetzt den 459 m hohen Tännichtgipfel vom nur 500 m Luftlinie entfernten Lips-Tullian-Felsen. Höchstwahrscheinlich war der Verlauf des Baches bereits vor der Anhebung der Erzgebirgsscholle als flache Geländemulde vorgezeichnet. Als sich vor 25 Millionen Jahren, an der Wende von Alt- zu Jungtertiär, die Erzgebirgsscholle zu heben begann, „überlegte" der Colmnitzbach mit einer Mäanderschlaufe unterhalb des heutigen Weidegutes Colmnitz zwar einen Moment, ob er nicht doch dem neuen Hindernis ausweichen solle, „entschied" sich dann aber doch für seinen alten Weg.

Als Ergebnis findet der naturkundlich interessierte Wanderer hier nun den (für den Tharandter Wald so typischen) Quarzarmen Porphyr an mehreren Felsklippen aufgeschlossen. Besonders an der Diebskammer bietet sich auch dem geologisch nicht vorgebildeten Naturfreund ein eindrucksvolles Bild, wenn von Westen die Abendsonne ins Tal hereinscheint und die dunkelrote bis violette Farbe des Gesteins hervorhebt.

Allerdings sind diese Felsen nicht vollständig natürlich entstanden. Um den damaligen Eisenbahnknotenpunkt Klingenberg/Colmnitz mit der 1899 errichteten Schmalspurbahn Potschappel–Mohorn–Nossen zu verbinden, wurde (verzögert durch den Ersten Weltkrieg) 1923 noch eine Strecke durch den Tännichtgrund gebaut. Wegen der Enge des Tales war dabei der Einsatz von Dynamit unvermeidlich. Es wurde, nicht nur deshalb, die teuerste Schmalspurbahn Sachsens: inflationsbedingt über eine Billion Mark! Seit 1971/72 gibt es das einstmals dichte Schienennetz rings um den Tharandter Wald nicht mehr.

Betroffen vom Bahnbau war vor allem die Umgebung der sogenannten Diebskammer. Früher gab es auf der Westseite des Felsens eine Höhle, von der jetzt noch Wunderdinge erzählt werden. Ein goldener Tisch und andere Schätze seien darin verborgen, und ein unterirdischer Gang habe einstmals von der Höhle bis nach Grillenburg geführt. Vor über hundert Jahren ist der Eingang zur Höhle jedoch zugeschüttet worden. Die „Schwarze Garde" des berüchtigten Räuber-Hauptmanns Lips Tullian soll hier einst eines ihrer Verstecke gehabt haben.

Lips Tullian

Vor 300 Jahren – Kurfürst August der Starke war mit seinen politischen Ambitionen in Polen beschäftigt – machte ein aus Süddeutschland (oder dem Elsaß) stammender Räuberhauptmann namens Elias Erasmus Schönknecht, alias Lips Tullian, mit seiner „Schwarzen Garde" das Ost-Erzgebirge (und angrenzende Gebiete Sachsens) unsicher. Zu ihrem Repertoire gehörten   Überfälle auf Postkutschen und sogar Einbrüche in Kirchen. Perfekt gingen die Diebe dabei mit Dietrich und Brechstange zu Werke. Aber sie scheuten auch keine Gewalt auf ihren Beutezügen.

Während sich seine Räuberbande im Tharandter Wald verbarg und unter recht einfachen Verhältnissen lebte, zog Lips ein komfortableres Leben in den Städten vor. Mehrfach wurde er dabei jedoch auch gefasst und in die kurfürstlichen Kerker geworfen, doch dem gewieften Räuberhauptmann gelang immer wieder die Flucht. Bis schließlich August der Starke hart durchgreifen ließ, um die Sicherheit auf den sächsischen Straßen wiederherzustellen. So wurde dann Lips Tullian in Dresden hingerichtet, vor den Augen von zwanzigtausend Schaulustigen. Ein paar Jahre später machten die Landsknechte schließlich auch die letzten Verbliebenen der „Schwarzen Garde" dingfest.

Heute wirbt die Tourismusbranche des Tharandter Waldes an der Diebskammer noch mit einem weiteren Fakt: hier soll sich der Mittelpunkt Sachsens befinden (wobei dies natürlich auch andere Orte für sich reklamieren können – ganz abhängig davon, von welchen Randpunkten aus die Vermessung vorgenommen wird.)

Die schmale Bachaue des Colmnitzbaches wird teilweise noch als Weideland genutzt, teilweise liegen die Wiesen aber auch brach. Natürlicher Erlen-Auwald beginnt sich diese Bereiche zurückzuerobern, obwohl durch Aufräumungsarbeiten nach dem letzten Hochwasser auch am Colmnitzbach viel Natur zerstört wurde. Wie an vielen anderen Bächen auch nutzen bevorzugt Neophyten die Breschen, die Bagger an den Bächen geschlagen haben, zur Ausbreitung: Drüßiges Springkraut, Japanischer Staudenknöterich und Riesen-Bärenklau.

Unerwartet für das Porphyrgebiet mit seinen nährstoffarmen, sauren Böden wächst am Unterhang des Tännichtberges ein schöner, alter Buchenwald. Sicherlich sorgen am nordexponierten Hangfuß auch eiszeitliche Lößeinwehungen für eine Verbesserung der Bodenverhältnisse, aber der

*Abb.: Colm-
nitzbach im
Tännicht-
grund*

Bestand zeigt, dass selbst über Porphyr qualitativ gute Laubbäume zu wachsen vermögen. Große, abgestorbene Stämme zeigen darüberhinaus mit ihrem Pilzbewuchs, dass tote Bäume sehr wichtig sind für eine artenreiche Lebewelt.

Ganz im Gegensatz dazu steht die überwiegende Fichten- und (v. a. immissionsbedingt) Lärchenbestockung, die den Wanderer beispielsweise entlang der „Salzstraße" und der „Bahnhofstraße" begleitet. Die Bodenflora ist arm, Drahtschmiele dominiert.

Ein kurzer Abstecher vom genannten Weg führt zum Lips-Tullian-Felsen, einer in das Tal vorgeschobenen Porphyrklippe. Es bietet sich ein Überblick über den tief eingeschnittenen Tännichtgrund, der allerdings immer mehr von hochwachsenden Bäumen (Kiefern, Birken, Fichten, Eichen) eingeengt wird.

Am unteren Ortsende von Colmnitz lädt das zum „Naturerlebnishof" ausgebaute Weidegut vor allem Familien zu einem Besuch ein. Ein Tiergehege mit Eseln, Ponys, Ziegen, Schafen, Schweinen und Hühnern, ein Spielplatz sowie ein großer Bauern- und Kräutergarten wurden hier in den letzten Jahren angelegt. Das Weidegut Colmnitz ist auch eine von mittlerweile 16 Stationen des Computer-Natur-Lernspieles „Ulli Uhu entdeckt das Ost-Erzgebirge", mit dem die Grüne Liga Osterzgebirge vor allem Kinder im Grundschulalter und deren Eltern für die Natur der Region begeistern möchte.

....

Wanderziele in der Umgebung

Ehemaliger Steinbruch Niederschöna

Dieser östlichste einer ganzen Galerie von Sandsteinbrüchen im Ausstrichbereich der tiefsten Kreideschichten besaß früher eine Höhe von etwa zehn Metern, ist aber inzwischen durch Bäume und Sträucher sowie Hangschutt (bis auf die festen Sandsteinbänke) schwer zugänglich geworden. Eine aussagekräftige Erläuterungstafel zum Aufschluss befindet sich am Zugangsweg von der Dorfstraße her.

Der Steinbruch birgt die sogenannte Typus-Lokalität der „Niederschönaer Schichten" (bzw. heute als „Niederschöna-Formation" bezeichnet), die unter diesem Begriff auch in die internationale Fachliteratur Eingang fanden. Seit Mitte des 19. Jahrhunderts sind die hier aufgeschlossenen Sandsteine wegen der darin enthaltenen fossilienreichen Tone bekannt. Wiederholt wurden diese „Crednerien-Schichten" (nach der kreidezeitlichen, platanenartigen Baumgattung *Credneria* benannt) geologisch und paläobotanisch untersucht.

Die Niederschönaer Schichten besitzen am Westrand des Tharandter Waldes eine Mächtigkeit von etwa 20 m, wovon der Steinbruchbetrieb etwa 7 m aufgeschlossen hat (ohne die darunter liegenden Grundschotter). Die gelben, fein- bis mittelkörnigen Sandsteine mit Tonschichten und Tonlinsen sind Ablagerungen des einstmaligen, ein bis zwei Kilometer breiten „Niederschönaer Flusses", der sich zu Beginn der Oberkreide (Cenoman) mäandrierend von West nach Ost durch den Tharandter Wald zog.

Als sich schließlich das Kreidemeer immer mehr ausbreitete und auch den heutigen Tharandter Wald unter sich begrub, lagerte sich zunächst eine Schicht rundgeschliffener Gerölle über den Niederschönaer Schichten ab. Etwa drei Meter unter der oberen Steinbruchkante sind diese Küsten-Gerölle heute als Konglomeratgestein zu erkennen. Als das Meer dann etwas tiefer wurde, setzten sich Sande ab - die heute als Sandsteine der sogenannten Oberhäslicher Schichten (früher als „Unterquader" bezeichnet) ganz oben im ehemaligen Steinbruch Niederschöna zu erkennen sind.

⑬ Talmühlengrund zwischen Tharandt und Hartha

Nordöstlich des Erzgebirges und der Mittelsächsischen Störung erstreckt sich ein mehrere Kilometer breiter Streifen verschiedenartiger, sehr alter Gesteine. Graue und graugrüne Phyllite (Tonschiefer) aus dem Ordovizium (vor rund 488 bis vor 444 Millionen Jahren), graue bis schwarze Kiesel- und Alaunschiefer aus dem Silur (vor 444 bis vor 416 Millionen Jahren), Tonschiefer und Quarzite aus dem Devon (vor 416 bis vor 359 Millionen Jahren) – allesamt aus Sedimenten hervorgegangene metamorphe Gesteine; dazu noch vulkanisch entstandener Diabas, und das alles von vielen tektonischen Verwerfungen zerrüttet – dies ist das Nossen-Wilsdruff-Tharandter Schiefergebirge.

Im Nordosten des Tharandter Waldes verbirgt der geologisch jüngere Porphyr dieses bunte Gesteinsmosaik, und jenseits der Linie Freital/Hainsberg – Wilsdruff (im „Döhlener Becken") hat sich der Abtragungsschutt des variszischen „Ur-Erzgebirges" – das Rotliegende – darüber abgesetzt. Doch in dem dazwischenliegenden Streifen tritt das Schiefergebirge zu Tage. Der Begriff „Gebirge" bezeichnet keine markante Landschaftserhebung, wie man vermuten könnte, sondern lediglich eine geologische Einheit, die zwar mal ein „richtiges" Gebirge war, heute aber längst eingeebnet ist. Nur dort, wo in der allerjüngsten erdgeschichtlichen Vergangenheit Bäche ihren Weg in diesen eingeebneten Rumpf eingegraben haben, da machen sich die Gesteine in all ihrer Vielgestaltigkeit an den Talhängen bemerkbar.

Zum Beispiel zwischen Tharandt und dem Harthaer Ortsteil Hintergersdorf. Unterhalb der ehemaligen Talmühle wurde früher in drei Steinbrüchen Diabas abgebaut und zu Schotter, teilweise auch zu Werkstein verarbeitet. Der basische Diabas bietet einer artenreichen Vegetation gute Existenzbedingungen. Größere Buchenbestände und Bachwälder mit Erle, Esche und

Ulme stocken hier. Die Bodenvegetation besteht meist aus anspruchsvolleren Arten wie Goldnessel oder Buschwindröschen

Ebenfalls zum Schiefergebirge gehört auch das Kalksteinlager am nordwestlichen Stadtrand von Tharandt. Der graue bis schwarze Kalkstein tritt in zwei Schichtkomplexen auf und wurde angeblich schon sehr früh abgebaut (bis zum 1. Weltkrieg).

Das Stadtzentrum am Schloitzbach hingegen ruht auf Gneis – gehört also noch zum Erzgebirge. Tektonische Verwerfungen haben hier einen „Gneiskeil" entstehen lassen, der etwa vier Kilometer nach Norden ragt. Während der Variszischen Gebirgsbildung hatte sich hier auch eine Spalte aufgetan, aus der Porphyr-Magma emporquoll und heute nun den markanten Sporn des Tharandter Burgberges bildet (die Kirche allerdings steht auf Gneis).

Quellen

Akademie der Wissenschaften: **Zwischen Tharandter Wald, Freital und dem Lockwitztal**, Werte unserer Heimat Band 21; 1973

Grüne Liga: **Ulli Uhu entdeckt das Ost-Erzgebirge**, Broschüre zum Computer-Natur-Lernspiel, 2005

Haubrich, Frank: **Geologisches Freilichtmuseum Porphyrfächer Mohorn-Grund**, Faltblatt des Fördervereins Geologie Tharandter Wald

Jacob, H.: **Waldgeschichtliche Untersuchungen im Tharandter Gebiet**; Feddes Repert. Beih. 137 (1957)

Landgraf, Katrin: **Naturschutzfachliche Analyse ausgewählter Kleinstmoorflächen im Regierungsbezirk Dresden**, Diplomarbeit HTW Dresden, 2003

Staatliches Umweltfachamt Radebeul: **Flächenhafte Naturdenkmale im Weißeritzkreis**, Materialien zu Naturschutz und Landschaftspflege 01/1998

Magirius, Heinrich; Oelsner, Norbert; Spehr, Reinhard: **Grillenburg**, Arbeitshefte des Landesamtes für Denkmalpflege, Heft 10; 2006

Müller, Heidi: **Forstliche Lehr- und Forschungsstätte Tharandt – Geschichte und Gegenwart**, Beiträge zur Heimatgeschichte, Heft 9; 1986

Mundel, G.: **Moore des Tharandter Waldgebietes**, Dipl.-Arb., 1955, TU Dresden, Fakultät Forstwirtschaft Tharandt

Schmidt, Peter A.; Denner, Maik; Zieferink, Marita: **Geobotanische Exkursion im Osterzgebirge (Exkursionsbegleiter)**, ohne Jahresangabe

Schmidt, P. A.; Gnüchtel, A.; Kießling, J.; Wagner, W. & Wendel, D.: **Erläuterungsbericht zur Waldbiotopkartierung im Sächsischen Forstamt Tharandt**, 1998, Abschlussbericht zum Projekt, TU Dresden, Fachrichtung Forstwissenschaften Tharandt (Mskr.)

Wotte, Herbert: **Tharandter Wald**, Wanderheft 17, 1986

www.niese-mohorn.de
(„Wanderung im Geologischen Freilichtmuseums rund um den Porphyrfächer in Mohorn – Grund" – detaillierte Beschreibung des „Geologischen Freilichtmuseums")

Rote Weißeritz
zwischen Dippoldiswalde und Freital

Text: Jens Weber, Bärenstein; Torsten Schmidt-Hammel, Dresden
(Vorarbeiten von Wolfgang Kaulfuß sowie Zuarbeiten von
Brigitte Böhme, Werner Ernst, Immo Grötzsch, Jörg Lorenz,
Hans-Jürgen Weiß, Ulrich Zöphel)

Fotos: Reimund Francke, Stefan Höhnel, Torsten Schmidt-Hammel,
Jens Weber, Ulrike Wendel

Gneis-Kerbtal mit Felsklippen; Sandsteinheiden mit Felskuppen

Eichen-Buchenmischwälder, Schlucht- und Schatthangwälder,
Kiefernforsten, Weiß-Tanne

naturnahe Bachabschnitte, Teiche und Verlandungszonen, Kleinstmoore

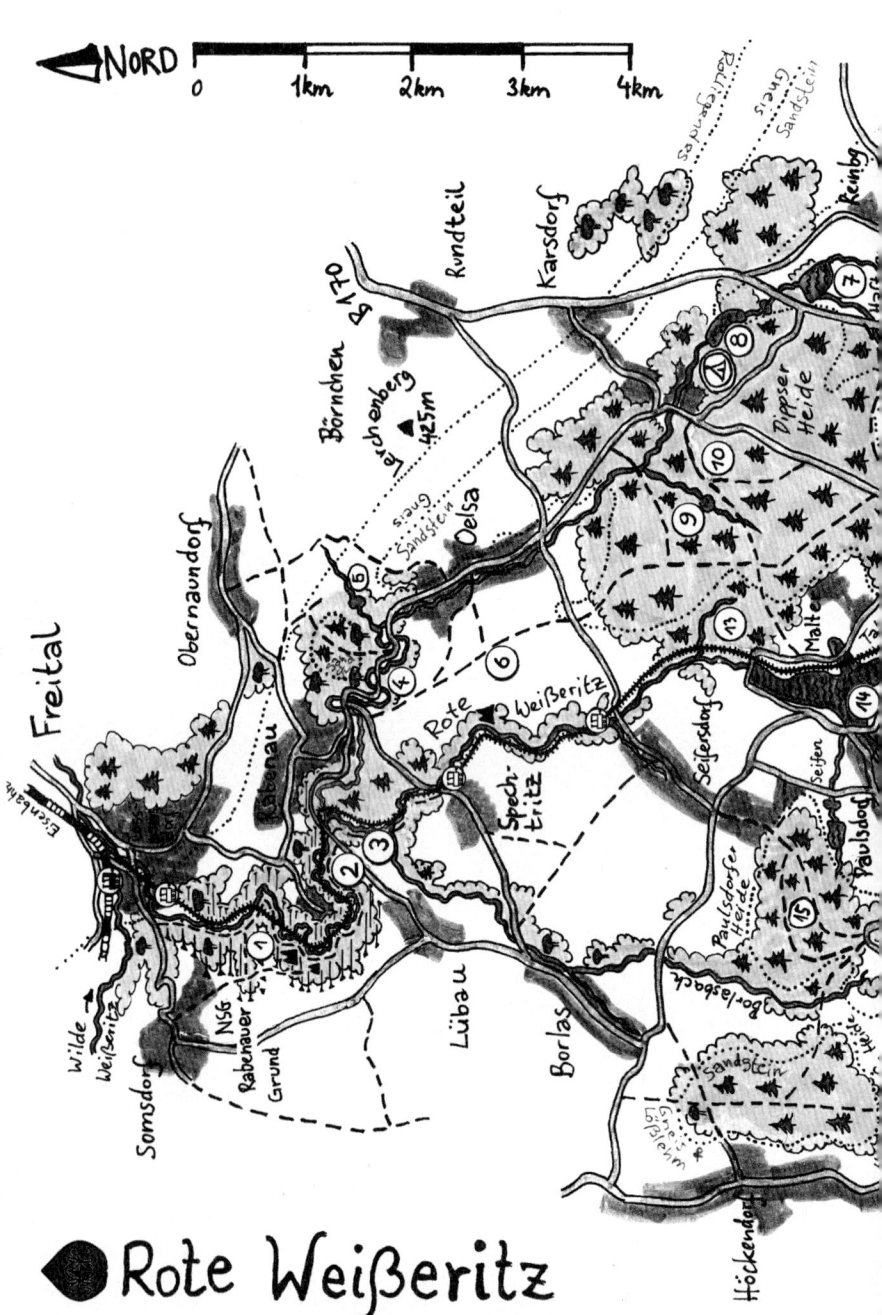

Rote Weißeritz

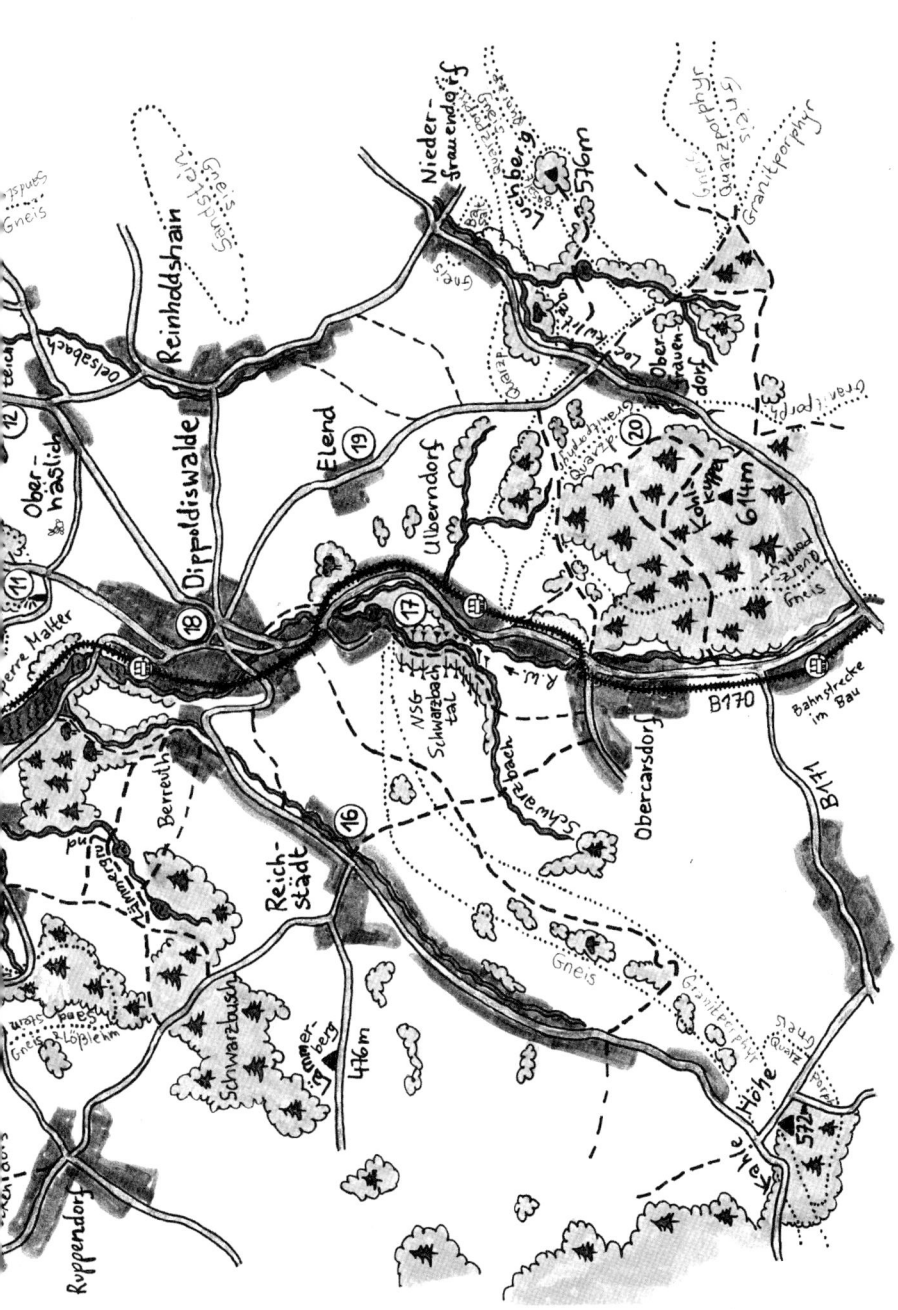

zwischen Dippoldiswalde und Freital

Die Beschreibung der einzelnen Gebiete folgt ab Seite 316

Landschaft

Ganze zehn Kilometer Luftlinie liegen die beiden Städte Dippoldiswalde und Freital auseinander, doch bei einer Wanderung begegnen dem Naturfreund auf diesem engen Raum höchst unterschiedliche Landschaften: ausgeräumte Agrarfluren einerseits und zusammenhängende Waldflächen andererseits, der markante Rücken der Wendischcarsdorfer Verwerfung im Nordosten und, ganz in der Nähe, der schluchtartige Einschnitt des Rabenauer Grundes. Mehrere Teiche und die Wasserfläche der Talsperre Malter bereichern zusätzlich die Gegend.

Struktur-armeGneis-hochflächen Strukturarme Gneishochflächen beherrschen im Südwesten des Gebietes die meisten Fluren (Reinholdshain, Ruppendorf, Borlas). Lößeinwehungen der Eiszeiten haben hier vielerorts die ohnehin recht fruchtbaren Gneisverwitterungsböden noch zusätzlich mit Pflanzennährstoffen angereichert. Entsprechend intensiv erfolgte hier zu allen Zeiten die landwirtschaftliche Nutzung. Die Ortschaften galten überwiegend als wohlhabende Bauerndörfer, wie auch heute noch an einigen großen Gehöften zu erkennen ist. Nach der Kollektivierung der DDR-Landwirtschaft wurden die historisch gewachsenen Waldhufenstrukturen zu maschinell nutzbaren Großschlägen

Abb.: Gneisplateau bei Oberhäslich und Reinholdshain (Blick vom König-Johann-Turm zum Luchberg)

umgewandelt. Eine besonders große Rolle spielten hier Meliorationsmaßnahmen (Drainage von Feuchtsenken), da die Lößlehmbeimengungen in
Muldenlagen zu Bodenverdichtungen führen.

Silbererz-
vorkommen

Dippoldis-
walde

Der Gneis des Dippoldiswalder Landes hat nicht nur an seiner Oberfläche
den Bewohnern einen bescheidenen Wohlstand beschert. Verborgen darin
waren auch Silbererzvorkommen, die möglicherweise bereits Ende des 12.
Jahrhunderts – also kurz nach den Freiberger Funden – zu einem offenbar
lohnenden Bergbau führten. Als 1218 Dippoldiswalde erstmals urkundlich
erwähnt wurde, muss die Bergmannssiedlung schon eine beträchtliche
Einwohnerzahl gehabt haben, wie die aus der Zeit stammende und für damalige Verhältnisse hier außergewöhnlich große Nikolaikirche (ein kulturhistorisch bedeutsames Denkmal romanischer Baukunst) belegt.

Anfang des 16. Jahrhunderts erfolgte noch einmal ein Aufblühen des Bergbaus, nicht zuletzt aufgrund des umtriebigen Wirkens des Amtmannes Sie-
gismund von Maltitz. Diesem wird die Erfindung des Nasspochwerks (1507)
zugeschrieben, mithilfe dessen die Erzaufbereitung von nun an wesentlich
effektiver betrieben werden konnte - eine Neuerung, die dem Bergbau
europaweit zunutze kam. Doch Kriege, Seuchen, rückgängige Erträge, vor
allem aber der Verfall des Silberpreises infolge großer Importmengen aus
den spanischen Kolonien ließen den Dippoldiswalder Bergbau schon frühzeitig wieder eingehen. Die Funktion als Verwaltungssitz einer Amtshauptmannschaft, später eines Landkreises, sowie die wirtschaftlichen Entwick-
lungsmöglichkeiten an der Roten Weißeritz bewahrten Dippoldiswalde
davor, nach dem Ende des Bergbaus in Vergessenheit zu geraten.

Dippoldis-
walder,
Paulsdorfer
und Höcken-
dorfer Heide

Aufgelagert auf die Gneishochfläche sind die Dippoldiswalder Heide (mit
Zipfelheide und Zscheckwitzer Holz rund 12 km^2) rechts der Roten Weißeritz sowie Paulsdorfer und Höckendorfer Heide auf der linken Seite. Es handelt sich um die meist nur einige Meter (max. ca. 30 m) mächtigen Reste
einer einstmals geschlossenen Sandsteinbedeckung, die das Kreidemeer
nicht nur im Elbsandsteingebirge, sondern auch im größten Teil des heutigen Ost-Erzgebirges hinterlassen hatte. Dieses Kreidemeer bedeckte vor
rund 90 Millionen Jahren die damals fast vollkommen flache Landschaft.

violette Fär-
bung frisch
umgebro-
chener
Ackerböden

Unter den Sandsteinen blieben auch einige Zeugnisse der vorausgegangenen Erdgeschichte erhalten. Insbesondere im Winterhalbjahr fällt im unmittelbaren Umfeld der Sandsteinheiden vielerorts die ziemlich intensiv
violette Färbung frisch umgebrochener Ackerböden auf (z.B. Seifersdorfer
Flur an der Paulsdorfer Heide sowie zwischen Oberhäslich und Heidehof).
Während der Kreidezeit müssen Klimabedingungen geherrscht haben, die
denen heutiger Monsungebiete entsprechen – also ein Wechsel von trocken-
heißen Zeiten und ergiebigen Niederschlagsereignissen. Dies führte zur tiefen Zersetzung des Gneises. Die Verwitterung brachte eisenoxidreiche (daher rot-violette) Kaolinitböden hervor. Dieser Gneiszersatz wurde anschließend fast überall wieder abgetragen, nur unter den Sandsteinschichten blieben diese „präcenomanen" Bodenbildungen konserviert (Cenoman = Name
des Abschnittes der Kreidezeit, als das Kreidemeer die Region überflutete).

Bevor das Kreidemeer eindrang und Sand ablagerte, mäandrierte aber zunächst ein breiter Fluss von West nach Ost durch das Gebiet, aus dem später das Ost-Erzgebirge wurde. Dieser „Niederschönaer Fluss" lagerte Gerölle (meist zwischen Nuss- und Faustgröße) ab, die zum allergrößten Teil aus Quarz bestehen, mitunter als Amethyst oder Achat ausgebildet. Auch ein geringer Goldgehalt ist stellenweise enthalten, der früher Goldwäscher an die untere Rote Weißeritz zog. Die Forstortbezeichnung „Goldgrube" (Goldgrubenflüssel = Goldborn) am Westrand der Dippoldiswalder Heide erinnert noch daran. Die kleine Siedlung Seifen an der Paulsdorfer Heide geht wahrscheinlich ebenfalls auf – bescheidene – Goldgewinnung zurück. Weitaus bedeutsamer waren diese Schotterschichten zwischen Sandsteindecke und Gneisuntergrund hingegen zu allen Zeiten als Wasserspeicher. So bezog Dippoldiswalde über 400 Jahre lang sand-

Abb.: Sandsteinstruktur

steingefiltertes Trinkwasser aus dem Steinborn östlich von Malter.

Über den Grundschottern lagern schließlich die Sandsteine. Der Quadersandstein wurde über lange Zeit als Werkstein abgebaut. Zum Teil bis in die 1950er Jahre bestanden Steinbrüche am Nord- und Südrand der Dippoldiswalder Heide (Heidehof, Zipfelheide) sowie am Sandberg in der Paulsdorfer Heide. Nicht nur bei Kirchen- und Repräsentativbauten (z. B. Dippoldiswalder Schloss), sondern auch an älteren Bauerngehöften der Umgebung findet man die Sandsteine als Baumaterial wieder. Am Einsiedlerstein in der Dippoldiswalder Heide und an der Erashöhe in der Paulsdorfer Heide hat die Erosion Sandsteinfelsen modelliert, die an entsprechende Felsbildungen in der Sächsischen Schweiz erinnern.

Als in der Mitte des Tertiärs, vor rund 25 Millionen Jahren, die Erzgebirgsscholle angehoben und schräggestellt wurde, führte dies an der Nordostgrenze des entstehenden Erzgebirges zu Brüchen und Verschiebungen der vorhandenen Gesteine – die Wendischcarsdorfer Verwerfung entstand. Diese Hügelkette vom Lerchenberg (bei Possendorf) über Quohrener Kipse und Wilisch bis zum Lerchenhügel (bei Hausdorf) gilt als Nordostgrenze des Ost-Erzgebirges, dahinter beginnt das Freitaler Rotliegend-Gebiet.

Wendischcarsdorfer Verwerfung

Während der Elster-Kaltzeit drangen die nordeuropäischen Gletscher in diesem Gebiet, zwischen Tharandter Wald und Wendischcarsdorfer Verwerfung, kurzzeitig bis ins untere Ost-Erzgebirge vor. Dies ist an der so genannten „Feuersteinlinie" ablesbar. Da das nordische Eis Feuersteine aus Kreideablagerungen mitbrachte, die es im Süden nicht gibt, kann an ihrer Verbreitung die Südgrenze der Maximalvereisung erkannt werden.

Feuersteinlinie

Nachhaltiger wirkt indes der feine, aus dem vegetationsfreien Vorfeld der Eisdecken ausgeblasene Lößstaub, der ebenso wie auf den Gneisflächen auch auf den Sandsteinebenen aufgelagert wurde und bis heute zu einer

Löß

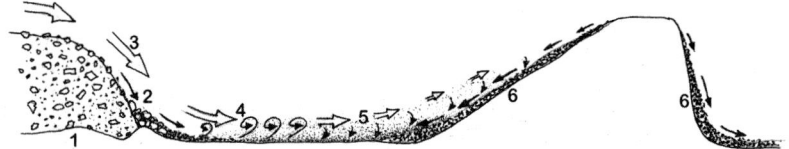

Das Erzgebirge während der Eiszeit:

1 Die polaren Gletscher kommen nördlich des Erzgebirges zum Stehen.

2 Das im Eis mittransportierte Geröll sammelt sich bei Abschmelzen des Gletschers an seinem Fuß an.

3 Die über den Eismassen lagernde (spezifisch schwere) Kaltluft sinkt an der Gletscherfront nach unten und verursacht starke Fallwinde

4 Diese Fallwinde wirbeln das aus den Gletschern ausgespülte feine Material auf und wehen es als Staubstürme nach Süden

5 Am Fuße des Erzgebrges wird die Luft zum Aufsteigen gezwungen, die Windstärke nimmt ab, das mitgeführte Material (der Löß) wird abgelagert

6 Im Erzgebirge selbst wird der Dauerfrostboden in den kurzen Sommern oberflächlich aufgetaut, das Material der obersten Bodenschicht bewegt sich als Schlamm talabwärts ("Bodenfließen")

Verbesserung der Nährstoffversorgung der an sich sehr armen Sandsteine führt, andererseits aber auch hier wechsel- und staunasse Böden bedingt. Dass die „Heiden" fast vollständig ungerodet und dem Wald vorbehalten blieben, ist somit nicht allein auf die Nährstoffarmut des Sandsteins zurückzuführen, sondern auch auf ungünstige Wasserhaushaltsbedingungen in den Böden.

Rote Weißeritz

Als die Erzgebirgsscholle im Tertiär angekippt wurde, begann sich auch die Rote Weißeritz ihren Weg von Süd nach Nord zu bahnen, links vorbei an der Wendischcarsdorfer Verwerfung. Im Gebiet des heutigen Freitaler Stadtteiles Hainsberg wurde die Rote Weißeritz – so wie später auch die Wilde Weißeritz – von einem Seitenbach der Elbe angezapft und nach Osten umgelenkt, hinab in die sich tektonisch absenkende Elbtalzone.

Rabenauer Grund

felsiges Kerbtal

Der Rabenauer Grund indes, in seiner Ausprägung als felsiges Kerbtal, hat offenbar erst in jüngster geologischer Vergangenheit seine heutige Form angenommen. Das abwechslungsreiche, überwiegend schroffe Relief mit zahlreichen Klippenbildungen, teils steilen Felswänden und vereinzelten Blockfeldern entstand im Wesentlichen erst während der Eiszeit.

Die Rote Weißeritz hat sich in den typischen Freiberger Grauen Gneis eingegraben. Im Rabenauer Grund durchziehen mehrere Quarzit- und Amphibolit-Gänge die Felsen, wodurch der Gneis sehr variantenreich erscheint. Meist ist das Gestein fest und kompakt, was an vielen Aufschlüssen am Wegesrand gut beobachtet werden kann.

Hochwasser

Talsperre Malter

Wie die anderen Täler am Ostrand des Erzgebirges, muss auch das der Roten Weißeritz mehrmals im Jahrhundert extreme Niederschlagsmengen aufnehmen, die im 160 km² Einzugsgebiet niedergehen und dann in den Ortschaften entlang des Flusslaufes verheerende Hochwasserkatastrophen verursachen. Nach einem solchen Ereignis 1897 entschloss man sich zum Bau der Talsperre Malter. Dass die vermeintliche Sicherheit der unterhalb liegenden Siedlungen, vor allem der Stadt Freital, trügerisch war, stellte das Hochwasserereignis 2002 unter Beweis, als die Kapazität des (für Erholungszwecke fast im Vollstau gehaltenen) Speichers innerhalb von wenigen Stunden erschöpft war.

Oelsabach

Die Seitenbäche der unteren Roten Weißeritz sind überwiegend kurz und gefällereich, mit einer Ausnahme: dem Oelsabach („de Ölse"), der zwischen Elend und Reinholdshain in ca. 440 m Höhe entspringt und für seinen Verlauf die Schwächezone entlang der Karsdorfer Verwerfung nutzt. Zwei größere und mehrere kleine Teiche bereichern die Landschaft entlang des Oelsaches.

Teiche

Der Rabenauer Grund gilt seit der Zeit der Romantik als eines der landschaftlich reizvollsten Täler Sachsens. Ludwig Richter malte hier einige seiner bekanntesten Werke, unter anderem sollen seine Gemälde „Genoveva in der Waldeinsamkeit" (1841) sowie „Brautzug im Frühling" (1847) Motive aus dem Weißeritztal zeigen. Erst 1834 war das bis dahin unzugängliche Tal durch einen Fußpfad für Ausflügler erschlossen worden.

Wasserkraftwerk

Seit 1911 durchfließt nur noch ein kleiner Teil des Weißeritzwassers den Rabenauer Grund, die überwiegende Menge wird in einem Stolln vorbeigeleitet und zur Stromerzeugung in einem Wasserkraftwerk genutzt. Immer öfter liegt im Sommer das Bett der Rote Weißeritz unterhalb der Rabenauer Mühle fast vollständig trocken.

Landschaftsschutzgebiete

Um den landschaftlichen Charakter des Gebietes zu bewahren, wurden zu DDR-Zeiten die Landschaftsschutzgebiete „Dippoldiswalder Heide und Wilisch" sowie „Tal der Roten Weißeritz" ausgewiesen. Im unteren Teil des Weißeritztales besteht seit 1961 zusätzlich das Naturschutzgebiet „Rabenauer Grund". Auch als europäische Schutzgebiete nach der EU-Flora-Fauna-Habitat-Richtlinie sind der Rabenauer Grund und das Oelsatal gemeldet. Dennoch haben in den letzten Jahrzehnten in der Region erhebliche Veränderungen stattgefunden. Im Umfeld der Malter-Talsperre entstanden neue, große Wohngebiete. Neben der Zerstörung recht artenreicher Grünlandflächen zog diese Ausweitung der Siedlungen auch eine stärkere Beunruhigung der Landschaft und der Tierwelt, z. B. entlang der kleinen Straßen durch Pendlerverkehr, nach sich. Noch gravierender allerdings war der extreme Lkw-Verkehr auf der B170 bis 2006. Bevor dieses Problem auf die neue Autobahn verlagert wurde, lag montags bis freitags ein permanentes Dröhnen über der halben Dippoldiswalder Heide.

Pflanzen und Tiere

So verschieden sich die Geografie zwischen Dippoldiswalde und Freital darstellt, so sehr unterscheidet sich auch die Vegetation. Beim tatsächlichen, heutigen Pflanzenkleid ist dies augenfällig: Nadelholzforsten in den „Heiden", abwechslungsreicher Laubwald im Rabenauer Grund, ausgeräumte Ackerschläge und Intensivgrünland auf den lößbeeinflussten Gneisflächen. Doch auch die „potenziell natürliche Vegetation", die sich ohne Zutun des Menschen einstellen würde, wäre hier sehr heterogen.

Rot-Buche

Die natürliche Hauptbaumart Rot-Buche könnte wahrscheinlich nur auf den Gneishochflächen ihre volle Konkurrenzkraft entfalten – aber auch dort nur dann, wenn nicht Lößeinwehungen zu Staunässe-Böden geführt haben. Solche Buchenbestände (mit natürlicherweise beigemischten Eichen) auf mehr oder weniger ebenen Flächen finden sich heute allerdings in der Gegend kaum noch, da die entsprechenden Standorte wegen ihrer guten landwirtschaftlichen Nutz- und Fruchtbarkeit fast vollständig unter den Pflug genommen wurden. Wo in der Dippoldiswalder Umgebung noch Laubwald über Gneis besteht, sind die Bestände über Jahrhunderte durch Niederwaldwirtschaft und andere Eingriffe erheblich verändert worden, was unter anderem zur Förderung von Eichen auf Kosten der Buchen führte (z. B. Schwarzbachtal). Kleinere Buchenbereiche beherbergt das Waldgebiet zwischen Rabenau und Oelsa.

Leitgesellschaft der unteren Berglagen – Hainsimsen-(Eichen-)Buchenwald

Im Tal der Roten Weißeritz – und insbesondere im Rabenauer Grund – verhinderten die Hanglagen vielerorts die landwirtschaftliche Inkulturnahme. Das Gebiet wird daher noch immer (nicht selten auch: wieder) von naturnahem Wald geprägt. Doch auch hier ist die natürliche Leitgesellschaft der unteren Berglagen – der Hainsimsen-(Eichen-)Buchenwald – nur unterrepräsentiert. Buchen brauchen ausreichende Wasserversorgung und meiden daher trockene Kuppenstandorte, sie vertragen andererseits aber auch keine zu starke Bodennässe, können daher auf den Talböden nicht richtig gedeihen. Und sie reagieren empfindlich, wenn Hangrutschungen ihre Wurzeln und Stammfüße beschädigen. Nur an besser nährstoff- und wasserversorgten, nicht zu steilen und nicht zu blockreichen Hängen befindet sich Buchenwald, typischerweise mit Purpur-Hasenlattich, an den feinerdereicheren Unterhängen mit Waldreitgras. Die Tanne als natürlicher Begleiter der Buchen war früher häufig, ist aber fast gänzlich verschwunden. An den Oberhängen wächst eine arm-trockene Ausbildung mit Kiefer.

Hainbuchen-Eichenwaldgesellschaften

Im unteren Teil des Rabenauer Grundes, der bereits sehr wärmegetönt ist, finden sich Anklänge an Hainbuchen-Eichenwaldgesellschaften.

Typisch für den Rabenauer Grund sind edellaubholzreiche Schlucht-, Schatthang- und Hangschuttwälder, die an kühl-feuchten Hängen wachsen und damit überwiegend dem Eschen-Ahorn-Schlucht- und Schatthangwald sowie, in wärmegetönten Bereichen, dem Ahorn-Sommerlinden- Hangschuttwald angehören. Hier ist die Buche auch deshalb wenig oder gar nicht vertreten, weil die Standorte so wuchskräftig sind, dass die Edellaubbaumarten Ahorn, Esche, Ulme, Linde wesentlich schneller wachsen. In diesen Waldgesellschaften existieren viele Pflanzenarten, die hohe Ansprüche an Nährkraft, Luft- und Bodenfeuchte stellen, so z. B. Bingelkraut, Echte und Hain-Sternmiere, Wald-Ziest, Mondviole und viele Farne – der Rabenauer Grund kann im Erzgebirge auch als das „Tal der Farne" gelten.

Neben den Edellaubholzwäldern sind in den weniger steilen Lagen bodensaure und reiche Buchenwälder prägend. In letzteren fällt der feuchtebedürftige Wald-Schwingel durch Massenbestände auf. Oft tritt die Goldnessel hinzu.

Bach- und Quellwaldgesellschaften

Als dritte Gruppe finden sich die erlen- und eschenreichen Bach- und Quellwaldgesellschaften im Talgrund. Leider ist hier die Vegetation in den letzten Jahren stark geschädigt worden. Einen kleinen Teil hat sicherlich das

Hochwasser 2002 dazu beigetragen, was aber in einem Schutzgebiet der höchsten Kategorie mit dem Leitbild einer hohen Naturnähe hinzunehmen, vielleicht sogar zu begrüßen ist. Weitaus größer waren die nachfolgenden *Schäden durch menschliche Eingriffe:* Ausbau und deutliche Verbreiterung des Talweges, massive Uferbefestigungen an der Weißeritz sowie die Fällung von einigen hundert Bäumen, um der so genannten Verkehrssicherungspflicht Genüge zu tun. Aus Naturschutzsicht sind Eingriffe solchen Umfangs in einem so sensiblen Gebiet – mit sachsenweit herausragender Bedeutung – keinesfalls zu akzeptieren. Entsprechend harsch fielen auch die öffentlichen Proteste aus.

So ist der bachbegleitende Wald heute weitgehend devastiert, und mit ihm die bachtypische Staudenvegetation. Die entstandenen *Ersatzgesellschaften* bestehen aus Störungszeigern ("Ruderalarten"), wie Brennnessel und Bunter Hohlzahn, oder Schlagflurarten, z. B. Schmalblättriges Weidenröschen sowie einigen Neophyten (Kleines Springkraut, Kanadische Goldrute und das expansive Drüsige Springkraut). Nur noch fragmentarisch ausgebildet sind die bach- und talgrundtypischen Staudenfluren mit recht wenigen Individuen der einst charakteristischen Pflanzenarten wie Waldgeißbart, Giersch, Kohl-Kratzdistel, Wald-Engelwurz, Rauhaariger Kälberkropf, Pestwurzarten oder Gilbweiderich. Weit verbreitet ist noch Hallers Schaumkresse auf den frischen Sedimenten vor allem im Frühjahr zu sehen, im Sommer wird diese von anderen Pflanzen überwachsen.

Ganz anders sieht die Waldvegetation der "Heiden" aus. Bei der Verwitterung der Sandsteine entsteht in erster Linie Quarzsand, der fast keine Nährstoffe liefert. Diese schlechten Wachstumsbedingungen werden zwar vom eiszeitlich eingetragenen Löß etwas aufgebessert, dennoch gedeihen unter den uniformen Nadelholzforsten der Dippoldiswalder sowie der Paulsdorfer und Höckendorfer Heide überwiegend anspruchslose Pflanzen. Auf trockenen Kuppen sind dies vor allem Drahtschmiele, Heidelbeere und Wiesen-Wachtelweizen, in besonders mageren Bereichen mit Preiselbeere und Heidekraut. Von Natur aus würde auf den Sandsteinplateaus und -kuppen ein Heidelbeer-Eichen-Buchenwald wachsen bzw. ein Kiefern-Eichenwald, in dem die Buche zurücktritt und stattdessen die Wald-Kiefer eine größere Rolle spielt. Insofern bieten einige ältere Kiefernbestände, beispielsweise am Einsiedlerstein, heute einen durchaus naturnahen Eindruck.

Abb. oben: Totholz belebt den Wald; re.: Adlerfarn-Kiefernforst in der Dippser Heide

Von etwas Wasserzügigkeit (also nicht vollständig stagnierendem Grund- oder Stauwasser) kündet Adlerfarn, der bei entsprechenden Bedingungen ausgedehnte Dominanzbestände bildet. Andererseits bietet an einigen Stellen (z. B. Diebsgrund) fast ganzjährig hoch anstehendes Bodenwasser die Voraussetzungen für kleinflächige Moore.

Waldweide und Streunutzung

Der Mensch hatte es in der Vergangenheit dem Wald auf den Sandsteinheiden nicht leicht gemacht. Zum einen spielte Waldweide eine beträchtliche Rolle. So zitiert der „Standortserläuterungsband" des Staatlichen Forstbetriebes (1965) aus alten Akten: „Von Oberhäslich wird sämtliches Rindvieh in ‚unverhegte' Orte der Dippoldiswalder Heide getrieben – hauptsächlich vom Oberhäslicher Rande herein an den Marktsteig. Auch Bauern des Dorfes Malter üben dort Hutung aus." Auf der anderen Weißeritzseite hatte die Schafhaltung der Rittergüter von Berreuth und Reichstädt besondere wirtschaftliche Bedeutung - und Auswirkungen auf die Natur. Für die Schweinezucht sollen Eichen erhalten worden sein, während die Buchen von der Köhlerei verbraucht wurden. Darüber hinaus wurden im herrschaftlichen Jagdrevier der Dippoldiswalder Heide hohe Rot- und Schwarzwildbestände gehalten für den Fall, dass der Dresdner Hof sich ankündigte. Dennoch müssen sich die Waldbestände bis Mitte des 18. Jahrhunderts noch in einem ganz ordentlichen Zustand befunden haben, vorrangig mit Tannen, Eichen und Fichten bestockt. Dies änderte sich mit dem Siebenjährigen Krieg (1756-63), als große Mengen Holz eingeschlagen wurden und Kahlflächen entstanden.

In dieser Zeit erfolgte in der Landwirtschaft auch die Einführung von Kartoffeln, Hackfrüchten und Leguminosenanbau (Klee, Wicken), womit die Ablösung der langen Brachezeiten der Äcker einherging. Dies wiederum veranlasste viele Bauern zur Aufstallung ihres Viehs, was dann den Bedarf an Stalleinstreu drastisch erhöhte. Diesen Streubedarf konnten die Äcker nicht decken (Stroh brauchte man schließlich auch in großen Mengen zur Dachdeckung und für viele andere Dinge). Als Ausweg bot sich an, Laub, Nadeln, Gras und Moos aus dem Wald zu holen. Mit großen Streurechen wurden die Waldböden ausgeharkt - und dabei ihrer Nährstoffe beraubt. Auf ohnehin von Natur aus armen Böden hatte dies verheerende Folgen für das Waldwachstum. Obwohl die Förster dieses Übel bald erkannten, gelang es in den meisten (Staats-)Wäldern erst um 1830, die Streunutzung zu unterbinden.

Inzwischen wird über Abgase aus Landwirtschaft und Verkehr so viel Stickstoff in die Wälder eingetragen, dass die Schäden der Streunutzung als überwunden gelten können. Im Gegenteil: die Stickstoffeutrophierung führt vielerorts zu beschleunigtem Baumwachstum, was wegen des Mangels an anderen Nährstoffen (Kalzium, Magnesium u.a.) Fehlernährungen der Pflanzen und damit instabile Waldbestände nach sich ziehen kann.

Waldweide und Streunutzung haben im Verlaufe der Jahrhunderte die Bedingungen für das Waldwachstum auf den Sandsteindecken verschlechtert. Dies führte schließlich dazu, dass die „Heiden" über weite Strecken tatsächlich heideartigen Vegetationscharakter aufwiesen. Um angesichts von Brennholzmangel wieder Wald zu bekommen, wurden zunächst Birken ausgesät, bevor unter Heinrich Cotta, dem Begründer der Tharandter Forstschule, ab

Fichten- und Kiefernmonokulturen

1818 auch hier „richtige" Forstwirtschaft mit Fichten- und Kiefernmonokulturen Einzug hielt. Fast 90 % der Dippoldiswalder Heide sind heute mit Fichten, Kiefern oder Lärchen bestockt. Bemerkenswert ist, welch großen

Weiß-Tanne

Anteil die Weiß-Tanne einstmals hatte. Die Tanne ist eine der wenigen einheimischen Baumarten, die mit ihrem intensiven Herzwurzelsystem die

Stauschichten wechselfeuchter Böden zu durchdringen vermag. Sie bietet sich daher zur „biologischen Bodenverbesserung" von Forst-Standorten an. Doch bedarf sie dazu großer Fürsorge: bei Nährstoffmangel wächst sie langsam, sie verträgt als Schattbaumart keine Kahlschlagbedingungen, und für das Wild sind Tannenknospen (Rehe) und Tannenrinde (Hirsche) besonders lecker. Daher sind größere Weiß-Tannen der Dippoldiswalder Heide heute weitgehend verschwunden - bis auf einen schönen Altbestand an der „Goldgrube". In den letzten Jahren wurden an mehreren Stellen, etwa zu beiden Seiten des Marktsteiges, wieder verstärkt Weiß-Tannen gepflanzt.

saure Niederschläge

Mittlerweile unterliegen die Standortsbedingungen wieder einem beträchtlichen Wandel. Zum einen wirken sich die sauren Niederschläge auf den Sandböden besonders stark aus, da deren Pufferkapazität von Natur aus gering und längst erschöpft ist. So liegen die pH-Werte verschiedener Quellen in der Dippoldiswalder Heide oft zwischen 3 und 4.

Stickstoffeinträge

Andererseits sind heute die Auswirkungen der Stickstoffeinträge selbst auf den armen Sandsteinheiden unübersehbar: Brom- und Himbeeren breiten sich aus, und stickstoffanzeigende Brennnesseln findet man inzwischen selbst an Stellen, wo noch vor gar nicht langer Zeit Heidel- und Preiselbeeren unter sich waren.

Diese Eutrophierung betrifft natürlich auch die Offenlandbereiche, insbesondere in den wenigen verbliebenen Feuchtwiesen noch verstärkt durch direkte Stickstoffeinträge aus den umgebenden Landwirtschaftsflächen. Artenreiches Grünland ist im unteren Ost-Erzgebirge heute ausgesprochen selten – und damit besonders schützenswert.

Nicht minder heterogen wie die Vegetation ist auch die Fauna zwischen Dippoldiswalde und Freital. Einerseits bietet das Tal der Roten Weißeritz, insbesondere das Naturschutzgebiet Rabenauer Grund, nahezu allen Tieren ein Zuhause, die in den Tälern des unteren Ost-Erzgebirges vorkommen

können. In der Weißeritz und ihrem Hauptzufluss, dem Oelsabach, leben Bachforellen, Groppen, Bachneunaugen und stellenweise auch Edelkrebse. Am Bach bzw. in Bachnähe trifft man fast immer auf Zaunkönige, Bach- und Gebirgsstelzen, regelmäßig auch auf Wasseramseln (obwohl sich deren Lebensbedingungen nach den massiven Eingriffen in die Gewässerökosysteme in den letzten Jahren deutlich verschlechtert haben).

Abb.: Edelkrebs

Feuersalamander setzen ihre Larven in den fischfreien Seitenbächen ab. Die durch EU-Agrarförderungen erzwungene Bewirtschaftung der Ackerflächen bis hart an die Hangkante des Naturschutzgebietes sowie der verstärkte Maisanbau führen immer wieder zu Erosionen. Nach sommerlichen Starkniederschlägen werden die kleinen Feuersalamanderlarven von dem in den Seitenbächen herabstürzenden Schlamm fortgespült – oder sie ersticken darin.

Struktur- und abwechslungs- reiche Mischwälder

Struktur- und abwechslungsreiche Mischwälder an den Talflanken beherbergen unter anderem Waldkauz, Klein-, Bunt- und Grauspecht, Waldlaubsänger, Grauschnäpper, Wald- und Gartenbaumläufer. Letzterer erreicht im Dippoldiswalder Raum seine Höhengrenze, und auch der unverwechselbare Ruf des Pirols ist zwar im Rabenauer Grund regelmäßig, weiter oben aber nur selten zu vernehmen. Auf Grund seines Reichtums an alten Bäumen und totem Holz beherbergt der Rabenauer Grund eine artenreiche Insektenfauna, v. a. Holz- und Pilzkäfer.

artenreiche Insekten- fauna

Deutlich artenärmer ist die Fauna der Sandsteinheiden. Hier dominieren, neben anspruchslosen „Allerweltsarten", Tiere der Nadelholzforsten, unter den Vögeln etwa Hauben- und Tannenmeise, Winter- und Sommergoldhähnchen sowie Fichtenkreuzschnabel. Auch der Sperlingskauz ist hier zuhause.

Jagdgebiet

Zeitweilig diente die Dippoldiswalder Heide – in unmittelbarer Nähe des Verwaltungsortes der kurfürstlichen Amtshauptmannschaft gelegen – als herrschaftliches Jagdgebiet. Heute werden von der Jägerschaft hier Reh und Wildschwein gehegt, während Rothirsche nur noch in sehr strengen Wintern gelegentlich vom Gebirge bis in die Dippser Umgebung herabziehen (sich dann aber hier – zum Ärger der Landwirte – an den Rapskulturen reichlich sattfressen). Westlich der Roten Weißeritz lebt außerdem ein kleiner Bestand Mufflons.

Standge- wässer mit ihren Ufer- bereichen

Besonders wertvollen Lebensraum für viele Tierarten bieten die größeren Standgewässer mit ihren Uferbereichen. An Hafter- und Heidemühlenteich sowie der Talsperre Malter kann man unter anderem Hauben- und Zwergtaucher, Stock-, Reiher- und (seltener) Tafelenten, Bläßrallen und Höckerschwäne antreffen. Graureiher verharren auf Nahrungssuche, und wenn in einem der umliegenden Orte (Reinholdshain, Possendorf) mal ein Weißstorchpärchen Quartier bezogen hat, dann geht auch Adebar auf den Nasswiesen auf Nahrungssuche. Vögel der Uferzonen und Feuchtbereiche sind beispielsweise Flussregenpfeifer, Wiesenpieper, Feldschwirl, Braunkehlchen, Sumpf- und Teichrohrsänger.

In Flachwasserzonen laichen Grasfrösche und Erdkröten, Berg und Teichmolche. Ringelnattern lieben ebenfalls die Gewässernähe. Seit einigen Jahren ist auch der Fischotter hier wieder zuhause.

Abb.: Fischotter

Wanderziele

Unterer Rabenauer Grund

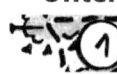

Wenn Ludwig Richter sich heute von Norden her dem Rabenauer Grund näherte, würde sich seiner vermutlich nicht die romantische Stimmung bemächtigen, die ihn hier einst einige seiner schönsten Bilder malen ließ. Man muss zunächst ein sehr belebtes Einkaufszentrum

Abb.: Adrian Ludwig Richter: „Im Rabenauer Grund (SLUB Dresden/Deutsche Fotothek/Möbius)

mitsamt riesigem Parkplatz sowie diverse, lautstarke Freizeiteinrichtungen hinter sich lassen, bevor ziemlich abrupt die steilen Waldhänge näher rücken.

Kuhberg   Östlich des Tales erhebt sich der Hang des Kuhberges, teilweise noch mit recht artenreichem Grünland und einigen alten Obstbäumen bestanden. Die Stadt Freital versuchte in den letzten Jahren, auch den Kuhberg mit in den Freizeitkomplex einzubeziehen und hier eine Sommerrodelbahn zu errichten. Eine engagierte Bürgerinitiative konnte dies bislang verhindern.

Mit dem Überqueren der Weißeritzbrücke verlässt man nicht nur die hektische Betriebsamkeit der Stadt Freital (zumindest wochentags – an Schönwetter-Wochenenden wird der Rabenauer Grund von zahllosen Spaziergängern, Mountainbikern, Joggern, Nordic und sonstigen Walkern aufgesucht). Die Talverengung geht einher mit dem Übergang vom Rotliegend-Gebiet des Döhlener Beckens zum Freiberger Grauen Gneis – man betritt hier also das Erzgebirge.

An ihrem Unterlauf hat sich die Rote Weißeritz ein so enges Tal geschnitten, dass unterhalb der Rabenauer Mühle kein Platz mehr für irgendwelche Ansiedlungen blieb – ja, selbst der Wanderweg konnte erst 1834 und nur mit erheblichem Aufwand angelegt werden. Das galt erst recht für den Eisenbahnbau, für den mehrere Felsnasen weggesprengt werden mussten. Bis 2002 war der bachbegleitende Weg im engen Talgrund überwiegend schmal und in ziemlich wildem Zustand. Radfahren beispielsweise konnte man nur nach längeren Trockenperioden. Dies änderte sich in Folge des letzten

Hochwasser   Hochwassers, als der Weg zu seiner heutigen Breite ausgebaut wurde (auf Kosten des Bachbettes), was heute nicht wenigen Fahrzeugen (trotz Verbotsschild) das Eindringen in das Naturschutzgebiet ermöglicht. Die mit

Baum-   Wegebau und „Verkehrssicherungspflicht" verbundenen Baumfällungen
fällungen   haben dem Rabenauer Grund viel von seinem vorherigen Charakter geraubt.

   Unmittelbar nach der Brücke am unteren Ausgang (noch vor dem Nadel-
Somsdorfer   öhr) zweigt rechts ein steiler Pfad in die Somsdorfer Klamm ab. In dem nur
Klamm   knapp anderthalb Kilometer langen Seitentälchen stürzt der Buschbach

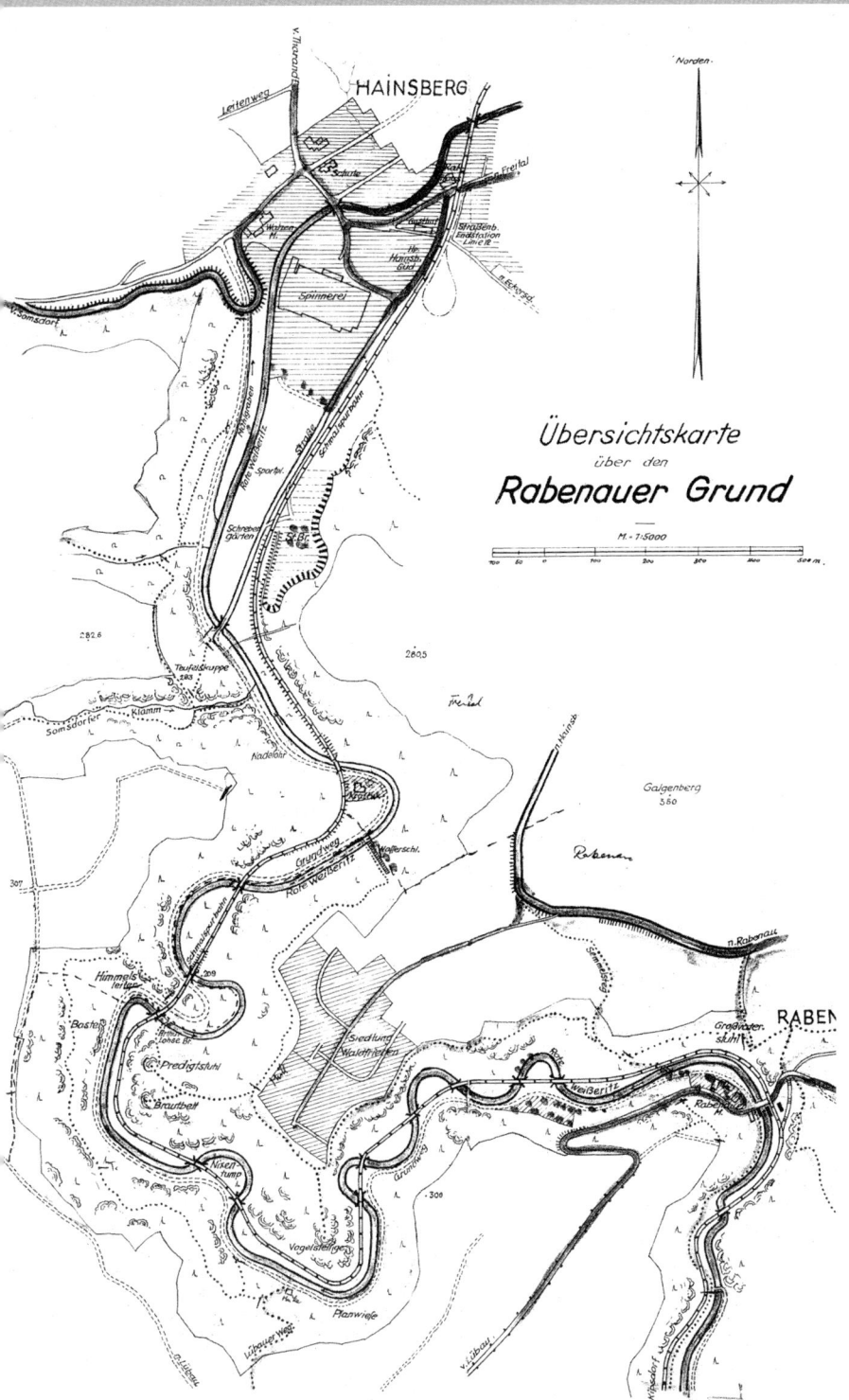

Übersichtskarte
über den
Rabenauer Grund

M. 1:5000

etwa 90 Höhenmeter von der Somsdorfer Hochfläche zur Weißeritz herab, umgeben von schroffen Gneisfelsen. Überragt wird die Somsdorfer Klamm von einem Felsturm namens Teufelskanzel, den man über Steinstufen erklimmen kann.

Seit Anfang des 20. Jahrhunderts ist der Rabenauer Grund auch seiner ursprünglichen Fließgewässerdynamik beraubt. Zum einen verhindert die Talsperre Malter periodische Wasserschwankungen (nur gegen natürliche Großereignisse ist das Stauwerk ziemlich machtlos, wie im August 2002 erlebt); zum anderen schneidet seit 1911 ein 460 m langer Wasserstolln die große Weißeritzschlaufe (reichlich 3 km Bachlauf) ab und führt den größ-

Kraftwerk   ten Teil des Weißeritzwassers zu einem Kraftwerk. Rund 40 Meter Fallhöhe ermöglichen eine Kraftwerksleistung von 500 Kilowatt.

Der ökologische Preis dafür besteht im fast völligen Versiegen des Baches in trockenen Sommermonaten. Vor der radikalen Gewässerberäumung 2002 verblieben wenigstens noch genügend kleine Wasserlöcher zwischen den Felsblöcken, in denen Bachforellen und Groppen mitsamt ihren Nahrungstieren solche „Durststrecken" überstehen konnten. Jetzt sind solche Rückzugsräume rar geworden, und die Fische werden zur leichten Beute von Graureihern.

....

 Planwiese, Predigtstuhl

Das Kerbtal des Rabenauer Grundes ist so schmal, dass der Bach keine richtige Talaue und, trotz seiner vielfachen Windungen, nur wenig ausgeprägte Gleithänge bilden kann. Entsprechend rar sind ebene Flächen. Insofern stellt

Planwiese   die kleine „Planwiese" eine Ausnahme dar, da es sonst kein Grünland gibt. Allerdings kann heute auch hier nicht mehr von einer „Wiese" die Rede sein. Früher handelte es sich um eine artenreiche Kohldistelwiese, wegen ausbleibender Mahd ist daraus mittlerweile eine feuchte Staudenflur bzw. Saumgesellschaft geworden mit Wiesen-Knöterich, Mädesüß, Gewöhnlichem Gilbweiderich, recht viel Frauenfarn und Zittergras-Segge. Durch die Wegebaumaßnahmen wurde der Randbereich beeinträchtigt.

Unterhalb der Planwiese befinden sich am Hangfuß neben dem Talweg zahlreiche temporäre Sickerquellen, die durch das Vorkommen des Gegenblättrigem Milzkrautes gekennzeichnet sind, ein typischer Zeiger für Waldquellstandorte.

Den Talgrund kann man auf mehreren, z.T. steilen Wegen verlassen. Neben

„Nixensteig"   der erwähnten Somsdorfer Klamm sind dies u.a. der „Nixensteig" (Weg
„Sagenweg"   nach Lübau) sowie der „Sagenweg" nach Rabenau. Hier ist die Vegetationsabfolge von den edellaubholzreichen Unterhängen mit üppiger Bodenvegetation zu den artenärmeren Buchenwäldern mit einer zunehmend schütteren Pflanzenwelt an den Oberhängen gut zu beobachten. Das kühlfeuchte, ausgeglichene Klima des Talgrundes sowie die an den Hangfüßen abgelagerten Nährstoffe ermöglichen es den Eschen und Ahornen, beachtliche Wuchshöhen von 30 bis 40 m zu erreichen (die einstmals hier vor-

handenen Weiß-Tannen sollen noch größer geworden sein, doch die Abgase der Dampfeisenbahn haben ihnen schon vor etlichen Jahrzehnten das Leben ausgeblasen). Auf dem Weg zum Licht drängen sich die (bisher) dicht nebeneinander gewachsenen Bäume gegenseitig in die Höhe. An den felsigen oder blockreichen Talhängen werden die Wachstumsbedingungen immer schlechter und die Baumhöhen immer geringer. Gleichzeitig schaltet sich mit zunehmender Hanghöhe die Eiche erst als Neben-, dann als Hauptbaumart mit ein, auf den Felsbastionen tritt die anspruchslose Kiefer hervor.

„Predigt-stuhl", „Brautbett"

Markante Felsklippen, die teils in freistehenden Felstürmen gipfeln („Predigtstuhl", „Brautbett"), prägen das Bild. Die Schroffheit der Felsgebilde wird durch die steilen, fast senkrecht gestellten Gesteinspakete des Gneises unterstrichen. Hier finden sich auch noch Reste einer mittelalterlichen (möglicherweise sogar noch älteren) Burganlage. Am Oberhang, unterhalb

„Vogel-stellige"

der Siedlung Waldfrieden, führt ein Weg weiter zur „Vogelstellige", einem weiteren Felsen. Vogelfang war auch im Ost-Erzgebirge bis weit ins 20. Jahrhundert hinein verbreitet. Die „auf den Leim gegangenen" Singvögel wurden einerseits verspeist, andererseits aber auch – in Zeiten, als es noch keine Radios und Fernseher gab – in Vogelbauern gehalten.

Weißeritztalbahn

Die 1881–1883 gebaute Weißeritztalbahn gilt als die dienstälteste Schmalspurbahn und findet daher bei Eisenbahnfreunden besondere Beachtung. Aber auch Ausflügler, die sich weniger für die Technik als für die reizvolle Natur beiderseits des Schienenstranges interessieren, nutzten gern diese Möglichkeit. 2001 beging die Grüne Liga Osterzgebirge ihr zehnjähriges Jubiläum mit einer Fahrt in historischen Sonderwagen.

Ursprünglich diente die Weißeritztalbahn – wie die meisten Strecken der Gegend – vor allem dem Gütertransport. Die Industriebetriebe im Tal der Roten Weißeritz, von den Rabenauer Sitzmöbelfabriken bis zum Schmiedeberger Gießereiwerk, waren auf die Bahn angewiesen. Noch zu DDR-Zeiten hatte die Strecke eine gewisse Bedeutung für den Güterverkehr („Huckepacktransport" von Normalspurwaggons). Schon bald nach der

Erweiterung der Strecke bis Kipsdorf kamen aber auch zunehmend Sommerfrischler, etwas später Winterurlauber per Zug ins Gebirge. Nach 1990 war die Weißeritztalbahn fast ausschließlich nur noch eine Touristenattraktion, ein wirtschaftlicher Betrieb angesichts leerer Waggons an Wochentagen eigentlich kaum zu realisieren.

Dann kam das Hochwasser 2002 und zerstörte (wie schon andere Hochwasserereignisse Jahrzehnte zuvor) die Bahn auf weiten Strecken. Insbesondere im Rabenauer Grund bot sich den Eisenbahnfreunden ein Bild der Verwüstung. Mit Spendengeldern konnte eine Interessengemeinschaft zwei relativ unbeschadete Teilstücke wiederherstellen und bietet seither dort gelegentliche Sonderfahrten an, damit das Thema nicht in Vergessenheit gerät.

Derweil verkündeten Lokal- und Landespolitiker lautstark ihre Entschlossenheit, den öffentlichen Wunsch nach Wiederaufbau der Weißeritztalbahn schnellstmöglich umzusetzen – zumindest während diverser Wahlkämpfe. Unter viel Medienrummel erfolgte im September 2004 der „Erste Spatenstich" mit dem sächsischen Wirtschaftsminister. Danach passierte: nichts. Diverse Behörden schoben immer neue bürokratische Gründe vor, die dem Wiederaufbau entgegenstünden.

Dies führte schließlich zu beträchtlichem öffentlichen Unmut, geäußert unter anderem bei mehreren Demonstrationen der Freunde der Weißeritztalbahn. Das wirkte dann doch, und seit November 2007 wurde mit einigen Sanierungsarbeiten begonnen. Es scheint derzeit so, dass die Weißeritztalbahn möglicherweise Ende 2008 wieder rollen könnte.

Nicht wenige Naturfreunde sehen die Entwicklung mit gemischten Gefühlen. Einerseits handelt es sich durchaus um ein erhaltenswertes Kulturgut, dem möglicherweise sogar auch mal wieder eine Funktion als Verkehrsmittel zukommen könnte. Andererseits waren und sind mit der Weißeritztalbahn auch nicht wenige negative Auswirkungen auf die Natur verbunden. Das gilt vor allem für den landschaftlich besonders reizvollen, aber auch besonders sensiblen unteren Abschnitt. Wie in anderen Tälern verursachten die Abgase der Dampfrösser auch im Rabenauer Grund nicht unbeträchtliche Schäden, z.B. den Verlust der Weiß-Tannen. Großzügiger Herbizideinsatz zum Freihalten der Stecke von Pflanzenbewuchs tötete immer wieder auch seltene Arten.

Auch der Wiederaufbau wird, trotz aller guten Absichten der Planer, nicht ohne neue Narben abgehen in dem in den letzten Jahren ohnehin arg geschundenen Naturschutzgebiet. Die Fällung von über 400 Bäumen im Januar 2006 sollte auch der Verkehrssicherung für die Bahn dienen, und angesichts deutscher Sicherheitsvorschriften werden das nicht die letzten Verkehrsopfer unter den Bäumen im Rabenauer Grund gewesen sein.

 ③ **Spechtritzgrund**

Üblicherweise wird mit dem Namen „Rabenauer Grund" der Talabschnitt unterhalb der Rabenauer Mühle bezeichnet, während oberhalb die Weißeritz durch den „Spechtritzgrund" fließt. Der Landschaftscharakter ändert sich zunächst wenig, die Zahl der Besucher ist auf dem hier etwas beschwerlicheren Talweg deutlich geringer. Beiderseits türmt sich auch hier der Gneis auf („Schanzenfelsen" auf der rechten Talseite), der Wanderweg führt hier noch – wie vor über hundert Jahren auch im Rabenauer Grund – stellenweise über Felsvorsprünge, die in den Bach hinein ragen.

Strudeltöpfe Bemerkenswert sind zwei Flussabschnitte der Roten Weißeritz mit mehr oder weniger gut erhaltenen Relikten von so genannten Strudeltöpfen. Zu finden sind diese geologischen Zeugen vergangener Zeiten (keiner dieser Strudeltöpfe ist mehr aktiv) ca. 500 m südlich der ehemaligen Fel-

Abb.: Strudeltopf in der Roten Weißeritz

senmühle Spechtritz (Ruine), sowie ca. 500 m nördlich des Haltepunktes Spechtritz an einer markanten Flussbiegung. Hier queren jeweils steil einfallende Felsrippen das Gewässerbett, mit zahlreichen Resten von Strudeltöpfen.

Goldstampfe Der Bachabschnitt an der Einmündung des Lübauer Gründels, wo der Borlasbach in die Rote Weißeritz mündet, trägt den Namen „Goldstampfe". Die von beiden Bächen aus den Grundschottern von Dippoldiswalder, Paulsdorfer und Höckendorfer Heide ausgespülten Goldpartikel haben sich hier abgelagert und soweit angereichert, dass vor einigen Jahrhunderten Goldwäscher (der Legende nach „Walen", also wahrscheinlich Italiener) hier ihr Glück versuchten. Ob sie damit tatsächlich so erfolgreich waren, wie die Sage berichtet, darf bezweifelt werden. Der Anteil des Edelmetalls hier im Bachkies ist sehr gering.

Gneisaufschluss Südöstlich vom (ehemaligen) Bahnhof Seifersdorf lohnt sich ein Blick auf die Felswand östlich der Bahnstrecke. Es ist ein schöner Gneisaufschluss mit nur leicht nach Nord bzw. Nordost einfallender „Schieferung" (Textur), so dass sich kleinere Felsabsätze bilden können, aber mit fast senkrecht einfallender – auch für den Laien deutlich sichtbaren – Klüftung. An der Felswand neben den Gleisen findet man kleine, „grasartige" Büschel des unauffälligen Nördlichen Streifenfarns. Diese seltene Art benötigt sonnenbeschienene Felsen in luftfeuchten Tälern. Auf der Felskuppe stockt ein artenarmer, bodensaurer Trauben-Eichenwald mit Drahtschmiele. Die Wuchshöhe der Eiche nimmt ab, je steiler der Standort wird. Auffallend ist der recht zahlreich vertretene Besenginster, der im Frühjahr gelb blüht, im Wald an der Felswand und teilweise auch am Bahndamm.

Oelsabach

Der Oelsabach weist hier einen so naturnahen Charakter auf, dass er noch vom Edelkrebs, einer in Sachsen vom Aussterben bedrohten Tierart, bewohnt wird und deshalb seit 1978 als Flächennaturdenkmal geschützt ist. Als im 19. und 20. Jahrhundert die Bäche des Erzgebirges in immer stärkerem Maße mit Industrieabwässern (seit den 1970er Jahren auch immer mehr mit Giften aus der Landwirtschaft) befrachtet wurden, verschwand der

Edelkrebs aus den meisten seiner angestammten Gewässer. Weil das bis zu 20 cm große Tier in der Vergangenheit durchaus auch als Nahrungsmittel bedeutsam war, wurde in vielen Gegenden der weniger empfindliche amerikanische Kamberkrebs als Ersatz eingeführt. Doch mit diesem kam eine ein Pilzkrankheit, der für die einheimischen Krebse tödlich verläuft. Überlebt haben seither nur einige isolierte Populationen wie im Oelsabach oberhalb des Rabenauer Bades, wo den Krustentieren noch die Gewässerstrukturen zusagen. Der nachtaktive Edelkrebs benötigt reich strukturierte Uferregionen und größere Steine im Gewässerbett als Versteckmöglichkeiten. Eine weitere Tierart, die auf saubere und strukturreiche Gewässer angewiesen ist und daher ebenfalls hier noch vorkommt, ist das Bachneunauge.

Im Rahmen eines Hochwasserschutzkonzeptes für den Oelsabach ist derzeit der Bau eines oder gar mehrerer Rückhaltebecken im Gespräch. Diese würden dem Gewässerökosystem schwere Schäden zufügen und aller Wahrscheinlichkeit nach seine seltenen Bewohner auch hier vertreiben.

⑤ Geßliche

Flächen-naturdenk-mal

Etwas oberhalb fließt der Ölse von rechts der Geßlichbach zu; das entsprechende Tälchen wird als Geßliche bezeichnet und weist einen beachtlichen Strukturreichtum auf, teilweise geschützt in mehreren Flächennaturdenkmalen. Das Bächlein entspringt am nordwestlichen Ausläufer der Wendischcarsdorfer Verwerfung in der Nähe des Lerchenberges. Neben Feldgehölzen („Buschlotzens Busch") sind es vor allem verschiedene Grünlandausprägungen, die das heute ansonsten an artenreichen Wiesen eher arme Gebiet aufwerten (u.a. mit Heilziest). Quellsümpfe grenzen an sonnenbeschienene Hangwiesen mit wärmeliebenden Arten. Die praktizierte Rinderbeweidung tut allerdings der oberen Geßliche ganz und gar nicht gut, und große Bereiche sind inzwischen leider genauso überdüngt und ökologisch verarmt wie fast alles Grünland der weiteren Umgebung. Regelmäßige Mahd wäre hier genauso notwendig wie im FND „Nasswiese oberhalb des Schwarzen Teiches", ein Biotopkomplex aus Kohldistelwiese, Mädesüß-Hochstaudenflur, Schlankseggenried sowie Erlen und Kopfweiden. Im zeitigen Frühjahr wird die staunasse Fläche von Sumpf-Dotterblumen geprägt, später fällt die rosa Kuckucks-Lichtnelke auf.

Abb.: alte Kopfweide im Geßlich-Tälchen

Den Bachlauf säumen Schwarz-Erlen, außerdem bereichern einige uralte Kopfweiden die Landschaft. Eingebettet in das Geßliche-Tälchen liegt der Schwarze Teich, an dem gelegentlich ein Eisvogel auf Nahrungssuche beobachtet werden kann.

Im Wald zwischen Geßliche und Rabenau (der „Rabenauer Heide") finden sich, neben Fichten, Kiefern, Lärchen und Eichen, auch einige Buchenbestände. Neben geeignetem Flechtmaterial musste die Landschaft um Rabenau und Oelsa in der Vergangenheit stets eine Vielfalt an Holz bereithalten, das im hier dominierenden Gewerbe des Stuhlbaus Verwendung fand. Besonders wichtig war dabei Hartholz, also auch Buche.

Stuhlbau-museum

Als in der zweiten Hälfte des 19. Jahrhunderts die bis dahin rein manuelle Stuhlherstellung immer mehr unter den Druck der Industrialisierung geriet, entstand in Rabenau die große Stuhlfabrik auf dem Felssporn, auf dem einst die Rabenauer Burg stand. Im ehemaligen Vorwerk der Burg ist seit 1978 ein Stuhlbaumuseum eingerichtet. Gezeigt wird unter anderem eine sehenswerte Ausstellung zum Thema Holz.

⑥ Götzenbüschchen

„Geotop"

Auf dem Höhenrücken zwischen Roter Weißeritz und Oelsabach beherbergt ein Feldgehölz ein in Geologenkreisen seit langem bekanntes Naturdenkmal („Geotop"). Hier steht ein Rest der Sandsteindecke aus der Kreidezeit an, die den Erzgebirgsgneis überlagert. Die Besonderheit dieses Aufschlusses besteht darin, dass durch die Sedimentation in der Kreidezeit ein Teil der damaligen Bodenbildung überdeckt wurde und daher erhalten blieb.

Roterden

In der Kreidezeit herrschte tropisches Klima, und so konnten so genannte Roterden entstehen, die ihre rote Farbe durch zweiwertige Eisenoxide erhalten. Diese Böden sind auch in den heutigen Tropen weit verbreitet. Aufgeschlossen ist dieser fossile Bodenhorizont nur sehr kleinflächig, da er entweder noch verdeckt oder schon abgetragen ist. Gut zu sehen ist dagegen der dünnplattige, ebenfalls tiefgründig angewitterte Gneis mit auffällig violettroter Farbe.

Über allem thront die Sandsteinkuppe mit markanter Bankung (= deutlich erkennbare, mehr oder weniger homogene Gesteinsschichten von Dezimeter- bis Meterdicke).

Auffallend sind zahlreiche Bänder mit quarzitischen Kiesen, die teils abgerundet, aber teilweise auch scharfkantig sein können. Diese Einlagerungen und der häufige Wechsel der Ausprägung sind ein Zeichen sich rasch ändernder Ablagerungsverhältnisse, wie sie für Flusssedimente typisch sind.

An der Nordwestecke des gesamten Komplexes befindet sich eine Sandstein-Steilstufe, die aber nicht natürlichen Ursprunges ist, sondern eine Abbauwand darstellt. 1942 kaufte der Landesverein Sächsischer Heimatschutz das Objekt und sorgt mit der Einstellung des Steinbruchbetriebes für die Erhaltung dieses geologischen Naturdenkmales. 1953 wurde das Götzenbüschchen auch formell unter Naturschutz gestellt.

(Birken)-Eichenwald

Die Vegetation ist überwiegend artenarm und typisch für bodensauren (Birken)-Eichenwald, es überwiegt Draht-Schmiele. Kleinflächig sind Heidegesellschaften mit Zwergsträuchern wie Heidelbeere und Besenheide sowie etwas Borstgras ausgebildet, fragmentarisch ist Färberginster-Traubeneichenwald zu finden. Am Waldrand finden sich weitere Magerkeitszeiger bodensaurer Säume: Wiesen-Flockenblume, Echtes Johanniskraut, Rot-Straußgras, Glattes und Kleines Habichtskraut, Ferkelkraut und Rainfarn.

An der Nordwestseite bereichert ein kleiner Feuchtbereich mit eingelagerten Kleinstgewässern, die unter anderem von Teichmolchen und Grasfröschen bewohnt werden, den Biotopkomplex.

⑦ Hafterteich

Zwischen Oberhäslich und Oelsa durchfließt der Oelsabach die Dippoldiswalder Heide. Naturnahe Abschnitte mit bachbegleitendem Erlensaum wechseln sich ab mit Teichen und deren Verlandungs- und Uferzonen.

Der Hafterteich ist, abgesehen von den Talsperren, eines der größten Standgewässer zwischen Mulde und Elbe. Seit langem zur Fischzucht genutzt, von Röhrrichtgürtel und Verlandungszone gesäumt sowie von Feuchtwiesen und -gebüschen

eines der größten Standgewässer

umgeben, handelt es sich um einen auch aus ökologischer Sicht sehr interessanten Bereich. Wenngleich die nahe vorbeiführende B 170 mit einer langen Beschleunigungsgeraden hier nur selten ein größeres Vergnügen an Naturbeobachtungen aufkommen lässt, so scheinen sich doch viele Vögel daran gewöhnt zu haben. Wenn in den umliegenden Orten Weißstörche brüten, so suchen die Altvögel gern die Teichumgebung zur Nahrungssuche auf. Auch ihre schwarzen Verwandten sind mitunter anzutreffen.

Fischotter

Seit 1994 besucht der Fischotter immer wieder den Teich zur Nahrungssuche. Auffällige Markierungen sind unter der Brücke der Bundesstraße zu finden. In der Baumallee auf der Teichkrone jagen mitunter Fledermäuse recht konzentriert. Bisher wurden Abendsegler, Breitflügelfledermaus, Große und Kleine Bartfledermaus, Wasserfledermaus sowie Zwerg- und Rauhautfledermaus nachgewiesen.

Verlandungszone

Die Verlandungszone des Hafterteiches bilden unter anderem Zweizahn, Wasser-Knöterich, und Wasserpfeffer. In den Röhrrichtzonen fehlt - wie bei den meisten Teichen der Gegend – echtes Schilf, dafür kommen Breitblättriger und Schmalblättriger Rohrkolben, Kalmus, Froschlöffel und Ästiger Igelkolben vor. Im Sommer leuchten die violetten Blüten des Blut-Weiderichs, im Herbst fallen die roten Früchte des Bittersüßen Nachtschattens auf. Teilweise nehmen auch Erlen und Bruch-Weiden den Uferbereich ein.

angrenzende Feuchtwiesen

Die angrenzenden Feuchtwiesen bilden einen abwechslungsreichen Teppich von Knick-Fuchsschwanz, Rohr-Glanzgras und diversen Seggen (v.a. Schlank-Segge und Blasen-Segge), in dem Sumpf-Hornklee, Gewöhnlicher Gilbweiderich und Brennender Hahnenfuß vorzugsweise für gelbe Blühaspekte sorgen. Optisch weniger auffällig, aber dafür von angenehmem Geruch sind die Minzen (Acker-Minze, Quirl-Minze).

Heidemühlenteich

Im Gegensatz zum Hafterteich verbirgt sich der knapp vier Hektar große Heidemühlenteich im Forst der Dippoldiswalder Heide und erfreut sich im Sommer großen Zuspruchs von Badelustigen, Ausflüglern und Campingfreunden des angrenzenden Zeltplatzes. Auch Angler versuchen nicht selten ihr Glück mit den Karpfen, Plötzen und Rotfedern des Teiches.

Trotzdem hat sich der Heidemühlenteich noch einen recht naturnahen Charakter bewahren können. An seinem Ost- und Südufer wachsen unter anderem Rauhaariges Weidenröschen, Wasser-Schwertlilie, Gewöhnlicher Gilbweiderich, Großes Mädesüß und Bittersüßer Nachtschatten. Früher kam hier auch der mittlerweile seltene Fieberklee vor. Üppige Brennnesselbestände künden heute allerdings von einem Stickstoffüberangebot.

Erlenbruch   Südlich geht die Uferzone in einen kleinen Erlenbruch über mit Ohr- und Grau-Weiden, Sumpf-Vergissmeinnicht, Großem Springkraut, Wald-Simse und vielen anderen Arten. Während einerseits Pfeifengras, Schmalblättriges Wollgras, Sumpf-Veilchen und Torfmoose arme Standorte, teilweise sogar mit Moorcharakter anzeigen, besiedeln Ziegelrotes Fuchsschwanzgras, Wasserstern und der Neophyt Dreiteiliger Zweizahn eher nährstoffreichere Schlammflächen.

Vom Heidemühlenteich führt ein Weg entlang des Mühlgrabens (hier wachsen unter anderem zwei bisher nicht erwähnte Nässezeiger: UferWolfstrapp *Heidemühle*   und Gewöhnliches Helmkraut) zur Heidemühle. Seit dem 16. Jahrhundert besteht die einstige Sägemühle und heutige Ausflugsgaststätte.

Oelsabach   Obwohl unterhalb der Heidemühle kein Weg dem Oelsabach folgt, lohnt sich vor allem im Frühling ein Abstecher dahin. Das Bächlein mäandriert mit schmalem Erlensaum teilweise über eine kleine Auenwiese, teilweise durch lichten Waldbestand. Durch die Filterwirkung der Teiche und wegen des Zuflusses aus sauberen Heidequellen ist das Wasser außerordentlich klar und sauber. Im Kies kleiner Kolke kann man die Larven von Köcherfliegen (mit Steinchen oder Pflanzenteilen besetzte, langsam dahinkriechende Röhren), Eintagsfliegen (drei Schwanzfäden) und Steinfliegen (zwei Schwanzfäden) beobachten. Im Mai/Juni ist die Hauptblütezeit des weißen, im Bach treibenden Wasserhahnenfußes.

 # Diebsgrund

In einer der zahlreichen nassen Mulden im Zentrum der Dippoldiswalder Heide entspringt der Diebsgrundbach und mündet nach einem reichlichen Kilometer unterhalb der Heidemühle in den Oelsabach. Dabei ist es ihm gelungen, sich durch die Sandsteinplatte und die darunterliegende Geröllschicht bis auf den Gneissockel durchzuarbeiten. Bei einer Wanderung entlang des Diebsgrundes kann man alle drei geologischen Formen entdecken.

Vielfalt der Farne

Interessant ist das Tälchen aber auch aus botanischer Sicht. An den Böschungen fällt zunächst die Vielfalt der Farne auf. Hier gedeihen beide Dornfarnarten (Breitblättriger und Gewöhnlicher Dornfarn – ersterer mit braunen Schuppen besetzte Blattstiele und auch im Winter teilweise grün), Buchenfarn, Wald-Frauenfarn, Berg-Lappenfarn und Rippenfarn. Dazwischen zeigt der Siebenstern im Juni/Juli seine weißen Blüten.

kleine Moore

In der Nähe des Einsiedlersteins wurde der Diebsgrund zu einem kleinen Teich aufgestaut. Sowohl ober- als auch unterhalb des Teiches befinden sich kleine Moore, die offenbar nicht nur vom Bach, sondern auch durch Sickerwässer gespeist werden, die hier an der Basis des Sandsteines austreten. Da dieses Wasser beim Durchdringen des extrem nährstoffarmen Sandsteins den größten Teil seiner Beimengungen abgegeben hat, zeigen diese kleinen Moorflächen nährstoffarme Verhältnisse, die teilweise an Hochmoorbedingungen erinnern. Auf der Fläche oberhalb des Teiches sind teilweise Waldschachtelhalm- und Flatterbinsensümpfe ausgebildet, teilweise dominieren aber auch Seggen (u.a. Igel-Segge). Im quelligen oberen Teil ist der Torfkörper bis zu 60 cm mächtig.

Auch der Teich selbst zeigt in seinem 10–20 m breiten Verlandungsbereich Moorcharakter mit Torfmoosen, Zwiebel-Binsen und, auf der öfter betretenen Uferzone, Flatter-Binse. Unterhalb des Dammes schließt sich eine weitere Moorfläche an. Trotz früherer Entwässerungsbemühungen mit tiefen Gräben, die auch heute noch reichlich Wasser abführen, steht selbst in Trockenzeiten das Wasser hier verhältnismäßig hoch an und ermöglicht mehreren Torfmoosarten ein beachtliches Wachstum. Auch Schmalblättriges Wollgras ist hier zu finden.

Während in der Vergangenheit ein zu dichtes Kronendach der im Moorbereich stockenden Kiefern und Fichten zu viel Schatten auf die lichtbedürftigen Moorpflanzen warf, scheint die Lichtstellung nach forstlichen Eingriffen und Sturmwürfen nun wiederum zu viel Sonne auf den Boden zu lassen. Im außergewöhnlich trocken-warmen Frühling 2007 boten große Teile des Moores ein wenig erfreuliches Bild.

Kiesgrube am Marktsteig

Dies galt in noch stärkerem Maße für ein weiteres, nahegelegenes Kleinstmoor. In der aufgelassenen Kiesgrube am Marktsteig (Nähe Hoppmannsweg) befand sich eines der letzten Sonnentauvorkommen der Dippoldiswalder Heide, inmitten von Torf- und anderen Moosen, Sparriger Binse, diversen Seggen und Pfeifengras. Im Sommer 2007 war die Fläche vollkommen ausgedörrt, der Sonnentau nicht mehr auffindbar.

Einsiedlerstein

Sandsteinfelsengruppe

Kletterfreunde suchen Wochenende für Wochenende die kleine Sandsteinfelsengruppe auf, Familien mit Kindern kommen hierher auf der Suche nach Spuren des sagenumwobenen Namensgebers von Dippoldiswalde, Mittagsgäste der Heidemühle schlendern die 700 m auf ihrem Verdauungsspaziergang, Blaubeer- und Pilzsucher hoffen in den naturnahen Kiefern-

forsten hier auf reiche Ernte. Der Einsiedlerstein an der Kreuzung Malterweg/Marktsteig ist eines der beliebtesten Ausflugs- und Wanderziele des Dippoldiswalder Raumes.

Zu Beginn der Besiedlung des Erzgebirges, als es die heutige sächsisch-tschechische Grenze noch nicht gab, soll sich dieser Waldteil im Besitz des böhmischen Adelsgeschlechtes der Dippoldicz befunden haben. Die Legende will, dass ein Nachkomme der Sippe, der spätere Prager Bischof von Adalbert von Prag, sich hier für einige Zeit als Einsiedler auf eine Missionsreise in den damals noch heidnischen Norden aufgehalten hat. Tatsächlich *Mauerreste* sind im Umfeld des Einsiedlersteins einige Mauerreste zu erkennen, unter anderem die der daneben vermuteten Katharinenkapelle.

Der freistehende Felsblock des Einsiedlersteins ist durch Erosion aus dem ursprünglich zusammenhängenden Sandsteinkomplex herausgelöst worden. Viele Kleinverwitterungsformen (Waben, Eisenschwarten) zeugen von *Quader-* den chemischen und physikalischen Vorgängen an den Wänden des Qua-*sandstein* dersandsteins. Der Einsiedlerstein steht als geologisches Naturdenkmal unter Schutz.

⑪ Heidehof

König-Johann-Turm

Am Südrand der Heide, in unmittelbarer Nähe des Hotels Heidehof, befindet sich der 1885 errichtete König-Johann-Turm. Von seiner Aussichtsplattform in 20 m Höhe hat man einen guten Rundblick über das untere Ost-Erzgebirge: In nordöstlicher Richtung ist der langgestreckte Höhenzug, bestehend aus Quohrener Kipse, Hermsdorfer Berg und Wilisch erkennbar, der den Verlauf der Karsdorfer Störung und damit die Nordostgrenze des Ost-Erzgebirges markiert. Davor liegen die ebenen und überwiegend landwirtschaftlich genutzten Hochflächen von Oberhäslich und Reinholdshain. Im Mittelgrund Richtung Südosten überragt die Landmarke des Luchberges die Umgebung deutlich. Dahinter schließt sich die bewaldete Stufe des Kohlberges an, die die Gesteinsgrenze von Gneis zu Porphyr markiert und mit einem Sprung der Klimastockwerke einhergeht. Dippoldiswalde gehört noch zum unteren Bergland (submontane Höhenstufe), daran schließt sich nach Süden eine hier schmale Zone der mittleren Berglagen an, während Klima und Vegetation des rund 600 Meter hohen Kohlbergrückens schon deutlich hochmontan geprägt sind, dort also das oberen Bergland beginnt.

Der Taleinschnitt im Mittelgrund Richtung Süden/Südwesten markiert den Mittellauf der Roten Weißeritz oberhalb der Talsperre Malter. Nach Norden und Nordwesten überblickt man die Waldfläche der Heide, die von hier aus einen wenig differenzierten Eindruck macht. Dieser Eindruck entspricht in keiner Weise der Standortvielfalt, wohl aber dem uniformierenden Wirken von rund 180 Jahren Nadelholz-Forstwirtschaft.

Schleif-
steinbrüche
In älteren naturkundlichen Wanderbeschreibungen wird immer besonders auf die Sandsteinbrüche in der Umgebung des Heidehofes hingewiesen, in denen einst besonders feine Mühl- und Schleifsteine („Schleifsteinbrüche") gewonnen wurden und die in so genannten „Muschelbänken" auch interessante Fossilien enthalten. Seit über fünfzig Jahren sind diese Brüche allerdings auflässig, verrollt und bewachsen sowie zum Teil durch Zäune der Öffentlichkeit versperrt.

⑫ Holzbachwiese

Artenreiche Wiesen sind nach mehreren Jahrzehnten Landwirtschaftsintensivierung im unteren Ost-Erzgebirge heute Mangelware. Ein besonders schönes und artenreiches Stück Grünland, durch jährliche Heumahd privater Nutzer noch Anfang der 1990er Jahre in hervorragendem Zustand, wurde gleich nach der „Wende" als Flächennaturdenkmal ausgewiesen. Doch dies allein konnte den guten Pflegezustand nicht erhalten, als die private Heu-Nutzung der Wiesen wegfiel.

Nasswiesen
Trotz deutlicher Beweidungsschäden einerseits und Verbrachungstendenzen andererseits ist auch heute noch die Holzbachwiese, in einem kleinen Bachtälchen am Südostrand der Dippoldiswalder Heide gelegen, recht artenreich und bemerkenswert. Der Talgrund ist sumpfig und beherbergt Arten der Nasswiesen und feuchten Staudenfluren, wie Wald-Simse, Gewöhnlicher Gilbweiderich, Faden- und Glieder-Binse, Rauhaariger Kälberkropf, Sumpf-Schafgarbe, Kuckucks-Lichtnelke und Wald-Engelwurz. Am Hang geht die Pflanzendecke in eine feuchte und teilweise magere Ausbildungsform der Bergwiesen über. Auffällig sind Bärwurz, Alantdistel, Blutwurz-Fingerkraut, Kanten-Hartheu, Goldhafer und Frauenmantel.

besondere
klimatische
Bedingun-
gen

Alantdistel-Bärwurzwiesen benötigen in 350 m Höhenlage besondere klimatische Bedingungen. Das Gebiet zwischen Oberhäslich und Zscheckwitzer Holz stellt ein typisches Frostloch dar, in dem sich bei windstillen Hochdruckwetterlagen die Kaltluft staut. Autofahrer auf der B170 kennen dieses Phänomen, wenn sie, vor allem im Herbst oder Winter, hier in eine dichte Nebelbank eintauchen und dabei unter Umständen von Eisglätte überrascht werden.

Dass wir uns hier nicht wirklich im Bergland befinden, zeigen auch einige wärmeliebendere Arten an, unter anderem Großer Wiesenknopf und reichlich Glatthafer, in den angrenzenden Gebüschen auch der Hopfen.

Orchideen

Die Holzbachwiese beherbergt in ihrer großen Artenfülle auch noch einige Raritäten, vor allem die Orchideenarten Breitblättrige und Gefleckte Kuckucksblume sowie Großes Zweiblatt. Bei der gegenwärtigen Nutzung der Flächen sind diese kleinen Vorkommen ziemlich gefährdet. Zunehmende Weidezeiger wie Kriechender Hahnenfuß, Weiß-Klee, Rasen-Schmiele und Flatter-Binse sollten als Warnsignale gewertet werden.

Im angrenzenden Wald zeigen Einbeere, Wald-Flattergras und Goldnessel, dass hier nicht der in Dippoldiswalder Heide vorherrschende Sandstein, sondern wesentlich nährstoffreicherer Gneis ansteht.

Goldgrube

Weiß-
Tannen

Über Jahrhunderte prägten Weiß-Tannen das Bild der Dippoldiswalder Heide entscheidend mit. Die Weiß-Tanne ist aber eine ausgeprägte Schattbaumart und benötigt den Schutz geschlossener Waldbestände zum Wachstum. Die seit Anfang des 19. Jahrhunderts eingeführte geregelte Forstwirtschaft mit Kahlhieben und Aufforstungen mit Fichten oder Kiefern auf den entstehenden Freiflächen ließen schließlich für Tannen keinen Raum mehr. Dabei mangelte es nicht an Versuchen der Förster, die einstige Hauptbaumart wieder einzubringen. Die Forstunterlagen geben Auskunft, dass 1958 im Revier Karsdorf 12 000, 1961 sogar 36 000 kleine Tännchen angezogen worden seien. Aber vermutlich gingen diese alle – bis auf wenige Ausnahmen – in den Bodenfrösten auf den Kahlflächen ein, wurden aufgrund ihres langsamen Jugendwachstums von anderen Pflanzen wegkonkurriert oder dienten kleinen und größeren Säugetieren als schmackhafte Nahrung.

Ein sehenswerter und recht vitaler Restbestand der früher dominierenden Weiß-Tannen findet sich heute noch am Westrand der Dippoldiswalder Heide, oberhalb der Einmündung des Goldgrubenflüsschens in die Rote Weißeritz. In einem knapp 130 Jahre alten Fichten-Altholz sind etwa 50, vermutlich gleichalte, Tannen verborgen. Die meisten Exemplare kann auch der Laie anhand der helleren Stämme und der fast rechtwinklig abzweigenden Kronenäste erkennen. Im Unterstand wurden in den letzten Jahren junge Weiß-Tannen und Buchen gepflanzt, um auf längere Sicht einmal einen ungleichaltrig gemischten Waldbestand zu erzielen – so wie es der Tanne als Lebensraum zusagt. Der Staatsforst hat seit 1990 große Anstrengungen unternommen, der vom zwischenzeitlich vom Aussterben bedrohten Baumart wieder neue Chancen zu geben.

Gesteins-schichten der Dippol-diswalder Heide

Auf dem Weg von der Roten Weißeritz aufwärts durchquert man die verschiedenen Gesteinsschichten der Dippoldiswalder Heide (besser als auf dem Forstweg erkennt man die Abfolge auf der ost-west-verlaufenden Schneise). Im unteren Teil steht Grauer Gneis an, wie unschwer an herumliegenden Steinen anhand deren Schieferung („Textur") zu erkennen ist. Auch der erwähnte Tannen-Fichten-Forst wächst auf diesem Gestein. Weiter hangaufwärts schließen sich die Quarz-Gerölle der „Niederschönaer Schichten" an. Diese wurden hier einst als Wegebaumaterial gewonnen (Naturdenkmal am Kiesgrubenweg) und beinhalten wahrscheinlich auch geringe Goldspuren, die dem Waldgebiet hier den Namen „Goldgrube" eingebracht haben. Obenauf lagert dann schließlich der Quadersandstein mit Kiefernforst und Blaubeer-Bodenvegetation. An „Müllers Torweg" tritt der Sandstein deutlich zutage.

Wolfssäule

Ein aus naturkundlicher Sicht erwähnenswertes Denkmal im Westteil der Dippoldiswalder Heide ist die Wolfssäule am Malterweg. Im 18. Jahrhundert waren große Anstrengungen unternommen worden, die als äußerst schädlich und gefährlich angesehenen Raubtiere Wolf, Bär und Luchs in Sachsen auszurotten. Mit ziemlich durchschlagendem Erfolg. Nur gelegentlich noch wanderte mal ein einsamer Wolf von Osten oder Süden her ein. Der letzte seiner Art wurde 1802 hier in der Dippoldiswalder Heide, und zwar in der Goldgrube, erlegt. Von dieser Tat kündet die Inschrift auf der Wolfssäule.

Talsperre Malter

Nach dem Hochwasser 1897 wurde beschlossen, bei Dippoldiswalde eine Talsperre zu bauen. Neben dem Hochwasserschutz sollte diese auch dazu dienen, die natürlicherweise stark schwankende Wasserführung des Flusslaufes zu regulieren und den Fabriken am Unterlauf eine kontinuierliche Bereitstellung von Brauchwasser zu sichern. Von 1908 bis 1913 dauerte der Bau, bei dem zeitweilig bis zu eintausend Arbeitskräfte tätig waren.

Naherho-lung

Als zusätzliche Funktion diente die Malter-Talsperre zunehmend der Naherholung, mit zwei Zeltplätzen, drei Strandbädern und mehreren Ausflugsgaststätten. Im Interesse der Badegäste und Tretbootfahrer wurde es als wichtig angesehen, im Sommerhalbjahr das Wasser möglichst hoch anzustauen. Dies war unter anderem auch wegen der beträchtlichen Schmutz- und Nährstofffracht des Weißeritzwassers notwendig, die bei nicht ausreichender Verdünnung zur „Veralgung" und Einstellung des Schwimmbetriebes führen konnten. Inzwischen ist allerdings, dank moderner Kläranlagen und der „Abwicklung" der größten Verschmutzerbetriebe, das zufließende Weißeritzwasser wesentlich sauberer geworden.

August
2002

Im August 2002 zeigte sich im Ost-Erzgebirge allerorten, dass randvolle Talsperren ihrer Hochwasserschutzfunktion nicht gerecht werden können. Für die mit knapp 9 Millionen Kubikmetern eher kleine Malter gilt jedoch in besonderem Maße: selbst wenn sie völlig leer gewesen wäre, hätte sie die heranströmenden Wassermassen nur einige Stunden länger aufhalten und die Gesamtmenge aus dem mehr als 100 Quadratkilometer großen Einzugsgebiet bei weitem nicht aufnehmen können. Weit mehr als das Doppelte ihres Fassungsvermögens flossen der Talsperre zu, lag doch der Kern des Niederschlagsereignisses im Quellgebiet der Roten Weißeritz am Kahleberg.

ein üppiges
Wachstum
auf dem
Schlamm
des Malter-
bodens

Nach dem Hochwasser waren Reparaturarbeiten an der Staumauer erforderlich, wozu der Wasserspiegel um mehrere Meter abgesenkt wurde und rund 11 Hektar trocken fielen. Im trocken-heißen „Jahrhundertsommer" des darauf folgenden Jahres 2003 setzte ein üppiges Wachstum auf dem Schlamm des Malterbodens ein. Die ökologisch optimalen Bedingungen (nährstoffreicher, überwiegend feuchter Boden plus voller Sonnengenuss) einerseits und die fehlende Konkurrenz andererseits ermöglichte einer großen Zahl von Pflanzen die Keimung und rasche Entwicklung. Bei floristischen Bestandsaufnahmen wurden 264 Arten registriert. Dazu gehörten Kulturpflanzen, deren Samen vom Hochwasser eingeschwemmt worden waren (z.B. Rüben, Tomaten, Dill, Löwenmaul und Petunien, insgesamt 25 Arten) ebenso wie „Unkräuter" (Segetal- und Ruderalarten, 128 Arten). Es fanden sich Pflanzen der Wiesen und Weiden 25 Arten), der Magerrasen (14), der Gewässer (6), Sumpf- und Waldarten (41 bzw. 25). Besonders bemerkenswert war das plötzliche Auftreten von seltenen Arten, die bislang im Einzugsgebiet der Malter kaum oder gar nicht nachgewiesen waren, u.a. Hänge-Segge und Scheinzypergras-Segge, Rotkelchige Nachtkerze, die einstigen Acker-Unkräuter Acker-Filzkraut und Acker-Lichtnelke sowie der vom Aussterben bedrohte Ysopblättriger Weiderich.

Als dann 2004 wieder Wasser in die Malter floss, beließ die Talsperrenmeisterei – sehr zum Verdruss der Tourismusbranche – den Spiegel 2,50 m unter dem Niveau von vor 2002, um künftig auf plötzliche Hochwasserereignisse besser reagieren zu können. Dadurch blieben die Buchten in den Seitengründen, vor allem des Tännichtgrundes, und der südliche Teil des Gewässers bei Dippoldiswalde trocken, so dass dort die weitere Vegetationsentwicklung verfolgt werden konnte.

Das üppige Pflanzenwachstum setzte sich fort, doch verdrängten nun recht schnell die konkurrenzstarken hochwüchsigen Arten die kleinen, aber lichtbedürftigen Mitbewerber. Die Flächen verkrauteten (Große Brennnessel, Acker-Kratzdistel, Kanadische Goldrute, Flatter-Binse, Rohr-Glanzgras u. a.) oder verbuschten (u. a. Schwarz-Erle, Weiden, Espen, Birken), so dass während der Vegetationsperiode in den letzten Jahren kaum noch ein Durchkommen war.

Im Herbst 2007 fand diese Sukzession der Pflanzen ein jähes Ende – Bagger begannen den Malterschlamm auszuheben.

Paulsdorfer Heide

Ganz ähnliche Verhältnisse wie in der Dippoldiswalder Heide findet man auch in den beiden (allerdings viel kleineren) Waldgebieten der Paulsdorfer und Höckendorfer Heide: auch hier blieben, aufgrund der im Tertiär nur geringen Ankippung dieses Schollenteiles, die Ablagerungen der Kreidezeit über dem Erzgebirgsgneis erhalten. Am Außenrand der Waldinseln herrschen die Grundschotter vor, im Zentrum lagert der Sandstein obenauf. Besonders im Umfeld der Paulsdorfer Heide fällt auf frisch gepflügten Äckern deren violette Färbung auf (z.B. zwischen Paulsdorf und Seifersdorf). Hier

hat die Abtragung der Kreidesedimente die darunter lagernden Verwitterungsprodukte aus der Zeit vor der Überflutung durch das Kreidemeer wieder freigegeben. Die heutigen Bodenbildungsprozesse haben die damaligen Bodenbildungsprodukte mit aufgenommen und eingearbeitet.

Am 430 m hohen Steinberg – heute nach einem früheren Förster „Erashöhe" genannt – ist der Sandstein als kleines Felsplateau mit rund 10 m steilen Wänden ausgebildet. Stellenweise bieten sich noch schöne Ausblicke in nördlicher und östlicher Richtung. Doch schränken die umgebenden Kiefern und Birken, teilweise auch Ebereschen und Eichen, das Blickfeld immer mehr ein. Der Höhenrücken setzt sich einige hundert Meter nach Westen fort und erreicht seine größte Höhe am 433 m hohen Sandberg. Hier hat sich bis in die 1950er Jahre ein Steinbruch tief in die Sandsteinplatte eingegraben und teilweise fast 20 m hohe, steile Wände hinterlassen.

In der benachbarten Höckendorfer Heide unterbrechen keine Felsenbildungen die eintönigen Fichten- und Kieferforsten. Ein erwähnenswertes Ausflugsziel ist hier allenfalls die „Starke Buche" oberhalb des kleinen Heimat-Tierparks.

 **Reichstädt**

Über etwa 6 km zieht sich das alte Waldhufendorf entlang des Reichstädter Baches hinauf zur Wasserscheide zwischen Roter und Wilder Weißeritz und steigt dabei von 360 auf 560 m Höhenlage an. Am oberen Ortsende befindet sich eine kleine, liebevoll rekonstruierte Windmühle – angeblich die kleinste und höchstgelegene Holländer-Windmühle Deutschlands.

Parallel zum Ort Reichstädt zieht sich auf dessen Westseite eine Reihe von Feldgehölzen auf dem Höhenrücken entlang. Diese „Bauernbüsche", teilweise noch mit naturnahen Eichen-Buchen-Beständen, teilweise aber auch in Fichtenforsten umgewandelt, markieren den Verlauf eines 100–200 m breiten Granitporphyr-

Abb.: Windmühle Reichstädt

Kahle Höhe

Streifens, der sich von Nassau her über das obere Reichstädter Ortsende bis zur Dippoldiswalder Siedlung zieht. An der höchsten Stelle tritt neben dem Granitporphyr noch eine Quarzporphyrkuppe zutage und bildet die Kahle Höhe (589 m). Direkt unterhalb stand bis 1872 eine Kirche, die wahrscheinlich bereits Ende des 13. Jahrhunderts als gemeinsames Gotteshaus für die umliegenden Dörfer gebaut worden war. Nach dem Abriss der „Kahle-Höhen-Kirche" ließen die Reichstädter Rittergutsherren an deren Stelle eine kleine Kapelle als Begräbnisstätte für ihre adligen Angehörigen errichten. Die damals gepflanzten Buchen, Berg-Ahorne und Lärchen bilden heute ein schönes Ensemble in der Landschaft, zusätzlich zu den weiten Ausblicken von der Kahlen Höhe.

Rittergut Reichstädt

Eine typische Waldhufenstruktur mit beiderseits vom Dorf davonstrebenden, langen und schmalen Feldstreifen erkennt man in der Reichstädter Flur heute kaum noch. Dies ist zum einen sicher die Folge der sozialistischen Landwirtschaftskollektivierung. Dieser fielen, wie bei vielen anderen Dörfern auch, die meisten Feldraine, Steinrücken und alten Pflugterrassen zum Opfer. Doch im unteren Teil der Gemarkung, nordwestlich des Dorfbaches, gab es auch zuvor keine typische Hufenstruktur. Dieses Land gehörte dem Rittergut Reichstädt.

Im Gegensatz zu den Ortschaften im oberen Ost-Erzgebirge, wo Klima und Böden keine landwirtschaftlichen Überschüsse ermöglichten, hatten sich in den begünstigteren Gebieten der unteren Berglagen im ausgehenden Mittelalter Rittergüter mit zum Teil beträchtlichem Landeigentum gebildet. Das von Reichstädt ist seit Anfang des 16. Jahrhundert nachweisbar. Das Schloss erhielt seine heutige Form im 18. Jahrhundert. Seit 1998 ist die Anlage wieder in Privatbesitz und konnte deshalb durch aufwendige Sanierungsarbeiten erhalten werden. Zum Glück weiterhin öffentlich zugänglich ist der wieder gut gepflegte Schlosspark mit einem eindrucksvollen alten Baumbestand.

Guts-schäferei

Schwemm-teich

Am anderen Ende des Schlossparks befand sich früher die große Gutsschäferei. Schafhaltung spielte in dieser Gegend eine große Rolle. Das Reichstädter Rittergut ließ über eintausend Schafe auf den Fluren des Ortes weiden, zur benachbarten Gutsschäferei Berreuth zählten noch einmal so viele Tiere. So verwundern die Bezeichnungen Lämmerberg (an der Straße nach Beerwalde) und Schafberg (nordwestlich des unteren Ortsendes) nicht. Beide sind mit schönen Baumgruppen bestanden. Zwischen beiden befindet sich ein Schwemmteich, in dem die Schafe erst „baden" mussten, bevor sie geschoren werden konnten.

Schäferei Drutsch-mann

Die Zeit der Gutsschäfereien ist längst vorbei, doch seit Mitte der 1990er Jahre gibt es hier die Schäferei Drutschmann mit Spinnstube und Hofladen in Reichstädt und Winterquartier für einige hundert Schafe in Berreuth. Im Sommerhalbjahr weiden die Tiere am Geisingberg und anderen Orten des oberen Ost-Erzgebirges und tragen dort wesentlich zur naturschutzgerechten Pflege der Bergwiesen bei. Die Spinnstube ist eine von 16 Stationen des Ulli-Uhu-Naturlernspieles der Grünen Liga Osterzgebirge.

Vom unteren Ortsende führt ein Feldweg nach Dippoldiswalde, vorüber an den Grundmauern eines alten Kalkofens. Auf den Reichstädter Äckern wurde unter anderem Lein auf größerer Fläche angebaut. Zur Düngung dieser basenliebenden Pflanzen war Kalk erforderlich. Da der Prozess des Kalkbrennens mit ziemlicher Hitze verbunden ist, standen die Kalköfen aus Brandschutzgründen immer außerhalb der Ortschaften. Der Weg nach Dippoldiswalde muss früher oft benutzt worden sein, was an dem teilweise fast tunnelartig zugewachsenen Hohlwegcharakter zu erkennen ist. Es handelte sich nicht nur um den Verbindungsweg nach Reichstädt, sondern um eine Hauptausfallstraße der Amtsstadt Richtung Westen. Wo man aus diesem „Tunnel" heraustritt, begleiten nun schon 17jährige Bäume den Weg. Deren Pflanzung war eine der ersten Aktionen der Grünen Liga Osterzgebirge.

Schafhaltung im Ost-Erzgebirge

Es ist heute kaum noch vorstellbar: einstmals zogen zahllose Schafe über die Fluren des unteren und mittleren Ost-Erzgebirges und prägten die Landschaft dabei in ganz entscheidendem Maße mit. Fast alle Rittergüter besaßen eine größere Herde von teilweise weit über tausend Tieren. Diese weideten auf den Feldern, die im Rahmen der Dreifelderwirtschaft gerade ihre ein- bis mehrjährige Brachephase hatten, und auch in den damals überwiegend sehr lichten Wäldern. („Es ist den Berreuth'schen herrschaftlichen Schafen von der Paulsdorfer Schäferei die Durchtrift durch die Paulsdorfer Heide zugestanden worden"). Verbunden waren die Weideflächen durch Triften, meist an der Peripherie der Gemarkungen gelegen.

Die besten Wollschafe Europas gab es in Spanien, und die spanischen Könige waren sehr darauf bedacht, dass ihre wertvolle Merino-Zucht im Lande blieb – bis 1765. Da ergriff einen von ihnen die Großzügigkeit: er schenkte dem vom Siebenjährigen Krieg arg gebeutelten sächsischen Kurfürstentum 200 Merinoschafe. Diese wurden dann zunächst in den herrschaftlichen Vorwerken rund um die Landshauptstadt mit den einheimischen Landschafen gekreuzt, und heraus kam eine äußerst leistungsfähige Rasse mit hervorragenden Woll-Eigenschaften. Ohne diesen durchschlagenden Züchtungserfolg wäre der rasante Aufschwung der sächsischen Tuchmanufakturen wahrscheinlich nicht möglich gewesen.

Allerdings ergab sich die Feinheit der Wolle nicht allein aus den Rasseeigenschaften. Erforderlich waren auch einige besondere Bedingungen, unter denen die Schafe gehalten werden mussten. Zu den wichtigsten gehörte: die Tiere brauchten strenge Diät! Zu fette Weiden – wie wir sie etwa heutzutage vorfinden – wäre zwar dem Fleischertrag zugute gekommen, aber die Wolle hätte an Qualität eingebüßt. Und diese brachte das Geld – angesichts des Prunks von Rittergutsschlössern (wie Reichstädt) offenbar nicht wenig!

Fette Weiden wie heutzutage gab es damals im Ost-Erzgebirge kaum, jedenfalls nicht fernab der Gehöfte. Über Jahrhunderte waren den abgelegenen Äckern mit den Ernten immer nur Nährstoffe entzogen worden, Düngung in Form von Viehmist hingegen gelangte vor allem auf die hofnahen, stickstoffbedürftigen „Krauthgärten". Dies überforderte auf lange Sicht selbst die meisten Gneisböden, deren natürliche Nährstoffausstattung eigentlich gar nicht so schlecht ist (von armen Porphyrböden ganz zu schweigen). Geringwüchsige Borstgrasrasen machten sich breit, die einerseits nur wenig eiweißreiches Futter boten, andererseits in ihrer lückigen Vegetationsstruktur Platz ließen für viele anspruchslose Kräuter. Diese Weiden würden heutzutage die Naturschützerherzen höher schlagen lassen, damals boten sie den Schafen wenig, aber gesundes Futter.

Die gutsherrschaftliche Schafhaltung war nicht unproblematisch für die Bauern. Sie hießen die Schäfer willkommen, wenn die Herden im Winter auf ihren Feldern weideten und ihnen mit dem Schafmist guter Dung zugute kam. Doch immer wieder beschwerten sie sich beim Kurfürsten, wenn die Rittergutsschafe im Frühjahr immer noch da waren und die austreibende Saat wegfraßen oder im Herbst kamen, bevor die Ernte eingefahren war. Bereits im 16. Jahrhundert hatte aus diesem Grund Kurfürst August die bäuerliche Schafhaltung stark eingeschränkt und teilweise ganz untersagt. Einzelne Schafe hinter dem Haus, wie sie heute zum Bild vieler Dörfer gehören, gab es damals nicht. Noch größer wurden die Probleme, als die Dreifelderwirtschaft abgelöst und statt der Brache Kartoffeln, Rüben, Klee und Wicken angebaut wurden. Hinzu kam noch, dass in den Staatsforsten die Weiderechte immer mehr beschränkt wurden, als die neue, geregelte Forstwirtschaft Einzug hielt. Dennoch: das Geschäft mit den Schafen blieb bis in die zweite Hälfte des 19. Jahrhunderts lukrativ.

Um 1870 änderte sich dies schlagartig. Hatten sich die sächsischen Schafzüchter zuvor noch gefreut, welche guten Preise ihre Zuchtböcke beim Verkauf nach Neuseeland, Australien oder Argentinien einbrachten, schlug dann die Globalisierung hart zurück. Billige Importe aus Übersee ließen den sächsischen Produzenten auf dem Wollmarkt keine Chance. Die allermeisten Schafherden wurden innerhalb weniger Jahre abgeschafft. Das Ost-Erzgebirge war von 1880 bis etwa 1935 fast schaffrei.

Erst die Nationalsozialisten mit ihrem Bestreben nach Autarkie des Reiches bemühten sich, die Menschen des Erzgebirges zur Schafhaltung zu bewegen. Dazu wurden Ostfriesische Milchschafe eingeführt. Diese Rasse steht zwar in der Wollqualität weit zurück hinter den Merinos, aber die Tiere können auch gemolken werden, bringen darüber hinaus einen ganz akzeptablen Fleischertrag, und sie sind geeignet für die die Einzelhaltung im Umfeld der Bauerngehöfte. Auch zu DDR-Zeiten, als Rinder und Felder in großen Landwirtschaftlichen Produktionskomplexen (LPG) zusammengefasst wurden, beließ die politische Führung den Dörflern das Recht zur Haltung von ein paar eigenen Schafen. Sie honorierte sogar mit staatlich gestützten Preisen die Abgabe von Wolle, immerhin bis zu 60 DDR-Mark pro Kilo.

„Ostfriesen" trifft man bis heute in vielen Dörfern des Ost-Erzgebirges, wenngleich sich deren Haltung wirtschaftlich kaum noch lohnt (Wollpreis: rund 60 Cent pro Kilo). Sie sorgen für gepflegtes Grünland rund um die Höfe, und sie fressen im Winter Heu. Da auch dieses teilweise heute noch in traditioneller Weise gewonnen wird, findet man innerhalb der Ortschaften mitunter erstaunlich bunte und artenreiche Wiesen.

Richtige Schafherden gab es zu DDR-Zeiten wieder, entweder als zusätzlich (meist wenig geliebte) Produktionsaufgabe einiger LPG oder beispielsweise im großen Dippoldiswalder Volksgut. 1990 war damit plötzlich Schluss. Doch ganz allmählich kehren die Schafe auch in die offene Landschaft zurück und sind hier ganz wichtig für die Landschaftspflege. Zum Beispiel die der Reichstädter Schäferei Drutschmann.

⑰ Schwarzbachtal

In den Fluren zwischen Obercarsdorf, Sadisdorf und Reichstädt entspringt der Schwarzbach und mündet einen knappen Kilometer südlich des Dippoldiswalder Stadtzentrums in die Rote Weißeritz. Vor ihrem Zusammenfluss nähern sich die beiden Täler schon einmal bis auf 200 m (Luftlinie) an. Die dabei geformte Landschaft mit steilen, laubwaldbestockten Talflanken und dem dazwischenliegenden Ziegenrücken (bäuerliche Ziegenhaltung war früher auch hier weit verbreitet) ist sehr abwechslungsreich. Ein Abschnitt des Schwarzbachtales mit artenreichen Auewiesen, bis vor kurzem vom Landschaftspflegeverband jährlich gemäht, ist seit 1977 als Naturschutzgebiet ausgewiesen.

Naturschutzgebiet

An den Talhängen gedeiht ein abwechslungsreicher Mischwald mit nahezu allen einheimischen Waldbaumarten. Diese Vielfalt wurde durch die einstige Niederwaldwirtschaft gefördert, die man auch heute noch an vielen verdickten Stammfüßen und mehrstämmigen Bäumen erkennen kann. Die Hainbuche findet hier, in 400 m üNN, ihre natürliche Höhengrenze. Bemerkenswert sind insbesondere einige dicke Eichen, deren schönste Exemplare jedoch leider vor kurzem gefällt wurden. Teilweise sind Fichten angepflanzt, die jedoch auf diesen nährstoffreichen Standorten sehr schnell wachsen und dabei instabil werden, vor allem aber in dieser Höhenlage oft zu wenige Niederschläge bekommen. Sturm und Borkenkäfer haben daher hier leichtes Spiel.

abwechslungsreicher Mischwald mit nahezu allen einheimischen Waldbaumarten

Besonders im Frühling ist ein Spaziergang auf dem Lehrpfad in der Bachaue ein besonderes Erlebnis. Zunächst beeindrucken die zahlreichen Traubenkirschen mit ihrer weißen Blütenpracht. Am Ufer des Schwarzbaches wächst eine Erlengalerie mit einigen sehr mächtigen Exemplaren. Ab Mitte Mai blüht auf den Wiesen eine große Zahl von Berg-, Feucht- und Nasswiesenarten: Kuckucks-Lichtnelke, Kohl-Kratzdistel, Großer Wiesenknopf, Perücken-Flockenblume, Bach-Nelkenwurz, Schmalblättriges Wollgras und die Orchideenart Breitblättrige Kuckucksblume, um nur einige zu nennen. Im Herbst zeigen sich an einigen Stellen noch die krokusartigen Blüten der Herbstzeitlosen – eines von nur noch wenigen Vorkommen in Sachsen. Früher kamen noch mehr Raritäten vor (Grüne Hohlzunge, Stattliches Knabenkraut, Fieberklee, Breitblättriges Wollgras). Ein großes Problem des Schwarzbachtales sind die häufigen Einträge von Nährstoffen und möglicherweise sogar Pestiziden, die bei jedem Sommergewitter von den angrenzenden Ackerflächen eingespült werden.

große Zahl von Berg-, Feucht- und Nasswiesenarten

Seit den 1980er Jahren wird im Naturschutzgebiet Schwarzbachtal die Käferfauna untersucht. Bisher konnten über 670 Arten nachgewiesen werden.

Um 1990 wurde am Rande des Schwarzbachtales ein „Zentrum für Landeskultur und Naturschutz" errichtet. Später kamen in der zugehörigen Außenanlage Nachbildungen vieler osterzgebirgstypischer Biotope (Steinrücke, Tümpel, Bergwiese, Streuobst) hinzu. Von 1997 bis 2007 hatte der Landschaftspflegeverband Osterzgebirge und Vorland seinen Sitz im Natur-

Natur-
schutz-
zentrum

schutzzentrum Schwarzbachtal. Dessen Mitarbeiter kümmerten sich auch um die Außenanlagen und boten Bildungsveranstaltungen für Schulklassen an. Das Schwarzbachtal ist auch eine Station des Ulli-Uhu-Spieles der Grünen Liga (die Kinder sollen hier die dickste Erle des Naturschutzgebietes finden). Im Moment ist allerdings die Zukunft des Naturschutzzentrums Schwarzbachtal noch ungewiss. Der Förderverein für die Natur des Osterzgebirges will das Objekt übernehmen und ebenfalls für Umweltbildungsarbeit nutzen.

Abb.:
Lehrpfad im
Schwarz-
bachtal

In der angrenzenden Dippoldiswalder Siedlung hat sich in den letzten Jahren eine Bürgerinitiative zusammengefunden, die sich für die Bewahrung des Naturschutzgebietes mitsamt des Naturschutzzentrums engagiert.

. . . .

 ## Dippoldiswalde

Die einstige Berg- und spätere Amtsstadt Dippoldiswalde gehört wahrscheinlich zu den ältesten Siedlungen des Ost-Erzgebirges, bedingt durch frühzeitige Silberfunde Ende des 12. oder Anfang des 13. Jahrhunderts. Der Niedergang des Bergbaus im 16./17. Jahrhundert – trotz bedeutender technischer Neuerungen, die von hier ausgingen, vor allem die Erfindung des Nasspochwerkes – ließ die wirtschaftliche Entwicklung lange Zeit stagnieren. Diesem Umstand ist zu danken, dass Dippoldiswalde auch heute noch über ein gut erhaltenes historisches Stadtzentrum verfügt. Der größte Teil des historischen Schlosses ist heute leider nicht öffentlich zugänglich (Gerichtsgebäude), außer der „Osterzgebirgsgalerie" mit Gemälden aus der Region.

historisches
Stadt-
zentrum

„Körner-
eiche"

Der schönste alte Baum, die 300 Jahre alte „Körnereiche" an der Technikumallee (zwischen Marktplatz und Kulturhaus „Parksäle"), erfreut auch heute noch mit seinem 5,20 m Stammumfang und 25 m Kronendurchmesser die Besucher und die Tierwelt. Vor längerer Zeit hatte ein Waldkauz in dem dicken Stamm Quartier bezogen.

Mauer aus verschiedenen Gesteinen

1880 war am rechten Weißeritzufer ein Denkmal für den Bürgermeister Franz Heisterbergk aufgestellt worden. Dahinter wurde eine kleine Mauer aus den verschiedenen Gesteinen des damaligen Kreises Dippoldiswalde gesetzt. Nachdem dieses Denkmal 2002 dem Hochwasser zum Opfer gefallen war, errichtete man einen Nachbau im so genannten Rosenpark (Nähe Talsperrenstraße/Große Mühlstraße). Leider findet der geologisch interessierte Naturfreund dort keine Erläuterungen, um welche Gesteine es sich konkret handelt.

Grüne Liga Osterzgebirge

Umweltbibliothek

Innerhalb des historischen Zentrums von Dippoldiswalde hat auch die Grüne Liga Osterzgebirge ihren Sitz. An der Großen Wassergasse (wo früher vom Kreuzbach her Wasser ins Stadtzentrum geleitet wurde) bietet sie in ihrer kleinen Umweltbibliothek regelmäßig naturkundliche Vorträge an und freut sich an jedem letzten Donnerstag im Monat über Helfer beim gemeinsamen Falten und Eintüten des „Grünen Blätt'ls", mit dem seit 1995 allmonatlich über aktuelle Natur- und Umweltthemen informiert wird.

Lohgerber-, Stadt- und Kreismuseum Dippoldiswalde

An vielen Talhängen in der Umgebung von Dippoldiswalde fällt die Dominanz von Eichen auf (z. B. „Eichleite"). Als der Bergbau daniederlag, mussten andere Einkommensquellen gefunden werden. Dazu gehörte auch die Lederherstellung. Unverzichtbarer Grundstoff der Gerbtechnologie war bis Ende des 19. Jahrhunderts die Lohe (= Rinde) junger Eichen, ersatzweise auch Fichten. Die Art und Weise, wie aus Tierhäuten Leder gemacht wurde, zeigt seit 1976 in eindrucksvoller Weise das „Lohgerber-, Stadt- und Kreismuseum Dippoldiswalde". Zu Weihnachten zieht eine Ausstellung mit jeder Menge Advents-Spielzeug große und kleine Besucher ins Museum.

⑲ Flächennaturdenkmal „Wiese Elend"

kleine Feuchtwiese

Inmitten des Dippoldiswalder Ortsteiles Elend, auf der Hochfläche zwischen Ulberndorf und Reinholdshain, wurde 1990 eine kleine Feuchtwiese unter Naturschutz gestellt. Deren Blütenreichtum von Großem Wiesenknopf, Kuckucks-Lichtnelke, Sumpf-Hornklee, Gewöhnlichem Gilbweiderich, Sumpf-Vergissmeinnicht, Kriechendem Günsel und vielen weiteren Arten ist allerdings seit Jahren rückläufig, trotz teilweise sogar zweimaliger Mahd durch Helfer der Grünen Liga. Doch daran scheint es auf der Elender Wiese nicht zu mangeln. Vor allem hochwüchsige Gräser machen sich breit, unter anderem Wolliges Honiggras, Wiesen-Fuchsschwanz und Wiesen-Schwingel. Und Sumpf-Kratzdistel in großer Menge, die nach der Mahd immer ideale Keimbedingungen für ihre zahllosen Samen finden. Die Zielarten des Naturschutzes, wie Breitblättrige Kuckucksblume und Schmalblättriges Wollgras, sind hingegen selten geworden auf der Fläche.

Schwarze Teufelskralle

Zum Glück gilt dies noch nicht für die Schwarze Teufelskralle. Diese Pflanze ist (im Gegensatz zum mittleren und westlichen Erzgebirge) im Ost-Erzgebirge sonst sehr selten, hier hat sie aber noch einen schönen Bestand.

Ziele in der Umgebung

Kohlberg und Lockwitzquellen 20

Bei Oberfrauendorf steigt das Gelände steil nach Süden an zum Kohlberg-Massiv (höchste Erhebung: Kohlkuppe 616 m), das mit seinen Fichtenforsten weithin auffällt. Dieser Höhenrücken setzt sich über die Tellkoppe, den Kahleberg und die Lugsteine bis zum knapp 20 km entfernten Pramenáč/Bornhauberg fort und markiert die mehrere Kilometer breite Decke des Teplitzer Quarzporphyres. Weil das Gestein verwitterungsbeständig ist, wurde das Gebiet von der Abtragung des Variszischen Gebirges weniger erfasst als die umgebenden Gneisflächen. Und weil es nur nährstoffarme, flachgründige Böden hervorbringt, überließen die Kolonisatoren des Ost-Erzgebirges dieses Gebiet dem Wald. Aber auch der wurde intensiv genutzt, zum Beispiel für Köhlerei.

Teplitzer Quarzpor-phyr

Das nährstoffarme Grundgestein erkennt man teilweise ebenfalls am Pflanzenbestand des umliegenden Grünlandes. Bis vor wenigen Jahren wuchs hier sogar noch Arnika auf einem kleinflächigen Borstgrasrasen. Die von der Grünen Liga aufgenommene Pflegemahd auf der Kohlbergwiese kam allerdings offenbar zu spät für die Arnika.

Wie so oft, tritt im Kontaktbereich zwischen verschiedenen Gesteinen Kluftwasser aus dem Untergrund hervor. Östlich der Kohlkuppe sammelt sich das Wasser zu zwei kleinen Bächen, leider aufgrund von Drainage-Maßnahmen nicht in ihren natürlichen Sickerquellen. Der eine Bachlauf ist die Lockwitz, an deren Oberlauf die Gehöfte von Oberfrauendorf aufgereiht sind. Der andere heißt Rotes Wasser und bildet zunächst ein sehr abwechslungsreiches Tälchen mit Feldgehölzen, Teichen und Talwiesen, die aber leider durch intensive Rinderweide ihrer Artenfülle beraubt wurden. In Niederfrauendorf vereinigen sich Rotes Wasser und Lockwitz. Zuvor müssen beide noch einen Riegel von Quarzporphyr durchbrechen. Einer der Gänge des „Sayda-Berggießhübler Gangschwarmes" ist hier besonders breit ausgebildet und hat die Kuppen von Frauenberg und Rotem Stein gebildet.

Lockwitz

Rotes Wasser

Sayda-Berggieß-hübler Gang-schwarm

In der Ortsmitte von Oberfrauendorf befindet sich eine artenreiche Nasswiese, seit vielen Jahren von der Grünen Liga Osterzgebirge in aufwendiger Handarbeit gepflegt. Der darauf wachsende Orchideenbestand (Breitblättrige Kuckucksblume) hat dies gedankt und sich vervielfacht, mittlerweile auf rund 200 Exemplare.

artenreiche Nasswiese

Der Rand des Kohlberges bietet weite Ausblicke über das nordöstliche Ost-Erzgebirge. Man kann den Verlauf der Lockwitz verfolgen, wie sie sich

weite Ausblicke

in die Gneishochfläche eingeschnitten hat, bevor sie rechts neben dem Wilisch durch die „Wendischcarsdorfer Verwerfung" hindurch das Erzgebirge verlässt und dahinter, wo im Dunst der Dresdner Talkessel zu erkennen ist, der Elbe zuzufließen. Die Gneishochfläche ist nicht eben sondern doch ziemlich strukturreich. Zum einen verursachen dies die kleinen Nebenbäche, zum anderen der erwähnte Sayda-Berggießhübler Porphyr-Gangschwarm. Aufgesetzt auf der Gneishochfläche thront rechts die Basaltkuppe des Luchberges.

Quellen

Akademie der Wissenschaften der DDR (1973):
Zwischen Tharandter Wald, Freital und dem Lockwitztal,
Werte unserer Heimat, Band 21

Böhme, Brigitte (2005): **Pflanzenwuchs in der Talsperre Malter**,
Sächsische Floristische Mitteilungen, Heft 9

Forstwirtschaftliches Institut Potsdam (1965): **Standortserläuterungsband StFB Tharandt**

Härtel, F.; Hopffgarten, E.H. von (1936):
Forstliche Standortskartierung der Dippoldiswalder und der Hirschbach-Heide südlich von Dresden,
Abhandlungen des Sächsischen Geologischen Landesamtes, Heft 15

Hempel, Werner; Schiemenz, Hans (1986):
Die Naturschutzgebiete der Bezirke Leipzig, Karl-Marx-Stadt und Dresden,
Handbuch der Naturschutzgebiete der DDR, Band 5

Kaulfuß, Wolfgang (2000): **Geographische Exkursionen Dresden und Umgebung**,
Dresdner geographische Beiträge, Sonderheft 2

Rat des Kreises Meißen (ohne Jahr):
Pflegeplan für das Landschaftsschutzgebiet „Dippoldiswalder Heide und Wilisch"

Staatliches Umweltfachamt Radebeul (1998):
Flächenhafte Naturdenkmale des Weißeritzkreises,
Broschüre

Staatliches Umweltfachamt Radebeul (2004):
Baum-Naturdenkmale in der Region Oberes Elbtal/Osterzgebirge,
Broschüre

Streller, Steffen; Wittig, Tilo (2000): **Weißtannen in der Dippoldiswalder Heide**,
Pro Silva Saxonica – Mitteilungsblatt der Landesgruppe Sachsen der ANW, Nr. 5

Unger, Erhard (1997): **Unsere Heimat – Bunte Bilder aus dem Dippser Land**,
Dippoldiswalde

Wotte, Herbert (1984): **Talsperren Malter und Klingenberg**; Wanderheft 34

www.deutsches-stuhlbaumuseum.de

Die Wendischcarsdorfer Verwerfung

und der Wilisch

Text: Jens Weber, Bärenstein; Christian Jentsch, Kreischa;
Christian Zänker, Freiberg
Fotos: Stefan Höhnel, Jürgen Steudtner, Jens Weber

Rotliegend, Sandstein, Basalt, Lößlehm

Kaltluftseen, wärmebegünstigte Südhänge, Steiltal

Obstwiesen, Laubwälder, basenliebende Frühlingsblüher

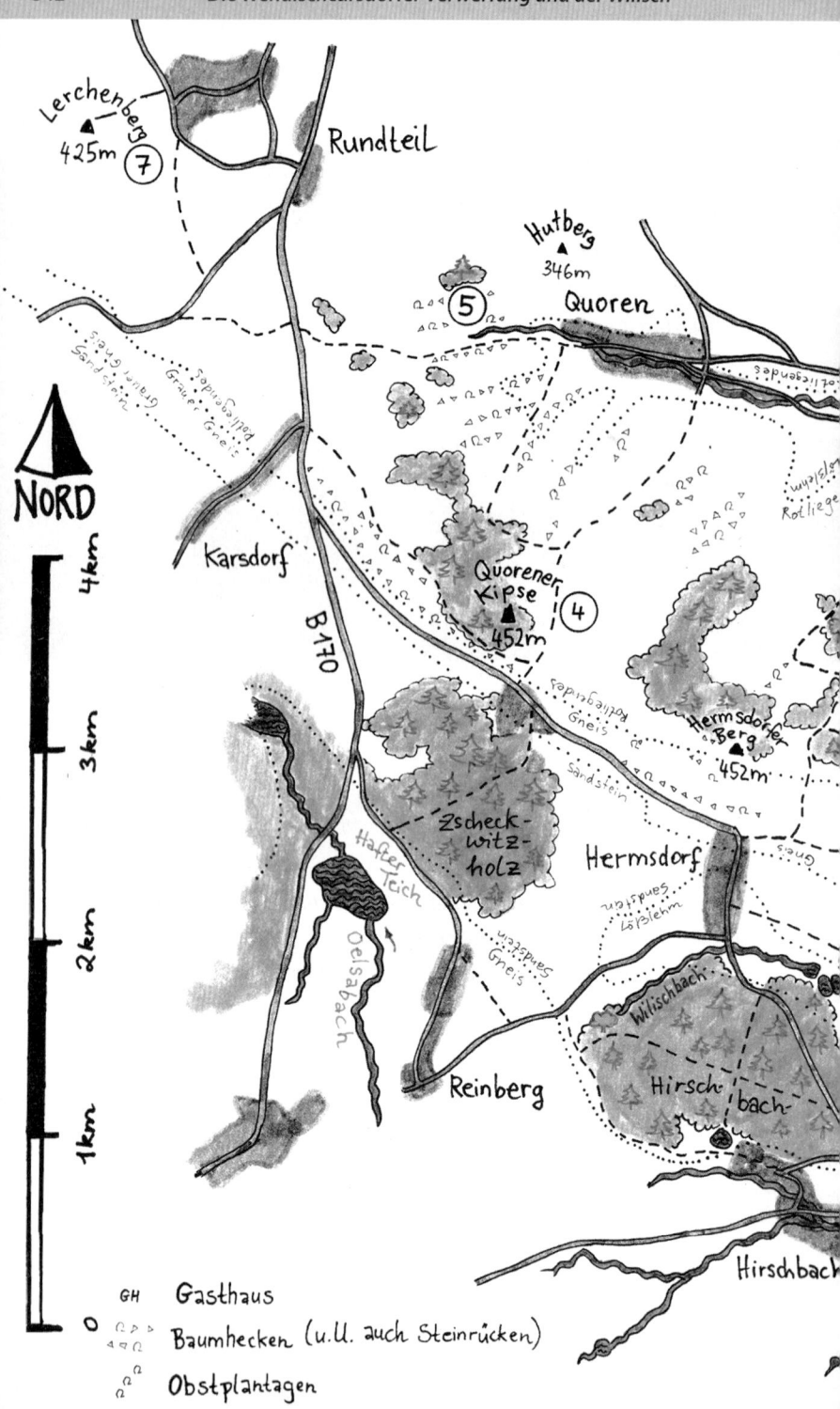

Wilisch & die Wendischcarsdorfer Verwerfung

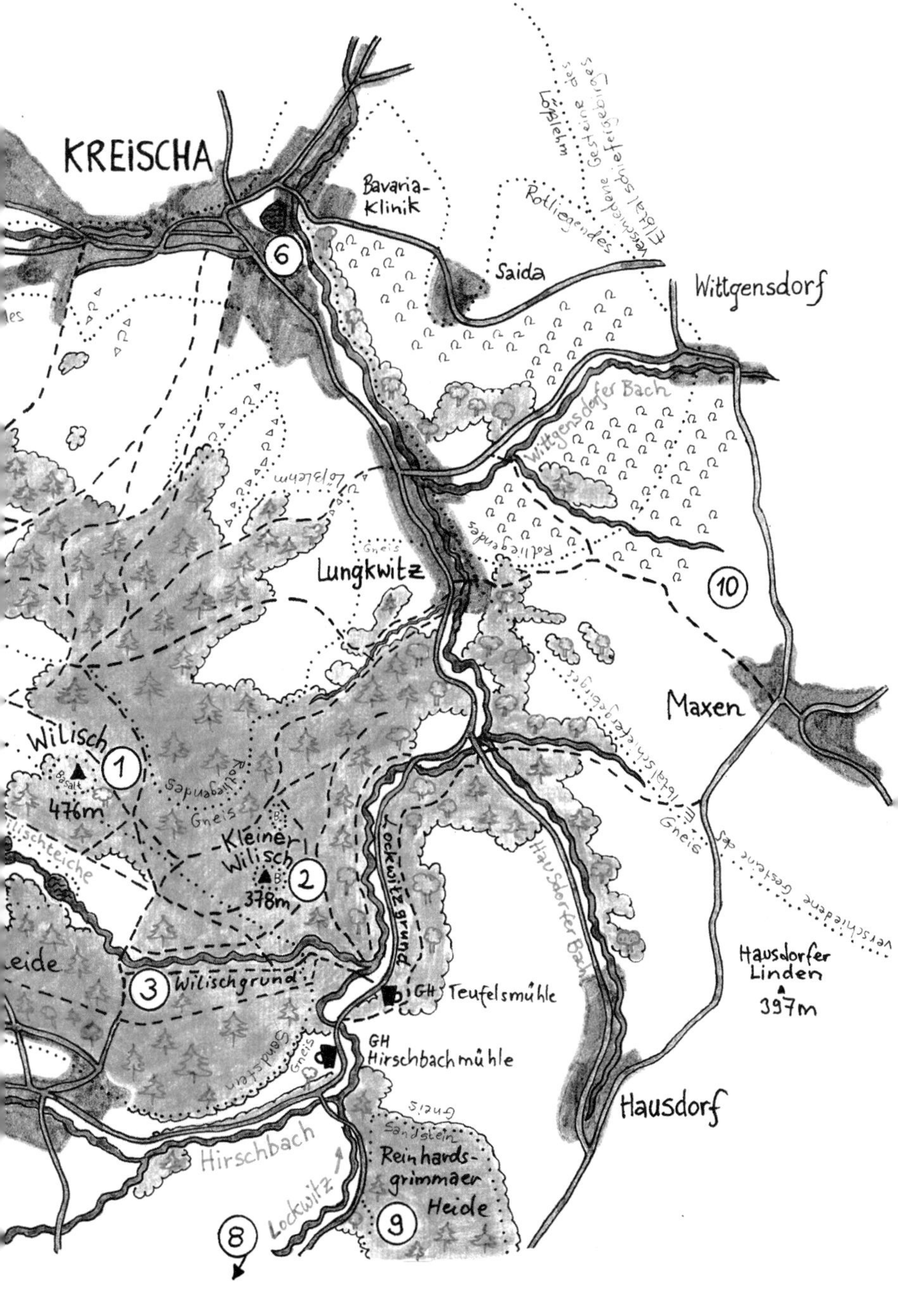

KREISCHA

Bavaria-Klinik

⑥

Saida

Wittgensdorf

Lößlehm

Rotliegendes

Wittgensdorfer Bach

Rotliegendes

Lungkwitz

Lößlehm

Gneis

⑩

Maxen

Wilisch

① Basalt

476m

Kleiner Wilisch

② 378m

Rotliegendes

Gneis

Lockwitzteiche

③ Wilischgrund

Hirschteiche

Heide

GH Teufelsmühle

GH Hirschbachmühle

Lockwitzgrund

Hausdorfer Bach

verschiedene Gesteine des Elbtalschiefergebirges

Gneis

Hausdorfer Linden

▲ 397m

Hausdorf

Hirschbach

Reinhardsgrimmaer Heide

Sandstein

Gneis

⑧ Lockwitz

⑨

① Wilisch

② Kleiner Wilisch und Lockwitzhang

③ Wilischgrund

④ Quohrener Kipse

⑤ Quohrener Grund und Hutberg

⑥ Kreischa

⑦ Lerchenberg (425 m)

⑧ Schlosspark Reinhardtsgrimma

⑨ Reinhardtsgrimmaer Heide

⑩ Kalkbrüche Maxen

Die Beschreibung der einzelnen Gebiete folgt ab Seite 351

Landschaft

Verlässt man den Dresdner Elbtalkessel in Richtung Süden, begrenzt bald ein markanter Höhenrücken den Horizont: Lerchenberg (425 m, bei Börnchen/Possendorf) – Quohrener Kipse (452 m) – Hermsdorfer Berg (447 m) – Wilisch (476 m) – Lerchenhügel (417 m, bei Hausdorf).

Bronzezeit-siedler

Die Welt der Bronzezeitsiedler endete an dieser Hügelkette, ebenso wie auch die der seit dem 7. Jahrhundert im Elbtal lebenden Slawen. Dahinter begann das Reich der Bären und Wölfe – „Wilisch" geht mit einiger Sicherheit auf das slawische Wort für „Wolf" zurück. Dort waren damals lediglich Jäger und Zeidler (Honigsammler) unterwegs.

Slawische Weiler

Slawische Weiler und Rundlings-Dörfer entstanden hier vermutlich erst um das Jahr 1000. Um im vergleichsweise unwirtlichen Ost-Erzgebirge, jenseits des Wilischs, den Wald zu roden und Dörfer anzulegen, für die Kolonisierung des „Böhmischen Waldes", bedurfte es erst der machtvollen Expansionsbestrebungen der Meißner Markgrafen Konrad („der Große") und Otto („der Reiche") sowie der Dohnaer Burggrafen im 12./13. Jahrhundert.

Burg Grimmstein

Um 1200 entstand Reinhardtsgrimma, in dessen Nähe damals die Burg Grimmstein auf einem Bergsporn des Schlottwitzbaches thronte. Auch in der Kreischaer Senke ließen sich deutsche Kolonisten nieder, übernahmen zwar teilweise die slawischen Ortsnamen, legten aber typische Waldhufendörfer an, wie etwa Quohren oder Lungkwitz. Kreischa selbst hat zwar einen slawischen Kern (alte Wasserburg in Oberkreischa), wurde aber später von deutschen Siedlern wesentlich erweitert.

am Wilisch-Höhenzug beginnt das Ost-Erzge-birge

Nicht nur siedlungsgeschichtlich, auch geologisch beginnt an dem Wilisch-Höhenzug das Ost-Erzgebirge.

Als im Tertiär die Rumpfplatte des eingeebneten „Ur-Erzgebirges" dem Druck der von Süden gegen Europa drängenden Kontinentalschollen nicht mehr standhalten konnte, zerbrach sie in ihrer Mitte, entlang des heutigen Erzgebirgskammes. (Der Südteil sank in die Tiefe und bildete das Nordböhmische Becken, der Nordteil wurde herausgehoben und schräg gestellt – das Bruchschollengebirge „Erzgebirge" entstand). Auch hier im Nordosten riss die Erde auf und verschob das Ost-Erzgebirge ein Stück gegenüber dem

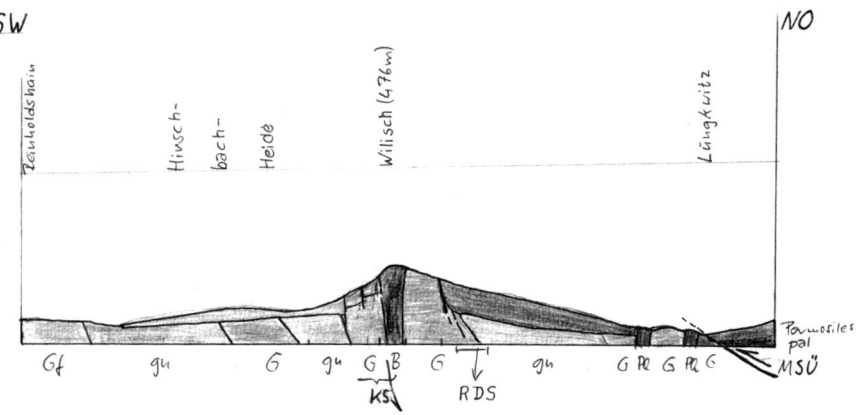

Abb.: Geologischer Schnitt von Reinholdshain nach Lungkwitz (Werner Ernst)

Kr – Oberkreide (Cenoman), B – Basalt, Permosiles mit PQ Quarzitporphyr,
pal – Altpaläzoikum des Elbtalschiefergebirges

Gneise: G – Granitoid (Rotgneis), Gf Metagranodiorit (Innerer Freiberger Graugneis),
gn – präkambrisches Paragneis, MSÜ – Mittelsächsische Störung (Überschiebung),
KS – Karsdorfer Störung, RDS – Randstörung der Döhlener Senke

nördlich angrenzenden „Rotliegend-Gebiet". Diese Bruchzone – Geologen
Verwerfung sprechen von einer „Verwerfung" – wurde nach dem alten Karsdorfer Ortsnamen „Wendisch-Carsdorf" benannt. Zwischen 60 und 80 m steigt der
Höhenrücken heute über den südwestlich angrenzenden, mehr oder weniger ebenen Fuß des Osterzgebirges an. Aus der Kreischaer Talmulde hingegen muss man über zweihundert Höhenmeter überwinden, will man zur
Quohrener Kipse oder zum Hermsdorfer Berg aufsteigen.

Noch etwa 30 m mehr überragt der Gipfel des Wilischs die Wendischcars-
Basalt dorfer Verwerfung. Hier steht Basalt (geologisch streng genommen:
„Olivinnephelinit") an, etwa auf einer Fläche von 250 mal 150 m. Mit den
tektonischen Brüchen des Tertiärs ging Basalt-Vulkanismus einher, von
dem neben dem eigentliche Wilischgipfel noch zwei kleinere Vorkommen
an dessen Osthang („Kleiner Wilisch") künden.

Vor dem Anheben und Schrägstellen der Erzgebirgsscholle war deren östli-
Sandstein cher Teil noch überwiegend von Sandstein bedeckt. Diesen hatte vor rund
hundert Millionen Jahren das Kreidemeer hinterlassen. Nachdem dann die
tektonischen Kräfte das Ost-Erzgebirge angekippt hatten, trugen die dabei
neu entstandenen Fließgewässer den allergrößten Teil dieses Sandsteins
wieder ab. Die Wendischcarsdorfer Verwerfung jedoch stellte sich dieser
Abtragung in den Weg, hier blieb eine Sandsteindecke von teilweise einigen dutzend Metern Mächtigkeit erhalten: in der Dippoldiswalder Heide
mitsamt Zipfelheide, im Zscheckwitzer Holz, in der Hirschbachheide und
in der Reinhardtsgrimmaer Heide.

Lößlehm

Von weitgehender Abtragung verschont blieb dank des Höhenzuges nicht nur der Sandstein aus der Kreidezeit. Auch Lößlehm, eine Hinterlassenschaft der Eiszeiten, findet sich in teilweise erstaunlichen Mächtigkeiten noch südlich der Wendischcarsdorfer Verwerfung. Während der Elster-Kaltzeit (vor ca. 400 000 Jahren) drangen die skandinavischen Gletscher bis in den Kreischaer Raum vor, die beiden späteren Vorstöße polarer Vereisungen (Saale- und Weichsel-Kaltzeit) machten allerdings bereits weit nördlich des Erzgebirges halt. Aus den weitgehend vegetationsfreien Zonen in ihrem Vorfeld wurde kalkreicher Staublehm ausgeblasen und mit den von den Eismassen heranwehenden Stürmen bis ins Ost-Erzgebirge getragen. Luftverwirbelungen hinter dem Wilisch-Rücken ließen dann wahrscheinlich überdurchschnittlich große Mengen dieses Lößes auf den Sandstein-Verebnungen zu Boden sinken. Neben einer „Verbesserung" des Nährstoffangebotes auf den Sandsteindecken, die zwischen Hermsdorf und Reinberg sogar landwirtschaftliche Nutzung möglich macht, bringt der

Pseudo- und Staugley

Lößlehm jedoch noch eine zweite Eigenschaft mit sich: die Neigung zur Bodenverdichtung und die Ausbildung von Pseudo- und Staugleyen auf ebenen Flächen.

Abb.: Lößlehm-Ebene zwischen Dippoldiswalder Heide und Wilisch (Blick vom König-Johann-Turm)

Gneis

Unterhalb von Kreidesandstein und Lößauflagerung bilden südwestlich der Wendischcarsdorfer Verwerfung verschiedene Gneise den geologischen Untergrund.

Rotliegend

Zwischen Herbst und Frühjahr, wenn zwischen Kreischa und Possendorf die Äcker umgepflügt sind und offen liegen, fällt deren intensive rote Färbung auf. Nördlich von Wilisch und Hermsdorfer Berg, auch direkt auf den Kuppen von Quohrener Kipsen und Lerchenberg bildet das Rotliegende die Oberfläche. Dabei handelt es sich um Abtragungsschutt aus dem Variszischen Gebirge, das im Karbon (vor 360 bis 300 Millionen Jahren) mit einer seiner Bergketten (dem Erzgebirgssattel) das „Ur-Erzgebirge" bildete. In einer vorgelagerten Senke, dem Döhlener Becken, sammelte sich während und nach der Auffaltung des Variszischen Gebirges das Material, was damalige Flüsse von ihren Höhen und Tälern abtrugen. Zu diesem, nach dem Freitaler Ortsteil Döhlen benannten Becken gehörte auch die „Kreischaer Nebenmulde". Das Rotliegende besteht überwiegend aus Gneisgeröllen mit mehr oder weniger großen Anteilen von Porphyr- und Quarzit-Bruchstücken. Zu einem Konglomerat-Gestein verkittet wird dieses Gemisch durch Gneisgrus, der durch damalige tropische Verwitterung intensiv rot bis rotbraun gefärbt ist (hoher Anteil Eisenhydroxid). Dieses Rotliegendgestein ist vergleichsweise weich, entsprechend viel Platz konnte sich die Lockwitz im Kreischaer Talkessel schaffen.

Lockwitz-bach

Um dorthin zu gelangen, musste sich der (am Kohlberg bei Oberfrauendorf entspringende) Lockwitzbach zuvor allerdings durch die Wendischcarsdorfer Verwerfung und den relativ harten Rotgneis des Wilischs hindurch arbeiten. Zwischen Reinhardtsgrimma und Lungkwitz hat er dabei ein steiles Kerbsohlental geschaffen. Naturnahe Mischwälder tragen zum besonderen naturkundlichen Reiz dieses Durchbruches bei (der allerdings durch den heftigen Pkw-Verkehr allzu oft gestört wird).

klimatisch Trennschei-de zwischen Erzgebirge und Elbtal-zone

Auch klimatisch bildet die Wendischcarsdorfer Verwerfung eine deutlich wahrnehmbare Trennscheide zwischen Erzgebirge und Elbtalzone. Wenn in wolken- und windlosen Nächten im Gebirge die bodennahe Luft abkühlt, dabei schwerer wird und talabwärts zieht, bildet der Höhenzug einen natürlichen Schutz für das Kreischaer Becken. Die Kaltluft staut sich über den Sandsteinheiden südlich des Höhenrückens und führt dort mit regelmäßigen Spätfrösten im Frühjahr zu einer Selektion (sub-)montaner Vegetation. Die Oberhänge von Wilisch, Hermsdorfer Berg und Quohrener Kipsen indes ragen meistens aus diesen Kaltluftseen heraus und bieten mit ihrer Süd-

Süd-exposition

exposition wärmeliebenden Pflanzen geeignete Standortsbedingungen.

Obstanbau-gebiet

Das Kreischaer Becken schließlich ist seit alters her ein bekanntes Obstanbaugebiet – dank des Schutzes, den die Wendischcarsdorfer Verwerfung gegenüber der kalten Gebirgsluft bietet. Früher wurde hier sogar Wein angebaut. Neben pestizidbelasteten Apfel- und Kirsch-Plantagen gedeihen heute noch große, teilweise sehr alte und aus Naturschutzgründen außerordentlich wertvolle (Streu-)Obstwiesen.

Feldraine und Hang-terrassen

Besonders die Flur von Quohren ist durch eine große Anzahl von teilweise steinrückenartigen Feldrainen und Hangterrassen geprägt. Der daraus resultierende kleinflächige Wechsel von Gehölzen und Offenland verschafft nicht nur dem Wanderer abwechslungsreiche Ausblicke, sondern auch vielen verschiedenen Pflanzen und Tieren Lebensraum.

Nährstoffarme und zu einem großen Teil staunasse Böden sowie Frostgefährdung haben dazu geführt, dass die „Heiden" südlich des Wilisch-Rückens ungerodet blieben (wenn auch die Holzvorräte später rigoros geplündert wurden). Wald wächst auch auf den flachgründigen und/oder blockreichen Hängen des Wilischs und des Lockwitztales. Die Nordseiten von Wilisch,

Abb.: Meh-rere Teiche bereichern südlich des Wilischs die Lebens-raumvielfalt.

Hermsdorfer Berg und Quohrener Kipse wurden größtenteils erst später wieder aufgeforstet, überwiegend mit Fichtenforsten, die von Natur aus gar nicht hierher gehören.

Viehtriften Die flachgründigen, mageren Oberhänge dienten einst als Viehtriften und waren noch bis Mitte des 20. Jahrhunderts sehr artenreich. Intensivlandwirtschaft einerseits, Aufforstung und Verbrachung andererseits haben von dieser Fülle nur noch einen kleinen Teil übrig gelassen – doch auch dieser lohnt ausgedehnte Wanderungen entlang der Wendischcarsdorfer Verwerfung.

Bereits im 19. Jahrhundert erreichte Kreischa Bedeutung als Ausflugs- und

Kurort Kurort. Nach 1990 etablierte sich die Bavaria-Klinik als Hauptarbeitgeber des Gebietes. Erholung in gesunder Natur ist ein wichtiges Ziel der Entwicklung im Lockwitztal. Nicht zuletzt dank des Engagements von Bürgermeister, Bavaria-Eigentümern und vielen Bürgern konnten Anfang der 1990er Jahre zwei große Gefahren für diese Entwicklung abgewendet werden: Zum einen wurden die Pläne für einen Großsteinbruch am Blauberg/Langer Berg aufgegeben, zum anderen der Bau der Autobahn A17 wenn schon nicht verhindert, doch so weit wie möglich an den Stadtrand von Dresden verschoben.

Pflanzen und Tiere

Durch die geologischen und klimatischen Besonderheiten weist der Höhenzug der Wendischcarsdorfer Verwerfung eine interessante und vielfältige Pflanzenwelt auf. Besonders artenreich und wertvoll sind zum einen die relativ mageren Wiesen im Nordwesten und zum anderen die basaltbeeinflusste Vegetation auf dem Wilisch.

Frischwiesen Auf den zwischen Rundteil, Quohren und Karsdorf gelegenen Frischwiesen (meist alte lückenhafte Streuobstwiesen) kommen in großer Anzahl Kleines Habichtskraut, Wiesen- Flockenblume, Rundblättrige Glockenblume, Kleine Braunelle, Gewöhnliches Ferkelkraut und Rot-Schwingel vor. Als seltene

Vegetation auf dem Arten treten vereinzelt Goldklee, Wirbeldost und die geschützte Berg-Platterbse auf.

Gipfel des Wilisch Besonders interessant ist die Vegetation auf dem Gipfel des Wilisch. Seiner natürlichen Bewaldung am nächsten kommt z. Z. wahrscheinlich sein

Abb.: Bärenschote

Südhang mit Trauben-Eiche, Rot-Buche, Esche, Berg-Ahorn, Spitz-Ahorn, Vogelkirsche und Stiel-Eiche. Am Oberhang treten noch die Winter-Linde und spärlich die Hainbuche hinzu, die als Baumarten des Hügellandes hier auf einem vorgeschobenen Standort stehen. Die Krautschicht variiert klein-räumig, je nach Bodenbeschaffenheit und Sonneneinstrahlung. Den meis-

basenreiche ten gemeinsam ist allerdings die Vorliebe für basenreiche Böden, wie sie
Böden der Basalt hervorbringt. Häufig sind Waldmeister, Pfirsischblättrige Glocken-blume, Kleinblütiges Springkraut, Moschus-Erdbeere, Bärenschote sowie die Gräser Wald-Zwenke, Nickendes und Einblütiges Perlgras. Auch Leber-blümchen, Sanikel und Frühlings-Platterbse tragen zum Reiz und zur Be-deutung des Wilischs bei.

bodensaure Außerhalb der basaltbeeinflussten Standorte des Wilischs sowie, in gerin-
Trauben- gerem Ausmaß, des Kleinen Wilischs würden von Natur aus bodensaure
eichen-Bu- Traubeneichen-Buchenwälder wachsen, wie sie an den Lockwitzhängen
chenwälder in teilweise noch sehr schönen Beständen zu erleben sind. Die Artenviel-falt ist hier allerdings deutlich geringer. Draht-Schmiele, Schmalblättrige Hainsimse und Wald-Reitgras herrschen vor. Hinzu kommt an schattigen Hangbereichen sowie im Kaltluftstau südlich des Höhenzuges auch noch die Berglandsart Purpur-Hasenlattich.

Hochstau- Ebenfalls eher in höheren Lagen sind Wald-Geißbart, Sterndolde und Alant-
denfluren distel zu Hause, die man vereinzelt im Lockwitztal bzw. deren engen Sei-
an der tentälchen noch finden kann. Beachtung verdienen die Hochstaudenfluren
Lockwitz an der Lockwitz, wenngleich der größte Teil der Talwiesen durch Eutrophie-rung und Überweidung in den letzten Jahrzehnten viel von der ursprüng-lichen Pracht eingebüßt hat. Von besonderer Schönheit ist heute noch ein ausgedehnter Bestand des Großen Wiesenknopfes in der Nähe der
Böschungen Teufelsmühle.
der südex-
ponierten An sonnenbeschienenen Waldrändern und Böschungen der südexponier-
Oberhänge ten Oberhänge gedeihen wärme- und lichtliebende Arten. Pech-Nelke und Nickendes Leimkraut fallen im Frühling auf, etwas später die leuchtend gelben Bestände des Färber-Ginsters und des Johanniskrauts.

Vegetation In deutlichem Kontrast dazu steht die Vegetation der Sandstein-Heiden.
der Sand- Nicht nur wegen der Umwandlung in Fichten- und Kiefernforsten ist die
stein-Heiden Baumschicht recht artenarm. Im Randbereich von Hirschbach wachsen Trauben- und Stiel-Eichen sowie Sand-Birken. Drahtschmiele und Heidel-beere künden von den mageren Nährstoffbedingungen der Heiden, Wolli-ges Reitgras und Harz-Labkraut vom montan geprägten Klima. Wo das Bo-denwasser wenigstens etwas in Bewegung ist, bildet der Adlerfarn dichte Bestände; wo hingegen Staunässe die Böden prägt, wächst Pfeifengras.

An sonnenbeschienen Wegrändern innerhalb der Sandsteinheiden, aber auch auf den Basaltfelsen kann man im Frühjahr noch gelegentlich einmal
Kreuzotter eine Kreuzotter beim Sonnenbad beobachten.

Hauptwildart des Wilischgebietes ist das Reh. Mitte der 1970er Jahre des
Damhirsche vergangenen Jahrhunderts wurden außerdem Damhirsche eingeführt. Damwild ist, im Unterschied zu den meisten einheimischen Wildarten, tagaktiv.

Abb.:
Eisvogel

Im Kreischaer Becken mit seiner klimatisch begünstigten Lage, der breiten Lockwitz-Talaue und der reich gegliederten Umgebung mit kleinen Bachtälchen und zahlreichen Feldgehölzen findet auch eine artenreiche Flora und Fauna geeignete Lebensräume. In feuchten, noch nicht übermäßig mit Nährstoffen überfrachteten Auebereichen mit Feuchtwiesen, Hochstaudenfluren und kleinen Gewässern wachsen Himmelschlüssel, Sumpfdotterblume, Ästiger Igelkolben, Helmkraut, Wasserpfeffer, Bach-Ehrenpreis, Ufer-Wolfstrapp, Sumpf-Vergissmeinnicht, Wasser-Schwertlilie und Herbstzeitlose. Bis vor einigen Jahren gab es hier sogar noch die Sibirische Schwertlilie. Neben den allgemein verbreiteten Lurchen wie Erdkröte, Grasfrosch und Teichmolch profitiert auch der Springfrosch vom milden Klima. Das gleiche gilt unter den Reptilien für Zauneidechse und Glattnatter. Der Feuersalamander laicht erfolgreich in unbelasteten Bächen. In den Feuchtbiotopen und Wasserläufen der Talauen sind Wasseramsel, Eisvogel, Rohrammer, Wasserralle und Nachtigall zu beobachten oder zu hören. Schwarzstörche suchen hier nach Nahrung.

Salmoniden-
gewässer

Der nur noch gering mit Abwasser belastete Lockwitzbach mit seinen Nebenarmen gilt als Salmonidengewässer. Bach- und Regenbogenforellen ziehen ebenso durch die Gewässer wie Äschen sowie (aus Nordamerika eingeführte) Bachsaiblinge. Problematisch wirken sich allerdings an der ohnehin relativ wasserarmen Lockwitz lange Trockenperioden aus, wie etwa im Sommer 2003, als der Bach über weite Strecken völlig trocken fiel.

extensiv
genutzte
Weidefläche

In Bereichen der extensiv genutzten Weideflächen und Streuobstwiesen sind neben Stickstoffzeigern wie Wiesen-Bärenklau und Wiesen-Kerbel häufig auch Margarite, Spitzwegerich, Echter Nelkenwurz, Kleines Habichtskraut, Kuckucks-Lichtnelke, Pech-Nelke und Wiesen-Storchschnabel zu finden. Typisches Gras der Mähwiesen ist der Glatthafer. An Waldrändern kommt sporadisch Seidelbast vor, deutlich häufiger hingegen das Pfaffenhütchen.

Streuobst-
bestände
mit hohem
Alt- und Tot-
holzanteil

In Streuobstbeständen mit hohem Alt- und Totholzanteil sind Rückzugsgebiete, Brutstätten und Nahrungsquellen vieler Tierarten eng verbunden und bilden dadurch eigene Lebensräume und Gesellschaften. Typische Arten dieser Biotope sind u.a. Waldeidechse, Blindschleiche, Spitzmäuse, Gartenschläfer, Wiesel und Hermelin. Von den Vogelarten sind Neuntöter, Raubwürger, Grün- und Buntspecht, Braunkehlchen und Wendehals zu nennen.

Über 100
Brutvogel-
arten

Über 100 Brutvogelarten nutzen das vielfältige Lebensraumangebot zwischen Kreischa, Possendorf und Reinhardtsgrimma. Besondere Bedeutung kommt dabei dem Wachtelkönig zu. Die markanten Rufe dieses seltenen Rallenvogels kann man in Juninächten auf den Wiesenflächen bei Lungkwitz vernehmen

Bemerkenswert ist auch die Vielfalt der Greifvögel (Habicht, Sperber, Mäusebussard, Wespenbussard, Rotmilan, Turmfalke, wahrscheinlich auch noch Baumfalke) sowie Eulen (Uhu, Schleiereule, Waldkauz, Waldohreule, sowie – heute als große Rarität – Steinkauz).

Wanderziele beiderseits der Wendischcarsdorfer Verwerfung

Wilisch

Basaltkuppe

Wie Luchberg, Geisingberg und Sattelberg bildet die 476 m hohe Basalt-kuppe des Wilischs eine auffällige Landmarke des Ost-Erzgebirges. Seine charakteristische, etwas unsymmetrische Form erhielt der Wilisch-Gipfel durch den Steinbruch, der bis 1923 betrieben wurde. Wie auch an den an-deren Basaltvorkommen erwies sich das Gestein als sogenannter „Sonnen-brenner", d. h. trotz der offensichtlichen Härte verwittern die Steine unter dem Einfluss von Luft und Sonne. Anstatt eckiger Steine, die sich unterei-nander durch „Verhaken" Stabilität gaben, wurde innerhalb weniger Jahr-zehnte aus dem Basaltschotter mehr oder weniger rundes Geröll – was die Eignung für den Straßen- und Bahnbau erheblich einschränkte. So wird es dem Kreischaer „Gebirgs- und Verkehrsverein" nicht übermäßig schwer gefallen sein, durch Landkauf am Wilisch die Einstellung des Steinbruch-betriebes zu bewirken.

Sonnen-brenner

Struktur des Basaltes

Im Steinbruch ist die säu-lenförmige Struktur des Basaltes zu erkennen. Wäh-rend der Abkühlung zog sich die Lava zusammen. Diese Volumenverringe-rung bewirkte ein meist sechskantiges Aufreißen des Gesteins – senkrecht zur Oberfläche des Lavaergus-ses. Aus der Tatsache, dass am Wilisch die meisten Säulen nicht lotrecht, sondern schräg („scheitför-mig") angeordnet sind, hat man geschlossen, dass es sich hier tatsächlich um den Anschnitt des einstigen Vulkanschlotes handelt.

Abb.: Wilisch-basalt und Natternkopf

Steinbruch-sohle

Die ehemalige Steinbruchsohle besteht aus zwei Ebenen, in denen sich mit-unter kleine wassergefüllte Senken bilden. In der Vergangenheit wurden diese Tümpel von Molchen genutzt, doch die zunehmend längeren Trocken-perioden der letzten Jahre lassen die Wasserflächen immer öfter austrock-nen. Eine erfolgreiche Vermehrung von Amphibien dürfte damit kaum noch möglich sein. Durch mehr oder weniger häufiges Betreten der Stein-bruchplateaus hat sich hier eine Grünlandvegetation ausgebildet, die in ihrem Zentrum eher aus trittfesten Weidearten (u. a. Kammgras, Mittlerer Wegerich) besteht. Weniger oft begangene Bereiche sind von Wiesenar-ten bewachsen, stellenweise solchen eher magerer Standorte (Goldhafer, Hornklee, Körnchen-Steinbrech, Wiesen-Flockenblume, Spitz-Wegerich), stellenweise aber auch von Eutrophierungszeigern (Knaulgras, Giersch,

Brennnessel), die über gelegentliche Lagerfeuerpartys und (frühere?) Müll-ablagerungen berichten. In den staudenartigen Saumbereichen, beispiels-weise am Zugangsweg zum Steinbruch, kommen in größerem Umfang Natternkopf, Zickzack-Klee, Wald-Wicke und Breitblättrige Platterbse vor. An den Felshängen wachsen licht- und wärmeliebende Arten wie Silber-Fingerkraut, Johanniskraut und Färber-Ginster, an einigen, eher schattig-feuchten Stellen auch Tüpfelfarn.

Mischwald blütenrei-che Boden-vegetation

In der Umgebung des Steinbruches, zwischen Wilischbaude und Gipfel, fällt im Mischwald von Trauben-Eichen, Hainbuchen, Rot-Buchen, Sommer- und Winter-Linden die arten- und blütenreiche Bodenvegetation auf. Den Anfang machen im April unter anderem Frühlings-Platterbse, Lungenkraut und Leberblümchen. Ihnen folgen im Mai Wald-Vergissmeinnicht, Goldnes-sel, Sanikel, Christophskraut und Moschus-Erdbeere, an sonnigen Hangbe-reichen auch Pechnelken. Im Juni erfreuen besonders die großen Blüten der Pfirsischblättrigen Glockenblume den Wanderer, außerdem blühen Waldmeister, Taumel-Kälberkropf, Perlgras und Ruprechtskraut. Wenn Wald-Platterbse und Bärenschote zu blühen beginnen, fängt meistens auch der Sommer an. Dann folgen im Juli schließlich noch Nesselblättrige Glockenblume und Mauerlattich.

Ausblick

Vom Gipfel des Wilischs hat man – dank der Steinbruchkante – einen schö-nen Ausblick in Richtung (Süd-)Westen. Doch besser noch kann man sich einen Überblick über die Landschaft beiderseits der Wendischcarsdorfer Verwerfung vom Weg zwischen Hermsdorf und Wilisch (Picknick-Hütte am Waldrand) verschaffen. Nach Süden überblickt man die allmählich in Rich-tung Kamm ansteigende Pultscholle des Ost-Erzgebirges. Aufgesetzt sind Sattelberg und Geisingberg, im Vordergrund der Luchberg. Der Kahleberg tritt aus dieser Perspektive nur wenig in Erscheinung – links davon ist der Sendemast des Lugsteines zu erkennen, genau vor dem Kahleberg die waldfreie Kuppe der Schenkenshöhe (bei Falkenhain). Rechts davon ist die steile Westflanke der Tellkoppe zu sehen, noch ein Stück weiter rechts der Kohlberg bei Oberfrauendorf. Diese Berge gehören zum süd-nord-verlau-fenden Porphyrhöhenzug zwischen Weißeritz- und Müglitztalgebiet, der aufgrund seiner nährstoffarmen Böden bis heute überwiegend von Wald bedeckt ist. Auch die Sandsteinheiden (Hirschbachheide, Dippoldiswalder Heide) zu Füßen der Wendischcarsdorfer Verwerfung blieben ungerodet. Ansonsten zeigt die Aussicht deutlich, dass der größte Teil des Ost-Erzge-birges, bis auf die steilen Talhänge, landwirtschaftlich genutzt wird.

In der entgegengesetzten – nördlichen – Richtung schaut man hinab in den Kreischaer Talkessel. Im Winter fallen dort die intensiv gefärbten Äcker des Rotliegenden auf, im Frühling beeindruckt die üppige Obstblüte. Nicht sel-ten sind zu dieser Zeit an den Nordhängen von Geisingberg, Kahleberg und Tellkoppe noch Schneeflecken zu erkennen. Vom nur 10 km entfernten Elbtal aus bestimmt warme Luft das Kreischaer Klima, während der Höhen-rücken der Wendischcarsdorfer Verwerfung die kalten Fallwinde des Erzge-birges zurückhält.

Ausflugsziel Seit Anfang des 19. Jahrhunderts hat sich der Wilisch zu einem beliebten Ausflugsziel unweit von Dresden entwickelt. 1909 wurde die Bergbaude eingeweiht. Seit den 1990er Jahren blieb die Wilischbaude unbewirtschaftet.

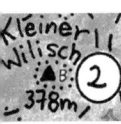

② Kleiner Wilisch und Lockwitzhang

Steinbruch Nicht nur am Wilischgipfel selbst, sondern auch an einem zweiten, kleineren Basaltvorkommen (dem „Kleinen Wilisch") wurde bis ins 20. Jahrhundert hinein ein Steinbruch betrieben. Den gewonnenen Schotter beförderte man mittels einer Feldbahn in seilgezogenen Loren hinab zum Wilischbachweg.

Allerdings ist der Steinbruch heute weitgehend mit Brombeeren, Brennnesseln, Besenginster und Klettenlabkraut verwachsen, so dass man sich kaum noch einen Eindruck von der Säulenstruktur des Basaltes verschaffen kann. Auch ist das kleine Gebiet, in dem das basische Gestein ansteht, vom Steinbruchbetrieb fast vollständig erfasst worden, so dass sich in der Umgebung nicht annähernd eine solche botanische Vielfalt wie am eigentlichen Wilisch zeigt. Allenfalls etwas Bärentraube am Weg und Färber-Ginster an der Felswand fallen auf.

Dennoch sind die Ostflanke des Wilischs und der Talhang zur Lockwitz einen Abstecher wert. Neben den auch am Wilisch vorherrschenden Fichtenforsten wachsen hier noch einige interessante naturnahe Wälder. Südwestlich des Kleinen Wilischs bilden Birken, Kiefern, Trauben-Eichen und einige Fichten einen niedrigwüchsigen Waldbestand. Hier steht Sandstein an und bringt nur sehr magere Bodenverhältnisse hervor. Heidelbeere ist dafür eine typische Weiserpflanze.

alter Buchenwald Direkt unterhalb des Kleinen Wilischs stockt hingegen ein alter Buchenwald auf Gneisboden. Die hallenartige Struktur zeigt, dass hier schon längere Zeit keine intensive Forstwirtschaft mehr betrieben wurde. Das bedeutet allerdings auch, dass Mischbaumarten kaum eine Chance haben – die konkurrenzkräftige Schattbaumart Buche setzt sich auf günstigen Standorten gegen alle Mitbewerber durch. Nur randlich stehen hier einige Eichen. Drahtschmiele, Schmalblättrige Hainsimse und Hain-Rispengras tun kund, dass es sich – im Unterschied zum basaltbeeinflussten Waldbestand des Wilischgipfels – um einen bodensauren Buchenwald handelt. An mehreren Stellen treten kleine Sickerquellen aus dem Boden. Hier bildet die Zittergras-Segge dichte Teppiche.

Am Hang zum Lockwitztal, an der in den letzten Jahren angelegten Teufelsstiege, konnten sich mächtige alte Trauben-Eichen neben den Buchen behaupten. Häufig hört man hier ab Ende Mai den schwirrenden Gesang des Wald-Laubsängers. Zu den bereits genannten Arten der Bodenvegetation tritt das Wald-Reitgras.

Weitaus artenreicher hingegen ist der Hangfuß, an dem sich seit langer Zeit nährstoffreicheres Material ansammeln konnte, das von den oberhalb liegenden Waldböden abgetragen wurde. Linden, Berg-Ahorn, Hainbuchen und Hasel herrschen hier vor, außerdem Goldnessel, Frauenfarn, Lungenkraut, Haselwurz, Nickendes Perlgras und – als Vorposten aus dem Gebirge – Purpur-Hasenlattich.

Roter Bruch Etwas weiter talabwärts befindet sich der sogenannte Rote Bruch, ein ehemaliger Steinbruch, in dem bis Anfang der 1990er Jahre Gneis (Graugneis und Rotgneis) gewonnen wurde. Dabei verschwand vor Jahrzehnten schon ein Bergsporn mit den Resten einer mittelalterlichen Wehranlage.

 ③ **Wilischgrund**

Der Wilischbach sammelt Regenwasser sowie Schneeschmelze vom Südwesthang des Wilischs und des Hermsdorfer Berges.

Teichkette Das Wasser wird zunächst in einer Teichkette südöstlich von Hermsdorf gespeichert. Einige dieser Teiche wurden erst in den 1990er Jahren wieder hergerichtet und seither zur Fischzucht genutzt. Diese Fischwirtschaft sowie die Schlammeinträge von den angrenzenden Lößlehm-Äckern verursachen eine erhebliche Trübung der Gewässer. Kleine Erlen-Wäldchen wachsen zwischen den Teichen, allerdings ebenfalls erheblich durch Eutrophierung belastet. Zittergras-Segge, Brennnessel und Kleines Springkraut dominieren. Die Feuchtwiesen der flachen Senke galten einstmals als besonders artenreich, doch Überweidung und Nährstoffüberangebot haben vor allem konkurrenzstarke Arten wie Stumpfblättrigen Ampfer gefördert.

Auf dem letzten Drittel seines Weges überwindet der Wilischbach innerhalb eines reichlichen Kilometers rund 50 m Höhenunterschied, um
steiler schließlich in die Lockwitz zu münden. Die damit verbundene Erosionskraft
Einschnitt hat zu einem steilen Einschnitt in die Sandsteinplatte der Hirschbachheide
in die Sand- geführt und dabei mehrere Meter hohe Felspartien freigelegt. Der untere
steinplatte Talabschnitt trägt daher den Namen Wilischgrund, nach der am Talausgang liegenden Teufelsmühle gelegentlich auch Teufelsgrund genannt. Innerhalb des Einschnittes wachsen vor allem Berg- und Spitz-Ahorn, Eschen, Erlen und Fichten. Hier dürfte die Berglandsart Fichte auch von Natur aus zu Hause sein. Weitere Arten, deren Verbreitungsschwerpunkt eigentlich weiter oben im Gebirge liegt, sind Weiße Pestwurz, Wald-Geißbart und Purpur-Hasenlattich. An den nassen Uferbereichen des Wilischbaches gedeihen Wald-Schachtelhalm, Zittergras-Segge und Hain-Gilbweiderich.

Eine naturkundliche Besonderheit im Wilischgrund sind zwei Eisenquellen, die unmittelbar über dem Bach aus dem linken Hang treten. Vor allem im Winterhalbjahr sind die rostfarbenen Quellaustritte deutlich wahrzunehmen. Eisenerzbergbau war in den ersten Jahrhunderten nach der Besiedlung im Ost-Erzgebirge weit verbreitet und für die Herstellung von Werkzeugen aller Art auch sehr wichtig. Vermutlich wurden zunächst solche Austritte eisenhaltigen Wassers aufgesucht. Heute gibt es nur noch wenige so auffällige Eisenquellen wie im Wilischgrund.

④ Quohrener Kipse

Die Quohrener Kipse ist mit 452 m üNN zwar 24 m niedriger als der Wilisch, aber aufgrund der Waldbedeckung ebenfalls recht auffällig. Vom Waldrand und vom (nach Quohren führenden) Kipsenweg bieten sich wieder Fernsichten, die denen vom Wilisch aus ähnlin. Darüberhinaus jedoch kann man von hier aus auch nach Osten, in Richtung Elbsandsteingebirge und Lausitzer Bergland schauen.

Rotliegend-Konglo-merat
Das Gestein der Quohrener Kipse ist Rotliegend-Konglomerat, fast ausschließlich aus Gneisgeröll bestehend. Am Südostrand des Waldbestandes, gleich hinter der Schutzhütte, gibt es zwar einen ehemaligen Steinbruch, der dieses Rotliegendgestein aufgeschlossen hat. Jedoch ist diese Grube inzwischen, trotz Schutzstatus als Flächennaturdenkmal (seit 1958), inzwischen völlig verwachsen.

Der Wald besteht auf der sonnenzugewandten Südseite vor allem aus Eichen, Birken, Kiefern und Fichten. Letztere sind hier einstmals als Forstbaumarten gepflanzt worden, zeigen aber deutlich, dass ihnen die Standortbedingungen nicht zusagen. Der Borkenkäfer fordert reichlich Tribut.

südexpo-nierte Bö-schungen des Wald-randes
An den südexponierten Böschungen des Waldrandes sowie des weiteren Weges nach Karsdorf und an den Terrassenhängen am Südwesthang des Höhenrückens konnten sich noch einige licht- und/oder wärmeliebende Pflanzenarten erhalten, wie sie früher für die Wendischcarsdorfer Verwerfung ganz typisch waren. Dazu gehören Thymian, Große Fetthenne, Färber-Ginster, Skabiosen-Flockenblume, Zypressen-Wolfsmilch, Echtes Johanniskraut und Jakobs-Greiskraut. Größere Bereiche wurden deswegen als Flächennaturdenkmale (FND) unter Schutz gestellt: zum einen die beiden Gehölzreihen am Südwesthang (FND „Zwei Hochraine am Streitberg") mit einer artenreichen Gehölzflora (u.a. Eichen, Ahorn, Schlehen, Weißdorn), zum anderen die dazwischenliegende Grünlandfläche als FND „Hutweide an der Quohrener Kipse". Aufgrund jahrelangen Brachfallens hat diese Wiese jedoch seit ihrer Unterschutzstellung (1986) erheblich an Wert eingebüßt. Weiches Honiggras und Rotes Straußgras bilden großflächige Dominanzbestände.

Quohrener Grund und Hutberg ⑤

Im weichen Rotliegend-Gestein haben bereits die kleinen Quellbäche von Laue/Huhle sowie Quohrener Bach tiefe Einschnitte graben können.

abwechs-lungsrei-ches, klein-teiliges Mosaik
Zusammen mit den zahlreichen Feldrainen des Waldhufendorfes Quohren ergibt dies ein sehr abwechslungsreiches, kleinteiliges Mosaik von Hecken, Obstbäumen und Feldgehölzen, Feuchtwiesen und mageren Böschungen.

Im Rücken der beiden Quohrener Hausreihen umschlossen früher Zäune das Dorf. Durch vier Feldtore gelangte man in die Flur. Der Weidehang zum Hutberg ist im Abstand von 50 bis 100 Meter von Heckenstreifen mit

Hutberg

Rosen-Schlehen-Gebüsch sowie alten Obstbäumen gegliedert (FND „Vier Hochraine mit Buschwerk am Südhang Hutberg"). Der Hutberg selbst ist mit der markanten „Fuchsens Linde" bestanden.

FND „Schaf- weide am Streitberg"

Ein zweiter Komplex von Flächennaturdenkmalen soll einen Ausschnitt des ebenso reich gegliederten Quohrener Grundes sichern. Das FND „Feldweg- böschungen westlich des Quohrener Grundes" besteht aus einem v-förmi- gen, schmalen Feldgehölz (Stiel-Eichen, Schlehen, Weißdorn), das seiner- seits das FND „Schafweide am Streitberg" umschließt. Neben Glatthafer, Rotem Straußgras und weiteren allgemein verbreiteten Wiesenarten findet man hier auch noch konkurrenzschwache, lichtbedürftige Pflanzen wie Kleines Habichtskraut, Thymian, Fetthenne, Heide-Nelke und Körnchen- Steinbrech.

Ziele in der Umgebung

Kreischa

Kurpark

Im Zentrum von Kreischa befindet sich hinter dem alten Rittergut der Kur- park von Kreischa mit dem ehemaligen Herrenhaus, der heutigen Gemein- deverwaltung. Im Parkterrain findet man einen eindrucksvollen und arten- reichen Gehölzbestand: stattliche Stiel-Eichen und fast fünfzig weitere Baum- arten (nahezu alle einheimischen Bäume, außerdem Exoten wie Küsten- Tanne, Nootka-Scheinzypresse, Tulpenbaum und Amur-Korkbaum). Der Kur- park bildet mit den bewaldeten Klinikhängen – dem so genannten Bade-

Badebusch

busch – eine Einheit. Im Badebusch wurde 2006 ein Waldlehrpfad eingerichtet.

In der südlichen Blickachse steht auf einer leichten Anhöhe die Kreischaer Kirche. Bei der kompletten Sanierung der Kirche im Jahre 1994 wurde darauf geach- tet, dass die Brut- und Schlafstätten von Schleiereule, Mauersegler und verschiede- nen Fledermausarten erfolgreich erhalten blieben bzw. ersetzt wurden. Von beson- derer Bedeutung ist das Sommerquartier der Kleinen Hufeisennase, einstmals eine durchaus häufige, heute aber fast gänzlich ausgestorbene Fledermausart, die zwi- schen Lockwitz und Gottleuba noch den größten Bestand Deutschlands aufweist.

Abb.: Solda- tenhöhlen an der Lockwitz in Kreischa

Linksseitig über dem Lockwitzbach befinden sich die sogenannten Solda- tenhöhlen. Dieser Hang gibt einen Blick in den geologischen Aufbau des Rotliegenden mit seinen Konglomeraten frei. In Kriegszeiten suchten hier die Menschen Schutz.

Um den herrschaftlichen Kurgästen des 19. Jahrhunderts einen unbe- schwerten Aufenthalt zu bieten, wurden verschiedene Kurterrainwege an-

Gang um die Welt gelegt. Der älteste dieser Flanierwege ist unter dem Namen „Gang um die Welt" bekannt. 1849 sollen auch Clara und Robert Schumann hier glückliche Zeiten verlebt haben. Der Weg berührt alle Elemente der Kreischaer Umgebung – vom kleinstädtischen Charakter des Ortszentrums durch Wiesenauen, entlang der Nassgebiete des Schilfteiches bis zu den Hängen des Badebusches. Besonders herausragend sind die mächtigen Stieleichen auf der Dammkrone sowie entlang der Dresdner Straße. Diese altehrwürdigen Reste einer einstmals zusammenhängenden Allee sollten unbedingt bewahrt werden.

 ## Lerchenberg (425 m)

Der Lerchenberg, der westliche Ausläufer der Wendischcarsdorfer Verwerfung, ist eine flache, waldfreie Kuppe auf der Wasserscheide zwischen Poisen- und Oelsabach, umgeben von Ackerflächen. In alle Himmelsrichtungen bietet sich eine ungehinderte Aussicht. Das machte den Lerchenberg im 19. Jahrhundert zum Ausflugsziel. 1899 entstand das Gasthaus, das auch heute noch betrieben wird.

Schlosspark Reinhardtsgrimma

Anstelle eines alten, vermutlich wasserburgartigen Rittersitzes wurde ab 1767 das heutige Schloss Reinhardtsgrimma errichtet. Um 1800 kam dann der Schlosspark hinzu. Er galt als einer der schönsten Parks Sachsens und umfasste damals den gesamten Talgrund des Grimmschen Wassers (Lockwitz) bis fast zur Hirschbachmühle. In dem heute noch erhaltenen Park englischen Stils gedeiht eine größere Anzahl von malerischen, nunmehr 200 Jahre alten, mehr oder weniger freistehenden Laubbäumen. Das Schloss befindet sich im Besitz des Freistaates Sachsen und wird von den Behörden des Landwirtschaftsministeriums als „Staatliche Fortbildungsstätte" genutzt.

⑨ Reinhardtsgrimmaer Heide

Wie die Hirschbachheide auf der anderen Seite der Lockwitz bedeckt die Reinhardtsgrimmaer Heide vorrangig mit Fichten- und Kieferforsten einen Rest kreidezeitlicher Sandsteindecke. Dieser Sandstein überlagert sowohl Biotitgneis, als auch einen mehrere hundert Meter breiten Porphyrriegel des „Sayda-Berggießhübler Gangschwarmes".

An diesem Quarzporphyrgang wendet sich der Schlottwitzbach mit scharfem Knick von seiner anfänglichen Süd-Nord-Fließrichtung nach Osten. Den harten Quarzporphyr vermochte das kleine Gewässer noch zu durchschneiden, doch als sich die Wendischcarsdorfer Verwerfung anzuheben begann, gab er seinen ursprünglichen Lauf auf (die alten Bachgerölle wurden in einer ehemaligen Ziegeleigrube bei Hausdorf gefunden!) und ließ sich von einem Seitenbächlein der Müglitz ablenken.

Auf dem vom Bachknick gebildeten Bergsporn stand einstmals die Burg Grimmstein. Heute findet man dort nur noch einen verwachsenen Burgwall mit Mauerresten inmitten eines Fichtenforstes. Eine Informationstafel versucht, die Geschichte etwas zu erhellen.

Abb.: Mauerreste der ehemaligen Burg Grimmstein

Die Sage vom Grimmstein

Vor vielen hundert Jahren stand auf einem Felsen eine kleine stolze Burg, die mit ihrem festen Bergfried weit in den Schlottwitzgrund hinab und zu den Höhen hinüber sah, von wo heute die Dächer und Giebel Hausdorfs leuchten. Auf dieser Burg hauste seit vielen Jahren das Rittergeschlecht von Grimme, dem lange Zeit das Land ringsum gehörte. Die Bergfeste wurde aber bald zu einem gefürchteten Unterschlupf, denn der von Grimme trieb mit seinen Gesellen als Raubritter sein Unwesen. Auf der Passstrasse, die in uralter Zeit von Dohna über Liebstadt nach Lauenstein und weiter nach Böhmen führte, überfielen sie die Züge der Kaufleute.

Von diesen Raubzügen erfuhren die benachbarten Herren von Bernstein (Bärenstein). Sie beschlossen, dem Unwesen entgegenzutreten. Mit ihren Mannen zogen sie vor das Felsennest des Raubritters. Sie belagerten und erstiegen es endlich in heißem Kampfe. Der Ritter von Grimme wurde dabei erschlagen und die Burg zerstört. Als Belohnung erhielten die Ritter von Bernstein alle Besitzungen des alten Geschlechtes von Grimme. Ritter Reinhardt von Bernstein baute nun im Tale des Grimmschen Wassers eine Burg. Von ihm und dem von Grimme erhielt das Dorf, das damals entstand, seinen Namen. Der Raubritter Grimme aber steht noch heute in Sandstein gehauen in der kleinen romanischen Gruft der Kirche.

aus: 800 Jahre Reinhardtsgrimma, Chronik 1206–2006

Buschhäuser Auf der anderen Bachseite, an der Straße von Reinhardtsgrimma nach Schlottwitz bzw. Hausdorf, befinden sich die Buschhäuser, zwei kleine klassizistische Bauten, die um 1810 für einen dänischen Gesandten am sächsischen Hof errichtet wurde. Seit einer umfangreichen Renovierung hat hier

Märchen- wieder eine Gaststätte geöffnet. In deren Umfeld wurde ein Märchenpark
park mit lebensgroßen Holzfiguren angelegt – vor allem für Familien mit kleinen Kindern ein beliebtes Ausflugsziel.

Rechts von den Buschhäusern wachsen gleich an der Straße noch einige Weiß-Tannen und tragen seit einigen Jahren wieder reichlich Zapfen. Im Umfeld der Buschhäuser wurden aber auch Douglasien und einige andere fremdländische Gehölze gepflanzt

Moor Im südwestlichen Teil der Heide befand sich noch in den 1980er Jahren ein interessantes Moor mit Schmalblättrigem Wollgras sowie dem weitaus selteneren Scheiden-Wollgras. Verschiedene Seggen und Sparrige Binse prägten die Pflanzendecke zwischen den mit Torfmoosen bewachsenen offenen Schlenken. Auch Sonnentau hat es hier einst gegeben. Heute ist dies kaum noch vorstellbar – das einstige Moor ist fast vollständig ausgetrocknet. Anstatt der genannten Arten dominieren dichte Bestände von Pfeifengras, dazwischen ein paar (meist zusammengetrocknete) Torfmoose und einzelne Siebenstern-Pflanzen. Allenfalls Wildschweine sorgen gelegentlich für eine offene Wasserstelle. Ob die Austrocknung des Moores allein an den Entwässerungsgräben liegt, die der damalige Forstbetrieb in den 1980er Jahren offenbar vertiefen ließ, ist unklar. Womöglich trägt hier auch bereits ein zunehmend wärmeres und trockeneres Klima zum Verlust der natürlichen Vielfalt bei.

 ## **Kalkbrüche Maxen**

Elbtalschie- Außerordentlich bunt ist das Gesteinsmosaik des Elbtalschiefergebirges bei
fergebirge Maxen. Zwischen verschiedenen Schiefern eingeschlossen sind dabei auch
Kalk mehrere Kalklinsen, die teilweise infolge von Kontaktmetamorphose beim Aufdringen magmatischer Gesteine (Diabas u.a.) zu Marmor umgewandelt wurden. Wahrscheinlich bereits seit Anfang des 14. Jahrhunderts bis Ende des 19. Jahrhunderts wurden diese Kalklagerstätten in mehreren „Brüchen" abgebaut und in Kalköfen „gebrannt". Dieser Kalk war über Jahrhunderte auch für die (zur Versauerung neigenden) Böden des Ost-Erzgebirges sehr wichtig, insbesondere für basenbedürftige Landwirtschaftskulturen wie Lein (Flachs). Auch viele Wildpflanzen haben zweifelsohne in der Vergangenheit von gelegentlichen Kalkgaben auf Äckern und Wiesen profitiert. Wo in Maxens Umgebung Kalk ansteht, gedeiht eine sehr artenreiche Vegetation mit wärme- und basenliebenden Pflanzen.

Seit 2001 hat ein rühriger Heimatverein in Maxen begonnen, die verbliebenen Kalköfen zu erhalten und zu restaurieren. Im einstigen Marmorbruch,
Naturbühne unterhalb der Straße nach Wittgensdorf, befindet sich die Maxener Natur-

bühne mit 500 Zuschauerplätzen und einem anspruchsvollen Programm für kleine und erwachsene Theaterfreunde.

An der Straße von Maxen nach Hausdorf befindet sich auf einer 389 m hohen Anhöhe (Chlorit-Gneis aus dem Ordovizium – vor 488 bis vor 444 Millionen Jahren) ein weithin sichtbarer Gebäudekomplex, der sogenannte *Finckenfang*. Hier musste sich 1759, im Siebenjährigen Krieg, der preußische General Finck mit 15 000 Soldaten den österreichischen Truppen ergeben. Leider ist der später errichtete Aussichtsturm nicht öffentlich zugänglich. Dennoch hat man von der Anhöhe einen schönen Ausblick: Zu Füßen des Finckenfangs senkt sich ein Tälchen hinab zur Lockwitz und bildet in seinem Unterlauf die von sehr naturnahem Schatthangwald bewachsene Kroatenschlucht. Auf der gegenüberliegenden Seite des Lockwitztales steigt der Wilisch auf, westlich davon setzt sich der Höhenrücken der Wendischcarsdorfer Verwerfung fort. Über dem bewaldeten Nordhang des Hermsdorfer Berges erhebt sich die Quohrener Kipse, den rechten Abschluss der Aussicht bildet der Possendorfer Lerchenberg.

Einen weiteren interessanten Aussichtspunkt bietet die Anhöhe der Hausdorfer Linden – jetzt allerdings von Windkraftanlagen beeinträchtigt.

Marginalie: Fincken-fang

Quellen

Härtel, E.; Hopfgarten, E.H. von (1936):
Forstliche Standortskartierung der Dippoldiswalder und der Hirschbach-Heide südlich von Dresden,
Abhandlungen des Sächsischen Geologischen Landesamts

Heimatverein Reinhardtsgrimma (2006): **800 Jahre Reinhardtsgrimma**,
Chronik 1206–2006

Staatliches Umweltfachamt Radebeul (1998):
Flächenhafte Naturdenkmale im Weißeritzkreis,
Materialien zu Naturschutz und Landschaftspflege 01/98

Wagner, Paul (1923): **Wanderbuch für das Östliche Erzgebirge**, Dresden

Zwischen
Roter Weißeritz
und Pöbeltal

arme Böden über Granit und Porphyr; Zinn-, Eisen- und Silberbergbau

hercynischer Bergmischwald; naturgemäße Waldwirtschaft; Weiß-Tannen

Borstgras- und Kleinseggenrasen, Fettkraut, Sonnentau

Schellerhauer Naturschutzpraktikum der Grünen Liga

Text: Jens Weber, Bärenstein (unter Verwendung von Vorarbeiten von Wolfgang Kaulfuß, Dippoldiswalde, sowie Torsten Schmidt-Hammel, Dresden)

Fotos: Stefan Höhnel, Mike Körner, Thomas Lochschmidt, Dietrich Papsch, Jens Weber

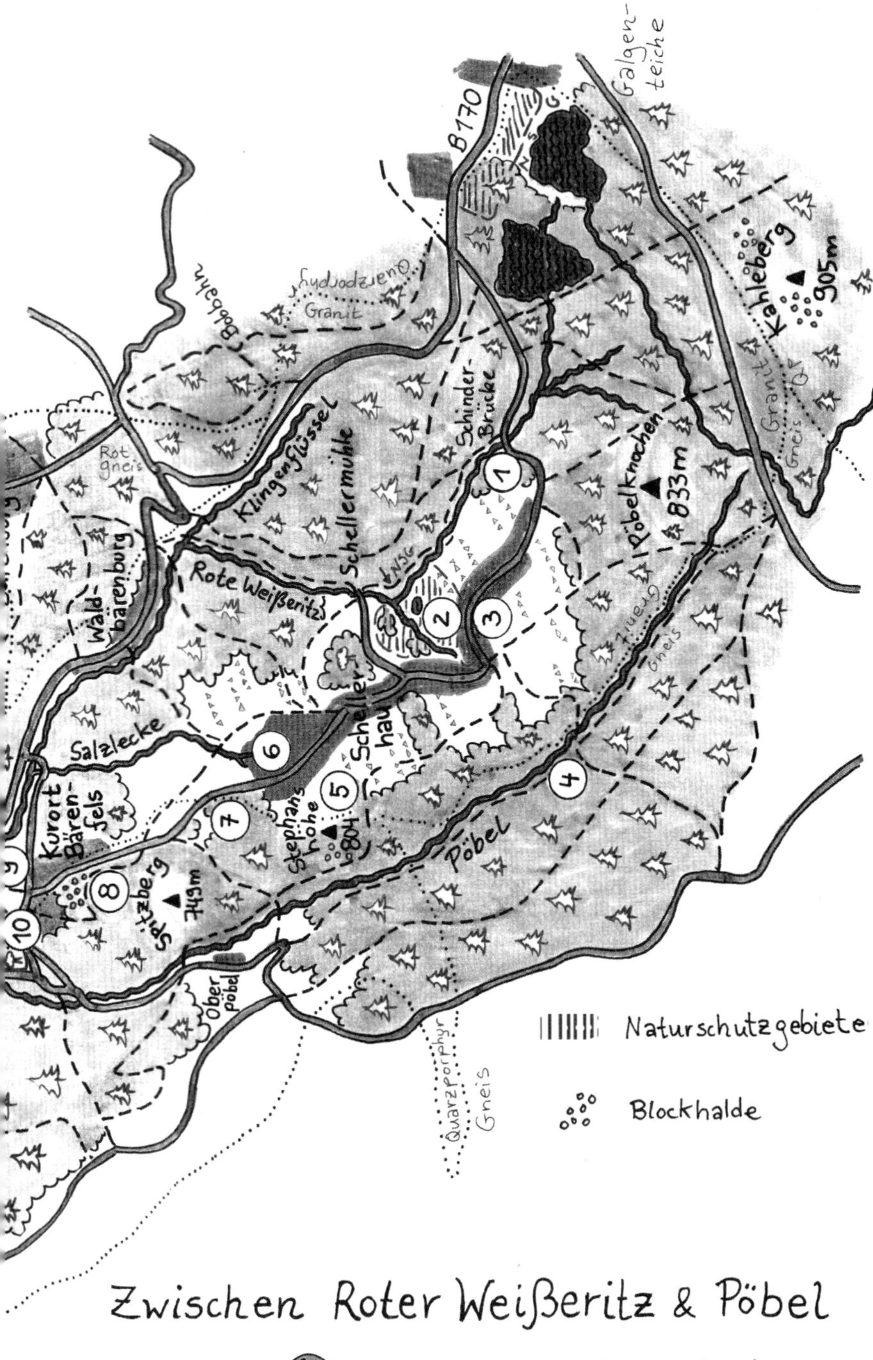

B170

Galgen-
teiche

Kahleberg
▲ 905m

Bobritsch

hydrochrono
Granit

Schinder-
Brücke

Rote
Gneis

Klingenflüssel

Schellermühle

Pöbel knochen
▲ 833m

①

Wald-
bärenburg

Rote Weißeritz

② ③

Gneis

Salzlecke

Scheller hau

④

Kurort
Bären
fels

⑥

Pöbel

⑨ ⑧ Spitzberg
▲ 743m

⑦

Stephans
höhe
804 ⑤

⑩

Ober
pöbel

Quarzporphyr

Gneis

||||||| Naturschutzgebiete

°°°° Blockhalde

Zwischen Roter Weißeritz & Pöbel

 Schmiedeberg und Schellerhau

① Rote Weißeritz an der Schinder-
    brücke

② Naturschutzgebiet Schellerhauer
    Weißeritzwiesen

③ Botanischer Garten Schellerhau

④ Oberes Pöbeltal

⑤ Stephanshöhe

⑥ Flächennaturdenkmal Postteich

⑦ Wiese an der ehemaligen Jugend-
    herberge

⑧ Spitzberg

⑨ Himmelsleiterwiese an der Bären-
    felser Mühle

⑩ Forstamt und Walderlebniszentrum
    Bärenfels

⑪ Naturschutzgebiet Hofehübel

⑫ Waldschulheim Wahlsmühle

⑬ Weißtannenbestand Pöbeltal

⑭ Sadisdorfer Pinge

⑮ Zinnklüfte

⑯ Schlosspark Naundorf

⑰ Steinbruch Buschmühle –
    Hochwaldhang

Die Beschreibung der einzelnen Gebiete folgt ab Seite 371

16. Jahrhundert

Seit 300 Jahren beherrschen die Burgen von Lauenstein und Bärenstein das Müglitztalgebiet sowie die Burg von Frauenstein die Gegend zwischen Wilder Weißeritz und Freiberger Mulde. In ihrem Schutze haben sich in den letzten Jahrzehnten kleine Städtchen
gebildet, während die Hochflächen schon seit vielen Generationen von Bauern bewirtschaftet werden. Nur noch sagenumwobene Geschichten erzählen von den Zeiten, als
ferne Vorfahren das Land rodeten und mit ihren Pflügen die ersten Schollen aufbrachen.
Harte Arbeit muss dies gewesen sein, alles mit der Axt, ohne Säge! Doch waren die Altvorderen ziemlich freie Menschen. Heute hingegen drücken Abgaben und Frondienste
die Bewohner von Reichenau, Hermsdorf und Hennersdorf, von Johnsbach, Liebenau
und Döbra. Seit drei Jahrhunderten mühen sich die Dörfler, ihren Lebensunterhalt von
den Erträgen der schmalen Hufenstreifen zu bestreiten. Der Boden ist nicht schlecht,
doch immer wieder führen Missernten zu Rückschlägen, zu noch mehr Verschuldung
gegenüber den Rittergutsherren und damit zu künftig noch größeren Lasten.

Wie verlockend klingt da das „Berggeschrey" aus den weiten, wilden Bernsteinschen
Waldungen, die sich zwischen Pöbel- und Rotwassertal erstrecken! Auch Bergbau bedeutet harte Arbeit, aber vielleicht ist einem ja das Schicksal hold und bringt Wohlstand
und Freiheit?

Im Seifenmoor versuchen etliche Leute ihr Glück. Sie teilen den Weißeritzbach in viele
Gräben, stauen mit Dämmen kleine Wassertümpel an, schaufeln Kies und Sand hinein,
öffnen den Damm und lassen vom ausströmenden Wasser alle leichten Bestandteile
hinfortspülen. Zurück bleiben nur die schweren Mineralkörner, und mitunter ist auch
mal ein Zinngraupen dabei.

Doch so erfolgreich wie einst ist diese Methode schon lange nicht mehr. Wer an die
Schätze des „Obermeißnischen Gebürges" ran will, der muss schon den Bergen selbst

zu Leibe rücken. So wie nun seit einigen Jahrzehnten schon am Alten Berg, der kleinen Kuppe südwestlich des Geisingberges. Die Ausbeute dort scheint die Mühen zu lohnen. Immer weiter wuchert die Stadt in ihr Umland hinein. Die früheren gesetzlosen Zustände gehören auch der Vergangenheit an, seit der Landesherr das Gebiet der Zinnerzvorkommen den Bernsteiner Rittern abgenommen hat. Ja ja, der Herzog Albrecht und sein Sohn Georg, die wussten schon, wo sie zulangen mussten, um sich ihre Einkünfte aus dem Bergbau zu sichern!

Aber die Bernsteins sind trotzdem nicht verarmt. Immerhin gehört ihnen ja noch der riesige Wald nördlich von Altenberg. Der dortige Boden ist allerdings so karg, dass bisher niemand daran gedacht hat, da zu siedeln. Wilde Tiere, auch Bären und Wölfe, tummeln sich zwischen den hohen Tannen, Fichten und Buchen. Selbst in der Nähe der umliegenden Dörfer, am Schönfelder Rennberg, im Ammelsdorfer Hölloch, an der Bärensteiner Biela oder im Falkenhainer Hohwald, da müssen die Hirtenjungen immer sehr auf der Hut sein, wenn sie die Ziegen und Kühe zur Waldweide treiben.

Doch bald soll das alles anders werden. Die Bärensteiner Grundherren haben so einiges vor in den nächsten Jahren! Wenn sie schon den wertvollsten Teil ihrer ehemaligen Besitzungen abtreten mussten, das Zinnrevier am Geyßingsberge, so wollen sie doch das Holz ihrer Wälder in klingende Münze verwandeln.

Der Holzbedarf in den Gruben ist schier unersättlich! Um das Gestein so weit mürbe zu kriegen, dass Schlegel und Eisen etwas ausrichten können, schichten die Bergleute gewaltige Holzstapel vor den Fels. Feuer entfacht Hitze, bis Risse die Grubenwand brüchig machen. Auch die Schmelzöfen rufen nach Brennmaterial, und nicht zuletzt die vielen neuen Herdstätten im strengen Gebirgswinter.

Die von Bernsteins mühen sich gerade, Freiwillige zu finden für die Anlage neuer Vorwerke in der wilden Waldödnis, um von dort aus das Holz zu schlagen. Sicher ein hartes Leben da draußen, fern der schützenden Dorfgemeinschaft! Der karge Boden wird kaum mehr als etwas Hafer hervorbringen, die Winter sind streng, die Wege durch den Bernstein-Busch außerdem beschwerlich und gefährlich. Da werden sich die Herren etwas einfallen lassen müssen – Befreiung von Abgaben dürfte das Mindeste sein, was sie den künftigen Hinterwäldlern versprechen sollten! Namen für die neuen Siedlungen haben sie sich jedenfalls schon ausgedacht: „Bärenfels" und „Bärenburg".

Derweil arbeiten bereits tagein, tagaus die Holzfäller nördlich vom Pöbelknochen. Hier könnten auch noch größere Mengen Erz liegen. Bislang wird unten am Pöbelbach nur Eisen gewonnen. Das ist zwar notwendig für die Schmieden, aber reich kann man davon nicht werden. Ob die jüngsten Zinnfunde am Pöbelknochen wohl so ergiebig sein werden wie die am Alten Berg? Jedenfalls setzt der Schelle, Hans – ein wirklich guter und weitsichtiger Mann, dem schon anderswo beachtliche Bergwerksanteile gehören – hier große Hoffnungen.

Gleich von Anbeginn will er für geordnete Verhältnisse sorgen und ein wildes, gesetzloses Chaos wie damals in Altenberg vermeiden. Die Leute, die demnächst in seinen Schächten am Pöbelknochen arbeiten werden, sollen sich auch noch etwas zu Essen anbauen können, um nicht wieder hungern zu müssen, wenn die Verpflegungswege aus dem Böhmischen monatelang verschneit sind. Deshalb lässt er seine künftigen Angestellten hier den Wald roden und ein Dorf anlegen. Sowohl der Landesherr in Dresden als auch der Grundherr auf Bärenstein haben es genehmigt. Wer weiß, was der Schelle dafür bezahlen musste?! Ein bisschen altmodisch ist er übrigens. Seit Ewigkeiten hat keiner mehr ein Dorf in Waldhufenform gegründet, so wie damals die ersten Kolonisatoren. In Schelles Gehau soll es aber genauso wieder geschehen. Na ja, nicht ganz. Es wird sicher nur eine Häuserzeile, das Gehöft in der Mitte eines Streifens von der moorigen Weißeritzsenke bis auf den zugigen Höhenrücken, hinter dem es steil hinab ins Pöbeltal geht.

Zu beneiden sind die Frauen und Kinder nicht, die dieses Land werden bearbeiten müssen, wenn ihre Männer und Väter in der ewigen Dunkelheit des Gebirges den erzreichen Gesteinen zu Leibe rücken. Wird der Boden auch das Überleben sichern, wenn der Berg nicht vom „Glück auf"-geschlossen wird?

Landschaft

Quellen zu Füßen des Kahleberges

Rote Weißeritz und Pöbelbach haben (bzw. hatten) ihre Quellen zu Füßen des Kahleberges. Diese natürlichen hydrologischen Verhältnisse erfuhren seit dem ausgehenden Mittelalter erhebliche Veränderungen, indem das Wasser der einstmals ausgedehnten Moorgebiete über Gräben, vor allem den sieben Kilometer langen Neugraben, zum Galgenteich und schließlich zu den Altenberger Bergwerken geführt wurde. Im weiteren Verlauf fließen beide Bäche ziemlich konsequent in Richtung Nordwest, folgen also der Hauptabdachung der Erzgebirgsscholle. Rund 12 km talabwärts vereinigen sie sich in Schmiedeberg. Schon nach kurzem Anlauf haben sich die Bäche bereits beachtliche Täler gegraben, die Hänge werden mit zunehmender Lauflänge immer steiler.

von Roter Weißeritz und Pöbeltal eingeschlossene Riedel

Der von Roter Weißeritz und Pöbeltal eingeschlossene Riedel tritt deshalb nach Nordosten zu immer steiler in Erscheinung, wenngleich seine absolute Höhe abnimmt (vom Pöbelknochen – 833 m, über Stephanshöhe – 804 m, Spitzberg – 699 m, Hofehübel – 693 m, zum Brand – 661 m). Besonders bei Bärenfels, wo sich die beiden Bäche auf rund 700 m Luftlinie nähern, bekommt die Landschaft einen ausgesprochen gebirgigen Charakter. Der Höhenunterschied zwischen dem höchsten Punkt des Hofehübels und der Pöbeltalsohle oberhalb der Wahlsmühle beträgt 155 m (auf 300 m Entfernung!), auf der anderen Seite geht es 130 m herab zur Bärenfelser Mühle an der Roten Weißeritz.

Abb.: Winter bei Schellerhau

Nicht nur das Relief ist in diesem Gebiet gebirgig, sondern auch das Klima. Westlich der regionalen Wetterscheide gelegen, die der Quarzporphyrrücken Bornhau – Kahleberg – Tellkoppe – Kohlberg bildet, erreichen die Niederschläge in Schellerhau deutlich über 1000 Liter pro Quadratmeter im Jahr. Ein Großteil davon fällt als Schnee, was die Region zu einem beliebten Winterurlaubsziel macht.

Das einstmals vermoorte und auch heute noch recht nasse Areal des Seifenbusches (dessen letzter Kernbereich, das Seifenmoor, um 1990 dem Bau des dritten Galgenteiches weichen musste) setzt sich auch auf Schellerhauer Flur fort. Selbst für die DDR-Landwirtschaft lohnten sich manche Bereiche dieser moorigen Senken nicht, so dass ein Teil der Flächen brach fiel. 23 Hektar der „Schellerhauer Weißeritzwiesen" konnten daher 1992 als Naturschutzgebiet ausgewiesen werden, um Reste der früher landschaftsbeherrschenden Borstgrasrasen dort zu sichern.

moorige Senken

Zwischen Galgenteichen und Kipsdorf durchfließt die Rote Weißeritz den Bereich des Schellerhauer Granits, während sich die Pöbel ihren Weg entlang von dessen Westrand gebahnt hat. Der Schellerhauer Granit ist, ebenso wie der benachbarte Teplitzer Quarzporphyr, aus den sauren Gesteinsschmelzen hervorgegangen, die am Ende der Variszischen Gebirgsbildung, vor 310 bis 295 Millionen Jahren, aus dem oberen Erdmantel aufdrangen. Tief unter den Bergkämmen der Varisziden erstarrte das Gestein langsam und allmählich. Ebenso wie bei den etwas jüngeren und kleineren Granitstöcken von Altenberg, Zinnwald, Bärenstein und Sadisdorf hatten sich damals wahrscheinlich auch im Kuppelbereich des Schellerhauer Granits Erze angereichert, doch ist diese Kuppel in den nachfolgenden Jahrmillionen abgetragen worden. Nur am Nordwesthang des Pöbelknochens wurde etwas Zinnerz gefunden, abgesehen von den Eisenvorkommen im oberen Pöbeltal und an der Salzlecke. Doch blieben die Erträge weit hinter den Hoffnungen zurück, die im 16. Jahrhundert der Bergwerksunternehmer Hans Schelle da hinein gesetzt hatte. Der Schellerhauer Granit verwittert zu ziemlich nährstoffarmen, grusigen Böden, die nur eine sehr bescheidene landwirtschaftliche Nutzung erlaubten, so lange keine chemische Düngemittel zur Verfügung standen. Entsprechend erfreut nahmen die hart arbeitenden und dennoch armen Schellerhauer ab Ende des 19. Jahrhunderts die neuen Einkunftsmöglichkeiten an, die der beginnende Fremdenverkehr bot – und heute immer noch bietet.

Schellerhauer Granit

Teplitzer Quarzporphyr

Eisenvorkommen

sehr bescheidene landwirtschaftliche Nutzung

Der Pöbelbach, zunächst an der Grenze zwischen Granit und Grauem Gneis entlangfließend, setzt ab etwa einem Kilometer oberhalb der Putzmühle seinen Weg in einem abwechslungsreichen Gesteinsmosaik fort. Zunächst durchschneidet das Gewässer den blaugrauen Schönfelder Quarzporphyr. Dabei handelt es sich um einen abgetrennten Teil eines einstigen Deckenergusses sauren Vulkangesteins, das heute Rhyolith genannt wird. Teilweise liegt dieser Porphyr aber auch in verfestigten Geröllen (Konglomeraten)vor. Ab der Wahlsmühle schließlich stehen verschiedene, eng miteinander verzahnte Gneise an, durchzogen von mehreren Gängen des Sayda-Berggießhübler Porphyr-Gangschwarmes, aber teilweise auch von vielen Erzgängen, die ihren Ursprung in der kleinen Granitkuppel der Sadisdorfer Pinge haben.

kleine Granitkuppel der Sadisdorfer Pinge

Entsprechend prägte über lange Zeit der Bergbau das Gebiet um Niederpöbel. Die Ausspülung von roten Schlämmen aus den vielen Pochwerken und Erzwäschen, anfangs auch aus den Eisengruben um Schellerhau, gab der „Roten" Weißeritz ihren Namen. Die meiste Sedimentfracht floss erst über die Pöbel in Schmiedeberg zu. Aber auch das Salzleckengründel, wo am Lindenhof einstmals hochwertiges Eisenerz gefördert wurde, trug früher den Namen Rotwasser. Bergbau-Haldenmaterial kam auch unter dem

Asphalt zutage, den 2002 das Hochwasser auf großen Strecken von der B 170 wegriss. Mit den Zinnklüften im Eulenwald, der Sadisdorfer Binge, unzähligen weiteren kleinen und größeren Einsturztrichtern beiderseits von Saubach- und Pöbeltal sowie großen „Wismut"halden hinterließ der Bergbau bis heute interessante Spuren in der Landschaft.

....

Pflanzen und Tiere

einige der eindrucksvollsten naturnahen Waldbestände des gesamten Ost-Erzgebirges

Auf den Böden der sauren Gesteine überwiegen heute auch im Schellerhauer und Schmiedeberger Raum Fichtenforsten. Daneben findet man jedoch am Hofehübel und im unteren Pöbeltal noch einige der eindrucksvollsten naturnahen Waldbestände des gesamten Ost-Erzgebirges. Zu verdanken ist dies in ganz besonderem Maße Herrmann Krutzsch, der von 1926 bis 1943 das Forstamt Bärenfels leitete und zu einem Musterbetrieb naturgemäßer Waldwirtschaft entwickelte. Einer der von Krutzsch besonders favorisierten Beispielbestände sollte etwa am Spitzberg gegenüber des Forstamtes entstehen, doch ist von der damaligen Waldumwandlung an diesem Ort heute fast nichts mehr zu erkennen. Der Hofehübel indes präsentiert noch immer eindrucksvolle, edellaubholzreiche Fichten-Buchen-Mischwälder – vor allem dank der Unterschutzstellung als Naturschutzgebiet 1961 (seit einer Erweiterung 2001 derzeit 72 Hektar). Neben Berg-Ahorn, Eschen und einigen noch recht vital erscheinenden Berg-Ulmen wachsen hier auch noch wenige der einstmals waldbeherrschenden Weiß-Tannen.

größter Weißtannenbestand

Der mit Abstand größte Weißtannenbestand des Ost-Erzgebirges – ja ganz Sachsens – wächst am Westhang des Pöbeltales, unterhalb des Hüttenholzweges zwischen Oberkipsdorf und Niederpöbel. Nicht allein die Anzahl (ca. 120), die Größe und der offensichtlich recht gute Gesundheitszustand der Tannen wirken auf jeden Waldbesucher faszinierend. Durch plenterartige Pflege des Bestandes hat sich ein vielgestaltiges Neben- und Übereinander von verschiedenen Baumarten eingestellt, darunter auch reichlich Naturverjüngung der Weiß-Tanne („Plentern" = Entnahme von sorgfältig ausgewählten Einzelstämmen anstatt Holzernte auf größeren Flächen).

Wolliges Reitgras

Dass die Böden von Natur aus sauer und das Gebiet ebenfalls nicht von zusätzlichen Säureeinträgen aus Luftverschmutzungen verschont geblieben ist, zeigt das Vorherrschen des Wolligen Reitgrases *(Calamagrostis villosa)* in vielen Waldbeständen – in den künstlich begründeten Fichtenforsten ebenso wie in naturnahen Bereichen des Naturschutzgebiets Hofehübel. Doch die Hubschrauber-Kalkungen der letzten zwei Jahrzehnte zeigen mittlerweile Wirkung. Vielerorts brechen die Calamgrostis-Teppiche auf und machen Platz für Fuchs-Kreuzkraut, Himbeere und, wo es die Wilddichte erlaubt, auch für die Charakterarten montaner Buchenmischwälder

Purpur-Hasenlattich und Quirl-Weißwurz

Purpur-Hasenlattich und Quirl-Weißwurz. Von den durch die Kalkdüngungen mobilisierten Nitratvorräten des Bodens werden Stickstoffzeiger wie Brennnessel gefördert. Bemerkenswert ist besonders um Schellerhau das

Neophyten besonders üppige Auftreten von Neophyten – pflanzlichen Neusiedlern in den Wäldern. Im Hochsommer sind die gelben Telekien einerseits und das violette Drüsige Springkraut unübersehbar.

Zu den „Verlierern" dieser Prozesse gehören u.a. Blaubeeren und Preiselbeeren, Zeigerpflanzen für magere Bodenverhältnisse. Früher waren vor allem die Bewohner der armen Gebirgsdörfer wie Schellerhau, Bärenfels

Abb.: karge Ebereschen-Steinrücke bei Schellerhau

und Bärenburg auf Waldfrüchte angewiesen, zum eigenen Verzehr und zum Verkauf. Bis nach Dresden zogen die Gebirgler zu Markte, mit Waldbeeren, Pilzen und „Isländisch Moos" (eine damals als Hustenmittel begehrte Flechte, die heute nur noch sehr selten vorkommt).

Da die Flur von Schellerhau wie die der (viel älteren) Waldhufendörfer des Ost-Erzgebirges gegliedert wurde, prägen heute auch hier einige dutzend

Steinrücken parallele Steinrücken die Landschaft. Entsprechend der hier abgelagerten Lesesteine von nährstoffarmem Granit haben darauf vor allem die anspruchslosen Ebereschen fußgefasst. Weil jedoch der größte Teil der Gemarkung schon lange nicht mehr ackerbaulich, sondern vor allem als Grünland genutzt wird, sind kaum noch neue Steine hinzugekommen. Stattdessen überzieht dichter Grasfilz mit Wolligem Reitgras, Weichem Honiggras und Rotem Straußgras die meisten Steinrücken. Nicht wenige Abschnitte werden auch von Waldrandstauden, vor allem der im Juli weithin leuchtenden Feuerstau-

Feuer-
stauden den (Schmalblättriges Weidenröschen) eingenommen. Die Ausbringung von Gülle und anderen Düngemitteln bescherte den Steinrücken darüber hinaus noch zusätzliche Stickstoffgaben, die Brennnesseln, Himbeeren so-

Purpur- wie diverse Neophyten gedeihen, typische Steinrückenarten wie Purpur-
Fetthenne Fetthenne, Echte Goldrute und viele Flechtenarten hingegen seltener werden lassen. Eine weitere Entwicklung verändert den Charakter dieser besonderen Biotope des Ost-Erzgebirges: während früher die Gehölze der Steinrücken als Brennholz genutzt wurden, setzte in den letzten Jahrzehnten

Ebereschen einerseits eine um Schellerhau deutlich zu erkennende Überalterung der

Ebereschen, andererseits auf den nährstoffreicheren Abschnitten aber auch eine Sukzession zu Bergahorn-Eschen-Gesellschaften ein. In letzteren finden sich dann auch (Berg-)Waldarten ein, z.B. Platanen-Hahnenfuß, Quirl-Weißwurz und Fuchs-Kreuzkraut. Auf nicht wenige Steinrücken stößt man innerhalb von Fichtenforsten. Als seit Ende des 19. Jahrhunderts die mühevolle landwirtschaftlich Nutzung der kargen Böden nicht mehr zwingend notwendig war zum Überleben, ergriffen viele Landbesitzer die Chance und verkauften ihre Flächen dem Staatsforst zur Aufforstung.

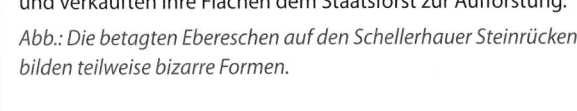

Abb.: Die betagten Ebereschen auf den Schellerhauer Steinrücken bilden teilweise bizarre Formen.

feuchte Moorbirkenwälder

Aufgelassene Kleinseggen- und Borstgrasrasen im Gebiet der Schellerhauer Weißeritzwiesen sowie der Salzlecken-Quellsenke haben nach einigen Jahrzehnten Nutzungsaufgabe in beträchtlichem Umfang Moorbirkenbeständen Platz gemacht. Diese feuchten Moorbirkenwälder erwecken einen sehr dauerhaften Eindruck und lassen kaum vermuten, dass es sich nur um ein Sukzessionsstadium hin zu natürlichen Fichten-Moorwäldern handeln soll, wie von der Wissenschaft postuliert. Die Bodenflora ist ziemlich artenarm. Abgesehen von etwas schattentoleranteren Resten der vorherigen

Pfeifengras

Wiesen (z. B. Bärwurz, Wald-Engelwurz, Hirse-Segge) dominiert Pfeifengras.

Borstgrasrasen

Kleinseggenrasen

Auf den verbliebenen Borstgrasrasen, mageren Bergwiesen, Kleinseggenrasen und Nasswiesen konnte ein Rest der Artenvielfalt bewahrt werden, der einstmals typisch für diese Gegend des Ost-Erzgebirges war. Dazu gehören auch konkurrenzschwache, gefährdete Arten wie Großer Klappertopf, Schwarzwurzel, Arnika, Wald-Läusekraut, Kreuzblümchen, Fettkraut, Sonnentau, Gefleckte Kuckucksblume (und weitere Orchideen).

Der überwiegende Teil des Grünlandes um Schellerhau ist zu DDR-Zeiten mit enormem Aufwand drainiert und aufgedüngt worden und hat auf diese Weise viel von seiner ursprünglichen Artenfülle verloren. Das gleiche gilt für die Rodungsinsel von Oberkipsdorf. Heute werden diese Flächen zwar überwiegend gemäht, allerdings unter Einsatz großer Agrartechnik innerhalb eines einzigen Tages. Durch diese landwirtschaftlich sicher effektive Vorgehensweise der Agrargenossenschaft werden innerhalb kürzester Zeit nicht nur alle Kleintiere dieser Grünlandflächen jeglicher Fluchtmöglichkeiten beraubt. Auch ein Ausreifen typischer Bergwiesenpflanzen auf einer Fläche und deren Ansamung auf benachbarten, bereits gemähten Flächen wird unmöglich.

Schellerhauer Naturschutzpraktikum

Um so wichtiger ist der Erhalt und die naturschutzgerechte Pflege der noch erhaltenen artenreichen Wiesenflächen, wie dies durch den Pflegetrupp des Fördervereins für die Natur des Osterzgebirges sowie im Rahmen des Schellerhauer Naturschutzpraktikums des Grünen Liga Osterzgebirge erfolgt.

Botanischer Garten

Der über einhundertjährige Botanische Garten Schellerhau hat sich besonders in den letzten drei Jahrzehnten unter der Obhut seines langjährigen Leiters Michael Barthel (bis 2007) zu einem herausragenden Ort des Naturschutzes im Ost-Erzgebirge entwickelt. Viele Pflanzenarten, die in der freien Natur heute sehr selten geworden sind (etwa der Karpaten-Enzian oder der Isslersche Bärlapp) werden hier mit großer Sorgfalt bewahrt, zum Bewundern für botanisch interessierte Besucher – und für Zeiten, in denen die Lebens-Chancen dieser Organismen außerhalb des Zaunes des Botanischen Gartens wieder günstiger werden.

Entsprechend des sehr unterschiedlichen Habitatangebotes leben zwischen Roter Weißeritz und Pöbeltal auch sehr verschiedene Tier-Lebensgemeinschaften. In der

Abb.: Führung im Botanischen Garten Schellerhau mit Michael Barthel

Vögel des Offenlandes

Schellerhauer Weißeritzsenke mit ihren Birkenwäldchen und teilweise noch recht lichten Nadelholz-Jungbeständen kann man sowohl Vögel des Offenlandes wie Braunkehlchen, Wiesenpieper und sogar Wachtelkönig, als auch solche von Gehölzstrukturen vernehmen. Abgesehen von den allgegenwärtigen Kohlmeisen, Buchfinken und Möchsgrasmücken erreichen hier vor allem Fitislaubsänger, Baumpieper und Wacholderdrosseln beachtliche Brutdichten. Auch der Kuckuck ist hier oben noch regelmäßig zu hören.

Waldvögel

In den naturnahen Buchen-Mischwäldern des Hofehübels und des Weißtannenbestandes im Pöbeltal leben demgegenüber vor allem Waldvögel. Dazu zählen der Schwarzspecht und die Nachnutzer seiner Höhlen: Raufußkauz und Hohltaube. Darüberhinaus sind beispielsweise Trauerschnäpper, Grauschnäpper und Zwergschnäpper nachgewiesen.

Auf den Steinrücken und den angrenzenden, wenig gestörten Nassgrünlandflächen leben Kreuzottern. Mitunter begegnet man der schwarzen Farbvariante, der sogenannten „Höllenotter". Aus der – wegen der Höhenlage nicht allzu artenreichen – Insektenfauna sind Libellenarten der Moore hervorzuheben (Torf-Mosaikjungfer, Kleine Moosjungfer, Alpen-Smaragdli-

belle). Im Botanischen Garten ist an sonnigen Sommertagen die Fülle an Tagfaltern, etwa mit Schwalbenschwanz, Trauermantel, Admiral, Distelfalter, Kaisermantel oder Großem Schillerfalter, unübersehbar. Dies weist auch auf ein gutes Angebot an Raupenfutterpflanzen in der Umgebung hin.

Abb.: sommerliches Pfauenaugen-Stelldichein auf Telekien (einer rund um Schellerhau besonders häufigen Neophytenpflanze)

Wanderziele

1 Rote Weißeritz an der Schinderbrücke

Zinnbergbau

Es fällt nicht leicht, im Seifenbusch, oberhalb der Schinderbrücke, spazieren oder Pilze sammeln zu gehen. Das Terrain ist durchzogen von zahlreichen Gräben, Hügeln und Senken, Böschungen einstiger Dämme. Wahrscheinlich Anfang des 15. Jahrhunderts nahm u. a. hier der Altenberger Zinnbergbau seinen Anfang, als Zinnseifner die Bachsedimente durchsiebten.

Zinnstraße

Außerdem querte an dieser Stelle die Zinnstraße (zwischen Altenberg und Freiberg) das moorige Gelände.

Auch unterhalb der Schinderbrücke weist die Weißeritzaue ein recht bewegtes Relief auf, auch wenn durch Hochwasser-Schotter davon manches

Flachs-Röste

überdeckt ist. Abgesehen davon, dass sicher auch hier Zinn geseift wurde, sollen sich in diesem Bereich die Flachs-Röste von Schellerhau befunden haben. Faser-Lein gehörte als Textilgrundstoff zu den unverzichtbaren Nutzpflanzen des Erzgebirges und wuchs auch unter kühlen und feuchten Klimabedingungen – ausreichende Kalkung der Böden vorausgesetzt (in Schellerhau gab es mindestens vier Kalköfen). Um die Bastfasern vom umgebenden Stängelgewebe trennen zu können, mussten die Pflanzen zunächst einige Wochen auf nassen Wiesen oder in flachen Teichen eingeweicht („geröstet") werden.

strukturreiche Fichtenwaldbestände

Wald-Wachtelweizen

Inzwischen haben sich in der sumpfigen bis moorigen Weißeritzaue naturnahe und sehr strukturreiche Fichtenwaldbestände entwickelt, teilweise gemischt mit Moorbirke. In den nassesten Mulden wächst Torfmoos, gemeinsam mit Wald-Schachtelhalm, Sumpf-Veilchen, Flatter-Binsen und verschienenen Seggen. Die etwas erhöhten Bereiche tragen reichlich Wald-Wachtelweizen, daneben auch etwas Wiesen-Wachtelweizen. Letzterer hat eine längere, blassere Blütenröhre und ist eigentlich viel häufiger – aber eben nicht hier in der frostgefährdeten Senke, da behält die montane Schwesterart die Oberhand. Eine weitere typische Pflanze ist das Pfeifengras, das mit seinen langen, knotenfreien Stängeln früher zum Reinigen der langschäftigen Tabakpfeifen diente. Zwischen den Fichtenbeständen tragen kleine, brachliegende Berg- und Nasswiesenreste zu einem bunten Biotopmosaik bei, das eine Wanderung auf dem Pfad (teilweise Knüppeldamm) entlang der Roten Weißeritz zwischen Schinderbrücke und Schellermühle zu einem besonderen Erlebnis macht.

Die Rote Weißeritz erhielt einstmals ihren Namen von der Farbe des tauben Gesteins, dass von den Pochwerken und Erzwäschen direkt in die Bäche abgegeben wurde. Zwar hat auch an der Schinderbrücke ein solches Pochwerk gestanden, aber die Hauptfracht dieses von Eisenverbindungen rot gefärbten Gesteinsmehls erhielt die Weißeritz erst in Schmiedeberg durch die Pöbel. Die heutige Farbe der Weißeritz ist, zumindest bei Schellerhau, meistens ein mehr oder weniger intensives Braun. Dieses geht nicht auf Gewässerverschmutzungen zurück, sondern auf die Huminstoffe, die bei

Torfzersetzung

der Zersetzung von Torf entstehen. Diese Torfzersetzung geschieht in großem Umfang in den immer mehr austrocknenden Moorresten des Seifenbusches genauso wie weiter kammwärts, etwa im Georgenfelder Hochmoor. Übrigens hat „Weißeritz" auch nichts mit der Farbe Weiß zu tun, sondern entstammt dem slawischen Wortstamm „bystr" = schnell.

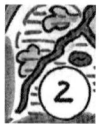

Naturschutzgebiet Schellerhauer Weißeritzwiesen

Zwischen Oberem Gasthof und Schellermühlenweg erstreckt sich eine verhältnismäßig flache Talmulde von der Ortslage Schellerhau zur Roten Weißeritz. Beweidung war wahrscheinlich (trotz früher robusterer Nutztierrassen) nur eingeschränkt möglich, so dass hier einer der wenigen Grünlandkomplexe anzunehmen ist, der nicht erst seit der „Bergwiesenepoche" (Mitte des 19. bis Mitte des 20. Jahrhunderts) vorrangig durch Mahd geprägt wurde. Dabei stand gute Stalleinstreu, wie sie unter anderem das Pfeifengras der Weißeritzwiesen bringt, genauso hoch im Kurs wie Futterheu, das auf den hier kurzhalmigen Bergwiesen keinen großen Ertrag brachte.

Ab den 50er Jahren des letzten Jahrhunderts kam es nach und nach zur fast gänzlichen Nutzungsaufgabe der schwer zu bewirtschaftenden und selbst aus Sicht der DDR-Landwirtschaft kaum lohnenswerten Flächen. Das Brachfallen und die damit verbundene Akkumulation toter Pflanzen führten einerseits zu erheblichen Veränderungen der Standortbedingungen für viele Wiesenarten. Und dort, wo die Grasnarbe so schütter war, dass sich so rasch kein Streufilz ansammeln konnte – also auf den Borstgrasrasen und in den Kleinseggensümpfen – da kamen Gehölze zur Keimung. Neben

Moorbirken-
bestände

Ohrweidengebüschen entwickelten sich daraus umfangreiche Moorbirkenbestände. Andererseits blieben wegen eben dieser Nutzungsaufgabe die „vergessenen" Weißeritzwiesen verschont von Gülleschleudern („Schleudertankwagen"), Drainagerohren und Pestizidbelastungen. An einem Bruchteil ihrer vorherigen Standorte konnten deshalb einstmals landschaftstypische Arten wie Arnika, Rundblättriger Sonnentau und Trollblume überleben. Unter Botanikern und anderen Naturfreunden war dieses Stück Heimat daher ganz und gar nicht „vergessen". 1992, als die sächsische Politik für Naturschutzanliegen noch aufgeschlossen war, wurde aus den Schellerhauer Weißeritzwiesen ein 23 Hektar großes Naturschutzgebiet (NSG) – eines der ersten nach der „Wende".

Die besondere Bedeutung des NSG Schellerhauer Weißeritzwiesen liegt also in der heute selten anzutreffenden Flächengröße von früher viel,

Borstgras-
rasen und
magere
Bergwiesen

viel häufigeren montanen Magerwiesengesellschaften. Im weniger nassen Bereich sind dies Borstgrasrasen und magere Bergwiesen. Die Übergänge zwischen beiden Vegetationstypen sind fließend, beide haben zahlreiche Arten gemeinsam: Bärwurz, Rot-Schwingel, Kanten-Hartheu, Berg-Platterbse, um nur einige zu nennen. Bemerkenswert sind die umfangreichen Bestände des einst als Wiesengrasschmarotzer gefürchteten Klappertopfes. In Schellerhau wächst sowohl der in Sachsen „gefährdete" Kleine Klappertopf als

Abb.: Großer
Klappertopf

auch der noch seltenere, nach der Roten Liste „stark gefährdete" Große Klappertopf.

Während in den Bergwiesen aber auch anspruchsvollere Pflanzen wie Alantdistel, Wiesen-Knöterich, Weicher Pippau und viele weitere Arten zur Geltung kommen, sind die Borstgrasrasen zwar im allgemeinen eher artenarm, aber dennoch Lebensraum besonders konkurrenzschwacher Mitglieder des Pflanzenreiches. Auf den Schellerhauer Weißeritzwiesen

Teufels-
abbiss

gedeihen noch Wald-Läusekraut, Kreuzblümchen, Zittergras und Arnika. Eine Besonderheit stellt der erst im Hochsommer blühende Teufelsabbiss

Abb.: Teufels-abbiss

dar, dessen blaue Köpfe entlang des Schellermühlenweges im August in großer Anzahl zu bewundern sind. Zum Grundstock der Borstgrasrasen gehören außerdem Blutwurz-Fingerkraut und Harz-Labkraut.

Nicht minder bedeutsam sind die Kleinseggenrasen, wobei auch hier zu den nassen Borstgrasrasen (mit Sparriger Binse) fließende Übergänge bestehen. Neben zahlreichen Seggenarten fallen hier im Mai/Juni teilweise flächendeckend die weißen Fruchtstände des Schmalblättrigen Wollgrases auf. In richtig moorigen Abschnitten tritt auch das bedeutend seltenere Scheiden-Wollgras (mit nur einem Wollbüschel am Stängel) hinzu. Die Orchideenarten Breitblättrige und Gefleckte Kuckucksblume bilden sehr hübsche violette und rosa Kontraste dazu. Sehr nasse, nährstoffarme und von sonstiger Vegetation weitgehend freie Bereiche besiedeln lichtbedürftige Hungerkünstler. Dazu gehören auch die beiden „fleischfressenden" Arten Rundblättriger Sonnentau und Echtes Fettkraut, die die Ernährungsdefizite ihrer Standorte durch das Festhalten und allmähliche Verdauen kleinster Insekten ausgleichen.

Der bedeutende Biotopkomplex der Weißeritzwiesen mitsamt der sich darin entwickelten Gehölzstrukturen setzt sich auch nördlich des Schellermühlenweges auf noch einmal rund 20 Hektar fort, findet dort allerdings weniger Beachtung

Die Pflege der zum großen Teil nassen und von Gräben durchzogenen Weißeritzwiesen ist aufwendig und erfordert Spezialtechnik sowie ein sensibles Herangehen, um Schäden zu vermeiden. Beide Voraussetzungen bringt der Pflegetrupp des Fördervereins für die Natur des Osterzgebirges mit und organisiert in hervorragender Weise die alljährliche Mahd der meisten Wiesen des Naturschutzgebietes. Ein nicht unbeträchtlicher Flächenanteil bleibt dennoch der besonders schonenden, traditionellen Handmahd vorbehalten. Dazu lädt die Grüne Liga Osterzgebirge seit 1996 jedes Jahr im August Studenten verschiedener Universitäten ein. Das „Schellerhauer Naturschutzpraktikum" hat sich mittlerweile zu einem anspruchsvollen Projekt entwickelt, das interessierten jungen Leuten Einblicke in die vielfältigen Betätigungsfelder des Naturschutzes in der Region vermittelt.

Abb.: Schellerhauer Naturschutzpraktikum der Grünen Liga Osterzgebirge

③ Botanischer Garten Schellerhau

2006 feierte der Botanische Garten Schellerhau seinen einhundertsten Geburtstag. Ursprünglich war er, wegen seiner Höhenlage in 760 m üNN, als Alpinum konzipiert für solche Pflanzen, die im Dresdner Botanischen Garten nicht recht gedeihen wollten. Doch schon bald wurde die Erzgebirgsflora einbezogen. Vor allem, als in den 1920er Jahren der *Landesverein Sächsischer Heimatschutz* den Garten übernahm, traten auch Naturschutzaspekte in den Vordergrund. Nach der - völlig unrechtmäßigen - Enteignung und späteren Auflösung des Landesvereins blieb der Botanische Garten als staatliche Einrichtung erhalten. Nach dem Krieg wurde die Anlage mühevoll wiederaufgebaut und über 20 Jahre lang gepflegt von Oberlehrer Fritz Stopp, danach von seinem langjährigen Mitarbeiter Gerhard Liebscher.

1979 übernahm der Biologe Michael Barthel die Leitung des Botanischen Gartens und machte mit vielen neuen Ideen, mit Engagement und hoher Fachkenntnis den Ort zu einem bedeutenden *Zentrum des Naturschutzes im Ost-Erzgebirge*. So konnte der Botanische Garten auch nach der „Wende", trotz rasch aufeinander folgender Besitzer- und Betreiberwechsel, sein anspruchsvolles Niveau halten. Derzeit obliegt die Trägerschaft dem Förderverein für die Natur des Osterzgebirges.

In den 1980er und 1990er Jahren wurde der Botanische Garten Schellerhau zunächst auf 1,5 Hektar erweitert und mit typischen Landschaftselementen des Ost-Erzgebirges bereichert. Hier können unter möglichst naturnahen Bedingungen zahlreiche Pflanzen der Erzgebirgsflora gezeigt werden, unter anderem:

Borstgrasrasen: Gefleckte Kuckucksblume, Blutwurz, Heidekraut, Heidelbeere, Harz-Labkraut, Arnika, Keulen-Bärlapp

Bergwiese: Bärwurz, Perücken-Flockenblume, Kanten-Hartheu, Gebirgs-Täschelkraut, Berg-Platterbse, Alantdistel, Ährige Teufelskralle

Steinrücke: Feuer-Lilie

Bergmischwald: Seidelbast, Echtes Lungenkraut, Wald-Geißbart, Frühlings-Platterbse, Zwiebeltragende Zahnwurz, Mondviole, Wald-Bingelkraut, Christophskraut, Türkenbund

Fichten-Bergwald: Siebenstern, Zweiblättrige Schattenblume, Wolliges Reitgras, Breitblättriger Dornfarn, Gebirgs-Frauenfarn, Rippenfarn, Heidel- und Preiselbeere

Moor-Biotop: Scheidiges Wollgras, Fettkraut, Rundblättriger Sonnentau, Zwergbirke, Sumpfporst, Moosbeere, Krähen- und Rauschbeere

Bach- und Teichufer: Bach-Greiskraut, Bitteres Schaumkraut, Sumpfdotterblume, Sumpf-Schwertlilie, Bach-Nelkenwurz, Sumpf-Vergissmeinnicht, Trollblume, Sumpf-Blutauge

Landesverein Sächsischer Heimatschutz

Zentrum des Naturschutzes im Ost-Erzgebirge

Abb.: Gefleckte Kuckucksblume

Hochstaudenflur: Rauhaariger Kälberkropf, Alpen-Milchlattich, Platanen-blättriger Hahnenfuß, Akelei-Wiesenraute

beachtliche Darüberhinaus wird im Botanischen Garten nach wie vor eine beachtliche
Auswahl Auswahl alpiner Arten gezeigt, getrennt nach Pflanzen der Kalkalpen und
alpiner solchen auf saurem Urgestein. Hinzu sind im Laufe der Zeit auch Quartiere
Arten zur Flora des Kaukasus', Nordamerikas und Asiens gekommen. Bemerkens-wert ist außerdem eine kleine Sammlung von Pflanzen des Böhmischen Mittelgebirges, obwohl sich Feld-Ahorn (1926 gepflanzt und heute gerade mal 2 Meter hoch!), Diptam, Wiesen-Storchschnabel und verschiedene Salbeiarten ganz offenbar an einem Nordhang in über 750 m Höhenlage nicht besonders wohl fühlen.

Heilkräuter Zu einem Schwerpunkt hat sich in den letzten Jahren das Thema Heilkräu-ter entwickelt, unter anderem mit regelmäßigen Führungen. Bildungsarbeit gehört zu den wichtigsten Anliegen des Botanischen Gartens Schellerhau. Er ist aber auch – mehr denn je – ein Besuchermagnet für Urlauber und Tagesgäste, die sich zwischen Ostern und Oktober einfach an der bunten Blütenvielfalt, dem Vogelgesang und dem Faltergeflatter in diesem Kleinod der Natur des Ost-Erzgebirges erfreuen wollen.

④ Oberes Pöbeltal

Vom Botanischen Garten Schellerhau führt in südwestliche Richtung, zu-nächst über ebenes, monotones Grünland, dann rasch ins Pöbeltal herab-steigend, der Zechenweg. Am rechten Pöbelhang befand sich bis 1871
Eisenerz eine der ergiebigsten Eisenerzgruben der Gegend, der „Segen Gottes Erb-stolln". Mit dem hochwertigen Roteisenstein (Hämatit) sowie einer schali-gen, glänzenden Abart dieses Erzes namens „Glaskopf" wurde vor allem die Hütte in Schmiedeberg beliefert. Als das granitische Magma nach sei-nem Aufdringen im Karbon langsam erkaltete, drangen in heißem Wasser gelöste Eisen-Ionen in die Spalten und Klüfte bereits erstarrter Felspartien. Dort wurden sie ausgefällt und reicherten sich an – mancherorts zu solchen Konzentrationen, dass sich der Abbau lohnte. Eisenerz war lange vor dem Auffinden der meisten Silber-, Kupfer- oder Zinnerzlagerstätten eine wich-tige Vorraussetzung für die rasche Rodung und Besiedlung des Ost-Erzge-birges, da der Bedarf der Dorf- und Wanderschmieden an Rohstoffen für die Herstellung der noch ziemlich groben Werkzeuge sehr hoch gewesen sein muss. Eisenbergbau galt lange als Alltagshandwerk und fand an den meisten Orten kaum schriftliche Erwähnungen, zumindest in den ersten Jahrhunderten. Auch von der Zeche im oberen Pöbeltal gibt es erst seit 1622 Aufzeichnungen. Bis 1870 blieb die Grube in Betrieb, dann war eine Tiefe erreicht, in der das Problem eindringenden Bergwassers zu nicht mehr vertretbaren Kosten führte. Die Gebäude wurden abgebrochen, und so erinnern nicht mehr viele Spuren an die einstige Betriebsamkeit in dem heute so ruhigen Pöbeltal.

Zinnstraße

Sehr belebt muss einstmals auch der Verkehr auf der Brücke unterhalb der Eisenzeche gewesen sein. Hier kreuzte die Zinnstraße das Pöbeltal, auf der das in Altenberg und Zinnwald geförderte Zinn nach Freiberg transportiert wurde. Es handelte sich um einen der bedeutendsten und meist genutzten Verkehrswege des gesamten Ost-Erzgebirges, von dem aber am rechten Pöbelhang, mitten im Forst, heute nur noch die tiefen Rinnen eines über Jahrhunderte ausgefahrenen Hohlweges künden.

moorige Lichtung

Etwas talabwärts befindet sich am Bach eine kleine moorige Lichtung inmitten des Fichtenforstes. Verschiedene Torfmoose und Seggen bildeten ein bis zu 60 cm mächtiges Torfpaket, das auch heute noch meistens wassergesättigt ist. Solche kleinen Waldmoore haben heute Seltenheitswert in der Landschaft, ebenso wie die hier wachsenden Pflanzenarten (u. a. Scheiden-Wollgras, Fettkraut, Sparrige Binse, Arnika, Breitblättrige Kuckucksblume und das Moos *Pseudobryum cinclidioides* (nach der Roten Liste Sachsens „stark gefährdet").

Seinen Namen hat das Pöbeltal wahrscheinlich von den Glasmachern, die sicher auch hier zugange waren und für ihr Gewerbe große Mengen Holz zu Asche verwandeln mussten. „Pöbel" ist vermutlich slawischen Ursprungs (tschechisch popel = Asche).

....

⑤ Stephanshöhe

Westlich der Stephanshöhe, deren bewaldete, 804 m hohe Kuppe heute kaum noch Aussicht bietet, führt ein kleiner Abstecher vom Julius-Schmidt-Steig zu einer Blockhalde am Pöbeltalhang. Das Gestein dieser Halde erscheint nahezu strukturlos und tiefgründig verwittert. Es handelt sich offenbar um zersetzten Quarzporphyr im Kontaktbereich zum Schellerhauer Granit. Bei einer solchen natürlichen Blockhalde hat fast nur physikalische und kaum chemische Verwitterung Zugang zum Gestein gefunden. Davon sprechen auch die flachgründigen nährstoffarmen Böden auf der Stephanshöhe, wo vor allem anspruchslose Arten wie Draht-Schmiele, Heidekraut und Heidelbeere wachsen.

Blockhalde am Pöbeltalhang

Frostverwitterung

Die Blockhalde selbst ist das Ergebnis der Frostverwitterung, die v. a. während der Eiszeiten das Gestein zu Blöcken gesprengt hatte. In Klüfte eindringendes Wasser dehnt sich beim Gefrieren aus – ein Prozess, dem bei genügend häufiger Wiederholung das härteste Gestein nicht widerstehen kann.

eindrucksvolle Aussicht in Richtung Südwesten

Besagtes Absterben der Fichtenforsten hat am Pöbelhang eine eindrucksvolle Aussicht in Richtung Südwesten freigegeben. Der Blick wandert über die flache, allmählich von Nord nach Süd ansteigende Horizontlinie. Zu sehen ist ganz rechts (noch! – die aufwachsenden Lärchen begrenzen immer mehr das Blickfeld) die Burg Frauenstein (674 m hoch/10,5 km entfernt), anschließend (hinter Hermsdorf und Seyde) der Kannelberg (805 m/7 km), als nächstes die Holzhauer Steinkuppe (806 m/8,5 km) und geradeaus, auf dem Kamm, der höchste Berg des Ost-Erzgebirges, der Wieselstein/Loučna

Abb.: Blick vom Aussichtspunkt Stephanshöhe nach Westen

(956m/15 km). Links führt der Ausblick weiter zum Bouřňák/Stürmer (869 m/ 10,5 km), zum Keilberg/Klínovčík (836 m/9 km) und letztlich zur zweit- höchsten Ost-Erzgebirgserhebung, dem breiten Rücken des Bornhau/ Pramenáč (909 m/9,5 km). Auf der Tafel am Aussichtspunkt ist ganz links noch der Kahleberg (905 m/4,5 km verzeichnet, doch den hat bereits der im Vordergrund aufwachsende Forst wieder verschluckt.

Vom Abfahrtshang Neuschellerhau bietet sich ein schöner Blick über den langgestreckten Ort Schellerhau. Gut zu erkennen sind die von Steinrücken gegliederte Flur sowie die weit verstreuten Häuser am Matthäusweg im Salzleckengründel.

Schellerhau zapft die Sonne an – Dietrich Papsch, Schellerhau

Dass der Altenberger Ortsteil Schellerhau nicht nur auf Tradition baut, sondern auch auf Innovation und Zukunft setzt und dabei gleichzeitig Natur und Umwelt schützt – davon zeugen im Ort zahlreiche Beispiele erneuerbarer Energien. Die Klimaveränderungen mit ihren Katastrophenfolgen, der Preisauftrieb bei fossilen Energieträgern und die Förder- möglichkeiten haben auch in Schellerhau zu einem Umdenken in Richtung Energiewen- de geführt.

Neben der Umstellung von Öl- und Gasheizungen auf alternative Heizungssysteme, wie Holz- und Holzpellets sowie Erdwärme, schmücken inzwischen auch 18 Solardächer mit einer Gesamtfläche von über 530 Quadratmetern den Ort. Zehn Sonnenwärmeanlagen (Solarthermie) und acht Sonnenstromanlagen (Photovoltaik) demonstrieren unseren Gästen, wo der Weg in die Zukunft hingeht. Sie produzieren jährlich etwa 35 000 kWh Wärme und 40000 kWh Strom und entlasten damit unsere Umwelt jährlich von mehr als 70 Tonnen des schädlichen Treibhausgases CO_2. Dass selbst auf dem zugigen Erzgebirgs- kamm, 800 m über dem Meeresspiegel, wo es immer ein wenig kälter ist und der Nebel sich länger hält, auch ein Hausdach verblüffende Ergebnisse erreichen kann, zeigt Andreas Schubert mit seiner Sonnenstromanlage. Er fährt mit seiner Photovoltaik-Anlage auf dem Hausdach in Neu-Schellerhau mit jährlich über 1000 kWh je installiertes kWpeak vergleichbar die beste Sonnenernte in Sachsen ein.

Das alles hat Altenberg den Altenberger Ortsteil Schellerhau in der Solarbundesliga weit nach vorne gebracht. Unter den Städten nimmt die Bergstadt aktuell den 2. Platz und in der Ortsteilliga Schellerhau unangefochten den 1. Platz im Freistaat Sachsen ein.

Abb.: Solarpionier Dietrich Papsch

Abb.: Schellerhau im Winter

Stolz sind die Schellerhauer auf ihr Bürgersolarkraftwerk auf dem Dach des neuen Feuerwehrhauses, das im November 2004 eingeweiht wurde. 52 Bürger, die meisten aus Schellerhau, haben es mit dem Erwerb von Solarbausteinen finanziert. Das hat den Ort noch enger zusammenrücken lassen. Initiatoren für das Kraftwerk waren die Freiwillige Feuerwehr Schellerhau und der Energie-Tisch Altenberg e.V.

Wir selbst haben für uns in unserem Einfamilienhaus die Energiewende bereits vollzogen. Wir heizen mit der Sonne und Holzpellets unser Haus und betreiben auch unser Stromnetz zu 100% aus erneuerbaren Energien. Jedoch: allein mit der Umstellung auf erneuerbare Energien ist nicht getan. Energie muss viel sparsamer und effizienter eingesetzt werden. Dazu müssen wir vor allem unsere Lebensweise ändern, die immer noch weitgehend auf fossiler Energieversorgung, Wegwerfgesellschaft und grenzenlosem Automobilismus beruht. Wenn wir dies nicht tun und weiter die Naturressourcen ausplündern, zerstören wir systematisch unseren Planeten. Damit nehmen wir aber unseren Nachkommen das Recht für ein Leben im Einklang mit der Natur. Deshalb werden wir uns auch weiterhin für den schonenden Umgang mit der Natur einsetzen.

Literaturtipp

Dietrich Papsch: **Sonnensucher am Kahleberg**, Globalkritisch denken – lokal handeln; Verlag Neue Literatur Jena – Plauen – Quedlinburg, 2005; ISBN3-938157-18-6

Dietrich Papsch ist Organisator des Altenberger Energietisches und engagiert sich für eine Energiewende, weg von der klimaschädlichen Verbrennung fossiler Stoffe, hin zu Sonne, Biomasse und anderen erneuerbaren Medien. Dies öffentlich fordern tun heutzutage viele, doch die Schellerhauer Chris und Dietrich Papsch versuchen das Ideal der Nachhaltigkeit auch ganz praktisch zu leben.

In seinem Buch werden Brücken geschlagen zwischen den großen Problemen dieser Welt und ganz konkreten Handlungsansätzen im Ost-Erzgebirge. Die Altenberger Bürgerinitiative, die in den 1990er Jahren gegen die Ursachen des Waldsterbens mobil machte, wird genauso porträtiert wie die „Solarpioniere von Freiberg".

Flächennaturdenkmal Postteich

In der Quellmulde des Salzleckengründels, die von Struktur und Vegetation her dem Naturschutzgebiet Schellerhauer Weißeritzwiesen ähnelt, liegt der kleine, nur 500 Quadratmeter umfassende Postteich. Es handelt sich in der heute an Laichgewässern nicht sehr reichen Schellerhauer Flur um ein wichtiges Habitat von Grasfröschen, Bergmolchen und Erdkröten. Gemeinsam mit den angrenzenden Gehölzen, Uferstauden und seggenreichen Nasswiesen (unter anderem mit Schmalblättrigem Wollgras und Breitblättriger Kuckucksblume) wurde der Postteich deshalb 1990 zum Flächennaturdenkmal erklärt.

Schellerhauer Granit in einem ehemaligen Steinbruch

Nördlich vom Café Rotter, auf der linken Straßenseite, kann man den Schellerhauer Granit in einem ehemaligen Steinbruch betrachten. Das Gestein ist tiefgründig zu Grus verwittert. Dieser Grus wurde früher in Ermangelung von Sand- oder Kiesvorkommen abgebaut und unter anderem zum Wegebau verwendet. In der Umgebung von Schellerhau findet man noch weitere „Kiesgruben", die zwischenzeitlich aber fast alle mit Müll oder organischen Abfällen verfüllt wurden.

 ## Wiese an der ehemaligen Jugendherberge

Eine weitere der um Schellerhau noch erfreulich häufigen Flächen mit (einstmals) landschaftstypischen Berg- und Nasswiesenarten befindet sich an der ehemaligen Jugendherberge „Rotwasserhütte" am nördlichen Ortsende. Dazu gehören schöne Bestände von Arnika und Breitblättriger Kuckucksblume. Der Pflegezustand der meist sehr spät gemähten Fläche lässt jedoch zu wünschen übrig, konkurrenzschwache Pflanzen wie der genannte Arnika oder das Kreuzblümchen werden immer seltener. Bis 2005 mähten die Herbergseltern wenigstens einen Teil der Wiese etwas früher, um Futter für ihre Ziegen zu gewinnen. Seit der Schließung der Jugendherberge haben verantwortungslose Zeitgenossen außerdem – trotz Hinweisschild am Wegrand – Orchideen für den eigenen Garten ausgegraben.

schöne Bestände von Arnika und Breitblättriger Kuckucksblume

Seidelbast

Auf der anderen Straßenseite wächst noch ein kleiner naturnaher Restwald mit Buchen, Fichten, Berg-Ahorn und einigen Winter-Linden. Im zeitigen Frühjahr kann man hier die zartrosa Blüten von Seidelbast entdecken, im Spätsommer dessen rote Beeren (wenn diese nicht schon von Vögeln gefressen wurden, denen das Gift des seltenen Strauches nichts ausmacht). Ansonsten prägt Purpur-Hasenlattich die Bodenvegetation.

 ## Spitzberg

Der einstige Waldarbeiterweiler und heutige Kurort Bärenfels liegt in einer Einsattelung zwischen Hofehübel und Spitzberg, nahe der engsten Stelle des Riedels zwischen Pöbeltal und Roter Weißeritz. Vom Nordhang des Spitzberges bietet sich eine sehr schöne Aussicht auf das bewegte Relief

Abb.: Exkursion beim Schellerhauer Naturschutzpraktikum der Grünen Liga zum Spitzberg

dieser Landschaft. Eine „Steinmeer" genannte Blockhalde bedeckt den Hang und garantiert freien Blick. Der 749 m hohe Spitzberg besteht aus besonders stark verkieseltem Quarzporphyr – ähnlich wie der höhere und bekanntere Kahleberg – und wurde deshalb von der Verwitterung deutlich herausmodelliert. Wie auch an der Stephanshöhe geht das Blockmeer auf die Kaltzeiten des Pleistozäns zurück, als in Klüfte eindringendes Wasser gefror, sein Volumen vergrößerte und den Fels in kantige Steine zerlegte. Eine weitergehende chemische oder biologische Verwitterung hat nur in geringem Umfang stattgefunden. Die daraus resultierenden Bodenteilchen wurden und werden schneller ausgespült als sie sich bilden können.

Kahlschlag

In den 1980er Jahren ließ die damalige Oberförsterei am Nord- und Osthang des Spitzberges einen großen Kahlschlag anlegen. Dies war genau das Gegenteil dessen, was der berühmteste Forstmann des Bärenfelser Forstamtes, Herrmann Krutzsch, für den Bestandeskomplex vorgesehen hatte. Gerade auf den geringmächtigen, armen und von Erosion bedrohten Böden der Quarzporphyrkuppe sollte eigentlich ein naturnaher Dauerwald aus verschiedenen Baumarten unterschiedlichen Alters für Stabilität sorgen. Seine Ansätze zu diesem Ziel wurden, im Interesse einer schnellen Holzversorgung der DDR-Wirtschaft, mit einem (Kahl-)Schlag zunichte gemacht, und dies in Zeiten, als auf dem Erzgebirgskamm das Waldsterben grassierte.

 Himmelsleiterwiese an der Bärenfelser Mühle

Von der einstigen Bärenfelser Mühle, ungefähr 500 Meter südlich von Kipsdorf im Tal der Roten Weißeritz gelegen, steigt ein steiler Stufenpfad hinauf nach Bärenfels, im Volksmund „Himmelsleiter" genannt. Rechts der Treppen befindet sich eine der artenreichsten und aus Naturschutzsicht wertvollsten Wiesen des Ost-Erzgebirges, ja sicher auch weit darüber hinaus. Die Grüne Liga Osterzgebirge hat deshalb für dieses bedeutende Biotop, neben einem Dutzend weiterer Berg- und Nasswiesen, 2005 die Unterschutzstellung als Flächennaturdenkmal (FND) beantragt, was bislang allerdings leider von der zuständigen Behörde, dem Landratsamt Weißeritzkreis, nicht aufgegriffen wurde. Vorausgegangen waren umfangreiche Untersuchungen von Standort und Vegetation:

eine der artenreichsten und aus Naturschutzsicht wertvollsten Wiesen des Ost-Erzgebirges

Auf dem Untergrund aus Schellerhauer Granit sind überwiegend saure Braunerden ausgebildet. Der Austritt von Hangquellwasser im oberen Bereich hat einige Teile der Wiese stark vernässt. Das Wasser fließt in einem kleinen und teilweise von Weidengebüsch gesäumten Graben zur Roten

*Wasser-
sättigung
der Böden*

Weißeritz ab. Am westlichen Ende des oberen Wiesenbereiches ist der Boden ebenfalls durch Hangquellwasser stärker durchfeuchtet. Infolge der Wassersättigung der Böden wird der Abbau organischer Substanz gehemmt, so dass sich auf diesen Standorten Hang-Anmoorgleye (= moorartige Nass-Standorte) ausbildeten. Das bunte kleinstandörtliche Mosaik bietet einer Vielzahl von Pflanzengesellschaften Lebensraum, insbesondere Bergwiesen, Borstgrasrasen, Feuchtwiesen und Kleinseggenrieden. Einige der feuchten Bereiche lassen eine höhere Basensättigung der Böden vermuten, was durch das Vorkommen eines basenliebenden Kleinseggensumpfes mit den Zeigerarten Fettkraut und Floh-Segge angedeutet wird.

*Orchideen-
arten*

Die herausragende Bedeutung der Fläche wird durch die große Anzahl von Pflanzen unterstrichen, die nach der Sächsischen Roten Liste als „gefährdet", „stark gefährdet" oder als „vom Aussterben bedroht" gelten. Dazu zählen die Orchideenarten Händelwurz, Stattliches Knabenkraut, Großes Zweiblatt und Breitblättrige Kuckucksblume. Von letzterer sorgen Ende Mai/Anfang Juni mehrere Tausend blühende Exemplare für einen farbenfrohen Anblick. Weitere typische Arten magerer Wiesen sind Kreuzblümchen, Dreizahn, Arnika, Preiselbeere, Sumpf-Veilchen, Schmalblättriges Wollgras und Kleiner Baldrian, um nur eine kleine Auswahl zu nennen.

Die Pflege dieser Fläche, knapp einen Hektar groß, ist sehr aufwendig und nur mit viel Handarbeit möglich. Geleistet wird die Arbeit seit vielen Jahren vom Pflegetrupp des Fördervereins für die Natur des Osterzgebirges.

Von der Himmelsleiter und der dort aufgestellten Bank aus kann man die Wiese sehr schön einsehen. **Ein Betreten der wertvollen Fläche sollte aber unbedingt unterbleiben** – die Gefahr, seltene Pflanzen oder deren Keimlinge zu zertreten, wäre zu groß.

 ## Forstamt und Walderlebniszentrum Bärenfels

Das Adelsgeschlecht der Bernsteins hatte im 16. Jahrhundert, nach dem Verlust des Altenberger Zinnreviers, beabsichtigt, durch den Holzverkauf an die Gruben, Pochwerke und Hütten ein neues wirtschaftliches Standbein zu gewinnen. Dazu ließen sie Waldarbeiterweiler wie Bärenfels anlegen. Doch lange konnten die Bärensteiner diesen Teil ihrer Besitzungen auch nicht halten. Anfang des 17. Jahrhunderts mussten sie an den Kurfürsten verkaufen, der im alten Rittergut die Verwaltung seiner Wald- und Jagdgebiete stationierte. Dem Oberforstmeister unterstanden zeitweilig die kurfürstlichen Wälder bis nach Wolkenstein im Mittleren Erzgebirge.

In diesem altehrwürdigen Gebäudekomplex wird auch heute noch die Bewirtschaftung der Staatswälder und die Betreuung der Privatwälder im Forstbezirk Bärenfels koordiniert. Nach mehreren Verwaltungsreformen seit 1990 umfasst der Forstbezirk jetzt das Gebiet des Weißeritzkreises plus das ehemalige Revier Holzhau.

*historisches
Forstamt*

Das historische Forstamt am Rande des Naturschutzgebietes Hofehübel

Abb.: Arboretum am Forstamt Bärenfels

bildet außerdem den Kern eines im Entstehen begriffenen Waldbildungszentrums mit Ausstellungen, einer noch/wieder funktionsfähigen Samendarre aus dem Jahre 1832, einem Arboretum und regelmäßigen Führungen. Im Arboretum werden rund um das Forstamt 75 einheimische Gehölzarten gezeigt, gruppiert nach elf Waldgesellschaften. Auf dem Hofplatz beginnt der Rundgang im „Bodensauren Buchenmischwald", hinter dem Forstamt präsentieren sich der nährstoffkräftigere „Waldmeister-Buchenwald" sowie die edellaubholzreichen „Schlucht- und Hangwälder", in Richtung des wiederangelegten Forstamtsteiches hingegen die Gehölze der feuchteren Waldgesellschaften („Erlen-Eschen-Bach- und Quellwald", „Moorwälder", „Weidengebüsche").

Eine der Ausstellungen im Waldmuseum informiert über das Wirken Herrmann Krutzschs in Bärenfels.

Bärenfelser Wirtschaft – Ein Modell naturgemäßer Waldwirtschaft

Herrmann Krutzsch war bereits durch dass Gedankengut naturgemäßer Forstwirtschaft geprägt, als er 1926 die Leitung des Forstamtes übernahm. Die schlagweise Bewirtschaftung gleichförmiger Nadelholzforsten war in der sächsischen Forstwirtschaft seit Anfang des 19. Jahrhunderts fest verankert - und von den Tharandter Protagonisten der sogenannten „Bodenreinertragslehre" perfektioniert worden. Doch Stürme und Schädlingskalamitäten – vor allem die Massenvermehrungen von Borkenkäfern und Nonnenraupen – stellten das ausgeklügelte System von Hiebszügen und Umtriebszeiten immer mehr in Frage. Krutzsch bekam zunächst den Hofehübel, etwas später auch den Spitzberg als Versuchsgebiet zugestanden, wo er statt der herkömmlichen Methoden seine Vorstellungen umsetzen konnte. Seinem Grundsatz nach sollte ein naturgemäßer Wirtschaftswald auf gleicher Fläche aus Bäumen unterschiedlichen Alters aufgebaut sein, ein „gemischter Wald aus standortgemäßen Holzarten und Rassen in qualitativ bester Verfassung und Vorratshöhe".

Nachdem die Nationalsozialisten zunächst von seinem Bild des „deutschen Waldes" überzeugt waren, überwarf sich Krutzsch in den 1940er Jahren mit Gauleiter Martin Mutzschmann, einem fanatischen Jäger, dem ein hoher Wildbestand wichtiger als der Wald war. Nicht nur dies: Mutzschmann schickte in der Kriegszeit, als viele Menschen kaum genug zu essen hatten, waggonweise Wildfütterung ins Ost-Erzgebirge. Als Krutzsch – wie erwähnt, ein sehr selbstbewusster Mensch – die Verfütterung des Getreides verweigerte, begann sein rascher Abstieg. 1943 wurde ihm sein Modellforst naturgemäßer Waldwirtschaft genommen. In den Anfangsjahren der DDR gelang es dann den Vertretern dieser kahlschlagsfreien Wirtschaftsweise, die nunmehr „vorratspflegliche Waldwirtschaft" zum Grundsatz der staatlichen Forsten zu erheben. Aber auch dies hielt in Anbetracht der großen Holzmengen, die die Forstbetriebe zu liefern hatten, nicht lange vor. Ganz im Gegenteil: in den 1970er Jahren wurden die „industriemäßigen Produktionsmethoden in der Forstwirtschaft" zum Leitziel erklärt. Und wie einst unter den Königen oder den Nationalsozialisten durften wieder große Wildbestände die natürliche Verjüngung der Wälder auffressen. Hinzu kamen im oberen Ost-Erzgebirge die Rauchschäden, die ohnehin jegliches forstliche Wirtschaften hinfällig werden ließen.

Krutzsch starb 1952. Die 17 Jahre, die er in Bärenfels gewirkt hatte, reichten natürlich nicht, den Wald nach seinen Vorstellungen umzugestalten. Aber die Anfänge waren erfolgversprechend und konnten sich durchaus in der Fachwelt sehen lassen. Sein Nachfolger Dr. Merz versuchte noch, unter den immer widrigeren Rahmenbedingungen der Forstwirtschaft der damaligen DDR von seinem Vermächtnis zu retten, was möglich war. Leider nur mit geringem Erfolg. Außer dem Hofehübel, der 1961 noch rechtzeitig zum Naturschutzgebiet erklärt worden war, und wenigen weiteren Beständen, unterlag bis 1990 auch die Oberförsterei Bärenfels wieder der normalen forstlichen Bewirtschaftung mit Kahlschlägen und Fichtenreinbeständen.

Doch es war nicht umsonst. Seit der politischen Wende ist das Gedankengut von Herrmann Krutzsch und anderen „Naturgemäßen" erneut aufgegriffen worden. Die Leitung des Forstamtes Bärenfels wie auch des daraus hervorgegangenen Forstbezirks Bärenfels strebt heute erklärtermaßen ähnliche Ziele an: standortgerechter Mischwald statt labile Monokulturen, Stabilität der Bäume durch einzelstammweise Pflege, kahlschlaglose Nutzung nach dem Prinzip: „Das Schlechteste fällt zuerst, das Gute bleibt erhalten.".

Es ist zu hoffen, dass diesmal die Phase naturgemäßen Wirtschaftens länger anhält als nur 17 Jahre, trotz des Trends zu immer größeren Forstmaschinen, trotz der auch heute sehr hohen Holznachfrage und trotz der ständigen Strukturreformen in der Forstverwaltung.

Naturschutzgebiet Hofehübel

Naturnahe Buchenmischwälder werden meist mit den wenigen „besseren" Böden des Ost-Erzgebirges in Verbindung gebracht, etwa dem Basalt des Geisingberges, dem Amphibolit des Trostgrundes oder dem Kalkphyllit des Hemmschuhs. Dass auch die „normalen", eher sauren und nährstoffarmen Standorte durchaus sehr schöne Bestände hervorbringen können, stellt der Hofehübel eindrucksvoll unter Beweis. Voraussetzung dafür ist allerdings ein sorgsamer forstlicher Umgang damit, also keine Kahlschläge, keine Umwandlung in Nadelholzkulturen, keine zu hohen Wildbestände – und das alles über eine lange Zeit von mindestens einhundert Jahren durchgehalten.

Der schmale Grat des Hofehübels zwischen den steilen Talhängen der Roten Weißeritz und des Pöbeltales ist geologisch zweigeteilt. An der östlichen Flanke steht der nährstoffarme Schellerhauer Granit an, dessen grobe Blöcke hier überall zu finden sind. Die Böden zeigen deutliche Podsolierungstendenzen. Allerdings durchfeuchtet an mehreren Stellen austretendes Kluftwasser die Böden und sorgt dadurch für eine gewisse Abpufferung der ansonsten nicht besonders laubwaldfreundlichen Bedingungen. Auf der anderen Seite des Hofehübels, dem zur Pöbel abfallenden Westhang,

Schellerhauer Granit

Grauer Gneis bildet Grauer Gneis die Grundlage des Waldwachstums. Hier konnten sich typische Braunerden entwickeln. Die Vegetation umfasst etwa siebzig Farne, Gräser, Kräuter und Sträucher, darunter jedoch kaum spektakuläre Arten. Vorherrschend sind Wolliges Reitgras, Drahtschmiele, Fuchs-Kreuz-*typische Pflanzen der bodensau-* kraut, Brombeere, Breitblättriger Dornfarn, Sauerklee, Purpur-Hasenlattich, Heidelbeere, Hirsch-Holunder – also typische Pflanzen der bodensauren *ren Buchen-* Buchen-Mischwälder.
Mischwälder

Dank der pfleglichen Nutzung früherer Förster und der rechtzeitigen Sicherung als Naturschutzgebiet bietet der Hofehübel heute ein Bild, wie es wahrscheinlich den natürlichen Bedingungen der meisten Standorte in der Höhenlage von 500 bis 700 m – der sogenannten „potentiellen natürlichen Vegetation (pnV)" entsprechen würde: Rotbuche in Mischung mit Fichte, *Abb. re.:* Berg-Ulme, Berg-Ahorn, Esche, Stiel-Eiche sowie, *220 Jahre alt* im Unterstand oder an lichten Stellen, auch *und knapp* Ebereschen. Nur von den Weiß-Tannen, die zum *50 m hoch* Grundgerüst des „Hercynischen Bergmischwal-*war die* des" gehören würden, ist auch hier am Hofehübel *„Krutzsch-* der größte Teil den hohen Schwefeldioxid-Be-*tanne", als* lastungen der letzten Jahrzehnte zum Opfer *diese Ende* gefallen. Nur etwa 30 alte Exemplare sind heute *der 1950er* noch vorhanden. In großem Umfang hat der *Jahre ab-* Forst seit 1990 wieder junge Weiß-Tannen in den *starb.* Bestand gepflanzt, vor Wildverbiss geschützt und mit einigen Baumentnahmen aus dem Oberstand für günstige Lichtverhältnisse gesorgt.

Die ältesten Bäume des Hofehübels haben 150 bis 200 Jahre hinter sich. Daran lässt sich erkennen, dass mindestens seit der Mitte des 19. Jahrhunderts der Wald hinter dem traditionsreichen Forstamtsgebäude in Ehren gehalten und nicht der normalen Holzproduktion *naturnaher,* im Kahlschlagsverfahren unterworfen wurde. Trotz eher ungünstigen Stand-*vielgestal-* ortbedingungen konnte der naturnahe, vielgestaltige Mischwald mit sei-*tiger Misch-* nem ausgeglichenen Klima, seiner gut zersetzlichen Laubstreu, den dadurch *wald* geförderten Bodenlebewesen und vielen weiteren Selbstregulierungskräften im Verlaufe der Zeit seine eigenen Existenzbedingungen so beeinflussen, dass er heute mit großartigen Waldbildern beeindruckt – den Wanderer gleichermaßen wie den Förster (zumindest den, der nicht nur an Wildtrophäen und Holzerlösen interessiert ist).

Unter natürlichen Bedingungen wäre die Rot-Buche die mit Abstand konkurrenzkräftigste Baumart des Bergmischwaldes. Mittlerweile gibt der Anblick der Buchenkronen aber vielmehr Grund zu großer Besorgnis um den Gesundheitszustand der Bäume. Während die potentiell-natürliche Hauptbaumart die Schwefeldioxid-Waldschäden des 20. Jahrhunderts vergleichs-*Neuartige* weise gut weggesteckt hatte, ist sie nun ganz besonders von den Abgasen *Waldschä-* der Kraftfahrzeuge betroffen. Die sogenannten Neuartigen Waldschäden *den* zeigen hier, nur wenige hundert Meter Luftlinie von der B170 entfernt, deutlich sichtbare Auswirkungen.

Oberhalb von Oberkipsdorf steht ein eher unauffälliger Straßenbaum: eine Feld-Ulme. Abgesehen von der Tatsache, dass Feld-Ulmen in bedrohlichem Maße vom weltweiten Ulmensterben befallen sind (Verursacher: ein Pilz, der bei uns vom Ulmen-Splintkäfer übertragen wird), ist dies wahrscheinlich das höchstgelegene Exemplar in Sachsen. Es sollte deshalb unbedingt erhalten bleiben, auch wenn ein Antrag auf Ausweisung zum Naturdenkmal durch die Grüne Liga in den 1990er Jahren keinen Erfolg hatte.

Abb.: Feld-Ulme in Oberkipsdorf

„Zu den besuchtesten Sommerfrischen ersten Ranges im sächsischen Erzgebirge gehören unstreitig die beliebten und komfortablen Höhenluftkurorte Kipsdorf, Bärenfels und Bärenburg im oberen Tal der Roten Weißeritz. ...

Der Luftdruck ist selbstredend im Gebiete des oberen Weißeritztales bedeutend niedriger als in der Ebene. Ein Gefühl freier Heiterkeit, welches die Kurgäste beschleicht, ist daher leicht erklärlich. Die Luft in Kipsdorf, Bärenfels und Bärenburg, die sehr treffend als „Champagnerluft" bezeichnet worden ist, vereint die Vorteile von Gebirgs- und Waldluft. Sie ist erfrischend-anregend und spezifisch rein durch den Mangel an Staub und kleinsten Organismen, welche sonst die Zersetzung und Verwesung fördern. ... Nervöse finden insbesondere wohltuende Ruhe, da rauschende Vergnügungen und zweifelhafte musikalische Genüsse mit großer Peinlichkeit ferngehalten werden. ...

Alljährlich kommt jetzt eine ansehnliche Zahl Winter- und Sportgäste nach Kipsdorf und den benachbarten Orten, um sich an den mannigfachen winterlichen Vergnügen zu ergötzen. ... Für den Beschauer hat der Anblick der von der Höhe herabsausenden Fahrer einen eigenartig fesselnden Reiz, der je nach der Routine des Rodlers Bewunderung oder Lachen erregt. Bilder von unfreiwilliger Komik entstehen hauptsächlich an Sonntagen, wo auch viele des Fahrens Unkundige sich beteiligen, bei denen es nicht selten vorkommt, dass sie sich überschlagen oder mit dem Kopf zuerst in den Schnee fallen, während der herrenlos gewordene Schlitten weiterläuft. ...

Ist Rauhfrost eingetreten, dann stehen Bäume und Sträucher starr wie aus Zucker gegossen; Telegraphendrähte werden oft armstark, und die Laubbäume klirren mit ihren Ästen wie der Glasbaum im Rübezahl-Märchen. Und wirklich, als wäre er aus Märchenträumen herausgerissen, so fühlt sich der Fremde versetzt, wenn ihn abends das Dampfroß wieder hinwegführt in die Großstadt."

aus: R. Porzig, Illustrierter Führer der Höhenluft-Kurorte Kipsdorf, Bärenfels und Bärenburg, 1907

Waldschulheim Wahlsmühle

Abb.: Umwelterziehung am Waldschulheim Wahlsmühle

Seit 1991 bietet das Forstamt Bärenfels (jetzt „Forstbezirk") in der Wahlsmühle im Pöbeltal Walderlebnispädagogik an, bei denen sowohl Wissen vermittelt wird („Waldwissen direkt vom Förster") als auch die Aufmerksamkeit für die Waldnatur geschult werden soll. Dazu steht neben dem in den 1990er Jahren ausgebauten Gebäudekomplex (Übernachtungskapazität 40 Betten, mehrere Seminarräume) ein umfangreiches Außengelände zur Verfügung. Die überwiegend sehr lebendigen und praxisorientierten Programme werden von Schulklassen aus der Region sehr gut angenommen.

Hölloch

Das Tälchen hinter der Wahlsmühle trägt den Namen „Hölloch". Steil und eng kommt es die Ammelsdorfer Hochfläche herab. Auf gerademal einen Kilometer Lauflänge überwindet das Bächlein 120 m Höhenunterschied!

Waldteich

Im Pöbeltal etwas oberhalb der Wahlsmühle befindet sich ein kleiner Waldteich, in dem neben häufigeren Amphibienarten (Erdkröte, Grasfrosch, Bergmolch) der Fadenmolch nachgewiesen wurde. Dabei handelt es sich eigentlich um eine westeuropäisch verbreitete Art, die entweder im Ost-Erzgebirge einige wenige Vorposten besitzt – oder aber hier von Terrarienfreunden ausgesetzt wurde.

Bachaue der Pöbel

In der Bachaue der Pöbel wurden – wie anderswo auch – in der Vergangenheit selbst auf akut hochwassergefährdeten Standorten Fichten gepflanzt. Die gute Wasserversorgung ließ die Bäume zunächst ordentlich wachsen, bis 2002 das Hochwasser einen großen Teil der flachwurzligen Fichten hinwegriss, damit Brücken verstopfte und Gebäude zerstörte. Die im Pöbeltal ebenfalls zu findenden Schwarzerlenbestände hingegen hatten die Flut weitgehend unbeschadet überstanden, dank ihres auch im nassen Milieu stabilen Wurzelsystems. Anders als in anderen Bachtälern des Ost-Erzgebirges ist es den Förstern hier – in unmittelbarer Nähe des Forstamtes – nach dem Hochwasser gelungen, die gedankenlosen Gehölzabholzungskampagnen in geordnete Bahnen zu lenken. Die Erlen blieben erhalten, und Erlen sollen künftig noch viel mehr Raum in der Aue einnehmen. Ein Großteil der verbliebenen Fichten hingegen, von denen viele auch noch im Folgejahr an Spätschäden eingingen, musste weichen.

Dennoch spielt auch in der erklärtermaßen naturnah orientierten Waldbaustrategie des Forstamtes Bärenfels die Fichte nach wie vor eine große Rolle. Wie der Umbau von einstmals im Kahlschlag bewirtschafteten, uniformen Nadelholzforsten zu vielfältig strukturierten Beständen aussehen

naturgemäßer Waldumbau

soll, kann man sich beispielsweise am Heuschuppenweg südlich der Wahlsmühle anschauen. Nach reichlich anderthalb Jahrzehnten „naturgemäßen" Waldumbaus sind dort bereits erste Strukturen erkennbar.

Weißtannenbestand Pöbeltal

Eines der eindrucksvollsten Waldbilder des Erzgebirges

Eines der eindrucksvollsten Waldbilder des Erzgebirges – ja, vielleicht sogar das eindrucksvollste überhaupt – präsentiert ein etwa fünf Hektar großer Mischwald am rechten Pöbeltalhang zwischen Niederpöbel und Wahlsmühle. Von den etwa 2000 alten Weiß-Tannen, die es nach Angaben der Landesforstverwaltung in ganz Sachsen noch geben soll, stehen hier 120. Und zwar in ungleichaltriger Mischung mit Buchen, Fichten sowie einzelnen Exemplaren Berg-Ahorn und Berg-Ulme. Damit entspricht dieser Bestand in seiner Struktur einerseits den Idealvorstellungen naturgemäßer Waldwirtschaft, andererseits in seiner Artenzusammensetzung der potentiellen natürlichen Vegetation – dem Waldtyp, der ohne Einfluss des Menschen auf solchen Standorten vorhanden wäre.

Als Grundgestein liegt Gneis an mit mäßig sauren, aber doch vergleichsweise nährstoffreichen Böden – Bedingungen, die in vielen Gebieten des Ost-Erzgebirges ähnlich sind. Somit steht dieser Fichten-Tannen-Buchenwald auch exemplarisch für die bodensauren Hainsimsen-Buchenmischwälder, der Leitgesellschaft des (sub-)montanen Erzgebirgs-Gürtels. Typische Pflanzenarten sind, neben der namengebenden Schmalblättrigen Hainsimse, der Hirsch-Holunder, Purpur-Hasenlattich und Breitblättriger Dornfarn.

Im Spätwinter und auch im Herbst kann man bei einer abendlichen Wanderung auf dem Hüttenholzweg regelmäßig den melodischen Ruf des Sperlingskauzes vernehmen, der hier ideale Lebensraumbedingungen vorfindet.

Tannen im Pöbeltal

Die Tannen im Pöbeltal sind unterschiedlich alt, die ältesten dürften etwa 130 bis 140 Jahre hinter sich haben. Im Vergleich zu anderen Gebieten sehen ihre Kronen noch – oder wieder – recht vital aus. Da die Weiß-Tanne jedoch erst nach acht oder neun Jahrzehnten ihre ersten Zapfen bildet, gibt es nur wenige mittelalte Exemplare und auch die Naturverjüngung bereitete anfangs größere Probleme. Ende der 1980er Jahre und erneut 2004 wurden deshalb einige der alten Buchen und Fichten aus dem Bestand herausgeschlagen, um dem Jungwuchs Licht zu verschaffen. Entstanden ist dabei der vertikale Strukturreichtum, der das Waldbild heute so besonders eindrucksvoll macht. Außerdem musste der Bestand eingezäunt werden, um eine von Wildverbiss ungestörte Entwicklung zu sichern. Junge Tannentriebe gelten unter Rehen und Hirschen als Gourmetgemüse, außerdem finden Rehböcke besonderes Vergnügen daran, den Bast ihres Geweihs an den dann wunderbar duftenden Jungtannen abzuscheuern. Nicht zuletzt fressen Hirsche auch gern die Rinde von zehn bis dreißig Jahre alten Weißtannen, was unter anderem das Eindringen von Pilzen nach sich zieht.

Sadisdorfer Pinge

Erzlager-
stätten

Im Raum Sadisdorf, Schmiedeberg und im Einzugsgebiet des Pöbelbaches konzentrieren sich Erzlagerstätten, die zwar bei weitem keine so große Bedeutung erlangten wie etwa die bekannten Fundorten um Freiberg, Graupen/Krupka oder Altenberg, aber die dennoch ihre Spuren in Form von vielen Bergbauzeugnissen hinterlassen haben. Bereits in der zweiten Hälfte des 15. Jahrhunderts wird Zinnbergbau im Raum Sadisdorf urkundlich belegt. Zunächst wurden die Zinnseifen in den Ablagerungen von Saubach und Pöbel genutzt, bevor der Abbau im anstehenden Gestein begann.

Kuppelbe-
reich eines
Granitsto-
ckes

Der Ursprung der Vererzungen liegt im Bereich der Sadisdorfer Pinge. Hier hat in den Jahrmillionen nach der Variszischen Gebirgsbildung die Abtragung den vererzten Kuppelbereich eines Granitstockes freigelegt, ähnlich wie am Altenberger Zwitterstock. Aus dem Greisenkörper (der durch Vererzung umgewandelten Granitkuppel) wurden vor allem Zinn und Kupfer gewonnen.

Abb. re.: Wo
sich einst-
mals Berg-
leute durch
den Berg
zwängten...

Und ebenso ähnlich wie die Altenberger Pinge ist auch die Sadisdorfer Binge entstanden: Bergleute haben untertage durch heiße Feuer das Gestein gelockert. Die dabei entstehenden Brandweitungen wurden immer größer, bis schließlich die darüber lagernde Felslast zu groß wurde. An der Sadisdorfer Binge erfolgte der erste große „Tagesbruch" 1684, weitere folgten. Heute hat der Einsturztrichter eine Größe von etwa 60 mal 100 m und eine maximale Tiefe von 30 Metern. Eigentlich ist sie durch einen Zaun abgesperrt, wurde aber bis in die jüngste Vergangenheit als Ort illegaler Müllentsorgung missbraucht (wie leider sehr viele „Berglöcher" im Ost-Erzgebirge!).

Das größte Problem bestand auch bei der Sadisdorfer Kupfergrube in der Bewältigung des eindringenden Wassers. Eine von Pferden angetriebene Wasserkunst (Pumpvorrichtung) reichte dazu nicht aus. So schuf man zusätzlich ein Meisterwerk historischen Montan-Handwerks: ein 260 m langes „Feldgestänge". Das vom Lerchenhübel zum Saubach fließende Bächlein trieb ein Wasserrad an. Dessen Drehungen wurden in eine „Vor-Zurück"-Bewegung umgewandelt, über ein genau austariertes Holzgestänge bis an den oberen Grubenrand weitergeleitet und dort in das „Auf-und-Ab" der Pumpanlage umgelenkt. Weil das Bächlein jedoch nur selten genügend Wasser führte, um dieser Anlage genügend Energie zu übertragen, waren mehrere Teiche als Wasserspeicher erforderlich.

Tiefer Kup-
fergrübner
Stolln

Ungeachtet aller technischen Anstrengungen mussten die Bergleute seit dem 18. Jahrhundert immer wieder für längere Zeit vor den auftretenden Schwierigkeiten kapitulieren. Erst der Durchbruch des „Tiefen Kupfergrübner Stollns" 1832 löste das Wasserproblem in der Grube (nach einem ersten,

Abb.: Der Hirschturm (ca. 500 m nordöstlich der Schwarzen Teiche am Waldrand) wurde Ende des 19. Jh. als Aussichtspunkt und Jagdansitz der Naundorfer Rittergutsbesitzer errichtet.

abgebrochenen Versuch reichlich hundert Jahre zuvor). An der Straße im Saubachtal ist das Mundloch dieses Stollns (mitsamt eines kleinen Bergbaugebäudes aus dem Jahre 1940) zu sehen, allerdings innerhalb eines nun eingezäunten Privatgrundstücks.

Doch auch im 19. Jahrhundert ruhte der Bergbau über längere Zeiträume, bis in der ersten Hälfte des 20. Jahrhunderts bislang unbeachtete Rohstoffe wie Wolfram und Molybdän interessant wurden. 1954 erfolgte die (bislang?) endgültige Betriebsaufgabe.

Die ehemals waldfreie Bergbaulandschaft zwischen Lerchenhübel und Saubach ist nun seit längerem mit Fichten- und Lärchenbeständen aufgeforstet. In den feuchten Senken wurden auch Grau-Erlen, die eigentlich in den Alpen und Karpaten heimisch sind, gepflanzt. Darin verborgen liegen die Schwarzen Teiche – Überreste jener erwähnten Wasserspeicher des früheren Feldgestänges. Die Gewässer werden von Erdkröten, Grasfröschen, Bergmolchen und Teichmolchen zum Laichen genutzt. Oberhalb der teilweise verlandenden Schwarzen Teiche befindet sich – vermutlich ebenfalls anstelle eines ehemaligen Teiches – eine artenreiche Nasswiese mit Pflanzenarten der Kleinseggenrasen (neben verschiedenen Seggen u. a. Sumpf-Veilchen und Teich-Schachtelhalm) sowie Feuchtwiesen und Hochstaudenfluren (Sumpf-Hornklee, Sumpf-Vergissmeinnicht, Kriechender Günsel, Großer Baldrian, Rauhaariger Kälberkropf und viele andere). Auch Breitblättrige Kuckucksblumen gedeihen hier.

Zinnklüfte

Die von dem Sadisdorfer Granitkörper ausgehenden Vererzungen beschränkten sich nicht nur auf das unmittelbare Gebiet der ehemaligen Kupfergrube und der Pinge. Heiße, wässrige Minerallösungen drangen auch in das zerklüftete umliegende Gneisgestein ein. Innerhalb eines Kilometers schied sich beim Abkühlen zunächst Zinnerz ab. Im Eulenwald rechts des Saubaches bildeten diese Zinnerzlagerstätten ebenfalls die Grundlage eines langanhaltenden intensiven Bergbaus. Die Bergleute folgten zunächst übertage den Erzgängen, drangen dann weiter in die Tiefe vor und fanden zum Teil auch kleinere Weitungen. Hinterlassen haben sie eine abenteuerlich von mehrere Meter tiefen, felsigen „Zinnklüften" zerfurchte Landschaft, außerdem viele kleinere Einsturztrichter und unzählige Halden. Beim Erkunden dieses Gebietes ist äußerste Vorsicht geboten!

Abb.: Zinnklüfte im Saubachtal

Auch der Eulenwald war in der Zeit des Bergbaus zweifellos kahl und wurde erst später aufgeforstet. Zwischen den Zinnklüften haben dabei auch einige sehr schöne Weiß-Tannen Fuß gefasst.

Silbererze
In einem etwas weiteren Ring um den Sadisdorfer Granitstock setzten sich aus den aufdringenden Dämpfen und Gasen unter anderem auch Silbererze ab. Vorkommen im Ochsenbachtal bei Sadisdorf, ebenfalls im Eulenwald sowie im Pöbeltal wurden erschlosssen. Doch obwohl die Besitzer des Rittergutes Naundorf, das Adelsgeschlecht der Köbels, sehr viel Energie, Bergwissen und ihre guten Beziehungen zum sächsischen Fürstenhaus investierten: große Reichtümer haben diese Gruben nicht hervorgebracht. 1889, nach dem rapiden Werteverfall des Silbers im Deutschen Reich (Ablösung als Währungsgrundlage), kam der Silberbergbau zum Erliegen.

Uranerz
Von 1948 bis 1954 förderte die SDAG („Sowjetisch-deutsche Aktiengesellschaft") Wismut im Pöbeltal ungefähr 30 Tonnen Uranerz für die sowjetische Rüstungsindustrie. In dem damals abgesperrten Gelände bei Niederpöbel waren bis zu 600 Menschen beschäftigt. Das Grubenfeld erstreckte sich auch unter die Ortslage, und bei einem Bergbruch 1951 versank ein Wohnhaus in der Tiefe. Ein Kind verlor dabei sein Leben. In den 1960er Jahren erfolgte die Sicherung der großen Niederpöbler Wismut-Halden, die noch immer das Landschaftsbild am Nordostrand des Eulenwaldes prägen. Auf den besonders im Sommer blütenbunten Schlagfluren kann man viele Tagfalter beobachten, unter anderem Schwalbenschwanz, Admiral, Distelfalter, Kleiner Perlmutterfalter, Kleiner Feuerfalter und Hauhechelbläuling.

....

Ziele in der Umgebung

Schlosspark Naundorf

Rittergut
Am oberen Ende des Schmiedeberger Ortsteiles Naundorf, zwischen Ochsenbach- und Saubachtal gelegen, befinden sich die Überreste eines ehemaligen Rittergutes, das zwar nie zu den reichen Adelssitzen gehört hat, dessen Besitzer sich aber im 15. Jahrhundert sehr um die Erschließung und Ausbeutung der Bodenschätze in ihrer Umgebung bemühten.

Mischwald
Aus der Zeit des 19. Jahrhunderts stammt die seit einigen Jahren wieder recht gepflegte Parkanlage mit Bäumen (v. a. Rot-Buchen) von teilweise beeindruckenden Dimensionen. An seinem Nordwestrand geht der Park in einen vielgestaltigen Mischwald über, in dem man im Frühjahr zahlreichen Frühlingsblühern begegnet (Lungenkraut, Moschuskraut, Hohe Schlüsselblume, Hain-Veilchen, Akeleiblättrige Wiesenraute, Wald-Geißbart), und der im Sommer vor allem einen üppigen Farnaspekt zeigt (Wald-Frauenfarn, Breitblättriger Dornfarn, Dorniger Wurmfarn, Männlicher Wurmfarn, Eichenfarn).

Otto's Eck
Otto's Eck, ein reichlich hundert Jahre alter Aussichtsturm, wurde vom Naundorfer Heimatverein ebenfalls wieder hergerichtet und bietet nach Freistellung einer Sichtschneise einen schönen Ausblick auf das Tal der Roten Weißeritz. Bergwiesenreste und Steinrücken komplettieren die reizvolle Landschaft.

Steinbruch Buschmühle – Hochwaldhang

Am oberen Ortseingang von Schmiedeberg befindet sich ein großer (200 m lang, 30 m hoch) Steinbruch, in dem bis in die 1960er Jahre Werksteine und Schotter gewonnen wurden. Heute kann sich – besonders in der Abendsonne – auch der geologische Laie an den roten Felswänden erfreuen. Es handelt sich um Teplitzer Quarzporphyr („Rhyolith") - saures Vulkangestein aus der Zeit der Variszischen Gebirgsbildung. Aus einer langen, nord-süd-gerichteten Spalte in der Erdkruste drang gegen Ende des Karbons (vor 309–306 Millionen Jahren) immer wieder heißes Magma bis an die Oberfläche. Insgesamt acht Rhyolith-Gesteinstypen sind im Teplitzer Quarzporphyr nachgewiesen, einer davon bekam die Bezeichnung „Gesteinstyp Buschmühle". Genau genommen ist dies ein so genannter Ignimbrit (= Schmelztuff) – das Ergebnis einer Phase sehr heftigen Vulkanismus', als hier geschmolzene Gesteinsmassen durch die Lüfte geschleudert wurden (Tuff = verfestigtes vulkanisches Auswurfmaterial).

*Abb.:
Steinbruch
Buschmühle*

An der Buschmühle steigt die Alte Eisenstraße vom „Hochwald" hinab ins Tal der Roten Weißeritz. Einstmals verband sie die Berggießhübler Eisengruben mit den Schmelzhütten in den benachbarten Tälern und führte bis zum „Neuen Schmiedewerk". In dem heutigen Ort Schmiedeberg spielte Metallurgie bis in die jüngste Vergangenheit die vorherrschende Rolle.

Der steile Hangbereich östlich von Schmiedeberg wird von mehreren steilen Tälern gegliedert (Molchgrund, Voglergrund/Hessenbach, Hochofengründel). Obwohl der früher für die Eisenhütten komplett geplünderte Wald seit dem 19. Jahrhundert in fast reine Fichtenforsten umgewandelt wurde, zeigen diese Tälchen teilweise noch Reste kühlfeuchter Bergwälder, beispielsweise mit Rippen- und Bergfarn.

Bis zu seinem frühen Tod markierte Pilzberater Günther Flecks in diesem Gebiet in jedem Jahr die hier wachsenden Pilze mit kleinen Schildchen und hat so sicher einiges Wissen über die heimische Pilzflora an Spaziergänger vermitteln können.

Abb.: Pilzberater Günther Flecks (†) bei einer Grüne-Liga-Pilzwanderung 1999 in Schmiedeberg

Quellen

Böhme, Brigitte (1998):
Dokumentation zur Flora der Gemeinde Obercarsdorf und Umgebung,
unveröffentlicht

Goede, Matthias (1997):
Zustandsbewertung des NSG „Hofehübel" (Osterzgebirge) und Erarbeitung von Empfehlungen zur Pflege und Entwicklung auf der Grundlage einer flächendeckenden Waldbiotopkartierung,
Diplomarbeit TU Dresden

Hachmöller, Bernard (1992):
Schutzwürdigkeitsgutachten für das geplante Naturschutzgebietz „Weißeritzwiesen Schellerhau",
StUFA Radebeul, unveröffentlicht

Hammermüller, Martin (1964): **Um Altenberg, Geising und Lauenstein**,
Werte der deutschen Heimat, Band 7

Heimatverein Kipsdorf (2004/05): **Kurort Kipsdorf und Umgebung**,
ein heimatgeschichtliches Lesebuch

Hempel, Werner und Schiemenz, Hans (1986):
Handbuch der Naturschutzgebiete der DDR, Band 5

Schmiede, Ralf (2004):
Vegetationskundliche Analyse und naturschutzfachliche Bewertung ausgewählter Grünlandbiotope im Osterzgebirge,
Diplomarbeit, TU Dresden

Staatliches Umweltfachamt Radebeul (1998):
Flächenhafte Naturdenkmale im Weißeritzkreis,
Broschüre

650 Jahre Sadisdorf – Ortschronik, Broschüre 1996

600 Jahre Naundorf – kleine Chronik, Broschüre 2004

www.baerenfels.de
www.botanischer-garten-schellerhau.de
www.sachsenschiene.de

Kahleberg

Klima und Wetter auf dem Erzgebirgskamm, Hochmoor

Quarzporphyrklippen und -blockmeer, Kunstgräben, Galgenteiche

Waldsterben, Ersatzbaumarten, Sukzessionsflächen

Text: *Jens Weber, Bärenstein*

Fotos: *Egbert Kamprath, Dietrich Papsch, Alexander Tinius,*
Jens Weber, Ulrike Wendel

gebiet

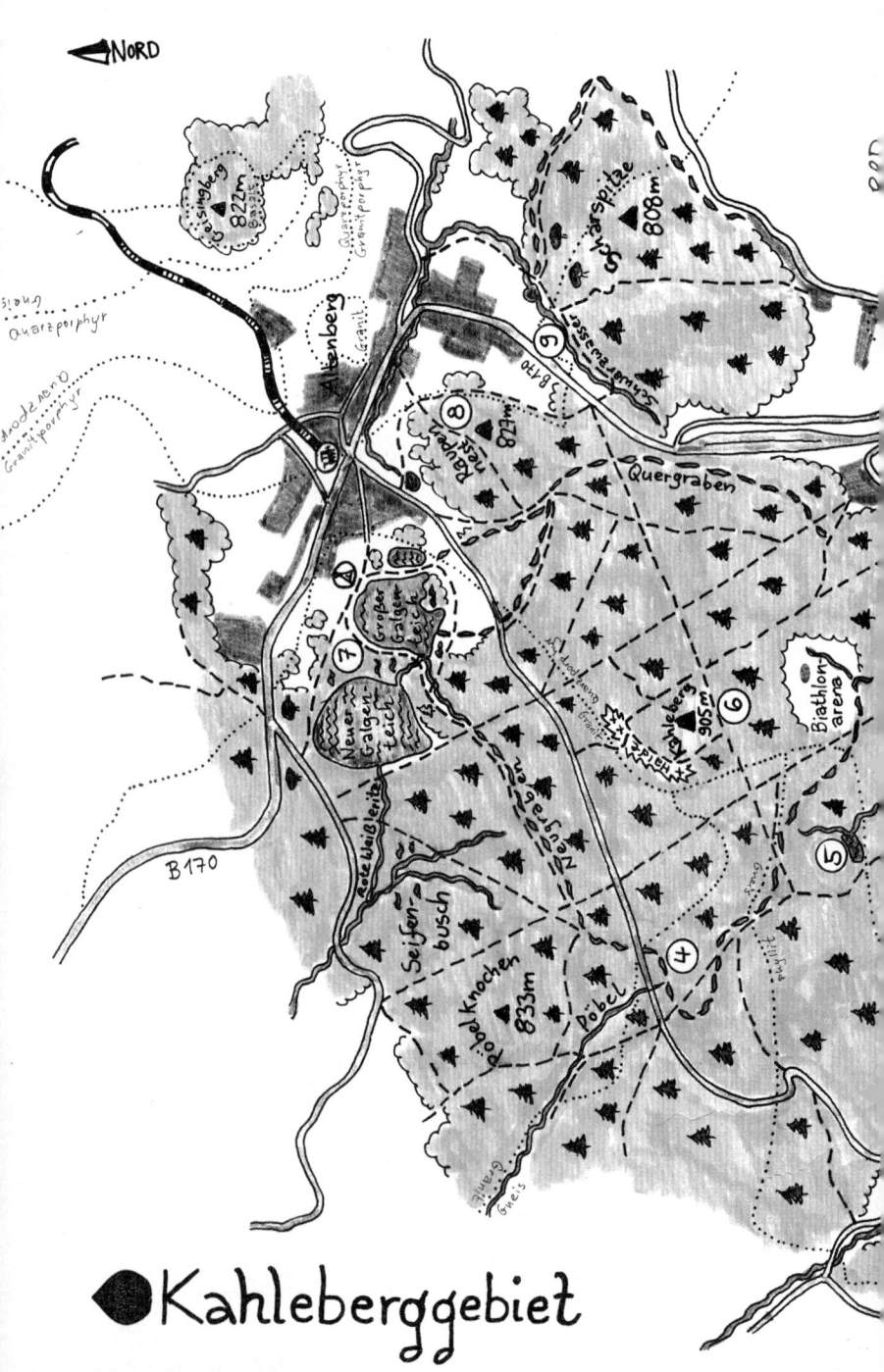

Kahleberggebiet

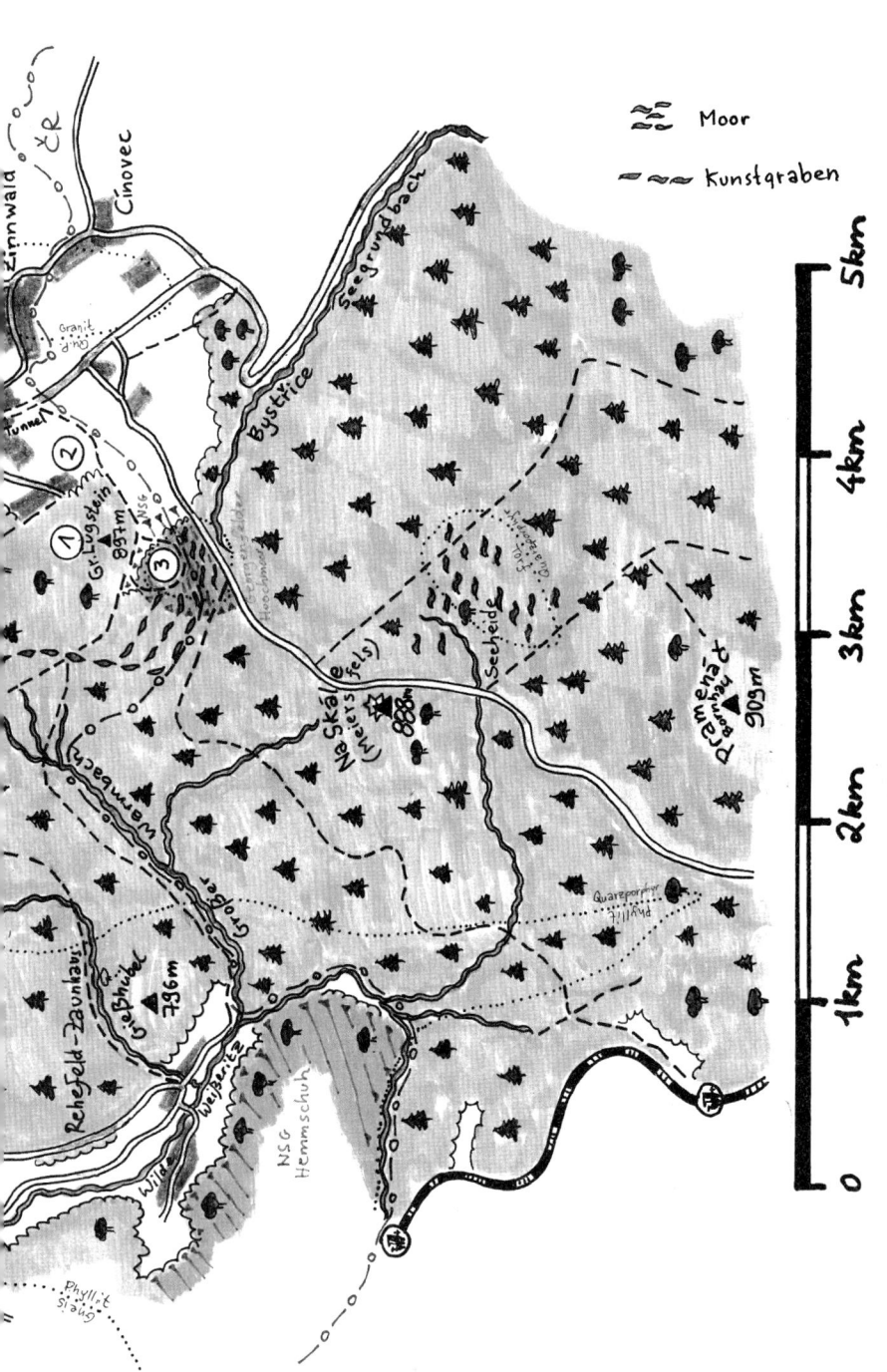

Moor

Kunstgraben

5km

4km

3km

2km

1km

0

① Lugsteine   ⑥ Kahleberg (905 m üNN)
② Georgenfeld   ⑦ Galgenteiche
③ Georgenfelder Hochmoor   ⑧ Raupennest-Berg
④ Neugraben   ⑨ Bergwiesen an der B170
⑤ Wüster Teich

Die Beschreibung der einzelnen Gebiete folgt ab Seite 407

Landschaft

Böhmischer Nebel

Mancher Winterurlauber hat Pech in Altenberg oder Zinnwald. Da kann nur wenige Kilometer nördlich herrlichster Sonnenschein sein, doch über den Erzgebirgskamm schwappt unablässig der „Böhmische Nebel". Die Groß-wetterlage treibt von Süden her die Luftmassen gegen den Erzgebirgs-kamm und zwingt sie zum Aufsteigen. Dabei kühlt sich diese Luft rasch ab

und der in ihr gespeicherte Wasserdampf kondensiert zu Nebeltröpfchen. Richtig ungemütlich ist dann der daraus resultie-rende nasskalte stürmische Wind, der mit-unter tagelang den Kahleberg umweht. Erst wenn die Südwindwetterlage vorbei ist, wird es besser. Dann kann man über die skurrilen Gestalten staunen, die der abgesetzte Nebel als Raufrost an Bäumen, Zäunen und Jagdkanzeln hinterlassen hat. „Anraum" nennen die Erzgebirgler diesen Winterzauber.

Abb.: Birken verneigen sich unter der Last des „Anraums"

Man kann aber auch richtig viel Glück haben mit seinem Skiurlaub am Erz-gebirgskamm. Wenn sich im Winter ein Hochdruckgebiet über Mitteleuro-pa festsetzt, dann ruhen die Winde. Es bilden sich so genannte Inversions-wetterlagen aus: Kalte, schwere Luft sinkt in die Täler und sorgt dort im Extremfall für nasskaltes Nieselwetter. Kahleberg, Lugstein und Bornhau/ Pramenáč hingegen schauen raus aus der Inversionsschicht. Die Sonne lacht vom blauen Himmel, während unten die weißen Wolken wabern. Weil der Lugstein eine der wenigen Stellen markiert, wo der Erzgebirgs-kamm ein kurzes Stück auf deutscher Seite verläuft, ist besonders der Blick nach Süden interessant. Dort ragt der 835 m hohe Milleschauer/Milešovka-Kegelberg einsam aus dem endlosen Wolkenweiß heraus, links daneben vielleicht noch der 706 m hohe Kletschen/Kletečná („Kleiner Milleschauer").

fantastische Fernsicht

Nicht selten bietet sich bei solchen Wetterlagen auch fantastische Fern-sicht. Bis zum Isergebirge und Jeschken reicht der Blick – oder gar bis zur über 130 km entfernten Schneekoppe im Riesengebirge. Dafür braucht man dann allerdings eine Extraportion Glück im Winterurlaub.

Der klimatische Normalfall sind in Mitteleuropa jedoch Westwetterlagen. Feuchte Luftmassen vom Atlantik ziehen gen Osten, und wo immer sich Berge in den Weg stellen, hinterlassen sie etwas von dieser Feuchtigkeit in *Steigungs-* Form von Steigungsregen. Der Südwest-Nordost-verlaufende Erzgebirgs-
regen kamm ist generell so ein Wolkenfänger, doch noch mehr gilt das für den nach Norden ragenden Seitenkamm des Kahlebergmassivs. Der durchschnittliche Jahresniederschlag liegt bei 1000 Litern pro Quadratmeter, ein knappes Drittel mehr als im Dresdner Elbtal (und fast doppelt so viel wie im Regenschatten des Nordböhmischen Beckens).

Von der 50 bis 70 m über die Umgebung hinausragende Platte des Kahleberges selbst läuft das Wasser ab. Doch in den Senken zu seinen Füßen, und noch mehr in der weiten Kammebene zwischen Lugstein und Bornhauberg/Pramenáč, da verweilen Regentropfen, Nebelnässe und Schneeschmelze ziemlich lange. Wo sich das Wasser über undurchlässigen Gesteins-
Moorbil- schichten staut, kommt es zur Moorbildung. Zumindest war das in den
dung letzten sieben- bis zehntausend Jahren so. Georgenfelder Hochmoor, Seegrundmoor und Seifenmoor entstanden, darüber hinaus noch eine ganze Anzahl kleinerer Moorbereiche.

Vor fünfhundert Jahren jedoch begannen Menschen, den Mooren das Wasser abzugraben. Denn: nicht nur in den Geländesenken sammelte sich die Flüssigkeit, sondern auch in den Gruben der Bergwerke. Das Problem des Grubenwassers wurde immer größer, je tiefer sich die Altenberger Bergleute vorarbeiteten. „Wasserkünste" sollten die Abbausohlen trocken halten. Angetrieben werden mussten diese hölzernen Hebevorrichtungen allerdings mit Wasser. Die kleinen Bäche hier oben in Kammnähe bringen allein aber bei weitem nicht genügend Energie dafür auf, all diese Wasserkünste und außerdem noch Pochwerke und Erzwäschen in Gang zu halten. Also
Kunstgräben begannen die Bergwerks-Gewerkschaften, Kunstgräben dorthin zu graben, wo Wasser in großer Menge gespeichert war: in den Mooren. Einen Teil dieser Moorlandschaft verwandelten sie um 1550 gleich zu zwei Kunstteichen.
Galgen- In den nachfolgenden Jahrhunderten erfuhren diese Galgenteiche noch
teiche mehrfache Erweiterungen. Zwischen 1988 und 1992 kam noch ein dritter Speicher hinzu, und zwar dort, wo vorher die Reste des Seifenmoores lagen.

Die Hochmoore wurden bei alledem immer mehr ihres Lebenselixiers beraubt. Das endgültige Aus kam für die meisten von ihnen mit dem verheerenden Waldsterben der 1970er bis 1990er Jahre. Als die Fichtenforsten
Waldsterben abstarben und die Förster im Wettlauf mit den Borkenkäfern die Bestände abholzen mussten, gingen auch der Verdunstungsschutz und die wichtigen Nebelsammler verloren (man stelle sich einmal bei Nebel unter eine Fichte und achte auf das Tropfen unter der Krone!). Die letzten, noch halbwegs intakten Moorreste kann man im Naturschutzgebiet Georgenfelder Hochmoor sowie – auf tschechischer Seite – im Seegrundmoor erleben. Aber auch diese wertvollen Lebensräume seltener Pflanzen und Tiere sind für ihr Überleben auf praktische Naturschutzmaßnahmen angewiesen. Nahe liegend und ziemlich effektiv ist dabei der Stau der alten Entwässerungsgräben.

ziemlich schneesicher

Trotz Klimaerwärmung: Zinnwald und das Kahlebergmassiv gelten bislang als ziemlich schneesicher. Auch wenn ringsum alles weggetaut ist, die Loipe auf der Schneise 30 zwischen Lugstein und Kahleberg lockt dann immer noch die Skiausflügler. Auf der mehrfach erweiterten Biathlonarena im Hoffmannsloch finden internationale Wettkämpfe statt und locken tausende Besucher an. In der einerseits fragilen, noch immer mit den Folgen des Waldsterbens ringenden Landschaft, die andererseits aber auch Heimat für seltene Tierarten bietet, ist ein derartiger Massentourismus nicht unproblematisch.

Massentourismus

Vor 310 bis 305 Millionen Jahren, am Ende der Variszischen Gebirgsbildung im Karbon, ging es heiß her in der Gegend, die später zum Ost-Erzgebirge werden sollte. Wahrscheinlich befand sich hier der Nordrand eines riesigen Supervulkans. Der größte Teil von dessen viele Quadratkilometer umfassender Caldera (Einsturzkrater) ist heute unter viel jüngeren Gesteinen in Nordböhmen verborgen. Die „Altenberger Scholle" hingegen wurde rund 280 Millionen Jahre später mitsamt dem heutigen Erzgebirgskamm angehoben. Die seither erfolgte Erosion hat die Gesteine des Erdaltertums in unterschiedlichem Maße abgetragen, je nach deren Verwitterungsbeständigkeit.

Den meisten Widerstand leistet dabei der Teplitzer Quarzporphyr (heute als Rhyolith bezeichnet). Bei diesem handelte es sich ursprünglich um zähflüssige, saure Lava, welche aus einer langen Spalte austrat, die sich vom Supervulkan aus in Richtung Norden erstreckte. Gegenüber chemischer Verwitterung ist das dichte, meist rötliche Vulkangestein außerordentlich beständig. Die daraus resultierenden Böden sind arm, flachgründig und nur für sehr anspruchs-

Abb.: Teplitzer Quarzporphyr am Lugstein

lose Pflanzen ausreichend. Jedoch: während des Erkaltens der Lava muss es ziemlich turbulent zugegangen sein in der Erdkruste des späteren Erzgebirges. Der Quarzporphyr wurde gepresst und gequetscht. Die dabei entstandenen Klüfte im Gestein bieten seither der physikalischen Verwitterung Angriffsflächen. Dies wirkte sich besonders während der Eiszeiten recht nachhaltig aus. Wasser drang in die Klüfte und gefror. Je kälter es wurde, um so mehr vergrößerte das Eis sein Volumen („Anomalie des Wassers"). Beim nächsten Auftauen ließ der Druck nach, die zusammengepresste Gesteinsmasse konnte sich wieder ausdehnen, wobei sich die Bindungskräfte zwischen den Mineralen lockerten. Über lange Zeiträume wiederholt, sprengten diese Prozesse den scheinbar unverwüstlichen Quarzporphyr zu großen

Blockhalden

Blöcken. Das Ergebnis liegt auf den Blockhalden des Kahleberges zutage.

Die Klüftigkeit des Kahleberg-Porphyrs hatte auch schon am Anfang seiner Entstehung Konsequenzen. Kieselsäure drang in die Ritzen und Spalten und veränderte das Gestein. Im Gegensatz zu den Quarzporphyrklippen des Lugsteins erscheint das Material der Kahlebergblockhalde eher graugrün. Und es ist noch härter als der Rest. So gibt es zwischen dem Steinmeer nur ganz wenige Bodenkrümel.

Granit

Nicht alles Magma des Oberkarbons erreichte die Erdoberfläche. Ein Teil blieb auch weit unter den Bergkämmen des damaligen Variszischen Gebirges stecken und erkaltete zu Granit. Der Schellerhauer Granit bildet vom Kahlebergfuß aus nordwestwärts die Landschaft. Weil dieses Gestein der Verwitterung deutlich weniger entgegenzusetzen hat als der extraharte Quarzporphyr des Kahleberges, hat sich die markante, weithin sichtbare Landstufe herausgebildet.

Wald abge-holzt

Der Bergbau benötigte nicht nur Wasser, sondern auch Holz. Und das in großen Mengen – anfangs für den Brandweitungsabbau des Erzes (das Felsgestein wurde durch Hitze gelockert), vor allem aber auch für die Schmelzhütten. Anders als in anderen Bergrevieren wurde in Altenberg das Zinn gleich im Ort aus dem Erz gewonnen. Bereits im 16. Jahrhundert erhielt der Kahleberg seinen Namen, als der dortige Wald abgeholzt war. Einer schnellen natürlichen Wiederbewaldung standen die ungünstigen klimatischen und Bodenverhältnisse entgegen. Erst Anfang des 19. Jahrhunderts erfolgte die systematische Aufforstung mit Fichten. Dabei wurde auch das heute noch prägende System von Flügeln und Schneisen angelegt.

Schwefel-dioxid

Borkenkäfer

Ab den 1960er Jahren machten sich dann immer mehr die Abgase nordböhmischer Braunkohleverbrennung bemerkbar. Der „Böhmische Nebel" – wie eingangs gezeigt, eigentlich eine ganz natürliche Erscheinung – brachte Schwefeldioxid in immer größeren Konzentrationen mit sich. Die Fichtenforsten waren dem nicht gewachsen. Das SO_2 selbst führte zu akuten Schäden in den Nadeln, die im Nebel enthaltene schweflige Säure verursachte Verätzungen, und die in die Böden eingespülte Säure zog langfristige Störungen der ohnehin schwierigen Nährstoffversorgung der Pflanzenwurzeln nach sich. In trockenwarmen Sommern machten sich Borkenkäfer in großen Schwärmen über die Fichten her, die keine Kraft mehr aufbrachten, die Rinden-Eindringlinge hinaus zu harzen. Anfang der 1980er Jahre war der Kahleberg wieder kahl, eine gruselige Landschaft voller Baumgerippe.

Abb.: Kahleberg zu Zeiten des Waldsterbens
(1986, SLUB/Deutsche Fotothek/Martin Würker)

In den schlimmsten Zeiten Mitte der 1980er Jahre konnte ein Kubikmeter Luft 2000 Mikrogramm SO_2 und mehr enthalten. Das war nicht nur schlecht für die Wälder, sondern durchaus auch kritisch für die Gesundheit (wobei die Belastungen der Menschen im Nordböhmischen Becken ja noch unvergleichlich schlimmer waren). Mit der „Wende" war die Hoffnung auf schnelle Besserung groß, doch 1996 brachte einen herben Rückschlag und veranlasste viele Menschen, bedeutend größere Anstrengungen zur Luftreinhaltung beiderseits der Grenze zu fordern. Die Altenberger Bürgerinitiative „Gesunder Wald" organisierte, von der Grünen Liga wesentlich unterstützt, mehrere große Demonstrationen.

Bürgerinitiative „Gesunder Wald"

Inzwischen gehört das Schwefeldioxid-Problem – hoffentlich – der Vergangenheit an. Wenn die Wetterlage ganz ungünstig ist, kann die SO_2-Konzentration manchmal noch 20 Mikrogramm betragen. Meistens aber ist die Luft am Kahleberg rein. Die mühsam gepflanzten Bestände an „rauchtoleranten" Ersatzbaumarten sowie die natürlich angesiedelten Vogelbeerbäume lassen die Narben langsam in Vergessenheit geraten.

Die Lasterlawine von Zinnwald

Die E55 entwickelte sich seit den 1970er Jahren immer mehr zur Haupt-Transitachse zwischen Mittel- und Südosteuropa. Zwei-, dreihundert Lkws rollten in den 1980er Jahren über den Zinnwalder Erzgebirgspass. Mit der Wende schnellte diese Zahl auf über siebenhundert pro Tag. Das war schlimm für die Zinnwalder, weil sich die Laster in ihrem Ort vor der Zollabfertigung stauten. Und es war höchst kritisch für die ohnehin stark geschädigten Wälder. „Der Umwelt dienen – Güter auf die Schienen" stand etwas hilflos auf dem Spruchband, mit dem auf Initiative der Grünen Liga 1992 ein Häuflein besorgter Umweltschützer eine halbe Stunde lang die Grenzstation in Zinnwald blockierte.

Das immer weiter anschwellende Transitproblem und die anhaltenden Beschwerden der Ost-Erzgebirgler führten Mitte der 1990er Jahre schließlich zur Einrichtung einer „Rollenden Landstraße" im Elbtal. Der Huckepacktransport von Lkws auf der Eisenbahn trug nicht unerheblich dazu bei, dass die Lastermenge auf der B170 zunächst konstant blieb. Den leidgeplagten Anwohnern blieb bis Ende der 90er Jahre Schlimmeres erspart, weil mit der ROLA eine Alternative zur Verfügung stand - und weil Straße und Grenzabfertigung nicht mehr bewältigen konnten.

Doch 1997 zeichnete sich ein Schreckgespenst ab: die B170 sollte ausgebaut, durchlässiger gemacht werden, vor allem mit einer riesigen neuen Grenzzollanlage in Zinnwald. Die Grüne Liga Osterzgebirge versuchte dagegen mobil zu machen, kämpfte sich durch Berge von Planungsunterlagen, stritt sich mit den Planungsbehörden. Es half nichts. Rund 12 Hektar Bergwiesen wurden unter Beton begraben, und 2001 nahm die größte deutsche Grenzzollanlage ihren Betrieb auf. Das Haltbarkeitsdatum klebte zu diesem Zeitpunkt schon dran, denn der EU-Beitritt Tschechiens und der nachfolgende Wegfall der Zollkontrollen war absehbar.

Nicht minder klar absehbar war der nachfolgende sprunghafte Anstieg der Lkw-Zahlen. Nicht mehr „nur" 700, sondern 2 000 Vierzigtonner quälten sich nun tagtäglich über den

Erzgebirgskamm. In der Ortslage Zinnwalds war durch den Tunnelbau Ruhe eingekehrt, doch das Leben der Anwohner entlang der übrigen Strecke wurde zur Hölle. Wiederum auf Initiative der Grünen Liga Osterzgebirge fanden sich einige engagierte Bürger zu einer Initiative zusammen, die das nicht erdulden wollte. Die Bürgerinitiative „Lebenswertes Erzgebirge" (kurz: BI B170) organisierte verschiedene Protestformen, unter anderem eine große Demonstration am 9. August 2002 in Schmiedeberg. Eintausend Luftballons stiegen an diesem Tag in den Himmel, daran hing die Forderung nach Sperrung der Straße für den Gütertransit.

Man könnte fast glauben, dass dieser Hilferuf gegen die himmelschreienden Zustände etwas bewirkte: In den folgenden Tagen kam eimerweise Wasser von oben, in Altenberg vierhundert Liter pro Quadratmeter. Gewaltige Mengen strömten unter anderem von der neuen Grenzzollanlage ungehindert talwärts.

Das „Jahrtausendhochwasser" zerstörte auch die Bundesstraße. Lkw-Transit war hier nicht mehr möglich. Und siehe da: die Wirtschaft brach deswegen nicht zusammen. Dessen

ungeachtet gehörte es zu den obersten Prioritäten der sächsischen Regierung, die B170 so schnell wie möglich wieder für den Güterverkehr freizumachen. Es wurde nicht gekleckert, sondern geklotzt, an vielen Stellen zulasten der Natur. Bereits nach einem dreiviertel Jahr, als viele hochwassergeschädigte Wohnhäuser noch Ruinen waren, konnten die Transit-LKW wieder rollen. Da halfen keine Bittbriefe, Petitionen und Demonstrationen.

Einen neuen Sprung gab es 2004 mit dem Wegfall der meisten Zollkontrollen in Zinnwald. Gleichzeitig war der Staatsregierung die „Rollende Landstraße" zu teuer geworden. Hinzu kam die Freigabe der Autobahn A17 bis zur Anschlussstelle B170. Von nun an stauten sich täglich über dreitausend, nicht selten auch viertausend schwere Transit-Lkw zwischen Eichwald/Dubí und Bannewitz. Immer mehr Menschen fanden sich zusammen, um sich nicht länger von Politikerversprechen vertrösten zu lassen.

Besonders lautstark wurde der Protest, als die Verantwortlichen 2006 plötzlich nichts mehr davon wissen wollten, dass nach Fertigstellung der A17/D8 die Bundesstraße 170 für den grenzüberschreitenden Gütertransit gesperrt wird.

Wenigstens in diesem Punkt war die Bürgerinitiative dann schließlich doch erfolgreich. Seit Weihnachten 2006 ruht der Gütertransit auf der Bundesstraße. Das Problem ist jetzt vom Kahleberg an den Sattelberg verlagert worden. Dort fahren inzwischen noch deutlich mehr Laster als in schlimmsten Zeiten auf der B170. Die Menge der ausgestoßenen Abgase ist enorm, konkrete Zahlen aber nicht zu bekommen.

Neben giftigen, chemisch komplizierten Kohlenwasserstoffverbindungen wirken sich vor allem die Stickoxide aus. Sie wirken als Dünger in der Landschaft und lassen die heimische Artenvielfalt von Brennnesseln und anderen Konkurrenzstrategen verdrängen. Weiterhin tragen die in Wasser zu salpetriger Säure gelösten Stickoxide zur Bodenversauerung bei. Und schließlich entsteht in der vermeintlich sauberen Gebirgsluft durch die Einwirkung von UV-reicher Sonnenstrahlung Ozon – ein aggressives Zellgift. Wie hoch die aktuellen Ozonwerte in Zinnwald sind, kann man sich unter www.umwelt.sachsen. de/de/wu/umwelt/lfug/lfug-internet/Luftonline_neu/Applikation/Station.cfm anschauen. Doch ist dies kein spezifisches Problem des Ost-Erzgebirges. Unter den vom Ozon wesentlich mit hervorgerufenen „Neuartigen Waldschäden" leiden fast alle mitteleuropäischen Gebirge.

Und die riesige Grenzzollanlage in Zinnwald? Die wird eigentlich nicht mehr gebraucht und sollte nach der ursprünglichen Baugenehmigung („Planfeststellungsbeschluss") wieder abgerissen werden. Aber Altenberg möchte hieraus lieber einen großen Parkplatz machen. eine neue Zufahrtsstraße soll von hier aus zur Biathlonarena gebaut werden – mitten durch den Lebensraum von Birkhuhn und Wachtelkönig.

Pflanzen und Tiere

Stech-Fichten, Murray-Kiefern

Die Heimat der Bäume, die heute wieder einen jungen Wald um den Kahleberg bilden, liegt eigentlich in weiter Ferne: Stech-Fichten (in einer besonderen Farbvariante als Blaufichten bekannt) stammen aus den Rocky Mountains. Ebenfalls im Westen Nordamerikas sind die Murray-Kiefern zu Hause (und heißen ihrer unsymmetrischen Zapfen wegen eigentlich Dreh-Kiefern). Aus Fernost schließlich kommen die Japan-Lärchen mit ihren bläulichen Nadeln und rötlichen Trieben. Außerdem wurden noch Omorika-Fichten aus Serbien und Europäische Lärchen aus den Alpen oder Karpaten ge-

Abb.: Blaufichten (vorn), Hybridlärchen und Murraykiefern bedecken heute die Umgebung des Kahleberges (links Geisingberg, Mitte Raupennestplateau, rechts Špičák/Sattelberg)

Hybrid-Lärchen

pflanzt (bzw. Hybrid-Lärchen - eine Kreuzung zwischen der Japanischen und Europäischen Art). Auf ihnen allen ruhten in den 1980er Jahren die Hoffnungen der Förster, dass sie nicht nur mit den harschen Klima- und Bodenverhältnissen des Kahleberggebietes klarkommen, sondern auch mit den zeitweise extremen Abgasbelastungen. Nach mehrmaligen Nachpflanzungen und enormen Kraftanstrengungen kann das Vorhaben aus forstlicher Sicht als geglückt gelten. Ein reichliches Jahrzehnt nachdem der Böhmische Nebel das letzte mal richtig schlimm nach Schwefeldioxid roch, wächst wieder Wald am Kahleberg. Viele Osterzgebirgler, nicht zuletzt die Tourismusverantwortlichen, sind froh darüber.

Wolliges Reitgras

So mancher Naturschützer allerdings hätte es vorgezogen, wenn den Selbstheilungskräften der Natur etwas mehr Zeit und Raum gegeben worden wäre. Die kahlen Blößen zwischen den toten Fichten hatte sich nämlich nicht nur ein Teppich aus Wolligem Reitgras („*Calamagrostis*-Steppe") erobert. Auch seltene Tiere, allen voran das Birkhuhn hatten sich diesen neuen Lebensraum erobert. Denn nicht überall reichten die Bodennährstoffe für einen richtig dichten Calamgrostis-Teppich, auch Zwergsträucher wie Heidekraut, Blau- und Preiselbeere konnten sich erhalten. In den Mooren gab und gibt es zudem noch Wollgras, die Lieblingsspeise balzender Birkhähne (Wollgraspollen versetzen sie angeblich in die richtige Balzstimmung).

Ebereschen

Aus dem Unterstand der Forsten waren nach dem Absterben der Fichten die zuvor unterständigen Ebereschen übrig geblieben. Der erzgebirgische „Vuuchelbeerbaam" hatte sich als sehr robust erwiesen. Nur leider versprach er nicht den Holzertrag, den die Wirtschaftsplaner der DDR trotz der Rauchschäden von den Förstern erwarteten. So beließ man lediglich im Lugsteingebiet eine größere Fläche der ungestörten Vegetationsentwicklung („Sukzession"), wo die Ebereschen nun allmählich einen naturnahen Vorwald bilden. Allerdings scheint diese Baumart, die das Waldsterben der 1980er und 90er Jahre überstanden hatte, nun ziemlich anfällig gegenüber den Neuartigen Waldschäden zu sein. Meistens schließen die Vogelbeerbäume ihre Vegetationsperiode heutzutage bereits im August ab: die Blätter verdorren und rollen sich zusammen. Die weitere Entwicklung auf der Sukzessionsfläche am Lugstein bleibt jedenfalls spannend.

Birkhuhn

Wer im Kahleberggebiet heute unterwegs ist, wird nur selten ein Birkhuhn beobachten können. Den Tieren behagen die dichten Nadelholz-Jungbestände nicht, sie zeigen sich seit einigen Jahren wieder in ihre Kernlebensräume – die Moore – zurück. Und außerdem bereitet ihnen die zunehmende touristische Nutzung Probleme. Insbesondere große Sportereignisse in der Biathlonarena sind problematisch, wenn Licht und Lärm die Winterruhe stören. Damit Besucher und Birkhühner auch weiterhin hier gemeinsam die Landschaft nutzen können, ist es ganz wichtig, dass erstere etwas Rücksicht nehmen.

Dazu gehört insbesondere, im Winter strikt auf den Loipen und im Frühling auf den Hauptwanderwegen zu bleiben.

Vögel

Zu den häufigsten Vögeln, denen der Naturfreund am Erzgebirgskamm begegnen kann, zählen die Birkenzeisige – kleine Vögel mit rotem Scheitel, die in kleinen Trupps zwischen den Birken der Moore umherfliegen. Wo noch reichlich Totholz vorhanden ist, kann man gelegentlich auch einem größeren Singvogel mit schwarzem Augenstreif begegnen: dem Raubwürger. Von den noch vorhandenen größeren Offenlandbereichen der Waldschadensregion profitieren Baum- und Wiesenpieper, die sich von erhöhter Singwarte in die Luft schwingen und mit markanten Tonreihen langsam zu Boden sinken. Heckenbraunelle und Neuntöter sind dann mehr in den jungen und noch niedrigen Pflanzungen zu Hause, während die Nadelbaum-Jungbestände das Revier des Fitis sind. Dieser kleine, unscheinbar graugrüne Laubsänger ist im Frühling nicht zu überhören: sein Gesang beginnt ähnlich dem bekannten Buchfinkenschlag, plätschert jedoch nach den ersten kraftvollen Tönen müde aus. In den Moorkiefernbeständen des Georgenfelder Hochmoores sowie überall sonst, wo nach dem Waldsterben „Latschen" gepflanzt worden sind, kann man ab Spätsommer Fichtenkreuzschnäbel auf der Suche nach reifen Zapfen beobachten. Wer an Juni-Abenden im Lugsteingebiet unterwegs ist, dem wird das laute, monotone „Crexcrex, crex-crex, crex-crex" des Wachtelkönigs (lateinischer Name: *Crex crex*) nicht entgehen. Dabei handelt es sich um einen der seltensten Vögel Mitteleuropas.

Wachtelkönig

Weitere typische Tiere des Kahleberggebietes sind Waldeidechsen, die man insbesondere im Sommer auf den noch allgegenwärtigen Reisighaufen entdecken kann, sowie Kreuzottern, für die sich in den Reitgrasteppichen ein reichhaltiges Mäusemenue (Schermaus, Feldmaus, Erdmaus und andere) anbietet.

Seltene wirbellose Moorbewohner sind unter anderem die Alpen-Smaragdlibelle und der Hochmoor-Gelbling. Letzterer wurde allerdings schon längere Zeit nicht mehr auf der deutschen Seite beobachtet. Auf den Bergwiesen um Altenberg und Zinnwald trifft man darüber hinaus auf eine große Vielfalt an Insekten.

Abb.: Grasfrösche leben am Galgenteich

Zu den eindrucksvollsten Naturerlebnissen am Erzgebirgskamm zählt jedoch die Brunft der Rothirsche. Während auf deutscher Seite die Jäger des Staatsforstes – im Interesse der vielen neu gepflanzten Bäume – die Rotwildbestände in den letzten Jahren drastisch reduziert haben, werden die „Könige des Waldes" auf dem tschechischen Erzgebirgskamm noch kräftig durch die Winter gefüttert. In Vollmondnächten im September/Oktober kann man deren Röhren weithin vernehmen.

Abb.: naturkundliche Exkursion der Grünen Liga Osterzgebirge in Georgenfeld

Wanderziele

 Lugsteine

*Porphyr-
klippen*

*Abb.: Kleiner
Lugstein*

896 bzw. 897 m sind die rötlichen Porphyklippen des
Kleinen und des Großen
Lugsteins hoch. Dazwischen
wurde in den 1950er Jahren
ein Funkmast errichtet (und
in den 1990er Jahren erneuert), der von weither als neuzeitliche Landmarke des Erzgebirgskammes zu sehen ist. Bei den Lugsteinen handelt es sich
tatsächlich um den Kamm des Ost-Erzgebirges, der hier an einer von zwei
Stellen ein kurzes Stück auf der Deutschen Seite verläuft (die andere Stelle
ist der Teichhübel bei Deutscheinsiedel). Aufgrund des Waldsterbens in den
1970 bis 90er Jahren bietet sich heute von den Lugsteinen eine weite Rundumsicht. Im Süden erhebt sich der lange Rücken des 909 m hohen Prame-
náč/Bornhauberg; in den flachen Senken zu Füßen des Lugsteins liegt der
Moorkomplex des Georgenfelder Hochmoores und dessen tschechischer
Fortsetzung Cínovecké rašeliniště. Die dunklere Farbe der Moorkiefern
hebt sich deutlich von der Umgebung ab. Einen reichlichen Kilometer weiter in Richtung Bornhau befindet sich ein zweiter Hochmoorbereich namens
U jezera/Seeheide. Ansonsten prägen heute mehr oder weniger lückige
Blaufichten-Jungbestände den Kammbereich auf tschechischer Seite, aus
denen die Porphyrfelsgruppe Na skále/Meiersberg (883 m), hervorschaut.

Weil die Lugsteine Teil des Gebirgskammes sind, kann man von hier aus
auch in das Nordböhmische Becken und zu den dahinter aufragenden
Vulkankegeln des Böhmischen Mittelgebirges schauen.

*der natür-
lichen Ent-
wicklung
vorbehalten*

Im Bereich der Lugsteine wurden nach dem Absterben der Fichtenforsten
einige Hektar nicht wieder bepflanzt, sondern blieben der natürlichen
Entwicklung vorbehalten. Wolliges Reitgras, Draht-Schmiele, Heidelbeere,
Heidekraut wechseln sich auf dem Boden ab, dazwischen sind aber auch
schon etliche Ebereschen und Moor-Birken hoch gewachsen. In kleinen,
feuchten Senken wächst Schmalblättriges Wollgras. Damit keine seltenen
Tiere gestört werden, sollte man insbesondere im Winter und Frühling
unbedingt auf den Loipen bzw. Wanderwegen bleiben, Hunde anleinen
und unnötigen Lärm vermeiden.

 Georgenfeld

*Wettersta-
tion Zinn-
wald-Geor-
genfeld*

200 m östlich des Lugsteines befindet sich die Wetterstation Zinnwald-
Georgenfeld des Deutschen Wetterdienstes, in 877 m Höhenlage direkt auf
dem Erzgebirgskamm. 1971 zog die Messstation hierher, als die Bedingungen am alten Ort, auf dem Geisingberg, infolge der hochwachsenden Bäume

immer ungünstiger wurden für die Gewinnung repräsentativer Wetterdaten. Dort standen ohnehin umfangreiche Renovierungsarbeiten an. Die vier Wetterbeobachter der Zinnwalder Wetterstation melden tagsüber stündlich die „üblichen" Werte wie Temperatur, Niederschlag und Bewölkung zur Zentrale nach Leipzig, wo die Daten sämtlicher Stationen zusammengefasst, mit Satellitenbeobachtungen verglichen und zum aktuellen Wetterbericht aufbereitet werden. Über diesen wiederum informiert eine kleine Schautafel am Eingang der Wetterwarte. Auch nachts werden die entsprechenden Werte erfasst und weitergeleitet, dann allerdings automatisch.

So exponiert die Wetterstation auch zu sein scheint auf der offenen, windgepeitschten Kammfläche, so fängt doch der Kahleberg noch mehr Niederschläge ab. So lag die Regenmenge während des Hochwasserereignisses 12./13. August 2002 am Trinkwasserspeicher Galgenteich, im Luv des Kahleberges, mit 420 Litern pro Quadratmeter noch 13 l/m² über der von Zinnwald-Georgenfeld.

Neben den rein meteorologischen Daten werden hier zusätzlich Informationen zu Luftschadstoffen (Schwefeldioxid, Stickoxide, Ozon) gesammelt und zum Sächsischen Landesamt für Umwelt und Geologie übertragen. Über die Internetseite www.umwelt.sachsen.de gelangt man zu den aktuellen Werten. Außerdem wird seit 2001 die Intensität der Radioaktivität in der Atmosphäre erfasst.

Abb.: Exulantenhaus in Neu-Georgenfeld

Wer in Zinnwald-Georgenfeld weilt, sollte auf alle Fälle auch der denkmalgeschützten „Exulantensiedlung" Neu-Georgenfeld einen Besuch abstatten. Als mit dem 30-jährigen Krieg Böhmen an die Habsburger fiel, setzte in den nachfolgenden Jahrzehnten eine radikale Re-Katholisierung der bis dahin überwiegend protestantischen Bevölkerung ein. In den abgelegenen Bergbauorten wirkte sich diese Gegenreformation erst mit erheblicher Verzögerung aus (man brauchte hier schließlich die erfahrenen Bergleute), doch 1671 wurden auch hier die Menschen von den Jesuiten vor die Wahl gestellt, den Glauben zu wechseln oder das Land zu verlassen. Kurfürst Johann Georg II ließ sie aufnehmen und ihnen bei der kleinen Streusiedlung Zinnwald, gleich hinter der Grenze, etwas Land zuweisen. Der Druck auf die verbliebenen Evangelischen in Böhmisch-Zinnwald erreichte in den 20er Jahren des 18. Jahrhunderts einen erneuten Höhepunkt. Doch der verfügbare Platz auf der sächsischen Seite des Ortes war mittlerweile knapp geworden. So mussten sich die kleinen Häuschen von Neu-Georgenfeld auf engem Raum beidseits einer 200 m kurzen Straße drängen. Diese Siedlungsform ist für das Ost-Erzgebirge sehr ungewöhnlich, nichtsdestoweniger aber dennoch sehenswert. Einige der Häuser werden von ihren heutigen Besitzern liebevoll in ihrer historischen Bauart bewahrt und gepflegt, teilweise sogar noch mit Holzschindeldächern.

Auf den Wiesen rund um Georgenfeld kann man sich im Mai/Juni an bunter Blütenpracht erfreuen. Einige der Flächen werden noch in traditioneller Weise genutzt und zeigen daher eine breite Palette von Berg- und Feuchtwiesenarten.

Aus dem ehemaligen Ferienheim der DDR-Staatssicherheit ist nach der „Wende" das Hotel „Lugsteinhof" geworden, das regelmäßig Wanderführungen („Drei-Berge-Tour") sowie jeweils sonntags abends Diavorträge über die Region anbietet.

Georgenfelder Hochmoor

Es ist heute kaum noch vorstellbar, welche Ausdehnung Moore im Kammgebiet des Ost-Erzgebirges einstmals hatten. Die „Weechen" („Weichen") und der „Filz" waren Orte, die von den Menschen besser gemieden wurden, wenn sie nicht unbedingt dahin mussten – zu groß schien die Gefahr, Moosmänneln, Matzeln oder Waldweibeln zu begegnen. Und doch wurden die Moore seit dem 16. Jahrhundert immer kleiner, als die Altenberger Bergwerke ihre Kunstgräben immer weiter in Richtung Erzgebirgskamm vorantrieben. Nur auf der Wasserscheide zwischen Wilder Weißeritz und Bystřice/Seegrundbach blieben die am stärksten vermoorten Bereiche – mit 2–4 m mächtigen Torfkörpern – bis heute erhalten.

Knüppel-
damm

Auf der deutschen Seite der Grenze erschließt ein 1200 m langer Knüppeldamm das Naturschutzgebiet Georgenfelder Hochmoor. Besucher haben hier die seltene Gelegenheit, einmal in das Innere eines Moores vorzudringen und den Lebensraum von (heutzutage) seltenen Pflanzen und Tieren kennen zu lernen. Betrieben wird das Objekt vom Förderverein für die Natur des Osterzgebirges. Damit der Knüppeldamm in Ordnung gehalten und das Hochmoor selbst durch vielfältige praktische Naturschutzmaßnahmen bewahrt werden kann, wird für das Betreten ein kleiner Eintritts-Obolus kassiert.

Seitenkan-
tenlagg

Unmittelbar nach dem Eingang führt der Pfad durch das Seitenkantenlagg (eine allgemeine Darstellung zum Aufbau eines Hochmoores bietet Band 2 des Naturführers Ost-Erzgebirge mit dem Kapitel „Geheimnisvolles und gefährdetes Leben der Moore"). Hier dringt etwas mineralreicheres Sickerwasser vom Lugstein her in den Randbereich des Gebietes ein und führt zu geeigneten Existenzbedingungen von so genannten Zwischenmoorarten. Dazu Schmalblättriges Wollgras, Sumpf-Veilchen, verschiedene Seggen und die Orchidee Gefleckte Kuckucksblume. Das gehäufte Auftreten des Pfeifengrases zeigt die Austrocknung an, weil nur noch wenige Bäume ringsum für Verdunstungsschutz sorgen. Der frühere Fichten-Moorwald ist verschwunden, an Gehölzen wachsen stattdessen Moor-Birken und Ohr-Weiden.

Latschen-Kiefern

Der größte Teil des Georgenfelder Hochmoores wird von Latschen-Kiefern geprägt. Dabei handelt es sich vor allem um die strauchförmige Wuchsform der Berg- oder Moor-Kiefer, während die höherwüchsigen, eher baumförmigen Vertreter der gleichen Art – die Spirken – hier weitgehend verschwunden sind. Nur an wenigen Stellen wird die natürliche Bulten-Schlenken-Dynamik sichtbar. „Schlenken" werden die meist wassergefüllten Senken genannt, „Bulte" die kleinen, von nach oben wachsenden Torfmoosen gebildeten Erhebungen. Anders als in einem intakten Hochmoor sind die meisten Bulte hier nicht mehr nach einigen Jahrzehnten in sich zusammengesackt und wieder zu Schlenken geworden, sondern mangels Wasser mineralisiert worden. Die vorher vom hohen Moorwasserspiegel ausge-

Bulten-Schlenken-Dynamik

sperrten Bodenorganismen machen sich dann über den unzersetzten Torf her und bereiten Boden für Kleinsträucher (Heidekraut, Heidel- und Preiselbeere), aber auch für Moorbirken, die ihrerseits dann dem Biotop noch mehr Wasser entziehen.

Wo noch kleinere nasse Senken vorhanden sind, findet der Besucher zwischen den bestandesbildenden Torfmoosen Moosbeere, Trunkelbeere und an wenigen Stellen auch Sonnentau.

Abb.: Moosbeere

Neugraben

Einen wesentlichen Grund, warum das Georgenfelder Hochmoor so stark von Austrocknung betroffen ist, können die Besucher nach rund der Hälfte der Knüppeldammstrecke sehen: hier nimmt der Neugraben seinen Anfang, der einen großen Teil des Galgenteich-Wassers sammelt.

Den westlichen Teil des Georgenfelder Hochmoores prägen alte Torfstiche.

Bis 1926 wurde hier Torf als zwar geringwertiges, aber preiswertes Heizmaterial gestochen. Ein Ende dieses Lebensraumes wertvoller und schon damals nicht mehr häufiger Tier- und Pflanzenarten war absehbar. Der Landesverein Sächsischer Heimatschutz kaufte das Gebiet und konnte es so für die Nachwelt erhalten. Anders als etwa bei der Fürstenauer Heide blieb das Georgenfelder Hochmoor auch nach dem Zweiten Weltkrieg weitgehend verschont von der Abtorfung.

Abb.: Moorhütte im alten Torfstich des Hochmoores

In den alten Torfstichbereichen hat der in den letzten Jahren vollzogene Stau alter Gräben die größten positiven Effekte hervorgebracht. Fast die gesamte Sohle ist wieder vernässt und wird in erstaunlich raschem Fortschritt von Torfmoosen sowie Scheidigem Wollgras in Besitz genommen. Als Erinnerung an die frühere Nutzung des Moores ist eine kleine hölzerne Torfstecherhütte erhalten. An den Torfstichwänden lässt sich die tausende Jahre alte Geschichte des Moores nachvollziehen, da in dem nur wenig zersetzten Torf auch Reste der Pflanzen erhalten sind, die in früheren Zeiten hier wuchsen.

Ursprünglich war das Georgenfelder Hochmoor Teil eines 100 bis150 Hektar großen Moorkomplexes auf der nur sehr schwach geneigten Kammebene zwischen Lugsteinen und Pramenáč/Bornhauberg. Darauf bezieht sich wahrscheinlich auch die am Eingang des Georgenfelder Hochmoores und in vielen Broschüren zu lesende Information, der weitaus größte Teil befände sich auf tschechischem Gebiet. Das angrenzende tschechische Naturschutzgebiet Cínovecké rašeliniště/Zinnwalder Hochmoor endet allerdings bereits an der Straße Cínovec – Nové Město und ist kleiner als das reichlich 12 Hektar große Naturschutzgebiet auf der deutschen Seite. Südlich der Straße wurde die Landschaft bis in die jüngste Vergangenheit mit tiefen Entwässerungsgräben durchzogen. Der Boden trocknete aus und wurde in den 1980er Jahren mit Blaufichten bepflanzt. Erst einen Kilometer weiter südlich existiert noch ein größerer und höchst wertvoller Moorbereich namens U jezera/Seeheide.

Cínovecké rašeliniště/ Zinnwalder Hochmoor

U jezera/ Seeheide

Sehr interessante und bedeutende Biotope sind auch die vor Jahrhunderten den „Kiefern-Weechen" abgerungenen Wiesen am Rande des Georgenfelder Hochmoores. Besonders am Ausgang ist noch einer der früher landschaftsprägenden Borstgrasrasen mitsamt der typischen Pflanzengarnitur erhalten. Dazu zählen unter anderem Wald-Läusekraut, Gefleckte Kuckucksblume und Arnika. Dank der jährlichen Mahd konnte sich die Arnika in den letzten Jahren wieder zu einem schönen Bestand entwickeln.

Zwischen Georgenfeld und Hochmoor erstrecken sich mehrere sehr schmale Wiesenstreifen, abgetrennt durch grasüberwachsene Steinrücken. Dies waren die kärglichen Felder, die den aus Böhmen ausgewiesenen Glaubens-Exulanten zugewiesen wurden. Es muss ein sehr hartes Leben gewesen sein auf dem Erzgebirgskamm!

 ④ **Neugraben**

Von Natur aus würden im Georgenfelder Hochmoor lediglich der zur Wilden Weißeritz fließende Große Warmbach sowie ein Quellarm der Bystřice/des Seegrundbaches etwas Wasser abzapfen, während die Rote Weißeritz im Seifenmoor ihren Anfang nähme. Doch der Bergbau hat das Wasserregime rund um den Kahleberg gründlich verändert. Mitte des 16. Jahrhunderts wurden im Quellgebiet der Roten Weißeritz die Galgenteiche gemauert und in der Folgezeit Quer- und Neugraben angelegt. Der knapp 7 km lange Neugraben entwässert seither auch das Georgenfelder Hochmoor, womit die „Quelle" der Roten Weißeritz künstlich ins Wasserscheidengebiet von Wilder Weißeritz und Seegrund verlagert wurde. Das „Neu" im Namen bezieht sich auf den Aschergraben, der die Altenberger Gruben schon einhundert Jahre lang mit Wasser aus dem Einzugsgebiet der Müglitz versorgte.

Die überwiegend braune Färbung des Wassers resultiert aus der anhaltenden Zersetzung des Moortorfes, bei der verschiedene Huminstoffe freigesetzt werden. Die Huminsäuren sind sehr sauer und erlauben nur wenigen Organismen die Nutzung des Neugrabens als Lebensraum.

Abb.: Radler-Rast am Wüsten Teich

Wüster Teich

Wie viele andere Teiche, die früher inmitten dunkler Fichtenforste verborgen lagen, trägt auch dieses Gewässer den Beinamen „Schwarzer Teich". Er wurde im 16. Jahrhundert angelegt, um für die auf der Wilden Weißeritz betriebene Flößerei zusätzliches Wasser bereitzuhalten. Zwischenzeitlich diente das Wasser des Wüsten Teiches der Trinkwasserversorgung. Auch hier war das Gelände in früheren Zeiten moorig. Im Uferbereich ist ein Großseggenried mit Schlank-Segge ausgebildet.

 ## Kahleberg (905 m üNN)

dritthöchste Berg des Ost-Erzgebirges

Nach Loučná/Wieselstein und Pramenáč/Bornhau ist der Kahleberg der dritthöchste Berg des Ost-Erzgebirges. Anders als der fünf Kilometer weiter südlich gelegene Bornhauberg, der sich als breiter Höhenrücken ziemlich unauffällig in den Erzgebirgskamm einfügt, stellt der Kahleberg einen Seitenkamm dar, der mit einer weithin sichtbaren, markanten Steilstufe nach Norden, Westen und (in geringerem Maße) Osten abbricht. Direkt oberhalb der Blockhalden, die die steile Nord- und Westflanke bilden, befindet sich

Aussichtspunkt

ein viel besuchter Aussichtspunkt, der einen hervorragenden Eindruck von der Pultschollen-Landschaft des Ost-Erzgebirges vermittelt:

Nach Nordwesten setzt sich der bewaldete Quarzporphyr-Höhenrücken fort, zu dem auch der Kahleberg selbst gehört. Links davon fällt die Rodungsinsel Schellerhau auf. Der Schellerhauer Granit zieht sich bis an den Fuß der Blockhalde. Genau nach Norden blinkt die Wasserfläche des Neuen Galgenteiches, rechts daneben die des Großen Galgenteiches. Der etwas futuristisch anmutende Gebäudekomplex davor ist die in den 1990er Jahren gebaute Reha-Klinik Raupennest (mit öffentlichem Hallenbad). Rechts neben Altenberg erhebt sich der markanteste Berg der Region, die 824 m hohe Basaltkuppe des Geisingberges; direkt davor klafft das rote Loch der Altenberger Pinge. Sowohl in westlicher als auch in östlicher Richtung sieht die Landschaft ganz anders aus: es gibt nur wenig Wald auf den vom Kahleberg aus weitgehend eben erscheinenden Gneisflächen. Einzelne Dörfer

(z. B. im Osten die spitze Kirche von Fürstenau) sind zu erkennen, aber nur wenige Berge. Selbst der aufgelagerte Basaltgipfel des Špičák/Sattelberg sieht von hier nur wie ein kleiner Hügel aus. Noch weiter nach Osten reicht die Aussicht zu den Tafelbergen des Elbsandsteingebirges und in die Lausitz. Im Südosten fallen bei entsprechender Sicht die Kegelberge der nordböhmischen Lausitz (u.a. Ralsko/Roll, Klíč/Kleis, Jedlova/Tannenberg) und einige Kuppen des östlichen Böhmischen Mittelgebirges (Sedlo/Hoher Geltsch, Buková hora/Zinkenstein) auf. Noch weiter südöstlich beschließt dann der Erzgebirgskamm bei Zinnwald den Horizont. Um im Südwesten den Erzgebirgskamm mit dessen höchster Erhebung, dem 956 m hohen Wieselstein/Loučná, zu sehen, muss man ein Stück entlang des Wanderwegs oberhalb der Blockhalde um das Kahlebergplateau herumwandern.

„Wetterfichten am Kahleberg"

Dem Waldsterben fielen auch die berühmten „Wetterfichten am Kahleberg" (so der Titel eines Bildbandes von 1955) zum Opfer. Nur noch wenige Exemplare krallen sich in der Blockhalde fest. Ihre grünen Zweige liegen dicht an den Boden gedrückt, wo sie im Winter unter der Schneedecke vor den giftigen Gasen geschützt waren. Obwohl die Luft heute wieder weitgehend sauber ist, dauert die Regeneration bei diesen extrem harschen Standortbedingungen sehr lange.

Blockhalde

Als der Kahleberg in den 1980er Jahren (wieder) kahl über die Landschaft aufragte, wurde 1983 das Naturschutzgebiet Kahleberg gelöscht. Die nach wie vor wertvolle Blockhalde erhielt den Schutzstatus eines Flächennaturdenkmals (3 Hektar). Bereits 1940 war das Gebiet schon einmal zum Naturdenkmal erklärt worden.

Flechten

Abgesehen von der besonderen Geologie und dem reizvollen Landschaftsbild ist die Vielfalt der Flechten auf den Porphyrblöcken besonderes schützenswert. Einige Arten sind ansonsten eher für Hochgebirge typisch. Besonders fallen die grünlichgelben, schwarz abgesetzten Landkartenflechten auf, von denen es mehrere Arten gibt. Die Landkartenflechten gehören zur Gruppe der Krustenflechten, deren Thallus (der – im Unterschied zu höheren Pflanzen – sehr einfach aufgebaute Vegetationskörper) eng mit dem Gestein verbunden ist. Bei der großen Gruppe der Blattflechten steht dieser Thallus meistens in Form von kleinen Lappen deutlich von der Unterlage ab. Zu den Blattflechten auf den Blöcken des Kahleberges gehören verschiedene Nabel- und Schüsselflechten. Die Vertreter der dritten großen Flechtengruppe, die Strauchflechten, erheben sich meist mit strauchartig verzweigten Vegetationskörpern. Dazu gehören die Rentierflechte, verschiedene Becherflechten und das Isländisch Moos (kein Moos, sondern eine Flechte). Diese Strauchflechten wachsen weniger auf den Steinen selbst, sondern vor allem auf dem flachen Rohhumus im Randbereich, gemeinsam mit Heidekraut und

Abb.: flechtenreicher Porphyrblock am Kahleberg

Heidelbeere. Auch für Hochmoore typische Zwergsträucher, nämlich Rauschbeere und Krähenbeere, kommen hier vor.

Eine schon im 16. Jahrhundert vom Berggelehrten Agricola bemerkte Besonderheit des Kahleberges sind die so genannten „Duftsteine". Dabei handelt es sich jedoch nicht um eine wundersame Eigenschaft des Gesteins, sondern um die tatsächlich sehr intensiv duftende Veilchensteinalge, die stellenweise einen orangefarbenen Belag bildet.

Galgenteiche

Großer Galgenteich

Um 1550 wurden die Galgenteiche gebaut, damals eine der größten Stauanlagen Europas. Sein Wasser bezieht der Große Galgenteich aus den einstmals vermoorten Gebieten rings um den Kahleberg über die Systeme von Neugraben und Quergraben. Anfang der 1940er Jahre erfolgte die Erweiterung auf seine heutige Größe. Der 1190 m lange und bis zu 11m hohe Damm kann maximal 700 000 Kubikmeter Wasser speichern. Die Wasserfläche nimmt ca. 20 Hektar ein, die Wassertiefe beträgt stellenweise 6 m, in Nähe des Südufers aber deutlich weniger. Die östliche Dammkrone bildet die Wasserscheide zwischen Müglitz und Weißeritz, denn der Kleine Galgenteich entwässert über den Tiefenbach und das Rote Wasser nach Osten, der Große Galgenteich über den Neuen Speicher nach Nordwesten.

Neuer Galgenteich

Mit der Intensivierung der Altenberger Zinnförderung zu DDR-Zeiten verschärfte sich das Problem der Wasserknappheit. So wurde 1987 mit dem Bau eines dritten, noch größeren Beckens begonnen. Dafür musste mit dem Seifenmoor ein wertvolles Stück Natur weichen. Als mitten im Baugeschehen das Ende der DDR auch das abrupte Ende des Bergbaus mit sich brachte, standen die Bagger einige Zeit still. Bis 1993 wurde der Neue Galgenteich dann als Trinkwasserspeicher vollendet (23 ha, ca. 1 Mill. m^3 Stauraum).

Vögel

Auf den Galgenteichen sind regelmäßig Stockenten zu beobachten, seit geraumer Zeit auch immer mehr Reiherenten. Auf den flachen Uferzonen kann man im Sommerhalbjahr die Limikolen (Watvögel) Flussregenpfeifer und Flussuferläufer entdecken. Während der Zugzeiten im Frühling und Herbst halten sich noch viele weitere Vögel an den Galgenteichen auf.

Natur-schutzgebiet „Am Galgen-teich"

Zwischen dem Neuen Galgenteich und der B170 befindet sich das 14 Hektar große Naturschutzgebiet „Am Galgenteich". Bis in die 1980er Jahre zogen hier noch Biathleten ihre Runden, von zahlreichen Zuschauern bejubelt. Nach Bau des neuen Biathlonstadions im Hoffmannsloch, südlich des Kahleberges, fiel die Fläche brach, wurde zeitweilig zur Ablagerung von Bauschutt genutzt und ansonsten wenig beachtet. 1990 bemerkte man schließlich einige Orchideen auf den mageren Rohböden: etwa 30 Exemplare Breitblättrige Kuckucksblume. Diese wären mittlerweile wahrscheinlich von der reichlich aufkommenden Gehölzsukzession (Birke, Eberesche, Sal-Weide) wieder verdrängt worden. Doch die aufwendige Biotoppflege des Fördervereins für die Natur des Osterzgebirges hat daraus inzwischen den größten Orchideenbestand Sachsens werden lassen. Wahrscheinlich mehrere 10 000 purpurrote Blütenköpfe sorgen jedes Jahr Anfang Juni für ein außerordentliches Naturerlebnis. Darüber hinaus gedeiht auf den mageren, wechselfeuchten Standorten eine teilweise borstgrasrasenartige, teilweise kleinseggenrasenähnliche Vegetation mit Kreuzblümchen, Wald-Läusekraut, Fettkraut, Großem Zweiblatt und zahlreichen weiteren Besonderheiten.

⑧ Raupennest-Berg

Quarz-porphyr

Der 827 m hohe Raupennest-Berg ist – von Altenberg aus gesehen – eine markante Erhebung an der Stelle, wo der viele Kilometer lange, verwitterungsbeständige Rücken des Teplitzer Quarzporphyrs auf einen nur zweihundert Meter breiten Streifen verengt ist. Im Osten grenzt Granitporphyr an, im Westen Schellerhauer Granit.

Auf der Kuppe befindet sich eine Ausflugsgaststätte, die die Bezeichnung des Waldstückes übernahm, die wiederum auf eine Unternehmerfamilie namens Raupennest aus der Anfangszeit des Altenberger Bergbaus zurückgeht. Auch an diesem Berg hatte es früher Bergbauversuche gegeben. Der Name wurde in den 1920er Jahren für ein vornehmes Hotel östlich des Raupennestberges übernommen, das zu DDR-Zeiten dann als Sanatorium „Neues Raupennest" genutzt wurde. In den 1990er Jahren schließlich ging der Name ebenfalls auf die am Galgenteich errichtete neue Reha-Klinik über.

Eberschen-Streuobst-wiese

Aus naturkundlicher Sicht besonders bemerkenswert ist ein großer Ebereschen-Hain am Osthang. Es dürfte sich wohl um die einzige Ebereschen-Streuobstwiese des Ost-Erzgebirges handeln. In Ermangelung anderer Früchte fanden Vogelbeeren früher vielseitige Verwendung, vor allem die weniger saure Zuchtform Edeleberesche. Die Wiese unter den teilweise sehr alten und pflegebedürftigen Ebereschen wird von Bärwurz und einer Reihe

Abb.: Ebereschen-Streuobstwiese am Raupennestberg

weiterer Bergwiesenarten geprägt. Am Rande eines kleinen Gehölzes steht ein Meridianstein, Bestandteil eines früheren lokalen Vermessungsnetzes des Altenberger Bergbaus. Darüber hinaus bietet sich vom Wanderweg am Fuße des Raupennestberges ein eindrucksvoller Blick zur Pinge und dem dahinter aufragenden Geisingberg sowie in östlicher Richtung über die weite Gneisscholle der Erzgebirgsflanke.

 Bergwiesen an der B170

Schwarz-
wassertal
Zwischen der Bundesstraße und dem Schwarzwassertal erstreckt sich ein artenreicher Wiesenkomplex. Besonders wertvoll ist dabei die großflächige Ausbildung von feuchten Borstgrasrasen mit Sparriger Binse und seltenen Arten wie Arnika, Wald-Läusekraut sowie Gefleckte Kuckucksblume. Auch die übrigen Bergwiesenbereiche sind sehr reichhaltig in ihrer Artenausstattung.

„Wiese am
Sanatorium
Altenberg"
Die „Wiese am Sanatorium Altenberg" wurde im Rahmen eines umfangreichen Sammelantrages von der Grünen Liga Osterzgebirge zur Ausweisung als Flächennaturdenkmal vorgeschlagen. Trotz umfangreicher fachlicher Vorarbeiten hat die zuständige Behörde diese Empfehlung nicht in die Tat umgesetzt. Dabei handelt es sich nicht nur um eine der wertvollsten, sondern auch um eine der am meisten bedrohten Bergwiesen des Ost-Erzge-

birges. Zum einen gefährdet langjährige Brache die Artenfülle, zum anderen gehen von der Bundesstraße B170 nicht unerhebliche Risiken aus. Dies betrifft einerseits die großen Mengen Streusalz und Abgase, vor allem aber auch mögliche Baumaßnahmen. Im Rahmen des Baus der Grenzzoll-

B170
anlage Zinnwald wurde auch die B170 verbreitert, auf Kosten der Wiese ging dabei insbesondere die Anlage zweier großer Regenrückhaltebecken, die das von dem breiten Bitumenband abfließende Wasser auffangen sollen. Wie wenig wirksam solche Bauwerke im Ernstfall sind, zeigte sich im August 2002, als von der riesigen versiegelten Fläche gewaltige Hochwassermengen zu Tale schossen.

Quellen

Förderverein für die Natur des Osterzgebirges (Hrsg.; ohne Datum): **Hochmoore, Geschützte Biotope im Osterzgebirge**, Broschüre

Hammermüller, Martin (1964): **Um Altenberg, Geising und Lauenstein**, Werte der deutschen Heimat Band 7

Rölke, Peter u.a. (2007): **Wander- und Naturführer Osterzgebirge**, Berg- und Naturverlag Rölke

Schilka, Wolfgang (1997):
Entstehung und Geschichte geologischer Besonderheiten rund um die Bergstadt Altenberg, Broschüre

www.umwelt.sachsen.de
www.zinnwald.de

Basaltkuppe, umgeben von Gneis und Granitporphyr

Aussichtsturm

Großer Komplex artenreicher Berg- und Nasswiesen

Steinrücken: Feuerlilie, Seidelbast, Kreuzotter

Artenreicher Laubmischwald

Altenberger Bergbaurevier mit Pinge

Text: Jens Weber, Bärenstein

Fotos: Thomas Lochschmidt,
Jens Weber

Naturschutzgebiet
Geisingberg

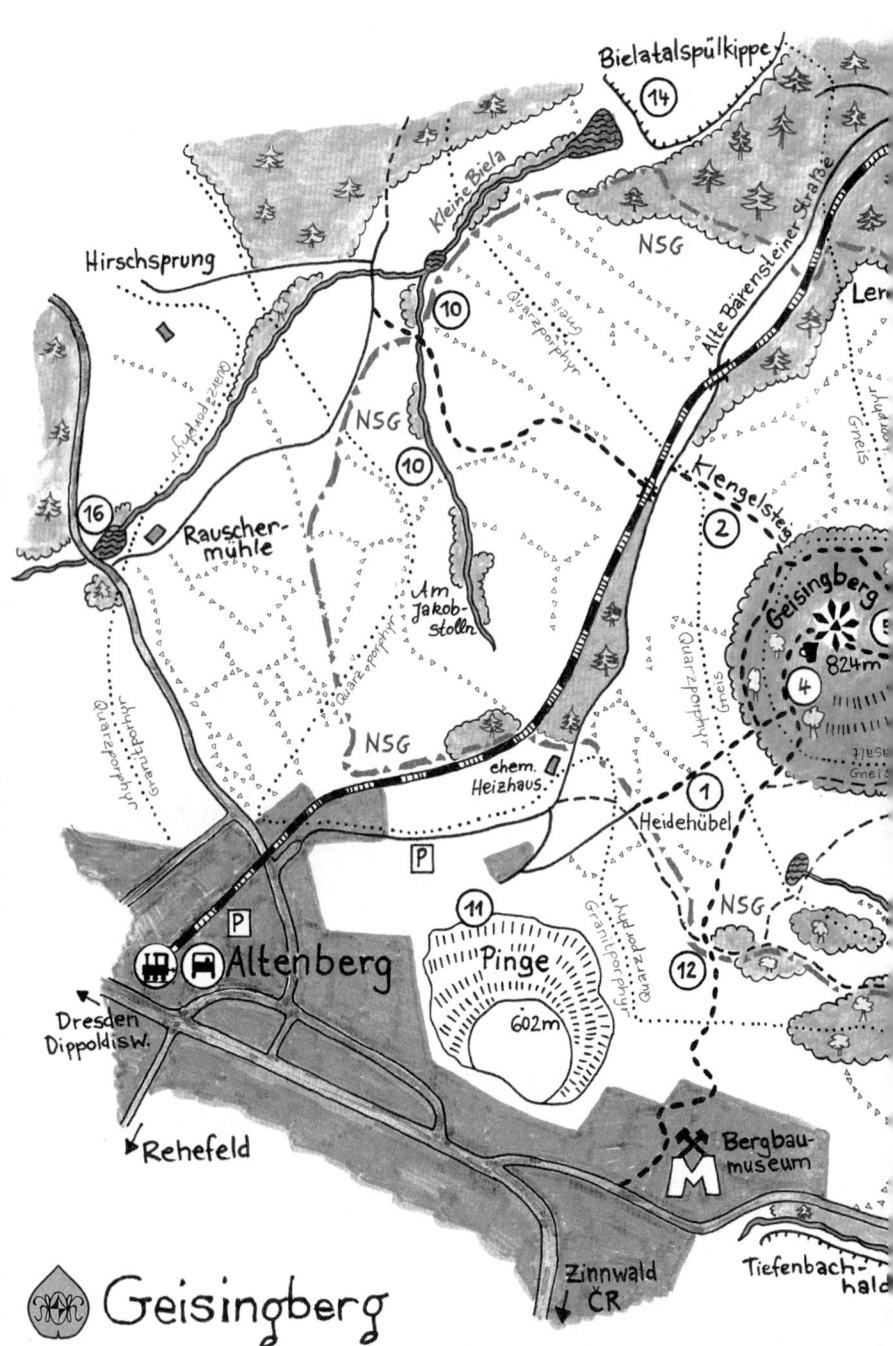

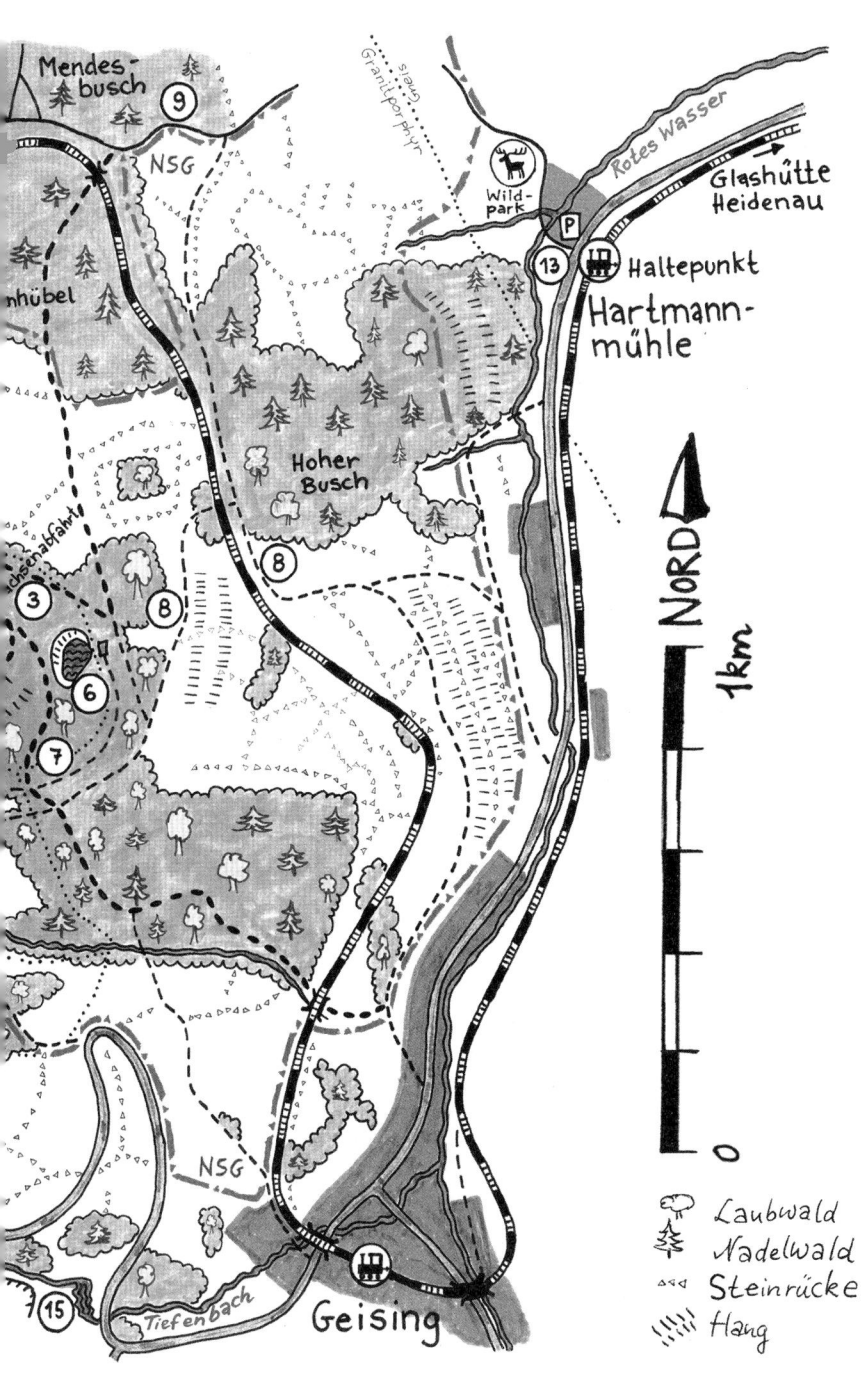

Mendes-busch

9

NSG

nhübel

Wildpark

Rotes Wasser

Glashütte
Heidenau

P

13

Haltepunkt

Hartmann-
mühle

Hoher
Busch

8

Schönabfahrt

3

8

6

7

NORD

1km

NSG

15

Tiefenbach

Geising

Laubwald

Nadelwald

Steinrücke

Hang

① Heidehübel
② Klengelsteigwiese
③ Sachsenabfahrt und alte Schanze
④ Blockwald am Westhang
⑤ Geising-Gipfel
⑥ Steinbruch
⑦ Buchenwald am Osthang
⑧ Wiesen und Steinrücken am Osthang

⑨ Steinrückenlandschaft Mendesbusch
⑩ Feuchtwiesen in den Biela-Quellmulden
⑪ Altenberger Pinge
⑫ Bergbau-Lehrpfad
⑬ Wildpark Hartmannmühle
⑭ Spülkippe Bielatal
⑮ „Wasserfall" Tiefenbachhalde
⑯ Rauschermühlenteich

Die Beschreibung der einzelnen Gebiete folgt ab Seite 433

Landschaft

Der 824 m hohe Basaltkegel des Geisingberges ist einer der markantesten Berge des Ost-Erzgebirges. Besonders imposant erscheint die Erhebung von Osten (insbesondere vom Wanderweg zwischen Geising und Lauenstein) sowie vom Süden, wo zwischen der Stadt Altenberg und dem Geisingberg das 12 ha große und 150 m tiefe, rote Loch der Altenberger Pinge klafft.

weite Übersicht über das nördliche und östliche Ost-Erzgebirge

Vom Aussichtsturm auf seinem Gipfel hat man eine weite Übersicht über das nördliche und östliche Ost-Erzgebirge, bei entsprechendem Wetter auch darüberhinaus in die Sächsische Schweiz, ins Dresdner Elbtal und zu den Höhenzügen der Lausitz (bei außergewöhnlich guten Sichtverhältnissen sogar bis zur rund 130 km entfernten Schneekoppe). Von hier aus kann man besonders gut den Charakter des Ost-Erzgebirges als relativ ebene, nur ganz allmählich nach Norden abfallende Scholle studieren, in die sich tiefe Täler eingeschnitten haben. Der Höhenunterschied vom Geisinggipfel zum östlich angrenzenden Talgrund des Roten Wassers beträgt mehr als 300 m.

Tertiär

Als diese Scholle, der Rumpf des abgetragenen Variszischen Gebirges, sich im Tertiär zu heben begann, führten die Spannungen in der Erdkruste auch zu starker vulkanischer Aktivität, die ihren Schwerpunkt im nordböhmischen Becken hatte (Entstehung des Böhmischen Mittelgebirges), aber auch bis ins heutige Ost-Erzgebirge hineinreichte. Entgegen landläufigen Vorstellungen markiert der Geisingberg wahrscheinlich nicht den ehemaligen Vulkanschlot, sondern ist vermutlich der Rest einer einstigen Lava-Erstarrungsfront. Anfang der 90er Jahre wurde etwas westlich des Geisingberges ein Stolln aufgefahren, der die Grubenanlagen des ehemaligen Zinnerzbergbaus zur Kleinen Biela hin entwässert. Dabei fanden sich keinerlei Hinweise auf einen Schlot. Stattdessen lagern unter dem Berg tonmineralienreiche Schichten, wie sie für Talauen typisch sind. Vermutlich hatte sich im Tertiär glutheiße, sehr leichtflüssige Lava aus einer heute nicht mehr lokalisierbaren, möglicherweise auch nur sehr schmalen Spalte in der Erdkruste nach oben gezwängt und war dann in einer Talwanne nach Norden geflossen. Mit dem Absinken der Temperatur wurde der Strom immer zähflüssiger und erstarrte schließlich, eventuell an einem Hindernis oder einer Talverengung. Weitere Lava drängte nach und schob sich über das bereits erkaltete Gestein, so daß sich eine Basaltkuppe auftürmte, deren Rest heute der Geisingberg darstellt. Die Basaltsäulen im Steinbruch an der Ostseite des Berges sind weder fächerförmig, wie für einen Schlot typisch, noch senkrecht wie bei einem Deckenerguß gelagert, sondern zunächst horizontal nach Westen ausgerichtet und dann, an der Steilwand, wieder aufgerichtet. Im Verlaufe der weiteren Erdgeschichte, infolge der durch das Ankippen der Erzgebirgsscholle wieder verstärkten Erosion, wurden die einstigen Talhänge beiderseits des Lavastaus abgetragen – zurück blieb der relativ verwitterungsbeständige Geisingberg, dessen „Basalt" von Geologen als Olivin-Augit-Nephelivit bezeichnet wird.

Basalt-kuppe

Granit-und Quarz-porphyr Gneis

Umgeben wird der Geisingberg im Osten von Granitporphyr und im Westen von Quarzporphyr, die zu dem von Süd-Südost nach Nord-Nordwest verlaufenden Porphyrhöhenzug gehören, sowie einem darin eingeschlossenen, kleineren Gneisvorkommen. Das engräumige Aufeinandertreffen von basischem (Basalt) und saurem (Quarzporphyr) Grundgestein bedingt eine große Vielfalt an Pflanzenarten, die den besonderen Naturschutzwert des Geisingberggebietes ausmachen. Die Grenzen können allerdings nicht ganz scharf gezogen werden, da sich unter den Dauerfrostbedingungen der Eiszeit Schuttdecken gebildet und teilweise verschoben haben. Auch tragen vom Berg herabrollende Basaltblöcke und basische Sickerwässer zu einer Anreicherung der Böden mit Pflanzennährstoffen über den ärmeren Gesteinen der Umgebung bei.

Im Kontaktbereich zwischen Basalt und Porphyr bzw. Gneis tritt an vielen Stellen Kluftwasser zutage, zumeist in Form von Sickerquellen. Im Westen sammeln diese sich in einer weiten Talwanne und fließen der Kleinen Biela zu. Im Süden entwässert ein kleiner Bach zum Roten Wasser, das das Geisingberggebiet im Osten abschließt und in einem tiefen Kerbsohlental zur Müglitz fließt.

Der Porphyrhöhenzug Pramenač/Bornhau-Kahleberg-Tellkoppe-Kohlberg, auf dessen Ostflanke der Geisingberg aufgesattelt ist, trennt den östlichen Teil vom übrigen Ost-Erzgebirge und wirkt als regionale Klimascheide. Im Wind- und Regenschatten an der steilen Ostseite des Geisingberges spiegelt sich ein bemerkenswert kontinental gefärbtes Lokalklima in der Flora wieder. Der Gipfel selbst und der Westhang hingegen sind ausgesprochen exponiert und damit den Stürmen, Regen, Schnee, Nebel sowie Rauhfrost besonders ausgesetzt. Gleichermaßen gilt dies für Luftschadstoffe, die im Waldbestand der Bergkuppe schwere Schäden verursacht haben. Neben dem Ferntransport von Schwefeldioxid-belasteter Luft spielten dafür auch lokale Ursachen eine erhebliche Rolle. In den 80er Jahren stand 500 m neben dem Berg ein Heizwerk auf Kohlebasis mit einem weithin sichtbaren Schornstein.

regionale Klima-scheide

**Natur-
schutz
und
Naturzer-
störung**

Das Spannungsfeld zwischen Naturschutz und Naturzerstörung am Geisingberg reicht jedoch bis zum Anfang unseres Jahrhunderts zurück.

Damals rückte auch das Geisingberggebiet ins Blickfeld der Sommerfrischler, die der Enge Dresdens entflohen und im Gebirge Erholung suchten. Sie genossen die Aussicht vom 1891 errichteten Louisenturm, nutzten die Wintersportmöglichkeiten (Sachsenabfahrt und Sprungschanze im Nordosten) und erfreuten sich an der hier besonders üppigen Wiesenblumenpracht. Mit ihnen kamen Botaniker wie Oskar Drude (1902, 1908) und Arno Naumann (1922, 1923), die die Pflanzengemeinschaften der Bergwiesen genauer untersuchten und beschrieben. Gleichzeitig aber setzte der Abbau des Basalts ein, der als Schottermaterial, z.B. für den Eisenbahnbau, Verwendung fand. 1923 wurde die Schmalspurbahn, die bereits 33 Jahre zuvor von Heidenau aus Geising erreicht hatte, bis Altenberg weitergebaut. In weitem Bogen schnauften nun die Dampfloks um den Geisingberg herum, aus heutiger Sicht sicherlich ein romantisches Bild. Doch mit Sicherheit wurden bereits damals die ersten Rauchschäden an den ohnehin sehr exponierten Waldbeständen verursacht.

Steinbruch

In den 20er Jahren fraß sich der Steinbruch immer tiefer in die Ostflanke des Berges, das Gestein wurde per Seilbahn hinab ins Rotwassertal transportiert und dort, zwischen Sander- und Hartmannmühle, auf die Eisenbahn verladen. Betonsockel auf den Wiesenhängen des Osthanges erinnern heute noch an diese Seilbahn. Der damals sehr aktive Landesverein Sächsischer Heimatschutz machte in Zeitungsartikeln und Schreiben an die Landesbehörden darauf aufmerksam, daß bei fortgesetztem Steinbruchbetrieb der Geisingberg in einigen Jahrzehnten verschwinden würde. 1930 schließlich erreichte er die Schließung des Unternehmens.

Landesverein Sächsischer Heimatschutz

Der Landesverein hatte bereits 1911 die Unterschutzstellung der Geisingbergwiesen beantragt und 1925 ca. 10 ha aufgekauft. Anstatt die Nutzung einzustellen und die Wiesen sich selbst zu überlassen, wie es damals durchaus den gängigen Naturschutzvorstellungen entsprochen hätte, schloß der neue Besitzer Pachtverträge mit ortsansässigen Landwirten und überließ diesen die Flächen unter Auflagen der weiteren Nutzung als Heuwiesen, was für den Erhalt der außergewöhnlich artenreichen Pflanzengesellschaften sehr wichtig war.

**Nutzung
als Heu-
wiesen**

**Natur-
schutzge-
biet**

1961 wurden der Geisingberg, 1967 ein Teil der umgebenden Wiesen als Naturschutzgebiet nach DDR-Recht ausgewiesen. Dem Einsatz von Wissenschaftlern des damaligen Institutes für Landschaftsforschung und Naturschutz einerseits und einzelnen LPG-Mitarbeitern andererseits ist es zu danken, daß die wertvollsten Wiesenflächen der Intensivierung der DDR-Landwirtschaft entgingen und weiterhin durch Heumahd genutzt wurden. Unterstützung kam von ehrenamtlichen Naturschutzhelfern und von Studenten, die hier im Rahmen des sogenannten Studentensommers arbeiteten.

Auf dem überwiegenden Teil der einstigen Wiesen zwischen Geisingberg und Kleiner Biela weideten damals aber auch, wie überall, viel zu viele und zu schwere Rinder. Negative Auswirkungen hatte das auch auf das NSG, beispielsweise durch Nährstoffeinspülungen auf einer der wertvollsten Wiesen infolge einer darüberliegenden Viehtränke. Der steile, von vielen Steinrücken zergliederte Osthang hingegen eignete sich nicht für intensive Landwirtschaft, große Teile fielen brach und begannen zu verbuschen.

Ende der 80er Jahre begann im Forstbetrieb der Aufbau einer Naturschutzbrigade, zu deren wichtigsten Aufgaben auch die Pflege der Geisingberg-

Förderverein für die Natur des Osterzgebirges

wiesen gehörte. Seit seiner Gründung 1994 hat der Förderverein für die Natur des Osterzgebirges diese Arbeiten übernommen, gemeinsam mit verschiedenen Landwirten. Auch der überwiegende Teil der vormaligen Rinderweiden wird heute wieder ein- bis zweischürig gemäht. Vergleichsweise großzügige staatliche Förderung ermöglichte es, daß sich die zumindest sachsenweit einzigartige Biotop- und Artenvielfalt des Geisingberg-

„Naturschutzgroßprojekt Ost-Erzgebirge"

gebietes stabilisieren konnte. Der Geisingberg bildet eine Kernzone des „Naturschutzgroßprojektes Osterzgebirge" (1999-2008). Durch das Naturschutzgroßprojekt konnten vielfältige Maßnahmen umgesetzt werden, die den hier noch vorkommenden, einstmals für weite Teile des Ost-Erzgebirges typischen Pflanzen- und Tierarten wieder neue Entwicklungsperspektiven bieten.

Das Naturschutz-Großprojekt „Bergwiesen im Ost-Erzgebirge"

Das Bundesamt für Naturschutz fördert seit 1979 in „Gebieten von gesamtstaatlich repräsentativer Bedeutung" sogenannte Naturschutz-Großprojekte. Das 50. Vorhaben dieser Art findet unter dem Titel „Bergwiesen im Osterzgebirge" zwischen 1999 und 2008 in der Umgebung von Altenberg und Geising statt und umfaßt rund 2700 Hektar. Im Vordergrund steht einerseits die Erhaltung der artenreichen Bergwiesen- und Steinrückenlandschaft und andererseits die Schaffung günstiger Lebensraumbedingungen für die im Kammgebiet lebende Birkhuhnpopula-tion. Dementsprechend gibt es im Projektraum zwei Kerngebiete: Geisingberg (rund 300 Hektar) und Grenzwiesen Fürstenau (rund 450 Hektar). In diesen Kerngebieten konzentrieren sich die praktischen Maßnahmen des Naturschutz-Großprojektes, insbesondere Entbuschung brachgefallenen Grünlandes, Wiesenmahd, Auf-Stock-Setzen von Steinrücken, Wiederherstellung alter Trockenmauern, Pflanzung von Gehölzen sowie Moorrenaturierung. Die Durchführung erfolgt unter fachlicher Leitung des Projektmanagers durch Landwirte, Grundeigentümer und Naturschutzvereine.

Festgelegt sind die Maßnahmen in einem detaillierten Pflege- und Entwicklungsplan. Für das gesamte Projekt wurde rund 5 Millionen Euro bereitgestellt, zu 75 % vom Bundesumweltministerium, zu 20 % vom Land Sachsen und 5 % von den Projektträgern Landratsamt Weißeritzkreis, Stadt Altenberg und Stadt Geising.

Der Sitz des Naturschutz-Großprojektes „Bergwiesen im Osterzgebirge" befindet sich im Altenberger Bahnhof. Projekt-Manager Holger Menzer ist unter **Tel. 03 50 56 - 2 29 25** bzw. e-mail: **bergwiesenprojekt@freenet.de** zu erreichen.

Das Naturschutzgebiet wurde 2000 erheblich ausgeweitet, von 47 ha auf heute insgesamt 310 ha.

Zahlreiche Wanderwege erschließen das Geisingberggebiet, man erreicht es von Altenberg, Bärenstein, Hirschsprung und Geising, man kann ihn umwandern oder auf den Gipfel steigen. Es ist eines der lohnendsten Ausflugsziele des Ost-Erzgebirges überhaupt.

„Der Geisingberg wird von Dresden aus viel besucht, aber nicht nur wegen der Aussicht, sondern wegen des Reichtums an seltenen Pflanzen, die an seinem Abhange und in seiner Nachbarschaft gedeihen, eine Wirkung der bunten geognostischen Zusammensetzung dieser Gegend. Daher sind es vorwiegend auch Dresdner Botaniker, die ihn heimsuchen"

(aus: Heinrich Gebauer, Das Erzgebirge und das sächsische Bergland, 1882)

Pflanzen und Tiere

Berg-wiesen

Besonders im Spätfrühling verwandeln sich die Bergwiesen am Fuße des Geisingberges in bunte Blütenteppiche. Die artenreichsten Wiesen erstrecken sich innerhalb des alten NSG im Nordwesten („Wiese an der Alten Bärensteiner Straße", „Klengelsteigwiese"), im Nordosten („Liftwiese", „Hufeisenwiese") und Osten (unterhalb des Steinbruchs, an der Eisenbahn). Hier konnten sie sich über viele Jahrzehnte durch eine mehr oder weniger kontinuierliche Heumahd entwickeln. Auch im übrigen Gebiet rund um den Geisingberg kann man noch Bergwiesen finden, meistens aber nur relativ kleinflächig oder aber mit deutlich weniger Arten, da sie über lange Zeit brachgefallen waren. Flächen, die in den 70er und 80er Jahren beweidet wurden und nun wieder gemäht werden, zeigen inzwischen eine deutliche Regeneration zurück zu Bergwiesen, was hier sicherlich durch das noch reichlich vorhandene Samenpotential unterstützt wird.

Die Bergwiesen des Geisingberges bieten in ihrer Mehrzahl die typische Ausbildungsform des Ost-Erzgebirges als Bärwurz-Rotschwingelwiesen. Besonders artenreich sind die feuchten und basenreicheren Trollblumen-Wiesenknöterich-Wiesen.

Nach der Schneeschmelze erscheinen zunächst Buschwindröschen, Gebirgs-Hellerkraut und Hohe Schlüsselblumen in großer Anzahl. Mitte Mai färben sich die Bergwiesen hellgrün und weiß durch den frisch ausgetriebenen, bald blühenden Bärwurz. Besonders auf den nordwestlichen Wiesen leuchten dazwischen die purpurroten Blütenstände des Stattlichen Knabenkrautes. In den feuchteren Bereichen hingegen beginnen die ersten Trollblumen ihre Blütenköpfe blassgelb zu färben. Im Mai blühen hier außerdem Scharfer Hahnenfuß und Berg-Platterbse.

bunter Höhe-punkt Anfang Juni

Ihren bunten Höhepunkt erreichen die Bergwiesen dann Anfang Juni: das Gelb stammt vom Weichen Pippau und den tausenden Blütenköpfen der Trollblume, die hier ihr weitaus umfangreichstes sächsisches Vorkommen besitzt, außerdem steuern Blutwurz-Fingerkraut und vereinzelt die Niedrige Schwarzwurzel etwas gelbe Farbe bei. In den feuchteren Bereichen gesellen sich die rotvioletten Blüten der Breitblättrigen Kuckucksblume hinzu und bilden vor allem entlang des Klengelsteiges im Nordosten des Gesingberges einen herrlichen Kontrast zu den hier ebenfalls gehäuft auftretenden Trollblumen. Weitaus weniger zahlreich ist eine andere Orchideenart, der Große Händelwurz. Zu dieser Familie zählt auch das unscheinbare, weil grün blühende Große Zweiblatt. Über den Blütenteppich hinaus erheben sich ab Mitte Juni die Blütenstände des Wiesen-Knöterichs und der Ährigen Teufelskralle, während das Gemeine Kreuzblümchen kurzrasige Stellen bevorzugt, die schon zu den Borstgrasrasen überleiten. Eben dort, etwas weiter entfernt vom Basaltgipfel, wo dessen basische Sickerwässer kaum noch Einfluss haben, beginnt Mitte Juni auch die Arnika zu blühen, die es eher etwas sauer mag. Auf den feuchteren Bergwiesen hingegen gehört die zweite Junihälfte der Alantdistel und der Großen Sterndolde.

späte Mahd im Juli

Dank des späten Mahdtermins bildet sich danach auf den Geisingbergwiesen noch ein bunter Sommer-Blühaspekt aus. Hier oben stellt sich meist erst im Juli richtiges Heuwetter ein, und auch aus Naturschutzgründen werden die wertvollsten Wiesen erst gemäht, wenn die Sommersonne die Samen der seltenen Arten hat reifen lassen. Nun bestimmen die rosa Blüten der Perücken-Flockenblume das Bild, gemeinsam mit den Sommerblühern Kanten-Hartheu, Gemeiner Hornklee, Rauhem Löwenzahn, Zickzack-Klee, Acker-Witwenblume und Vogel-Vicke. Komplettiert wird die Artengarnitur der Bergwiesen am Geisingberg neben vielen weiteren Begleitarten durch etwa ein Dutzend Gräser, von denen folgende Arten besonders häufig auftreten: Rot-Schwingel, Rotes Straußgras, Wolliges Honiggras, Ruchgras, Flaumhafer, Schmalblättrige, Feld- und Vielblütige Hainsimse.

brachgefallene Bergwiesen

eutrophierte Wiesen

Auf lange Zeit brachgefallenen Bergwiesen konnten einige wenige Arten zur Dominanz gelangen und die floristische Vielfalt verdrängen. Neben dem Bärwurz und dem Kanten-Hartheu kann vor allem das ausläufertreibende Weiche Honiggras dichte Teppiche bilden. Auf eutrophierten Wiesen, d. h. solchen, die stärker von der intensiven Landwirtschaft der 1970er und 80er Jahre in Mitleidenschaft gezogen wurden, fehlen die meisten der niedrigwüchsigen Magerkeitszeiger, zu denen mindestens die Hälfte der hiesigen Bergwiesenpflanzen zu zählen ist, ebenfalls. Stattdessen treten hochwüchsige Gräser wie Wiesen-Fuchsschwanz, Knaulgras, Gemeines Rispengras und Stauden wie Wiesen-Kerbel, Stumpfblättriger Ampfer und Wiesen-Bärenklau hervor. Solche Flächen werden heute in der Regel zweimal pro Jahr gemäht, um die konkurrenzkräftigen Stickstoffzeiger zurückzudrängen und den typischen Bergwiesenarten wieder neue Chancen zu geben. Besonders in der unmittelbaren Umgebung der alte" Naturschutzwiesen hat sich schon nach wenigen Jahren der erste Erfolg dieser „Aushagerungsmaßnahmen" eingestellt: Breitblättrige Kuckucksblumen, Trollblumen und eine ganze Reihe weiterer Arten beginnen, auch von diesen Wiesen wieder Besitz zu ergreifen.

Den etwas kontinentaleren Lee-Charakter des Geisingberg-Osthanges zeigt eine besondere Ausbildungsform der Bergwiesen an der Eisenbahnstrecke, in der neben dem Gras Aufrechte Trespe auch Pechnelke, Thymian, Zittergras, Gemeiner Hornklee und Margeriten auffallen. Diese Bereiche ähneln den submontanen Pechnelken-Rotschwingelwiesen, wie sie auch im mittleren Müglitztal (um Glashütte) vorkommen.

Borstgras-
rasen

Die mageren Borstgrasrasen zählen zu den am meisten gefährdeten Pflanzengesellschaften Deutschlands, da sie durch Nährstoffzufuhr, z.B. infolge intensiverer Landwirtschaft, sehr schnell aufgedüngt werden und damit ihren Charakter und die typischen Arten verlieren. Hier am Geisingberg kommen sie als nährstoffärmste Ausbildungsform der Bergwiesen vor allem auf den Trockenbuckeln am Rande des NSG vor, wo weder die nährstoffreichen Sickerwässer der Basaltkuppe, noch die Weidewirtschaft der angrenzenden Flächen zu einer Eutrophierung führen konnte. Hier gedeihen auch noch größere Bestände von Arnika, einer typischen Borstgrasrasenart. Weiterhin wachsen hier neben dem namensgebenden Borstgras auch Heide-Labkraut, Berg-Platterbse und das unscheinbare Gras Dreizahn sowie zahlreiche Arten der Bergwiesen, einschließlich des Bärwurzes, wobei anspruchsvollere Arten aber fehlen.

Feucht-
wiesen,
Hochstau-
denfluren
und Klein-
seggen-
sümpfe

In den zahlreichen Quellmulden am Fuße des Geisingberges gehen die Bergwiesen über zu Feuchtwiesen, Hochstaudenfluren und Kleinseggensümpfen. In den Feuchtwiesen erreichen Arten, die auch in den feuchteren Ausbildungsformen der Bergwiesen schon vorkommen, teilweise hohe Flächendeckung und Individuenzahlen. Das gilt besonders für Trollblumen und Wiesen-Knöterich. Hinzu kommen im Frühjahr u.a. Sumpf-Dotterblume, später Goldschopf-Hahnenfuß, Kuckucks-Lichtnelke, Bach-Nelkenwurz und die Breitblättrige Kuckucksblume, im Frühsommer dann Mädesüß, Sumpf-Kratzdistel, Sumpf-Pippau und Sumpf-Schafgarbe.

Nährstoffärmere Quellbereiche werden von sauren Kleinseggenrasen eingenommen, sofern es sich um regelmäßig gemähte Wiesen handelt. Neben verschiedenen Seggen (Wiesen-Segge, Igel-Segge, Hirse-Segge, Aufsteigende Gelb-Segge) fallen hier ab Ende Mai die leuchtend weißen Früchte des Schmalblättrigen Wollgrases auf. Besonders arme Naßstellen entwickeln Torfmoospolster und vermitteln damit schon zu den echten Mooren. Wenn Feuchtwiesen oder Seggensümpfe beweidet oder sonst irgendwie gestört werden, aktiviert sich meistens die Samenbank im Boden, die in solchen Biotopen weit überwiegend aus unzähligen Binsensamen besteht. Spitzblütige Binse und Flatterbinse kommen dann zur Dominanz, nur vergleichsweise wenige der zahlreichen Feuchtwiesenarten gedeihen hier noch, z.B. Sumpf-Hornklee, Kleiner Baldrian und Sumpf-Veilchen.

Ohr-
weiden-
gebüsch

Besonders im Bereich des sogenannten Jacobstollens, einer weiten Talmulde westlich des Geisingberges zwischen Eisenbahn und Kleiner Biela, die in den 70er Jahren dem Naturschutzgebiet als Exklave zugefügt wurde, hat Ohrweidengebüsch ehemalige Feuchtwiesen und Seggensümpfe eingenommen. Am trockeneren, gleichfalls lange Zeit brachgefallenen Osthang bedeckten Heckenrosen- und Weißdornsträucher große Flächen, bevor im Rahmen des Naturschutz-Großprojektes umfangreiche Entbuschungsmaßnahmen in Angriff genommen wurden. Schlehen erreichen am Geisingberg ihre Höhengrenze im Ost-Erzgebirge und kommen nur noch an wärmebegünstigten Stellen vor.

Stein-
rücken

Zu den typischen Landschaftselementen des Geisingberggebietes gehören die hier besonders vielgestaltigen Steinrücken. Zwischen der Kleinen Biela und dem Roten Wasser, dem Lerchenhübel und der Altenberger Pinge gibt es fast 100 linienförmige Lesesteinwälle von gut einem dutzend Kilometern Gesamtlänge. Dazu kommen noch mehrere Steinhaufen, die wahrscheinlich auf alte Bergbauhalden zurückgehen, heute aber einen ähnlichen Charakter wie die eigentlichen Steinrücken haben. Das in jahrhundertelanger, mühsamer Arbeit aufgeschichtete Geröll entstammt den unterschiedlichen, hier anstehenden Gesteinsarten, was sich deutlich in der darauf wachsenden Vegetation widerspiegelt. Außerdem tragen die Höhenunterschiede auf engstem Raum (zwischen 560 und 775 m) sowie die verschiedenen Expositionen und Hanglagen zu einer außergewöhnlichen Vielgestaltigkeit bei. Durch das Naturschutz-Großprojekt wurde in den letzten Jahren die Pflege vieler Steinrücken veranlasst. Vor allem im Nordosten des Geisingberges hatten Naturschutzkräfte bereits schon Anfang der 90er Jahre begonnen, entsprechend der historischen Nutzungsform Steinrücken wieder auf Stock gesetzt. Die eigentlich typischen (dorn-) strauchreichen Gehölzgesellschaften haben sich bislang allerdings nicht in dem gewünschten Umfang eingestellt, stattdessen führen die dicht aufwachsende Triebe des Stockausschlages von Ahorn und Aspe zu rascher Neuverschattung, besonders der Steinrücken an nährstoffreicheren und feuchteren Stellen.

Zu den Gehölzarten, die am Geisingberg fast keiner Steinrücke fehlen, zählen Berg-Ahorn, Eberesche, Zitter-Pappel, Sal-Weide und Hirsch-Holunder. Die Dominanzverhältnisse dieser Arten weisen in Abhängigkeit vom geologischen Untergrund jedoch große Unterschiede auf. Während die Eberesche auf Steinrücken über Quarzporphyr fast ausschließlicher Bestandesbildner der Baumschicht ist, tritt sie auf den basaltblockreichen Granitporphyr-Steinrücken am Nordosthang nur in Form von Einzelexemplaren auf verhagerten, sehr blockreichen Bereichen auf. Im ganzen Gebiet verbreitet, jedoch über Quarzporphyr zurücktretend, sind Esche, Vogel-Kirsche, Hasel, Weißdorn, Hecken-Rose und Gemeiner Schneeball. Unter den krautigen Pflanzen verhalten sich Purpur-Hasenlattich und Frauenfarn ähnlich. Maiglöckchen sind im Granitporphyrgebiet selten, Gemeiner Wurmfarn und Wald-Flattergras auch über Gneis. Auf den Granitporphyr-Steinrücken am trockeneren Ost- und Südosthang dominieren Birken, außerdem kommt Faulbaum gehäuft vor. Eichenfarn und Wald-Wachtelweizen besitzen hier ihren Verbreitungsschwerpunkt.

basalt-
blockrei-
che Stein-
rücken

Die basaltblockreichen Steinrücken am Fuße des Berges sind besonders artenreich und zeichnen sich durch das Vorkommen von Arten basenliebender Buchen- und Linden-Ahorn-Wälder aus. Spitz-Ahorn, Berg-Ulme, Schwarze Heckenkirsche, Alpen-Johannisbeere sowie Süße Wolfsmilch und Nickendes Perlgras besitzen hier ihren Verbreitungsschwerpunkt in der Geisingberg-

Abb.: Stein-rücke am Geising-berg im Winter

Umgebung. Das Vorkommen anderer anspruchsvoller Arten beschränkt sich auf solche Steinrücken mit Basaltgeröll. Dazu gehören unter anderem Winter- und Sommer-Linde, der unter Naturschutz stehende Seidelbast sowie Efeu, Christophskraut, Breitblättrige Glockenblume, Waldmeister, Großes Springkraut, Einbeere, Vielblütige Weißwurz und Echtes Lungenkraut. Das Vorkommen der meisten dieser echten Waldarten wurde durch den dichten Kronenschluß der jahrzehntelang nicht mehr auf Stock gesetzten Bäume gefördert.

Auf Steinrückenbereiche in den Quellarmen am Jacobstollen, westlich des Geisingberges, sind einige feuchtigkeitsliebende Gehölzarten beschränkt, so z.B. Moor-Birke, Grau-Weide, Bruch-Weide und Schwarz-Erle.

Wald-bestand

Der Waldbestand auf dem Geisingberg erscheint dem heutigen Besucher als ziemlich naturnah, doch ist auch hier die Bestockung auf forstliche Maßnahmen seit über 150 Jahren zurückzuführen. Bis Anfang des 20. Jahrhunderts soll der Wald aus sehr viel Tanne mit Fichten und Buchen bestanden haben. Nach einem schweren Sturm wurde allerdings ein großer Teil der Geisingbergkuppe mit Fichten aufgeforstet. Die Reste dieser – ganz und gar nicht standortgerechten – Fichtenforste sind allerdings in den 80er Jahren der Luftverschmutzung zum Opfer gefallen. Zuvor schon hatte das Schwefeldioxid die Weißtannen dahingerafft, die hier am Geisingberg beachtliche Dimensionen erreicht haben sollen.

Durch die Auflichtung hat der Wald am blockreichen Westhang einen großen Strukturreichtum mit einer artenreichen Strauchschicht erhalten. Einzelne Buchen recken ihre durch den plötzlichen Freistand, durch Eisbruch und neuartige Waldschäden spießigen Äste in den Himmel, dazwischen wachsen Ebereschen, junger Berg- und Spitz-Ahorn, Eschen-Verjüngung, Sal-Weiden, Hasel, Hirsch-Holunder sowie vereinzelt, vor allem im Randbereich, auch Seidelbast, Schwarze Heckenkirsche und Alpen-Johannisbeere. Die Bodenflora wird von montanen Buchenwaldarten bestimmt. Dazu zählen Purpur-Hasenlattich, Fuchs-Kreuzkraut, Quirl-Weißwurz. Außerdem treffen am Geisingberg hochmontane Pflanzen, wie der Alpen-Milchlattich auf Arten, die hier ihre obere Verbreitungsgrenze im Ost-Erzgebirge finden

(Wald-Bingelkraut, Echtes Lungenkraut, Süße Wolfsmilch). Die genannten Arten deuten daraufhin, daß der Geisingberg von Natur aus einen nährstoffreichen Buchenmischwald tragen würde. Besonders deutlich wird dies dort, wo auch der Zwiebel-Zahnwurz auftritt. Recht mächtige Buchen prägen heute noch den Südosthang. Interessant ist darüberhinaus ein 1,5 ha großer, höhlenreicher Altbuchenwald am Hohen Busch, mit feuchten Senken, in dem eine artenreiche Strauch- und Krautschicht gedeiht.

Im Gipfelbereich wächst ein Eschenbestand, dem u. a. Bergahorn beigemischt ist. Der Basenreichtum des anstehenden Basaltes verhilft, trotz der Flachgründigkeit des Bodens, diesen Arten der Schlucht- und Schatthangwälder auch hier zu einem recht guten Wachstum, so daß eine gute Gipfelaussicht nur noch vom Louisenturm aus möglich ist. In den Laub-Mischwäldern des Nord- und Osthanges fallen die großen Blätter der Weißen Pestwurz auf, die sonst eher entlang der Bergbäche zu Hause ist.

Der Wald südöstlich des Geisingbergfußes wurde überwiegend erst Ende des 19. und Anfang des 20. Jahrhundert aufgeforstet und trägt heute in zweiter Generation jüngere Bestände von Fichten, Lärchen, Berg-Ahorn, teilweise auch Blaufichten. Auch der Lerchenhübel war früher landwirtschaftliche Nutzfläche, wie die in den Lärchen- und Fichtenbeständen liegenden Steinrücken beweisen.

Zum Schutz der Eisenbahnstrecke vor den allwinterlichen Schneeverwehungen wurde nordwestlich des Geisingberges ein langer, schmaler Fichtenstreifen aufgeforstet, der heute die Geisingbergwiesen von den Grünlandflächen im Einzugsgebiet der Kleinen Biela trennt.

Tierarten Die Vielfalt an Pflanzengemeinschaften und Biotopstrukturen des Geisingberggebietes bieten auch zahlreichen Tierarten geeigneten Lebensraum. So konnten bei der Erweiterung des Naturschutzgebietes über 40 Tagfalterarten, 11 Heuschreckenarten, 69 Zikadenarten, 7 Amhibien- und Reptilienarten und 61 Brutvogelarten nachgewiesen werden.

Tagfalter Vor allem für die meisten Tagfalter ist der kleinflächige Wechsel von Wiesen und Gehölzen mit entsprechenden Saumbereichen wichtig. Zu den häufigsten und auffälligsten Arten des Geisingberges gehören im Frühling (Mai) Aurorafalter, Landkärtchen, verschiedene Dickkopffalter, Kleiner Fuchs, Tagpfauenauge und Zitronenfalter. Neben einigen der genannten Arten flattern im Sommer dann viele weitere Schmetterlinge über Wiesen und entlang der Steinrücken, u.a. Schwalbenschwanz, Distelfalter, Admiral, Scheckenfalter, Schornsteinfeger, Kleines Wiesenvögelchen, Großes Ochsenauge, Schachbrettfalter, verschiedene Bläulinge, Kleiner und Braunfleck-Perlmutterfalter. Besonders bemerkenswert sind die wiesentypischen Rote-Liste-Arten Großer Perlmutterfalter, Violetter Waldbläuling, Wachtelweizen-Scheckenfalter und Senfweißling.

Heuschre- *ckenfauna* Gemessen an der montanen Lage des Geisingberges ist seine Heuschreckenfauna erstaunlich artenreich. Neben eher häufigen Grünlandarten wie Zwitscherschrecke, Gewöhnliche Strauchschrecke, Roesels Beißschrecke,

Buntem und Gemeinem Grashüpfer kommen hier auch seltene Berglandarten vor, nämlich der Warzenbeißer und die Plumpschrecke. Von großer Bedeutung für einige Heuschreckenarten sind die lückigen Vegetationsstrukturen der borstgrasrasenartigen Bergwiesen, v.a. am Osthang des Geisingberges. Bemerkenswert sind dort die Rote-Liste-Arten Heidegrashüpfer und Kurzflügelige Beißschrecke.

Amphibienarten

Mit Erdkröte, Grasfrosch, Berg- und Teichmolch kommen vier Amphibienarten in der Umgebung des Geisingberges vor. Die wichtigsten Laichgewässer befinden sich im Tal der Kleinen Biela, insbesondere in den dortigen Teichen. Aber gelegentlich werden auch nasse Senken innerhalb der Nasswiesen mit genutzt, was auf einen Mangel an geeigneten Laichplätzen hinweist.

Reptilien

Ebenfalls vier Arten weist die Reptilienfauna auf. Ringelnattern leben im Einzugsgebiet der Biela. Selten kann auch am Steinbruchsee ein Exemplar beobachtet werden. Waldeidechsen und Blindschleichen sind häufig und besiedeln die Steinrücken, Waldränder und Trockenmauern. Steinrücken und Bergwiesen sind auch der Lebensraum von Kreuzottern. Noch vor 20, 30 Jahren waren diese Schlangen noch durchaus häufig hier. Heute gehört die Begegnung mit einer Kreuzotter zu den eher seltenen Naturerlebnissen, selbst rund um den Geisingberg. Neben absichtlichen Tötungen der vermeintlich gefährlichen Giftschlange (deren Giftigkeit meist wesentlich überschätzt wird) sind dafür Verluste durch Fahrzeuge und durch Mähwerke verantwortlich zu machen. Das gilt leider auch für die bei der Biotoppflege eingesetzten Geräte. Die besten Chancen zur Beobachtung von Kreuzottern bestehen im Frühling nach der Schneeschmelze, wenn sich die noch etwas von der Winterstarre benommenen Tiere auf den Steinrücken morgens von der Sonne aufwärmen lassen. Nicht wenige der Kreuzottern sind übrigens sehr dunkel gefärbt und lassen das bekannte Zickzackmuster kaum erkennen (sog. Teufels- oder Höllenottern).

Vogelwelt

Neben der Florenvielfalt ist besonders die Vogelwelt von überregionaler, herausragender Bedeutung. Das betrifft vor allem den Wachtelkönig (Wiesenralle), der hier eine spektakuläre Brutdichte erreicht. An warmen, windstillen Juniabenden kann man manchmal an vier oder fünf verschiedenen Stellen rings um den Geisingberg die eigentümlich monotonen Rufe vernehmen - ohne allerdings den Meister der Wiesentarnung dabei jemals zu Gesicht zu bekommen. Spät gemähte, nicht zu kurzrasige Wiesen sind sein Habitat, so wie es davon viele gibt hier im Naturschutzgebiet. Weitere bemerkenswerte Wiesenbrüter, vor allem der Feuchtbereiche, sind Braunkehlchen, Bekassine und Wiesenpieper. Gebüschreiche Gehölze der Steinrücken nutzen Dorngrasmücken, Neuntöter und viele Goldammern. Bemerkenswert ist auch das Auftreten des Karmingimpels in den letzten Jahren in Weidendickichten. Seit den 90er Jahren kann man in feuchten Wiesenflächen, vor allem im Bielatal, öfter auch einen Schwarzstorch auf der Lauer nach Fröschen beobachten, oder ihn über dem Gebiet kreisen sehen. Die Altbuchenbestände am Osthang der Bergkuppe bzw. am Hohen Busch sind die Reviere von Schwarzspechten bzw. Hohltauben und Dohlen, den Nachnutzern von Schwarzspechthöhlen.

Wanderziele am Geisingberg

Ein ziemlich dichtes Netz von Wanderwegen durchzieht das Gebiet des Geisingberges, die alle ihren Reiz haben, weite Ausblicke eröffnen, durch artenreiche Wälder, entlang von verschiedenen Steinrücken oder über bunte Bergwiesen führen. Die folgende Übersicht umfasst nur eine kleine Auswahl von Orten, wo sich das nähere Befassen mit der Arten- und Formenfülle der Natur geradezu aufdrängt.

① Heidehübel (773 m)

Von der kleinen Kuppe am Hauptwanderweg hat man einen schönen Blick auf den Geisingberg. Vor allem im unbelaubten Zustand fällt auf, daß der Basaltberg keineswegs so gleichmäßig geformt ist, wie es von weitem den Anschein hat. Der Basalt ist übrigens nur auf die Bergkuppe beschränkt, er reicht nicht einmal bis zum Waldrand.

Quarz-porphyr

Der Heidehübel selbst besteht aus Quarzporphyr. Der Höhenrücken ist erdgeschichtlich rund fünf Mal so alt wie der Geisingberg, aber aufgrund der hohen Verwitterungsbeständigkeit des Porphyrs nur 50 m niedriger. Zwischen beiden Erhebungen erstreckt sich noch ein Gneisband, durch dessen Einsattelung der Wanderweg führt. Dabei kann man beobachten, wie trotz jahrzehntelanger, recht intensiver Weidenutzung die Vegetation noch immer die Bodenverhältnisse widerspiegelt. Das Plateau des Heidehübels ist sehr flachgründig und war früher sicher einmal von sauren Borstgrasrasen bedeckt. Heute finden sich in der niedrigen und lückigen Pflanzendecke noch Bärwurz, Rot-Schwingel, Rotes Straußgras, Drahtschmiele, Rundblättrige Glockenblume, Harz-Labkraut, Wald-Habichtskraut und Kleiner Klappertopf; außerdem, schon wesentlich weniger, Perücken-Flockenblume, Kanten-Hartheu und Acker-Witwenblume, links des Weges auch Rainfarn als Brachezeiger. In der Gneissenke, die wesentlich besser mit Nährstoffen, aber auch Wasser versorgt ist, erreicht die Vegetation die drei- bis fünffache Höhe und ist auch viel dichter als auf der Porphyrkuppe. Im Frühsommer fallen vor allem die weißen Margeriten und violetten Alant-Disteln auf. Weitere hier häufige Arten sind Wiesen-Platterbse, Sumpfgarbe, Rotes Straußgras, Vogel-Wicke, Ruchgras, Rotschwingel, Wiesen-Knöterich, Kuckucks-Lichtnelke und Weicher Pippau. Sie deuten an, daß sich diese Flächen nach Aufgabe der intensiven Rinderbeweidung, von der noch der sehr häufige Weißklee zeugt, wieder zu artenreicheren, feuchten Bergwiesen entwickeln können.

Bodenver-hältnisse

Ebenfalls von den harschen Standortbedingungen auf dem Geisingberg zeugen die nur locker mit windzerzausten Ebereschen bewachsenen Steinrücken.

harsche Stand-ortbedin-gungen

Ganz und gar nicht dazu passt allerdings, wie sich seit geraumer Zeit Meerrettich entlang des Weges ausbreitet, der ja eigentlich eher nährstoffreichere Böden bevorzugt. Zweifelsohne ist er hier „aus Versehen" von Menschen an den Geisingberg gebracht worden, und offenbar sind auch die Randbereiche des im Sommer viel begangenen Wanderweges ausreichend gedüngt für Neuankömmlinge.

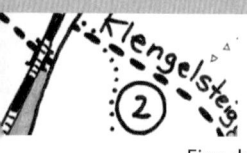

Klengelsteigwiese

Eine der eindrucksvollsten, farbenprächtigsten und artenreichsten Wiesen
Sachsens begrüßt die Besucher des Geisingberges, die von Altenberg aus
nicht auf geradem Wege zum Gipfel wandern, sondern den Klengelsteig im
Nordwesten für den Aufstieg wählen. Wo dieser von der „Alten Bärensteiner
Straße" (auf Wanderkarten auch als „Hohe Straße" bezeichnet) abzweigt,
findet man rechter Hand zunächst eine recht magere, kurzrasige Bergwiese
vor, vor allem mit Bärwurz, Kreuzblümchen, Berg-Platterbse, Harz-Labkraut
und Kanten-Hartheu. Auch die niedrigwüchsigen Gräser (Rot-Schwingel,
Feld-Hainsimse, Schmalblättrige Hainsimse, Draht-Schmiele, Rotes Straußgras) bilden hier nur eine lockere Rasennarbe. Im vegetationskundlichen
Sinne handelt es sich um einen Borstgrasrasen – zu arm, zu sauer für an-

Troll-
blumen

spruchsvollere Wiesenpflanzen wie etwa Trollblumen oder Knabenkraut.
Stattdessen blüht hier ab Mitte Juni der Arnika. Bis hierher reicht der Einfluss der Sickerwässer nicht, die sich nach längerer Verweildauer im Basalt-
stock des Geisingberges mit wichtigen (basischen) Mineralien angereichert
haben und diese dann den umgebenden Wiesen zuführen. Stattdessen
macht sich an der unteren Klengelsteigwiese der saure Untergrund des
Quarzporphyrs im Pflanzenbestand bemerkbar. Hier ist die rar gewordene
Heimat der einstmals weitverbreiteten konkurrenzschwachen Wiesenarten.

Das gilt allerdings nur für die Wiese rechts des Weges. Diese stand auch zu
DDR-Zeiten unter Naturschutz. Die Fläche auf der anderen Seite der Steinrücke hingegen wurde „normal" bewirtschaftet, also recht intensiv beweidet und auch stark gedüngt. Die dabei in den Boden gebrachten Nährstoffe wirken bis heute nach. Trotz zweischüriger Mahd seit 15 Jahren ist der
Unterschied zum benachbarten Borstgrasrasen noch immer offensichtlich.

Arnika

Die Vegetation ist höher und dichter, Arnika und Kreuzblümchen haben
hier noch immer kaum eine Chance.

Hinzugekommen ist in den letzten Jahren allerdings der Wald-Storchschnabel
– eine bemerkenswerte Entwicklung. Während diese besonders hübsche
Bergwiesenblume im Tal der Wilden Weißeritz und anderen weiter westlich
liegenden Gebieten des Erzgebirges jeden Mai in großer Zahl blüht, gab es
sie im Geisingberggebiet und dem angrenzenden Müglitztal bislang (fast)
überhaupt nicht. Zum einen deutet dies auf klimatische Unterschiede hin
(die Ostflanke des Erzgebirges ist deutlich kontinentaler geprägt). Zum

Heumahd

anderen aber waren früher die Heu-Transportwege vor allem nach Norden
ausgerichtet – zu den Heumärkten und Großverbrauchern (v. a. den Fuhr-
unternehmen) in Dresden bzw. Freiberg. Pflanzensamen breiteten sich dadurch vorzugsweise auch in dieser Richtung aus. Heute hingegen bewirtschaftet ein Landwirt aus dem Weißeritzgebiet auch große Teile der Geisingbergwiesen – möglicherweise hat auf diese Weise der Wald-Storchschnabel auch hier Einzug gehalten.

Auf der Steinrücke zwischen den beiden Wiesen gedeihen im unteren Teil
auch einige Feuerlilien und Busch-Nelken.

Breit-blättrige Kuckucks-blume

Beim weiteren Aufstieg auf dem Klengelsteig in Richtung Geisingberg macht sich eine deutliche Veränderung der Vegetation auf der Wiese rechter Hand bemerkbar. Die ersten Trollblumen und Breitblättrigen Kuckucksblumen veranlassen zum Staunen und Fotografieren. Magerkeitszeiger wie Borstgras bleiben hingegen zurück, selbst der Bärwurz macht sich rar. Die Gräser (v. a. Rot-Schwingel, Gemeines Rispengras, Ruchgras und, im Trittbereich des Weges, auch Kammgras) sind deutlich kräftiger und größer – und dies trotz des hier ebenfalls hinzutretenden Kleinen Klappertopfes, der an den Graswurzeln schmarotzt. Außerdem wachsen in diesem Bereich typische Bergwiesenarten wie Perücken-Flockenblume und Weicher Pippau.

Händel-wurz

Ungefähr ab der Hälfte des Weges – Steinrücke und Wanderpfad machen hier einen kleinen Knick – beginnt die Wiese erheblich feuchter und noch artenreicher zu werden. Mehrere tausend Exemplare Breitblättrige Kuckucksblumen und zumindest einige hundert Trollblumen bieten alljährlich Ende Mai/Anfang Juni ein einzigartiges Natur-Erlebnis. Hinzu treten Sumpf-Pippau, Kuckucks-Lichtnelke, Kleiner Baldrian, Wiesen-Schaumkraut, Wiesen-Knöterich, Schmalblättriges Wollgras und der seltene Moor-Klee. Vereinzelt kann man auch mal eine Händelwurz-Pflanze (eine in Sachsen heute seltene Orchidee) finden. Etwas früher, je nach Schneeschmelze Ende April oder Anfang Mai, beherrschen Sumpf-Dotterblumen das Bild. Hier tritt das basischen Quellwasser des Geisingberges ans Tageslicht und schafft ideale Bedingungen für Pflanzenarten, die eine ausgeglichene Nährstoffbilanz des Bodens benötigen. Etwas trockenere Bereiche wechseln sich auf engstem Raum ab mit nassen Senken – entsprechend eng verzahnt sind hier auch Bergwiesen (Trollblumen-Ausbildungsform der Bärwurz-Bergwiesen), Feuchtwiesen (Trollblumen-Knöterich-Feuchtwiesen) sowie Binsen- und Kleinseggensümpfe.

gelb-blau-en Blüten des Hain-Wachtel-weizen

Besonders auffällig sind entlang des Weges und der Steinrücke die zahlreichen gelb-blauen Blüten des Hain-Wachtelweizens. Noch vor einigen Jahren hatte auch diese Steinrücke den Charakter eines recht dichten Waldstreifens. Seit einem Pflegeeingriff („Auf-Stock-setzen" der Gehölze) kommt nun zwar wieder mehr Licht auf den Boden (und die Trollblumen- und Orchideensamen haben wieder eine Chance, die benachbarte Wiese zu erreichen), aber trotzdem wachsen hier immer noch einige Waldarten wie Wurmfarn, Großes Springkraut, Goldnessel, Wald-Flattergras, Quirl-Weißwurz und Fuchs-Kreuzkraut.

Am Waldrand, besonders nordöstlich der Steinrücke (wo bis 1990 noch gedüngt und recht intensiv beweidet wurde), haben die feuchten Wiesen infolge reichlich vorhandener Nährstoffe den Charakter von Hochstaudenfluren. Dicht- und Hochwüchsige Pflanzen von Wiesen-Knöterich, Mädesüß und Quirl-Weißwurz beherrschen hier die Vegetation. Für Trollblumen und Orchideen ist dazwischen kaum noch Platz. Hinzu kommt die Beschattung durch den Waldrand.

Der Wanderer betritt nun eine andere Welt – nicht minder interessant als die artenreichen Berg- und Nasswiesen am Klengelsteig. Wer den Wander-

weg am Geisingbergfuß nach rechts entlanggeht, kommt beispielsweise an einigen alten Hudebuchen vorbei, deren Bucheckern früher die Ziegen sattmachten, die viele Altenberger Familien besaßen.

Nach links hingegen geht es in Richtung Sachsenabfahrt und ehemalige Sprungschanze.

Sachsenabfahrt und alte Schanze

Wintersport wird im Ost-Erzgebirge schon seit etwa 100 Jahren betrieben. Doch während heute die Schwerpunkte im Altenberger Raum bei Biathlon- und Bobwettkämpfen liegen, wurden hier früher auch Meisterschaften im Skispringen und Abfahrtslauf ausgetragen. Die Sachsenabfahrt am Nord-ost-Hang des Geisingberges führte einstmals vom 824 m hohen Gipfel bis hinunter zur knapp 300 m niedri-ger liegenden Talsohle des Roten Wassers. Vom Haltepunkt Hartmannmühle konnten die begüterten Abfahrtsläufer wieder mit dem Zug hinauffahren (die Kleinbahn hatte bis 1936 sogar einen eigenen Haltepunkt „Sprungschanze Geisingberg") – die meisten Sportler stapften damals allerdings zu Fuß wieder bergan. 1937 wurden an der Sach-senabfahrt die Deutschen Meisterschaften ausgetragen. Auch die ehema-lige Geisingberg-Schanze erlebte in den ersten Jahren der DDR-Zeit einige größere Wettkämpfe, bei denen sogar Walter Ulbricht per Pferdeschlitten herangezogen wurde. Doch Ende der 50er Jahre wurde diese Schanze ab-gerissen – wie so viele weitere in der Umgebung danach auch. Nur der tro-ckenmauerartig gesetzte Sockel der Zuschauertribünen sowie der Schan-

Winter-
sport

zenauslauf erinnern noch an die Zeiten, als sich tausende Wintersportbe-geisterte am Geisingberg tummelten. Vergleichsweise familiären Charakter trägt dagegen der heutige „Osterzgebirgscup", den es noch immer jeden Win-ter auf der (infolge des Bahnausbaus stark verkürzten) Sachsenabfahrt gibt.

Damit die Abfahrtsstrecke innerhalb des Waldes nicht zuwächst, wird sie von den Wintersportlern gemäht, meist spät im Herbst. Auf diese Weise hat sich hier eine interessante Wald-Staudenflur erhalten können. Hier wachsen u. a. Fuchs-Kreuzkraut, Quirl-Weißwurz, Purpur-Hasenlattich, Mädesüß, Breit-blättrige Glockenblume und Wolliger Hahnenfuß. Von der sogenannten Liftwiese unterhalb des Waldrandes leuchten gelb die Köpfe von Trollblu-men herauf. Mit der Klengelsteigwiese vergleichbar gehört diese zu den wertvollsten Flächen des Naturschutzgebietes. Weil auf die Liftwiese kein Weg führt, kann sie auch nicht betreten werden – und bleibt seltenen Pflan-zen und ruhebedürftigen Tieren vorbehalten. (Das Verlassen des Weges ist in einem Naturschutzgebiet untersagt!)

Noch einmal einer bunten und artenreichen Hochstaudenflur begegnet man links des Weges neben der ehemaligen Sprungschanze. Hier behaupten sich auch noch Trollblumen, Bachnelkenwurz sowie Akeleiblättrige Wiesenraute.

Feuerlilie

Und im Juni blüht an dieser Stelle recht üppig die Feuerlilie.

Seit die Gehölze auf den Steinrücken hier auf Stock gesetzt wurden, bietet sich eine schöne Aussicht nach Norden und Osten.

Blockwald am Westhang

Wenn man auf dem Hauptwanderweg den Wald betritt, befindet man sich noch über Gneis, wobei der Wald aber schon durch Basaltgeröll und basische Sickerwässer beeinflußt ist. Es handelt sich um einen jüngeren Bestand von Eschen und Berg-Ahorn mit einzelnen Buchen. Die Bodenflora wird durch Wald-Flattergras, Busch-Windröschen, Purpur-Hasenlattich, Fuchs-Kreuzkraut und Hain-Rispengras geprägt – Arten, die am gesamten Geisingberg häufig und für die etwas nährstoffreicheren Buchenwälder des Berglandes charakteristisch sind. Es fällt auf, daß unter Laubholz die Krautschicht ziemlich dicht und artenreich, in den Fichtenbeständen hier aber viel geringer ausgebildet ist.

Basaltblockhalde Den Westhang des Geisingberges bildet eine mächtige, noch locker mit Bäumen bestandene Basaltblockhalde. Rechts des Weges findet man heute hier fast nur noch Eschen und als zweite, gering ausgeprägte Baumschicht ein paar Ebereschen. Außerdem fallen einige künstlich eingebrachte Zirbelkiefern auf. Die Bodenflora wird von Gemeinem Wurmfarn, Frauenfarn, Himbeere, Hain-Rispengras, Wald-Erdbeere, Lungenkraut, Wald-Bingelkraut, Purpur-Hasenlattich und Quirl-Weißwurz geprägt. Am Wegrand steht *Winterlinde* in bemerkenswerten 790 m Höhe eine Winterlinde.

Die Oberhänge des Geisingberges sind, trotz des gleichen Basaltuntergrundes, viel artenärmer. Offensichtlich führt hier das Niederschlagswasser die Nährstoffe schneller ab, als die Verwitterung sie nachschaffen kann. So findet man hier vor allem Arten wie Drahtschmiele, Wolliges Reitgras und Breitblättriger Dornfarn, die man sonst eigentlich eher mit bodensauren Buchenwäldern und Fichtenforsten in Verbindung bringt.

Waldschäden Links des Weges dominiert, anstatt des im 20. Jahrhunderts hier stockenden Fichtenforstes, Ebereschen-Jungwuchs, von den immer wiederkehrenden Eisbrüchen gezeichnet. Häufig staut sich am Geisingberg der „Böhmische Nebel" – feuchte Luft, die von Südwinden aus dem Nordböhmischen Becken über den Erzgebirgskamm gepresst wird. Dieser Nebel lagert sich dann als dicker Eispanzer an den Ästen und Zweigen an, die unter der enormen Last abbrechen.

Alte Forstquellen geben für den Berg zu Anfang des Jahrhunderts noch mächtige Tannen an, doch die müssen schon frühzeitig den Schwefelgasen der Erzverarbeitung und den Qualmwolken der Dampfeisenbahn zum Opfer gefallen sein. Die Fichten folgten in den 80er Jahren. Zumindest hat man heute über den lichten Ebereschen-Vorwald hinweg einen schönen Ausblick nach Nordwesten in die weite Quellmulde der Kleinen Biela, die ehemalige Zinnerz-Spülkippe im Bielatal mit dem rötlichen Restsee und dem dahinterliegenden Naturschutzgebiet Weicholdswald.

(5) Geising-Gipfel (824 m)

Vor allem der 18 m hohe Louisenturm sowie die kleine Berggaststätte locken Jahr für Jahr viele Besucher auf den Gipfel des Geisingbergs. Bereits August der Starke ist hier vor 300 Jahren auf Auerhahnjagd gegangen, und auch einer seiner Nachfolger, der sächsische König Anton, weilte hier wiederholt zu Jagdausflügen. Um 1830 befanden sich zu diesem Zwecke hier oben einige Pavillons. Für die in der 2. Hälfte des 19. Jahrhunderts in immer größerer Zahl ins Ost-Erzgebirge reisenden Sommerfrischler galt der Geisingberg als lohnendes Ausflugsziel. Der Waldbestand war damals noch licht, so dass sich vom Gipfel schöne Ausblicke boten. Dennoch scheute der frisch gegründete Altenberger Erzgebirgsverein weder Kosten noch Mühen, 1891 den massiven, steinernen Aussichtsturm zu errichten. Einige Jahre später folgte ein Unterkunftsgebäude, an dessen Stelle heute die Geisingbergbaude steht.

Aussichts-turm

Daneben befand sich ab 1947 auf dem Geisinggipfel eine Wetterwarte. Noch zu dieser Zeit war ein Teil des Gipfelplateaus waldfrei, da die meteorologischen Messgeräte möglichst unbeeinflusst von Bäumen betrieben werden mussten. 1970 wurde in Zinnwald-Georgenfeld eine neue Wetterstation errichtet und die auf dem Geisingberg aufgegeben.

Heute ragt der Aussichtsturm nur noch wenige Meter über den Eschenwald heraus, der sich auf dem Gipfelplateau entwickelt hat. Besonders, wenn nach dem Durchzug eines kräftigen Tiefdruckgebietes der Himmel aufheitert, bietet sich oftmals eine beeindruckende Fernsicht.

Ausblick

Aber auch bei weniger klarem Wetter lohnt es sich, den Blick über das Ost-Erzgebirge schweifen zu lassen. Deutlich ist der flache Schollencharakter zu erkennen. Bäche wie das zur Müglitz fließende Rote Wasser, unmittelbar östlich des Geisingberges, haben sich in diese allmählich von Nord nach Süd ansteigende Ebene eingegraben. Aufgelagert sind indessen zum einen die Basaltgipfel – wie der Sattelberg (im Osten), der Luchberg (im Norden) oder eben der Geisingberg selbst. Zum andern aber auch der erdgeschichtlich wesentlich ältere, aber ebenfalls aus vulkanischen Aktivitäten hervorgegangene Porphyrzug westlich des Geisingberges. Der bewaldete Rücken zieht sich von den Lugsteinen (Sendeturm im Südwesten) über den Kahleberg (markante Landstufe) und Oberbärenburg (Turm an der Bobbahn) nach Nordwesten, und er versperrt die weitere Aussicht nach Westen. Auch im Süden endet die Aussicht nach etwa 7–8 km. Hier erstreckt sich der Erzgebirgskamm über den Cinovecky hrbet/Zinnwalder Rücken und den Lysa hora/Kahler Berg zum Mückentürmchen.

Blick zur Pinge

Des weiteren kann man vom Louisenturm aus auch die markanten Spuren des Altenberger Zinnbergbaus erkennen. Groß klafft das Loch der Pinge in der Erde. Der größte Teil des Materials, dass die Bergleute im 20. Jahrhundert dort herausgeholt haben, lagert nun in zwei großen Spülhalden: der Tiefenbachhalde (Richtung Süden, zwischen Altenberg und Geising, mit Bauschuttdeponie und dergleichen) sowie der noch viel größeren Bielatalhalde (nördlich des Geisingberges, mit auffälligem Restsee).

Steinbruch

So schöne Säulenstrukturen wie am Scheibenberg im mittleren Erzgebirge oder am Goldberg/Zlaty vrch im Lausitzer Bergland kann man hier nicht erkennen – doch eindrucksvoll ist der Anblick der rund 50 m hohen Basaltwand dennoch. Und man kann sich gut vorstellen, dass die Naturfreunde des Landesvereins Sächsischer Heimatschutz in den 20er und 30er Jahren Angst bekamen, der Geisingberg könnte bald in seiner Gänze dem Steinbruchbetrieb zum Opfer fallen.

Das harte Basaltgestein wurde wahrscheinlich schon seit längerem am Geisingberg abgebaut, als ab Ende des 19. Jahrhunderts die Nachfrage nach stabilem Schottermaterial, vor allem für den Eisenbahnbau, immer mehr zunahm. 1908 errichtete ein Steinbruchunternehmen eine Seilbahn, mit der das Gestein zur Schmalspurbahn transportiert wurde. Diese endete ja in Geising und wurde erst 1923 bis Altenberg weitergebaut. Um 1930 sollte *Stein-* der Gesteinsabbau noch weiter intensiviert werden. Doch schließlich konn*bruchsee* te der Landesverein den Berg in seinen Besitz bringen und die Schließung des Steinbruches durchsetzen.

Am Grunde des Steinbruches füllte sich im Verlaufe der Zeit eine tiefe Senke mit einem Restsee. Noch in den 80er Jahren war dieses Gewässer sehr sauber. Eine seltene Wasserkäferart kam hier vor. Doch irgendwann wurden illegal Fische eingesetzt und offenbar auch gefüttert. Gleichzeitig nutzten Besucher zunehmend den kleinen Steinbruchsee – ebenfalls entgegen der Bestimmungen der Schutzgebietsverordnung – als Badegewässer. Beides führte zur Verschmutzung und Eutrophierung des Gewässers. Die Selbstreinigungskraft des Wassers ist hier sehr eingeschränkt – es gibt keinen Abfluss, und selbst im Sommer fällt fast kein Sonnenlicht ein. Daher sind weitere Verunreinigungen unbedingt zu verhindern.

Das kleine Plateau auf der gegenüberliegenden Uferseite sollte ebenfalls nicht betreten werden, um das hier u.a. vorkommende, unscheinbare Kleine Wintergrün nicht zu beschädigen.

Buchenwald am Osthang

Die Waldbestände am Osthang der Geisingkuppe haben noch einen sehr naturnahen Charakter. In unmittelbarer Umgebung des Steinbruches stockt auf quellig-frischem Boden ein vielgestaltiger Mischwald aus Esche, Bergahorn und Buche, in dem auch noch einige bemerkenswerte Bergulmen wachsen. In der üppigen Bodenflora fällt vor allem die Weiße Pestwurz auf, daneben auch Christophskraut, Wolliger Hahnenfuß, Bingelkraut, Lungenkraut und Wurmfarn.

höhlenbe- Südlich des Steinbruches bieten noch eine ganze Anzahl mächtiger Buchen *wohnende* höhlenbewohnenden Vogelarten Lebensraum. Mitunter kann man Schwarz*Vogelarten* spechte bei der Arbeit erleben. Auffällig ist im Mai/Juni der markante Gesang des Waldlaubsängers.

Wiesen und Steinrücken am Osthang

Steil und abwechslungsreich ist der Abstieg vom Geisingberg hinab ins Tal des Roten Wassers. Ein schmaler Pfad führt zunächst über die Wiese unterhalb des Steinbruches und trifft am unteren Rand auf einen einstmals als Wanderroute markierten, heute aber kaum noch benutzten Weg. Auf der genannten Wiese finden wir neben einer Vielzahl von Berg- und Frischwiesenarten (Bärwurz, Weicher Pippau, Ährige Teufelskralle, Zickzack-Klee, Rundblättrige Glockenblume, Flaumiger Wiesenhafer, Wiesen-Labkraut und

*Orchideen-
arten*

viele andere) auch zwei Orchideenarten: zum einen die am Geisingberg sehr häufige Breitblättrige Kuckucksblume, zum anderen das Stattliche Knabenkraut. Die beiden rot-violetten Orchideen gehören, auch wenn sie sich auf den ersten Blick ähneln mögen, zu zwei verschiedenen Gattungen. Die Gattung Kuckucksblume (lat. *Dactylorhiza)* hat einen bis zum Blütenstand beblätterten Stengel, ja sogar zwischen den einzelnen Blüten befinden sich kleine Laubblätter. Die echten Knabenkräuter (lat. *Orchis)* verfügen nur über eine Grundblattrosette. Das Stattliche Knabenkraut war früher ebenfalls im Ost-Erzgebirge verbreitet. Intensive Landwirtschaft, Bodenversauerung und Brachfallen von Wiesen (bzw. deren Aufforstung) haben jedoch nur noch wenige größere Vorkommen übrig gelassen. Eines davon befindet sich am Geisingberg, vorrangig auf den Wiesen des Osthanges.

Der Wanderweg folgt nun innerhalb einer breiten Steinrücke nach links. Hier wurden einstmals so viel Basaltgeröll aufgelesen, dass beiderseits des Weges mächtige Steinwälle emporwuchsen - es entstand eine Art Hohl weg. Der fruchtbare Boden fördert das Wachstum vieler Pflanzenarten, Bäume und Sträucher ebenso wie Gräser und Kräuter. Infolge ausbleibender Nutzung des Holzes wuchsen vor allem Berg-Ahorn und Eschen mächtig in die Höhe, die breite Steinrücke wurde zu einem Waldstreifen. Entsprechend finden sich in der Bodenflora auch zahlreiche Waldarten. Bemerkenswert sind vor allem: Akeleiblättrige Wiesenraute, Quirlblättrige Weißwurz, Mauerlattich, Wald-Flattergras, Bingelkraut, Nickendes Perlgras, Goldnessel, Großes Springkraut, Ruprechtskraut, Süße Wolfsmilch, Wurmfarn, Nesselblättrige Glockenblume, Christophskraut. Auch die Strauchschicht ist üppig: Schneeball, Hirsch-Holunder, Heckenrosen, Alpen-Johannisbeere, Hasel und Weißdorn. Auf mehreren Steinrücken im Nordosten des Geising-

Seidelbast

berges wächst auch Seidelbast in größerer Anzahl. Erst durch einen Pflegeeingriff vor einigen Jahren wurde das Kronendach wieder aufgelichtet und nebenbei auch der alte Wanderweg wieder zugänglich.

Beiderseits der Steinrücke kündet wieder bunte Blütenpracht von verschiedensten Wiesen. Rechter Hand ist eine etwas trockenere Fläche dabei. Die Aufrechte Trespe, ansonsten eher eine Art der Kalk-Magerrasen und deshalb in Sachsen ziemlich selten, bildet hier einen größeren Bestand, in dem u.a. auch Kreuzblümchen, Hain-Wachtelweizen und einzelne Skabiosen-Flockenblumen wachsen. Die meisten Wiesen in der Umgebung sind allerdings quellig-feucht, wieder mit zahlreichen Breitblättrigen Kuckucksblumen, mit Trollblumen, Schmalblättrigem Wollgras, Sumpf-Vergissmeinnicht,

Sterndolde   Sterndolde, Bach-Nelkenwurz, Sumpf-Pippau, Mädesüß sowie verschiedenen Seggen- und Binsenarten.

Noch einmal ganz anders präsentiert sich eine Wiese unterhalb der Bahnschienen, ein magerer Hang am Südwest-Rand des Hohen Busches. Neben verschiedenen Magerkeitszeigern (Borstgras, Thymian, Rundblättrige Glockenblume, Heide-Nelke, Echter Ehrenpreis, Hunds-Veilchen, Dreizahn) gedeiht hier auch noch die wärmeliebende Pechnelke – für 640 m Höhenlage ziemlich ungewöhnlich.

Sehr interessant ist ebenfalls der angrenzende Waldbestand des südwestlichen Hohen Busches. Höhlenreiche Altbuchen wechseln sich ab mit artenreichem Ahorn-Eschen-Beständen.

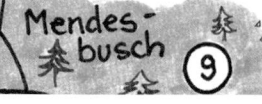

⑨ Steinrückenlandschaft Mendesbusch

Der auch heute noch überregional bedeutsame Artenreichtum der Wiesen und Steinrücken verringert sich recht schnell, sobald man das Geisingberggebiet verlässt, ganz gleich in welche Himmelsrichtung. Das hat zum einen etwas mit den besonderen basischen Einflüssen des Basaltes zu tun. Andererseits aber sind außerhalb des Naturschutzgebietes, infolge von Bewirtschaftungsänderungen, in den letzten Jahrzehnten auch viele „normale" Pflanzenarten in ihrem Bestand stark zurückgegangen, die einstmals für viele Bergwiesen und Steinrücken des Ost-Erzgebirges typisch waren. Dies betrifft auch die Flur Bärenstein und Umgebung. Mancherorts gibt es hier noch bedeutsame Restpopulationen der einstmals charakteristischen Arten des oberen Müglitztales. Doch die verbliebenen Bestände der Breitblättrigen Kuckucksblume im Bielatal oder des Stattlichen Knabenkrautes an der Sachsenhöhe sind inzwischen so weit von den großen Vorkommen am Gesingberg entfernt, dass da kaum noch Austauschbeziehungen bestehen. Das gilt mehr oder minder auch für viele weitere Arten.

Biotop-verbund-planung   Um dem entgegenzuwirken, hat die Grüne Liga Osterzgebirge 1996 eine Biotopverbundplanung erarbeitet und große Anstrengungen unternommen, wieder Ausbreitungskorridore zu schaffen. Vor allem sollten in einem Landstreifen zwischen Geisingberg und Bielatal wieder Steinrückenpflege und Heumahd aufgenommen werden, was mittlerweile auch teilweise gelungen ist. Als ein solcher Biotopverbundkorridor boten sich die langgestreckten Hufenstreifen an, die vom Oberdorf Bärenstein zunächst nach Westen ausgehen, dann aber über fast anderthalb Kilometer in Nord-Süd-Richtung auf den Geisingberg zu verlaufen.

Gleich nachdem die frühere Altenberg-Bärensteiner Straße (auf manchen Karten als „Hohe Straße" bezeichnet) den Wald verlässt, kann man diese regelmäßige Waldhufen-Flueraufteilung erkennen. Die meisten Steinrücken wurden in den vergangenen 12 Jahren auf Stock gesetzt und werden auch jetzt noch von der Grünen Liga gelegentlich gepflegt (Vereinzeln des Stockausschlages, Mahd der Randbereiche). Eine besonders üppig blühende Feuerlilie am Wegesrand dankt diese Bemühungen.

Gleich hinter dem Waldrand des Mendes-Busches erstreckt sich nach links ein sehr schmaler Wiesenstreifen zwischen zwei Steinrücken. Diese „Viertelhufe" diente einstmals der gutsherrschaftlichen Schafherde als Triftkorridor. Gerade Schafe transportieren in ihrem Fell große Mengen an Pflanzensamen („Diasporen"). Auf diese Weise wurde – ohne Absicht und wahrscheinlich völlig unbemerkt – vom Geisingberg jedes Jahr Nachschub an genetischem Material in die Berg- und Nasswiesen Bärensteins eingetragen. Die Wiedereinführung von Hüteschafhaltung wäre heute ein ganz wichtiges Naturschutzziel im Ost-Erzgebirge, konnte bislang aber leider noch nicht umgesetzt werden.

Feuchtwiesen in den Biela-Quellmulden

Auch am Westhang des Geisingberges bemühten sich die Bergleute des 18. und 19. Jahrhunderts, Zinn zu finden. Die Versuche am „Jakob-Stolln" blieben jedoch weitestgehend erfolglos und wurden wieder eingestellt. Geblieben ist der Name als Bezeichnung für einen Quell-Sumpf-Bereich, der Mitte der 70er Jahre als Exklave des Naturschutzgebietes Geisingberg unter Schutz gestellt wurde. Von der Fortsetzung des Klengel-Steiges in Richtung Bielatal und Hirschsprung (Markierung Grüner Strich, unterhalb der Bahnlinie) kann man sich einen Eindruck von diesem Bereich verschaffen.

Auffällig sind zunächst die umfangreichen Ohrweiden-Dickichte, die sich auf den zeitweilig brachgefallenen Wiesen ausgebreitet haben. Um die Nasswiesen wieder pflegen zu können, wurden allerdings in den letzten Jahren umfangreiche und aufwendige Entbuschungsmaßnahmen vorgenommen. Erhalten werden soll ein sehr kleinteiliges Mosaik aus feuchten Bergwiesen, Feuchtwiesen, Hochstaudenfluren, Binsen- und Kleinseggensümpfen. Zu den Pflanzenarten des Gebietes gehören: Kriech-Weide, Trollblume, Schwarzwurzel, Bach-Nelkenwurz, Schmalblättriges Wollgras, Breit-blättrige Kuckucksblume, Bach-Greiskraut, Kleiner Baldrian, Akeleiblättrige Wiesenraute, Zittergras, Hohe Schlüsselblume, Goldschopf-Hahnenfuß und viele weitere.

Das obere Bielatal wird von einem recht artenreichen Erlensaum begleitet, der sich stellenweise zu feuchten Erlenwäldchen ausweitet. Eingebettet sind kleine Teiche, in denen Erdkröten, Grasfrösche und Bergmolche vorkommen.

Am jenseitigen Bachufer, an der kleinen Pension „Wiesengrund", fallen mächtige Holztürme auf - sogenannte Feimen. Die in den letzten Jahren in großem Umfang rings um den Geisingberg durchgeführte Steinrückenpflege brachte auch viel Brennholz mit sich. Viele Grundstücksbesitzer nutzen angesichts steigender Öl- und Gaspreise wieder einheimisches Heizmaterial.

Abb.: Ohrweide

Altenberger Pinge

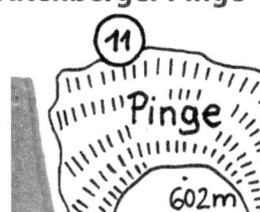

Die Pinge, weithin bekanntes Markenzeichen der Bergstadt, umfasst in ihrer Oberflächenausdehnung ziemlich genau den sogenannten Zwitterstock von Altenberg, Entstehungsort der hiesigen Zinnerzvorkommen und jahrhundertelang Schwerpunkt des Bergbaues im Ost-Erzgebirge. Der Zwitterstock besteht aus einem von unzähligen feinen Klüften durchzogenen Granit, in denen heiße, unter Druck stehende Dämpfe und Lösungen eine Mineralumwandlung („Vergreisung") hervorgerufen haben. Es entstanden als wesentliche Mineralien Topas, Lithiumglimmer und Quarz. Außerdem setzte sich Zinnstein ab, das 550 Jahre lang als Zinnerz gewonnen wurde. Als Begleitminerale treten auch Fluorit, Eisenglanz, Wismut und Arsenkies auf.

Zinn-
greisen

Am Anfang erfolgte der Bergbau hier ohne Koordination durch viele kleine Einzelunternehmen, meist im Familienbetrieb. Zur Herauslösung des erzhaltigen Gesteines wurden große, heiße Feuer gesetzt (wofür enorme Mengen von Holz erforderlich waren). Den stark erhitzten Felsen spritzte man dann mit kaltem Wasser ab, wodurch sich das Material zusammenzog und so die oberste Schicht mürbe und für die einfachen Werkzeuge der damaligen Zeit abbaufähig wurde. Im 16. Jahrhundert sollen zeitweise über hundert Einzelbergleute planlos auf diese Weise den Altenberger Zwitterstock unterhöhlt haben. Nachdem bereits über viele Jahrzehnte eine ganze Reihe kleinerer Bergbrüche auf diese verhängnisvolle Situation hätte aufmerksam machen müssen, kam es 1620 zum großen Pingenbruch von Altenberg, der den hiesigen Bergbau, zusammen mit dem folgenden 30jährigen Krieg, für längere Zeit fast völlig zum Erliegen brachte. Erst auf Druck der Obrigkeit fanden sich die einzelnen Bergwerksunternehmer zur sogenannten Zwitterstocksgewerkschaft zusammen und begannen schließlich mit dem planmäßigen Abbau.

Bergwerks-
bruch

Die Pinge war damals allerdings noch viel kleiner als heute. Erst durch die wesentliche Intensivierung des Bergbaues ab etwa 1976 vergrößerte sich das Bergloch immer weiter, bis es seine heutige Ausdehnung von etwa 400 m Durchmesser, 150 m Tiefe und 12 ha Grundfläche erreichte. Die Pinge erweiterte sich allein in den 70er und 80er Jahren des 20. Jahrhunderts auf rund das Doppelte ihrer vorherigen Größe. Viele Gebäude mussten dem Bergbau weichen, so die meisten Häuser des Altenberger Ortsteils „Polen" oberhalb der Pinge.

Heinrichs-
sohle

Bis Anfang der 50er Jahre konnte über die Pinge sogar noch ein Besucherbergwerk, die Heinrichssohle erreicht werden. Heute ist sie weiträumig durch einen hohen Zaun abgesperrt und für vorbeikommende Besucher nicht einsehbar. Allerdings erfolgt im Sommerhalbjahr jeden Mittwoch 13.30 Uhr (oder nach Vorbuchung beim Altenberger Bergbaumuseum) eine Pingenführung. Treff ist der Bahnhof Altenberg. Dabei bekommt man von einer Aussichtsplattform auch einen eindrucksvollen Einblick in das gewaltige rote Bergloch. Mit Sicherheit kann man dabei auch Turmfalken beobachten, von denen in manchen Jahren sogar mehrere Paare in den steilen Felswänden brüten.

Bergbau-Lehrpfad (12)

Bergbau-museum
Ausgehend vom Altenberger Bergbaumuseum informiert ein Lehrpfad über einige Hinterlassenschaften des Bergbaus rings um die Pinge. Inzwischen wurde dieser Teil in den Deutsch-Tschechischen Bergbaulehrpfad (40 km Krupka/Graupen-Cinovec/Zinnwald-Altenberg-Geising) integriert.

Südlich des Geisingberges, am Fernwanderweg (Markierung: blauer Strich) trifft man zunächst auf das Gebäude des „Rothzechner Treibeschachts". Vom 15. bis ins 19. Jahrhundert wurde hier Zinnerz gefördert. Erschlossen war an dieser Stelle nicht das Hauptvorkommen, der „Zwitterstock von Altenberg" (dessen Ausdehnung entspricht ungefähr der heutigen Pinge), sondern Erzgänge im umgebenden Gestein. Später diente der Schacht nur noch als Fluchtweg und zur „Bewetterung" (Frischluftzufuhr) der unterirdischen Förderbereiche.

Gleich in der Nähe steht die Kopie eines Markscheidesteines. Grenzstreitigkeiten zwischen den verschiedenen Abbau-Unternehmen traten in der Geschichte des Bergbaus immer wieder auf. Um diese zu bereinigen, wurden die Grubenfelder exakt vermessen und mit Markscheidesteinen markiert.

Vom „Rothzechner Treibeschacht" führte früher ein Fahrweg hinunter nach Geising, auf dem das zinnhaltige Gestein („Zwitter") zu den „Rothzechner Pochwäschen" (unterhalb des heutigen Hotels Schellhausbaude) geführt wurde. Dieser steile „Zwitterweg" war sehr ausgefahren und ist heute noch stellenweise als Hohlweg vorhanden.

Weiter südlich am Lehrpfades befinden sich mehrere Bergbaugebäude. Zwei davon befinden sich über „Wetterschächten". Diese sorgten für Luftaustausch untertage. Dabei war nicht nur die Frischluftversorgung wichtig, sondern auch die Abführung der giftigen Pulverdämpfe von den Sprengungen sowie von radioaktiven Radongasen. Das dritte Gebäude in diesem Komplex ist das alte Pulverhaus. Ab dem 18. Jahrhundert wurde das erzhaltige Gestein in zunehmendem Maße durch Sprengungen gewonnen. Das dafür erforderliche Schießpulver wurde hier, außerhalb der Ortschaft, sicher verwahrt.

Wanderziele in der Umgebung

Wildpark Hartmannmühle

Am Eisenbahn-Haltepunkt Hartmannmühle, zwischen Geising und Lauenstein, wurde 1997 ein Heimat-Tierpark eingerichtet, in dem unter anderem Rot- und Damhirsche, Mufflons und Steinböcke, Luchse und Waschbären gehalten werden. Für Schulklassen bietet eine „Naturschutzschule" spezielle Programme.

 ## Spülkippe Bielatal

Nördlich des Geisingberges befindet sich eine der größten Absetzhalden für Bergbauschlämme. Nach der Abdeckung des größten Teiles der Kippe Anfang der 90er Jahre hat eine interessante Gehölzsukzession auf den vorherigen Rohböden eingesetzt, bis 5 m hohe Birken und Salweiden bedecken inzwischen die Flächen, unter ihnen stellen sich Fichten und, noch in geringem Umfang, Buchen ein. Vom über 80 m hohen Damm der Spülkippe bietet sich ein eindrucksvoller Blick hinab ins Bielatal und ins nordöstliche Umland. Der Steinbruch an der Kesselshöhe, der ursprünglich für die Gewinnung des Materiales des Schüttdammes, angelegt wurde, wird heute kommerziell betrieben und frisst sich immer weiter in die Kesselshöhe hinein. vor allem bei Sonnenuntergang bieten die rot leuchtenden Granitwände eindrucksvolle Stimmungsbilder.

Weicholds-
wald

Auf der Nordwest-Seite der Spülkippe befinden sich die naturnahen Buchenbestände des Naturschutzgebietes „Weicholdswald".

Am Westrand der Halde führt ein Weg entlang („Jägersteig"), von dem aus man den flachen Restsee überblicken kann. Vor allem während des Herbstzuges gibt es hier verschiedene Wasservögel zu beobachten. Doch das Betreten der Schlammflächen kann lebensgefährlich sein – die entsprechenden Schilder müssen unbedingt beachtet werde.

Auch am südlichen Ende begrenzt ein Damm die Spülkippe. Wenn im Frühling die Sonne die aufgeschütteten Porphyrblöcke erwärmt, halten sich hier Kreuzottern auf.

Die Spülhalden um Altenberg

Was bis 1990 aus dem Zwitterstock Altenberg hervorgebracht wurde, enthielt lediglich 0,2 bis 0,3 % Zinnerz – der Rest war „taubes Gestein" und musste irgendwie „entsorgt" werden. Über Jahrhunderte wurde das rote Gesteinsmehl einfach dem Bach übergeben, der daraufhin den Namen „Rotes Wasser" bekam. Doch in der ersten Hälfte des 20. Jahrhunderts setzten sich zunehmend die prosperierenden Pappenfabriken des Müglitztales gegen diese enorme Gewässerverschmutzung zur Wehr – und bekamen vor Gericht Recht. Das Altenberger (und damals auch noch das Zinnwalder) Bergbauunternehmen mussten Haldenkapazitäten schaffen. Ab 1936 deponierte man das Gesteinsmehl terassenförmig am Hang der Scharspitze. Doch diese „Schwarzwasserhalde" bot nicht genügend Platz, und auch deren Stabilität konnte nicht recht gesichert werden. Ab 1950 bekam dann das Tal des Tiefenbaches (zwischen Altenberg und Geising) einen Damm, hinter dem das Gesteinsmehl eingespült wurde und sich absetzten sollte (sogenannte „Absetzhalde" oder „Spülkippe"). Doch auch hier stellten sich Kapazitätsmangel und ungenügende Stabilität ein. Im Oktober 1966 gab das Gewölbe nach, in dem der Tiefenbach unter dem Damm hindurchgeführt wurde. 200 000 Kubikmeter roter Schlamm ergossen sich über Geising.

Zur gleichen Zeit aber stand bereits fest, dass der Zinnerzabbau in Altenberg noch bedeutend ausgeweitet werden sollte. Deshalb wurde Ende der 60er Jahre mit der Anlage einer weiteren Spülkippe im Tal der Kleinen Biela, nördlich des Geisingberges, begonnen. Bis 1990 wuchs der Damm zwischen Weicholdswald und Kesselshöhe auf über 80 m empor. Dahinter begrub das Gesteinsmehl ein vorher herrlich Gebirgstal.

Um das Zinnerz vom übrigen Gestein zu trennen, muß dieses zu ganz feinen Bruchstücken zermahlen werden. Anders als normaler Sand sind diese kleinen Bruchstücke jedoch extrem scharfkantig, vergleichbar winzigen Glassplittern. Gelangt solches Gesteinsmehl in die Lungenbläschen, führt dies zu Silikose – einer seit jeher gefürchteten Bergmannskrankheit. Aus diesem Grunde musste das Material immer feucht gehalten und als Schlamm auf die Spülkippe aufgebracht werden. Dies erfolgte durch einen Stolln, dessen Mundloch heute noch in der Nähe des Bergbaumuseums vorhanden ist. Auf der anderen Seite, vom Mundloch nordwestlich des Lerchenhübels, führte ein Graben weiter in Richtung Kesselshöhe, von wo aus sich der rote Schlamm kaskadenartig in die Spülhalde ergoß. Der Farbe entsprechend wurde die Bielatal-Spülkippe auch als „Rotes Meer" bezeichnet.

In trockenen Sommern reichte das Wasser jedoch nicht, die gesamte Haldenoberfläche feucht zu halten. So passierte es immer wieder, dass rote Staubwolken ausgeblasen wurden. (Über die damit zusammenhängenden Gesundheitsrisiken gab es kaum Informationen.) Um dies künftig zu verhindern, erfolgte nach 1990 die Abdeckung des größten teils der Haldenoberfläche mit Erdaushub und Bauschutt. Verblieben ist nur ein flacher „Restsee", der sich inzwischen zu einem wertvollen Biotopkomplex mit Brutmöglichkeiten für Flußregenpfeiffer und andere Vogelarten entwickelt hat.

Achtung:
Das Betreten der verbliebenen Schlammflächen kann lebensgefährlich sein!

"Wasserfall" Tiefenbachhalde

Um die Tiefenbachhalde (ehemalige Spülkippe, jetzt Gewerbegebiet und Bauschuttdeponie) wurde in den 60er Jahren ein Graben gezogen, dessen Wasser in einem etwa 20 m hohen Fall neben dem Damm herabstürzt. Noch einmal dieselbe Fallhöhe überwindet das Wasser innerhalb eines Schachtes im Felsen. Vom Parkplatz in der Kurve unterhalb des Dammes führt ein Wan-derweg zu Aussichtspunkten auf den Tiefenbachfall mit entsprechenden Informationstafeln.

Amphibien

Rauschermühlenteich

Der an der Straße zwischen Hirschsprung und Altenberg gelegene Rauschermühlenteich ist eines der bedeutsamsten Laichgewässer in der Altenberger Umgebung (Die meisten Teiche, Tümpel und Gräben der Gegend können von Amphibien – und anderen Organismen – infolge sauren Grundgesteins, Moorentwässerung und Schadstoffeinträgen kaum besiedelt werden). Da viele der Lurche im Wald auf der anderen Straßenseite ihre Winterquartiere suchen, kam es in der Vergangenheit immer wieder zu vielen Verkehrsverlusten. Seit 2000 baut deshalb die Grüne Liga Ostergebirge in jedem Frühling hier einen Krötenzaun auf, der von Hirschsprunger Tierfreunden mit großer Zuverlässigkeit betreut wird. In den Eimern, die jeden Abend und Morgen kontrolliert und geleert werden, finden sich Erdkröten, Grasfrösche, Bergmolche und Teichmolche. Letztere dürften hier die Höhengrenze ihrer Verbreitung haben.

Achtung: Die Eimer am Krötenzaun werden regelmäßig kontrolliert, die Kröten, Frösche und Molche auch gezählt. Weitere Leerungen tagsüber (durch besorgte Wanderer) sind selten erforderlich. Vor allem müssen die Eimer unbedingt im Boden verbleiben, dürfen zwecks Leerung nicht herausgerissen werden.

Quellen

Böhnert, Wolfgang:
Pflege- und Entwicklungsplan zum Naturschutz-Großprojekt „Bergwiesen im Osterzgebirge", 2003 (unveröffentlicht)

Förderverein für die Natur des Osterzgebirges:
Zur Bestandessituation ausgewählter vom Aussterben bedrohter und stark gefährdeter Pflanzenarten im Osterzgebirge,
Broschüre 2001

Menzer, Holger:
Erste Erfahrungen im Naturschutzgroßprojekt „Bergwiesen im Osterzgebirge",
in: Naturschutzarbeit in Sachsen, 2003

Müller, Frank:
Struktur und Dynamik von Flora und Vegetation auf Lesesteinwällen (Steinrücken) im Erzgebirge,
Diss. Bot. 1998

Schilke, Wolfgang:
Entstehung und Geschichte geologischer Besonderheiten rund um die Bergstadt Altenberg,
Broschüre 1997

Staatliches Umweltfachamt Radebeul:
Schutzwürdigkeitsgutachten für das Naturschutzgebiet „Geisingberg",
1997 (unveröffentlicht)

*Abb.: Blick vom Kahleberg
zum Geisingberg*

Buchenmischwald, Weißtannen, höhlenreiche Altbäume
naturnahe Bachauen, artenreiche Waldquellsümpfe
Berg- und Feuchtwiesen, Biotoppflege, Naturschutzeinsätze

Text: *Jens Weber, Bärenstein (Hinweisen u. a. von Stefan Höhnel, Glashütte; Jörg Lorenz, Tharandt)*

Fotos: *Jana Felbrich, Thomas Lochschmidt, Andreas Köhler, Dietrich Papsch, Jens Weber*

Biela- und Schilfbachtal

Johnsbach

Hochwaldstraße

Fallbach

Dönschten

Langer Grund

Schenkenshöhe

Falken hain

681m

Schilf

Oberbärenburg

Wald-idylle

Hegel 66

Hirsch-sprung

Bob bahn

B 170

Neu-garten

Bielatal und Schilfbachtal

Altenberg

Bärenhecke

N

Müglitz

Bärenstein

Quarzporphyr

⑨

Höhe
⑧ Biela
⑤ ④
⑤
①
③
② Spülkippe
Stein bruch

Lauenstein

Gneis
Granitporphyr

Gneis
Granitporphyr

Hartmann-
mühle

Geising
berg
Basalt 824m

ᘐᘐᘐ Steinbruch
S

△▽△▽△ Steinrücke

NSG

① Weicholdswald –
    beiderseits des Hirschkopfbaches

② Spülkippe

③ Kesselshöhe

④ Wiesen an der Kleinen Biela

⑤ Bachaue der Großen Biela

⑥ Ottertelle

⑦ Hirschsprung

⑧ Hegelshöhe

⑨ Unteres Schilfbachtal

⑩ Oberes Schilfbachtal

⑪ Waldidylle

⑫ Mayenburgwiese und
    Bekassinenwiese

⑬ Oberbärenburg

⑭ Langer Grund

Die Beschreibung der einzelnen Gebiete folgt ab Seite 462

Landschaft

naturnahe Buchenbestände

Auf reichlich zehn Quadratkilometern konzentrieren sich nördlich des Geisingberges sehr unterschiedliche, artenreiche Lebensräume in seltener Fülle. Dazu gehören rund 200 Hektar naturnaher Buchenbestände, zum Teil noch bereichert durch schöne Weiß-Tannen. Entlang von Kleiner (Vorderer) und Großer (Hinterer) Biela sowie Schilfbach ziehen sich außerdem recht ursprünglich wirkende Erlen-Bachauewälder, in Waldmulden wachsen große Eschen. Außerhalb des Waldes prägen Steinrücken die Fluren von Bärenstein, Johnsbach und Falkenhain. Dazwischen verbergen sich noch blüten-

bunte Reste der einstigen Bergwiesenlandschaft. Die Täler lagen früher an der Peripherie zweier Landwirtschaftlicher Produktionsgenossenschaften (LPG), deren Rinderherden und Güllewagen kamen vergleichsweise selten hierher. Auch von größeren Drainagemaßnahmen der Meliorationsbrigaden blieb das Gebiet weitgehend verschont. Daher kann man hier noch einige der schönsten Nasswiesen des Ost-Erzgebirges finden. Mehrere Teiche bereichern zusätzlich die Landschaft.

Abb.: Biela im Winter

Bei alledem handelt es sich keinesfalls um so unberührte Natur, wie es oft den Anschein hat, wenn im Frühling der Weicholdswald von vielstimmigem Vogelgesang erfüllt ist, wenn im Sommer der Duft trocknenden Bergwiesenheus über die Bielatalbiotope zieht, wenn die Herbstnebel die Spinnennetze an den Uferstauden mit glitzernden Tropfen übersäen oder wenn im Winter der „Anraum" (Raufrost) die Steinrücken verzaubert.

Bergbaugebiet

So beschaulich war es früher sicher nicht immer hier. Die Hegelshöhe zählte, neben der Sachsenhöhe (siehe Kapitel „Oberes Müglitztal"), zu den Bergbaugebieten der Bärensteiner Herrschaft. Der Granitporphyr ist von einem ganzen Schwarm an Zinnerzgängen durchzogen, die zwischen dem 16. und dem 19. Jahrhundert in zeitweise zwei, drei Dutzend Gruben abgebaut wurden. Mit Altenberg, Zinnwald oder Graupen konnte sich die Ausbeute allerdings nicht messen.

Ab den 1960er Jahren prägte der Bergbau in einer ganz anderen Form die Landschaft: Im Tal der Kleinen Biela, zwischen Weicholdswald und Kesselshöhe, wuchs ein mächtiger Schüttdamm in die Höhe, hinter dem ein großer Teil des tauben Materials aus dem Altenberger Zinnbergwerk zurückgehalten werden sollte. Als 1991 der Betrieb eingestellt wurde, hatte der Damm bereits annähernd 90 m Höhe erreicht. Rund fünftausend Tonnen Schlamm fielen in den 1980er Jahren tagtäglich als Abprodukt des Bergbaus an. Mit einfachem Fortspülen über die Bäche, wie es jahrhundertelang gang und gäbe gewesen war, ließ sich bei einer derart intensiven Produktion das Problem nicht lösen und zwang zu der teuren Aufhaldung in *Spülkippe* dieser riesigen Spülkippe. Darunter wurde der landschaftlich schönste Abschnitt eines der schönsten Täler des Ost-Erzgebirges begraben. Genügend „Abgang" gab es trotzdem noch, den die Kleine Biela unterhalb der Absetzhalde bewältigen musste. Das Bächlein war von dem in den Rückständen enthaltenen Hämatit knallrot gefärbt und biologisch absolut tot. Durch die sogenannte Flotation wurde das erzhaltige Gestein ja nicht nur mechanisch zerkleinert, sondern auch mit Chemikalien bearbeitet. Noch heute belasten die Sedimente das Gewässer, doch die Natur heilt allmählich diese Wunden. Die ersten Forellen entdecken die Kleine Biela wieder für sich, und die ersten Fischotter sind im Winter diesen Forellen auch schon auf der Spur.

Die (vorerst?) letzte Hinterlassenschaft des Altenberger Zinnbergbaus ist *Entwässe-* ein vier Kilometer langer Entwässerungsstolln, der am Fuße der Kesselshö-*rungsstolln* he das Grubenwasser in die Biela entlässt. Als nach der Einstellung der Erzgewinnung auch die Pumpen in den Schächten abgestellt werden sollten, wusste keiner vorherzusagen, was der dann zu erwartende Anstieg des Wasserspiegels für Folgen nach sich ziehen würde. Seit Jahrhunderten war das Altenberger Wasserregime vom Bergbau verändert worden. Bei einer unkontrollierten Flutung der Gruben wären die Gefahren groß gewesen, dass plötzlich Quellen an Stellen zu sprudeln begonnen hätten, wo heute Häuser oder Straßen stehen. Daher trieben die Bergleute als letzte größere Untertagemaßnahme Anfang der 1990er Jahre den Stolln bis ins Bielatal, wo nun das Wasser abläuft.

Zur Gewinnung des Bruchmaterials für den Schüttdamm wurde an der Kesselshöhe ein Steinbruch angelegt, der heute – in geringerem Umfang – immer noch in Betrieb ist. Abgebaut wird Granitporphyr. Das rote Gestein kann man an der Steinbruchzufahrt überall entdecken. Gerade diese relativ frisch gebrochenen Steine wirken sehr dekorativ, insbesondere, wenn sich nach einem Sommergewitter die Sonne in den großen Kristallflächen des fleischfarbenen Kalifeldspates und des weißen Plagioklases spiegelt. Auch im Weicholdswald und im Schilfbachtal sowie auf den Steinrücken fallen die großen Blöcke auf. An einigen Stellen durchziehen Quarzadern das Grundgestein, in denen auch Amethyste und Achate auftreten können.

Unverantwortliche Zeitgenossen haben in den letzten Jahren immer wieder nach diesen Halbedelsteinen gegraben, die dann teilweise sogar auf Straßenständen kommerziell vermarktet werden. An dieser Stelle sei darauf hingewiesen, dass dies im Naturschutzgebiet streng untersagt ist und geahndet werden kann. Auf den unteren knapp zwei Kilometern ihrer *Gneis* Bachläufe haben sich Biela und Schilfbach hingegen in Gneis eingegraben. Der am Zusammenfluss von Großer und Kleiner Biela derzeit entstehende Hochwasserschutzdamm bedeutet einen weiteren erheblichen Eingriff in die wertvolle Natur der Region.

Wo der Boden allzu steinig ist, blieb das Land seit jeher dem Wald vorbehalten. Dies gilt etwa für den größten Teil des Weicholdswaldes. Wahrscheinlich zu allen Zeiten stockte hier ein von Buchen beherrschter Mischwald. So etwas ist selten in Sachsen, dem Weicholdswald kommt damit eine besondere Bedeutung zu. Weitere naturnahe Buchenbestände stocken auf der Hegelshöhe, doch dort dürfte – bergbaubedingt – die Vegetation früher anders ausgesehen haben.

Abb.: im Weicholds- wald

Insgesamt hat der Waldanteil in den letzten einhundertfünfzig Jahren in dem Gebiet erheblich zugenommen. Die landwirtschaftliche Nutzung war mühsam, die Flurteile weit abgelegen von den Bärensteiner, Johnsbacher und Falkenhainer Gehöften. Sicher ließen sich viele Grundstücksbesitzer leicht zum Verkauf überreden, als sich der Bärensteiner Grundherr im Schilfbachtal ein Jagdrevier schaffen und dazu aufforsten wollte. Die daraus her- *Fichtenforst* vorgegangenen Fichtenforsten sind artenarm und monoton. Zu DDR-Zeiten hat es in den Beständen kaum irgendwelche Pflegeeingriffe des Forstbetriebes gegeben, die Fichten wuchsen dicht an dicht, hatten wenig Kronenraum und boten darüber hinaus zahlreichen Rothirschen Unterschlupf, die sich im Winter an der Rinde gütlich taten. Pilze drangen in die Wunden, die Bäume wurden rotfaul. Vor einigen Jahren kaufte ein (nicht ortsansässiger) Privatwaldbesitzer die Bestände und schickte große Maschinen hinein, die auf einen Schlag die Hälfte aller Fichten fällten. Die geschwächten Bestände verloren plötzlich ihren gegenseitigen Halt. Viele wurden zur leichten Beute von „Kyrill", dem Winterorkan 2007.

Aufgeforstet wurde Ende des 19. Jahrhunderts auch der Gneisrücken zwischen Biela- und Schilfbachtal. Als nach dem Zweiten Weltkrieg auch die Bärensteiner Grundherren enteignet wurden, stellten die Behörden das Land so genannten Neubauern – also Heimatvertriebenen, aber so durften diese Menschen nie genannt werden – zum Roden zur Verfügung. Da sich unten im Müglitztal der alte „Hammer" befand, bekam die kleine Streusiedlung den Namen „Feile". Gegenwärtig entsteht hier eine Schafskäserei. Seit 2007 bereichert eine Herde schwarzwolliger Milchschafe die Landschaft.

Bergwiesen Für die Erhaltung der in dem Gebiet noch vorhandenen wertvollen Bergwiesen kann dies nur gut sein. Der Pflegeaufwand für die Lebensräume
von Arnika und Knabenkraut ist beträchtlich, und so ist landwirtschaftliche
Unterstützung sehr willkommen – wenn sie Rücksicht nimmt auf die natürliche Artenvielfalt.

Es ist mit Sicherheit kein Zufall, dass sich in dieser Gegend ein großer Teil
der osterzgebirgischen Naturschutzaktivitäten ballt. Im Zentrum liegt der
kleine Gebäudekomplex auf dem Riedel zwischen Großer und Kleiner

*Abb.: Jury
des Sensen-
wettbewerbs
beim Heu-
lager*

*Biotopp-
flegebasis
Bielatal bei
Bärenstein*

Biela. Bis in die 1950er Jahre befand sich hier das „Wirtshaus zum Bielatal",
dann wurde das Objekt zum Kinderferienlager, und eine große Unterkunft
für Bobsportler kam hinzu. Heute hat hier der „Förderverein für die Natur
des Osterzgebirges" seinen Sitz, und die Grüne Liga Osterzgebirge organisiert alljährlich mehrere Naturschutzeinsätze. Viele freiwillige Helfer aus
Nah und Fern kommen vor allem zum sommerlichen „Heulager" in die
„BPBBbB" („Biotoppflegebasis Bielatal bei Bärenstein"). Durch das weitgehend ehrenamtliche Engagement ist es gelungen, die Artenfülle zu erhalten und wieder zu mehren. Mehrere Auszeichnungen, wie der Sächsische
Umweltpreis 2005, konnte die Grüne Liga Osterzgebirge für ihre Einsätze
schon verbuchen.

Pflanzen und Tiere

Der nordöstliche Teil des Weicholdswaldes zwischen Bärenstein und Hirschsprung zählt zu den schönsten Beispielen naturnaher Vegetation. Eine reichlich einhundert Hektar große Fläche ist als Naturschutzgebiet ausgewiesen.

Die Buchenmischwaldbestände weisen eine vergleichsweise große Vielfalt an Bodenpflanzen auf. Überwiegend handelt es sich um typische bodensaure Hainsimsen-Buchenwälder, neben der namensgebenden Art, der Schmalblättrigen Hainsimse unter anderem charakterisiert durch den Purpur-Hasenlattich, Heidelbeere, Draht-Schmiele und Quirl-Weißwurz. In den basen- und nährstoffreicheren Bereichen finden sich Übergänge zu den Waldmeister-Buchenwäldern mit Waldmeister, Goldnessel, Wald-Bingelkraut, Zwiebel-Zahnwurz, Eichenfarn, Gewöhnlichem Wurmfarn und einer ganzen Reihe weiterer Arten.

Abb.: Wald-Geißbart, auch Johanniswedel genannt

In den feuchten Waldmulden wachsen naturnahe Winkelseggen-Eschen-Quellwald-Bestände, unter anderem mit Wechsel- und Gegenblättrigem Milzkraut, Hain-Gilbweiderich, Großem Hexenkraut sowie dem seltenen Berg-Ehrenpreis. Entlang der Bachauen dominieren dann Schwarz-Erlen gegenüber den Eschen, zu den charakteristischen Bachbegleitern im Hainmieren-Erlen-Bachwald gehören Hain-Sternmiere, Rauhaariger Kälberkropf, Sumpf-Pippau, Wald-Geißbart und andere. Insbesondere im Schilfbachtal bilden hochwüchsige Haseln eine teilweise 3–4 m hohe Strauchschicht.

Talwiesen

Auch wenn sie naturnah und artenreich aussehen: die meisten Bachauewälder sind erst in den letzten Jahrzehnten aufgewachsen. Die Flächen wurden zuvor als Wiesen genutzt – zur Heugewinnung, wo und wann immer es die Bodennässe zuließ, oder als spät gemähte Streuwiesen, die Stalleinstreu lieferten. Einige Reste dieser Talwiesen sind heute noch vorhanden und beherbergen seltene Pflanzen wie Breitblättrige und Gefleckte Kuckucksblume, Stattliches Knabenkraut und Großes Zweiblatt, Arnika und Schwarzwurzel, Fieberklee und Fettkraut (letztere allerdings nur noch in wenigen Exemplaren). Im Schilfbachtal stehen zwei und an der Großen Biela eine Wiese als Flächennaturdenkmal unter Schutz. Mit aufwendiger Pflege versuchen Helfer der Grünen Liga Osterzgebirge und Mitarbeiter des Fördervereins für die Natur des Osterzgebirges die Wiesenvielfalt zu erhalten.

Schmetterlinge

Beachtlich ist nicht nur der botanische Reichtum, sondern auch die Fülle der Insektenarten auf den Wiesen. Auffällige und regelmäßig zu beobachtende Schmetterlinge sind unter anderem: Schwalbenschwanz, Zitronenfalter, Admiral, Distelfalter, C-Falter, Landkärtchen, verschiedene Perlmutterfalter, Schachbrett, Schornsteinfeger, Kleiner Feuerfalter und Rostfarbiger Dickkopffalter. Zu den selteneren Tagfaltern gehören Großer und

Abb.:
Schwalben-
schwanz-
raupe

Kleiner Schillerfalter, Großer Eisvogel und Kaisermantel.

In den letzten Jahren wurden im Weicholdswald umfangreiche faunistische Erhebungen vorgenommen. Entsprechend des naturnahen Waldcharakters und des Vorhandenseins einiger totholzreicher Altbäume hat sich

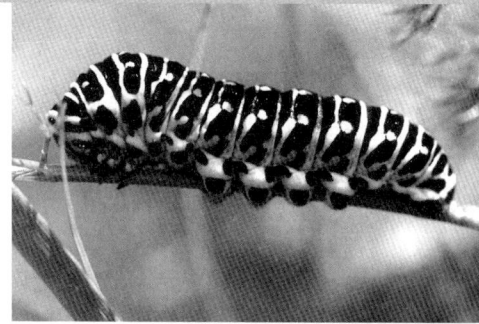

Käferwelt

insbesondere die Käferwelt als ziemlich arten- und individuenreich erwiesen. 546 Käferarten von 69 verschiedenen Arten konnten nachgewiesen werden, darunter einige sehr seltene Arten und sogar ein Erstfund für Sachsen.

Vogelwelt

Alte, höhlenreiche Buchenwälder bieten einer artenreichen, biotoptypischen Vogelwelt Lebensraum. Spechte, von denen hier Schwarz-, Bunt-, Klein- und Grauspecht vorkommen, legen in alten Bäumen Höhlen an, die dann von anderen Arten nachgenutzt werden. In Schwarzspechthöhlen sind dies Hohltaube und Raufußkauz, in kleineren Öffnungen auch Kleiber, Trauerschnäpper und verschiedene Meisenarten. Wo Laub- und Nadelholzbestände aneinandergrenzen, ist der Lebensraum des Tannenhähers. Auch der Sperlingskauz bevorzugt Fichten, wo er in den Höhlen von Buntspechten brütet. Laut und auffallend ist der Gesang des seltenen Zwergschnäppers. Außerdem kann man im Spätfrühling in den Buchenbeständen den Waldlaubsänger vernehmen. Auf den wenig gestörten Talwiesen hat man gute Chancen, einen Schwarzstorch zu beobachten, wie er reglos auf Nahrung lauert. Nicht selten kommen von der Müglitz her auch Graureiher zu Besuch an die Teiche im Schilfbachtal oder an den als Naturdenkmal ausgewiesenen und nach dem Hochwasser 2002 erneuerten ehemaligen Fischereiteich an der Großen Biela.

Amphibien
und Repti-
lien

An Amphibien und Reptilien treten vor allem Grasfrosch, Erdkröte sowie Blindschleiche und Ringelnatter auf. Seltener ist heute eine Kreuzotter anzutreffen. Die besten Chancen hat man im Randbereich zur ehemaligen Spülkippe. Ganz rar gemacht hat sich der Feuersalamander. Selbst der mitten im Weicholdswald entspringende Hirschkopfbach ist heute offenbar zu sauer, um den Feuersalamanderlarven ausreichend Futter bieten zu können. Bachflohkrebse etwa kann man kaum noch finden.

Abb.: junge Ringelnatter

wildreich

Das Waldgebiet von Weicholdswald und Hegelshöhe war bis vor wenigen Jahren noch sehr wildreich. Rehe kann man auch heute noch beobachten, vor allem im Waldrandbereich und in der Steinrückenlandschaft. Auch Wildschweine verbergen sich in den Dickungen, wo sie tagsüber nur schwer aufzuspüren sind, aber dann doch ganz deutlich die Spuren

Abb.: Helfer der Grünen Liga haben im Bielatal mit viel Aufwand wieder mehrere Laichge-wässer instandgesetzt.

nächtlicher Wühltätigkeit hinterlassen. Das gilt besonders im Herbst und Winter, wenn sich unter Laub und Schnee reichlich Bucheckern verbergen. Rothirsche hingegen wurden in den letzten Jahren stark bejagt - im Interesse neu gepflanzter Laubbäume und Weißtannen, die vorher kaum noch Chancen zum Großwerden hatten. Der Waldvegetation hat das sichtlich gut getan, doch Hirschbrunft kann man heutzutage hier kaum noch erleben. Noch Ende der 1990er Jahre gehörte ein nächtlicher Herbstausflug in den Riesengrund zu den Höhepunkten des Jahres, wenn zwischen den steilen Talwänden das Gebrüll der Waldkönige widerhallte!

In den Talauen gelingt es mitunter, einem Iltis (oder zumindest dessen Spuren) zu begegnen, im Winter patrouilliert ab und zu auch ein Fischotter in der Gegend. Als nach dem Hochwasser 2002 die Bielatalstraße bei Hirschsprung verbreitert und damit für größere Geschwindigkeiten ertüchtigt wurde, lag alsbald ein überfahrener Baummarder am Straßenrand. Im Gegensatz zu seinem weißlatzigen Verwandten, dem von Autobesitzern gar nicht gern gelittenen Steinmarder, ist der Baummarder ein scheuer und seltener Waldbewohner.

Bedeutung von Alt- und Totholz für die Tierwelt – Jörg Lorenz, Tharandt

Alt- und Totholz gehört zu den artenreichsten Biotopstrukturen in unserer Landschaft. Ein mehrere hundert Jahre alter Baumveteran kann gleichzeitig hunderte von Arten beherbergen. Während des über einen Zeitraum von mehreren Jahren sich vollziehenden Absterbeprozesses kommt es zu einer Sukzession, an die sich die unterschiedlichsten Arten angepasst haben.

Totholz ist nicht nur der trockene Stamm, der am Boden liegt und langsam verrottet. Es gibt vielfältige Kleinstrukturen an absterbenden und toten Bäumen. So macht es für viele Tiere und Pilze einen Unterschied, ob der Baum steht oder liegt oder ob er vielleicht sogar schräg an einem anderen Baum lehnt. Eine Reihe von Holzbewohnern ist an Stamm-, Wurzel- oder Astholz gebunden oder lebt ausschließlich unter der Rinde bzw. in der Borke. Die meisten Arten sind nicht in der Lage, sich vom Holz direkt zu ernähren. Sie benötigen Pilze, die das Holz vorher chemisch „aufspalten".

Deshalb ist entscheidend, ob der Baum besonnt oder beschattet ist bzw. ob er frisch abgestorben oder bereits längere Zeit tot ist. Diese Kriterien bestimmen die Holzfeuchte, die wiederum von Bedeutung für eine Besiedlung mit Pilzen ist. Speziell auf Holz wachsende Pilze sind Lebensraum und Entwicklungssubstrat für viele Insektenarten (Baumschwammkäfer, Pilzmücken).

Baumhöhlen stellen einen eigenen Mikrokosmos dar. Zuerst zimmern Spechte ihre Nisthöhlen ins Holz. Als Folgebesiedler kommen, neben einer Reihe von Vogelarten (wie Kohl- und Blaumeise, Star, Trauerschnäpper, Hohltaube, Wald- und Raufußkauz), auch Fledermäuse und Baummarder in Frage. Im Nistmaterial am Boden der Höhle lebt eine spezifisch angepasste Lebensgemeinschaft. Viele Insektenarten und deren Larven (Dungkäfer, Fliegen) ernähren sich von den „Abfällen" der Wirbeltiere, die wiederum zur Beute von räuberischen Arten gehören (Kurzflüglerkäfer, Spinnen, Milben).

Durch Pilze und die Fraßtätigkeit vieler Holzinsekten finden im Inneren der Baumhöhlen Zersetzungsprozesse statt, so dass das feste Holz aufgeschlossen wird. Es entstehen entweder Weißfäule (der Holzstoff Lignin wird zersetzt, das Holz wird weich und fasrig) oder Braunfäule (die Zellulose als Gerüstsubstanz des Holzes wird zersetzt, das Holz wird brüchig, „Würfelbruch"). Das Holz wird zu Mulm. Dieser Prozess des Ausfaulens und der Mulmbildung beginnt meist an einem kleinen Astloch bzw. einer Spechthöhle und kann dazu führen, dass der Baum nach vielen Jahren völlig hohl oder teilweise mit Mulm gefüllt ist. Da solche Prozesse meist erst am Ende des natürlichen Baumlebens stattfinden, findet man solche Bäume kaum noch, weil durch die „geregelte" Forstwirtschaft die meisten Bäume bereits im Jugendalter bzw. am Ende der Hauptwachstumsphase gefällt werden. Ein mehr oder weniger hohler, mit Mulm gefüllter Baum stellt deshalb aus naturschutzfachlicher Sicht eine der wertvollsten Habitatstrukturen dar, zumal viele der sich im Mulm entwickelnden Insektenarten vom Aussterben bedroht sind.

Ein ganz spezifischer Lebensraum ist der v.a. an alten Eichen ausfließende Baumsaft. Auch daran haben sich die verschiedensten Insektenarten angepasst.

Von den 32 in Sachsen vorkommenden Insektenordnungen mit über 20 000 Arten gibt es 17 Ordnungen mit insgesamt mehreren tausend Vertretern, die an Alt- und Totholz gebunden sind. Beispielsweise gehören ca. ein Viertel der 4 000 aktuell in Sachsen nachgewiesenen Käferarten zu den Holz- und Pilzbewohnern im weitesten Sinne. Die Hautflügler (Hornissen, Wespen, Hummeln, Ameisen, Wildbienen, Grabwespen, Schlupfwespen, Pflanzenwespen usw.) sowie die Zweiflügler (Fliegen, Mücken, Schnaken usw.) sind ebenfalls zahlreich an den Holzinsekten-Artengemeinschaften vertreten. Viele „urtümliche" Insekten, wie die meist nur 2–3 mm kleinen Springschwänze, aber auch andere Wirbellose, wie Spinnen, Milben, Asseln, Schnecken usw., sind an Totholz gebunden. Sie bilden wiederum die Nahrungsgrundlage für Spitzmäuse, Igel und Vögel, und so schließt sich der vielfältige Nahrungskreis.

Wanderziele

① Weicholdswald – beiderseits des Hirschkopfbaches

Der Name dieses Waldes geht möglicherweise auf einen Hirschsprunger Vorwerksbesitzer im 15. Jahrhundert zurück, eventuell auch auf den einstigen Bärensteiner Grundherrn Weigold von Bernstein, keinesfalls jedoch auf *Hauptbaumart Rot-Buche* „Weichholz". Ganz im Gegenteil: es handelt sich um einen der eindrucksvollsten Waldkomplexe, der von der natürlichen Hauptbaumart Rot-Buche – ein typisches „Hartholz" – beherrscht wird. Wie für den so genannten „Hercynischen Bergmischwald" typisch, wachsen in Teilen des Gebietes Fichten zwischen den Buchen, und im Tal der Großen Biela gedeihen außerdem noch einige recht imposante Weiß-Tannen.

Quellmulden In der Mitte des Weicholdswaldes entspringt aus zahlreichen Quellmulden der Hirschkopfbach, der dann nach Nordosten zur Kleinen Biela fließt und das Naturschutzgebiet in zwei Hälften trennt. Quell- und Uferflora sind sehr artenreich, in der Baumschicht nehmen Eschen einen großen Anteil ein.

Die verbliebenen Altholzabschnitte im östlichen Weicholdswald stellen den wertvollsten Teil des Naturschutzgebietes dar. Die teilweise über 150 Jahre alten Buchen weisen einen großen Höhlenreichtum auf. Berg- und Spitz-Ahorn, Eschen, Trauben-Eichen und Berg-Ulmen sorgen für Vielfalt in der Baumschicht. Letztere zwei Arten sind allerdings zu einem großen Teil bereits abgestorben oder stark geschädigt („Ulmensterben"), was jedoch wiederum ökologisch wertvolles Totholz in diesem Waldteil bedingt. Auch die Buchen zeigen seit Anfang der 1990er Jahre zunehmende Schadsymptome, die inzwischen auch für Laien unübersehbar sind und schon den ersten Bäumen das Leben gekostet haben. Hier handelt es sich offenbar um „Neuartige Waldschäden" – vor allem von Autoabgasen hervorgerufene, komplizierte Prozesse, die die Widerstandskraft der Buchen (und nicht nur dieser) überfordern.

Abb.: nicht mehr zu leugnen: die Neuartigen Waldschäden Die Bodenflora der strukturreichen Altbestände zwischen Hirschkopfbach und Kleiner Biela (bzw. Spülkippe) ist bemerkenswert reich an Pflanzen, die nährstoffkräftigere Böden anzeigen: Gewöhnlicher Wurmfarn, Eichenfarn, Wald-Flattergras, Wald-Schwingel, Waldmeister, Goldnessel, Wald-Bingelkraut – um nur einige zu nennen. Im Mai besonders auffällig sind die zahllosen violetten Blüten der Zwiebel-Zahnwurz (die allerdings den Rehen wohl besonders gut schmecken und recht bald wieder verschwinden). Aus planzengeografischer Sicht sind die wenigen Stängel der weißblühenden Quirl-Zahnwurz, die ihren Verbreitungsschwerpunkt eigentlich viel weiter im Osten hat und im Weicholdswald ihre Westgrenze erreicht, interessant.

Zwiebelzahnwurz-Buchenwald Den Zwiebelzahnwurz-Buchenwald betrachten die Vegetationskundler als die montane Höhenform des Waldmeister-Buchenwaldes, und dieser wiederum ist die naturgemäße Waldgesellschaft nicht zu nasser und nicht zu trockener Böden über nährstoffreicheren Grundgesteinen (Basalt, Amphibolith, Kalk, teilweise Gneis). Auf dem eigentlich nicht als besonders vegetationsförderlich bekannten Granitporphyr würde man so etwas nicht erwarten. Des Rätsels Lösung bietet wahrscheinlich die Tatsache, dass der Weicholdswald immer ein Laubmischwald war. Hier wurde nie gerodet, und fernab der nächsten Dörfer haben sich wahrscheinlich auch Waldweide und Streunutzung in Grenzen gehalten. Genauso wichtig: im 19. und 20. Jahrhundert blieben die Buchenbestände zwischen Großer und Kleiner Biela von der Umwandlung in monotone Fichtenforsten verschont. Über lange Zeiträume konnten sich daher die Bodenorganismen an Laubblättern gütlich tun, diese zu teilweise fast mullartigem Humus umwandeln und ein mineralreiches Gemisch in den Oberböden schaffen. Saure, schwer verdauliche Fichtennadeln kamen ihnen nur in solchen Mengen unter, dass sich dies nicht negativ auf ihr Wohlbefinden und ihre biologische Aktivität auswirkte (erst heute macht den Mikroorganismen, Pilzen und Bodentieren der „saure Regen" ziemlich schwer zu schaffen). Der Wald schuf sich somit seine eigenen Standortverhältnisse, weil man ihm die Chance dazu gab. Der Weicholdswald ist ein höchst interessantes Studienobjekt.

Naturschutz-gebiet 1961 wurden 102 Hektar (etwa drei Viertel des Buchenwaldgebietes) als Naturschutzgebiet ausgewiesen, allerdings ohne Beschränkungen der forstlichen Bewirtschaftung. Bis Mitte der achtziger Jahre erfolgte die Abholzung großer Bereiche des NSG in einem rasch fortschreitenden Buchen-Schirmschlagverfahren, bei dem – zeitweilig – einige Überhälter auf der ansonsten weitgehend kahlgeschlagenen Fläche belassen werden, um Samen und Schutz für die Naturverjüngung zu liefern. Hohe Schalenwildbestände sorgten dafür, dass die jungen Buchen nicht gleichmäßig dicht aufwuchsen, so dass sich heute weite Bereiche im zentralen Teil des Weicholdswaldes als relativ strukturreiche Laubholzdickung mit einem hohen Anteil an Birken und nachgepflanzten Fichten darstellen.

Naturwald-zelle Etwa die Hälfte des Weicholdswaldes ist 1999 als „Naturwaldzelle" ausgewiesen. Dabei handelt es sich um einen speziellen Schutzstatus entsprechend des Sächsischen Waldgesetzes, nach dem in solchen Gebieten in Zukunft keine forstlichen Bewirtschaftungsmaßnahmen mehr erfolgen sollen. Stattdessen wird hier geforscht, wie sich ein Wald entwickelt, wenn er sich selbst überlassen bleibt. Die Wissensdefizite darüber sind groß, denn Urwälder gibt es in Mitteleuropa längst nicht mehr. Gegenstand der Untersuchungen ist auch, wie sich geänderte Lebensbedingungen, etwa infolge des Klimawandels und der andauernden Belastung mit Schadstoffen aller Art, auf die Waldgesellschaften auswirken, wenn kein Förster ständig versuchen muss, die Schäden zu reparieren. Auffälligste Gerätschaft der laufenden Untersuchungen sind die an den Buchenstämmen befestigten „Baumeklektoren", mit denen Insekten erfasst werden. Der größere Teil der Naturwaldzelle erstreckt sich südlich des Hirschkopfweges.

② Spülkippe

Einen beträchtlichen Teil des Weicholdswaldes gibt es nicht mehr. Der Ostabhang des Höhenrückens wurde unter den Abprodukten des Altenberger Bergbaus begraben. Von der damals wegen der Eisenverbindungen (rund 4 % Hämatit) „Rotes Meer" genannten Spülkippe gingen früher erhebliche Umweltbelastungen aus. Bei Wind und Trockenheit wurde das feine, aber extrem scharfkantige Gesteinsmehl über weite Entfernungen transportiert und stellte eine Gefahr dar, da es sich in den Lungenbläschen von Menschen und Tieren sowie in den Spaltöffnungen der Pflanzen ablagern kann. Schleifspuren dieses „Sandstrahlgebläses" waren an den Bäumen noch Ende der 1990er Jahre zu erkennen. Nach dem Ende des Bergbaues wurde der größte Teil der Spülkippe mit Bauschutt und Mutterboden abgedeckt. Anfängliche Bestrebungen zur Aufforstung der riesigen Fläche konnten sich in den letzten Jahren nicht durchsetzen, stattdessen hat die Natur die Wiederbewaldung in ihre eigenen Hände genommen: Vor allem Birken, aber auch Salweiden, Fichten und andere Gehölze haben sich auf dem Rohboden angesiedelt und bilden teilweise schon richtig schöne Vorwaldbestände. Die dazwischenliegenden offenen Bereiche werden im Gegenzug immer weniger, die gelben Huflattich-Teppiche der 1990er Jahre wurden

Sukzession durch die Sukzession weitgehend verdrängt.

offene Wasserfläche Im Westen existieren noch ein paar Hektar offene Wasserfläche mit umgebendem Schlammboden, der nicht mit überschoben wurde. Flussregenpfeifer und Kiebitze haben sich hier angesiedelt. Höckerschwäne, Stock- und Reiherenten können beobachtet werden. Auch von Zugvögeln wird das Gewässer angenommen.

Reizvoll ist der Blick vom Spülkippendamm. Besonders wenn die Abendsonne den Granitporphyr des angrenzenden Steinbruches rot aufleuchten lässt, kann sich auch der Naturfreund der Stimmung dieses Ortes nicht

Abb.: Blick entziehen, obwohl Spülkippe wie Steinbruch eigentlich schwere Eingriffe
vom Spülkip- in den Naturhaushalt des Bielatales darstellen.
pendamm

3 Kesselshöhe

Steinbruch

Die 657 m hohe Kesselshöhe erhebt sich nordöstlich der Spülkippe im Tal der Kleinen Biela und wird von Nordwesten her durch den Steinbruch Schotterwerk Bärenstein angenagt. Fast der gesamte Höhenzug einschließlich des südlich angrenzenden „Gaschraumes" ist in den 1980er Jahren abgeholzt worden, teilweise, weil die Fichtenbestände stark geschädigt waren, teilweise auch für die Erweiterung der Spülkippe. Heute entwickelt sich

Pionierwald

stattdessen hier ein Pionierwald aus Birken, Salweiden und Ebereschen. Nur wenige Eschen und Ahorne sind darunter, die Edellaubholzarten werden von dem hier zahlreichen Wild weg gefressen.

Nordöstlich der Kesselshöhe entspringt ein kleiner Bach in einer großen seggen- und binsenreichen Quellmulde, der dann zur Kleinen Biela fließt.

Steinrücken-landschaft

Östlich der Kesselshöhe ist eine noch sehr strukturreiche Steinrückenlandschaft erhalten geblieben. Teilweise wurden die hier sehr mächtigen Steinrücken sogar zu Trockenmauern aufgeschichtet, damit sie in früheren Zeiten der Landwirtschaft keinen Platz wegnahmen. Heute sind die meisten dieser Trockenmauerschichtungen längst zusammengefallen. Leider wurden in jüngster Zeit die Gehölze der Steinrücken, einschließlich einiger wertvoller Wildapfelbäume, von der hier wirtschaftenden Agrargenossenschaft übel zugerichtet.

Mäh-Mulchen

Das dazwischen liegende Grünland wird seit einigen Jahren nach längerer Brachezeit nun wieder gemäht, die steileren Hangbereiche werden jedoch nur gemulcht („Mäh-Mulchen" ist für Wiesen die denkbar ungünstigste Pflege- oder Nutzungsform, nicht nur, weil beim maschinellen Häckseln der Gräser und Kräuter besonders viele Tiere vernichtet werden, sondern auch, weil der unterseits faulende Mulchteppich auf den Böden ein sehr ungünstiges Substrat für Pflanzen und Bodenorganismen bildet).

Biotop-verbund-planung Bärenstein

Auf einem schmalen Viertelhufenstreifen, dem so genannten Viebsch, haben sich noch sehr schöne Bergwiesen erhalten können, unter anderem mit einem Massenvorkommen der Berg-Platterbse. Seit 1997 werden diese Flächen von einem Bärensteiner Pferdehalter wieder zur Heugewinnung gemäht. Die Grüne Liga Osterzgebirge hat im Rahmen der Biotopverbundplanung Bärenstein das Schwergewicht ihrer Vorhaben auf diesen Bereich östlich der Kesselshöhe gelegt. Die bis zu zwei Kilometer lang gestreckten, in Nord-Südrichtung verlaufenden Hufenstreifen sollen wieder als Verbundkorridore für die Pflanzenarten der Berg- und Feuchtwiesen zwischen Geisingberg und Bielatal entwickelt werden. Diesem Ziel kommt die Heumahd sehr entgegen.

4 Wiesen an der Kleinen Biela

Anfang/Mitte der 1990er Jahre bekam in der Bachaue der Kleinen Biela ein seit langem in Naturschutzkreisen für seine Artenvielfalt bekanntes Grundstück neue Eigentümer, die sich für den Erhalt dieser bunten Wiesenfülle

Heulager

interessieren und engagieren. Seit 1995 gibt es einen kleinen Pflegeplan für den ursprünglich nur knapp vier Hektar großen, aber sehr strukturreichen Flecken Erde, und seit 1996 kommen in jedem Juli viele freiwillige Helfer hierher zum „Heulager" der Grünen Liga Osterzgebirge, um diesen Pflegeplan umzusetzen. Vieles wurde seither mit den Naturschutzeinsätzen im Bielatal erreicht: bei naturinteressierten Menschen aus nah und fern Begeisterung für das Ost-Erzgebirge geweckt, Erfahrungen von älteren auf junge Teilnehmer weitergegeben (z. B. wie man eine Sense handhabt), ökologisches Wissen vermittelt, gemeinsames praktisches Handeln bei lokalen wie globalen Problemen angeregt. Und – natürlich nicht zu vergessen – konnten durch die Hilfe vieler „Heulagerer" die Bielatalwiesen in ihrer Pracht erhalten werden.

Brache

Dabei sah es anfangs gar nicht so gut aus. Nach jahrelanger Brache hatten sich auf den Nasswiesen dichte Binsenteppiche ausgebreitet und die Bestände an Breitblättriger Kuckucksblume auf wenige Exemplare zusammenschrumpfen lassen. Sonnentau und Fettkraut waren schon auf der Strecke geblieben. Nicht viel anders sah es auf den Bergwiesenbereichen aus. Hier verdrängte vor allem das Weiche Honiggras mit seinen Ausläufern die konkurrenzschwächeren Arten. An anderen Stellen breiteten sich Him- und Brombeeren aus, was dem Stattlichen Knabenkraut den Lebensraum unwiederbringlich wegnahm. Es schien nur noch eine Frage weniger Jahre, dass auch der Sterndolde, dem Fieberklee, dem Hunds-Veilchen und einigen weiteren seltenen Arten dieses Schicksal widerfahren wäre.

Nasswiese in drei Teilflächen eingeteilt

Auf der rechten Bielaseite, etwas oberhalb des heutigen Bachniveaus, erstreckt sich eine etwa einen Hektar große Nassfläche. Um möglichst große Vielfalt zu sichern (auch für die vielen Wirbellosen, die unterschiedlichste Pflanzenarten und -strukturen bevorzugen), und um darüberhinaus langfristig die Entwicklung der Vegetation verfolgen zu können, wurde die Nasswiese in drei Teilflächen eingeteilt. Besonders im Herbst/Winter fällt dies auf. Der linke Streifen wird alljährlich gemäht. Der vorherige Teppich aus Spitzblütiger Binse ist deutlich zurückgegangen und hat mehreren Seggenarten und Schmalblättrigem Wollgras Platz gemacht. Einige Dutzend Breitblättrige Kuckucksblumen konnten sich wieder ansiedeln. Der benachbarte Wiesenstreifen hingegen wird gar nicht gemäht und hat sich erwartungsgemäß zu einer von Mädesüß dominierten Hochstaudenflur entwickelt. Bemerkenswert, wenn auch nicht sonderlich überraschend, ist, dass Gehölzarten in dieser dichten Staudenvegetation kaum Chancen zur Keimung haben. Die Wiederbewaldung verläuft auf solchen Standorten extrem langsam. Ganz anders hingegen ist die Situation auf dem rechts angrenzenden, waldnahen Streifen. Hier wird alle zwei Jahre gemäht. Das erhält zwar ungefähr den Ausgangsbestand an Pflanzen, aber nach der Mahd finden die Samen der Schwarz-Erlen gute Keimbedingungen. Im zweiten Jahr dann hindert keine Sense ihre Entwicklung. Die Nährstoffbedingungen sind gut – angesichts von mindestens 20 kg Stickstoff pro Jahr und Hektar aus Auto- und anderen Abgasen – und ausreichend für mehr als einen Meter lange Jahrestriebe. Bei der nächsten Mahd wird es dann schwierig, die Erlen noch in den Griff zu bekommen.

Bergwiese

Kaltluft

Auf der anderen Bielaseite erstreckt sich im Tal eine ebenfalls etwa einen Hektar große Bergwiese. Durch den unterhalb angrenzenden Waldbestand sammelt sich in dieser Senke bei windstillem Wetter die (spezifisch schwerere) Kaltluft und schafft hier in nur 450 m Höhenlage ökologische Bedingungen, wie sie sonst erst weiter oben im Gebirge zu finden sind. Diese „Tal-Bergwiese" wird von Köppernickel (Bärwurz) beherrscht. Gefördert wurden durch den alljährlichen Einsatz der Heulagerhelfer zwei weitere typische Bergwiesenarten, nämlich der gelbblühende Weiche Pippau und

Perücken-Flocken-blume

die rosafarbene Perücken-Flockenblume. Letztere kann als Charakterart des Müglitztalgebietes gelten und ist sowohl im Hochsommer als auch während einer zweiten Blütenphase im Herbst unübersehbar.

Abb.: Biela-talschafe vor einem Wildapfel-baum

Mahd allein garantiert keine Rückkehr der Artenviel-falt auf Wiesen. Wichtige Helfer können dabei zum Beispiel Schafe sein, die in ihrer Wolle, zwischen ihren Hufen und auch im Darm zahlreiche Pflanzensamen („Diasporen") transportie-ren. Nicht nur dies, mit ihren Klauen treten sie kleine Keimnischen, ohne mit gro-

ßem Gewicht die Bodenstruktur zu stören. Und eine Nachbeweidung mit Schafen hilft, den Herbstaufwuchs der Vegetation kurz zu halten. Dies ist gerade für konkurrenzschwache Frühjahrsblüher wichtig, denen es schwer fällt, einen von Schnee verdichteten Grasfilz zu durchstoßen. All dies zeigt die große Wiese an der Bielatalstraße, die sich zu einem sehr bunten Biotop entwickelt hat.Selbst kleine, konkurrenzschwache Arten wie Kreuzblümchen, Heide-Nelke, Thymian und Großer wie Kleiner Klappertopf fühlen sich wieder wohl. Im Feuchtbereich in der Mitte der Wiese wurden aus drei Ku-ckucksblumen-Exemplaren dreihundert. Doch da wurde auch etwas nach-geholfen: Wenn während des Heulagers das Wetter günstig ist, bringt der Förderverein für die Natur des Osterzgebirges einen Ladewagen voll frisch geschnittenen Geisingbergwiesen-Mähgutes, und die Helfer der Grünen Liga trocknen hier daraus Heu. Beim Wenden des Grases und der Kräuter fallen deren Samen aus und können nun hier keimen. Wiedergekommen sind dadurch u.a. auch Sterndolde und Hain-Wachtelweizen. Solche gene-tische Auffrischungen sind wahrscheinlich sehr wichtig, doch leider in der

Biotopver-bund

heutigen Landschaft selten geworden. Funktionierender Biotopverbund gehört zu den größten Herausforderungen des Naturschutzes.

Um den Lebensraum Bielatal zusätzlich aufzuwerten, haben die Freunde der Grünen Liga in den letzten Jahren außerdem eine straßenbegleitende Hecke (unter anderem mit einigen Wildäpfeln und Wacholdern aus osterz-gebirgischer Herkunft) gepflanzt, einen kleinen Laichtümpel gegraben, Kopfweiden gesteckt und noch viele weitere praktische Naturschutzmaß-nahmen realisiert.

Ein ganz normaler Tag im Heulager

Sechsuhrfünfundvierzig. Machen die Amseln wieder einen Lärm heute Morgen! Na, besser als die Baukräne zu Hause vorm Wohnblock.

Eigentlich ist ja Urlaub, aber wer noch vorm Frühstück einen Platz unter der Dusche bekommen will, sollte jetzt raus aus dem Zelt. Der Abend am Lagerfeuer war wohl doch wieder ein wenig zu lang gewesen.

Wie machen die fleißigen Küchenfeen das nur? Ellen hat den Frühstückstisch wieder schon gedeckt. Dabei wollte ich mir doch damit heute meine „Essenspunkte" verdienen. Nun, da werde ich wohl bald mal wieder dran sein mit abwaschen. Mann, ist hier wieder aufgetafelt! Was is'n das für Marmelade? Holunder-Rhabarber? Oh ja, schieb mal rüber! Nee, die Nutella ist leer.

Ah, jetzt kommt die Arbeitsansage. Für Nachmittag ist Regen angekündigt? Das Spiel kennen wir doch noch vom letzten Jahr: Plane runter, Heuhaufen breitmachen, Wolke am Himmel, Heuhaufen zusammenrechen, Plane wieder drüber, Wolke weg, Heuhaufen breitmachen… Ach nee: Pressen ist schon angesagt. Also das ganze Heu erstmal nur „breed'n", wie die Sachsen sagen, nachher auf dünne „Schlodn" ziehen. Ausdrücke haben die hier!

Halt, was – Sensen? Ja ich, hier! Mädesüßwiese, am Bach unter der Streuobstwiese? Helge aus Leipzig ist dabei, der kommt ja seit Jahren hierher und wird's mir zeigen.

Neunuhrfünfzehn. Eigentlich logisch, warum die Alten immer früh um fünf mit ihren Sensen auf die Wiesen gezogen sind. Wird jetzt schon ganz schön heiß hier. Und diese elenden Bremsen! Hey, ich krieg ja gar keine Blasen mehr beim Sensen. Es schneidet sich auch richtig gut heute. Das muss eine von den Sensen sein, die gestern der Freitaler Dengelmann bearbeitet hat.

Hallo Sigmar, hallo Christoph! Lange nicht gesehen – das letztemal beim letzten Heulager. Wie geht's? Und wer seid ihr? Ähm, yes, I do, a little. From Australia, really? Welcome to hay camp! We are mowing meadows with … Mist, was heißt denn „Sense" auf Englisch?

Uff, eigentlich könnte mal jemand mit was zu Trinken vorbeikommen. Melanie, klasse, kannst du Gedanken lesen? „Grüne-Liga-Streuobst-Apfelsaft", das muss die Ernte vom letzten Oktober sein. Wo war das gleich, wo wir die Äpfel gesammelt hatten? Osek? Genau, das alte Kloster.

Na Kleiner, du hast jetzt aber Glück gehabt, dass ich die Sense wohl doch immer etwas zu hoch durch die Binsen ziehe. Kann mir jemand sagen, was das für ein Frosch ist? Kein Frosch, sondern eine Erdkröte? Hahaha, nicht in den Mund stecken, weil die Haut giftig ist! Auf Ideen kommen die Ökofreaks hier…

Auf der Schafkoppel blökt's, sicher bringen die Kinder gerade wieder was zu Fressen. Da muss ja auch für uns endlich Mittag sein. Mal sehen, was Britta und Borges heute gezau-

bert haben. Von wegen, zum Mittag gäbe
es hier immer nur einfache Kost!

Die Sonne sticht ganz schön heiß. Jaja,
der Klimawandel. Tatsächlich, machen
sich die trockenen Sommer schon bei den
Pflanzen bemerkbar? Doch, die schütteren Buchenkronen habe ich gestern im
Weicholdswald auch bemerkt, die sehen
nicht gesund aus. Aber unsere Solaranlage hier auf dem Dach freut sich. Gehört
dir auch ein Stück davon? Ich hatte damals zwei Anteile gekauft. Da müsste doch inzwischen einiges an Einspeisevergütung zusammengekommen sein. Ungefähr die Hälfte der
Heulager-Verpflegungskosten können davon bezahlt werden, was die Anteilseigner von
ihren Einnahmen spenden – hatte das nicht Andreas vorgestern bei der Bielatal-Solar-
Versammlung erzählt?

Okay, weiter geht's. Jetzt also Heuballen ins Trockene bringen. Praktisch, diese kleinen
Dinger, 20 Kilo, das kann man ganz gut bewältigen.

43, 44, 45 – wie viele solche Ballen kommen denn noch? Langsam reicht's. Aber
dort hinten bauen sich tatsächlich paar
Wolken am Himmel auf, da wird Thomas
sicher wieder die Heupresse rattern lassen bis zum Umfallen – oder bis zu den
ersten Tropfen. Na klar, ich hatte's geahnt:
Kaffeetrinken verschoben, erst muss das
Heu rein. Komm Kathrin, wir nehmen die
Heuballen lieber zu zweit. Sind ja immerhin 20 Kilo!

Sechzehnuhrfünfundvierzig. Geschafft!
Erstmal fix ins Schwimmbad hüpfen, das
Heu piekst überall. Dann einen ordentlichen Kaffee. Wetten, dass Sarah wieder
Kuchen gebacken hat. Nein, Cora war's,
einen ganzen Eimer Kirschen hat sie dazu
geerntet und entsteint. Lecker!

Was steht heute Abend eigentlich auf
dem Programm? Ach, heute ist doch der
„Madagassische Abend"! Todi will kochen.
Und von seinem Aufforstungsprojekt in
Madagaskar Dias zeigen. Hoffentlich bin
ich da noch nicht zu müde. Morgen früh
holt einen die Amsel doch wieder so früh
aus dem Schlaf!

Bachaue der Großen Biela

Abb.: Erlen an der Biela

Auf älteren Karten ist die Aue der Großen Biela noch als zusammenhängendes Grünland mit Namen „Kreuzwiese" eingezeichnet. Doch deren Bewirtschaftung wurde irgendwann aufgegeben, ein Teil mit – heute zusammenbrechenden – Hybridpappeln aufgeforstet, der Rest sich selbst überlassen. Es entwickelte sich ein strukturreicher Bachauewald, in dem sich allmählich die standortgerechten Schwarz-Erlen durchsetzen, während die meisten anderen, ebenfalls zunächst rasch gewachsenen Bäume (Berg-Ahorn, Birke, Fichte, Aspe, Trauben-Eiche) auf dem nassen Boden nicht so richtigen Halt finden. Nach und nach fallen sie Stürmen oder Hochwasserwellen zum Opfer. Bemerkenswert ist, wie viele verschiedene Kräuter und Sträucher des Waldes innerhalb weniger Jahrzehnte die vorherige Wiesenvegetation abgelöst haben. Darunter sind sogar relativ seltene Pflanzen wie Buchenfarn und Seidelbast. Doch der Bestand ist stellenweise noch licht, und viele Arten der Feuchtwiesen und Uferstauden konnten sich behaupten. Rund 90 Bodenpflanzenarten und mehr als 20 Gehölzarten machen aus dem feuchten Waldstück einen sehr bemerkenswerten Biotopkomplex. Die ungestörte Entwicklung sollte gesichert und beobachtet werden.

strukturreicher Bachauewald

Abb.: Gefleckte Kuckucksblume

Einen kleinen Teil der alten Kreuzwiese gibt es noch – bei einer Wanderung vom ehemaligen Wirtshaus zum Bielatal (der heutigen „Biotoppflegebasis") zur Hegelshöhe kommt man am Flächennaturdenkmal „Bielatal" vorbei. Der Pflegetrupp des Fördervereins für die Natur des Osterzgebirges sorgt mit aufwendiger „Staffelmahd" (streifenweise Mahd zu unterschiedlichen Zeitpunkten) für optimale Bedingungen für über tausend Breitblättrige Kuckucksblumen und rund ein Dutzend Gefleckte Kuckucksblumen. Letztere Orchideenart ist heller und blüht etwas später. Einige weitere Pflanzen der rund 60 Arten auf dieser Wiese, die dem Wanderer auffallen, sind Sumpf-Vergissmeinnicht, Sumpf-Pippau, Kuckucks-Lichtnelke, Gewöhnlicher Gilbweiderich, Brennender Hahnenfuß, Sumpf-Dotterblume, Rauhaariger Kälberkropf, Waldsimse, Spitzblütige Binse, Flutender Schwaden, Wolliges Honiggras, Sumpf- und Teich-Schachtelhalm (die beiden letzteren bastardieren wahrscheinlich auch).

Neophyten

2002 wurde auch hier die Aue vom Hochwasser überflutet. Die Erlen hielten große Mengen an Geröll zurück, und auf der Nasswiese lagerte sich Schwemmsand ab. Allmählich erobern sich die biotoptypischen Pflanzen diesen Lebensraum zurück. Doch nicht nur diese. Auch Neophyten, vor allem Drüsiges Springkraut und Japanischer Staudenknöterich beginnen sich auszubreiten, zumindest dort, wo ihre Entwicklung nicht durch die Mahd unterbrochen wird.

Natürliche Gewässer- dynamik

Natürliche Gewässerdynamik ist kaum noch irgendwo so gut zu beobachten wie hier an der Großen Biela. An einigen der ufernahen Schwarz-Erlen kann man seit dem Hochwasser 2002 noch erkennen, was diesen Bäumen ihre Standfestigkeit am Bachufer verleiht: als einzige heimische Baumart ist sie in der Lage, auch im nassen Milieu lange Wurzeln zu treiben, teilweise sogar unter dem Gewässerbett hindurch! Langgestreckte Luftzellen in den Wurzeln machen dies möglich. Zum Glück sind die Aufräumbrigaden, die von solchen Dingen wenig Kenntnis besaßen, nach dem Hochwasser nicht bis in diesen Teil des Flora-Fauna-Habitat-Gebietes vorgedrungen. An fast allen Gewässern fielen auch und gerade Erlen den Motorsägen zum Opfer, obwohl sie doch in hervorragender Weise den Fluten getrotzt hatten.

Teich

Talabwärts an der Großen Biela befand sich seit dem 19. Jahrhundert ein Fischzuchtbetrieb. Der Große Teich steht heute als Flächennaturdenkmal unter Schutz. Beim Hochwasser 2002 brach der Teichdamm. 2006 erfolgte die Instandsetzung dieses wertvollen Gewässers, dessen Uferbereiche inzwischen wieder von Grasfröschen, Erdkröten und Bergmolchen zum Laichen genutzt werden.

Die Nordostecke der an den Teich anschließenden Talwiese ist ein nasser Binsensumpf mit einigen Restexemplaren Breitblättriger Kuckucksblume und reichlich Bach-Nelkenwurz. Seit 1997 mäht die Grüne Liga Osterzgebirge diese Fläche.

(6) **Ottertelle**

Im Bielatal haben sich noch vergleichsweise viele Weiß-Tannen halten können, da dieses abgelegene Tal von den vor 100 Jahren überall gebauten Dampfeisenbahnstrecken verschont blieb, vor den aus Böhmen herüberwallenden Schwefeldioxid-Immissionen relativ geschützt liegt und der Autoverkehr sich noch in Grenzen hält (Straße ist für LKW gesperrt – eigentlich). Einige der schönsten und größten Tannen wachsen in der Nähe der

Anger- mannmühle

Angermannmühle. Die Beerntung der auf den höchsten Kronenspitzen – und dort meistens ganz außen – aufsitzenden Tannenzapfen ist ein abenteuerliches Unterfangen für besonders geschulte Waldarbeiter.

Abb.: Weiß-Tanne an der Angermannmühle

Streuobst- wiese

Hinter der Angermannmühle zieht sich eine Obstwiese mit zahlreichen Apfelbäumen den Hang herauf. Eine solch schöne Streuobstwiese in 550 m Höhenlage ist bemerkenswert, um so mehr, als hier den größten Teil des

Jahres nicht viel Sonne in diese Insel inmitten des bergigen Waldgebietes gelangt. Dank jährlicher Mahd durch die Besitzer zeigt die Wiese unter den Apfelbäumen den typischen Artbestand einer Bärwurz-Rotschwingel-Bergwiese. Am Ottertellenweg lädt eine Bank zum Verweilen und Genießen ein. Der bekannte Heimatforscher Otto Eduard Schmidt soll früher an dieser Stelle oft gesessen haben. Besonders schön sind Herbstabende, wenn die Sonne noch ihre letzten Strahlen auf das bunt gefärbte Kronendach des gegenüberliegenden Weicholdswaldes schickt.

Ottertelle   Unterhalb der Angermannmühle mündet die Ottertelle in die Große Biela. Das kleine Bächlein muss in vergangenen Zeiten doch ganz erhebliche Wassermassen geführt haben, die die hier herumliegenden, zahlreichen Granitporphyrblöcke bewegen konnten. Im Bachtälchen gedeiht wieder ein sehr arten- und strukturreicher Waldbestand mit Fichten, Buchen, Eschen, Berg-Ahorn und einigen Berg-Ulmen. Die Bodenflora wird von Farnen bestimmt: Gewöhnlicher Wurmfarn, Frauenfarn, Breitblättriger Dornfarn und Eichenfarn. Außerdem fällt die Vielfalt an Moosen auf.

7 Hirschsprung

Der ehemalige Waldarbeiterweiler Hirschsprung liegt etwas abseits der großen Verkehrsströme, aber auch abseits jeglicher öffentlicher Verkehrsmittel. Das aus dem Riesengrund kommende Wasser der Großen Biela trieb einst das Mühlrad der Ladenmühle an (heute gleichnamiges Hotel), das Gewässer hieß früher hier demzufolge auch „Ladenwasser". Am unteren Ortsende hielt es noch eine Brettmühle in Betrieb. Obwohl das Wasser heu-

Sägewerk   te hier kein Mühlrad mehr antreibt, ist es doch erfreulich, dass das Sägewerk an sich noch existiert. Es ist eines der letzten von einstmals ganz vielen kleinen Sägemühlen im Ost-Erzgebirge. Viele mussten schon zu DDR-Zeiten ihren Betrieb einstellen, fast alle übrigen wurden in den letzten Jahren durch die extreme Marktkonzentration des Holzgeschäfts (mit wenigen, sehr großen Fabriken) zur Aufgabe gezwungen.

Am Hang zwischen der Großen Biela und der „Alten Dresdner Straße" fallen

Weiß-   einige Weiß-Tannen auf. Auch dieser Waldteil gehört noch zum Natur-
Tannen   schutzgebiet Weicholdswald. Direkt im Tal erkennt man noch die kleinen Uferdämme eines ehemaligen Teiches. Vor einigen Jahren wurde hier „Ordnung geschaffen", d.h. Wildwuchs beseitigt. Darunter befanden sich einige der größten Seidelbaststräucher der weiteren Umgebung.

Fernab intensiv wirtschaftender Landwirtschaftsbetriebe haben im unte-
Bergwiesen   ren Teil von Hirschsprung noch einige sehr schöne Bergwiesen überdauert. In der Nähe des vom oberen Ortsteil Hirschsprungs zur Biela fließenden Bächleins gibt es sogar noch einige Arnikapflanzen. Mehrere Jahre lag die Fläche brach, verfilzte und wurde immer mehr von konkurrenzstarken Gräsern beherrscht. Jetzt wird sie wieder gemäht und dankt es im Mai/Juni mit herrlicher Blütenfülle.

Hegelshöhe ⑧

Gegenüber dem Höhenzug des Weicholdswaldes erstreckt sich nördlich der Großen Biela der der Hegelshöhe (663 m). Das Grundgestein ist auch

Granit-
porphyr

hier der Granitporphyr. Den Gipfel markiert ein großer, flacher Felsblock, von dem aus man noch vor wenigen Jahren eine schöne Aussicht hatte. Der einst hier stockende Fichtenwald musste in den 1980er Jahren infolge der rasch fortschreitenden Waldschäden gefällt werden, als Ersatzbaumarten wurden Blaufichten und Lärchen gepflanzt. Diese sind inzwischen zur Dickung herangewachsen und beginnen, den Gipfel der Hegelshöhe wieder einzuschließen.

Buchen-
Fichten-
wälder

Der Ostteil des Höhenzuges trägt zu etwa gleichen Teilen Fichtenbestockung und Buchen- bzw. Buchen-Fichtenwälder, in einem Bestand auch noch mit 15 Weiß-Tannen. Die Buchenbestände an der Hegelshöhe lassen den Artenreichtum des Weicholdswaldes vermissen. Zum einen liegt dies an der Geschichte des Waldes, die viel mehr von Menschen geprägt wurde. Zum anderen sind es am Südhang auch die hier oft grasenden wilden Wiederkäuer, die nur die weniger schmackhaften Draht-Schmielen (neben einigen weiteren Pflanzen) stehen lassen. Wie hoch der aktuelle Wildbestand ist, kann man in jedem Sommer am Purpur-Hasenlattich ablesen. Während noch in den 1990er Jahren fast alle Hasenlattiche radikal abgefressen wurden, macht sich mittlerweile der hohe Jagddruck im Staatsforst bemerkbar. Rothirsche sind hier mittlerweile eine Ausnahmeerscheinung.

Bergbau

Der Süd- und Ostteil der Hegelshöhe war zwischen dem 16. und dem 19. Jahrhundert Stätte eines umfangreichen Bergbaus. Neben Zinn wurde auch Kupfer abgebaut. An den Hängen erinnert noch das wellige Bodenrelief daran, an manchen Stellen auch noch größere Einsturztrichter. Bis 1907 soll es auf der Hegelshöhe auch noch einen Kohlemeiler gegeben haben, den letzten der weiteren Umgebung.

Feile

Am Ostrand des Hegelshöhenwaldes, kurz vor der Rodungsinsel „Feile", gedeihen in einem lichten Eschenbestand viele Seidelbaststräucher. Das unter Naturschutz stehende Gehölz gehört zu den zeitigsten Frühblü-

Abb.:
Frühblüher
Seidelbast

hern. Nicht selten müssen die stark duftenden rosa Blüten noch einmal eine weiße Haube von Märzschnee erdulden. Seidelbast ist giftig, doch wohl nicht für Rehe. Als die Wildbestände noch hoch waren, wurden die Sträucher am Feilen-Waldrand immer verbissen – aber auch der Jungwuchs der Bäume. Jetzt gibt es weniger Rehe, die sich noch für den Seidelbast interessieren. Aber ihr Appetit reicht auch nicht mehr, die jungen Eschen dieses Waldstückes kurz zu halten. Eine dichte zweite Schicht wächst unter dem lockeren Schirm der älteren Eschen heran. Allmählich wird das Licht für den Seidelbast knapp.

Unteres Schilfbachtal

Wo der Wanderweg von der Feile hinabführt zum Schilfbachtal, wachsen am Rande eines Fichtenjungbestandes einige wenige Exemplare der Orchidee Breitblättriger Sitter. Die unscheinbaren, aber bei genauerer Betrachtung sehr hübschen Blüten erscheinen Ende Juni, Anfang Juli. Ein weiteres Vorkommen befand sich am Wegesrand der „Kleinen Straße", wo diese das Schilfbachtal in Richtung Johnsbach verlässt. 2006 fielen die Pflanzen Holzrückemaßnahmen zum Opfer. Die Kleine Straße diente früher als Hauptzufahrtsweg nach Bärenstein, als an die heutigen Talstraßen noch nicht zu denken war. Von Johnsbach kommend querte er den Schilfbach da, wo auch heute noch der Wanderweg über eine kleine Brücke führt. Einst führte der Weg dann jedoch geradewegs auf der rechten Talseite wieder bergauf. Die Pferde der Kutschen und Fuhrwerke hatten bei Regenwetter an dem matschigen Hang sicher Schwierigkeiten. Die Wagenräder gruben sich in den Boden, die „Straße" wurde so immer schlechter, so dass der nachfolgende Verkehr daneben sein Glück versuchte. Die zurückgelassenen Längsrinnen auf der Hangweide kann man heute, nach mehr als anderthalb Jahrhunderten, noch erkennen.

Kleine Straße

Als im 19. Jahrhundert viele Flächen im Schilfbachtal aufgeforstet wurden, blieb eine Talwiese an der Kleinen Straße davon verschont. Die botanisch interessante wie ästhetisch reizvolle Wiese wurde 1964 als Flächennaturdenkmal ausgewiesen. Es handelt sich um eines der letzten Vorkommen des Stattlichen Knabenkrautes zwischen Glashütte und Geisingberg. Eine ganze Reihe von Populationen dieser Art in der Umgebung ist in den letzten zwanzig Jahren erloschen. Zum einen spielt Bodenversauerung beim Rückgang dieser doch ziemlich anspruchsvollen Orchideenart eine Rolle, zum anderen reicht eine einfache Wiesenmahd zum Erhalt nicht aus. Die kleinen Knabenkrautsamen brauchen Keimnischen, die die Balkenmäher der Biotoppfleger nicht bieten können. Wohl aber können dies Tiere tun. Das Flächennaturdenkmal wird deshalb gemeinsam von der Grünen Liga und den Schafhaltern der Feile gepflegt. Im Sommer erfolgt die Heumahd, im Herbst die Nachbeweidung mit Schafen – die ideale Kombination zum Erhalt typischer Bergwiesen und der heutigen Rarität Stattliches Knabenkraut.

Flächennaturdenkmal

Stattliches Knabenkraut

Waldteiche

Talabwärts folgen als nächstes zwei Waldteiche, die Anfang der 1990er Jahre vom Forstamt wiederhergerichtet wurden. Im Wasser breitet sich seither der Wasserhahnenfuß aus, am Ufer Rohrkolben. In strengen Wintern versuchen Fischotter, hier Nahrung zu finden. Das Wasser des Schilfbaches ist zwar sehr klar, aber auch ziemlich sauer, so dass die Fischausbeute nicht allzu üppig sein dürfte. Am Westufer wachsen einige, zum Teil sehr alte Seidelbaststräucher.

vielgestaltige Waldbestände

Bachaufwärts finden sich in der Aue sehr vielgestaltige Waldbestände. Schwarz-Erlen, Eschen, Berg-Ahorn, Rot-Buchen, Fichten und weitere Arten bilden ein außerordentlich strukturreiches Gemisch. Auffällig sind die vielen großen Haselsträucher. Am Boden liegen große Granitporphyrblöcke, an manchen Stellen zu Haufen getürmt, und wenn man genau hinschaut, erkennt man, dass manche Steine behauen sind. Hier standen früher kleine Pochwerke und sicher auch noch weitere Bergbau-Gebäude. Die Bodenflora ist mit mehr als 50 verschiedenen Kräutern, Gräsern und Farnen sehr üppig.

Arnika

Verborgen im Wald ist noch eine zweite Wiese erhalten geblieben, die die Grüne Liga Osterzgebirge gemeinsam mit einem Johnsbacher Grundstücksbesitzer pflegt. Als die damals brachliegende Fläche 1999 im Rahmen des „Biotopverbundprojektes Johnsbach" etwas näher unter die Lupe genommen wurde, blühten hier zwei Arnika-Pflanzen. Heute kommen dank aufwendiger Pflegemaßnahmen wieder einige Dutzend Stängel zur Blüte. Außerdem gedeiht auf der Wiese noch etwas Schwarzwurzel sowie fast die gesamte Artengarnitur magerer Bergwiesen, z.B. mit Bärwurz, Perücken-Flockenblume, Alantdistel, Berg-Platterbse, Blutwurz-Fingerkraut, Gebirgs-Täschelkraut und Harz-Labkraut.

Oberes Schilfbachtal

Der Schilfbach sammelt sein Wasser zwischen Waldidylle (726m) und der Schenkenshöhe (681 m) bei Falkenhain. An einem Steinhaufen tritt der Schilfbach als kleine Schüttquelle hervor. Solche sprudelnden Quellen sind im Ost-Erzgebirge selten, und auch hier handelt es sich wahrscheinlich um eine Folge der Melioration.

Steinrücken

Die kleinen Feldgehölze bei Falkenhain, im Volksmund „Zachen" genannt, stammen wahrscheinlich von Altbergbau. Bemerkenswert sind weiterhin die großen Steinrücken mit groben Granitporphyrblöcken unterhalb der „Alten Dresdner Straße". Kaum noch vorstellbar, welche harte Arbeit früher hier der Feldbau erforderte! Zwischen zwei solchen Steinrücken ist ein besonders großer Felsblock übrig geblieben – ohne Technik war der wohl

Abb.: wilder Birnenbaum bei Falkenhain

kaum zu bewegen. In seinem Schutz konnte vor langer Zeit eine Birne keimen und ist mittlerweile zu einem beachtlichen Baum herangewachsen. Im Frühling leuchten die weißen Birnblüten, dann fällt der Baum selbst dem Naturfreund auf dem Wanderweg an der Schenkenshöhe auf.

Im oberen Schilfbachtal wurde im 19. Jahrhundert viel aufgeforstet. Vom einstigen Ackerbau an den Hängen künden heute

reizvolle Wieseninsel

nur noch verwachsene Steinrücken im Wald. Im Talgrund blieb jedoch eine größere, landschaftlich außerordentlich reizvolle Wieseninsel übrig. Nach dem Bau der Straßen konnten die Bauern zwar auf ihre am schwersten zu bewirtschaftenden Ackerflächen verzichten, aber Wiesenwirtschaft war zu

Abb.: Heuwiese im oberen Schilfbachtal

dieser Zeit so lukrativ wie nie zuvor (und nie danach). Gutes, kräuterreiches Bergwiesenheu galt als begehrtes Produkt, bei den Milch und Käse produzierenden Tierhaltern in den Dörfern genauso wie bei den Pferdefuhrunternehmen Dresdens. Zu DDR-Zeiten wurden auch die oberen Schilfbachwiesen beweidet, was ihnen nicht gut getan hat. Doch so sehr oft kamen die Rinderherden nicht in diesen abgelegenen Flecken inmitten des Waldes, und so finden sich hier noch die meisten Bergwiesenarten. Insbesondere die Perücken-Flockenblume profitiert von der nun wieder praktizierten Heumahd.

Flächenna-turdenkmal „Oberes Schilfbachtal"
Am wertvollsten ist das vom Förderverein für die Natur des Osterzgebirges vorbildlich gepflegte Flächennaturdenkmal „Oberes Schilfbachtal". Dieses umfasst zwar nur 0,3 Hektar, beherbergt aber einige sehr stark gefährdete Pflanzenarten. An einem mageren Hang wächst, neben viel Bärwurz, Berg-Platterbse und Goldhafer, noch ein schöner Bestand Arnika. In der feuchten Senke gedeiht auf vegetationsfreien Stellen das kleine, vom Aussterben bedrohte, „fleischfressende" Fettkraut. Außerdem beherbergt die niedermoorartige Mulde eine Vielzahl weiterer Pflanzenarten. **Ganz wichtig: das Betreten eines Flächennaturdenkmales ist strikt verboten!** Dies gilt besonders während der Hauptvegetationszeit im Frühling. Die Gefahr, dass seltene Pflanzen (vor allem deren leicht zu übersehende Keimlinge) zertreten werden, ist in dieser Zeit besonders groß.

Fichtenauf-forstungen
Problematisch sind die Fichtenaufforstungen in der Bachaue, die unter anderem einige Seidelbaststandorte zu verdrängen drohen. Dennoch: Die von Steinrücken gegliederten Waldwiesen des Oberen Schilfbachtales, am Rande mit einigen mächtigen Altbuchen, zählen zu den reizvollsten Oasen für Wanderer, die die Stille abgeschiedener Natur suchen.

 **Waldidylle**

Im Verlaufe des 19. Jahrhunderts sprach es sich in Dresden herum: das Ost-Erzgebirge ist schön. Zuerst waren es fast nur privilegierte Adlige, die sich einen Urlaubsaufenthalt hier leisten konnten – unter anderem der sächsische König, der oft im Forstgut Oberbärenburg weilte und sich an den bunten Bergwiesen, aber auch an der Balz der damals noch vorkommenden Auerhähne erfreute.

Sommer-frische
Der Bau der Eisenbahnen und Straßenverbindungen ermöglichte auch immer mehr „Bürgerlichen", die durch die im Elbtal prosperierende Wirtschaft zu Wohlstand gekommen waren, einen Ausflug in die „Sommerfrische". In den meisten Dörfern und Weilern des Ost-Erzgebirges entstanden „Fremdenzimmer", zunehmend auch richtige Ferienhäuser. Waldidylle war ein Sonderfall. Im Jahr 1900 kauften begüterte Dresdner Land auf Falkenhainer

Flur und gründeten die „Kolonie Waldidylle". Und so ist Waldidylle heute auch ganz anders als alle anderen Orte der Region: unter lichtem Fichten-schirm verbergen sich teilweise bescheidene Häuschen, teilweise aber auch beachtliche Villengebäude.

Aussicht vom Pano-ramaweg

Der Ort war günstig gewählt. Weit hinaus ins nördliche und östliche Vor-land des Erzgebirges geht der Blick von hier, dem Rand des von der jahr-millionenlangen Gebirgsabtragung herausmodellierten Quarzporphyr-Hö-henrückens. Sehr schön ist die weite Aussicht vom Panoramaweg. Während links, im Westen, der mit dunklen Fichtenforsten bestockte Quarzporphyr-rücken den Horizont begrenzt, blickt man geradeaus über die von vielen Steinrücken gegliederte Granitporphyrflur, die sich hinabsenkt zur Gneiss-scholle des Ost-Erzgebirges. Dort eingeschnitten ist das Müglitztal mit sei-nen Seitentälern. Aufgesetzt erscheint die Basaltkuppe des Luchberges, doch eigentlich ist dieser harte Rest einer tertiären Vulkanlandschaft nur von der Erosion weniger stark abgetragen worden als der „weichere" Gneis ringsum - also eine ähnliche geologische Geschichte wie der Quarzporphyr hier in Waldidylle, nur dass letzterer schon 300 Millionen Jahre hinter sich hat und damit viel älter ist als der wahrscheinlich ca. 30 Millionen Jahre „junge" Luchberg. Noch weiter in der Ferne, direkt neben dem Luchberg, erkennt man den Wilisch. Das ist eine weitere Basaltkuppe, doch gehört diese zur so genannten Wendischcarsdorfer Verwerfung, dem Höhenrücken, der das Ost-Erzgebirge im Nordosten gegenüber dem Elbtalgebiet begrenzt. Vom Panoramaweg am östlichen Waldidyller Waldrand kann man weit hinüber ins Elbsandsteingebirge und zu den Lausitzer Bergkuppen blicken. Die Aussicht wird nur leider gestört durch die hässlichen Hochspannungslei-tungen, die früher den energieintensiven Zinnbergbau versorgt haben.

Wanderziele in der Umgebung

⑫ Mayenburgwiese und Bekassinenwiese

Gründel-bach

In der Nähe der Hochwaldstraße – einer der Hauptstraßen vor dem Bau der Talstraßen (sowie nach dem Hochwasser 2002) – entspringt der „Gründel-bach", ein knapp zwei Kilometer langes Gewässer, das unterhalb des Ortes in den Johnsbacher Dorfbach mündet. Der Quellbereich ist melioriert, wie fast alle Bäche, dennoch blieb hier eine größere Nasswiese erhalten, wie sie früher für viele Bäche typisch war und heute Seltenheitswert hat. Wegen des früheren Vorkommens des seltenen Schnepfenvogels bekam die nasse

Bekassinen-wiese

Senke unter Naturschützern die Bezeichnung „Bekassinenwiese". Heute ge-schieht es nicht mehr oft, dass man hier eine Bekassine beobachten kann, und wenn, dann meist nur während des Vogelzuges. Die Bekassinenwiese ist eines der artenreichsten Biotope der weiteren Umgebung. Auf über einem Hektar gedeihen über 70 Arten der Kleinseggenrasen, Feuchtwie-sen, Borstgrasrasen und Bergwiesen. Anfang der 1990er Jahre dominierten dichte Binsenteppiche die Wiese. Dank der seither erfolgten jährlichen

Mahd (heute: Förderverein für die Natur des Ost-Erzgebirges) hat sich die Fläche hervorragend entwickelt. Heute prägen zahlreiche Seggenarten, Schmalblättriges Wollgras in großer Menge, mehrere hundert Exemplare Breitblättriger Kuckucksblumen sowie ein großer Bestand Fieberklee die Bekassinenwiese. Auf borstgrasrasenartigen Buckeln kommen auch Arnika und Schwarzwurzel vor.

Direkt an der Hochwaldstraße wurde 1938 vom Landesverein Sächsischer Heimatschutz ein ganz besonders wertvolles Wiesenstück aufgekauft. Der darauf wachsende Bestand von 2000 Weißen Waldhyazinthen – eine Orchideenart – war wohl auch zu damaligen Zeiten außergewöhnlich. Nach dem Dresdner Chlorodont-Fabrikanten erhielt die Fläche den Namen Mayenburgwiese. Nach Enteignung und Verbot des Landesvereins Sächsischer Heimatschutz (Ende der 1940er Jahre) fiel die Fläche brach, Gehölzsukzession setzte ein, und so ist der größte Teil der einstigen Mayenburgwiese heute von Ebereschen-Pionierwald mit teilweise dichtem Adlerfarn-Unterwuchs be-

Flächenna- wachsen. Auf der kleinen, verbliebenen Fläche (seit 1964 Flächennaturden-
turdenkmal mal „Orchideenwiese Johnsbach") konnte durch jährliche Mahd ein wechselfeuchter Borstgrasrasen erhalten werden, unter anderem mit etwas Schwarzwurzel. Der Waldhyazinthenbestand galt seit Anfang der 1980er als erloschen. Umso größer war die Überraschung, als sich 1999 wieder eine einzelne Pflanze dieser seltenen Orchideenart zeigte. Doch die Hoffnungen, dass daraus wieder eine größere Population werden könnte, waren verfrüht. Manche Jahre zeigt sie ihre unscheinbaren Blüten, manche Jahre bleibt sie offenbar nur vegetativ. Daran konnten bislang auch fast gärtnerische Pflegemaßnahmen der Grünen Liga nichts ändern. Doch das Beispiel zeigt: auch wenn eine Pflanzenpopulation scheinbar erloschen ist, so kann sich im Boden noch Potential in Form von Wurzelknollen oder Samen verbergen.

Das Gründelbachtal weiter talabwärts ist sehr strukturreich mit mehreren Berg- und Nasswiesen, Feldgehölzen und Steinrücken. Unter einem der Feldgehölze erkennt man anhand der leuchtend roten Bodenfärbung noch
Eisenberg- den wahrscheinlichen Ort einstigen Eisenbergbaus. Wegen des Arten- und
bau Strukturreichtums hatte die Grüne Liga Osterzgebirge diesen Bereich als Naturschutzgebiet vorgeschlagen. Dem wurde leider nicht stattgegeben, ebenso wenig dem fundierten Antrag auf Ausweisung der Bekassinenwiese als Flächennaturdenkmal.

Oberbärenburg

Als die Bärensteiner Ritter den wertvollsten Teil ihrer Besitzungen, das Altenberger Erzrevier, an den Landesherrn verloren hatten, versuchten sie, wenigstens das Holz ihrer großen Wälder in klingende Münze zu verwandeln. Der Bedarf der Schmelzhütten war groß, die Erschließung der Wälder
Vorwerk allerdings schwierig. So wurden kleine Waldarbeiterweiler angelegt, unter
Bärenburg anderem das Vorwerk Bärenburg. Die Lebensbedingungen der Bewohner waren hart, bis Ende des 19./Anfang des 20. Jahrhunderts der zunehmende

Strom der Sommerfrischler und später der Wintersportler neue Einkommensquellen versprach.

Aussichts-turm

2004 wurde am Waldrand von Friedrichshöhe/Opelhöhe ein Aussichtsturm errichtet. Seit die Fichtenforsten des Höhenzuges (bis zur Tellkoppe, beliebte Skiloipe) nicht mehr im Kahlschlagsverfahren bewirtschaftet werden, verschwanden immer mehr Blickbeziehungen, die für viele Wanderer den wichtigsten Reiz einer Landschaft darstellen. Dem soll der 14 m hohe Turm nun abhelfen. Und tatsächlich: die Aussicht bis ins Elbsandsteingebirge und die dahinter liegenden Lausitzer Berge lohnt den Aufstieg (und eine kleine Spende zum Erhalt des Turmes).

Arnika

In Oberbärenburg gibt es noch mehrere recht artenreiche Bergwiesen, u. a. rechts des Weges nach Waldidylle mit schönen Arnikabeständen.

Keulen-Bärlapp

Zum Langen Grund hinab zieht sich die alte Oberbärenburger Rennschlittenbahn. Auf dem durch den winterlichen Rodelbetrieb immer wieder gestörten Heideflächen, die aber sommersüber weitgehend sich selbst überlassen werden, kann der Keulen-Bärlapp gedeihen. Doch offenbar durch zunehmende Stickstoffeinträge (v. a. aus Autoabgasen), wahrscheinlich auch durch Hubschrauber-Kalkungen der Wälder (zum Abpuffern der Bodenversauerung), wird das Wachstum von Gräsern gefördert, und der seltene, konkurrenzschwache Bärlapp hat das Nachsehen.

„Silberschlange von Altenberg"

Die einschneidendste Veränderung, die der Wintersport jemals für die Natur des Ost-Erzgebirges mit sich brachte, war der Bau der Bobbahn zwischen Oberbärenburg und Hirschsprung. Damit die DDR-Bob-Piloten bei der Winterolympiade von Sarajevo (1984) wieder reichlich Medaillen und Ruhm für den „Arbeiter- und Bauernstaat" ernten konnten, scheute die Regierung keine Kosten, ihnen hier eine der weltweit anspruchsvollsten Anlagen errichten zu lassen. Während in den von Kraftwerksabgasen zerfressenen Fichtenforsten des Erzgebirgskammes die Förster damals mit den Borkenkäfern um die Wette eilten, musste in den noch leidlich intakten Beständen des Kohlgrundes eine schwere Bresche geschlagen werden. Streng abgeschirmt von der Öffentlichkeit entstand das gewaltige Bauwerk. Jedoch: Bauplanung und -ausführung gestalteten sich bei weitem nicht so, wie es sich die Bobsportler, deren Funktionäre und die Parteioberen gedacht hatten. Die Olympiade war längst vorbei (trotz allem mit reichlich Siegen der DDR-Mannschaft, unter anderem der Bobfahrer), als 1985 endlich die ersten Probefahrten auf der „Kunsteisschlange im Kohlgrund" stattfinden konnten. Diese müssen zu ziemlich großem Entsetzen geführt haben: die Strecke erwies sich als viel zu gefährlich, mehrere Kurven mussten anschließend wieder weggesprengt und neu ausgebaut werden. 1987 konnte die Anlage endgültig in den Dienst genommen werden.

Seither fanden hier bereits mehrfach Welt- und Europameisterschaften für Bob, Rodel und Skeleton statt. Die „Silberschlange von Altenberg" ist heute ein wichtiger Tourismusmagnet und, bei Fernsehübertragungen, auch ein recht bedeutender Werbeträger. Die Kosten dafür sind allerdings auch ziemlich hoch, und der Energieverbrauch der großen Anlage ebenfalls.

Langer Grund

Der Quarzporphyr ist hart. Bäche, die hier fließen, halten sich nicht mit Seitenerosion und Mäanderschlaufen auf, sondern versuchen, so schnell wie möglich bergab zu gelangen. Dabei schaffen sie Täler mit steilen Hängen und nur wenig ausgebildeten Talsohlen – so wie jenes des Lange-Grund-Baches.

Der Lange Grund ist ein reizvolles Wandergebiet, sowohl entlang des munter sprudelnden Baches, als auch am südwestexponierten Talhang, der vom Tirolerweg/Kieferbergweg erschlossen ist. In der Schäfertelle kommt man dabei an einem kleinen Quarzporphyraufschluss vorbei.

Böden über Quarzporphyr sind arm. Pflanzen, die hier wachsen, müssen mit wenigen Nährstoffen klarkommen. Das sind auf den Waldböden unter anderem Heidelbeere, Harz-Labkraut, Breitblättriger Dornfarn, Wald-Sauerklee und Schattenblümchen. In der Baumschicht zeigen die Fichten nicht die Durchsetzungskraft, die sie woanders entwickeln. Von Natur aus würden hier zwar auch Buchen wachsen, kämen aber auf den mageren Hängen und Kuppen wohl an ihre ökologischen Grenzen. Stattdessen gedeihen hier Kiefern. Und zwar nicht irgendeine Kiefer, sondern die „Schmiedeberger Höhenkiefer". Im Gegensatz zu den breitkronigen Flachlandkiefern haben die Höhenkiefern einen langen, schlanken Stamm und eine mitunter fast fichtenartig wirkende schmale Krone, die weniger Angriffsfläche für Schneelasten und Raueis-Anhang („Anraum") bietet. Diese durch Anpassung an den Lebensraum entwickelten besonderen Eigenschaften stecken den Höhenkiefern wahrscheinlich inzwischen auch in den Genen. Daher ist der Erhalt der Saatgutbestände im Langen Grund sehr wichtig.

Schmiedeberger Höhenkiefer

Im Langen Grund soll in den nächsten Jahren eines der vielen, nach dem Hochwasser 2002 geplanten Rückhaltebecken errichtet werden, um Schmiedeberg künftig vor den hier schnell abfließenden Wassermassen zu schützen.

Quellen

Grüne Liga Osterzgebirge (1997): **Biotopverbundprojekt Bärenstein**, Broschüre

Grüne Liga Osterzgebirge (2001): **Biotopverbundprojekt Johnsbach/Falkenhain**, unveröffentlicht

Wagner, Paul u.a. (1923): **Wanderbuch für das östliche Erzgebirge** – bearbeitet von Dresdner Geographen

Weber, Jens (1991):
Modellprojekt zur Flächendeckenden Waldbiotopkartierung im Osterzgebirge, Diplomarbeit TU Dresden

Oberes Müglitztal

Text: Jens Weber, Bärenstein (Hinweise u.a. von Bernd König
und Stefan Höhnel)

Fotos: Stefan Höhnel, Thomas Lochschmidt, Holger Menzer,
Gerold Pöhler, Jens Weber, Christian Zänker

subkontinentales Klima, Hochwasser, Waldumbau

Steinrückenlandschaft, Berg- und Nasswiesen

Burgen, Waldhufendörfer, Ackerbürger

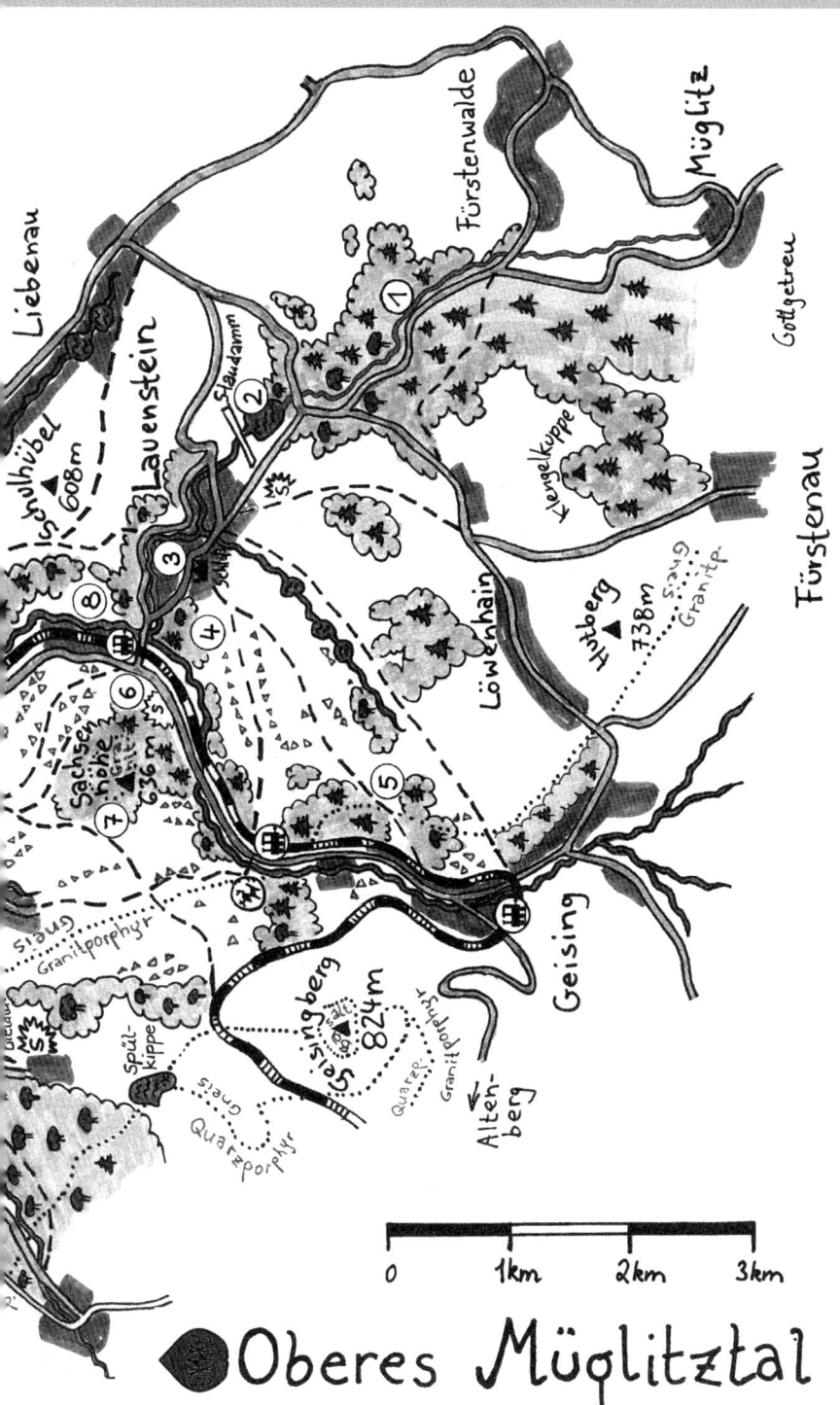

Oberes Müglitztal

1. Müglitztal zwischen Lauenstein und Fürstenwalde
2. Hochwasserdamm Lauenstein
3. Burg und Stadt Lauenstein
4. Pavillon
5. Nasse Lehn
6. Steinbruch Lauenstein und Skihangwiesen
7. Sachsenhöhe (636 m)
8. Talwiesen zwischen Lauenstein und Bärenstein
9. Schlossberg Bärenstein
10. Müglitz-Schotterflächen am Bahnhof Bärenstein
11. Wismuthalde Bärenhecke
12. Mittelgrund bei Johnsbach

Die Beschreibung der einzelnen Gebiete folgt ab Seite 495

Landschaft

Es ist mitunter verblüffend, welche klimatischen Auswirkungen selbst verhältnismäßig moderate Erhebungen in der Landschaft haben können. Das Müglitztal liegt im Leebereich, also östlich, des Quarzporphyr-Höhenrückens Pramenáč/Bornhau-Kahleberg-Tellkoppe-Kohlberg, und so fällt in Lauenstein deutlich weniger Niederschlag als etwa in Dippoldiswalde, obwohl letzteres zweihundert Höhenmeter niedriger ist (805 l/m^2 : 846 l/m^2). Zusätzlich führt die räumliche Nähe von warmem Elbtal einerseits und rauem Erzgebirgskamm andererseits zu größeren tages- und jahreszeitlichen Temperaturschwankungen. Das Müglitztal unterliegt daher bereits ziemlich ausgeprägten subkontinentalen Klimaeinflüssen. Dies erfreut Urlauber und Solaranlagenbesitzer (die Bürger-Solaranlage der Grünen Liga Osterzgebirge im Bärensteiner Bielatal gehört zu den ertragsstärksten des Dresdner Raumes), und spiegelt sich ebenfalls in der Pflanzenwelt wider. Einher geht damit aber auch eine größere Gefährdung der Wälder gegenüber Frost und sommerliche Dürre. Nach den trocken-heißen Frühjahren und Sommern zwischen 2003 und 2007 feiern die Borkenkäfer in den Fichtenbeständen des Müglitztales besonders ausgiebige Vermehrungsparties.

subkontinentale Klimaeinflüsse

Sturm Kyrill Dass der Sturm Kyrill im Januar 2007 in den Fichtenforsten hier teilweise sehr hohen Tribut forderte (z. B. bei Bärenhecke), war allerdings unmittelbar menschengemachter Schaden. An den relativ steilen Hängen hatten die Förster zu DDR-Zeiten notwendige Pflegeeingriffe unterlassen. Nach der Privatisierung der Treuhandwälder schickten die neuen Besitzer große Maschinen („Harvester") in diese Bestände und legten fast die Hälfte der Bäume um. Die Preise am Holzmarkt, so hoch wie lange nicht, machten das lukrativ. Die verbleibenden, an keinen Freistand gewöhnten Fichten wurden zur leichten Beute des Sturms.

Extremregen Geringere Durchschnittsniederschläge schließen keine Extremregen aus. Diese Erfahrung vermittelt die Natur den Müglitztalern zwei- oder dreimal pro Jahrhundert mit großer Deutlichkeit. Hier am Ostrand des Erzgebirges können sich so genannte Vb-Wetterlagen (sprich: „Fünf-B") besonders heftig abregnen, denn nicht selten kommt dann noch lokale Konvektion zum straffen Dauerregen der vom Mittelmeer heranziehenden, wassergesättigten und warmen Luftmassen. „Konvektion" bedeutet, dass beim Aufstieg aus dem Elbtal die warm-feuchten Wolken auf kalte Luftpakete treffen. Dann geht es rund in der Atmosphäre über Kahleberg, Zinnwalder Berg und Mückentürmchen. 50 Millionen Kubikmeter Wasser kamen zwischen 11. und 13. August 2002 über dem reichlich 200 m² großen Einzugsgebiet der Müglitz zusammen. Das entspricht durchschnittlich 25 Wassereimern (á 10 l) auf jeden km² – keine Chance

Abb. oben: Hochwasser 1927 bei Bärenhecke (Foto: Archiv Osterzgebirgsmuseum Lauenstein)

Abb. unten: Hochwasser 2002 bei Bärenstein

für die nur ein bis zwei Meter mächtigen Schuttdecken und Böden über dem Felsgestein, diese ungeheure Menge aufzunehmen.

Aus Schaden klug geworden? Nach dem Hochwasser im Einzugsgebiet der Müglitz

Strukturarme Agrarflächen auf der Hochebene rechts der Müglitz sowie Fichtenforste ohne nennenswerte Bodenvegetation an den Talhängen ließen das Wasser im August 2002 nicht nur rasch abfließen, sondern gaben ihm auch noch jede Menge Sedimentationsfracht mit. Bodenpartikel rissen Steinchen mit sich, diese wiederum größere Steine, und diese donnerten gegen Ufermauern, Brückenpfeiler und Wohnhäuser. Bei alledem wurden auch Fichten entwurzelt, Gartendatschen aus ihren Verankerungen gerissen, Autos, Brennholzstapel und Dixiklos fortgespült. Diese Munition in den Fluten („Geschiebe" im Fachjargon) war es letztlich, die talabwärts, in Glashütte, Schlottwitz und Weesenstein, die größten Schäden hervorrief.

Weit verbreitet ist die Ansicht, die Wucht des Hochwassers hätte geringer ausfallen können, wenn das Müglitzeinzugsgebiet nicht so waldarm wäre. Nur rund 36 Prozent sind Wald, wogegen 32 % als Grünland, 22 % als Äcker und 7 % als Siedlungsfläche gelten. Doch zeigte sich dem aufmerksamen Beobachter während des Naturereignisses, dass die Wasserspeicherkapazität der real existierenden (von Luftschadstoffen und schweren

Holzerntemaschinen geschädigten) Forsten nicht größer war als die von strukturreichen Bergwiesen (etwa am Geisingberg). Im Gegenteil: wo Fichtenreinbestände keine ordentliche Durchwurzelung mit Waldbodenpflanzen zulassen, konnte der Niederschlag besonders schnell abfließen. Mit ökologischem Waldumbau hin zu vielfältig strukturierten Mischwäldern, gut durchwurzelten Böden und ausreichend Licht für Kräuter kann in den Nadelholzforsten einiges zur Verringerung der Hochwasserschäden getan werden – und wird zum Glück auch getan. Ganz viele junge Laubbäume (und Weiß-Tannen) wurden in den letzten Jahren hier gepflanzt, beispielsweise beim Waldumbauprojekt der Grünen Liga Osterzgebirge auf der Bärensteiner Sachsenhöhe.

Aufforstung würde hingegen nur dann dem Hochwasserschutz dienen, wenn die großen Ackerschläge mit ihrer besonders großen Erosionsgefahr dazu genutzt werden könnten. Diese aber sind die Geldbringer der Agrarunternehmen in der ansonsten wegen der Steinrücken und Quellsümpfe landwirtschaftlich benachteiligten Gegend. Strukturreiche Bergwiesen hingegen haben sich beim letzten Hochwasser hervorragend als Abflussbremsen bewährt.

Am schnellsten erfolgte der Abfluss über Beton und Bitumen, was die zwei Jahre zuvor gebaute, riesige Grenzzollanlage (GZA) Zinnwald am 12.8.02 eindrucksvoll unter Beweis stellte. In der Baugenehmigung war ursprünglich der Rückbau der Bodenversiegelung festgelegt, sobald die GZA nach Wegfall der Grenzkontrollen nicht mehr benötigt würde. Doch das steht offenbar nicht mehr zur Debatte, geplant ist vielmehr die Umwandlung in einen Superparkplatz für Freunde des Skisports.

Auch im übrigen Müglitzeinzugsgebiet sind nach dem Hochwasser kaum Maßnahmen ergriffen worden, durch mehr Hecken beispielsweise oder Umwandlung erosionsgefährdeter Äcker in Wald bzw. Grünland die Risiken künftiger Hochwasserereignisse zu verringern. Ganz im Gegenteil: ein nicht unerheblicher Teil der Fluthilfegelder wanderte in den Ausbau von Straßen und die Asphaltierung von Feldwegen. Darüberhinaus verunziert jetzt eine 13 (!) Meter breite Serpentinenstraße den Müglitzhang oberhalb Lauenstein (Fans dröhnender Motorräder freuen sich über diesen Autobahnzubringer).

Um beim nächsten Extremregen besser gewappnet zu sein, wurde im Müglitztal oberhalb von Lauenstein ein großer Schüttdamm errichtet, der reichlich 5 Millionen Kubikmeter Wasser fassen kann. Gekostet hat das Projekt rund 40 Millionen Euro. Hochwasserschutz in Sachsen konzentriert sich auf große und teure Baumaßnahmen.

Wenige Jahre nach dem Hochwasser ist die Müglitz auf weiten Strecken wieder eingemauert – bis zum nächsten Mal?

fruchtbare Gneisböden　Dass das Müglitztalgebiet bis in die Kammlagen so waldarm ist, liegt an den recht fruchtbaren Gneisböden. Die von den Meißner Markgrafen (wahrscheinlich auch den Dohnaer und vielleicht sogar den Biliner Burggrafen) im 12./13. Jahrhundert ins Land geholten Siedler fanden gute Bedingungen für Ackerbau vor und gründeten die Dörfer Bärenstein, Dittersdorf und Liebenau, etwas später dann auch Fürstenau, Fürstenwalde und Ebersdorf.

Burgen Lauenstein und Bärenstein

Die Burgen Lauenstein und Bärenstein sollten sicherstellen, dass ihnen die Adelskonkurrenz ihre Landgewinne nicht wieder streitig machte. Über Jahrhunderte bildeten Müglitz und Rotes Wasser die Grenze zwischen den Herrschaften Lauenstein und Bärenstein.

Wer von Lauenstein oder Bärenstein aus den rechten Müglitzhang hinaufsteigt, sieht oben die relativ einförmige Hochebene von Liebenau vor sich.

Waldhufendorf

Wie fast alle Dörfer hier wurde auch dieser Ort einstmals als Waldhufendorf angelegt und hatte früher eine von Steinrücken gegliederte Flur. Doch der gute Graugneisboden inspirierte die DDR-Landwirtschaft nicht nur zur gründlichen Drainage der Quellbäche (z. B. Trebnitz), sondern auch zur Beseitigung von mehr als 50 Prozent der Feldgehölze und Steinrücken.

Auf der gegenüberliegenden, westlichen Müglitzseite ist die Landschaft viel abwechslungsreicher. Hier steigt das Gelände auch oberhalb des Taleinschnittes weiter an. Parallel zum Müglitztal zeigt die Geologische Karte

Granitporphyr

einen rund zwei Kilometer breiten Streifen Granitporphyr, westlich von diesem dann Teplitzer Quarzporphyr, der als bewaldeter Höhenrücken den Horizont in Richtung Süden und Westen begrenzt. Die Granitporphyrböden sind sehr steinreich, unzählige kleine und große Blöcke dieses rötlichen Ge-

Steinrücken

steins (mit auffallend großen Feldspatkristallen) landeten auf den Steinrücken. Diese Lesesteinwälle wegzuräumen war selbst den eifrigen Meliorationsbrigaden der DDR-Landwirtschaft unmöglich, und so bieten die Fluren von Johnsbach, Bärenstein, Lauenstein, Geising und Fürstenau heute die eindrucksvollsten Steinrückenerlebnisse. Auch rund um Dittersdorf ist die historische Struktur des Waldhufendorfes noch gut an den Steinrücken zu erkennen. Hier sind es unter anderem die Brocken der vielen, schmalen

Quarzporphyrzüge

Quarzporphyrzüge des "Sayda-Berggießhübler Gangschwarmes", die nebst Gneis-Lesesteinen an den Rand der Hufenstreifen "gerückt" werden mussten.

Abgesehen von der landschaftsbeherrschenden Basaltkuppe des Geisingberges fällt dem Wanderer von mehreren Seiten die mit 632 m nicht allzu hohe, aber wegen ihrer Bewaldung sich deutlich abhebende

Abb.: Der Blick vom Geisingberg in Richtung Liebenau zeigt deutlich, wo Porphyr die Böden bildet (Steinrücken noch vorhanden) und wo fruchtbarer Gneis (Landschaft ausgeräumt).

Sachsenhöhe

Sachsenhöhe auf. Hier hat

Granitstock

die Abtragung den Kuppelbereich eines Granitstockes freigelegt, der gegen Ende der Variszischen Gebirgsbildung als Magma aufgedrungen und weit unterhalb der Erdoberfläche erstarrt war – ähnlich wie der berühmte Zwitterstock von Altenberg (wo heute die Pinge klafft). Und genau wie dort hatten sich in diesem Kuppelbereich und im umgebenden Gestein Erze angereichert, die zwischen 17. und 19. Jahrhundert Stoff für einen zwar nicht übermäßig ergiebigen, aber recht kontinuierlichen Bergbau gaben.

Sicker-quellen

Wo die Landschaft vom Gneisgebiet zum Granitporphyr ansteigt, tritt an vielen Stellen Kluftwasser („Grundwasser") in Form von Sickerquellen zutage. Hier stießen die Meliorationen der DDR-Landwirtschaft ebenfalls an technische Grenzen.

Pochwerke, Sägegatter und Getreidemühlen

Erzaufbereitungsanlagen

In Lauenstein vereinigen sich die zwei etwa gleich großen Bäche Rotes Wasser und (Weiße) Müglitz. Beide Gewässer dienten früher dem Antrieb vieler Wasserräder: für Pochwerke, Sägegatter und Getreidemühlen. Das Wasser der Müglitz ist durch den Zusammenbruch des Altenberger Bergbaus und weiterer Firmen jetzt so sauber, wie man sich das vor 1990 nie zu träumen gewagt hätte. Das „Rote Wasser" trug seinen Namen von dem feingemahlenen tauben Material der Erzaufbereitungsanlagen, die lange Zeit über den Tiefenbach in Geising hier abgeführt wurden. Ab Ende der 1960er Jahre floss der rote Schlamm von der Bielatal-Spülkippe aus über die Kleine Biela unterhalb von Bärenstein zur Müglitz. Dies gehört – hoffentlich – endgültig der Vergangenheit an, auch wenn die Rohstoffpreise die Wiederaufnahme des Bergbaus ins Gespräch gebracht haben.

Baggerarbeiten und Ufermauerbauten

Die Müglitz könnte so heute ein richtig schönes Gewässer für Tiere und Naturfreunde sein, wenn nicht die schier endlosen Baggerarbeiten und Ufermauerbauten nach dem Hochwasser 2002 dem Ökosystem schwere Schaden zugefügt hätten.

Industrialisierung

Erzwäschen, Mühlen und Sägewerke bildeten den Ausgangspunkt für eine rasche Industrialisierung und Ausweitung der Siedlungsbereiche ab Mitte des 19. Jahrhunderts. 1857 erschloss die neu erbaute Talstraße das bis dahin streckenweise nur von schmalen Pfaden durchzogene Müglitztal bis Lauenstein (acht Jahre später bis Altenberg verlängert). Von nun an rollten die Postkutschen und zunehmend viel Güterverkehr – mit Pferdefuhrwerken.

Dazu zählten auch immer mehr große Planwagen mit Heu, die zweimal wöchentlich zum großen Heumarkt an der Dresdner Annenkirche fuhren. Für die Bauern des oberen Müglitztales eröffnete die neue Straße einen Zugang zu Kunden, die das gute, kräuterreiche Bergwiesenheu sehr gern abnahmen: die Pferdefuhrwerksunternehmer in der wirtschaftlich aufstrebenden Großstadt Dresden. Bunte Bergwiesen begannen, in immer größerem Umfang die Landschaft zwischen Geisingberg und Haberfeld zu prägen.

Abb.: Im Bauernmuseum Liebenau erfährt man vieles über die frühere Landbewirtschaftung.

Die Müglitztalbahn

Seit 1890 gibt es die Müglitztalbahn, zunächst als Schmalspurbahn, ab 1938 auf Normalspur mit fünf Tunneln und etlichen großen Brücken. Der Gütertransport ins zunehmend industrialisierte Müglitztal war enorm, die Müglitztalbahn galt als eine der rentabelsten Nebenstrecken in Sachsen. Nur am Ende und nach dem Zweiten Weltkrieg sowie nach den Hochwasserereignissen 1897, 1927, 1957 und 2002 gab es längere Unterbrechungen des Verkehrs. Nach 1989 änderte sich allerdings die Situation. Die steile Zunahme der Pkw-Zahlen – und die kaum minder steile Zunahme der Fahrpreise – verlagerte den Personentransport auf die Müglitztalstraße. Der plötzliche Niedergang der meisten Industriebetriebe, vor allem des Altenberger Zinnbergbaus, machte außerdem den Gütertransport hinfällig. Und nicht zuletzt war die Strecke in marodem Zustand. Der Müglitztalbahn drohte in den 1990er Jahren das gleiche Schicksal wie vielen anderen sächsischen Nebenstrecken: die Stilllegung. Engagierte Bürger machten dagegen mobil, tausende Unterschriften wurden für den Erhalt der Bahn gesammelt, Schüler des Altenberger Gymnasiums demonstrierten. Mit Erfolg. Die Deutsche Bahn sanierte die Strecke mit großem Aufwand und lässt seit 2001 neue „Regiosprinter" fahren.

Das Hochwasser 2002 machte über Nacht einen Großteil dieses Erfolges wieder zunichte. Doch innerhalb von anderthalb Jahren konnte die gewaltigen Schäden behoben werden. Seit Dezember 2003 transportieren die roten Züge wieder Schüler, Ausflügler, Wintersportler und (leider immer noch recht wenige) Berufspendler. Im Bahnhof Bärenstein entsteht auf Initiative des „Fördervereins für die Müglitztalbahn" ein kleines Museum zur Geschichte der Strecke.

Seit fast 120 Jahren ist die Müglitztalbahn eine wichtige Lebensader im Ost-Erzgebirge. Die Fahrt durch „Sachsens schönstes Tal" lässt auf bequeme Weise die Landschaft erleben und verschafft umweltbewussten Naturfreunden Zugang zu vielen reizvollen Wanderzielen.

Pflanzen und Tiere

Steinrücken

Der am meisten landschaftsprägende Biotoptyp zwischen Glashütte und Geising sind die zahlreichen Steinrücken, die die Fluren in lange, parallele Streifen gliedern. Daneben kommen auch Lesesteinhaufen („Steinhorste") vor.

Vogelbeerbäume

Auf mageren Kuppen über Porphyr und Granitgneis, vor allem in Höhenlagen ab 600 m üNN tragen die Steinrücken eine meist nur niedrige und lückige Baumschicht, die von Ebereschen dominiert wird. Die Vogelbeerbäume bieten vor allem während der Blüte und Beerenreife schöne Fotomotive. Gelegentlich treten Sal-Weide, Berg-Ahorn, Birke, Aspe und Kirsche hinzu. Wenn die letzte Holznutzung schon sehr lange zurückliegt, kommen vereinzelt auch die nicht stockausschlagsfähigen Baumarten Buche und Fichte vor. In der Strauchschicht finden sich, neben kleineren Ebereschen, allenfalls einige wenige Sträucher Hirsch-Holunder und Himbeere. An den von Natur aus mageren Säumen dieses Steinrückentyps wachsen Gräser und Kräuter, die auch für Bergwiesen entsprechender Standorte typisch wären und die nicht selten nach der Intensivierung der umgebenden Flächen hier Rückzugsnischen gefunden haben (z.B. Heidelbeere, verschiedene Habichtskräuter, Bärwurz, Echte Goldrute). Auffällig ist im Spätsommer die Purpur-Fetthenne. Im Vergleich zur Umgebung des Geisingberges tritt die Feuer-Lilie, eigentlich eine Charakterart der Steinrücken des Ost-Erzgebirges,

im übrigen Einzugsgebiet der Müglitz nur noch selten auf. Entsprechend des flachgründigen, gesteinsreichen Bodens sind die Lesesteinwälle über Porphyr häufig besonders hoch (bis 1,50 m) und breit (bis über 5 m). Solche hohen und breiten Steinrücken weisen oft auch einen großen Anteil offener, nicht vergraster Steinschüttungen auf, was bei ausreichender Besonnung diesen Biotopen einen besonderen Wert als Lebensraum für typische Tierarten – insbesondere Kreuzottern – und Flechten gibt.

Abb.: Granitporphyr-Steinrücke bei Johnsbach

Je feuchter und nährstoffreicher die Standorte der Steinrücken werden, um so mehr gewinnen Berg-Ahorn, Eschen und weitere Gehölze an Bedeutung. In den weniger rauen, unteren und mittleren Berglagen (z.B. Mittelgrund bei Johnsbach, Kohlbachtal bei Dittersdorf) herrscht dieser Edellaubholz-Steinrückentyp unangefochten vor. Die Berg-Ahorne und Eschen können bis 20 m Wuchshöhe und fast genauso große Kronendurchmesser erreichen. Hinzu treten oft Kirschen, nicht selten auch Eichen, Spitz-Ahorn und Linden. Berg-Ulmen sind heute selten, aufgrund des Ulmensterbens. Buchen wachsen wiederum nur dort, wo die letzte Holznutzung sehr lange zurückliegt. Bei ungehinderter Entwicklung können auch Haselsträucher baumförmige Dimensionen erreichen. Insofern ihnen die darüber sich ausbreitenden Baumkronen noch genügend Licht lassen, gedeihen im Randbereich verschiedene lichtbedürftige Gehölze. Neben Dornsträuchern (Rosen, Weiß-

Wildapfel

dorn) zählt dazu der Wildapfel, der im Müglitztal einen seiner sächsischen Vorkommensschwerpunkte hat. Die Grüne Liga Osterzgebirge widmet ihre Naturschutzbemühungen in besonderem Maße dieser Charakterart des

Holzäppelgebirge

„Holzäppelgebirges". Zu den seltenen Gehölzen der Steinrücken zählen weiterhin der Seidelbast (der außerdem in feuchteren, jedoch nicht zu schattigen Wäldern des Gebietes noch erfreulich oft vorkommt) sowie der

Wacholder

Wacholder. Letzterer muss früher – vor 100 oder 200 Jahren – hier viel häufiger gewesen sein. Er benötigt viel Licht, was ihm auf den meisten Steinrücken nicht mehr zur Verfügung steht. Doch dies allein kann nicht die Ursache seines Verschwindens sein. Der bislang weitgehend unbeachtete Wacholder bedarf eigentlich des besonderen Augenmerks der Naturschützer, bevor er ganz verschwindet. Die auf Steinrücken im Einzugsgebiet der Müglitz noch existierenden Exemplare kann man an einer Hand abzählen.

Anhand der Bodenpflanzen lassen sich eine ärmere/trockenere und eine reichere/feuchtere Ausbildungsform der Edellaubholz-Steinrücken unterscheiden: erstere u.a. mit Maiglöckchen, Fuchs-Kreuzkraut, Busch-Windröschen, Schmalblättrigem Weidenröschen und Stinkendem Storchschnabel;

letztere hingegen mit Frauenfarn, Erdbeere, Goldnessel, Wald-Bingelkraut, Haselwurz und Vielblütiger Weißwurz. Auf Eutrophierung (Nährstoffanreicherung durch Gülle bzw. sonstige Düngemittel oder Lagerplatz von Rindern) weisen Brennnessel, Wiesen-Kerbel, Giersch, Quecke, Stechender Hohlzahn und Schwarzer Holunder hin.

starke Beschattung

Die erwähnten Arten lassen es schon erkennen: die starke Beschattung durch die hochwüchsige, überwiegend seit langem ungepflegte Baumschicht verursacht ein waldartiges Innenklima, das ganz andere Wuchsbedingungen bietet als für die gleichen Steinrücken vorher jahrhundertelang typisch war.

strauchförmige Vegetation

Bis in die erste Hälfte des 20. Jahrhunderts trugen die meisten der heutigen Edellaubholz-Steinrücken noch strauchförmige Vegetation. Heute gibt es davon nur noch wenige Beispiele. Je nach Feuchtigkeit und Nährstoffgehalt der Böden bestehen diese Gebüsche aus Weißdorn, Heckenrosen, Hasel, Rotem oder Schwarzem Holunder, außerdem Brom- und Himbeeren. Schlehen kommen meist nur in sonnigen Südlagen zur Entfaltung, können dort aber sehr dichte Hecken ausbilden.

Trotz intensiver Bemühungen der DDR-Landwirtschaft zur Ertragssteigerung auf dem Grünland verbergen sich zwischen den Steinrücken der Johnsbacher, Bärensteiner, Lauensteiner und Geisinger Flur nicht wenige Bergwiesen, Magerweiden und Quellbereiche. Deren Artenfülle kann sich zwar nicht mit den entsprechenden Biotoptypen am Geisingberg oder in anderen Schutzgebieten messen, aber so manche Rarität hat auch hier noch ein isoliertes Vorkommen.

Bärwurz-Rotschwingel-Bergwiesen

Zu den regelmäßig auftretenden Arten der Bärwurz-Rotschwingel-Bergwiesen gehören, neben den Namensgebern, Perücken-Flockenblume, Weicher Pippau, Wiesen-Labkraut, Goldhafer, Acker-Witwenblume und Margerite. Auf flachgründigen, mageren Böden treten konkurrenzschwächere Gräser und Kräuter hinzu: Zittergras, Flaumiger Wiesenhafer, Ruchgras, Rauer Löwenzahn, Berg-Platterbse, Rundblättrige Glockenblume, Gewöhnlicher Hornklee. Heute wegen saurem Regen und mehreren weiteren Faktoren selten geworden ist das Stattliche Knabenkraut, einst eine Charakterart des Müglitztalgebietes.

Magerweiden an flachgründigen Hängen

Magerweiden an flachgründigen Hängen können ebenfalls ziemlich artenreich sein mit Kammgras, Gewöhnlichem Ferkelkraut, Kleiner Pimpinelle und Kleinem Sauerampfer. Die allermeisten Weiden sind jedoch entweder wegen früherer Übernutzung oder heutiger (Fast-)Brache – oder wegen beidem – bis auf einen Grundstock von zehn bis fünfzehn Allerweltsarten verarmt. Insbesondere richtige Borstgrasrasen – die magerste Ausbildungsform der Bergwiesen - findet man hier kaum noch. Zu viel Stickstoffdünger wurde in der Landschaft ausgebracht, und zu viele Stickoxide werden heutzutage vom Kraftfahrzeugverkehr in die Atmosphäre geblasen und anschließend von den Niederschlägen in die Böden gespült. Entsprechend selten sind auch die zugehörigen und früher durchaus verbreiteten Arten Arnika, Schwarzwurzel, Dreizahn, Bleich-Segge und andere.

Feucht-
wiesen

Fließend sind die Übergänge der Bergwiesen zu den Feuchtwiesen. Selbst von einem Jahr zum anderen können sich in solchen Übergangsgesell- schaften beträchtliche Unterschiede im Aussehen (der „Physiognomie") und in den Dominanzverhältnissen der Arten ergeben. In gemähten oder auch brachliegenden Beständen können Wiesen-Knöterich, Alantdistel, Kuckucks-Lichtnelke, Wiesen-Schaumkraut, Wald-Engelwurz und Wolliges Honiggras größere Anteile einnehmen. Sumpf-Kratzdisteln sorgen oft für Probleme bei der Heugewinnung. Echte Feuchtwiesen (Sumpfdotterblu- menwiesen) sind heute sehr selten. Durch Beweidung wurden daraus ent- weder Binsensümpfe mit Spitzblütiger und/oder Flatter-Binse – oder aber

Mädesüß-
Hochstau-
denfluren

Relikte der
Kleinseg-
genrasen

feuchte Mädesüß-Hochstaudenfluren. Auf sehr nassen Flächen entwickeln Waldsimsen Dominanzbestände. Ungeachtet dessen verbergen sich im Zentrum der mehr oder weniger großen Quell-Feuchtkomplexe nicht sel- ten noch Relikte der Kleinseggenrasen mit Schmalblättrigem Wollgras, Teich- und Sumpf-Schachtelhalm, Sumpf-Veilchen, Kleinem Baldrian und, heute sehr selten, Fieberklee sowie Rundblättrigem Sonnentau. Regelmä- ßig zu findende Nasswiesenarten sind Sumpf-Pippau, Sumpf-Vergissmein- nicht, Flammender Hahnenfuß und Sumpf-Hornklee.

Im Müglitztal zwischen Bärenstein und Glashütte fallen dem Wanderer und Rad- fahrer im Frühling die blütenreichen, meist etwas feuchten Böschungen auf, vor allem parallel zur Müglitztalstraße. Zunächst zaubern blau blühende Wald-Vergissmein- nicht, Rote Lichtnelken und weiße Knob- lauchsrauken hübsche Kontraste. Im Juni setzt sich dann der Waldgeißbart durch. Im Sommer schließlich fallen die purpurnen Blüten des Sumpf-Storchschnabels auf.

Abb.:
Sumpf-
Storch-
schnabel

Entsprechend des kleinflächigen Wechsels von Steinrücken und verschie- denen Grünlandflächen ist auch die Tierwelt recht vielfältig. Zu den typi- schen Säugetieren gehören Feldhase, Fuchs, Hermelin und Mauswiesel; charakteristische Steinrückenvögel sind u.a. Goldammer, Neuntöter, Grün- fink, Dorngrasmücke und Feldsperling. Im Herbst/Winter fallen viele wei- tere Arten ein, um sich an den Früchten der Sträucher satt zu fressen, bei- spielsweise nordische Wacholderdrosseln auf dem Durchzug.

Von Honigbienen und Blütenbestäubung im oberen Müglitztal

Heinz Kluge, Hirschsprung,
Vorsitzender des Imkervereins „Oberes Müglitztal" 1905 e.V.

Die Honigbiene

Die Nutzung der Honigbiene durch den Menschen ist so alt wie die Menschheit selbst. Obwohl klein, heutzutage viel zu wenig beachtet und von vielen Menschen wegen ihrer Stiche gefürchtet, zählt sie doch zu den wichtigsten Haustieren. Noch weitaus wichtiger als der beliebte Bienenhonig ist ihre Bedeutung für die Blütenbestäubung. Etwa 80 % der Kulturpflanzen und sehr viele Wildpflanzen sind auf Insektenbestäubung angewiesen. Wenig bekannt ist auch der Wert toter Bienen. 10 bis 15 kg Biomasse liefert ein Volk pro Jahr – wichtige Nahrung für andere Kleinlebewesen wie Ameisen. Und schließlich bieten Blütenpollen, Propolis (Kittharz), Gelee royale (Weiselfuttersaft) und Bienengift wichtige Stoffe für Naturmedizin und Pharmazie.

Ursprünglich lebte die staatenbildende Honigbiene wild in Wäldern, bis vor einigen hundert Jahren auch recht zahlreich im Ost-Erzgebirge. Rodungen, die Entfernung fast aller dicken Baumstämme aus den Wäldern, aber auch die zunehmende Nutzung der wilden Bienenstöcke ließen ihr keine natürlichen Lebensbedingungen mehr – aus dem Wildtier wurde immer mehr ein Haustier. Die heutigen Wildbienenarten, in Deutschland immerhin mehrere hundert, leben sämtlich solitär, bilden also keine Staaten wie die Honigbiene *Apis mellifera*.

Die ökologisch so bedeutsame Honigbiene bedarf heute der Pflege durch den Menschen. In einem Volk leben im Winter 8 000 bis 15 000, im Sommer 40 000 bis 60 000 Bienen. Aufgrund ihrer hohen Zahl sind sie für die Blütenbestäubung von so großer Bedeutung. Durchschnittlich sollten etwa vier Bienenvölker auf einem Quadratkilometer gehalten werden. Die Realität sieht heute leider anders aus.

Zeidler und Imker

Bereits vor 800 Jahren, als der wilde Erzgebirgsurwald noch ehrfurchtsvoll Miriquidi (Dunkelwald) genannt wurde, zogen mit hoher Wahrscheinlichkeit Honig- und Bienenwachssammler durch diese Gegend. Die Entwicklung des Zeidlerwesens ist unter anderem für den Raum Tharandt belegt. Doch die begehrten Ressourcen, die die wilden Bienenvölker boten, waren begrenzt. Höherer Honig- und Wachsertrag stellte sich nicht von allein ein. Darum schuf man künstliche Höhlungen in über 100-jährigen Bäumen, als Schutz vor Bären in einer Höhe von 4 m. So betreute ein Zeidler immerhin bis zu 30 Zeidelbäume. Die Ergebnisse seiner Arbeit waren am Hofe so begehrt, dass er privilegierte Rechte bekam, z. B. die Erlaubnis, eine Armbrust zu tragen. Er musste einen Eid leisten und sachkundiges Wissen besitzen. Historisch aufgeschrieben ist dies etwa für das 17./18. Jahrhundert in der Hirschsprunger Chronik von Arthur Klengel, wobei es um die Versorgung der Altenberger Bergleute mit Honig und Wachs ging.

Im 19. Jahrhundert – mit der Industrialisierung und intensiver Forstwirtschaft – kam dann der endgültige Niedergang des Zeidlerwesens. Die Bienen wurden zunehmend aus dem Wald in die Gärten geholt, wo man sie zuerst in so genannten Klotzbeuten (Baumstümpfe), dann in Strohbeuten und Weidenkörben hielt. In der weiteren Entwicklung veränderten sich die Bienenwohnungen bis in ihre heutige Form von Magazinen oder Hinterbehandlungsbeuten.

Bienenhaltung war weit verbreitet, viele Menschen in den Dörfern des Erzgebirges betrieben neben ihrer eigentlichen Arbeit auch noch etwas Imkerei. In den Vereinen galt es, Fachwissen zu vermitteln.

Bienenzüchtung

Von den vier in Deutschland bewirtschafteten Bienenrassen war in unserer Gegend ursprünglich die Nordbiene Apis mellifera mellifera zu Hause. Durch Züchtung hielt im

20. Jahrhundert dann die Graubiene *Apis mellifera carnica* Einzug. Diese aus der Krajina stammende „*Carnica*" zeichnet sich unter anderem durch Sanftmut, also geringere Stechlust aus.

Seit 1990 kommt „schleichend" eine neue Bienenrasse in unseren Raum, die Buckfast-Biene, eine Kreuzung zwischen Graubiene und Italiener-Biene *Apis mellifera ligustica*.

Die Honigbiene ist mehreren Krankheitserregern ausgesetzt, die meisten davon kann sie von Natur aus bewältigen. Ihr größtes Problem hat sie zur Zeit mit einer aus Asien eingeschleppten Milbe namens *Varroa jakobsoni*. Große Gefahren für die Bienen gehen außerdem von den enormen Mengen an Pestiziden aus, die in der modernen Landwirtschaft eingesetzt werden. Neue, nicht abschätzbare Risiken drohen mit dem Anbau gentechnisch veränderter Feldfrüchte auf die Honigbienen – und damit auf das gesamte Ökosystem – zuzukommen.

Der Imkerverein „Oberes Müglitztal"

Für die Geschichte und Gegenwart ist es interessant, die Entwicklung an einem Imkerverein zu zeigen, die man auch für andere Gebiete im Ost-Erzgebirge verallgemeinern kann.

Der Bienenzüchterverein „Oberes Müglitztal" gründete sich am 30.4.1905 in Bärenhecke. Leider verbrannten die Unterlagen von vor 1940 in den Kriegswirren 1945.

Entwicklung der Zahl der Mitglieder und Bienenvölker im Imkerverein Oberes Müglitztal

Zeitraum:	1940–49	1950–59	1960–69	1970–79	1980–89	1990–99	2000–07
Mitglieder:	88	120	112	85	77	30	28
Völkerzahl:	430	959	1309	1002	947	397	342

Einen Aufschwung erlebte die Imkerei in den 1960er und 70er Jahren. So bekam der Bienenhalter zuletzt für ein Kilo abgelieferten Honig 14 DDR-Mark, die Blütenbestäubung in Obstbau und Landwirtschaft wurde extra honoriert. Viele Imker waren mit Wanderwagen unterwegs. Bis zu 1500 Bienenvölker kamen zusätzlich in unser Gebiet, um die Waldtracht zu nutzen.

1989/90 setzte ein starker Rückgang an Imkern und Bienenvölkern ein. In Sachsen sank die Zahl der Bienenvölker von 112 000 vor 1990 auf heute nur noch 28 500. Anstatt der ursprünglich 8 000 Imker sind heute nur noch 2 800 registriert, nahezu die Hälfte aller Imkervereine hat sich komplett aufgelöst.

Anstatt der ökologisch erforderlichen vier Bienenvölker pro Quadratkilometer leben heute im Müglitztalgebiet nur noch eins, zwei – und in anderen Gegenden ist die Situation noch dramatischer!

Bienenhaltung ist ein faszinierendes, interessantes Hobby, eine gewinnbringende Tätigkeit hingegen nicht mehr. Jedoch: „Der Staat muss einen ständigen Bestand an Bienen haben", so der große Naturgelehrte Konrad Sprengel (1750–1816 – er entdeckte die Blütenbestäubung durch Insekten), „um das Leben von Flora und Fauna zu gewährleisten".

Wanderziele

 ## Müglitztal zwischen Lauenstein und Fürstenwalde

Eisenberg-bau

Zwischen dem 14. und 16. Jahrhundert wurde im Müglitztal oberhalb von Lauenstein Eisenbergbau betrieben, das Erz unter anderem im Fürstenwalder „Kratzhammer" verarbeitet. In der Hammerschänke ist eine kleine Museumsstube zum Andenken an den berühmtesten Sohn Fürstenwaldes, den Frauenkirchen-Architekten George Bähr, eingerichtet (geöffnet Sonnabend/Sonntag ab 11 Uhr).

Über die „Schafbrücke" wurden einstmals die gutsherrschaftlichen Schafherden von der Schäferei (im Tälchen südlich von Lauenstein, an der Schafkuppe) zu den Weiden rechts des Müglitztales, unter anderem die Fluren der Wüstung Beilstein, getrieben. Diese Siedlung bestand bis ins 17. Jahrhundert im Quellgebiet eines kleinen Seitentälchens.

Grafenstein

Im Wald dieses Tälchens verbirgt sich der Grafenstein, eine bis zu 20 m hohe Gneisfelswand. Der Wald im Müglitztal um Fürstenwalde und Löwenhain bietet wenig Spektakuläres. Es handelt sich überwiegend um Fichtenforste, wobei die meisten Flächen oberhalb der Hangkanten nach früherer Rodung wieder aufgeforstet worden waren, was Steinrücken (z. B. im Bereich der Klengelkuppe) und Pflugterrassen beweisen.

Birkenpio-nierwälder

Nicht selten „fließt" der von Süden her über den Erzgebirgskamm schwappende „Böhmische Nebel" in der Landschaftskerbe der Müglitz talabwärts und kann sich dann hier auch längere Zeit stauen. In den 1980er Jahren stellten die damals damit verbundenen Luftschadstoffe die Forstwirtschaft vor große Schwierigkeiten. Bestände am rechten Müglitzhang mussten gefällt werden. An ihre Stelle traten Blaufichtenpflanzungen oder auch junge Birkenpionierwälder. In der Bodenvegetation machte sich Wolliges Reitgras breit, obwohl Gneis-Hanglagen in rund 600 m Höhenlage nicht das bevorzugte Vorkommensgebiet dieser Pflanze sind.

Hochwasserdamm Lauenstein

Vorge-schichte

Das 2006 fertig gestellte Rückhaltebecken hat bereits eine lange, wechselvolle Vorgeschichte hinter sich. Bereits nach dem Hochwasser 1897 wurden Planungen für eine oder mehrere Talsperren im Müglitztal erwogen, kamen aber nicht zur Ausführung. In den 1930er Jahren – unter dem Eindruck der Hochwasserkatastrophe 1927 - kamen erneut Pläne auf den Tisch, die wiederum wegen des Krieges ad acta gelegt werden mussten. In den 1970er Jahren schien es dann Ernst zu werden mit dem Vorhaben. Noch dringender als der Hochwasserschutz (es hatte ja auch seit längerem – 1958 – kein ernstzunehmendes Hochwasser mehr gegeben) war nun das Problem der Trinkwasserversorgung im Elbtalgebiet geworden.

An beiden Talhängen wurde bis zur Schafbrücke der Wald abgeholzt. Doch die klamme Finanzlage nötigte die Verantwortlichen der DDR-Planwirtschaft zur erneuten Verschiebung des Projektes. Die kahlgeschlagenen *sehr inte-* Flächen blieben sich selbst überlassen, und es entwickelte sich ein sehr *ressanter* interessanter Pionierwald. Erwartungsgemäß wird dieser von Birken und *Pionierwald* Ebereschen beherrscht, aber auch viele andere Baumarten konnten sich mit ansiedeln. Dies war wegen der zahlreichen Rehe und Hirsche, die innerhalb des dichten Jungwuchses optimale Deckungsmöglichkeiten fanden, nicht unbedingt zu erwarten gewesen.

Das Oder-Hochwasser 1997 rückte die Gefahr von Extremniederschlägen wieder ins Blickfeld der Landesplaner. 2002 begann der Bau eines Regenrückhaltebeckens, dessen Dimensionen nach dem Hochwasser des gleichen Jahres noch vergrößert wurden. Heute hat der Schüttdamm eine Höhe von 40 m und kann 5 Millionen Kubikmeter Wasser zurückhalten – doppelt so viel als vorher geplant. Das Gestein wurde aus einem neuen *Steinbruch* Steinbruch direkt neben der Dammkrone (westlich) gewonnen. Es handelt sich um ziemlich homogenen, grobkörnigen Graugneis.

Anstatt eines richtigen Stausees, wie ihn sich vor allem die Stadt Geising im *reichlich* Interesse einer touristischen Nutzung gewünscht hatten, steht der gesam-*vier Hektar* te Stauraum für den Hochwasserfall zur Verfügung – bis auf eine reichlich *große Was-* vier Hektar große Wasserfläche am Grunde, die bereits einige Wasservögel *serfläche* für sich entdeckt haben.

Normalerweise werden Staudämme nach einem standardisierten Verfahren mit „Einheitsgrün", also generell festgelegten Rasenmischungen ein-*Mähgut von* gesät. Hier ist es hingegen gelungen, im Rahmen eines Versuchsprojektes *nahegelege-* Mähgut von nahegelegenen, artenreichen Naturschutzwiesen zu verwen-*nen, arten-* den. Der gut besonnte Südhang und die aus Gründen der Dammsicherheit *reichen Na-* jährlich erforderliche Mahd eröffnen die Chance für neue Standorte heute *turschutz-* seltener Wiesenpflanzen.
wiesen

Alles in allem hat der Dammbau viel Natur unwiederbringlich zerstört (vor allem die Durchgängigkeit der Müglitz für wandernde Tierarten), aber auch neue Lebensräume möglich gemacht. Ganz anders verhält es sich beim zweiten großen Bauwerk, das parallel zur Hochwasserrückhaltebecken in *Autobahn-* die Landschaft geklotzt wurde: der Autobahnzubringer, der sich jetzt mit *zubringer* zwei alpin anmutenden Serpentinenkurven samt elf Meter hohen Stützmauern aus dem Tal windet. Vernichtet wurde dabei ein Teil einer artenreichen Bergwiese mit einem der letzten Feuerlilienvorkommen in dieser Gegend, ein großer Teil des oberhalb angrenzenden Wiesentales (mit einem Massenbestand von Dreizahn, einem unscheinbaren aber heute ziemlich seltenen Gras der Borstgrasrasen) sowie ein Waldstück mit dicken, höhlenreichen Buchen. Der Eiersteig mit dem in den 1990er Jahren eingerichteten Naturlehrpfad „Rund um Lauenstein" endet abrupt an der unter Motorradfahrern beliebten Rennpiste. An sonnigen Wochenenden hüllen deren PS-starke Maschinen das Lauensteiner Müglitztal in permanentes Dröhnen.

Burg und Stadt Lauenstein

Wie bei den meisten Burganlagen des Ost-Erzgebirges liegt auch der Ursprung Lauensteins im Dunkel des Miriquidi-Urwalds verborgen. Schriftliche Überlieferungen aus der Anfangsphase sind rar und lassen nicht einmal mit Sicherheit klären, ob böhmische oder meißnische Truppen hier die erste Befestigung anlegten.

Mit dem Vertrag zu Eger 1459 waren die Grenzverhältnisse zwischen Sachsen und Böhmen geklärt, der Verteidigungscharakter der Burganlage trat in den Hintergrund, und anstatt viel Aufwand in die Erhaltung des alten Mauerwerkes auf dem Felssporn zu investieren, bauten

repräsenta-tives Schloss die nachfolgenden Besitzer davor lieber ein repräsentatives Schloss. Nach Enteignung 1945 und Umwandlung zu Wohnraum für Heimatvertriebene befand sich der größte Teil der geschichtsträchtigen Burg- und Schlossanlage in den 1970er Jahren in einem desolaten Zustand, als hier ein Museum eingerichtet wurde. Mit Hartnäckigkeit und viel Engagement gelang es, den Verfall zumindest teilweise zu stoppen und eine ansprechende Aus-

Osterzge-birgsmu-seum stellung zu Natur- und Heimatgeschichte zu präsentieren („Osterzgebirgsmuseum"). Seit 1990 schließlich wurden die neuen Möglichkeiten genutzt, die Burgruine zu sanieren, das Schloss in neuem Glanz erstrahlen zu lassen und das Museum wesentlich zu erweitern. Neben der schon älteren Darstellung heimischer Biotope mit ihren typischen Pflanzen und Tieren erfreut sich seit einigen Jahren auch die Waldausstellung der Begeisterung großer und kleiner Naturfreunde. Auf Knopfdruck kann man u. a. Vögel zum Zwitschern, einen Wolf zum Heulen und einen jungen Bären zum Brüllen bringen. Im Außenbereich zeigt seit 2004 der rekonstruierte Schlossgarten erzgebirgstypische Nutz- und Zierpflanzen.

Falkner Ein Falkner führt täglich verschiedene Greifvögel und einen Uhu vor.

Ackerbürger Die meisten Lauensteiner Einwohner waren so genannte Ackerbürger, die neben ihrem Haupterwerb auch noch Felder außerhalb des Städtleins bewirtschafteten und hinter ihren großen Hoftoren Tiere, v. a. Ziegen, hielten. Als Futter und Einstreu für diese Tiere mussten Wiesen gemäht werden, et-

Stockwiesen wa die nassen Stockwiesen. Heute lohnt sich die Nutzung solcher Flächen kaum noch, sie verbrachen. Dennoch lassen sich zwischen den Hochstaudenfluren, Binsenteppichen und Feuchtgebüschen noch einstmals typische Arten finden, etwa Sumpf-Dotterblume, Schmalblättriges Wollgras, Wiesen-Knöterich, Alantdistel. Die noch vor einigen Jahren hier vorkommenden Trollblumen scheinen sich hingegen verabschiedet zu haben. Admiral, Distelfalter, Großer Perlmutterfalter, Schachbrett, Dukatenfalter und noch ein halbes Dutzend weiterer Tagfalter freuen sich über die sommerliche Distelblüte auf feuchten Hochstauden-Brachflächen.

Die Falknersage zu Lauenstein

Der Lauensteiner Ritter musste in den Krieg ziehen und, schweren Herzens, seine junge, hübsche Gattin Katharina und ihr neugeborenes Kind zurücklassen. Mitunter wanderte die einsame Schlossbesitzerin auf den Pavillon, wo die Aussicht weit hinausgeht, die Wiesen bunt sind und große Bäume Schatten spenden. So auch an diesem denkwürdigen Tage.

Sie legte sanft den schlafenden Knaben ins Gras und wandte sich zum Blumenpflücken. Da schoss ein gewaltiger Adler vom Himmel, ergriff mit seinen riesigen Fängen das Kind und wollte von dannen fliegen. Doch die Last war schwer, und statt sich in die Höhe zu schrauben, konnte er nur tief über die Sträucher dahingleiten.

Der Falkner hatte dies von der Burg aus beobachtet. Rasch löste er seinem besten Jagdfalken die Lederhaube vom Kopf und schickte ihn hinaus. Der Falke, obgleich viel kleiner als der Adler, attackierte hart den Kindesräuber, bis dieser seine Beute loslassen musste, um schnell das Weite zu suchen. Das Knäblein landete weich im Moos. Groß war die Freude, als die junge Frau Katharina sah, dass es bei diesem Abenteuer unverletzt geblieben war!

In dankbarer Erinnerung an den glücklichen Ausgang dieser Begebenheit ließen die Lauensteiner viel später – anno 1912 – ein Falknerdenkmal am Marktbrunnen errichten.

Teilweise noch artenreiche Berg- und Fechtwiesen gedeihen noch am steilen Ost- bis Nordosthang zwischen Stadt und Müglitzaue sowie auf der gegenüberliegenden Talseite. Vom Mühlsteig aus kann man eine solche Bergwiese genauer betrachten und unter anderem folgende Arten finden: Bärwurz, Perücken-Flockenblume, Kanten-Hartheu, Frauenmantel und Rauhaarigen Löwenzahn. Kleines Habichtskraut, Rundblättrige Glockenblume und Berg-Platterbse nehmen magere Buckel ein, während Kammgras, Herbst-Löwenzahn und Ferkelkraut von zumindest gelegentlicher Beweidung künden. Zu erkennen ist am Mühlsteig aber auch, was Wiesen droht, deren Bewirtschaftung sich nicht mehr lohnt: Aufforstung.

Abb.: Lauensteiner nach der Getreidemahd (Archiv Osterzgebirgsmuseum Lauenstein)

 **Pavillon**

Westlich der Stadt Lauenstein ragt das Waldgebiet „Pavillon" über dem Roten Wasser auf. Der Name geht auf die Zeit der Romantik zurück. Ende des 18. und Anfang des 19. Jahrhunderts flanierte hier die gehobene Gesellschaft, später gab es dann sogar Tanzveranstaltungen, Auftritte von Militärkapellen, einen Schießstand und eine Kegelbahn. Um 1850 kamen die Vergnügungen zum Erliegen, und mittlerweile hat sich die Natur das Terrain längst zurückerobert. Beiderseits des Felsengrates hat die Forstwirtschaft *einige der* Fichten gepflanzt. Im südöstlichen Teil der Kuppe allerdings wachsen eini- *mächtigsten* ge der mächtigsten Buchen des Müglitztalgebietes – mit viel dickem Holz *Buchen* für den Schwarzspecht und nachfolgend reichlich Höhlenangebot für Raufußkauz und Hohltaube. Ein weiterer Buchenwaldbewohner, der Waldlaubsänger, ist im Mai/Juni mit seinem schwirrenden Gesang unüberhörbar, bevor er bereits im Juli wieder nach Süden zieht.

Naturlehr- Über den Pavillon führt auch der Naturlehrpfad „Rund um Lauenstein", auf *pfad „Rund* dem man anschließend in südöstlicher Richtung aus dem Wald heraustritt, *um Lauen-* dort einen schönen Überblick über die Steinrückenlandschaft beiderseits *stein"* des Roten Wassers hat und auch gleich mit einer Tafel über das Leben auf den Steinrücken informiert wird.

 **Nasse Lehn**

Die Landschaft zwischen Lauenstein und Geising ist von vielen Steinrücken *Berg- und* gegliedert, zwischen denen sich noch einige Berg- und Feuchtwiesen ver- *Feucht-* bergen. Intensive Beweidung in den 1970er und 80er Jahren und/oder *wiesen* Brachfallen in den 1990ern haben die meisten dieser Grünlandflächen eines großen Teiles ihres einstigen Blütenreichtums beraubt. Einige typische Arten, wie die Charakterart Köpernickel (Bärwurz), breiten sich allmählich wieder von ihren Steinrückenrefugien in die Umgebung aus.

Wo der von Lauenstein nach Geising führende Wanderweg (blauer Strich) sich von der Hochfläche in Richtung Rotwassertal herabsenkt, erstreckt *große* sich die große Feuchtwiesenmulde der „Nassen Lehn". Vor Beginn der Land- *Feuchtwie-* wirtschaftsintensivierung in den 1960er Jahren muss dies hier ein beson- *senmulde* ders bunter Wiesenkomplex gewesen sein, mit Trollblumen, Orchideen und anderen typischen Arten in großer Zahl. Seither weiden Rinder, zertreten den feuchten Boden mitsamt empfindlichen Pflanzenwurzeln, fressen Kräuter bereits lange vor der Samenreife ab und fördern heutzutage weit verbreitete „Weideunkräuter" wie Stumpfblättriger Ampfer und Brennnessel. Doch es steckt noch Potential in der Nassen Lehn: Verschieden stark vernässte und verschieden stark beweidete Bereiche bilden ein buntes Mosaik von:

• **artenarmem Weideland** (Weiß-Klee, Kriechender Hahnenfuß, Rasen-Schmiele, Quecke, Gewöhnliches Rispengras),

- **artenreicheren Bergwiesenresten** (Perücken-Flockenblume, Alantdistel, Frauenmantel, Wiesen-Knöterich, Rot-Schwingel, auf einigen mageren Buckeln sogar Borstgras und Blutwurz-Fingerkraut),

- zu **Binsensümpfe**n degradierten Feuchtwiesen (Flatter-Binse, Spitzblütige Binse, Waldsimse, außerdem Wald-Schachtelhalm, Sumpf-Hornklee, Scharfer Hahnenfuß, Sumpf-Vergissmeinnicht, Wiesen-Schaumkraut, Sumpf-Schafgarbe),

- mehr oder weniger brachliegende **Hochstaudenfluren** (Mädesüß, Gewöhnlicher Gilbweiderich, Sumpf-Kratzdistel, Rauhaariger Kälberkropf, Bunter Hohlzahn, Fuchs-Kreuzkraut, Engelwurz) sowie darin verborgenen

- kleinflächigen **Kleinseggenrasen** (Schmalblättriges Wollgras, Sumpf-Veilchen, Teich-Schachtelhalm, Kleiner Baldrian, Bach-Nelkenwurz)

In den letzten Jahren wurden die Wiesen der Nassen Lehn, bis auf die ganz nassen Stellen, wieder gemäht. Dank des Naturschutzgroßprojektes „Bergwiesen im Osterzgebirge" konnte das hiesige LPG-Nachfolgeunternehmen geeignete Mähtechnik anschaffen.

Von Rinderweide weitgehend verschont blieb der schmale Wiesenstreifen im Wald, unterhalb des Wanderweges. Der Förderverein für die Natur des Osterzgebirges hat vor einigen Jahren mit erheblichem Aufwand diese fast zugewachsene, weil jahrelang ungenutzte Fläche entbuscht. Dank der seitdem wieder aufgenommenen Mahd konnte sich der darin verborgene *Breit- blättrige Kuckucks- blume* Restbestand an Breitblättrigen Kuckucksblumen wieder erholen. Reichlich einhundert rotviolette Blütenköpfe sind im Mai/Juni vom angrenzenden Wanderweg aus zu sehen.

Feuerlilien Direkt am Wanderweg, nahe des Waldrandes, wächst ein schöner Bestand Feuerlilien, deren orangerote Blüten Ende Juni unübersehbar sind.

Einstmals, als landwirtschaftliche Nutzfläche noch wichtig war zum Überleben, verwandten die Flächenbesitzer viel Zeit und Kraft dafür, die Steine *trocken- mauerartige Steinrücken* möglichst platzsparend aufzuschichten. Reste solcher trockenmauerartigen Steinrücken finden sich heute noch zwischen Geising und Lauenstein. Zu DDR-Zeiten wurden diese Zeugnisse alter Landkultur mit Füßen getreten - bzw. von Rinderhufen breitgetreten. Teilweise werden auch heute noch die Steinrücken mit in die großen Weidekoppeln einbezogen, obwohl das eigentlich nicht zulässig ist. Steinrücken stehen als so genannte „§26-Biotope" (nach dem Paragraphen 26 des Sächsischen Naturschutzgesetzes) automatisch unter Schutz, ohne dass sie extra als Naturdenkmale o. ä. ausgewiesen und gekennzeichnet werden müssten.

6 Steinbruch Lauenstein und Skihangwiesen

Am südwestlichen Ortsausgang von Lauenstein klafft direkt neben der Straße ein großer Steinbruch im Fuß der Sachsenhöhe. Insgesamt rund 50 m streben die Gneiswände nach oben – besonders in der frühen Morgensonne ein eindrucksvolles Bild.

Bei Betrachtung des dunkelgrau-weiß-gesprenkelten Gesteins fällt auf, dass die für Gneis sonst so typische Schieferung (in Geologensprache: „Textur") nur sehr schwach ausgebildet ist. Viele Bruchsteine hier würde der Laie zunächst für Granit halten, und tatsächlich wird das Gestein als Granitgneis bezeichnet. Ob das Ausgangsmaterial im Präkambrium verfestigtes Sedimentgestein oder bereits damals ein Granit war – ob also ein Para- oder ein Orthogneis vorliegt – kann nicht mit Sicherheit festgestellt werden. Doch die nachfolgende Erhitzung in der Tiefe der Erde während der Gebirgsbildungsepochen des Erdaltertums war so groß, dass das Gestein nicht, wie „normaler" Gneis, nur plastisch verformt, sondern sogar fast wieder aufgeschmolzen wurde. Eine solch radikale Metamorphose wird „Anatexis" genannt.

Anatexis

Seit mehreren Jahren ruht der Steinbruchbetrieb, auf der Sohle werden Erdaushub, Schotter und Bauschutt gelagert. Allerdings hat das Betreiberunternehmen nach wie vor die Möglichkeit, erneut mit dem Abbau zu beginnen.

Das könnte sich ungünstig auswirken auf die nördlich angrenzenden Bergwiesen, die zu den wertvollsten des oberen Müglitztalgebietes gehören (vom Geisingberg abgesehen). Seit vielen Jahren allerdings unterstützt die Steinbruchfirma die Bemühungen der Grünen Liga Osterzgebirge, durch Pflegemahd diesen Wiesenkomplex zu erhalten. Über 70 verschiedene Wiesenpflanzen gedeihen auf der oberen und der unteren „Steinbruchwiese" sowie der nördlich angrenzenden „Skihangwiese" (hier befand sich vor langer Zeit einmal ein Skilift).

Steinbruch-,
Skihang-
wiese

Die beherrschenden Bergwiesenkräuter sind Bärwurz, Perücken-Flockenblume, Weicher Pippau, Alantdistel, Kanten-Hartheu, Frauenmantel, Ährige Teufelskralle, Große Sterndolde, dazu kommen noch viele „normale" Wiesenblumen wie Margerite, Gamander-Ehrenpreis („Gewitterblümchen"), Scharfer Hahnenfuß, Rauer Löwenzahn, Vogel-Wicke usw. Von besonderer Bedeutung sind die Steinbruchwiesen aber wegen des – erfreulicherweise wieder zahlreichen – Vorkommens der Orchideenarten Großes Zweiblatt und Stattliches Knabenkraut. Während ersteres vielleicht gar nicht so sehr selten ist und aufgrund seiner unscheinbar grünen Farbe möglicherweise oft übersehen wird, gehört die Population des Stattlichen Knabenkrautes zu den letzten dieser einstigen Charakterpflanze des Ost-Erzgebirges. Als 1997 hier nach längerer Brachezeit die Pflege wieder aufgenommen wurde, kamen nur noch wenige Individuen jedes Jahr zur Blüte. Dann stabilisierte sich der Bestand bei 30 bis 40 blühenden Pflanzen, mittlerweile danken über hundert Stattliche Knabenkräuter die aufwendige Arbeit der Grüne-Liga-Helfer.

Orchideen-
arten

Ein Maispaziergang zum oberen Rand des ehemaligen Lauensteiner Skihanges bietet ein wunderbares Naturerlebnis. Der Blick schweift hinüber zur Stadt Lauenstein mit Schloss und Kirche, davor verwandeln der Bärwurz und die Weißdornsträucher die Wiese in ein weißes Blütenmeer. Auch hangaufwärts leuchten weiße Blüten, nämlich die der Traubenkirschen in einem Gehölzstreifen, in dem sich ein kleiner Feldweg entlangzieht. Das prächtige Violett des Stattlichen Knabenkrautes ist dann der Höhepunkt eines solchen Wiesenausfluges.

Aber Vorsicht: Bitte im Frühjahr auf keinen Fall die Wiesen betreten –
auch wenn die Fotomotive noch so reizen! Die jungen, noch nicht blühenden Pflänz-
chen des Knabenkrautes sind sehr unscheinbar, die des Zweiblattes sowieso. Ein unacht-
samer Tritt, und die mehrere Jahre dauernde Entwicklung einer Rarität ist beendet – viele
unachtsame Tritte, und alle Anstrengungen zum Erhalt dieser besonders wertvollen
Wiesen waren umsonst.

 ## Sachsenhöhe (636 m)

Als am Ende des Oberkarbons, vor 305 Millionen Jahren, die Variszische Gebirgsbildung bereits fast zu Ende war und das „Ur-Erzgebirge" wahrscheinlich schon wieder einiges an Höhe eingebüßt hatte, wurde die Gegend
granitisches noch einmal von Erdstößen erschüttert. An einigen Stellen drang granitisches
Magma sches Magma in den Sockel des hiesigen Varisziden-Gebirgsrückens und
erstarrte darin (innerhalb der folgenden paarhunderttausend Jahre). Das
war beim heutigen Altenberg der Fall, bei Zinnwald, Sadisdorf und eben
hier zwischen Bärenstein und Lauenstein. Während des Erkaltens fanden
sich die chemischen Bestandteile der Schmelze zu Kristallen (v. a. Quarz,
Glimmer und Feldspäte) zusammen. Übrig bleibenden Dämpfe und Gase
stiegen in den oberen Kuppelbereich auf und wandelten diesen zu „Greisen" um, oder aber sie zogen in die Klüfte des umgebenden Gesteins ein.
In beiden Fällen schlugen sich Zinn- und andere Erze nieder, innerhalb der
Granitkuppel fein verteilt, in der Umgebung als Erzgänge.

Die nachfolgende, hundertmillionenjahrelange Abtragung des Variszischen
Gebirges legte einige dieser Granitkuppeln und Erzgänge frei und bot damit Bergleuten Zugang zu den begehrten Rohstoffen. An der Sachsenhöhe
war die Ausbeute im Granitstock selbst, also auf dem „Gipfelplateau", eher
bescheiden. Im Unterschied etwa zum ungleich ergiebigeren Altenberger
Zwitterstock konnten hier keine größeren Greisenkörper mit fein verteiltem
viele kleine Zinn gefunden werden – möglicherweise hatte diese die Abtragung des
Bruchlöcher Gebirges schon mit fortgerissen. Im unmittelbaren Randbereich zwischen
und bis zu Granit und Gneis indes künden heute noch sehr viele kleine Bruchlöcher
zehn Meter und bis zu zehn Meter tiefe „Mini-Pingen" von der einstmals Geschäftig-
tiefe „Mini- keit des Bergbaus im „Oberschaarer Gebirge", wie dieses Zinnrevier früher
Pingen" genannt wurde. Auf dieses Erzrevier konzentrierten die Bärensteiner Ritter
ihre Bemühungen, als ihnen im 15. Jahrhundert – nach Verschuldungen
und mangelhaftem Management – der Landesherr den wertvollsten Teil
ihres ursprünglichen Grundbesitzes, das ertragreiche Altenberger Zinnge-
biet, abgenommen hatte.

Ende des 19. Jahrhunderts, nach Aufgabe des Bergbaus, wurde die Sach-
mit Fichten senhöhe mit Fichten aufgeforstet. Sicher war dies kein einfaches Unterfan-
aufgeforstet gen, im sterilen Schotter der Halden die Bäumchen zu verankern! Dass der
Standort nicht optimal ist, zeigte sich wahrscheinlich von Anbeginn, doch
in den 1980er Jahren dann mit großer Deutlichkeit. Der auch von Luftschadstoffen gebeutelte Fichtenforst litt unter sommerlichem Trockenstress;

Borken-
käfer und
Stürme

Weiß-
Tannen

Borkenkäfer und Stürme begannen seinen Westrand aufzulösen. Immer öfter mussten – und müssen – die Förster eingreifen, um von Buchdrucker und Kupferstecher befallene Bäume zu fällen oder Windwürfe zu beseitigen. Das ist umso bedauerlicher, weil zwischen den Fichten auch noch einige schöne, alte Weiß-Tannen stehen. Inzwischen ist die Waldkante zweihundert Meter nach Osten gerückt, die freigelegte Fläche wurde mit Blaufichten aufgeforstet. Diese allerdings wachsen sehr langsam und können der labilen Waldkante auch nach zwanzig Jahren noch keinen Windschutz bieten. Mehr noch: ihre saure Nadelstreu sorgt für weitere Verschlechterung der Bodenbedingungen.

Waldumbau-
programm

2001 begann deshalb die Grüne Liga Osterzgebirge in der Gegend mit einem eigenen Waldumbauprogramm. Mit vielen freiwilligen Helfern werden seither jedes Jahr beim „Bäumchen-Pflanz-Wochenende" rund eintausend kleine Laubbäume und Weiß-Tannen gepflanzt. Anders als bei entsprechenden „Voranbauten" des Staatsforstes setzt der Umweltverein dabei auf

Abb.: „Bäumchenpflanzwochenende" der Grünen Liga – jedes Jahr im April auf der Sachsenhöhe

größtmög-
liche Vielfalt

größtmögliche Vielfalt. Neben den als Hauptbaumarten der „potenziell natürlichen Vegetation" angesehenen Buchen und Tannen kommen auch Eiche, Esche, Ahorn, Linde, Ulme, Eberesche und Espe zum Einsatz. Das Ziel der gesamten Aktion besteht darin, dass die vielen, verschiedenen Laubbäume mit ihrer gut zersetzlichen Laubstreu das Leben in den Böden aktivieren, immer mehr Bodenorganismen dann die im Rohhumus gespeicherten Nährstoffe mobilisieren, den Pflanzenwurzeln zur Verfügung stellen und somit die Wachstumsbedingungen insgesamt verbessern. Starthilfe zur Selbststabilisierung eines Ökosystems, sozusagen. Diese funktioniert allerdings nur hinter Zaun, sonst setzen Rehe dem Experiment ein frühes Ende.

Der verbreitete Bergbau auf den Landwirtschaftsflächen bereitete den Bärensteiner Bauern einst große Probleme. Wenn eine Grube einging, musste das Schachtloch mühsam wieder einebnet und das übrige Haldenmaterial auf die nächste Steinrücke transportiert werden, um den Boden wieder nutzbar zu machen. Die Steinrücken hier sind daher für ein Gneisgebiet verhältnismäßig groß, und bei genauerer Betrachtung fällt auf, dass viele Steine deutlich kleiner sind als normale Lesesteine. Eine bunte Gehölzvegetation hat seither von den Steinrücken Besitz ergriffen. Aufgrund ihrer Größe bieten diese Biotope auch noch Platz für seltene Arten, insbesondere den Wildapfel.

Hier liegt eines der Schwerpunktvorkommen des heimischen Holzapfels. In den letzten Jahren wurden sie von der Grünen Liga alle erfasst, die noch

echten Exemplare von den zahlreichen Kulturapfel-Wildapfel-Hybriden unterschieden und mit Pflegemaßnahmen den wichtigsten Bäumen wieder zu Licht zum Weiterwachsen verholfen. Südwestlich der Sachsenhöhe entstand darüberhinaus eine neue Wildapfelpflanzung als Heckenstreifen.

Abb.: Wildapfelpflanzung – Sachsenhöhe

Talwiesen zwischen Lauenstein und Bärenstein ⑧

Bevor Mitte des 19. Jahrhunderts die Müglitztalstraße gebaut wurde und sich damit ein nutzbarer Weg zu den städtischen Absatzmärkten für Gebirgsheu eröffnete, waren Dauerwiesen im Müglitztalgebiet – wie überall im Ost-Erzgebirge – eher selten und nur auf solche Standorte beschränkt, die sich nicht für Ackerbau eigneten. Diese Bedingungen boten sich vor allem in den sumpfigen Talauen, zum Beispiel in der Müglitztalweitung oberhalb Bärensteins. Wo heute Straße und Eisenbahn verlaufen, Firmengebäude stehen, Kleingartenanlagen angelegt und in den 1980er Jahren die Schule gebaut (und in den 1990er Jahren wieder geschlossen) wurde, da verzeichnet das Meilenblatt von 1835 noch „Die nasse Wiese". Wenig ist davon übrig geblieben. Zwischen Sportplatz Bärenstein und „Kalkberg" (der linke Müglitzhang vor Bärenstein) beherbergt ein Nasswiesenstreifen noch einen Rest des einstigen Artenreichtums, unter anderem mit einem Bestand der Breitblättrigen Kuckucksblume. Außer den rund einhundert Orchideenblüten kann man hier viele weitere Pflanzen entdecken, die einstmals typisch für die Gegend waren, heute aber teilweise recht selten geworden sind: Fieberklee vor allem, außerdem Sumpf-Veilchen, Kleiner Baldrian, Bach-Nelkenwurz und viele andere. Eine große Zahl von weißen Fruchtköpfen des Schmalblättrigen Wollgrases leuchten im Mai/Juni. Die extrem aufwendige Mahd und Beräumung der „Sportplatzwiese" ist jedes Jahr der Höhepunkt zum Ende des Heulagers der Grünen Liga. Dabei kann bei den vielen Seggen und Binsen von „Heu" keine Rede sein, und das nicht erst heutzutage. Auch früher galten solche Nassflächen vor allem als „Streuwiesen", deren strohiger Aufwuchs als Stalleinstreu genutzt wurde (nicht zu verwechseln mit „Streuobstwiese").

Sportplatzwiese

Mit dem Schmalblättrigen Wollgras verwandt, im Erzgebirge aber sehr selten, ist das basenliebende Breitblättrige Wollgras, das in einer Quellmulde am rechten Müglitzhang hinter dem Klärwerk Lauenstein eines seiner wenigen Vorkommen hat. Der Gneis im Müglitztalgebiet ist von sehr heterogener Zusammensetzung. Neben Gebieten, wo das Gestein eher mageren und sauren Boden hervorbringt, gibt es offenbar auch Bereiche mit größeren Anteilen von Kalzium, Magnesium und sicher noch weiteren Pflanzennährstoffen. Wenn Sickerwasser längere Zeit in Klüften derartiger basenreicher Gneispartien verweilt, lösen sich diese Mineralien darin auf und werden in Quellmulden an die Oberfläche gebracht – so wie hier auf den

Wiesen am Klärwerk Lauenstein

Wiesen-Primel

Wiesen am Klärwerk Lauenstein. Außer dem Breitblättrigen Wollgras weisen das Große Zweiblatt und die ebenfalls kalkbedürftige Wiesen-Primel darauf hin. Diese kleinere, eher gelb-orange und etwas später blühende Verwandte der Hohen Schlüsselblume („Himmelschlüssel") ist aber nicht nur basenliebend, sondern auch konkurrenzschwach und trittempfindlich. In den 1990er Jahren hat die Grüne Liga die Fläche gemäht, jetzt nutzt ein Landwirt sie als Weide für eine Herde Heckrinder. Den Wiesen-Primeln und dem Breitblättrigen Wollgras sowie dem kleinen Orchideenbestand bekommt die ausbleibende Mahd ganz und gar nicht.

Eine weitere, sehr bemerkenswerte Wiese befindet sich unterhalb des Klärwerkes, zwischen Müglitz, Eisenbahn und einem Mühlgraben. Bei jedem Hochwasser werden hier große Mengen Schotter bzw. Schwemmsand abgelagert. Auf diesen, sehr mageren Substraten können daraufhin konkurrenzschwache Wiesenpflanzen gedeihen. Die größte Besonderheit dabei stellt dabei die Grasnelke dar, eine kleine, unauffällige Art, wenn sie nicht ihre blauen Blütenköpfchen zeigt. Normalerweise kommt die Gewöhnliche Grasnelke in den trockenen Sandheiden der Lausitz, vor allem auf Tagebaukippen vor.

Schwemm-sand

Abb.: Gras-nelke

Einen noch schöneren Bestand bildet die Grasnelke auf einem schmalen Wiesenstreifen unterhalb der Gaststätte Huthaus, zwischen Straße und Eisenbahn aus. Dank der regelmäßigen Pflegemahd durch die Grüne Liga Osterzgebirge kommen jedes Jahr mehrere hundert Grasnelken zur Blüte und sind auch von der Müglitztalstraße aus gut zu erkennen. Der größte Teil der Pflanzen blüht erst meist im August, nach der ersten Mahd. Vorher, im Mai/Juni, entfaltet sich auf der kleinen Wiese eine bunte Fülle von Blütenpflanzen, in der bei 450 m Höhenlage neben typischen Bergwiesenelementen (Perücken-Flockenblume, Alantdistel, Gebirgs-Hellerkraut, Wiesen-Knöterich) auch schon mehrere Arten vertreten sind, die sonst

erst in den submontanen Glatthaferwiesen zur Vorherrschaft gelangen. Dazu gehören neben dem Glatthafer selbst vor allem Wiesen-Pippau und Körnchen-Steinbrech.

Schlossberg Bärenstein

Abb.: Schloss Bärenstein Anfang des 20. Jh.

Dass der Gneis an der östlichen Erzgebirgsflanke offenbar sehr heterogen in seinen Eigenschaften ist, zeigt auch die ständig wechselnde Talform der Müglitz. Zwischen Lauenstein und Bärenstein hat das Flüsschen eine bis 300 m breite Talmulde ausgeräumt – und damit für ihre gelegentlichen Hochwässer Entspannungsraum geschaffen (den ihr erst der Mensch mit Straße, Eisenbahn und Häusern wieder weggenommen hat). Unvermittelt türmen sich dann auf der rechten Seite Felsen auf („Rolle"), während sich von links ein Bergsporn vorschiebt. Aus dessen Oberhangbereich ragen auch einige Felsen heraus, und auf einer solchen Felskuppe, für mittelalterliche Verhältnisse militärisch relativ gut geschützt, entstand (vermutlich) im 13. Jahrhundert eine Burganlage. Die kleine Stadt Bärenstein wurde erst rund 300 Jahre später gegründet, als die Herren von Bernstein den wertvollsten Teil ihrer umfangreichen Besitzungen, das Altenberger Zinnrevier, an den Markgrafen verloren hatten. Mit dem Markt in der Nähe ihrer Burg wollten sie einen wirtschaftlichen Neuanfang versuchen. Wie groß ihre Hoffnungen auf die Ansiedlung von Händlern und Handwerkern waren, zeigt die beachtliche Größe des Marktplatzes. Doch der Aufschwung kam nicht, es blieb lange Zeit bei einer einzigen Häuserzeile um den Platz und dem zweifelhaften Ruhm, kleinste Stadt Sachsens zu sein (erst in den 1920er Jahren wurden Stadt, Dorf und Schloss Bärenstein zu einer Verwaltungseinheit vereinigt). Aber gerade diese jahrhundertelange ökonomische Stagnation beließ den Kern des Städtchens in seiner historischen Grundstruktur. Mit seinen bescheidenen, geschichtsträchtigen Häuschen, dem alten Rathaus in der Mitte und den großen Lindenbäumen ringsum gehört der Bärensteiner Markt zu den schönsten Plätzen des Ost-Erzgebirges.

Bergsporn

Burganlage

Marktplatz

Von der ursprünglichen Burg existieren allenfalls noch einzelne Grundmauerabschnitte. Als die militärische Funktion der einstigen Grenzfeste hinfällig wurde, erfolgte in mehreren Abschnitten der Umbau zum repräsentativen Adelssitz. Seine heutige Form nahm das Schloss im 18. und 19. Jahrhundert an. Nachdem das Objekt zu DDR-Zeiten als Erholungs- und Schulungsheim einer Blockpartei genutzt wurde, erfolgte 1995 der Verkauf an einen neuen Privatbesitzer. Seither erstrahlt das historische Schloss äußerlich wieder in neuem Glanz, ist aber leider für die Öffentlichkeit wieder verschlossen.

Schloss

Aus dem einstigen Schlosspark ist mittlerweile ein sehr strukturreicher, (scheinbar) naturnaher Wald hervorgegangen. Vorherrschend sind heute teilweise sehr mächtige Buchen, außerdem nahezu die gesamte Palette einheimischer Baumarten: Berg- und Spitz-Ahorn, Winter-Linde, Esche, Vogel-Kirsche, Stiel- und Trauben-Eiche, Birke, Eberesche, Fichte. Große Rosskastanien – eine aus Südosteuropa stammende Art – sowie einige, in dieser

naturnaher Wald

Höhenlage normalerweise nicht zu erwartende Eiben erinnern an die Vergangenheit als Parkanlage.

Berg-Ulmen Noch um 1990 prägten mächtige Berg-Ulmen mit teilweise zwei bis drei Metern Stammumfang den Hang. Schon damals waren einige vom Ulmensterben befallen. Das höhlenreiche Totholz nutzten viele Tiere als Lebensraum. Doch der Verlauf der Krankheit ging in den Folgejahren rasend schnell und raffte den gesamten Ulmenbestand dahin. Ende der 1990er Jahre wurden die toten Bäume gefällt. Aus Stockausschlag sind inzwischen neue Bäumchen emporgewachsen, aber sobald ihre Stämmchen zehn Zentimeter stark sind, zeigen auch sie die ersten Schadsymptome.

Das Sterben der Ulmen

Wahrscheinlich irgendwann im Jahre 1918 legte in einem niederländischen Hafen ein Schiff an, beladen mit Ulmenholz aus Fernost. Mit an Bord: ein blinder Passagier namens *Ceratocystis ulmi* alias *Ophiostoma ulmi*. Unbemerkt gelangte er so in Europa an Land – und entpuppte sich schon bald als höchst gefährlicher Bio-Terrorist. 1919 starben im holländischen Wageningen die ersten Ulmenalleen. Von da ab breitete sich die Vernichtungswelle in rascher Zeit über den Kontinent aus, bekannt unter der Bezeichnung „Holländische Ulmenkrankheit".

Den Verursacher zu ermitteln, gelang recht schnell. Es handelt sich um einen **Pilz**, der in ostasiatischen Ulmen lebt, ohne da solche gravierenden Schäden anzurichten wie in seiner neuen Heimat. Die Evolution hatte dort den Wirten wie den Erregern gleichermaßen Zeit gegeben, sich aneinander anzupassen.

Nun war also so ein Fremdling auch nach Europa gekommen. Für das enorme Tempo seiner Ausbreitung benötigte er jedoch einheimische Helfer. Er fand sie in den Kleinen und Großen **Ulmen-Splintkäfer**n. Die Vertreter der Borkenkäfer-Gattung *Scolytes* legen ihre Eier unter die Rinde älterer und schwächerer Ulmen – zum Beispiel solcher, die von der Pilzkrankheit befallen sind. Ihre Jungen suchen nach dem Schlüpfen die Kronen auch jüngerer Bäume auf, um dort an den Blättern zu knabbern. Dabei infizieren sie diese ebenfalls. Die Ulme, plötzlich konfrontiert mit einem ihr bis dahin unbekannten Eindringling, versucht sich mit einer Methode zu schützen, die ihr schon bei anderen Krankheiten geholfen hat: sie verschließt ihre Leitungsbahnen, um die Ausbreitung des Verursachers in noch unbefallene Organe zu verhindern. Doch *Ophiostoma ulmi* ist von anderem Kaliber, den kriegt man so leicht nicht los. Schlimmer sogar: die Ulme verstopft mit dem althergebrachten Abwehrmechanismus ihre eigenen Versorgungswege. Die ersten **Äste vertrocknen**, und innerhalb weniger Jahre sterben die meisten Bäume ganz ab. Dies betrifft alle einheimischen Ulmenarten – Flatter-Ulme und Feld-Ulme im Tiefland, im Ost-Erzgebirge vor allem die Berg-Ulme (= Berg-Rüster).

Der Pilz gab sich jedoch mit dem Aktionsgebiet Europa nicht zufrieden und strebte nach neuen Ufern. Um 1930 erreichte er mit einem Schiff **Nordamerika** und fiel auch über die dortigen Ulmenverwandten her.

Bei alledem machte die Evolution nicht halt. Während in Europa Mitte des 20. Jahrhunderts die Hoffnung keimte, die schlimmste Welle des Ulmensterbens wäre vorbei und möglicherweise hätten sich relativ resistente Bäume durchgesetzt (es wurden sogar welche gezüchtet), so hatte sich in Amerika auch der Pilz weiterentwickelt. Ende der 1960er Jahre kehrten Nachkommen der Auswanderer mit einem Holztransport in die „Alte Welt" zurück, jetzt noch viel aggressiver als zuvor.

Diese **zweite Welle** hat **in den 1980er und 1990er Jahren** auch im Ost-Erzgebirge die Berg-Ulmen hinweggerafft. Betroffen sind nahezu alle Rüstern mit mehr als zehn Zentimetern Stammdurchmesser. Nur weit von anderen Artgenossen entfernt wachsende Ulmen haben eine Chance, weil sie vielleicht nicht von den Splintkäfern entdeckt werden und daher auch der Pilz nicht zu ihnen gelangt. Einige wenige Berg-Ulmen scheinen allerdings auch seit Jahren der Krankheit zu trotzen – entweder, weil sie so einen idealen Standort haben und damit, trotz Verschluss der Leitungsbahnen, die Wasserversorgung ausreicht (zum Beispiel der große Baum gegenüber der Tharandter Forstuniversität an der Weißeritz), oder aber vielleicht auch, weil sie genetisch besser mit der Gefahr klarkommen. Möglicherweise gibt die Evolution den Ulmen doch noch eine Chance.

Bodenvegetation des Bärensteiner Schlossberges
Die Bodenvegetation des Bärensteiner Schlossberges ist außerordentlich üppig. Zum einen sprechen Stickstoffzeiger und Ruderalarten noch immer von Zeiten, als vor zwanzig Jahren und noch früher hier verantwortungslose Zeitgenossen Müll abkippten: Brennnessel, Kleines Springkraut, Schwarzer Holunder, Schöllkraut, Echter Nelkenwurz, Weicher und Bunter Hohlzahn. Andererseits aber prägen anspruchsvollere Pflanzen nährstoffreicher Buchen- sowie Schatthangwälder den Waldboden des von vielen Pfaden durchzogenen Hanges. Dazu gehören neben vielen weiteren Arten: Wald-Flattergras, Wald-Reitgras, Bingelkraut, Goldnessel, Haselwurz, Lungenkraut, Nesselblättrige Glockenblume, Waldmeister, Zwiebel-Zahnwurz, Christophskraut und verschiedene Farne. Diese Artengarnitur spricht für einen erhöhten Gehalt an Kalzium und Magnesium. Der Gneis des Müglitztalgebietes kann solche basenreicheren Böden mancherorts durchaus hervorbringen, andererseits ist dieses Phänomen an vielen Burgfüßen zu beobachten. Möglicherweise ist über Jahrhunderte aus dem Mauerwerk soviel Kalkmörtel gelöst worden, dass sich dies in der Vegetation widerspiegelt.

Rollefelsen
Am Steilhang gegenüber dem Schlossberg verbergen sich zwei freistehende Felsen im Wald, die „Männerrolle" und die „Weiberrolle". Obgleich die hochgewachsenen Fichten nur wenig lohnende Aussicht bieten, ziehen die Rollefelsen in den letzten Jahren immer mehr Freunde des Felskletterns an. Aus Artenschutzgründen ist jedoch das Kletterverbot zwischen Januar und Juli unbedingt zu respektieren. Einen schönen Blick auf das gegenüberliegende Schloss Bärenstein und den dahinter liegenden Geisingberg

Rolleaussicht
bietet indessen die obere Rolleaussicht am Wanderweg Börnchen-Bärenstein (Abzweig am oberen Waldrand).

Müglitz-Schotterflächen am Bahnhof Bärenstein

Das Hochwasser 2002 verursachte hohe materielle Schäden und viel menschliches Leid – einerseits. Andererseits war es aber auch, zumindest für nicht unmittelbar selbst Betroffene, ein spannendes Naturereignis. Aufmerksame Beobachter bekamen von den tosenden Fluten gezeigt, wo der Fluss seinen natürlichen Lauf hatte und haben will, warum sich das Wasser an welchen Stellen wie verhält, welche Mittel die Natur selbst der entfesselten Energie entgegensetzt (zum Beispiel Schwarz-Erlen, die wie Felsen in der Brandung standen). Leider gehörten die Gewässerverantwortlichen nicht unbedingt zu den aufmerksamen Beobachtern und modellierten lieber später an ihren Computern technische Hochwasserschutzmaßnahmen.

faszinierende neue Chancen für Pflanzen und Tiere

Darüber hinaus schuf die Flutwelle vom 12./13. August 2002 faszinierende neue Chancen für Pflanzen und Tiere in Form von Sand- und Kiesbänken, frisch angeschnittenen Lehmböschungen, Inseln zwischen neuen Bachläufen, Restwasserkolken (kleine Buchten und nach Ablauf des Hochwassers vom Bach abgeschnittene Tümpel) sowie Schotterflächen. Doch die Hoffnungen der Naturschützer waren verfrüht. Unmittelbar nach dem Naturereignis begannen Bundeswehrpanzer und jede Menge sonstiges schweres Gerät, provisorisch „Ordnung" zu schaffen. Anschließend hatten nahezu überall massiver Straßen- und Eisenbahnwiederaufbau und sonstige Instandsetzungsarbeiten unverzüglichen Vorrang vor durchdachter Planung, die auch auf die Kräfte der Natur Rücksicht genommen hätte. Potentialflächen für den Naturschutz spielten dabei selbstredend (fast) überhaupt keine Rolle.

Geschieberückhaltflächen Sukzession der Vegetation

Nahezu die einzige Ausnahme im gesamten Müglitztal findet man heute noch oberhalb des Bärensteiner Bahnhofes. Hier blieb noch eine der Schotterflächen weitgehend unbeschadet erhalten, hier kann sich beim nächsten Hochwasser die Müglitz noch ausbreiten, hier kann sie dann noch einen Teil ihrer Energie und ihre mitgeführte Munition von Steinen, Holz und Zivilisationsprodukten ablagern. Solche natürlichen „Geschieberückhaltflächen" sind eigentlich sehr wichtig. Einstweilen bietet sich eine hervorragende Möglichkeit, die Sukzession der Vegetation, das Kommen und Gehen von Pflanzen, zu verfolgen.

farbenprächtiger Sommeraspekt

Auf den abgelagerten Schottern stellte sich 2003 zunächst nur zögernd Pflanzenwuchs ein, sicherlich auch bedingt durch den extrem trocken-heißen Sommer, der die Müglitz fast zum Versiegen brachte. Inzwischen jedoch – 2007 – präsentieren sich viele Arten und zaubern einen außerordentlich farbenprächtigen Sommeraspekt mit blauen Natternzungen, gelben Königskerzen, ebenfalls gelb

Abb.: Färber-Resede auf der Müglitzschotterfläche am Bahnhof Bärenstein

blühendem Besenginster, mit Rotem Fingerhut und violetten Lupinen. Gehäuft treten auch Turmkraut, Gelbe Resede, Taubenkropf-Leimkraut, Acker-Witwenblume, Beifuß und Wiesen-Glockenblume auf. Wunderschön und doch etwas verwunderlich sind die ausgedehnten Bestände des Wundklees. Diese eigentlich etwas basenliebende Magerrasenart war vorher im Müglitztal kaum verbreitet – bis auf ein großes Vorkommen auf den Schottern des ehemaligen Altenberger Güterbahnhofs.

Dynamik

Solche Flussschotterflächen hat es in der Naturlandschaft einstmals sicher in großer Fülle gegeben. Vielleicht waren hier auch einige der Pflanzenarten zu Hause, die später von den menschengemachten Magerwiesen Besitz ergriffen. Doch dazu wäre mehr Dynamik in den Tälern vonnöten als nur zwei- oder dreimal im Jahrhundert ein Hochwasser, das stark genug ist, die angelegten Fesseln zu sprengen. Diese Dynamik können weitgehend zwischen Ufermauern eingesperrte Bergbäche heute nicht mehr entfalten.

Pionier-Gehölzgesellschaften

Die Sukzession läuft derweil weiter zu Pionier-Gehölzgesellschaften mit Erlen, Birken, Salweiden, Fichten und Kiefern. Junge Bäumchen dieser Arten haben bereits Fuß gefasst und werden sicher in wenigen Jahren ihre Schatten über den bunten Erstbesiedlern ausbreiten. Aller Erwartung nach sollte sich letztlich die potenziell natürliche Hauptbaumart der Bachauewälder – die Schwarz-Erle – durchsetzen. Falls nicht ein neues Hochwasser die Sukzession wieder von vorn beginnen lässt.

 ## (11) Wismuthalde Bärenhecke

Silber und Kupfer

Uran

Ab 1458 wurde in mehreren Gruben am Bärenhecker Bach und im Mittelgrund Silber und Kupfer gefördert, in bescheidenem Umfang bis 1875. Nach dem Zweiten Weltkrieg suchte die SDAG Wismut (= Sowjetisch-Deutsche Aktiengesellschaft) nach Uran, soll mit über 300 Arbeitern bis 1954 ein paar Dutzend Tonnen Material für russische Atomraketen herausgeholt haben.

Wiesen-, Vorwald- und Ruderalarten

Die von der „Wismut" hinterlassene große Halde wurde in den 1990er Jahren saniert, d.h. mit einer dicken Lage Schottergesteins überdeckt. Darauf hat sich, ähnlich wie auf den Hochwasserschotterflächen nach 2002, eine bunte Vegetation aus Wiesen-, Vorwald- und Ruderalarten (rudus = lat. Schutt) eingestellt. Insbesondere der sonnendurchflutete Südhang ist recht artenreich, wobei neben allgemein verbreiteten Pflanzen (z.B. Huflattich, Schafgarbe, Kleiner Klee, Weiß-Klee, Acker-Kratzdistel, Geruchlose Kamille, Rainfarn, Hopfenklee, Vogel- und Zaun-Wicke) auch eher wärmeliebende Arten auftreten (Wilde Möhre, Weißer und Echter Steinklee, Echtes Johanniskraut, Kleine Klette, Kleinköpfiger Pippau, Berufkraut).

Eldorado für Tagfalter

Die Blütenfülle mitsamt den warmen, offenen Schotterflächen einerseits und die nahe liegende feuchte Bachaue mit ihren Gehölzstrukturen macht die Bärenhecker Halde zu einem Eldorado für Tagfalter. An sonnigen Sommertagen kann man mitunter über zwanzig verschiedene Schmetterlingsarten flattern sehen. Zu den auffälligsten und bemerkenswertesten zählen u.a.: Schwalbenschwanz, Baumweißling, Goldene Acht, Großer Schillerfalter, Trauermantel, Admiral, Distelfalter, C-Falter, Landkärtchen, Kaisermantel, Wachtelweizen-Scheckenfalter, Schwefelvögelchen, Dukatenfalter, Feuerfalter, Hauhechel- und Geißkleebläuling. Nicht zu den Tagfaltern gehören Grün-Widderchen, Klee-Blutströpfchen, Gelbwürfeliger und Dunkler Dickkopffalter sowie die europaweit geschützte Spanische Flagge. Doch auch hier setzen sich langsam, aber unaufhaltsam Gehölze durch und verdrängen die lichtliebenden Falterblumen.

(12) Mittelgrund bei Johnsbach

Ein wahres Kaleidoskop strukturreicher Landschaft bietet sich dem Wanderer zwischen Johnsbach und Schilfbachtal. Alle paar Schritte ändert sich

Mosaik von Steinrücken, Nasswiesen und Magertriften

die Perspektive in dem kleinflächigen Mosaik von Steinrücken, Nasswiesen und Magertriften. Ein Fest für alle Sinne ist ein Ausflug im Frühjahr, wenn sich die Gehölze mit frischem Grün in allen Schattierungen und weißem Blütenschnee präsentieren, wenn aromatische Düfte und Vogelgesang die Atmosphäre erfüllen!

besonders hohe Lesesteinwälle

Edellaubholztyp

Hier, wo auf dem Erzgebirgsgneis Granitporphyr aufsitzt, mussten die Bauern früher besonders hohe Lesesteinwälle aufschichten. Noch heute zeichnen die Steinrücken die historische Flurstruktur des typischen Waldhufendorfes Johnsbach nach. Die meisten Steinrücken gehören hier zum Edellaubholztyp, werden also von einer breiten Palette einheimischer Gehölze besiedelt. Dabei zeigt sich hier allerdings besonders deutlich, wie infolge jahrzehntelang ausbleibender Holznutzung vor allem Berg-Ahorn zur Dominanz gelangt und mit seinem dichten Blätterdach die lichtbedürftigen Mitglieder der Steinrückengemeinschaft verdrängt. Dies betrifft, neben den für Vögel sehr wichtigen Dornsträuchern (Heckenrosen, Weißdorne, Schlehe), vor allem die auch um Johnsbach vorkommenden Wildäpfel sowie die

Wacholder

letzten Exemplare Wacholder. Vor langer Zeit einmal muss diese geschützte Gehölzart gar nicht so selten gewesen sein. Um so wichtiger ist die Erhaltung der drei Sträucher (einer auf dem Fuchsberg, einer im Quellgebiet des Mittelgrundes, einer westlich von Johnsbach).

Im Grenzbereich von Gneis und Granitporphyr treten zahlreiche kleine und größere Sickerquellen zutage. In feuchten bis dauerhaft nassen Quellmulden sammelt sich das Wasser und fließt über mehrere Quellarme dem Mittelgrundbach zu. (Auf den Topografischen Karten steht „Bärenhecker Bach", aber diese Bezeichnung gehört zu dem Gewässer, das parallel zur Straße Johnsbach-Bärenhecke fließt).

Feuchtbereich

In den Feuchtbereichen kann man nicht selten eine typische „Zonierung" feststellen, die sich durch die großflächige Beweidung mit Rindern ergibt. Die relativ oft betretenen und noch nicht allzu nassen Randbereiche werden von feuchtetoleranten Stickstoff- und Trittzeigern eingenommen, etwa Weiß-Klee, Kriechender Hahnenfuß und Stumpfblättriger Ampfer. An stärker vernässten Stellen wachsen Flutender Schwaden oder Bachbunge. Die sich nach innen anschließende Zone wird vom Vieh zwar auf der Futtersu-

Eine kurze Geschichte zum Biotopschutz

1999 bis 2001 arbeitete die Grüne Liga Osterzgebirge am Teil III ihrer „Biotopverbundplanung Oberes Müglitztal". Gegenstand der flächendeckenden Kartierung und der darauf aufbauenden Planungen waren diesmal die Fluren von Johnsbach und Falkenhain. In den Quellgebieten des Mittelgrundbaches gestalteten sich die Biotoperfassungen und Vegetationsaufnahmen besonders aufwendig, brachten aber ständig neue Überraschungen. Auf der wertvollsten Feuchtwiese, unter der Stromleitung nordöstlich von Schenkenshöhe, fanden sich über 50 Pflanzenarten, darunter Wollgras, Kleiner Baldrian und Sumpf-Veilchen. Eine Kreuzotter huschte davon, und auf einem alten Weidepfahl mühte sich ein Braunkehlchen mit seinem wenig wohlklingenden Balzgesang.

Ein paar Tage später informierten die Biotopverbundplaner der Grünen Liga sowohl die Agrargenossenschaft als auch die Naturschutzbehörde über die wertvollsten Flächen des Gebietes und über die ersten Vorstellungen, was aus Naturschutzsicht hier am besten zu tun wäre. Dann, wieder ein paar Tage später, der große Schock: Mehr als ein Drittel der großen Mittelgrund-Nasswiese waren mit Bauschutt zugekippt, der Rest von tiefen Traktorspuren zerfurcht! In Falkenhain hatte die Agrargenossenschaft einen alten Stall abgerissen, wie sich später herausstellte, und das Bruchmaterial zum Zukippen des landwirtschaftlich nutzlosen Nassloches genutzt. Ein Mitstreiter der Grünen Liga Osterzgebirge erstattete Anzeige bei der Naturschutzbehörde des Landratsamtes Weißeritzkreis.

Was folgte, war geeignet, frustriert das Handtuch zu werfen und dem Naturschutz den Rücken zu kehren. Die Bauabteilung des Landratsamtes hatte sich des Verfahrens angenommen – und der Agrargenossenschaft empfohlen, den illegalen Eingriff in die Natur nachträglich als Wegebaumaßnahme genehmigen zu lassen!

Uns so kam es dann auch. Alle Bemühungen, dass wenigstens die über die Breite eines normalen Feldweges hinausgehende Wiesenverschüttung wieder abgetragen werden soll, blieben vergebens. Da halfen auch mehrere Schreiben an den Landrat nichts, und schon gar nicht die nach einem Jahr schließlich beim Regierungspräsidium Dresden eingereichte Dienstaufsichtsbeschwerde (wegen der Duldung eines besonders gravierenden Verstoßes gegen das Naturschutzgesetz). Es schien fast so, als sei die – natürlich abschlägige – Antwort der übergeordneten Behörde von den Bearbeitern im Landratsamt verfasst worden, so ähnlich war der Wortlaut zu den vorausgegangenen Briefen.

Nun, der fünfzehn(!) Meter breite Feldweg besteht noch immer. Die Vegetation des verbliebenen Feuchtwiesenrests hat die Traktorfurchen allmählich ausgeheilt, sogar ein paar Stängel Wollgras haben überlebt. Der größere Teil einer der einstmals artenreichsten Johnsbacher Feuchtwiesen indes ist für immer futsch.

che durchstreift und zertreten, aber die hier wachsenden Arten sagen den Rindern nicht besonders zu. Folge ist ein dichter Teppich aus Flatterbinsen oder Spitzblütigen Binsen. Den Kern der Quellmulde nehmen dann, je nach Wasser- und Nährstoffverhältnissen, entweder Hochstaudenfluren (vor allem Mädesüß, Wald-Engelwurz, Waldsimse, Rauhaariger Kälberkropf, Gewöhnlicher Gilbweiderich) oder Reste ehemaliger Kleinseggenrasen ein. An zwei, drei Stellen gibt es auch noch Schmalblättriges Wollgras.

Böschungen Nicht nur das nasse Grünland ist aus Naturschutzsicht interessant, sondern auch die mageren, mehr oder weniger steilen Böschungen, die von den Rindern zwar abgefressen werden, wo sich die Tiere aber nicht länger als nötig aufhalten. Mit Kleinem Habichtskraut, Rauem Löwenzahn, Perücken-Flockenblume, Heidenelke und Kriechendem Hauhechel können die südexponierten Hänge recht farbenfrohe Blühaspekte hervorbringen. Steinrücken, kleine Feldgehölzgruppen und Einzelsträucher bewirken einen hohen Strukturreichtum. Die dichten und sehr hochgewachsenen Steinrückenbäume führen allerdings auch zu erheblicher Beschattung der angrenzenden Flächen.

Püschelsberg Der schönste dieser Magerhänge zieht sich vom Mittelgrundbach zum Püschelsberg hinauf. Ein privater Landwirt pflegt mit großem Aufwand diese Wiese, teilweise sogar in Handmahd. Die Artenfülle ist entsprechend hoch. Besonders unter dem Trauf des oberhalb wachsenden Eichen-Buchen-Mischwaldes gedeihen Zittergras, Dreizahn, Kreuzblümchen, Jasione, Thymian und viele weitere Magerkeitszeiger.

Die historische Landschaftsstruktur ist um Johnsbach so intakt wie sonst nur selten. Wenn Bewohner, Landbesitzer und Landbewirtschafter genügend Interesse für die Natur aufbringen, werden auch in Zukunft Wanderer die Landschaft entlang der Kleinen Straße zwischen Johnsbach und Schilfbachtal als faszinierendes Kaleidoskop der Farben, Gerüche und Geräusche wahrnehmen können.

....

Quellen

Albertus, Jürgen (ohne Jahr): **Schloß Lauenstein**, Broschüre

Grüne Liga Osterzgebirge (1997): **Biotopverbundprojekt Bärenstein**, Broschüre

Grüne Liga Osterzgebirge (2001): **Biotopverbundprojekt Johnsbach/Falkenhain**, unveröffentlicht

Hammermüller, Martin (1964): **Um Altenberg, Geising und Lauenstein**, Werte der deutschen Heimat, Band 7

Meltzer (1911): **Lauenstein in meiner Jugendzeit**, Reprint, ursprünglich veröffentlicht in „Über Berg und Tal", Zeitschrift des Gebirgsvereins für die Sächsische Schweiz, 1910/11

Müller, Gerhard (1964): **Zwischen Müglitz und Weißeritz**, Werte der deutschen Heimat, Band 8

Richter, Helmut (2002): **800 Jahre Dorf und Herrschaft Bärenstein** (Chronik)

www.ag-naturhaushalt.de/Mueglitz.htm

Tief eingeschnittenes, vielfach gewundenes Flusstal mit steilen Felswänden, Basaltkuppe, Felsen aus Gneis und Quarzporphyr

bodensaure Eichenwälder,
artenreiche Edellaubholz-Schatthang-und Bachauewälder

submontane, artenreiche Glatthaferwiesen, Stattliches Knabenkraut

Müglitztal
bei Glashütte

Text: Jens Weber, Bärenstein (mit Hinweisen von Gerhard Hedrich, Thomas Witzke, Stefan Höhnel u.a.)

Fotos: Rolf Biber, Ulrike Brandstädt, Wolfgang Bunnemann, Egbert Kamprath, Uwe Knaust, Jens Weber

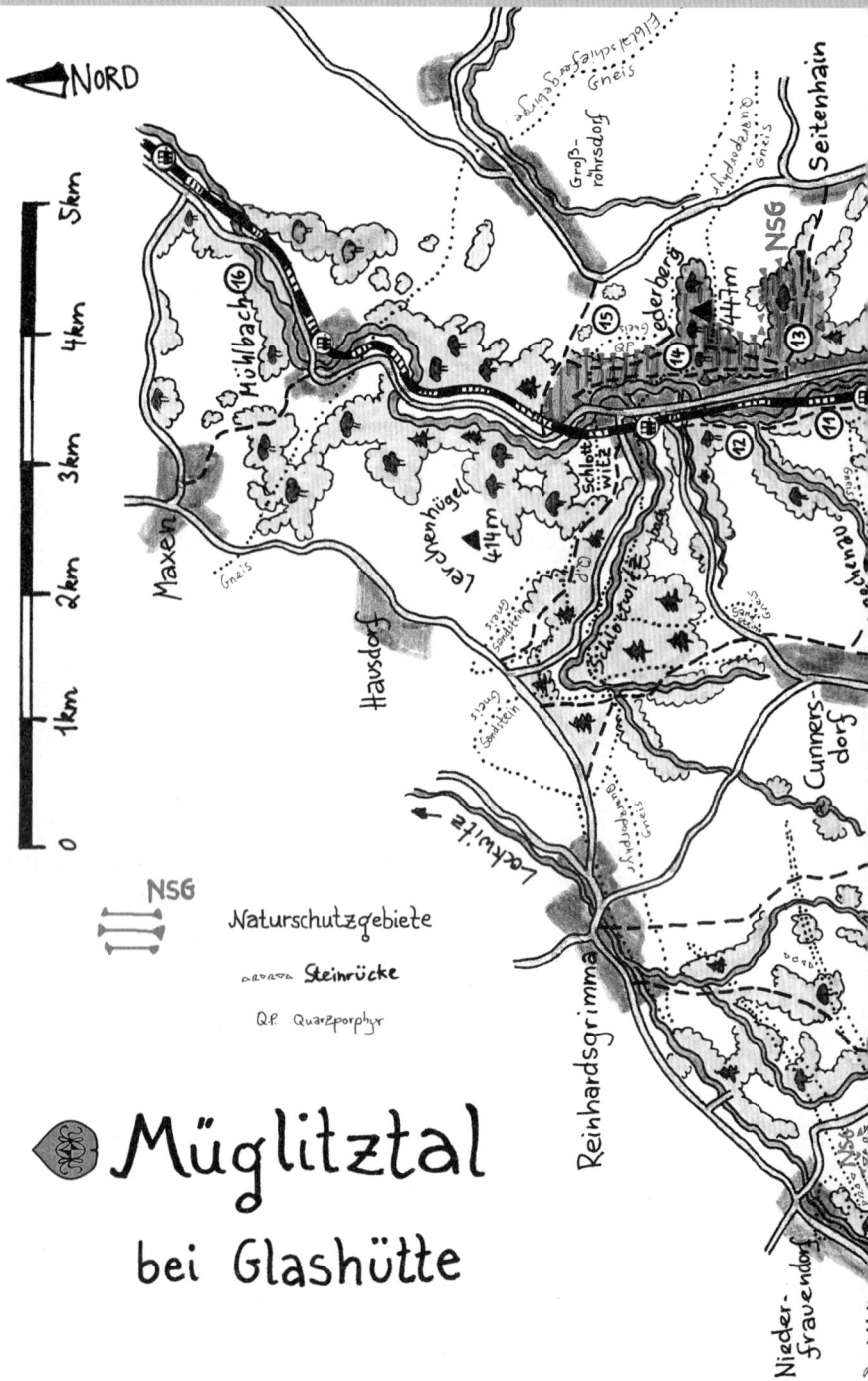

NORD

5km
4km
3km
2km
1km
0

NSG Naturschutzgebiete

◦◦◦◦◦ Steinrücke

QP Quarzporphyr

Müglitztal
bei Glashütte

Die Beschreibung der einzelnen Gebiete folgt ab Seite 525

Landschaft

Tertiär, vor 25 Millionen Jahren. Die Erde ist in Bewegung. Im Süden falten sich die Alpengipfel auf, und auch der eingeebnete Rest des alten Variszischen Gebirges steht unter Spannung. Irgendwann ist die Erdkruste diesem Druck schließlich nicht mehr gewachsen, sie bricht auseinander, die Erzgebirgsscholle beginnt sich schräg zu stellen. Am Nordostrand dieser Scholle wird es eng für die eingequetschten Gesteinspakete. Größere und kleinere Brüche beginnen auch hier, die alte Gneisplatte zu durchziehen. Das von den Kammlagen des neu entstandenen Ost-Erzgebirges abfließende Wasser kann nicht geradewegs bergab fließen, zumal sich ihm hier mehrere harte Quarzporphyrriegel (des „Sayda-Berggießhübler Gangschwarmes") zusätzlich in den Weg stellen. Mit vielen Schlaufen muss sich das entstehende Flüsschen Müglitz den Weg des geringsten Widerstandes suchen. Sich in die Gneishochfläche einzugraben, gelingt noch relativ einfach. Eigentlich sollte das Gewässer dabei - wie in seinem Oberlauf – der Abdachung der Erzgebirgsscholle nach Nordnordwest folgen. Doch einem besonders mächtigen Porphyrzug, aus dem die Erosion den Höhenrücken Gleisenberg – Kalkhöhe – Lerchenberg (bei Schlottwitz) formt, dem muss die Müglitz nach Nordosten ausweichen. Eine kräftige Süd-Nord-Störung in der Erdkruste lässt sie dann noch einmal ihre „normale" Fließrichtung einschlagen und die Talweitung von Schlottwitz ausräumen, bevor dann talabwärts der Elbegraben alles Wasser endgültig in Richtung Nordost zieht.

eines der reizvollsten Täler des Erzgebirges

So ähnlich entstand der Mittellauf der Müglitz. Was auf der Landkarte wie das Bild einer Treppe erscheint, ist in natura eines der reizvollsten Täler des Erzgebirges. Rauschend durcheilt das Wasser schroffe Kerbtalabschnitte, um sich anschließend in breiteren Auen zu entspannen und einen Teil dieser Energie abzugeben (was allerdings heute durch die Bebauung dieser Talsohlen nicht mehr möglich ist). Steile, felsige Prallhänge einerseits und moderate Gleithänge andererseits; dazu noch mehrere Seitentäler, die kaum weniger interessante Natureindrücke versprechen: Prießnitz, Zechenau und Schlottwitzgrund fließen der Müglitz von links zu, die beiden Kohlbachtäler, Dittersdorfer Bach und Trebnitz von rechts. Der rasche Wechsel von Hangrichtungen und -neigungen bedingt ein ebenso kleinflächiges *Neben- und Übereinander verschiedener Mikroklimate* und unterschiedlicher Vegetation. Sehr deutlich ist dies beispielsweise im West-Ost-verlaufenden Prießnitztal zu erkennen. In Glashütte wurde schon immer die „Sommerseite" von der „Winterseite" unterschieden.

Neben- und Übereinander verschiedener Mikroklimate

Die felsigen Steilhänge des Müglitztales zwischen Glashütte und Schlottwitz brachten dem Gebiet während des aufkommenden Fremdenverkehrs den Beinamen „Klein-Tirol" ein. Während der immer wiederkehrenden Hochwasserereignisse (1897, 1927, 1957, 1958, 2002, 20??) führt die Natur den Müglitztalern jedes Mal sehr drastisch vor Augen, dass die Erdgeschichte hier auch heute noch mit voller Kraft in Aktion ist.

Groß sind die landschaftlichen Kontraste zwischen den lößbeeinflussten Gneishochflächen und dem tief eingeschnittenen Müglitztal. Es wirkt schon etwas überraschend, wenn man beispielsweise von Cunnersdorf aus durch die Ackerfluren Richtung Südosten streift, um dann plötzlich von der Teufelskanzel aus einhundert Meter in die Tiefe schauen zu können. Ähnlich gestaltet sich der Eindruck bei einem Spaziergang von Großröhrsdorf nach Südwesten, wo gleich hinter dem Waldrand die Müglitzhänge abrupt nach unten führen. Vom hiesigen Panoramablick fallen zwei, wie aufgesetzt wirkende Berge auf: Wilisch und Luchberg. Doch „aufgesetzt" waren die Basaltkuppen ursprünglich sicher nicht. Als im Tertiär „die Erde in Bewegung war", drang heiße basische Basaltlava an die Erdoberfläche und erkaltete in einer flachwelligen Gneislandschaft, auf der obenauf noch eine Schicht Sandstein lagerte. Der Gneis bietet seither der Abtragung wesentlich weniger Widerstand als das harte Basaltgestein, und so gab die Erosion Luchberg und Wilisch ihre heutige Gestalt. Der Sandstein, eine rund einhundert Millionen Jahre alte Hinterlassenschaft des Kreidemeeres, war größtenteils gleich zu Beginn der Schrägstellung der Erzgebirgsscholle vom abfließenden Wasser fortgerissen worden – bis auf wenige Reste, die hier im Gebiet z. B. die Reinhardtsgrimmaer Heide bilden.

lößbeeinflusste Gneishochflächen

Basalt

Abb.: Was die Talbewohner im August 2002 aus ihren Kellern schaufeln mussten, war vorher fruchtbarer Ackerboden auf den Hochflächen.

Die zahlenmäßig wenigen slawischen Bewohner des Elbtales sahen wahrscheinlich keine Notwendigkeit, das untere Ost-Erzgebirge zu besiedeln. Die auf -itz endenden Namen der Gewässer legen nahe, dass sie dennoch oft in der Gegend unterwegs waren: es gab hier reichlich Wild zu jagen, Lachse zu fischen und Wildbienenhonig zu sammeln (Zeidlerei). Nicht auszuschließen ist auch, dass bereits die slawischen Elbtalsiedler die Schlottwitzer Eisenerzvorkommen für ihre „Wanderschmieden" entdeckt hatten.

Besiedelung der Hochflächen

Die planmäßige Besiedelung der Hochflächen beiderseits des Müglitztales fand im 12./13. Jahrhundert statt. Die Kolonisten, die sich von den Lokatoren Konrad (Cunnersdorf), Reinhardt (Reinhardtsgrimma) und Dietrich (Dittersdorf) aus ihrer thüringischen oder fränkischen Heimat hierher locken ließen, konnten ganz zufrieden sein. Der Gneisboden ist recht fruchtbar hier, zusätzlich verbessert Lößlehm die Böden. Außerdem machten Menge und Größe der beim Pflügen an die Oberfläche gelangenden Steine bei

weitem nicht soviel Arbeit beim Aufschichten der Steinrücken wie etwa über dem Johnsbacher oder Bärensteiner Granitporphyr. Viele Bauern brachten es zu beachtlichem Wohlstand, wie große Dreiseit-Gehöfte zeigen.

Luchau trägt heute noch im Volksmund den Beinamen „Butter-Luche" – die Leute hier seien so reich, dass sie sich jeden Tag Butter leisten könnten!

Auch für die intensive Landwirtschaft der letzten vier bis fünf Jahrzehnte war und

Abb.: Hochflächen im Nordosten des Erzgebirges

sind die Ackerfluren zwischen Luchberg und Wilisch lukrativ. Entsprechend großzügig wurden daher die historischen Hufenstreifen zu großen Schlägen zusammengefasst, Steinrücken, Wegraine und sonstige Landschaftsstrukturen beseitigt. Dennoch: vor allem an den Nebenbächen der Lockwitz, die westlich des Luchberges parallel zur Müglitz in Richtung Elbe fließt, prägen heute noch bemerkenswert naturnahe „Bauernbüsche" die Landschaft.

Als die ersten Kolonisatoren die Fluren von Luchau, Cunnersdorf, Dittersdorf und Johnsbach unter ihre Pflüge nahmen, ließen sie das steile Müglitztal unbeachtet. Hier war das Revier von Wölfen und Bären sowie des sagenumwobenen Raubritters Wittig, der in der Felswildnis zwischen Glashütte und Schlottwitz sein „Schloss" gehabt haben soll. Noch keine festen Besitzansprüche lagen auf den Holzvorräten des Tales, und so siedelten sich einige Glasmacher an, die damit ihre Schmelzöfen anheizten und Pottasche aus den Bäumen machten. Doch deren Holzbedarf war so groß, dass sie bald weiterziehen mussten. Gegen die zunehmenden Ansprüche des Erzbergbaus konnten sie sich nicht durchsetzen.

Glasmacher

Mitte des 15. Jahrhunderts war es südlich der Kalkhöhe zu ersten Silberfunden gekommen, und die nächsten 100 Jahre florierte hier ein ergiebiger Bergbau. Doch je tiefer die Stollen und Schächte in den Berg eindrangen, umso mehr ergaben sich Probleme mit eindringendem Grubenwasser und Sauerstoffmangel, die bei der damaligen Technologie kaum noch be-

Abb.: Stolln Hirten-wiesen Glashütte

herrschbar waren. Außerdem sanken die Erlöse aufgrund der immer schärfer werdenden Konkurrenz aus Übersee (z. B. 1545 Entdeckung des Silberberges bei Potosi/Bolivien), die dem gesamten deutschen Silberbergbau schwer zu schaffen machte. Im Dreißigjährigen Krieg endete der Bergsegen. Bis ins 19. Jahrhundert wurden zwar immer wieder Anstrengungen unternommen, doch der Bergbau konnte die Glashütter Bevölkerung immer weniger ernähren.

Unerlässlich zur Versorgung der verarmten Bürger wurde die auf den meist sehr steilen Feldern außerordentlich schwierige Landwirtschaft. Auf vielen solchen isolierten Hangbereichen lohnte auch zu DDR-Zeiten die landwirtschaftliche Intensivierung nicht, sie fielen brach, wurden in Gartenland umgewandelt oder verblieben in privater Wiesennutzung. Zusammenhängende Flächen nördlich der Stadt wurden auch von Schafherden abgehütet. So blieben noch sehr artenreiche Wiesen erhalten, die aber vor allem seit der Wende sehr rasch verbuschten. Diese Vielfalt an Pflanzen und Tieren zu erhalten ist eines der wichtigsten Anliegen des Naturschutzes in der Region. Beginnend mit einer umfassenden Bestandsaufnahme im Rahmen des „Biotopverbundprojektes Glashütte" engagiert sich die Grüne Liga Osterzgebirge besonders im Raum Glashütte bei der Pflege artenreicher Wiesen(-reste). Auch der Förderverein für die Natur des Osterzgebirges ist in der Gegend aktiv.

Abb.: Hirtenwiesenhang (Glashütte) früher

Pflanzen und Tiere

Übergangs-gebiet zwischen Hügel- und Bergland

Glashütte liegt in einem besonders artenreichen Übergangsgebiet zwischen Hügel- und Bergland („kolline" und „montane" Stufe), was sich sowohl in den Wäldern, als auch auf den Wiesen beobachten lässt. Eibe und Hainbuche erreichen hier ihre natürlichen Höhengrenzen. Die nordexponierten Glashütter Hänge und das obere Prießnitztalgebiet würden bereits Fichten-Tannen-Buchenwäldern tragen, wenn nicht der allergrößte Teil davon als Fichten-Reinbestände aufgeforstet wäre. Im Trebnitzgrund und im Gleisenbächeltal befinden sich noch ein paar schöne Buchen- und Fichten-Buchenbestände.

Hainsimsen-Trauben-eichen-Buchen-mischwald

Die wärmebegünstigten Lagen würden von Natur aus Hainsimsen-Traubeneichen-Buchenmischwald tragen, der aber durch jahrhundertelange Niederwaldnutzung und Eichenschälung für die Lohgerberei heute größtenteils in Eichen- oder Eichen-Birkenwälder umgewandelt ist. Vielen Eichen sieht man heute noch an, daß sie aus Stockausschlag hervorgegangen sind: sie haben knollig verdickte Stammfüße, aus denen nicht selten auch zwei oder mehr Stämme herauswachsen. Vor allem Pelz, Hasenleite und Kalkhöhe nördlich von Glashütte sowie der Schlottwitzer Lederberg (Name!)

Eichenbe-stände

tragen solche Eichenbestände, deren Bodenvegetation mit Draht-Schmiele, Heidelbeere, Maiglöckchen und verschiedenen Habichtskräutern recht arm erscheint. Bemerkenswert ist das – heute sehr vereinzelte – Auftreten von Arnika bei Glashütte und Schlottwitz in lichten Eichenwäldern. Zur Blüte kommen die Arnika-Pflanzen allerdings nur selten. Sehr schöne naturnahe Eichen-Buchenmischwälder findet man vor allem in den Bauernbüschen zwischen Luchau und Cunnersdorf.

Abb.: blühende Eiche vor Luchberg

Die ausgehagerten Kuppen und die südexponierten

Färber-ginster-Trauben-eichenwald

Hänge tragen natürliche Eichenbestände (Färberginster-Traubeneichenwald), an besonders flachgründigen und trockenen Stellen mit Kiefern gemischt, die hier selten größer als zehn Meter werden. Teilweise findet man hier eine bemerkenswerte wärmeliebende Flora, z.B. Schwärzenden Geißklee, Färber-Ginster, Turmkraut und Großblütigen Fingerhut.

Blockhangwälder

Südexponierte Blockhangwälder mit besserer Wasserversorgung bestehen neben Trauben-Eichen auch aus Sommer- und Winter-Linden. Auf den feuchteren Schatthängen wachsen artenreiche Ahorn-Eschen-Schlucht- und Schatthangwälder, insofern sie nicht mit Fichten aufgeforstet wurden. Auffällig sind hier vor allem die Farne (Gewöhnlicher Wurmfarn, Wald-Frauenfarn, in felsigen Bereichen auch Tüpfelfarn). Besonders artenreich ist diese Laubwaldflora im Trebnitzgrund sowie im Großen Kohlbachtal mit Mondviole, Bär-Lauch, Lungenkraut, Hohlem Lerchensporn, Wald-Bingelkraut und Goldnessel.

Luchberg

Abb.: Alte Rot-Buche am Luchberg, unter der früher Ziegen und Schweine weideten.

Der basenreiche Basalt des Luchberges müsste von Natur aus einen Waldmeister-Buchenwald tragen. Jedoch wachsen heute dort nicht so sehr viele Buchen (abgesehen von den sehr sehenswerten alten Hudebuchen am Waldrand). Stattdessen findet man überwiegend außerordentlich artenreiche Mischwaldbestände mit Trauben- und Stiel-Eiche, Sommer- und Winter-Linde, Berg- und Spitz-Ahorn sowie (vor allem) Eschen. Vermutlich sind die Buchen einst verheizt worden, und nach Aufgabe der Waldweide haben sich zunächst die Licht liebenden Gehölze durchsetzen können.

Steinrücken

Die Steinrücken rund um den Luchberg mit ihren Basaltblöcken, aber auch die meisten Steinrücken im Gneisgebiet zeichnen sich durch eine artenreiche Baumschicht aus, die in ihrer Zusammensetzung den Edellaubholzwäldern ähnelt. Wegen ausbleibender Nutzung der Gehölze wölben sich allerdings heute über vielen Steinrücken dichte Kronendächer und verdrängen die lichtbedürftigen Arten. Dazu zählen unter anderem auch Wild-Apfel und Seidelbast. Strauchförmige Steinrücken, wie sie früher wesentlich häufiger vorkamen, gibt es heute noch auf den Glashütter Erben, wo dicht geschlossene Schlehenbestände bisher den Aufwuchs von größeren Bäumen begrenzen konnten.

Botanisch bemerkenswert sind vor allem die Wiesenreste um Glashütte. Entsprechend der naturräumlichen Übergangsstellung des Glashütter Raumes handelt es sich um submontane Glatthaferwiesen, in denen auf kühlen Standorten bereits Bergwiesenarten wie Bärwurz oder Alantdistel stark vertreten sein können.

submontane Glatthaferwiesen

Besonders artenreich sind die südexponierten Hangwiesen. Auf nicht allzu stark geneigten Flächen bzw. am Mittelhang größerer Hangwiesen treten dabei neben dem namensgebenden Gras, dem Glatthafer, vor allem folgende Arten in Erscheinung: Rundblättrige Glockenblume, Rauhaariger Löwenzahn, Acker-Witwenblume, Margerite, Körnchen-Steinbrech, Gamander-Ehrenpreis, Knolliger Hahnenfuß und Acker-Hornkraut. Besonders im Mai ergeben sich dabei herrliche, farbenprächtige Blühaspekte, während ab Mitte Juni in trockenen Sommern die Vegetation bei ausbleibender Mahd schnell vergilben kann. An den Unterhängen sammeln sich die von den Flächen abgespülten Nährstoffe, meist behindern auch die angrenzenden Bäume die Sonneneinstrahlung und damit die Verdunstung. Hier sind die Wiesen weniger artenreich, konkurrenzkräftige Gräser und Stauden setzen sich durch, wie Fuchsschwanz, Knaulgras, Sauerampfer, Wiesen-Kerbel und Weiches Honiggras. Die Oberhänge hingegen bieten Lebensraum für „Hungerkünstler" und Wärmezeiger. Die Böden hier sind meist flachgründig,

farbenprächtige Blühaspekte

warme Luft aus dem Tal steigt hierher auf und staut sich unter dem Trauf der angrenzenden Gehölze. In den lückigen Rasen aus Rot- und Schaf-Schwingel wachsen Pechnelke, Feld-Thymian, Nickendes Leimkraut, Heide-Nelke, Zittergras, Kriechende Hauhechel, Gewöhnliches Kreuzblümchen und Kleines Habichtskraut. Die meisten solcher zu den Halbtrockenrasen überleitenden Magerwiesenbereiche sind aber bereits verschwunden, da in diesen lückigen Rasen auch Gehölze sehr schnell keimen und aufwachsen können.

Mager-wiesen

Große Bedeutung haben die Umgebung von Glashütte sowie der Luchberg als sächsischer Vorkommensschwerpunkt des Stattlichen Knabenkrautes sowie als letzte Refugien weiterer, heute sehr seltener Orchideenarten.

Orchideen

Die Wiesen um Glashütte weisen nicht nur eine große Vielfalt an Blütenpflanzen, sondern auch an Insekten und anderen Wirbellosen auf. Schwalbenschwänze legen ihre Eier an Bärwurz, Wilder Möhre und anderen Doldenblütlern ab, Aurorafalter besuchen Kreuzblütler wie das Wiesen-Schaumkraut, Trauermäntel und Admirale laben sich an den reifen Kirschen und Pflaumen der Streuobstwiesen. Bereits ab Mai ertönt auf den sonnigen Wiesenhängen das auffällige Zirpen der Feldgrillen, im Sommer geben dann sechs verschiedene, kleinere Heuschrecken ihr Konzert. Besonders markant hebt sich die Zwitscherschrecke ab, eine dem Großen Heupferd verwandte Art.

Insekten

Waldeidechsen, etwas seltener auch Zauneidechsen, sonnen sich auf alten Ameisenhügeln oder Steinhaufen, Blindschleichen sind ebenfalls recht häufig. Kreuzottern wurden früher als gefährliche Plage angesehen und erschlagen, wann immer man eine traf. Heute sind sie ganz und gar nicht mehr häufig, auch wenn hier und da (z. B. auf dem Ochsenkopf oder am Kohlsteig) immer mal wieder welche beobachtet werden. Mitunter wird auch eine der noch viel selteneren (und völlig ungefährlichen) Glattnattern für eine Kreuzotter gehalten.

Glashütte und seine Umgebung sind nicht sehr reich an geeigneten Laichgewässern für Amphibien. Im Großen Kohlbachtal, im Zechenaubachtal und im Trebnitzgrund kann man noch, wenn auch immer seltener, bei entsprechend feuchtem Wetter Feuersalamander beobachten.

Vogelwelt

Die Vogelwelt ist besonders reich in den dornstrauchreichen Verbuschungsstadien aufgelassener Wiesen (Dorngrasmücke, Neuntöter) und auf Streuobstwiesen mit alten, höhlenreichen Bäumen.

Fledermäuse

In den alten Bergbaustollen kommen verschiedene Fledermausarten vor, von denen einige auch ihre Wochenstuben unter den Dächern nicht mehr oder nur noch wenig genutzter Gebäude beziehen. Überregional bedeutend ist in diesem Zusammenhang das Vorkommen des europaweit geschützten Großen Mausohres auf zwei Dachböden in Glashütte. Einige von ihnen suchen im Winter die alten Bergbaustolln auf, deren Eingänge vom Bergbauverein fledermausgerecht gesichert sind. Weitere Gäste während der kalten Jahreszeit sind unter anderem Braune Langohren, Wasserfledermäuse und sogar die sehr seltene Kleine Hufeisennase.

Bemerkenswert ist auch das gehäufte Vorkommen von Siebenschläfern in alten Schuppen, Datschen etc. Die auffälligsten Spuren aller Wildtiere in Glashütte hinterlassen die in großer Zahl vorkommenden Wildschweine, die in der Landwirtschaft großen Schaden anrichten. Auch die Biotoppflege behindern sie, wenn sie wertvolle Wiesen umbrechen, aber ihre Bedeutung für die Verbreitung von Pflanzensamen und die Schaffung ökologischer Nischen darf dabei nicht vergessen werden. Im Winter 1997 haben Wildschweine den größten Orchideenstandort in Glashütte vollkommen umgewühlt, doch statt des befürchteten Bestandeseinbruches blühten im folgenden Frühjahr an dieser Stelle doppelt so viele Orchideen wie zuvor.

Wild-
schweine

Wanderziele

① Luchberg

Eine der auffälligsten Landmarken zwischen Müglitz und Weißeritz ist der Luchberg. Weniger als einhundert Meter überragt dessen 576 m hoher Gipfel die Umgebung, doch der Kontrast zwischen den seit mehreren Jahrzehnten strukturarmen Ackerfluren einerseits und der bewaldeten Basaltkuppe andererseits ist unübersehbar. Der Name des Berges legt es zwar nahe („lugen" = Ausschau halten), doch vom Gipfel hat man heute keine Aussicht mehr. Der sehr artenreiche Wald hüllt das kleine Plateau vollständig ein, nur der Gittermast des Fernsehumsetzers ragt darüber hinaus. Bei einer Rundwanderung am Fuße des Luchberges kann man sich allerdings nacheinander einen 360-Grad-Eindruck von der Landschaft des nordöstlichen Erzgebirges verschaffen.

Aber selbstverständlich lohnt sich eine Runde um den Luchberg nicht nur wegen der Aussicht. Besonders im Frühjahr erwartet den Wanderer eine interessante Wiesen-, Steinrücken- und Waldrandflora, die vom basischen Gestein bzw. den mit Kalzium, Magnesium und anderen Pflanzennährstoffen angereicherten Sickerwässern gefördert wird. Im April sind es vor allem Hohe Schlüsselblumen, Gebirgs-Hellerkraut, Dolden-Milchstern, Hohler Lerchensporn und Seidelbast, die auffallen. Im Mai kommen dann ganz viele Arten zur Blüte, als typische Beispiele seien genannt: Körnchen-Steinbrech, Knolliger Hahnenfuß, Margerite, Rundblättrige und Wiesen-Glockenblume, Acker-Hornkraut, Rauer Löwenzahn, Lungenkraut, Waldmeister, Wald-Erdbeere. Und natürlich das Stattliche Knabenkraut, dessen purpurnen Blütenstände hier besonders eindrucksvoll wirken und auch ohne Teleobjektiv zu fotografieren sind. Von der Vielzahl weiterer Orchideenarten, die einstmals am Luchberg zu Hause waren, gibt es heute nur noch das unscheinbar grün blühende Große Zweiblatt.

Wiesen-,
Steinrücken-
und Wald-
randflora

Knaben-
kraut

*Türken-
bund-Lilie*

Auch im Juni kommen noch einige sehr hübsche Pflanzenarten zur Blüte, unter anderem Kriechende Hauhechel, Heide-Nelke, Pech-Nelke, Nickendes Leimkraut, Wiesen-Flockenblume und – erst Mitte der 1990er Jahre entdeckt – Türkenbund-Lilie. Im Juli wird es dann Zeit zur Mahd der kleinen Wiesenbuchten. Durch die enge Verzahnung mit Feldgehölzen und Steinrücken ist dies immer ein ziemlich aufwendiges Unterfangen. Zwischen 1992 und 2002 haben dies Helfer der Grünen Liga gemacht, seither hat der Grundstückseigentümer die Flächenpflege in die eigene Verantwortung genommen.

*Waldbe-
stände des
Luchberges*

Die aus mindestens zehn verschiedenen Baumarten zusammengesetzten Waldbestände des Luchberges sind sehr strukturreich. Im basischen, blockreichen Boden finden viele verschiedene Waldpflanzen geeignete Keimungs- und Wachstumsbedingungen. Entsprechend artenreich ist die Bodenflora, wobei es sich überwiegend um Buchenwaldpflanzen handelt, denen der Halbschatten sowie der Basenreichtum ideale Wachstumsmöglichkeiten bieten: Wald-Flattergras, Benekens Waldtrespe, Waldmeister, Wald-Bingelkraut, Quirl-Weißwurz, Haselwurz, Nickendes und Einblütiges Perlgras, neben vielen weiteren Arten. Besonders im Sommer, wenn die meisten Blütenpflanzen ihre Hauptaktivität bereits beendet haben, fallen die großen Bestände des Gewöhnlichen Wurmfarnes auf.

Ganz und gar nicht standortgerecht hingegen sind Fichten am Luchberg. Sommerliche Trockenheit und nachfolgende Borkenkäferschwärme sind derzeit dabei, die beiden Nadelbaumbestände zu beseitigen. Reichlich Totholz und Reisighaufen entstehen dabei und bringen eine vorübergehende Bereicherung des Lebensraumangebotes für einige Tierarten mit sich.

*Abb.: Körn-
chen-Stein-
brech am
Luchberg*

Auch am Luchberg wurde versucht, den Basalt als Schottermaterial für Straßen- und Eisenbahnbau zu nutzen. Doch anders als am Wilisch oder am Geisingberg gab man den Steinbruchbetrieb ziemlich rasch wieder auf. Der Olivin-Augit-Tephrit, so die korrekte Bezeichnung des tertiären Vulkangesteins, erwies sich als typischer „Sonnenbrenner". Das schwarze Gestein ist keineswegs so homogen, wie es zunächst den Anschein hat, und sobald es aus dem Fels heraus gebrochen ist, setzt die Verwitterung an. Das brachte insbesondere Ende des 19. Jahrhunderts bei den Gleisanlagen der neu gebauten Eisenbahnen Probleme. Der Steinbruch ist heute weitgehend verwachsen. Auf dem Zugangsweg sollte man auf die unscheinbaren, im blütenlosen Zustand mit Breit-Wegerich zu verwechselnden Pflanzen des Großen Zweiblattes acht geben.

Prießnitztal und Sonnenleite

submontane Höhenlage

Im Gebiet von Glashütte ist das Band submontaner Höhenlage („Unteres Bergland") besonders schmal. Während vor allem die Südhänge des unteren Bereiches Vegetationsformen tragen, die für das wärmere und trockenere Hügelland typisch sind, zeigen das Prießnitztal nördlich von Johnsbach und die hier einmündenden Nebentäler bereits deutlich montanen Klimaeinfluss. Einige Hänge tragen beachtliche und strukturreiche Buchenbestände, teilweise noch mit Trauben-Eichen, überwiegend aber auch mit Fichten gemischt. Besonders schön ist der Südwesthang des Gleisenbächeltales, das von den Glashüttern „Kalter Grund" genannt wird. Die Talwiesen des unteren Teils des Kalten Grundes liegen zum großen Teil brach und verbuschen. Hier geben sich Wildschweine in großer Zahl ein Stelldichein, zum Ärger der Landwirte der umliegenden Ackergebiete, doch zur Freude der Naturfreunde, die hier selbst am hellerlichten Tag eine gute Chance haben, Schwarzwild zu beobachten.

Hochwasserdamm

Die Aue des Prießnitztales hat sich in den letzten Jahren sehr verändert. Zunächst fielen nach 1990 die Talwiesen brach. Teilweise wurden sie mit Fichten aufgeforstet, überwiegend setzte eine natürliche Entwicklung zu Erlenjungbeständen ein. Einige Teiche wurden saniert und Wanderwege instand gesetzt. Andererseits mussten 1998 beim massiven Ausbau der Prießnitztalstraße über hundert Straßenbäume und zwei Felsvorsprünge weichen. Dann kam 2002 das Hochwasser, das nicht nur die Teiche und Wanderwege, sondern auch den alten Hochwasserdamm beim Glashütter Bad mit sich riss. Der Bruch dieses eigentlich zum Schutz der Uhrenstadt angelegten Rückhaltebeckens zog schlimme Verwüstungen nach sich. Das Ereignis sollte als Mahnung dienen, wie trügerisch die Sicherheit technischer Hochwasserschutzmaßnahmen sein können, vor allem, wenn sie schlecht gewartet werden!

Südhang der Sonnenleite

Oberhalb der letzten Glashütter Häuser im Prießnitztal (früher wegen der vielen Kinder „Krachwitz" genannt) beginnt der Südhang der Sonnenleite. Bis Ende der 1990er Jahre hat ein privater Schafhalter diese Flächen noch in traditioneller Weise zur Heumahd genutzt und damit die Artenvielfalt erhalten. Nachdem er altersbedingt die Schafhaltung aufgeben musste, übernahm die Grüne Liga Osterzgebirge die Flächenpflege, einschließlich extrem aufwändiger Erstpflege lange brachgefallener Bereiche. Noch um das Jahr 2000 schien es völlig aussichtslos, dass sich in absehbarer Zeit einmal wieder jemand aus landwirtschaftlichen Gründen für solche Splitterflächen interessieren könnte. Doch dann hat ein Landwirt die „Krachwitzwiesen" gekauft. Durch veränderte Agrarförderung (EU-Gelder für Flächen anstatt für Produkte) ist überall die Nachfrage nach Land enorm gestiegen.

Eichenwald

Den größten Teil der Sonnenleite nimmt ein abwechslungsreicher Eichenwald ein. In manchen Abschnitten sind die Traubeneichen mit anderen Laubbäumen (Spitz- und Berg-Ahorn, Kirsche, Rot-Buche) gemischt, überwiegend handelt es sich aber um ziemlich lichte Eichenreinbestände, an nährstoffkräftigeren Standorten mit einer Strauchschicht von Hasel und

Holunder. Felsen und Blöcke sowie reichlich Totholz sorgen für viele ökologisch wertvolle Kleinstrukturen.

Hangwiese unterhalb des Sonnenleitenweges

Die große Hangwiese unterhalb des Sonnenleitenweges mäht seit 1998 alljährlich die Grüne Liga Osterzgebirge mit freiwilligen Helfern. Das duftende Heu besteht überwiegend aus Rot-Schwingel und Glatthafer, außerdem Ruchgras, Weichem Honiggras und Flaumhafer. Für die bunte Blütenfülle der Sonnenleitenwiese sorgen vorher Moschus-Malve, Pechnelke, Nickendes Leimkraut, Schafgarbe und viele weitere Pflanzen. Besonders magere, kurzrasige Bereiche werden von Zittergras, Kleinem Habichtskraut, einer überwiegend rosafarbenen Varietät des Kreuzblümchens und von Feld-Thymian geprägt. Der extrem steile Unterhang ist mit alten Obstbäumen bestanden und beherbergt sehr viel Wald-Erdbeere. Am beschatteten Südostrand der Waldwiese deuten Perücken-Flockenblume und Alantdistel den Übergangscharakter des Gebietes zur montanen Stufe des Ost-Erzgebirges an. Früher gab es auf dieser Fläche eine größere Population des Stattlichen Knabenkrautes. Ihr Verschwinden ist zum einen sicherlich auf die lange Brachephase des Standortes zurückzuführen. Die winzigen Samen konnten aufgrund des sich ansammelnden Streufilzes keinen offenen Boden mehr zum Keimen finden. Zum anderen ist der Rückzug des Stattlichen Knabenkrautes von dieser und anderen Wiesen aber auch auf die zunehmende Bodenversauerung zurückzuführen, der mit gelegentlicher Kalkung entgegengewirkt werden soll.

 ③ **Bremhang – Kalkhöhe – Hirtenwiesen**

Quarzporphyrgang

Ausblick

Auf der Kalkhöhe erreicht der Quarzporphyrgang des Sayda-Berggießhübler Gangschwarmes 500 m Höhe, danach fällt das Ost-Erzgebirge zum Elbtal im Nordosten hin ab. Deshalb ist der Ausblick vom nordöstlichen Waldrand der Kalkhöhe sehr interessant. Man erkennt die Gneisscholle mit Cunnersdorf und dem Quellgebiet des Zechenaubaches im Vordergrund. Mitten auf dem Feld steht ein einzelner Baum, bei dem es sich um einen der prächtigsten Wildäpfel des Ost-Erzgebirges handelt. Hinter dem Taleinschnitt der Müglitz, der Schlottwitzer Talweitung, ragt der Lederberg auf. Im Norden wird das Gebiet begrenzt durch die Wendischcarsdorfer Verwerfung, von der man links noch den Ostausläufer des Wilischs erkennt, in den sich die Lockwitz ihr enges Durchbruchstal gegraben hat. Rechts anschließend setzt sich der Höhenrücken zum Lerchenhügel (mit den Windkraftanlagen) hin fort, wo dann die geologische Störung ausläuft. Eine weitere, räumlich aber begrenzte Verwerfung stellt der Finckenfang bei Maxen dar, dessen weiß getünchter Gebäudekomplex links hinter dem Lerchenhügel aufragt, entgegen dem Anschein aber rund 20 m niedriger ist. Rechts neben dem Lederberg kann man bei guter Sicht bis ins Elbsandsteingebirge schauen, zu dem auch der Hohe Schneeberg (Sněžník) zählt. Ganz rechts sieht man wieder den Sattelberg (Spičák).

Birken-Traubeneichenwald

Der Waldbestand der Kalkhöhe trägt einen von Natur aus sehr armen Birken-Traubeneichenwald mit Draht-Schmiele und Heidelbeere in der Bodenflora. Von dem einst hier vorgekommenen Wacholder ist nichts mehr zu finden. Schon in den 1920er Jahren bedauerte Arno Naumann, dass die Bestände nicht mehr so schön seien wie die am Lederberg (wo heute auch nur noch kümmerliche Reste wachsen) – bei einem Choleraausbruch im 19. Jahrhundert hätten die Glashütter die Büsche ihrer desinfizierenden Wirkung wegen arg dezimiert.

Bremfelder

Sehr bemerkenswert ist der Ostrand der Bremfelder, wo unterhalb einer alten Bergbauhalde viele basenliebende Arten wachsen und auf einen höheren Kalkgehalt des aus einigen dutzend Metern Tiefe ans Tageslicht geholten Gesteins hindeuten: Kleiner Wiesenknopf, Rauhaarige Gänsekresse, Schwalbenwurz, Stattliches Knabenkraut und Rapünzchen.

Bremhang

Im Südwesten grenzt der Bremhang an die Bremfelder. Auch hier finden sich mehrere große Bergbauhalden und Einsturztrichter. Verschüttet ist unter anderem das Mundloch des Hohe-Birke-Stollns, in den auch Theodor Körner auf einer Studienreise 1809 eingefahren war. Unweit davon befindet sich einer der schönsten und interessantesten Biotopkomplexe der Gegend, mit blütenreichen Magerwiesen, Schlehengebüsch, alten Obstbäumen und großen Steinhalden. Auf besonnten, aber brachliegenden Wiesenstücken dominieren Glatthafer, Rainfarn, Brombeere und Wiesen-Labkraut. Aber es kommen auch noch Heidenelke, Thymian, Kleine Pimpinelle und Färber-Ginster vor. Schlehen und andere Sträucher machen sich breit und verdrängen die Blütenfülle. Deshalb hat die Grüne Liga seit 1999 auch hier wieder einen südexponierten Wiesenhang in Pflege genommen.

Orchidee

Zwischen zwei immens großen Bergbauhalden („Oberer Sankt Jacob Stolln") verbirgt sich das größte sächsische Vorkommen des Stattlichen Knabenkrautes – eine einstmals im Ost-Erzgebirge gar nicht so seltene Orchidee. Über eintausend Exemplare drängen sich mitunter hier am Bremhang auf engstem Raum – ein unvergleichliches Naturerlebnis, wenn sich im Mai die purpurnen Blütenstände über das frische Grün erheben! Leider ist diese besondere Zierde der heimischen Flora auch hier nicht ungefährdet. Ahnungslose Anlieger holzen die umstehenden, für das Biotop sehr wichtigen Eschen ab und stapeln das Reisig inmitten des Orchideenbestandes; auf einem anderen Nachbargrundstück werden die Knabenkräuter zur Blütezeit von Ziegen abfressen. Umso wichtiger, dass der Förderverein für die Natur des Osterzgebirges den Hauptteil des Vorkommens alljährlich pflegt. Freunde der heimischen Orchideenwelt sollten diesen außerordentlich

keinesfalls betreten!

wertvollen Flecken Natur nur vom Wegesrand bewundern und keinesfalls betreten! Bevor eine Knabenkrautpflanze zum Blühen kommt, verbringt sie erst eine mehrjährige Jugendzeit mit wenigen Grundblättern. Diese Jungpflanzen können leicht zerdrückt und zertreten werden.

Hirtenwiesen

Hinter der Glashütter Schule führt ein schmaler Weg an Kleingärten vorbei ins Gebiet der Hirtenwiesen, einst Zentrum des Glashütter Silberbergbaus. Seit den 1990er Jahren arbeitet ein Bergbauverein mit viel Elan daran, die

historische Bergbaulandschaft wieder auferstehen zu lassen. Mehrere Stollneingänge wurden freigelegt, Teiche gegraben und ein Lehrpfad angelegt. Was bislang hier geschaffen wurde, ist wirklich sehenswert. Auch für Amphibien und Fledermäuse, die in den Stolln ihre Winterruhe verbringen, hat sich die Arbeit gelohnt. Dennoch: die alte Bergbaulandschaft sah eigentlich ganz anders aus, nämlich weitgehend waldfrei. Anfang des 20. Jahrhun-

Abb.: Berg-
bauverein
in den Glas-
hütter Hir-
tenwiesen

derts wurden die Hirtenwiesen mit den Fichten aufgeforstet, die heute die gemauerten Stollneingänge, die neu angelegten Pfade und Teiche in Schatten hüllen (in den letzten trockenen Sommern aber idealen Lebensraum für Borkenkäfer boten). Nur wenig ist vom einstigen Artenreichtum der Hirtenwiesen übrig geblieben, über die 1923 der Dresdner Botaniker Arno Naumann aufgrund ihrer Orchideenvorkommen schwärmte: Händelwurz, Kleines Knabenkraut und Holunder-Kuckucksblume soll es damals hier gegeben haben.

Nicht weit entfernt, aber 70 m höher, steht ein gern von Wanderern und Spaziergängern aufgesuchtes Naturdenkmal: die „Cunnersdorfer Linde". An dieser Stelle, auch „Ruhe" genannt, befand sich einst ein Bergbau-Huthaus, direkt an der damaligen Hauptzufahrt ins 150 m tiefer gelegene Glashütte. Unabhängig vom Bergmannsglück dürfte die Stelle gute Einnahmen garantiert haben: Jedes Pferdefuhrwerk, das sich auf der „Kleinen Straße" herauf gequält hatte, brauchte hier Rast – und der Kutscher vermutlich erstmal ein Bier.

Von der Cunnersdorfer Linde hat man einen hervorragenden Blick nach Süden, der dem vom Fuße des Luchberges ähnelt.

Ein Stück abwärts der Kleinen Straße kommt man rechter Hand an einer großen Wiese vorbei, von den Glashüttern „die Alm" genannt. Den vorderen (südöstlichen) Teil hatte die mittlerweile verstorbene Besitzerin des angrenzenden Grundstücks bis Mitte der 1990er Jahre immer noch als Heu und Grünfutter für ihre Kaninchen gemäht, die übrigen Dreiviertel der Wiese fielen aber nach

Abb.: Cun-
nersdorfer
Linde

und nach brach, im hinteren Teil hatte schon eine sehr dynamische Verbuschung eingesetzt. 1997 übernahm die Grüne Liga Osterzgebirge die Pflege. Aufwendige Entbuschung und zehn Jahre mühevolle, auf die seltenen Pflanzen abgestimmte Mahd haben Erfolg gebracht: die „Alm" präsentiert sich im Mai/Juni in herrlicher Blütenpracht. Es ist zu hoffen, dass auch die neuen Besitzer der Fläche diese Arbeit fortführen. Zu den auffälligen Pflanzenarten der „Alm" gehören u. a.: Skabiosen-Flockenblume, Färber-Ginster, Pechnelke, Knolliger Hahnenfuß und Schaf-Schwingel. Im vorderen, seit Jahrzehnten gemähten Bereich kommt neben 35 weiteren Arten auch der Kleine Klappertopf vor, die letzte größere Population der Umgebung. Als

Heumahd gewähr- leisten

einjährige Pflanze ist diese Art ganz besonders darauf angewiesen, dass die im Frühsommer reifen Samen geeignete Keimbedingungen finden. Das kann nur die sommerliche Heumahd gewährleisten.

Trocken- mauern

Die steilen Hänge rings um Glashütte werden heute überwiegend als Gärten genutzt. Unzählige kleinere und größere Trockenmauern wurden aufgeschichtet – sehr wertvolle Biotope, die Lebensraum bieten für Flechten, Moose, Farne (unter anderem die Mauerraute, auch an der Mauer am Beginn der Kleinen Straße), Insekten, Spinnen, Reptilien und Kleinsäuger.

Orchideenschwund im Müglitztal

Früher waren die Wiesen um Glashütte berühmt für ihren Orchideenreichtum. Das gilt in gewissem Maße auch heute noch, aber die Verluste der letzten Jahrzehnte sind doch erschreckend. Großer Händelwurz ist völlig verschwunden, jeweils nur noch kleine Restbestände bestehen von Breitblättriger Kuckucksblume, Weißer Waldhyazinthe, Großem Zweiblatt. Die Holunder-Kuckucksblume hat auf einer einsamen Waldwiese ihr letztes sächsisches Vorkommen. Ebenfalls die allerletzten ihrer Art in Sachsen sind – oder waren bis vor kurzem – Kleines und Brand-Knabenkraut bei Schlottwitz. Trotz sehr aufwendiger Pflege der Wiese konnten sich die bis auf wenige Exemplare zusammengebrochenen Bestände nicht wieder erholen. Mahd ist hier offensichtlich zwar eine notwendige, aber nicht die einzige Voraussetzung, um die ehemalige Artenvielfalt der Erzgebirgswiesen zu erhalten. Bodenversauerung, Stickstoffeinträge aus

Waldhyazinthenblüte

der Luft, fehlender Strukturreichtum infolge ausbleibender Schaf- oder Ziegenweide und möglicherweise noch viele weitere Faktoren können **Veränderungen in den Ökosystemen** ober- und unterhalb der Erdoberfläche hervorrufen, die nicht so einfach von Naturschutzkräften zu reparieren sind.

Fast alle einheimischen Orchideenarten leben in Symbiose mit bestimmten Wurzelpilzen **(Mykorrhiza)**. Die Pilze entnehmen zwar den Pflanzenwurzeln Nährstoffe, helfen ihrem Wirt mit ihrem ausgedehnten Pilzgeflecht (Mycel) aber andererseits, die Bodenminerale nutzbar zu machen. Viele Pflanzen haben solche Partner, doch die meisten Orchideen können ohne sie nicht leben. Daher ist das – ohnehin verbotene – Ausgraben und Umsetzen auf das eigene Grundstück nur selten erfolgreich. Schrebergärten sind meistens kein Lebensraum für die Mykorrhizapilze der Orchideen. Noch schwieriger ist es, Orchideensamen zum Keimen zu bringen. Da geht ohne Mykorrhiza gar nichts. Wenig ist über diese kaum erkennbaren Untergrundbewohner bekannt, aber eines weiß man: sie mögen keinen Sauerstoffmangel (also keine Bodenverdichtung durch schwere Rinder) und keinen sauren Regen.

Ebenfalls kaum bekannt ist, was in sehr kleinen Pflanzenbeständen auf genetischer Ebene geschieht. Beispiel Holunder-Kuckucksblume: Diese ausnehmend schöne Pflanze vermag rote und gelbe Blütenstände hervorzubringen. Am Glashütter Standort kamen Ende der 1970er Jahre etwa 30 Exemplare zur Blüte, ungefähr gleich viele rote wie

gelbe. Wegen mangelnder Pflege war davon Ende der 1980er Jahre nicht mehr viel übrig, nur noch zwei Holunder-Kuckucksblumen gelang es, den Grasfilz zu durchdringen – beide blühten gelb. Dank der seither erfolgten, ziemlich aufwendigen Pflege (Grüne Liga + Fachgruppe Ornithologie) hat sich der Bestand erfreulicherweise wieder etwas erholen können. Jedoch: die 15 bis 20 Pflanzen, die sich nun jedes Jahr zeigen, sind alle gelb. So wie die genetische Information „Blütenfarbe Rot" verloren gehen kann, bleiben vielleicht auch überlebenswichtige Eigenschaften auf der Strecke. **„Flaschenhals-Effekt"** nennen dies die Genetiker, wenn eine Population mitsamt ihres Genbestandes unter eine kritische Größe absinkt und sich bestimmte Erbdaten nicht weitervererben können.

Stattliches Knabenkraut

Etwas hoffnungsvoller steht es um das Stattliche Knabenkraut, das der bekannte Botaniker Arno Naumann in den 1920er Jahren zur **„Charakterorchis des östlichen Erzgebirges"** erklärt hatte. Auch da gab es bis in die jüngste Vergangenheit dramatische Verluste. Früher konnte man diese sehr schöne Pflanze auf vielen Wiesen finden. Abgesehen vom Geisingberggebiet und drei oder vier weiteren Standorten im Müglitztal sind diese Wiesenvorkommen komplett verschwunden. Seinen mit Abstand größten sächsischen Bestand hat die „Manns-Orchis", wie die Art früher genannt wurde, am Glashütter Bremhang, wo ca. eintausend Exemplare auf wenigen Quadratmetern im Mai einen purpurroten Teppich zaubern. Außerdem kann man sie am Fuße des Luchberges bewundern. Aber auch hier hat sie sich aus den Wiesen zurückgezogen. Das Stattliche Knabenkraut steht jetzt meist unter lichten Vorwäldern aus Eschen, in Glashütte vor allem am Rande alter Bergbauhalden. Mit ziemlicher Sicherheit ist dies eine Folge der zunehmenden **Bodenversauerung**. Bis vor fünfzig Jahren wurden die meisten Wiesen noch mehr oder weniger regelmäßig gekalkt – heute unterliegen sie hingegen der Berieselung mit saurem Regen. Die Glashütter Bergbauhalden können dies etwas ausgleichen, denn das von den Bergleuten zutage geförderte und abgelagerte taube Gangmaterial ist kalzium- und magnesiumreich. (In den Stolln selbst gibt es Kalksinterablagerungen, die auch schon von Theodor Körner gesammelt wurden, der 1809 das Glashütter Bergrevier besuchte.)

Eschen wiederum haben von allen heimischen Baumarten das größte Vermögen, Erdalkalien aus größeren Tiefen über ihre Wurzeln aufzunehmen und in ihre Blätter einzulagern, die dann im Herbst schnell zersetzt werden und ihre Nährelemente in den Oberboden freigeben.

Trotz aufwendiger Pflege: die Situation der meisten einheimischen Orchideenarten ist ernst! Gerade bei kleinen Populationen kann der unachtsame Tritt eines Pflanzenfotografen verheerende Konsequenzen haben. Bevor eine Orchidee blühen kann, braucht sie mehrere Jahre zum Erwachsenwerden. Die mehr oder weniger unscheinbaren Blättchen können leicht übersehen und zerstört werden.

Deshalb stehen die Standorte der Raritäten nicht in diesem Naturführer. Aber auch die größeren, scheinbar noch intakten Bestände sind sehr fragil. Daher hier der erhobene Zeigefinger und die dringende Ermahnung: **Bitte auf den Wegen bleiben und die Orchideenvorkommen keinesfalls betreten – und mögen die Fotomotive noch so reizvoll sein!**

 **Bastei, Pilz und Teufelskanzel**

Wo die Kleine Straße ("Cunnersdorfer Weg"), von der Glashütter Postagentur kommend, ihre erste scharfe Linkskurve macht, zweigt links ein schmaler Pfad ab. Dieser führt zunächst an einer kleinen, südexponierten Hangwiese vorbei. Diese ist das letzte Stück eines ehemals größeren Wiesenkomplexes – der Glashütter "Scheibe", die überwiegend in Gartenland verwandelt wurde. Obwohl die Pflege dieser Wiesenecke alles andere als optimal ist, finden sich hier noch viele typische Arten der Magerwiesen (u.a. Heidenelke, Kriechende Hauhechel, Knolliger Hahnenfuß, Kleines Habichtskraut). Am Wegrand leuchten bereits im zeitigen Frühjahr die gelben Blüten des Frühlings-Fingerkrautes.

In dem Eichenhangwald rechts des Pfades, der zu einem steilen Felsabsturz überleitet, wachsen wärmeliebende Pflanzen wie Nickendes Leimkraut und Pfirsischblättrige Glockenblume. Auch der weitere Weg führt durch abwechslungsreichen Traubeneichenwald, in den, je nach Bodenfeuchte, einzelne Birken, Buchen, Linden, Fichten und Kiefern eingestreut sind. Felskuppen und Trockenmauerreste sorgen für Strukturreichtum, doch die Bodenflora ist relativ artenarm. Es dominieren Drahtschmiele und Heidelbeere, etwas feuchtere Stellen besiedelt das Wald-Reitgras. In Mulden ziehen sich die Edellaubholzwälder des Hangfußes bis weit den Hang hinauf. Hier dominieren Eschen, Spitz-Ahorn und Linden, etwas Berg-Ahorn und Kirschen sowie wenige Berg-Ulmen sind beigemischt.

Traubeneichenwald

Aussichtspunkt "Bastei"

Aus dem Hang ragen mehrere Felsvorsprünge, unter anderem der Aussichtspunkt "Bastei". Von hier aus kann man sehr deutlich sehen, in welchem Ausmaß in der Glashütter Müglitzaue nach dem Hochwasser 2002 die Bodenversiegelung fortgesetzt und der Fluss erneut eingezwängt wurde.

"Pilz"

Eine weitere, noch bessere Aussicht bietet der "Pilz", ein steiler Gneisfelsen, durch den unten ein 300 m langer Tunnel der Müglitztalbahn hindurchführt. Auf der kargen Kuppe des "Pilzes" fällt der krüpplige Wuchs der Eichen und Kiefern auf, die hier kaum noch 7 oder 8 m Höhe erreichen.

"Teufelskanzel"

Über eine große Wiese (auf der seltsamerweise anderthalb Meter hoher Glatthafer dominiert – obgleich die Fläche auch beweidet wird, was Glatthafer eigentlich nicht mag) führt ein wenig begangener Pfad zur "Teufelskanzel" – einem der schönsten und beeindruckendsten Aussichtspunkte überm Müglitztal. Unten hat sich die Müglitz in einer Schlaufe ihren Weg um einen Felssporn gesucht, auf dem einst das "Schloss" des Raubritters Wittig gestanden haben soll, der aber im Zuge des Straßen- und Eisenbahnbaus fast vollkommen abgetragen wurde. Die Müglitzschlaufe hat im Verlaufe von Jahrmillionen einen hohen und sehr steilen Prallhang geschaffen, der auf ganzen 200 Metern Luftlinie um 135 Höhenmeter abfällt. Krüpplige Eichen, Birken und Kiefern wachsen auf den flachgründigen, felsdurchsetzten Kuppen, auch einzelne Wacholder haben sich gehalten.

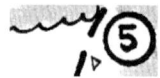

⑤ Hahneberg

Die Müglitz, die in ihrem Oberlauf meist in Südost-Nordwest-Richtung fließt, ändert nördlich der Schüllermühle (zwischen Bärenhecke und Glashütte) plötzlich ihre Laufrichtung und wendet sich in einer großen Schlaufe nach Osten bis Nordosten. Dabei nähert sie sich der ebenfalls südwest-nordöstlich fließenden Prießnitz schon bis auf 350 m Luftlinie, entfernt sich dann aber noch einmal bis zur Mündung ihres Nebenbaches beim Bahnhof Glashütte. Die Erosionskraft des Wassers, die bei den mehr oder weniger periodisch auftretenden Hochwasserereignissen große Ausmaße annehmen kann, hat im Bereich der großen Schlaufe im Nordwesten einen enormen *Prallhang* geschaffen, der auf rund 200 m Entfernung um 140 Höhenmeter bis zum Hahneberg aufragt und von Gneisfelsen durchsetzt ist. Auf dem steilen Eselsweg lässt sich die Veränderung der *Waldvegetation* in Abhängigkeit von Hangrichtung und Hangneigung beobachten:

Prallhang

Waldvegetation

An der Müglitz ist noch galerieartig ein Erlen-Bauchauerest vorhanden. Am Hangfuß mit seiner mächtigen Lehmauflage, in der eine nährstoff- und basenreiche Braunerde entwickelt ist, wächst ein artenreicher Edellaubholzwald, von Eschen dominiert, aber auch mit Buchen und Trauben-Eichen. In Hangmulden ziehen sich diese edellaubholzreichen Bestände auch am Hang hoch, feuchte Geröllhalden werden hier vor allem von Linden besiedelt, deren besonders flexible Wurzeln sich den ständig verändernden Bodenverhältnissen solcher Standorte gut anpassen. Die felsdurchsetzten Rücken hingegen sind vorrangig von den anspruchsloseren Eichen bewachsen. Hier ist der Boden viel flachgründiger, die Bodenentwicklung kommt über Ranker-Rohböden nicht hinaus, da sie immer wieder durch Erosion gestört wird. Die Felskuppen tragen nur noch einen lichten krüppeligen Wald aus Eichen, Birken und einigen Kiefern, durch die man zumindest im Winter einen schönen Ausblick auf den Müglitzmäander genießen kann. Im Gegensatz zum laubholzbestandenen Südosthang ist der Nordwestabfall zur Prießnitz mit Fichten aufgeforstet worden. Dieses Muster kann man an vielen Stellen im unteren Ost-Erzgebirge beobachten: naturnahe Waldbestände sind vor allem dort erhalten geblieben, wo es aufgrund der starken Sonneneinstrahlung (und damit der höheren Verdunstung) für die über fast 200 Jahre von der Forstwirtschaft favorisierten Fichten zu trocken ist.

Nordöstlich dieses Sattels entfernen sich Müglitz- und Prießnitztal noch einmal voneinander und umschließen ein vorwiegend ackerbaulich genutztes Plateau, von den Glashüttern „de Erm" (die Erben) genannt. Bemerkenswert sind hier vor allem die teilweise sehr breiten Steinrücken. Die Steinwälle sind zwar zu einem großen Teil schon mit Gräsern und Stauden überwachsen, was ihren Wert als Habitat für Kreuzottern, Eidechsen, Wiesel und andere Tiere mindert, doch wachsen zwischen den Kirschen, Eschen und anderen Bäumen auch noch sehr viele Dornsträucher, vor allem Schlehen, in denen Goldammern, Dorngrasmücken und Neuntöter ihre Nester bauen können.

die Erben

Steinrücken

 **Kleines Kohlbachtal und Schützenhöhe**

Das Kleine Kohlbachtal hat in den letzten 50 Jahren seinen Charakter vollkommen verändert. Früher war es ein weitgehend offenes Wiesental, heute wird es überwiegend von Sukzessionswäldern aus Ahorn und Aspen oder von Pappelaufforstungen eingenommen. Die noch vorhandenen Wiesen und Streuobstbereiche verbuschen und verfilzen zusehends. Aber auch diese

Abb.: Blick ins Kleine Kohlbachtal Anfang des 20. Jahrhunderts

„Wildnis" hat ihren Reiz für den Naturfreund, wohl kaum irgendwo sonst kann man im Frühjahr einem so vielstimmigen Vogelkonzert lauschen.

Grünland-flächen auf der Schützenhöhe

Die Grünlandflächen auf der Schützenhöhe wurden zu DDR-Zeiten meistens erst als letztes beweidet, so dass sich hier Bestände von Stattlichem Knabenkraut und Großem Zweiblatt halten konnten. Durch ausbleibende Nutzung nach 1990 und damit einhergehende Verfilzung verschwanden beide Pflanzen fast vollständig, woran auch die Mahd der Flächen durch Grüne Liga oder Landschaftspflegeverband seit fast zehn Jahren nicht viel ändern konnte. Die Nordseite der Schützenhöhe wird von eichendominierten, struktur- und blockreichen Mischwäldern eingenommen.

Quellmulde des Kleinen Kohlbaches

Die Quellmulde des Kleinen Kohlbaches ist durch intensive Beweidung und Melioration botanisch verarmt. Interessant sind die Steinrücken, die sich vom Müglitztal bis Dittersdorf über zwei Kilometer Länge erstrecken, unterbrochen durch die Täler von Kleinem und Großem Kohlbach.

 Großes Kohlbachtal

Am östlichen Ortsausgang von Glashütte mündet, von Süden kommend, der Große Kohlbach in die Müglitz. In seinem Unterlauf fließt er mit erheblichem Gefälle (10 m auf 100 m) durch ein enges, bewaldetes Tal mit bemer-

struktur-reiche Edellaub-holzwälder

kenswertem botanischen Artenreichtum. In den strukturreichen Edellaubholzwäldern gedeiht ein Massenvorkommen von Mondviolen mit mehreren tausend Exemplaren, außerdem viele weitere Frühlingsblüher (Hohler Lerchensporn, Lungenkraut). Zwischen den bemoosten Blöcken des Bachlaufes kann man bei feuchtem Wetter gelegentlich auch Feuersalamander beobachten.

Die einst sehr artenreichen Auewiesen des Kohlbachtales wurden in den 1970er und 80er Jahren stark überweidet und haben so ihre Artenvielfalt weitgehend eingebüßt. Das betrifft unter anderem einen früheren Standort des Stattlichen Knabenkrautes, von dem nur noch ein bis zwei Restexemplare im Schutze des Waldrandes überlebt haben. Heute werden viele Bereiche der Bachaue gar nicht mehr beweidet und haben sich zu brennnesselreichen Staudenfluren entwickelt. Dafür sind die ziemlich steilen

Hangweiden Hangweiden beiderseits des Mittellaufes des Großen Kohlbaches noch sehr interessant. Auf den flachgründigen Böden hat der Pflanzenbestand die einst auch hier sehr intensive Viehhaltung ganz gut überstanden. Neben dem dominierenden Rot-Schwingel wachsen auf dem nordostexponierten Hang unter anderem die Bergwiesenarten Weicher Pippau, Goldhafer, Bärwurz und Kanten-Hartheu, am unteren (feuchteren und beschatteten) Waldrand auch Alantdistel. Am oberen Waldrand fällt im Frühjahr ein größerer Bestand an Dolden-Milchstern auf. Der westexponierte, von einer schönen Steinrücke durchzogene Hang auf der anderen Talseite weist hingegen Magerwiesenflora mit Körnchen-Steinbrech, Kleinem Habichtskraut, Heidenelke und vielen anderen Arten auf.

Quellgebiet Einstmals lockte das Quellgebiet des Großen Kohlbaches Botaniker aus der weiteren Umgebung an – ausgedehnte Quellsümpfe und Feuchtwiesen müssen eine unvorstellbare Fülle an Pflanzenarten beheimatet haben. Ab

Melioration den 1960er Jahren hat die Melioration hier gründlich zugeschlagen, von der damaligen Fülle ist heute nichts, aber auch gar nichts mehr übrig.

Abb.: Wie der Kopf eines Ochsen soll der als Erosionsrest zwischen Müglitz und
Ochsenkopf Kohlbach verbliebene Höhenrücken früher ausgesehen haben, als er noch

nicht mit Häusern bebaut und von gehölzreichen Gärten bedeckt war. Auf dem Ochsenkopf befindet sich unter anderem die 1910 als Justierungsstelle für die Glashütter Uhrenmanufakturen gebaute Sternwarte. Nach längerem Verfall bezog 2005/06 eine Uhrenfirma den Gebäudekomplex und erneuerte die vorher über Jahrzehnte von Verfall gezeichnete Sternwarte. Nun sind hier auch wieder Himmelsbeobachtungen möglich.

Gegenüber der Sternwarte steht eine sehr
Wildbirne alte Wildbirne. Wahrscheinlich ist es keine ganz echte Wildbirne (davon soll es in Sachsen nur noch ganz wenige Exemplare an der Elbe geben), dennoch sollte der alte Baum unbedingt erhalten und geschützt werden.

Im Norden des Ochsenkopfes führt ein Wanderweg vom Fernseh-Umsetzer zum Kindergarten durch einen Traubeneichenwald mit vielen Felsblöcken. An einer Stelle liegen diese Blöcke so übereinander, dass ein kleines, natür-
Felsentor liches Felsentor entstanden ist, durch welches der Weg führt.

Rückenhain, Wachtsteinrücke, Neudörfel

Wie alle alten Straßen, zog sich auch der Verbindungsweg vom Elbtal nach Lauenstein (und von dort aus weiter zum Geiers-Pass nach Böhmen) über die Höhenrücken. Doch an einer Stelle ließ sich die schwierige – und gefährliche – Durchquerung des Müglitztales nicht vermeiden, und so mussten die Pferdefuhrwerke von der Eisenhütte bei Oberschlottwitz aus durch den „Hüttenbusch" steil bergauf, bevor sie die Dittersdorfer Hochfläche erreichten. Da aber nicht nur friedliche Händler unterwegs waren, hatten die

Böhmischer Steig

Herren der Lauensteiner Burg ein Interesse daran, den „Böhmischen Steig" unter Kontrolle zu halten, sobald er ihre Grundherrschaft erreichte. Als im 15./16. Jahrhundert die kleinen Weiler Neudörfel und Rückenhain entstanden, erhielten deren neue Bewohner die Pflicht auferlegt, die Annäherung Verdächtiger in Lauenstein zu melden. Wahrscheinlich von dieser Zeit her trägt die Neudörfler Höhe den Namen „Wachtberge" und ein besonders großer Lesesteinwall zwischen Rückenhain und Dittersdorf die Bezeichnung „Wachtsteinrücke".

Blick von Neudörfel auf die Schlottwitzer Müglitztalweitung

Der Blick von Neudörfel auf die Schlottwitzer Müglitztalweitung mit dem steilen Hang des Lederberges lohnt jederzeit einen Ausflug. Weitere sehr schöne Blickbeziehungen bieten sich von Rückenhain über das Müglitztal und vom Böhmischen Steig zum Trebnitzgrund.

Steinrücken

Die für ein Gneisgebiet beachtliche Dichte und Größe von Steinrücken erhöhen zusätzlich den Reiz einer Wanderung auf dem Riedel zwischen Müglitz und Trebnitz. Viele Steinrücken sind auch ziemlich breit und hoch, so dass trotz lange zurückliegender letzter Gehölznutzung und entsprechend hoch gewachsenen Bäumen auch noch Sträucher und Kräuter Platz finden. Die vorherrschenden Bäume sind Berg- und Spitz-Ahorn, Esche, Vogel-Kirsche, Aspe und Trauben-Eiche. Nicht selten findet man auch Wild-Äpfel und -Birnen, wobei es sich aber bei ersteren meistens, bei letzteren immer um Hybriden – also Kreuzungen mit Kulturobst – handeln dürfte. An Sträuchern sind Hasel, Schwarzer Holunder, Schlehe sowie verschiedene Weißdorne und Heckenrosen häufig. In der Bodenvegetation wachsen sowohl Waldarten (Draht-Schmiele, Hain-Rispengras, Gewöhnlicher Wurmfarn), als auch Pflanzen magerer Wiesen (Kleines Habichtskraut, Kleine Pimpinelle, Rundblättrige Glockenblume). So genannte Störungszeiger (Quecke, Brombeere, Brennnessel, Kleines Springkraut, Rainfarn, Himbeere) resultieren aus Mitbeweidung durch Rinder, Düngemittel- und Pestizideinträgen und illegalen Müllablagerungen, die wohl noch immer vorkommen. Steinrücken stehen generell als „Besonders Geschützte Biotope" unter Naturschutz. Gerade im unteren Bergland sind in den letzten Jahrzehnten viele Steinrücken, Hecken und ähnliche Feldgehölze verloren gegangen.

⑨ Trebnitzgrund

Fast alle Wanderführer des Ost-Erzgebirges preisen den Trebnitzgrund für einen Frühlingsausflug an (besonders zu empfehlen: Natur- und Wanderführer Osterzgebirge, Berg- & Naturverlag Rölke). Und tatsächlich bietet das 12 Kilometer lange Tal einiges, was nur noch wenige andere Gewässerläufe aufweisen können: Ruhe, ein unverbautes Bachbett, naturnahe Laubmischwälder, keine Ortschaft und nur zwei wenig befahrene Straßen, die das Tal queren. Nicht nur naturverbundene Wanderer, sondern auch viele Tierarten wissen das zu schätzen.

Bei einer Exkursion an einem frühen Morgen Ende April oder Anfang Mai umfängt einen der vielstimmige Gesang einer breiten Palette von Waldvögeln. Neben dem allgegenwärtigen Schlag der Buchfinken, dem monotonen „zilp-zalp-zilp-zalp" der Zilpzalps und den immer zwei- oder dreimal wiederholten kurzen Strophen der Singdrosseln lassen sich mit ziemlicher Sicherheit auch folgende Sänger vernehmen: Rotkehlchen, Zaunkönig, Mönchs- und Gartengrasmücke, Amsel und die sehr ähnlich, aber kürzer flötende Misteldrossel. Laut erschallen auch die „tjü-tjü-tjü"-Rufe der Kleiber. Nachdem Tannen-, Kohl- und Blaumeise schon ihre Bruthöhlen ausgewählt, Nester gebaut und vielleicht gar schon Eier gelegt haben, erscheinen die Trauerschnäpper aus ihrem afrikanischen Winterquartier. Alles schon besetzt?

Der Trauerschnäpper kennt da wenig Pardon und verschafft sich Platz im Astloch oder Nistkasten. Ebenfalls ein Spätankömmling ist der Waldlaubsänger, der allerdings sein backofenförmiges Nest in Bodennähe, meist zwischen vorjährigem Buchenlaub oder im dichten Farn baut. Im Wald des Trebnitzgrundes zu Hause sind außerdem Bunt-, Klein-, Grau- und Schwarzspecht zu Hause. Entlang des Baches kann man regelmäßig Wasseramseln und Gebirgsstelzen beobachten, selten auch einmal einen Eisvogel. Nach dem Hochwasser 2002 konnten die anderswo verheerenden Aufräumarbeiten im Trebnitzgrund zwar in Grenzen gehalten und einige durch das Naturereignis geschaffene eisvogeltaugliche Brutmöglichkeiten gerettet werden. Doch anders als es ihr Name vermuten lässt, mögen die bunten Fischfresser ganz und gar kein Eis. Als sie in den frostigen Wintern 2005 und 2006 lange Zeit durch dicke Eisdecken selbst auf den Flachlandteichen von ihrer Nahrung abgeschnitten wurden, nahm die Zahl der Eisvögel drastisch ab.

Abb. v. ob.:
Buchfink,
Zilpzalp,
Tannen-
meise

Botanisch besonders interessant sind im Trebnitzgrund die blockreichen Hangwälder. Es handelt sich im vegetationskundlichen Sinne um ein buntes Mosaik von Ahorn-Eschen-Schlucht- und Schatthangwäldern, Ahorn-Sommerlinden-Hangschuttwald an den eher südexponierten Hängen, Ahorn-Eschen-Hangfußwald (auf den sehr nährstoffreichen Ablagerungen von Erosionsmaterial) sowie Erlen-Eschen-Bach- und Quellwälder. Die frühere Niederwaldwirtschaft kam außerdem Trauben-Eichen und Hainbuchen zugute, wobei letztere Art schon nach wenigen Kilometern im Trebnitzgrund ihre Höhenverbreitungsgrenze erreicht. Ebenfalls zurück bleibt die Eibe, die um Schlottwitz ihren sächsischen Verbreitungsschwerpunkt besitzt. Genauso wie die Eibe gibt es nur wenige Exemplare Weiß-Tanne im Trebnitzgrund, wobei diese allerdings noch vor wenigen Jahrzehnten weitaus häufiger war. Von Rot-Buchen dominierten Wald findet man vor allem am Nordhang des Tales, in dem die Straße Schlottwitz-Liebstadt verläuft. Insbesondere im oberen Trebnitzgrund sind jedoch auch weite Bereiche mit Fichtenforsten bestockt.

Früher zogen sich Wiesen entlang der Trebnitz-Talaue. Teilweise wurde deren landwirtschaftliche Nutzung schon vor langer Zeit eingestellt. Schwarz-Erlen konnten sich ansamen oder wurden auch gepflanzt. Die daraus hervorgegangenen Erlen-Bachauewälder sind zwar noch recht jung, vermitteln aber einen sehr naturnahen Eindruck.

Erlen-Bachauewälder

Der kleinteilige Wechsel unterschiedlicher Standortbedingungen im unteren Trebnitzgrund lässt eine Vielzahl von Pflanzen gedeihen. Besonders auffällig sind die Frühjahrsblüher, wenn durch das Kronendach noch genügend Licht auf den Waldboden fällt. Wer im April/Mai von Schlottwitz her zu einer Wanderung aufbricht, wird die erste Frühlingspflanze nicht sehen, sondern riechen: den Bär-Lauch. Dummerweise ist diese alte Heilpflanze seit einigen Jahren sehr in Mode gekommen, und viele Leute plündern die Bärlauchbestände im Trebnitzgrund. Dies fügt der Natur beträchtlichen Schaden zu – und verstößt obendrein gegen das Recht: seit 1961 steht der untere Abschnitt des Tales unter Naturschutz. In einem Naturschutzgebiet ist das Beschädigen von Pflanzen genauso verboten wie das Verlassen der Wege (und Hunde dürfen übrigens nur angeleint mitgeführt werden!).

Frühjahrsblüher

Bärlauch

Abb.: Leberblümchen

Die optisch auffälligsten Frühjahrsblüher an den nährstoffreichen, feuchten Unterhängen sind u.a. Lungenkraut, Hohler Lerchensporn, Busch-Windröschen, Himmelschlüssel, Wald- und Hain-Veilchen, Scharbockskraut und Mondviole (ihrer Fruchtkapseln wegen auch Ausdauerndes Silberblatt genannt). An einigen

Stellen gedeihen außerdem die seltenen Arten Frühlings-Platterbse, Gelbes Windröschen und Leberblümchen. Diese benötigen basenreichen Boden. Offenbar bietet der Gneis im unteren Trebnitzgrund etwas mehr Kalzium und Magnesium als anderswo. Weniger auffällige, weil nicht in kräftigen Farben leuchtende Frühjahrsblüher sind Wechselblättriges Milzkraut, Aronstab, Knoblauchs-Rauke, Haselwurz und Bingelkraut. Nicht einmal grüne Blätter bringt der Schuppenwurz hervor, und ist entsprechend leicht zu

Schuppenwurz

Abb.: alte, liebevoll rekonstruierte Steinbrücke im Trebnitzgrund

übersehen. Als Schmarotzerpflanze bezieht er seine Nahrung vor allem aus den Wurzeln von Haselsträuchern.

Später im Jahr übernehmen Wald-Geißbart, Wald-Ziest, Hain-Sternmiere, Purpur-Hasenlattich, Gräser (u.a. Wald-Flattergras, Wald-Reitgras, Wald-Schwingel) und Farne die Vorherrschaft. Auf den ehemaligen Talwiesen setzen sich Hochstauden durch, vor allem Rauhaariger Kälberkropf, Kohl-Kratzdistel, Alantdistel und Wiesen-Knöterich. Letztere beiden wachsen auch auf den Bergwiesen des oberen Trebnitzgrundes, dort gemeinsam mit Bärwurz, Perücken-Flockenblume und Kanten-Hartheu. Seit dem letzten Hochwasser und den nachfolgenden Baggerarbeiten im mittleren Trebnitzgrund breitet sich auch hier das Drüsige Springkraut – ein sehr expansiver Neophyt – aus und gefährdet die bisherige Pflanzenwelt.

Neben dem bekannten und in vielen Wanderführern empfohlenen Talweg – an dem die Grüne Liga und Schlottwitzer Heimatfreunde einige Informationstafeln angebracht haben – lohnen auch die Wanderwege auf den Höhenrücken beiderseits des Trebnitzgrundes einen Ausflug. Wegen der Aussichten besonders zu empfehlen ist der gelb markierte Weg zwischen Berthelsdorf und Döbra (mit Abstecher zum Trebnitzstein).

Abb.: Im oberen Trebnitzgrund werden artenreiche Wiesen nach wissenschaftlichem Plan vom Landwirtschaftlichen Versuchsgut Börnchen bewirtschaftet (Hier informiert sich die Grüne Liga Osterzgebirge über das Programm)

⑩ Alte Eisenstraße

Eisen wurde in den Anfangstagen der Erzgebirgsbesiedelung an vielen Stellen gewonnen, ohne dass dies in irgendwelchen Akten Erwähnung fand. Der Rohstoff für die Dorf- und Wanderschmieden stellte eine unabdingbare Voraussetzung dar, um den Wald roden und den Boden pflügen zu können. Ein solcher Ort mittelalterlicher Raseneisenerzgewinnung war höchstwahrscheinlich die Mündung des Zechenau-Baches, und womöglich

Verhüttung des Eisenerzes

gab es noch mehr davon in der Müglitzaue. Die Verhüttung des Eisenerzes konzentrierte sich alsbald an Orten, wo genügend Holz und Wasserkraft zur Verfügung standen. Eine dieser Hütten stand in der Nähe der Trebnitzmündung (jetzt Fabrikgelände) – noch im 19. Jahrhundert trug das heutige Oberschlottwitz den Namen „Hütten" (die Vereinigung von Ober- und Niederschlottwitz erfolgte erst 1950). Es war leichter, das Eisenerz zu den Holzvorräten zu bringen als umgekehrt - doch auch das dürfte bei den damaligen Wegeverhältnissen schwierig genug gewesen sein. Der Transport erfolgte auf den Eisenstraßen, von denen es mehrere gab, deren bekannteste aber von den Bergwerken im Gottleubatal bis zum „Neuen Schmiedewerk" – dem heutigen Schmiedeberg – führte. Diese Eisenstraße querte in „Hütten" das Müglitztal, so dass auch dieses Hammerwerk mit versorgt werden konnte. So richtig lohnte sich das Metallgeschäft damals aber nicht, denn im 16./17. Jahrhundert wurde aus dem Eisenhammer eine Säge- und Getreidemühle.

Obstbäume

Ende des 19., Anfang des 20. Jahrhunderts engagierten sich in Sachsen allerorten Obstbauvereine für die Bepflanzung von Straßen mit Äpfeln, Kirschen und Birnen. An den heute noch benutzten Fahrstraßen mussten die Obstbäume längst weichen, und auch entlang der meisten Feldwege waren sie irgendwann den Landwirtschaftsmaschinen hinderlich. Ein schönes Beispiel des historischen Obstanbaus erstreckt sich entlang der Alten Eisenstraße zwischen Schlottwitz und Cunnersdorf. Die Grüne Liga Osterzgebirge hat die alten Bäume in Pflege genommen und darüber hinaus viele neue gepflanzt. Alljährlich im Oktober kommen viele freiwillige Helfer zum

Äppl-Ernte-Wochenende

„Äppl-Ernte-Wochenende", um dann mit einer mobilen Mosterei leckeren Apfelsaft zu gewinnen.

Die Eisenstraße führt in einer großen Schlaufe hinter dem Bahnhof Oberschlottwitz bergauf. Sie durchquert dort einen schönen Mischwald aus Trauben-Eiche und Rot-Buche mit Hainbuchen im Unterstand und Vielblütiger Weißwurz, Schattenblümchen, Maiglöckchen, Wiesen-Wachtelweizen und Wald-Sauerklee in der Bodenvegetation. Auch wenn das namensgebende Gras fehlt, handelt es sich um ein Beispiel des für „normale" (also

submontaner Hainsimsen-Eichen-Buchenwald

nicht zu nasse oder zu trockene) Standorte typischen submontanen Hainsimsen-Eichen-Buchenwaldes.

„Bunter Felsen" und „Roter Felsen"

Achatgang

Seit dem 18. Jahrhundert interessieren sich Schmuckhersteller (unter ihnen der kurfürstliche Hofjuwelier Johann Christian Neuber) und Mineraliensammler für Schlottwitz wegen eines hier stellenweise zutage tretenden „Achatganges". Der Süd-Nord-verlaufende Gang quert in Oberschlottwitz das Müglitztal. Auf der rechten Talseite, gegenüber der vom Hochwasser zerstörten Gaststätte „Klein-Tirol", stehen einige Quarzitklippen und Blockhalden als Flächennaturdenkmal unter Schutz (dies ist unter Steineklopfern allerdings kaum bekannt). Außer dem geologischen Aufschluss ist an dem steilen Hang auch der Wald interessant, der sich aus Berg- und Spitz-Ahorn, Berg-Ulme, Hainbuche und Hasel zusammensetzt. Die Strauchschicht enthält auch etwas Seidelbast.

Flächennaturdenkmal

Felsen auf der linken Talseite

Wesentlich bekannter sind die durch den Eisenbahnbau entstandenen Felsen auf der linken Talseite, die vom Volksmund die Namen „Bunter Felsen" (die südliche, heute zur Sicherheit der Bahn verdrahtete Klippe) und „Roter Felsen" erhielten. Seit Anfang der 1980er Jahre, als auch ein Bergbauerkundungsbetrieb in Schlottwitz zwei Probe-Stolln aufgefahren hatte, kamen immer mehr Mineralienfreunde hierher, um violetten Amethyst und roten Achat in teilweise großer Menge fort zu tragen. Nicht wenige Kleinhändler stehen heute am Dresdner Fürstenzug und verkaufen „Edelsteine" aus Schlottwitz. Die intensive Sammlertätigkeit hat inzwischen zu gravierenden Landschaftsschäden geführt. Deutlich ist an der Stelzwurzeligkeit einiger Bäume am Hang der Bodenabtrag zu erkennen. Felsen sind nach dem Sächsischen Naturschutzgesetz (§26) Geschützte Biotope, in denen unter anderem auch die Beschädigung durch das Herausschlagen von Mineralienteilen verboten ist.

Geschützte Biotope

Quarzporphyr

Beim Gestein der Felsen handelt es sich um Quarzporphyr, bei dessen Durchquerung der „Achatgang" besonders stark ausgebildet ist. Dass es sich um ein nährstoffarmes Gestein handelt, zeigen Draht-Schmiele, Heidelbeere und Heidekraut.

Der Schlottwitzer „Achat"-Gang   Gerhard Hedrich (†)

Kommt man aus Richtung Heidenau nach Schlottwitz, so ist man von der weiten Talaue überrascht, deren Eindruck noch von dem großen Steilhang des Lederberges verstärkt wird. Der Höhenunterschied von 200 m bewirkt an so manchem Wintertag, dass die Oberhälfte weiß, die Unterhälfte noch grün bzw. braun ist.

Die Gesteine des Gebietes sind verschiedene Gneise, in denen Gänge des Sayda-Berggießhübler Gangporphyrschwarmes auftreten. Dieser Quarzporphyr ist in Ost-West-gerichteten Spalten aufgedrungen. Gegen die Gneise sind die Gänge oft durch viele Meter mächtige Zonen endogener (von erdinneren Kräften hervorgerufener) Verwitterung begrenzt und das Ganze – also auch die Gneise – durch eine unendliche Fülle von Klüften, Spalten und weiteren tektonischen Elementen stark zerrüttet. Diese Zerrüttung, offensichtlich über viele geologische Perioden, ist die Ursache dafür, dass durch Erosion die bemerkenswerte Schlottwitzer Talweitung entstehen konnte.

In diesem tektonisch hoch beanspruchten System ist eine Nord-Süd-gerichtete Spalte aufgerissen, wiederum während verschiedener Phasen. Diese ist zunächst mit fluor-sulfidisch-sulfatischen Lösungen durchströmt, nach ihrer Mineralisation aber auch mit Kieselsäure gefüllt worden. So sind in den Gangquarzklippen in Oberschlottwitz (gegenüber der ehem. Gaststätte „Klein-Tirol") massenhaft Brocken mit deutlich ausgebildeten Schwerspattafeln (Baryt = Bariumsulfat) zu finden, später zu Quarz umgewandelt. Leider sind diese Klippen der einzige Aufschluss, an dem man den Gang trotz seiner Ausdehnung von mehreren Kilometern überhaupt studieren kann, und auch hier ist von den Mineraliensammlern das gesamte Areal mit metermächtigen Schichten immer wieder durchwühlter Gangquarzschotter bedeckt, aus denen jedes Splitterchen Achat- und Amethystquarz ausgelesen wurde. Im weiteren Verlauf in südöstlicher Richtung machen sich in der Wald- und Feldflur immer mal Rollblöcke aus Gangmaterial bemerkbar, gelegentlich auch mit Achat und Amethyst. Diese sind immer durch Bewirtschaftung und Hangabtrieb weit verschleppt, zum Beispiel bis in den Trebnitzgrund.

Den tatsächlichen Verlauf des in der Geologischen Karte geradlinig eingezeichneten Ganges nachzuvollziehen ist mangels geeigneter Aufschlüsse schwierig. Sein Kernstück, in dem auch der berühmte Band- und Trümmerachat ansteht, befindet sich unter der bebauten Ortslage von Schlottwitz. Natürliche Aufschlüsse sind im Wesentlichen nur im Zusammenhang mit Hochwasserereignissen entstanden, da auch im Bachbett das anstehende Gestein mit etwa einen Meter mächtigen Geröllmassen überdeckt ist. In der Aue, in der die Häuser stehen, ist meist der Müglitzschotter noch mächtiger, und darüber lagern noch ein bis zwei Meter von alten „Pochschlämmen" aus der Altenberger Zinnerzaufbereitung sowie abgetragener Ackerboden aus den Nebenbächen der Müglitz.

Bei dem Gang handelt es sich vermutlich eher um einen Gangschwarm, entstanden durch wiederholtes Aufreißen von Spalten und „Ausheilen" mit Kieselsäure. Auffällig ist die bei weitem intensivere, auch weit in das Nachbargestein reichende Verkieselung im Quarzporphyr als dort, wo Gneis durchbrochen wurde. Im Quarzporphyr treten andererseits zentimetermächtige Spaltenfüllungen mit Quarz auf, oft mit kleinen Drusen mit millimetergroßen, gut ausgebildeten Quarzkristallen. Der Schlottwitzer Amethyst verdankt seine Färbung eingelagerten Hämatit-Plättchen, nicht Titanit wie bei anderen Amethysten. Nach dem zuerst abgeschiedenen Baryt entstand als Absatz in feinsten Schichten Bandachat. Bei einer neuen tektonischen Beanspruchung entstand daraus Trümmerachat. An den Enden des Gangschwarmes bei Berthelsdorf und Niederschlottwitz ist als letzte Mineralisation rötlicher Schwerspat in größerer Menge zum Absatz gekommen, der im Gegensatz zum oben genannten weissen Schwerspat der ersten Generation nicht zu Quarz metamorphisiert wurde.

Trotz der Schönheit mancher Stücke verhinderten bisher zwei ungünstige Eigenschaften eine industrielle Verwertung des Schmucksteins: die starke Durchklüftung des Materials und seine Neigung zur Entfärbung bei Austrocknung und im Licht.

⑫ Zechenau

Östlich der Kalkhöhe entspringt auf Cunnersdorfer Flur der Zechenaubach und fließt über knapp drei Kilometer mit überwiegend naturnahem Bachlauf durch eine abwechslungsreiche Feldgehölzlandschaft nach Schlottwitz, wo er etwa in Ortsmitte in die Müglitz mündet. Leider sind die artenreichen, mageren Triftwiesen im mittleren Talbereich in den 1990er Jahren aufgeforstet worden.

Feuersala-
mander

Insbesondere im Unterlauf ist das Bachbett mit vielen moosbewachsenen Blöcken durchsetzt, wodurch sich zahlreiche kleine Stillwasserbereiche ausbilden. Diese sind die Kinderstube der Feuersalamander. Die Larven ernähren sich von den hier lebenden Bachflohkrebsen und anderen kleinen Wasserbewohnern. Durch Düngemittel- und Pestizideinträge von Cunnersdorfer Agrarflächen wird diese Futterquelle immer wieder vergiftet, was sich letztlich auch sehr negativ auf den Feuersalamanderbestand des Zechenaubachtales ausgewirkt hat. Noch aber ist es möglich, nach warmen Sommergewittern eines dieser schwarz-gelben Amphibien zu entdecken. Günstig sind auch feuchte, aber noch nicht zu kalte Herbsttage, wenn die wechselwarmen Tiere geeignete Überwinterungsstellen suchen.

Wald

Der Wald südlich der Zechenaumündung sowie ein Stück talaufwärts ist sehr arten- und strukturreich, vergleichbar etwa mit dem Trebnitzgrund. Zu den hier vorkommenden Arten zählen: Mondviole, Wald-Geißbart, Süße Wolfsmilch, Wald-Ziest, Großes Springkraut, Gefleckte Taubnessel, Hain-Sternmiere sowie die Hügellandsart Echte Sternmiere. In der Bachaue selbst zeugen jedoch auch Stickstoffzeiger (Brennnessel, Kletten-Labkraut, Bunter Hohlzahn) von der Eutrophierung durch eingespülten Agrarboden.

Müglitzaue
Neophyten

In der Müglitzaue breiten sich seit längerem verschiedene Neophyten aus. War es in den 1970er und 80er Jahren zunächst die Kanadische Goldrute, die auf Schotterflächen in der Talaue geschlossene Bestände bildete, haben sich mittlerweile Drüsiges Springkraut und Japanischer Staudenknöterich durchgesetzt. Intensive und wiederholte Baggerarbeiten nach dem Hochwasser 2002 forcierten diese Entwicklung.

⑬ „Herrmannwiese"

Noch in der ersten Hälfte des 20. Jahrhunderts bot die Schlottwitzer Müglitzweitung ein völlig anderes Bild als heute. Die nährstoffreichen Schwemmböden wurden landwirtschaftlich genutzt, an Gebäuden standen in der des öfteren von Hochwasserereignissen betroffenen

Abb.: In den 1960er Jahren entstand die „Arbeiterwohngemeinde" in der Oberschlottwitzer Müglitzaue

Aue fast nur einzelne Mühlen. Eine davon war die 1991 abgerissene Friedensmühle an einem von Seitenhain her einmündenden Bächlein. Landwirtschaftliche Gehöfte und sonstige Wohngebäude hingegen waren überwiegend an den unteren Talhängen errichtet worden, so wie das Gut oberhalb der Friedensmühle. Von hier aus wurden auch die wenigen nicht allzu steilen Flächen beiderseits der Talaue bewirtschaftet. Eine kleine, wahrscheinlich seit langen Zeiten immer zur Heugewinnung genutzte Wiese befindet sich an dem genannten kleinen Bächlein – nach der ehemaligen Mühle von den Schlottwitzern gelegentlich als „Friedensbach" bezeichnet. Vom letzten Besitzer und Nutzer der 0,4 Hektar kleinen, aber sehr artenreichen Grünlandfläche stammt der Name „Herrmannwiese". Heute wird das 1964 zum Flächennaturdenkmal erklärte Biotop vom Förderverein für die Natur des Osterzgebirges gepflegt.

Flächennaturdenkmal

Der Artenreichtum resultiert zum einen aus der seit vielen Jahrzehnten jeden Sommer erfolgten Mahd, zum anderen aber wahrscheinlich auch aus der etwas besseren Ausstattung des Bodens mit basischen Pflanzennährstoffen sowie aus geländeklimatischen Unterschieden. Eng verzahnt wachsen hier Arten der submontanen Glatthaferwiesen, der Bergwiesen und der Feuchtwiesen. Zwischen April und Juli bietet sich dem Naturfreund ein Nacheinander verschiedener, meist bunter Blühaspekte. Zuerst erscheinen Frühblüher wie Scharbockskraut, Busch-Windröschen und Hohe Schlüsselblume sowie etwas später deren viel seltenere (und eher orange-gelbe) Verwandte, die Wiesen-Schlüsselblume. Ebenfalls manchmal bereits im April zeigen zwei weitere Raritäten der Wiese ihre ersten Blüten: das Stattliche Knabenkraut und die Trollblume. Auffällige lilienartige Blätter mit Fruchtkapseln gehören zur Herbstzeitlose. Zur Blüte kommt diese im Ost-Erzgebirge und in ganz Sachsen heute sehr selten Pflanze erst ab August. Voraussetzung dafür, dass sich die zarten, bläulich-violetten, krokusähnlichen Blüten entfalten können, ist die vorherige Mahd der Fläche. Im Mai beherrschen vor allem „normale" Wiesenblumen wie Margerite, Acker-Witwenblume, Wiesen-Platterbse, Wiesen- und Rundblättrige Glockenblume das Bild, während im Juni typische Bergwiesenpflanzen (Perücken-Flockenblume, Kanten-Hartheu) zu blühen beginnen. Im feuchten Teil der Wiese wachsen unter anderem Alantdisteln, Blutwurz-Fingerkraut, Mädesüß und Hain-Sternmiere.

Herbstzeitlose

Betrachten kann man diese bemerkenswerte Wiese mit ihren teilweise sehr seltenen Pflanzen vom direkt vorbeiführenden Wanderweg aus. Dieser ist Bestandteil der historischen Eisenstraße nach Berggießhübel. Ein Betreten des Flächennaturdenkmals ist verboten, und das nicht ohne Grund: viele Pflanze sind sehr trittempfindlich. Dies gilt ganz besonders für die sehr seltene Herbst-Zeitlose.

Eisenstraße

Abb.: Herbstzeitlose

Naturschutzgebiet „Müglitzhang bei Schlottwitz"

Lederberg

Über zweihundert Höhenmeter steigt unvermittelt die steile Wand des Lederberges aus der Müglitzaue empor, während der 447 m hohe Gipfel von Westen, von der Hochfläche aus nicht viel mehr ist als eine weitere der in diesem Gebiet recht zahlreichen Waldkuppen. Die Müglitz hat für ihren Lauf eine tektonische Störung genutzt, die fast rechtwinklig einen besonders breiten Quarzporphyrzug des „Sayda-Berggießhübler Gangschwarmes" durchschnitten hat. Seitenerosion war in diesem harten Gestein nicht

Porphyr-
Felsklippen

möglich, und so entstand dieser außergewöhnlich schroffe Steilhangbereich. Einzelne Porphyr-Felsklippen ragen heraus (die größte wird von den Schlottwitzern „Gake" genannt), außerdem bedecken einige bemerkens-

Blockfelder

wert große Blockfelder die Hänge.

Diese Steinmeere gehen in ihrer Form auf die Eiszeit zurück und sind in erster Linie das Ergebnis physikalischer Verwitterung. In die Klüfte drang – und dringt heute natürlich immer noch – Wasser ein. Beim Gefrieren dehnte sich das Eis aus und übte großen Druck auf das Gestein aus. Mit dem nächsten Tauen kam erstmal wieder Entspannung, die Bindungskräfte der Mineralkörner wurden geringer. Bei ausreichend häufiger Wiederholung des Vorgangs brachen schließlich die groben Steine aus dem Felsen. Chemisch-biologische Verwitterung hingegen findet in dem harten, sauren Gestein hingegen nur in geringem Ausmaß statt. Und so lösen sich die Blöcke nicht weiter auf, es bildet sich daher auch nur wenig Boden.

wenig
artenreiche
Vegetation

Dementsprechend gedeiht auf den Felsen, den Blockmeeren und flachgründigen Kuppen auch nur eine spärliche und wenig artenreiche Vegetation. Rasche Austrocknung an den Oberhängen und auf den Felsklippen macht es dem Wald zusätzlich schwer. Krüpplige Eichen, Birken und Kiefern erreichen dort kaum fünf Meter Höhe. Auf den nährstoffarmen Böden wachsen Heidekraut, Maiglöckchen, Wiesen-Wachtelweizen, Echte Goldrute und verschiedene Habichtskrautarten.

schluchtar-
tige Hang-
mulden

Anderseits besteht das Naturschutzgebiet nicht nur aus Quarzporphyr, sondern auch aus Gneis. Dort haben die von der Höhe ablaufenden Niederschläge einige steile, teilweise fast schluchtartige Hangmulden geschaffen, in denen während Regenzeiten kleine Bächlein zu Tale stürzen.

üppige
naturnahe
Edellaub-
holzbe-
stände

Hier sorgen üppige naturnahe Edellaubholzbestände für Vielfalt. Esche, Berg-Ahorn, Buche, Winter- und Sommer-Linde, Trauben-Eiche sind bunt gemischt, Ebereschen und sehr große Haselsträucher bilden eine zweite Baumschicht, Schwarzer und Hirsch-Holunder die Strauchschicht. Wo oberflächennah genügend Feuchtigkeit zur Verfügung steht, herrschen Gewöhnlicher Wurmfarn und Wald-Frauenfarn vor. An feuchten Felsstandorten ist recht zahlreich der Tüpfelfarn zu finden.

Steilhänge
über Gneis

Felsige Steilhänge über Gneis unterscheiden sich von den benachbarten Porphyrbereichen teilweise recht deutlich. Auch hier reicht der Bodenwasserhaushalt nicht für große Bäume, aber die bessere Ausstattung der Böden mit wichtigen Pflanzennährstoffen ermöglicht wesentlich mehr Pflanzenarten ein Auskommen. Insbesondere südexponierte Hänge wie an der

Färbergins-ter-Traubeneichenwald Hirschsteigkuppe haben einen typischen Färberginster-Traubeneichenwald hervorgebracht. Zu den bereits für die Porphyrklippen genannten Magerkeitszeiger treten neben der namensgebenden Art der Waldgesellschaft unter anderem Schwärzender Geißklee, Schwalbenwurz und Pechnelke.

Etwas besser wasserversorgte Standorte beherbergen die wärmeliebenden Pflanzen Großblütiger Fingerhut, Pfirsischblättrige Glockenblume und Salomonsiegel (sowie deren ähnliche, aber viel häufigere Verwandte, die Vielblütige Weißwurz).

Eibenbestand

Die größte Besonderheit des Lederberges indes ist dessen Eibenbestand, einschließlich der bekannten „1000-jährigen Eibe". Mit mehreren Dutzend Exemplaren gilt dieses Vorkommen als der größte natürliche Bestand in Sachsen (wenn auch im Bereich des „Edelmannsteigs" möglicherweise irgendwann mal etwas nachgeholfen wurde - hier scheinen die Bäume in mehr oder weniger regelmäßigen Reihen aufgewachsen zu sein).

Abb.:
Tausend-jährige Eibe
Schlottwitz

Eiben

Einstmals müssen die urtümlichen, dunkelgrünen Nadelgehölze gar nicht so selten gewesen sein. Von Natur aus wären Eiben vor allem in den nährstoffreicheren Laubmischwäldern West- und Mitteleuropas zu Hause. Doch mehrere Eigenschaften haben natürliche Vorkommen inzwischen sehr rar werden lassen: Erstens fanden bereits die Menschen im Mittelalter das zähe Holz für vielerlei Verwendungen sehr geeignet, zum Beispiel für Armbrüste und Bögen. Sogar noch früher wusste man die Qualität des Eibenholzes schon zu schätzen: „Ötzi", der 3000 Jahre alte Alpen-Gletschermann, trug einen Bogen aus – Eibe.

Zweitens: abgeholzte Eiben wachsen nur sehr langsam nach. Drittens kostete die Giftigkeit des Baumes (alle Teile, außer dem roten Fruchtmantel der „Beeren") früher wohl vielen Pferden das Leben, weswegen Pferdefuhrwerksbesitzer angeblich Eiben beseitigten, wo immer sie mit ihren Kutschen unterwegs waren. Jedoch scheint – viertens – diese Giftigkeit nicht für alle Tiere zu gelten. Rehe jedenfalls fressen mit Vorliebe junge Eiben, was die Regeneration der Bestände zusätzlich erschwerte. Und immer noch erschwert. Am Schlottwitzer Lederberg werden deshalb seit den 1990er Jahren kleine Eibensämlinge mit Drahtkörben geschützt.

Wacholder

Eine weitere, inzwischen sehr seltene Gehölzart des Lederberges ist der Wacholder. Nur noch wenige, kümmerliche Exemplare haben sich bis heute behaupten können. Vor einhundert Jahren soll es davon viel mehr gegeben haben. Aber damals bot der steile Müglitzhang auch noch ein vollkommen anderes Bild. Hier wurden in der Vergangenheit Ziegen gehütet, die mit Freude auch die Zweige von Sträuchern und jungen Bäumen beknabberten. Die einzigen Gehölzarten, die sie dabei verschmähten, waren Eiben und Wacholder. Letzterer gilt allgemein als Weidezeiger früherer Hudeland-schaften. So licht der seither aufgewachsene Wald aus krüppeligen Eichen und Birken auch scheinen mag, für die sonnenhungrigen Wacholdersträu-cher ist das offenbar bereits zu viel Schatten. Doch auch an Stellen, wo nach wie vor reichlich Licht hingelangt, kümmert der Wacholder. Eine Erklärung dafür konnte bisher nicht gefunden werden.

Panorama-blick

Mehrere Wege erschließen das Naturschutzgebiet „Müglitzhang bei Schlottwitz". Ein steiler Pfad („Edelmannsteig") steigt hinauf zur Hangkante, wo zwei Informationstafeln den Panoramablick nach Westen und, wenige Schritte entfernt, nach Osten erläutern. Der zweite Wanderweg führt in halber Höhe am Hang entlang, zunächst auf einem im Ersten Weltkrieg von Kriegsgefangenen begonnenen, aber nicht fertig gestellten Fahrweg.

Trocken-mauern

In den 1990er Jahren wurden im Rahmen von Beschäftigungsmaßnahmen die teilweise mehrere Meter hohen Trockenmauern saniert und damit auch ein wertvoller Lebensraum für Wald- und Zauneidechsen bewahrt.

Bevor man, von Süden kommend, auf diesem Wanderweg dann die „1000-jährige Eibe" erreicht, überquert man die eingangs erwähnten Por-phyr-Blockfelder. Diese seien natürlicherweise waldfrei, weil der Boden so nährstoffarm ist und Niederschlagswasser sofort zwischen dem Geröll ver-schwindet. Doch ob dies so ganz stimmt, mag bezweifelt werden. Lang-sam, aber stetig erobern sich Eichen, Birken, Ebereschen, Hasel, Berg-Ahorn und Vogelkirschen auch diesen unbequemen Lebensraum. Sicher hatten einstmals auch hier die Ziegen nachgeholfen, die Gehölze von den Block-halden fern zu halten.

....

Wanderziele in der Umgebung

 Totenstein

Quarzit-härtling

Am oberen Ortsende von Großröhrsdorf verbirgt sich in einem Feldgehölz ein fünf bis zehn Meter hoher Quarzithärtling, von Flechten überzogen. Heute sind ringsum Trauben-Eichen, Hainbuchen, Ebereschen und Birken hochgewachsen und verhindern einen Ausblick von der Felsspitze. Ent-sprechend des nährstoffarmen Bodens, den der Quarzit hervorbringt, prä-gen Faulbaum, Roter Holunder, Heidelbeere, Draht-Schmiele und Mai-glöckchen die Vegetation des Feldgehölzes, während Schwarzer Holunder und teilweise dichtes Brombeergestrüpp eher auf Müll- und Kompostabla-gerungen zurückzuführen sein dürften.

Im Südosten grenzt eine bunte Magerwiese an den Totenstein an, auf der unter anderem Färberginster, Kleines Habichtskraut, Rundblättrige Glocken-blume, Rauer Löwenzahn, Echtes Johanniskraut, Mauerpfeffer und Ge-wöhnlicher Hornklee wachsen.

Vom Weg am Waldrand bietet sich ein schöner Blick nach Nordosten, über den eingeebneten Rumpf des Elbtalschiefergebirges zu den Tafelbergen der Sächsischen Schweiz und den dahinter liegenden Kuppen der Lausitz.

 # Rabenhorst

Wer sich von Heidenau her durch das Müglitztal dem Ost-Erzgebirge nähert, dem fallen die markanten Schieferklippen beiderseits des engen Tales zwischen Burkhardtswalde/Maxen und Mühlbach auf. Man durchquert hier *Elbtalschie-* die fast senkrecht gestellten Gesteinsschichten des Elbtalschiefergebirges.
fergebirge So abwechslungsreich wie Geologie und Landschaftsbild ist hier auch die Vegetation – mit verschiedenen edellaubholzreichen Wäldern, Felsflechtengesellschaften und kleinflächigen Wiesenstandorten. Manche der Ge-
Kalk steinsschichten sind kalkreich (in Maxen wurde Kalk auch abgebaut), was basenliebende Pflanzen fördert, so etwa Leberblümchen, Bunte Kronwicke, Frühlings-Platterbse, Bärenschote und die seltene Strauchart Zwergmispel. Auch für seine kalkbedürftigen Moose ist das Gebiet unter Botanikern bekannt. Der weniger spezialisierte Naturfreund wird im Frühling vor allem den intensiven Bärlauchduft wahrnehmen.

In Zeiten der Romantik befanden sich auf den Klippen kleinere Steinmauer-Balustraden, die über Treppen zu erreichen waren. Seit einer größeren Baumfällaktion in den 1990er Jahren sind diese wieder sichtbar. Mächtig ragen jetzt die zuvor von großen Bäumen verborgenen Felsen wieder über der Müglitztalstraße auf. Doch aus Gründen der Verkehrssicherung wurden anschließend die Felsen mit Drahtgeflecht überzogen und so wieder ihres romantischen Ausdrucks beraubt. Nichtsdestotrotz handelt es sich um einen der reizvollsten Abschnitte des ohnehin an natürlichen Reizen nicht armen Müglitztales.

Quellen

Dressel, Adolf (1922): **Schont und schützt unsere Orchideen!**
Glashütter Schulbote (Beilage der Müglitztal-Nachrichten

Eichhorn, Alfred (1939): **Im Tale der Müglitz**, in: Unsere Heimatstadt Glashütte

Eichhorn, Alfred (1956): **Glashütte in seiner Landschaft**,
in: Das war – das ist unser Glashütte

Grüne Liga Osterzgebirge (1999): **Biotopverbund Glashütte**,
unveröffentlichter Projektbericht

Hempel, Werner; Schiemenz, Hans (1986): **Die Naturschutzgebiete der Bezirke Leipzig, Karl-Marx-Stadt und Dresden**, Handbuch der NSG, Band 5

Müller, Gerhard u.a. (1964): **Zwischen Müglitz und Weißeritz**,
Werte der deutschen Heimat, Band 8

Rölke, Peter u.a. (2007): **Wander- und Naturführer Osterzgebirge**,
Berg- & Naturverlag Rölke

Schlottwitz 1404–2004, **Chronik**, Broschüre

Stadtverwaltung Glashütte (Hrsg.) (2006):
Glashütte - 1506 bis 2006 – 500 Jahre Stadtgeschichte

Wagner, Paul u.a. (1923): **Wanderbuch für das östliche Erzgebirge** –
bearbeitet von Dresdner Geographen

Seidewitztal

Naturnaher Bach, Steiltal, Elbtalschiefergebirge

Traubeneichen-Buchen-Wald, Auewiesen, Kalkflora

Eibe, Herbstzeitlose, Waldorchideen

Text: Christian Kastl, Bad Gottleuba; Jens Weber, Bärenstein

Fotos: Wolfgang Bunnemann, Hans-Jürgen Hardtke,
          Jens Weber

(1) **Hennersbacher Grund**

(2) **Molchgrund**

(3) **Schloss und Park Kuckuckstein**

(4) **Kleine Bastei**

(5) **Roter Busch**

(6) **Naturschutzgebiet Mittleres Seidewitztal**

(7) **Erlichtteich**

(8) **Feuchtgebiet bei Waltersdorf**

(9) **Botanische Sammlungen Zuschendorf**

Die Beschreibung der einzelnen Gebiete folgt ab Seite 560

Landschaft

Müglitz und Gottleuba, die ihr Wasser vom Kammgebiet der Ost-Erzgebirgs-flanke beziehen, fließen in ihren Oberläufen getrennte Wege: erstere nach Nordwesten, letztere mit Kurs Nordnordost. Dazwischen breitet sich um Liebenau und Breitenau eine weite, wenig gegliederte Hochebene aus. Regen, der hier niedergeht, verbleibt recht lange in der Landschaft, durch-weicht den Boden und führt zu Standortbedingungen, die für landwirt-schaftliche Nutzung nur bedingt geeignet sind. Die Bauern der Gegend unternahmen immer wieder Anstrengungen, mit Gräben das Wasser schneller abzuführen, ganz besonders zu DDR-Zeiten. Dennoch prägen auch heute noch viele kleine sumpfige Wäldchen diesen Teil des Ost-Erz-gebirges, umgeben von mehr oder weniger feuchtem Grünland. Aus ei-

Quellbach nem dieser Karpatenbirkenwäldchen (südlich des kleinen Weilers Wald-dörfchen) tritt der Quellbach der Seidewitz hervor. Nur 300 m entfernt, im Nachbarwäldchen, sammelt die Trebnitz ihr Wasser.

Da die Neigung der Erzgebirgsscholle an ihrem Ostrand verhältnismäßig steil ist (knapp 3 % – fast dreimal so viel wie etwa zwischen Sayda und Frei-berg), genügt dem kleinen Bach nur ein Anlauf von ein, zwei Kilometern, um sich ein beachtliches Kerbsohlental zu graben. Noch ungestört von

Hennersba- Straßenbauten, bietet der Hennersbacher Grund reizvolle Wander- und
cher Grund Naturerlebnisse.

Schon kurz unterhalb von Walddörfchen ragen einige kleinere Felskuppen aus den Talhängen. Auch auf den angrenzenden Steinrücken oder im Ge-
Grauer röll des Baches erkennt man: hier dominiert uneingeschränkt Grauer Bio-
Biotitgneis titgneis. Unterhalb von Hennersbach schneidet sich die Seidewitz immer tiefer in die Gneisfläche ein. 70 m Höhenunterschied auf gerade mal 200 m Luftlinie – so steil geht es von der Talsohle hinauf zum felsigen Grat des Ziegenrückens, der den links benachbarten Langen Grund vom Henners-bacher Grund trennt. Während dieser Ziegenrücken allerdings weitgehend mit Fichten bepflanzt wurde, wachsen am rechten Seidewitzhang natur-nahe Laubmischwälder.

Die Bachsohle ist unterhalb von Hennersbach mit 30 bis 70 m recht schmal,
Mäander und doch wird dem Gewässer hier noch der Luxus vieler Mäander gegönnt.

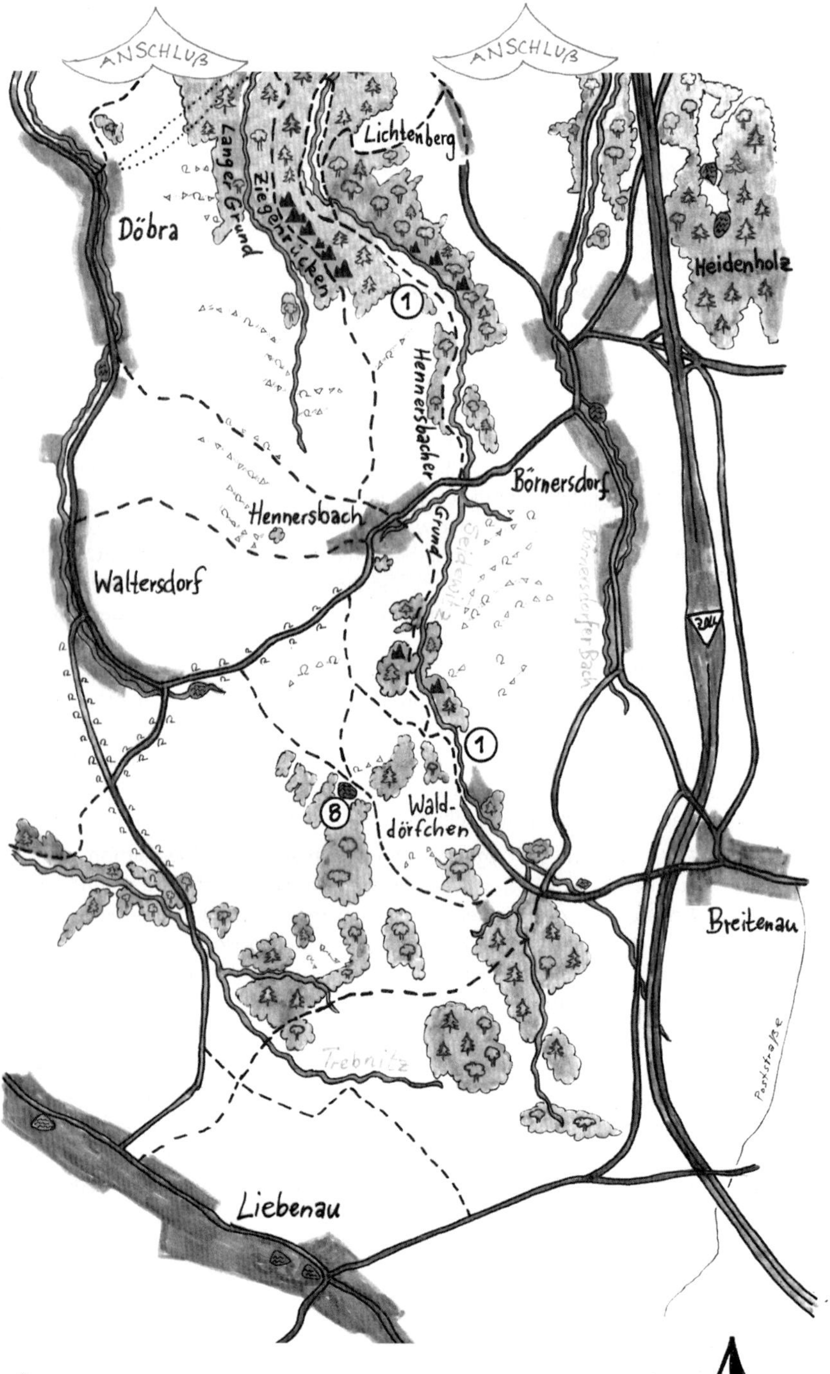

ANSCHLUß

ANSCHLUß

Lichtenberg

Döbra

Lange Grund

Ziegenrücken

① Heidenholz

Hennersbacher Grund

Börnersdorf

Hennersbach

Seidewitz

Börnersdorfer Bach

Waltersdorf

B 1/1

① Wald-dörfchen

⑧

Breitenau

Parkstraße

Trebnitz

Liebenau

 Seidewitztal bei Liebstadt

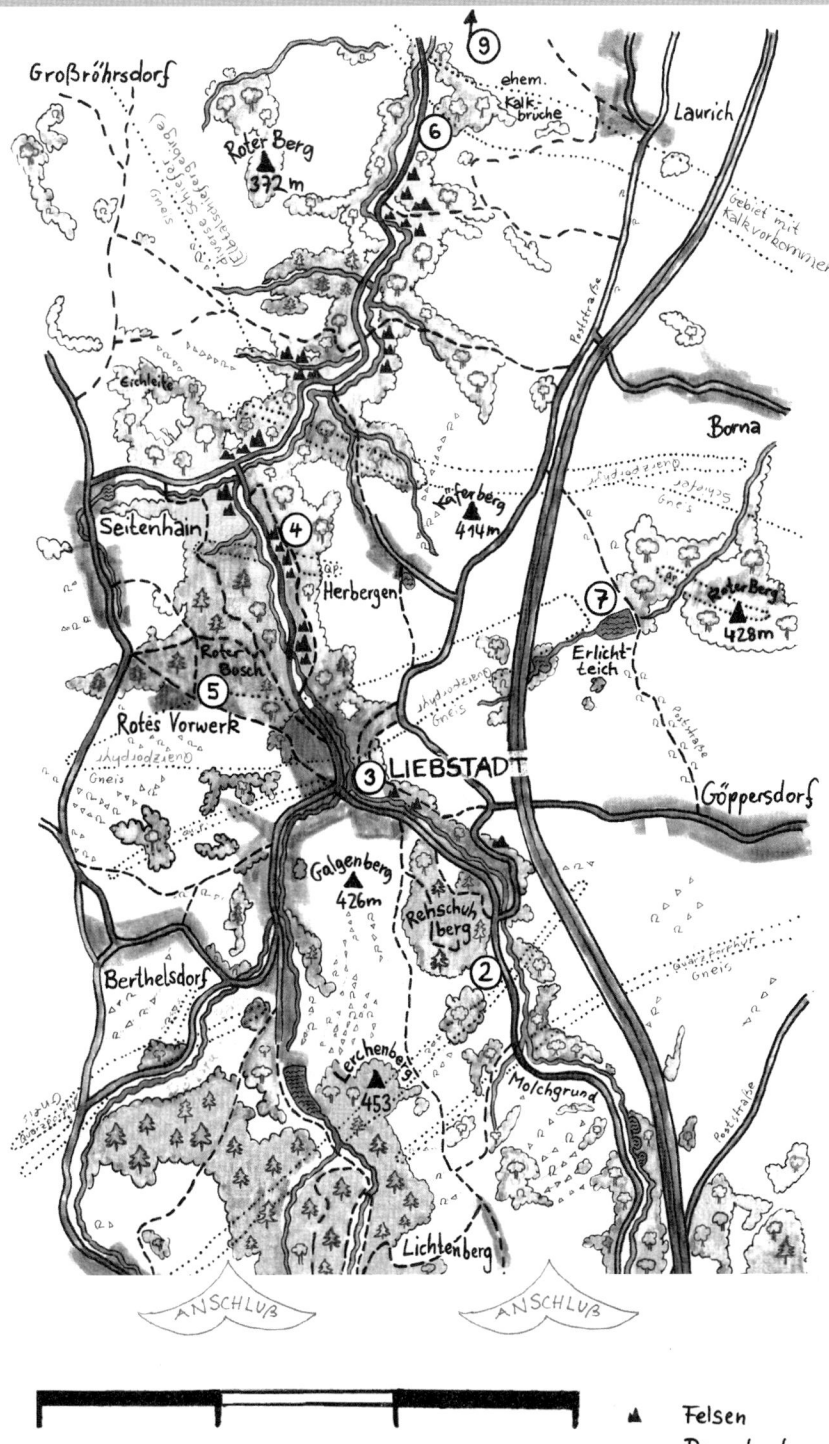

Großröhrsdorf

Roter Berg
372 m

Laurich

ehem.
Kalk-
brüche

Gebiet mit
Kalkvorkommen

Eichleite

Borna

Käferberg
414m

Seitenhain

Herbergen

Roter Bosch

Erlicht-
teich

Käferberg
428m

Rotes Vorwerk

LIEBSTADT

Göppersdorf

Galgenberg
426m

Rehschul-
lberg

Berthelsdorf

Lerchenberg
453

Molchgrund

Lichtenberg

ANSCHLUß

ANSCHLUß

0   1km   2km   3km

▲ Felsen

▽ Baumhecken

Die meisten anderen Bäche in diesem Teil des Ost-Erzgebirges wurden begradigt und an den Rand ihrer Aue gedrängt, früher vor allem, um landwirtschaftliche Nutzfläche zu gewinnen, später dann, um Straßen, Eisenbahnen und Häuser bauen zu können. Der gewundene Seidewitzlauf hat im Gegenzug auch zu DDR-Zeiten eine allzu intensive Nutzung der Talwiesen verhindert, so dass sich, trotz aller Überweidungs- und Eutrophierungstendenzen der 1970er und 1980er Jahre, hier noch eine vergleichsweise artenreiche Grünlandvegetation erhalten konnte.

Hochwasser

Bei extrem starken Niederschlägen, wie sie im östlichen Erzgebirge alle drei bis vier Jahrzehnte auftreten, läuft dem Seidewitztal von den umgebenden, großteils ackerbaulich genutzten Fluren von Breitenau und Liebenau, Waltersdorf und Börnersdorf sehr viel Wasser zu. In dem engen Grund wird die Hochwasserwelle schnell nach Norden geleitet, und vor allem Liebstadt war immer hart betroffen, wenn im Einzugsgebiet der Seidewitz Wolkenbrüche niedergingen. Als im Zuge der Intensivierung der DDR-Landwirtschaft in diesem Raum viele Feldraine und Steinrücken beseitigt wurden, stieg die Hochwassergefahr noch weiter an. Ein 24 m hoher Erdschüttdamm soll seit 1967 Sicherheit bieten. Das Hochwasserrückhaltebecken „Seidewitz" hat ein Wassereinzugsgebiet von 11,6 km² und einen Stauraum von 1,1 Millionen m³. Hinter dem Damm wird beständig eine Wasserfläche gestaut. Der Zweck dieses „Teilstaus" besteht darin, dass die mit plötzlich einströmendem Hochwasser angespülten Baumstämme und andere Festkörper abgebremst werden, bevor sie den Abfluss zusetzen oder Schäden am Staudamm verursachen könnten. So ganz nebenbei ist dabei aber auch ein für viele Tiere und Pflanzen wertvolles Stück Landschaft entstanden, während andererseits ein Damm jedoch die Wanderwege von Fischen unterbindet.

Döbraer und Börnersdorfer Bach
Abb.: Schloss Kuckuckstein

In Liebstadt fließen der Seidewitz von links der Döbraer und von rechts der Börnersdorfer Bach zu, deren Talstraßen sich für interessante Fahrradausflüge eignen. Vor allem der Molchgrund in Richtung Börnersdorf zeichnet sich, ähnlich wie der Hennersbacher Grund, durch naturnahe Waldbestände und vergleichsweise artenreiche Wiesen aus.

Wo der Börnersdorfer Bach in die Seidewitz mündet, erhebt sich am steilen Osthang das Schloss Kuckuckstein – ein im engen Tal sehr mächtig wirkendes Bauwerk, dessen Ursprünge im Dunkeln liegen.

Liebstadt selbst wurde im 13. Jahrhundert erstmals erwähnt. Ungewöhnlich für das Ost-Erzgebirge, zwängte es sich schon damals in die hochwassergefährdete Talaue. Zu Füßen der Burg ist allerdings wenig Raum für die Ansiedlung. Kaum 100 Häuser fanden hier Platz, und mit weniger als 1000 Einwohnern blieb Liebstadt lange Zeit kleinste Stadt Sachsens. Daran änderte

Abb.: historische Börnersdorfer Halbmeilensäule an der „Alten Dresden-Teplitzer Poststraße"

sich auch im 19. und 20. Jahrhundert nicht viel, zu abgeschnitten war Liebstadt von den prosperierenden Industriezentren im Elbtal.

Beiderseits des Seidewitztales verliefen zwei alte Passwege in Richtung Erzgebirgskamm und weiter nach Böhmen: östlich der ab dem 18. Jahrhundert als „Alte Dresden-Teplitzer Poststraße" bezeichnete Höhenweg über Nentmannsdorf/Laurich–Göppersdorf–Börnersdorf (heute weitgehend identisch mit dem Verlauf der Autobahn A17); westlich eine kleinere Route über Großröhrsdorf–Seitenhain–Berthelsdorf–Döbra. Dieser Weg ist noch immer als „Pilgerpfad" bekannt, da er auch von Wallfahrern genutzt wurde, die ab dem 17. Jahrhundert nach Mariaschein (Bohosudov – heute Ortsteil von Krupka/Graupen) zogen.

Vom 17. bis ins 19. Jahrhundert prägten Schafe die Landschaft um Liebstadt ganz entscheidend mit. Wie zahlreiche andere Rittergüter des Ost-Erzgebirges hielt die Liebstädter Herrschaft eine über 1000-köpfige Schafherde, deren Wolle einen nicht unerheblichen Anteil an den Einnahmen der auf dem Schloss ansässigen Adligen ausmachte.

Unterhalb von Liebstadt verengt sich das Seidewitztal noch weiter zu einem von Felshängen begrenzten Kerbtal. Grund dafür ist die breite Barriere aus Quarzporphyr (= Rhyolith), den der Bach hier durchschneiden musste. Es handelt sich um einen mit etwa 500 m besonders breiten Riegel des „Sayda-Berggießhübler Porphyr-Gangschwarmes", der auf vulkanische Aktivitäten gegen Ende der Variszischen Gebirgsbildung (Wende Karbon/Perm, vor ca. 300 Millionen Jahren) zurückgeht.

Abb.: „Kleine Bastei" Nachdem die Seidewitz den harten Quarzporphyr hinter sich gelassen hat, bleibt das Tal dennoch eng, steil und felsig. Von kleineren Porphyrgängen durchzogener Gneis bildet hier Felsklippen wie die „Kleine Bastei", die einen großartigen Blick auf die bewaldeten Hänge bietet.

In Höhe der Schneckenmühle verlässt die Seidewitz das Ost-Erzgebirge, durchbricht die „Mittelsächsische Störung" und dringt in den Rumpf des alten Elbtalschiefergebirges ein. Deutlich weitet sich zunächst das Tal und bietet wieder Platz für eine, wenn auch nicht allzu breite Aue mit einstmals artenreichen Wiesen. Die hier anstehenden Phyllite (= Tonglimmerschiefer) sind vergleichsweise weich und bieten der Erosion weniger Widerstand als die härteren Kristallingesteine (Gneis und – deutlich mehr noch – Porphyr) des Erzgebirges. Doch schon bald behindern wieder Felshänge den

Elbtalschiefergebirge

weiteren geradlinigen Lauf der Seidewitz nach Norden. Das Tal verengt sich erneut, wird aber sofort wieder breiter, um sich gleich darauf abermals zu verengen. Fast senkrecht aufgerichtete Schichten unterschiedlicher Gesteine prägen in rascher Abfolge das Elbtalschiefergebirge. Nach den überwiegend weichen Phyllitschiefern folgen härtere Diabastuffe; außerdem

Kalk Kalklager, die über lange Zeit abgebaut wurden und eine – für die ansonsten sauren sächsischen Verhältnisse – besondere basenliebende Vegetation beherbergen. Talabwärts schließlich kommt noch eine Schicht sehr harter Kieselschiefer und Hornblendegesteine. Im Hartsteinwerk Nentmannsdorf

Steinbruch wird dieser metamorph umgeformte Diabas heute in einem großen, tiefen Steinbruch gewonnen. (Diabas ist ein altes vulkanisches Ergussgestein, das in diesem Fall später noch einmal unter hohen Druck und hohe Temperaturen geriet, dabei umgewandelt und noch härter wurde.)

Elbtalschiefergebirge

Das Elbtalschiefergebirge hat eine weit zurückliegende, komplizierte Entstehungsgeschichte hinter sich. Lange bevor das Variszische Gebirge (mit dem „Ur-Erzgebirge") entstand, lagerten sich im Erdaltertum auf dem Meeresgrund Tone und andere Sedimente ab, über einen kaum vorstellbaren Zeitraum von mindestens 150 Millionen Jahren. Im Verlaufe der Erdgeschichte wurden diese Ablagerungen zu Sedimentgesteinen verdichtet, wie sie heute noch im Norden des Elbtalschiefergebirges als „Weesensteiner Grauwacke" anstehen. Vor allem aber erfuhren sie während der Variszischen Gebirgsbildung – als die unteren Schichten enormem Druck und hohen Temperaturen ausgesetzt waren – eine Umwandlung („Metamorphose") zu Phylliten und anderen Schiefergesteinen. Ab und zu drangen basische Magmen auf und bildeten Diabas.

Nachdem dieses vielgestaltige Gesteinspaket zunächst zwischen Erzgebirgskristallin (dem „Ur-Erzgebirge") und Lausitzer Granitmassiv zusammengepresst wurde, veränderte sich die Richtung der tektonischen Plattenbewegung gegen Ende der Variszischen Gebirgsbildung. Lausitz und Erzgebirge begannen, sich voneinander zu entfernen – die dazwischenliegende „Elbtalzone" (an die heutige Elbe war damals freilich noch lange nicht zu denken) wurde zum Grabenbruch. Damit sanken auch die hier lagernden Phyllite, Kalksteine, Diabase, Grauwacken und sonstigen Gesteine in die Tiefe, und zwar in der Mitte stärker als an der Grenze zum Erzgebirgskristallin. Diese Entwicklung führte am Ende dazu, dass die ursprünglich übereinander lagernden Gesteinsschichten an ihrem Südwestrand fast senkrecht aufgestellt wurden.

Dieses Bild rasch wechselnder, steiler Schieferfelsen bietet sich heute vom Elbtalschiefergebirge in den Tälern von Müglitz (zwischen Mühlbach und Weesenstein), Seidewitz (zwischen Schneckenmühle und Autobahn) sowie Bahre (unterhalb Friedrichswalde-Ottendorf). Auf den dazwischenliegenden Hochflächen nimmt man das „Gebirge" allerdings kaum als solches wahr. Zu lange und zu intensiv haben die Kräfte der Abtragung gewirkt, als dass noch nennenswerte Höhenrücken übriggeblieben wären, abgesehen vom Ziegenrücken zwischen Weesenstein und Oberseidewitz.

Die Vielgestaltigkeit der Gesteine, vor allem aber die eingeschlossenen Kalklager, verleihen dem Elbtalschiefergebirge eine große Bedeutung für die Artenvielfalt. Fast 500 Pflanzenarten sind hier zu Hause, darunter zum Beispiel neun Orchideenarten.

Naturschutz-gebiet

Wegen seines herausragenden geologischen, botanischen und auch zoologischen Wertes wurde 1997 das mittlere Seidewitztal als Naturschutzgebiet ausgewiesen. Auf einer Tallänge von 5,5 km, zwischen der Schneckenmühle und dem Steinbruch unterhalb der Nentmannsdorfer Mühle, steht seither eine Fläche von 187 Hektar unter Naturschutz, davon zwei Drittel naturnahe Mischwälder und ein Drittel Offenland, vor allem Auwiesen. Sie vereinigt damit recht gegensätzliche Ausbildungen wie schattige Nordhänge, trocken-warme Südhänge, Felswände, Magerrasen, Streuobstflächen, Wälder mit Mittel- und Niederwaldbewirtschaftung und gut durchfeuchtete Auen.

Das Hochwasser 2002 hat darüberhinaus einige Schotterflächen in der Aue hinterlassen, die auch vor den nachfolgenden Aufräumungen und Ausbaggerungen bewahrt werden konnten. Die darauf ablaufenden Sukzessionsprozesse – Ansiedlung zunächst lichtbedürftiger Pflanzen, dann zunehmend Gehölzaufwuchs – liefern wertvolle Einsichten in ökologische Prozesse.

Abb.: Die Entwicklung der Vegetation auf den (wenigen verbliebenen) Hochwasser-Schotterflächen im Seidewitztal wird wissenschaftlich dokumentiert.

Als Flora-Fauna-Habitat-Gebiet „Seidewitztal und Börnersdorfer Bach" sowie als Bestandteil des EU-Vogelschutzgebietes „Osterzgebirgstäler" bildet das Gebiet auch einen wichtigen Baustein innerhalb des gesamteuropäischen Biotopverbundnetzes NATURA 2000.

NATURA 2000

Autobahn

Aber auch dies konnte den gravierendsten aller möglichen Eingriffe in den Naturhaushalt, den Bau einer Autobahn, nicht verhindern. Zwar wurden zahlreiche Maßnahmen getroffen, die Auswirkungen der A17-Brücke im unteren Seidewitz-

tal, die Zerschneidungswirkung der Trasse zwischen den Lebensräumen Bahre- und Seidewitztal sowie die Wahrscheinlichkeit von Gewässerbelastungen im Quellgebiet des Börnersdorfer Baches zu minimieren. Dennoch hat die Region viel von ihrem Reiz verloren, und weitere Vorhaben, wie ein großes Gewerbegebiet an der Autobahnabfahrt Bahretal, drohen zusätzlich Unruhe in die Gegend zu bringen. Nur bei einer Wanderung oder Radtour im engen, gewundenen Tal der Seidewitz ist zum Glück von all dem noch wenig zu spüren.

Pflanzen und Tiere

Die strukturreiche Tal-Landschaft und die zugrundeliegende geologische Vielgestaltigkeit lassen auch eine mannigfaltige Flora gedeihen, die wiederum Grundlage für eine artenreiche Fauna ist.

Karpaten-birken

Das Quellgebiet der Seidewitz wird von kleinen Wäldchen geprägt, die zwar teilweise mit Blaufichten bepflanzt wurden, nachdem die Rauchschäden der 1980er Jahre die vorher hier stockenden Fichten hinweggerafft hatten. Die nassen Standorte werden hingegen von Karpatenbirken bewachsen, einer östlichen Unterart der Moorbirke. Außerdem kommen einzelne Erlen, Ebereschen sowie, in der Strauchschicht, Faulbaum und Ohrweide vor. Die Bodenvegetation setzt sich aus einer Mischung von Feuchtwiesenarten (Gewöhnlicher Gilbweiderich, Sumpf-Hornklee u. a.) und Bergwaldarten (Quirlblättrige Weißwurz, Fuchs-Kreuzkraut, Wolliges Reitgras) zusammen. In besonders nassen Bereichen haben sich auch noch Torfmoose den Entwässerungsversuchen widersetzt, während vor allem am Rande der Wäldchen Stickstoffzeiger wie Brennnessel und Himbeeren noch heute von den früher reichlichen Dünger- und Güllegaben auf den umliegenden Grünlandflächen profitieren. Dieses Grünland soll vor einigen Jahrzehnten noch recht artenreich gewesen sein, aber intensive Weidenutzung hat davon nur wenig übrig gelassen.

Auwiesen

Auch die Auwiesen im Hennersbacher Grund, im Molchgrund, im Langen Grund und am Döbraer Bach waren einstmals deutlich vielgestaltiger und artenreicher als heute, ebenso die schmale Talaue unterhalb von Liebstadt. Dennoch kann man auch heute noch eine Reihe von Pflanzen finden, die für solche Lebensräume typisch sind. Entlang der oberen Talabschnitte wachsen noch einzelne feuchte Bergwiesen mit Bärwurz, Alantdistel, Perücken-Flockenblume und Wiesen-Knöterich, näher am Bach auch Feuchtwiesen und Uferstaudenfluren mit Rauhem Kälberkropf, Mädesüß, Kohl-Distel und Sumpf-Pippau. Auch einzelne Trollblumen und Sterndolden verbergen sich in den Tälern. Teilweise haben sich Erlengehölze entwickelt und entsprechen natürlichen Sternmieren-Schwarzerlen-Bachauenwäldern.

Herbst-zeitlose

Unterhalb von Liebstadt wurden große Teile der noch in den 1980er Jahren bedeutenden Auenbereiche – unter anderem große Bestände der Herbstzeitlose – der Verlegung von kilometerlangen Abwasserrohren geopfert. Bei Nentmannsdorf entstand damals eine völlig überdimensionierte Kläranlage, an die sich (auf politischen Druck hin) die Gemeinden anschließen ließen - und dann auf beträchtlichen Schuldenbergen sitzen blieben.

Wiesen-Schlüssel-blume

Die Wiesenhänge rings um Liebstadt beherbergen einige Arten, die für das Ost-Erzgebirge botanische Besonderheiten darstellen. In erster Linie ist das nicht seltene Auftreten der Wiesen-Schlüsselblume zu nennen, die eigentlich basenreichere Böden bevorzugt, als der vorherrschende Gneis normalerweise hervorzubringen vermag. Offenbar ist hier – wie auch im Trebnitzgrund und um Glashütte – der Gneis deutlich reicher an Kalzium und Magnesium als anderswo. Auch das Stattliche Knabenkraut, das früher vom regelmäßigen Kalken der Wiesen profitiert hatte, kann sich an einigen wenigen Stellen (Flächennaturdenkmal „Liebstädter Wiese") behaupten.

Auch im Seidewitztal wurden an vielen Stellen die Wälder in Fichtenforsten umgewandelt. Doch dank der überwiegend bäuerlichen Besitzverhältnisse einerseits und der teilweise schwer zu bewirtschaftenden Steilhanglagen andererseits blieben außerdem sehr abwechslungsreiche, naturnahe Waldbestände bestehen. Überwiegend handelt es sich um Traubeneichen-Buchenwälder, in denen durch jahrhundertelange Mittelwaldwirtschaft die stockausschlagsfähigen Eichen zulasten der zwar eigentlich konkurrenzkräftigeren, aber hierzulande kaum stockausschlagsfähigen Buche gefördert wurden. In der Bodenflora dieser Wälder fällt der hohe Anteil an Wald-Schwingel auf. Auf nährstoffreicheren, schattigen Standorten wachsen auch Ahorn, Eschen und, heute nur noch vereinzelt, Berg-Ulmen. Diese Edellaubholz-Schatthangwälder waren ein wichtiger Grund für die Ausweisung des Gebietes als FFH-Gebiet. Ebenso von überregionaler Bedeutung sind die Eibenbestände an den Talhängen unterhalb Liebstadts.

Eine herausragende Fülle an Pflanzen- und Tierarten beherbergt das Naturschutzgebiet „Mittleres Seidewitztal" mit seiner geologischen Mannigfaltigkeit, den daraus resultierenden unterschiedlichen Böden, Hangrichtungen und -neigungen, aber auch der in der Vergangenheit erfolgten menschlichen Eingriffe in das Gebiet. Die wahrscheinlich bereits seit dem 16. Jahrhundert genutzten Kalklagerstätten bei Nentmannsdorf haben Steinbrüche, Halden und Stollen hinterlassen, die kalkliebenden Pflanzen genauso Lebensraum bieten wie auch geeignete Landschaftsstrukturen für verschiedene Tierarten. Beispielsweise bezieht hier ein Teil der Kleinen Hufeisennasen ihr Winterquartier. Es handelt sich dabei um eine sehr seltene Fledermausart, die im nordöstlichen Ost-Erzgebirgsvorland ihr deutschlandweit bedeutendstes Vorkommen hat.

Bisherige Untersuchungen im Schutzgebiet brachten Nachweise von rund 470 Pflanzenarten. Stellvertretend sollen hier genannt werden: Europäisches Pfaffenhütchen, Großblütiger Fingerhut, Leberblümchen, Wald-Labkraut, Pfirsichblättrige Glockenblume, Schwärzender Geißklee, Echtes Tausendgüldenkraut, Herbst-Zeitlose, Rauhe Nelke, Weiße Schwalbenwurz, Skabiosen-Flockenblume, Bärenschote und verschiedene Waldorchideen (am häufigsten: Breitblättriger Sitter). Die Kalkschotterhalden und Kalkfelsen des Naturschutzgebietes sind für sächsische Verhältnisse einzigartig.

Bisher wurden etwa 50 Brutvogelarten, z. B. Rotmilan, Raubwürger, Pirol und Wasseramsel erfasst. Weiterhin bemerkenswerte Vertreter der Fauna sind Feuersalamander (teilweise noch in erfreulich großer Zahl), Siebenschläfer und Große Wasserspitzmaus. Etwa 20 Laufkäfer-, reichlich 30 Tagfalter- und 10 Heuschreckenarten komplettieren die lange Liste bedeutender Tierarten des Naturschutzgebietes.

Traubeneichen-Buchenwälder

Wald-Schwingel

Eiben

kalkliebende Pflanzen

Waldorchideen

Abb.: Höhlenreiche Totholzstämme bereichern das Lebensraumangebot für Tiere im Seidewitztal

Wanderziele im Seidewitztal

① Hennersbacher Grund

Der Seidewitzbach, dessen Quellgebiet südlich von Walddörfchen liegt, durchfließt in seinem obersten Bereich den „Hennersbacher Grund". Zwischen dem Ort Hennersbach und dem kleinen See des Rückhaltebeckens Liebstadt führt ein 3,5 km langer Wanderweg durch den reizvollen Grund. Die Auwiesen werden im oberen Teil als Weide genutzt, im unteren Teil hingegen werden sie wieder, im Zuge der Landschaftspflege, als Mahdwiesen gepflegt. Nasswiesen und vier kleine Weiher bereichern die Talsohle.

Bergwiesen-arten
Auf frischen Standorten erkennen wir u. a. Bergwiesenarten wie Bärwurz, Große Sterndolde, Alantdistel, Perücken-Flockenblume, Wiesen-Knöterich, und Blutwurz. Auf gut durchfeuchteten Stellen der Talsohle bilden Gewöhnlicher Gilbweiderich, Kleiner Baldrian, Blasen- und Wiesen-Segge, Sumpf-Veilchen, Sumpf-Vergißmeinnicht, Flatter-Binse, Echtes Mädesüß,

kleine Wald-sümpfe
Sumpf-Dotterblume und weitere Arten kleine Waldsümpfe. Am Bachrand ist Hohler Lerchensporn und Seidelbast im Frühjahr auffällig, im Sommer dann der Wald-Geißbart.

Schwarz-specht
Die Hänge des Hennersbacher Grundes tragen sowohl Fichtenforste als auch Laubmischwälder, darunter auch Bereiche mit alten Rot-Buchen, in welchen die arttypischen, hellklingenden Rufreihen des Schwarzspechtes zu hören sind.

Dank der kleinen Weiher und dem im Teilstau gehaltenen Rückhaltebecken sind Grasfrosch, Erdkröte und auch Bergmolch recht häufig anzutreffen. Typische Reptilien des Tales sind Kreuzotter, Ringelnatter und Waldeidechse.

Molchgrund  ②

Börnersdor-fer Bach
Den größten Teil seiner Strecke fließt der Börnersdorfer Bach auf seinem Weg von Breitenau, wo er erste Quellzuflüsse sammelt (die heute in Entwässerungsbecken der Autobahn gezwängt sind), bis zur Mündung in die Seidewitz durch den „Molchgrund".

natürliche Dynamik
Unterhalb von Börnersdorf beginnt sich der Bach mehr und mehr in den Talgrund einzuarbeiten. Dabei zeigt er im Molchgrund recht eindrucksvoll das Wesen eines Baches in der Berglandstufe. So ist die natürliche Dynamik, an Hand der hier gut und reichlich ausgebildeten Mäander, erkennbar. Eine Eigenart, welche aus wirtschaftlichen Gründen oft unterbunden wird. Beim Börnersdorfer Bach gibt es noch das ungezügelte Spiel zwischen Prall- und Gleithängen, die Abflussgeschwindigkeit ist geringer als bei einem ausgebaggerten Bachbett, das Schadensrisiko im Hochwasserfall mithin weniger groß.

Bacherlen-wald
In heute ungenutzten Bereichen der Molchgrund-Auwiesen entwickelt sich wieder ein natürlicher Bacherlenwald. Auf durchnässter Talsohle hat sich unter den Schwarz-Erlen eine Gesellschaft ausgebildet mit Arten wie

Kopfweiden Sumpf-Dotterblume, Wald-Engelwurz, Sumpf-Pippau, Sumpf-Hornklee, Bitteres Schaumkraut und Sumpf-Vergissmeinnicht. Etwa 35 Kopfweiden (Bruchweiden) vervollständigen das Bild des Molchgrundes.

mehrere Teiche Sehr schmückend präsentieren sich in der Talsohle mehrere Teiche (die meisten erst in den letzten Jahren wieder angelegt) mit gut ausgebildeter Verlandungszone (u.a. Wasserschwertlilie, Breitblättriger Rohrkolben, Wasserhahnenfuß). Sie bieten Lebensraum für die Große Wasserspitzmaus und den Bergmolch. Die Teiche sind außerdem wertvolle Laichplätze für Grasfrosch und Erdkröte.

Immergrün Zu beiden Seiten, an den Hängen des Molchgrundes, sind im Laubwald vor allem Eiche und Birke vertreten. Am östlichen Talhang überzieht stellenweise das Immergrün den Waldboden. Dazu ist der Seidelbast häufig vorhanden. Auch der Gefleckte Aronstab, häufig im mittleren Seidewitztal, hat hier noch einen entlegenen Standort inmitten weiterer Frühblüher.

Rehschuhberg Kurz bevor der Börnersdorfer Bach Liebstadt und die Seidewitz erreicht, zu Füßen des Rehschuhberges, erinnert eine Informationstafel an die Zeiten, als hier die gutsherrschaftlichen Schafherden auf die Fluren der ehemaligen Siedlung Lichtenberg getrieben wurden. Die Schlossherren hatten 1568 die Felder und Wälder des bereits im 15. Jahrhundert aufgegebenen Dorfes in ihren Besitz gebracht und hier ein Vorwerk mit später über 1000 Schafen **Schafzucht** eingerichtet. Die Liebstädter Schafzucht gehörte zu den bedeutendsten der Region, bis in der zweiten Hälfte des 19. Jahrhunderts billige Wollimporte aus Übersee zum raschen Niedergang führten. Danach wurden die von Schafbeweidung geprägten Grünlandflächen vorrangig als Heuwiesen genutzt, was die Artenvielfalt zunächst bewahren, möglicherweise sogar steigern konnte. In den letzten Jahrzehnten führten jedoch intensive Rinderweide, verbunden mit hohen Düngemittelgaben, zu drastischer floristischer Verarmung der allermeisten Flächen.

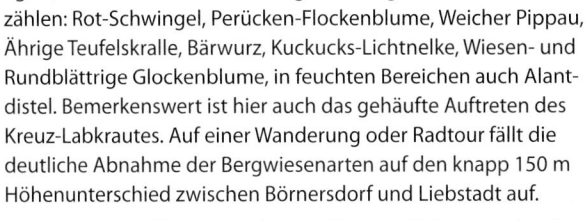

Abb.: Ährige Teufelskralle Die Wiesenhänge entlang der Molchgrundstraße beherbergen, neben Stickstoffzeigern wie Giersch, Stumpfblättriger Ampfer, Wiesen-Fuchsschwanz und Knaulgras, trotzdem noch etliche Berg- und Magerwiesenarten. Dazu

zählen: Rot-Schwingel, Perücken-Flockenblume, Weicher Pippau, Ährige Teufelskralle, Bärwurz, Kuckucks-Lichtnelke, Wiesen- und Rundblättrige Glockenblume, in feuchten Bereichen auch Alantdistel. Bemerkenswert ist hier auch das gehäufte Auftreten des Kreuz-Labkrautes. Auf einer Wanderung oder Radtour fällt die deutliche Abnahme der Bergwiesenarten auf den knapp 150 m Höhenunterschied zwischen Börnersdorf und Liebstadt auf.

Die meisten der Wiesen werden seit längerer Zeit nur noch sehr spät im Jahr oder gar nicht mehr gemäht. Sie verfilzen, einige wenige Arten wie Weiches Honiggras, Rotes Straußgras, Gras-Sternmiere und Kanten-Hartheu gelangen zur Dominanz. Dennoch konnten, dank Naturschutz-Mahd, an einigen Stellen Sterndolde, Großer Wiesenknopf und sogar Trollblume erhalten werden, letztere allerdings in wenig hoffnungsvoller Bestandesgröße.

Schloss und Park Kuckuckstein

Das Schloss liegt sehr reizvoll auf einem Bergsporn über dem Städtchen und erhielt seinen Namen erst in der romantischen Zeit. Die Familie von Carlowitz hatte 157 Jahre Schloss und Rittergut in Besitz. In Ihrer Zeit wurde das Schloss neugotisch umgestaltet und 1800 auch eine Freimaurerloge errichtet.

Museum

2007 wurde die Schlossanlage von der Stadt an einen Privateigentümer verkauft, so dass derzeit die Zukunft des Museums ungewiss ist.

Land-schaftspark

Der Waldbereich oberhalb der Schlossanlage wurde um 1774 als Park gestaltet. Man fügte dazu auch einen Pavillon und Steingrotten ein. In der Zeit der Romantik ist er dann 1818, entsprechend dem herrschenden Zeitgeist, zu einem Landschaftspark im englischen Stil umgestaltet worden. Heute erstreckt sich der Schlosspark mit einer Ausdehnung von 600 m quer am Berghang und verfügt über etwa zwei Kilometer Parkwege, mit vielen gesetzten und aus dem Fels gearbeitete Stufen. Dazu sichern mehrere Trockenmauern die Wege.

Hoher Baumbestand bedeckt die gesamte Parkfläche. Im nördlichen Teil herrscht Rot-Buche vor, mit nur gering ausgebildeter Strauchschicht. Der südliche Teil ist steiler und wird mehrfach vom anstehenden Fels durchragt. Hier überwiegt Trauben-Eiche, der aber auch Rot-Buche und Wald-

Kiefer beigemischt sind. Der Wald weist in der nur teilweise ausgebildeten Krautschicht vor allem Draht-Schmiele, Glattes Habichtskraut, Schmalblättrige Hainsimse, Gemeine Goldrute, Maiglöckchen sowie, im Felsbereich, Kleinen Ampfer und Heidekraut auf. Obwohl es sich um eine Parkanlage handelt, kommt die Vegetation den hier natürlicherweise zu erwartenden Verhältnissen eines bodensauren Traubeneichen-Buchen-Waldes sehr nahe.

Einer der besonders ausgebildeten Bäume des Parks ist die „Alte Eiche" am Weg aufwärts nach Herbergen. Viel ist von ihr im Laufe der Zeit nicht mehr erhalten. Nur noch ein 1,75 m breiter, halbschalenförmiger Außenrandbereich hält den Traubeneichen-Methusalem am Leben. Diese Halbschale ist dennoch unerwartet stabil und trägt noch weitausladende Äste mit grünem Laubwerk.

 Kleine Bastei

Zwischen Liebstadt und der unterhalb liegenden Schneckenmühle hat die Seidewitz auf gut zweieinhalb Kilometern Länge ein sehr markantes Kerbtal herausgearbeitet. Hier hat sich der Bach zunächst durch Quarzporphyr (= Rhyolith) gearbeitet, dann in den, ebenfalls von einigen schmalen Porphyrriegeln durchzogenen, Grauen Gneis eingetieft. Etwa 100 m oberhalb dem Fahrstraßenabgang nach Seitenhain steigt ein Wanderweg, anfänglich

Felsrippen

Aussichts-punkt

als „Weiberrutsche" gekennzeichnet, den Hang empor und führt dann als Fußsteig am Steilhang entlang, vorbei an einer Reihe von Felsrippen. Eine dieser markanten Felsvorsprünge ragt als Aussichtspunkt „Kleine Bastei" gut 80 m über dem Niveau des Flusslaufes auf.

Geröllfelder

Extrem-standort

über 50 Eiben

Zwischen diesen Klippen breiten sich bis 20 m breite, steile Block- und Geröllfelder (um 40 % Gefälle) aus. Teils bedecken sie die ganze Hanglänge bis hinab zur Fahrstraße. Die Steilhanglage mit beständiger Überrollung des Geländes und intensiver Sonneneinstrahlung sowie der daraus resultierende Mangel an Wasser, Boden und Humus ergeben einen Extremstandort für die Pflanzenwelt. So hat sich hier ein Trockenwald aus Trauben-Eiche, Wald-Kiefer, Hänge-Birke, Hasel und Eberesche ausgebildet. Im Geröllfeld konnten sich einzelne, mehrstämmige Sommer-Linden behaupten. Als besonderer Schmuck des Gebietes gedeihen hier und im Umfeld über 50 Eiben, oft in der typischen Gabelwüchsigkeit, doch auch einzelstämmig mit gut 70 cm Umfang und bis zu neun Metern Höhe. Der ebenfalls geschützte Wacholder hingegen ist heute auf den Felsen nur noch selten zu finden.

Färber-Ginster

Tüpfelfarn

Entsprechend der mageren, trockenen Standortbedingungen am Bastei-Hang präsentiert sich auch die Krautschicht mit Heidekraut, Echter Goldrute, Draht-Schmiele, Schaf-Schwingel, Schwärzendem Geißklee, Färber-Ginster und Besenginster. Im Geröllfeld wächst der seltene Trauben-Gamander. In den Höhlungen der Geröllfelder ist die Schwefelflechte zu finden, neben mehreren anderen Flechten- und Moosarten. Eine Ausbildung der Silikatfelsenvegetation zeigt Tüpfelfarn, Braunstieligen Streifenfarn, Nördlichen Streifenfarn und Mauerraute.

Von der „Bastei" bietet sich ein reizvoller Ausblick, unter anderem hinüber zum ausgedehnten Laubwaldhang des „Roten Busches", auf der anderen Seite des Tales.

sehr alte und dennoch vitale Rot-Buchen

Der Wanderweg durch die „Kleine Bastei" sollte unbedingt in Richtung Liebstadt durchlaufen werden. Gibt er doch die heutzutage recht seltene Gelegenheit, etwa 25 sehr alte und dennoch vitale Rot-Buchen zu betrachten. Die Baumriesen haben Stammumfänge bis zu 4,50 m.

Roter Busch

Links der Seidewitz, zwischen Liebstadt und Schneckenmühle, breiten sich der „Rote Busch" und die „Eichleite" aus. Getrennt werden beide durch die vom Seidewitztal aufwärts nach Seitenhain führende Straße. Insgesamt ähnelt der von Felsen durchsetzte Hang dem der Kleinen Bastei auf der gegenüberliegenden Seite. Hier, im Bereich der „Kalten Wiese" (feuchte Senke, heute weitgehend mit Gehölzen bewachsen), befindet sich eines der natürlichen Hauptvorkommen der Eibe im Seidewitztal, sowohl als Einzelbaum (mit bis zu einem Meter Stammumfang), als auch als Baumgruppen. Da diese Baumart sehr langsam wächst, lässt sich auf ein beachtliches Alter schließen.

Entlang des Wanderweges bereichern etwa 30 alte Rosskastanien und mehrere sehr alte Linden (bis 2,90 m Stammumfang) das Waldbild. Auf der „Kalten Wiese" blüht im Frühling zahlreich die Hohe Schlüsselblume. Bis zum Bachrand hinab zeugen Mondviole, Einbeere, Bingelkraut, Süße Wolfs-milch, Vielblütige Weißwurz, Waldmeister, Hohler Lerchensporn, Aronstab,

reiche Laub-waldvege-tation

Frühlings-Platterbse und Seidelbast von einer reicheren Laubwaldvegetation. Im Mai ist recht häufig die Rufreihe der Hohltaube zu hören, die hier die Baumhöhlen eines alten Buchenbestandes nutzt.

Lehrpfad

Nach einem verdienstvollen Liebstädter Lehrer und Heimatforscher wurde der hier verlaufende, mit einzelnen Informationstafeln versehene Weg als „Walter-Jobst-Lehrpfad" benannt. Der 5,5 km lange Lehrpfad beginnt am Markt von Liebstadt, führt an der sehenswerten, über 500 Jahre alten Kirche vorbei, zunächst durch naturnahen Laubmischwald, dann am Rande des „Roten Busches" in Richtung „Rotes Vorwerk". Dass es sich um einen sehr alten, früher häufig benutzten Wirtschaftsweg handelt, erkennt man an der teilweisen Eintiefung als Hohlweg.

Hier, im Randbereich des Laubwaldes, stehen einzelne starke Rot-Buchen. Weithin bekannt war das Naturdenkmal „Vierlingsbuche" – bis 2007 der Sturm Kyrill dem über 250 Jahre alten Baum nur noch einen seiner vier Stämme beließ. Mit 6,90 m Umfang handelte es sich um einen der dicksten Bäume des Ost-Erzgebirges. Jedoch verdienen auch die anderen 15 Buchenveteranen durchaus Beachtung, die immerhin noch Stammumfänge von 3 bis 5 Metern aufweisen. Nur 25 m neben

Abb.: Vier-lingsbuche vor dem Sturm

der Vierlingsbuche steht deren „Zwillingsschwester", bei der ebenfalls vier Stämme verwachsen sind. Und obwohl die beiden äußeren Stämme nur etwa 40 cm Durchmesser haben, übertrifft der Gesamtbaum sogar den Umfang der „richtigen" Vierlingsbuche noch um 20 cm. Aber auch die 12 Linden, die den Weg säumen, beeindrucken mit beachtlichen Dimensionen und offenbar recht hohem Alter.

Weiße Marter

Das Rote Vorwerk, bereits 1461 erwähnt, diente einstmals auch der Liebstädter Herrschaft zur Schafzucht. 100 m westlich des Vorwerkes, an der Straße Berthelsdorf – Seitenhain, erweckt eine alte Steinsäule mit einer kleinen, gotischen Höhlung das Interesse des Wanderers. Diese Sandstein-säule wurde früher als „Weiße Marter" bezeichnet und soll eine Betsäule sein, in welcher ein Heiligenbild (oder ähnliches) angebracht war. Hier verlief im 17./18. Jahrhundert ein Pilgerpfad zur Wallfahrtskirche von Maria-schein/Bohosudov.

Naturschutzgebiet Mittleres Seidewitztal 6

geologische Vielgestaltigkeit

Die geologische Vielgestaltigkeit des Elbtalschiefergebirges, insbesondere die darin enthaltenen basischen Gesteine, lässt eine große Zahl verschiedener Pflanzengesellschaften und dementsprechend auch Pflanzenarten gedeihen. Entsprechend der Höhenlage unter 300 m über NN herrschen

Eichen-Hainbuchenwälder

Eichen-Hainbuchenwälder vor. Neben den namensgebenden Trauben-Eichen und Hainbuchen wachsen hier stellenweise auch Sommerlinden, Sand-Birken und andere Gehölze. Die ehemals mittel- und niederwaldartige Nutzung der Bestände ist noch heute in vielen Fällen an verdickten Stammfüßen oder mehrstämmigen Bäumen ersichtlich. Eine Ausnahme bilden die Bestände am rechten Talhang südlich vom Kalkwerk mit ausgesprochen alten und kräftigen Exemplaren.

Während die Baumschicht recht einheitlich ist, zeigt die Krautschicht deutliche Unterschiede der Standortsbedingungen an. Man kann unterscheiden zwischen einer Ausbildungsform über kalkarmem Gestein im Norden und Süden des Gebietes sowie einer über kalkreicheren Böden im zentralen Teil.

Säurezeiger

Erstere sind geprägt durch Säurezeiger wie Weiches Honiggras, Schmal-

basenreichere Variante

blättrige Hainsimse, Draht-Schmiele oder Maiglöckchen; unter dichtem Kronendach kann die Bodenvegetation auch sehr spärlich sein. Die basenreichere Variante wird demgegenüber von einer Vielzahl anspruchsvoller Laubwaldarten gebildet, unter anderem: Haselwurz, Waldmeister, Einblütiges Perlgras, Bingelkraut und Leberblümchen.

orchideenreiche Ausbildungsform

Als einzigartig für Sachsen gilt die im Gebiet der alten Kalkbrüche vorkommende, wärmeliebende und orchideenreiche Ausbildungsform des Eichen-Hainbuchenwaldes (genauer: des Labkraut-Hainbuchen-Traubeneichen-waldes – *Galio-Carpinetum*). Unter einer Baumschicht aus Winter-Linde, Trauben-Eiche und Hainbuche sowie einer Strauchschicht mit Blutrotem Hartriegel und Vogel-Kirsche findet man hier beispielsweise Wald-Labkraut, Hain-Wachtelweizen, Wald-Wicke, reichlich Efeu und Frühlings-Platterbse,

Breitblättriger Sitter

sowie einzelne Exemplare der Waldorchideen: Breitblättriger Sitter und Bleiches Waldvöglein. Kleinflächig sind in den Kalkbrüchen sogenannte

Kalkschuttgesellschaften

Kalkschuttgesellschaften vorhanden – mit wiederum einer ganz besonderen Pflanzenwelt.

Auf sehr flachgründigen, sauren Böden in steilen Hanglagen bleiben die Hainbuchen und die anderen, anspruchsvolleren Baumarten zurück. Hier können sich nur krüppelförmige Trauben-Eichen und Birken halten. Außer den bereits genannten, gegenüber sauren und mageren Böden toleranten Gräsern wächst hier noch Heidelbeere sowie eine stellenweise stark ausge-

Moos- und Flechtenvegetation

prägte Moos- und Flechtenvegetation. Als Besonderheit kommen an einer Stelle auf einem südexponierten Felshang die in Sachsen stark gefährdeten Arten Katzenpfötchen und Arnika vor.

Auf ausgehagerten (nährstoffarmen), nach Süden gerichteten Steilhängen über basenreichem Ausgangsgestein hingegen gedeihen Geißklee-Eichenwälder. Man trifft solche Bestände am rechten Seidewitzhang unterhalb des Kalkbruches und am Südhang des Biensdorfer Tälchens. Die lichte Baumschicht wird auch hier von der Trauben-Eiche gebildet, allerdings treten strauchförmig auch Hainbuche und Esche hinzu. Außerdem wachsen in der Strauchschicht Hasel, Blutroter Hartriegel und Kreuzdorn. In der artenreichen Krautschicht überwiegen licht- und wärmeliebende, jedoch trockenheitertragende Pflanzen, so z. B. Dürrwurz-Alant, Nickendes Leimkraut, Bunte Kronwicke, Braunroter Sitter, Pfirsischblättrige Glockenblume, Großblütiger Fingerhut, Wirbeldost, Färber-Ginster und Schwärzender Geißklee.

Braunroter Sitter

Besser mit Wasser versorgte Waldstandorte tragen von Edellaubhölzern (Linden, Ahorn, Eschen, teilweise auch Ulmen) geprägte Waldgesellschaften. Die Bestände, die von den Vegetationskundlern die etwas umständliche Bezeichnung „Ahorn-Eschen-Schlucht- und Schatthangwälder" bekommen haben, wachsen an kühl-feuchten Standorten nordexponierter Tälchen und Hangfußbereiche. Linden-Blockhangwälder stocken kleinflächig auf schattigen, schuttreichen Talhängen.

Ahorn-Eschen-Schlucht- u. Schatthangwälder

Als Wiesen genutzte (bzw. früher genutzte) Südhangbereiche, v. a. im Biensdorfer Tälchen, werden von trockenen Magerrasen eingenommen, u. a. mit Pechnelke, Thymian und Heide-Nelke, in geringem Umfang sogar von echten Trockenrasen der seltenen Grasnelken-Rotschwingel-Gesellschaft.

Magerrasen

Die Vielfalt an Lebensräumen im Mittleren Seidewitztal spiegelt auch eine beachtliche Artenfülle an Insekten wider. Unter den Tagfaltern wurden Raritäten wie Märzveilchen-Perlmutterfalter, Kaisermantel, Spanische Flagge und Sonnenröschen-Bläuling nachgewiesen, bei den Heuschrecken sind der Feld-Grashüpfer und die Gestreifte Zartschrecke hervorzuheben. Letztere erreicht im Gebiet ihre nordwestliche Verbreitungsgrenze.

Artenfülle an Insekten

Abb.: Kaisermantel

Wanderziele in der Umgebung

Erlichtteich

In der Feldflur nördlich von Göppersdorf befindet sich der Erlichtteich, mit etwa 1,5 ha Wasserfläche einer der größten Teiche an der östlichen Erzgebirgsflanke. Er speichert das zufließende Wasser in einer, während der Eiszeit gebildeten, großen Mulde, welche sich zwischen „Rotem Berg" und dem Ort Herbergen ausbreitet. Entsprechend seiner Naturausstattung und Leistungen für den Naturhaushalt wurde er 1979 als Flächennaturdenkmal „Erlichtteich Herbergen" unter Schutz gestellt.

Flächenna-turdenkmal

Wegen der jahrelangen intensiven Ackerwirtschaft im Umfeld ist das Wasser meist trüb und erheblich mit Nährstoffen angereichert. Auch der (zu) hohe Fischbesatz des Erlichtteiches trägt zu den vielen Schwebstoffen bei. Am Ufer hat sich ein Röhrichtsaum aus Schmalblättrigem Rohrkolben und Großseggen ausgebildet, der den Teich für Wasservögel besonders attraktiv macht. Zu den Brutvögeln zählen hier Stockenten, Bless- und Teichrallen, Zwergtaucher und Rohrammer. Kiebitze und Braunkehlchen brüten im näheren Umfeld. Auch der Fischadler wurde schon beobachtet. Darüber hinaus ist der Teich ein regional wertvoller Laichplatz für Erdkröte, Grasfrosch und Teichfrosch. Fledermäuse nutzen an den Sommerabenden das große Insektenangebot über der Wasserfläche.

Röhricht-saum

Wasservögel

Laichplatz

Fleder-mäuse

Die über einen Damm durch die feuchte Mulde führende „Alte Dresden-Teplitzer Poststraße" ist der Auslöser für die Bildung des Erlichtteiches gewesen. Eine Meilensäule von 1729 am südlichen Teichrand erinnert an den historischen Reiseweg.

Heute allerdings ist ein Besuch des Erlichtteiches kaum noch zu empfehlen. Laut lärmend ziehen Transit-Lkw auf der neuen Autobahn A17 über das Einzugsgebiet westlich des Gewässers. Um die gravierend-negativen Auswirkungen dieses Bauwerks und des darüber rollenden Verkehrs abzumildern, soll im Rahmen sogenannter „Kompensationsmaßnahmen" auf den umliegenden Flächen das derzeit überwiegend artenarme, eutrophe Grünland wieder zu artenreichen Wiesen entwickelt werden. Möglicherweise wird dann das Wasser auch wieder klarer – so wie es früher mal war.

Autobahn A17

Feuchtgebiet bei Waltersdorf

Südlich von Waltersdorf befindet sich das Quellgebiet von Trebnitz, Döbraer Bach und der Seidewitz. Hier verläuft auch ein Verbindungsweg zwischen Waltersdorf und Walddörfchen. Auf halber Wegstrecke überquert er die Wasserscheide des Döbraer Baches und der Seidewitz. In diesem Bereich, wo ehemals flachgründig Lehm entnommen wurde, befinden sich zwei größere Flachwasserstellen. Diese Wasserflächen mit ca. 0,5 ha sowie

größere Flachwas-serstellen

Lurche und Kriechtiere

die umliegenden, frischen bis sumpfigen Grünlandflächen und Feldgehölze haben sich im Laufe der Zeit zu einem wertvollen Lebensraum inmitten der Agrarlandschaft entwickelt. Besonders groß ist der Wert für Lurche und Kriechtiere. Berg- und Teichmolch, Grasfrosch, Erdkröte und Waldeidechse haben hier ihren Lebensraum. Als bemerkenswerter Außenseiter für diese Gegend wurde auch der Teichfrosch beobachtet.

Sumpfblutauge

Flächen mit Breitblättrigem Rohrkolben und Ästigem Igelkolben bilden eine Röhrichtzone. Die heimische Pflanzenwelt ist hier mit ca. 100 Arten vertreten, so u. a. mit mehreren Binsen- und Seggenarten, mit Sumpf-Simse, Sumpf-Dotterblume, Kuckucks-Lichtnelke, Europäischem Siebenstern und Schmalblättrigem Wollgras. Als Charakterpflanze des Feuchtgebietes soll das Sumpfblutauge genannt werden, welches sonst im östlichen Ost-Erzgebirge ausgesprochen selten vorkommt. Trockenere Bereiche tragen auch Bergwiesenarten wie Perücken-Flockenblume und Berg-Platterbse.

Libellen

Für die Libellenfauna sollen Vierfleck-Libelle, Herbst-Mosaikjungfer sowie Gemeine und Gefleckte Heidelibelle genannt werden.

Flächennaturdenkmal

Als „Feuchtgebiet bei Waltersdorf" wurde der Biotopkomplex 1988 mit 4,5 ha Fläche als regional wertvolles Flächennaturdenkmal unter Schutz gestellt.

Botanische Sammlungen Zuschendorf

Landschloss Zuschendorf

Im unteren Seidewitztal, etwa einen Kilometer, bevor im Pirnaer Stadtteil Zehista von rechts die Bahre zufließt, befindet sich das Landschloss Zuschendorf. Bereits um 1730 wurde dort der erste Garten angelegt. Heute befinden sich hier die „Botanischen Sammlungen der TU Dresden". Den

Kamelien

Schwerpunkt bildet die Erhaltung von etwa 200 Kameliensorten, welche in Gewächshäusern mit ca. 1000 m² Grundfläche kultiviert werden. Die ältesten Kamelienbäume sind bereits über 100 Jahre alt und damit „Museumsstücke" besonderer Art. Neben dieser Attraktion werden aber auch viele Sorten von Azaleen, Hortensien und Efeu gesammelt. Im Sommerhalbjahr vermittelt der 1,5 Hektar große Park einen Hauch von Ostasien. Eine große

Bonsai

Zahl verschiedener Bonsai stehen dann entlang der Parkwege und bereichern das Schaugelände.

Quellen

Jobst, Walter; Grundig, Heinz (1961): **Um Gottleuba, Berggießhübel und Liebstadt**, Werte der deutschen Heimat 4

Kastl, Christian (1978): **Dokumentation der geschützten Wiesenflächen im NSG Oelsen** – Institut für Landschaftsforschung und Naturschutz, Arbeitsgruppe Dresden, Unveröffentliches Manuskript

Weber, Jens u.a. (1972):
Schutzwürdigkeitsgutachten für das geplante Naturschutzgebiet „Seidewitztal", Naturschutzbund Sachsen, unveröffentlicht

Text: Jens Weber, Bärenstein (Ergänzungen: Jan Kotera, Teplice; Holger Menzer, Paulsdorf; Christian Kastl, Bad Gottleuba)

Fotos: Reimund Franke, Raimund Geißler, Holger Menzer, Jürgen Steudtner, Jens Weber

Quellen der
Müglitz

Quellbereiche mit Nasswiesen und Moorresten
Steinrückenlandschaft; Zeugnisse ehemaligen Zinnbergbaus
Birkhuhn, Wachtelkönig, Braunkehlchen, Bekassine

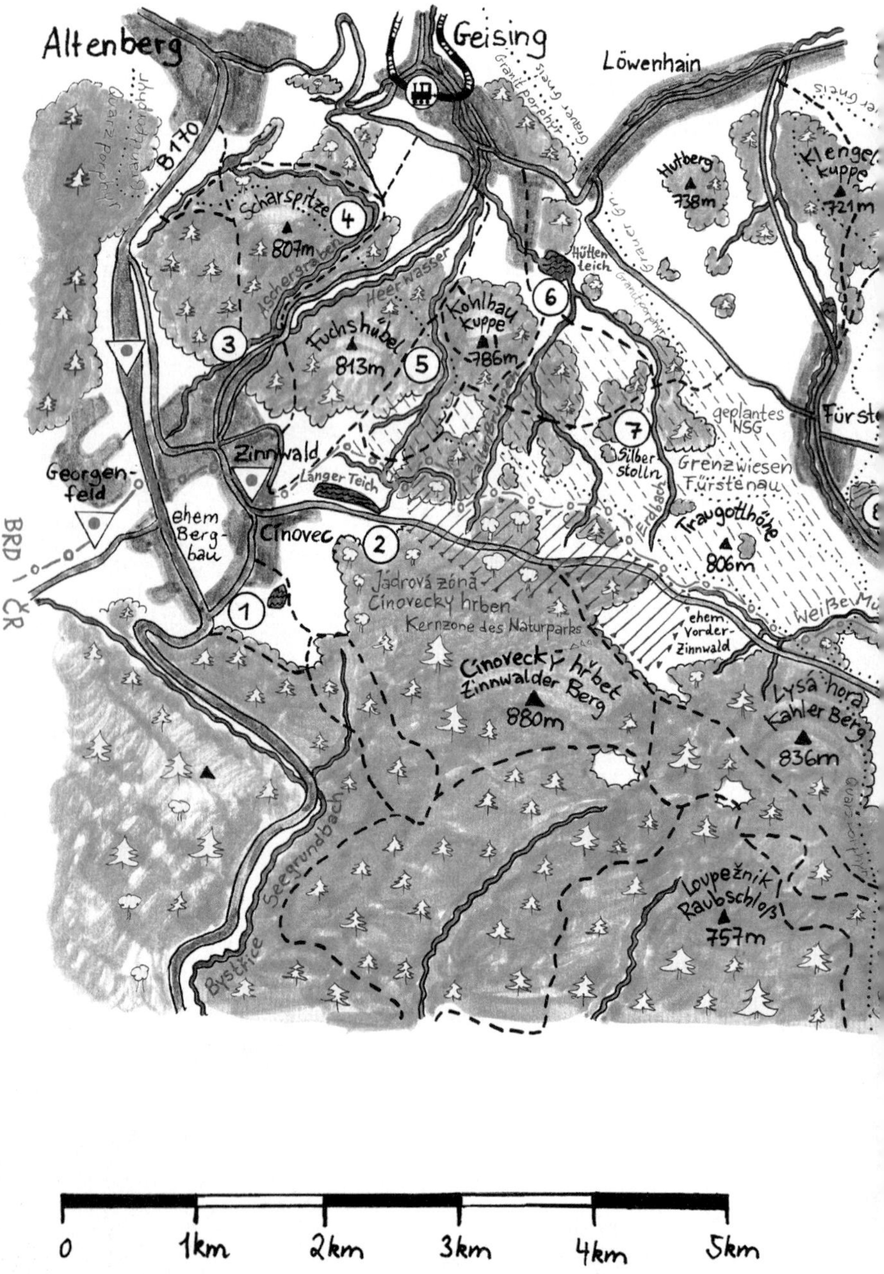

Altenberg

Geising

Löwenhain

Graser Gneis

Granitporphyr

Klengel kuppe
721m

Hutberg
738m

BRD / ČR

B 170

Quarzporphyr

Quarzporphyr

Scharspitze
807m
④

Aschergraben

Heerwasser

Hüttenteich

Kohlhau kuppe
786m
⑤

⑥

geplantes NSG

Fürste

③

Fuchshübel
813m

Zinnwald

Langer Teich

Georgen-feld

ehem. Berg-bau

Čínovec

②

Silber stolln

⑦

Grenzwiesen Fürstenau

Traugotthöhe
806m

⑧

Müglitz

Grenzbach

Weiße M...

ehem. Vorder-Zinnwald

①

Jádrová zóna
Cínovecky hřben
Kernzone des Naturparks

Cínovecky hřbet
Zinnwalder Berg
880m

Lysá hora
Kahler Berg
836m

Quarzporphyr

Seegrundbach

Bystřice

Loupežník
Raubschloß
757m

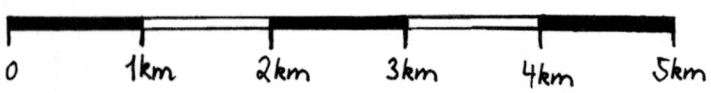

0   1km   2km   3km   4km   5km

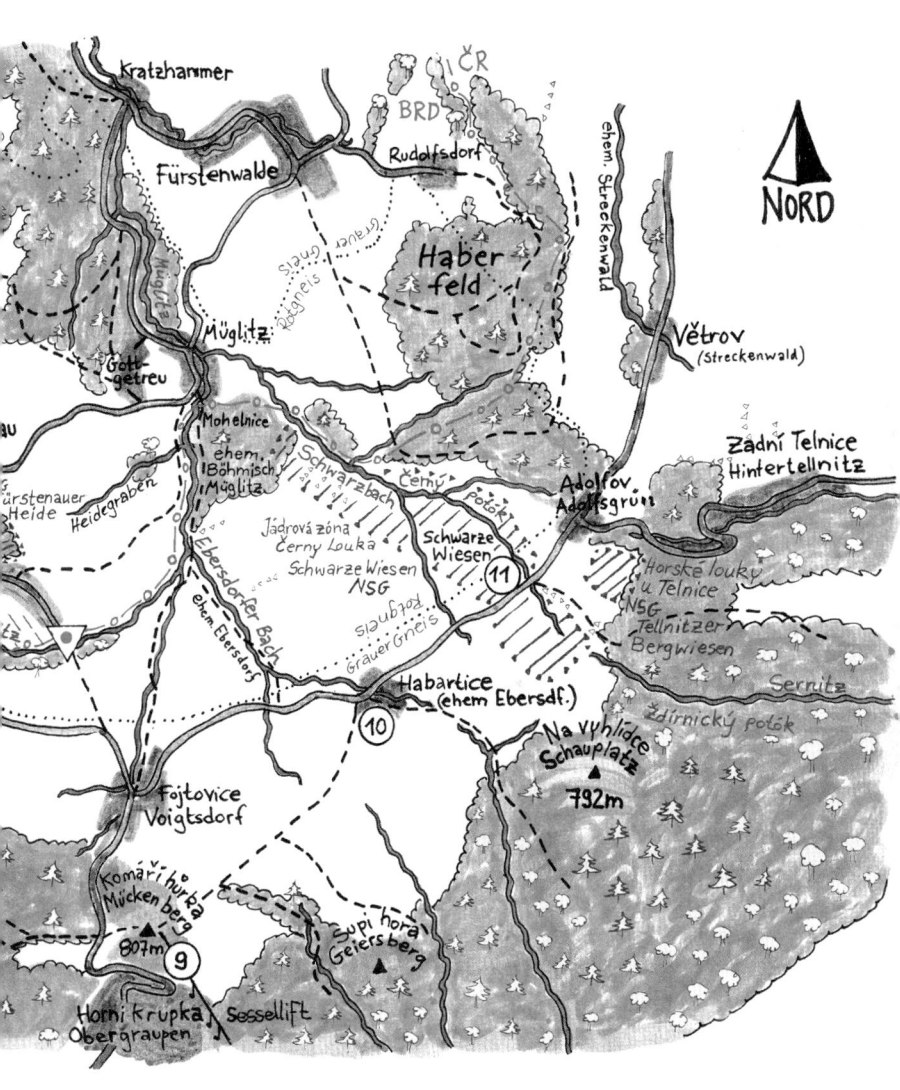

An den Quellen der Müglitz

(1) *Bergbauhalde Cínovec*

(2) *Langer Teich und Naturpark-*
       Kernzone „Zinnwalder Berg"/
       Jádrová zóna PP Cínovecký hřeben

(3) *Besucherbergwerk*
       Tiefer-Bünau-Stolln

(4) *Aschergraben*

(5) *Kohlhaukuppe und Pfarrwiesen*

(6) *Wiesen am Hüttenteich*

(7) *Silberstolln*

(8) *Fürstenauer Heide*

(9) *Komáří hůrka/Mückenberg*

(10) *ehemalige Ortslage Ebersdorf/*
        Habartice

(11) *Černá louka / Schwarze Wiesen*

Die Beschreibung der einzelnen Gebiete folgt ab Seite 580

Landschaft

Böhmische Nebel

Rau und karg wirkt die Landschaft im Schatten von Cínovecký hřbet/Zinnwalder Berg (881 m üNN), Lysá hora/Kahler Berg (836 m üNN) und Komáří hůrka/Mückenberg (808 m üNN). Besonders wenn im Herbst oder Winter mitunter tagelang der „Böhmische Nebel" über die Sättel zieht und eisiger Wind die Moorbirken und Ebereschen peitscht, dann kann es hier richtig ungemütlich sein.

Abb.: Haferernte in Zinnwald
(Archiv Osterzgebirgsmuseum Lauenstein)

Und dennoch versuchten Menschen schon zu Beginn der Erzgebirgsbesiedlung, den mageren Böden einen Lebensunterhalt abzutrotzen. Fürstenau und Fürstenwalde, Voitsdorf/Fojtovice und Ebersdorf/Habartice wurden bereits im 13. Jahrhundert gegründet. Trotz der Höhenlage um 700 m und der überwiegend wenig ackerfreundlichen Ausanggesteine (Quarzporphyr/Rhyolith im Westen, Granitporphyr/porphyrischer Mikrogranit im Zentrum sowie Rotgneis/Metagranit im Osten) waren die ersten Siedlungen landwirtschaftlich orientiert. Ihre Fluren zeigen noch heute

kilometer-lange Stein-rücken

den Charakter typisch erzgebirgiger Waldhufendörfer. Teilweise kilometerlange und meterhohe Steinrücken begrenzen die einzelnen Hufenstreifen und verschaffen der Landschaft somit ein interessantes Muster – außerdem reichlich Lebensräume für Pflanzen und Tiere, die woanders längst selten geworden oder ganz verschwunden sind. Während der Blüte Ende Mai und der Fruchtreife im September ergeben die vielen Ebereschen auf den Steinrücken einen reizvollen Farbkontrast.

Bergbau

Recht bald nach der Gründung der Dörfer wurde auch der Bergbau wichtig. Zur Aufarbeitung Lauensteiner Eisenerzes entstand der Fürstenwalder Ortsteil Kratzhammer. Daran erinnert heute noch die „Hammerschänke". Der Bergbau auf das „fürtreffliche" Eisen währte aber nur zwei Jahrhunderte.

Zinnerz

Fojtovice/Voitsdorf hingegen liegt im unmittelbaren Umfeld des Mückenberges, wo der mitteleuropäische Zinnerz-Bergbau zu Beginn des 13. Jahrhunderts seinen Anfang nahm. Das Mückentürmchen – ein Nachbau des alten Glockenturmes, von dem aus einst die Bergleute zur Schicht gerufen wurden – ist das Wahrzeichen der Gegend. Um 1400 begann auch die Erschließung von Zinnerz-Lagerstätten einige Kilometer westlich – es entstanden die Ortschaften Vorder- und Hinter-Zinnwald/Cínovec. Geologische Grundlage des Zinnwalder Bergbaus ist ein anstehender Granitstock von reichlich 1 km Länge und etwa 300 m Breite.

Oberflächenwasser

Um das Erz über weite Strecken transportieren zu können, musste es vorher vom tauben Gestein getrennt werden. Die dazu erforderlichen Pochwerke und Erzwäschen benötigten einen mehr oder weniger regelmäßigen Zufluss an Oberflächenwasser zum Antreiben der technischen Anlagen. Am steilen Südabhang des Gebirges sind die Bäche zwar gefällereich, haben aber nur ein kleines Einzugsgebiet und damit eine sehr veränderliche Wasserführung. Der Kammbereich hingegen ist weitgehend flach, von Natur aus moorig, aber nur von wenigen natürlichen Wasserläufen durchzogen. Erst weiter nördlich sammelt sich das abfließende Wasser in Bächen. Heerwasser, Pfarrwasser, Kalter Brunnen und Erdbach fließen bei Geising zusammen und bilden von dort aus, gemeinsam mit dem von Altenberg zuströmenden Schwarzwasser, das Rote Wasser (mitunter auch Rote Müglitz genannt). Die eigentliche Müglitz (Weiße Müglitz) entspringt in der ehemaligen Dorflage von Vorderzinnwald, nimmt im weiteren Verlauf den Voitsdorfer Bach auf und schließlich auch den Schwarzbach an der kleinen Talsiedlung Müglitz. In Lauenstein vereinigen sich Rote und Weiße Müglitz.

Rote Wasser

Müglitz

Abb.: In der Siedlung Müglitz wurde Erz zerkleinert und das taube Material ausgewaschen.

Ab dem 15. Jahrhundert entwickelte sich Geising zunehmend zum regionalen Zentrum der Erzaufbereitung. Material aus Zinnwald, Altenberg und sogar vom Obergraupener Zinnrevier (Mückenberg) wurden hier zerkleinert und von unerwünschten Nebenbestandteilen gereinigt. Um den nötigen Wasserzufluss für den Bergbau zu gewährleisten, legte man einerseits Teiche an (Hüttengrundteich Geising, Langer Teich am „Toten Kind" in Cinovec/Böhmisch Zinnwald), führte andererseits über Gräben Moorwasser aus den Kammlagen zu den Bergbauorten (Aschergraben, bereits seit Mitte des 15. Jahrhunderts).

Pass am Geiersberg

Bereits seit dem Beginn der Besiedlung überquerten alte Handels- und Pilgerpfade auch diesen Teil des Erzgebirgskammes, vor allem über den Pass am Geiersberg/Supí hora (unmittelbar östlich des Mückenberges/Komáří hůrka) nach Mariaschein/Bohosudov mit der bekannten Wallfahrtskirche (heute Stadtteil von Krupka/Graupen). Im 17./18. Jahrhundert wurde die „Alte Dresden-Teplitzer Poststraße" genutzt. Sie führte, von Breitenau kommend, über Fürstenwalde, querte an den Schwarzen Wiesen (südwestlich des Haberfeldes) die Grenze nach Böhmen, verlief weiter nach Ebersdorf/ Habartice und schließlich über den Geierspass.

gutes, kräu-
terreiches
Gebirgsheu

Als der Erzgebirgskamm vor 150 Jahren dann immer besser durch Straßen erschlossen wurde, konnten die Bergbauern auch neue Märkte erschließen für das hier oben am besten gedeihende Landwirtschaftsprodukt: gutes, kräuterreiches Gebirgsheu. In der ersten Hälfte des 20. Jahrhunderts rollten im Sommer zweimal wöchentlich hoch beladene Planwagen auf den neuen „Chausseen", vor allem im Müglitztal, zum großen Heumarkt an der Dresdner Annenkirche, wo das Heu bei den städtischen Pferdefuhrunternehmen dankbare Abnehmer fand. Der jahrhundertealte, karge Selbstversorgungsackerbau trat zurück, immer mehr Flächen wurden in Mähwiesen umgewandelt. In kurzen, regenfreien Sommerwochen zog nahezu die gesamte männliche Dorfbevölkerung vor Sonnenaufgang mit Sensen auf die Wiesen der Dorffluren, während Frauen und Kinder tagsüber mit Rechen das gemähte Gras wenden mussten, bis es getrocknet war. Dann wurden die Halme „geschlotet" (zu langen Reihen zusammengeharkt), auf Ochsenwagen geladen und schließlich in die Scheunen eingefahren.

Sommer-
frischler

Gleichzeitig erschlossen sich auch mehr und mehr Sommerfrischler den Erzgebirgskamm und brachten die Kunde von den herrlich bunten Bergwiesen mit in die Städte.

Bekannt waren Geising und die umliegenden Orte seit jeher für ihre Erzgebirgsziegen, die hier fast jede Familie hielt. Die Erträge der Böden reichten nicht für Rinder, also galt die Ziege als „die Kuh des kleinen Mannes". Noch heute trägt die Stadt im Volksmund den Beinamen „Ziechngeisich". Mit dem alljährlichen Ziegenmarkt im Wildpark Hartmannmühle bemühen sich die Stadtväter, diesem Titel heute wieder gerecht zu werden.

Die Erzgebirgsziege

Die im Grenzraum zwischen Sachsen und Böhmen gehaltenen Ziegen galten als eigene Rasse. Die Tiere konnten unterschiedlich gefärbt sein, waren meist allerdings rehbraun mit schwarzem Streifen auf dem Rücken und schwarzen Unterbeinen. Bei echten Erzgebirgsziegen hatten die weiblichen Tiere keine Hörner. Ihre Euter waren kräftig und konnten im Jahr bis zu 800 Liter Milch geben.

Doch ob es heute noch echte Erzgebirgsziegen gibt, ist zweifelhaft. Zu DDR-Zeiten war der Bestand drastisch zurückgegangen, dennoch hielten einige Privatleute diese Tiere. Nach Grenzöffnung 1990 wurden jedoch andere Ziegenrassen, vor allem Frankenziegen, eingekreuzt. Als die Fachwelt auf das Problem aufmerksam wurde, war es wahrscheinlich schon zu spät - und die Erzgebirgsziege als eigenständige Rasse ausgestorben. Die noch existierenden Tiere werden von den Züchtern seit einigen Jahren nur noch als Typ der Bunten Deutschen Edelziege geführt.

Die schwierigen landwirtschaftlichen Verhältnisse brachten es mit sich, dass

große Teile seit Ende des 19. Jahrhunderts große Teile der Fluren aufgeforstet wurden.
der Fluren Dazu gehörten unter anderem die steilen Geisinger Leiten, nahezu ein Drit-
aufgeforstet tel des heutigen Waldes zwischen Kohlhaukuppe und Zinnwalder Berg,
sowie weite Bereiche um die Klengelkuppe und an den Müglitzhängen.
Erhebliche weitere Aufforstungen waren nach dem Hochwasser 1927 im
Gespräch – in der irrigen Annahme, ein Fichtenforst könne Wasser besser
zurückhalten als eine Bergwiese – und auch nach 2002 wurden wieder entsprechende Forderungen erhoben.

Eine schwere Zäsur ergriff den Erzgebirgskamm in den Jahren 1945/46.
Wie überall in Nordböhmen sollten die sudetendeutschen Bewohner der
böhmischen Erzgebirgsdörfer für die nationalsozialistischen Verbrechen
weitgehen- Deutschlands büßen und mussten innerhalb kurzer Zeit ihre Heimat ver-
de Entvöl- lassen. Das Ergebnis der Vertreibung war eine weitgehende Entvölkerung
kerung des des Kammgebietes. Vorderzinnwald, Ebersdorf, Böhmisch-Müglitz und
Kammge- Streckenwald wurden bis auf ganz wenige Reste vollkommen aufgegeben
bietes und weitgehend dem Erdboden gleichgemacht. Die einstigen Hofstätten
erkennt man heute noch an einigen Grundmauern, an erhaltenen alten
Dorfbäumen, an Gruppen von Salweiden und anderen Gehölzen, die sich
auf dem Bauschutt angesiedelt haben, sowie an Zierpflanzen wie Narzissen,
Schneeglöckchen, Flieder, Schneebeere und einigen mächtigen Rosskastanien. An anderen Orten versuchte die Regierung, Tschechen, Slowaken und
Roma anzusiedeln. In Cínovec benötigte man Arbeiter für den Bergbau, in
Fojtovice sollte Landwirtschaft betrieben werden. Viele der Hinzugezoge-
nen fanden aber keine Be-
ziehung zu der ihnen ver-
ordneten neuen Heimat und
haben diese inzwischen
wieder verlassen. Die Mehrzahl der Häuser in Cinovec
wird heute nur noch an
Wochenenden bewohnt.
Das erst im 19. Jahrhun-
dert gegründete Adolfov/
Adolfsgrün blieb als kleiner
Wintersportort erhalten.

Entsprechend wurde in der   *Abb.: Viele böhmische Dörfer des Erzgebirges*
zweite Hälfte des 20. Jahr-   *wurden dem Erdboden gleichgemacht - und*
hunderts auf den Landwirt-   *auch etliche der verbliebenen Häuser (hier in*
schaftsflächen der böhmi-   *Fojtovice) bieten ein trauriges Bild.*
schen Seite nur eine exten-
lag fast das sive Weidewirtschaft betrieben. Zwischen 1990 und etwa 2003/04 lag fast
gesamte das gesamte Offenland brach. Erst mit dem Beitritt der Tschechischen Re-
Offenland publik zur Europäischen Union scheint sich eine Bewirtschaftung wieder
brach etwas mehr zu rentieren.

intensive Landwirtschaft

Anders verhielt es sich nördlich der Grenze. Die intensive Landwirtschaft mit hohem Tierbesatz und entsprechenden Güllemengen, mit beträchtlichem Einsatz chemischer Dünge- und Pflanzenschutzmittel hat auf den Fluren deutliche Spuren hinterlassen. Artenreiche Berg- und Feuchtwiesen sind zurückgedrängt worden auf einige ortsnahe Lagen sowie sehr abgelegene, unzugängliche Flächen, wie etwa in den Quellgebieten von Erdbach und Kaltem Brunnen an der Grenze.

schwefeldioxidreiche Kraftwerksabgase

Nachdem bereits der Bergbau früherer Jahrhunderte große Teile der ursprünglichen Bergmischwälder vernichtet hatte, begannen seit etwa 1970 auch die an deren Stelle gepflanzten Fichtenforsten abzusterben. Die schwefeldioxidreichen Kraftwerksabgase aus den nordtschechischen Braunkohlerevieren reicherten sich vor allem im Winterhalbjahr im sogenannten Böhmischen Nebel an.

Blaufichten

Anstelle der abgestorbenen Fichten wurde in den meisten deutschen und tschechischen Forstrevieren mit Blaufichten und anderen Ersatzbaumarten aufgeforstet. Zinnwalder Berg/Cínovecký hřbet, Kahler Berg/Lysá hora und Haberfeld erscheinen heute überwiegend blau. Doch diese Aufforstungen waren nicht überall erfolgreich. Auf vielen Waldböden entwickelten sich seither Birken- und Ebereschen-Pioniergehölze, die mitunter zwar lückig, aber ziemlich naturnah und aus Naturschutzsicht wertvoll sind.

Ebereschen-Pioniergehölze

touristische Erschließung

Die touristische Erschließung dieses Teiles des Ost-Erzgebirges beschränkte sich in den letzten Jahrzehnten auf wenige Kernbereiche. Zum einen war und ist das Mückentürmchen mit seiner grandiosen Aussicht, der Ausflugsgaststätte und dem Sessellift ein Anziehungspunkt für Wanderer, Skifahrer und Touristen (zunehmend auch für Downhill-Mountainbiker). In Adolfov/Adolfsgrün stehen einige Abfahrtshänge und Skilifte zur Verfügung. Geising mit seinem historischen Stadtkern war schon zu DDR-Zeiten ein beliebter Urlaubsort mit Ferienwohnungen und Hotelzimmern, und es ist der Stadt gelungen, an diese Tradition anzuknüpfen. Auch in Zinnwald mit dem großen, weithin sichtbaren Hotel „Lugsteinhof" spielt der Tourismus eine zunehmende Rolle.

weitgehend unerschlossene Ruhezonen

Dennoch sind weite Bereiche, vor allem des nunmehr sehr dünn besiedelten tschechischen Kammgebietes bislang noch weitgehend unerschlossene Ruhezonen, die vor allem für störungsempfindliche Tierarten wie das Birkhuhn wertvollen Lebensraum darstellen. Um die wirtschaftliche Entwicklung auch an Naturschutzbelangen zu orientieren, wurde 1995 auf tschechischer Seite der Přírodní park Východní Krušné Hory (Naturpark Ost-Erzgebirge) eingerichtet.

Naturschutz-Großprojekt „Bergwiesen im Osterzgebirge"

Auf deutscher Seite gehört der größte Teil der Landschaft zum Projektgebiet des Naturschutz-Großprojektes „Bergwiesen im Osterzgebirge". In der Kernzone zwischen Pfarrwasser und Traugotthöhe finden seit 1999 zahlreiche praktische Maßnahmen statt, die unter anderem den Lebensraum des Birkhuhnes aufwerten sollen.

Besonders engagiert sich der Förderverein für die Natur des Osterzgebirges bei Biotoppflege und Artenschutz im Grenzraum zwischen Zinnwald und

Přírodni park Východní Krušné Hory

Der tschechische „Naturpark Ost-Erzgebirge" umfasst etwa 4700 Hektar Kammgebiet entlang der Grenze zwischen Cínovec/Böhmisch-Zinnwald und Petrovice/Peterswald. Das erklärte Ziel dieses Naturparks besteht in der Erhaltung des Landschaftscharakters mit den letzten Resten der für das Erzgebirge typischen Bergwiesen einschließlich ihrer charakteristischen Flora und Fauna. Die praktischen Maßnahmen – unter anderem die Wiedervernässung trockengelegter Grünlandgebiete – konzentrieren sich auf fünf Kernzonen: Cínovecký hřeben (Gebiet zwischen Zinnwalder Rücken und Grenze), Černá louka (Schwarze Wiesen westlich Adolfov/Adolfsgrün), Horské louky u Telnice (Tellnitzer Bergwiesen, südlich von Adolfov/Adolfsgrün), Špičák (Sattelberg) sowie Mordová rokle (Mordgrund zwischen Krásný Les/Schönwald und Petrovice/Peterswald).

Haberfeld. In Kooperation mit dem Teplitzer Verein Ferguna wurden auch Initiativen für praktische Naturschutzmaßnahmen südlich der Grenze unternommen.

Vogelschutzgebiet der Europäischen Union — Die größte Bedeutung hat der östliche Ost-Erzgebirgskamm zweifelsohne für die Vogelwelt. Gegen Ende der DDR-Zeit wurde hier ein sogenanntes Birkhuhn-Schongebiet eingerichtet; seit den 1990er Jahren hat der knapp 3500 Hektar große Raum zwischen Zinnwald, Löwenhain, Liebenau und Staatsgrenze den Status eines „Special protected area" (SPA-Gebiet = Vogelschutzgebiet der Europäischen Union). Diese hohe Schutzkategorie konnte dennoch nicht verhindern, dass zunächst am Westrand bei Zinnwald die Errichtung einer gigantischen Grenzzollanlage und nun im Osten der Bau der Autobahn A17 den Lebensraum der Birkhühner einengen und erheblich beeinträchtigen.

Pflanzen und Tiere

Reste ehemaliger Moore — Nährstoffarme, saure Ausgangsgesteine und nur langsam abfließendes Niederschlagswasser prägen die Landschaft und ihre Pflanzenwelt unmittelbar nördlich des Erzgebirgskammes. Reste ehemaliger Moore findet man noch im Naturschutzgebiet Fürstenauer Heide sowie entlang der Grenze zwischen Zinnwald/Cínovec und Vorderzinnwald/Přední Cínovec. Anstelle der einstigen Hochmoorvegetation haben sich hier *Karpatenbirken* (nach heutiger Auffassung eine Unterart der Moorbirke) angesiedelt. In den ehemaligen Entwässerungsgräben kann man allerdings teilweise schon wieder üppiges Torfmooswachstum beobachten – der Beginn einer Moorregeneration. An wenigen Stellen gedeihen auch Moosbeere, Sonnentau und Scheiden-Wollgras. Ob diese Entwicklung allerdings in den nächsten Jahrhunderten erfolgreich sein wird, hängt davon ab, inwieweit die Entwässerung gestoppt werden kann. Der Rückbau der Gräben ist eine notwendige Voraussetzung, die allerdings angesichts der sich häufenden trocken-heißen Sommer nicht ausreichen wird.

Nasswiesen

Kuckucks-
blume

Das gleiche gilt für die quelligen bis staunassen Wiesenbereiche. Solche Nasswiesen gibt es noch recht zahlreich, wo die Geisinger Bäche entspringen, vor allem aber im Einzugsgebiet des Schwarzbaches/Černý potok. Typisch sind hier – neben mehreren Seggenarten - Sumpf-Veilchen, Schmalblättriges Wollgras und Kleiner Baldrian. Auch die Gefleckte Kuckucksblume kommt in einigen beachtlichen Beständen vor. Übergänge bestehen zu feuchten Borstgrasrasen mit Kreuzblümchen, Wald-Läusekraut, stellenweise auch Arnika.

Abb.: Stein-
rücke bei
Fürstenau

Diese Borstgrasrasen wiederum zeigen kaum abgrenzbare Übergänge zu bodensauren, meist ebenfalls recht feuchten Bärwurz-Rotschwingel-Bergwiesen. Perücken-Flockenblume, Alantdistel und Wiesen-Knöterich fallen hier besonders auf.

Bemerkenswert sind auch die Uferstaudenfluren in Bachnähe. Meist dominiert der Raue Kälberkropf, aber auch Bach-Nelkenwurz, Akeleiblättrige Wiesenraute, Frauenfarn und Sumpf-Pippau kommen mit ziemlich hoher Stetigkeit vor.

Die für die Fluren von Fürstenau, Fürstenwalde und Ebersdorf/Habartice charakteristischen Steinrücken zeigen hier nicht annähernd die botanische Vielfalt wie etwa die am Geisingberg. Fast immer bestimmen Ebereschen die Gehölzreihen, selten einmal unterbrochen von einer Sal-Weide, Birke oder Zitter-Pappel. Auch die Strauchschicht ist eher spärlich ausgebildet (Himbeere, Roter Holunder). Vor allem in Gebieten, die schon lange nicht mehr als Ackerland genutzt worden sind (wo also auch lange keine neuen Lesesteine aufgeschichtet wurden), ist die Kraut- und Grasschicht sehr dicht und selten besonders artenreich. Säure- und Magerkeitszeiger wie Weiches Honiggras, Wolliges Reitgras und Heidelbeere herrschen vor. Daneben wachsen auch Glattes und Gewöhnliches Habichtskraut, Echte Goldrute, Purpur-Fetthenne und Rundblättrige Glockenblume. Im Sommer fallen vor allem die violetten Blütenstauden des Schmalblättrigen Weidenröschens auf, zumindest da, wo Rehe und Hirsche dieser Vorwaldart eine Chance lassen.

Auch Feuer-Lilie und Busch-Nelke haben zwischen Kohlhaukuppe und Haberfeld einige Vorkommen, wenngleich deren eigentliche Schwerpunkte woanders liegen (Feuerlilie: Geisingberg, Buschnelke: Oelsen).

Brutvögel

Das internationale Vogelschutzgebiet „Fürstenau" umfasst mit 3435 Hektar den gesamten deutschen Teil des hier betrachteten Gebietes. Es zählt zu den bedeutenden Vogelzuggebieten des Erzgebirges. Die Artenzahl und die Dichte der Brutvögel sind im Vergleich mit anderen SPA-Gebieten nicht besonders hoch, aber mehrere der hier lebenden Arten gelten als stark gefährdet oder vom Aussterben bedroht (Birkhuhn, Wachtelkönig, Raubwürger, Braunkehlchen). Es handelt sich überwiegend um Vögel, die strukturreiches Offenland, möglichst mit hohem Anteil an Feuchtflächen, bevorzugen, aber darüber hinaus empfindlich auf Störungen reagieren. Neben den genannten Arten sind in diesem Sinne auch die Vorkommen von Bekassine,

Wiesen-
pieper

Kiebitz, Karmingimpel, Birkenzeisig und Feldschwirl von Bedeutung. Der wahrscheinlich häufigste Brutvogel des Gebietes dürfte der Wiesenpieper sein. Dieser – wie auch der Baumpieper – hat zweifelsohne vom Waldsterben der 1980er und 90er Jahre profitiert.

Weithin hörbar und selbst bei näherer Begegnung überhaupt nicht scheu sind die von tschechischen Jägern 2006 ausgesetzten Fasane. Diesen wird angesichts des hohen Druckes von Prädatoren (vor allem Wildschwein und Fuchs) sicher kein langes Leben beschieden sein.

Birkhuhn im Ost-Erzgebirge

In ganz Deutschland verabschiedet sich das Birkhuhn von einem Lebensraum nach dem anderen, in einigen Bundesländern ist die Art mittlerweile ganz erloschen. Auch Sachsen liegt in diesem besorgniserregenden Trend: vor 1940 soll es noch über 100 Vorkommensgebiete gegeben haben, 1960 waren es noch 60, 1970 nur noch 20, 1987 lebten nur in 5 sächsischen Landschaften Birkhühner. Heute gilt der Kamm des östlichen Erzgebirges – neben der Muskauer Heide – als der letzte sächsische Rückzugsraum dieses einstmals gar nicht so seltenen Hühnervogels. Und nicht nur das: Ornithologen gehen davon aus, dass das hiesige Vorkommen das wahrscheinlich bedeutendste und wichtigste Mitteleuropas ist, zumindest außerhalb der Alpen.

Dabei ist die Situation auch hier im Ost-Erzgebirge heute durchaus kritisch. Nach einer vorübergehenden Zunahme des Bestandes in den 1980er und Anfang der 1990er Jahre – die Birkhühner konnten sich damals auf den Rauchschadblößen ausbreiten – ist die Entwicklung seither wieder rückläufig. Im Moment scheint die Anzahl auf niedrigem Niveau zu stagnieren, hart an der Grenze dessen, was zum Erhalt einer stabilen Population erforderlich ist.

Birkhühner reagieren besonders während Balz und Brut im Frühling, aber auch im Winter sehr empfindlich auf Störungen. Während der Wintermonate lassen sich die Tiere einschneien und verharren in einer Art Winterruhe – kein Winterschlaf, aber dennoch eine sehr energiesparende Lebensweise. Werden sie in dieser Zeit aufgescheucht, beispielsweise wenn Skifahrer abseits der Loipen ihre Spur querwaldein ziehen, dann müssen ihre Körper in kurzer Zeit große Energiereserven für die Flucht mobilisieren. Mangels Futter im Winter können sie diesen Kraftaufwand nicht wieder kompensieren, werden geschwächt und überleben im schlimmsten Fall diesen Winter nicht.

Neben solchen zunehmenden Störungen durch Freizeitaktivitäten geht für die Birkhühner die größte Gefahr von der immer weiteren Beschneidung ihres Lebensraumes aus. Großprojekte wie der Bau der Grenzzollanlage Zinnwald, der Autobahn A17 oder der Biathlonanlage im Hofmannsloch am Kahleberg sind besonders kritisch.

Im Gegenzug dazu versucht der Naturschutz, den Lebensraum innerhalb des Birkhuhngebietes aufzuwerten, beispielsweise durch die Förderung des Anbaus von Feldfrüchten, die dem Birkhuhn als Nahrung dienen können.

Abb.: Ziesel

Bis vor wenigen Jahrzehnten gehörte ein kleine Erdhörnchen zu den Bewohnern des Ost-Erzgebirges: der Ziesel hatte hier sein einziges deutsches Vorkommen. Es handelt sich eigentlich um ein Tier der südosteuropäischen Waldsteppen, das auch im Böhmischen Mittelgebirge vorkommt und hier im Ost-Erzgebirge einen nördlichen Vorposten seiner Verbreitung besaß – solange noch kurzrasige Wiesen die Landschaft prägten und die landwirtschaftlichen Nutzflächen nicht mit schweren Maschinen befahren wurden. Wahrscheinlich seit den 1970er, spätestens seit den 1980er Jahren gilt der Ziesel als die zehnte in Deutschland ausgestorbene Säugetierart. Gegenwärtig bemüht sich der BUND (= Bund für Umwelt und Naturschutz in Deutschland) um die Wiederansiedlung der possierlichen Erdhörnchen. Die Erfolgsaussichten dürften allerdings nicht sehr groß sein. Die heute vorherrschenden, aufgrund der Stickstoffeinträge hochwüchsigen Grünlandflächen unterscheiden sich doch erheblich von den einstigen, „zieselgerechten", kurzrasigen Bergwiesen. Außerdem lauern bereits viele vierbeinige und gefiederte Fleischfresser auf die neue, halbzahme Futterquelle.

....

Wanderziele zwischen Zinnwald und Adolfov

 **① Bergbauhalde Cínovec**

Seit Beginn des 15. Jahrhunderts wird in Böhmisch-Zinnwald Bergbau betrieben. Neben einigen (vorübergehenden) Silberfunden galt das Hauptaugenmerk die meiste Zeit dem Metall, das dem Ort seinen Namen verlieh.

Als während des Ober-Karbons, vor ungefähr 310 Millionen Jahren, die Variszische Gebirgsbildung bereits weitgehend zum Abschluss gekommen war, drang noch einmal granitisches Magma in den Teplitzer Quarzporphyr auf. Bei der langsamen Erkaltung und Auskristallisation der Mineralien reicherten sich im oberen Kuppelbereich dieses Granitstockes auch Metall-

Zinn   Erze, vor allem Zinn, an und bildeten eine besondere Granitart, von den

Greisen   Bergleuten „Greisen" genannt. Gleichzeitig drangen diese erzhaltigen Dämpfe und Lösungen auch ins umliegende Gestein ein und lagerten sich

Erzgänge   als Erzgänge ab. Beide Lagerstättentypen wurden zwischen etwa 1400 und 1990 in Cínovec erschlossen und abgebaut. Dabei lag ab der zweiten Hälfte des 19. Jahrhunderts der Schwerpunkt jedoch weniger auf Zinn – dessen ergiebigste Vorkommen bereits ausgebeutet waren – als auf dem

Wolfram   Stahlzuschlagstoff Wolfram. Da letzteres vorher unbeachtet geblieben war, wurden auch die alten Bergbauhalden um Zinnwald noch einmal umgelagert. Dabei erfolgte hier zeitweilig zusätzlich die Gewinnung von Quarz für die Porzellanherstellung.

Die Industrieruinen im Zentrum des Ortes werden als „Militärschacht" bezeichnet und gehen auf das Jahr 1915 zurück. In den 70er Jahren des 20.
Jahrhunderts wurde der Bergbau in Cínovec noch einmal intensiviert und
eine neue Grube erschlossen. Aus dieser Zeit stammt die große Halde, die
sich östlich des neuen Kreisverkehrs erhebt.

Das fein zermahlene Bergwerksmaterial wurde hier aufgeschichtet und mit
Wasser daran gehindert, vom Wind verweht zu werden.

Pionierwald Randlich wurde nach Einstellung des Bergbaus die Halde mit Erdaushub
abgedeckt, auf dem sich ein Pionierwald mit Moor- und Sand-Birken, Ebereschen und Sal-Weiden angesiedelt hat. Der umgebende „Schweißgraben"
– die Entwässerungsmulde um die Halde – wird von Nasswiesenarten wie
Teich-Schachtelhalm und Feuchtwiesenarten wie Alantdistel und Wiesen-
Knöterich geprägt.

vegeta- Das Haldenmaterial selbst allerdings ist nicht nur im bergmännischen Sinne „taub", sondern auch fast völlig frei von Nährstoffen und deshalb für
Pflanzen nur ganz schwer erschließbar. Die Versuche, die Halde mit Berg-
kiefern zu stabilisieren, scheinen daher nicht übermäßig erfolgreich gewesen zu sein. Größere Bereiche der Haldenoberfläche sind nach wie vor ve-
getationsfrei, allenfalls mit wenigen Halmen Rotem Straußgras und einigen
tionsfrei Moosen bewachsen. Am Rande ist die Pflanzenwelt etwas vielfältiger, unter
anderem mit Augentrost und Echter Goldrute. Im östlichen Teil ist noch
ein Flachwasserbereich erhalten geblieben, aus dem sich im Juni zahllose
Fruchtstände von Wollgras erheben. In trockenen Sommern verschwindet
allerdings auch dieser „Restsee".

....

 ## ② Langer Teich und Naturpark-Kernzone „Zinnwalder Berg" / Jádrová zóna PP Cínovecký hřeben

Der sich über fast 500 m parallel zur Grenze erstrecken-
de „Lange Teich", heute an
warmen Sommertagen ein
beliebtes Badegewässer,
wurde 1787 als Wasserreser-
voir für die Aufbereitung
Zinnwalder Erzes angelegt.
Noch bis 1990 nutzte das
Bergbauunternehmen in
Cínovec das Wasser. Im
Volksmund wurde auf die-

Totes Kind sen Teich auch die Bezeichnung „Totes Kind" übertragen – ein Begriff, der
sich ursprünglich auf den Zinnwalder Berg bezog und auf eine Legende
(möglicherweise aber auch auf eine wenig ergiebige Erzgrube) zurückgeht.

Einen besonders nachhaltigen Eindruck hinterlässt der lange Teich im Au-

Heidekraut gust/September, wenn das Heidekraut blüht. Dieser Zwergstrauch bedeckt hier den überwiegenden Teil des flachen Südufers.

Borstgras-rasen Am Langen Teich grenzen die Heidekrautbestände unmittelbar an Borstgrasrasen an, auch wenn diese durch die Badebesucher nicht mehr sehr typisch erscheinen. Neben Borstgras wachsen hier, auf dem armen Porphyrboden, Blutwurz-Fingerkraut, Bärwurz und Rasen-Schmiele. Alantdistel und Wiesen-Knöterich kommen auch vor, erreichen aber meist kaum mehr als 30 cm Wuchshöhe. Die flachen Uferbereiche sind von Seggen bewachsen. Am künstlichen Norduferwall hingegen stocken Gehölze: Eberesche, Sal- und Grau-Weide.

„Richtige" Borstgrasrasen gedeihen östlich des Langen Teiches, hier unter anderem auch noch mit ansehnlichen Beständen an Wald-Läusekraut.

Wandert man die Straße noch ein Stück weiter in Richtung Fojtovice/Voits-

Quellge-biet Kalter Brunnen dorf, quert man das Quellgebiet des Kalten Brunnens, ein nach Geising entwässerndes Bächlein. Obwohl mit Gräben entwässert (auch der Aschergraben beginnt hier), trägt diese Mulde teilweise noch Moorcharakter. Seit der Straßengraben angestaut wurde, hat auch hier wieder üppiges Torfmooswachstum eingesetzt. Nördlich der Straße wachsen Karpaten-Birken. Diese

Karpaten-Birken Unterart der Moor-Birke fällt meist durch ihre rotbraun gefärbten Stämme auf. Die Blätter gleichen in ihrer Form zwar überwiegend denen der Moor-Birke (elliptisch, in der Mitte am breitesten), sind aber kaum behaart. Die Karpatenbirke kommt in Sachsen fast nur im Ost-Erzgebirge vor.

Im Winter wird die schmale Straße nicht beräumt und erfreut sich unter Skifahrern als Loipe zum Mückentürmchen.

 ## Besucherbergwerk Tiefer-Bünau-Stolln

In den ersten zwei Jahrhunderten beschränkte sich der Zinnerzbergbau auf den (größeren) böhmischen Teil des Vorkommens. Erst um 1600 begann der Abbau auf sächsischer Seite. Verstärkt wurden die Unternehmungen auf dieser Seite der Grenze nach der Ausweisung der böhmischen Lutheraner im Zuge der habsburgischen Gegenreformation, die auch viele glaubensfeste Bergleute im Erzgebirge betraf.

1668 wurde der Tiefe-Bünau-Stolln aufgefahren. Bis heute entwässert er die Gruben, diente lange als Zugang und als Transportweg für die abgebauten Erze. Er galt bis zum Schluss als „die Lebensader" des Zinnwalder Bergbaus und war auch für den bis 1990 betriebenen Bergwerksteil in Böhmisch-Zinnwald/Cínovec wichtig. Sein Name bezieht sich auf die Adelsfamilie von Bünau, zu deren Lauensteiner Grundherrschaft auch Sächsisch-Zinnwald und die hier lagernden „unedlen" Metalle (einschließlich Zinn) gehörten.

Gleich zu Beginn der 1990er Jahre stellten Bergbaufreunde die alte Untertagesstrecke wieder her. Seit 1992 eröffnet ein weitläufiges Besucherbergwerk nun interessante Einblicke in das Innere des Ost-Erzgebirges und in den schweren Arbeitsalltag früherer Bergleute. Auf einer etwa 90minütigen, 2,8 km langen Führung bis an die tschechische Grenze werden viele geologische, technische und geschichtliche Zusammenhänge sehr gut verständlich erläutert.

Reichtroster und Schwarzwänder Weitung

Besonders beeindruckend – und in dieser Form wohl nirgends sonst der Öffentlichkeit zugänglich – sind die Reichtroster und die Schwarzwänder Weitung. Der Zinngehalt im Greisen war hier so groß, dass sich ein Abbau „im Ganzen" lohnte. Übrig blieben gewaltig anmutende Hohlräume von einigen dutzend Metern Höhe, Breite und Länge, gestützt von steinernen Säulen. Da diese Pfeiler für die Sicherheit unverzichtbar waren, blieben sie trotz des darin enthaltenen Zinns erhalten, so dass sich heute dem Besucher die seltene Gelegenheit bietet, in einem alten Bergwerk tatsächlich auch noch glitzerndes Erz gezeigt zu bekommen.

Sandhalden

Unterhalb und oberhalb des Bergwerkes (bis an die Grenze) lagern am Heerwasser noch immer größere „Sandhalden" mit den fein gemahlenen Abprodukten des Bergbaus. Da während des erstens Weltkrieges, als die Nachfrage nach dem Stahlveredlungselement Wolfram sprunghaft anstieg, die alten Bergbauhalden alle noch einmal durchsucht wurden, erscheint dieses Haldenmaterial heute noch ziemlich frisch. (Sogar Straßen sollen damals in einer Art „Goldrausch" wieder aufgerissen worden sein, weil darunter das bis dahin wertlose und nun plötzlich gut bezahlte Wolframerz verbaut war!). Nach dem Hochwasser 2002 wurde allerdings die große Halde an der Straße neu abgedeckt und aufgeforstet.

....

Aschergraben

Bereits Mitte des 15. Jahrhunderts, also ganz zu Beginn des Altenberger Bergbaus, wurde der Aschergraben angelegt. Um das Grubenwasser aus den Bergwerken heben zu können, benötigte man dringend Aufschlagswasser, das die Wasserräder antrieb, die wiederum eine Art Pumpgestänge („Wasserkunst") in Bewegung setzten.

Der Aschergraben beginnt im Quellmoorbereich des Kalten Brunnens zwischen Cínovec/Hinterzinnwald und dem ehemaligen Vorderzinnwald und nimmt auf seinem Weg Wasser vom Langen Teich (im Quellgebiet des Pfarrwassers) und vom Heerwasser auf. Auf 7 km Länge werden ganze 80 m Gefälle überwunden (entspricht etwas mehr als durchschnittlich 0,1 % Gefälle) – für spätmittelalterliche Verhältnisse eine vermessungstechnische Meisterleistung!

Der Aschergraben führt um die Scharspitze herum und mündet heute zwischen Schwarzwasserhalde und Tiefenbachhalde ins Schwarzwasser. In den 30er Jahren des 20. Jahrhundert wurde das Altenberger Bergwerksunternehmen von den talabwärts liegenden Pappenfabriken gerichtlich gezwungen, seine Abprodukte nicht länger einfach in die Bäche zu entlassen. Infolgedessen wurde das fein gemahlene taube Gestein zunächst terrassenförmig am Nordhang der Scharspitze aufgehaldet. Doch die Aufnahme-

Schwarz- kapazität dieser sogenannten Schwarzwasserhalde war beschränkt, die
wasserhalde Haldenstabilität konnte immer weniger gewährleistet werden. Deshalb
erfolgte ab 1950 die Anlage einer Spülkippe im Tiefenbachtal zwischen
Altenberg und Geising und, nach dessen Havarie 1966, die Errichtung der
Bielatalhalde zwischen Geisingberg und Weicholdswald.

Pottasche In den Wäldern des Erzgebirgskammes fanden vor der Blütezeit des Bergbaus „Ascher" noch genügend Holz, um daraus Pottasche zu gewinnen,
die man in erster Linie für die Glasmacherei benötigte, aber auch für die
Herstellung von Seife und Farbe.

Kohlhaukuppe und Pfarrwiesen

Die 786 m hohe Kohlhaukuppe ist ein typischer Inselberg, der
übrig blieb, als links das Pfarrwasser und rechts der Kalte Brun-
nen/Hüttenbach ihre Täler in die Hochfläche des Ost-Erzgebirges einschnitten. Als markanter Gipfel schließt der einstmals
„Wettinhöhe" genannte Bergsporn nun den Geisinger Talkessel
nach Süden hin ab.

1889 wurden auf dem Berg ein Turm und eine Ausflugsgaststätte errichtet.
Heute werden in der Baude vor allem knoblauchreiche Speisen angeboten,
darüberhinaus auch regelmäßig Diavorträge und Sagenabende. Der Turm
musste 1995, nach 106 Jahren, abgerissen und durch eine neue Konstrukti-
on ersetzt werden.

Ausblick Während im Süden der Ausblick bereits nach zwei Kilometern am hundert
Meter höheren Zinnwalder Berg/Cínovecký hřbet endet und auch nach
Westen durch den Kahlebergrücken (davor Scharspitze, im Vordergrund
Fuchshübel) begrenzt ist, lohnt vor allem der Blick nach Norden und Osten.
Man erkennt den Hochflächen-Charakter der überwiegend landwirtschaft-
lich genutzten Gneis-Pultscholle, in die sich Flüsschen wie das Rote Wasser
tief eingegraben haben. Aufgelagert sind Basaltkuppen wie Geising- und
Sattelberg. Der bewaldete Quarzporphyr-Höhenrücken, der im Süden und
Westen die Sicht begrenzt, ist ebenfalls vulkanischen Ursprungs, allerdings
gut zehnmal älter als der Basalt. In beiden Fällen konnte die Verwitterung
wesentlich weniger stark angreifen als am Gneis. Nachdem sich das Kreidemeer zurückgezogen hatte, und bevor die Pultscholle des Erzgebirges aus
der Erdkruste herausgebrochen und schräg gestellt wurde, bedeckte Sandstein die Gegend. Der allergrößte Teil davon ist inzwischen abgetragen,
doch der Anblick des Hohen Schneeberges/Děčínský Sněžník im Osten
lässt eine Vorstellung davon aufkommen, wie die Landschaft vor 50 Millionen Jahren geformt gewesen sein könnte. Bei guter Sicht reicht der Blick
bis zu den Gipfeln des Lausitzer Gebirges, rechts hinter dem Hohen Schneeberg. Noch weiter nach rechts erheben sich am Horizont das Isergebirge
und der Jeschken, aber wohlgemerkt nur bei sehr guten Bedingungen zu
sehen. Eine sehr seltene Ausnahme ist der Blick bis ins Riesengebirge.

Köhlerei

Die Bezeichnung „Kohlhau" (das gleichnamige Waldgebiet erstreckt sich südlich des Berges bis zur Grenze) erinnert an das in der Region einstmals weit verbreitete Gewerbe der Köhlerei. Der Holzbedarf der Bergwerke war enorm, die Transportkapazitäten hingegen waren beschränkt. So verlegte man sich bereits frühzeitig darauf, Holz schon im Wald zu Holzkohle zu verarbeiten, die dann wesentlich leichter zu befördern war.

Pfarrwasser

Flächenna-turdenkmal

Westlich der Kohlhaukuppe hat sich das Pfarrwasser sein Tälchen geschaffen. Zwischen dem Bach und dem Sommerweg erstrecken sich mehrere, durch Steinrücken voneinander getrennte Wiesen. Eine davon ist 1990 als Flächennaturdenkmal „Wiese am Sommerweg" unter Schutz gestellt worden. Neben vielen weiteren Berg-, Feucht- und Nasswiesenarten findet man hier eines der letzten größeren Vorkommen der Gefleckten Kuckucksblume. Meist Anfang Juni entfaltet diese Orchideenart ihre hübschen rosa Blütenstände. Selbstverständlich ist das Betreten eines Flächennaturdenkmales aus gutem Grund verboten, aber hier hat man auch vom Wege aus die Möglichkeit, sich an diesem Bild zu erfreuen.

Wiesen am Hüttenteich

Hüttenteich

Mitte des 18. Jahrhunderts war der Hüttenteich angelegt worden, um die Geisinger Pochwerke und Schmelzhütten mit ausreichend Wasser zu versorgen, das große Hämmer und Blasebälge antreiben musste. 1951/52 wurde das Gewässer wesentlich erweitert, teilweise in Mauern gefasst und mit Tribünen für 8 000 Zuschauer versehen. Fortan diente der Hüttenteich im Winter als Eisschnelllaufstadion, in dem auch Deutsche Meisterschaften stattfanden. Heute ist es noch ein beliebtes Badegewässer mit weiteren Freizeitanlagen und Übernachtungsmöglichkeiten. Trotz des Ausbaus des Hüttenteiches hat der hintere Teil noch immer recht naturnahen Charakter mit mäßig artenreicher Ufervegetation (unter anderem Wasserschwertlilie und Rohrkolben) unter Aspen, Ebereschen und Weiden.

Bergwiese

Zwischen Hüttenteichkomplex und Wanderweg erstreckt sich eine große Bergwiese. Die typischen Bergwiesenarten des östlichen Erzgebirges (Bärwurz, Rot-Schwingel, Wiesen-Knöterich, Alantdistel, Kanten-Hartheu, Weicher Pippau und Perücken-Flockenblume) sind reichlich vertreten. Hinzu kommen noch Wiesenarten, die weniger an Berglandsklima gebunden sind, sondern vor allem jährliche Mahd und ausgeglichene Nährstoffbedingungen ohne Stickstoffüberschuss benötigen: Spitz-Wegerich, Rot-Klee, Wiesen-Glockenblume, Kuckucks-Lichtnelke, Wiesen-Labkraut, Körnchen-Steinbrech und Kleiner Klappertopf. Im Mai/Juni fallen die zahlreichen hellgelben Blütenköpfe des Reichblütigen Habichtskrautes besonders auf. Auch die Gräser sind überwiegend andere als auf nährstoffreichem Intensiv-Grünland, hier überwiegen Rot-Schwingel, Goldhafer, Feld-Hainsimse,

nasse Senken

Ruchgras und Flaumiger Wiesenhafer. Feuchte und nasse Senken werden von Wald-Simse, Mädesüß und Bach-Nelkenwurz besiedelt, hinzu kommen die Gräser Wolliges Honiggras und Fuchsschwanz, die es etwas nährstoffreicher mögen. Im oberen, östlichen Teil der Wiese erkennt man noch sehr gut, dass hier früher viele verschiedene Eigentümer jeweils kleine Streifen bewirtschaftet haben. Die einen machten sich die Mühe regelmäßiger Düngung, dort dominieren heute noch Fuchsschwanz, Sauerampfer und Wiesen-Kerbel. Die anderen entzogen immer nur mit dem Mähgut die Nährstoffe, da ist auch heute noch die Vegetation niedrigwüchsiger und lässt Platz für lichtbedürftige Magerkeitszeiger wie Berg-Platterbse und Blutwurz-Fingerkraut. Auch wenn unmittelbar am Wegesrand keine der heutigen Raritäten blühen, bietet diese rund zwei Hektar große Bergwiese dennoch ein schönes Studienobjekt, zumal sich im Rückblick dahinter majestätisch der Geisingberg erhebt.

'Binaaab, binaaab, binaaab!'

Zu einem echten Geisinger Bild gehören die rehbraunen Ziegen. In jedem Haisel gab's eine oder zwei; der Stall war meistens mit unter demselben Dach oder gleich an das Haus gebaut.

Fast jeden Sommertag nahmen die Frauen ihre Ziegen mit auf's Feld, aber im Herbst wurden sie herdenweise ausgetrieben. Der etwa 12 Jahre alte Ziegenhirte schrie aus Leibeskräften die Straße entlang: ‚Binaaab, binaaab, binaaab' (bind ab, bind ab, bind ab!), und aus den Haustüren kamen auf seinen Ruf die Ziegen heraus. Hatte er alle bei-sammen, die er, jede für einen Groschen die Woche, zu hüten hatte, dann trieb er sie mit lustigem Peitschenknallen auf die abgeernteten Wiesen. Manchmal waren es 20 bis 30 Stück. Sah er drüben überm Tal andere Herden, so jodelte er laut hinüber: ‚Ina, Ina! We-de-au – a-hu, a-hu, a-hu!' Nach diesen Silben kam der Name des anderen Hirten ganz langgezogen. Lange Gespräche führten die kleinen vergnügten Ziegenhirten über das Tal. War es recht kalt, da machten sie ein Reisigfeuerchen. Meistens hatten sich noch andere Jungen zur Gesellschaft eingestellt, und dann wärmten sie ihre braunen, tönernen Kaffeeflaschen und ihre Hände an den kleinen Holzflämmchen, oder sie warfen Kartoffeln zum Braten in die Glut. Wer einmal Ziegenhirte war, wird diese schöne Zeit der Freiheit nie vergessen können. Vor der Dunkelheit trieben sie wieder ein. ‚Bin aaan-bin aaan-bin aaan!' (bind an!) schallte es laut durch das Städtchen. Jede Geiß wusste ihren Weg und stolperte zur rechten Haustür hinein. Die Ziegenhirten freuten sich über das Geld, das sie verdienten (sie waren arm und brauchten es notwendig für Winterschuhe, Hosen und Jacke); ihr Stolz war, die größte Herde zu hüten.

Wer ihn gehört hat, den Ruf des Ziegenhirten, dem klingt er noch immer in den Ohren: ‚Bin aaab-bin aaab-bin aaab!'

aus: Unser Geising, 1953, von Elisabeth Schierge

Wiese am Waldrand am Kalten Brunnen
Noch artenreicher hingegen ist eine weitere, deutlich kleinere Wiese am weiteren Weg zur Kohlhaukuppe, kurz vorm Waldrand am Kalten Brunnen/ Hüttenbach. Neben all den bereits genannten Arten gedeihen hier auch einige hundert Breitblättrige Kuckucksblumen sowie einige wenige Exemplare der Gefleckten Kuckucksblume. Vom Zufahrtsweg zu einem kleinen Wochenendhäuschen kann man beide Arten sehr schön sehen, ohne die Wiese betreten zu müssen. Während erstere meist schon Mitte Mai ihre purpurroten Blüten entfaltet, tritt die Gefleckte Kuckucksblume meist erst zwei bis drei Wochen später mit rosa Blüten in Erscheinung (gefleckte Blätter können übrigens beide Arten haben). Auf dieser Wiese befinden sich auch noch einige magere Bereiche, die Zittergras, Kreuzblümchen und einige wenige Arnikapflanzen beherbergen. Solche konkurrenzschwachen Arten waren einstmals im Ost-Erzgebirge weit verbreitet. Doch wurden sie zuerst durch die hohe Belastung der meisten Landwirtschaftsflächen mit Düngemitteln verdrängt, und heute fördert zunehmend der Eintrag von Stickoxiden aus Autoabgasen die konkurrenzstärkeren Gräser und Stauden, die dann den Kreuzblümchen und Arnikas das lebensnotwendige Licht wegnehmen.

(7) Silberstolln

Zwischen Graupen/Krupka, Zinnwald/Cínovec und Altenberg galt der Bergbau stets dem Zinn, später auch Wolfram, Molybdän und Lithium. Dennoch hegten die Bergleute immer wieder die Hoffnung, auch auf „edlere", teurere Silbererze zu stoßen. Ein solcher Versuch wurde im 17. Jahrhundert hier im Erdbachtal gestartet, 1864 dann aber endgültig aufgegeben. 1960 öffnete der Silberstolln als Besucherbergwerk sein Mundloch. Eindrucksvoll bekam man hier vor Augen geführt, wie mühsam und gefahrvoll die Untertagearbeit einst war. 1995 jedoch musste der Schaustolln wegen mangelnder Rentabilität (keine Anfahrtsmöglichkeit, sondern „nur" zu Fuß erreichbar) und teurer Sicherheitsauflagen für den Publikumsbetrieb wieder geschlossen werden.

Erdbach
Der Erdbach ist einer von mehreren kleinen Bächen, die im Grenzgebiet am Fuße des Zinnwalder Berges/Cínovecký hřbet ihre Quellen haben und aufgrund ihrer abgeschiedenen Lage von den umfassenden Meliorationen der DDR-Landwirtschaft verschont blieben. Ohne Drainage haben sie weitgehend ihre natürlichen Bachläufe und die entsprechende Ufervegetation beibehalten. Das Quellgebiet des Erdbaches ist aufgrund von Quellmooren, nassen Hochstaudenfluren und Feuchtgebüschen kaum zugänglich, was störungsempfindlichen Tierarten ein wichtiges Rückzugsgebiet sichert.

Uferstauden
Begleitet wird der Bach am Silberstolln von Ebereschen, Berg-Ahorn und Eschen. Die Strauchschicht ist hier artenarm und besteht weitgehend nur aus Hirsch-Holunder und Himbeeren. Dafür zeigen sich die Uferstauden in recht üppiger Vielfalt. Hier wachsen Rauer Kälberkropf, Frauenfarn, Mädesüß, Wiesen-Knöterich und, in beachtlicher Zahl, der Bach-Nelkenwurz.

Hinzu kommen Wald-Engelwurz, Rote Lichtnelke, Sumpf-Vergissmeinnicht, Alantdistel, Wald-Schachtelhalm und etwas Akeleiblättrige Wiesenraute. Mitunter bildet auch die Zittergras-Segge kleinere Teppiche. Die etwas ferner vom Wasser befindlichen Staudenbereiche gehören dem Schmalblättrigen Weidenröschen und dem Fuchs-Kreuzkraut, mitunter dabei auch Knoten-Braunwurz. Daran schließen sich die für die versauerten Erzgebirgsforsten heute so typischen Dominanzbestände des Wolligen Reitgrases an. Dieses Gras profitiert offenbar auch vom hohen Wildbestand. Es wird selbst von Rehen und Hirschen gemieden, während konkurrierende Pflanzen (Heidelbeere, Drahtschmiele, Weidenröschen, Hasenlattich) den Tieren offenbar viel besser schmecken. Und auch die gepflanzten Laubbäume bilden Leckerbissen, wenn der Wildschutzzaun kaputt ist – wie man im Umfeld des Silberstollns deutlich erkennen kann.

 **8 Fürstenauer Heide**

Eines der wenigen auf deutscher Seite verbliebenen Restmoore des Ost-Erzgebirges befindet sich im Naturschutzgebiet Fürstenauer Heide. Allerdings ist der Torfkörper dieses Moores weitgehend entwässert und abgebaut worden. Anstatt der noch bis zum Ersten Weltkrieg hier vorhandenen *Karpaten-Birken* Latschenkiefern haben seit Aufgabe der Torfstecherei (um 1950) Karpaten-Birken einen mehr oder weniger geschlossenen Waldbestand gebildet. Die knorrigen, von Schnee- und Eislasten gebeugten, sich aber immer wieder aufrichtenden Birken bieten einen bizarren Eindruck und Stoff für phantasiereiche Geschichten, besonders wenn dichter Nebel sie einhüllt.

Heidel-beeren Die Bodenflora wird von Heidelbeeren beherrscht, hinzu kommen etwas Heidekraut, Harz-Labkraut, Siebenstern und Pfeifengras. In den alten Torfstichbereichen hat eine begrenzte Moorregeneration mit Torfmooswachstum eingesetzt. In diesen nassen Senken gedeihen auch Scheiden-Wollgras sowie verschiedene Seggen (Wiesen-Segge, Schnabel-Segge). Extrem trockene Witterungsperioden, wie sie sich in den letzten Jahren häuften, stellen für die Moorregeneration immer wieder schwere Rückschläge dar.

Borstgras-rasen Besonders wertvoll sind die nassen Borstgrasrasen im Umfeld der Fürstenauer Heide mit einem der letzten größeren Vorkommen von Arnika in der weiteren Umgebung. Glücklicherweise achten auch die Anwohner auf den Erhalt dieses Arnika-Vorkommens, da verantwortungslose Zeitgenossen heute immer noch dieser heilkräftigen, aber sehr selten gewordenen Bergwiesenpflanze nachstellen.

Die Vogelwelt des mit 7 Hektar kleinen und außerdem strukturarmen Naturschutzgebietes ist vergleichsweise artenarm. Neben dem „Allerweltsvogel" Buchfink brüten hier jeweils mehrere Brutpaare von Birkenzeisig, Fitis, Baumpieper und Goldammer, außerdem Wacholderdrossel, Singdrossel, Gartengrasmücke, Weidenmeise und Hänfling.

9 Komáří hůrka / Mückenberg

Zinnberg-bau

Graupen

Der mitteleuropäische Zinnbergbau begann um 1200 in der Umgebung von Graupen/Krupka zunächst in Form von einfachem „Seiffen" am Südfuß des Ost-Erzgebirges. Dabei wurden die Gebirgsbäche angestaut, der Sand zum Absetzen gebracht und dann mit Wasch-Pfannen nach Zinnbestandteilen untersucht. Besonders begehrt waren dabei die „Graupen" genannten Mineralkörner. Vermutlich erst 200 Jahre später rückten die Bergleute der Quelle dieser Zinnvorkommen zu Leibe: um 1400 begann der Bergbau am Mückenberg. Bis Mitte des 19. Jahrhunderts wurde hier geschürft, die Folge sind zahlreiche Halden und Einsturztrichter. An der Nordseite des Gipfels, unmittelbar hinter dem Mückentürmchen, klafft eine Pinge mit etwa 200 m Durchmesser. Der Mückenberg besteht aus Gneis und ist von zahlreichen Erzgängen durchzogen, die wahrscheinlich auf einen tieferliegenden Granitkörper zurückzuführen sind. Intensiver Bergbau hat den Mückenberg mit dutzenden Kilometern Stollen und Schächten unterhöhlt. In der Gipfelbaude des Mückentürmchens vermittelt ein ausgehängter Plan eine vage Vorstellung vom Ausmaß der unterirdischen Gänge.

Auf dem Mückenberg stand früher ein Glockenturm. 1867, mit Aufkommen des Tourismus, wurde an seiner Stelle eine Ausflugsgaststätte gebaut mitsamt Aussichtsturm, der diesem Glockenturm nachgestaltet sein soll.

grandiose Aussicht auf das Böhmische Mittelgebirge

Dieser Aussichtsturm ist zwar nicht mehr öffentlich zugänglich, dennoch bietet sich dem Besucher von der Terrasse aus eine grandiose Aussicht auf das Nordböhmische Becken und das dahinter sich erhebende Böhmische Mittelgebirge. Markant sind die Kegelberge des Kletečná/Kletschen (links, 706 m, „Kleiner Milleschauer") und des Milešovka/Milleschauer (837 m). Im Vordergrund ragt der Teplitzer Schlossberg/Doubravka (393 m) etwas aus dem Talkessel heraus. Dahinter ist in der Ferne der massive Felsklotz des Bořeň/Borschen (539 m) zu erkennen.

Oder auch nicht. Obwohl die Luftqualität in Nordböhmen heute weitaus besser ist als noch Mitte der 1990er Jahre, so stauen sich dennoch häufig abgasreiche, trübe und neblige Luftmassen zwischen Erzgebirge und Böhmischem Mittelgebirge.

Beim Blick in die entgegengesetzte Richtung (über die Pinge hinweg) sieht man im Nordwesten den Lysá hora/Kahler Berg (836 m üNN). Knapp daneben kann man in 9 km Entfernung den Geisingberg herausragen sehen.

Rechts davor, in die Gneis-Hochfläche eingebettet, fällt der Kirchturm von Fürstenau auf. Die Kammebene im Nordosten erscheint heute unbesiedelt. Doch das war nicht immer so: bis Ende der 1940er Jahre beherrschte hier Ebersdorf/Habartice das Bild, ein stattliches Waldhufendorf. Auch Voitsdorf war ursprünglich viel größer.

Seit 1952 führt von Bohosudov/Mariaschein eine knapp zweieinhalb Kilometer lange Seilbahn zum Mückentürmchen.

 # Ehemalige Ortslage Ebersdorf / Habartice

Geierspass

Eines der ältesten und stattlichsten Dörfer am Erzgebirgskamm war Ebersdorf. Seine Lage am Geierspass verschaffte den Bewohnern in Friedenszeiten einen gewissen Wohlstand, aber auch alle kriegerischen Heerscharen der Geschichte zogen hier durch. Wie die meisten sudetendeutschen Orte hier oben hörte Ebersdorf 1946 auf zu existieren und wurde in der Folgezeit dem Erdboden gleichgemacht. Die ca. 750 Einwohner mussten das Land verlassen. Nur ein einziges, großes Gebäude blieb bestehen und überragte bis vor wenigen Jahren die Landschaft, bevor das Dach einstürzte und es nun zerfällt. 1938 war dieses Haus als tschechoslowakische Zollkaserne errichtet, später dann als eine Art Jugendferienlager genutzt worden.

Steinrücken

Auch wenn das Dorf nach dem zweiten Weltkrieg geschleift wurde, so konnten seine Spuren nicht völlig ausgelöscht werden. Eindrucksvolle Steinrücken markieren noch heute die Flur des einstigen Waldhufendorfes. Zum einen ziehen sie sich vom Unterdorf fast drei Kilometer weit über einen Höhenrücken nach Nordosten in Richtung Schwarze Wiesen. Zum anderen gliedern die Steinrücken des ehemaligen Oberdorfes den Abhang des Geiserspasses / Supí pláň im Quellbereich des Priestner Grundes/ Maršovský potok.

Rosskastanien

Darüberhinaus sind viele der früheren Hofstätten noch deutlich zu erkennen: an Mauerresten, an alten Rosskastanien und anderen Hofbäumen oder an Zierpflanzen wie Schneeglöckchen und Schneebeersträuchern.

Strukturvielfalt und Stille

Sal-Weiden haben sich nach der Zerstörung der Häuser auf dem Bauschutt angesiedelt und wachsen da immer noch. Strukturvielfalt und Stille prägen heute die Ebersdorfer Bachaue und die angrenzende Flur.

Uferstaudenfluren

Dort, wo die Straße Fojtovice - Adolfov die ehemalige Ortslage von Ebersdorf kreuzt, bietet sich ein Blick auf die Pflanzenwelt der landwirtschaftlich seit langem ungenutzten Bachaue an. Wo die Bäume (Ebereschen, Sal-Weiden, Berg-Ahorn, Eschen) kein geschlossenes Kronendach bilden, haben sich von Rauhaarigem Kälberkropf geprägte Uferstaudenfluren oder, in trockeneren Bereichen, ausgedehnte Bestände des Schmalblättrigen Weidenröschens entwickeln können. An der Wanderwegkreuzung fällt eine größere Nasswiese auf mit Wald-Simse, Sumpf-Dotterblume und einem beachtlich großen Bestand an Bach-Nelkenwurz.

(11) Černá louka / Schwarze Wiesen

Alte Dresden-Teplitzer Poststraße

Seit jeher galt das Gebiet westlich von Adolfsgrün/Adolfov als morastig und gefährlich, vor allem für die Pferdefuhrwerke auf der hier verlaufenden „Alten Dresden-Teplitzer Poststraße". Die Legende weiß sogar von einer mit Schätzen beladenen Kutsche zu berichten, die hier unauffindbar versunken sein soll…

Schwarzbach

moorige Feuchtgebiete

Mehrere Quelladern des Schwarzbaches/Černý potok durchziehen das 100 bis 150 Hektar große Gelände. Diese sind zwar noch in den 1980er Jahren teilweise als Gräben begradigt und vertieft worden, dennoch blieben weite Bereiche des teilweise moorigen Feuchtgebietes erhalten. Zahlreiche seltene Pflanzenarten – u. a. Fettkraut, Wald-Läusekraut, Kriech-Weide, Trollblume, Fieberklee – haben hier noch wenige Restvorkommen. Vor allem aber handelt es sich um ein wichtiges Ruhegebiet für Birkhühner, Bekassinen, Wachteln und andere Vogelarten.

Naturschutzgebiet

1998 erfolgte die Ausweisung als Naturschutzgebiet. Seither wurden verschiedene Anstrengungen unternommen, wieder mehr Wasser im Gebiet zurückzuhalten, anstatt es über die Drainagegräben abfließen zu lassen. Seit einigen Jahren werden Teile des Naturschutzgebietes auch wieder gemäht, was vor allem für den Erhalt von Arten der Borstgrasrasen und Kleinseggenbereiche sehr wichtig ist.

Bach-Greiskraut

Der größte Teil des Naturschutzgebietes Schwarze Wiesen ist nicht durch Wege erschlossen und darf zum Schutz der Tierwelt auch nicht begangen werden. Doch bereits an der Straße, etwa 500 m südwestlich von Adolfov, kann man einen Eindruck vom Charakter des Gebietes bekommen. Im Nassbereich fallen im Mai zwischen Faden-Binsen und Zittergras-Seggen die leuchtend gelben Blüten des Bach-Greiskrautes auf. Ein Stück entlang des Wanderweges Richtung Tellnitz/Telnice (blauer Strich) hingegen findet man einen eher trockenen Borstgrasrasen mit Kreuzblümchen.

....

Quellen

Agentura Ochraniy Přírody a Krajiny ČR: **Ústecko**, Chráněná území ČR I.; 1999

Staatliches Umweltfachamt Radebeul:
Flächenhafte Naturdenkmale im Weißeritzkreis, 1998

David, Petr, Soukup, Vladímír u. a.: **Reiseführer Erzgebirge – Ost**, 2001

Hammermüller, Martin u.a.: **Um Altenberg, Geising und Lauenstein**, Werte der Deutschen Heimat, Band 7, 1964

Schierge, Elisabeth: **Unser Geising**, 1953

Böhnert, Wolfgang: **Schutzwürdigkeitsgutachten Grenzwiesen Fürstenau / Osterzgebirge**, 1995 (unveröffentlicht)

www.bergbaumuseum-altenberg.de/guepfad/index.htm
(Grenzüberschreitender Bergbaulehrpfad)

Übergang zu Elbsandsteingebirge und Elbtalschiefergebirge –
geologische Vielgestaltigkeit

Subkontinentales Klima und Wärmeeinfluss des Elbtales

Berg- und Feuchtwiesen um Oelsen und Sattelberg:
Sibirische Schwertlilie, Kugelige Teufelskralle, Busch-Nelke

Naturnahe Hangwälder: Uhu, Schwarzstorch

Historische Eisenerz-Bergbaulandschaft

Sattelberg *und*

Text: *Christian Kastl, Bad Gottleuba; Dieter Loschke, Pirna; Jens Weber, Bärenstein (Hinweise Bernd Rehn, Oelsen)*
Fotos: *Thomas Lochschmidt, Bernd Rehn, Jens Weber*

Gottleubatal

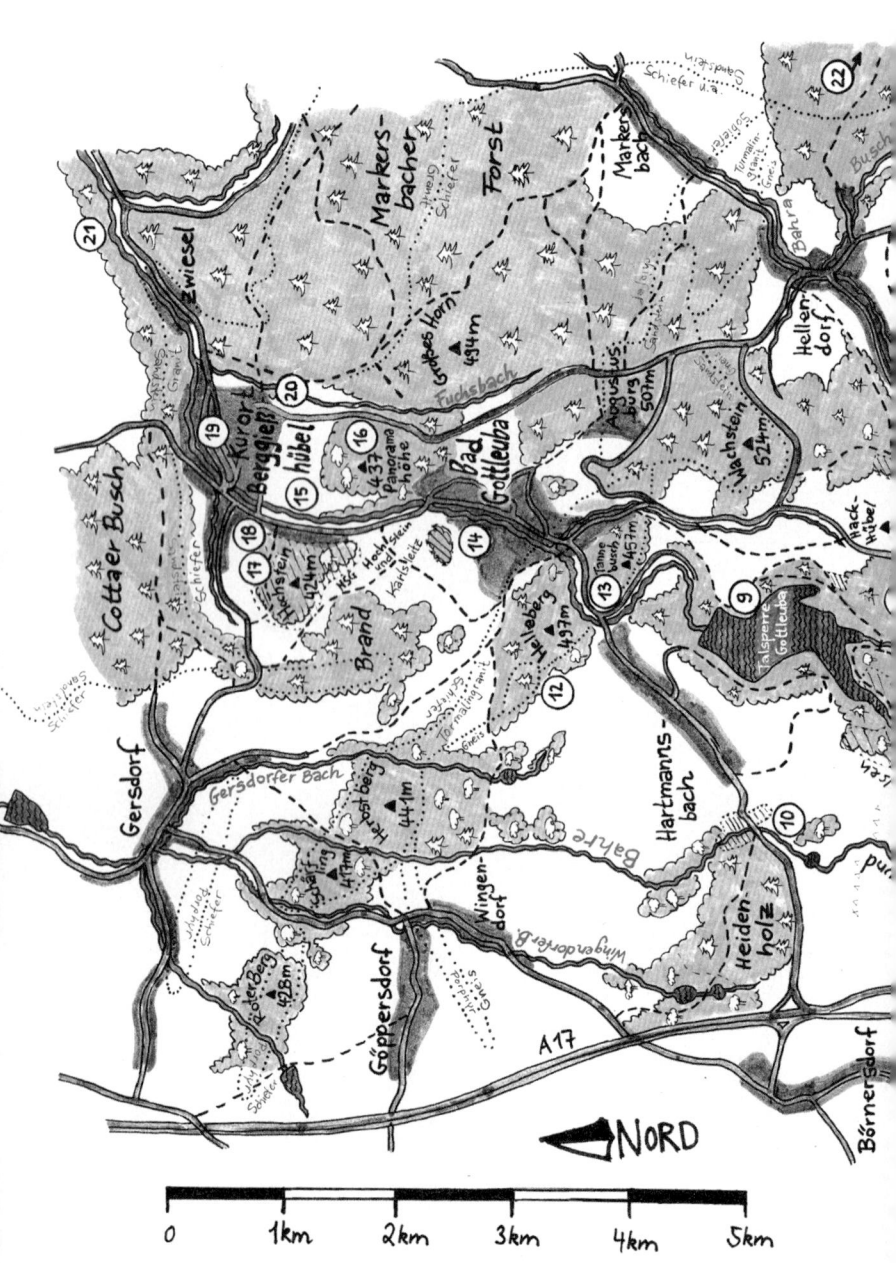

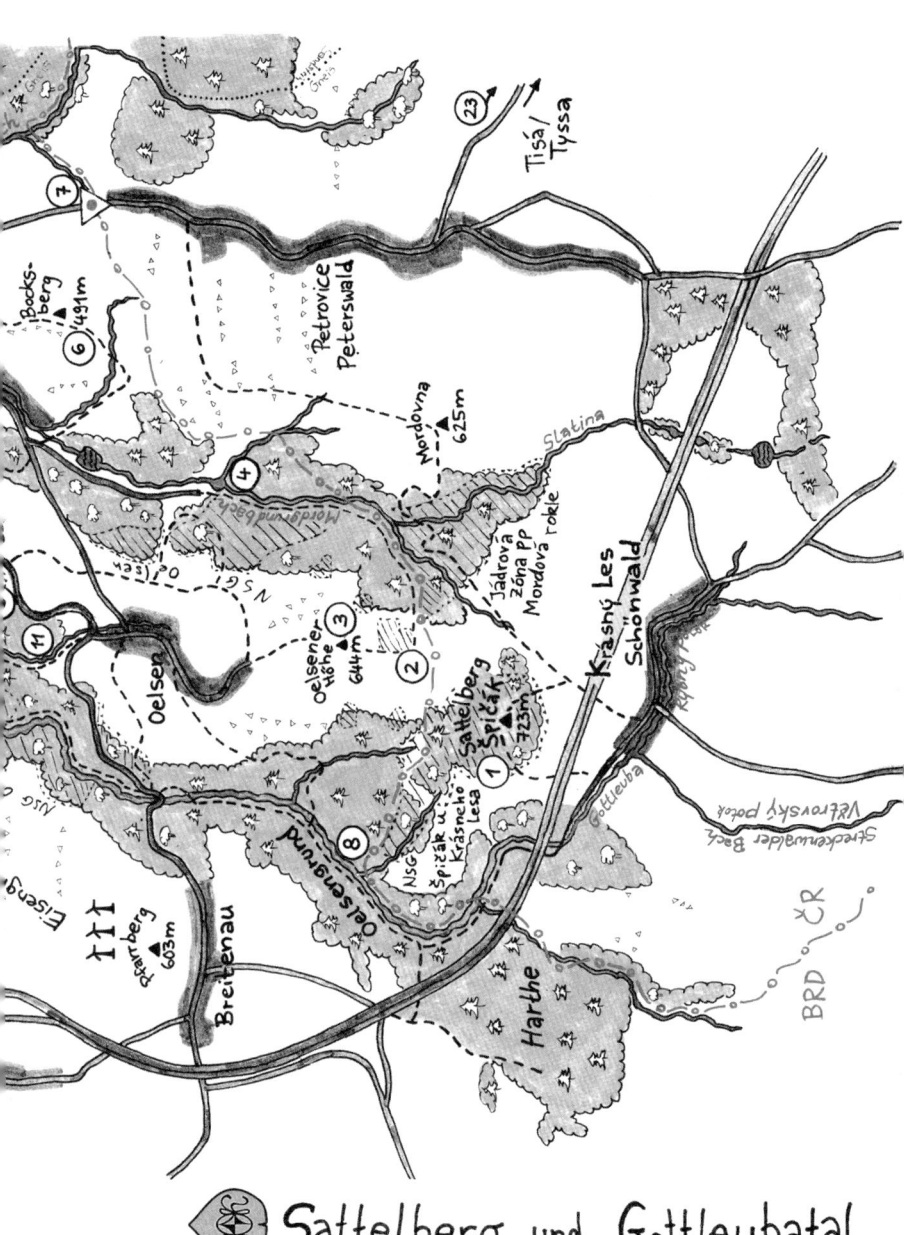

Sattelberg und Gottleubatal

(1) Špičák / Sattelberg

(2) Wiesen zwischen Oelsener Höhe und Sattelberg

(3) Oelsener Höhe

(4) Mordgrund und Bienhof

(5) Stockwiese

(6) Strompelgrund und Bocksberg

(7) Rundteil

(8) Oelsengrund

(9) Talsperre Gottleuba

(10) Bahretal, Eisengrund und Heidenholz

(11) Hohler Stein

(12) Raabsteine

(13) Tannenbusch

(14) Gesundheitspark Bad Gottleuba

(15) Poetengang

(16) Panoramahöhe

(17) Hochstein und Karlsleite Hartha

(18) Seismologisches Observatorium Berggießhübel

(19) Schaubergwerk Marie-Louise-Stolln

(20) Bergbauzeugnisse im Fuchsbachtal (Martinszeche)

(21) Gottleubatal unterhalb Zwiesel

(22) Zeisigstein

(23) Tiské stěny / Tyssaer Wände

Die Beschreibung der einzelnen Gebiete folgt ab Seite 607

Landschaft

Ostflanke des Erzgebirges

Landschaftlich außerordentlich abwechslungsreich ist die Ostflanke des Erzgebirges. Unter den Tiské stěny/Tyssaer Wänden und dem Zeisigstein verschluckt die Sächsisch-Böhmische Schweiz die Gneisscholle des Ost-Erzgebirges unter sich. Doch haben sich auch weiter westlich noch Reste

Sandstein über Gneis

der Sandsteindecke erhalten, die am Ende der Kreidezeit einst ebenfalls das Ost-Erzgebirge überlagert hatte (z. B. Raabstein, Wachstein, Fuß des Sattelberges).

Im Nordosten findet das Erzgebirge an den vielfältigen Gesteinen des Elbtalschiefergebirges seinen Abschluss. Besonders der *Turmalingranit*, ein hartes, fast 500 Millionen Jahre altes Gestein, überragt mit einigen markanten Erhebungen – Schärfling, Herbstberg, Helleberg, Tannenbusch – die Landschaft. Dieser Härtlingszug, der sich im Nordwesten mit der Quarzporphyrkuppe des Roten Berges bei Borna fortsetzt, markiert als Ausläufer der Mittelsächsischen Störung die Grenze des Naturraumes Ost-Erzgebirge. Jenseits dominieren verschiedene Ton-Schiefer (Phyllite) sowie der Mar

Elbtalschiefergebirge

kersbacher Granit. Als während der Entstehung des Elbtalschiefergebirges dieses granitische Magma aufdrang, führten die damit einhergehenden enormen Hitze- und Druckbedingungen zur Umwandlung (Kontaktmetamorphose) des umliegenden Gesteins. Dabei entstand u. a. auch Magnetit –

Pirnisch Eisen

hochwertiges Eisenerz, das über viele Jahrhunderte das Gottleubatal zu einem Zentrum des Bergbaus und der Metallurgie machte. „Pirnisch Eisen" stand als Qualitätsbegriff für Eisenkunstguss.

Der Erzgebirgskamm erreicht an seinem Ostende keine sonderlich beeindruckenden Höhen mehr, kaum über 700 m erhebt er sich bei Nakléřov/Nollendorf und Větrov/Streckenwald. Dennoch rauschen die Gottleuba und ihr östlicher Zufluss Bahra mit beachtlichem Gefälle nach Nordosten, denn das geotektonisch eingesenkte Elbtal ist hier besonders nah. Daher weisen die Bachtäler – vor allem dort, wo sie sich durch harte Gesteine wie den Granit durcharbeiten mussten – recht eindrucksvolle Talabschnitte auf.

Abb.: Gipfel Špičák/Sattelberg (724 m)

Weithin sichtbar ragt über der Landschaft der Špičák/Sattelberg (724 m) auf. Dabei handelt es sich um eine Basaltkuppe aus der Zeit des Tertiärs, als vor 20 bis 30 Millionen Jahren intensiver Vulkanismus das Böhmische Mittelgebirge entstehen ließ – und auch im Ost-Erzgebirge heiße Lava aus tiefen Spalten im Gneis-Grundgebirge aufdrang. Es gibt zwischen Oelsen, Hellendorf und Petrovice/Peterswald noch mehr solche kleinflächigen Basaltreste aus dieser bewegten Zeit der Erdgeschichte, die heute aber fast nur noch in der geologischen Karte, jedoch kaum mehr in der Landschaft in Erscheinung treten.

Oelsener Höhe

Nördlich des Sattelberges, zwischen der noch jungen Gottleuba und dem Mordgrundbach, erhebt sich die Oelsener Höhe, von wo aus man einen sehr schönen Überblick über die vielfältigen Landschaftsformen hier bekommen kann. Der im Einzugsbereich der Gottleuba anstehende Gneis verwittert zu einem fruchtbaren Boden und ermöglicht Landwirtschaft bis in die Kammlagen. Wald ist hier auf die Talflanken und einige Felsdurchragungen beschränkt. Granite und Sandsteine andererseits bringen nur wenig ertragreiche und schwer zu bewirtschaftende Böden hervor. Daher heben sich diese Gebiete heute durch ihre Waldbedeckung von den Gneisflächen ab.

fruchtbarer Gneisboden

kontinentaler Klimaeinfluss

Dieser östlichste Teil des Ost-Erzgebirges wartet bereits mit deutlich kontinentalem Klimaeinfluss auf. Besonders Quermulden – eine typische befindet sich beispielsweise zwischen Oelsener Höhe und Grenze – sind infolge ihrer Südexposition klimatisch begünstigt. Beachtlich sind die relativ hohen sommerlichen Durchschnittstemperaturen. Die Niederschläge liegen mit 700 mm niedriger als in gleichen Höhenlagen weiter westlich.

Hochwasserkatastrophen

Die im Ost-Erzgebirge immer wieder auftretenden Starkniederschläge haben in der Vergangenheit vor allem auch im Gottleubagebiet zu verheerenden Hochwasserkatastrophen geführt. Wenn im Hochsommer regenschwere, warme Wolkenmassen von Nordosten gegen das Ost-Erzgebirge gepresst werden, dann treffen sie am Sattelberg auf die ersten Höhen über 700 m und regnen sich ab. Wärmekonvektionen – lokal aufsteigende Warmluft – aus dem nahen Elbtal können diese Situation noch erheblich verschärfen.

Talsperre Gottleuba

Zum Hochwasserschutz und zur Trinkwassergewinnung entstanden um 1970 die Talsperre Gottleuba sowie Rückhaltebecken am Mordgrundbach und am Buschbach. Das Wasserwerk der Talsperre versorgt große Teile des Landkreises Pirna und der Stadt Dresden. Der Bau zog große Veränderungen in der Landschaft nach sich: Straßenneubauten, Aufforstungen teilweise sehr ar-

Oelsen-grund

tenreicher Wiesenflächen, allerdings auch Beschränkungen für den Einsatz von Bioziden und Düngemitteln in der Landwirtschaft. Besonders einschneidend waren die Konsequenzen für die Bewohner von Klein-Liebenau und Oelsengrund: sie wurden ausgesiedelt und ihre Anwesen vollständig geschleift. Auch von den zahlreichen Mühlen sind nur noch wenige Zeugnisse aufzufinden.

Kulmer Steig

Schon in frühen Zeiten führte der Kulmer Steig von Giesenstein über Oelsen und den Nollendorfer Pass/Nakléřovský průsmyk bis nach Chlumec/Kulm über das Gebirge. Zwischen der gefährlichen Felsenlandschaft des Elbsandsteingebirges im Osten und den rauen Kammlagen des Erzgebirges bot sich dieser Übergang von Böhmen in die Mark Meißen bzw. die Burggrafschaft Dohna geradezu an.

Abb.: alte Postkarte von Schönwald (heute: Krásný Les) mit Sattelberg

Bei den meisten Siedlungen des Gebietes handelt es sich um landwirtschaftlich orientierte Waldhufendörfer, die bis in die Anfangszeit der Besiedlung des Ost-Erzgebirges im 12./13.Jh. zurückgehen. Das relativ milde Klima und die ertragreichen Böden sicherten der bäuerlichen Bevölkerung in Friedenszeiten einen bescheidenen Wohlstand. Zahlreiche Steinrücken zeugen vom Waldhufencharakter der Dörfer – der heute noch existierenden Orte (wie Oelsen, Hellendorf und Petrovice/Peterswald) ebenso wie von weiteren früheren Siedlungen im tschechischen Teil des Gebietes.

Nach dem 2. Weltkrieg wurde jenseits der Grenze die fast ausschließlich sudetendeutsche Bevölkerung ausgewiesen. Bis in die 1960er Jahre galt der größte Teil des Gebietes als militärische Sperrzone. Orte wie Streckenwald/Větrov, Nollendorf/Nakléřov, das Unterdorf von Schönwald/Krásný Les wurden nahezu komplett zerstört. Die heutige tschechische Bevölkerung von Petrovice/Peterswald, Schönwald/Krásný Les und anderen Gemeinden siedelte sich erst in den vergangenen Jahrzehnten an, als die damalige Tschechoslowakei begann, das Erzgebirge verstärkt land- und forstwirtschaftlich zu nutzen. Leerstehende Gebäude wurden teilweise als Ferienhäuser umgenutzt. Viele der Bewohner haben jedoch das Gebiet mangels Arbeits- und Einkommensmöglichkeiten inzwischen wieder verlassen.

Abb.: Der „Heilige Bruno"– einst ein Schönwalder Original

In Petrovice/Peterswald entwickelte sich nach 1990 ein reger Grenzhandel mit überwiegend vietnamesischen Kleinhändlern. Zahlreiche Stände mit Gartenzwergen, Alkoholika, Zigaretten, Tanktourismus usw. hinterlassen einen wenig einladenden Eindruck. Doch ist auch in den vergangenen Jahren eine zunehmende Pflege der Gebäude zu verzeichnen. Der Grenzübergang

Hellendorf-Peterswald ist die einzige offizielle Möglichkeit, die Grenze zu überschreiten, weitere befinden sich erst wieder in Rosenthal und Fürstenau.

Der Eisenerzbergbau im mittleren Gottleubatal begann Anfang des 15. Jh. und brachte die Bergstädtchen Berggießhübel und Gottleuba hervor. An diese Zeit erinnern Halden, Pingen (Einbruchstrichter) und Stolln. Letztere stellen für Fledermäuse heute wichtige Quartiere dar. Alte Kohlen- und Eisenstraßen weisen darauf hin, dass Erze und (Holz-)Kohle über weite Strecken transportiert werden mussten, zu Hammerwerken und Gießereien. Die Holzvorräte der umliegenden Wälder waren recht bald ausgeplündert.

Bergstädt-chen Berg-gießhübel und Gott-leuba

Nach dem 30jährigen Krieg setzte ein allgemeiner Niedergang des Bergbaus ein, den auch Versuche zur Wiederbelebung im 19. Jh. auf die Dauer nicht zu neuer Blüte verhalfen.

Mit dem Niedergang des Bergbaus ging eine allmähliche Entwicklung des Kurwesens einher. Neben örtlichen Moorlagern nutzte man zunächst eisenhaltige Quellen. Heute prägen große Sanatoriumskomplexe die mittlerweile vereinigte Doppelstadt.

Kurwesen

Zwischen beiden Weltkriegen hatte der Landesverein Sächsischer Heimatschutz – damals eine sehr mitgliederstarke und finanzkräftige Organisation – um Oelsen große Flächen aufgekauft und zur naturschutzgerechten Bewirtschaftung verpachtet. Im Hammergut Bienhof richtete der Verein ein Erholungsheim ein. Mit der Bodenreform wurden der verdienstvolle Landesverein Sächsischer Heimatschutz widerrechtlich enteignet und die Schutzgebiete aufgelöst.

Landesver-ein Sächsischer Hei-matschutz

Dem Bestreben einiger Naturschützer (insbesondere des Lehrers Heinz Grundig) in den Jahren nach 1950 ist es zu verdanken, dass wenigstens kleine Teile der prächtigen Naturausstattung, vor allem der Bergwiesen, gerettet werden konnten. Es entstand das Naturschutzgebiet Oelsen, zunächst mit lediglich 9 ha, vorwiegend Waldflächen. Infolge mehrerer Erweiterungen erreichte das Naturschutzgebiet schließlich eine Größe von 115 ha Wald- und 17 ha Wiesenflächen. Eine noch wesentlich weitergehende Ausdehnung der Schutzgebietsgrenzen ist seit längerem geplant, lässt aber auf sich warten.

Natur-schutzge-biet Oelsen

Für einige der wertvollsten Wiesen wurde in den 1970er und 80er Jahren eine naturschutzgerechte Pflege in die Wege geleitet. Verdienste erwarb sich hier Professor Siegfried Sommer, TU Dresden, der unter schwierigen Bedingungen in Sommerlagern mit Landschaftsarchitektur-Studenten die Wiesenmahd organisierte. Leider konnte diese beispielgebende Initiative nach der Emeritierung Sommers nicht weitergeführt werden. Die Flächenpflege übernahmen nun eine Beschäftigungsgesellschaft und die ortsansässige Agrargenossenschaft.

Abb. rechts: Naturschutz-einsatz Dresdner Landschafts-architektur-Studenten Juli 1989, 2.v.r.: Sieg-fried Sommer

Einige wesentliche Bereiche seines Altbesitzes konnte der mittlerweile wiedergegründete Landesverein Sächsischer Heimatschutz

zurückerwerben. Unter seiner Trägerschaft findet im Oelsener Raum auch ein sogenanntes „Erprobungs- und Entwicklungsvorhaben" („E+E-Projekt") statt. Dabei sollen Erkenntnisse gesammelt werden, wie Intensivgrünland wieder zu artenreichen Wiesen umgestaltet werden kann.

E+E-Projekt „Bergwiesen um Oelsen"

Seit 2003 ist der Landesverein Sächsischer Heimatschutz Träger des Erprobungs- und Entwicklungsvorhabens „Wiederherstellung artenreicher Bergwiesen im Osterzgebirge", das vom Bundesamt für Naturschutz, dem Sächsischen Staatsministerium für Umwelt und Landwirtschaft und dem LV finanziert wird. Wichtige Ziele sind die Erprobung und wissenschaftliche Dokumentation von Verfahren, mit denen die artenreichen Bergwiesen mit ihren typischen Pflanzengesellschaften aus vorhandenem Intensivgrünland regeneriert werden können. Maßnahmen sind beispielsweise: Einschürige Mahd, Zweischürige Mahd, Nachbeweidung, Bodenverwundung, Mähgutauftrag, Wiedervernässung, Kalkung, Düngung, Entbuschung, Steinrückenpflege, Auflichtung von Aufforstungen.

Die zugehörigen, umfangreichen wissenschaftlichen Untersuchungen werden von der TU Dresden, Institut für Biologie sowie Institut für Ökolo-gie und Naturschutz, vorgenommen. Zu den bisherigen Erkenntnissen gehört, dass es mit entsprechendem Aufwand sehr wohl möglich ist, Bergwiesen mit ihren typischen Grundarten zu regenerieren. Viel schwieriger und unsicherer hingegen ist es, besondere Zielarten des Naturschutzes wie Arnika, Trollblumen, Stattliches Knabenkraut oder Sibirische Schwertlilien auf solchen Flächen wieder zu etablieren. Umso wichtiger ist es, deren letzte natürliche Vorkommen zu schützen und zu pflegen.

Das E+E-Projekt, dessen Förderzeitraum 2006 zu Ende ging, soll noch um einige Jahre verlängert werden.

LSG „Unteres Osterzgebirge"

1998 wurde der östliche Teil des schon zu DDR-Zeiten ausgewiesenen Landschaftsschutzgebietes abgetrennt und als LSG „Unteres Osterzgebirge" innerhalb des Landkreises Pirna neu ausgewiesen. Der tatsächliche Nutzen für den Schutz der Natur vor Zerstörungen ist aber nach wie vor sehr begrenzt.

A 17

Eine schwere Zäsur überkam die Region am Ostrand des Erzgebirges ab 2003 mit dem Beginn des Autobahnbaus. Bereits während der Bauphase gingen von dem technischen Großprojekt erhebliche Belastungen aus. Galt das östliche Ost-Erzgebirge bislang als sehr ruhige Zone mit geeignetem Lebensraum für störungsempfindliche Tierarten, so hat sich innerhalb eines breiten Korridors dieser Vorzug in sein Gegenteil verkehrt. Ende 2006 wurde die A17/D8 zwischen Pirna und Usti/Aussig in Betrieb genommen. Seither rollen hier täglich mehrere tausend schwere Transit-Lkw, verursachen beträchtlichen Lärm und große Mengen Abgase. Trotz einiger bescheidener Ausgleichsmaßnahmen – eine Grünbrücke südlich von Breitenau und ein Amphibiendurchlass am Heidenholz – trennt die Autobahn nun wertvolle Lebensräume. Und weitere Straßenneubauten sollen in den nächsten Jahren als Autobahnzubringer folgen.

Pflanzen und Tiere

großer Struktur- reichtum

Das besonders abwechslungsreiches Relief der von tief eingeschnittenen Bächen und Flüssen gegliederten Osterzgebirgsflanke, außerdem die unterschiedlichen Ausgangsgesteine sowie die bewegte Landnutzungsgeschichte haben nördlich des Sattelberges zu einem außergewöhnlich großen Strukturreichtum geführt, der Lebensräume und Refugien für sehr viele Pflanzen- und Tierarten bereithält.

bodensaure Buchen- wälder

Während oberhalb von 450 bis 550 m Höhenlage die von Natur aus auf den meisten Standorten vorherrschenden bodensauren Buchenwälder mit Fichten und Weißtannen gemischt wären, würde weiter unterhalb Traubeneichen-Buchenwald vorherrschen. Abgesehen vom fast völligen Verschwinden der Weißtanne entsprechen diesem Muster auch heute noch beachtlich viele Waldreste an den Talflanken der Gottleuba, vor allem im Naturschutzgebiet „Hochstein und Karlsleite" sowie im Naturschutzgebiet „Oelsen", kleinflächig aber auch an vielen weiteren Stellen. Für die Strauchschicht dieser bodensauren Buchenmischwälder sind Eberesche, Faulbaum und Hirsch-Holunder typisch, in der eher artenarmen Bodenflora treten meistens Drahtschmiele, Maiglöckchen, Heidelbeere, Schmalblättrige Hainsimse, Wiesen-Wachtelweizen, Fuchs-Kreuzkraut, Wald-Habichtskraut und Purpur-Hasenlattich auf.

Hangwald- komplex

Wesentlich bunter ist die Vegetation in den mehr oder weniger steilen Hangwaldkomplexen. Engräumig sind hier (mehr nordexponierte) Eschen-Ahorn-Schatthangwälder mit (überwiegend nach Süden geneigten) Ahorn-Linden-Hangschuttwäldern sowie meist nährstoffreicheren Buchenwäldern verzahnt. Im untersten Talabschnitt tritt auch die Hainbuche hinzu. Wald-Bingelkraut, Lerchensporn, Waldmeister, Knoblauchsrauke, Haselwurz, Goldnessel, Wald-Geißbart, Vielblütige Weißwurz und Süße Wolfsmilch prägen die dichte Krautschicht, in kühl-feuchten Bereichen auch verschiedene Farne.

Steinrücken

Die im Umfeld des Sattelberges reichlich vorhandenen Steinrücken erfüllen eine Vielzahl von Funktionen. So sind sie u.a. auch Rückzugsgebiet für Flora und Fauna. Feuerlilie, Buschnelke, Bunter Eisenhut und Türkenbund sollen dafür stellvertretend genannt sein.

Wiesen des Natur- schutz- gebietes „Oelsen"

Von überregional herausragender Bedeutung sind auch heute noch – trotz drastischer Verluste in den letzten Jahrzehnten – die Wiesen des Naturschutzgebietes „Oelsen" sowie am Fuße des Sattelberges. Aus den besonderen lokalen Verhältnissen heraus (Geologie, Übergangsbereich von submontaner zu montaner Höhenstufe, west-östliches Florengefälle, relativ hohe Sommertemperaturwerte, vergleichsweise geringes Niederschlagsniveau u.a.) haben sich hier einzigartige Pflanzengesellschaften herausgebildet. So zeigen sich oft auf engstem Raum Biotoptypen wie Borstgrasrasen, Kleinseggenrasen und Nasswiesen.

Bergwiesen

Besonders bemerkenswert sind die kräuterreichen, kurzhalmigen Bergwiesen. Hier finden wir neben den typischen Gräsern Rot-Schwingel und Rot-Straußgras Arten wie Bärwurz, Perücken-Flockenblume, Hohe Schlüssel-

blume und Alantdistel. Die Trollblume hat hier, nach den Geisingbergwiesen, das bedeutendste Vorkommen in Sachsen. Weiterhin bemerkenswert sind Arnika, Vielblütiger Hahnenfuß (ansonsten nur sehr wenige Vorkommen im Ost-Erzgebirge), Große Sterndolde, Buschnelke und – als Oelsener Besonderheit – die Kugelige Teufelskralle, welche etwa im Bereich des Geisingberges fehlt.

Gesellschaften der Glatthaferwiesen zeigen sich auf trockeneren und magereren Böden – Flächen, welche früher oft als „Triftwiese" bezeichnet wurden. Zu verschiedenen Bergwiesenarten und dem namengebenden Glatthafer gesellen sich hier nun Pechnelke, Hasenbrot, Kleines Habichtskraut, Kleiner Ampfer oder Heide-Nelke hinzu.

Abb.: Kugelige Teufelskralle

Borstgrasrasen

In Bereichen der Bergwiesen kann sich auf besonders mageren, flachgründigen Böden kleinflächig eine Borstgrasgesellschaft ausbilden. Hier ist oft eine Fülle von Arten vergesellschaftet. Angeführt von dem namengebenden Borstgras sind besonders folgende Arten zu erwarten: Blutwurz, Gemeines Kreuzblümchen, Arnika und – wieder typisch für Oelsen und unerwartet in dieser Höhenlage um 600 m NN – das Gemeine Sonnenröschen. Zwergsträucher wie Heidelbeere und Heidekraut vervollständigen dieses Vegetationsbild.

Pfeifengraswiesen

Als weitere sehr interessante Pflanzengesellschaft ist die Pfeifengraswiese zu nennen. Trollblume, Sibirische Schwertlilie, Nordisches Labkraut und Heilziest sind wesentlich für diese Wiesenausbildung. Als botanische Kostbarkeiten sind Preußisches Laserkraut, Färber-Scharte und Niedrige Schwarzwurzel eingestreut.

Kleinseggenrasen

Quellige, nasse Stellen im Grünland können als Kleinseggenrasen ausgebildet sein. Besonders diese Flächen sollten nicht betreten werden. Auch Änderungen des Wasserhaushaltes wirken sich stark negativ aus. Typische Arten dieser Gesellschaft sind Hirse-Segge, Floh-Segge, Igel-Segge, Sumpf-Veilchen, Schmalblättriges Wollgras, Breitblättrige Kuckucksblume und auch das interessante „fleischfressende" Fettkraut kann sich einfinden.

Feuchtwiesen

Abb.: Admiral auf Kohldistel

Wesentlich häufiger treffen wir auf den Biotoptyp Feuchtwiese, welcher hier in verschiedensten Ausbildungen beobachtet werden kann. Auf sehr feuchtem und nährstoffreichen Boden stellen sich Arten ein, welche als Hochstauden bis 2 m Höhe erreichen können, so z. B. das Echte Mädesüß. Als weitere Arten mit dem gleichen ökologischen Verhalten wären zu nennen: Sumpf-Dotterblume, Kleiner Baldrian, Wald-Simse, Wald-Engelwurz, Flatter-Binse, Knäul-Binse, Faden-Binse, Sumpf-Pippau, Sumpf-Vergissmeinnicht sowie als auffällige Art mit langer Blühzeit, der Gemeine Blutweiderich.

Überwiegend im Bereich der grundwasserbeeinflussten Auwiesen bilden sich häufig Kohldistelwiesen aus, beispielsweise im Mordgrund. Neben der auffälligen Kohldistel gedeihen hier u. a. Rauer Kälberkropf, Wiesen-Knöterich und Frauenmantel.

Seit 2 Jahrzehnten sind im Gottleubatal die großen Bestände des rosa blühenden Drüsigen Springkrautes unübersehbar – ein sich mit enormer Geschwindigkeit weiter ausbreitender Neophyt aus Südasien. Ein weiterer Einwanderer, der das Flussbett vom Elbtal bis auf die Höhe von Berggießhübel in wechselnder Häufigkeit besiedelt, ist die Gauklerblume. Inmitten anderer gelb blühender Arten ist die Pflanze leicht zu übersehen. Die Art ist hier bereits seit 1830 als Neophyt erfasst.

Fauna

Auch die artenreiche Fauna spiegelt die große Vielgestaltigkeit der Landschaft wieder. Einige Teilbereiche, vor allem Schutzgebiete, sind gut untersucht und ermöglichen gesicherte Auskünfte. Die großen Waldgebiete –

Rotwild

der Markersbacher Forst und die „Harthe" – sind ausgesprochene Rotwildreviere. Auch Rehwild und vor allem Schwarzwild sind sehr reich vorhanden. Dam- und Muffelwild wechseln weiträumig im Gebiet. In Wald und Flur sind Feldhase, Fuchs (seit etwa 1990 in hoher Dichte) und vereinzelt Dachs vorhanden. Die Population des Wildkaninchens bei Bad Gottleuba besteht seit etwa 1975 nicht mehr. Steinmarder (sehr häufig im Ortsumfeld), Baummarder (seit langer Zeit nur 1 Fallenachweis aus dem Oelsengrund bekannt), Hermelin und Mauswiesel (mit Häufung im Steinrückenbereich) als auch Iltis sind ebenso in diesem Landschaftsraum nachgewiesen, wie die

Kleinsäuger

für sie wichtigen Kleinsäuger (Bisam-, Haus- und Wanderratte, Kleinäugige Wühlmaus, Erd-, Feld-, Scher-, Wald-, Gelbhals-, Brand-, Rötel-, Haus- und Ährenmaus). Für den Raum Hellendorf bis zur Talsperre gibt es gesicherte Nachweise der Zwergmaus. Das Eichhörnchen kommt in beiden Farbvarianten vor. Die Insektenfresser sind mit Braunbrust-Igel, Maulwurf, Wald-, Zwerg-, und Gartenspitzmaus vertreten. Für die Ortslage von Bad Gottleuba liegen Nachweise für die Hausspitzmaus, damit am Rand ihrer Verbreitungsgrenze, vor. Die Große Wasserspitzmaus ist an Bächen und stehenden Gewässer zwischen Bahra und Seidewitz zu beobachten. Siebenschläfervorkommen sind im Bereich Cotta, Bad Gottleuba und dem Seidewitztal nachgewiesen. Die Haselmaus ist neben dem Bereich Augustusberg vor allem im Raum Oelsen verbreitet. Sie ist eine typi-sche Art der „Steinrückenlandschaft". Deutschlands einziges Zieselvorkommen, ehemals im Raum Oelsen-Breitenau, ist seit etwa 1962 erloschen. Seit 2006 läuft unter der Regie des Bundes für Umwelt und Naturschutz in Deutschland (BUND) ein Projekt zur Wiedereinbürgerung.

Besondere Bedeutung hat die Ost-Erzgebirgsflanke mit ihrem elbtalbeeinflussten Klima einerseits und den Bergbaustolln andererseits für die Fleder-

Fledermäuse

mausfauna. Allgemein verbreitet sind Breitflügelfledermaus (als die z. Z. am häufigsten ermittelte Art), Kleine Bartfledermaus und Braunes Langohr. Die Kleine Hufeisennase hingegen, eine einstmals in Deutschland verbreitete, dann aber fast ausgestorbene Art, hat hier noch eines der stabilsten und bedeutendsten Vorkommen der ganzen Bundesrepublik.

Marderhund

Als „Neueinsteiger" ist der Marderhund schon seit einigen Jahrzehnten im Landschaftsraum präsent. Neuerdings kommen auch noch Waschbär und Mink hinzu. Als ausgestorben galt hingegen für viele Jahrzehnte der Fischotter. Auch dieses „Spitzentier" hat das Gottleubatal und deren Seitenbäche ab 1992 erreicht und erhöht den Erlebnis- und Stellenwert des Ost-Erzgebirges. Besondere Bedeutung hat die Region für den Luchs. Jahrzehnte galt er für Erzgebirge und Elbsandsteingebirge als „ausgerottet". Seit 1965 gab es erste Hinweise auf das Einwandern der Art. Ab 1975 häuften sich die Angaben über Luchsrisse, Fährten und Sichtbeobachtungen. Vor allem der Bereich des Gottleubatales lässt in der Folgezeit das Ost-Erzgebirge zumindest als wichtigen Einwanderungskorridor erkennen. Allerdings dürfte die neue Autobahn das Wanderverhalten des nächtlichen Jägers deutlich einschränken.

Luchs

Besondere Bedeutung hat das Gebiet für den Vogelzug. Es ist offensichtlich, dass westlich die höheren Teile des Ost-Erzgebirges mit überwiegender Waldbedeckung ebenso wie die sich östlich anschließenden Waldflächen des Elbsandsteingebirges von Vogelarten des Offenlandes gemieden wurden. Ein großer Teil des Vogelzuges mag sich nachts im Verborgenen abspielen, doch ist an manchen Tagen im Frühjahr oder Herbst ein auffälliger Zug zu beobachten, in dem auch immer wieder Besonderheiten zu erwarten sind. Zu den Zugzeiten stellen sich auf den Hochflächen mitunter große Flüge von Lachmöwen, Kiebitzen, Ringeltauben, von seltenen Greifvögeln und Limikolen ein. Mit der Talsperre Gottleuba steht auch ein größeres Rastgewässer zur Verfügung. Graureiher, Kormoran, Gänse und verschiedene Entenarten ziehen in größerer Zahl regelmäßig durch. Von der an das Wasser gebundenen Vogelwelt ist allerdings nur die Stockente Brutvogel.

Vogelzug

Schwarz-storch;
Greifvögel

Der Schwarzstorch ist regelmäßig Nahrungsgast im Gottleubagebiet, oft bezieht auch mindestens ein Paar einen im Wald verborgenen Horst. An Greifvögeln brüten mit Sicherheit Mäusebussard, Sperber, Habicht und Turmfalken, während Rotmilan und Wespenbussard wohl nur das Gebiet durchstreifen. Von den Eulen sind Waldkauz, Waldohreule, in manchen Jahren Uhu und Rauhfußkauz anzutreffen.

Eulen

Birkhuhn

Hingegen gehört die Umgebung des Sattelberges zum Lebensraum des Birkhuhnes. Südlich davon, direkt an der heutigen Autobahn, befand sich bis vor wenigen Jahren ein wichtiger Balzplatz. Bereits während des Autobahnbaus musste eine beträchtliche Störung dieses bislang sehr ruhigen Teiles der Birkhuhn-Population festgestellt werden, in deren Folge vermehrt auch Tiere auf deutscher Seite der Grenze auftauchten.

Wachtel-
könig

Die zweite, ebenfalls von den Auswirkungen der Autobahn bedrohte Besonderheit in der Vogelwelt ist der Wachtelkönig, dessen eigentümliche Rufe man bislang rund um den Sattelberg, im Oelsener Raum und vor wenigen Jahren auch noch direkt an der heutigen A17-Trasse in den Juni-Nächten vernehmen konnte. Rebhühner sind in den letzten Jahren auch hier völlig verschwunden, die moderne Landwirtschaft hat diesen einstmals häufigen Tieren strukturreichen Ackerlandes keine Chancen gelassen. Auch die Bekassine ist nach den Meliorationen der 1970–80er Jahre wahrscheinlich verschwunden. Wachtel und Waldschnepfe hingegen dürften noch immer regelmäßig zur Brut schreiten. Auch Kiebitze versuchten in der Vergangenheit immer wieder Feldbruten.

Hohltaube und Dohle

In den Altbuchen-Inseln trifft man Hohltaube und Dohle. Vertreten sind auch Ringel- und Turteltaube, Kuckuck, Mauersegler, Buntspecht, Schwarzspecht und Grauspecht. Der Eisvogel ist kein Brutvogel, aber dennoch regelmäßig zu sehen. Von den Singvögeln seien als charakteristische Auswahl genannt: Gebirgsstelze, Wasseramsel, Wiesenpieper, Neuntöter, Feldschwirl, Braunkehlchen, Birkenzeisig, Tannenhäher, Kolkrabe.

In den Jahren 1978 bis 1982 wurden bei einer Brutvogelkartierung im unteren Ost-Erzgebirge je Messtischblatt 70–80 Arten, im oberen Ost-Erzgebirge noch 60–70 Arten ermittelt.

Kamm-Molch

Kreuzotter

Erwartungsgemäß die häufigsten Amphibien sind Grasfrosch und Erdkröte, doch dringen auch noch Springfrosch und Teichfrosch bis in das Gebiet vor. Bemerkenswert ist das Auftreten des Kamm-Molches, dessen wichtigstes Vorkommensgebiet nun allerdings ebenfalls von der Autobahn durchschnitten wird. Inwiefern die vorgesehenen Schutzmaßnahmen tatsächlich wirksam werden, bleibt abzuwarten. Weitere Schwanzlurche sind Bergmolch, Teichmolch und Feuersalamander. Vorkommende Reptilien sind Blindschleiche, Waldeidechse, Ringelnatter und Kreuzotter. Gelegentlich gelingt auch ein Nachweis der Schlingnatter.

Der Gipfel – Alptraum an der Autobahn (Text: Jens Weber)

Mittwoch, 16. Mai 2007. Vierzehnuhrfünfundvierzig. Ich stecke die Uhr wieder in die Hosentasche. 75 Laster in der letzten Viertelstunde, macht zirka 300 pro Stunde. Grob kalkuliert donnern damit rund 6000 Transiter pro Tag rund um den Sattelberg. Doppelt so viele wie in schlimmsten Zeiten auf der B170.

Früher war der Gipfel des Sattelberges einer meiner Lieblingsorte im Ost-Erzgebirge. Grandioser Fernblick, bunte Blüten und Schmetterlinge auf dunklem Basaltfels, idyllische Ruhe. Vor allem idyllische Ruhe. In den letzten sechzig Jahren verirrte sich nur selten jemand auf diesen doch so markanten Berg. Birkhühner balzten am Fuße des Špičák – so der tschechische Name – und sogar ein Luchs soll mal seine Spur hinterlassen haben. Hier konnte man staunen, träumen, Kraft tanken.

Das alles scheint Ewigkeiten her zu sein. 75 Laster in 15 Minuten. Von Nordwesten kommen sie herangedröhnt, auf der A 17 über Breitenau und die Nasenbachbrücke. Jeweils für 10 Sekunden verschwinden sie kurz unter der Erde, dann verteilen sie ihren Lärm und ihre Abgase von der Grenzbrücke aus, westlich des Sattelberges. Als D8 setzt sich die hässliche offene Wunde in der Landschaft fort, biegt nach Osten ab, überquert im ehemaligen Unterdorf von Schönwald/Krasny Les die Gottleuba, schneidet sich in die Südflanke des Sattelberges. Dumpfes Grollen und nervtötendes Fauchen also auch aus dieser Richtung.

Nein, schön ist es auf dem Sattelberg überhaupt nicht mehr.

Eigentlich hatte ich dies auch nicht erwartet, und eigentlich hatte ich mir auch geschworen, nie wieder hierher zu kommen. Aber in den „Naturführer Ost-Erzgebirge" sollte der Sattelberg wohl mit rein. Und weil sich durch den Autobahnbau hier so viel verändert hat, kann man diese Landmarke mit ihrer – bislang – besonderen Flora und Fauna doch nicht nur einfach aus der Erinnerung heraus beschreiben.

Beim Zählen der Laster während der viertelstündigen Gipfelrast kommen auch die Erinnerungen an gut zehnjährigen Kampf gegen die Autobahn-Planungen wieder hoch. Völlige Fassungslosigkeit damals, als wir 1991 von den Plänen erfuhren. Hoffnungsschimmer bei der Demo 1992 mit 3000 Leuten in Freital, die sich gegen die sogenannte „Sachsenknie-Variante" wandten. Doch dann kam die Entscheidung des Dresdner Autofahrervolkes für den Bau und die Festlegung auf die heutige Trasse. Mitte der 90er Jahre begann für uns die mühevolle Detailarbeit – insgesamt gut hundert Aktenordner: Planfeststellungsunterlagen, Landschaftspflegerische Begleitplanungen mitsamt zahllosen Tekturen, FFH-Verträglichkeitsuntersuchungen, Fachgutachten jeglicher Art. Anfangs waren es noch viele Leute unter den Autobahngegnern, die ihre Freizeit dafür opferten. Doch schier unaufhaltbar fraß sich derweil die Asphaltschlange weiter durch den Südraum Dresdens. Und mit jedem vollendeten Teilabschnitt gaben etliche Kritiker frustriert auf.

Als es dann schließlich genehmigungstechnisch um den (aus Naturschutzsicht entscheidenden) letzten Bauabschnitt von Pirna bis zur Grenze ging, brüteten wir nur noch zu dritt über den Akten. Und 2003 vorm Bundesverwaltungsgericht saßen Rechtsanwalt Johannes Lichdi und ich schließlich alleine einer geballten Macht von asphaltversessenen Paragrafenfuchsern gegenüber. Trotz guter fachlicher Argumente hatten wir nicht den Hauch einer Chance; die Entscheidungen zur Zerschneidung des Ost-Erzgebirges waren längst gefallen. Güter aller Art sollen möglichst schnell und problemlos durch Europa rollen – Birkhuhn und Luchs, Bergwald und Basaltberg sind da zwei- und drittrangig. Globalisierung selbst erlebt.

Fünfundsiebzig Laster in einer Viertelstunde. Von Nordwest, von Südwest und Südost. Über der Grenze zusätzlich ein Hubschrauber, außerdem noch Baumaschinen an der tschechischen Trasse.

Gereizt verlasse ich den einst so reizvollen Ort, nach fünfzehn Minuten Alptraum auf dem Gipfel des Sattelberges.

Abb.: Autobahn am Sattelberg, Juni 2007

Wanderziele im Gottleubagebiet

Špičák/Sattelberg

Der Sattelberg (724m), von böhmischer Seite als Spitzberg bezeichnet, liegt etwa 500 m südlich der Staatsgrenze auf tschechischem Gebiet. Von deutscher Seite gesehen, ist er zwischen Děčínský Sněžnik/Hohem Schneeberg und Geisingberg der auffälligste Orientierungspunkt. Südlich von ihm breitet sich auf 5 km mit nur geringem Anstieg die Kammfläche aus, bis sich dann das Gebirge steil zum Böhmischen Becken absenkt.

Gruß v. Sattelberg i. Erzg., 724 m ü. N. N.

Abb.: historische Aufnahme der Sattelbergbaude

Leider trennt die Staatsgrenze den Sattelberg von der nördlich angrenzenden Oelsener Höhe. Dem war nicht immer so. Vor 1945 galt diese Landmarke als beliebter Ausflugsort. Mauerreste erinnern an ein ehemaliges Gast-haus. Heute gelangt man – ohne illegalen Übertritt der grünen Grenze – entweder von der Ortsmitte Krásný Les/Schönwald über einen Feldweg (unter der Autobahn hindurch) an den Berg. Oder aber man nimmt den Weg vom ehemaligen Schönwalder Unterdorf aus über eine neu gebaute Zufahrt, ebenfalls unter der Autobahn hindurch zu einem Sendemast, der seit 2006 den Anblick des Sattelberges „ziert".

Sandsteinfelsen

Basalt

Der Sattelberg zeigt eine geologische Besonderheit. Am Osthang, unweit der Gasthaus-Grundmauern, fallen Sandsteinfelsen bis 10 m senkrecht in die Tiefe. Von den Klippen bietet sich eine interessante Aussicht in Richtung Elbsandsteingebirge. Auf dem weiteren Anstieg zur Spitze mit der Vermessungssäule folgt dann jedoch Basalt – über dem Sandstein. Die vulkanische Basaltlava hat im Tertiär das Grundgebirge und die großflächig aufliegende, kreidezeitliche Sandsteindecke durchstoßen. Im Schutze dieser Basaltdecke blieb der Sandstein erhalten. Der Basalt zeigt sich hier sowohl in der bekannten Ausbildung als Säulen als auch in großen Blockhalden am Süd- und Nordwesthang. Diese Extremstandorte sind fast frei von höheren Pflanzen und Lebensraum für eine Anzahl von Flechten.

Blockhalden

Die ehemals auf dem Berg vorhandenen Fichten sind den Rauchschäden zum Opfer gefallen bzw. stark geschädigt. Der schüttere Baumbewuchs heute wird überwiegend von Sand-Birke und Eberesche gebildet. Am Südhang, im Schatten der Hauptwindrichtung wächst ein kleiner Bestand aus Rot-Buche.

Přírodny Reservace Špičák

Der Sattelberg liegt im Zentrum des 1997 eingerichteten Přírodny Reservace (Naturschutzgebiet) Špičák, sowie der gleichnamigen, aber deutlich größeren Kernzone des Přírodní park Vychodní Krušné hory (Naturpark Osterzgebirge).

Die Offenlandbereiche am Fuße des Berges einschließlich des unbewaldeten Talhanges zur Gottleuba zeichneten sich früher durch besonders artenreiche Bergwiesen aus, an denen sich Botaniker aus nah und fern begeisterten. Seit langer Zeit liegen diese Wiesen nun brach, es hat sich vor allem Wolliges Honiggras mit dichtem Filz breitgemacht und die konkurrenzschwachen Bergwiesenpflanzen verdrängt. Am südlichen Hang trotzen noch einige Trollblumen diesen nicht zusagenden Bedingungen. Der heute noch wertvollste Teil des NSG befindet sich recht unzugänglich in Grenznähe nordwestlich des Berges. Auf den feuchten Wiesen gibt es Restbestände von Sibirischer Schwertlilie, Breitblättriger Kuckucksblume, Trollblume und Kriech-Weide. Sie befinden sich in ständigem Rückgang und

Verfilzung und Verbuschung   sind infolge fortschreitender Verfilzung und Verbuschung akut bedroht. Das gleiche gilt für die damit verzahnten Bergwiesenbrachen mit Arnika, Busch-Nelke und Feuer-Lilie. Dass diese Arten trotzdem noch vorkommen, erlaubt Rückschlüsse auf die einstmals sicher überwältigende Blütenfülle dieses Gebietes.

Rundsicht von der Bergspitze   Die Bergspitze, nahezu frei von Bewuchs, belohnt mit einer außerordentlichen Rundsicht. Unerwartet im sommerlichen Wind trifft man auf dem Gipfel oft eine größere Anzahl von Tagfaltern (vor allem Trauermantel und Schwalbenschwanz), welche die Wärme der aufgeheizten schwarzbraunen Basaltsteine genießen.

Wiesen zwischen Oelsener Höhe und Sattelberg ②

Hier an der Grenze überstanden noch einige der wertvollsten und artenreichsten Oelsener Wiesen die Zeiten von Melioration, Gülle und Grünlandumbruch. Die meisten davon sind jedoch recht klein, deshalb wird gerade hier im Rahmen des E+E-Projektes experimentiert, wie die dazwischenliegenden Flächen ebenfalls wieder ihren ursprünglichen Charakter artenreicher Berg- und Feuchtwiesen zurückbekommen können.

„Sattelbergwiesen"   Besonders die seit langem unter Botanikern berühmten „Sattelbergwiesen", wo der Schönwalder Weg auf den vom Bienhof heraufführenden Grenzpfad trifft, zeigen sich im Mai/Juni in außergewöhnlicher Blütenpracht. Basische Sickerwässer von der nahen Basaltkuppe lassen auch Pflanzen gedeihen, die auf den sonst meist sauren Erzgebirgsböden schwerlich gedeihen können. Eng beieinander wachsen hier Arten der Bergwiesen (Bärwurz, Alantdistel, Weicher Pippau und Perücken-Flockenblume), der Borstgrasrasen (Berg-Platterbse, Arnika, Wald-Läusekraut), der Feuchtwiesen (Breitblättrige Kuckucksblume, Sumpf-Dotterblume, Sumpf-Pippau) und der

Trollblume Teufelskralle Schwertlilie   Kleinseggenrasen (Wollgras, Sumpf-Veilchen, Kleiner Baldrian). Zu den auffälligen Besonderheiten des Gebietes zählen Trollblume, Färberscharte, Kugelige Teufelskralle und Sibirische Schwertlilie. Im Randbereich der Wiesen und an den Steinrücken gedeihen auch (einige wenige)Türkenbund- und Feuer-Lilien sowie Busch-Nelken.

Achtung! Gerade die letzten Rückzugsräume seltener Pflanzen können sehr schnell verloren gehen – z. B. durch allzu neugierige und unachtsame Wanderer, die unbedingt eine Nahaufnahme einer besonders schönen Blume fotografieren wollen. Sehr schnell können dabei die unscheinbaren Keimlinge vom Aussterben bedrohter Arten zertreten werden. Deshalb bitte auf keinen Fall die wertvollen Wiesen betreten! Erfreuen Sie sich vom Rande der Wiesen aus an dieser hier noch vorkommenden, zumindest sachsenweit ziemlich einmaligen Pracht! Das Betreten des Naturschutzgebietes ist nicht ohne Grund streng verboten.

Oelsener Höhe

Die Dorfstraße von Oelsen überwindet vom untersten bis zum obersten Wohngebäude auf genau 2 km Länge einen Höhenunterschied von gut 110 m. Nach weiteren 500 m endet der Fahrweg auf der Oelsener Höhe. Obwohl sich der eigentliche Höhenpunkt mit 644 m etwas abseits des Weges befindet, bietet der aufgeschüttete Hügel eine genussvolle Rundsicht.

Rundsicht

Zu sehen ist die ansteigende Pultscholle des Erzgebirges, der Elbtalgraben mit den Bauten von Dresden, daneben Borsberg und Triebenberg, die Steine der Sächsischen Schweiz (Zschirnsteine, Papststein, Lilienstein, Gohrisch, Königstein) und die Kegelberge der Böhmischen Schweiz (Rosenberg, Kaltenberg). Im Süden erhebt sich in 1,5 km Entfernung der Sattelberg, die auffälligste Landmarke der Ost-Erzgebirgsflanke. Mit Kahleberg und Geising, Luchberg, Quohrener Kipse, Wilisch und Windberg schließt sich im Westen der Rundblick. Weit im Norden ist bei guter Sicht der Keulenberg bei Königsbrück zu erkennen.

Kulmer Steig

An dem Fahrweg zur Höhe oberhalb des letzten Wohnhauses steht neben einer landschaftsschmückenden Rosskastanie eine interessante alte Wegsäule (Schreibfehler im Ortsnamen von Gottleuba!), sowie ein stark abgeschliffenes, verwittertes Steinkreuz. Dieser Weg wird als Schönwalder Weg bezeichnet und ist ein Teilstück des uralten Passweges „Kulmer Steig", der am Sattelberg vorbei nach Schönwald führte und von dort über den Nollendorfer Pass ins böhmische Becken.

Literaturtipp

Wander- & Naturführer Sächsische Schweiz – Am Rande der Sächsischen Schweiz (Band 3) – 20 Wanderungen zwischen Oelsener Höhe, Cottaer Spitzberg, Liebethaler Grund, Burg Stolpen und Tanzplan bei Sebnitz

Hrsg. Dr. Peter Rölke (unter Mitarbeit von zehn weiteren Autoren) 2004, Berg- und Naturverlag Rölke (www.bergverlag-roelke.de), ISBN 3-934514-13-6

Mordgrund und Bienhof

Das ehemalige Hammergut Bienhof, ein Ortsteil von Oelsen, wirkt heute sehr verlassen. Bekannt wurde es, nachdem der Landesverein Sächsischer Heimatschutz im Mai 1921 hier sein Forschungs- und Erholungsheim einrichtete. Ausschlaggebend für die Wahl dieses Standortes war die besondere Naturausstattung des Gebietes. Der Verein kaufte hier bis 1945 eine Fläche von 282 ha auf und errichtete damit das damals zweitgrößte Naturschutzgebiet in Sachsen.

Rückhalte-
becken

Ausgangs des Tales befindet sich das Rückhaltebecken Mordgrundbach, in dem durch einen Teilstau eine kleine Wasserfläche gehalten wird. An der Stauwurzel erinnert unter einer stattlichen Fichte eine Bank mit Gedenktafel an den Gründer des Landesvereins, Karl Schmidt. Halden hier und am links einmündenden Bach sind letzte Zeugnisse eines bescheidenen Silber-Bergbaus. Zwischen Erlen hat sich eine üppige Hochstaudenflur entwickelt, in der unter anderem Straußenfarn, Akelei-Wiesenraute, Mondviole, Rote und Weiße Pestwurz, Baldrian, Johanniswedel und Rote Lichtnelke gedeihen. Aber auch die Telekie, ein Neophyt aus den südosteuropäischen Karpaten, breitet sich immer mehr aus.

Die sich von hier bis zum Bienhof erstreckenden, blütenreichen Feuchtwiesen waren früher berühmt für ihren Reichtum an Himmelschlüsseln, wurden mittlerweile aber aufgelassen und werden zunehmend vom Wald zurückerobert. Nicht selten lauert hier ein Schwarzstorch am Bach auf Nahrung.

Bemerkenswert ist auch ein schöner Erlenbestand am Mühlteich Bienhof.

Der westlich des Bienhofes ansteigende Wiesenhang, über den auch der Wanderweg nach Oelsen aufwärts führt, lässt in seinem unteren Teil kaum noch erahnen, welche botanische Pracht er einstmals trug. Fuchsschwanz, Sauerampfer und Löwenzahn dominieren jetzt und künden eher von der intensiven Weidewirtschaft der DDR-Zeit als von der Vergangenheit als bedeutendes Naturschutzgebiet. Und dennoch: hier an diesem Hang, verborgen in einer geschützten Quellmulde, hat sich eine der wertvollsten Oelse-

Höckel-
wiese

ner Wiesen – die sogenannte Höckelwiese – erhalten können. Neben vielen anderen Berg- und Feuchtwiesenarten gedeihen hier noch Raritäten wie Trollblume, Breitblättrige Kuckucksblume, Sibirische Schwertlilie und Kugelige Teufelskralle. Doch auch hier gilt: **das Betreten der Naturschutz-Wiesen ist nicht nur verboten, sondern kann auch beträchtlichen Schaden hervorrufen.**

prächtiger
Altbuchen-
bestand

Neben so verstreuten Wiesen wie der Höckelwiese gehören vor allem größere Laubwaldbereiche zum Naturschutzgebiet „Oelsen". Am Westhang des Tales befindet sich ein prächtiger Altbuchenbestand, den auch der Wanderweg (gelber Strich) vom Bienhof nach Oelsen durchquert. Purpur-Hasenlattich und Quirlblättrige Weißwurz zeigen den montanen Charakter an. Am zahlreichen Wald-Schwingel, einem von mehreren Gräsern hier, kann man erkennen, dass es sich um eine Übergangsform der bodensauren Hainsimsen-Buchen(misch)wälder „normaler" Ost-Erzgebirgs-Standorte zu den besser mit Nährstoffen versorgten Waldmeister-Buchenwälder handelt. Waldmeister selbst ist ebenfalls vorhanden, und auch Bingelkraut, Christophskraut sowie Haselwurz weisen auf die relativ kräftigen und nicht zu sauren Bodenverhältnisse hin. Besonders gut mit Nährmineralen versorgte, feuchte und blockreiche Hangbereiche beherbergen üppige Mondviolen-Vorkommen sowie zahlreiche Farnarten. In feuchteren Bereichen allerdings bildet die Zittergras-Segge dichte Teppiche. Anschaulich zeigt sich an solchen Stellen, wie wichtig umgestürzte Bäume und deren Wurzelteller im Wald sind, denn bei dichter Bodenvegetation können die Keimlinge der Bäume nur hier Fuß fassen.

Am Rande des Buchenbestandes gedeihen einige Sträucher Schwarzer Heckenkirsche. Die stark verbissenen Laubgehölze im Waldrandbereich verdeutlichen die extrem hohe Wilddichte (Rothirsche, Rehe), die selbst der eigentlich gar nicht so schmackhaften Buche hier Schwierigkeiten bereitet.

Mord-
grundbach

Vom Bienhof zieht sich über die Grenze bis auf die Höhe östlich des Sattelberges das Mordgrundtal. Bis 1870 mäandrierte der Bach hier in zahllosen, sich jedes Frühjahr verändernden Schleifen. Dann wurde er begradigt, der Charakter des Tales veränderte sich erheblich, der Pflanzenreichtum ging zurück. Das Hochwasser 2002 hinterließ abgelagerten Flussschotter – einen sehr interessanten, neuen Lebensraum. Geplant ist nun, die Sohle des Baches wieder anzuheben und damit dem Gewässer seine Aue zurückzugeben. Das ist gut für die Natur, und auch gut für den Hochwasserschutz.

Im naturnahen Mittelteil des Mordgrundes verläuft die Staatsgrenze. Hier sind Weiße Pestwurz, Akelei-Wiesenraute, Quirlblättrige Weißwurz, Sterndolde und Bunter Eisenhut zu finden. Eine Gruppe von Alpen-Heckenrosen *(Rosa pendulina)* ist seit langem den Botanikern bekannt. Womöglich sind diese hier einheimisch, vielleicht wurden sie aber auch erst vom Menschen hergebracht. Es hält sich die Anekdote, dienstbeflissene Untertanen des sächsischen Königs hätten im 19. Jahrhundert der botanisierenden Majestät das Erfolgserlebnis eines Erstfundes einer besonders schönen Pflanzenart verschaffen wollen…

Stockwiese

Sibirische
Schwertlilie

Unterhalb der Straße Oelsen-Bad Gottleuba leuchten im Frühling weithin die blauen Blüten der Sibirischen Schwertlilie. Die Stockwiese zählt zu den wertvollsten Bereichen des infolge der intensiven Landwirtschaft arg zersplitterten Naturschutzgebietes Oelsen. Dies ist umso erstaunlicher, als direkt gegenüber, oberhalb der Straße am Hackhübel, die LPG – jetzt Agrargenossenschaft – ihre Stallanlagen errichtet hatte. Doch im Einzugsgebiet der Trinkwassertalsperre galten besondere Schutzvorschriften.

Wie bei den meisten der verbliebenen Oelsener Naturschutzwiesen fällt nicht nur die außergewöhnliche Blütenfülle, sondern auch das eng verwobene Nebeneinander von Berg- und Nasswiesen auf. Gleichermaßen wechseln sich offenbar gut mit Mineralstoffen versorgte, meist feuchte Senken mit mageren Trockenbuckeln ab. Erstere beherbergen Nasswiesenbereiche mit Kleinem Baldrian, Sumpf-Vergissmeinnicht und Breitblättriger Kuckucksblume, letztere hingegen kleinflächige Borstgrasrasen mit Berg-Platterbse und Zittergras. Und schließlich: Arten des Hügellandes wie Heilziest und Großer Wiesenknopf, in der Nähe auch Schwärzender Geißklee, gedeihen hier ebenso wie Berglandspflanzen, beispielsweise Perücken-Flockenblume, Alantdistel und Bärwurz.

Stockwiese   Die Stockwiese ist wahrlich ein ganz besonderes Biotop. Fast alle Wiesenpflanzen des Oelsener Raumes kommen hier auf kleinem Raum vor, teilweise in beachtlicher Anzahl: Trollblume, Kugelige Teufelskralle, Busch-Nelke, Schwarzwurzel, Färberscharte und Sibirische Schwertlilie.

Doch auch hier gilt: **Bitte keinesfalls die Fläche betreten!** Diese Blütenpracht ist sehr vergänglich – wie die Vernichtung der meisten Oelsener Berg- und Nasswiesen in den letzten Jahrzehnten überdeutlich gezeigt hat. Wer die Pflanzen betrachten will, sollte ein Fernglas dabei haben und am Rande der Fläche stehen bleiben.

Strompelgrund und Bocksberg ⑥ Bocksberg 491m

Dieses Gebiet weist zwar nicht den außergewöhnlichen Pflanzenreichtum des Oelsener Raumes auf, wird aber auch viel seltener aufgesucht. Ein Wanderweg (gelber Punkt) führt auf den Bocksberg (491 m), von dem ein schöner Rundblick möglich ist. Sowohl auf deutscher wie auf tschechischer Sei-

Steinrücken   te künden beachtliche Steinrücken von der mühevollen Arbeit der früheren Bauern. Eine umfassende Melioration um 1980, auch auf böhmischer Seite, führte leider zu einer erheblichen Reduzierung von Feuchtwiesen und Steinrücken. Vor allem in den Feuchtbereichen fällt trotzdem noch immer die artenreiche Gehölzvegetation der Steinrücken auf. Viele der böschungsartigen Gehölzreihen sind noch strauchförmig bewachsen (heute eher eine Seltenheit unter den Steinrücken des Ost-Erzgebirges), unter anderem mit Schlehe, verschiedenen Weißdornen, Echter Traubenkirsche, Schwarzem und Rotem Holunder, Hasel, Rosen und Gemeinem Schneeball. Bemerkenswert in dieser Höhenlage ist das Vorkommen des Pfaffenhütchens. Ähnlich artenreich ist die Bodenflora. Während die Feuerlilie als bekannte Steinrückenart verschwunden zu sein scheint, kommt zumindest die für das Oelsener Gebiet typische Busch-Nelke hier noch vor.

Feucht-   In den 1970er Jahren brachte die Wiedereröffnung des Grenzüberganges
wiesen   Unruhe in das zuvor recht einsame Gebiet. Bis zu dieser Zeit galt das Gebiet als sicherer Brutplatz für die Bekassine. Regelmäßig waren Birkhühner zu beobachten. In den Feldgehölzen brütete die Waldohreule.

In den vergangenen Jahren wurde begonnen, einige Feuchtwiesen im Strompelgrund zu regenerieren.

Rundteil

Hier befindet sich nicht nur der viel genutzte Pkw-Grenzübergang Hellendorf–Petrovice/Peterswald, sondern auch eine bemerkenswerte Sehenswürdigkeit. Ein kreisförmiger Platz von etwa 45 m Durchmesser, auf dem früher die Grenzabfertigung erfolgte, wurde mit zwei Ringen von Bäumen bepflanzt: außen Linden, innen Eichen. Die heutige Straße hat darauf nicht viel Rücksicht genommen, doch künden am Rand heute noch immer einige mächtige Bäume (teilweise über 3 m Umfang) sowie Steinbänke und Sitzsteine von dieser Vergangenheit. Eine 4 m hohe Steinsäule, 1820 unmittelbar am Grenzbach errichtet, gibt Entfernungen sowohl in Wegstunden als auch in Kilometern an. In der Mitte des Rundteils steht ein Gedenkstein, welcher daran erinnert, dass 1936 an dieser Stelle die olympische Fackel auf dem Weg von Athen nach Berlin an die deutschen Sportler weitergereicht wurde.

Oelsengrund

In einer Talweitung des Gottleubatales nahe der Grenze befand sich bis vor wenigen Jahrzehnten der Weiler Oelsengrund. Die Bewohner der 1533 erstmals erwähnten, aber über Jahrhunderte lang stets nur kleinen Siedlung mussten ab 1965 aus Trinkwasserschutzgründen den Ort verlassen. 15 Anwesen, dazu noch Wochenendhäuser, Transformatorenhäuschen u. a. wurden abgetragen. Der wohl bekannteste Bewohner des ehemaligen „Hammergutes Oelsengrund" war der Asienforscher Walter Stötzner, welcher u. a. seltene Tierpräparate nach Deutschland mitbrachte.

Entlang des Wanderweges deuten heute nur noch wenige Zeichen auf das ehemalige Vorhandensein eines Ortes hin. Die gesamte offene Flur wurde mit Nadelwald aufgeforstet. Nur wenige Obstbäume, einzelne Hausbäume, kleine Steinmauern und Hinweise in der Vegetation erinnern an die ehemalige Siedlung. Die alte „Meiselmühle", ehemals Mahl- und Schneidemühle, ist als letztes Bauwerk des Dorfes noch vorhanden, vom abseits gelegenen Forsthaus abgesehen. Ungewöhnlich für den kleinen Ort, nutzten ehemals mindestens vier weitere Mühlen das Wasser der Gottleuba.

Abb. oben: historische Postkarte aus der Siedlung Oelsengrund; unten: ehemalige Siedlung Oelsengrund, Blick talabwärts, Aufnahme Max Novak, vor 1945 (Sächsische Landesbibliothek – Staats- und Universitätsbibliothek Dresden – Deutsche Fotothek)

Gottleuba-
bach

Im sauberen, schnell fließenden Wasser der Gottleuba leben Bachforelle und Groppe. Auf die Natürlichkeit des Gewässers weist auch das teilweise massenhafte Vorkommen von Steinfliegen-, Eintagsfliegen- und Köcherfliegenlarven hin sowie die Häufigkeit von Flussnapfschnecke und Strudelwurm. Dazu gedeiht entlang des Baches eine ausgeprägte Hochstaudenvegetation mit auffälligen Beständen von Roter und Weißer Pestwurz sowie Wald-Geißbart.

Inzwischen quert bei der einstmals benachbarten, ebenfalls abgetragenen Siedlung Kleinliebenau bzw. dem ehemaligen Unterdorf von Schönwald/ Krásný Les die Autobahn das Gottleubatal. Umfangreiche technische Vorkehrungen sollen eine Belastung des Trinkwassereinzugsgebietes mit Tausalzen, Öl und anderen schädlichen Stoffen verhindern. Ob diese tatsächlich auch dem Dauerbetrieb oder einem Havariefall standhalten, ist dennoch fraglich.

Die Autobahn sorgt auch für erhebliche Beunruhigungen in den ausgedehnten Waldbereichen, die bisher für Wildtiere idealen Lebensraum boten.

In der Vogelwelt überwiegen die Waldvögel. In den Rot-Buchenbereichen sind Schwarzspecht, Rauhfußkauz und Hohltaube typische Brutvögel. Weitere Arten wie Ringeltaube, Turteltaube, Winter- und Sommergoldhähnchen, Fitislaubsänger, Heckenbraunelle, Uhu, Kolkrabe oder Waldkauz sind Brutvögel oder Nahrungsgast. Am Bach zeigen sich Gebirgsstelze, Wasseramsel, Zaunkönig und gelegentlich der Eisvogel.

 ## 9 Talsperre Gottleuba

Anlässlich des Hochwassers von 1957, zugleich aber auch, um den zunehmenden Wasserbedarf von Bevölkerung und Industrie zu decken, wurde 1965–1974 die Talsperre „Gottleuba" errichtet. Sie ist inzwischen auch ein beliebtes Ausflugsziel mit mehreren Wanderwegen. Über die Staumauer oder gar in ihr Inneres gelangt man allerdings nur mit einer Führung. Die 52 m hohe und 327 m lange Mauer staut bis zu 13,5 Millionen m³ Wasser. Damit wird eine Wasserfläche von knapp 70 ha erreicht.

Durch die fehlenden Flachwasserzonen und infolge der offenen Lage brüten nur wenige Wasservögel auf ihr. Aber in Zugzeiten ist mit seltenen Vogelarten zu rechnen. Die kleinere Vorsperre, beständig im Vollstau, gleicht das etwas aus. Graureiher und Schwarzstorch sind regelmäßige Nahrungsgäste. Die Erdkröte hat hier einen wertvollen Laichplatz. Neben Bachforelle und Groppe wurde vom Anglerverband der Fischbesatz mit Regenbogenforelle und Bachsaibling erweitert.

 ## 10 Bahretal, Eisengrund und Heidenholz

Ein landschaftlich sehr reizvolles Tal haben sich auch die Bahre und ihre Nebenbächlein (Wingendorfer Bach und Gersdorfer Bach) gegraben. Die Bahre entspringt nördlich des Breitenauer Pfarrberges (Wind-

Abb.:
Steinrücken-
landschaft
Eisengrund

kraftanlagen). Ihr Quellbereich trägt den Namen „Eisengrund" – neben mehreren „Eisenstraßen" in der Umgebung von Gottleuba und Berggießhübel ein weiterer Hinweis auf die früher zahlreichen Transporte von und zu den Eisenbergbauorten.

Steinrücken

Sehr schön erhalten ist hier im Eisengrund noch die typische, durch zahlreiche Steinrücken gekennzeichnete Waldhufenflur von Börnersdorf (das allerdings mittlerweile durch die Autobahn von seiner Flur abgeschnitten wurde). Eine Hufe hatte in diesem Bereich eine Breite von ca. 70–90 m. Der Gehölzbewuchs der Lesesteinwälle besteht überwiegend aus Eberesche, Esche und beiden Ahornarten; beigemischt sind Kirsche, Hasel, Schlehe sowie verschiedene Weißdorn- und Wildrosenarten. Traubenkirsche, Schneeball, Roter und Schwarzer Holunder tragen zur Blüten- und Fruchtzeit besonders zum optischen Reiz der Steinrücken bei. Stellenweise wächst hier noch der Seidelbast als – einstige – Charakterart der Feldgehölze. Auch die Busch-Nelke kann man finden, beispielsweise unmittelbar am Straßenrand südlich des Heidenholzes. Von hier aus erhält man außerdem einen schönen Überblick über den Eisengrund. Noch. In naher Zukunft soll hier eine neue, breite Autobahn-Zubringerstraße gebaut werden.

abwechs-
lungsrei-
cher Wald-
komplex

Das Heidenholz ist ein 115 ha großer, abwechslungsreicher Waldkomplex, u. a. mit sehr schönen Eichenbeständen. Hier gingen die Besitzer des Schlosses Kuckucksstein (ab 1774 von Carlowitz) zur Jagd. Deren Familienwappen – drei Kleeblätter – findet man heute noch auf den Grenzsteinen. Mehrere Waldwiesen und zwei Teiche verleihen dem Heidenholz zusätzliche Bedeutung für den Naturschutz die wertvolle Wiesenvegetation beherbergt noch etwas Trollblume, außerdem Breitblättrige Kuckucksblume und Bach-Nelkenwurz. Im Wasser gedeihen Wasser-Knöterich und Gemeiner Wasser-Hahnenfuß. Hier kommt auch noch der seltene Kammolch vor. Allerdings wird das Gebiet mittlerweile durch die randlich schneidende Autobahn erheblich beeinträchtigt. Im Bereich der Quellmulde des Wingendorfer Baches wird die einstige Siedlung Lindenknoch vermutet. Eine weitere Wüstung namens Heidenholz soll sich im Bahretal, östlich des Waldgebietes, befunden haben. Bekanntheit erhielt das Heidenholz 1983, als der „Stern" die – gefälschten – Tagebücher Hitlers veröffentlichte. Angeblich sollten diese aus einem am 21. April 1945 im Heidenholz abgestürzten Flugzeug stammen.

Wildapfel

Das Bahretal ist zwischen der Straßenkehre Hartmannsbach–Börnersdorf und den Hängen des Herbstberges ein besonderer Schwerpunkt der Verbreitung des Wildapfels. An Waldrändern und auf lichten Waldstellen wachsen hier rund 60 Bäume – echte Wildäpfel genauso wie „wildnahe Hybriden" (die weitaus meisten der heute noch vorkommenden „Holzäppel" sind aus Kreuzungen zwischen Wild- und Kulturapfel hervorgegangen). Bislang einmalig im Ost-Erzgebirge, kann man hier in einem mit Birken durchsetzten Waldstück sogar Sämlinge des Wildapfels finden. Normalerweise hat natürlicher Holzapfel-Nachwuchs bei den vorherrschenden hohen Wildbeständen keine Chance, zu schmackhaft sind die Triebe. Einige der wertvollsten Bäume wurden inzwischen freigestellt, damit diese lichtbedürftige Gehölzart hier weiter gedeihen kann.

Komplex von 3 Flächennaturdenkmalen

Dort, wo die Straße Börnersdorf–Hartmannsbach die Bahre überquert, befindet sich ein Komplex von 3 Flächennaturdenkmalen (FND). Am steilen, südwestexponierten „Trockenhang Hartmannsbach" gedeiht eine artenreiche Rotschwingelwiese mit Wärme- und Magerkeitszeigern wie Pech-Nelke, Hain-Wachtelweizen, Kreuzblümchen, Thymian, Kriechender Hauhechel, Zickzack-Klee und Jakobs-Kreuzkraut. Mehrere dieser Hügellandspflanzen erreichen hier ihre regionale Höhengrenze, während andererseits auch Berglandsarten wie Perücken-Flockenblumen vorkommen.

In der feuchten Bachaue, dem FND „Rehwiese", gedeihen u.a. noch einige Exemplare der Trollblume. Trollblumen sind in den letzten Jahrzehnten von fast allen ihrer (früher nicht wenigen) Standorte verschwunden. Selbst in ihren Kenngebieten – um Oelsen und am Geisingberg – hält der Rückgangstrend an. Um so wichtiger ist es, den verbliebenen Beständen besonderen Schutz zu gewähren. Dazu gehört auch die unbedingte Berücksichtigung des Betretungsverbotes von Flächennaturdenkmalen.

Weiter talabwärts ist das Bahretal nicht von einem durchgehenden Wanderweg erschlossen und sollte deshalb auch als Rückzugsraum störungsempfindlicher Tiere erhalten bleiben.

Hohler Stein

Etwa 1 km nördlich von Oelsen, 100 m westlich der von Bad Gottleuba kommenden Straße, befindet sich im Wald versteckt eine Felsrippe, welche mit 1,5 ha Umfeld als flächenhaftes Naturdenkmal (FND) unter Schutz gestellt ist. Hier hat die Verwitterung im Grauen Biotitgneis ein bemerkenswertes Felstor geschaffen. Im Gegensatz zu dem relativ weichen und in Schichten lagernden Sandstein mit seinen vielen Höhlungen ist im Gneis ein solches Felstor von 3 m Höhe und 4 m Breite einmalig und überregional von Bedeutung.

Die hier vorhandenen Baumarten wie Trauben-Eiche, Rot-Buche (bis 3,90 m Umfang), Kiefer, Berg-Ahorn und Berg-Ulme weisen auf die potentielle natürliche Vegetation hin. Die hier ebenfalls vorhandene Eberesche zeigt sich in der recht seltenen Baumform mit einem Stammdurchmesser von 35 cm.

Abb.: Hohler Stein bei Oelsen

Raabsteine (12)

Nordwestlich des Helleberges (früher der „Eichberg") bei Bad Gottleuba befindet sich ein kleines Felsengebiet, die „Raabsteine". Diese westlichste Gottleubaer Sandsteininsel sitzt auf der Grenze zwischen dem Turmalingranit des Helleberges und dem nach Westen großflächig vorherrschendem Gneis auf.

Auf ca. 400 m Länge ist damit noch ein „Stück Sächsische Schweiz", auch zur Freude der Kurgäste des unweit befindlichen Gesundheitsparkes, vorhanden. Der höchste Punkt liegt hier bei 484 m NN. Die nordöstliche Seite zeigt sich mit einer ca. 15 m hohen, steilen Wand, mit Schichtfugenhöhlungen, Eisenschwarten und interessanter Flächenverwitterung. Der
10 m hohe   südwestliche Teil ist zerklüftet und hat um 10 m hohe „Kletterfelsen".
Kletter-
felsen

Das Felsengebiet liegt in einem Fichten- und Eichenforst, im engeren Felsbereich ist Gemeine Kiefer, Hänge-Birke und Faulbaum vorherrschend. Die Bodenflora zeigt vor allem Adlerfarn. Am Fels ist gut die Alaunverwitterung zu beobachten sowie die grüngelben Flächen der Schwefelflechte. Stehendes Totholz wird oft vom Großen Buntspecht untersucht, der Dachs ist hier heimisch.

Das Gebiet ist über den „Gottleubaer-Rundwanderweg Nr. 7" gut erschlossen. Ein „Kleiner Felsenrundgang" bereitet das Gebiet zusätzlich auf. Am südlichen Ende der Raabsteine führt der „Königsweg" vorbei, ein uralter Reiseweg, welcher vom Elbtal kommend bis zur Gebirgshöhe führte. Hier im Sandstein hat er sich sehr eindrucksvoll als Hohlweg eingetieft.

Das Gebiet erscheint 1735 als „Rabstein", doch wurde es früher auch als „Raubstein" gedeutet.

Aussichts-   Die Wanderroute 7 führt im weiteren Verlauf zum Aussichtspunkt des Hel-
punkt des   leberges mit einem prächtigen Blick auf das Städtchen Bad Gottleuba im
Helleberges   hier ca. 150 m tiefen Gottleubatal.

Tannenbusch (13)

Die Nordosthälfte
des Tannenbusches mitsamt der Felsklippen am „Gipfelgrat" besteht aus
Turmalin-   Turmalingranit. Am Südostende ist dieses Gestein in einem alten Stein-
granit   bruch aufgeschlossen. An frisch aufgeschlagenen Handstücken kann man
– neben den rötlichen (fleischfarbenen) Feldspaten und den mattglänzenden, weißen Quarzkristallen – deutlich die schwarzen Einsprenglinge des Turmalins erkennen.

Der Tannenbusch ist zwar fast vollständig mit Nadelholz aufgeforstet, dennoch ziehen sich viele interessante Wege über den felsigen Bergrücken. Die Arbeitsgemeinschaft „Junge Naturschützer" (Kl. 5–7) der Mittelschule Bad Gottleuba hat in den Jahren 2000–2003 einen Naturlehrpfad angelegt.

Wanderziele in der Umgebung

Bad Gott-leuba und Berggieß-hübel

Naturräumlich betrachtet gehört das Gottleubatal nördlich von Raabstein-Helleberg und Tannenbusch-Augustusberg nicht mehr zum Ost-Erzgebirge, sondern zum Elbtalschiefergebirge. Das Landschaftsschutzgebiet „Unteres Osterzgebirge" erstreckt sich allerdings noch weit nach Norden, bis zum Cottaer Spitzberg. Die reizvolle Landschaft um Bad Gottleuba und Berggießhübel rechtfertigt mit mehreren naturkudlich hochinteressanten Zielen in jedem Fall einen Ausflug und wird deshalb hier auch etwas umfangreicher dargestellt.

....

Gesundheitspark Bad Gottleuba

Mineral-quelle und Heilquellen

Über Jahrhunderte hat sich im Gottleubatal ein Zentrum des Kur- und Badewesens herausgebildet. Ausgangspunkt hierzu war der Bergbau im mittleren Gottleubatal. So wurde in Berggießhübel bereits 1717 während der Anlage eines neuen Stollens eine Mineralquelle gefunden. Diesem Johann-Georgen-Brunnen folgten später weitere Heil-quellen, welche aber letztlich alle wieder versiegten. Ab 1934 stellte man sich deswegen auf Kneipp-Wasserbehandlungen um. In den 1990er Jahren wurden in Berggießhübel die neue Median-Klinik errichtet und das ehemalige Schloss Friedrichsthal ausgebaut. Letzteres wird seit 2006 als Veranstaltungs- und Seminarzentrum genutzt.

In Bad Gottleuba waren Moorlager und eine „Stahlquelle" der Ausgangspunkt für das Badewesen. Bereits 1861 reisten Kurgäste hierher. Heute hat der „Gesundheitspark Bad Gottleuba" 5 Kliniken bzw. 35 sorgsam renovierte Jugendstil-Gebäude.

60 Baum-arten

Der 28 ha große Park mit seiner Flächenaufteilung, den großen Rhododendronbüschen und dem alten Baumbestand lädt zu Spaziergängen ein. Unter der beachtlichen Zahl von ca. 60 Baumarten plus Straucharten fallen vor allem Coloradotanne, Zirbelkiefer, Silberahorn, Hemlocktanne, Trompetenbaum, Tulpenbaum, Korkbaum und Baumhasel auf. Ein Steingarten erinnert an die vorübergehende Auslagerung der Sammlung des Botanischen Gartens Dresden im letzten Weltkrieg. Auch mehrere Magerrasen erfreuen mit ihrer Blütenpracht.

Das Gottleubatal um die beiden Bergstädtchen liegt im Übergangsgebiet zwischen Hügelland und Bergland. Flora und Fauna zeigen dies durch besondere Artenvielfalt. Mit Blick auf die Avifauna zeigt sich das z.B. mit dem gelegentlichen Vorkommen von Nachtigall oder Pirol, welche allgemein das klimatisch begünstigte Elbtal vorziehen. Andererseits ist in diesem Gebiet vereinzelt schon das Braunkehlchen oder der Birkenzeisig zu beobachten, die ihren Hauptlebensraum im oberen Bergland haben. Auch im Fließgewässer überschneidet sich hier die Bachforellen- mit der Äschenregion.

Kleine Huf-eisennase

Von überregionaler Bedeutung ist das Vorkommen der vom Aussterben bedrohten Fledermausart Kleine Hufeisennase. Sie besitzt in Berggießhübel und Bad Gottleuba ihre beiden bedeutendsten „Kinderstuben" in Sachsen.

Abb.: Das Hochwasser vom August 2002 hat an der Gottleuba neben dem Poetengang interessante Schotterfluren hinterlassen, die nun wieder von Pflanzen erobert werden.

Poetengang

Zwischen Berggießhübel und Bad Gottleuba verläuft abseits der Fahrstraße ein Wanderweg, der sogenannte „Poetengang". Diese Bezeichnung für den Fußweg wurde 1829 zur Erinnerung an den Kuraufenthalt des Fabeldichters Christian Fürchtegott Gellert und des Satirikers Gottlieb Wilhelm Rabener gewählt.

Heute ist dieser Wald am östlichen Hangfuß der Panoramahöhe, entlang der Flussaue der Gottleuba, als Flächennaturdenkmal (FND) „Poetengang Gottleuba" geschützt. Auf 2,6 ha zeigt sich eine sowohl in der Baum- als auch Feldschicht artenreiche Ausbildung eines Laubmischwaldes, wie er als typisch für diesen Teil des mittleren Gottleubatales gelten darf. Im nördlichsten Teil stockt überwiegend Rot-Buche, dazu Trauben-Eiche. Im restlichen Bereich zeigen sich als Hauptbaumarten Spitz-Ahorn, Berg-Ahorn, Hainbuche, Gemeine Esche und vereinzelt Berg-Ulme. Während diese Arten in ihrer Ausbildung und Größe z.T. das allgemein übliche Maß schon überschreiten, sind vor allem die Sommer- als auch Winter-Linden bemerkenswert. Mit einem Stammumfang bis 5,50 m zeigt uns die Sommerlinde dabei ihr arttypisches Erscheinungsbild in der Altersphase. In der Strauchschicht wachsen neben den Baumarten Schwarzer Holunder, Zweigriffliger Weißdorn, Hasel und vereinzelt die Eberesche.

Entsprechend dem guten Nährstoffangebot am Unterhang, dazu mehrfach durchsetzt von Hangsickerwasser, ist eine große Zahl an Frühblühern zu beobachten, so u.a. Busch-Windröschen, Haselwurz, Wald-Goldstern, Hohler Lerchensporn, Mittlerer Lerchensporn, Wald-Bingelkraut, Schuppenwurz, Goldnessel, Weiße Pestwurz, Echtes Lungenkraut sowie Maiglöckchen. Als weitere Arten folgen dann im Sommer Hasenlattich, Wald-Geißbart, Mauer-Lattich, Vielblütige Weißwurz, Christophskraut, Süße Wolfsmilch, Gemeiner Wurmfarn, Frauenfarn, Breiblättriger Dornfarn und Kleinblütiges Springkraut. Für das nähere Umfeld soll noch die Laubholz-Mistel genannt werden. Entsprechend der Vegetationsausbildung wird das FND der Eschen-Ahorn- Schluchtwaldgesellschaft zugeordnet.

Panoramahöhe

Wanderwege führen auch auf die Panoramahöhe am Rande des ausgedehnten Markersbacher Forstes. Am Gasthaus bietet der Bismarckturm einen schönen Rundblick über die Baumwipfel hinweg. Auf der gegenüberliegenden Talseite ist der Hochstein zu sehen, rechts davon das Sandstein-Waldgebiet des Cottaer Busches. Am Horizont, knapp neben dem Hochstein, erhebt sich der Wilisch. Weiter links, in Richtung Südwest, erkennt man den Durchbruch der Gottleuba durch den Turmalingranit – rechts der Helleberg, links der Tannenbusch. Das kleinere Waldgebiet vorm Helleberg wird von den Gottleubaer Einwohnern als „Bergbusch" bezeichnet und steht aufgrund seines naturnahen Traubeneichen-Hainbuchen-Waldes als Flächennaturdenkmal „Feldgehölz Giessenstein" unter Naturschutz. Der Rücken des Helleberges verdeckt den Fernblick auf den Geisingberg, dafür grüßt im Süden der Sattelberg. Davor ist die abwechslungsreich gegliederte Flur Oelsens zu erkennen. Das Tälchen des Fuhdebaches zieht sich zwischen Tannenbusch und der Sandsteininsel des Wachsteines.

Naturdenkmal Prachtbuche

Nicht weit ist es von der Panorama-Höhe zur „Prachtbuche" an der Hellendorfer Straße. Auf Grund von Größe, Alter und besonderem Wuchs hat sie den Status eines Naturdenkmals erhalten. So zeigt diese Buche ein Stammstück von nur etwa 3m Höhe, aber 5,75m Umfang. Aus diesem kurzen Stamm mit knoten- und keulenartigen Auswüchsen erheben sich etwa 12 steil nach oben strebende Hauptäste. Ein recht ungewöhnliches Bild einer etwa 300jährigen Rot-Buche, die noch sehr vital erscheint und auch keine Anzeichen von Stammfäule aufweist.

Hochstein und Karlsleite

Dieser aus mehrfacher Sicht besondere Landschaftsraum wurde 1974 als etwa 18 Hektar umfassendes Naturschutzgebiet ausgewiesen. Über den Wanderweg vom südlichen Ortsausgang von Berggießhübel hangaufwärts zum Hochstein erreicht man zunächst die „Karlsleite". Mit „Leithe" wurden früher Berghänge bezeichnet. Im Bereich des nördlichen Steilhanges besteht der Untergrund aus schiefrigem Hornblendegestein, in welchem magneteisenerzhaltige Kalksteingänge eingelagert sind. Im südlichen Teil steht Quarzphyllit an. Gänge von Quarzpophyr durchziehen das Gebiet. An Steilhängen dieser Art suchten Bergleute mit geringem Aufwand oberflächlich das Gebiet ab, um Hinweise auf anstehende Erzadern zu bekommen – in der Hoffnung, diese auch im Tagebaubetrieb abbauen zu können. Der nördliche und mittlere Teil der Karlsleite zeigt dieses Vorgehen im Steilhang- und Hangschulterbereich sehr deutlich. Kleine Halden, Bingen und Stollenmundlöcher sind bereits vom Weg aus zu beobachten.

Magneteisenerz

Besonders das Magneteisenerz war von Interesse, brachte es doch höchste Ausbeute an Eisen (um 70%). Deutschlandweit sind nur sehr wenige solcher Fundorte vorhanden. Um 1888 wurde hier die Bergbautätigkeit eingestellt.

Das Schiefergestein der Leite ergibt grusigen, steinigen Verwitterungsboden mit der Entwicklung zu nährstoffreicher Braunerde. Im Oberhangbereich beinhaltet der Boden auch etwas Kalk, was sich in der Vegetation widerspiegelt. Im Zusammenhang mit kleinklimatischen Gegebenheiten (Sonneneinstrahlung, abgewandt der Hauptwindrichtung) bildete sich

wertvoller Laubmischwald

ein wertvoller Laubmischwald (v. a. Ahorn-Lindenwald mit Übergängen zum Perlgras-Buchenwald) samt entsprechender Bodenflora heraus. Die

Baumschicht besteht aus Berg- und Spitz-Ahorn, Rot-Buche, Sommer- und Winterlinde, Trauben-Eiche, Gemeine Esche, Berg-Ulme und reichlich Hainbuche. Die Bodenflora zeigt in der reichsten Ausbildung u. a. Wald-Bingelkraut, Hohlen und Mittleren Lerchensporn, Zwiebel-Zahnwurz, Frühlings-Platterbse, Waldmeister, Haselwurz, Goldnessel und nicht zuletzt das allgemein gut bekannte, heute infolge Bodenversauerung aber meist doch seltene Leberblümchen. Auf ärmeren Standorten ist dann entsprechend mehr Waldreitgras, Schmalblättrige Hainsimse und Fuchs-Kreuzkraut vertreten.

Am Oberhang der Karlsleite breitet sich eine kleine Hochfläche aus. Die Naturausstattung ist völlig anders. Hier liegt Sandstein auf, dessen Härtlingsreste sich in einer Felsengruppe mit 10–20 m Höhe zeigen. Das größte Felsengebilde, der namengebende „Hochstein" (423 m NN) ist ein kleiner Tafelberg mit ca. 300 m² zergliederter, ebener Fläche. Durch Baumaufwuchs ist vom Felsplateau leider nur noch beschränkte Sicht in Richtung Elbtal gegeben. Eine prächtige „Bonsai-Kiefer" sitzt dem Felsen auf und verdeutlicht Auswirkungen von Wind, geringem Feuchtigkeits- und Nährstoffangebot.

Bonsai-Kiefer

Im Bereich des Hochsteines ist überwiegend bodensaurer Eichen-Buchenwald ausgebildet, teils in sehr armer Ausbildungsform mit Kiefer. Die Bodenvegetation ist hier erwartungsgemäß recht artenarm. Typisch für diese Waldgesellschaft sind Draht-Schmiele, Schattenblümchen, Maiglöckchen, Wiesen-Wachtelweizen und Heidelbeere im Felsbereich. Östlich der Felsengruppe ist ein Blockfeld vorgelagert mit einer Häufung von Farnen: Gemeiner Wurmfarn, Gemeiner Frauenfarn, Gemeiner Tüpfelfarn und Breitblättriger Dornfarn. Eine kleine Waldwiese bereichert das Schutzgebiet, Standort für Wärme- und Trockenheit liebende Arten wie Hain-Wachtelweizen, Bärenschote, Kronwicke und Färber-Ginster.

„Tiefer Hammerzecher Stollen"

Der am Weg befindliche „Tiefer Hammerzecher Stollen" ist verschlossen. Sein Zugang wurde so gestaltet, dass der Stolln als potentielles Sommer- und/oder Winterquartier von Fledermäusen oder auch Lurchen genutzt werden kann.

Seismologisches Observatorium Berggießhübel

Erdbebenregistrierung

In Berggießhübel befindet sich am Fuße der Karlsleite seit 1957 in einem Stollen eine seismologische Station (eine von insgesamt 15 in Deutschland) zur Registrierung von Aktivitäten des Erdkörpers. Das Observatorium gehört aufgrund seiner ausgezeichneten Registrierbedingungen zu den Basisstationen des weltweiten seismologischen Überwachungsnetzes und registriert jährlich über 2000 Erdbeben aus allen seismisch aktiven Gebieten der Erde. Hinzu kommt eine Vielzahl von Mikrobeben, Bergschlägen und Explosionen im Entfernungsbereich bis 500 km, so dass die Gesamtzahl der jährlich auszuwertenden Ereignisse häufig die Zahl 10 000 übersteigt. Das Observatorium ist dem Institut für Geophysik der TU Bergakademie Freiberg angegliedert, dient der Ausbildung von Studenten, ist oft besuchter Exkursionspunkt für wissenschaftliche Veranstaltungen, bietet nach vorheriger Terminvereinbarung aber auch Schulklassen und geophysikalisch interessierten Besuchern einen direkten Einblick in die Aktivitäten des Erdinneren. Führungen und Vorträge über die Arbeit des Observatoriums können durch Anmeldung an folgende Adresse organisiert werden:

Seismologisches Observatorium, Hauptstraße 8, 01819 Berggießhübel, Telefon/Fax 03 50 23 - 6 24 91, e-mail: brg@geophysik.tu-freiberg.de

19   Schaubergwerk Marie-Louise-Stolln

In Berggießhübel wurde in den vergangenen Jahren ein Besucherbergwerk hergerichtet. Der Stolln war 1726 erstmals angefahren und erst 200 Jahre später aufgegeben worden. Zwischenzeitlich, in der zweiten Hälfte des 19. Jahrhunderts, hatten technische Neuerungen den Eisenerzbergbau hier noch einmal lohnend erscheinen lassen. Zeitweise arbeiteten 114 Bergleute und 21 Tagelöhner in den Grubenanlagen.

Nutzung als Heilstolln

Wegen seiner staub- und keimfreien Luft, der konstanten Temperatur von 8–10°C und seiner hohen Luftfeuchtigkeit wird das einstige Bergwerk heute als Heilstolln für Patienten mit Atemwegserkrankungen genutzt. Seit 2006 sind nun auch touristische Befahrungen (mit Führung) möglich. **(www.marie-louise-stolln.de)**

20   Bergbauzeugnisse im Fuchsbachtal (Martinszeche)

Östlich von Berggießhübel befindet sich im OT Zwiesel das Zugangstor zum „Zwieseler Erbstollen", der 1020 m in Richtung Martinszeche angelegt wurde. Er schneidet eine Vielzahl von Eisenerzlagern an, die an kristallinen Kalkstein gebunden sind und als „Skarnerze" bezeichnet werden. Im Wald künden Halden und Pingen (Einbruchtrichter) vom ehemaligen Bergbau. Im Fuchsbachtal ist die Umgebung des Martinschachtes als FND „Magnetitskarn" geschützt. Auf 1,4 ha befinden sich sowohl der durch eine Betonplatte verwahrte Schacht als auch Halden und Pingen, auf denen sich seit dem Ende des Bergbaus um 1892 ein Rotbuchen-Bestand entwickelt hat. Durch den hohen Kalkgehalt der Halden hat sich eine besondere Bodenflora ansiedeln können, u. a. ein großes Vorkommen des Breitblättrigen Sitters mit einigen hundert Exemplaren.

Der angrenzende O-Weg kündet mit einem typischen Hohlweg-Charakter von den vielen Holz- und Erztransporten, die einstmals in dieser Gegend unterwegs waren.

Gottleubatal unterhalb Zwiesel

Im Sandstein unterhalb von Berggießhübel hat sich die Gottleuba ein gefällereiches Tal gegraben. Der Bach schießt mit kleineren Wasserfällen über die zahlreichen herumliegenden Sandsteinblöcke zu Tale.

Abb.: Gottleuba unterhalb Zwiesel

An einigen Stellen bilden sich dabei auch natürliche Strudel. Im Flächennaturdenkmal „Strudellöcher" waren diese vor einigen Jahren noch besonders eindrucksvoll, aber mittlerweile hat der Bach dort nach mehreren Hochwasserereignissen seinen Lauf etwas verändert.

Direkt am Zusammenfluss von Bahra und Gottleuba staut ein Wehr fast sämtliches Wasser, das unterhalb liegende Bachbett ist meist fast trocken, und in Ermangelung eines Umgehungsgerinnes können Fische und andere Gewässerorganismen diese Barriere nicht überwinden.

Am linken Hangbereich, in der Nähe des FND „Strudellöcher" bringen mehrere Quellen etwas kalkhaltiges Wasser hervor, was an einer Stelle Leberblümchen und viel Seidelbast gedeihen lässt. Auch Feuersalamander, deren Larven ja sehr empfindlich gegenüber der Versauerung ihrer Gewässer reagieren, sind hier zu Hause.

Vor dem ehemaligen Bahnhof Langenhennersdorf steht im Fluss und am linken Hang mächtig der Markersbacher Granit an, dem eine Sandsteinscholle aufgelagert ist Noch etwas weiter talabwärts erhält die Gottleuba einen bescheidenen Zustrom über den Langenhennersdorfer Wasserfall.

Zeisigstein

Östlich von Hellendorf lagert die Sandsteindecke der Sächsisch-Böhmischen Schweiz als markante Höhenstufe auf dem Erzgebirgsgneis auf. Von den Felsen des Zeisigsteines erhält man einen der schönsten Überblicke über die Ostflanke des Erzgebirges. Hinter der Grenzübergangsstelle Rundteil erhebt sich der Sattelberg, dazwischen sind die Steinrücken des Strompelgrundes und der Flur Petrovice/Peterswald gut zu erkennen. Rechts am Horizont befinden sich der Kahle- und der Geisingberg, davor hat sich die Gottleuba tief in die Hochfläche eingegraben.

Abb.: Blick vom Zeisigstein nach Westen

(23) Tiské stěny / Tyssaer Wände

Ein besonders reizvolles Ausflugsziel jenseits des Ost-Erzgebirges stellen die teilweise recht bizarr anmutenden Sandsteinfelsen der Tyssaer Wände dar. Besonders Familien mit Kindern können entlang eines Lehrpfades ihrer Phantasie beim Betrachten von Felsfiguren freien Lauf lassen. Ein kleiner, einfacher Zeltplatz befindet sich in unmittelbarer Nähe.

Quellen

Beeger, H.D., Quellmalz, W. (1965):
Geologischer Führer durch die Umgebung von Dresden

Dunger, I. u.a. (1995): **Botanische Wanderungen in Sachsen**
Botanische Wanderungen in deutschen Ländern, Band 3

Grundig, H. (1960): **Beiträge zur pflanzengeografischen Chrakterisierung des**
östlichen Teils des Osterzgebirges (Gebiet Oelsen),
Berichte der Arbeitsgemeinschaft sächsischer Botaniker NF II

Hempel, W., Schiemenz, H. (1986):
Handbuch der Naturschutzgebiete der DDR,
Band 5

Jobst, W., Grundig, H. (1961): **Um Gottleuba, Berggießhübel und Liebstadt**,
Werte der deutschen Heimat, Band 4

Kastl, C. (1982):
Entwicklung und Problematik der geschützten Wiesen im NSG „Oelsen" –
Naturschutzarbeit und naturkdl. Heimatforsch. Sachsen 24

Kastl, C., Hachmöller, B. (1999):
25jährige Dokumentation der Blühaktivität ausgewählter Bergwiesenpflanzen im
NSG „Oelsen" im Osterzgebirge,
Artenschutzreport (H9)

Kastl, C. (2003):
Ergebnisse 30jähriger herpetologischer Feldforschung im östlichen Osterzgebirge,
Jahreschrift für Feldherpetologie und Ichtyofauna Sachsen 7

Landesverein Sächsischer Heimatschutz: **Faltblatt Bergwiesen um Oelsen**

Naumann, A. (1923): **Die Grenzhöhen des unteren Berglandes**;
in: Wagner, P.: **Wanderbuch für das östliche Erzgebirge**

Rölke, P. u. a. (2004):
Am Rande der Sächsischen Schweiz – Wander und Naturführer Sächsische Schweiz,
Band 3

Schmidt, G. H. (2004): **Pirnisch Eisen in Böhmen und Sachsen**,
TU Bergakademie Freiberg

Staatliches Umweltfachamt Radebeul (1999):
Flächenhafte Naturdenkmale im Landkreis Sächsische Schweiz

Text: *Jan Kotěra, Teplice; Čestmír Ondráček, Chomutov; Jens Weber, Bärenstein (Ergänzungen von Werner Ernst, Kleinbobritzsch)*

Fotos: *Thomas Lochschmidt, Gerold Pöhler, Jens Weber*

Steiler Südhang des Erzgebirges mit naturnahen Wäldern, schroffe Kerbtäler

Gebirgspässe, Moor- und Bergwiesenreste

Braunkohle und Industrie im Nordböhmischen Becken

Das Erzgebirge

oberhalb von
Litvínov

Erzgebirge oberhalb Litvinov

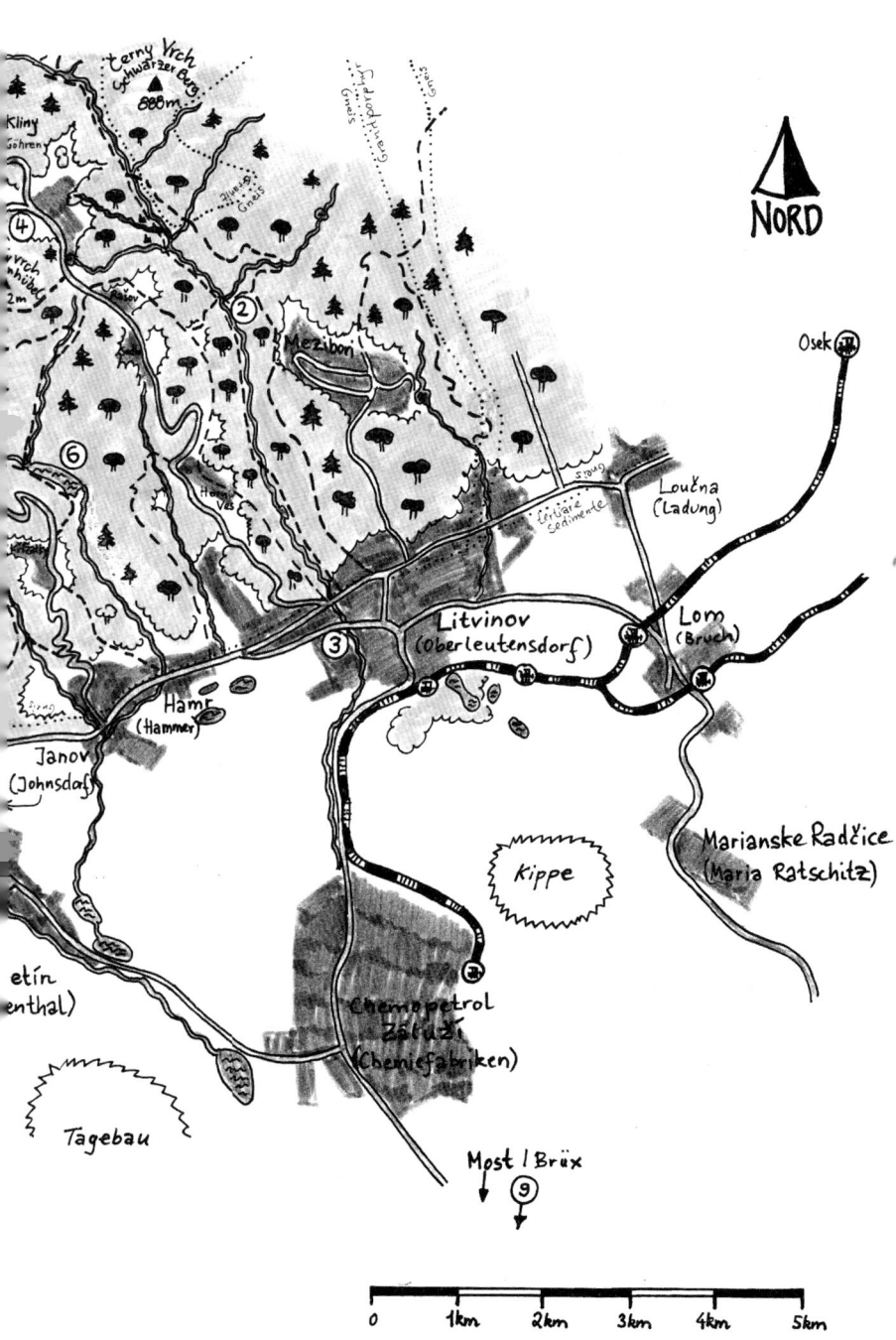

1. Černý rybník / Schwarzer Teich
2. Rauschengrund / Šumný důl
3. Litvínov / Oberleutensdorf
4. Klíny / Göhren
5. Jeřabina / Haselstein

6. Mostecká přehrada / Brüxer Talsperre (= vodní nádrž Janov / Talsperre Johnsdorf)
7. Hora svaté Kateřiny / Katharinaberg
8. Naturschutzgebiet Jezerka
9. Hněvín / Brüxer Schlossberg

Die Beschreibung der einzelnen Gebiete folgt ab Seite 637

Landschaft

Kontraste zwischen Natur und Industrie

Die Kontraste zwischen Natur und Industrie könnten kaum größer sein als bei Litvínov/Oberleutensdorf! Schöne Berglandschaft mit Laubmischwäldern und Bergwiesen grenzt hier unmittelbar an die menschengemachte „Mondlandschaft" gigantischer Tagebaue, umgeben von Chemiefabriken, Großkraftwerken und Plattenbaustädten. Die historischen Siedlungen und die einstmals reizvolle Natur des Nordböhmischen Beckens sind größtenteils der fortschreitenden Braunkohleförderung zum Opfer gefallen. Selbst vor der alten Königsstadt Most/Brüx machte der Bergbau nicht Halt. Nur wenige Kulturdenkmäler – wie die 1975 auf Rollen aus dem Tagebaugebiet herausgeschobene Maria-Himmelfahrt-Kirche in Most/Brüx oder die Wallfahrtskirche von Mariánské Radčice/Maria-Ratschitz – konnten gerettet werden.

Braunkohleförderung

Südabhang des Erzgebirges

Naturfreunde, die sich nicht gerade der – durchaus interessanten – Rohbodenvegetation auf den Tagebaukippen widmen wollen, sollten ihre Schritte besser bergauf lenken: der steile Südabhang des Erzgebirges und vor allem die darin eingeschnittenen, schluchtartigen Täler bieten sehr reizvolle Natur. Allerdings ist selbst hier das Dröhnen der Chemiefabriken, das Quietschen der Kohlebagger und das Rasseln der Güterzüge weithin zu vernehmen. Trotzdem belohnen dichte Laubmischwälder und (auf der tschechischen Seite des Ost-Erzgebirges ansonsten heute seltene) Bergwiesen den Wanderer, der im südwestlichen Winkel des Ost-Erzgebirges unterwegs ist.

Bergdörfer

Oberhalb von Litvínov ist das tschechische Erzgebirge auch heute noch vergleichsweise dicht besiedelt. Zwar wurde auch hier die angestammte deutschböhmische Bevölkerung nach 1945 vertrieben, aber im Gegensatz zum Teplitzer Raum ging in dieser Gegend kaum eine Ortschaft vollständig zugrunde. Heute bieten einige der Bergdörfer eine interessante Alternative zum Leben in den Städten. Ein Beispiel dafür ist die alte Bergstadt Hora Svaté Kateřiny/Katharinaberg. In Klíny/Göhren entwickelte sich ein regional bekanntes Wintersportzentrum, das mit dem am Bouřňák/Stürmer (bei Mikulov/Niklasberg) konkurriert. Dem Ausbau als Freizeit- und Erholungsregion dient die sehr gute Erreichbarkeit aus Richtung Litvínov und Most sowie der Grenzübergang Mníšek/Einsiedl.

Seit Menschen nördlich und südlich des Erzgebirges siedelten, herrschte in dieser Gegend Verkehr. Fast das gesamte Kammgebiet zwischen Komáří hůrka/Mückenberg im Nordosten und Kraslice/Graslitz bzw. Klingenthal im Südwesten erhebt sich über die 800-Meter-Höhenlinie, z.T. sehr beträchtlich. Im Gebiet von Mníšek/Einsiedel jedoch bietet sich in 750 m üNN ein vergleichsweise

Abb.: Blick vom Liščí vrch / Fuchsberg auf Deutschneudorf – nach rechts zieht sich der Pass von Nová Ves v Horách / Gebirgsneudorf

einfach zu überquerender Pass, den Händler („Alte Salzstraße"), Kriegstruppen, Siedler und Beamte gleichermaßen nutzten.

Einsiedler Pass

Pass von Gebirgsneudorf

Südwestlich dieses Einsiedler Passes steigt der Erzgebirgskamm wieder bis auf fast genau 800 m (Větrný vrch/Käsherdberg) an, um dann kurz vor Nová Ves v Horách/Gebirgsneudorf mit rund 720 m üNN seine tiefste Einsattelung zu erreichen. Dieser „Pass von Gebirgsneudorf" ist Bestandteil einer größeren tektonischen Störungszone (südöstliche Forstsetzung des Flöhagrabens) und gilt als Grenze zwischen Ost- und Mittlerem Erzgebirge. Zu letzterem gehört bereits der sich mächtig über Nová Ves v Horách/Gebirgsneudorf, Deutschneudorf und Hora Svaté Kateřiny/Katharinaberg erhebende Höhenzug Lesenská plan/Hübladung (921 m) – Liščí vrch/Adelsberg (905 m) – Medvědí skála/Bärenstein (924 m).

Pässe über das Erzgebirge

Wahrscheinlich vor etwa viertausend Jahren begannen Menschen, nördlich und südlich des Erzgebirges zu siedeln. Über die Lebensweise dieser Altvorderen ist wenig bekannt, noch weniger über ihre Reisegewohnheiten. Dennoch ist anzunehmen, dass auch die Bronzezeitmenschen den Weg des geringsten Widerstandes gingen, wenn sie von einer Seite des Erzgebirges auf die andere Seite wollten oder mussten. Einige Gegenstände zumindest haben sie hinterlassen, beispielsweise am Weg zum Nollendorfer Pass im Nordosten.

Einer der ersten Passüberquerer in der Nach-Christi-Zeit soll im Jahre 17 u.Z. der Markomannenkönig Marbod gewesen sein. Die „Männer auf Pferden" lebten damals in Böhmen. Marbod zog mit einigen zehntausend Kriegern ins Saalegebiet, um sich mit dem Cheruskerfürsten Arminius über die Vormacht im alten Germanien zu streiten. Acht Jahrhunderte später ließ Karl der Große ein Heer über das Erzgebirge ziehen, und im Jahr 929 war Heinrich I. hier auf Eroberungszug. Viele weitere Kriegstruppen zogen in den nachfolgenden Jahrhunderten über das Erzgebirge: Husitten gegen sächsische Landsknechte, Schweden gegen Kaiserliche, Österreicher gegen Preußen, Napoleons Franzosen gegen „die Verbündeten", deutsche Wehrmacht gegen die Tschechoslowakei, Rote Armee gegen Waffen-SS, Warschauer Pakt gegen Prager Frühling.

Aber es waren nicht nur Menschen mit kriegerischen Absichten auf dem Weg über das Erzgebirge. In manchen Jahren sollen zehntausende Pilger zur Wallfahrtskirche Mariaschein/Bohosudov geströmt sein. Der erste knappe Bericht eines Handelsreisenden stammt aus der Feder des arabischen Kaufmannes Ibrahim Ibn Jakub. Er war im Jahre 965 auf einer der so genannten Salzstraßen unterwegs. Hier wurde unter anderem das kostbare Konservierungsmittel und Gewürz aus den Salinen von Halle über Oederan, Sayda, Most/Brüx nach Prag transportiert. Sein Weg führte mit hoher Wahrscheinlichkeit über den Einsiedlerpass, doch explizite urkundliche Erwähnung fand dieser Übergang erst rund 200 Jahre später.

Mit der planmäßigen Landeskolonisierung im 12. Jahrhundert, die auch die unteren nördlichen Erzgebirgslagen erfasste, sowie den dabei erfolgten Freiberger Silberfunden setzte eine verstärkte Handelstätigkeit ein. Sowohl von Norden als auch von Süden her wurden Siedler in die Gegend geholt, die den Wald rodeten, Dörfer anlegten und nach Erz schürften. Der bis dahin kaum erschlossene „Böhmische Wald" – so nannte man damals das Erzgebirge – wurde durchlässig. Die neuen Bewohner am rauen Erzgebirgskamm waren einerseits auf Lebensmittellieferungen aus dem böhmischen Niederlande angewiesen, andererseits rollten Wagenladungen mit Silber-, Kupfer- und Zinnerzen, außerdem Holz und Holzkohle, zu Tale. Neben den redlichen Händlern gab es natürlich auch nicht wenige Schmuggler („Pascher").

Bis Mitte des 19. Jahrhunderts verliefen die „Straßen" (eigentlich hatten die kaum befestigten Wege nicht viel gemein mit unseren heutigen Vorstellungen von einer „Straße") vor allem über die Höhenrücken zwischen den Tälern bis zu den Sätteln am Gebirgskamm. Doch steile Talquerungen waren nicht überall zu vermeiden, und vor allem der schroffe Südabhang stellte Fuhrknechte und Zugpferde vor schwierige Herausforderungen. Die großen Wagenräder gruben sich in den Boden, und besonders nach Regenfällen kamen sie nicht selten auch ins Rutschen oder blieben im Matsch stecken. Der nachfol-

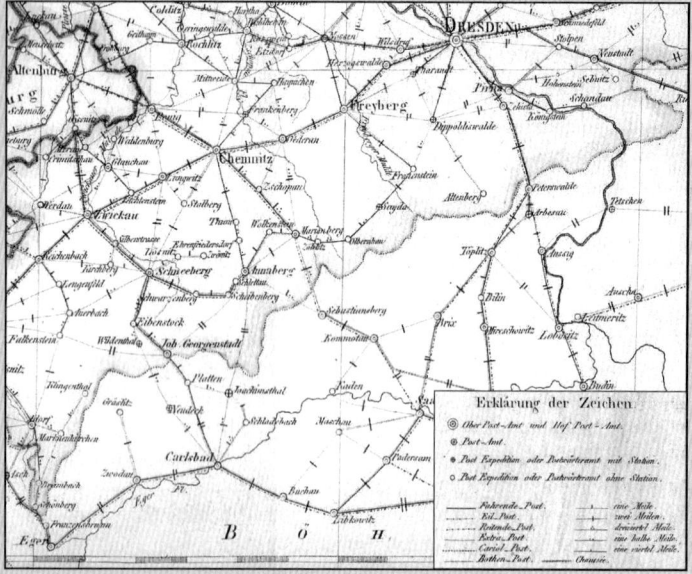

Haupt-
Straßen
im Erz-
gebirge
1825

gende Kutscher suchte einen Weg um das Hindernis herum, und so entstand jeweils ein Bündel von Hohlwegen, deren Reste man heute noch hier und da in der Landschaft entdecken kann.

Mit der Industrialisierung im 19. Jahrhundert erfolgte die Anlage und Befestigung von Straßen in den Tälern, während die meisten Höhenwege in Vergessenheit gerieten (nur bei Hochwasserereignissen wie 2002 erinnert man sich daran, warum früher die Wege da oben verliefen). Damit verloren auch manche Pässe an Bedeutung – wie der Geiers-pass: der Grenzübergang in Fürstenwalde wurde 1860 geschlossen. Andere kamen neu hinzu (Zinnwald) oder wurden ausgebaut. Über die Pässe von Hrob/Klostergrab, Reit-zenhain – Hora Sv. Šebestiána/Sebastiansberg, Weipert/Vejprty und Kraslice/Grasslitz querten ab Ende des 19. Jahrhunderts Eisenbahnen das Erzgebirge. Vor dem Ersten Welt-krieg erreichte der grenzüberschreitende Handel einen Höchststand. Eine kurze Phase noch intensiveren Austausches zwischen Nord- und Südseite brachte der Anschluss des Sudetenlandes an Deutschland mit sich.

Nach 1945 schlossen fast alle Grenzübergänge, die Straßen und Eisenbahnverbindungen wurden unterbrochen. Die Passübergänge spielten keine Rolle mehr, zumal nach der Ver-treibung der deutschsprachigen Kammbewohner das tschechische Erzgebirge nur noch von wenigen Menschen bewohnt wurde. Erst in den 1970er Jahren ging mit der Abschaf-fung des Visazwanges eine zögerliche Normalisierung einher, in deren Folge auch einige alte Pässe wieder an Bedeutung gewannen (Nollendorfer Pass: Eröffnung Grenzübergang Bahratal 1976; Reitzenhainer Pass: Grenzöffnung 1978). Über den Einsiedler Pass (Grenze noch bis 2002 für Pkw geschlossen) wurden die Erdgasleitung „Nordlicht" und später eine Äthylenleitung zwischen den Chemiezentren Litvínov und Böhlen verlegt.

Nach der „Wende" stieg der Grenzverkehr sprunghaft an, sowohl was Pkw-Reisen als auch Lkw-Transporte betrifft. Die Ostflanke des Erzgebirges wurde von den Verkehrspla-nern zu einem europäischen Transitkorridor auserkoren. Tausende Laster überquerten bis 2006 täglich den Zinnwalder Pass, seit der Fertigstellung der Autobahn über den al-ten Nollendorfer Pass/ Nakléřovský průsmyk jetzt dort noch deutlich mehr. Mehrere Straßen-Grenzübergänge wurden wiedereröffnet. Nicht nur für Konsumtouristen bieten sich jetzt viele Möglichkeiten, sondern auch für Menschen, die Natur und Bewohner des Nachbarlandes kennenlernen wollen. Gleichzeitig aber beeinträchtigt die motorisierte Flut auf einigen Pässen ganz erheblich den Erlebniswert der Landschaft.

Mit dem vollständigen Wegfall der Grenzkontrollen Ende 2007 können naturinteressierte Wanderer jetzt an jeder beliebigen Stelle die Seite wechseln. Ein Traum ist wahr geworden. Doch bitte Vorsicht! Seltene und scheue Tiere, allen voran das Birkhuhn, haben in den letzten Jahrzehnten hier dank der Abgeschiedenheit überleben können. **Mit der neuen Freiheit sollten wir sehr behutsam umgehen.**

Höhenun-terschied 600 m

Sehr abrupt schließen sich die Südosthänge an das Kammplateau an. Zwi-schen dem höchsten Berg des Ost-Erzgebirges, dem 956 m hohen Loučná/ Wieselstein, und der Stadt Litvínov beträgt der Höhenunterschied 600 m – auf einer Entfernung von nur 4,5 km. Darüberhinaus sind die ohnehin stei-len Hänge durch tief eingeschnittene Bergbachtäler gegliedert. Für ihren Verlauf haben sich die Gewässer teilweise tektonische Störungszonen

Tagebau

gewählt. Extrem schroff ist der Erzgebirgsabbruch zwischen Horní Jiřetín/ Obergeorgenthal und Jirkov/Görkau. Der Effekt wird hier noch durch einen tiefen Tagebau verstärkt, der sich zu Füßen des historischen Schlosses Jezeří/Eisenberg bis in die Fundamente des Erzgebirges hereinfrisst. Rund um das Schloss erstreckt sich das Naturschutzgebiet Jezerka, eines der artenreichsten Waldgebiete der Region (dies gehört jedoch schon nicht mehr zum Ost-Erzgebirge). Die Kontraste der Region manifestieren sich hier auf wenigen Quadratkilometern in der extremstmöglichen Weise.

Klima

Kontrastreich ist nicht nur das Landschaftsbild zwischen Erzgebirge und Nordböhmischem Becken, sondern auch das Klima. Auf dem Kamm erreicht die Jahresdurchschnittstemperatur kaum 5° C und ermöglicht im

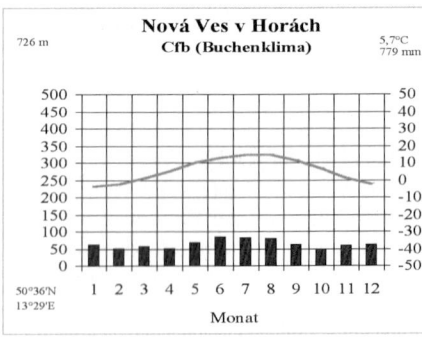

Abb.: Klimadiagramm von Gebirgsneudorf

Winter meist hervorragende Skibedingungen, während in der Umgebung von Most/Brüx knapp 9° C gute Bedingungen für Weinbau bieten. Wie eine Mauer bildet das Erzgebirge darüber hinaus einen ausgeprägten Regenschatten. Während auf dem Kamm pro Quadratmeter jährlich rund 900 Liter Niederschlag fallen, beträgt die Regenmenge im Tal der Bílina/ Biela nur 500 mm (und weiter südlich sogar weniger als 450 Liter – das Ohře-/ Egertal bei Louny/Laun zählt zu den trockensten Gebieten Mitteleuropas).

Den geologischen Untergrund des Gebietes bilden überwiegend Granitgneise, die auf dem Hochplateau nur schwer landwirtschaftlich nutzbare Podsol- und Stagnogleyböden hervorbringen. Nur an der geografischen Grenze zwischen Ost- und Mittel-Erzgebirge, der Fortsetzung der Flöhastörung, zieht sich ein Streifen Graugneis zwischen Katharinaberg und Obergeorgenthal über den Kamm. Dort ist das Waldhufendorf Nová Ves v Horách/Gebirgsneudorf angelegt, und da verläuft auch die tiefste Einsattelung des Erzgebirges.

Bei Litvínov nimmt auch der lange, nach Norden gerichtete Granitporphyrzug seinen Anfang, der unter anderem den fünf Kilometer nördlich sich erhebenden Wieselstein trägt (südlich der Stadt ist der Granitporphr –

wie auch alle anderen Erzgebirgsgesteine – unter den Sedimenten des Nordböhmischen Beckens verborgen). Erwähnenswert sind noch die beiden kleinen Phonolith-Vorkommen, die zwischen Litvínov und Meziboří in ehemaligen Steinbrüchen abgebaut wurden. Der aus tertiären Vulkanen hervorgegangene „Klingstein" ist im Böhmischen Mittelgebirge weit verbreitet, findet sich im Ost-Erzgebirge aber nur hier.

Abb.: Granitgneis (Jeřabina/Haselstein)

Pflanzen und Tiere

Laubmisch-
wälder
Auf dem südöstlichen Erzgebirgshang befinden sich noch umfangreiche Laubmischwälder, vorzugsweise Buchenwälder mit charakteristischem Unterwuchs. Man findet hier oft Waldmeister, Wald-Bingelkraut, Lungenkraut, Buschwindröschen, Fuchs-Kreuzkraut, Draht-Schmiele, Hain-Rispengras, Heidelbeere, Schmalblättrige Hainsimse u.a.. Auf den Waldlichtungen trifft man Schmalblättriges Weidenröschen und stellenweise Roten Fingerhut. Viel seltener wachsen hingegen Alpen-Milchlattich und Wald-Geißbart, sowie die geschützten Arten Türkenbundlilie und Mondviole. Im Talgrund

Bär-Lauch
ist stellenweise der Bär-Lauch häufig, der den Besucher von weitem mit seinem charakteristischen Duft anlockt. Seine hübschen, weißlichen Blüten kann man schon im zeitlichen Frühjahr erblicken. Die rosa Blüten des Seidelbastes verströmen ebenfalls einen intensiven Geruch und kündigen im März den nahen Frühling an. Besucher mit Kindern sollten ihre jungen Wandergefährten im Sommer allerdings vor den roten Beeren des giftigen Strauches warnen. Auch die schwarzen Früchte der Einbeere, die hier ebenfalls wächst, sind giftig.

Fichten-
Monokul-
turen
Die Wälder auf den Oberhängen und auf der Hochebene wurden schon seit dem 16. Jahrhundert intensiv ausgenutzt und später in Fichten-Monokulturen verwandelt. Die Gewöhnliche Fichte erwies sich als wirtschaftlich günstigste Baumart, da sie relativ schnell wächst und vielfältig verwendbares Holz liefert. Die Monokulturen leiden aber immer wieder unter Witterungseinflüssen (Raufrost, Schneestürme, Windbrüche) und Schädlingen. Zu einer Katastrophe kam es in den 60er Jahren des 20. Jahrhundert mit den zunehmenden Abgasen aus dem nordböhmischen Industrie-Becken. Die absterbenden Fichtenbestände wurden danach durch widerstandfähigere Baumarten ersetzt – darum finden wir hier heutzutage ausgedehnte

Stech-
Fichte
Bestände der nordamerikanischen Stech-Fichte. Die Pflanzung dieser Exoten war jedoch nicht immer erfolgreich, und so erfolgte parallel dazu die Aussaat von Birken. An einigen Stellen wurden auch strauchförmige Berg-Kiefern gepflanzt, und wo es die Wildbestände erlaubten, konnten auch Ebereschen wachsen. Im Gegensatz zu der mit großem Aufwand betriebenen Wiederaufforstung auf der deutschen Seite bilden die jungen Gehölze auf der tschechischen Seite ein wesentlich vielfältigeres Bild mit größeren Lichtungen. Mit zunehmender Luftsauberkeit halten heute auch die ursprünglich heimischen Arten (Rot-Buche, Gewöhnliche Fichte, stellenweise auch Berg-Ahorn) wieder allmählich Einzug. Es wird trotzdem noch lange Jahrzehnte dauern, bis die Wälder wieder gesund werden.

Bergwiesen
Im Umfeld der Bergdörfer oberhalb von Litvínov/Oberleutensdorf trifft der Wanderer auch heute noch auf einige sehr schöne Bergwiesen, bei denen es sich allerdings nur um kleine Reste früher viel artenreicherer Heuflächen handelt. Alle Dörfer sind nur von kleineren Wiesen und Weiden umgeben, der größte Teil der Landschaft ist bewaldet. Dank ihrer geringen Flächenausdehnung blieben sie von Melioration, Umbruch oder der Einsaat von Hochleistungs-Futtergräsern verschont. Die für die Existenz der meisten

Bergwiesenarten unverzichtbare regelmäßige Bewirtschaftung (Mahd und Beweidung) kam in der zweiten Hälfte des 20. Jahrhunderts jedoch vielerorts zum Erliegen. Die Wiesen wurden – und werden – nur noch ab und an gemäht, und dies nicht selten zu einem ungeeigneten Zeitpunkt. Viele blieben auch völlig ungenutzt. Die bunten Bergwiesen wandelten sich allmählich um in artenarmes, von Gräsern dominiertes Brachland.

Abb.: Bärwurz

Typische Pflanze ist vielerorts immer noch der Bärwurz. Dessen kräftig grüne, tief gefiederte Blätter schieben sich im zeitigen Frühjahr durch das Braun der niedergedrückten vorjährigen Gräser, und im Mai prägen die weißen Doldenblüten die Wiesen. Wegen seines charakteristischen Aromas wurde der Bärwurz seit langem als Gewürz und Schnapszusatz verwendet, auch als Heilpflanze war er im Gebrauch („Bär"wurz = gebären).

Heute steht der Bärwurz in Tschechien unter Naturschutz. Dies gilt auch für eine andere einstmalige Charakterart der Erzgebirgswiesen, die Arnika. Diese verträgt jedoch – anders als der Bärwurz – das Brachfallen von Wiesen überhaupt nicht und kommt heute deshalb nur noch in wenigen Restbeständen vor. Zu den schönsten Blütenpflanzen des Gebietes zählt die Perücken-Flockenblume, die ihre großen rosa Blüten im Frühsommer entfaltet. Eine weitere typische Bergwiesenart ist der Weiche Pippau. Die Gräser sind durch Draht-Schmiele, Rotes Straußgras, Wiesen-Rispengras, Ruchgras und, an abgelegenen Stellen, Borstgras vertreten.

Waldfauna

Im Südwesten des Ost-Erzgebirges lebt eine typische mitteleuropäische Waldfauna. Dazu zählt neben Wildschwein und Rothirsch auch das heute europaweit gefährdete Birkhuhn. Auf Waldlichtungen und in den Mooren des Erzgebirgskammes kann man Waldeidechsen und (seltener) Kreuzottern treffen. Vereinzelt kommt auch noch das Haselhuhn vor. In diesem Gebiet wurden in der Vergangenheit Mufflons ausgesetzt, oberhalb des Schlosses Jezeří/Eisenberg im 19. Jahrhundert auch Damhirsche.

In den naturnahen Tälern oberhalb Litvínov (Rauschengrund und andere) lebt eine sehr artenreiche Fauna: unter anderen findet man hier Bergmolch, Feuersalamander, Erdkröte, Blindschleiche, Schwarzstorch, Zwergschnäpper und Waldschnepfe. In einem Bergbach kommt noch das stark gefährdete Bachneunauge vor. In den Quellgebieten existieren außerdem artenreiche Gesellschaften wirbelloser Tiere.

Abb.: Blind-schleiche

Wanderziele

 Černý rybník / Schwarzer Teich

Moorgebiet

Naturnahen Wald gibt es nach Jahrhunderten des Holzraubbaus, nachfolgender Fichtenforstwirtschaft und schließlich mehreren Jahrzehnten Waldsterben heute kaum noch auf dem Erzgebirgskamm. Einige wenige Ausnahmen findet man noch in den kleinen Hochmoorresten. Zu den eindrucksvollsten dieser wertvollen Biotope zählt das Gebiet des Černý rybník/Schwarzen Teiches, ca. drei Kilometer nordwestlich von Klíny/Göhren. Das Moorgebiet umfasst eine Fläche von knapp 33 Hektar und steht seit 1993 unter Naturschutz.

Moor-Kiefern

Den größten Teil des Moores nimmt Moorkieferngehölz ein. Die vielfach gewundenen Stämme und Äste bilden stellenweise ein undurchdringliches Dickicht. Im Unterwuchs der Moor-Kiefern wachsen auf den trockenen Stellen Heidekraut, Heidelbeere und Draht-Schmiele. In feuchteren Bereichen finden die gegenüber Nährstoffen anspruchsloseren Hochmoorarten Trunkel- und Krähenbeere Konkurrenzvorteile. An nassen Stellen wachsen Moosbeere, Schmalblättriges und Scheidiges Wollgras sowie verschiedene Seggen und Binsen. In der Mitte eines dichten Moorkieferngehölzes gedeiht ein kleiner Bestand Sumpf-Porst. Diese Art gehört zu den so genannten Glazialrelikten (Florenreste der Eiszeit-Tundren) und verleiht dem Naturschutzgebiet besondere Bedeutung.

Birkhuhn

Im nördlichen Teil des Moores befand sich früher ein wichtiger Birkhuhn-Balzplatz, an dem während zeitiger Mai-Morgen mehrere Birkhähne um die Gunst der Weibchen buhlten. Das sehr eindrucksvolle Spektakel der Birkhahnbalz lockte zunehmend Besucher an – woraufhin die scheuen Tiere den Ort verließen. Das gleiche passierte nicht nur am Schwarzen Teich, sondern auch an mehreren anderen Balzplätzen am Erzgebirgskamm. Der dabei verursachte Stress trägt nicht unerheblich zur kritischen Bestandessituation dieser europaweit bedeutsamen Birkhuhnpopulation bei.

Weitere Tierarten des Moores sind Raufußkauz, Kreuzotter und Waldeidechse.

Quelle der Schweinitz

Den Untergrund des Moores bilden Biotit- und Zweiglimmergneise. Darüber lagert eine bis zu sechs Meter mächtige Torfschicht. Die flache Geländemulde entwässert hauptsächlich über den Rauschengrund/Šumný důl nach Südosten. Ein zweiter Wasserlauf zieht sich in Richtung Süden und bildet die Quelle der Schweinitz. Zwischen Teichhübel (818 m üNN) und Brandhübel (781 m üNN) fließt aber auch Wasser zu den nahegelegenen Mooren von Deutscheinsiedel. Über den Teichhübel und den nördlich angrenzenden Dachsberg (seit einigen Jahren als Klugehübel bezeichnet) verläuft übrigens der Erzgebirgskamm ein Stück auf deutscher Seite – außer dem Zinnwalder Lugstein die einzige Stelle.

Der Schwarze Teich soll im 19. Jahrhundert als Forellengewässer angelegt worden sein. Angesichts des sauren, huminstoffreichen Wassers dürften die Erfolge der Fischzucht hier eher bescheiden ausgefallen sein.

 **Rauschengrund / Šumný důl**

Der Rauschengrund ist eines der längsten und am tiefsten eingekerbten Täler am steilen Südabhang des Ost-Erzgebirges. Bis zu 300 Höhenmeter ragen die linken Talhänge bis hinauf zum Loučná/Wieselstein-Plateau. Široký kopec/Breitenberg (808 m), Černý vrch/Schwarzer Berg (889 m) und Studenec/Höllberg (878 m) markieren den Rand des Kammplateaus. Ober-

Meziboří halb von Litvínov/Oberleutensdorf wurde in den 1950er und 60er Jahren die sozialistische Modellstadt Meziboří an den Hang gebaut. Auf der gegen-überliegenden Seite geht es ebenso schroff aufwärts, wenn auch nicht ganz so hoch. Dort liegen auf einem Seitenkamm die Ortschaften Klíny/Göhren, Rašov/Rascha und Sedlo/Zettel.

Bilý potok Der im Tal verlaufende Bilý potok (= „Weißer Bach" – diese Bezeichnung scheint bei der deutschsprachigen Bevölkerung aber eher unüblich gewe-*Flößbach* sen zu sein, auf alten Karten findet man hingegen den Namen Flößbach) entspringt im Moorgebiet am Černý rybník/Schwarzen Teich und durcheilt rund acht Kilometer weitgehend unverbauten Bachlauf bis nach Šumná/Rauschengrund, einem im 19. Jahrhundert industrialisierten Vorort von Litvínov/Oberleutensdorf. Um 1830 wurde hier eine damals hochmoderne Baumwollspinnerei gebaut. Heute erinnert heruntergekommene, verlasse-ne Industriearchitektur an diese Zeiten.

artenreiche Auch im Rauschengrund verbergen sich einige sehr artenreiche Laubwald-*Laubwald-* bestände. Der Talgrund selbst ist allerdings in den vergangenen Jahr-*bestände* zehnten zu einem großen Teil abgeholzt worden und heute von weniger interessanten Jungbeständen bewachsen. Ein Forstweg führt durch das Tal, kann aber nur im Juli/August vollständig durchwandert werden. Der obere *Rotwild-* Teil des Rauschengrundes ist Bestandteil des großen Rotwild-Zuchtgatters *Zuchtgatter* zwischen Fláje-Talsperre und Loučná/Wieselstein. Ein großer Zaun versperrt die Landschaft, das Tor wird nur im Sommer geöffnet.

Ausgehend von Meziboří erschließt ein 12 km langer Naturlehrpfad einen *Pekelské* Teil des Rauschengrundes sowie das Nebental Pekelské údolí/Höllgrund. *údolí/Höll-* Inmitten von reizvollem Buchenwald stürzt hier eilig ein kleines Neben-*grund* bächlein über viele Kaskaden vom Hang des Střelná-Gipfels/Hoher Schuss (868 m) hinab zur hier 430 m hoch gelegenen Talsohle des Rauschengrun-des. Das Gefälle beträgt durchschnittlich 12 %, stellenweise deutlich mehr.

 Litvínov / Oberleutensdorf

Die mit sozialistischer Betonarchitektur weitgehend neugestaltete und von langjährigen schweren Umweltbelastungen deutlich gezeichnete Stadt gehört sicher nicht zu den bevorzugten Zielen naturkundlich interessierter Wanderer. Lediglich das ehemalige Schloss mitsamt dem umgebenden, *Park im eng-* acht Hektar großen Park im englischen Stil lädt zum Verweilen ein. Im eher *lischen Stil* schlichten Schloss befindet sich seit 1964 ein Museum. Dieses zeigt vor allem Ausstellungen zur Geschichte der Region.

Chemie-komplex von Záluží/Maltheuern

In den 1970er, 80er und auch noch 90er Jahren verursachten das nahegelegene Kohlekraftwerk Komořany und der gigantische Chemiekomplex von Záluží/Maltheuern schier unerträgliche Luftqualität. Insbesondere Kinder litten unter den menschenunwürdigen Bedingungen. Da aber unter den bestehenden gesellschaftlichen Verhältnissen kaum Besserungen zu erwarten waren (und viele Bewohner der Region außerdem bei den umweltverpestenden Staatsunternehmen ihr Geld verdienten), griff Resignation um sich. Aber auch eine Gegenbewegung, hin zu einer ökologisch nachhaltigen Entwicklung, ist dabei erwacht. Zukunftsweisend war insbesondere 1992 die Gründung der „Fach-Mittelschule für Umweltschutz und -erneuerung", heute als Schola Humanitas bekannt. Angeboten wird hier eine außerordentlich vielseitige, ökologisch orientierte Gymnasialausbildung.

Schola Humanitas

 ## Klíny / Göhren

Horní Ves/ Oberdorf

Sedlo/Zettel

Rašov/ Rascha

Das Dorf Klíny und seine Umgebung gehören zu den beliebtesten Wanderzielen im tschechischen Teil des Ost-Erzgebirges. Von Litvínov steigt eine Serpentinenstraße durch Laubmischwälder (vor allem Buchen) bis zur Streusiedlung Horní Ves/Oberdorf. Nach weiterem Anstieg erreicht die Straße die Hochebene am Holubí vrch/Nitschenberg (716 m üNN). Den Platz des ehemaligen Dorfes Sedlo/Zettel haben heute Datschen eingenommen, in deren Umgebung aber noch einige schöne Bergwiesen erhalten sind. Wochenendhäuser begleiten auch die weitere Straße nach Rašov/Rascha und Klíny/Göhren. Alle Siedlungen in diesem Gebiet haben heute den Charakter eines Feriengebietes, nur wenige Häuser sind ganzjährig bewohnt. Klíny hat sich in den letzen Jahren zu einem bekannten Skigebiet mit mehreren Abfahrtspisten entwickelt. Damit einher geht der Bau weiterer Erholungsobjekte. Heute ist geplant, die Skipisten zu verbreitern und zu verlängern.

Skipisten

Aussicht

Von der Landstrasse in Klíny bietet sich in Richtung Ost bis Nordost eine herrliche Aussicht über das Tal des Bílý potok/den Rauschengrund bis zu einer Reihe von Gipfeln, die sich auf diesem Abschnitt aus dem Erzgebirgsplateau heben. Von Norden nach Süden sehen wir Černý vrch/Schwarzer Berg (889 m), Studenec/Höllberg (878 m), Loučná/Wieselstein (956 m – höchster Berg des Ost-Erzgebirges, der seinen Name auch dem umliegenden Teil des Gebirges gibt – „Loučenská hornatina") und Střelná/Hoher Schuss, 868 m). Der Blick in westliche Richtung wird begrenzt durch den breiten Rücken des Mračný vrch/Wolkenhübel (852 m).

 ## Jeřabina / Haselstein

Felsklippen

Unweit der Straße Mníšek/Einsiedl – Janov/Johnsdorf überragen einige Felsklippen den Erzgebirgskamm. Von der Straße führt ein kleiner Wanderpfad ca. 200 m durch jungen Waldbestand bis zu den großen Blöcken aus hartem Granitgneis. Der 788 m hohe Haselstein war früher ein beliebtes Ausflugsziel. Ein Aussichtsturm bot zwischen 1884 und 1928 einen weiten Blick über die Fichtenwälder des Erzgebirgskammes.

Abb.: Granit-gneis-Felsen Haselstein

Der Turm ist verschwunden, doch der Fernblick ist erhalten geblieben – weil die Fichten auch hier den Schwefeldioxid-Abgasen der Braunkohle-kraftwerke zum Opfer gefallen sind. Deutlich zu erkennen ist der Sattelcharakter des Passes von Nová Ves v Horách/Gebirgsneudorf, der die Westgrenze des Ost-Erzgebirges bildet. Jenseits wird die unbewaldete Flur von dem langgestreckten, dunklen Bergrücken Medvědí skála/Bärenstein (924 m) – Liščí vrch/Fuchsberg (905 m) – Lesenská plan/Hübladung (921 m) überragt. Auf der gegenüberliegenden Seite, im Nordosten, dominiert wieder die Loučná/der Wieselstein den Ausblick.

Mostecká přehrada / Brüxer Talsperre (= vodní nádrž Janov / Talsperre Johnsdorf)

Bereits im 19. Jahrhundert machte sich im Leegebiet des Erzgebirges Wasserknappheit bemerkbar. Den geringen Jahresniederschlägen des Nordböhmischen Beckens stand ein immer größerer Bedarf für die sich stürmisch entwickelnde Industrie und die damit einhergehende Bevölkerungszunahme gegenüber. Besonders in der prosperierenden Stadt Brüx/Most (1890: 15 000 Einwohner, 1910: 26 000 Einwohner) zeichneten sich Probleme mit der Wasserversorgung ab. Es machte sich erforderlich, Trinkwasser aus dem Erzgebirge heranzuführen.

Dazu wurden 1911 bis 1914 im Hamerské údolí/Hammergrund zwischen den Dörfern Lounice/Launitz und Křížatky/Kreuzweg der Bach Loupnice sowie der hier zufließende Klínský potok/Göhrener Bach angestaut. Die Wasserfläche ist zwar mit zehn Hektar vergleichsweise klein, aber aufgrund der tiefen Einkerbung des Tales fasst der Speicher immerhin knapp zwei Millionen Kubikmeter Wasser. Dazu musste eine 43 Meter hohe Bruchstein-Staumauer errichtet werden. Es handelte sich um eine der größten Baumaßnahmen im damaligen Österreich-Ungarn.

Die Anlage steht unter Denkmalschutz. Umgeben ist sie von Buchenwäldern, deren Herbstfärbung bei Sonnenschein einen wunderschönen Kontrast zur tiefblauen Wasserfläche bietet. Die Talsperre dient auch heute noch ihrem Zweck, wird z. Z. allerdings rekonstruiert.

Ziele in der Umgebung

⑦ Hora svaté Kateřiny / Katharinaberg

Kupfer- und Silbererz

Im geografischen Sinne bereits zum Mittleren Erzgebirge, weil jenseits der Linie Flöha-Schweinitz-Gebirgsneudorf liegend, gehört die alte Bergstadt Katharinaberg. Trotz Kriegen und Pestseuchen wurde bis ins 18. Jahrhundert ohne Unterbrechung Kupfer- und Silbererz gefördert. Die Verarbeitung erfolgte vorrangig bei Olbernhau, wo vor allem für die Gewinnung dieser Rohstoffe die Saigerhütte Grünthal zu einem frühen Industriekomplex ausgebaut wurde. Die Erzgänge beherbergen auch noch viele weitere Metalle, u.a. Eisen, Zinn, Blei und Zink. Zeitweilig gehörte Katharinaberg zu den bedeutendsten Bergbauorten des Erzgebirges. Der große Marktplatz zeugt von früheren Blütezeiten.

Holzhand- werk

Ende des 18. Jahrhunderts waren die Vorräte allerdings weitgehend erschöpft, 1808 wurde das Katharinaberger Revier geschlossen. Für die Bewohner des Städtchens brachen schwere Zeiten an. Erzgebirgisches Holzhandwerk, die Herstellung von Federkästchen und Räuchermännchen, boten nur sehr bescheidene Ersatzeinkünfte.

Nikolai- Stolln

Anfang des 20. Jahrhunderts befand sich in Katharinaberg ein Besucherbergwerk: der Nikolai-Stolln (Mikulášská štola). Das Stolln-System ist unter der Schweinitz hindurch mit dem Fortunastolln beim benachbarten Deutschkatharinenberg verbunden. Während des Zweiten Weltkrieges wurde das Bergwerk ge- und verschlossen. Seit Jahren halten sich Gerüchte, SS und Wehrmacht hätten hier Wertgegenstände, möglicherweise sogar das legendäre „Bernsteinzimmer" verborgen. Nachdem bereits auf der deutschen Seite der Fortuna-Erbstolln entsprechend medienwirksam vermarktet wird, bestehen auch in Katharinaberg Bemühungen, den Nikolai-Stolln wieder aufzufahren.

Franz- Josefs-Turm

Rundum- sicht

Zur Hebung des Fremdenverkehrs wurde 1902 auf dem Rosenberg/Růžovy vrch (728 m üNN) der 16 Meter hohe steinerne Franz-Josefs-Turm (nach 1918 „Jahn-Warte") gebaut, der seit 2002 wieder zugänglich ist. Die verglaste Aussichtsplattform gewährt eine gute Rundumsicht, vor allem ins Schweinitztal und zum „Bernsteingebirge". Im Südosten ist oberhalb von Nová Ves v Horách der Strážný vrch/Wachhübel (762 m üNN, mit Windrädern) zu sehen, der den Gebirgskamm markiert. Knapp 30 m niedriger liegt der Straßenpass an einem der alten Handelswege von Sachsen nach Böhmen. Die Wasserscheide bei 733 m ist hier sehr deutlich ausgebildet, im Gegensatz zu dem höhergelegenen, aber kaum merklichen Pass bei 777 m auf der breiten Kammhochfläche oberhalb von Mníšek (Einsiedl).

Steinrücken   An den steilen Abhängen des Stadtberges sind noch zahlreiche gebüschbewachsene Haldenzüge wie auch Steinrücken erkennbar, die vor allem im Herbst und im Frühjahr einen typisch erzgebirgischen Landschaftseindruck vermitteln, zumal diese sowohl an den Bergbau wie auch an die kleinbäuerliche Landwirtschaft vergangener Zeiten erinnern. Während sich hier die Gebüschreihen meist senkrecht zum Hang anordnen, verlaufen diese beim Waldhufendorf Nová Ves v Horách/Gebirgsneudorf hangparallel, was von allen umliegenden Höhen gut sichtbar ist. Seit dem Ende des Ackerbaus in den Nachkriegsjahren wurde nur noch Heu geworben und beweidet, so dass die Steinrücken überwuchsen und sich teilweise zu Gebüschen erweiterten. Auf der Nordseite des „Bernsteingebirges" gehen die Wiesen und Weiden allmählich in einen Birken-Fichten-Wald über. Dieses Gelände ist von grober eiszeitlicher Blockstreu bedeckt („die steinbesäte Neudorfer Matte") und wirkt dadurch besonders urtümlich.

Naturlehr-pfad   In der Nähe des Fußgänger-Grenzüberganges beginnt ein Naturlehrpfad, dessen Informationstafeln auf 23 km bis zur Fláje-Talsperre verteilt sind.

 ## Naturschutzgebiet Jezerka

eines der bedeutendsten Naturschutzgebiete   1,5 km südwestlich des Schlosses Jezeří/Eisenberg befindet sich eines der bedeutendsten Naturschutzgebiete des gesamten Erzgebirgs-Südhanges. 1969 wurden im tiefen Tal des Vesnický potok/Dorfbach sowie an den Hängen des Jezerka/Johannes-Berges 136 Hektar sehr eindrucksvollen Laubwaldes unter Schutz gestellt. Zwischen 350 und 700 m Höhenlage bietet sich ein breites Spektrum von ökologischen Bedingungen. Den Kern des Naturschutzgebietes (Národní přírodní rezervace) bildet ein ungefähr 250 Jahre alter Buchenbestand, in dem auch noch die heute seltene Berg-Ulme vertreten ist. Vorherrschende Waldgesellschaften sind der Waldmeister-Buchenwald und der bodensaure Hainsimsen-Buchenwald. Gleichzeitig findet man hier aber auch einen der höchstgelegenen Eichenwälder der gesamten Tschechischen Republik. Es handelt sich unter anderem um Färberginster-Traubeneichenwald. Zu den weiteren Waldbeständen des Schutzgebietes gehören auch einige Fichtenmonokulturen am Rande.

250 Jahre alter Buchenbestand

Im Gebiet kommen mehrere geschützte Pflanzen vor, von denen die folgenden basen- und/oder wärmeliebenden Arten hervorzuheben sind: Mondviole, Gelber Eisenhut (= Wolfs-Eisenhut), Langblättriges Waldvögelein, Türkenbund-Lilie und Ästige Graslilie. Die urwaldartigen Buchenbestände in Jezerka sind auch Lebensraum vieler seltener Tierarten. Zu diesen

Erzgebirge

Pirol gehören Kreuzotter, Feuersalamander, Hohltaube, Pirol und Sperber. Im Naturschutzgebiet wurden unter anderem 19 Weichtierarten nachgewiesen.

Am südwestlichen Rand der Reservation steht eine 700 Jahre alte Linde („Žeberská lípa") mit einem Stammumfang von 5,60 m.

Schloss Jezeří/ Eisenberg
Das Schloss Jezeří/Eisenberg wurde im 16. Jahrhundert anstelle einer älteren Burg errichtet.

Trotz problematischer geologischer Verhältnisse entschieden die kommunistischen Wirtschaftsplaner, den „Tagebau der tschechoslowakischen Armee" bis unmittelbar an den Fuß des Erzgebirges voranzutreiben. Damit ist die Gefahr großer Hangrutschungen verbunden. Wie viele Dörfer wurde der Ort Eisenberg zu Füßen des Schlosses abgebaggert, und in den 1980er Jahren war auch das Schloss selbst akut bedroht. Dann aber entstand –

Bürger- initiative
noch in kommunistischen Zeiten! – eine Bürgerinitiative, die für die Rettung des historischen Ensembles kämpfte. Mit der „Wende" wurden die Pläne zum Kohleabbau direkt am Erzgebirgsfuß schließlich fallengelassen. Wenngleich in katastrophalem Zustand, konnte das Schloss gerettet werden. Stück für Stück wird seither die Anlage restauriert. Zum Schloss ge-

Park mit Arboretum
hört ein Park mit Arboretum, Gärtnerei, Treibhaus mit Palmen sowie ein kleiner Teich mit künstlichem Wasserfall. Innen können heute die rekonstruierten wie auch einige noch nicht wiederhergerichtete Räume besichtigt werden. Aus den Fenstern blickt man auf die gigantische Mondlandschaft des heute noch betriebenen Braunkohletagebaus.

....

 Hněvín / Brüxer Schlossberg

Most/Brüx ist alt. Bereits im 9. Jahrhundert siedelten hier Menschen, wie Archäologen nachweisen konnten. Im 12. Jahrhundert ließ das hiesige Adelsgeschlecht der Hrabischitze – von denen auch wesentliche Kolonisierungsinitiativen im Ost-Erzgebirge ausgingen – auf dem Berg Hněvín eine Burg aus Stein errichten. Zu ihren Füßen entwickelte sich an der Brücke über die Bílina/Biela („most" = tsch. „Brücke") eine städtische Siedlung, die von Böhmenkönig Wenzel/Vaclav I. zur Königsstadt erhoben wurde. An den Berghängen wuchs Wein, so wie teilweise heute noch.

Abb.: Pano- ramablick vom Brüxer Schlossberg
Most ist neu. In den 1960er Jahren schätzten Geologen die unter der alten Stadt liegenden Kohlevorräte auf 100 Millionen Tonnen. Die sozialistischen Wirtschaftslenker kannten keine Skrupel: fast die gesamte geschichtsträchtige Bausubstanz wurde abgerissen und stattdessen ein moderner Plattenbau-Moloch aus dem Boden gestampft. 30 000 Menschen mussten um-

Böhmisches Mittelgebirge *Most*

ziehen, heute wohnen in der Bezirksstadt 75 000 Einwohner. Im Norden prägen Tagebaue und teilweise rekultivierte Kippen die Landschaft.

Schon vor der Gier nach Kohle und Energie wandelte sich die Landschaft Nordböhmens. Vor 1 000 Jahren bedeckten große Sümpfe die Ebene, die dann mühsam entwässert und landwirtschaftlich nutzbar gemacht wurden. Das Wasser verblieb in vielen Teichen und einigen Seen. Der größte davon *Kommerner* hieß Kommerner See und erstreckte sich zwischen Brüx und Erzgebirge. *See* Immer mehr Agrarfläche rangen die Menschen ihm ab, und 1830 wurde der Kommerner See völlig entwässert. An seine Stelle traten die „Seewiesen". Doch unter diesen wiederum lagerte Kohle, die seit den 1960er Jahren im Großtagebau gewonnen wurde und wird.

Wo der Erde die Kohle entrissen wurde, bleiben neben schier endlosen Kippen auch Löcher übrig, die sich mit Wasser füllen lassen. Nordwestlich der Stadt Most befindet sich heute ein ca. 40 Hektar großer See namens *Matylda* Matylda.

Vom Brüxer Schlossberg bietet sich ein sehr eindrucksvoller, wenn auch beklemmender Blick über das Nordböhmische Becken. Jenseits (10 km nördlich) steigt abrupt die Mauer des Erzgebirges aus der dunstigen Industrieregion auf. Man kann in der Sternwarte auch den Blick zum Himmel lenken – was allerdings aufgrund der Luftverunreinigungen im Nordböhmischen Becken für ambitionierte Astronomen kaum spektakuläre Weitsichten bieten dürfte.

Kohle in Nordböhmen

Jiří steht vor dem Schaltpult des Abraumbaggers. Gerade geht die Sonne neben dem Stropnik auf – bald Zeit für Schichtwechsel. 30 000 Kubikmeter Sand, Ton und Lehm sind heute schon geschafft, 70 000 oder 80 000 Kubikmeter werden bis zum Abend noch folgen. Am Rande der Grube ist die Ortschaft Horní Jiřetin zu erkennen. Wann wohl wird der Tagebau dort ankommen? Die Einwohner sträuben sich ja sehr heftig gegen die Zerstörung ihrer Heimat. Die Politiker sind derweil uneins, ob das Kohlemoratorium aus den 1990er Jahren weiter Bestand haben soll. Wenn ja, dann sähe es wahrscheinlich nicht gut aus für Jiřís Arbeitsplatz, denn dann dürfte der Tagebau nicht weiter vergrößert werden.

Andererseits sind schon genug Dörfer zerstört worden. Jiří weiß das nur zu gut. Er selbst wohnte früher in Libkovice bei Lom. Die Kinder waren gerade geboren und spielten unter den alten Apfelbäumen hinter dem Haus, als einer der Nachbarn vorbeikam und erzählte, auch Libkovice müsste der Kohle weichen. Sie hatten damals mächtig mobil gemacht gegen diese Pläne, sich mit den kommunistischen Behörden angelegt und viel Zivilcourage gezeigt. Mit der „samtenen Revolution" 1989/90 schöpften sie Hoffnung, doch der Kampf schien kein Ende nehmen zu wollen. Ein Nachbar nach dem anderen gab schließlich dem Drängen und den finanziellen Verlockungen der Kohlegesellschaft nach. Zum Schluss – 1996 – führte die Polizei die jungen Umweltschützer ab, die sich um die Dorfkirche geschart hatten. Das Verrückte an dieser Geschichte: Libkovice wurde plattgemacht, aber die angeblich reichen Kohlevorräte darunter immer noch nicht angerührt. Wegen des Atomkraftwerks Temelín wäre das nicht mehr nötig, wurde erzählt. Aber Horní Jiřetín soll trotzdem weg. So richtig sind die Abbauplanungen nicht zu verstehen.

95 Dörfer sind in Nordböhmen bereits der Kohle zum Opfer gefallen. Die meisten ihrer Bewohner lebten jedoch schon lange nicht mehr von der früher recht ertragreichen Landwirtschaft, die meisten Menschen der Region verdienen ihren Lebensunterhalt in den Tagebauen, Kraftwerken und Chemiefabriken oder in einer der Zulieferfirmen. Nicht wenige sind aber auch arbeitslos, weil heute moderne Technik ihren Job erledigt, und weil etliche der alten, verschlissenen Dreckschleudern schließen mussten.

Die Sonne steht mittlerweile zwei Handbreit hoch am Himmel. Wie durch Milchglas versuchen ihre Strahlen, sich einen Weg durch die abgasgeschwängerte Luft zu bahnen. Der Kraftwerksrauch von Komořany will heute wieder gar nicht abziehen!

Die Gedanken von Kohlekumpel Jiří gehen noch weiter zurück, in die Zeit seiner eigenen Kindheit. Damals, in den 1950ern, standen hier noch überall Fördertürme auf den Wiesen und Äckern.

Kohle wurde schon seit dem 19. Jahrhundert abgebaut, aber vor allem untertage. Das war nicht ungefährlich. Großvater hatte 1934 die große Kohlestaubexplosion im Oseker Nelson-Bergwerk nur mit viel Glück überlebt. Oder in Most, 1895 oder 1896: da waren die Schwemmsandschichten über den Kohlestolln nachgerutscht und sollen die halbe Stadt zusammenfallen lassen haben. Naja, von der alten Stadt Most ist ja nun sowieso nichts mehr übrig.

Vor hundert Jahren hatte die Gegend hier das dichteste Eisenbahnnetz Europas. Die gute nordböhmische Kohle war überall gefragt, sogar am Wiener Kaiser- und am sächsischen Königshof soll mit „Salonkohle" von hier geheizt worden sein! Einen beträchtlichen Industrialisierungsschub brachten 1939 die deutschen Besatzer, als tausende Zwangsarbeiter in Záluží – das hieß damals noch Maltheuern – eine riesige Chemiefabrik aus dem Boden stampfen mussten. Benzin und Diesel für ihre Kriegsfahrzeuge ließen die Deutschen hier herstellen. Benzin aus Kohle? Kaum noch vorstellbar der Aufwand, der damals betrieben wurde. Aber die Firma arbeitete noch bis in die 1970er Jahre nach dieser Technologie. Dann kam die Erdölleitung „Freundschaft" aus Russland, später noch die Erdgasleitung „Nordlicht". Die Chemiefabrik von Záluží wurde immer größer, inzwischen wird dort wohl alles Mögliche produziert, was sich aus Erdöl so herstellen lässt. Kohle brauchen die fast nur noch für Strom und Wärme. Das aber in gigantischen Größenordnungen.

Jiřís Schicht ist geschafft für heute. Unvorstellbare 120 Millionen Kubikmeter Abraum bewegen er und seine Kollegen jedes Jahr in Nordböhmen, außerdem müssen 30 Millionen Kubikmeter Wasser abgepumpt werden. Vergleichbar drastische Landschaftsveränderungen hat es in der Gegend wahrscheinlich das letzte Mal gegeben, als die Kohle entstand – und als die Vulkane des Böhmischen Mittelgebirges noch Feuer und Asche spuckten. Giftige Dämpfe liegen auch heute in der Luft.

Kein Lüftchen weht, die Abgase hängen wiedermal fest zwischen Erzgebirge und Böhmischem Mittelgebirge. Freilich, die Luftqualität ist jetzt bedeutend besser als noch vor zehn oder gar zwanzig Jahren. Damals wusste man manchmal kaum, ob man das noch überlebt. Die Befürchtungen waren nicht unberechtigt: die durchschnittliche Lebenserwartung lag fast zehn Jahre niedriger als in anderen europäischen Ländern. Am meisten Sorgen hatte sich Jiří immer um die Kinder gemacht. Ständig dieser Reizhusten!

Nein, da hat sich in den letzten Jahren doch einiges zum Besseren gewendet. Und trotzdem kommt Jiří immer öfter ins Grübeln. So kann es eigentlich nicht weiter gehen, dass die gesamte Landschaft umgewühlt wird, um die darunter verborgene Kohle hervorzuholen, diese zu verfeuern und dabei giftige Abgase zu produzieren – vom Treibhausgas Kohlendioxid ganz abgesehen!

Die Sonne strahlt kräftig vom blauen Himmel über dem Erzgebirgskamm bei Dlouhá Louka. Unten im Nordböhmischen Becken dröhnt die Industrie. Zu sehen ist sie nicht, eine dicke Wolkendecke verhüllt die geschundene Region. Jiří sitzt auf der Veranda seines Wochenendhauses und blinzelt ins grelle Sonnenlicht. Eine Solaranlage wäre hier oben eigentlich keine schlechte Idee!

(Jiří ist eine frei erfundene Person.)

....

Quellen

Heimatkreis Dux (2000): **Stadt und Landkreis Dux**, Miltenberg/Main

Koukal, P. (2005): **Státní zámek Jezeří**,
Národní památkový ústav, Ústí nad Labem

Koukal, P. (2007): **Hrabišicové – Česká šlechta bez hranic**,
Der böhmische Adel ohne Grenzen, Ústí nad Labem

Míčková, M., Motl, L. (2001): **Naučná stezka Tesařova cesta – Šumný důl**,
Město Meziboří a Město Litvínov.

Kolektiv (2004): **Mostecko**,
Regionální vlastivěda, Hněvín, Most

Kuncová, J. a kol. (1999): **Chráněná území ČR – svazek Ústecko**,
Agentura ochrany přírody a krajiny ČR, Praha

www.litvinov.cz

www.mesto-most.cz

www.nicolaistollen.de

www.spoluziti.cz

Text: *Jan Kotěra, Teplice; Vladimír Čeřovský, Ústí nad Labem;*
Jens Weber, Bärenstein
(Ergänzungen von Werner Ernst, Kleinbobritzsch)

Fotos: *Werner Ernst, Raimund Geißler, Egbert Kamprath,*
Dietrich Papsch, Gerold Pöhler, Jens Weber, Dirk Wendel

Das Kammplateau zwischen Fláje/Fleyh und Cínovec/Zinnwald

Einsame Landschaft, raues Klima, Aussichten über Nordböhmen

Hochmoore, Felskuppen, Quarz- und Granitporphyr

Birkhuhn, Rothirsch, Wollgras, Moorkiefern

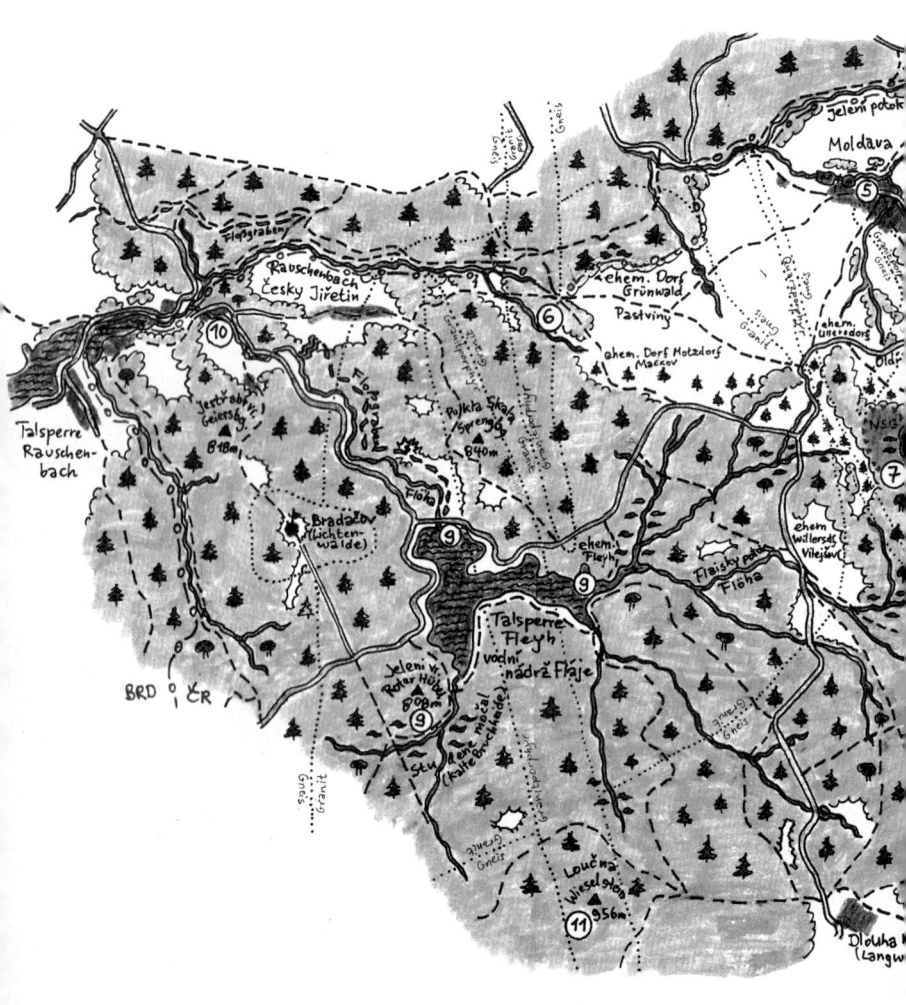

Kammplateau zwischen Fláje/Fleyh
und Cínovec/Zinnwald

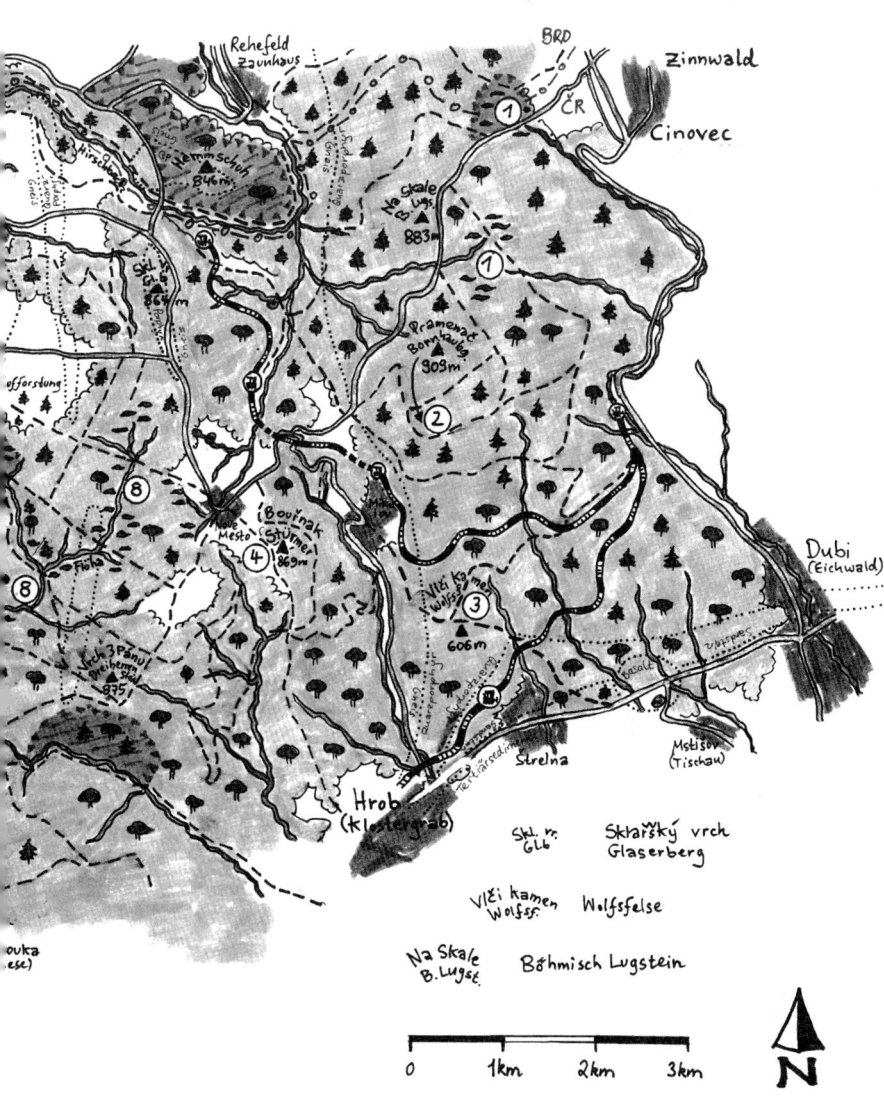

Skl. v.
616

Sklařský vrch
Glaserberg

Vlčí kamen
Wolfsf.

Wolfsfelse

Na Skale
B. Lugst.

Böhmisch Lugstein

0   1km   2km   3km

N

① **U jezera/Seeheide und Cínovecké rašeliniště/Zinnwalder Hochmoor**

② **Pramenáč/Bornhau (909 m)**

③ **Vlčí kamen/Wolfsstein (614 m)**

④ **Bouřňák/Stürmer (869 m)**

⑤ **Moldava/Moldau**

⑥ **Žebrácký roh/Battel-Eck**

⑦ **Grünwalder Heide/Grünwaldske vřesoviště**

⑧ **Flöha-Aue oberhalb Willersdorf/Vilejšov**

⑨ **Talsperre Fláje und Umgebung**

⑩ **Český Jiřetín/Georgendorf**

⑪ **Loučná/Wieselstein (956 m üNN)**

Die Beschreibung der einzelnen Gebiete folgt ab Seite 660

Landschaft

Eine geheimnisvolle Landschaft eröffnet sich dem Besucher, wenn er die deutsch-tschechische Grenze hinter sich lässt oder aus dem Nordböhmischen Becken durch eines der steilen Bachtäler zum Erzgebirgskamm aufsteigt. Wochentags wird man von Stille und Einsamkeit umgeben, während sich einzelne Orte wie Nové Město/Neustadt oder Český Jiřetín/Georgendorf am Wochenende mit Ferienhausbesitzern und Ausflüglern füllen. Viele Stunden kann man wandern, ohne auf eine menschliche Siedlung zu treffen. Man könnte beinahe vergessen, in Mitteleuropa unterwegs zu sein. Ungewöhnlich…

Einsamkeit auf dem Erzgebirge

So verlassen die Gegend nördlich des Erzgebirgskammes heute erscheint – der aufmerksame Wanderer kann viele Spuren entdecken, dass dies nicht immer so war. Ganz im Gegenteil: das Erzgebirge galt lange als das am dichtesten besiedelte Gebirge Europas, und die Gegend zwischen Fláje/Fleyh und Moldava/Moldau bildete dabei keine Ausnahme. Was war passiert?

Das pulsierende Leben im Ost-Erzgebirge war seit 800 Jahren mit dem **Bergbau** verbunden. Erzlagerstätten gab es hier viele, so auch in der Umgebung von Mikulov/Niklasberg und Moldava/Moldau. Darüber hinaus lebten in vielen Dörfern Waldarbeiter, Landwirte und Menschen anderer Berufe. Und obwohl der Bergbau im 19. Jahrhundert seinen Zenit längst überschritten hatte, blieb die Gegend stark besiedelt. Manche Gemeinden erreichten in dieser Zeit sogar ihre Maximalgrößen: mit 1750 Einwohnern galt Moldava/Moldau als viertgrößte Gemeinde des Teplitzer Kreises! Immer mehr **Sommerfrischler und Wintergäste** entdeckten die Gegend mit ihren dichten Fichtenwäldern und bunten Bergwiesen, den spektakulären Ausblicken und der sauberen Luft.

Abb.: Fleyh 1938 (Foto: SLUB/Deutsche Fotothek/Möbius)

Noch vor 1945 waren die **Bergdörfer voller Leben.**

Krieg und Hass führten zum abrupten Ende der jahrhundertealten nordböhmischen Erzgebirgskultur. Die Bewohner sprachen fast ausschließlich deutsch, bis auf wenige Beamte, die der tschechoslowakische Staat nach seiner Gründung (1918) in die Grenzregion entsandt hatte. Wie die große Mehrheit der Deutschen schwiegen auch die meisten Erzgebirgler zu den Ungerechtigkeiten, Grausamkeiten und Verbrechen, die das Hitler-Regime über Europa brachte.

Die Sudetendeutschen mussten dafür sehr teuer, nämlich mit ihrer Heimat, bezahlen. Die Tschechoslowakei war auf der Siegerseite, ungezügelter Hass schlug den deutschsprachigen Bewohnern Nordböhmens entgegen. Fast alle hatten innerhalb kurzer Zeit das Land ihrer Vorväter zu verlassen – unabhängig von persönlicher Schuld. Nationalität war das einzige Kriterium! Bleiben durften nur wenige Fachleute, die der Staat für seine Wirtschaft brauchte.

800 Jahre Geschichte hatten ein plötzliches Ende gefunden.

Die Folgen der **Vertreibung** waren nicht nur für die Menschen immens, sondern auch für die Landschaft. Am stärksten betraf dies die Gegend auf dem Hochplateau bei Moldava. Nirgendwo sonst im Erzgebirge verschwand die Besiedlung so komplett und auf so großer Fläche. Ullersdorf/Oldřiš, Grünwald/Pastviny, Willersdorf/Vilejšov, Motzdorf/Mackov, Fleyh/Fláje – in allen Orten verlief die Nachkriegsentwicklung ähnlich. Nach der Vertreibung der angestammten Bevölkerung ließen sich nur wenige Neusiedler für ein Leben am rauen Erzgebirgskamm gewinnen. Und die wenigen, die es probierten, verließen bis Mitte der 1950er Jahre die abgelegenen Dörfer wieder. Wind und Wetter setzten den nun ungepflegten Häusern zu, bis sie abgerissen und die **Siedlungen dem Erdboden gleichgemacht** wurden. Dort, wo Teile der ursprünglichen Orte erhalten blieben – Nové Město/Neustadt, Moldava/Moldau, Český Jiřetín/Georgendorf –, entstanden später Wochenendhauskolonien. Nicht selten wurde für den Bau der neuen, kleinen Häuser das billige und leicht erreichbare Baumaterial der alten Häuser genutzt.

Abb.: die letzte Ruine im ehemaligen Grünwald

Eine lange und interessante Epoche gehört der Vergangenheit an. Bei aller Tragik sollte das Ende sudetendeutscher Kultur Mahnung sein, wohin Misstrauen gegenüber dem jeweils „Anderen", „Fremden" oder „Fremdgebliebenen" führen.

Trotz der traurigen Geschichte bietet der Erzgebirgskamm heute wieder viele Gründe für einen Besuch. Neben der **ruhigen Landschaft** und den versteckten Resten der Ortschaften reizt ein scheinbares Paradox die Besucher: Als die menschliche Geschichte zum Stillstand kam, begann die Natur davon zu profitieren. Tieren mit großen Raumansprüchen steht seither wieder Platz zur Verfügung, der ansonsten in der von Straßen, Siedlungen und Gewerbegebieten zerschnittenen Landschaft Mitteleuropas selten ist. Dazu gehört beispielsweise das **Birkhuhn**. Ohne seine weitgehend ungestörten Kernlebensräume auf der tschechischen Seite des Erzgebirges hätte die grenzüberschreitende Birkhuhnpopulation – wahrscheinlich die bedeutendste außerhalb der Alpen – keine Chance auf Fortbestand.

Das Kammplateau des Erzgebirges lädt heute ein zum Wandern, zu Radausflügen und zum Skifahren inmitten reizvoller Natur und Landschaft. Das Neue lässt hoffen auf eine gute Zukunft der Region.

Abb.: Raues Klima auf dem Erzgebirgskamm

Vor dem Zweiten Weltkrieg war das Kammplateau, trotz des rauen Klimas, zu einem großen Teil von Landwirtschaft geprägt. Viehhaltung mit Futteranbau und Weidewirtschaft dominierten. Der Schriftsteller František Cajthaml fasste das in folgende Worte: „Das Wetter auf dem Erzgebirgskamm ist sehr rau. Nur bei günstigsten Wetterbedingungen werden hier Roggen, Hafer und Kartoffeln reif. Oft müssen die Bauern ihr Getreide grün mähen, wenn der Winter zeitig hereinbricht. Die Ernährungsquelle im Erzgebirge ist Landwirtschaft – vor allem Heugewinnung und Viehweide, hinzu kommen Waldarbeit, Holzverarbeitung, Strohflechterei, teils auch Holzhandel und Schindelherstellung. Bergbau und Spitzenklöppeln sind seit längerer Zeit rückläufig".

Mit dem Ende der deutschböhmischen Bergdörfer kam auch eine Zäsur der Landwirtschaft, zumindest des Ackerbaus. Große Flächen wurden fortan großflächig als Weideland genutzt. Der kleinteilige Strukturreichtum der Landschaft ging dabei verloren.

Aufforstungen

Wo sich auch die Weidewirtschaft nicht mehr lohnte, erfolgten umfangreiche Aufforstungen. Die allgegenwärtigen Steinrücken innerhalb von Waldbeständen erinnern heute noch an die mühsame Arbeit der einstmaligen Bewohner, dem Land ihren Lebensunterhalt abzutrotzen. Umfangreiche Aufforstungen erfolgten auch in den letzten Jahren auf den ehemaligen Fluren von Motzdorf, Ullersdorf und Willersdorf – fast ausschließlich mit Fichten.

Hochebene

Die Region zwischen Erzgebirgskamm im Süden und Südosten, Staatsgrenze im Westen und Norden sowie dem vom Pramenáč markierten Quarzporphyrgang im Osten bildet eine nur wenig nach Nordwest geneigte, von Gewässermulden sowie überwiegend flachen Bergkuppen geprägte Hochebene. Einzelne Porphyr-Felskuppen ragen hervor. In den Senken sammelt sich das reichliche Niederschlagswasser und hat im Verlaufe der vergangenen Jahrtausende zu großflächigen Moorbildungen geführt. Tiefer eingeschnitten haben sich die Bachläufe der Flöha/Flájský potok und der Mulde/Moldavský potok, wo sie bei Český Jiřetín/Georgendorf bzw. Moldava/Moldau über die Grenze fließen. Überragt wird das Plateau vom höchsten Berg des Ost-Erzgebirges, dem Wieselstein/Loučná (956 m üNN).

Wieselstein/ Loučná

Erzgebirgskamm

Ganz anders präsentiert sich das Landschaftsrelief auf der Südseite des Erzgebirgskammes: 600 bis 700 Höhenmeter bricht dort die Pultscholle steil ab zum Nordböhmischen Becken. Der Steilhang wird durch viele tiefe Kerbtäler der Bergbäche gegliedert, die hier sehr rasch dem Nordböhmischen Becken zufließen. Der zwischen Mückentürmchen/Komáří vížka und Zinnwald/Cínovec noch fast genau in Ost-West-Richtung verlaufende Erzgebirgskamm vollzieht hier einen auffälligen Schwenk nach Süden. Wohl kaum irgendwo sonst im Ost-Erzgebirge kann man daher so eindrucksvolle Sonnenaufgänge erleben wie von den Klippen des Stropník/Strobnitz bei Osek/Ossegg.

buntes Gesteins- mosaik

Anders, als man es angesichts der eher ausgeglichenen Oberflächengestalt der Kammhochfläche vermuten könnte, liegt der Landschaft ein sehr buntes Gesteinsmosaik zugrunde. Das Aufdringen heißen Magmas in die Gneis- pakete des Variszischen Gebirges leitete vor rund 315 Millionen Jahren – im Oberkarbon – eine der tektonisch aktivsten Zeiten der hiesigen Erdge-

Granitstock von Fláje/ Fleyh

schichte ein. Das Magma erstarrte zum großen Granitstock von Fláje/Fleyh. Rund zehn Millionen Jahre später stieg erneut geschmolzenes Gestein aus dem Erdmantel auf. Diesmal erreichte das Material die Erdoberfläche und ergoss sich als zähflüssige Lava über die Landschaft, vermutlich in einem breiten Gebirgstal. Weil der daraus entstehende Quarzporphyr viel verwit- terungsbeständiger als das umgebende Gestein ist, modellierte die nach- folgende Gebirgsabtragung aus dieser Talfüllung den Höhenrücken, der sich vom Pramenáč/Bornhauberg bis weit nach Norden fortsetzt. Auch weiter südlich gibt es diesen Quarzporphyr, nur wurde er hier beim viel später erfolg- ten Auseinanderbrechen des Erzgebirgsrumpfes ab- gesenkt. Bei Teplice/Teplitz durchragt es die nach der Absenkung abgelagerten Sedimentgesteine des Nord- böhmischen Beckens. Dementsprechend wird das

Teplitzer Quarz- porphyr

harte Gestein auch Teplitzer Quarzporphyr (Teplice-Rhy- olith) genannt.

Abb.: Quarzporphyrklippe am Pramenáč/Bornhau

Etwas jünger als der Quarzporphyr ist der Granitporphyr, der sich als durch- schnittlich einen Kilometer breiter Streifen in nord-südlicher Richtung er-

Granit- porphyr

streckt. Seinen Anfang nimmt der Granitporphyr bei Litvínov/Oberleutens- dorf. Ebenfalls von erheblicher Widerstandskraft gegenüber der Verwitte- rung, formte die Abtragung des Gebirges auch aus dem Granitporphyr ei- nige markante Berge, vor allem den Wieselstein/Loučná (956 m), außerdem u. a. Puklá skála/Sprengberg (840 m) und Jilmový vrch/Ilmberg (788 m).

Tertiär

Die Grundform seiner heutigen Landschaftsgestalt erhielt das Erzgebirge erst in der Mitte des Tertiärs, als vor 25 Millionen Jahren der längst eingeeb- nete Rest des Variszischen Gebirges auseinanderbrach und die Nordhälfte emporgehoben und schräggestellt wurde. Wegen der gleichzeitigen Ab- senkung des Nordböhmischen Beckens entstand der enorme Höhenunter- schied, der dem Wanderer heute so interessante Ausblicke vom Erzgebirgs- kamm nach Süden ermöglicht.

Wie im ganzen Erzgebirge wurden auch in diesem Gebiet verschiedene

Erze gefunden und gefördert. Durch ihre Bergbaugeschichte sind hier vor allem Moldava und Mikulov bekannt.

Bergbau

Der Bergbau in Mikulov wurde erst am Anfang des 15.Jahrhunderts erwähnt. Seit dieser Zeit entstand hier ein Labyrinth vieler Stolln, in denen man vor allem Silbererz förderte. Exponate zum Bergbau kann man heute in einem Familienhaus in Mikulov, auf dem Weg zum Bahnhof, bewundern. Die Nord-Süd-verlaufenden Erzgänge in Moldava haben Silber, Blei und

Flussspat

Kupfer ergeben. Zwischen 1958 und 1994 wurde in Moldava Flussspat gefördert. Fluorit wird bei der Stahl- sowie der Glasherstellung benötigt und bildet den Grundstoff für die Fluorchemie.

Hohe Niederschlagsmengen, kühle Temperaturen und geringe Hangneigung sind die ökologischen Faktoren, die auf der Kammhochfläche des Ost-Erzgebirges zur Ausbildung zahlreicher und großer Moorgebiete führten. Hochmoore und Fichtenmoorwälder entwickelten sich auf ständig vernässten Stellen in flachen, breiten Waldbachauen, in Quellgebieten und Talmulden. Trotz der sehr ungünstigen Bedingungen der letzten Jahrzehnte, als mit den umgebenden Fichtenforsten der Verdunstungsschutz verloren ging, gibt es in der Umgebung der Fláje-Talsperre, in den Quellgebieten der Flöha/Flájský potok sowie auf der Wasserscheide zwischen Wilder Weißeritz/Divoká Bystřice und Seegrund/Bystřice noch einige sehr bedeutende Moorkomplexe.

Zwischen Moldava und Nové Město, in der Umgebung des Sklářský vrch/Glaserberg (864 m), befinden sich die Quellen einiger der größten Osterzgebirgsflüsse. Der Freiberger Mulde/Moldavský potok gelingt es recht schnell, sich zwischen Porphyrgängen in den Gneis einzugraben.

Einen knappen Kilometer südlich der Muldenquelle entspringt die Flöha/Flájský potok. Deren Quellcharakter ist völlig anders: Das Wasser staut sich zunächst in einem Waldmoor, bevor es über einen menschen-

Abb.: Muldental bei Moldava

gemachten Graben nach Süden, dann nach Westen fließt. Ein zweiter Graben zieht aus dem gleichen Moor Wasser zur Wilden Weißeritz, die ebenfalls bei Nové Město ihren Anfang nimmt. Mehrere weitere Moore entwässern zur Flöha. Die Menge des so gesammelten Wassers reicht, die1963 in Dienst

Talsperre Fláje

gestellte Talsperre Fláje/Fleyh zu speisen und damit einen großen Teil der Trinkwasserversorgung des Nordböhmischen Beckens sicherzustellen.

Bouřlivec

Bystřice

Nach Süden, hinab ins Nordböhmische Becken, fließen mehrere kleine Bäche, unter anderem der Bouřlivec/Hüttengrundbach (bei Mikulov/Niklasberg) und der Bystřice/Seegrundbach (bei Dubí/Eichwald). Außer der Talsperre gibt es nur wenige Standgewässer im Gebiet. Bei dem verschwundenen Dorf Grünwald/Pastviny liegen drei kleine Teiche, in Moldava entstanden in den letzten Jahrzehnten zwei Wasserspeicher.

Pflanzen und Tiere

Waldgesell-
schaften

Die ursprünglichen Waldgesellschaften am trocken-warmen Südfuß des Ergebirges wurden von Eichen, Hainbuchen und Kiefern geprägt; in den höheren Lagen dominierten Rot-Buchen und Weiß-Tannen, während auf dem Hochplateau Fichten, Berg-Ahorn und Ebereschen große Anteile einnahmen. Insbesondere in den frostgefährdeten und staunassen Senken erreicht die sonst so konkurrenzkräftige Buche die Grenzen ihrer ökologischen Toleranz.

Als in der Nähe der Bergbauorte längst der Rohstoff Holz zu einem knappen und teuren Gut geworden war, wuchsen auf der Kammhochfläche noch stattliche Fichten-Tannen-Buchenwälder (in den nassen Frostsenken sicher vorwiegend Fichten; dort wo die warmen Aufwinde aus dem Nordböhmischen Becken hinreichten überwiegend Buchen). Aber im 19. Jahrhundert waren auch diese Bestände weitgehend geplündert und wurden in Fichtenforsten umgewandelt.

absterben-
de Fichten-
forsten

Ab den 1950er Jahren zeichneten sich zunehmend Schäden an den Fichten ab, die durch die Abgase aus der Verbrennung schwefelreicher Braunkohle verursacht wurden. In den 1970er und 80er Jahren schließlich mussten die absterbenden Fichtenforsten abgeholzt werden. Wolliges Reitgras breitete sich aus. Mit brachialer Kraft schoben Bulldozer diese Calamagrostis-Teppiche beiseite, um die Pflanzung von Stechfichten („Blaufichten") und Lärchen als rauchtolerante Ersatzbaumarten zu ermöglichen. Der Erfolg dieser Wiederaufforstungen war dennoch nur begrenzt. Schwierige Klima- und Bodenbedingungen, vermutlich auch ungeeignetes Pflanzenmaterial und ungeschulte Pflanzkräfte ließen einen großen Teil der Bäume wieder eingehen. Diese und viele weitere Probleme gab es auch auf der deutschen Seite des Rauchschadgebietes. Doch ein wichtiger Unterschied bestand darin, dass die deutsche Gründlichkeit so lange nachpflanzen ließ, bis tatsächlich fast überall wieder geschlossene, dichte Nadelholzbestände aufwuchsen.

Blaufichten

Auf der tschechischen Seite überließ man eher der Natur das Feld und tolerierte die großen Lichtungen inmitten der Blaufichtenaufforstungen. Wenn nicht gleichzeitig der Bestand an Rothirschen extrem hoch geblieben wäre (und teilweise auch heute noch ist), hätten wahrscheinlich Ebereschen und Moorbirken noch mehr Flächen erobert. So aber bietet sich dem Wanderer über weite Strecken das Bild einer halboffenen Nadelwaldsteppe, mit vielen schönen Ausblicken. Mitunter kann man fast glauben, im hohen Norden unterwegs zu sein.

Dankbar dafür, dass nicht alles wieder in dichte Koniferenforsten verwandelt wurde, sind auch viele Tierarten, vor allem das Birkhuhn.

Inzwischen – nachdem die Rauchschäden (hoffentlich) endgültig der Vergangenheit angehören – sind allerdings auch im tschechischen Teil des Erzgebirges wieder Aufforstungen mit Fichten im Gange.

Wälder des
Erzgebirgs-
Südhanges

Viele Wälder des Erzgebirgs-Südhanges weisen noch einen recht naturnahen Charakter auf. Auf nährstoffarmen Gesteinen und trockeneren Kuppen

Abb.:
Vielblütige
Weißwurz

wachsen Hainsimsen-Buchenwälder mit eher bescheidener Artengarnitur, beispielsweise Draht-Schmiele, Heidelbeere, Schattenblümchen, Maiglöckchen und Purpur-Hasenlattich. Wo etwas basenreicheres Sickerwasser zur Verfügung steht, konnten sich Waldmeister-Buchenwälder mit vor allem im Frühling üppiger Bodenflora entwickeln. Zu deren Pflanzen gehören neben dem namensgebenden Waldmeister u.a. Christophskraut, Haselwurz, Nickendes Perlgras, Vielblütige und Quirlblättrige Weißwurz, seltener auch Mondviole, Seidelbast und Türkenbundlilie.

warme
Aufwinde

Auf der Südseite des Kammes reichen die jeweiligen Waldhöhenstufen deutlich höher hinauf als auf der kühleren Nordseite. Häufig wehen aus dem Nordböhmischen Becken warme Aufwinde und ermöglichen in fast 800 m Höhenlage noch Eichen das Wachstum. Auf dem höchsten Gipfel des Ost-Erzgebirges, 950 m über dem Meeresspiegel, behaupten sich einige besonders zähe Rot-Buchen gegen die rauen Stürme, nachdem die ihnen früher Schutz gebenden Fichten längst den Luftschadstoffen zum Opfer gefallen sind.

Wolliges
Reitgras

Die Krautschicht der Ersatzforsten der Kammhochfläche ist sehr artenarm. Großflächig herrscht Wolliges Reitgras vor. Wo die zahlreichen Hirsche nicht alles (außer den Stechfichten und dem Wollgras) wegfressen, finden sich auch einige lichtbedürftige Arten wie Schmalblättriges Weidenröschen und Fuchs-Kreuzkraut.

Grünland

Das einstmals in der Umgebung der zerstörten Dörfer vorherrschende Grünland hat durch Aufforstungen an Fläche sowie durch „Meliorationsmaßnahmen" (Entwässerung, Düngung, Einsaat) drastisch an Artenvielfalt eingebüßt.

Wiesen in
der Bachaue
der Flöha

Die schönsten Wiesen findet man heute noch in vernässten Bereichen, z.B. an der Kreuzung der alten Wege von Fláje/Fleyh nach Holzhau und von Český Jiřetín/Georgendorf nach Moldava/Moldau – in der Nähe der Staatsgrenze, an einer Stelle namens Žebrácký roh/Battel Eck. Besonders hervorzuheben sind außerdem die Wiesen in der Bachaue der Flöha/Flájský potok und ihre zwei namenlosen Zuflüsse (östlich von der verschwundenen Gemeinde Willersdorf/Vilejšov). Von den einstmals weit verbreiteten Arten nasser und magerer Wiesen des Kammplateaus kann man heute noch Schmalblättriges Wollgras sowie verschiedene Seggen und Binsen finden.

Moore

Von großer Bedeutung sind die noch erfreulich zahlreichen Moore, von denen einige sogar noch ein mehr oder weniger intaktes Wasserregime aufweisen. Typische Arten sind, neben den moorbildenden Torfmoosen, unter anderem Scheidiges Wollgras, Rundblättriger Sonnentau, Moos-, Krähen- und Trunkelbeere. Ausgedehnte Moorkiefernbestände wachsen noch in der Grünwalder Heide und in der Seeheide. Ansonsten bilden vor allem

Karpaten-Birken

Moor- und Karpaten-Birken die niedrige Baumschicht, nachdem die meisten Fichtenbestände den Rauchschäden zum Opfer gefallen sind. Heidel- und Preiselbeere, Heidekraut und Pfeifengras sind Anzeichen für das Austrocknen der Torfkörper.

Der Wert der Artenvielfalt hat in den letzten Jahren eine deutlich höhere Gewichtung bekommen. Während noch Mitte der 1990er Jahre der tschechische Staatsforst im Randbereich der Seeheide/U jezera tiefe Gräben ausheben und Blaufichten pflanzen ließ, werden nun mancherorts die Entwässerungsgräben wieder verschlossen, um der moortypischen Vegetation eine neue Chance zu geben.

Rothirsch

Wohl nirgends sonst im Erzgebirge stehen heutzutage die Chancen so gut wie im Gebiet der Fláje-Talsperre, während einer Wanderung einem Rothirsch zu begegnen oder an einem Herbstabend dem Brunftgebrüll der „Könige des Waldes" zu lauschen. In einem großen Gatter zwischen Talsperre und Loučná/Wieselstein werden Hirsche gezüchtet und von der tschechischen Forstverwaltung zahlungskräftigen Jägern zum Abschuss freigegeben. Der Holzzaun rund um das Rotwildzuchtgebiet scheint hoch und unüberwindbar, doch wenn im Winter viel Schnee herangeweht wird, ist es für die Tiere ein Leichtes, ins Freie zu gelangen.

Abb.: Am Pramenáč im Winter

Fledermäuse

Von den vielen alten Bergbaustolln der Gegend werden einige regelmäßig von Fledermäusen als Winterquartiere genutzt. Die wichtigsten Winterquartiere befinden sich im Tal des Bouřlivec/Hüttengrund bei Mikulov/Niklasberg, außerdem gibt es einen Stolln bei Dlouhá Louka und einige weitere oberhalb von Osek. Freizeit- und Berufszoologen führen hier seit langem regelmäßige Winterkontrollen durch, die wichtige Informationen über die Fledermausfauna in diesem Teil des Gebirges liefern. Wie in anderen Winterquartieren des Erzgebirges gehören auch hier Wasserfledermaus, Kleine Bartfledermaus und Braunes Langohr zu den häufigsten Arten. In zwei Stolln finden die Zoologen regelmäßig mehr als zehn Exemplare des gefährdeten und europaweit geschützten Großen Mausohres – für Erzgebirgsverhältnisse eine Besonderheit. Die seltenste Art ist die Kleine Hufeisennase. Hufeisennasen konnten zwar schon an mehreren Stellen gefunden werden, doch niemals mehr als zwei Tiere zusammen. In einem Stolln bei Mikulov gibt es auch ein einzelnes Winterquartier der Nordfledermaus. Hier wurde in den letzten Jahren auch erstmals die Mopsfledermaus festgestellt.

Die bedeutendste Tierart des Erzgebirgskammes ist – nachdem Auer- und Haselhuhn bereits vor vielen Jahrzehnten ausgestorben sind – das euro-

Birkhuhn   paweit stark gefährdete Birkhuhn. Ein buntes Mosaik von Mooren, Wiesen und lichten Gehölzen sowie die weitgehende Ruhe vor Störungen bieten gute Voraussetzungen für den Bestand. Doch das allmähliche Hochwachsen der Blaufichtenbestände und Neuaufforstungen können auch auf dem tschechischen Erzgebirgskamm künftig zu einer Verschlechterung des Lebensraumes führen. Recht empfindlich reagieren die Tiere außerdem auf Windkraftanlagen.

Vogelarten   Zu den Vogelarten der Wälder am Erzgebirgs-Südhang gehören Habicht,
der Wälder   Waldohreule, Waldkauz, Raufußkauz, Schwarzstorch und Kolkrabe. Letzterer ist auch häufig wieder auf der Kammhochfläche zu beobachten – 40 Jahre, nachdem die Art sowohl in Tschechien wie in Sachsen weitgehend ausgestorben war. Kaum ein Vogel hat eine solch erfolgreiche Bestandesgenesung geschafft!

Von den wirbellosen Tieren werden von den tschechischen Zoologen einige geschützte Ameisen-, Hummel- und Laufkäferarten als besonders wichtig für die Region erachtet.

Abb.: waldfreier Moorkern in der Seeheide/U jezera

Moorentstehung und Moorzerstörung

Über mehr als 7000 Jahre – seit dem Atlantikum – entwickelten sich die Moore, vor allem seit 3 000 Jahren wuchsen die Torfmoose nach oben und schichteten so viele nasse Torfpakete auf, dass die Wurzeln der Pflanzen längst nicht mehr den Porphyr-Untergrund erreichen konnten. Ein so entstandenes, über das darunterliegende Grundgestein hinausgewachsenes Hochmoor bekommt sein Wasser nur noch von Regen, Nebel und Schnee. Grundwasser spielt lediglich an den Rändern – den Seitenkantenlaggs – eine Rolle. Doch Niederschläge bringen kaum Nährstoffe mit sich. In einem erzgebirgischen Regenmoor können also nur extrem gut angepasste Pflanzen existieren.

Seit 500 Jahren werden die Moore wieder zerstört. Aus dem Georgenfelder Hochmoor zogen die Bergleute mit tiefen Gräben Wasser ab, um damit ihre Altenberger Bergwerke und Erzwäschen zu versorgen. In der Seeheide ließen die Teplitzer Heilbäder bis in die 1960er Jahre Torf stechen. „Torfziegel" fanden darüber hinaus früher als zwar minderwertiges, aber billiges Heizmaterial Verwendung. Dann kam noch die Fichten-Forstwirtschaft des 19. und 20. Jahrhunderts. In dem Bestreben, den lange Zeit geplünderten Erzgebirgswald zu einem hochproduktiven Holzlieferanten umzuwandeln, nahmen viele Förster kaum Rücksicht auf standörtliche Besonderheiten oder gar Naturschutzbelange. Mit hohem Aufwand wurden tiefe Gräben gezogen, damit auch in den Mooren „ordentliche" Fichten wachsen konnten und nicht nur die niedrigen, astigen und häufig krummen Bäume, wie sie für natürlichen Moorfichtenwald typisch sind. Breite Schneisen und Flügel zerschnitten zusätzlich die Landschaft in gleichmäßige Quadrate. Waldstraßen mit hohen Banketten und tiefen Seitengräben unterbrechen seither das natürliche Wasserregime der Moore. Insbesondere die Straße von Cínovec nach Nové Město führt den Zerschneidungseffekt sehr deutlich vor Augen.

Die größte Moorzerstörung brachte allerdings das Waldsterben der 1970er bis 1990er Jahre mit sich. Als ringsum großflächig alle Bäume verschwanden, ging auch der ganz wichtige Verdunstungsschutz für die Moorkörper verloren. Früher hielten die umgebenden Fichten die nassen Nebelwolken über den Mooren fest (und kämmten zusätzlich mit ihren Nadelzweigen die Feuchtigkeit aus der Luft). Seit dem Absterben der Fichten hingegen können trockene Sommerwinde bodennah über die Kammebene hinwegjagen und den Mooren ihr Wasser entreißen. Nach den Erfahrungen der letzten Jahre und nach den Prognosen der Klimaforscher nehmen zu allem Unglück trocken-heiße Witterungsperioden noch deutlich zu.

Sollen die Hochmoore des Erzgebirges erhalten werden (und mit ihnen eine Vielzahl heute sehr seltener Pflanzen und Tierarten), so bedürfen diese empfindlichen Ökosysteme auch des besonderen Schutzes. Zerstörungen für wirtschaftliche Interessen – etwa wie im Falle des Seifenmoores bei Altenberg für den Bau eines dritten Galgenteiches oder des Räumerich-Moores für die neue Reha-Klinik - müssen endgültig der Vergangenheit angehören. Die größte Verantwortung lastet auf der tschechischen Seite, wo sich heute noch die größten Moore befinden. Die wichtigsten wurden inzwischen unter Naturschutz gestellt (Grunwaldské vřesoviště/Grünwalder Heide 1989; Cínovecké rašeliniště/Zinnwalder Hochmoor 2001) oder sind als Naturschutzgebiete vorgesehen (U jezera/Seeheide).

Ausweisung als Schutzgebiet allein reicht natürlich nicht, um die gefährdeten Biotope zu erhalten. Seit zwei Jahrzehnten werden im Georgenfelder Hochmoor die alten Entwässerungsgräben verschlossen, um mehr vom überlebenswichtigen Wasser im Moor zurückzuhalten. Ähnliche Anstrengungen unternehmen tschechische Naturschützer seit einigen Jahren auch in mehreren Mooren südlich der Grenze. Der Erfolg stellt sich meistens nicht sofort ein, weil die ausgetrockneten Torfkörper mittlerweile ihre Poren verschlossen haben und das Wasser nicht so einfach aufnehmen können. Dennoch: ausreichend Feuchtigkeit ist die Grundvoraussetzung, dass sich in Zukunft die verbliebenen Reste der einstigen Erzgebirgsmoorlandschaft wieder regenerieren können.

Früher fürchteten sich die Menschen vor den „Weichen", heute bedürfen diese besonderen Biotope großer Anstrengungen, um weiter existieren zu können.

Wanderziele

 U jezera / Seeheide und Cínovecké rašeliniště / Zinnwalder Hochmoor

Wasser-
scheide

Zwischen den Lugsteinen (897 m üNN) und dem Pramenáč/Bornhauberg (909 m üNN) breitet sich auf dem Erzgebirgskamm eine breite, flache Ebene (870 m üNN) aus, die gleichzeitig die Wasserscheide von Wilder Weißeritz/ Divoká Bystřice und Bouřlivec/Seegrund bildet. Einstmals war das Areal ein großer, zusammenhängender Komplex aus Hoch- und Zwischenmooren. Georgenfelder Hochmoor mitsamt Cínovecké rašeliniště/Zinnwalder Hochmoor im Norden sowie U jezera/Seeheide im Süden bildeten die Kerngebiete dieses Komplexes, jeweils mit mehreren Metern mächtigen Torfpaketen (bis über sechs Meter).

Komplex aus
Hoch- und
Zwischen-
mooren

Nach langen Zeiten der Moorzerstörung sind von dem großen Gebiet nur noch „die Kerne dieser ehemaligen Kerngebiete" übrig geblieben. Ein reichlicher Kilometer Blaufichtenaufforstungen liegt heute dazwischen, durchzogen von vielen Gräben.

Moor-
Kiefern

Beide Moore werden zu einem großen Teil von Moor-Kiefern geprägt. Inmitten der Seeheide verbirgt sich außerdem noch ein großer, gehölzfreier Moorkern. Typische Pflanzenarten sind, außer den verschiedenen Torfmoosen, vor allem Trunkelbeere, Moosbeere und Scheidiges Wollgras. Eigenartigerweise fehlt im Georgenfelder/Zinnwalder Hochmoor die Krähenbeere, die in vielen anderen Erzgebirgsmooren zur charakteristischen Artengarnitur gehört, so auch in der Seeheide. Selten ist in beiden Mooren der Sumpf-Porst. Auch der Rundblättrige Sonnentau ist in seinem Bestand stark zurückgegangen.

Wo der Wasserspiegel längere Zeit absinkt, fallen die Torfkörper trocken und „verheiden". Heidel- und Preiselbeeren, Heidekraut sowie Pfeifengras breiten sich aus, bei noch stärkerer Moorzerstörung überwächst dann das auf den Rauchschadflächen allgegenwärtige Wollige Reitgras die Flächen.

Anders als im seit langem mit einem Knüppeldamm erschlossenen Georgenfelder Hochmoor können sich Naturfreunde von den tschechischen Mooren nur einen Eindruck von den Randzonen her verschaffen. Erstens ist es nicht leicht (und auch nicht ungefährlich), auf den nassen Böden, zwischen den verschlungenen Latschenkiefernästen vorwärts zu kommen. Zweitens jedoch sollten die in höchstem Maße gefährdeten Hochmoorreste mitsamt ihrer seltenen Bewohner auch nicht zusätzlich gestört werden.

 Pramenáč / Bornhau (909 m)

Als breiter Rücken beherrscht der zweithöchste Berg des Ost-Erzgebirges (nach Loučná/Wieselstein) das Bild, wenn man von Teplice/Teplitz zum Erzgebirgskamm hinauf schaut. Im Bereich der so genannten Altenberger

Scholle drang im Oberkarbon saures Magma auf und erstarrte zu verwitterungsbeständigem Quarzporphyr (Rhyolith). Dieser Quarzporphyrrücken bildet heute einen Nebenkamm des Erzgebirges, der sich vom Bornhauberg nach Norden, über den Kahleberg und die Oberbärenburger Tellkoppe bis zum Kohlberg bei Oberfrauendorf, zieht.

Abb.: *„Steinerne Sonnen" am Pramenáč/ Bornhauberg*

Felsklippen
Sonnen

Am Südhang des Bornhauberges tritt an mehreren Stellen das rötliche Porphyrgestein als Felsklippen (bis 10 m hoch) zutage. Auf den Wänden des untersten Blockes, direkt am Wanderweg, sind insgesamt sechs „Sonnen" zu erkennen. Die größte „Sonne" hat einen Durchmesser von 90 cm. Diese Gebilde zeugen von der vulkanischen Entstehungsgeschichte des Gesteins.

Auf der Hochebene des Bornhauberges sind noch kleinere Moore erhalten. Am südöstlichen Hang befinden sich Blockhalden.

Na skále/
Meiersberg

Zu den Porphyr-Felsklippen zählt auch der 1,5 km nördlich gelegene Na skále/Meiersberg (882 m üNN), an der Straße zwischen Cínovec/Böhmisch-Zinnwald und Nové Město/Neustadt. Sowohl von diesem Felsen als auch vom Bornhauberg bieten sich – wegen der verschwundenen Fichtenforsten – heute weite Aussichten über das Hochplateau des Erzgebirgskammes. Eindrucksvoll ist der Blick vor allem dann, wenn der so genannte „Böhmische Nebel" aus dem Nordböhmischen Becken herauf- und dann über den Niklasberger Pass weiter nach Norden zieht. Bei windstillen Hochdruck-Wetterlagen hingegen kann man morgens oft beobachten, wie sich in der Rehefelder Weißeritz-Talweitung die kalte Luft staut und dort eine dichte Nebelbank ausbildet, während auf dem Kamm die Sonne aufgeht. Nicht selten bieten sich dabei auch hervorragende Fernsichten. (Eine umfassende Darstellung der Aussicht findet man unter www.erzgebirgs-kammweg.de/html/panoramatafel.html).

Niklasberger Kreuz

Westlich des Pramenáč befindet sich das „Niklasberger Kreuz". Die Bezeichnung bezieht sich sowohl auf die sechs Wege, die sich hier kreuzen, als auch auf das Holzkreuz (Červený kříž/Rotes Kreuz) am Wiesenhang. Durch die großen Masten der Skilifte fällt dieses heute aber kaum noch auf. Der steile Abfahrtshang ist im Winter sehr beliebt. Dann herrscht auch Hochbetrieb in der Vitiška-/Wittichbaude, ansonsten eine von insgesamt 16 Stationen des Naturlern-Spieles „Ulli Uhu entdeckt das Ost-Erzgebirge", mit dem die Umweltvereine Grüne Liga und Šťovík Kinder für die Natur ihrer Heimat begeistern wollen. Vom Niklasberger Kreuz bietet sich wieder eine sehr schöne Aussicht. Gegenüber des Hüttengrundes/Tal des Bouřlivec ragt massig die Kuppe des Bouřňák/Stürmer (869 m) auf. Ebenso schöne Ausbli-

Klínovčík/
Kleiner
Keilberg

cke ergeben sich vom Hang des nahegelegenen Klínovčík/Kleiner Keilberg (836 m üNN). Der Wanderweg führt durch einen typischen Heidelbeer-Buchenwald.

Unweit von hier durchquert die Moldauer Bergbahn den Erzgebirgskamm mit einem Tunnel. Direkt oberhalb der Tunneleinfahrt befindet sich eine Raststelle am Wanderweg mit schönem Talblick.

Erzgebirgs-Bahn Most/Brüx – Moldava/Moldau

In der zweiten Hälfte des 19. Jahrhunderts war das Nordböhmische Becken bereits eine Industrielandschaft mit überregional bedeutender Braunkohlenförderung. Die Transporte erfolgten damals auf der Aussig-Teplitzer Bahn. Es erwies sich als erforderlich, darüber hinaus eine Bahnverbindung von Most/Brüx und Duchcov/Dux nach Prag zu bauen. Auch eine Strecke nach Sachsen war notwendig, denn dort – vor allem im Freiberger Raum – gab es eine große Nachfrage nach Kohle als Energiequelle. Die 1871 gegründete „K.u K. privilegierte Gesellschaft Prag-Dux Bahn" begann mit dem Bau. Doch die Finanzierung des technisch anspruchsvollen Vorhabens bereitete große Schwierigkeiten. Um den großen Höhenunterschied zu überwinden, mussten viele Felsblöcke weggesprengt, lange und hohe Bahndämme aufgeschüttet, mehrere Brücken und Viadukte gebaut und zwei Tunnel gegraben werden.

1884 fuhr der erste Zug im Moldauer Bahnhof ein, ein Jahr später erfolgte der Anschluss an das sächsische Bahnnetz. Der Güterverkehr auf der Strecke erreichte heute unvorstellbare Ausmaße. Angeblich sollen um 1900 die Kohlezüge im Viertelstundentakt gefahren sein!

Die letzten Tage des Zweiten Weltkrieges brachten der Bahnstrecke große Schäden. Noch schlimmer aber: Der grenzüberschreitende Betrieb wurde unterbrochen und danach nicht mehr aufgenommen. Die Freiberger Muldentalbahn endet heute in Holzhau – 7 km von Moldava entfernt.

Die Bedeutung der Moldauer Bahn fiel damit auf den Rang einer kleinen Nebenstrecke. In den 1950er Jahren diente sie als Nachschubstrecke für den Bau der Fláje-Talsperre. In den 60er Jahren änderte sich die Situation etwas. Das Erzgebirge wurde als touristisches Ziel entdeckt, und die Bergbahn bot eine günstige Verbindung.

Schlechte Zeiten zogen in den 1990er Jahren herauf. Als immer mehr Leute Autos als Transportmittel bevorzugten, lohnte sich der Betrieb der Bahn nicht mehr. Im Jahre 1996 war der technische Zustand so schlecht, das der Betrieb unterbrochen werden musste. Die Tschechische Bahngesellschaft ČD wollte die Strecke eigentlich nicht wieder in Betrieb setzen, aber es setzte eine mächtige Widerstandwelle ein – die Bürger, aber auch Beamte und Politiker taten sich zusammen. Nach Petitionen, langen Besprechungen und tausenden Stunden freiwilliger Arbeit von hunderten Enthusiasten wurde die Strecke wieder repariert und in Betrieb gesetzt.

Große Hoffnungen setzen die tschechischen Eisenbahnfreunde auf eine Wiederverbindung mit der Freiberger Eisenbahnstrecke. Die Resonanz auf deutscher Seite ist jedoch bisher eher verhalten, zu groß erscheinen den Verantwortlichen die Kosten und wirtschaftlichen Risiken, zu wenig wird die verbindende Funktion zu den Nachbarn gewichtet.

Seit 1998 ist die Bahnstrecke als Kulturdenkmal ausgewiesen. Eine Zugreise von
Hrob/Klostergrab über Dubí/Eichwald
nach Moldava/Moldau gehört zu den
eindrucksvollsten Erlebnissen, die das
tschechische Ost-Erzgebirge bietet.

Abb.: In Moldava endet die Erzgebirgsbahn

Vlčí kamen / Wolfsstein (614 m)

*Quarz-
porphyr-
klippen*

Etwa in der Mitte des steilen Erzgebirgssüdabhanges ragen mächtige Quarzporphyrklippen aus dem Wald, umgeben von Blockhalden und anderen
eiszeitlichen Verwitterungsformen. Von der höchsten Felskuppe hat man
einen schönen Blick über das Nordböhmische Becken hinüber zum Böhmischen Mittelgebirge. Zu Füßen des Erzgebirges reflektieren die Seen geflu-

*Tagebau-
Restlöcher*

teter Tagebau-Restlöcher das Sonnenlicht. Der große See direkt südlich füllt
die ehemalige Grube Barbora, die Wasserfläche im Südosten heißt Lubik.
Links davon liegt Teplice/Teplitz, hinter der Stadt erhebt sich der Teplitzer
Schlossberg/Doubravka.

Einige hundert Meter oberhalb des Wolfsfelsens befand sich früher ein
weiterer Aussichtspunkt namens Warteck mitsamt hölzernem Aussichtsturm in der Nähe von Mikulov/Niklasberg.

Unmittelbar westlich des Wolfssteins grenzt der Quarzporphyr an Gneis.
Hier hat sich der Bouřlivec/Grundbach ein tiefes und steiles Kerbtal (Miku-
lovske údolí/Hüttengrund) geschnitten. An dessen Hängen wachsen artenreiche Laubmischwälder. Ein besonders wertvoller Abschnitt mit der Be-

*Bučiny pod
Mikulovem*

zeichnung „Bučiny pod Mikulovem" („Buchenwald bei Niklasberg") steht
unter Naturschutz. Zum Strukturreichtum des 450 bis 600 m hoch gelegenen Waldes tragen mehrere kleine Felsen bei.

Bouřňák / Stürmer (869 m)

Wenn auch bei weitem nicht der höchste, aber einer der bekanntesten
Gipfel des Ost-Erzgebirges ist der Bouřňák/Stürmer oberhalb von Mikulov/
Niklasberg. Dazu tragen zweifellos die im Winter viel besuchten, anspruchs-
vollen Skihänge bei. Auf dem Ost- und Südhang gibt es heute sechs Ab-

Wintersport

fahrtstrecken, der Stürmer gehört zu den populärsten Wintersportzentren
im ganzen böhmischen Erzgebirge. Von Teplice und Umgebung aus ist der
Gipfel gut sichtbar – besonders an Winterabenden helfen die Lichter der
Skipiste bei der Orientierung.

1930 wurde auf dem Stürmer ein Hotel errichtet, dessen massige Bauweise inzwischen zur charakteristischen Silhouette des Berges gehört. Die

Aussicht vom Plateau vor Stürmerbaude oder von den Skihängen bietet eines der reizvollsten Erlebnisse des Ost-Erzgebirges – entsprechendes Wetter vorausgesetzt. Man überblickt von hier einen großen Teil des Nordböhmischen Beckens mit dem Siedlungsband von Ústí/Aussig über Teplice/Teplitz, Duchcov/Dux, Bílina/Bilin bis Most/Brüx. Dahinter erheben sich die prachtvollen Kegel des Böhmischen Mittelgebirges:

Abb.: Nicht nur Skifahrer erfreuen sich an den steilen Stürmerhängen.

An der Nordwestseite des Berges steht ein von Wind, Schnee und Eis deformierter Buchenbestand unter Naturschutz, die so genannten „Geisterbuchen am Stürmer"/Buky na Bouřňáku. Wenn der „Böhmische Nebel" zwischen den zweihundert Jahre alten, knorrigen Stämmen hindurchfegt, könnte man tatsächlich meinen, tanzende Geistergestalten zu erkennen! Doch auch bei nüchterner Betrachtung ist es erstaunlich, unter welch widrigen Bedingungen Rot-Buchen wachsen können, obwohl diese Baumart doch als ziemlich empfindlich gegenüber klimatischen Extremen gilt. Die Höhenlage des Bestandes beträgt immerhin 830 bis 860 m üNN, die Jahresdurchschnittstemperaturen liegen bei kaum 5°C, und durchschnittlich 140 Tage im Jahr liegt Schnee. An bemerkenswerten Bodenpflanzen gedeihen hier Alpen-Milchlattich sowie der seltene Eisenhutblättrige Hahnenfuß.

Naturdenkmal

Die „Buky na Bouřňáku" stehen als reichlich drei Hektar großes Naturdenkmal unter Schutz.

Abb.: Geisterbuchen am Stürmer

Eine interessante Vegetation präsentieren auch die Skihänge am Stürmer. Als fast im gesamten tschechischen Ost-Erzgebirge kaum noch eine Wiese

Bergwiesen gemäht wurde und auf vielen einstmals bunten Bergwiesen einige wenige konkurrenzstarke Gräser sich durchsetzten, da wirkte am Nordrand des Stürmers die Skinutzung des Grünlandhanges offenbar wie eine Minimalpflegemaßnahme. Im Mai/Juni findet man hier noch einen kleinen Rest der einstmals landschaftsprägenden Wiesenvegetation. Das sind vor allem Arten magerer Bergwiesen wie Bärwurz, Rot-Schwingel, Berg-Platterbse, Rundblättrige Glockenblume, Borstgras, Blutwurz-Fingerkraut und Wald-Habichtskraut, aber auch „normale" Wiesenarten wie Margerite. Eine besondere Rarität stellt mittlerweile der kleine Bestand an Arnika dar – früher eine häufig genutzte Heilpflanze. Dazwischen keimen Sal-Weiden und Sand-Birken und würden zu einem kleinen Wäldchen heranwachsen, wenn ihre Triebe nicht jedes Jahr wieder durch Abfahrtsski gestutzt würden. Die bessere Pflege wäre allerdings eine regelmäßige (Heu-)Mahd.

Wo die Skipisten Schneisen in den Wald geschnitten haben, lohnt sich vor allem im August eine Wanderung, beispielsweise auf dem steilen Pfad hinab nach Hrob/Klostergrab. Dann blüht das Heidekraut, das hier große Flächen bedeckt.

Heidekraut

Wenige Meter westlich der Zufahrtsstraße zum Bouřňák bezeichnet ein tief ausgefahrener Hohlweg die alte Wegverbindung von Nové Město/Neustadt nach Hrob/Klostergrab, die vor dem Bau der heutigen, kurvenreichen Strecke über Mikulov/Niklasberg genutzt wurde.

 ## Moldava / Moldau

Abb.: Nachbau einer historischen Glashütte in Moldava

Lediglich 170 Einwohner hat Moldava/Moldau heute noch, nur an Wochenenden sind deutlich mehr Menschen unterwegs, außerdem deutsche Tanktouristen am Grenzübergang Neurehefeld-Moldava. Bereits Anfang des 14. Jahrhunderts hat der Ort schon bestanden, was bei der rauen Kammlage erstaunlich ist. Archäologische Forschungen haben in den vergangenen Jahrzehnten gezeigt, dass die Gegend einstmals ein Zentrum der Glasherstellung war.

Glasherstellung

Seit wenigen Jahren setzt sich der Glasmacher-Lehrpfad auf deutscher Seite fort. Der Glashüttenbezirk des oberen Ost-Erzgebirges hatte neben den Standorten um Moldava auch ein Zentrum im angrenzenden Gebiet von Holzhau. Die Gesamtlänge des Lehrpfades beträgt jetzt 54 km. Viele Details sind im Glashüttenmuseum Neuhausen dokumentiert.

Flussspat

Seit den 1950er Jahren wurde in Moldava Flussspat gewonnen. Davon zeugen im mittleren Teil des Ortes größere Halden, auf denen Sammler gelegentlich nach den farbenfrohen Mineralien (Fluss- und Schwerspat) suchen. Auch die beiden Teiche in der Muldenaue wurden in dieser Zeit angelegt. Am unteren Ortsende (dem heutigen Ortsende – vor der Vertreibung der Sudetendeutschen reihten sich die Häuser bis hinab zur Grenze) befindet sich die 1687 erbaute Kirche von Moldava mit ihrer sehr schönen Schindelverkleidung.

Glas

Mittelalterliche Glasmacher benötigten Quarz als Rohstoff, außerdem aber Holz – viel Holz! Dieses war einerseits erforderlich, um die hohen Temperaturen zum Schmelzen erzeugen zu können, zum anderen aber auch zur Herstellung von Pottasche (Kaliumkarbonat). Dieser Bestandteil der Holzasche war bei der früheren Glastechnologie sehr wichtig, um den Schmelzpunkt auf erreichbare Temperaturen abzusenken und die Schmelze tatsächlich flüssig und damit formbar zu halten.

Holz stand im Mittelalter im oberen Erzgebirge noch reichlich zur Verfügung. Gleichzeitig sollte wahrscheinlich die mit dem enormen Holzverbrauch verbundene Waldrodung auch die Herrschaftsansprüche des Böhmischen Königs bzw. der Biliner Burggrafen über das Gebiet untermauern. Im nahe gelegenen Krupka/Graupen florierte zu dieser Zeit der Zinnbergbau, und man konnte ja nie wissen…

Seit den 1990er Jahren führt ein 13 km langer Glasmacher-Lehrpfad rings um Moldava. Am oberen Ortsende, hinter einem Hotel, wurde sogar eine historische Glashütte nachgebaut. 1992 erfolgte hier ein wissenschaftlicher Demonstrationsversuch, bei dem nach alter Technologie in dem kleinen Ofen Glas geschmolzen wurde. Wer heute das Objekt besucht, bekommt vor allem einen Eindruck davon, wie vergänglich solche Glashütten waren. Die meisten zogen nach wenigen Jahrzehnten weiter, wenn die Holzvorräte der Umgebung aufgebraucht waren. Die Wanderglashütten hinterließen nur wenige Spuren in der Landschaft. Umso beachtlicher ist die Leistung der Glashüttenforscher, die etliche dieser alten Produktionsorte aufgespürt und mit Informationstafeln versehen haben.

 Žebrácký roh / Battel-Eck

Grünwald
Motzdorf
Eines der verschwundenen deutsch-böhmischen Kammdörfer hieß Grünwald (tschechisch: Pastviny), ein anderes Motzdorf (tschechisch: Mackov, anderer deutscher Name: Keil). Beide lagen in Grenznähe, unweit von Holzhau. Es gab auch einen Grenzübergang mitsamt Zollhaus, in dem man einen Obolus entrichten musste, wollte man geschäftlich oder zu Besuchszwecken ins Nachbarland. In beiden Dörfern lebten bis 1945 jeweils einige hundert ausschließlich deutschsprachige, überwiegend streng katholische Einwohner, die mit kärglicher Landwirtschaft, Holzschindelherstellung, Strohflechterei und Torfstecherei - vor allem in der Grünwalder Heide – ihren bescheidenen Lebensunterhalt erwirtschafteten. Nur wenige Grundmauern, eine einzelne Ruine, einige Gehölze sowie die ehemaligen Dorfteiche erinnern noch an die Siedlungen.

Zollhaus
Battel-Eck
Die Stelle des einstigen Zollhauses und des damaligen Grenzüberganges trägt die Bezeichnung Battel-Eck. Noch früher befand sich hier das Lohnhaus, in dem die Flößer aus Fleyh ihren Lohn erhielten, wenn sie das Holz der böhmischen Erzgebirgswälder auf dem Floßgraben von der Flöha bis zur Grenze geflößt hatten.

Borstgras
Im Bereich des Battel-Ecks existiert noch eine artenreiche Wiese, teils mit dem Charakter eines feuchten Borstgrasrasens (Borstgras, Bärwurz, Sparrige

Binse, Wald-Läusekraut – am Waldrand auch Bärlapp). An stark vernässten Stellen wachsen Schmalblättriges Wollgras, Flatter-Binse, Schnabel-, Igel- und Wiesen-Segge.

(7) Grünwalder Heide / Grünwaldske vřesoviště

Hochmoor

Zu den bedeutendsten, heute noch existierenden Hochmooren des Ost-Erzgebirges gehört die Grünwalder Heide. Im Quellgebiet eines Flöha-Seitentälchens ist eine breite und flache Geländesenke ausgebildet, in der sich das Niederschlagswasser vom 878 m hohen Oldřišský vrch/Walterberg, zu einem geringeren Teil auch vom Steinhübel/Nad křižkem (857m) sammelt. Beide Berge bilden einen kurzen nordwestlichen Seitenkamm des Erzgebirgs-Hauptkammes, welcher sich vom Bouřňák/Stürmer aus nach Südwesten erstreckt. Als breite, bislang noch unbewaldete Rücken treten sie wenig in Erscheinung. Die dazwischen liegende Hochfläche mit der Grünwalder Heide liegt 835 bis 855 m über dem Meeresspiegel.

Erhalten geblieben ist hier ein Rest der einstmals für weite Teile des Erzgebirgskammes typischen Moorvegetation. Neben einem urwaldartigen Bestand von Moorkiefern bietet die Grünwalder Heide noch eine breite Palette von Hochmoorpflanzen, so vor allem Schwarze Krähenbeere, Trunkelbeere, Moosbeere, Rundblättriger Sonnentau, Scheidiges und Schmalblättriges Wollgras sowie diverse Seggen und Binsen. Besonders bemerkenswert sind die Eiszeitrelikte Rosmarienheide und Sumpf-Porst. In den ehemaligen Torfstichen – die Mächtigkeit der Torfschicht beträgt heute noch an einigen Stellen bis zu 6 m – wachsen Karpaten-Birken. Teilweise handelt es sich um sehr schöne, alte und knorrige Exemplare.

Moor-kiefern

Eiszeit-relikte

Karpaten-Birken

Birkhuhn

Das Gebiet ist ein wichtiges Brutrevier des Birkhuhns. Außerdem wurden bislang im Gebiet 55 Wirbeltierarten nachgewiesen. Zu den besonders geschützten Arten gehören unter anderem: Bekassine, Habicht, Sperber, Kornweihe, Raufußkauz, Neuntöter, Kreuzotter und Waldeidechse.

Natur-schutzge-biet

1989 wurden 39 Hektar der Grünwalder Heide zum Naturschutzgebiet (Přírodní rezervace) erklärt, um das nach über hundert Jahren Torfabbau und nach jahrzehntelangem Waldsterben verbliebene Hochmoor zu bewahren. Einen herben Rückschlag brachte 1994 ein Waldbrand, der auch einen großen Teil des Moorkiefernbestandes vernichtete. Die Folgen sind heute noch zu erkennen. Andererseits haben Revitalisierungsmaßnahmen des Naturschutzes, insbesondere der Anstau alter Entwässerungsgräben, zumindest lokal zu deutlichen Verbesserungen geführt. Nach langen Zeiten extremer Austrocknungstendenzen staut sich nun wieder in kleineren Senken das Niederschlagswasser und ermöglicht wieder Torfmoosen und anderen Moorpflanzen geeignete Wachstumsbedingungen. Der ehemalige Zugangsweg endet heute nach wenigen Metern im Sumpf – aber ein Betreten des Naturschutzgebietes ist ohnehin nicht gestattet.

Unmittelbar angrenzend an die Grünwalder Heide lagen früher die Fluren

Motzdorf,
Willersdorf,
Ullersdorf

von Motzdorf/Mackov (im Westen), Willersdorf/Vilejšov (im Südwesten) und (Gebirgs-)Ullersdorf/Oldřiš (im Norden). Dabei handelte es sich um typische Streusiedlungen. Jeder Bergbauer hatte versucht, einen halbwegs geschützten Platz für sein kleines, schindelgedecktes Häuschen zu finden. Regelmäßige Flurmuster wie bei den ansonsten erzgebirgstypischen Waldhufendörfern waren unter den rauen Kammbedingungen nicht möglich. Die Bewohner betrieben vorrangig Viehzucht. Armut und schwierige Transportbedingungen zwang sie aber auch, einen großen Teil ihrer Nahrungsmittel selbst anzubauen. Kleine Kartoffeläcker umgaben die Häuser. Unvorstellbar schwierig muss das (Über-)Leben vor Einführung der Kartoffel (Ende des 18. Jahrhunderts) gewesen sein, da die oft nasskalten Sommer nicht immer ausreichten, Hafer und Sommerroggen ausreifen zu lassen (das kühle Globalklima des 16. bis 19. Jahrhunderts wird auch als „Kleine Eiszeit" bezeichnet!). Dennoch war die Bodenständigkeit und das Beharrungsvermögen der Gebirgler sprichwörtlich. Umso schlimmer traf es die Menschen, als sie nach 1945 ihre Heimat verlassen mussten.

Aufforstung

Die Dörfer sind heute verschwunden. Die kleinteilige, von Steinrücken und Feldrainen gegliederten Fluren wurden zu großen, monotonen Grünlandschlägen zusammengefasst. In den vergangenen Jahren erfolgte schließlich die Aufforstung eines breiten Streifens zwischen Oldřišský vrch/Walterberg und der ehemaligen Ortslage Motzdorf. Diese schier endlose Reih- und-Glied-Bepflanzung mit Fichten ist sehr bedauerlich für Pflanzen und Tiere des Grünlandes. Andererseits aber lassen die künftigen Fichtenbestände auf mehr Verdunstungsschutz für das angrenzende Moorgebiet der Grünwalder Heide hoffen.

Torfgewin-
nung

Zu den wenigen Möglichkeiten der Kammlandbewohner, ein bescheidenes Einkommen zu erzielen, gehörte die Torfgewinnung. So wurde auch in der Grünwalder Heide der Grundstoff für die berühmten Teplitzer Moorbäder gewonnen. Torf fand weiterhin Verwendung als Heizmaterial, als Stalleinstreu sowie als Verpackungsmaterial für Glas und Porzellan. Die Verarbeitung erfolgte in einer kleinen Fabrik in Neustadt/ Nové Město.

Flöha-
Quellgebiet

In noch stärkerem Maße wurde allerdings das früher noch größere Moorgebiet östlich des Walterbergs, das eigentliche Flöha-Quellgebiet, genutzt. Auf alten Karten trägt dieses Gebiet die Bezeichnung „In den Moorgründen", und sogar die kleinen Häuschen der Torfstecher sind eingezeichnet. Ein kleines Waldmoor zwischen Nové Město/Neustadt und Oldřišský vrch/ Walterberg (etwa 200 Meter südlich der Straße Richtung Fláje/Fleyh, über einen unmarkierten Waldpfad zu erreichen) bildet heute die Quelle der Flöha/Flájský potok. Das Biotop mit Wollgras und anderen Moorpflanzen ist sehr hübsch und sehenswert, aber nur ein ganz kleiner Rest eines einstmals viel umfangreicheren Hochmoorkomplexes (ca. 140 Hektar).

Heute entwässert ein tiefer Graben das einstige Moor als Quellarm der Flöha, ein zweiter Graben zieht Wasser zur Wilden Weißeritz (die seitdem hier ebenfalls ihre Quelle hat).

⑧ Flöha-Aue oberhalb Willersdorf / Vilejšov

Der Oberlauf der Flöha/Flájsky potok ist ein reizvolles Wandergebiet für alle, die Einsamkeit lieben und sich notfalls auch ohne Wegemarkierungen im Böhmischen Nebel orientieren können. Die flache Aue wird geprägt durch zahlreiche Quellen und vernässte Böden, zu einem großen Teil mit Moorcharakter. Hier befindet sich auch das einzige noch nicht entwässerte Moor des östlichen Erzgebirges. Der nahe Erzgebirgskamm (Vrch tří pánů/Dreiherrenstein, 874 m üNN) sorgt für etwas Verdunstungsschutz. Bei windstillen Hochdruckwetterlagen bilden sich in der breiten Mulde ausgeprägte Kaltluftseen.

Eng verzahnt mit den kleinflächigen Hochmoorbiotopen sind Zwischenmoore mit Kleinseggenrasen und sonstigen Nasswiesen, die ihrerseits wieder zu Borstgrasrasen und mageren Bergwiesen überleiten. Entsprechend vielfältig ist die Flora mit 113 Arten höherer Pflanzen und 39 Moosarten – für die rauen Kammlagen sehr beachtliche Zahlen!

Abb.: Rundblättriger Sonnentau

In den Pflanzengesellschaften der stark vernässten Wiesen dominiert Pfeifengras, in Brüchen und Quellgebieten Schnabel-Segge, Schmalblättriges Wollgras, Quell-Sternmiere und Binsen. Moorige Wiesen sind von weitem zu erkennen durch Scheidiges Wollgras, Trunkelbeere und stellenweise größere Torfmoosbestände. Selten wachsen hier auch Rundblättriger Sonnentau und Moosbeere. In den Borstgrasrasen kann man hier noch ganz wenige Exemplare des Quendelblättrigen Kreuzblümchens finden.

Besonders bemerkenswert ist, dass bisher nur wenige Bäume Fuß fassen konnten, obwohl die gesamte Bachaue seit mehr als 50 Jahren nicht mehr wirtschaftlich genutzt wird. Einige Fichtensamen, die vom Wind eingeweht wurden, haben Wurzeln schlagen können. Weiter nordöstlich befinden sich auch kleine Bestände und Einzelbäume der Karpaten-Birke. Manche Fachleute sind der Meinung, dass die Bachaue der Flöha (zumindest teilweise) zu den seltenen Biotopen gehört, die *von Natur aus waldfrei* sind. Auch ohne menschlichen Einfluss verhindern hier möglicherweise die hohe Gebirgslage, die nährstoffarmen Böden, häufige und strenge Fröste, der hohe Wasserstand sowie regelmäßige Überflutungen (nach starkem Regen mehrmals pro Jahr) das Aufkommen von Bäumen.

Mitunter mag man im Frühsommer glauben, es hätte gerade geschneit – jedoch handelt es sich um die leuchtend weißen Fruchtstände unzähliger Stängel Schmalblättrigen Wollgrases. Arnika und Breitblättrige Kuckucksblume blühen hier ebenfalls. Doch auch wer nicht zur Blütezeit kommt, wird von den herrlichen Mäandern und Altwässern der Flöha bezaubert sein!

Willersdorf Etwas weiter talabwärts reihten sich die 48 Häuschen von Willersdorf entlang der Flöha (hier meistens Fleyh-Bach/Flájský potok genannt) aneinander.

 **Talsperre Fláje und Umgebung**

Fleyh/Fláje
Die größte und wichtigste Gemeinde des ganzen Gebietes war Fleyh/Fláje, knapp zwei Kilometer flöhaabwärts von Willersdorf. Bekannt wurde Fleyh, als im 17. Jahrhundert der 18 Kilometer lange Floßgraben errichtet wurde, der bis 1872 dem Holztransport aus den böhmischen Erzgebirgswäldern zu den Freiberger Bergbauunternehmen diente. Im Unterdorf von Fleyh zweigte die „Neugrabenflöße" einen beträchtlichen Teil des Flöhawassers ab, so dass die Holzstämme zur Freiberger Mulde gespült werden konnten. Oberhalb des Abzweigs trieb die Flöha in Fleyh mehrere Mühlen an.

Nach 1945 erlitt die Gemeinde das gleiche Schicksal wie ihre Nachbarorte. Die Häuser wurden in den 1950er Jahren zerstört. Lediglich die 1658 erbaute Holzkirche konnte gerettet und in Český Jiřetín/Georgendorf wieder aufgebaut werden.

**Fláje-
Talsperre**
Ein großer Teil der einstigen Siedlung verschwand im Wasser, als 1954 bis 1963 die Fláje-Talsperre gebaut wurde. Die Grundmauern der Kirche sowie Reste einzelner Häuser sind heute noch am Ufer des Stausees zu entdecken (doch Vorsicht beim Erkunden: die Kellereingänge sind teilweise von Grasteppichen überwachsen und daher kaum zu erkennen!).

Hinter der 48 m hohen und 450 m langen Staumauer werden 22 Millionen Kubikmeter Flöhawasser gespeichert, um damit die Bevölkerung sowie die Industriebetriebe in Teplice, Most und Umgebung mit Wasser zu versorgen. Ein fünf Kilometer langer Stollen führt von der Talsperre bis nach Meziboří am Südhang des Gebirges. Die von den Braunkohletagebauen verursachten Grundwasserabsenkungen führen im Nordböhmischen Becken zu schwerwiegenden ökologischen Problemen, immer wieder auch zu Schwierigkeiten bei der Trinkwasserbereitstellung. Ohne die Fláje-Talsperre wäre die Situation noch viel kritischer.

In den kühlen Hohlräumen der Staumauer wird übrigens Obst gelagert.

Reizvoll liegt die 149 Hektar große Wasserfläche in der einsamen, (fast) menschenleeren Landschaft.

Wildgatter
Nur Jäger sind desöfteren unterwegs, tummeln sich doch in der Gegend Rothirsche in großer Zahl. Diese werden in einem fast 2000 Hektar großen (entspricht einer Fläche von vier mal fünf Kilometern!) Wildgatter gezüchtet und für zahlungskräftige Schützen bereitgehalten.

**Schloss
Lichten-
walde**
1761–67 ließ ein Adliger namens Emanuel Filibert von Waldstein auf einem Berg bei Georgendorf/Český Jiřetín das Schloss Lichtenwalde (Zámeček Bradáčov) errichten - vorgeblich ein Geschenk für seine Braut, tatsächlich aber Stützpunkt für die Jagd auf Auerhähne, Rothirsche und andere Tiere. Eine fünf Kilometer lange Allee verbindet das heute renovierte und in Privatbesitz befindliche Jagdschloss mit dem Forsthaus Georgshöhe/Jiřík.

**Rotwild-
gatter**
Dort wurde in den darauf folgenden Jahren ein Rotwildgatter eingerichtet. Im 19. Jahrhundert hatte das Zuchtgehege teilweise noch deutlich größere Ausmaße als heute. Dennoch war es sicher eng für die 650 Hirsche (darun-

ter auch importierte Wapitis aus Nordamerika!). Später hielt man hier auch noch Mufflons, Rehe, Damhirsche und Wildschweine.

Seit 1923 gehört das Objekt dem tschechischen Staat und wird heute von der Forstverwaltung (Lesy České republiky, Forstamt Litvínov) betrieben. Die Hirsche werden im Winter an zehn Futterstellen mit reichlich Nahrung und Medikamenten versorgt. Auf der Internetseite www.oboraflaje.cz kann man sich über die Bedingungen und Kosten der Jagd erkundigen. Für einen der Hirsche mit den prestigeträchtigsten Geweihen muss man bis zu 10 000 Euro lockermachen. Selbstverständlich gibt es diese Internetseite auch auf deutsch.

Waidmannsheil!

Trotz all dem zweifelhaften Jagdkult für zahlungskräftige Trophäensammler hat das Jagdgatter sicher auch einige nicht zu unterschätzende Vorteile für die Natur. Den größten Teil des Jahres leben die Tiere – nicht nur die Rothirsche – hier so ungestört wie kaum irgendwo sonst im Erzgebirge. Dieser Rückzugsraum ist insbesondere für Birkhühner wichtig. Innerhalb des Gatters sind auch noch einige Moore verborgen, vor allem südlich des Jelení vrch/Roten Hübels (808 m), am Bach Červená voda/Rotes Wasser.

Moorgebiet Kalte Bruchheide Der Hauptteil des Moorgebietes ist unter dem Namen Studený močál/Kalte Bruchheide bekannt. Die erwähnte Waldstraße zwischen Jagdschloss Lichtenwalde und Forsthaus Georgshöhe durchschneidet das Gebiet, außerdem wird es von einem Netz von Entwässerungsgräben durchzogen. Dennoch blieb hier bis vor kurzem ein Moorkiefernbestand übrig, von dem nun allerdings nur noch einzelne Exemplare leben. Allerdings sind noch immer die meisten typischen Pflanzenarten der Erzgebirgshochmoore zu finden.

An den Ufern des Baches erstrecken sich die teilweise abgestorbenen Reste eines ehemals großen Fichtenmoorwaldes, in dem unter anderem Pfeifengras, Schmalblättriges und Scheidiges Wollgras, Schnabel-Segge, wenig Moosbeere sowie das seltene Bach-Quellkraut vorkommen. Neben einzelnen hochwüchsigen Moor-Kiefern (Spirken) wachsen auch Karpaten-Birken.

Loučná/ Wieselstein Im Südteil des Wildgatters beherrscht die von Granitporphyrklippen gekrönte Loučná/der Wieselstein (956 m üNN) die Landschaft. Im Westen ist auch ein Teil des tief eingeschnittenen Šumný důl/Rauschengrund mit eingezäunt.

Im Juli und August dürfen tagsüber auch Nichtjäger das Gebiet offiziell betreten.

Aber auch auf der Nord- und Ostseite der Fláje-Talsperre, außerhalb des Gatters, bieten sich mehrere naturkundliche Ziele an. Sehr zu empfehlen *Puklá skála/ Sprengberg* ist der weithin sichtbare Felsengipfel Puklá skála/Sprengberg, 840 m, von dem sich eine herrliche Aussicht bietet. Bei dem Gestein handelt es sich um typischen roten Granitporphyr mit sehr schönen, teilweise mehrere Zentimeter großen Feldspatkristallen. Eine Häufung von Gesteinssplittern soll auf Blitzeinschläge zurückzuführen sein.

In der von kleinen Wasserläufen (v.a. Motzdorfer Bach) durchzogenen

Flájské
rašeliniště

Mulde nordöstlich des Stausees liegt ein weiterer Moorrest verborgen, die Flájské rašeliniště/„Die Kiefern bei Fleyh". Es handelt sich um ein kleineres Moor (ca. 9 ha), das bis die 1950er Jahre von einem Moorkieferbestand bewaldet war. Aufgrund des Trinkwasserschutzes sollte das ganze Moor abgetragen werden. Der gesamte Moorkiefernbestand wurde abgeholzt, aber das freigelegte Moor blieb glücklicherweise erhalten. Heute ist es von Zwergsträuchern wie Heidekraut, Heidelbeere, Preiselbeere und Trunkelbeere bewachsen, häufig ist auch das Scheidige Wollgras. Am Rand des Moores sind bis jetzt tiefe Entwässerungsgräben geblieben, trotzdem erholt sich das Gebiet langsam wieder.

⑩ Český Jiřetín / Georgendorf

Talsperre
Rauschen-
bach

Revier-
wasserlauf-
anstalt

Bei Český Jiřetín/Georgendorf, fünf Kilometer unterhalb der Fláje-Talsperre, verlässt die Flöha Tschechien, um gleich darauf in der 1968 in Betrieb genommenen Talsperre Rauschenbach erneut angestaut zu werden. In dem Stausee ist der Neuwernsdorfer Wasserteiler verschwunden, mit dem nach 1882 der Flöha Wasser entnommen und über die so genannte Revierwasserlaufanstalt – ein über lange Zeiten gewachsenes System von Kunstgräben, Röschen (Wassertunnel) und Teichen – zu den von Wasserkraft abhängigen Freiberger Bergbau- und Industrieunternehmen geführt wurde.

Neue Floß-
graben

Reichlich 250 Jahre zuvor schon hatte der Freiberger Ressourcenhunger schon einmal dazu geführt, das Wasser der Flöha abzuzweigen. Damals ging es allerdings um Holz, der zweite wichtige Energieträger früherer Zeiten. In der ersten Hälfte des 17. Jahrhunderts wurde der „Neue Floßgraben" angelegt, auf dem Holzscheite zunächst in die Freiberger Mulde und über diese dann nach Freiberg geflößt werden konnten. Auch der Anfangspunkt dieses Meisterwerkes damaliger Vermessungskunst ist mittlerweile in einem Stausee verschwunden, nämlich der Fláje-Talsperre. Doch die ersten Kilometer des Grabens wurden zu Beginn des 21. Jahrhunderts von einer Bürgerinitiative wieder hergestellt. Heute können Besucher das technische Denkmal entlang eines Wanderweges bewundern (Trittsicherheit und gutes Schuhwerk sind allerdings zu empfehlen!). Kurz vor Georgendorf stürzt das Wasser in Kaskaden über 70 m den Hang hinab.

Bradáčov

Schloss Lich-
tenwalde

Bei einer Floßgrabenwanderung bieten sich auch sehr schöne Ausblicke über das Flöhatal und auf den breiten, gegenüberliegenden Höhenrücken. Dabei handelt es sich um den Bradáčov (876 m üNN), auf dem das Schloss Lichtenwalde errichtet wurde. Nach dem Landberg im Tharandter Wald ist dort der größte Basaltdeckenerguss des Ost-Erzgebirges erhalten geblieben. Allerdings spiegelt sich das basische Gestein kaum in der Bodenvegetation wider, zu langanhaltend und tiefgreifend waren offenbar die Versauerungswirkungen von Fichtenforsten und Schwefeldioxidimmissionen.

Jestřabí
vrch/Geiers-
berg

Basalt bildet auch den nordwestlichen Sporn dieses Höhenrückens, die Kuppe des Jestřabí vrch/Geiersberg (818 m üNN). Von den Abfahrtspisten am Nordhang eröffnen sich schöne Ausblicke.

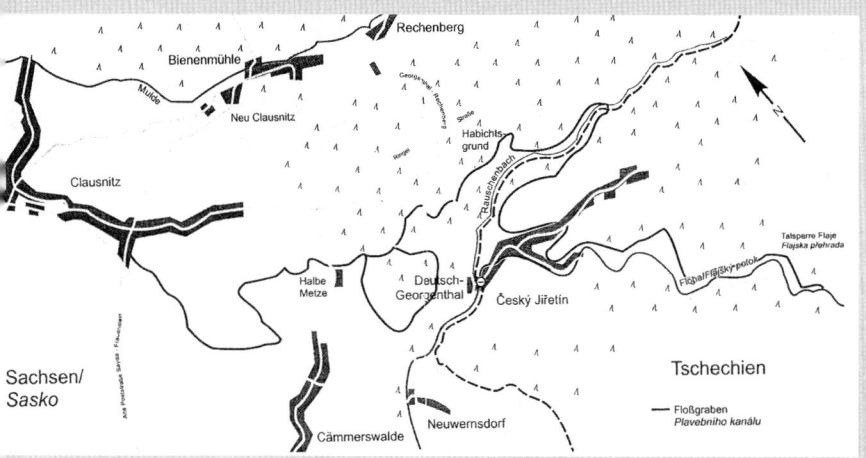

Abb.: Floßgrabenkarte (aus: Tourismusfaltblatt)

Die Neugrabenflöße

Aus dem Kammgebiet zwischen Mníšek/Einsiedel und Moldava/Moldau wurde das Holz bereits lange vor dem 17. Jahrhundert nach Sachsen geliefert. Über die Wilde Weißeritz gelangte Brennholz nach Dresden und über die Freiberger Mulde zum Freiberger Bergbaurevier, wo vor allem Holzkohle aus den Buchen des Erzgebirges einen wichtigen Brennstoff für die Hütten darstellten. Doch die erreichbaren Vorräte wurden immer knapper, die Kosten erreichten die Grenzen der wirtschaftlichen Rentabilität.

Ab 1535 wurden Pläne entworfen für die Anlage von Floßgräben für Holznachschub aus den noch vorratsreichen Kammwäldern. Auf der sächsischen Seite entstanden kurz danach mehrere Gräben (z. B. Annaberger Flossgraben 1564/66), auf die Erschließung der Waldbestände im böhmischen Flöhagebiet musste man aber noch fast ein Jahrhundert warten.

Erst im Jahre 1623 kam es zu ersten Verhandlungen in Český Jiřetín/Georgendorf. Die Holzvorräte in der Umgebung wurden abgeschätzt und dann, am 9.10.1623 im Freiberger Schloss, ein Vertrag abgeschlossen mit den Grundherren. Die von Lobkowitz zu Bilin/Bílina bekamen 16 000 Reichstaler für 224 000 Kubikmeter Holz. Ein Jahr später wurde mit dem Bau des Grabens angefangen. Von der Ortschaft Fleyh führte er im Tal des Flájský potok/Fleyhbaches (= Flöha) nach Český Jiřetín/Georgendorf und weiter nach Cämmerswalde und Clausnitz, wo er (nicht weit von Niedermühle) in die Freiberger Mulde mündete. Der Höhenunterschied beträgt 150 m. Der Graben war 120 cm tief, oben 280 cm breit, aber unten nur 180 cm. Jedes Scheit musste genau 127 cm lang sein. Das Wasser wurde von der Flöha abgezweigt und strömte im Graben nur, wenn man Holz flößte. Das ganze Unternehmen hat den sächsischen Kurfürsten 4959 Taler gekostet, und im Jahre 1629 war der Graben fertig. Bemerkenswert ist, dass der Bau schon in der Zeit des 30jährigen Krieges erfolgte. Erst nach 1630 erreichten die Kriegswirren das Gebirge (dann aber umso schlimmer).

Flößen konnte man nur, wenn es genug Wasser gab. In einem Häuschen in Fleyh wohnte in dieser Zeit der Grabensteiger, der den Graben auch in der Nacht kontrollierte – vor allem musste er beobachten, ob der Wasserspiegel nicht zu tief oder nicht zu hoch ist.

Die Flößer „dirigierten" das Holz mit langen (150 cm) hölzernen Stangen und zogen die so genannten Saufhölzer heraus.

Im Jahre 1729 erließ die Prager Staatshalterei (Regierung) ein Universalverbot des Holzexports, doch in Fleyh wurden trotzdem die alten Verträge erneuert, und die Flösserei ging weiter. Immer wieder lamentierten die Besitzer und die Herrscher über die maßlose Ausplünderung der tschechischen Wälder (Kaiserin Maria Theresia verbot sogar ausdrücklich den Holzexport nach Sachsen), das letzte Flößen auf dem „Neuen Floßgraben" erfolgte dennoch erst im Jahre 1872.

(11) Loučná/Wieselstein (956 m)

Der höchste Gipfel des Ost-Erzgebirges beherrscht unangefochten die Landschaft des Gebirgskammes oberhalb Litvínov/Leutensdorf. In der tschechischen Kartographie steht der Name des Berges für diesen Teil des Erzgebirges: Loučenská hornatina. Weithin sichtbar sind die Reste des eisernen Turmes, der in den 1950er Jahren militärischen Zwecken diente.

Felsklippen aus rötlichem Granitporphyr

Auf dem höchsten Punkt des Ost-Erzgebirges zu stehen, ist ein besonderes Erlebnis, denn dazu gilt es, mehrere Meter hohe Felsklippen aus rötlichem Granitporphyr zu erklimmen, die hier aus dem Boden ragen. Seitdem die früheren Fichtenforsten vom Waldsterben hinweggerafft worden sind, bietet sich auch eine weite Rundumsicht über das Kammplateau. Bei schönem Wetter erscheinen im Südwesten die beiden höchsten Erzgebirgsberge – Keil- und Fichtelberg – wie zum Greifen nahe.

Holzzaun des Hirschgatters

Allerdings umgibt der hohe Holzzaun des Hirschgatters die höchste Stelle des Wieselsteins, und legal darf man hier nur im Juli/August herein. Aber auch für den, der keine Risiken eingehen mag, lohnt sich die Wanderung entlang des Zaunes bis hinauf zur Südflanke des Wieselsteins. Zweihundert Meter vom Gipfel entfernt und außerhalb der Absperrung schauen abermals Porphyrfelsen hervor, mit zwei Kreuzen besetzt. Gleich dahinter fällt der steile Erzgebirgs-Südabbruch weit in die Tiefe. 650 m beträgt der Höhenunterschied zum Fuß des Gebirges!

Nordböhmisches Becken

Wenn nicht gerade, wie so oft, Industriedunst das Nordböhmische Becken einhüllt, kann man im Süden die großen Tagebaue erkennen, die die Landschaft da unten im 20. Jahrhundert grundlegend verändert haben. Viele Dörfer sind verschwunden, sogar die Großstadt Most/Brüx wurde komplett umgesiedelt. Schwefeldioxid und ein unbeschreiblicher Giftcocktail entströmte bis Mitte der 1990er Jahre den Schornsteinen, etwa des Großkraftwerks Komořany oder des Industriekomplexes Chemopetrol – beide südlich des Wieselsteins zu sehen. Auch wenn heute die Abgasfahnen weitaus weniger in Erscheinung treten, sind mit all den Fabriken nach wie vor bedenkliche Umweltverschmutzungen verbunden. Noch immer (wenn auch nicht mehr so oft) klagen die Gebirgler bei Südwind-Wetterlagen über Geruchsbelästigungen, den so genannten „Katzendreckgestank". Und nicht zu vergessen sind die enormen Mengen des Treibhausgases Kohlendioxid, die bei der Braunkohleverstromung entstehen. Jedoch: Kohle und Chemie sorgen für Arbeitsplätze in der ohnehin von ökonomischen Problemen belasteten Region Nordböhmen. Zukunftsfähige Lösungen zu finden ist dabei schwierig.

Quellen

Anděl, J. (2003): **Vývoj sídelní struktury a obyvatelstva příhraničních okresů Ústeckého kraje**, UJEP, Ústí nad Labem

Balej, M., Anděl, J., Jeřábek, M. a kol. (2004): **Východní Krušnohoří – geografické hodnocení periferní oblast,** UJEP, Ústí nad Labem

David, P.; Soukup, V. u.a. (2002): **Reiseführer Erzgebirge – Ost**, S&D-Verlag Prag

Eichhorn, A. (1925): **Auf den deutschböhmischen Kammhochflächen des östlichen Erzgebirges**, Mitteilungen des Landesvereins Sächsicher Heimatschutz Band XIV, Heft 1/2

Geographisch-Kartographisches Institut Meyer (1992): **Erzgebirge**, Meyers Naturführer

Joza, V. (2002): **Plavební kanál Fláje – Clausnitz v Krušných horách**, Krušnohorská iniciativa, Mariánské Radčice

Kästner, M.; Flößner, W. (1933): **Die Pflanzengesellschaften der erzgebirgischen Moore**, Verlag des Landesvereins Sächsischer Heimatschutz

Kirsch, F.W. (1922): **Das östliche Erzgebirge**, Meinholds Routenführer No. 4

Kraus, F. (2005): **Vývoj a změny v krajině okresu Teplice od roku 1780 po současnost**, DP: MU Brno

Kořen, M. (2003): **Cínovecká rašeliniště U0050, Grünwaldské vřesoviště, Krušné hory – Mikulov U0142, Krušné hory – Vlčí důl U0122,** (Závěrečná zpráva z mapování NATURA 2000)

Mackovčin, P. ed. (1999): **Chráněná území ČR I**, Ústecko, AOPaK, Praha 1999, 350 str.

Mikšíček, P. (2006): **Znovuobjevené Krušnohoří**, Nakladatel, Českého lesa, Domažlice

Lohse, H. (2006): **Lesní sklárny ve východní části Krušných hor**, Podpora sociálních projektů ve východní části Krušných hor, Altenberg

Schovánek, P. (red.) (2004): **Vysvětlivky k základní geologické mapě České republiky** 1:25000

02–321 Dubí, 02-143 Cínovec, Česká geologická služba, Praha.

Šádek, B., Žába, M., Urban, J. (1999): **Moldavská horská dráha**, Lokálka group, Rokycany

www.partnerskyspolek.cz/view.php?cisloclanku=2007050001

www.penzionmikulka.cz/raseliniste.htm

www.montanya.org/DOLY/FLUORIT/MOLDAVA/HIST.htm

www.moldava.cz

www.obec-mikulov.cz

Am Fuße des

Text: *Jan Kotěra, Teplice; Čestmír Ondráček, Chomutov; Jens Weber, Bärenstein*

Fotos: *Jana Felbrich, Gerold Pöhler, Jens Weber*

Erzgebirgssüdhang, Nordböhmisches Becken, Geologie
Landschaftsgeschichte, Zisterzienser, Industrialisierung
Buchenmischwälder, Streuobstwiesen

Erzgebirges bei
Osek/Ossegg

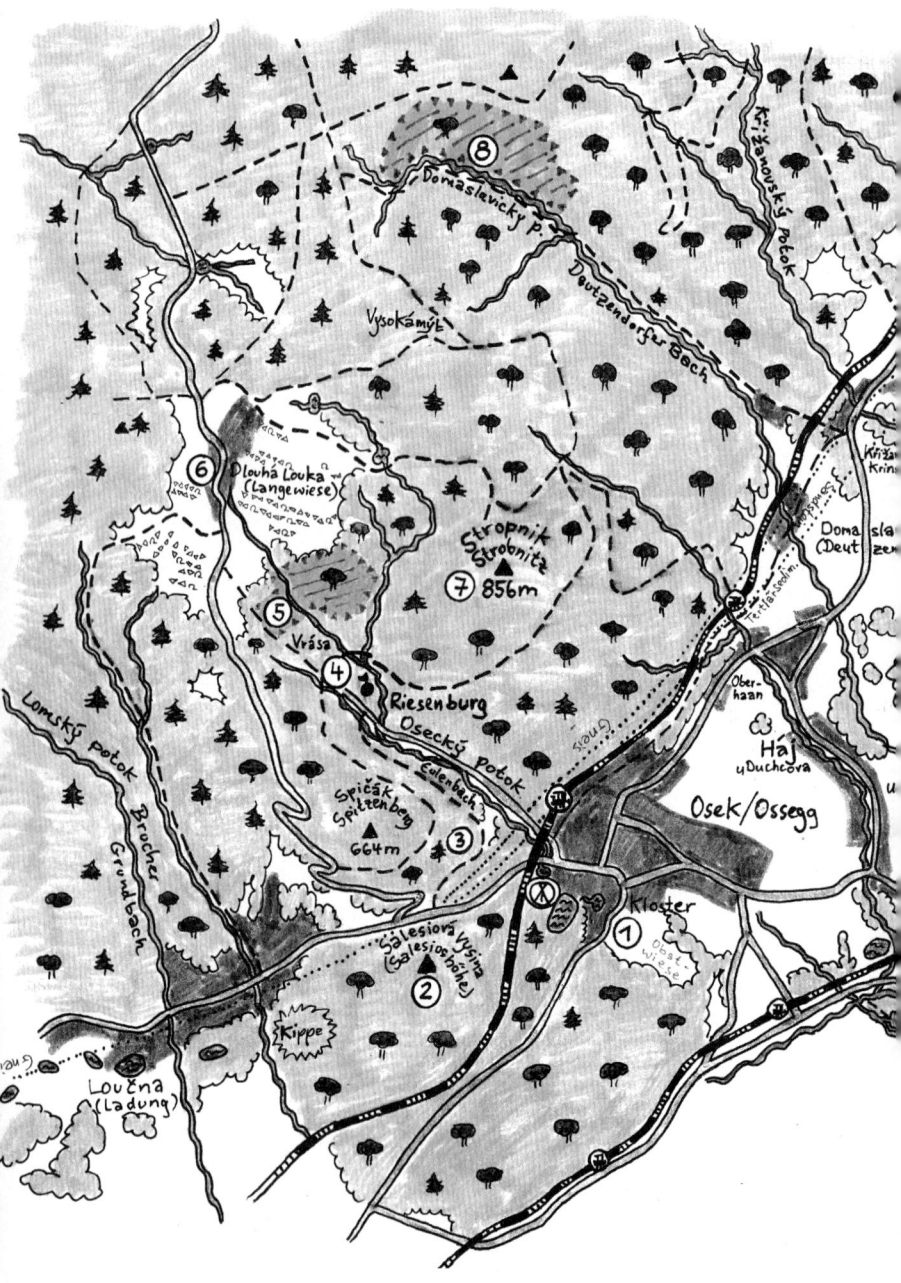

Am Fuße des Erzgebirges bei Osek/Osseg

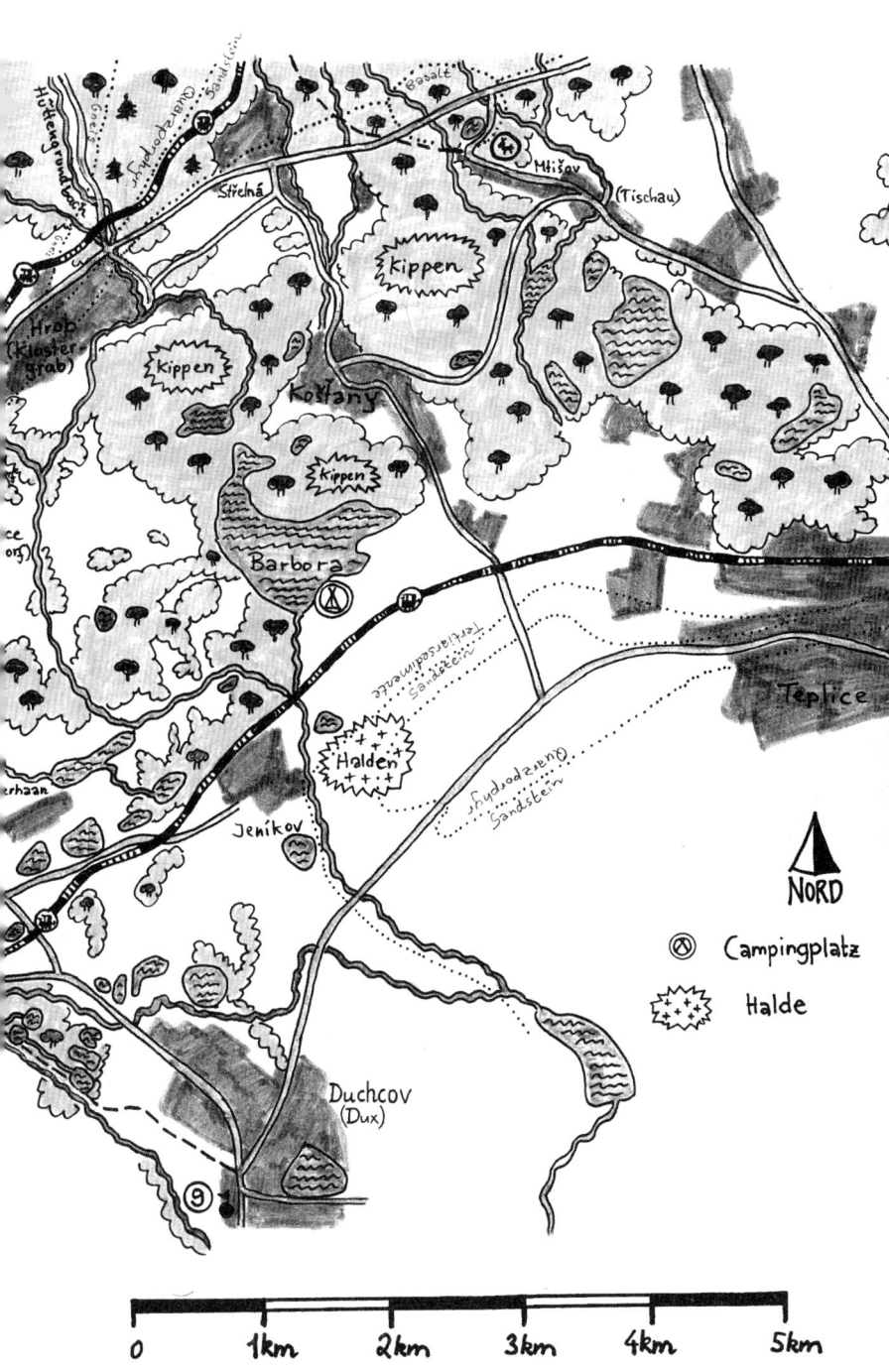

NORD

Ⓐ   Campingplatz

Halde

1. Kloster Osek/Ossegg
2. Naturdenkmal Salesiushöhe/ Salesiova výšina (422 m)
3. Čertova díra/Teufelsgrube
4. Riesenburg/Rýzmburk (Obří hrad)
5. Wolfsgrund/Vlčí důl
6. Dlouhá Louka/Langewiese
7. Stropník/Strobnitz (855 m)
8. Domaslavické údolí/ Deutzendorfer Grund
9. Duchcov/Dux

Die Beschreibung der einzelnen Gebiete folgt ab Seite 686

Landschaft

Aus der Wanderbeschreibung zur Station Osek des Natur-Lernspieles „Ulli Uhu entdeckt das Ost-Erzgebirge":

„So mancher unserer Urahnen ist vor 800 Jahren sicher auch schon durch Osek gezogen. Genauso wie die Meißner Markgrafen im Norden holten damals auch die böhmischen Fürsten junge, landlose Bauernsöhne aus Franken und Thüringen ins Land, um das Erzgebirge zu besiedeln. Sie sollten den Urwald roden, Dörfer anlegen und das Land nutzbar machen. Ganz nebenbei hofften ihre neuen Herren natürlich auch, daß sie dabei Erz finden würden – so wie die reichen Silbervorkommen von Freiberg oder das Zinn von Graupen/Krupka. Doch es muss ein sehr mühevolles Unternehmen gewesen sein, mit Äxten (es gab noch nicht einmal richtige Sägen!) den riesigen Bäumen zu Leibe zu rücken und mit einfachen Pflügen dem steinigen Boden ausreichende Ernte abzutrotzen. Dazu kam das rauhe Gebirgsklima, in dem nur wenige der damals bekannten Getreidesorten gedeihen konnten. Es gab ja noch nicht einmal Kartoffeln, denn die brachten erst dreihundert Jahre später die Spanier aus Amerika mit nach Europa (und dann dauerte es noch einmal 250 Jahre, bis auch die Erzgebirgler anfingen, diese seltsamen Knollen zu essen).

Guter Rat war also wichtig für die ersten Siedler im Erzgebirge. Der Mönchs-Orden der Zisterzienser war damit alsbald zur Stelle. Die frommen Männer gründeten mehrere Klöster am Fuße des Gebirges, in Sachsen zum Beispiel das Kloster Altzella bei Nossen, hier im Süden das Kloster Ossegg/Osek. Die Zisterzienser hatten damals alles Wissen gesammelt, was es im Mittelalter über Landwirtschaft gab, und sie probierten auch selbst vieles in ihren Klostergärten aus. Da konnten sie den neu angekommenen Siedlern so manchen guten Tip mit auf den Weg geben, bevor diese auf steilen Pfaden hoch ins Gebirge zogen.

Aber nicht nur finstere Wälder voller Wölfe und Bären machten den Bauern zu schaffen, auch allerlei finsteres Gesindel hielt sich in den unzugänglichen Tälern verborgen. Raubritter und andere Diebe lauerten an den Wegen auf Beute. Um diesem bösen Tun Einhalt zu gebieten ließ der böhmische König in der Nähe des Klosters die Riesenburg errichten. Wie ihr Name schon verrät, muss das eine der größten Burganlagen weit und breit gewesen sein. Sie sollte aber natürlich nicht nur Mönche und Bauern schützen, sondern v.a. auch den Anspruch der böhmischen Fürsten auf das Erzgebirge untermauern. Die heutige Grenze zwischen Tschechien und Deutschland gab es damals ja noch nicht. Tatsächlich drangen die Böhmen von der Riesenburg aus weit nach Norden vor, gründeten u.a. die Burgen Rechenberg und Purschenstein (in Neuhausen) und kontrollierten lange Zeit den bedeutendsten Handelsweg, die alte Salzstraße über Sayda.

Heute liegen die Ruinen der Riesenburg wieder verborgen in dichtem Wald. Laubbäume haben sich den steilen Südhang des Ost-Erzgebirges zurückerobert. Vielleicht sah der Miriquidi – der sagenumwobene „Dunkelwald" – so ähnlich aus wie der seit zweihundert Jahren weitgehend ungestört wachsende Buchenmischwald des Vlčí důl/Wolfstales oberhalb der Riesenburgruine? Auf den Wanderer warten viele

Abb.: Steil ragt das Erzgebirge über Osek aus dem Nordböhmischen Becken.

spannende und interessante Entdeckungen am steilen Südabhang des Erzgebirges bei Osek/Ossegg!"

(„Ulli Uhu" ist ein Computer-Programm, mit dem die Grüne Liga Osterzgebirge und Šťovík-Teplice Kinder im Grundschulalter auf die heimatliche Natur neugierig machen wollen. Verbunden damit ist ein Gewinnspiel, für das die jungen Ulli-Uhu-Freunde – mit ihren Eltern – 16 Stationen im Ost-Erzgebirge besuchen sollen)

Wer sich von Most/Brüx oder Duchcov/Dux dem Erzgebirge nähert, den dürfte die steil aufragende Bergwand einigermaßen beeindrucken. Von Osek/Ossegg und Domaslavice/Deutzendorf geht es über 500 Höhenmeter aufwärts, und dies auf weniger als 1700 m Entfernung (Luftlinie). Die Gipfel von Loučná/Wieselstein (956 m), Vlčí hora/Wolfsberg (891 m), Stropnik/Strobnitz (856 m), Vysoká mýť/Hoher Hau (802 m) und Vrch tří pánů/Dreiherrnstein (874 m) markieren den Erzgebirgskamm. Alle Niederschläge, die jenseits dieser Linie aufkommen, fließen über die Flöha zur Elbe. Doch sie haben es nicht eilig. Auf der weiten Kammhochebene sorgen sie zuvor für zahlreiche Moore (siehe Kapitel „Kammplateau zwischen Fláje/Fleyh und Cínovec/Zinnwald"). Die Regentropfen und Schneeflocken, die südlich bzw. östlich der Berggipfel landen, rauschen hingegen sehr schnell talwärts ins Nordböhmische Becken. Steile, enge Kerbtäler sind dabei entstanden, vor allem Domaslavické údolí/Deutzendorfer Grund, Vlčí důl/Wolfsgrund – Osecký potok/Eulenbach, V panské dolina/Ladunger Grund und Lomské údolí/Brucher Grund. Letztendlich sammelt die Bilina/Biela all dieses Wasser und führt es bei Ústí/Aussig zur Elbe. Doch ihren natürlichen Wegen dürfen die Bäche und Flüsse im Nordböhmischen Becken schon lange nicht mehr folgen. Riesige Tagebaue haben die Landschaft auf großen Flächen umgekrempelt.

Erzgebirgs-kamm

Kerbtäler

Gneis

Der Erzgebirgsabhang bei Osek wird überwiegend von Gneisen gebildet, wie man sie in vielen Gegenden des Ost-Erzgebirges findet. Sie bestehen aus Quarz, Feldspaten sowie markanten Plättchen von Hellglimmer (Muskovit) und Dunkelglimmer (Biotit). Im Zeitalter des Karbons (vor rund 350 bis vor 300 Millionen Jahren) befand sich das Gebiet mittendrin in der

Faltung

Variszischen Gebirgsbildung. die heute anstehenden Gesteine lagen jedoch in mehreren Tausend Metern Tiefe. Eine Ahnung davon, wie stark das erhitzte Material damals durchgeknetet und umgeformt wurde, bekommt man bei genauerer Betrachtung der aus den Steilhängen herausragenden Felsklippen. Besonders eindrucksvoll zeigt sich die damals erfolgte Faltung des Gneises an dem geologischen Denkmal Vrása oberhalb der Riesenburg. So wie dieser Felsblock metamorphisiert (umgewandelt) wurde, faltete sich das gesamte Variszische Hochgebirge auf.

Seine heutige Form erhielt das Erzgebirge allerdings erst viel – sehr viel – später. Der fast vollkommen eingeebnete Rest des variszischen „Ur-Erzgebirges" brach auseinander, der Nordteil wurde angehoben, der Südteil in die Tiefe gedrückt. Dabei entstand auch der Steilabbruch, der das Ost-Erzgebirge heute von Most/Brüx oder Duchcov/Dux aus wie eine hohe Wand erscheinen lässt.

klimatische Verhält- nisse

Groß ist nicht nur der Höhenunterschied zwischen Fuß und Kamm des Ost-Erzgebirges, auch die klimatischen Verhältnisse könnten kaum verschiedener sein. Dabei ist weniger eine klare Gliederung in abgrenzbare Höhenstufen erkennbar, obwohl natürlich die Jahresdurchschnittstemperaturen mit zunehmender Höhenlage abnehmen. Nicht selten liegt im Frühling auf den höchsten Gipfeln noch Schnee, während 600 m weiter unten die Obstwiesen weiß von Kirschblüten sind. Aber warme Aufwinde aus dem Nordböhmischen Becken im Sommer bzw. ausgeprägte winterliche Inversionswetterlagen („Temperaturumkehr") verwischen oft die Grenzen.

Das Klima im Nordböhmischen Becken ist während der Vegetationsperiode sehr mild. Diese günstigen Bedingungen luden schon frühzeitig Siedler ein, hier Ackerbau zu betreiben. Sicher spielte das auch eine Rolle bei der Standortwahl des Zisterzienserklosters im Jahre 1196. Von Ossegg/Osek aus erfolgte in den nachfolgenden Jahrzehnten in wesentlichem Maße die Erschließung Nordböhmens (einschließlich des Ost-Erzgebirges).

Zister- zienser

Nordböh- misches Becken

Wobei die Landschaft des Nordböhmischen Beckens anfangs gar nicht wie Ackerland aussah. Große Sümpfe bedeckten das Land, Brutstätten für Stechmücken und andere Tiere, die den Menschen das Leben schwer machten. Aber die Zisterzienser waren nicht nur Landwirtschaftsexperten, sondern auch gute „Wasserbauingenieure". Stück für Stück musste das Land trockengelegt werden, um es landwirtschaftlich nutzen zu können. Etwas einfacher war dies sicher direkt am Fuß des Erzgebirges als weiter unten, inmitten der sumpfigen Senken. Dort entstanden in der Folgezeit viele Teiche, die das Nordböhmische Becken bis in das 19. Jahrhundert hinein prägten. Einen kleinen Rest dieser Teichlandschaft findet man heute noch zwischen Osek/Ossegg und Duchcov/Dux.

Riesige Sümpfe gab es zwischen Erzgebirge und Böhmischem Mittelgebirge auch schon, als die Landschaft gerade erst begann, ihre heutigen Formen anzunehmen. Als im Tertiär, vor rund 25 Millionen Jahren, das Erzgebirge emporgehoben und das Nordböhmische Becken abgesenkt wurde, herrschten hier unten subtropische Bedingungen, die üppige Sumpfwälder gedeihen ließen. Aus dem toten organischen Material entstand im Verlaufe der Jahrmillionen unter Luftabschluss Braunkohle.

Braunkohle Die Menge der unter nordböhmischen Boden lagernden Braunkohle ist gewaltig. Rund 1000 km^2 umfasst die Fläche, unter der mehrere Milliarden Tonnen vermutet werden. Seit dem 19. Jahrhundert wird diese Kohle in immer größeren Mengen abgebaut, um daraus Wärme, Strom oder eine Vielzahl chemischer Erzeugnisse zu gewinnen.

Im 20. Jahrhundert ging man bei der Kohleförderung immer mehr zum Tagebaubetrieb über. Riesige Kohlegruben begannen die Landschaft zu prägen. *Dörfer* Viele Dörfer verschwanden von der Landkarte, und nicht selten ging *verschwan-* damit auch die Erinnerung an eine lange, interessante Kulturgeschichte ver- *den von der* loren. Wer weiss noch heute, dass Osek bis 1975 einen großen Nachbarort *Landkarte* namens Hrdlovka/Herrlich besaß? Im Jahre 1930 lebten hier über 5000 Bewohner, heute erstreckt sich an dieser Stelle öde Kippenlandschaft. Für die Menschen, deren Häuser der Kohle weichen mussten – in vielen Fällen waren es selbst Bergleute – wurden neue Wohnblocks errichtet, so auch in Osek.

Nicht nur die Siedlungen der Menschen verschwanden, sondern auch sehr viel Natur mit über Jahrhunderte gewachsenen Lebensräumen von Pflanzen und Tieren. Bäche, Teiche, Feldgehölze, Obstwiesen und viele weitere Biotope gingen unwiederbringlich verloren. Nicht unerwähnt bleiben soll *Kippenland-* dabei aber auch, dass die Kippenlandschaften, die nach dem Kohleabbau *schaften* zurückbleiben, ihrerseits interessante Landschaftsräume darstellen können, die Stück für Stück von der Natur zurückerobert werden (wenn man sie lässt und nicht Autorennstrecken daraus macht, wie etwa bei Most/Brüx).

Die Braunkohle wurde im 20. Jahrhundert nicht nur zum bestimmenden Faktor für die Landschaft des Nordböhmischen Beckens, sondern auch des Ost-Erzgebirges. Das Material – im geologischen Sinne ein biogenes Sedimentgestein – setzt sich zwar überwiegend aus Kohlenwasserstoffen zusammen, aus denen bei der Verbrennung Kohlendioxid und Wasser entstehen. Enthalten sind unter anderem aber auch relativ große Mengen an Schwefel- und Arsenverbindungen sowie vielen weiteren Stoffen. Bei der *Stromer-* Stromerzeugung aus nordböhmischer Kohle entsteht somit ein Cocktail *zeugung* giftiger Gase, der bis Mitte der 1990er Jahre weitgehend ungefiltert durch die Kraftwerksschlote gepustet wurde.

Nachdem sich viele Menschen auf beiden Seiten der Grenze gegen die Be- *Luftrein-* lastungen und für mehr Luftreinhaltung engagiert hatten, rüsteten die *haltung* tschechischen Kraftwerksbetreiber ihre Anlagen mit moderner Rauchgasfiltern nach und legten die schlimmsten Dreckschleudern still. Immissionsschutzbehörden wachen jetzt darüber, dass die gesetzlichen Grenzwerte eingehalten werden. Seit 1996 hat es keine Katastrophensituationen mehr gegeben. Nichtsdestotrotz ist die massive Braunkohleverstromung natürlich auch heute noch alles andere als umweltfreundlich und zukunftsfähig.

Pflanzen und Tiere

Während die Fichtenforsten in den Hochlagen des Ost-Erzgebirges auf tschechischer Seite nahezu vollständig den Luftschadstoffen aus der Braunkohleverbrennung zum Opfer gefallen sind, richteten die Schwefeldioxid-Wolken des 20. Jahrhunderts in den Laubmischwäldern des Erzgebirgs-Südhanges vergleichsweise wenige Schäden an. Zum einen hielten die Buchen, Eichen und sonstigen Laubbäume Winterschlaf, wenn die Belastungen am größten waren. Zum anderen sind in den unteren Berglagen natürlich die sonstigen ökologischen Bedingungen für das Pflanzenwachstum günstiger als auf dem rauen Kamm.

wunderschöne Laubmischwälder

Den naturkundlich interessierten Wanderer erwarten am Südhang des Erzgebirges wunderschöne Laubmischwälder. Überall, wo die Hangneigung nicht zu steil ist, dominieren Buchenbestände. In den unteren Lagen – durchschnittlich bis 500 m Höhenlage – sind diese mit Eichen gemischt. In den trockenwarmen Bereichen des Erzgebirgsfußes wird die Rot-Buche immer seltener, an ihre Stelle treten Hainbuche, Linden und auf besonders trockenen Böden auch Kiefer.

Hainsimsen-Buchenwälder

Die meisten Buchenbestände sind den bodensauren Hainsimsen-Buchenwäldern zuzuordnen und weisen eine entsprechend bescheidene Bodenvegetation auf (Draht-Schmiele, Purpur-Hasenlattich, Mauerlattich, Breitblättriger Dornfarn u. a.). Demgegenüber stehen in den Tälchen und an den recht zahlreichen Sickerquellen artenreichere Ausbildungsformen, die *Waldmeister-Buchenwald* überwiegend zum Waldmeister-Buchenwald gezählt werden. Typische Pflanzen sind unter anderem Wald-Bingelkraut, Goldnessel, Männlicher Wurmfarn, Wald-Flattergras, Haselwurz und Nickendes Perlgras. An steilen Hängen fällt die Buche aus, stattdessen können sich Berg- und Spitz-Ahorn, Sommer- und Winter-Linde sowie Esche durchsetzen.

Damit verbunden ist meistens auch ein besseres Lichtangebot auf den Waldböden und damit eine noch üppigere Bodenvegetation. Teilweise *Hangschuttwälder* bilden die Edellaubhölzer Hangschuttwälder, teilweise auch Schluchtwälder. Am Grunde der engen Kerbtäler bleibt in der Regel kaum Platz für *Bachauenwälder* echte Bachauenwälder mit Erlen und Eschen, allerdings findet man dort den größten Artenreichtum. Auf den feuchten Waldböden gedeihen unter anderem Bärlauch, Wolliger Hahnenfuß, Gefleckte Taubnessel, Milzkraut und Riesen-Schwingel.

Laubmischwälder durchwandert man fast am gesamten Erzgebirgshang bei Osek. die schönsten und wertvollsten Bestände verbergen sich jedoch in den Tälchen an der Riesenburg (Naturdenkmal Vlčí důl/Wolfsgrund) sowie im oberen Deutzendorfer Grund (Naturdenkmal Domaslavické údolí).

Streuobstwiesen

Besonders hervorgehoben werden müssen die herrlichen Streuobstwiesen mit teilweise uralten Apfel-, Birnen-, Pflaumen- und sonstigen Obstbäumen um das Kloster Osek/Ossegg. Nach Jahrzehnten der Vernachlässigung wurde in den letzten Jahren wieder mit einer Minimalpflege begonnen, um die Bestände zu erhalten. Hier scheint sogar noch der andernorts sehr selten gewordene, einstmalige Streuobst-Charaktervogel, der Steinkauz, zu leben.

Darüberhinaus gibt es noch einige weitere Streuobstwiesen in der Region, etwa im Tal unterhalb der Riesenburg oder bei Domaslavice/Deutzendorf. Diese Obstbäume werden jedoch nicht gepflegt oder gar, wie in Deutzendorf, durch Einkoppelung in Pferdeweiden zerstört.

Von den einstmals artenreichen Magerwiesen des Gebietes gibt es mangels Heumahd heute kaum noch Reste. In Straßengräben und an Böschungen begegnet man noch einigen typischen Arten der Hügellandswiesen: Wegwarte, Wiesen-Flockenblume, Wilde Möhre, Wiesen-Storchschnabel, Echtes Johanniskraut, Pechnelke, Jacobs-Greiskraut u. a.

Abb.: große Obstwiese in Deutzendorf (heute leider durch Pferdeweide stark geschädigt)

Wanderziele

Osek ist als Ausgangspunkt für naturkundliche Wanderungen sehr gut mit Bus und Zug von Teplice und Litvínov aus zu erreichen. Noch mehr aber bietet sich die Anreise mit der Moldauer Bergbahn an – die Fahrt bergab bietet herrliche Ausblicke!

Kloster Osek / Ossegg ①

Ein Besuch des Klosters von Osek ist nicht nur ein unbedingtes Muss für Kultur- und Geschichtsinteressierte, sondern lohnt sich auch für Naturfreunde. Hinter den altehrwürdigen Klostermauern verbergen sich eine Gartenanlage und eine Streuobstwiese von enormer Ausdehnung.

Slavko der Große (Herr von Hrabischitz), Kämmerer des böhmischen Königreichs und Burggraf in Bilin, lud den Zisterzienser-Orden aus dem oberpfälzischen Waldsassen ein, hier in Nordböhmen ein Kloster zu gründen. Im Jahre 1196 entstand somit das Kloster Osek. Von hier aus erfolgte die Inkulturnahme der weiten Sümpfe des Nordböhmischen Beckens und ebenso die Gründung von Siedlungen jenseits des Erzgebirgskammes. Die nachfolgenden Jahrhunderte brachten viele Höhen und Tiefen für das Kloster und dessen Ausstrahlung auf die Region.

An der Wende vom 17. zum 18. Jahrhundert bekam der Gebäudekomplex durch Umbauten und Erweiterungen seine heutige Barock-Gestalt. Ab 1726 wurden die grossen Barockgärten angelegt. Im 19. Jahrhundert entwickelte sich das Kloster Osek zu einem Zentrum der Literatur und Wissenschaft, des sozialen und kirchenpolitischen Engagements, und auch wirtschaftlich war es sehr erfolgreich.

Nach dem Zweiten Weltkrieg schien es, als sei die mehr als 700-jährige Geschichte der Zisterzienser in Osek zu Ende. Die deutschen Mönche wurden interniert und dann nach Deutschland und Österreich ausgewiesen. Bis 1950 lebten Salesianer im Kloster, dann wurde es als Internierungslager für Ordenspriester und ab 1953 für Nonnen verschiedener Orden missbraucht.

Die Zisterzienser sind zurückgekommen – nach langen 46 Jahren. Seit 1991 übt wieder ein Abt sein Amt aus. Die anstehenden Arbeiten zum Erhalt und zur Sanierung der lange vernachlässigten Klosteranlagen scheinen kaum zu bewältigen zu sein. Doch viele Menschen helfen heute freiwillig, und es stellen sich auch Erfolge ein. Weithin sichtbar ist inzwischen wieder die renovierte Fassade der barocken Klosterkirche. Ein tschechischer und ein deutscher Freundeskreis unterstützen und organisieren die Aktivitäten zur Sanierung des großen Klosterkomplexes.

Garten-
anlagen
Eine Arbeitsgruppe des deutschen Freundeskreises widmet sich der Erhaltung und Rekonstruktion der Gartenanlagen. Auf ihrer Internetseite stellen die vorrangig aus dem Annaberger Raum stammenden Partner des Klosters das außergewöhnliche Ensemble von Barockanlagen und Streuobstwiesen vor:

„Die Gärten im Kloster Osek – ein Beispiel harmonischer Symbiose zwischen Mensch und Natur"

Neben der Bausubstanz aus acht Jahrhunderten ist es vor allem das hochkarätige gartenkünstlerische Erbe, auf dem die kulturhistorische Bedeutung und die besondere Ausstrahlung der Abtei Osek gründen. Im Gegensatz zu vielen anderen vergleichbaren Anlagen sind hier neben den Kloster-

Abb.: im Klostergarten Osek

gebäuden auch die Gärten in ihrer baulichen Substanz und Dimension nahezu vollständig erhalten. Gärten existierten in Osek seit der Gründung des Klosters im 12. Jahrhundert. Die mittelalterlichen Obst-, Gemüse- und Kräutergärten des Klosters sind heute nicht mehr nachweisbar. Die frühen Traditionen des Obstbaus und der Karpfenzucht sind in Osek aber noch immer lebendig.

Ein großzügiger Obstgarten versorgt die Abtei bis heute mit frischen Früchten.

Im Laufe des 19. Jahrhunderts wurden die barocken Schmuck-Parterres im landschaftlichen Stil umgestaltet, die baulichen Anlagen, axialen Verbindungen und Sichtbeziehungen blieben jedoch erhalten. In den ersten Jahren des 20. Jahrhunderts präsentierte sich der Abtgarten wieder formal mit geschnittenen Kastanien, Buchskugeln, Rosenbeeten, Lindenalleen und bunt bepflanzten kreisrunden Schmuckbeeten.

Nach Ende des Zweiten Weltkrieges verliert das Kloster seine wirtschaftliche Grundlage und wurde zum Opfer einer verfehlten Politik, die auch die Gärten nicht verschonte. Die in Osek internierten Nonnen nutzten die Flächen des Konventgartens zum Obst- und Gemüseanbau, konnten sich der Pflege der historischen Substanz aber kaum widmen.

Die Gärten verwahrlosten zusehends. Nachdem das Kloster 1964 zum Kulturdenkmal ernannt wurde, begann die Staatliche Denkmalpflege in den 1970er Jahren mit groß angelegten Renovierungsarbeiten, die jedoch mit der Wende abrupt endeten und einen bis heute weitgehend ausgeräumten Abtgarten hinterließen. 1995 wurde das Kloster mit seinen Gärten zum Nationaldenkmal der Tschechischen Republik erhoben.

Der großartige architektonische Rahmen der barocken Gärten blieb trotz vieler Umgestaltungen und Vernachlässigung bis heute erhalten. Fehlende kontinuierliche Pflege führte jedoch in den vergangenen Jahrzehnten zum Verfall des gartenarchitektonischen Erbes. Vordringliche Aufgabe ist nun der Erhalt der historischen Substanz."
(www.kloster-projekte-osek.info/deutsch/d_gaerten.htm)

Wassersystem

Zum Klosterkomplex gehört auch ein wohl durchdachtes Wassersystem aus offenen Kanälen und Gräben, das der Wasserversorgung und Gartenbewässerung diente, und dabei die Gestalt des Areales wesentlich mitformte. Es wurde zur gleichen Zeit und im Zusammenhang mit den barocken Gärten angelegt. Das notwendige Wasser lieferten der in der Nähe vorbeifließende Osecký potok/Ossegger Bach (= Eulenbach) sowie im Klosterbereich selbst anstehende Quellen. Das Wasser wurde in mehreren Teichen gesammelt

Abb.: altes Wasser- becken

und durch ein ausgeklügeltes Grabensystem geführt – ein technisches Unikat und Beweis für die Fertigkeiten der Zisterziensermönche.

Leider ist von diesem Entwässerungssystem nur ein kleinerer Teil erhalten, der größere wurde im Jahre 1978 durch eine getrennte Abwasser- und Regenwasserkanalisation ersetzt. Heute bemühen sich die Mönche zusammen mit der Stadtverwaltung, Finanzen für die Rekonstruktion dieses technischen Denkmals zu besorgen.

Während die Klosterkirche und deren Vorplatz öffentlich zugänglich und auch unangemeldete Touristen hier immer willkommen sind, sollte man sich für einen Besuch der Gartenanlagen vorher anmelden.

Ulli-Uhu- Spiel

Dies gilt beispielsweise auch für Teilnehmer am Ulli-Uhu-Spiel der Grünen Liga Osterzgebirge. Hier im Kloster Osek/Ossegg gilt es, den Namen einer der häufigsten Apfelsorten der Region in Erfahrung zu bringen. Leider wurde die entsprechende Informationstafel vorm Klostereingang entwendet, aber die Angestellten der städtischen Tourismus-Information, gegenüber der Kirche, können Auskunft geben und drücken auch die zugehörigen Stempel in die Spielpässe der jungen Ulli-Uhu-Freunde.

Abb.: Linden an der Klos- termauer

Außerhalb der Klostermauern sind zwei eigenartig geformte, knapp 100jährige Linden als Naturdenkmal geschützt. Sicher wurden einstmals von Gärtnern die Zweige der noch jungen Bäumchen nach außen gespannt. Weitaus bekannter hingegen ist ein anderes Oseker Baumdenkmal (bzw. was davon noch übrig ist). Im Nordteil der Stadt befindet sich der Torso einer Eiche, die vermutlich viele hundert Jahre hinter sich hat. Eine vermutlich im Barock entstandene Legende über die Gründungszeit des Klosters Osek nimmt Bezug auf diesen denkwürdigen Baum. Die ersten Mönche hatten nach dieser Geschichte eigentlich diesen Platz für die Anlage ihres Klosters auserkoren. Doch eine hundertjährige Eiche stand ihnen im Wege. Aus Ehrfurcht vor der Schöpfung griffen die frommen Zisterzienser nicht zur Axt, sondern wählten einen neuen Bauplatz, das heutige Klostergelände. Die Eiche konnte weiter wachsen, Pilger verehrten den majestätischen Baum auf ihren Prozessionen, und selbst heute noch werden die hohlen Reste des denkwürdigen Naturdenkmales bewahrt.

Zisterzienser im Ost-Erzgebirge

Als der Meißner Markgraf immer mehr Siedler ins Land nördlich des Gebirges holen und dort immer mehr Boden urbar machen ließ, muss dies dem König von Böhmen zu denken gegeben haben. Als dabei auch noch Silber gefunden wurde und das erste „Berggeschrei" viele Leute ins „Obermeißnische Gebirge" (auch „Böhmischer Wald" genannt – der Begriff „Erzgebirge" kam erst viel später auf) zog, da war auch auf der Südseite rasches Handeln geboten.

Doch eine Erschließung des Gebirges von Süden her schien sehr schwierig zu sein. Wie eine Mauer ragt die Bergkette aus der Sumpflandschaft Nordböhmens, und die weiten, moorigen Kammebenen dahinter luden auch nicht gerade zur Gründung von Dörfern ein. Wollte man einen Fuß in die Tür bekommen und sich einen Anteil am erhofften Silbersegen sichern, brauchte man gute Ratgeber, wie das Unternehmen praktisch anzustellen sei. Die wahrscheinlich besten Experten jener Zeit in Sachen Bergbau, Landwirtschaft und Technik jeglicher Art waren die Zisterzienser.

Im 11. Jahrhundert hatten sich die kirchlichen Ordensorganisationen immer weiter vom ursprünglich einfachen, dem Glauben verpflichteten und mit eigener Hände Arbeit bestrittenen Lebensstil entfernt. Eine Rückbesinnung schien notwendig, und so wurde 1098 im Kloster Cîteaux (lat. Cistercium) ein neuer Mönchsorden gegründet. In der festgefügten Kirchenlandschaft Westeuropas Fuß zu fassen war allerdings nicht leicht, und so bot die in dieser Zeit an Fahrt gewinnende deutsche Ostexpansion gute Gelegenheit, in den nur dünn besiedelten Slawengebieten jenseits von Elbe und Saale neue Stützpunkte zu gründen. Den Fürsten wiederum waren die tatkräftigen Mönche sehr willkommen beim Ausbau ihrer Ost-Marken (Mark Brandenburg, Mark Lausitz, Mark Mähren, Mark Meißen u.a.). Ohne das umfangreiche Wissen (im ansonsten wenig wissensorientierten Mittelalter), ohne die Experimentierfreude und die daraus gewonnenen praktischen Erfahrungen der Zisterzienser wäre womöglich die Geschichte Mitteleuropas im 12./13. Jahrhundert anders verlaufen.

Auch der Meißner Markgraf Otto („der Reiche") hatte sich Mitte des 12. Jahrhunderts die Unterstützung durch den Zisterzienserorden gesichert für seine Besiedlungspläne des bis dahin von zahlenmäßig wenigen Slawen bewohnten „Gau Dalemince" (nördliches Erzgebirgsvorland). 1162 wurde im Zellwald bei der späteren Stadt Nossen das Kloster Altzella gegründet.

1196 folgte dann auf der böhmischen Seite des Gebirges das Kloster Ossegg, mit dem die in Prag herrschenden Přemysliden-Könige und ihre örtlichen Gefolgsleute vom Geschlecht der Hrabischitze in den Wettlauf um die Erschließung des Erzgebirges eintraten. Diese Erschließung war mit dem Bau von Burgen verbunden. Von böhmischer Seite her wurden im 13. Jahrhundert die ersten Befestigungen der Riesenburg, der Burgen Sayda (heute nicht mehr vorhanden), Purschenstein (Neuhausen) und Rechenberg vorangetrieben. Diese sollten den Einfluss auf die alten Handelswege sichern. Mindestens genauso wichtig war allerdings die Rodung des Miriquidi-Urwaldes, die Urbarmachung der Böden und die Ansiedlung von treuen Untertanen.

Ohne Bulldozer, Harvester und Traktoren standen die mittelalterlichen Kolonisatoren vor großen Problemen. Allein mit Äxten und Ochsengespannen den Wald zu roden hätte Jahrhunderte in Anspruch genommen. Einen entscheidenden Impuls gaben vermutlich die Zisterzienser, indem sie die Nutzung des Holzreichtums für die Glasherstellung empfahlen. Bäume gingen in Flammen auf, um daraus die nach damaliger Glasmacher-Technologie unerlässliche Pottasche zu gewinnen. Zurück blieben Rodungsinseln, die dann landwirtschaftlich genutzt werden konnten.

Gleichzeitig versuchten Erzwäscher in den Bachtälern und auf den Schwemmkegeln am Fuße des Gebirges ihr Glück. Auch beim aufkommenden Bergbau war der Rat der in solchen Dingen ebenfalls bewanderten Zisterzienser willkommen. Nicht zuletzt erwiesen sich die Mönche und ihre Äbte selbst als sehr geschäftstüchtig.

Hussitenüberfälle im 15. Jahrhundert und Reformation im 16. Jahrhundert beendeten die frühe Blütezeit der Klöster. Altzella verfiel, Osek/Ossegg hingegen konnte ab Anfang des 18. Jahrhunderts an seine alte Bedeutung für die Region anknüpfen.

Osecký rybník/ Neuteich   Am Westrand von Osek liegt der Osecký rybník/Neuteich. Der Teich diente einstmals als Wasserspeicher für die Strumpfmanufaktur von Osek, die 1697 auf Initiative eines Klosterabtes in Betrieb ging. Für das Waschen der Wolle waren beträchtliche Wassermengen erforderlich, die der kleine Ossegger Bach nicht immer liefern konnte. Heute befindet sich am Ufer des Gewässers ein kleiner Zeltplatz.

Naturdenkmal Salesiushöhe / Salesiova výšina (422 m)

Quarzit-Sandstein

Im früher Eichbusch genannten Waldgebiet westlich von Osek/Ossegg verbirgt sich eine spektakuläre Felswildnis, wie man sie wohl im Elbsandsteingebiet, aber kaum hier am Südfuß des Erzgebirges erwarten würde. Es handelt sich um harten Quarzit-Sandstein, der jedoch viel jünger ist als die kreidezeitlichen Sedimentgesteine des Elbtales und auch eine andere Entstehungsgeschichte hinter sich hat. Im Jungtertiär - der Kamm des Erzgebirges hatte sich bereits emporgehoben und das Nordböhmische Becken sich abgesenkt - lagerte hier ein von Norden kommender Fluss überwiegend grobe Sande ab, die die Verwitterung zuvor aus den Gesteinen des Erzgebirges gelöst hatte. Eingeschlossen wurden in den Sedimentfrachten auch Süßwassermuscheln. Später verfestigte Kieselsäure das Lockermaterial zu einem grobkörnigen Sandstein („Diagenese"). Der Kenner entdeckt an den Felsen fossile Abdrücke der erwähnten Muscheln.

bis zu 15 m hohe Fels-klippen

Im Umfeld der bis zu 15 m hohen Felsklippen sind zahlreiche grobe Blöcke verstreut. Zum Teil sehr alte Rot-Buchen und Trauben-Eichen, untergeordnet auch Winter-Linden und weitere Laubbäume, bilden einen außerordentlich strukturreichen Waldbestand. Das Kronendach ist allerdings überwiegend ziemlich dicht, der Waldboden mithin beschattet und die Krautschicht daher eher spärlich ausgebildet. Es dominieren anspruchslose und schattenertragende Arten wie Draht-Schmiele und Maiglöckchen. Allerdings zeigen an einigen Stellen Waldmeisterflecken, dass das vom tertiären Fluss hier abgelagerte Material durchaus heterogen in seiner Zusammensetzung gewesen sein muss.

Die Bäume am oberen Zugangsweg (der von der Straße Osek/Ossegg - Loučná/Ladung abzweigt) zeigen eine auffällige Stelzwurzligkeit. Offenbar wuchsen sie früher auf wenig verkieselten und daher verwitterungsanfälligen Felsblöcken und Sandhügeln, die ihnen später unter den Wurzeln weggespült wurden. Beigetragen hat dazu zweifellos das häufige Begängnis dieses beliebten Aus-

Abb.: Buche an der Sale-siushöhe

flugszieles. Übrig blieben bizarre Gestalten, und der Wanderer wundert sich bei manchem Baum, wie er dabei das Gleichgewicht halten kann.

Einer der ersten Naturfreunde, dessen Vorliebe für die Felsen unweit des Klosters Ossegg überliefert ist, war der Abt Salesius Krüger. Von 1834 bis 1843 hatte er das Amt inne, daneben machte er sich als Hobbyforscher um die Erkundung der Erzgebirgsnatur verdient. Damals allerdings gab es im Umfeld der Felsenstadt nur wenige und niedrige Bäume. Es bot sich ein schöner Ausblick auf die Klosteranlagen wie auch auf die Abhänge des Ost-Erzgebirges.

Braunkohle Unter dem Eichbusch und der Salesiushöhe lagert Braunkohle. Ende des 19./Anfang des 20. Jahrhunderts wurde diese in Untertage-Gruben abgebaut – bis zum großen Bergwerksunglück in der „Nelson"-Grube, als bei einer gigantischen Kohlestaubexplosion 144 Menschen ums Leben kamen.

Kohleabbau untertage war gefährlich – und wenig effektiv. In immer stärkeren Maße setzten sich Tagebaue durch. Diesen fielen viele Dörfer und noch mehr Natur zum Opfer. Auch Naturschutzgebiete wurden nicht verschont. Zum Beispiel das einstige Naturreservat Vršíček bei Bilina. Als dieses Ende der 1970er Jahre der Kohlegewinnung weichen musste, versuchte man zumindest, dessen Waldameisen zu retten. Eine Informationstafel unweit der Salesiushöhe macht den Wanderer darauf aufmerksam.

Naturlehrpfad Es handelt sich um eine von 10 Stationen eines Naturlehrpfades, die zu den interessantesten Natursehenswürdigkeiten rund um Osek führt. Leider sind die Tafeln alle nur in tschechischer Sprache abgefasst und darüber hinaus in einem sehr schlechten Zustand.

 # Čertova díra / Teufelsgrube

Der Naturlehrpfad überquert unweit der Salesiushöhe die Straße Osek/Ossegg – Loučná/Ladung und führt am Fuß des Špičák/Spitzenberges (662 m) zunächst nach Nordosten, dann in großem Bogen nach Nordwesten, dort am zunehmend steileren Hang des Osecký potok/Eulenbach entlang.

Unweit der Straßenüberquerung verbirgt sich hinter Gebüsch eine Gneiswand. Hier endet das Nordböhmische Becken, und das Ost-Erzgebirge beginnt.

geologische Verwerfung Es ist eine der wenigen Stellen, wo die große geologische Verwerfung des Erzgebirgs-Südabbruches auch am anstehenden Felsgestein sichtbar wird. Hier ist der Südteil des alten variszischen „Ur-Erzgebirges" mehrere hundert Meter in die Tiefe gerutscht, während der Nordteil angehoben wurde. Ersterer liegt heute unterhalb des Nordböhmischen Beckens, begraben von tertiären Sedimenten, zu denen unter anderem die Braunkohle gehört. Letzterer hingegen bildet das heutige Erzgebirge.

Silberbergwerk Rund 200 m weiter führt der Lehrpfad am Mundloch eines ehemaligen Silberbergwerkes vorbei. Auch hier in der Umgebung von Osek versuchten vor langer Zeit Bergleute ihr Glück, doch selbiges war ihnen nur selten hold. Mit dem 30-jährigen Krieg kam der Erzbergbau zum Erliegen, und auch ein erneuter Versuch am Ende des 19. Jahrhunderts brachte keinen Erfolg. Das unebene Terrain ist mit natürlichen Felsbildungen, großen Blöcken, Bergbauhalden und möglicherweise auch Überresten einer mittelalterlichen Burganlage sehr abwechslungsreich. In das offene Stolln-Mundloch kann man allerdings nicht vordringen – zuerst kommt Müll, dann schmutziges Wasser. Es gibt in der Gegend noch mehrere alte Stolln, die heute als Fle-

Fledermaus-Winterquartier dermaus-Winterquartiere von Bedeutung sind. Genutzt werden sie unter anderem von Wasserfledermaus, Braunem und Grauem Langohr sowie Großem Mausohr.

④ Riesenburg / Rýzmburk (Obří hrad)

Nordwestlich von Osek hat sich der Osecký potok/ Eulenbach ein tiefes, steiles Tal in den Abhang des Ost-Erzgebirges geschnitten. Die Sohle des Tales ist schmal, dennoch verlief hier über lange Zeit einer der Hauptwege hinauf nach Dlouhá Louka und weiter über den Erzgebirgskamm nach Norden. Zur Sicherung dieser Verkehrsachse ließ Anfang des 13. Jahrhunderts Boresch von Hrabi-schitz – in der Zeit Hofmarschall von König Wenzel I – hier eine große Burg errichten. Die Hrabi-

Hrabi-schitzer

schitzer waren damals ein mächtiges Adelsgeschlecht und beherrschten einen großen Teil Nordböhmens. Wie die Burg wahrscheinlich einmal ausgesehen hat, kann man an einem Modell beim Bahnhof Osek betrachten. Mächtig und trutzig muss die steinerne Wehranlage auf einem Felssporn über dem Tal gethront haben!

Mit der Festlegung der Grenze sowie dem Aufkommen von Kanonen verlor die Anlage im 16. Jahrhundert ihre militärische Funktion, und die neuen Besitzer zogen es vor, in ihrem neuen, modernen und repräsentativen Schloss in Dux zu wohnen anstatt in den kalten und finsteren Gemäuern einer mittelalterlichen Burg. Innerhalb weniger Jahrzehnte verfiel die mächtige Riesenburg, die in Böhmen zu den größten ihrer Art zählte!

Wer heute die Riesenburg besucht, braucht zunächst einige Phantasie, sich deren frühere Bedeutung zu vergegenwärtigen. Dichter Wald mit hohen Bäumen umgibt die Anlage – deren Abhänge früher selbstverständlich frei gehalten wurden von jeglichen Gehölzen, hinter denen sich irgendwelche Feinde hätten anschleichen können. Doch nach und nach erschließen sich

Rundgang zwischen den Ruinen

bei einem Rundgang zwischen den Ruinen die wirklich „riesigen" Dimensionen. Das Areal ist 250 m lang und fast 100 m breit. An der höchsten Stelle befindet sich der Rest eines dreistöckigen Palastes mit rechteckigem Grundriss. Ganz oben auf dem Mauerrand wächst noch etwas Wacholder. Die sehr lichtbedürftige Gehölzart war früher wahrscheinlich gar nicht selten. Aber seit ringsum überall dichter Wald aufwuchs, hat sie da oben eines ihrer letzten Refugien gefunden.

Aber Vorsicht!

Ein Weg führt zu den alten Mauern. Aber Vorsicht! Das Mauerwerk ist locker, zwischen den überwucherten Ruinen stecken nicht erkennbare Hohlräume, von den Mauerkanten geht es teilweise steil in die Tiefe, und es kommt auch vor, dass von oben Steine herunterpoltern.

Winter-Linde

Zu Füßen der Burg, in einer kleinen Weitung des Tales, befinden sich einige Häuser des Oseker Ortsteiles Hrad Osek/Riesenberg. Auch eine Streuobstwiese mit uralten, knorrigen Bäumen hat Platz gefunden. Besonders bemerkenswert ist eine ca. 300 Jahre alte Winter-Linde neben einer kleinen, 1721 errichteten Barock-Kapelle. Der Baum ist 22 m hoch, hat einen Stammumfang von rund 4 m und steht als Naturdenkmal unter Schutz.

 Wolfsgrund / Vlčí důl

Oberhalb der Riesenburg verzweigt sich das Tal in drei kleinere felsige Schluchten, die steil aufwärts steigen in Richtung Dlouhá Louka/Langewiese. Hier ist der Erzgebirgs-Südabhang besonders stark gegliedert. Holz-

naturnaher Buchenwald

nutzung ist in solchem Terrain mit großem Aufwand verbunden, und so war es möglich, dass sich hier über zweihundert Jahre ein naturnaher Buchenwald fast ungestört entwicklen konnte. Inzwischen zeigt dieser bemerkenswerte Wald bereits einige Merkmale eines Urwaldes. Vor allem

reichlich Totholz

gibt es reichlich Totholz und viele alte höhlenreiche Bäume. Dieser Wald gehört tatsächlich zu den eindrucksvollsten des Ost-Erzgebirges. Um ihn zu bewahren, wurden 1989 knapp 33 Hektar unter der Bezeichnung Vlčí důl/Wolfsgrund zum Naturschutzgebiet erklärt.

Es dominiert – erwartungsgemäß – die Rot-Buche. Aber auch viele weitere Baumarten sind vertreten: Berg-Ahorn, Eberesche, Esche, am Bach Schwarzerle. Die einstmals vorhandenen Weiß-Tannen sind schon vor langer Zeit den Luftschadstoffen zum Opfer gefallen, während die letzten verbliebenen Fichten sich allmählich etwas zu erholen scheinen. Bemerkenswert ist das Vorkommen der Hainbuche in über 600 Metern Höhenlage – auf der Nordseite des Erzgebirges steigt diese wärmeliebende Art nur selten über die 400-Meter-Grenze.

Neben den gewöhnlichen Buchenwaldarten (u. a. Purpur-Hasenlattich, Quirlblättrige Weißwurz) findet man in der Bodenflora Türkenbund-Lilie, Berg-Ehrenpreis, Haselwurz und Mondviole. In Bachnähe trifft man im zeitigen Frühjahr eine ungewöhnliche Pflanze – den Schuppenwurz.

Höhlenbrüter

Die Wälder oberhalb der Riesenburg sind wichtige Brutreviere verschiedener Vogelarten. Insbesondere Höhlenbrüter finden in den alten Bäumen viele Nistmöglichkeiten, Insektenfresser darüberhinaus einen reich gedeckten Tisch aufgrund des Totholzreichtums. Zu den typischen Waldvögeln zählen hier unter anderem Schwarz-, Bunt- und Grünspecht, Waldkauz, Hohltaube, Habicht sowie Trauer- und Grauschnäpper. Baumhöhlen nutzt auch ein kleines Nagetier - die Haselmaus. Der aufmerksame Wanderer kann Hirsch, Reh, Rotfuchs und Eichhörnchen begegnen, seltener lassen sich Wildschwein, Dachs oder Baummarder blicken. Insgesamt sind hier 35 Wirbeltierarten zu Hause.

Osecký potok/ Eulenbach

Interessant ist auch der Bach, der das Tal durcheilt, der Osecký potok/Eulenbach. Er wurde niemals wesentlich reguliert und konnte bis heute den Charakter eines wilden Bergbaches behalten, mit zahlreichen Kaskaden, aber auch kleinen Kolken und Tümpeln.

Naturdenkmal Vrása

Entlang des rot markierten Waldweges oberhalb der Riesenburg kann man an den angeschnittenen Gneisfelsen deren Schieferung (geologisch exakter: „Textur") studieren. Noch eindrucksvoller ist jedoch das Naturdenkmal Vrása („Falte") etwas oberhalb. Wo der rot markierte Weg auf den blauen Talweg mündet, zweigt rechts ein kleiner, nicht gekennzeichneter Waldpfad ab und führt zu diesem Gneisfelsen. Für Geologen ist es einer der

Abb.:
geologisches
Naturdenk-
mal Vrása

bedeutendsten Geotope des tschechischen Ost-Erzgebirges. Aber auch der Laie kann sich hier mit etwas Phantasie eine Vorstellung davon verschaffen, wie heiß es einst hergegangen sein muss in den Tiefen der Erdkruste, welche Drücke gewirkt haben müssen, um ein Gestein in solche Falten zu legen!

Das Felsengebilde „Vrása" ist ca. 25 m breit und 8 m hoch und besteht aus feinkörnigem Biotitgneis.

Seit dem Jahre 1986 steht das wertvolle Zeugnis der Erdgeschichte als Naturdenkmal unter Schutz.

Der Felsen befindet sich auf einem Hangrücken, und es gibt hier sogar eine Art „Gipfelbuch". In der Umgebung wächst ein etwas ausgehagerter, bodensaurer Buchenwald mit absterbenden Fichten. Einige Schritte östlich des Geotops bietet sich eine schöne Aussicht auf den Stropník/Strobnitz. Im Oktober leuchtet der bewaldete Hang in herrlichen herbstbunten Farben.

....

 ## Dlouhá Louka / Langewiese

„Haupt-
straße"
nach
Meißen

Nicht viele Dörfer haben Platz gefunden am steilen Südabhang des Ost-Erzgebirges. Vermutlich die Zisterzienser ließen hier, an der „Hauptstraße" nach Meißen, den Wald roden und den Boden unter Pflug nehmen. Die Steinrücken auf der Flur von Langewiese zeugen von der einstigen ackerbaulichen Nutzung der Hanglagen. Doch Getreide- und Kartoffelanbau gehören offenbar schon lange der Vergangenheit an. Sicher hat von Anfang an auch die Viehwirtschaft eine große Rolle gespielt. Von hier aus soll z. B. die Versorgung des Klosters mit Butter erfolgt sein. Entsprechend muss es auch schon frühzeitig Grünland gegeben haben, was sich auch im Namen des kleinen Ortes widerspiegelt.

Wiesen

Die heutigen Wiesen unterscheiden sich von denen früherer Zeiten ganz beträchtlich. Nachdem die Flächen in der zweiten Hälfte des 20. Jahrhunderts ziemlich intensiv bewirtschaftet wurden, lagen die meisten nach 1990 anderthalb Jahrzehnte brach. Auf vielen Wiesen breiteten sich dichte Teppiche weniger Grasarten aus und verdrängten nahezu alle Wiesenblumen. Im günstigsten Fall bildeten sich Dominanzbestände von Bärwurz und Wiesen-Knöterich, wie etwa unterhalb der „Panorama-Baude".

Ulli Uhu

Diese kleine Pension ist eine weitere Station des Naturlernspieles „Ulli Uhu entdeckt das Ost-Erzgebirge". Eine von der Grünen Liga angefertigte Informationstafel erklärt den Panorama-Blick. Ulli-Uhu-Spieler müssen den Namen eines der Gipfel im Böhmischen Mittelgebirge herausfinden.

Wolfsberg   Der Vlčí hora/Wolfsberg (891 m üNN) befindet sich ca. 600 m nordwestlich
von Dlouhá Louka/Langewiese und bildet eine flache Gneiskuppe auf dem
Erzgebirgskamm. Inzwischen ist die vorher kahle Erhebung wieder bewaldet, doch an einem 2006 errichteten, 40 m hohen Funkmast wurde außen
bis in 15 m Höhe eine Wendeltreppe mit Aussichtsplattform angebracht,
umfassende   die eine umfassende Rundsicht bietet. Besonders eindrucksvoll bieten sich
Rundsicht   die Fluren von Dlouhá louka dar mit ihren hangparallelen Steinrücken-Ge-
hölzstreifen. Der Erzgebirgskamm bzw. die Wasserscheide liegt oberhalb
des Dorfes bei 872 m üNN.

Stropník / Strobnitz (855 m)

*Abb.: Blick vom Stropnik im Winter
2006, das Nordböhmische Becken
von dichtem Nebel verhüllt.*

Der Stropnik ist einer der eindrucksvollsten Berge des Ost-Erzgebirges.
Der ansonsten relativ geradlinig verlaufende Erzgebirgskamm formt hier
eine markante „Ausstülpung". Der Kamm ragt an dieser Stelle weit nach
Südosten hinaus, wobei der Stropnik die vorderste Hangkante bildet. Da
Berghang   der Gebirgsfuß – also die Grenze zwischen Erzgebirge und Nordböhmi-
hier beson-   schem Becken – diese „Ausstülpung" nicht mit vollzieht, ist der Berghang
ders steil   hier besonders steil. Vom Stropnik-Gipfel bis zum Bahnhof Osek fällt das
Terrain 500 Höhenmeter ab – und dies auf 2 km Luftlinie! Dies lässt den
Berg von unten sehr mächtig wirken, von Osek aus erscheint das Erzgebir-
ge fast wie ein Hochgebirge.

Der Gipfel selbst ist gut zugänglich. Vom Kammplateau aus steigt das Gelände nur wenig an, was einen Abstecher für Radler oder Skiläufer unbedingt empfehlenswert macht. Gneisfelsen durchragen den Hang direkt am
Gipfel wie auch am Wanderweg an seiner Nordflanke („Skalní vyhlad").
hervor-   Wegen der Kamm-"Ausstülpung" und der exponierten Position der Felsen
ragende   bietet sich hier eine im doppelten Sinne hervorragende Aussicht – wie
Aussicht   wohl nirgends sonst im Ost-Erzgebirge. Das, was beispielsweise dem Besucher am viel bekannteren Bouřňák/Stürmer verborgen bleibt, eröffnet
sich hier: man kann bis nach Chomutov/Komotau und zum Doupovské
hory/Duppauer Gebirge sehen. Klare Sicht vorausgesetzt, doch die gibt es
nicht allzu häufig in der immer noch viel zu abgasreichen Luft über dem
Nordböhmischen Becken. Bei guten Sichtverhältnissen bleiben einem aber

auch die Narben der Landschaft nicht verborgen: die riesige Chemiefabrik bei Litvínov, die Kraftwerke und die umfangreichen Tagebaue bei Jirkov. Dennoch: **Ein Besuch des Stropnik gehört zu den eindrucksvollsten Landschaftserlebnissen!**

Gneis

Die Felsen auf dem Gipfel sind bis zehn Meter hoch und erstrecken sich über eine Fläche von ca. vierzig mal zweihundert Metern. An diesen Felsen sind die Strukturen des Gneises gut sichtbar. Es treten hier schwach rekristallierte Paragneise auf, die zu stark rekristallisierten übergehen. Die Rekristallisierung zeigt sich an der Vergröberung aller Mineralbestandteile (vor allem Feldspate) und deshalb auch an relativ heller Färbung.

Der Erzgebirgsabbruch

Vom alten Erzgebirgssattel des Variszischen Gebirges – dem „Ur-Erzgebirge" – hatten lange Zeiten der Erosion nicht mehr viel übrig gelassen als eine mehr oder weniger flache, etliche Kilometer dicke Gesteinsplatte aus Gneisen, Phyllit, Granit, Quarz- und Granitporphyr sowie zahlreichen weniger häufigen Gesteinen. Die Erdkruste im Gebiet des heutigen Mitteleuropa lag weit abseits der tektonisch aktiven Zonen. Neue Berge konnten damit während des gesamten Erdmittelalters hier nicht entstehen. In der Kreidezeit, vor rund 100 Millionen Jahren, überspülte zeitweilig sogar das Meer diese Fast-Ebene.

Doch dann setzte allmählich wieder eine stärkere Bewegung der Kontinentalplatten ein. Afrika begann gegen Europa zu drängen. Die Sedimentpakete am Grunde des Tethysmeeres (dessen Rest das heutige Mittelmeer bildet) wurden zusammengeschoben und gefaltet. Stück für Stück hoben sich die Bergketten der Alpen über den Meeresspiegel. Auch an vielen anderen Stellen der Welt, im Kaukasus, im Himalaya und in den Kordilleren, begannen sich während Kreidezeit und Tertiär die heutigen Hochgebirge zu formen.

Die Gebiete nördlich der Alpen gerieten ebenfalls zunehmend unter Druck. Doch die dicke Platte aus harten Gesteinen, die vom Variszischen Gebirge übrig geblieben war, verhielt sich ganz anders als die flexiblen Sedimentpakete vom Grunde des Tethysmeeres. Seitlicher Druck führte hier nicht zur Faltung wie bei einem zusammengeschobenen Teppich, sondern zur zunehmenden Aufwölbung – vergleichbar mit einem Sperrholzbrett zwischen den Klauen einer Schraubzwinge, die nach und nach weiter zusammengedreht wird. Immer höher hob sich der zentrale Bereich des lange zuvor eingeebneten Ur-Erzgebirges – bis die spröde Gesteinsplatte in der Mitte auseinanderbrach!

Dies geschah in der Mitte des Tertiärs, vor ungefähr 23 Millionen Jahren. Dabei war es nicht ein einziger langer Bruch, sondern eine ganze Reihe solcher Risse („Verwerfungen" in der Geologensprache), die die Region durchzogen. Und natürlich passierte dies auch nicht über Nacht, sondern erstreckte sich über mehrere Millionen Jahre. Das Ergebnis war eine deutliche Teilung in zwei völlig unterschiedliche Schollen:

Der Nordteil stellte sich schräg und wurde in die Höhe geschoben, der Südteil im Gegenzug wurde nach unten gedrückt. Aus ersterem wurde dann das heutige Erzgebirge, letzteres bildete fortan den so genannten Egertalgraben, zu dem im geologischen Sinne auch das Nordböhmische Becken gehört. Zwischen Erdkruste und Erdmantel blieb die zusätzliche Masse der herabgedrückten „Ur-Erzgebirgs-Südhälfte" nicht ohne Folgen. Der Überdruck führte dazu, dass aufgeschmolzenes Gestein im Gegenzug über Spalten und Klüfte bis zur Erdoberfläche aufstieg. Vulkane brachen aus und schleuderten Asche über das Land. Basaltlava trat aus und bildete Deckenergüsse, anderes Magma erstarrte innerhalb der obersten Krustenschichten zu Klingstein-Felsen („Phonolith"). Nachfolgende Abtragung formte daraus eine der reizvollsten Landschaften Mitteleuropas: Das Böhmische Mittelgebirge/ČeskéStředohoří.

Weit über 1000 Meter muss der Höhenunterschied zwischen der Sohle des Nordböhmischen Beckens und dem Erzgebirgskamm einmal betragen haben. Doch gleichzeitig mit dem Entstehen von Bergen setzt auch sofort wieder deren Vergehen ein. Die Erosion hat schon wieder etliche hundert Meter oben abgetragen und (zumindest teilweise) in den Senken des Egertalgrabens einschließlich des Nordböhmischen Beckens abgelagert.

Wer sich heute von Süden her dem Ost-Erzgebirge nähert, ist beeindruckt von der steil aufstrebenden Erzgebirgswand. In 10 oder 20 Millionen Jahren wird davon nicht mehr viel übrig sein. Falls nicht Afrika abermals mit größerer Heftigkeit gegen Europa drängt.

 Domaslavické údolí / Deutzendorfer Grund

Buchen-
wäldern

Zu den am besten erhaltenen Buchenwäldern gehören die im oberen Tal des Domaslavický potok/Deutzendorfer Bach. Seit 1992 stehen davon 60 Hektar unter Naturschutz. Doch dieses Přírodní památka/Naturdenkmal umfasst nur einen Teil des wertvollen Gebietes. Die tschechischen Naturschutzbehörden bemühen sich derzeit, auch das obere Nebental Havraní údolí/Rabental mit hinzuzufügen.

An den steilen Hängen zeigt sich die typische Waldvegetation in ihrer gesamten Abfolge von bodensauren Hainsimsen-Buchenwäldern (an den nährstoffärmeren Oberhängen) über reichere Waldmeister-Buchenwälder und Hangschuttwälder (an besonders steilen Abschnitten) bis hin zu einem artenreichen Streifen Erlen-Eschen-Bachauenwald auf der schmalen Talsohle.

Boden-
vegetation

Vorherrschende Baumart ist natürlich die Rot-Buche, gefolgt von Berg-Ahorn, Esche, Fichte und Hänge-Birke (vor allem auf den ehemaligen Kahlschlägen). Auch einige Berg-Ulmen sind noch zu finden. Die nährstoffärmeren Oberhänge und weniger gut durchfeuchteten Hangrücken werden in der Bodenvegetation durch anspruchslosere Pflanzen charakterisiert, vor allem Draht-Schmiele, Purpur-Hasenlattich, Schattenblümchen, Mauerlattich, Heidelbeere und Wolliges Reitgras. Typische Arten der nährstoffreicheren Buchenwälder sind hingegen der namensgebende Waldmeister, Wald-Bingelkraut, Wald-Veilchen, Süße Wolfsmilch, verschiedene Gräser (Wald-Flattergras, Wald-Schwingel, Nickendes Perlgras) und Farne (Männlicher Wurmfarn, Frauenfarn, Buchenfarn). Im zeitigen Frühling grüßt der rosa blühende und weithin duftende Seidelbast, im Sommer dekorieren die purpurroten Blüten der Türkenbundlilie den Wald.

Kahlschläge   Auf den ehemaligen Kahlschlägen und überall, wo sonst noch genügend Licht den Boden erreicht, bildet sich eine Schlagflora aus. Offenen Boden benötigen konkurrenzschwache Arten, beispielsweise Wald-Ruhrkraut und Echte Goldrute. Je nach Nährstoff- und Wasserangebot setzen sich in der weiteren Entwicklung unterschiedliche Pflanzen durch. Anspruchsloses Wolliges und Land-Reitgras können dichte Teppiche bilden und nahezu alle anderen Mitbewerber ausschalten. Nur der Rote Fingerhut mit seinen grossen purpurnen Blüten vermag sich hier durchzusetzen. Andererseits finden sich an feuchteren Stellen bunte Blütenmischungen von Fuchs-Kreuzkraut, Buntem Hohlzahn, Schmalblättrigem Weidenröschen und gelegentlich Nesselblättriger Glockenblume. Nach einigen Jahren setzt sich dann meistens Himbeergebüsch durch, bevor auch dieses von den gepflanzten oder sich natürlich ansiedelnden Bäumen überwachsen wird.

Bachaue   Besonders üppig ist die Pflanzenwelt der Bachaue. Vor allem Hasel, aber auch Schneeball, Holunder und andere Gehölze bilden hier eine schöne Strauchschicht aus. Direkt am Bachufer wachsen unter anderem Weiße Pestwurz, Rauhaariger Kälberkropf und beide Milzkräuter. Sumpfige Mulden sind das Habitat von Wald-Schachtelhalm, Hain-Gilbweiderich, Sumpfdotterblume und Hain-Sternmiere. Teilweise wachsen hier auch artenreichere Staudenfluren mit Alpen-Milchlattich, Echtem Baldrian, Mädesüß, Wolligem Hahnenfuss, Echtes Springkraut, Wald-Ziest und Riesenschwingel. Weitere Arten, die auch auf die unteren Talhängen übergreifen, sind Mondviole, Großes Hexenkraut, Goldnessel, Gefleckte Taubnessel sowie Platanenblättriger Hahnenfuß. Weithin wahrzunehmen ist im Frühling der Geruch des Bär-Lauchs.

60 Wirbel-
tierenarten   Auch die Fauna ist sehr artenreich. Mehr als 60 Wirbeltierenarten wurden nachgewiesen, von denen 15 unter besonderem Schutz stehen. Zu diesen gehören: Schwarzstorch, Waldschnepfe, Raufußkauz, Bartfledermaus und andere. Die Wirbellosen sind mit fast 30 Laufkäferarten, 12 Ameisenarten und mehr als 40 Weichtierarten (z. B. *Platyla polita, Semilimax kotulae, Pseudofusulus varians*) vertreten.

Unterhalb vom beschaulichen Dorf Domaslavice ist dem Bach dann sein natürlicher Charakter genommen worden – wie fast allen anderen Gewässer des Nordböhmischen Beckens auch.

Ziele in der Umgebung

⑨ Duchcov / Dux

Dux ist wahrscheinlich schon im 11. Jahrhundert entstanden. Umgeben war es zunächst von Sümpfen, die aber nach und nach zu einer vielgestaltigen Teichlandschaft umgewandelt wurden.

Nach der Zerstörung im 30-jährigen Krieg wählte das einflussreiche Adelsgeschlecht der Waldsteins den Ort für ein repräsentatives Barockschloss.

Mit einer Erweiterung im Jahre 1707 entstanden auch die Barockgärten. Seine heutige klassizistische Gestalt bekam das Schloss in den Jahren 1812–1818. Im 18. Jahrhundert lebte hier der berühmte Schrifsteller und Diplomat Giacomo Casanova.

Im 19. Jahrhundert entwickelte sich Dux mit dem Bau der Eisenbahn zum Verkehrsknoten. Gleichzeitig begann in der Umgebung auch die Braunkohlegewinnung im Tagebaubetrieb. Im 20. Jahrhundert fielen zahlreiche Dörfer der Umgebung dem Kohleabbau zum Opfer. Wie die Großstadt Most/Brüx war auch die Existenz von Duchcov/Dux bedroht. Einige Gebäude wurden bereits abgebrochen (z. B. ein Barockspital im Schlosspark im Jahre 1959), doch hat die geschichtsträchtige Stadt überlebt. Gleich hinter dem südwestlichen Stadtrand beginnt heute der Tagebau- und Kippenraum. Die innere Stadt ist dagegen als Kulturdenkmal geschützt.

Der Kohleabbau hat nicht nur zu direkten Landschaftszerstörungen geführt, sondern auch in weitem Umkreis den Wasserhaushalt verändert. Um so bemerkenswerter ist der Erhalt der kleinen Teiche nordwestlich von Duchcov mit schönen Erlen- und Weidenbeständen. So ähnlich muss die Landschaft vor hundert Jahren in großen Teilen des Nordböhmischen Beckens ausgesehen haben. In jedem Fall lohnt sich eine Wanderung von Duchcov nach Osek – wegen der Teiche, aber auch wegen des Blickes auf die steil aufragende Erzgebirgswand.

Quellen

(1997): **Naučná stezka přírodou a dějinami Oseka**, NIS, Teplice

Kaulfuß, Wolfgang (ohne Jahr): **Von Dresden nach Nordböhmen**, Exkursionsführer (Broschüre TU Dresden)

Kuncová, J. a kol. (1999): **Chráněná území ČR – svazek Ústecko**, Agentura ochrany přírody a krajiny ČR, Praha.

Krutský, N. (red.) (1996): **800 let kláštera Osek**, Jubilejní sborník, Osek

Krutský, N. (2004): **Zahrady kláštera Osek**, Spolek přátel kláštera Osek, Osek

Malkovský, M. a kol.(1985): **Geologie severočeské hnědouhelné pánve a jejího okolí**, Ústřední ústav geologický, Praha

Schovánek, P. (red.) (2004): **Vysvětlivky k základní geologické mapě České republiky** 1:25000,

02–321 Dubí, 02–143 Cínovec, **Česká geologická služba**, Praha

Vondra, J. (2007): **Osek: historie města**, Město Osek

www.duchcov.cz

www.kloster-projekte-osek.info

www.osek.cz

Erzgebirgshänge
zwischen Krupka / Graupen und Nakléřovský průsmyk / Nollendorfer Pass

Text: František Kraus, Krupka; Jan Kotěra, Teplice;
Vladimír Čeřovský, Ústí nad Labem;
Gabriela Ruso; Jens Weber, Bärenstein
(mit Hinweisen von Werner Ernst, Kleinbobritzsch)

Fotos: Raimund Geißler, Bernd Kafurke, Uwe Knaust,
Rudolf Stets, Jens Weber

Passwege, Zinnbergbau, Mineralquellen
Buchenwälder, Bergwiesen, Bergbauhalden
Birkhuhn, Zwergschnäpper, Wasseramsel

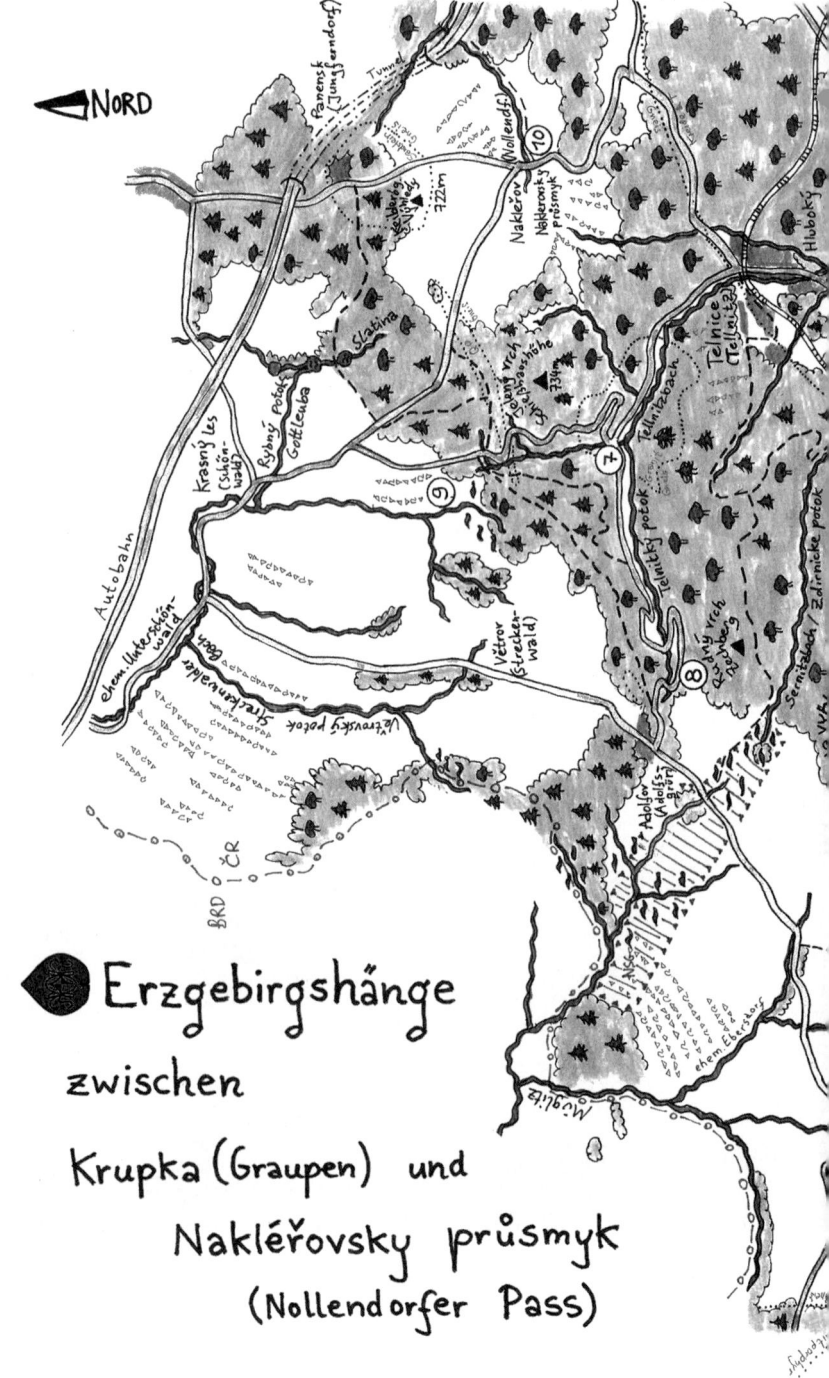

NORD

Erzgebirgshänge

zwischen

Krupka (Graupen) und

Nakléřovsky prúsmyk
(Nollendorfer Pass)

0   1km   2km   3km   4km   5km

Naturschutz-gebiet NSG

Kreide & T = Kreide und Tertlarsedimente

△▽△▽△▽ Steinrücke

Eisenbahn außer Betrieb

1. Komáří vížka / Mückentürmchen
2. Liščí vrch / Klösenberg (776 m)
3. Kyšperk / Geiersburg
4. Schaustolln „Starý Martin" / „Alter Martin"
5. Altstadt Krupka / Graupen und Rosenburg
6. Bohosudov / Mariaschein

7. Telnické údolí / Tellnitzer Tal
8. Tellnitzer Skipisten
9. Feuchtgebiete und Steinrücken bei Krásný Les / Schönwald
10. Nakléřovský průsmyk / Nollendorfer Pass (685 m)
11. Dubí / Eichwald
12. Teplice / Teplitz

Die Beschreibung der einzelnen Gebiete folgt ab Seite 710

Landschaft

Schöne Natur kombiniert mit reicher Geschichte, steile Berghänge mit historischen Bergbauzeugnissen, abgelegene Wälder einerseits und touristische Infrastruktur andererseits - dies macht die Umgebung von Krupka zu einem besonders attraktiven Ausflugsziel.

Komáří hůrka / Mückenberg

Zwischen 700 und 800 m über dem Meeresspiegel liegt der Kamm an der östlichen Erzgebirgsflanke (Nakléřovský průsmyk/Nollendorfer Pass 690 m üNN; Komáří hůrka/Mückenberg 807 m üNN). Wer sich von hier oben hinab begibt nach Krupka/Graupen, weiß den Luxus des längsten tschechischen Sesselliftes zu schätzen, der vom Ortsteil Bohosudov/Mariaschein (326 m üNN) wieder hinauf führt zum Mückentürmchen. Sogar Fahrräder werden transportiert, was zunehmend auch die Freunde der Trendsportart „Downhillbiking" entdecken.

Vom Mückenberg bietet sich einer der schönsten Rundblicke über das östliche Ost-Erzgebirge. Dies verdankt das beliebte Wanderziel einer rund 50 m herausgehobenen Position gegenüber der Kammhochfläche. Die westlichen Nachbarn Lysá hora/Kahler Berg (836 m üNN) und Cínovecký hřbet/Zinnwalder Berg (881 m üNN) ragen zwar noch deutlich höher auf, bieten aber keine markierten Wanderwege zu ihren Kuppen – und auch keine weithin wahrnehmbare Bergbaude. Die Berge am Erzgebirgskamm nordöstlich des Mückentürmchens hingegen übersteigen das Kammplateau nur wenig. Nichtsdestoweniger bilden sie die Abbruchkante der Erzgebirgsscholle, die vom Südosten her sehr eindrucksvoll aufsteigt. Dies gilt u. a. für Liščí vrch/Klösenberg (776 m), Supí hora/Geiersberg (694 m), Na vyhlídce/Schauplatz (794 m), Rudný vrch/Zechberg (796 m) und Nakléřovská výšina/Nollendorfer Höhe (704 m).

Abbruchkante der Erzgebirgsscholle

Auch wenn am Ostrand des Erzgebirges der Kamm nicht mehr die Höhen erreicht wie in den weiter westlich anschließenden Bereichen, so sind die landschaftlichen wie klimatischen Kontraste gegenüber dem Gebirgsfuß hier kaum weniger groß. Die Höhendifferenz zwischen Komáří hůrka/Mü-

klimatische Kontraste

ckenberg und Bahnhof Bohosudov/Mariaschein beträgt 600 m – auf vier Kilometern Luftlinie. Auf reichlich zehn Kilometer nähert sich die Elbe bei Ústí/Aussig dem Erzgebirge. Mit nur 130 bis 150 m üNN und dank der geschützten Lage ist dort das Klima außerordentlich mild. Die Temperaturen zwischen Mückenberg und Nollendorfer Pass gehen zwar in der Regel auch nicht so tief in den Keller wie etwa in den Frostmulden von Moldava/Moldau oder Fláje/Fleyh, und die Jahresniederschläge bleiben deutlich unter der 1000-Liter-Marke. Allerdings hat der kalte, nasse „Böhmische Nebel" den östlichen Erzgebirgskamm überdurchschnittlich oft im Griff, wenn Wind aus südwestlicher Richtung die Luft aus dem Nordböhmischen Becken hier zum Aufsteigen zwingt.

Telnický potok/Tellnitzer Bach

Zu den schönsten Gebieten des Ost-Erzgebirges gehört das tiefe Tal des Telnický potok/Tellnitzer Baches im Nordosten des Gebietes. Seine West-Ost-Fließrichtung hat hier sehr heterogene Standortbedingungen geschaffen.

Granitgneise

Das Grundgestein in diesem Bereich bilden überwiegend verschiedene Gneise, wobei vielerorts die Übergänge zu massigen („ungeschieferten") Graniten fließend erscheinen. Solche Granitgneise sind durch die spätere Umwandlung eines bereits im Präkambrium (wahrscheinlich vor ca. 550 Millionen Jahren) zu Granit erkalteten Magmas entstanden.

Im Tellnitzer Tal steht auf ca. einem halben Quadratkilometer Granit an, dessen Magma im Oberkarbon aufgedrungen und erkaltet ist.

Ausläufer des Elbsandsteingebirges

Ausläufer des Elbsandsteingebirges (Výhledy/Keiblerberg bei Nakléřov/Nollendorf, Stěna/die Wand zwischen Telnice/Tellnitz und Knínice/Kninitz) zeugen davon, dass das Kreidemeer vor 100 bis 85 Millionen Jahren auch hierher vorgedrungen war. Mit dem Anheben der Erzgebirgsscholle setzte vor 25 Millionen Jahren auch die Abtragung des entstehenden Erzgebirgskammes ein, wobei zuerst der Sandstein abgetragen wurde. Das Erosionsmaterial sammelte sich seither im Nordböhmischen Becken. Verborgen darin ist auch zwischen Teplice/Teplitz und Ústí/Aussig Braunkohle, die in den letzten Jahrzehnten in Tagebauen gefördert wurde. Gleichzeitig drängte Basaltlava an die Erdoberfläche und bildete nicht nur das Böhmische Mittelgebirge, sondern auch hier direkt am Fuße des Erzgebirges einige Hügel (Jedlová hora/Tannichberg bei Bánov/Bohna; Horka-Berg bei Chlumec/Kulm).

Metallminerale

Schwemmsand

Bei der lang andauernden Verwitterung lösten sich auch die Metallminerale aus dem Gesteinsverband. Das Bachwasser trug die Erzkörner, wegen ihres hohen spezifischen Gewichtes, nicht allzu weit vom Ort ihrer Entstehung fort. Sie reicherten sich im Schwemmsand an, wo die Bäche das Gebirge verlassen, mithin an Geschwindigkeit und Transportkraft verlieren. Zinnkristalle zu Füßen des Mückenberges in großer Menge und Reinheit waren der Ausgangspunkt für einen jahrhundertelangen, intensiven Bergbau in diesem Gebiet, wo die Bergstadt Krupka/Graupen entstand. Die typische Kristallform nannten die Bergleute „Graupen".

Wie in Graupen Zinn gefunden wurde

Einst vor langer Zeit, an einem herrlichen Frühjahrstage, stieg ein Wanderer in die Berge nördlich von Teplitz hinauf. Er beobachtete die Blumen nicht, die ringsum blühten, auch die Stimmen der Vögel weckten in ihm kein Interesse – er stieg nur höher und höher. Plötzlich sah er im Gras einen unbekannten Gegenstand. Es war ein langer, glänzender Barren, der einfach aus der Erde wuchs.

Überrascht trat der Mann näher und begann, den Fund aufmerksam zu untersuchen. „Das muss bestimmt Silber sein!", sagte er sich. Er brach den Barren ab und eilte zurück nach Teplitz. Just zu dieser Zeit weilte hier gerade Königin Judita, die Gründerin des Teplitzer Klosters. Ihr brachte der Wanderer seinen Fund. Auch die Königin war sehr überrascht und zog einige Fachleute hinzu, den Fund zu begutachten.

Silber hatte er nicht gefunden, wohl aber reinstes Zinn. Mit drei Silberlingen wurde er entlohnt und sollte die Stelle zeigen, wo er den Barren gefunden hatte. Unverzüglich machte er sich mit den Bediensteten der Königin auf den Weg. Sie fingen an der gezeigten Stelle zu graben an, und bald offenbarte sich ein mächtiger Zinnerzgang.

Mit großer Freudigkeit kehrten sie zurück zur Königin. Die gute Nachricht verbreitete sich schnell und lockte viele Leute an. Das Erz in diesem Gebiet trat in so genannten „Graupen" auf (tschechisch: krupka), und so entstand auch der Name der später gegründeten Ortschaft.

Quelle: Mrázková, D.: Krupské pověsti, Krupka 2004

Zinnberg-bau	Wie genau der Graupener Zinnbergbau vor 800 Jahren seinen Anfang nahm, liegt im Dunkeln der Geschichte. Keine wirklichen Fakten sind überliefert – bis plötzlich das englische Zinn-Monopol zusammenbrach. Bis dahin hatten nur die Bergwerke in Cornwall und Devonshire Zinn nach Deutschland und ins restliche Europa geliefert. Plötzlich erschienen aber beträchtliche Mengen böhmischen Zinns auf dem Metallmarkt in Köln, noch dazu von guter Qualität! Und von Jahr zu Jahr wurde es mehr.
	Anfangs wurde das Zinn in den besagten Schwemmsandablagerungen der Bergbäche geseift. Die Bergleute legten kleine Dämme und Gräben an und ließen fließendes Wasser die Sedimente durchspülen. In flachen Schüsseln wurde dann das schwerere Zinn von den leichteren Bestandteilen getrennt.
Zinngewin-nung durch Seifen	Die Zinngewinnung durch Seifen gelangte aber bald an ihre Grenzen, die Vorräte in den Bachsanden waren schon nach einigen Jahrzehnten weitgehend erschöpft. Die Bergleute versuchten sich daraufhin an den oberflächennahen Felsblöcken. Dabei suchten sie auch in der weiteren Umgebung nach neuen Zinnerzvorkommen und stießen im 15. Jahrhundert auf die Lagerstätten von Zinnwald und Altenberg. Vermutlich schon etwas früher setzte der Bergbau am Rudný vrch/Zechberg bei Telnice ein. Doch die dortige Ausbeute an Eisen, Kupfer, Blei und Silber blieb zu allen Zeiten eher bescheiden.
Mücken-berg	Zur selben Zeit begannen Bergleute, am Mückenberg in die Tiefe vorzudringen. Neben Zinnerz wurden in der Umgebung von Krupka zu verschiedenen Zeiten auch Silber-, Blei-, Kupfer-, Wismut-, Wolfram-, Molybdän- und weitere Erze gefördert..

Anfang des 19. Jahrhunderts gab es in Graupen drei Schmelzhütten und elf Pochwerke. 30 Gruben waren zu dieser Zeit in Betrieb. Nach dem zweiten Weltkrieg ging die Zinn- und Wolframförderung zu Ende, kurz danach der Abbau von Molybdänerz und Feldspat. In der zweiten Hälfte der 1950er Jahre wurde auch die Fluorit-Förderung eingestellt.

Bergbau-halden

Schauberg-werk

Heute erinnern vor allem noch die vielen, teilweise unübersehbar großen Bergbauhalden rund um den Ortsteil Horní Krupka/Obergraupen an die lange Montangeschichte des Mückenberges. Der „Alte Martin-Stolln" wurde zum Schaubergwerk hergerichtet und bietet Besuchern einen kleinen Einblick in die einstige Arbeit untertage. Allerdings: welche Mühsal der Bergbau bedeutete, dies kann man sich in einem solchen Schaustolln nur sehr schwer vorstellen. Eng, finster, stickig und nass waren die Gänge, in denen die Bergleute früher tagein, tagaus, ihr ganzes (meist kurzes) Leben lang hart arbeiteten.

Grenzüber-schreitende Bergbau-lehrpfad

In Krupka beginnt der im Jahr 2000 eröffnete Grenzüberschreitende Bergbaulehrpfad, der über Dubí/Eichwald, Cínovec/Zinnwald und Altenberg nach Geising führt. Zu seinen Stationen gehört der historische Stadtkern von Krupka, die Burg, das Museum und das Bergwerk „Alter Martin". Der Lehrpfad führt entlang zahlreicher Zeugen des Bergbaus: Seifenwäschen, Halden, Stollnmundlöcher. In der Bergkapelle des Heiligen Wolfgangs in Obergraupen gibt es eine kleine historische Ausstellung. Den höchsten Punkt erreicht der Lehrpfad am Mückentürmchen. Die Entstehung des Lehrpfads sowie die Renovierung der Burg Krupka und der St. Wolfgangs-Kapelle wurden vom EU-Programm „Phare" gefördert.

Viele Menschen waren im Mittelalter dem Ruf des Bergglücks ins Ost-Erzgebirge gefolgt, an den Mückenberg, nach Zinnwald, Altenberg und an viele andere Stellen. Der Boden rund um die Bergbauorte im Gebirge konnte bei weitem nicht genügend Nahrung liefern, all die Bergleute, Handwerker,

Landwirt-schaft im klimatisch günstigen Hügelland

Händler und Beamte satt zu bekommen. Eine große Rolle spielte daher auch lange Zeit die Landwirtschaft im klimatisch günstigen Hügelland um Teplice/Teplitz. Wenngleich ab dem 13. Jahrhundert auch auf dem Erzgebirgskamm Dörfer entstanden (Fojtovice/Voitsdorf, Habartice/Ebersdorf, Větrov/Streckenwald, Krásný Les/Schönwald), so warf der dortige Ackerbau kaum Überschüsse ab. Nicht selten zwangen Missernten sogar die Bergbauern dazu, Brotgetreide aus dem böhmischen Tiefland zuzukaufen. Braugerste musste ohnehin komplett von da geliefert werden.

recht kräftige Braun-erden

Die steilen Berghänge blieben hingegen bewaldet und unbesiedelt – mit Ausnahme des Bergarbeiterortes Horní Krupka/Obergraupen. Dabei mangelt es den Standorten durchaus nicht an Nährstoffen. An vielen Stellen treten Sickerquellen aus, deren Wasser lange Zeit in den Klüften des Erzgebirgsgneises verweilen und dabei verhältnismäßig viele Pflanzennährstoffe aus dem Gestein lösen konnte. So sind vor allem in den Hangmulden und in den Taleinschnitten mitunter recht kräftige Braunerden ausgebildet, was sich in besonders artenreicher Waldvegetation widerspiegelt. Die Hangkuppen und die Riedel zwischen den steilen Tälern hingegen sind oft flachgründig und ausgehagert. Die Bodenentwicklung endet hier nicht selten bei Ranker-Rohböden.

Pflanzen und Tiere

Die Wälder am Südost-Abhang des Erzgebirges werden von Rot-Buchen dominiert - sowohl in der potenziell-natürlichen Vegetation, als auch in den real vorhandenen Beständen. Die Steilheit der Hänge verhinderte vielerorts (bis vor kurzem) eine allzu intensive Forstwirtschaft, so dass hier noch sehr arten- und abwechslungsreiche, naturnahe Wälder erhalten blieben. An den Oberhängen und auf Hangrippen dominiert artenärmerer

Hainsimsen-Buchenwald Hainsimsen-Buchenwald. Dessen Strauchschicht ist meist recht spärlich (Roter Holunder, Himbeere), und in der Krautschicht herrschen Draht-Schmiele, Breitblättriger Dornfarn, in höheren Lagen Wolliges Reitgras vor. Auf den kräftigeren und besser wasserversorgten Standorten hingegen

Waldmeister-Buchen-wald wächst teilweise sehr artenreicher Waldmeister-Buchenwald. Zu dessen Artengarnitur gehören meistens Echtes Springkraut, Wald-Bingelkraut, Quirlblättrige Weißwurz, Wald-Flattergras und Goldnessel. In den tief eingeschnittenen Tälern sowie auf blockreichen Hängen (einschließlich alter

Ahorn-Schlucht-wälder Bergbauhalden) gehen die Buchenwälder über zu Ahorn-Schluchtwäldern mit Berg-Ahorn, Esche, Hainbuche und Linde. In der Bodenvegetation fällt der Farnreichtum auf, nicht selten gedeiht auch die Mondviole. Jüngere Bergbauhalden hingegen erobert zunächst ein lichter Pionierwald mit Birken und Ebereschen. Auf den Felsvorsprüngen der Silikatgesteine, in Gipfelpartien und Bachtälern, findet man die Mauerraute und andere Farne, Reitgras und Draht-Schmiele. Die Baumschicht wird von Buchen, Ebereschen und Birken geprägt.

Anders als an den steilen Hängen des Erzgebirgs-Südabbruches prägte

Forsten auf dem Erzge-birgskamm intensive Forstwirtschaft über lange Zeit die Forsten auf dem Erzgebirgskamm. Nachdem der Bergbau mit seinem unvorstellbaren Holzverbrauch alle Wälder hier oben schon im ausgehenden Mittelalter kahl gefressen hatte, pflanzten vor knapp 200 Jahren die Förster Fichten – wie überall auf dem Erzgebirge. Doch diese einförmigen Fichtenforsten wiederum fielen in der zweiten Hälfte des 20. Jahrhunderts den Abgasen der nordböhmischen Kohlekraftwerke zum Opfer. Die Förster versuchten es danach mit amerikanischen Stech-Fichten (Blau-Fichten) und Lärchen. Auch Grün-Erlen, Douglasien, Omorika-Fichten und Schwarz-Kiefern wurden auf den Immissionsflächen gepflanzt. Aber nicht überall hatten sie damit Glück. So wächst

Jungbe-stände aus Ebereschen und Birken hier nun an vielen Stellen, was die Natur wachsen lässt: Jungbestände aus Ebereschen und Birken (Sand-Birke auf trockeneren, Moor-Birke auf feuchteren Standorten). Buchen und Ahorn möchten auch gern dazugehören, aber das verhindern die vielen Hirsche und Rehe, die sich hier tummeln.

Auf dem Hochplateau nördlich des Gebirgskammes grenzt großflächig

Grünland Grünland an die Wälder. Die einstigen Bergwiesen auf den Fluren der Bergdörfer wurden nach der Vertreibung der deutschböhmischen Bevölkerung und der Zerstörung der meisten Siedlungen in große Rinderweiden um-

Steinrücken gewandelt. Viele Steinrücken, etwa am alten Geierspass/Supí plán, zeugen noch heute von der einstmaligen kleinteiligen Landschaftsstruktur. Nach

1990 lag das komplette Grünland der Hochebene über lange Zeit (mehr als ein Jahrzehnt) brach. Rotes Straußgras, Weiches Honiggras, Gewöhnliche Quecke und Knaulgras bildeten dichte Teppiche, dazwischen hielten sich auch Partien mit den zuvor geförderten Futtergräsern (Wiesen-Schwingel, Wiesen-Rispengras). In feuchteren Senken bildete Zittergras-Segge Dominanzbestände.

Verbrachung Die ursprüngliche Bergwiesenvielfalt war durch die großflächige Rinderweide und die nachfolgende Verbrachung auf wenige, isolierte Restvorkommen von verarmten Bärwurz-Rotschwingel-Bergwiesen zurückgedrängt worden. Es ist zu hoffen, dass die seit einigen Jahren – wegen der nun auch hier gezahlten EU-Agrarsubventionen – wieder aufgenommene Grünland-Bewirtschaftung den Bergwiesenarten wieder neue Chancen bietet.

Abb.: Rothirsch Die noch vor einem Jahrhundert von intensivem Bergbau geprägten Berghänge bei Krupka sind heute überwiegend still und wieder bewaldet.

artenreiche Fauna Eine artenreiche Fauna ist zurückgekehrt. Die Chancen stehen gut, einem Hirsch oder Reh zu begegnen, mit etwas mehr Glück auch einem

Säugetiere Wildschwein, Hasen oder Rotfuchs. Weitere Säugetiere des Gebietes sind Baum- und Steinmarder, Hermelin und Mauswiesel, Dachs, Haselmaus, Igel, Maulwurf, Feldmaus, Erdmaus, Rötelmaus, Zwergmaus, Waldmaus und Waldspitzmaus.

Fledermäuse Die alten Bergbaustolln, die naturnahen Wälder und das milde Klima des Erzgebirgsfußes bieten außerdem vielen Fledermäusen idealen Lebensraum. Die Zahl der Fledermäuse in den erfassten Stolln ist dennoch relativ gering, meist handelt es sich um Einzeltiere (und nicht um größere Überwinterungsgemeinschaften). Regelmäßige Kontrollen erfolgen bislang allerdings nur in drei bis vier Winterquartieren. Wiederholt wurden hier Wasserfledermaus, Großes Mausohr sowie die seltene Kleine Hufeisennase gefunden. Einzigartig für Nordböhmen ist der Fund der Mopsfledermaus.

Eine reiche Fauna bieten insbesondere die zahlreichen Bachtäler der Gegend. Die Artenzusammensetzung ist vom Charakter des Bachbodens und der Ufer, dem Vorhandensein von Steinen, der Sauberkeit des Wassers und von der Vegetation abhängig. An sauberen, steinigen Bächen brütet die Wasseramsel (wenn auch nicht häufig), der einzige heimische Singvogel, der am Boden des Baches entlanglaufen und dabei Wasserinsekten fangen kann. Mit zunehmender Verschmutzung oder Versauerung der Gewässer verlieren diese Wasserinsekten ihre Lebensbedingungen, infolgedessen die Wasseramseln auch ihre Nahrungsgrundlage. Weniger anspruchsvoll gegenüber der Wasserqualität sind Gebirgs- und Bachstelze (letztere kommt auch abseits der Gewässer vor). Strukturreiche Waldbestände in Ufernähe bevorzugt der Zaunkönig. Der kleine, unscheinbare Vogel ist nicht oft zu entdecken, sein lauter Gesang jedoch im Frühling unüberhörbar.

Wichtige Greifvogelarten der Region sind Mäusebussard, Habicht, Sperber und Turmfalke; an Eulen sind Uhu, Waldkauz, Raufußkauz und Sperlingskauz zu nennen.

Kernlebens-
raum des
Birkhuhnes

Die Hochebene jenseits des Erzgebirgkammes zählt zum Kernlebensraum des Birkhuhnes. Einen schweren Eingriff, dessen Langzeitwirkungen noch gar nicht abzusehen sind, stellt die neue Autobahn bei Krásný Les/Schönwald und Panenská/Jungferndorf dar. Weitere Probleme bereiten die großen Zahlen von Wildschweinen, Füchsen und Steinmardern, zu deren Nahrungsspektrum neben dem Birkhuhn auch weitere seltene Vogelarten gehören.

Amphibien

Es gibt nicht viele Reptilienarten in diesem Teil des Ost-Erzgebirges. Oft kann man der Waldeidechse begegnen, stellenweise kommt auch die Kreuzotter vor. Von den Amphibien leben hier Grasfrosch, Moorfrosch, Erdkröte, Teich- und Bergmolch. Ihre Reproduktion ist vom Vorhandensein von Wasserflächen abhängig – oft genügen sogar kleinste Lachen. Außerhalb der Fortpflanzungszeit im Frühjahr begegnet man ihnen auch weit abseits der Gewässer. Erdkröten beispielsweise wandern mehrere Kilometer zwischen ihren Winterquartieren und den Laichgewässern. Frösche zieht es im allgemeinen wieder zurück zu den Wasserstellen, wo sie als Kaulquappen ihre Jugend verbracht hatten. Wichtige Laichgebiete befinden sich in der Umgebung von Krásný Les/Schönwald.

Wanderziele

① Komáří vížka/Mückentürmchen

Bergbau

Mit 807 Metern über Meeresspiegel bildet der Komáří hůrka/Mückenberg eine weithin sichtbare Dominante des östlichen Erzgebirgskammes. Heute zieht es hierher viele Wanderer, Skifahrer und sonstige Ausflügler, vor allem an Wochenenden. Früher gehörte die Gegend wegen des Bergbaus zu den am dichtesten besiedelten Orten des böhmischen Ost-Erzgebirges. Die Bergarbeiter wohnten vorrangig in Obergraupen/Horní Krupka und Voitsdorf/Fojtovice, auch nicht wenige Ebersdorfer verdienten ihren Lebensunterhalt in den Gruben am Mückenberg. In den Pochwerken und Erzwäschen von Mohelnice/Müglitz wurde das erzhaltige Gestein zerkleinert und in einer ersten Verarbeitungsstufe von den „tauben" Bestandteilen getrennt. Wenn das Wasser der hier noch kleinen Müglitz jedoch nicht ausreichte zum Antrieb der großen Wasserräder, musste das Material bis nach Geising transportiert werden. Im Jahre 1850 lebten allein in Horní Krupka/Obergraupen über 2000 Einwohner (mehr als in der Bergstadt Krupka/Graupen selbst). Damit belegte die heute so beschaulich wirkende Siedlung unter dem Mückenberggipfel den dritten Platz im Kreis (nach Teplice/Teplitz und Bílina/Bilin).

Pingen

Der Bergbau hat in der Landschaft unauslöschliche Spuren hinterlassen. Unter der Oberfläche verstecken sich zahlreiche alte Stolln. An vielen Stellen findet man Pingen (eingestürzte Stollnfirste und Abbauweitungen) –

die größte befindet sich nur ein paar Meter hinter dem Gipfel. Auf dem Berggipfel wurde im Jahre 1568 ein Glockenturm errichtet, der den Bergleuten Anfang und Ende des Arbeitstages verkündete.

Sessellift

Schon seit dem 19. Jahrhundert ist das Mückentürmchen als beliebtes Ausflugsziel bekannt. Anstelle des einstigen Glockenturmes wurde im Jahre 1857 ein Gasthaus erbaut, das noch heute betrieben wird. Abgesehen von der herrlichen Aussicht ins Böhmische Mittelgebirge bietet die Kammgegend hier ideale Bedingungen für Sommer- und Wintertouristik. Hier befindet sich ein kleines Skiareal mit zwei Abfahrtspisten, Skiloipen werden gespurt, und zunehmend kommen moderne Trendsportarten hinzu (Mountainbiking, Paragliding u. a.). Viel genutzt wird bei alledem der Sessellift von Bohosudov/Mariaschein bis knapp unterhalb des Gipfels. Die Seilbahn wurde 1950–52 errichtet und galt damals als längster Sessellift Mitteleuropas (2348 m, ca. 15 Minuten). Zwischen 8.30 Uhr und 18.30 Uhr ist die Bahn jeweils einmal stündlich in Betrieb.

Aussicht

Bei schönem Wetter bietet sich vom Gipfel des Mückenberges eine phantastische Aussicht, sowohl über den östlichen Kamm des Erzgebirges, als auch hinüber zu den Vulkankegeln des Böhmischen Mittelgebirges. Der höchste davon ist der Milešovka/Milleschauer (837 m, ziemlich genau südlich), der zweite auffällige Kegelberg links daneben der Kletečná/Kletschenberg/"Kleiner Milleschauer" (706 m). In der Ebene davor, neben der Stadt Teplitz/Teplice, erkennt man den Schlossberg/Doubravka (393 m). Auf dem Erzgebirgskamm erhebt sich westlich vom Mückentürmchen der Lysá hora/Kahler Berg (836 m – nicht zu verwechseln mit dem Kahleberg), und daneben, am Horizont, erkennen wir auch den Geisingberg. Auf der anderen Seite, im Nordosten, fällt der langgestreckte Tafelberg Děčínský Sněžník/Hoher Schneeberg (723 m) auf. Bei besonders guter Sicht kann man dahinter auch noch die Kegelberge der Lausitz erkennen, im geologischen Sinne die Fortsetzung des Böhmischen Mittelgebirges. An drei oder vier Tagen im Jahr reicht die Aussicht sogar bis zum Riesengebirge.

Vom Mückentürmchen

In den Bergen, in tiefsten Wäldern, lebte einmal ein dreister Dieb. Bei Tage, als die Leute auf Arbeit waren, kam er ins Tal und entwendete alles, was er fand: Gänse, Hühner, manchmal auch ein Schaf, eine Ziege oder sogar eine Kuh. Jedes Mal gelang es dem Räuber, schnell in die Berge zu verschwinden. Niemand konnte ihn fangen.

Einmal stahl dieser gefürchtete Dieb die Kuh einer armen Frau von Krupka. Die Kuh war ihr einziger Besitz. Als sie den Raub bemerkte, fing sie an zu zetern. Sie wusste sofort, wer das getan hatte. Und sie begab sich auf die Suche nach ihrer Kuh. Unterwegs traf sie ein uraltes Weib, eine Hexe, die sich in geheimnisvollen Zaubern auskannte. Diese hörte sich an, was der Frau widerfahren war, schwang ihre Zauberrute und rief mit kräftiger Stimme in die Wälder: „Bevor du den Gipfel erreichst, du schändlicher Dieb, werden dich die Mücken zerstechen!"

In diesem Moment erhob sich ein riesiger Schwarm von Mücken und jagte dem Dieb hinterher. Sie fielen über den Räuber her und stachen ihn so heftig, dass er zu Boden sank und starb.

Nach langem Irrweg durch die Berge kehrte die Kuh nach Hause zurück, und die arme Frau lebte zufrieden weiter. Seit dieser Zeit wird der Gipfel oberhalb Krupka „Mückenberg" genannt und das Wirtshaus „Mückentürmchen".

Quelle: Mrázková, D.: Krupské pověsti, Krupka 2004

Liščí vrch / Klösenberg (776 m)

Halden am Südhang des Berges
Südöstlich des Mückenberges schiebt sich ein kurzer Seitenkamm in Richtung Nordböhmisches Becken, an dessen Südwesthang die Seilbahn zum Mückentürmchen entlangführt. Auch unter dem Klösenberg befinden sich mehrere Erzgänge, die Gegenstand intensiven Bergbaus waren. Davon zeugen noch heute die Halden am Südhang des Berges, über die der Sessellift hinwegschwebt.

Kotelní jezírko/ Kesselteich
Östlich grenzt das steile Tal des Unčínský potok/Hohensteiner Baches an den Liščí vrch. An dessen Oberlauf ist eine eigenartige kesselförmige Talweitung ausgebildet, in der der Kotelní jezírko/Kesselteich angelegt wurde. Vermutlich ist dieser Talkessel auf eine geologische Besonderheit, einen versteckten Vulkankörper, zurückzuführen.

Der in 580 m üNN gelegene Teich wurde in den Jahren 2000–2002 von Schlamm beräumt und ein neuer Damm errichtet. Zum Teich soll früher eine Mühle gehört haben, von der heute aber nichts mehr zu erkennen ist. Eine schöne Aussicht auf den Teich bietet sich vom Hang südlich der Wasserfläche.

Kyšperk / Geiersburg

Geierspass
Auf dem schmalen Riedel zwischen den Tälern von Unčinský und Maršovský potok (Hohensteiner Bach und Marschenbach) verbirgt der dichte Laubwald die Überreste einer einstmals mächtigen Burganlage von Anfang des 14. Jahrhunderts, möglicherweise noch früher. Von hier aus sollte einer der alten Passwege („Geierspass") über den Erzgebirgskamm gesichert werden. Nach einem Brand im 16. Jahrhundert wurde sie nicht wieder instand gesetzt. Trotz seither weit fortgeschrittenem Verfall bieten die alten Gemäuer noch immer eine eindrucksvolle Kulisse für eine Rast bei einer ausgedehnten Wanderung durch die Laubwälder des Erzgebirgssüdhanges.

Schaustolln „Starý Martin" / "Alter Martin"

Der Martin-Stolln war im 19./20. Jahrhundert eine der wichtigsten Bergwerksanlagen des Graupener Reviers. Er erschließt den nordwestlichen Teil des Lukáš-/Luxer Erzganges, mit etwa zwei Kilometern Länge die

bedeutends- bedeutendste Zinnader Mitteleuropas. Seine durchschnittliche Mächtigkeit
te Zinnader beträgt 15 bis 20 cm, mit stellenweise mehreren Prozent Zinngehalt. Die
Mitteleuro- Vererzung wird hauptsächlich durch Kassiterit (= Zinnstein, SnO_2) gebildet.
pas Von besonderer Bedeutung war auch, dass das Erz hier praktisch frei von
unerwünschten Sulfiden war.

Bis Ende des 18. Jahrhunderts erfolgte der Bergbau am Lukáš-Gang mit zahlreichen Stollen. Im Jahre 1864 erwarb die Graupner Firma Schiller und Le-
wald die Bergbaurechte und versuchte, mit moderner Technologie die Erz-
vorräte zu gewinnen. Dazu wurde auch der Martinstolln in den Berg getrieben und der Erzgang 60 bis 80 m untertage erschlossen. Heute werden
Schauberg- im Schaubergwerk „Starý Martin" täglich Führungen angeboten (45 min.,
werk ca. 1 km). Im Außengelände können die Besucher außerdem historische
Bergbautechnik besichtigen.

Das Schaubergwerk „Starý Martin" ist eine der Stationen des Naturlern-
Ulli Uhu spieles „Ulli Uhu entdeckt das Ost-Erzgebirge". Hier können die jungen Ulli-
Uhu-Spieler und ihre Eltern etwas über die wichtigsten Gesteine der Region
erfahren.

Die früheste Erzgewinnung datiert vermutlich ins 14. Jahrhundert. Aus der
Anfangszeit liegen allerdings kaum schriftliche Belege vor. Die Graupener
Bergordnung (1482) berichtet vom Dürrholz-Erbstolln, dessen Mundloch
sich etwa 30 m unterhalb des Martin-Stollns befindet (an der Straße, in
509 m Höhenlage).

Dürrholz- Der Dürrholz-Erbstolln war einstmals eine der wichtigsten Bergbauanlagen
Erbstolln des Graupner Gebietes. Er führte ins Revier „Steinknochen", das sich nordwestlich der Stadt erstreckte. In der ersten Hälfte des 16. Jahrhunderts erreichte das Bergwerk den Raum unter dem Mückentürmchen. Weil der
Dürrholzstolln tiefer lag als die anderen Gruben, entwässerte er einen großen Teil des Reviers. Aus seinem Mundloch strömte deshalb ständig eine
kräftige Wasserquelle. Von hier aus versorgte sich nicht nur die Bergstadt
Krupka/Graupen, sondern auch teilweise Teplice/Teplitz mit Trinkwasser.
Noch heute sind von der Wasseranlage Reste zu erkennen, und immer noch
tritt Grubenwasser aus.

Überall in den Wäldern zwischen Graupen und Obergraupen trifft man heute noch auf zahlreiche und mächtige Halden, die von der mühsamen Arbeit
vieler Bergarbeitergenerationen künden.

Altstadt Krupka / Graupen und Rosenburg

Die heutige Stadt Krupka ist ein Konglomerat von Städten und Siedlungen,
die in der zweiten Hälfte des 20. Jahrhunderts vereinigt wurden. Neben der
historischen Bergstadt selbst gehören dazu unter anderem der alte Wallfahrtsort Bohosudov/Mariaschein, Unčín/Hohenstein, Maršov/Marschen,
Vrchoslav/Rosenthal und Soběchleby/Sobochleben. Rund 13 000 Einwohner leben hier. Insbesondere in den letzten Jahren führt intensive Bautätig-

keit dazu, dass Krupka und Teplice zu einer ununterbrochenen urbanen Agglomeration zusammenwachsen.

Daran war vor einigen hundert Jahren nicht zu denken, wenngleich die Region seit jeher ein wirtschaftliches Zentrum Nordböhmens darstellte. Mit Beginn der Zinngewinnung, vermutlich Anfang des 13. Jahrhunderts, siedelten Menschen zu Füßen des Mückenberges. Rund einhundert Jahre später, im Jahre 1330, wurde in einer Urkunde bereits von einer „Stadt" ge-

Bergstadt sprochen. Das historische Zentrum der Bergstadt entwickelte sich in einem steilen Tal, unterhalb der Burg Graupen.

Diese Burganlage entstand ungefähr gleichzeitig mit der Stadt und sollte wohl gleichermaßen die wirtschaftlich bedeutende Zinnförderung wie auch das Grenzgebiet zur Mark Meißen schützen.

Nach dem 30-jährigen Krieg verfiel der größte Teil der alten Burganlage, auf deren Fundamenten in der Folgezeit ein neues Bergamtsgebäude errichtet wurde. Im 19. Jahrhundert entwickelte sich die Burgruine zum Anziehungspunkt romantisch veranlagter Kurgäste aus Teplitz. An den verfallenden Gemäuern rankten zahlreiche Rosensträucher, möglicherweise verwildert aus den ehemaligen herrschaftlichen Gärten. Deren Blütenpracht führte

Rosenburg zur heute noch gebräuchlichen Bezeichnung „Rosenburg". Dank EU-Fördermittel wird seit einigen Jahren die Burgruine gesichert und wieder für Besucher zugänglich gemacht. Von den Mauerbrüstungen bieten sich schöne Ausblicke ins Nordböhmische Becken einerseits und über die historische Altstadt mit dem langgestreckten, extrem schrägen Marktplatz andererseits, über dem sich der Mückenberg mit dem Mückentürmchen erhebt.

Museum Am Graupener Markt befindet sich auch das Museum von Krupka, in dem
von Krupka man viel Wissenswertes über die Natur der Umgebung sowie deren Bodenschätze erfahren kann. Die Ausstellung „Krupka und Zinn" bietet eine Reise von der Urzeit bis heute.

In der mineralogischen Abteilung kann man verschiedene Minerale aus der Umgebung der Zinnerzlagerstätten in Krupka und Cínovec betrachten. Eine zoologische Ausstellung präsentiert die häufigsten Tiere der Region.

Abb.: Weiterhin bietet das Museum noch etwa 200 Pilzmodelle sowie Expositio-
Zugang zur nen zur Geschichte der Stadt.
Rosenburg

 ⑥ Bohosudov/Mariaschein

Abb.: Blick vom Kalvarienberg

große, barocke Kirche

Das heutige Stadtzentrum von Krupka befindet sich im 1961 eingemeindeten Ortsteil Bohosudov/Mariaschein. Von weitem fällt hier die große, barocke Kirche („Basilika der Schmerzhaften Mutter Gottes") auf.

Ende des 16./Anfang des 17. Jahrhunderts rief die seit dem 30jährigen Krieges in Böhmen wieder mächtige katholische Kirche Jesuiten ins Graupener Gebiet, um die lutherischen Bergleute zum alten Glauben zurück zu bringen. Teil dieser Bemühungen waren die Wallfahrten zur Kirche von Scheune/Šajn, erstmalig im Jahre 1610. Zugrunde liegt eine alte religiöse Legende.

Vor knapp 600 Jahren hatten sich in Böhmen die Hussiten von der herrschenden Religion losgesagt und wollten ihre eigene Version des Christentums verbreiten. Ihre kriegerischen Heere gingen dabei sehr brutal vor, wobei ihre katholischen Gegner sicher kaum weniger unmenschlich agierten in ihrem Kreuzzug gegen den neuen Glauben. Nach einer alten Legende begab es sich zu dieser Zeit, dass die Hussiten nicht weit von hier das Kloster Schwaz/Světec abbrannten und die Nonnen in die Wälder vertrieben. Die Frauen hatten nichts mitnehmen können außer einer Marien-Statue aus Holz. Eine nach der anderen verhungerten sie in den großen, wilden Wäldern. Die letzte versteckte noch die Marienstatue in einer hohlen Linde, damit sie den Ungläubigen nicht in die Hände fallen solle. Dort lag sie sehr, sehr lange. Einmal dann mähte eine junge Magd in der Nähe Gras, als sich plötzlich eine Schlange um ihren Arm wand. Das Mädchen schrie erschrocken auf und rannte zur Linde. Dort erstrahlte auf einmal die Statue der Jungfrau Maria, und die Schlange verschwand. Die frommen Dörfler errichteten hier eine Kapelle, die sich irgendwann zu einem Wallfahrtsort entwickelte mit Pilgern aus weitem Umkreis (vor allem Lausitzer Sorben). Bis zu hunderttausend Menschen nahmen an den Wallfahrten teil!

Um den Ansturm der Pilger aufnehmen zu können, wurde 1701 bis 1706 eine neue, beeindruckende Barockkirche errichtet.

Nach gründlicher Renovierung in den 1990er Jahren erstrahlt die Barockkirche heute wieder im alten Glanz. Auch Sorben aus der Lausitz kommen nun im September wieder zur Wallfahrt hierher.

Kalvarienberg

Oberhalb von Bohosudov befindet sich der Kalvarienberg: ein Hangplateau mit schöner Allee, unter der 14 alte Steintafeln Motive von Jesus' Kreuzweg zeigen. Schon früher stand hier eine kleine Kirche. Von einem Plateau mit einer Statuengruppe („Kalvarie") bietet sich eine schöne Aussicht auf Bohosudov und die dahinter aufragenden Kegel des Böhmischen Mittelgebirges.

 # Telnické údolí / Tellnitzer Tal

Das Tellnitzer Tal gehört zu den größten und schönsten des böhmischen Ost-Erzgebirges. Der Telnický potok/Tellnitzer Bach entspringt unterhalb von Adolfov/Adolfsgrün und fließt bei Zadní Telnice/Hintertellnitz nach Osten, wodurch sich hier ein sonnenbeschienener Südhang und ein schattiger Nordhang ("Winterleithe" / Studená stráň) gegenüberstehen. In Mittel-

Granit

Tellnitz durchschneidet der Bach einen Granitkörper, dessen Gestein während der ersten Hälfte des 20. Jahrhunderts am Talrand auch abgebaut wurde.

Schieß-
hausgrund

Bystrý
potok

Von Norden mündet bei Mittel-Tellnitz ein sehr schönes Seitental (Schießhausgrund), begleitet von der Strasse nach Krásný Les/Schönwald. Der hier fließende Bach Bystrý potok entspringt in einem ehemaligen Moorgebiet nordwestlich der Schießhaushöhe/Jelení vrch (734 m üNN). In nördliche Richtung speist dieses kleine Kammmoor den Liščí potok/Nitzschgrundbach, einen der Gottleuba-Quellarme.

besonders
steiles Tal

Danach ändert der Tellnitzbach seine Richtung in großem Bogen nach Süden. Das hier besonders steile Tal lässt auf der schmalen Sohle nur für wenige Häuser Platz. Über 250 m steigt im Nordosten der bewaldete Hang hinauf zum Berg Rožný/Hornkuppe (674 m üNN). In Vorder-Tellnitz schließlich verlässt der Tellnitz-Bach das Erzgebirge, ungefähr an der Stelle der Bahnstrecke Děčín/Tetschen-Bodenbach – Duchcov/Dux (Zugbetrieb kürzlich leider eingestellt).

Abtragungs-
schutt des
Ost-Erzge-
birges

Braunkohle-
flöze

Beim Ort Varvašov/Arbesau durchfließt der Bach bereits den Abtragungsschutt des Ost-Erzgebirges, der sich hier im Nordböhmischen Becken sammelt. Reste der Sandsteindecke, die das Kreidemeer über dem Gneis hinterlassen hatte und die nach Anhebung der Erzgebirgsscholle wieder abgetragen wurde, findet man im Breiten Busch/Hlubocký les (östlich von Vorder-Tellnitz – Arbesau). Der Boden ist hier übersät mit Sandsteinblöcken. Unter dem Abtragungsschutt des Erzgebirges verbergen sich auch in diesem Teil des Nordböhmischen Beckens Braunkohleflöze, die früher sowohl untertage als auch schon recht frühzeitig (19. Jahrhundert) teilweise in Tagebauen gewonnen wurde. Heute prägen noch Halden, Kippen und Tagebau-Restseen hier die Landschaft. Der alte Ortskern von Arbesau sowie weitere, kleinere Siedlungen sind verschwunden.

Rudný vrch/
Zechberg

Weitaus früher als Kohle wurden auch in dieser Gegend Metallerze (Zinn, Eisen, Kupfer, Blei, Silber, bei Nakléřov/Nollendorf angeblich auch etwas Gold) gewonnen. In den Wäldern beim 1371 gegründeten Ort Tellnitz trifft man noch heute auf Spuren des Altbergbaus. Dies gilt vor allem für die Umgebung des 796 m hohen Rudný vrch/Zechberg (Name!), zwischen Tellnitzer und Sernitzer Tal/Ždírnické údolí. Noch heute sollte man sich dort vorsehen bei Streifzügen durch den Wald. Besonders nach reichlichen Regenfällen kommt es immer wieder zum Nachsacken von Verfüllmaterial in den alten Schachtlöchern – ein Sturz in die Tiefe solch einer alten Grube kann sehr gefährlich sein!

**Buchen-
bestände**

Das ganze Tal ist bewaldet. Besonders wertvoll sind die Buchenbestände, die man vor allem an den Hängen am linken Ufer des Tellnitzer Baches und im Nebental des Bystřický potok findet. Außer der vorherrschenden Rot-Buche wachsen in der Baumschicht Esche, Spitz- und Berg-Ahorn, in tieferen Lagen auch Hainbuche, Trauben-Eiche und andere.

**außerge-
wöhnlicher
Waldmeis-
ter-Buchen-
wald**

In den unteren Lagen, am Hangfuß und auf reicheren Bodensubstraten hat sich ein außergewöhnlicher Waldmeister-Buchenwald entwickelt. In seiner Bodenvegetation gedeihen Quirl-Zahnwurz und Feuer-Lilie! Einen solchen Waldtyp findet man im ganzen Ost-Erzgebirge nur hier im Tellnitzer Tal. Weitere charakteristische Arten sind z. B. Waldmeister, Christophskraut, Leberblümchen, Wald-Bingelkraut, Quirlblättrige Weißwurz, Haselwurz, Benekens Waldtrespe, Goldnessel, Großes Springkraut, Kleines Springkraut, Wald-Flattergras, Wald-Veilchen, Purpur-Hasenlattich, Lungenkraut und verschiedene Farnarten (Gewöhnlicher Wurmfarn, Eichenfarn, Frauenfarn); selten kommen auch Wald-Schwingel, Waldgerste sowie Mondviole vor, in den Quellgebieten und entlang des Tellnitzer Baches darüberhinaus Aronstab und Bär-Lauch.

**Hainsimsen-
Buchenwald**

In höheren Lagen geht der Waldmeister-Buchenwald in artenärmeren Hainsimsen-Buchenwald über. Die Krautschicht ist hier ziemlich spärlich, neben den Farnen wachsen z. B. Hain-Rispengras, Schmalblättrige Hainsimse, Wald-Reitgras, Wolliges Reitgras, Zweiblättriges Schattenblümchen, Fuchs-Kreuzkraut, Heidelbeere und Wald-Sauerklee. Sehr häufig trifft man jedoch auch auf „nackten" Buchenwald, dessen dichtes Kronendach und die Laubschicht am Boden kaum Platz lassen für Kräuter und Gräser.

Einige Hänge tragen auch Forsten mit artenarmer Krautschicht. An Wegrändern oder auf Lichtungen fesselt der Rote Fingerhut mit seinen großen Blüten die Aufmerksamkeit der Wanderer. Doch Vorsicht – die Pflanze ist giftig!

Vogelfauna

Die Vogelfauna dieses Gebietes ist sehr artenreich dank des bunten Mosaiks verschiedenster Biotope. Die schönsten Buchenwälder sind nördlich von Tellnitz zu finden, wenn man zum Kamm in der Richtung Panenská/Jungferndorf und Krásný Les/Schönwald steigt. In den letzten Jahren werden allerdings leider an vielen Stellen die Buchenwälder an den Hängen abgeholzt – dank moderner Technik dringt die Forstwirtschaft heute in Bereiche vor, wo Holznutzung in den letzten Jahrzehnten kaum lukrativ war. Für den Schutz der Natur bringt dies erhebliche neue Probleme!

**Forstwirt-
schaft**

**Zwerg-
schnäpper**

Zu den typischen Vogelarten der Buchenwälder gehören beispielsweise das weit verbreitete Rotkehlchen sowie der ähnliche, aber sehr seltene Zwergschnäpper. So sehr sich die beiden Arten äußerlich ähneln, so unterschiedlich ist jedoch ihr Gesang. Die Unterscheidung von Vogelstimmen ist wichtig für Vogelforschung in Wäldern, wo sich manche Arten fast immer in den Baumkronen verbergen. Weitere besondere Arten der Buchenwald-Vogelwelt sind u. a. Schwarzstorch, Habicht, Raufußkauz, Hohltaube und Trauerschnäpper. Außerdem kommen hier mehrere Dutzend weitere Waldbewohner vor, deren Lebensraumansprüche sich nicht nur auf Buchen beschränken, z. B. Mäusebussard, Waldkauz, Buntspecht, Zaunkönig, Mönchs-

grasmücke, Amsel, Zilpzalp, Buchfink, Kleiber und Kohlmeise. Ihr vielstimmiger, lautstarker Gesang prägt die typische Frühlingsatmosphäre des Laubwaldes. In Fichtenmonokulturen hingegen ist es dann weitaus ruhiger, weil deren Artenzahl viel geringer ist.

Abb.: Trauerschnäpper

 ## Tellnitzer Skipisten

Bei Zadní Telnice/Hinter-Tellnitz und Adolfov/Adolfsgrün hat sich in den letzten Jahrzehnten ein größeres Wintersportzentrum mit mehreren Abfahrtspisten und Skiliften entwickelt. Die Pisten stellen heute auch recht interessante Pflanzenstandorte dar. Die meisten ziehen sich durch den Wald, und neben Heidekraut, Pillen-Segge, Draht-Schmiele und weiteren anspruchslosen Pflanzen wächst hier auch der seltene *Bärlapp*. Sehr bedeutsam ist der Abfahrtshang „Buben" („Trommel"), im steilen Hangbereich am westlichen Rand von Hinter-Tellnitz. Die Wiese wurde niemals gedüngt oder mit Futtergräsern eingesät (wie die meisten Weideflächen auf dem Hochplateau). Um ideale Bedingungen für die Skisportler zu erhalten, erfolgt jedoch alljährlich eine Mahd des Wiesenhanges. Damit wird auf kleiner Fläche – wenn auch für andere Zwecke – die traditionelle Bewirtschaftung fortgeführt, wie sie früher für *Bergwiesen* allerorten üblich war. Entsprechend gedeihen hier auch noch wichtige Reste der einstmals landschaftsbeherrschenden Pflanzengesellschaften. Häufig findet man Bärwurz, Arnika, Berg-Platterbse, Kanten-Hartheu, Purpur-Fetthenne, Weicher Pippau und weitere Arten. Auch heute sehr seltene Arten treten auf, dazu gehören das kleine Katzenpfötchen und der Berg-Klee. Großer Händelwurz kommt im böhmischen Ost-Erzgebirge nur noch hier vor. An den Rändern der Skipiste ist die Feuer-Lilie häufig, am Rand des Waldes auch Alpen-Milchlattich. Ein Verzeichnis aller Pflanzenarten würde eine ganze Seite füllen.

Randbegriffe: Bärlapp, Bergwiesen

....

Feuchtgebiete und Steinrücken bei Krásný Les / Schönwald

Südlich von Krásný Les/Schönwald entspringt der Liščí potok/Nitschgrund, einer der Zuflüsse der Gottleuba. Die angrenzenden Wiesen des ehemaligen Quellmoores und beidseits des Baches wurden zwar in den 1970er Jahren melioriert und teilweise auch umgeackert, die Auengesellschaften konnten dennoch teilweise ihren natürlichen Charakter erhalten. Dasselbe gilt auch für einige kleine Nebenbäche und Quellen an den Hängen. Die trockeneren Bereiche beherbergen Bärwurzwiesen mit Busch-Nelke, die zum flachen Talgrund zu in stark vernässtes Grünland übergehen. Das stark

*Sumpfdot-
terblumen-
Feucht-
wiesen*

bedrohte Purpur-Reitgras hat hier eines seiner sehr wenigen Vorkommen im Erzgebirge. Häufig wachsen hier Arten der montanen Sumpfdotterblumen-Feuchtwiesen, z. B. Alantdistel, Sumpf-Kratzdistel, Wiesen-Knöterich, Rasen-Schmiele, Gewöhnlicher Gilbweiderich, Sumpfdotterblume, Bach-Nelkenwurz, Sumpf-Pippau, Wolliges Honiggras und andere. Dazwischen gedeiht die Kriech-Weide. Da die Wiesen kaum genutzt werden, setzen sich allmählich jedoch deren größere Verwandten (Sal-, Ohr-, Lorbeer- und Grau-Weide) durch.

*Autobahn
A17/D8*

Die Landschaft um Krásný Les/Schönwald wird geprägt vom markanten Gipfel des Špičák/Sattelbergs (723 m üNN), kurz vor der sächsischen Grenze. Dieser wird im Kapitel „Sattelberg und Gottleubatal" vorgestellt. Seit Ende 2006 zerschneidet die Autobahn A17/D8 hier die Landschaft und stellt nicht nur eine Belästigung der Wanderer, sondern vor allem eine große Gefährdung der Fauna dar.

Vögel zwischen Sattelberg und Nollendorfer Pass

Die strukturreichen Offenlandflächen rings um Krásný Les – mit Wiesen, Weiden, Steinrücken und Feldgehölzen – beherbergen eine typische, artenreiche Vogelwelt. Die häufigste Art ist die Feldlerche, die praktisch überall außerhalb des Waldes angetroffen werden kann. Auf nässeren Stellen hört man mitunter den markanten Gesang des Wiesenpiepers, der aber heute im Unterschied zur Feldlerche nicht häufig ist – im ganzen Gebiet brüten nicht mehr als zehn Paare. Auf Brachland und extensiv

Abb.: Feldlerche

bewirtschafteten Wiesen mit höherer Kräutervegetation finden wir das auffällig gefärbte Braunkehlchen. Mit bis zu acht Brutpaaren auf zehn Hektar gibt es hier noch relativ viele Vertreter dieser Charaktervögel feuchter Bergwiesen, die andernorts in den letzten Jahrzehnten dramatische Bestandesrückgänge zu verkraften haben.

Wo Sträucher wachsen, kann man einen unauffälligen kleinen Vogel, die Dorngrasmücke, antreffen. An ähnlichen Stellen (Dornsträucher, am häufigsten Rosen) brütet auch der Neuntöter, jedoch nicht so häufig. Dieser "Raubvogel" unter den Singvögeln kann auch ein kleines Säugetier erjagen, die Mehrheit seiner Beute bilden aber Insekten. Sein grösserer Vetter, der Raubwürger, brütet in diesem Gebiet nur selten, öfter trifft man ihn beim Überwintern. Zu den seltenen Arten gehört auch der Steinschmätzer. Zum Brüten bevorzugt er steinige und sandige, nur minimal bewachsene Flächen. Daher kann man den Steinschmätzer vor allem an den Rändern von Steinrücken oder auf Baustellen mit Abraumhalden finden. Wachtelkönig und Wachtel brüten auf extensiv bewirtschafteten Wiesen und manchen Ruderalflächen. Es ist fast unmöglich, diese beiden Arten in freier Natur zu beobachten, aber auch Laien können die auffälligen Stimmen der Männchen erkennen, die hier von Mai bis Juli abends und nachts ertönen. Obwohl diese Arten selten und im Rückgang sind, finden sie auf den offenen Flächen ideale Brutbedingungen und können hier lokal relativ häufig auftreten. Zur Erhaltung des günstigen Zustands müssen die Flächen allerdings entsprechend ihrer Ansprüche bewirtschaftet werden –

Abb.: Wachtelkönig

das erfordert in erster Linie eine späte Mahd der Wiesen. Seit einigen Jahren bekommen die tschechische Landwirte Fördermittel im Rahmen der so genannten "Agrar-Umwelt-Programme", vor allem auf den Stellen, wo der Wachtelkönig häufig ist. Ein Kriterium dafür ist Termin der Mahd erst nach Mitte August, damit die Wachtelkönige ihre Bruten erfolgreich beenden können.

Eine andere Charakterart dieser Gegend ist die Bekassine. Obwohl dieser früher viel häufigere Schnepfenvogel vielerorts schon gänzlich verschwunden ist, kann man hier in Quellgebieten und Mooren gelegentlich noch einer Bekassine begegnen. Bei Větrov/Streckenwald und Nakléřov/Nollendorf sind Bruten nachgewiesen. Dank der unverwechselbaren Stimmen der Männchen und des typischen Sturzfluges ist die Art im Frühjahr kaum zu übersehen.

Im Kammgebiet dieses Teils des Ost-Erzgebirges gibt es hoch gewachsene Wälder nur auf kleineren isolierten Flächen (z.B. im Schutzgebiet Špičák/Sattelberg, im Mordová rokle/Mordgrund, im Tal des Rybný potok/Gottleuba, oder an der Staatsgrenze im Český roh ("Böhmische Ecke). Westlich von Panenská/Jungferndorf wachsen Bestände mit jungen Fichten, Birken und Ebereschen. Diese Biotope sind wichtige Brutreviere für das Birkhuhn, den Ornithologen-Stolz der böhmischen Seite des Ost-Erzgebirges. In diesem östlichsten Teil des Erzgebirges befinden sich die größten Brutreviere in der Umgebung von Nakléřov/Nollendorf und Větrov/Streckenwald mit zirka zehn Hähnen pro Brutrevier. Kleinere Brutreviere gibt es auch noch westlich von Petrovice/Peterswald sowie längs des Baches Slatina/Mordgrundbach. Auch diese Brutreviere gehören zu den europäischen Vogelschutzgebieten innerhalb des EU-Naturschutznetzes NATURA 2000. Die größte Bedrohung dieses europaweit bedeutsamen Birkhuhnvorkommens geht von der neuen Autobahn aus.

Zu den vielen Vogelarten der Weiden und Wiesen, Feldgehölze und Steinrücken – die alle aufzuzählen hier unmöglich ist - gehören auch Baumpieper, Haus- und Gartenrotschwanz, Sumpfrohrsänger, Star, Kohl- und Blaumeise, Grünfink und Goldammer.

Neben den Brutvögeln, die mit dieser Landschaft eng verbunden sind, fliegen über den Kamm auch viele Zugvögel. Man kann verschiedene, oft ganz seltene Arten beobachten, unter anderem verschiedene Gänse, Rotmilan, die Kornweihe, Fischadler, Raufußbussard, Merlin, Kranich und Silberreiher. Öfter sieht man dann auch Arten, die normalerweise in den Hangwäldern oder im Tiefland leben und hier Nahrung finden. Das sind z.B. Sperber, Rohrweihe, Lachmöwe, Mauersegler, Rabenkrähe oder Kolkrabe. Die letztgenannte Art galt hier noch am Anfang der 1980er Jahre als ausgestorben, heute ist sie wieder zurück, mancherorts sogar in großer Zahl.

 Nakléřovský průsmyk / Nollendorfer Pass (685 m)

Passweg
Über den Nollendorfer Pass führt seit alters her ein Passweg über den hier weniger als 700 m hohen Erzgebirgskamm. Es waren allerdings nicht nur Händler-Fuhrwerke und Postkutschen, die hier entlangfuhren. Immer wieder brachten das Erzgebirge überschreitende Armeen den Passgemeinden große Belastungen und Zerstörungen. Heute nutzt die Autobahn A17/D8 den Nollendorfer Pass am Ostrand des Erzgebirges.

Das Hochplateau wird im Südosten von der Nakléřovská výšina/Nollendorfer Höhe (704 m üNN) und im Norden vom Výhledy/Keiblerberg, 722 m üNN) begrenzt. Nordöstlich des Ortes entspringt der Jílovský potok/Eulauer Bach, der bei Děčín/Bodenbach in die Elbe mündet.

Fragmente der Moorwiesen
Die Wiesen und Weiden in der Umgebung von Nakléřov zeigen typischen Bergcharakter mit gut erhaltenen, langgestreckten Steinrücken. Die Wiesen und manche kleinere Bäche wurden früher melioriert, aber die Pflanzengesellschaften blieben trotzdem ziemlich artenreich. Sehr interessant sind die Heide am südöstlichen Hang des Berges Výhledy sowie die Fragmente der Moorwiesen auf der Wasserscheide zwischen Slatina und Jílovský potok. An mehreren Stellen ist hier der Bärwurz häufig, zusammen mit Berg-Platterbse, selten auch mit Arnika. Auf den vernässten Standorten und in Quellgebieten wachsen Sibirische Schwertlilie, Breitblättrige Kuckucksblume, Trollblume, Fieberklee, Kleiner Baldrian und Bach-Greiskraut.

Ziele in der Umgebung

 Dubí / Eichwald

beliebte Sommerfrische
Dubí erstreckt sich im Seegrund in einer Höhe von 350 bis 450 m. Die Wand der Berge schützt die Stadt vor den rauen Nordwinden. Dank der milden Klimabedingungen, der frischen Luft und der schönen Umgebung entwickelte sich Eichwald in den vergangenen Jahrhunderten zu einer beliebten Sommerfrische, zur nordböhmischen Pforte ins Ost-Erzgebirge und schließlich zum renommierten Kurort. Ihren Namen erhielt die Siedlung von den Eichenwäldern (dub = tschechisch Eiche), die den Südfuß des Erzgebirges weithin prägten – und dies zum Teil heute noch tun.

Kurwesen
Ursprünglich wohnten im Ende des 16. Jahrhunderts erstmals erwähnten Eichwald die Bergleute der umliegenden Stolln. Seit alten Zeiten führt durch das Tal der Bystřice/den Seegrund ein Handelsweg, auf dem unter anderem Getreide aus der Teplitzer Umgebung nach Sachsen transportiert wurde. Nach dem Bau der Landstraße von Teplitz (16. Jh.) wurde Eichwald ein begehrtes Ausflugsziel für die gut betuchten Gäste der berühmten Kurstadt. Ab 1860 begann das Kurwesen auch in Eichwald selbst Fuß zu fassen (1877 Theresien-Bad/Tereziny lázně).

Oberhalb der Stadt befindet sich die Wendestation der erzgebirgischen Eisenbahnstrecke Most/Brüx – Moldava/Moldau (Kulturdenkmal). In Dubí hat auch der „Verein der Freunde der erzgebirgischen Bahn" seinen Sitz, dem der Erhalt der Strecke in den 1990er Jahren zu verdanken ist.

In den 1990er Jahren kam es in Dubí zur drastischen Zunahme des LKW-Verkehrs - die Stadt war durch die internationale Strasse E55 faktisch getrennt. Die kritische Situation hat sich im Jahre 2006 verbessert, als die Autobahn Ústí – Dresden eröffnet wurde. Allmählich scheint die von Lasterabgasen und Straßenstrich lange paralysierte Stadt wieder zu neuem Leben zu erwachen.

Dvojhradí/
Tuppelburg
Bei Mstišov/Tischau befindet sich ein kleines Lustschloss namens Dvojhradí/Tuppelburg (1703 gebaut), angrenzend erstreckt sich ein für Besucher geöffnetes Wildgehege.

Teplice/Teplitz

Teplitz ist eines der ältesten Heilbäder Mitteleuropas und war lange Zeit auch das bekannteste. Die Monarchen und Politiker des Kontinents, Musiker, Dichter und Denker trafen sich hier zwischen dem 16. und 19. Jahrhundert (nicht nur) zur Kur. Römische Münzen und keltische Schmuckgegenstände legen nahe, dass die warmen Mineralquellen schon lange vorher bekannt waren und wegen ihrer Heilwirkung aufgesucht wurden. Im 12. Jahrhundert ließ Böhmenkönigin Judith (Judita) hier ein Benediktinerinnen-Kloster „ad aqua calidas" („bei den warmen Wassern") anlegen, und auch die heutige Ortsbezeichnung nimmt Bezug auf die Quellen (teplý = warm).

Teplitzer Mineralwasser

Vor ca. 305 Millionen Jahren, gegen Ende des Karbons, ergoss sich glühender, zähflüssiger Gesteinsbrei aus einem Riesenvulkan über die Landschaft und bildete den so genannten Teplitzer Quarzporphyr (= Rhyolith). Dieser nimmt südlich des heutigen – viel später entstandenen – Böhmischen Mittelgebirges seinen Anfang und zieht sich als breiter Streifen weit nach Norden (bis kurz vor Dippoldiswalde). Rund 270 Millionen Jahre herrschte dann weitgehend tektonische Ruhe unter diesem Teil der Erde, bis während des Tertiärs die Erzgebirgsscholle aus dem Gesteinsverband heraus brach, angehoben und schräggestellt wurde, gleichzeitig der Egertalgraben in die Tiefe sackte. Auch den harten Quarzporphyr zerscherten dabei die gewaltigen Kräfte. (Dessen Südteil ist heute, bis auf einige Stellen um Teplitz, weitgehend vom Abtragungsschutt des Erzgebirges, von Braunkohle und vom Basalt des Böhmischen Mittelgebirges überlagert.) Der Rhyolith reagierte auf diese Belastung sehr spröde, tiefe Klüfte und Spalten durchziehen seither das Gestein.

Ein Teil der Niederschläge, die im Ost-Erzgebirge über dem Quarzporphyr auftreffen, gelangen innerhalb dieser Klüfte und Spalten weit in die Tiefe. Dort erwärmt sich das Wasser und steigt wieder nach oben. Die wichtigste Quelle ist seit jeher die Teplitzer Urquelle, aus der 800 Kubikmeter Wasser mit 39 °C sprudeln. Daneben gab es zahlreiche weitere Quellen, deren ergiebigste, die Riesenquelle, 3600 Kubikmeter pro Tag förderte, allerdings mit „nur" 27 °C.

Diese natürliche Zirkulation ist ziemlich störanfällig, wie die Teplitzer Heilbäder 1879 erfahren mussten. Damals hatte sich eine Kohlengrube bei Duchcov/Dux zu nahe an den Porphyrkörper herangearbeitet. Aus einer großen Spalte trat plötzlich warmes Wasser aus und flutete innerhalb von vierzig Minuten das gesamte Bergwerk. 23 Menschen kamen dabei ums Leben. In den nachfolgenden Tagen versiegten sämtliche Teplitzer Thermalquellen. Nur mit großen Anstrengungen – und viel Glück – gelang es, die Schäden zu beheben, und den Kurbetrieb zu erhalten.

Aufgeschreckt durch diese Beinahe-Katastrophe für die mondänen Teplitzer Bäder wurde in den nachfolgenden Jahrzehnten viel in die Erkundung und Sanierung der Warmwasservorkommen investiert. Dabei stieß man in fast eintausend Metern Tiefe auf eine weitere Quelle, die nach ihrem Entdecker „Hynie" genannt wird und heute – neben der Urquelle – der Hauptwasserspender für die Kuranlagen ist (45 °C, 1700 m³ pro Tag). Das Wasser beider Quellen wird von den Balneologen – den „Kurgelehrten" – als „mittelmäßig mineralisierter Natriumhydrogencarbonatsulfat-Typ, mit erhöhtem Fluoridengehalt, thermal und hypotonisch" kategorisiert.

Der Kohlebergbau bedrohte seit Mitte des 19. Jahrhunderts – und bedroht noch immer – nicht nur die Heilquellen von Teplice. Die damit einhergehende Industrialisierung, die Verbrennung von schwefelreicher Braunkohle in Großkraftwerken und die umweltschädlichen Abgase der Chemiebetriebe zerstörten in immer größerem Ausmaß das Ambiente der mondänen Kurstadt, die sich einstmals mit Beinamen wie „Salon Europas" oder „Klein Paris" schmückte. In sozialistischen Zeiten wirkte die Stadt nur noch grau und rußig und ohne Reiz für zahlungskräftige Kurgäste.

Doch der Bäderstadt Teplice ist nach 1990 ein bemerkenswerter Neubeginn gelungen. Die renovierten Kuranlagen erstrahlen wieder im alten Prunk und locken gut betuchte Patienten aus vielen Teilen der Welt an. Moderne Technik überwacht die sanierten Heilquellen und soll dafür sorgen, dass diese auch in Zukunft sprudeln werden.

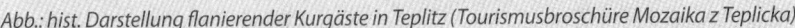

Abb.: hist. Darstellung flanierender Kurgäste in Teplitz (Tourismusbroschüre Mozaika z Teplicka)

Parkanlagen im Bäderviertel

Auch wenn einem das Kleingeld für eine Teplitzer Warmwasserkur fehlt, so lohnt es sich dennoch, durch die Parkanlagen im Bäderviertel zu schlendern. 12 verschiedene Nadelbaum- und 73 Laubbaumarten sollen hier wachsen.

Am angrenzenden, ebenfalls sehr schön renovierten Schlossplatz befindet sich das Teplitzer Regionalmuseum, das sich unter anderem der Geschichte des Kurwesens und der Stadt widmet.

Botanischer Garten

Dem naturkundlich interessierten Besucher von Teplitz empfiehlt sich in jedem Fall ein Ausflug in den östlichen Stadtteil, das bis 1895 selbständige Schönau/Šanov. Östlich des Bäderkomplexes erreicht man zunächst die Parkanlage der Zeidlergärten/Janáčkovy sady, anschließend den 2007 nach umfangreicher Rekonstruktion wiedereröffneten und sehenswerten, zwei Hektar großen Botanischen Garten. Neben optisch ansprechenden Zierpflanzen in großer Zahl lohnen besonders die thematischen Treibhäuser einen Besuch. Es gibt ein Tropenhaus, ein Subtropenhaus, ein Sukkulentenhaus sowie eine interessante Präsentation zur Geschichte der Braunkohlenentstehung. In den Außenanlagen sind zwar auch viele einheimische Pflanzen präsent, leider mangelt es aber noch etwas an aufschlussreichen Erläuterungen zur natürlichen Vegetation und Flora der Teplitzer Umgebung.

Teplitzer Schlossberg/ Doubravská hora

Am Ostrand der Stadt erhebt sich der Teplitzer Schlossberg/Doubravská hora (393 m üNN) aus dem Nordböhmischen Becken. Auf der auffälligen Klingstein-Kuppe (Phonolith) soll bereits ein vorchristlicher Tempel gestanden haben, im 15. Jahrhundert wurde eine Burg gebaut (die allerdings in jedem Krieg sofort in Feindeshand fiel), und seit Ende des 19. Jahrhunderts krönt ein neugotisches Schloss mit Ausflugsgaststätte den Berg. Entsprechende Sichtverhältnisse vorausgesetzt (was im industrialisierten Nordböhmen nicht selbstverständlich ist), bietet sich von hier ein eindrucksvoller Blick auf das Ost-Erzgebirge.

Teplitzer Umweltorganisation „Sauerampfer"/ O.S. Šťovík – Teplice

Nordwestlich des Doubravská hora gibt es im Neubaugebiet Šanov II ein Planetarium. Ganz in der Nähe, in einem Schulgebäude, hat die Teplitzer Umweltorganisation „Sauerampfer"/ O.S. Šťovík – Teplice ihr Domizil. Hier bietet der Verein Umweltberatungen und öffentliche Vorträge an. Der Schwerpunkt liegt bei alledem auf der Arbeit mit Kindern und Jugendlichen. Nordböhmen bietet herrliche Landschaft mit vielen besonderen Pflanzen und Tieren. Doch wurde die Region in den vergangenen Jahrzehnten aus wirtschaftlichen Gründen schlimm geschunden und geschändet. Um auch für die Zukunft die natürlichen Lebensgrundlagen im Nordböhmischen Becken, im Böhmischen Mittelgebirge und im Ost-Erzgebirge zu erhalten, ist das Engagement junger Menschen unerlässlich.

Quellen

Beeger, B.; Grundig, H. (1976): **Zur Geologie und Botanik benachbarter Gebiete der ČSSR zwischen Teplice, Děčín und Litomměřice**, Urania, Dresden

kolektiv (2001): **Příhraniční naučná stezka**, Město Krupka: NIS, Teplice.

kolektiv (2006): **Krupka – vycházky po okolí...**, Město Krupka: NIS, Teplice.

Kocourek, L, Kocourková, K., Vilím, K. (2005): **Krupka z cínu zrozená**, Město Krupka: NIS, Teplice

Kraus, F. (2005): **Vývoj a změny v krajině okresu Teplice od roku 1780 po současnost**, DP: MU Brno.

Laube, G.C. (1887): **Geologie des böhmischen Erzgebirges. II**. Theil, Prag

Matějka, O. (2007): **Krajina za školou**, Antikomplex, o.s., Praha

Mrázková, D. (2004): **Krupské pověsti**, Město Krupka

Navrátilová, L., Kvasňová, M. (2004): **Krupka ze všech stran**, Město Krupka: NIS, Teplice

Plevka, B. (1968): **Lázně Dubí v Krušných horách**, MNV v Dubí

Rittig, A.: **Diskusní příspěvek setkání hornických měst v NSR**

Peřinová, M. (2003): **Krušné hory – Fojtovice** (Závěrečná zpráva z mapování NATURA 2000)

Vilím, K. (1997): **Krupka,** Průvodce městem a okolím. Vydavatelství a reklamní agentura NIS, Teplice

www.botanickateplice.cz

www.krupka-mesto.cz

www.krupka.unas.cz/historie.html

www.montanya.org/DOLY/CIN/KRUPKA/lokality.htm

http://oha.wz.cz/version/acad-154.htm

www.ulliuhu.de

www.vyletnik.cz/tipy-na-vikendy/severni-cechy/lazne-teplice-a-okoli/517-vychodni-krusnohori/

Übersicht über die Bäche und Täler am Südabhang des Ost-Erzgebirges (von Südwesten nach Nordosten):

Bach		Tal	
tschechisch	deutsch	tschechisch	deutsch
Jiřetínský potok	Ruttenbach	Marianské údolí	Marienthal, Mariengrund
Janovský potok	Johnsdorfer Bach		Johnsdorfer Grund
Loupnice	Hammergrundbach	Hamerské údolí	Hammergrund
Bilý potok	Flößbach	Šumný důl	Rauschengrund
Divoký potok	(Wildbach)		
Pousternický potok	(Einsiedler Bach)		
Radčický potok	Ratschitzer Bach		Ratschitzer Grund
Lamský potok	Brucher Bach	Lomské údolí	Brucher Grund
Loučenský potok	Ladunger Bach	V Panské dolině	Ladunger Grund
Osecký potok	Eulenbach oder Riesenberger Bach		Riesenberger Grund
Hájský potok	Haaner Bach	Staré údolí	
Domaslavický potok	Deutzendorfer Bach	Domaslavické údolí	Deutzendorfer Grund
Křížanovský potok	Katzbach		Krinsdorfer Grund
Bouřlivec	Grundbach, Hüttengrundbach	Mikulovské údolí	Hüttengrund
Kosťanský potok	Strahlbach, Kostner Bach		
Lesní potok	Waldbach		
Mstíšovský potok	Tischauer Bach		
Bystřice	Flößbach, Seegrundbach		Seegrund
Modlanský potok	Serbitzer Bach, Malstbach		
Přitkovský potok	Fuchsbach, Jüdendorfer Bach		Finsterer Grund
Zalužanský potok			Haselgrund
Horský potok	(Bergbach, Graupener Bach)		
Unčínský potok	Hohensteiner Bach		Mühlgrund

Bach		Tal	
tschechisch	*deutsch*	**tschechisch**	*deutsch*
Maršovský potok	*Marschner Bach*		*Krautgrund*
Habartický potok	*Priestener Bach (Ebersdorfer Bach)*		*Priestener Grund (Ebersdorfer Grund)*
Šotolský potok			
Chlumecký potok	*Kulmer Bach*		
Ždírnické potok	*Sernitz(-bach)*	**Ždírnické údolí**	*Sernitztal*
Telnický potok	*Tellnitz(-bach)*		
Jilovský potok	*Leichengrundbach*		*Holzgrund, Leichengrund*

(Lange Zeit, bis 1945, lebte im zunächst österreichisch-böhmischen, später tschechoslowakischen Teil des Ost-Erzgebirges eine weit überwiegend deutschsprachige Bevölkerung. Die Menschen gaben ihren Bergen und Bächen deutsche Namen, die teilweise auf slawische Wurzeln zurückgehen. Die tschechischen Kartografen verwendeten auch einige ganz andere Bezeichnungen. Die Fülle an verschiedenen deutschen und tschechischen Landschaftsbezeichnungen ist teilweise sehr verwirrend. Dies mussten die Autoren des Naturführers bei ihren Recherchen immer wieder feststellen. Besonders schwierig war die Zuordnung der Täler. Die Tabelle soll ein wenig Orientierung bieten. Über Ergänzungen oder Korrekturen durch deutschböhmische Zeitzeugen sind die Herausgeber des Buches dankbar.)

Am Band 3 des Naturführers Ost-Erzgebirge haben wesentlich mitgewirkt:

Kurt Baldauf aus Pockau ist pensionierter Lehrer, leitet eine Fachgruppe Botanik und gehört zu den besten Kennern der Pflanzenwelt im Flöhatal.

Brigitte Böhme wohnt in Dippoldiswalde, ist gelernte Gärtnerin und dokumentiert als Hobbybotanikerin die Pflanzen des Weißeritzgebietes.

Ing. Vladimír Čeřovský lebt in Ústí nad Labem. Er arbeitet als Zoologe bei der Agentur für Umwelt- und Naturschutz in Ústí nad Labem. Sein Spezialgebiet ist die Ornithologie.

Dr. rer. nat. Werner Ernst stammt aus Kleinbobritzsch bei Frauenstein. Der Geologe hat 30 Jahre an der Ernst-Moritz-Arndt-Universität in Greifswald gearbeitet, lebt seit der Pensionierung jedoch wieder in seinem Heimatort und befasst sich mit Geographie, Geologie, Botanik, Regionalgeschichte und Naturschutz.

Jana Felbrich hat in Weimar Visuelle Kommunikation studiert. Während der Gestaltung des Naturführers Ost-Erzgebirge konnte sie ihr Naturinteresse auch beruflich verwirklichen. www.jajaja-design.de

Immo Grötzsch lebt seit den 60er Jahren in Freital und ist schon lange als ehrenamtlicher Kreisnaturschutzbeauftragter tätig – zunächst im Kreis Freital, nach einigen Jahren Berufsnaturschutz in der Umweltverwaltung seit seiner Pensionierung nun im Weißeritzkreis.

Simone Heinz stammt aus Oberfrauendorf, wohnt in Schmiedeberg und arbeitet bereits seit 1995 bei der Grünen Liga Ost-Erzgebirge. Ohne ihre zuverlässige Buchhaltung wären all die Naturschutzaktivitäten des Umweltvereins kaum denkbar – schon gar nicht ein großes Buchprojekt wie der „Naturführer Ost-Erzgebirge".

Stefan Höhnel wuchs in Glashütte auf, studierte dort an der Ingenieurschule für Feinwerktechnik und wohnt auch heute in der Uhrenstadt. Er interessiert sich für Regionalgeschichte und Natur. Gern fotografiert er Pflanzen und Tiere, beispielsweise Schmetterlinge in ihrer natürlichen Umgebung.

Christian Jentsch wohnt in Kreischa und ist da aufgewachsen. Früh wurde sein Interesse für die Natur und die Liebe zur Heimat geweckt. Bei der Waldbewirtschaftung, der Jagd oder in gewählten Ehrenämtern steht für ihn die Bewahrung der Schöpfung oben an. Dies wird auch bei seinen Orts- und Kirchenführungen sowie naturkundlichen Wanderungen deutlich.

Christian Kastl wohnt seit 1964 in Bad Gottleuba und erhielt seine Berufsausbildung in der Forstwirtschaft. Seit 1968 ist er im Naturschutz tätig, unter anderem als Objektbetreuer des Naturschutzgebietes „Oelsen" und weiterer Schutzflächen. Ab 1973 hält er natur- und heimatkundliche Vorträge, bietet geführte Wanderungen an und beschäftigt sich mit botanischer und herpetofaunistischer Kartierung.

Nils Kochan verbrachte als Dresdner Junge jedes Wochenende im Ost-Erzgebirge. 1993 ist er mit seiner Familie nach Frauenstein gezogen. Dort betreibt er mit seinen 20 Mutterschafen Landschaftspflege und arbeitet als freiberuflicher Softwareentwickler. www.kochan.net

Silvia Köhler studierte an der HTW Dresden. Die Diplom-Kartographin arbeitet sommers oft an archäologischen Projekten innerhalb Deutschlands. Seit zwei Jahren macht sie sich mit Buddhas Lehren vertraut und unterstützt ökologische Aktivitäten: neben der Grünen Liga auch die tschechische Umweltgruppe www.greenpeoples.eu. Ihr Motto: Die Erde bewahren, liebevoll und achtsam mit und auf ihr leben.

Jan Kotěra arbeitet seit 2003 als Leiter des Umweltbildungzentrums Šťovík in Teplice und studiert gleichzeitig Pädagogik an der philosophischen Fakultät der Karls-Universität in Prag. Außerdem bietet er Übersetzungsdienste aus dem Deutschen und Englischen an. www.stovik.cz

Mgr. František Kraus lebt in Krupka. Nach Mathematik-, Geografie- und Umweltschutzstudium in Brno arbeitete er im Förderverein Arnika als Leiter der Sektion „Tým Bořena", deren Schwerpunkt Landschaftspflege im Böhmischen Mittelgebirge ist. Heute ist er am Tschechischen Umweltschutz-Inspektorat in Ústí nad Labem, Abteilung Gewässerschutz, angestellt.

Thomas Lochschmidt absolvierte eine Ausbildung im Gartenbau und ein Schnupperstudium in Freiberg. Seitdem ist er in der Baum- und Landschaftspflege tätig und seit 2001 aktives Mitglied der Grünen Liga Osterzgebirge.

Dieter Loschke verschlug es 1966 nach Pirna. In dieser Zeit begann er, sich für die Natur, insbesondere die Vogelwelt zwischen Sächsischer Schweiz und Ost-Erzgebirge zu interessieren und zu engagieren. Heute ist er Regionalbeauftragter des ehrenamtlichen Naturschutzdienstes für den osterzgebirgischen Anteil des Landkreises Sächsische Schweiz.

Dr. Frank Müller wurde in Glashütte geboren und wuchs in Schlottwitz auf. Nach dem Biologiestudium in Halle/S. ist er seit 1992 als wissenschaftlicher Mitarbeiter am Institut für Botanik der Technischen Universität Dresden beschäftigt. Er promovierte über Flora und Vegetation der Steinrücken im Ost-Erzgebirge.

Ing. Čestmír Ondráček arbeitet im Regionalmuseum Chomutov und widmet sich dort der botanischen Erforschung des Erzgebirges und des Nordböhmischen Beckens. Er ist Vorsitzender der nordböhmischen Zweigstelle der Tschechischen Botanischen Gemeinschaft und Mitautor zahlreicher tschechischer Publikationen.

Gerold Pöhler lebt in Colmnitz am Rande des Tharandter Waldes. Er engagiert sich seit Mitte der siebziger Jahre als ehrenamtlicher Naturschutzhelfer im Gebiet der Wilden Weißeritz. Ebenso lange beschäftigt er sich mit Naturfotografie.

Torsten Schmidt-Hammel hat Geologie sowie Landespflege studiert. Nachdem er mehrere Jahre in Tharandt gelebt und sich bei Naturschutzprojekten der Grünen Liga Osterzgebirge engagierte, wohnt er heute in Dresden und arbeitet an Biotop- und Bodenkartierungen mit.

Dr. Rolf Steffens ist Jahrgang 1944, verbrachte seine Kindheit im Mittelerzgebirge, hat in Tharandt studiert, wohnt seit 1970 in Dresden, war 1975–80 im Forstbetrieb Dippoldiswalde und von 1985 bis zu seiner Pensionierung landesweit naturschutzfachlich tätig. Das Ost-Erzgebirge ist für ihn regelmäßiges Exkursionsgebiet. Neben Wald und Naturschutz widmet er sich vor allem der Vogelkunde.

Ernst Ullrich lebt seit fast 70 Jahren in Bräunsdorf an der Großen Striegis. Sein Berufsleben war eng mit dem Bergbau verbunden. Als Rentner ist er heute als Wanderwegewart für den Erzgebirgszweigverein Bräunsdorf aktiv.

Jens Weber ist im Müglitztalgebiet aufgewachsen und wohnt immer noch dort. Nach dem Forststudium in Tharandt begann er 1991, sich für die Grüne Liga Osterzgebirge zu engagieren. Unter dem Motto „Natur erleben und erhalten" bietet er unter anderem naturkundliche Wanderungen und Vorträge an.
www.osterzgebirge-natur.de

Reinhild Weichelt aus Reichenau hat beim Naturführer-Projekt der Grünen Liga Osterzgebirge einen Großteil der Fördermittelbürokratie und Koordination gemeistert sowie die Rechtschreibung der Texte korrigiert.

Dirk Wendel ist wissenschaftlicher Mitarbeiter am Tharandter Lehrstuhl für Landeskultur und Naturschutz der TU Dresden. Moore sind sein Steckenpferd. Sein Wissen vermittelt er in den Bereichen Geobotanik, Biotopkartierung und Naturschutz an Studenten
e-mail: wendel@forst.tu-dresden.de

Christian Zänker ist freiberuflich (und oft auch ehrenamtlich) im Naturschutz tätig. Zu seinen Schwerpunktaufgaben zählen die Mitarbeit bei der landesweiten Biotopkartierung in Sachsen und bei der Erarbeitung von Managementplänen für FFH- Gebiete. Außerdem leitet er eine Schüler-AG und unterstützt weitere Projekte in der „Grünen Schule grenzenlos" in Zethau.

Ulli Uhu entdeckt das Ost-Erzgebirge

www.ulliuhu.de

2004 bis 2006: In bislang kaum gekanntem Ausmaß und Tempo verändern Bulldozer und Baukräne das Antlitz der östlichen Erzgebirgs-flanke. Die Autobahn A17/D8 wird gebaut.

Auf der Strecke bleibt bei alledem ein Uhu-Horstfelsen im oberen Gottleubatal, trotz Vogelschutzgebiet von europäischer Bedeutung. Gut möglich, dass dabei auch ein junger Uhu vertrieben wird.

Die Grüne Liga Osterzgebirge gibt diesem fiktiven Junguhu den Na-men Ulli und lässt ihn auf dem Computerbildschirm zu 13 Stationen im Ost-Erzgebirge flattern, um gemeinsam mit Kindern und deren Eltern die Natur zu entdecken. Eine Birkhenne sorgt sich um ihren Nachwuchs und erklärt Vogelstimmen, eine Erdhummel schwärmt von der Blü-tenfülle der Geisingbergwiesen, im Dippoldiswalder Schwarzbachtal berichtet eine Ringelnatter von den schrecklichen Auswirkungen landwirtschaftlicher Erosion, und auf dem Wieselstein/Loučna röhrt ein Rothirsch von Waldsterben und Blaufichten.

An jeder dieser 13 Computer-Stationen können die Kinder ein kleines, einfaches Spiel spielen, in dessen Verlauf sich eine Frage zur Natur des Ost-Erzgebirges auftut. Die Lösungen dafür bietet der Computer, trotz umfangreichem Kinderlexikon, nicht. Diese kann man nur in Erfahrung bringen, wenn man sich auf den Weg zu den realen Spielstationen begibt: zum Botanischen Garten Schellerhau etwa, zur Grünen Schule grenzenlos in Zethau oder zur Wittichbaude/Vitiška bei Nové Město/ Neustadt. Dort geben große Tafeln die Antwort und Leute vor Ort Stempel in die Spielpässe.

Ach ja: die Geschichte mit Ulli geht natürlich gut aus. Im Weißeritztal, einem der am längsten von Uhus genutzten Revieren Sachsens, trifft er auf Ulla. Herausgekommen sind dabei drei freche kleine Bubo*- Buben namens Bubi, Bublo und Bublegum, die sich ihrerseits auf Entdeckungsreise begeben.   * lateinischer Name für Uhu: Bubo bubo

Das Ulli-Uhu-Spielpaket (zwei CD's, Broschüre, Brettspiel mit Anleitung, Spielpass) gibt es für 10,- € bei der Grünen Liga Osterzgebirge sowie in vielen weiteren Verkaufsstellen in der Region.

Geschichten aus der Natur des Ost-Erzgebirges

Ortsregister